U0100041

責任編輯　　陳思思

書籍設計　　吳冠曼

書　　名　　**移動營銷管理（第三版）**

著　　者　　華紅兵

出　　版　　三聯書店（香港）有限公司

　　　　　　香港北角英皇道 499 號北角工業大廈 20 樓

　　　　　　Joint Publishing（H.K.）Co., Ltd.

　　　　　　20/F., North Point Industrial Building,

　　　　　　499 King's Road, North Point, Hong Kong

香港發行　　香港聯合書刊物流有限公司

　　　　　　香港新界大埔汀麗路 36 號 3 字樓

印　　刷　　深圳市新聯美術印刷有限公司

　　　　　　深圳市龍華區大浪街道浪口工業區佳鼎科技園 B 棟 2 樓

版　　次　　2020 年 1 月香港第一版第一次印刷

規　　格　　大 16 開（210 × 285 mm）688 面

國際書號　　ISBN 978-962-04-4569-9

© 2020 Joint Publishing（H.K.）Co., Ltd.

Published in Hong Kong

封面圖片©2019 站酷海洛

123集《移動營銷管理》精品免費課程

MOBILE MARKETING MANAGEMENT

移動營銷管理

（第三版）

移動營銷學奠基之作

華紅兵

著

作者簡介

華紅兵

移動營銷學科創始人，全球移動營銷之父。

他是一位善於從實踐中總結出規律的營銷學家。專注於品牌、營銷、諮詢領域 30 年，先後出版過 17 部營銷學專著，輔導了 46 家中國上市公司，培養了 160 家行業知名企業，在國內外發表了 1,200 場演講，他的理論影響了中國市場營銷的進程。

他是一位走在理論前沿的營銷思想家。

2008 年開始深入研究移動應用，出版了《移動互聯網全景思想》專業學術著作，並經過七次迭代再版，被中國學術界譽為"中國移動互聯網理論奠基人"和"移動營銷理論奠基人"。

他是一位最早創建移動營銷管理學科的學者。2017 年出版《移動營銷管理》中文 1.0 版，創建移動營銷策略新組合的應用模型；2018 年出版《移動營銷管理》中文 2.0 版，完善了 4S 營銷理論；2019 年 *Mobile Marketing Management*（《移動營銷管理》英文版）問世，在歐美 20 多個國家和地區引起了巨大反響，成為歐美部分名校商科的教輔教材，華紅兵先生也因此被譽為"全球移動營銷基礎理論的創建者"。

本書在《移動營銷管理》中文版 2.0 版的基礎之上創新與研發了 75% 的核心內容，終成一套系統的、完整的、科學的移動營銷學知識體系。

前言 PREFACE

一本好書，影響一個人的一生。

人類踏入信息社會不過 30 年，而在過去的 300 年裏，是工業革命把人類從農耕時代帶入工業時代，不管是工業社會還是信息社會，經濟成長的主要推手是企業與市場，那麼企業與市場背後的推手又是誰？研究企業的學問叫企業管理學，研究市場的學問叫市場營銷學。

在過去的 100 年裏，影響最大的三本書分別是彼得‧德魯克（Peter F. Drucker）的《管理的實踐》（*The Practice of Management*）、菲利普‧科特勒（Philip Kotler）的《營銷管理》（*Marketing Management*）和艾‧里斯（AL Ries）& 傑克‧特勞特（Jack Trout）的《定位》（*Positioning*）。德魯克被譽為 "現代管理學之父"，科特勒被譽為 "現代營銷學之父"，特勞特則是 "定位之父"。這三位教父均是美國人，這並不稀奇，因為在過去的 100 年裏，美國既是全球經濟的火車頭，亦是市場與管理創新的實驗田。

第一個是 "管理學之父" 德魯克。1954 年，他提出了一個具有劃時代意義的概念——目標管理（Management by Objective，簡稱 MBO），他把管理學獨立出來，成為大學研究的一個獨立學科。當 2005 年德魯克離世後，人們才發現，再也不會有德魯克了。中國學者吳曉波說："他走了之後，下一個該輪到誰來替我們思考管理？"

第二個是 "營銷學之父" 科特勒。他出版的《營銷管理》一書被 58 個國家的營銷人士視為營銷 "聖經"，成為世界範圍內使用最廣泛的營銷學教科書。這本書目前已出版到第 15 版，它最大的貢獻是把市場營銷學變成了一門科學，並成為大學研究的一門獨立學科。

第三個是 "定位之父" 特勞特。1969 年傑克‧特勞特首次提出定位理論，1981 年出版學術專著《定位》。被美國營銷學會評為 "有史以來對美國營銷影響最大的觀念"。

由於定位理論第一次突破了企業管理的邊界——過去的管理視野是眼睛向內，定位論強調以外部視野為中心，改變了美國，乃至全世界的工商管理學的研究方法。

自 20 世紀 80 年代以來的 30 年，工商管理理論雖有創新，卻未誕生可與三位大師匹敵的傑出之作，主要原因是工業經濟社會的基礎經濟結構並未改變。始於 2012 年的移動互聯網時代來了，一個全新的世界呈現在我們面前。

亞當‧斯密定義了經濟學；彼得‧德魯克定義了現代管理學；菲利普‧科特勒定義了現代營銷學；本書將定義移動營銷學。作為**移動營銷學的奠基之作**，在延續《移動營銷管理》第一版和第二版基礎之上進行了一系列的完善與創新，使其成為移動營銷的集大成者，第三版為構建新世界的秩序提供了 6 套解決方案。

一、為營銷學構建全新的底層邏輯

第一篇《移動營銷的底層邏輯》重新界定了營銷學起源。長期以來，營銷學定義為滿足並超越顧客需求，本篇探索了顧客需求的本質，將需求置入移動營銷學的底層邏輯中研究，從而識別出真需求和偽需求，並提出由**痛點**（Pain Point）、**剛需**（Inelastic Demand）、**高頻**（High Frequency）與**利基**（Benifit-based）4 根支柱構建而成的移動營銷學底層邏輯的基座。

本書開篇顛覆經典營銷學，從營銷本源出發構建的營銷邏輯，與當今移動互聯網時代率先進行的營銷實踐驚人吻合：優步（Uber）和滴滴（Didi）對傳統出行行業規則的創新；臉書（Facebook）和微信（WeChat）對通訊社交形態的改變；支付寶（Alipay）和 Libra 對支付方式的衝擊，幾乎所有的商業形態都正在被移動互聯網徹底顛覆。

正在大範圍實踐中孕育的"移動營銷"，是否將成為經典營銷學的創新者與改變者？這個問題猶如在愛因斯坦（Albert Einstein）相對論誕生之前，是否該質疑牛頓（Isaac Newton）的經典物理學原理一樣。

二、把營銷延展到商業模式

商業模式與營銷學原本屬於不同的學科，甚至商業模式研究者大多認為模式中的商業智慧高於營銷學，而本書最精彩之處在於第二篇以營銷視野對模式的闡述——當今世界最成功的商業智慧無非 4 個詞彙：**護城河**（Moat）、**攻城隊**（Siege）、**降落傘**（Parachute）、**瞄準儀**（Collimator）。

查閱中西方的財經文獻，上述 4 個詞彙一起出現過的論文尚未問世，只有美國股神沃倫‧巴菲特（Warren Buffett）曾提到過，他只投那些有護城河的企業。在本書的"模式"篇章裏，清晰地論述了有哪 7 種企業成果才是真正的護城河；有哪 16 種攻城掠地的方略才是當今市場拓展最先進的武器；有哪 16 種天降神兵的方式才能解圍陷入困境的企業；如何採用 16 種策略才能低成本精準鎖定目標用戶。閱讀本篇並組織學習討論，對於那些陷入困境一籌莫展的企業經營者是極大的福音，更有助於創業者從一開始起步就做到正確。

以往的營銷學擴展停留在縱向層面的延伸，如菲利普‧科特勒（Philip Kotler）在"擴大市場營銷的概念"（Broadening the Concept of Marketing）的文章中曾提出，把營銷擴展為**城市營銷**（Urban Marketing）、**政治營銷**（Political Marketing）、**國家營銷**（National Marketing）、**地方營銷**（Local Marketing）、**社會營銷**（Social Marketing），卻不得不承認，這種營銷視野最多是三維空間的視角，依然是從營銷到營銷。本書認為營銷可以無邊界擴展，這種擴展使得營銷學變成了企業進行價值創造的高級智慧。本書把營銷帶入到四維空間視野，物理學的四維空間是指在長寬高 3 條軸的三維空間裏多了一條虛擬的時間軸，營銷的四維空間是指在傳統的營銷戰略、策略、戰術組合的三維空間裏加入了算法軸和模式軸。這種空間思維有着鮮明的時代感，由於區塊鏈、數字、虛擬幣交易、網絡社交、5G 等新型空間已慢慢成為用戶生存的常態，所以營銷空間的多維突破成為必然。這種突破的價值與意義不僅支持了當今企業的轉型升級，同時也將影響未來營銷 50 年。

三、使營銷學與信息工程學融合，定義了未來管理學

經濟學的前提是理性人假設，但現實世界中並非理性，於是管理學從一開始就研究如何把現實世界中非理性人身上的缺陷，運用一系列管理手段達到理性經濟世界的目的。最早期泰勒（Frederick Winslow Taylor）的任務管理是用科學化、標準化的管理方法替代經驗管理，使管理建立在明確的法規、條文和原則之上的科學，之後的管理學雖有創新和突破，但圍繞的中心依然是管理的科學化。

本書第三篇把管理學簡化為一個詞彙 **"算法"**。算法是大數據時代的產物，是計算機工程師們在後台程序設立的，從後端到前端的統一格式化的管理程序，因此基於算法設立的企業不再依賴人工管理。長期以來的管理學雖強調科學管理，但最終仍難以擺脫人工治理，而算法打破了管理實踐中的悖論。因此，算法是手段也是目的，算法實現了管理理論在理性結構的基礎上理解人性的的知行合一。

把營銷學拓展到管理學，本書的理論建立在社會科學（Social science），經濟學（Economics），組織行為學（Organizational Behavior），數學（Mathematics），信息工程學（Information Engineering）以及德魯克（Peter F. Drucker）的有效管理理論（Effective Management Theory）的六大基礎學科之上。 算法的科學性與準確性在美國五騎士（蘋果 Apple、微軟 Microsoft、臉書 Facebook、谷歌 Google、亞馬遜 Amazon）與中國六小龍（百度 Baidu、阿里巴巴 Alibaba、騰訊 Tencent、螞蟻金服 Ant Financial、美團 Meituan、滴滴 Didi）等當今市值最高的科技型企業也已率先得到驗證。

亞當·斯密（Adam Smith）曾說："數是人類在精神上製造出來的最抽象的概念"。然而本書把算法帶入到企業管理的現實世界，Amazon 的 **加法飛輪**，Google 的 **減法大師**，Facebook 的 **乘法演算**，Apple 的 **神奇除法**。想必這些當今世界市值前五位的科技企業都沒有預料到其神奇擴張的秘密由素未謀面的東方營銷學者揭開。

大道至簡。本書首創的 **"加減乘除"** 4 種算法揭秘了世界上最先進的商業管理實踐，**當屬仝世界首創**，並且為全球科技創業者、工商管理者及在校大學生提供最簡潔的可借鑒經驗。

四、把營銷從職能上升為戰略

本書的理論與其說是"營銷"，不如說是指導"企業增長的市場戰略"和"企業新增利潤的邏輯思維"。

長期以來的營銷學研究對象以企業的收入增長為主線，企業是否贏利則交給管理學的成本核算與控制。營銷學在企業前端，管理學在企業後端，營銷與管理作為兩個長期獨立存在的割裂學科已不適用當今移動互聯、人工智能與大數據時代的市場現狀。而本書視野開闊，邏輯縝密，始終把企業收入和利潤的雙增長作為研究的出發點貫穿始終，認為市場增長與獲利能力將在品牌戰略處共融共生。從 Google 的 "不作惡"，到經營中的知行合一；從埃隆·馬斯克（Elon Musk）為紀念物理學家尼古拉·特斯拉（Nikola Tesla）將汽車命名為特斯拉，到傳承科技為人類造福的社會責任擔當。通過多個品牌成就價值的樣板研究，發現那些有強烈社會責任感的品牌更加受投資者和用戶追捧。

本書獨創的研究方法極近**上帝視角**，洞察了這個時代最新的品牌發展趨勢，鑽進品牌的內核看世界潮起潮落。

五、將營銷升格到宏觀經濟學

關於營銷學與經濟學的關聯，一直以來學界認為，營銷學是應用經濟學的延伸，屬於應用經濟學的範疇。

本書第五篇《移動營銷的頂層設計》中提出的**螺旋經濟學**，把營銷學提升到宏觀經濟學範疇，並把營銷學納入到**新經濟、新市場**的宏觀視野中尋找營銷的**新起點**。在過去 300 年宏觀經濟學主流學派一直是由自由市場學派和政府調控學派兩大學派交替做主，通過對中國、印度等創新經濟體的實踐總結出第三條道路的結論。乍一看不合常理，細細咀嚼卻又倍受鼓舞。過去百年驅動經濟發展的勞動力、資本、就業、土地、貿易等要素，已變成科技與市場創新要素，因此圍繞創新型社會形成的新經濟一定有其全新的經濟學邏輯。

本書的螺旋經濟學只是一個開頭，作為一個經濟學派尚處於萌芽狀態，但或許可以從營銷學角度給大學經濟學院學生一個研究經濟學的新視角。

六、為營銷學重建應用原理

在本書之前，營銷人更多討論的是傳播、渠道、廣告、產品，而本書則將移動營銷學的原理升級到一種全新高度——以人性化為中心，而不是簡單的"以客戶為核心"。

本書摒棄了以客戶為核心的經典營銷學原理，依據其原創的"人本、開放、進化"的營銷哲學，構建了 4S 營銷原理：**服務**（Service）、**內容**（Substance）、**超級用戶**（Superuser）和**空間**（Space）。為用戶創造價值，而非單純滿足客戶的需求，是 4S 營銷原理的本源性思考，本書第六篇至第九篇，着重闡述了一切產業皆服務、內容為王、得超級用戶得天下、空間即場景即體驗即分享等內容。

4S 營銷原理突破了 4P（產品 Product、價格 Price、渠道 Place、促銷 Promotion）理論和 STP（市場細分 Segmentation、目標市場 Targeting 和定位 Positioning）+4P 的思維禁錮，讓營銷學重歸價值的原點，使營銷哲學的思考在注重人性化的時代真正實現了從理性的邏輯假設出發，到感性的人性體驗落地。回看蘋果智能手機的震撼，特斯拉電動汽車的驚豔，均生動詮釋了本書的營銷哲學之生命力。

當你掩卷讀完全書時，已足夠幫助到企業家、企業高管、營銷人與創業者採用新式營銷致勝，還能給營銷界、管理界、信息工程界與經濟學界的學生作為教輔教材，即便是營銷界的專家學者放在枕邊用於推敲研究也會大有裨益。

凱文・凱利（Kevin Kelly）對 PC 互聯網之後未來 30 年的科技發展趨勢進行了預測，他所提到的"鏡像世界"（Mirror World），即把數字世界的科技成果層層疊加到現實世界中，形成一個虛擬與現實交互體驗的新世界。

在新世界到來前夜，誰來替我們思考如何建設新世界的微觀經濟秩序？變革前夜，深度學習系統思考非常重要。當你改變了看世界的方式，你就改變了你所看到的世界。相信經過大幅修訂的《移動營銷管理（第三版）》編輯團隊帶給你的不僅僅是震撼。

致謝 Acknowledgements

　　《移動營銷管理》第三版是移動營銷學的開山之作，也是第一本全面系統地介紹移動營銷學的學術專著。由此開始，作者華紅兵創立了移動營銷學這門學科，從而確立了他"移動營銷之父"的全球地位。在本書的編撰過程中，我們編輯團隊真誠感謝眾多大學的教授、商業界精英、互聯網領域的頂尖人士，本書向他們借鑒了知識與經營，他們中有些人部分或全部審閱了書稿，並提供了富有價值的建議（排名不分先後）。

Michael E. Porte 哈佛商學院

Thomas L. Friedman 哈佛大學

Jenny Darroch 美國克萊蒙研究大學德魯克管理學院

Virginia Cheung 美國克萊蒙研究大學德魯克管理學院

Rene Yang 美國克萊蒙研究大學

Soonkwan 美國加州大學洛杉磯分校

Mark Pullman 美國加州大學洛杉磯分校

John Byrom 美國加州大學洛杉磯分校

Mike Saren 美國南加州大學

Issam A. Ghazzawi, PhD Issam 美國拉文大學

Ibrahim Helou, PhD Dean 美國拉文大學

Betty Jo 美國揚斯敦州立大學商學院

Greg Moring 美國揚斯敦州立大學商學院

Mousa H. Kassis 美國揚斯敦州立大學下屬的小企業商業發展中心

Ying Wang, PhD 美國威廉姆森工商管理學院

Vincent G. Xie, PhD 美國麻省大學波士頓分校

Robert A. Walton（美國）全國學院商店協會

Jessica Hickman 美國 IndiCo 高等教育

Chan Kim 中歐國際工商學院

勒妮·莫博涅 歐洲工商管理學院（INSEAD）

Chris Anderson 美國《連線》雜志

Philip Kotler 現代營銷學之父

Peter F. Drucker 現代管理學之父

Adam Smith 現代經濟學之父

Frederick Winslow Taylor 科學管理之父

Kevin Kelly 科技商業預言家

Jack Trout 全球定位之父

Michael E. Porter 競爭戰略之父

Kevin Lane Keller 達特茅斯大學塔克商學院

Gary Hamel 美國著名的管理學專家

C. K. Prahalad 密西根商學院

James Wang 加拿大本拿比市議員

張亞蘭　　山西財經大學

李素梅　　天津財經大學經濟學院院長

雷　鳴　　華南理工大學

陳　明　　華南理工大學

袁　野　　清華大學

李　飛　　清華大學

王魯湘　　清華大學

王志剛　　中山大學

余明陽　　上海交通大學

徐少華　　武漢大學

梅　宏　北京大學
鄭　強　浙江大學
楊瑞龍　中國人民大學
路長全　切割營銷理論創始人
朱玉童　中國管理諮詢名家
葉茂中　中國品牌管理專家

李光斗　中國品牌戰略專家
孫　巍　中國品牌營銷專家
吳貽春　中國商學院院長
付守永　中國路演權威專家
林錫鎏　霍英東集團

　　移動營銷猶如春雨一般潤物細無聲，但卻深深滲透到各行各業。不同的行業踐行移動營銷，將會得到不一樣的收穫，每一次的收穫都鼓勵每個領域繼續研究及踐行移動營銷。以下是移動營銷學科帶頭人、踐行者名單，他們參與了本書的編撰修訂（排名不分先後）：

王海永

知行合一的移動營銷學科帶頭人
山西金緯度網絡科技有限公司董事長

一名成功的營銷人必須具備深厚的文化底蘊、豐富的營銷知識積累和預判全局的前瞻性思維，《移動營銷管理》把營銷提升到藝術的至高境界，是影響世界營銷創新的聖典。我把它視為文化與商品、未來與現實、理論與實踐的連接器，參與其中的創作時，幸福感油然而生。

吉軍
南通冠洲國際貿易有限公司　董事長

跟隨華紅兵老師學習之後，我們用上帝的仰角進行帽子及新產品設計，訂單銷量大幅提升，我們的生產規模越來越大了。

劉必安
深圳瑪麗萊鑽石有限責任公司　董事長

《移動營銷管理》猶如密友一般，細細品讀，可少走許多彎路，如深度挖掘其內涵，你會發現原來你的視野也可以如此遼闊！

楊月蘭
君子蘭企業管理咨詢（東莞）有限公司
董事長

書是人類進步的階梯，一本好書影響人的一生！感謝華紅兵老師，我願將《移動營銷管理》的核心思想、內容、精神傳播到全世界。

占紅林
香港駿麒禮品有限公司　總經理

本書是一本當今世界人文傳承之作，在這變化太快的時代，如何在不變中抓住變化的力量，我們要摘掉腦中無知的限制，未來就會有不一樣的人生軌跡。

李莉
湖北愛聚艾健康有限公司

學習《移動營銷管理》，可以剖析企業的優劣，有針對的加以提升，為企業構建堅強護衛，從而加速企業成長。

王文棟
北京文合彬昌家庭用品有限公司　總經理

在遇到《移動營銷管理》之前，我還停留在實業經營的眾多苦惱當中，我的人生指引華紅兵老師為我指明了事業、人生的前進道路，讓我看到了前途光明的一片天。

段樹軍
中融國際旅遊（北京）有限公司
董事局主席

中融旅遊延伸《移動營銷管理（第三版）》的核心思想致力於中國式康養旅居產業化、規模化、品牌化，打造一個承載時代責任的旅遊產業集團。

牟光虹
重慶二姐食品有限公司

我是做食品行業的，我願意將《移動營銷管理》的核心思想、內容、精神傳遞給我身邊需要的人。本書不僅是一本營銷書，更是一本為企業解決問題的葵花寶典。

羅曉龍
石家莊優科特新型材料有限公司
總經理

移動營銷對我最大的啟發在於：沒有營銷一切都是成本！幹好營銷非常重要

杜露安
東莞市佳興塑膠機械有限公司　總經理

《移動營銷管理》是解決個人、企業和社會問題的百科全書，在移動互聯網時代，將影響全世界，讓中國更受全世界的認可和尊重。

趙珮君
山東濟南奧龍靜廬精品酒店有限公司

《移動營銷管理》提出了新概念、新方向、新視角，它是世界營銷界的一次里程碑式的顛覆，也是企業科學創業，少走彎路的制勝法寶。

魏保領
山東丁馬生物科技有限公司

《移動營銷管理》之魂在於：不僅僅是一本營銷書，更是一本解決企業問題的百科全書。

鐘 平
教育學博士

未讀本書之前，我以為痛點就只是一個點，自從讀了本書之後，我才明白，痛點的背後是用戶正在遇到並且還未能得到解決的問題。

王 猛
山東泰富實業集團有限公司 董事長

華老師在我們石油民營企業家群體中威望很高，經過華紅兵老師的頂層設計，我的企業年增長率保持在 50% 以上。

劉鈺才
吉林省北佳中藥集團股份公司 董事長

本書讓我感受最深刻的是四驅營銷理論：痛點、剛需、高頻、利基，它解決企業的根源問題，摸清企業營銷的底層邏輯。

武雅峰
太原准致科技有限公司 董事長

只有樹立了現代營銷觀念，企業才能贏得市場、引導市場！只有實施科學營銷管理，企業才能在市場上立於不敗之地！

邵建榮
深圳中電辰光電子有限公司 總經理

偉大的企業都離不開營銷的全盤佈局，具有前瞻性的佈局思維，直接關乎到企業的成敗。移動營銷學這門學科很好地詮釋了一個偉大的企業是如何成就的，能參與其中創作，倍感榮幸！

徐志鵬
世屹文化集團有限公司 董事長

運用移動營銷這套知識體系，華老師為我們提出"文化讓中國更自信"，世屹已成為非遺領域領軍企業。

　　此外，我們也要感謝以下專家、企業家和朋友一直以來用各種方式對本書的支持（按姓氏拼音排序），他們通過實踐應用、傳播分享或參與修訂給予了作者極大的鼓舞。

白　岩	卜建興	才舒凡	蔡　濤	曹　進	曹德雲	曹滌非	曹玉娟	常　慧
陳　聰	陳　輝	陳　磊	陳　雲	陳昌全	陳全珍	陳霞光	陳憲紅	陳曉震
陳彥服	陳玉華	成　喜	崔志剛	戴有慧	戴宇波	戴宇蘭	鄧竣澤	丁瑞榮
董　清	樊　星	范亞玲	范志明	范忠亮	房玉明	豐　群	馮　景	馮瑜璿
傅華勇	高理中	高瑜晨	鞏秀忠	關　會	郭　穎	郭慧珍	郭運中	郭紫君
何　乾	何翠婷	何太兵	何小萍	何學平	賀迪飛	賀擁軍	洪　傑	侯建芳
胡景江	胡晴文	胡肅悅	華懷慶	華志強	黃　河	黃　源	黃敬超	黃秀聰
霍錦添	江國民	江偉民	姜　春	姜興東	蔣金媛	柯章權	賴　丹	李　威
李　乂	李　義	李昌華	李道慶	李洪亮	李家網	李建全	李培浩	李瑞忠
李賢寶	李小萍	李妍娜	李雨澤	連紹為	連增利	梁　東	梁瑞虎	梁雪賢
廖勝永	林　棟	林　傑	林惠芳	林文淵	林英捷	林永超	劉　芳	劉　濤
劉崇新	劉宏偉	劉名盛	劉雲輝	盧慧妍	盧家明	陸佳琦	路　旗	馬蘭周
馬慶渲	歐亞妹	潘春偉	潘在暉	裴　運	裴多輝	彭　和	彭汝通	彭雨初
彭志偉	皮為昉	齊善鴻	錢　峰	錢文濤	秦立德	尚　薇	尚海洋	邵　龍
邵　為	邵豔梅	申　健	施少斌	舒國華	蘇巧紅	蘇順民	孫　冰	孫金彪
孫自樹	覃詩永	唐　莉	唐　琪	唐光輝	唐美蓉	唐玉明	陶國光	田春永
田和喜	鐵　明	汪俊華	王　錯	王　亨	王　傑	王　潔	王　冕	王　勝
王　煜	王保奎	王翠萍	王鴻劍	王會明	王建平	王俊棋	王滿平	王仕軍
王賢福	王彥君	王瑜琦	王智勇	未　彬	魏　露	文天亮	吳寶峰	吳夢生
吳易得	伍江平	武雅峰	夏順姣	夏仙樂	肖　華	蕭紹甯	謝光鳳	謝松君
謝宗樺	辛明玲	邢志新	熊永青	徐金海	徐永生	徐志鵬	閆　妮	楊　洪

楊德勤　楊東林　楊東為　楊風光　楊關道　楊國強　楊青亞　楊清芳　楊憲軍
楊志勇　楊忠根　姚　勇　葉　濤　葉　瑛　尹高中　于春榮　于建平　于靖義
俞　烽　詹步長　張春陽　張桂華　張洪潤　張勁紅　張瑞芳　張瑞榮　張曙光
張思揚　張文麗　張曉玲　張歆汶　張永英　張莊平　趙愛東　趙連啟　趙夢琴
趙豈夢　趙曉航　趙宇昕　鄭先強　鐘友海　鐘元龍　周　潔　周　治　周建齡
周梨成　周曉紅　周煜丁　朱欣然　朱智彪　祝　福　卓令坤

最後，感謝美國克萊蒙研究大學德魯克管理學院博士張珈瑜（Virginia Cheung）、廣東外語外貿大學彭科明博士，正是他們不懈努力，嘗試把本書翻譯成 *MOBILE MARKETING MANAGEMENT* 英文第 2 版。同時也感謝為本書創作插畫的小小畫家劉甲秋（20 歲）、華梓涵（9 歲）、華羿熹（7 歲）、詹涵予（6 歲）、吉子萱（9 歲）、劉家華（7 歲）。

《移動營銷管理》是源自全球最新市場成功的案例實踐與管理成就的經典理論專著，希望讓更多的人能夠學習、借鑒和反饋，希望它成為繼彼得·德魯克（Peter F. Drucker）的《管理的實踐》（*The Practice of Management*）、菲利普·科特勒（Philip Kotler）的《營銷管理》（*Marketing Management*）和艾·里斯（AL Ries）& 傑克·特勞特（Jack Trout）的《定位》（*Positioning*）之後，能夠影響世界的第四本經典著作。

《移動營銷管理（第三版）》編輯團隊：

李波、謝玉婷、鍾娟、潘霞、朱立平、朱立香、葉麗香、鄧軍義、黃萬強、仵富音、丘碧玉、汪蕊、謝嘉燕、鍾元明、林新傑、吳美許、馬溥、鄧星姣

二〇二〇年一月

目錄 Contents

THE UNDERLYING LOGIC OF MOBILE MARKETING

第
一
篇

移動營銷的
底層邏輯

第一章

Logic of Technological Evolution

技術演進邏輯

　　我們處於一個偉大的時代，當幾百年一遇的 4.0 工業革命與第三次文藝復興相遇在移動互聯網時代，當市場環境已進入科技與市場的雙輪創新的信息經濟時代，全球企業都面臨着一場巨大的經營變革與市場挑戰，很多企業已經深陷重圍，與此同時，在全球範圍內企業同樣面臨着類似的挑戰與機遇。

1.1 重新解讀四次工業革命

　　四次工業革命圖示見圖 1-1。

圖 1-1　四次工業革命圖示

1.1.1 第一次工業革命

　　大家都知道西方國家的三次工業革命 ❶。那麼，第一次工業革命是在哪裏誕生的？人們脫口而出的答案是英國。

　　但這是不正確的歷史觀。

　　判斷人類歷史上第一次工業革命的標準應該是：是誰第一次把人類從農業中解放出來？是誰幫助人們從靠天吃飯的農耕生產方式進化到手工業作業方式？

　　顯然，始於 18 世紀的英國工業革命並不符合這一要求。英國工業革命的主要目標是把人們從分散作業的手工生產方式進化為機械化大規模的工廠生產方式。因此，發生在英國的那場工業革命並不是人類第一次工業革命，儘管它被轟轟烈烈地載入史冊。

　　第一次工業革命發生在 1,000 多年前的中國，大約在唐宋時期達到了高峰。手工業的迅猛發展使絲綢之路顯得擁擠。"四大發明"深刻地影響了世界，直到今天。

　　西方的良知、英國哲學家弗朗西斯・培根（Francis Bacon）在 1620 年提出："我們應該注意到這些發明的力量、功效和結果，它們是印刷術、火藥、指南針。因為這三大發明首先在文學方面、其次在戰爭方面、再次在航海方面，改變了這個世界許多事物的面貌和狀態，並由此產生無數變化，以至於似乎沒有任何帝國、任何派別、任何名人能與這些技術

❶ 西方國家的三次工業革命：第一次工業革命，時間為 18 世紀 60 年代，標誌是瓦特發明蒸汽機；第二次工業革命，時間為 19 世紀 70 年代，標誌是電力的廣泛運用，主要是西門子發明發電機，愛迪生發明電燈，貝爾發明電話；第三次工業革命，時間為 20 世紀 40、50 年代，標誌是以原子能技術、航天技術、電子計算機的應用為代表，包括人工合成材料、分子生物學和遺傳工程等高新技術。

發明在對人類事物產生更大的動力和影響方面相比。"

英國哲學家培根正確評價了三大發明的歷史意義，而這三大發明都源於中國。雕版印刷技術的原理是把要印的書按頁分別刻在每塊木板上，從而實現批量印刷。現存最早的雕版印刷品，是 868 年印刷的佛教經文。活字印刷術也是中國人發明的，在 1041 年至 1048 年，中國的畢升（970—1051 年）發明泥活字，先製成單字的陽文反文字模，然後按照稿件把單字挑選出來，排在字盤內，塗墨印刷，印完後再將字模拆開，留待下次排印使用。在此後幾個世紀，中國人用木頭和各種金屬活字代替了泥活字。這些發明由中國傳到中東，再經中東傳入歐洲。1423 年，歐洲人首次使用雕版印刷。1455 年，歐洲人用活字印刷了第一本書——《谷登堡聖經》（*Gutenberg Bible*）。

早在唐朝（618—907 年），中國就用火藥製造煙火。1120 年，中國發明了一種武器，即"突火槍"，它由一根粗毛竹筒塞滿火藥製作而成，這幾乎就是金屬管槍的前身。金屬管槍大約出現於 1280 年，不過現在沒人知道它是由中國人發明的。

大約在公元前 240 年，中國有書籍明確提到了磁力。但在以後的幾個世紀中，指南針僅用於巫術。不過，到 1125 年，指南針開始被用於航海。後來，來到中國的阿拉伯商人學會使用這種儀器，並將其傳入歐洲。

除上述三大發明外，中國人傳給歐亞大陸各鄰邦的東西還有很多。公元前 105 年，中國人發明了造紙術，為印刷術的發明提供了先決條件。公元前 751 年，被帶到撒馬爾罕的中國戰俘將造紙術傳給阿拉伯人，阿拉伯人又將它傳入敘利亞、埃及和摩洛哥。1150 年，造紙術傳入西班牙，又從那裏傳到法國和歐洲其他國家。所到之處，羊皮紙被取代。事實證明，造紙術的價值十分顯著：過去用羊皮紙製作一本《聖經》至少需要 300 張羊皮，造紙術的發明帶動了《聖經》的大量傳播。

傳遍整個歐亞大陸、具有深遠影響的中國其他發明還有船尾舵、馬鐙和胸戴挽具等。船尾舵大約於 1180 年與指南針同時傳入歐洲。馬鐙使中世紀歐洲穿戴沉重鎧甲的封建騎士得以出現。胸戴挽具與過去的頸環挽具不同，它套在馬肩上能使馬全力拉東西而不會被勒死。中國人還栽培了許多水果和植物，它們通常由阿拉伯人經過古絲綢之路傳遍歐亞大陸。這些水果和植物包括菊花、山茶花、杜鵑花、茶香玫瑰、翠菊、檸檬、柑橘等。在荷蘭和德國，柑橘至今還被稱為"中國蘋果"。

因此，判斷一場工業革命的標準有三個：劃時代的思想家或科學家，改變世界的技術發明和全球貿易方式的變革。以儒家文化為代表的思想家群體的形成、改變世界的四大發明和絲綢之路上歐亞大陸貿易方式的變革，都注定了第一次工業革命落戶在中國的唐宋文明。

不過，中國沒有抓住第一次工業革命的勢頭順勢發展下去。1206 年，元朝建立前後，北方少數民族的鐵蹄強行中斷了中原工業革命的發展勢頭。當中國停下來歇腳的時候，歐亞大陸的另一端，英吉利海峽的對岸，大英帝國的蒸汽機轟然響起——第二次工業革命登場了。

1.1.2 第二次工業革命

第二次工業革命始於 18 世紀的英國。工業革命的三大主角——科學與思想家、發明家和全球貿易家依次登場。

這三大主角之間的邏輯關係像一場足球賽，思想家是後衛，把球傳給發明家這個中場，中場再傳給貿易家前鋒，由前鋒完成致命一擊。

思想家解放了束縛科學發明賴以生存的社會環境。在一個更加開放和寬鬆的人文環境中，發明家把各種奇思妙想變成可觸摸的、實實在在的技術發明。這種發明進一步推動了全球貿易，全球貿易促使全球資源重新配置。於是，第二次工業革命成就了大英帝國。

科學與思想雖不能直接產生財富，但卻是一台強大的鼓風機，把覆在科技之上的塵土吹走，把束縛科學發明的繩索吹斷。

在第二次工業革命到來之前，有兩位巨人充當了急先鋒，他們分別是牛頓（I.Newton，1642—1727 年）和達爾文（C.R.Darwin，1809—1882 年）。牛頓是那個時期最傑出的代表人物，他發現了萬有引力定律："宇宙間任何兩個有質量的物質間都存在相互吸引力；引力與兩個粒子之間的距離的平方成反比，與它們的質量乘積成正比。"

牛頓的萬有引力定律是揭開物質規律的一個轟動性的、革命性的解釋。實際上，自然界好像一個巨大的機械裝置，通過觀察、實驗、測量和計算，可以確定某些自然法則。這就為機械化的誕生提供了科學理論支持。牛頓的影響究竟有多大呢？蒸汽機的發明就是一個有力的證明。1769 年，詹姆斯·瓦特（James Watt）改良了蒸汽機。圍繞蒸汽機的發明與改良，一系列新發明湧現出來。

約翰·凱伊（John Kay）發明了能提高紡織速度的"飛梭"（1733 年），理查德·阿克萊特（Richard Arkwright）發明了水力紡紗機（1769 年），詹姆斯·哈格里夫斯（James Hargreaves）發明了珍妮紡紗機（1770 年），塞繆爾·克朗普頓（Samuel Crompton）發明了走錠紡紗機（1779 年）。用珍妮紡紗機，一個人能同時紡 8 根紗線……後來是 16 根，最後為 100 多根。

蒸汽機的歷史意義，無論怎樣誇大也不為過，它提供了控制和利用熱能為機械提供動力的手段。因此，它結束了人類對畜力、風力和水力由來已久的依賴，由此一個新時代開始了。

讀者或許會問，那時候的中國在幹什麼呢？當第二次工業革命的巨浪在大西洋掀起時，處於太平洋彼岸的中國在忙什麼呢？

圖 1-2　圓明園遺址

清康熙四十八年（1709 年），康熙皇帝把北京初建成的圓明園賜給了皇四子愛新覺羅·胤禛❶。雍正登基後將它擴建為離宮御苑，前後 50 年調動了全國的能工巧匠，使圓明園成為世界"萬園之園"。乾隆時期再次擴建，調動了江南園林百萬工匠，把圓明園打造成具有極高藝術水準的皇家園林。這個歷時百年的龐然大物耗盡了大清帝國的國力。結果呢？咸豐十年（1860 年），英法聯軍攻佔北京，圓明園被付之一炬。

❶ 愛新覺羅·胤禛：清世宗，清朝第五位皇帝，定都北京後第三位皇帝，康熙帝第四子，母為孝恭仁皇后，即德妃烏雅氏。康熙六十一年（1722 年）十一月十三日，康熙帝在北郊暢春園病逝。他繼承皇位，次年改年號為雍正。

多麼荒誕的歷史對照！當大西洋上空飄着自由與科技的旗幟時，當英國民眾用 100 年時間投入全部國力掀起第二次工業革命時，大清帝國卻用 100 年集全國之力建造了注定要被毀掉的圓明園。

再看看大西洋彼岸是如何的熱火朝天。新的棉紡機和蒸汽機的出現，必然增加鐵、鋼和煤的需求。這一需求通過採礦和冶金術等一系列技術進步得到了滿足——亨利·科特（Henry Cote）發明了除去熔融生鐵中雜質的"攪煉"法。瓦特蒸汽機在鼓風機、鑿岩機以及在翻轉和破裂技術方面得到廣泛應用。

第二次工業革命的結果是，到 1800 年，英國的煤和鐵的產量比世界其他地區生產的總和還多。人類不僅進入了蒸汽機時代，也進入了鋼鐵時代。不過，這不包括閉關鎖國的清王朝。

在第二次工業革命初期，也許看不出第二次工業革命給中國帶來多大影響，以至於到 19 世紀末，慈禧太后還在大修圓明園。殊不知，堅船利炮即將登岸。1840 年，塞繆爾·肯納德（Samuel Cunard）建立了一條橫越大西洋的定期航運線。運輸方式的改變、新的貿易方式的出現是第二次工業革命真正意義上的"魔鬼出閘"。蒸汽機輪船的出海遠航，徹底改變了財富分配的格局，英國變富了，中國變窮了。

不僅如此，輪船既可以用於商戰，也可以用於軍事。由於錯失第二次工業革命，三次災難性的戰爭使中國蒙羞。第一次是 1840 年至 1842 年和英國的鴉片戰爭，第二次是 1856 年至 1860 年和英法的戰爭，第三次是 1894 年至 1895 年的中日甲午戰爭。

1840 年的鴉片戰爭，配備老式武器的中國人沒有打敗裝備蒸汽機炮艦和火炮的英國人的任何可能。英國歷史學家亞瑟·戴維·韋利（Arthur David Waley）描述了當年寧波海戰時滑稽的一幕："總攻的信號是向英國船隻發射點燃的火攻木筏，火攻木筏漂向英國船隻，在它們起錨前將它們點燃……英國大船上的小船在這些燃燒的火攻木筏到達前便已出發，將它們擊成兩半，中國人逃跑了。"

甚至有人建議，應該在一些猴子的背後拴上鞭炮，然後將猴子扔到英國船隻的甲板上。火焰將會隨着愛竄的猴子迅速向各個方向分散開去，此時如果能夠碰巧跑到彈藥庫，那麼整艘船將化為粉末。於是，19 隻猴子被買了回來，並在進攻前被成群地帶到了前沿陣地……其結果想必讀者早已知曉。

這就是被工業革命邊緣化的結果：守舊必然落後，落後必然捱打。

200 年前，中國完全錯過了第二次工業革命。30 年前，中國趕上了第三次工業革命的末班車。

1.1.3 第三次工業革命

英國的工業革命熱情尚未消退，大西洋彼岸便燃起了第三次工業革命的火焰。

像第二次工業革命一樣，第三次工業革命依然離不開科學家、發明家和全球新貿易。1905 年，身為瑞士郵局小職員的阿爾伯特·愛因斯坦（Albert Einstein）發表了一篇關於"相對論"的文章，從此拉開了一個全新世界的序幕，世界進入原子時代。

艾薩克·牛頓（Isaac Newton）鋪墊了第二次工業革命，牛頓萬有引力定律帶來了許多激動人心的成就，但它並不完全正確。愛因斯坦用"相對論"對它進行了顛覆式修正。

按照牛頓的看法，引力效應是瞬時的，運用這種手段，我們可以以無窮大的速率發送信號。但愛因斯坦認為，我們不能以快於光速的速率發送信號，因此在一定條件下萬有引力定律是錯的。

牛頓是紳士型科學家——他與權貴有一張關係網，虔信宗教，做事不慌不忙、井井有條。他的科學家風格被奉為圭臬。與他相比，愛因斯坦簡直就是草根逆襲：行為古怪，不修邊幅，心不在焉，一個抽象思想家的原型。

"相對論"推導出大家熟悉的質能公式，人們通過這個公式計算出第三次工業革命最重要也是最可怕的武器——原子彈。

作為第三次工業革命的標誌性工業品——汽車、航空器、電話、計算機，全部與愛因斯坦的質能公式 $E=mc^2$ 有關。

每一次工業革命前，必有一場科學革命。在漫長的歷史黑夜中，發明家需要科學家這盞明燈。千萬別輕視一個國家、一個時代的基礎物理學家、基礎生物學家等基礎學科專家，甚至理論家，他們都是工業文明的先知先覺者。1752 年，美國人本傑明·富蘭克林（Benjamin Franklin）發現了電，從此工業文明從用煤時代進入用電時代。萊特兄弟（Wright Brothers）於 1900 年試飛了人類第一架飛機，美國的波音（Boeing）飛機誕生了，至今天空中有 80% 的遠程大飛機是美國波音製造的。"電"、"橡膠"和"油氣機"相結合，誕生了美國著名的福特（Ford）T 型汽車。福特不僅向人類貢獻了一款經典車型，還貢獻了第三次工業革命最重要的大批量生產管理的新模式。

20 世紀 70 年代以後，電子工程和信息技術加入工業化的大合唱之中，整整 100 年的第三次工業革命的舞台跳躍着自動化工業文明的優美旋律。第三次工業革命創造的財富比過去 1000 年人類創造的所有財富的總和還要多，多到今天用"產能過剩"來形容一點也不誇張。

美國人的發明創造熱情貫穿百年工業文明史。1946 年，世界第一台計算機在美國誕生。此後，人類經歷了從計算機硬件到軟件再到互聯網世界的變遷。如果說互聯網是地球上無所不能的新技術，恐怕不會有人反對。第三次工業革命始於愛因斯坦的質能公式，但他大概也沒有想到互聯網的能量遠超核爆，而且其能量尚未完全釋放。

在這裏，我們提出一個假設：假如 100 年前，第三次工業革命發源於中國，中國會變成什麼樣？或者這樣問：100 年前的中國在幹什麼？為什麼又一次與工業革命的創始機遇擦肩而過？

1895 年，美國第三次工業革命的拂曉時分，中國正忙着和日本打仗，被迫簽訂了《馬關條約》。1937 年到 1945 年，是第三次工業革命的關鍵時期，中國被迫全民抗日，無暇顧及工業發展。20 世紀初，中國工業革命的火苗被隔海相望的這個鄰居撲滅了，幸好中國用 30 年的改革開放趕上了第三次工業革命的末班車。這 30 年是幸運的 30 年，中國人小步快跑的工業化節奏給了世界一個驚喜。原來，中國也可以創造一個世界波。

現在，我們回到第三次工業革命的主題。

這次工業革命並未隨着鐵路、跨大西洋輪船和電子信息的出現而結束，它一直持續到今天，發明連續不斷。一個領域的發明產生了不平衡，會刺激其他領域相應的發明來糾正這種不平衡。儘管德國、日本也為第三次工業革命貢獻了很多技術發明，但美國仍然是這場工業革命的中心。

那麼，美國是如何利用這場工業革命的成果使自己變成當今世界的超級大國呢？除了科學和技術發明，貿易方式的變革鞏固了工業革命成果。美國人精心設計了最大限度地符合自己利益的全球貿易組織——WTO（世界貿易組織）。此外，世界貨幣基金組織也是美國的發明，美國還發明了以美元作為全球貿易主要結算貨幣的"布雷頓森林體系"。美國把第三次世界工業革命的成果通過一系列貿易規則和貿易工具的發明據為己有，使自己變得更強大。發生在 2014 年年底的石油價格暴跌和盧布貶值，就是貨幣戰爭的清晰顯現。2019 年 6 月，德國和俄羅斯要求運回存放在美國的黃金，也是對美元結算體系的質疑。

第三次工業革命給我們的啟示是，誰擁有科學技術，誰主導了全球貿易規則，誰就將獲得在下一次工業革命中誕生最強大經濟體的偉大機會。幸運的是，現在處於第四次工業革命的前夜，世界各國處於同一起跑線。

1.1.4 第四次工業革命

代表工業創新和發展、寓意人類第四次工業革命的"工業 4.0[●]"浪潮勢不可當。"工業 4.0"是德國聯邦教研部與聯邦經濟技術部在 2013 年漢諾威工業博覽會上提出的概念。它一經提出，便震撼了世界。

"工業 4.0"為我們描述了一個不可思議的未來，這個未來以製造業改造為入口，提出了繼蒸汽機的應用、規模化產業和電子信息技術三次工業革命後，人類將進入以信息物理融合系統為基礎，以生產高度數字化、網絡化、機器自組織為標誌的第四次工業革命。

然而，爭論同時開始：這裏使用"革命"這個概念的理由是否充分？或者說，如果不說"革命"而說"演化"會不會顯得更恰當？質疑者是有一定道理的，在"工業 4.0"所描述的未來世界變革中，促發這場變革的技術元素並非什麼新東西，它們是軟件、傳感器、執行器等電子器件。這些東西在第三次工業革命中期就已出現。

但事實上，中國正處於將各種新技術、新發明集中匯合在一起，從量變到質變的前夜，任何一場工業革命的時間跨度都經歷了幾十年。單就這一點而言，時間跨度不一定會成為否定第四次工業革命概念的依據，況且，近十幾年湧現的技術變革，相較於前幾次工業革命的理論和實踐均呈現相反的趨勢，使越來越多的人趨向於認同這是一次革命而不是修修補補的進化。

假如"工業 4.0"是一場真正的工業革命，依照前三次工業革命的演進三部曲"科學—技術—貿易"，在第四次工業革命到來之前理應出現富於革命意義的科學成果或科學思想。

事實是，徵兆早已出現，這次還是理論物理學打先鋒。

原來，就在人們以為愛因斯坦的相對論完美無瑕，量子力學劃破了相對論的時空。當今世界最先進、最不可思議的量子力學在最近 30 年取得了正統地位，

[●] 工業 4.0：德國政府在《德國 2020 高技術戰略》中所提出的十大未來項目之一，該項目由德國聯邦教育局及研究部和聯邦經濟技術部聯合資助，投資預計達 2 億歐元。該項目旨在提升製造業的智能化水平，建立具有適應性、資源效率及基因工程學的智慧工廠，在商業流程及價值流程中整合客戶及商業夥伴，其技術基礎是網絡實體系統及物聯網。

一個新時代開始了。

　　量子力學是從重新認知原子開始的。

　　假如在某次地球大災難中，所有的科學知識都被毀滅，人類只有一次機會把一句話留下來給未來的新人類，那麼怎樣以最少的詞彙表達最多的信息呢？

　　在這裏，我們要引入原子學說，即萬物都由原子構成，原子是一些小粒子，它們永不停息地四處運動，它們之間既彼此吸引，又互相排斥。

　　只要你稍微想一想，就會發現這句話包含人類重構世界觀所需要的巨大信息。原來，人就是由一堆原子構成的，石頭、鋼鐵、樹木也是由一堆原子構成的，人和石頭的區別僅僅是原子的排列順序不同而已。既然如此，人與人之間的連接形成了互聯網，憑什麼人與石頭、石頭與樹木之間不能相互實現網絡連接呢？

　　從互聯網到物聯網，原子學說重構了第四次工業革命的世界觀。

　　雖然這是事實，但有時候想一想還會覺得可怕，物理學如此高深而有趣：在你面前走來走去並且和你說話的那個"可移動的東西"，原來就是一大堆排列得非常複雜的原子；每天晚上躺在床上的那個所謂的"愛人"，原來竟是一堆按睡眠模式排列有序的原子；女人生下來的那個**"寶寶"**，原來是夫妻共同排列出來的一堆原子⋯⋯

　　經典物理學認為，物質運動一定有規律可循。量子力學認為，人們不可能同時知道一樣東西在什麼地方、它運動得有多快。動量的不確定量和位置的不確定量是互補的，其定律是

$$\Delta \times \Delta p \geq p/2\pi$$

　　量子力學[1]帶來的有關科學觀念和科學哲學的結論是：在任何情況下，都不可能精確預言將會發生的事情。這就是著名的"測不準原理"。測不準原理小心翼翼地保護着第四次工業革命前夜所有發明家的熱情不被傳統勢力打壓。原因很簡單，既然成功是一場偶然，何必懷疑小人物的創造力呢？量子力學不經意間為"微觀世界"的創新工場開啟了一扇門。

　　先有科學革命，後有工業革命。科學原理猶如燈塔指引茫茫大海中的工業巨輪向正確方向前進。以移動互聯網、人工智能、雲計算、區塊鏈、基因工程、生命科學、物聯網、大數據、新材料、新能源為代表的十大工業革命技術，不僅改變了經濟學意義上的供給側，重塑了產業結構，也深刻地改變了經濟學意義上的需求側，重塑了消費市場結構，倒逼企業工商管理理論走上革新的道路，跑在最前面的就是移動營銷管理學。

> [1] 量子力學（Quantum Mechanics）：物理學理論，是研究物質世界微觀粒子運動規律的物理學分支，主要研究原子、分子、凝聚態物質，以及原子核和基本粒子的結構、性質的基礎理論。它與相對論一起構成現代物理學的理論基礎。量子力學不僅是現代物理學的基礎理論之一，而且在化學等學科和許多近代技術中得到廣泛應用。

1.2 關鍵技術創新

　　以下關鍵技術直接改變了市場營銷學的基礎原理、研究範式與營銷工具。

1.2.1 始於德國的智能製造

在德國巴伐利亞州東部小城紐倫堡，有一座外形不起眼的工廠，但是有誰能想到，這是被稱為歐洲乃至全球最先進的工廠之一——安貝格電子製造工廠（德文縮寫：EWA）。這是西門子的未來工廠，是最具工業 4.0 代表性的場所之一，也是全球第一家純數字化工廠。

EWA 於 1989 年建立，主要生產 SIMATIC（西門子自動化系列產品品牌統稱）可編程邏輯控制器，用於實現機器設備的自動化，涉及領域覆蓋汽車製造、製藥等多個行業。

一般來說，汽車製造廠需要 50-100 套 SIMATIC 控制系統，一個石油平台需使用 5-20 套，而在 EWA 工廠，產品種類有 1,000 多種。

西門子安貝格電子製造工廠面積為 10.8 萬平方英尺（約 1 萬零 33 平方米），能夠協調從生產線到產品配送等一切要素，從倉儲到生產都實現了智能自動化。自建成以來，工廠在未擴建及人員未增加的情況下，產能提升了 8 倍，產品質量也提升了 40 倍。

不要覺得這些東西離普通老百姓很遠，人民的吃穿住行都與製造業有緊密關係，而西門子 EWA 工廠就代表着若干年製造業的走向。

EWA 門禁森嚴，獲得允許入內的訪客都要穿上白色大褂，與廠內工作人員的藍色大褂區分開來，還要經過除塵、去靜電處理，歷史上只有 1 人破例穿上了和工作人員一樣的藍色大褂，這個人就是德國總理安格拉·多羅特婭·默克爾（Angela Dorothea Merkel）。

西門子是世界領先的 PLC 供應商，作為西門子的示範工廠，EWA 每年要生產超過 1,200 萬個 SIMATIC 產品，處理近 30 億個元器件，一年 230 個工作日，照此計算，EWA 生產線每秒就能生產出 1 個控制單元，並且產品的合格率能達到 99.99885%。

在 EWA 裏，其中 75% 的工序由設備和計算機自主完成，只有在生產過程開始的時候，需要由人將原始部件放在生產線上，之後，一切步驟都是自動進行的。

每個元件都會有自己的條形碼，裏邊記錄了元件的“身份信息”，並在虛擬環境中進行生產流程規劃，有各自的“目的地”。通過條形碼，元件可以和生產設備直接通信，告訴生產設備自己應該在什麼時間、哪條生產線或哪個工藝過程出現，以及操作的要求和步驟。在磁懸浮傳送線路的分岔路口，元件會暫停 1-2 秒，然後選出正確的方向，到達加工中心，元件經掃描被識別，生產設備會實時調用全部加工信息，並自動調整生產參數。

值得注意的是，SIMATIC 單元的生產是由 SIMATIC 單元控制的，每條生產線上大約都有 1,000 個 SIMATIC 控制器，每小時最快可以鑲嵌 25 萬個元器件（比如電阻、電容和微芯片）。一旦焊接過程完成，電路板將會被傳送到一個光學檢驗系統中進行質量檢測，包括檢測元器件的焊接位置是否正確，以及焊接點的質量。現場發現並剔除不合格的產品，然後再將電路板安裝到機箱中，接下來會對成品進行檢測，將成品傳送到位於紐倫堡的配送中心，最後才會被運送到全球 6 萬多位客戶手中。

EWA 的內部原料配送已實現自動化和信息化。物料放置在地下倉庫裏，當生產線上需要某種物料時，監控顯示器上會提示，工人只要拿着掃描槍在樣品上掃碼，條碼信息就會被傳送到自動化倉庫裏，由 ERP 系統發出指令，讓場內自動化物流系統到倉庫指定位置提取物料，然後經過總長達 5,000 米的地下運輸帶送到指定位置，由自動升降機送到生產線附近。

1. "大數據 + 物聯網" 改變了質量管理方法

每天，EWA 會處理超過 5,000 萬條進程信息，並在 SIMATIC 物聯網製造執行系統中存儲。EWA 從頭到尾完整觀察並記錄每件產品的生產週期，換句話說，就是一件產品的生產週期完全可追溯。通過軟件，對製造過程和指令進行設定，所以整個生產過程從開始到結束都將被記錄下來，並處於嚴格的控制之下。在整個生產流程中，有 1,000 多個掃描器實時地對整個製造過程歸檔並記錄生產細節，比如焊接的溫度、貼裝的數據和檢測的結果等數據，這套系統還與研發部門聯網，能確保 EWA 工廠生產上千個不同產品也不會發生混亂。基於這個海量數據，不僅能對所有產品的生命週期完整追溯，還能對生產流程進行優化調整，將產品不合格率降到最低，從而大幅度提高產品合格率。相對於該工廠成立之初每百萬次電子產品加工過程出錯 500 次，現在的每百萬次出錯次數只有 12 次。

2. 西門子：德國工業智能製造的始祖

除了建造自己的數字化工廠，西門子還為那些有意向 "數字化" 轉型的傳統企業輸出全套解決方案。例如，西門子為排名前 10 的德國老牌啤酒廠 Spaten Brewery 部署了集成控制系統 Braumat，降低了酒廠人工成本，提高了生產效率，提升了產品口感穩定性，且產品生產過程可完全追溯。

EWA 為德國的製造業企業生產智能生產線設備，如戴姆勒、寶馬汽車等。

EWA 是西門子幾十年來的數字化結晶。2013 年 9 月，全球第二家數字化工廠、EWA 的姊妹工廠——西門子成都工廠正式成立並投產，各方面標準都是按 EWA 來打造的。

EWA 工廠成功的關鍵在於通過產品與生產設備的通信和物聯網系統控制來實現三大技術的整合：產品生命週期管理（PLM）、製造執行系統（MES）和工業自動化。

現在的 EWA 工廠，大約有 1,100 人，實行三班制，每班次約 300 人。智能化並不意味着真的無人，至少短時間內是這樣的。

EWA 負責人 Karl-Heinz Büttner 說："我們並不打算打造一個無人工廠，人仍然是至關重要的力量，生產率的提升，有 40% 源於員工的新創意，另外的 60% 來自基礎設施投資。"西門子董事會成員 Siegfried Russwurm 也說："設計一個全自動、依靠互聯網的智能生產線，仍然需要 10 年時間。萬丈高樓，我們現在只是有了磚頭。"

數字工廠的出現改變了供給側的供給關係，改寫了傳統經濟學對供給的定義，改變了供給與就業之間的供需關係，無論是主張政府干預還是主張市場調控，都能通過增加供給促進就業的社會基礎徹底改變。簡單來說，投資供給再多的錢都將用於購買智能設備，反映供給和就業之間關係的所有經濟學原理都將被改寫。

移動應用把數字工廠和數字生活鏈接起來，改變了價格與供給的經濟學曲線，產生了新的供給定理（Law of Supply）：在其他條件不變時，一種物品價格上升，該物品供給量增加。在數字共享時代，物品價格與供給關係越來越透明，價格上升與供給量關聯性減弱，與物品的內容創新關聯性提高。

新經濟擴張的一個重要方面是，創新起着經濟增長發動機的作用。在這方面，21 世紀最重要的經濟學家已經不是亞當・斯密或凱恩斯，而是約瑟夫・熊彼特（Joseph Alois

Schumpeter），他的"破壞性創新"觀點為新經濟學注入了企業家精神。

創新是工業革命的主旋律，第四次工業革命主要依據以下創新：智能製造、生命科學、基因與生物工程、物聯網、大數據、雲計算、移動互聯網。單獨來看，每一項創新都可以改變世界格局，況且這些創新之間的融合，蘊藏着巨大的商業機會和變革潛能，深刻地改變了國家經濟運行規律與國際關係規則。

工業革命 4.0 時代到來的驅動力首先是人們的個性化需求，個性化需求直接顛覆了往日複製化、規模化的生產方式，繼而高效批量化生產出富有創意、個性的產品。直接解決"批量"和"個性"這一工業生產矛盾的就是智能製造，即移動互聯網可以使這一鏈條上的剛性生產在遇到個性需求時，產生高效協作力。

雖然真實的工業革命 4.0 還沒有全面普及，但在自動化生產和智能虛擬的空間裏，正在實現這一柔性的跨越，再加上工業軟件工程師的加盟，實現了從冰冷製造到人性化服務的過渡，開放的工業脈絡能夠提升運營便利性，將硬製造和軟服務有機融合，有助於實現大數據的人性化跨越。

人工智能從德國的智能製造開始，迅速波及所有行業。智能製造華麗轉身為人工智能時，智能營銷應運而生。在未應用的營銷策略組合時，營銷智能化是必不可少的一環。

1.2.2 基因與生物工程 ●

2012 年，來自全球 22 個不同實驗室的 500 多位科學家展開了史無前例的合作，發現了過去誤認為沒有太大意義的 DNA 片段，也就是所謂的"垃圾 DNA"，實際上它包含數百萬個排列在複雜網絡中的"開關"，這些"開關"在調控基因的功能與交互作用上扮演着關鍵角色。

目前，儘管科學家只描繪了其中 1% 的現象，但足以讓人興奮。以網絡為基礎的"生物元件"是指性能已知且用途確定的 DNA 序列，合成生物學家可以以很低的成本獲取它們。

基因工程技術啟發了合成生物學家的幻想：是否可以像製造機器人一樣，製造出人造生命？

隨着 3D 打印技術的成熟，合成生物學家深信，即使無法打印一個活生生的人，至少可以製造出人體的某個器官。

❶ 生物工程：以生物學（特別是其中的分子生物學、微生物學、遺傳學、生物化學和細胞學）的理論和技術為基礎，結合化工、機械、電子計算機等現代工程技術，充分運用分子生物學的最新成就，自覺地操縱遺傳物質，定向地改造生物或其功能，短期內創造出具有超遠緣性狀的新物種，再通過合適的生物反應器對這類"工程菌"或"工程細胞株"進行大規模培養，以生產大量有用代謝產物或發揮它們獨特生理功能的一門新興技術。

這個設想太大膽了。這似乎預示着，人類有一天可以任意設計自己的生老病死，活到 300 歲、500 歲再正常不過，因為只要身體某個部位發生病變，只用一台 3D 打印機打印出一個新的人體器官，通過手術把它放進人體就萬事大吉了。

醫院有一天會變成製造人體器官的工廠嗎？人們生病了只要來換器官就行了。買一顆心臟，可能就像今天買一串葡萄那麼簡單。

這並非空穴來風。基因工程、3D 打印和合成生物製品正在從實驗室走出來。合成生物學在未來 5 年將取代全球 15%-20% 的化工業。第三次工業革命引以為傲的化工產品將被合成生物製品顛覆，成本更低、污染更少是合成生物製品顛覆它的理由。只要進程不被人為打斷，基因與生物工程的突破將成為第四次工業革命帶給人類的最大亮點。無人診所、智能醫院的出現對健康產業的市場營銷學產生了強大的衝擊，與之關聯的行業如食品、飲料、酒類、藥品、生物製品等因此面臨移動營銷升級改造的命運。

1.2.3 物聯網

"物聯網" 這個概念大概出現在 10 年前，由 Internet of Things（IOT）翻譯過來。如果把服務加進去，就成為物與服務聯網（Internet of Things & Services，簡稱 IOTS）。

第三次工業革命中出現的互聯網為人與人之間的廣泛聯繫提供了可能。Web2.0 打開了人類互動的大門。第四次工業革命不僅將互聯網應用到移動終端，而且使物與物、物與人互聯互通成為可能。

人類歷史上，前三次工業革命的核心無不是閃耀着智慧光芒的技術創新，並由此引發波瀾壯闊的社會進化。工業革命從來都是內生而主動的。回望過去，中國在第二次和第三次工業革命中表現得很尷尬。且不說中國的第二次工業革命進程被日本入侵打亂，單說第三次工業革命，中國是以能源的過度消耗和環境嚴重惡化為代價才贏得 "世界工廠" 的地位。

分佈式能源和移動互聯網的結合再加上物與服務聯網，將打破第二次、第三次工業革命開創的過度消耗資源的生產模式和消費模式。所有的樓宇、廠房乃至個人，都有可能成為能源的提供者，同時也是使用者。

如果說美國是 20 世紀世界經濟發展的楷模，中國很有可能在 21 世紀和美國共同擔當這一角色，代表兩種文化的移動營銷模式必將引領世界營銷潮流。

1.2.4 大數據

大數據是人類文明新的土壤，將引導人類建設一個智能社會。所謂的大數據，是 "數字、文本、圖片、視頻" 等信息的統稱。人們一般會把大數據和智能時代聯繫在一起，這是因為所有智能設備和軟件運營的基礎就是大數據的算法和挖掘能力。換句話說，大數據是土壤，智能社會是土壤裏長出的果實。

人機交互是智能時代到來的基本前提。互聯網時代，智能研究的是人如何與電腦對話。在移動互聯網時代，智能手機屏幕變得越來越小，即使圖形再簡潔，也不方便我們用手點擊。於是，人與手機如何交互成了新課題。

有了大數據，未來的這種人機交流，在一定程度上，甚至比人人交流還要簡單。通過人機交互，人們能更好地理解為何移動互聯網的智能時代與以前有本質區別。過去，是人努力向機器靠攏，通過掌握機器的性能讓機器為自己服務；在以大數據為依託的智能時代，是機器主動向人靠攏，主動理解人、服務人。憑什麼讓機器主動向人靠攏？就是因為這台機器存儲了它服務對象的大數據，通過運算程序的設定，使機器智能化了。

大數據不僅可用於人機交互，雲醫療、雲城市、雲交通、雲計算和智慧城市的打造都是以大數據為基礎的。事實上，真正讓大數據變成活數據的，是移動互聯網的大數據營銷。

1.2.5 移動互聯網

移動互聯網的發明是 21 世紀最偉大的發明，具體原因如下所述：

（1）只有移動互聯網才是真正意義上的全民使用的互聯網。

（2）移動互聯網不是一門獨立的技術，但它為第四次工業革命的所有關鍵性技術，如智能製造、基因與生物工程、物聯網、大數據等提供紐帶源。換句話說，沒有移動互聯網，所有第四次工業革命的技術萌芽都只能相互隔絕，嚴重影響其作用的發揮。移動互聯網既像黏合劑，又像一場音樂會的指揮，統馭着第四次工業革命全局。

（3）移動互聯網一旦商業化，其所釋放的能量將超過前三次工業革命中所有貿易手段產生的能量的總和。英國在第二次工業革命中，靠蒸汽驅使的輪船改變世界貿易方式，並用堅船利炮制定了有利於大英帝國的全球貿易規則。美國在第三次工業革命中，靠美元的強勢地位制定了有利於美國的全球貿易規則，從而取代了英國成為新帝國。一旦移動互聯網被全球商業化，那麼誰擁有了這個全球一家獨大的移動互聯網商業平台，誰將是第四次工業革命中全球貿易新規則的制定者，移動營銷是移動互聯網商業化進程的必由之路。

1.2.6 雲計算 ●

美國國家標準與技術研究院（NIST）對雲計算的定義是：雲計算是一種按使用量付費的模式，這種模式提供可用的、便捷的、按需的網絡訪問，進入可配置的計算資源共享池（資源包括網絡、服務器、存儲、應用軟件、服務），這些資源能夠被快速提供，只需投入很少的管理工作，或與服務供應商進行很少的交互。XenSystem，以及在國外已經非常成熟的 Intel 和 IBM，各種 "雲計算" 的應用服務範圍正日漸擴大，影響力也無可估量。

雲計算常與網格計算、效用計算、自主計算相混淆。其中，網格計算是分佈式計算的一種，由一群鬆散耦合的計算機組成一個超級虛擬計算機，常用來執行一些大型任務；效用計算是 IT 資源的一種打包和計費方式，比如按照計算、存儲功能分別計量費用，類似傳統的電力等公共設施；自主計算是指具有自我管理功能的計算機系統。

事實上，許多雲計算部署依賴於計算機集群（但與網格的組成、體系結構、目的、工作方式大相徑庭），也吸收了自主計算和效用計算的特點。被普遍接受的雲計算具有如下幾個特點：

（1）超大規模

"雲" 具有相當的規模，Google 雲計算已經擁有 100 多萬台服務器，Amazon、 IBM、微軟、 Yahoo 等的 "雲" 均擁有幾十萬台服務器。企業私有雲一般擁有數百甚至上千台服務器。"雲" 能賦予用戶前所未有的計算能力。

（2）虛擬化

● 雲計算（Cloud Computing）：基於互聯網的相關服務的增加、使用和交付模式，通常涉及通過互聯網提供的動態易擴展且經常虛擬化的資源。

雲計算支持用戶在任意位置使用各種終端獲取應用服務。只需要一台筆記本或者一部手機，就可以通過網絡服務來實現我們需要的一切，甚至包括超級計算這樣的任務。

（3）高可靠性

"雲"通過數據多副本容錯、計算節點同構可互換等措施來保障服務的可靠性，使用雲計算比使用本地計算機可靠。

（4）通用性

雲計算不針對特定的應用，在"雲"的支撐下可以構造出千變萬化的應用，同一個"雲"可以同時支撐不同的應用運行。

此外，雲計算還有高可擴展性、按需服務、極其廉價的特徵。

4.0 工業革命深刻地改變着微觀和宏觀經濟學的研究對象、常設原理與研究方法，這種改變導致傳統經濟學研究結果與事實出入很大。這就是經濟學家給決策者提供的建議不被採納的原因。一方面，他們之間的觀點常常是相互矛盾的。"即使把所有經濟學家首尾相接地排成一隊，他們也達不成一個共識。"蕭伯納（G.Bernard Shaw）對經濟學家的嘲諷從這句話中可見一斑。美國前總統羅納德·里根（Ronald Reagan）曾經開玩笑說："如果小追擊（Trivial Pursuit）遊戲是為經濟學家設計的，那麼，100 個問題就會有 3,000 個答案。"另一方面，政府決策者在制定經濟政策時會把國家創新戰略置於國際競爭視野中加以考量，如美國前總統奧巴馬在 Hudson Valley 社區學院發表了"關於創新增長與高質量工作"的經濟觀點，而經濟學家由於對自己的價值觀和實證研究方法的堅持，往往缺乏更寬廣的視野。

或許，全球經濟學的計算研究該由雲計算接管，在接管之前，雲計算會成為智慧雲和營銷雲，變成移動營銷學的左膀右臂。

1.3 全球創新笑臉

1765 年，韋奇伍德（Wedgwood）給夏洛特女王做了一套奶油色茶具，命名為"女王牌陶器"。1767 年，韋奇伍德在給本特利的一封信裏寫道："對女王牌陶器的需求還在不斷上升，我們做的奶油色陶器，全世界都在用，全世界都喜歡，這是多麼奇妙啊！這成就是歸功於美觀實用還是歸功於推介呢？這個問題值得我們深思，對今後的管理是有幫助的。"

在韋奇伍德的"女王牌陶器"中，最有名的是俄國女皇凱瑟琳二世（Екатерина II Алексеевна）定製的一套 952 頭的晚餐和甜點用具，每件上面都雕有青蛙頭。對韋奇伍德而言，製作這套產品需要手繪很多風景畫，會增加成本，但同時也具有潛在的廣告價值。他利用人們對參觀展覽的熱情，把這套女皇陶器拿到倫敦展出，參觀需要買門票，從而使這套產品價格倍增。

韋奇伍德引用推銷員的做法，在倫敦之外的各地舉辦了不少促銷活動。對於國內訂單一律免費送貨，顧客對產品不滿意一概包退，對破損的陶器還可以包換。

韋奇伍德對專利非常重視。他所生產的裝飾性器具都有他和本特利的名章，實用性器具也刻有他的名字。相比之下，德國梅森的陶瓷產品上僅有一個不帶名字的簡單圖形，原是兩支交叉的劍外加一個圓點。1780 年，圓點被改成了五星。

韋奇伍德將一個粗陋而不起眼的產業轉變成了優美的藝術和國家商業的組成部分，充分說明了工業革命的發生，需要科學與商業的聯姻。這也解釋了為什麼瓷器的發明者中國當時沒能發生工業革命，儘管中國宋朝時期擁有造紙術、指南針、印刷術和火藥四大發明，但由於重農輕商的體制，始終沒有形成商人階層。文學家丹尼爾‧笛福（Daniel Defore）描述 18 世紀的英國是由兩個階層的人組成的：製造商和零售商。

只有利益驅動的科學革命，才能產生工業革命。英國在 18 世紀共生產了 2,500 台發動機，其中 30% 來自詹姆斯‧瓦特（James Watt）。儘管瓦特並不是世界上首台發動機的發明者，但瓦特製造的發動機成本很低而且耐磨損，用瓦特自己的話來說是"物美而價廉"。18 世紀英國人有個基本觀念，那就是任何一項創新，首先要能賺錢。但在當時的法國，創新者首先服務於國家，他們會先看看軍隊需不需要，軍隊不需要，再看上層社會需不需要，根本沒有商業化服務於大眾的打算。正如 18 世紀英國工業革命時期的鐘錶，英國人用它看時間，使工業化核算有了時間依據，而當時的中國大清王朝的鐘只裝在皇城鼓樓裏，只服務於朝廷。因此，工業革命只能在"特定的時間，特定的地方，特定的條件"下才會誕生。

第四次工業革命也具備某個特殊的條件。以前有"柯達時刻"（Kodak Moments）、"施樂進行時"（Xeroxing），現在正被一些新詞彙替代，如"谷歌搜索"（Googling）、"優步打車"（Ubering）、"推文"（Tweeting）或"抖音"（Douyin）。這個"特殊的條件"就是移動互聯網的方興未艾。

如圖 1-3 所示，移動互聯網對科技創新有顯著的、繁雜的催化效應，移動營銷促進了科技轉化為效益，企業有了效益後再加大對科技的投入，這種螺旋上升的速度越來越快，科技創新與營銷創新的雙渦輪驅動，使 4.0 工業革命的巨輪風馳電掣地運轉起來，2012 年以後科技與營銷齊飛。

世界進入了增強時代（Augmented Age），隨着科技的普及，新技術應用面臨的阻力越來越小。從近期來看，創新和營銷是企業的主要任務；從長遠來看，技術創新和移動營銷是企業未來的主要任務。

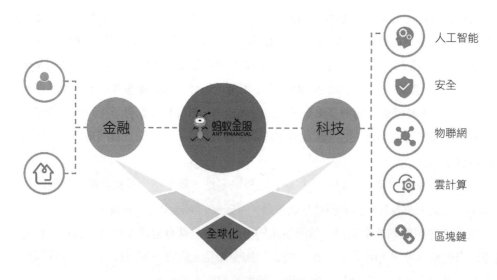

圖 1-3　重大科技進步加速出現
資料來源：阿斯加德風險投資（Asgard Venture Capital）

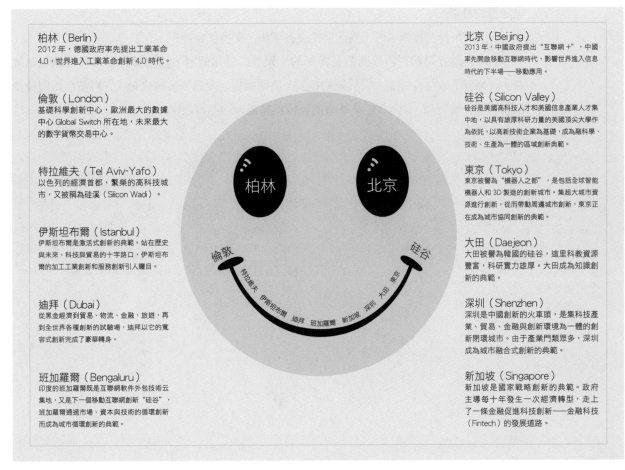

柏林（Berlin）
2012 年，德國政府率先提出工業革命 4.0，世界進入工業革命創新 4.0 時代。

倫敦（London）
基礎科學創新中心，歐洲最大的數據中心 Global Switch 所在地，未來最大的數字貨幣交易中心。

特拉維夫（Tel Aviv-Yafo）
以色列的經濟首都，繁榮的高科技城市，又被稱為硅溪（Silicon Wadi）。

伊斯坦布爾（Istanbul）
伊斯坦布爾是激活式創新的典範。站在歷史與未來、科技與貿易的十字路口，伊斯坦布爾的加工工業創新和服務創新引人矚目。

迪拜（Dubai）
從黑金經濟到貿易、物流、金融、旅遊，再到全世界各種創新的試驗場，迪拜以它的寬容式創新完成了豪華轉身。

班加羅爾（Bengaluru）
印度的班加羅爾既是互聯網軟件外包技術云集地，又是下一個移動互聯網創新"硅谷"，班加羅爾通過市場、資本與技術的循環創新而成為城市循環創新的典範。

北京（Beijing）
2013 年，中國政府提出"互聯網＋"，中國率先開啟移動互聯網時代，影響世界進入信息時代的下半場——移動應用。

硅谷（Silicon Valley）
硅谷是美國高科技人才和美國信息產業人才集中地，以具有雄厚科研力量的美國頂尖大學作為依託，以高新技術企業為基礎，成為融科學、技術、生產為一體的區域創新典範。

東京（Tokyo）
東京被譽為"機器人之都"，是包括全球智能機器人和 3D 製造的創新城市。集超大城市資源進行創新，從而帶動周邊城市創新，東京正在成為城市協同創新的典範。

大田（Daejeon）
大田被譽為韓國的硅谷，這裡科教資源豐富，科研實力雄厚。大田成為知識創新的典範。

深圳（Shenzhen）
深圳是中國創新的火車頭，是集科技產業、貿易、金融與創新環境為一體的創新閉環城市。由於產業門類多，深圳成為城市融合式創新的典範。

新加坡（Singapore）
新加坡是國家戰略創新的典範。政府主導每十年發生一次經濟轉型，走上了一條金融促進科技創新——金融科技（Fintech）的發展道路。

圖 1-4　全球創新笑臉圖

　　目前，世界上已經有 20 多個國家和地區的智能手機採納率超過 100%，這些國家和地區的成年人至少擁有一部智能手機，如中國、新加坡、阿拉伯聯合酋長國、瑞典、韓國、沙特阿拉伯等國家和地區的移動設備普及率很高，未來 5 年，可以期待全球智能手機普及率達到 80%。所以說，移動營銷在全球營銷中才剛剛開始。

　　假如把以上移動互聯網普及率比較高的國家和地區與工業化程度比較高或者是技術先進的國家和地區的主要城市用線連接在一起，科技地球笑臉躍然紙上，如圖 1-4 所示。

本章小結

　　（1）判斷人類歷史上第一次工業革命的標準應該是：是誰第一次把人類從農業中解放出來？是誰幫助人們從靠天吃飯的農耕生產方式進化到手工業作業？

　　（2）判斷一場工業革命的標準有 3 個：劃時代的思想家或科學家，改變世界的技術發明和全球貿易方式的變革。

　　（3）貨幣是經濟的血液，它通過營銷活動流動起來。歷史上每一次經濟危機中，總有金融危機的身影。

（4）貨幣是交換價值的工具，交換沒有價值，交換就會停止。

（5）移動互聯網對科技創新有顯著的、繁雜的催化效應，移動營銷促進科技轉化為效益，企業有了效益後再加大對科技的投入，這種螺旋上升的速度越來越快，科技創新與營銷創新的雙渦輪驅動，使 4.0 工業革命的巨輪風馳電掣地運轉起來。

The Logic behind Cultural Development

文化發展邏輯

　　2019 年 1 月，中國政府總理李克強對到訪的美國特斯拉創始人埃隆・馬斯克（Elon Musk）說：“你的想法與蘋果公司創始人喬布斯（Steve Jobs）有相似之處。喬布斯正是從源自中國等東方禪文化中得到靈感，對蘋果手機界面進行了優化。”

　　在移動營銷全球化發展過程中，文化藝術與科學技術的融合貫通不可避免，沒有藝術的技術很難有長遠的發展前景，沒有文化的營銷構不成移動營銷用戶的可持續消費，因此，研究文化的衝突與融合、繼承與創新是移動營銷全球化的一部分。

2.1 衝突，比戰爭更可怕

　　歷史對今天來說意味着什麼？在移動互聯網和工業 4.0 聯合奏響的新時代前夜，來回顧數千年來人類的正確行為和所犯的錯誤，有助於在自我審視中尋找人類文明的密碼和基因，避免重蹈覆轍。

　　翻開歷史，掩面唏噓，幾千年的歷史竟是人類相互衝突的歷史。從表面上來看，人類取得了超乎想象的成就。人類最早可能來自非洲大陸，是弱小的、相對稀少的、似乎沒有防禦能力的靈長類動物。靈長類動物沒有大象那麼大，沒有獅子那麼強壯，沒有羚羊那麼敏捷，也沒有像臭鼬、豪豬或烏龜的保護手段。然而，人類已經超越所有動物，成為獨一無二的存在，是命運的創造者，而不是命運的產物。

　　這要歸功於人類掌握科技的能力，使人類戰勝了大自然，也戰勝了所有動物，然而人類始終無法戰勝自己。人類的進步史，實質上是科技與文化的進化史。科技進步從未停止，無論戰爭與和平，無論貧窮與富裕，科技發展到今天已經出現產品過剩的局面。要知道，人類的祖先一直生活在飢餓之中。科技武裝了人類，人類一方面用它滿足自己，另一方面用它來發起了戰爭。為什麼科技進步沒有阻止人類的戰爭與衝突？為什麼人類會在自己創造的科技風暴中面臨一次次的社會衝突與停滯？

　　原因很簡單，科技變革之所以被接受和歡迎，是因為它一般都能直接提高生活水平，然而文化的變革則令人恐慌，因此會遭到抵制，因為它威脅到傳統的、令人安逸的社會標準和實踐。所有民族文化都是由為規範社會成員的行為而設置的控制機制構成。文化是生存的智慧，它帶有先天的封閉性。文化因個性而大放異彩，就是因為一個民族、一個階層乃至一個團隊獨立於世界文化之林而縱向發展非橫向融合造成的封閉性，從而對異文化具備天然的排他性。於是，衝突不可避免。

　　按照科技與文化演進的二分法原理，人類歷史上的所有衝突與戰爭都是文化排他性造成的災難。縱觀歷史，人類的 4 次衝突，分別是階鬥、信戰、教衝和心疾。

　　第二次世界大戰之前的所有衝突均是階鬥，即一個階層推翻另一個階層的鬥爭。在第二次世界大戰之前，有歷史記載的階層起義有上百次，還有成千上萬次未曾記載的階層衝突，中國的農民起義史基本上是戰爭史。冷兵器時代的衝突源於階層壓迫與另一個階層的反抗，貴族階層和貧民階層的文化屬性涇渭分明。理論研究表明，文化屬性差異性越大，衝突的可能性越大。窮人越窮，富人越富，必然形成階鬥。

　　科技的進步未能阻止衝突。只要文化衝突存在，科技反而為衝突服務。在第一次世界大戰中，以戰壕和機槍群為基礎的防守優於進攻；而在第二次世界大戰中，以坦克和飛機為基礎的進攻強於防守，整個國家乃至整塊大陸來回易主。人類戰爭史上最大範圍的第二次世界大戰為什麼會形成？歷史研究表明，第二次世界大戰是信仰之爭，是希特勒（Adolf Hitler）推出的"國家社會主義"及種族優勢論與西方民主國家基本價值觀的大規模衝突，是日本軍國主義與中國和平主義的衝突，這就是人類衝突史上的第二次衝突——信戰，即因信仰不同、價值觀差異引發的衝突。

第二次世界大戰結束了，信戰並未止步。東西方社會主義與資本主義兩大陣營的冷戰開始，20 世紀 50 年代的冷戰帶來的人類互害不比第二次世界大戰的傷害更小。所幸 20 世紀 90 年代初，冷戰結束了。在冷戰期間，1944 年至 1985 年，總共有 96 個國家贏得了獨立，這些國家人口數大約佔世界總人口的 1/3。冷戰時代要用冷的方法製造衝突，聖雄甘地（Mohatma Gandhi）的"非暴力不合作運動"是冷戰成功的代表作，不過冷戰時代最引人注目的明星則是納爾遜·曼德拉（Nelson Rolihlahla Mandela）。1944 年 5 月 10 日，住了 27 年監獄的納爾遜·曼德拉就任南非總統，從而結束了世界上最後一個實行種族隔離制度的國家。在南非新憲法中，有一段話非常令人憧憬："需要建立一種新秩序，在這一秩序中，所有的南非人都將被授予在一個主權和民主立憲的國家內的公民權。在這個國家裏，男女之間和各種族之間一律平等，所有公民將享有和行使他們的基本權利和自由。"看到如此動人的文字，人們或許會問："信戰能結束嗎？人類可否攜手開創一個沒有衝突的未來？"正如在美國的洛杉磯，羅德尼·金（Rodney G.King）在隨後的種族暴亂和搶劫之後，提出了極度痛苦的問題："我們大家能和睦相處嗎？"

守望 21 世紀的零點鐘聲，全人類都對新世紀充滿期待，每一雙期待的眼睛，從老人到兒童，從教師到軍人，都彷彿在喊：要和平，不要衝突。然而事與願違，隨着 2001 年美國世貿大樓遭襲，人類衝突史上的第三次衝突浪潮來襲。這場衝突與以往不同，美國及西方國家將其定義為恐怖主義戰爭，中東地區成為焦點，伊拉克、利比亞兩場戰役是西方國家新式高科技武器的實驗場，結局大家都知道了，世界更加無序。

儘管美國將之定義為恐怖主義戰爭，但本質上依然是文化的衝突，是教衝——伊斯蘭極端主義者和基督教世界的衝突。人們該清醒了，科技進步不能解決未來的衝突。相反，當科技本身無法決定使用者的優先級時，科技可能會加重衝突。解決衝突的唯一途徑是包容世界裏的文化認同。

文化是一種看不見、摸不着的存在，它的封閉性帶來先天的排他性，它的存在感帶有條件反射般的侵略性，它的支配力帶有對異文化強烈而明顯的壓迫性，解決文化認同並非易事，這是由文化本身的頑固性決定的。

當今社會的人群是幸存下來的那部分人，經歷了前所未有的窮困和混沌，大規模的衝突已使人們疲憊不堪，以至於對任何科技的再進步了無興趣，人類就不能汲取歷史的教訓嗎？人們戰勝了可怕的大自然，戰勝了世界上所有強大的動物，為什麼不能戰勝自己？即便無法包容異文化，難道只能用最極端的手段——戰爭和死亡來解決衝突嗎？這就產生了時代之謎：人類成功地登上珠穆朗瑪峰，而同時又因文化衝突變得步履蹣跚——不是害怕死在山頂上，而是害怕死在路途中，死在"死亡之谷"的陷阱之中。難道，這就是文化的兩面性，既如此可愛，又如此可怕？

2.2 人類文明衝突 4.0 時代

　　樂觀主義者一直存在，在 2012 年 4.0 工業革命的號角聲中，在 2014 年移動互聯網的元年鐘聲裏，樂觀主義者深信一個全新時代來了，科技不應該再被文化極端主義者綁架，科技進步不該擴大衝突，移動互聯網為全人類的文化寬容和認同提供了可能。在文明的天空裏，天，應該亮了吧？

　　很遺憾，人類進入了新一輪的大規模衝突之中，第四次衝突翩然而至，2015 年 11 月巴黎遇襲和 2016 年 3 月布魯塞爾遇襲拉開了第四次衝突的序幕。最不可思議的是 2016 年 7 月 14 日，法國國慶夜的尼斯，一輛白色大卡車開足馬力衝入遊人如織的人群。法國及西方國家隨後將本次事件定義為恐怖主義襲擊，但本書另有看法，一系列**襲擊案**不是恐怖主義這麼簡單，所有的**襲擊者**都是本國國民，都是效忠本國憲法的宣誓者，調查顯示，與“9·11 事件”不同，襲擊者沒有經歷過長時間的嚴密組織訓練，倒像是一時衝動的情緒發泄。

　　如果視野再放大一些，觀察 2012 年以來新世界的衝突，更加能證明新的衝突不是恐怖**襲擊**那麼簡單。美國福特漢姆大學（Fordham University）的《社會健康指數》（*Index of Social Health*）年報顯示，美國青少年自殺、失業、吸毒、中學退學率在近 5 年中上升了 1 倍。一個國際小組在美國、加拿大、德國、法國、黎巴嫩和新西蘭隨意調查了 30,000 名男女，發現這些人中現在正患有嚴重抑鬱症的比他們的祖父母輩高出 3 倍。每天地球上發生的此類事件不是恐怖主義可以涵蓋的。世界衝突進入了“心疾”衝突時代，即一個人心理有疾病時，他可以選擇任意工具在任意時間裏報復任何人。

　　心疾者實質上是極端主義者，這一點和第三次衝突的教衝不同，心疾者未必是宗教信仰者，也未必為某一宗教教義服役，這些人更像一群失望主義者，生意失敗、感情受挫、受人嘲弄、上當受騙、妻離子散、久病不癒、缺乏成就感、不被認同等諸多原因造成他們的心理殘疾。從文化研究角度看，心疾者與文化失敗主義者接近，這些人看不得別人成功，要採用一切手段把周圍的成功者拉回心疾者同樣失敗的陣營中，這些心疾者才會產生相同屬性的文化認同快感。極端言論、超強控制慾是心疾者的常用標籤。

　　物理學家沃納·漢森伯格（Werner Heisenberg）斷言：“在歷史的進程中，地球上的人類第一次只面對自己；他們發現不再有任何其他的夥伴或敵人。”這個時代巨大的諷刺是，人類的這一主導地位是導致上述全球抑鬱症的根源。藉助科技在消除所有競爭對手之後，人類不再面對任何敵人，人類面對的只有人類自己。

　　生物學家瑪利·克拉克（Marie Clark）認為，全球抑鬱症大爆發正是人類衝突的根本原因，她從“人類需求理論”方向研究後發現：“社會中所發生的衝突幾乎總是因為這種以生物為基礎的、鄰居間相互合作的需求受到一個又一個社會安排的阻撓。”

　　當科技剛出現時，弗朗西斯·培根（Francis Bacon）警告，科技並非萬能，科學是用來創造生命的利益和價值的工具。同樣，大學不僅是傳授知識的地方，還應該為知識的王冠配上一個倫理的指南針，為科學與知識提供方向。

　　美國學者塞繆爾·亨廷頓（Samuel Huntington）甚至表示：“人們用祖先、宗教、語

案例　|　世界盃克羅地亞的暖心故事

2018 年世界盃落幕後，世界盃的球迷卻未像往屆世界盃結束那樣偃旗息鼓，因為這一年的賽場上出現了一個新的驚喜，一匹黑馬直接闖進了總決賽，吸引了無數的目光，它就是克羅地亞球隊。

拋開球隊成績，這個球隊的國家給人帶來了別樣的溫暖。首先是國家總統，待球隊歸國後，她就像個普通人一樣進入球員們的休息室，安靜地給了每一位球員一個擁抱。與此同時，無論是否在國內，大批的克羅地亞人紛紛趕回祖國的首都薩格勒布，希望在球員歸國前站在歡迎球員的廣場上。

為了方便克羅地亞人到達目的地，克羅地亞國家的鐵路公司將火車票打了 5 折。球隊乘坐的克羅地亞航空專機也被航空公司重新粉刷過。專機進入克羅地亞領空時，兩架米格 -21 空軍戰機升空護航，一左一右傳送聲波 “歡迎回家”，直至專機落地才離開。克羅地亞電視台更是取消了所有正在播出的常規節目，改為全程直播國家隊的歸國慶典。

與之相對應的是，儘管克羅地亞有 1880 公里的海岸線，但作為歐盟國家中最窮的國家之一，很多孩子不僅沒看過海，甚至連飯都吃不飽。球員認為，國家隊的成員始終和克羅地亞人民在一起，因此一致決定，將在世界盃獲得的 2,300 萬歐元（約計 2 億元人民幣）巨額獎金，全部捐獻給國家的一家兒童基金會，讓這些孩子用這筆錢去海邊度假！

克羅地亞女總統藉助 “無聲的擁抱” 吸引了全球的關注，其國民的表現更是進一步讓這個事件聲勢浩大。兩者相輔相成，既樹立了克羅地亞溫暖的國家形象，還贏得了世界人民的關注與好感。這其實就是克羅地亞化解人類文明衝突的一種表現。

資料來源：中訊社《回國後的克羅地亞球隊原來是這樣》

言、歷史、價值觀、習俗和體制來界定自己。人類認同部落、種族集團、宗教社團、民族，並在廣泛的層面上認同文明。人們不僅使用政治來促進他們的利益，而且用它來界定自己的認同。人類只有在了解自己不是誰並了解人類自身反對誰時，才會了解人類本身是誰。”

基於此，塞繆爾 · 亨廷頓著有一部《文明衝突論》(*The Clash of Civilizations*，1993 年出版)，對人類社會這些衝突現象做出分析。他認為 21 世紀國際政治角力的核心單位不再是國家，而是文明，不同文明間的衝突。這本書的觀點在當前世界各地所發生的種種事件中得到了論證。

誠然世界有一股力量，導致人們充滿焦慮、製造衝突、引起殺傷，但同時也有另外一股力量在化解這股衝突，共創人類美好的未來努力，很多人都在為此付出努力。

2.3 三次文藝復興

此時此刻，世界正處於第三次文藝復興最高潮的前夜。第一次文藝復興的高潮大約發生在 2000 多年前的古文明時期，第二次文藝復興大約發生在 500 年前的歐洲。第四次工業革命和第三次文藝復興同時發生，藉助移動互聯網的發展，科學、藝術與互聯網將同台貢獻一場宏大的史詩般的表演。

2.3.1 第一次文藝復興（2000 多年前）

提起文藝復興，人們首先想到的是源於中世紀歐洲的文藝復興運動，這是狹義的理解，也許是那場運動對現代的影響太大了。本書採用新的歷史觀，重現人類的第一次文藝復興。本書認為，每一次世界範圍內具有重大歷史轉折意義的文藝復興都具備 3 個條件：歷時數百年；由源起和高潮部分組成；影響到科學、工業與商業。

根據《中國大百科全書》第二版的提法，歷史上有古巴比倫、古埃及、古印度和古中國四大文明古國，然而這個提法並不被世界歷史學界的主流派別承認。例如，古巴比倫只是一個階段而不是文明中心。比較主流的觀點認為，文明的燦爛始於公元前 6 世紀的古希臘和中國，因為此時在世界東西兩端升起了兩顆巨星：孔子、畢達哥拉斯（Pythagoras）。

畢達哥拉斯出生於希臘的薩摩斯島（Samos），生於公元前 590 年至公元前 580 年間。恰巧在同一時期，東方也出現一位聖賢，年齡與之相當，而且他們從事的是相同的行業——教育，這位東方聖賢叫孔子。畢達哥拉斯畢生都在探索自然規律；孔子學說主要闡述人與人之間的關係，他培養了三千弟子，最終形成中國傳統文化的核心——儒家學派，還編訂了中國最早的文學集大成作品《詩經》。孔子的時代是巨星燦爛的時代。之前有老子創立的道家學派，之後有"兵聖"孫子，在相差沒幾年的同一時空維度，中國在孔子的帶領下加入了人類的第一次文藝復興。

畢達哥拉斯學派影響了柏拉圖（Plato），柏拉圖培養出亞里士多德（Aristoteles）。畢達哥拉斯創立了一個科學體系——幾何體。在牛頓經典力學誕生之前，整個西方世界都信奉亞里士多德的物理學理論。

第一次文藝復興的影響是奠基性的，孔子把東方中國奠基成倫理學中心並且延續至今，畢達哥拉斯把西方奠基成物理數學等科學中心並且傳承至今。東西方在藉助互聯網相互融合的過程中發現了彼此的長處，東方注重倫理的特徵，不得不去補科學民主與法學的短板，習近平主席多次強調憲法的尊嚴就證明了這一點。西方在注重科學與法制的同時，也開始吸收東方倫理，孔子學院開始流行於歐美國家就證明了這一點。

第一次文藝復興以璀璨開場，以東西方大相徑庭的方式收尾。

春秋戰國之後，秦滅六國，中國在封建集權制下以"焚書坑儒"的方式結束了第一次文藝復興，帶來了一個統一的中國。而西方在公元 1 世紀，耶穌誕生，基督教統一了歐洲，上帝來了，第一次文藝復興走了。從此，歐洲進入了漫長的教會統治的中世紀，中國進入封建社會的漫漫長夜。

2.3.2 第二次文藝復興（1436—1616 年）

從 1436 年佛羅倫薩聖母百花大教堂（Basilica di Santa Maria del Fiore）建成開始，到 1616 年威廉·莎士比亞（William Shakespeare）的人生謝幕為止，第二次文藝復興活躍在世界舞台上。這次歷時 200 年的文藝復興與一座城市有關，與一個家族有關，但是和中國無關。

處於第二次文藝復興核心的是佛羅倫薩（Firenze）的著名財閥美第奇家族（Medici family）。科西莫·迪·喬凡尼·德·美第奇（Cosimo di Giovanni de'Medici）是美第奇家族支持修建聖母百花大教堂（見圖 2-1）的家族第一人，正是他在建築建成後用"復興"這個詞來形容建築，標誌着歐洲文藝復興的正式開場。

科西莫不僅出資復興文化和藝術，還四處收集古書，美第奇家族的圖書館是全歐洲最大的藏書庫。在黑暗的中世紀，科西莫保護了一大批文藝復興早期的藝術家，如弗拉·安傑利科（Fra Angelico）、菲利波·利比（Fra Filippo Lippi）、雕塑家多納太羅（Donatello），還有西方近代建築學鼻祖菲利普·布魯內萊斯基（Filippo Brunelleschi）。科西莫曾說過："做這些事情不僅榮耀

圖 2-1　聖母百花大教堂

上帝，而且能帶給我美好回憶，讓我感到滿足和充實。在過去的 50 年裏，我所做的就是掙錢和花錢，當然花錢（贊助）比掙錢更快樂。"他知道財富有一天會消失，而他保護的藝術作品將永立於世。歐洲文藝復興真正的高潮即將登場，科西莫的孫子"豪華者"洛倫佐·德·美第奇（Lorenzo de' Medici，1449—1492）接班了。洛倫佐繼承家族傳統，不是收購藝術品等待升值，而是發現藝術家並保護他們、支持他們。文藝復興的"三傑"中有"兩傑"在他手中誕生，即列奧納多·迪·皮耶羅·達·芬奇（Leonardo di ser Piero da Vinci）和米開朗基羅·迪·萊昂納多·博納羅蒂·西蒙尼（Michelangelo di Lodovico Buonarroti Simoni）。1488 年，洛倫佐開設了世界上第一所藝術學校，這所學校培養了文藝復興的第三傑拉斐爾·桑西（Raffaello Sanzio da Urbino）。

文藝復興對歐洲乃至世界的影響有多大？可以說翻天覆地！教會統治歐洲 1000 多年，藝術只為上帝服務，沒有人性可言。歐洲的文藝復興揭開這一黑幕，閃耀着人性的光輝。米開朗基羅著名的雕塑作品《大衛》，雖取材於《聖經》中大衛王的故事，但我們看到的是英俊健康的男性之美，這和《聖經》的宗教題材其實已經沒有關係，而這在當時的歐洲卻屬"大逆不道"的行為。

1492 年，年僅 43 歲的洛倫佐去世了，葬在聖洛倫佐教堂。多年後，應教皇的請求，米開朗基羅親自設計並雕琢墓碑的塑像，也就是著名的《晝》、《夜》、《晨》、《昏》，這也許蘊含着一個偉大時代由晨到昏的輝煌落幕之意。

1492 年，克里斯托弗·哥倫布（Christopher Columbus）發現新大陸，這一年被稱為"全球化開始的第一年"，這一年是中國明朝孝宗皇帝弘治五年。此後的 200 年，歐洲開始了工業革命，中國迎來了"康乾盛世"。

對於第二次文藝復興，需要說明的是，第一雙拉開文藝復興序幕的手是新世紀的第一個詩人但丁·阿利基耶里（Dante Alighieri），而拉上幕布的最後一個巨匠是威廉·莎士比亞。1616 年，第二次文藝復興的最後一位巨匠莎士比亞謝幕。

2.3.3 第三次文藝復興（1919 年至今）

20 世紀初，第三次文藝復興正式開場，這場運動由中國牽頭，印度緊跟，美國呼應，整個世界的新起點從大西洋轉到太平洋。

第三次文藝復興的主題是平民主義的光輝。從第一次文藝復興的造神，到第二次文藝復興的人性光輝，再到平民主義的登場，人類的關注點從神到平民。1856 年，美國詩人沃爾特・惠特曼（Walt Whitman）出版《草葉集》第二版，詩中多次提到了草葉，草葉記載着一切平凡、普通的東西和平凡的人。

1913 年，印度詩人拉賓德拉納特・泰戈爾（Rabindranath Tagore）獲諾貝爾文學獎，其代表作是《飛鳥集》、《新月集》和《吉檀迦利》，透過泰戈爾的詩句，我們可以清晰地看到他對一切弱小事物的同情和憐憫。

《飛鳥集》精彩片段：

（一）

夏天的飛鳥，飛到我的窗前唱歌，又飛去了。

秋天的黃葉，它們沒有什麼可唱，只歎息一聲，飛落在那裏。

Stray birds of summer come to my window to sing and fly away.

and yellow leaves of autumn, which have no songs, flutter and fall

there with a sign.

（二）

世界上的一隊小小的漂泊者呀，請留下你們的足印在我的文字裏。

O troupe of little vagrants of the world, Leave your footprints in my words.

《再別康橋》欣賞：

輕輕的我走了，正如我輕輕的來；

我輕輕的招手，作別西天的雲彩。

那河畔的金柳，是夕陽中的新娘；

波光裏的艷影，在我的心頭蕩漾。

軟泥上的青荇，油油的在水底招搖；

在康河的柔波裏，我甘心做一條水草！

前後幾十年，三位文學巨匠以“草”、“鳥”和“橋”這些微不足道的小景小物入手，開創了第三次文藝復興頌揚平民意識的“微時代”。

但我們還是把 1919 年發生在中國的“五四運動”定義為第三次文藝復興的開場鑼鼓。

在 1919 年前後的 30 年間，全世界只有中國的文藝天空中星光燦爛，而且是巨星閃耀，歷史很難再現這麼多藝術大師扎堆在同一時空下的。為了巨星的到來，胡適先生趕忙鋪路，把中國使用了 3000 年的文言文改為白話文，於是巨星們登場了。

1918 年，魯迅發表《狂人日記》，寫的是凡人凡事，就連《從百草園到三味書屋》都和平凡有關；1921 年，郭沫若發表《女神》，把平凡人的浪漫主義發揮到極致；1927 年，朱自清發表《荷塘月色》，把"日日走過"的清華園的荷塘的美描寫到極致；1928 年，戴望舒發表《雨巷》，把凡人的雨和常人的巷描繪成人間天堂；1938 年，巴金寫成《春》；1941 年，茅盾對着一棵樹大唱《白楊禮讚》；1957 年，老舍根據北京人平常最愛去的休閒場所寫了著名的《茶館》……齊白石畫蝦，徐悲鴻畫馬，李可染畫牛，黃胄畫驢；梅蘭芳的京劇被譽為"世界三大表演體系之一"……

人類歷史上三次文藝復興可概括成"天上—天上人間—人間"三個階段。人間有什麼？人間有一草一木一花一間茅屋，人間是由 99% 的平民和 1% 的貴族構成的。人性的光輝普照到 99% 的平民臉上，才是第三次文藝復興的終極目標。

移動互聯網正是這片曙光下的一片草原，以小微精神，吸納"碎片化"的晨露，迎着曙光，向四處搖曳。

2.4 藝術與科技共舞

當人類的物質需求得到滿足之後，往往會開始追求精神需求的滿足，這是人性所致。於是，移動應用橫空出世。它真正打破了時間和空間的邊界，實現了信息同步。這一刻，地球這端發生的事，地球的另一端能同步了解。更重要的是，它為人類個體與整體產生關係、互相溝通提供了契機，讓每一個人都可以了解其他群體的文化與想法，從而進一步推動全球文化的融合創新。

今天，能把這一點做到極致的，就是史蒂夫·喬布斯（Steve Jobs）。他是一個地道的美國人，卻通過一部小小的蘋果手機，將極具東方文化象徵的"禪文化"帶到了全世界人類的面前。

《禪者的初心》（*Zen Mind, Beginner's Mind*，1973 年出版）曾提到："做任何事，其實都是在展示我們內心的天性，這是我們存在的唯一目的。"而在喬布斯的一生中，不管是產品設計，還是公司戰略發展，他始終在追隨自己的心。

在禪文化的影響下，喬布斯早已擁有洞見本質、專注唯一事物、專注簡潔的能力。本書第 3 篇《算法》中曾描述過蘋果產品的"上帝仰角"之美，以設計產品為例，對於大多數產品而言，市場調查或集體討論是必要的，但對於喬布斯而言，喬布斯更相信自己的直覺。對於產品的理解，喬布斯幾乎都是通過打坐冥想獲得靈感，無論面臨多大的挑戰，喬布斯始終不曾卻步。喬布斯甚至把自己生活上的"極簡"風格也應用到了產品上，認為這種堅持就能生產偉大的產品。細數蘋果曾推出的一系列產品——iPod、iPhone、iMac、iPad 等，無一不是帶着"簡約"的特點：簡約的外觀，方便的操控，扣人心弦的功能設計。喬布斯對於產品的這種思考方式，後來被市場驗證是正確的。喬布斯真正了解消費者需要什麼，打破了自己內心與外界的邊界，更打破了禪學文化與工業設計文化的邊界，真正實現了融合創新。

　　是什麼力量讓喬布斯如此堅持他的產品美學理念？是禪修。禪修，修的是"和諧"，包括身與心、個人與社會、物質與精神層面的和諧。思維得法會達到和合萬物的境界，讓人內心充滿力量。所以當喬布斯從事業頂峰跌落、被逐出蘋果之後，就開始用 10 年的時間來思考自己要如何改變，"禪修"則成了當時最好的選擇，它可以讓喬布斯明確自己與世界如何相處。因此，重回蘋果之後，喬布斯就綻放出智慧的光芒。當蘋果公司和微軟發生激烈衝突，並且明顯處於劣勢地位時，喬布斯只是和比爾・蓋茨（Bill Gates）簡單交談一番，雙方就同意"和解"，微軟出資 1.5 億美元給蘋果，蘋果則在 Macintosh 中安裝 IE 和 Office。此舉成功化解了 IT 業兩大巨頭的衝突，蘋果與微軟開始強強聯手。這是喬布斯首次打破企業之間的邊界，實現了企業間的融合創新，蘋果迅速穩住了局面，為後續企業品牌的復興和崛起奠定了基礎，從中我們可以看到禪的和諧智慧在商業中的運用。

　　如何才能實現全球文化的融合創新？喬布斯給了我們很大的啟發，他將東方禪文化的極簡思維、專注精神與西方工業設計理念融合得接近完美，最終創造出蘋果這個偉大的公司。截至 2017 年，蘋果賣出了超過 12 億部手機。

　　從全球行業來看，喬布斯掀起了一股融合創新的浪潮；從手機用戶來看，蘋果手機將為全球人類文明的融合創新提供機會。同時接受東西方文化熏陶的喬布斯，打破文化的邊界，又擁抱文化的邊界，通過蘋果用融合後的新文化影響整個世界。

　　中國的微信創始人張小龍在 2019 年 1 月 9 日舉行的微信公開課 Pro 的微信之夜上，提到："每天有 5 億人在吐槽我，還有 1 億人想教我做產品。"即便如此，他依然堅持微信設計原則中的"初心與克制"的產品文化：

　　第一個原則是好的產品應富有創意，必須是一個創新的東西；

　　第二個原則是好的產品是有用的；

　　第三個原則是好的產品是美的；

　　第四個原則是好的產品是容易使用的；

　　第五個原則是好的產品是含蓄不招搖的；

　　第六個原則是好的產品是誠實的；

　　第七個原則是好的產品應經久不衰，不會隨着時間而過時；

　　第八個原則是好的產品不會放過任何細節；

　　第九個原則是好的產品是環保的，不浪費任何資源；

　　第十個原則是好的產品的設計應盡可能少，或者說少即是多。

　　張小龍還說："人是環境的反應器，隨環境而變化，人是高等動物，但還是有這樣的基因。你在電腦面前，電腦就是你的環境；你用電腦讀文章，所以你會傾向於發表文章感言。但如果是手機，你的環境是真實環境，你感受的是真實的，你在手機裏發表的是你親身經歷的東西。"

　　在藝術與科技的舞曲裏，喬布斯與張小龍跳出同樣的舞步。

本章小結

（1）人類的進步史，實質上是科技與文化的進化史。科技進步從未停止，無論戰爭與和平，無論貧窮與富裕，科技發展到今天，既創造出產品過剩的局面，又創新了科技的藝術之美。

（2）科技的進步未能阻止衝突。只要文化衝突存在，科技反而為衝突服務。

（3）科技進步並不能解決未來的衝突。相反，當科技本身無法決定使用者的優先級時，科技可能會加重衝突。解決衝突的唯一途徑是包容世界裏的文化認同。

（4）人類對未來的追求應該是合作而非衝突，因此，這種追求應該是"謙卑和仁慈"的，不應為了自己的心情愉悅而傷害對方，不能只求超越別人、優於別人，不能只關注利益、名譽和權力，應追求全人類的生命利益和價值。

（5）每一次世界範圍內具有重大歷史轉折意義的文藝復興都具備三個條件：歷時數百年完成；由源起和高潮部分組成；影響到科學、工業與商業。

（6）從全球行業來看，喬布斯掀起了一股融合創新的浪潮；從手機用戶來看，蘋果手機將為全球人類文明的融合創新提供機會。

第三章 CHAPTER 3

The Origin
of Mobile
Marketing

移動營銷的原點

　　一個人出生時一無所有，沒有長牙，沒有穿衣服，赤裸裸地來到新世界，到後來長滿牙齒，穿上衣服，滿身成就與光鮮，再後來沒有牙齒，沒有頭髮，滿臉皺紋，最後回到上帝身邊時依然還是一無所有。人生是一個圓。

　　宇宙到哪裏去的問題，遠遠不如從哪裏開始的問題更讓物理學家着迷，儘管解開宇宙起點之謎也無法重回過去，但他們還是迫不及待地為人類尋找最初的原點，可能原點就在終點的地方。宇宙也是一個圓。

　　歷史並不常常在某個特定的時刻讓一切發生改變，只是在人們心裏，習慣尋找一個開始。當遇到人力無法解決的問題時，人們通常會寄託於時間。

　　人們常說十年一個週期。1998 年亞洲金融風暴；2008 年全球金融危機；2018 年不確定是一個經濟週期的結束；但 2019 年確定是一個新經濟週期的開始——人工智能應用元年，區塊鏈成熟元年，移動支付全球化元年，移動營銷成為主流元年。

　　一個週期結束，它有始有終。人們足夠幸運，在有限的生命中擁有一個個完整的週期坐標。放大到之前的 100 年，工商管理知識革命的週期坐標同樣清晰可見。

3.1 歷史坐標原點

　　莎士比亞在《辛白林》（*Cymbeline*）[1] 裏說："我們命該遇到這樣的時代。"

　　2019 年之前的 100 年，是星光燦爛的時代，在繁星點點之中，有 3 顆巨星在天際間閃爍，他們以 3 本巨著幫助工商管理界打開了 3 扇大門。這 3 本巨著分別是彼得・德魯克（Peter F.Drucker）的《管理的實踐》（*The Practice of Management*）、菲利普・科特勒（Philip Kotler）的《營銷管理》（*Marketing management*）和艾・里斯（Al Ries）、傑克・特勞特（Jack Trout）的《定位》（*Positioning*）。德魯克被譽為"現代管理學之父"，科特勒被譽為"現代營銷學之父"，特勞特則是"定位之父"。這三位教父級人物均是美國人，處於那個時代的美國人是幸運的，可以與巨匠們生活在同一個星空下，這並不稀奇，因為在過去的 100 年裏，美國既是全球經濟的火車頭，亦是市場與管理創新的發動機。

　　1954 年，"現代管理學之父"德魯克提出了一個具有劃時代意義的概念——目標管理（Management by Objective，簡稱 MBO），它成為德魯克闡述的最重要、最有影響的概念，影響之一就是把管理學從經濟學、計量學和行為科學中獨立出來，使管理學成為大學研究的一個獨立學科。如今，大學紛紛成立的工商管理學院就源於德魯克的推動。在管理界，德魯克的後繼者們似乎已經排成隊，如湯姆・彼得斯（Tom Peters）、詹姆斯・錢匹（James Champy）、加里・哈墨爾（Gary Hamel）、吉姆・柯林斯（Jim Collins），乃至日本的大前研一（Ohmae Kenichi）等。當 2005 年德魯克離世後，人們才發現，再也不會有德魯克了。中國學者吳曉波說："他走了之後，下一個該輪到誰來替我們思考管理？"

　　第二個閃亮登場的是"現代營銷學之父"科特勒。在他之前，市場管理出現了 4P 營銷組合（產品、價格、地點、促銷），科特勒拓寬了市場營銷的概念，從過去的僅限於銷售工作，擴大到更加全面的溝通、交換流程，乃至國家營銷。他出版的《營銷管理》一書被 58 個

[1]《辛白林》創作於 1609 至 1610 年之間，它標誌着莎士比亞的藝術生涯進入了最後一個階段——傳奇劇階段。

國家的營銷人士視為營銷寶典，成為世界範圍內使用最廣泛的營銷學教科書。這本書目前已再版 15 次，它最大的貢獻是把市場營銷學變成了一門科學，並成為大學研究的一門獨立學科。

最後一個姍姍來遲的巨星是"定位之父"傑克·特勞特。1972 年傑克·特勞特開創了定位理論，1981 年，他和艾·里斯一起出版學術專著《定位》。2001 年，定位理論壓倒菲利普·科特勒、邁克爾·波特（Michael E.Porter），被美國營銷學會評為"有史以來對美國營銷影響最大的觀念"。特勞特被摩根士丹利（Morgan Stanley）推譽為高於邁克爾·波特的戰略家，被譽為"定位之父"。定位理論的關鍵突破在於，認為企業只有兩項任務：一是在企業外部的用戶大腦中找到一個用以決勝的"位置"；二是以這個"位置"為導向配置企業內部所有的資源並進行運營管理，這樣才能創造出最佳的運營成果。簡述起來，就是運用定位理論，搶佔顧客的心智資源，在競爭中處於優勢地位。由於定位理論第一次突破了企業管理的邊界——過去的管理視野是眼睛向內，定位理論強調以外部視野為中心，改變了美國乃至全世界的工商管理學的研究方法。

儘管後來有詹姆斯·柯林斯（Jim Collins）和傑里·波拉斯（Jerry Porras）2002 年出版的《基業長青》（*Built to Last*）、克里斯·安德森（Chris Anderson）2006 年出版的《長尾理論》（*The Long Tail*）、W. 錢·金（W. Chan Kim）和勒妮·莫博涅（Renée Mauborgne）2005 年出版的《藍海戰略》（*Blue Ocean Strategy*）、稻盛和夫（INAMORI KAZUO）2010 年出版的《阿米巴經營模式》（*Amiba Jingying*）影響了一代又一代人，但他們只是知識體系的分支和進化，他們僅僅做到了影響世界，並非像德魯克、科特勒、特勞特一樣改變了世界。改變世界的人需要站在一個新商業週期坐標的原點，而影響世界的人則處於某個新商業週期知識演進過程坐標中的痛點。

2019 年，又回到傳說中新世界的原點。

3.2 新世界原點

新技術創造了新世界，新世界推動了新營銷。2019 年是新世界開啟的原點，打開新世界的大門會發現大有不同。新世界是量子的世界，量子理論帶來的量子計算成為第四次工業革命的引擎，就像 1947 年誕生的三極管一樣，量子計算❶成為顛覆性技術。

1997 年，諾貝爾經濟學獎得主邁倫·斯科爾斯（Myron Samuel Scholes）建立關於股市期權定價模型，開創了"量子經濟學"的先河。隨後全球博弈論領域的著名人士 Stephen Char 以"量子經濟學"為理論基礎，推演出目前全球最前衛的"量子經濟"模式。

"量子營銷"源於"量子經濟"。"量子理論"和"相對論"是 20 世紀物理學的兩個重大支柱，假設人類社會是間巨大無比的房子，那麼"量子理論"和"相對論"就是支撐這間大房子的兩根支柱。多年來，全球的營銷理論一直以"相對論"為基礎，即"商品有價論"，並以此為前提假設，推動整個人類社會的銷售理論不斷發展。而"相對論"本身也存在着缺憾，在"相對論"的社會中不可能

❶ 量 子 計 算（Quantum Computation）：一種依照量子力學理論進行的新型計算，量子計算的基礎和原理以及重要量子算法為在計算速度上超越圖靈機模型提供了可能。量子計算的概念最早由 IBM 的科學家 R. Landauer 及 C. Bennett 於 20 世紀 70 年代提出。他們主要探討的是計算過程中諸如自由能（Free Energy）、信息（Informations）與可逆性（Reversibility）之間的關係。

發生的事情，"量子理論"世界裏就很有可能發生。比如：在現實世界中，人是無法穿透牆壁的，可在"量子理論"的指導下，無線電波卻能穿透牆壁；肉眼看不到的衛星信號、電波、手機信號等，又構建了一個虛擬的"量子社會"。這些現象根本無法用相對論來解釋。全新的"量子經濟"則是以"量子理論"為基礎，直接以"產品無價論"為前提假設，即產品的價格為"零"或者接近於"零"，那麼傳統營銷 4P 理論中的產品、價格、渠道、促銷完全沒有了存在的理由，故而 4P 理論在"量子經濟"中就變成 1P，即產品生產出來，誰需要，誰就可以拿走。

新世界是智能的世界。尤瓦爾‧赫拉利（Yuval Noah Harari）在《今日簡史》中寫道："從藝術到保健行業，許多傳統工作將會消失，但其造成的部分影響可以由新創造出的工作抵消。例如，診斷各種已知疾病、執行各種常規治療的全科醫生，有可能被人工智能醫生取代，這會省下很多經費，讓醫生和實驗室助理得以進行開創性的研究，研發新藥或手術方案。"

目前中國的醫院引進了全自動靜脈藥物調配系統；中醫院使用自動中藥煎液系統；部分零售藥店還引進了藥師機器人。這款機器人可通過智能分析算法，解析症狀，智能選藥，對可行方案進行審核，可避免選藥困難或用藥不合理等情況出現。它還會介紹用藥原因和每種藥品的療效，確保顧客的消費體驗。由此看來，智慧藥房已經實現了人工智能替代一部分人類的工作。

2019 年是全球快速進入智能世界的一年。一方面科技巨頭們在橫向鋪設 AI 技術平台，也強調 AI 與每一個垂直行業的深度融合；另一方面，AI 創業公司在頻繁刷新行業融資額度的同時，也立足於自身優勢，深挖應用場景，步步為營。

隨着 AI 加速發展，傳統營銷的電腦計算正在被 App 的智能算法替代，營銷人正在被人工神經網絡（Artificial Neural Network，簡稱 ANN）替代，App 的智能算法正在一步步控制人們的思想。科學技術創新是社會發展的動力，像空氣一樣如影隨形，滲透市場營銷的毛孔和呼吸。移動營銷的算法推薦，是指跟蹤用戶網絡行為，使用算法計算個人和環境特徵等相關信息，來預估用戶可能喜歡的內容。根據算法的邏輯，人們過去的網絡行為決定了當前內容的呈現，而當前行為決定了未來信息的呈現。閱讀的書籍、觀看的視頻、聽過的歌曲、購買的東西等數據為用戶創建了高度準確的"用戶畫像"。

用戶畫像是企業通過收集與分析消費者社會屬性、生活習慣、消費行為等主要信息的數據之後進行聚類整合，從而完美地勾勒出目標用戶的群體特性。用戶畫像為企業提供了足夠的信息基礎，幫助企業快速找到精準用戶群體以及用戶需求等更為廣泛的反饋信息。

新世界的營銷人將忘記"STP❶+4P"，智能算法是他們的主要營銷工具。

新世界是流量的世界。移動互聯網將連接一切，並把一切變成數據後，形成流量世界，流量是新營銷的關鍵詞，移動營銷的流量思維有如下四大特徵：

（1）邊際成本。在經濟學和金融學中，邊際成本（Marginal Cost）指的是每一單位新增生產的產品（或者購買的產品）帶來總成本的增量。

互聯網時代，從成本的角度看，前期的流量獲取成本很高，在現實創業中的表現就是高額補貼。隨着流量的上升，成本在邊際上逐漸呈現下降趨勢，直到臨界點的出現，邊際成本開始趨向於零。從收益的角度看，則正好相反，流量在邊際上呈現上

❶ STP：營銷學中營銷戰略的三要素。在現代市場營銷理論中，市場細分（Market Segmentation）、目標市場（Market Targeting）、市場定位（Market Positioning）是構成公司營銷戰略的核心三要素，被稱為 STP 營銷。

升趨勢，越到後期，流量的收益就越高。互聯網的創業邏輯是先形成流量，等到流量形成後，再實現變現。

（2）馬太效應。馬太效應（Matthew Effect）是指好的愈好，壞的愈壞，多的愈多，少的愈少的一種現象，即兩極分化現象。馬太效應源自聖經《新約·馬太福音》中的一則寓言。

互聯網企業一定是強者愈強的。流量在互聯網上的行為表現是小流量跟隨大流量，人越多的地方，人群就會不斷地圍攏過來，流量最終實現大集中。

（3）雙邊原則。任何一個平台流量的構成就是買方和賣方，只要一方增多，另一方就相應增多，形成雙邊正向循環。這個原則對於互聯網創業的啟示是，速度就是成功，這是因為在最快速度內實現一邊的連接就能帶動另一邊的加速連接，而誰能在第一時間完成連接，誰就掌握競爭優勢。基本上所有平台型創業模式都是如此。

（4）多邊生態效應。當參與平台交易的除了買方和賣方，還有第三方時，平台的價值分配呈現多方生態效應，即任何一方的退出都會影響交易的存在。

新世界是數字的世界。移動互聯網是繼陸、海、空、天之後的第五維空間，是全球賴以生存和發展的"數字神經系統"，新世界的每一個人和物都有一個數字身份。數字營銷和量化管理是新世界的兩大法寶。

數字世界給傳統營銷帶來巨大的衝擊。正如索尼前董事長出井伸之（Idei Nobuyuki）所言："新一代基於互聯網 DNA 企業的核心能力，在於利用新模式和新技術更加貼近消費者、深刻理解需求、高效分析信息並做出預判，所有傳統的產品公司都只能淪為這種新型用戶平台級公司的附庸，其衰落不是管理能扭轉的。"

❶ 量化管理，是一種從目標出發，使用科學、量化的手段進行組織體系設計和為具體工作建立標準的管理手段。它涵蓋企業戰略制定、組織體系建設、對具體工作進行量化管理等企業管理的各個領域，是一種整體解決企業問題的系統性的量化管理理論。

數字世界改變了傳統企業管理思想，帶動了量化管理。量化管理❶源於美國，改革開放後被引入中國。如今，量化管理幾乎成了科學管理的代名詞，凡管理不量化就不科學，於是量化管理被視為管理寶典，在各行各業廣泛應用，量化管理呈現不斷泛化之勢。

《日本經濟新聞》2018 年 12 月 9 日報道稱，日本"經營之聖"稻盛和夫宣佈"盛和塾"將於 2019 年底解散，結束活動。"盛和塾"的開端是年輕經營者於 1983 年成立的自主學習會"盛友塾"，意在向京瓷創始人稻盛和夫學習經營哲學。1989 年更名為"盛和塾"。年輕經營者主要在"盛和塾"學習作為京瓷經營哲學核心的"阿米巴經營"（把企業分成若干個名為"阿米巴"的小集團，進行獨立核算）和基於稻盛的真實體驗和經驗、追求人性和社會貢獻的思考方式（被稱為"稻盛哲學"）。

生物學是這樣解釋阿米巴的："如果你剝奪阿米巴的食物和水，牠就會散發出憂傷的激素。其他的阿米巴衝過來聚集成一個 1,000 隻以上的集群，像個蠕蟲一樣移動尋找營養來源。"一旦組織需要，牠們就可以結成團體採取集體行動。阿米巴經營模式的核心就在於把"企業發展的方向"像激素一樣明確地傳遞給每位員工，讓所有員工參與集體行動。日本人是集體主義，日本人集體榮譽感極強，個人絕對服從集體。而對中國人來說，集體利益總是建立在個人利益的基礎之上的。比起阿米巴蟲，螞蟻或白蟻這種社會性動物的行為模式更能詮釋這一點：一個不育的工蟻與其群落中能夠生殖的其他螞蟻具有 50% 相同的遺傳材料，通過幫助牠們繁殖後代，可以推動牠們自己的基因存活。也就是說不育個體的利益被與集體行為捆綁在一起，個體因為要實現自己的利益，順便達成了集團利益，而不是出於服從或者大公無私的品質。在機制設計學中，對這個原理的應用叫做"利益內嵌"。馬雲給自己的支付公司起名"螞蟻金服"，便是他對人性的充分了解。

阿米巴模式在日本造就了 3 家世界 500 強，但因為管理對象之間缺乏利益捆綁，在中國卻不斷給企業帶來災難。這說明，不是每一種管理模式都可以完美地套用在任何企業上。

3.3 太平洋世紀原點

19 世紀的創業機會集中於歐洲市場和傳統行業，20 世紀的創業機會集中於美國市場和 IT 行業，21 世紀的創業機會集中於太平洋兩岸的中美兩國市場和移動互聯網行業。尤其是中國在人工智能、區塊鏈技術應用與美國追平，而在移動互聯網應用上遠超美國，其標誌是硅谷模式正在被中國模式取代。中國政府在 2015 年提出的"互聯網＋"的國家戰略點燃了整個中國數億人的創新創業熱情，而且集中在 4.0 工業革命的高科技領域，如 2018 年 AI 應用 Top 20。

AI 科技大本營於 2018 年 9 月中旬啟動了《AI 聚變：尋找 2018 年優秀人工智能應用案例》評選。歷時 3 個月後，共收到了來自汽車、金融、教育、醫療、安防、零售、文娛等各大行業的近百家企業的 AI 案例。

（1）愛奇藝的 Zoom AI 作為一套完整的視頻增強解決方案，將 AI 技術應用於圖片和視頻，可達到畫質增強的效果。

（2）相對於傳統醫院及基層衛生機構的固有診療模式，Airdoc 慢性病識別算法應用於基層醫療機構後，基層醫生只需操作眼底照相機，人工智能算法可快速識別影像存儲位置，直接讀取影像，再經無線網絡傳輸到 Airdoc 雲端服務器，並經 Airdoc 慢性病篩查算法識別，將分析結果回傳至醫生電腦上，整個過程只需數秒。

（3）極目駕駛輔助解決方案旨在利用自主研發的計算機視覺技術推動智能駕駛技術的普及，減少交通事故，提升道路安全。

2018 年 3 月 23 日，科技部在北京發佈了《2017 年中國獨角獸企業發展報告》。根據報告顯示，2017 年中國獨角獸企業中螞蟻金服（Ant Financial Services Group）以 750 億美元的估值保持了第 1 名的位置，而滴滴出行（Didi taxi）估值達到 560 億美元，從去年的第 4 名上升到了第 2 名，小米（MI）則是以 460 億美元的估值排在第 3。排名前十的公司如表 3-1 所示。

排名	企業	估值（億美元）	排名	企業	估值（億美元）
1	螞蟻金服	750	6	寧德時代	200
2	滴滴出行	560	7	今日頭條	200
3	小米	460	8	菜鳥網絡	200
4	阿里雲	390	9	陸金所	185
5	美團點評	300	10	借貸寶	107.7

表 3-1　2017 年中國獨角獸企業估值排名

截至 2017 年 12 月 31 日，中國獨角獸企業共 164 家，總估值達 6284 億美元，平均估值達 38.3 億美元。其中新晉獨角獸企業 62 家。

中國寬鬆的創業創新政策和氛圍，使中國的移動營銷成功案例更為全球大多數國家參考和借鑒，如阿里巴巴（Alibaba）和騰訊（Tencent）涉足了金融業，以移動營銷模式改造了金融業，但是臉書（Facebook）和亞馬遜（Amazon）卻沒有涉足金融，並不是扎克伯格（Zuckerberg）和貝索斯（Jeff Bezos）不想涉足，而是美國市場遵循的國際規則不允許跨界壟斷，不能搞金融。相反，在中國，跨界行為和互聯網金融被寬容地默許。

2007 年，全球市值前十的公司幾乎全部來自美國和中國，分別是埃克森美孚（Exxon Mobil）、通用電氣（General Electric）、微軟（Microsoft）、中國工商銀行（ICBC）、花旗集團（Citigroup）、美國電話電報公司（AT&T）、皇家荷蘭殼牌（Royal dutch shell）、美國銀行（Bank of America）、中國石油（PetroChina）、中國移動（China Mobile）。

2017 年，全球市值前十的公司名單幾乎煥然一新，全部來自美國和中國，分別是蘋果、谷歌母公司（Alphabet）、微軟、臉書、亞馬遜、伯克希爾·哈撒韋（Berkshire Hathaway）、阿里巴巴、騰訊、美國強生（Johnson & Johnson）、埃克森美孚。

因此，以中美兩國最成功的企業案例研究移動營銷成為本書的一大特徵。

站在太平洋兩岸的新經濟原點上研究，讀者最終會領悟到，一個企業成功的關鍵因素有如下 3 點：

（1）行業最早的創新領導者，從推出第一個產品時就開始引領着行業發展的步伐。

（2）最早的行業競爭者，通過微創新改進產品體驗，通過優秀的管理不斷進步，在一大堆競爭者中突圍而出。

（3）新興發展中地區的追趕者，通過低勞動力成本優勢，在低端市場不斷擴張，以差異化策略與行業龍頭競爭，然後在市場環境發生突變時實現彎道超車。

19 世紀的創業機會集中於歐洲市場和傳統行業，20 世紀的創業機會集中於美國市場和 IT 行業，21 世紀的創業機會集中於太平洋兩岸的中美兩國市場和移動互聯網新興行業。

3.4 營銷洞察

抖音是字節跳動公司推出的一款可以拍短視頻的音樂創意短視頻社交軟件，自 2016 年 9 月上線以來一路高歌猛進，如圖 3-1 所示。字節跳動公司是 2019 年全球估值最高的創業公司，估值達到 750 億美元，全球範圍的月活躍用戶已超過 10 億，日活躍用戶達到 6 億。據 Sensor Tower 數據顯示，字節跳動旗下的短視頻應用 TikTok 在全球的下載量達到 12 億次，其中，美國的下載量為 1.05 億次。數以百萬計的美國人每天都會使用 TikTok 來觀看對口型的演唱、跳舞以及喜劇小品的短片。

抖音成為短視頻營銷的主流陣地

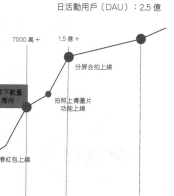

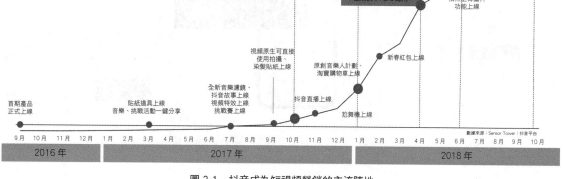

圖 3-1　抖音成為短視頻營銷的主流陣地

3.4.1 抖音成功的因素

抓住用戶注意力的痛點是抖音成功的關鍵。隨着 5G 時代的來臨，短視頻更吸引用戶注意力。

滿足智能社交的用戶剛需，抖音強化了創作者與粉絲的關係，構建了抖音短視頻平台內容的智能社交生態圈，如圖 3-2 所示。

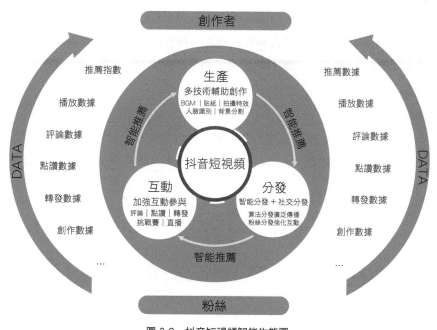

圖 3-2　抖音短視頻智能生態圖

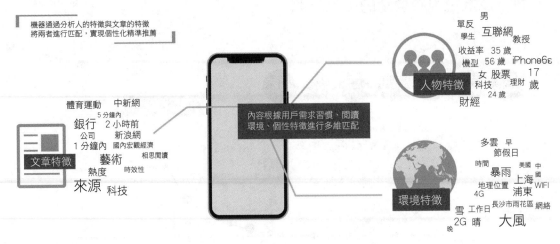

圖 3-3　抖音短視頻個性化推薦系統

內容匹配的用戶高頻，源自千人千面的個性化推薦系統和抖音算法，如圖 3-3 所示。

3.4.2 抖音的算法

1. 冷啟動流量池曝光

假設每天在抖音上有 100 萬人上傳短視頻，抖音會隨機給每個短視頻分配一個平均曝光量的冷啟動流量池。比如，每個短視頻通過審核發出後，平均有 1,000 次曝光。

2. 數據挑選

抖音會從這 100 萬個短視頻的 1,000 次曝光、分析點讚、關注、評論、轉發等各個維度的數據，從中再挑出各項指標超過 10% 的視頻，每條再平均分配 10 萬次曝光。然後再去看哪些是點讚、關注、轉發、評論是超過 10% 的，再滾進下一輪更大的流量池進行推薦。

3. 精品推薦池

通過一輪又一輪驗證，篩選出來的點讚率、播放完成率、評論互動率等指標都極高的短視頻才有機會進入精品推薦池，用戶打開時，看到的那些動輒幾十萬上百萬點讚量的視頻就是這麼來的。

　　顛覆用戶的使用習慣是抖音的商業利基。傳統商業時代，用戶的上班前、下班後、午餐時間和睡覺前均是廣告傳播的 "垃圾時間"，抖音的出現使這些時間段變成了 "新黃金時間"，如圖 3-4 所示。

　　經過 4 年創業，到 2019 年，抖音打造了中國商業領域獨樹一幟的品效合一的營銷閉環，如圖 3-5 所示。

短視頻用戶一天觀看時間分佈

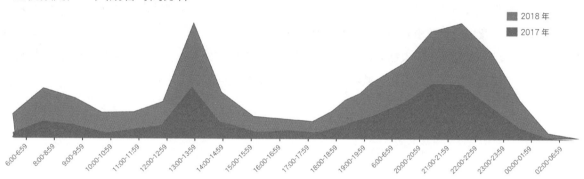

短視頻在早中晚形成了三個活躍的高峰時段：上班前、午餐時間、下班後、睡前

圖 3-4　短視頻用戶一天觀看時間分佈

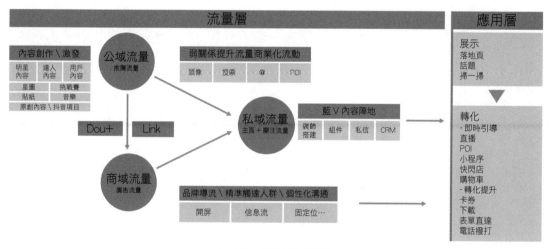

圖 3-5　抖音的營銷閉環

本章小結

（1）新技術創造了新世界，新世界推動了新營銷。2019 年是新世界開啟的原點，打開新世界的大門會發現大有不同。新世界是量子的世界，量子理論帶來的量子計算成為第四次工業革命的引擎。

（2）19 世紀的創業機會集中於歐洲市場和傳統行業，20 世紀的創業機會集中於美國市場和 IT 行業，21 世紀的創業機會集中於太平洋兩岸的中美兩國市場和移動互聯網行業。

（3）抓住用戶注意力的痛點是抖音成功的關鍵；滿足智能社交的用戶剛需，抖音強化了創作者與粉絲的關係；內容匹配的用戶高頻，源自千人千面的個性化推薦系統和抖音算法；顛覆用戶的使用習慣是抖音的商業利基。

（4）改變世界的人需要站在一個新商業週期坐標的原點，而影響世界的人則處於某個新商業週期知識演進過程坐標中的痛點。2019 年，又回到傳說中新世界的原點。

4WD of
Mobile
Marketing

移動營銷四驅理論

4.1 微信的反常規設計

顧客是上帝，處於市場的中心位置，以顧客需求為導向，傾聽顧客的聲音，解決顧客的抱怨，以上觀念長期佔據市場營銷學原理的頭條位置。這些常規的道理被一個移動超級社交軟件"微信"打破了。

（1）被動社交，不堪其擾

微信的社交功能開放到無須驗證，無須徵求用戶同意，用戶可以隨意被拉入一個社交微信群。這個群信息不斷，而且大部分信息為廣告或無用信息，雖可屏蔽，但用戶依然會受到信息干擾。

（2）微信群／好友不分組，找好友很痛苦

用戶的好友數量都是 500 人以上甚至以千為單位，用戶的手機裏群聊"百群爭鳴"，用戶每次查找群或好友都比較困難。但微信堅持不分組，許多用戶覺得微信的設計很不科學。

（3）對於"小紅點"設計，用戶又愛又恨

一旦一個用戶的微信群消息設置了免打擾之後，按理說這個群聊的信息應該在功能設計中自動屏蔽，不再出現。然而，微信卻設計了一個小紅點，每個小紅點都在強迫症般地提示用戶：要想徹底屏蔽該群信息，只能選擇退出，而有些用戶只是不想被打擾，偶爾還想看看。小紅點實際上是提醒用戶有等待查閱的信息，這些信息你此刻可能無用，但下一秒可能會需要。

（4）微信錢包收付款的限制不可理解

未添加銀行卡的用戶，可使用錢包功能進行轉賬，限額是單筆單日 200 元人民幣，收款方為單筆單日 3,000 元人民幣；已添加銀行卡的用戶，可使用錢包功能中的零錢或銀行卡轉賬，付款限額為單筆單日 50,000 元人民幣，收款方無限額。即便添加了銀行卡的用戶，每年使用錢包功能轉賬支付也有一定的限額。

在許多用戶看來，這是不被理解的功能設計。設計轉賬支付限額出於賬戶安全考慮，設置收款限額純粹是強行捆綁用戶的銀行卡信息。打開錢包功能中的第三方服務，發現沒有常用的淘寶。

面對用戶的抱怨，微信的設計師們不為所動，依然堅持着自己對移動社交原則的理解，堅守着微信設計之初的產品理念：極簡、克制、用完即走。面對用戶激增，用戶持續在線時間過長的情況，微信的發明人張小龍沒有喜出望外，而是感到擔憂。

微信最初以免費短信切入市場，後來逐步加入了語音、視頻、朋友圈、公眾號以及後來的小程序，一直都是十分克制地表達簡潔的設計路線，儘管用戶的需求在變，但微信的戰略定位從未改變，概括起來微信的戰略有兩條：

（1）圍繞移動交友生活，為用戶打造最簡單、最自然的生活方式。基於該定位，微信採用"減法到自然"的操作方式，不做刻意的限制性功能添加。

（2）圍繞移動營銷的基本原理，管理用戶痛點、剛需、高頻和利基 4 種市場要素，打造微信商業生態閉環。

4.2 微信反常規設計背後的原理

1. 從尋找用戶需求，滿足需求，到甄別挖掘用戶痛點

微信中的朋友關係，無論是主動關係還是被動聯繫，都是用戶自己的選擇。作為一個成年人，要對自己的交友行為負責，微信開啟入群好友驗證功能實屬多此一舉。如果用戶對被動社交、拉入群聊不堪其擾，恰恰證明他該下決心認真清理自己的圈子關係，而不是寄希望於一個軟件來實現。對大部分用戶來說，能彼此進入熟人的朋友圈並發生建群行為，10 次中至少有 9 次用戶都是贊同的。因此，微信的整體設計滿足了 90% 以上用戶的痛點需求，那些要求驗證的用戶痛點是極少數人的"真痛點"，卻是絕大多數人的"偽痛點"。

2. 微信群 / 好友分組不是剛需

專業調研機構曾經對喜歡移動社交的人群做了一份調查："你經常聯繫的人有幾個？"結果答案顯示平均值在 10 個左右，基本都是家人、密友和交流比較多的同事。可見，對於大部分人而言，從群聊中找常聯繫的朋友沒有多困難，對好友的分組需求度並不高。因為對分組並非剛需的判斷，微信群聊功能設計中只添加一項群聊"置頂"功能即可解決問題。

好友分組不是剛需，希望認識更多人成為好友才是剛需，微信把對移動社交用戶剛需的理解嵌入到功能設計上。

3. 設置小紅點，是為了鼓勵用戶高頻社交

微信的初衷是希望幫助用戶維護好朋友熟人關係，維護的方法就是高頻互動。所以儘管知道用戶受到某個社群消息的困擾，它還是盡力幫助用戶維護不讓它變成"死"群，折中的方法是採用小紅點提示用戶，至於看或不看則留給用戶自己決定。

微信就是微信，它有自己的使命，不會人云亦云，不會盲從。

4. 沒有雙方或多方的利益互惠的基礎，社交平台毫無價值

打開"支付"功能，用戶既可以收付款，還可以享受快捷的騰訊公共服務如信用卡還款、微粒貸借錢、手機充值、理財通、生活繳費、Q 幣充值、城市服務、騰訊公益，還有第三方服務如火車票機票、滴滴出行、京東優選、美團外賣、電影演出賽事、吃喝玩樂、酒店、拼多多、蘑菇街女裝、唯品會特賣、轉轉二手。當然，這些服務，微信或有利益分成，或是騰訊投資企業的業務。淘寶是競爭對手，站在企業利基的角度，不會把毫無利益關聯價值的競爭對手放入到商業閉環之中。

為了讓用戶夜裏付款也輕鬆，微信掃碼支付框會在夜色降臨時在框裏跳出小手電。

因此，用戶的利基是享受快捷服務，企業的利基是獲得投資回報。利基是雙邊或多邊互惠共贏的價值關係的總和。

4.3 四驅原理（4WD）

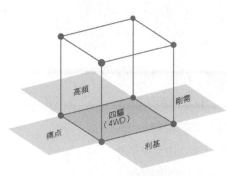

圖 4-1　4WD 營銷理論

四驅英文名為 "4 Wheel Drive"，簡稱 4WD。字面意思是車輛在整個行駛過程中一直保持四輪驅動的形式。而在本節，主要講述企業在移動互聯網時代，如何發動營銷的驅動力？企業如何發力前進？

移動營銷的驅動系統由痛點、剛需、高頻和利基共同驅動，如圖 4-1 所示。

企業的產品或服務必須是解決用戶的痛點，必須是用戶的剛需，使用場景要在用戶的生活中經常發生，而且對用戶和企業或者第三方均有價值或利益的基礎需求。

移動營銷四驅原理遵循如下內在邏輯：沒有需求的痛點是偽痛點，沒有痛點的需求不會高頻發生，沒有價值或利益驅動的交易都不屬於成功的商業行為。

4.3.1 痛點

痛點是用戶心理對產品或服務的期望值和現實值對比產生的落差而體現出來的一種 "痛"。落差越大，痛點越深。

痛點與需求的區別是，需求是用戶滿足慾望的目的，痛點是導致用戶慾望得不到滿足的原因，比如人餓了是痛點，人要吃飯就是需求。

研究用戶痛點的意義在於使企業或產品或服務的開發與設計更加精準化。開發產品或

案例 ｜ 牙醫診所收費越來越貴的原因在於牙痛是用戶痛點

牙痛和痔瘡，都是用戶痛點，假如開一家診所，你選擇哪個？

雖然牙痛和痔瘡都是用戶剛需，也是用戶痛點，但用戶消費頻次和利基不同。一般一個人一生中至少得看一次牙醫，愛美的女生每年會至少去一次，而痔瘡卻沒有這麼高的發病率。更重要的是，雖然這兩種病痛都很痛苦，但牙痛連接的神經疼痛無法容忍。你會發現牙科診所一般很少打廣告，因為你無法忍受的痛就是最好的牙科廣告，而痔瘡在輕度發病時可以隱忍，即便是重度痔瘡，一般手術費在 2,000 元人民幣，採用先進的 PPH（吻合器痔上黏膜環切術）技術，費用也只在 5,000 元左右。那看牙到底有多貴呢？如圖 4-2 所示，牙齒保健 300 元、拔智齒 500-1,000 元、牙齒美白 1,500-1,800 元、牙齒矯正 15,000-30,000 元，是不是每項收費都讓你顫抖哭泣？這還不算貴

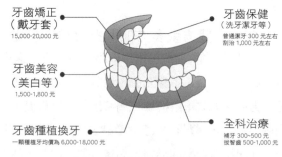

圖 4-2　某牙科診所收費情況

的，目前最貴的牙植體高達 8 萬一枚，種四五顆牙齒能換一輛奔馳。

全球單科診所收入最高的是牙醫，日本的牙醫平均年收入 100 萬人民幣，美國的牙醫平均年收入為 150 萬，英國私人牙醫診所收費由自己決定，難怪 1/5 的英國人傾向於自己或在朋友的幫助下拔牙。

服務的過程就是尋找產品或服務的原始需求中被大多數人反覆表述過的一個有待解決的問題或有待實現的願望。所以說，痛點是一切產品或服務的基礎。

　　人類對終止痛點的渴望促進了產品功能的需求，通常人們樂意把錢花在對抗痛苦上或追求享樂上，所以，追求享樂得不到滿足也是痛點的另外一面。如美國優步和中國的滴滴解決的是城市人出行過程中等不到出租車的痛苦，因為這兩款革命性的移動軟件充分解決了出行中的痛點，所以儘管軟件本身與現行法律有衝突，人們也願意冒着違法違規的風險與優步和滴滴並肩前行。"你解決了我的痛點，我自願為你護駕。"全球用戶爆發出來的熱情支持讓現行法律法規自行修改以適應移動時代人們出行的新規律。如果說優步和滴滴的初始心是幫助人們對抗痛苦，那麼，餓了麼和美團則是助推人們追求享受的武林高手。惰性乃人之天性，宅在家不出門吃上美食喝上美酒，自古以來就是人們追求享受的至高境界，美團和餓了麼就是讓用戶體驗到古代皇帝般的待遇，只要輕觸手機屏，點開 App，一盞茶的功夫，熱騰騰的美食和香噴噴的美酒，伴隨着快遞員急促的腳步聲飄到用戶的唇邊。解決痛點的 App，讓用戶的痛苦化解在手指尖。

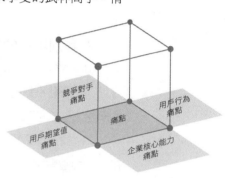

圖 4-3　痛點理論的四個維度

　　儘管每一個產品或服務都是為了解決用戶的痛點而存在，但不是每一個痛點都支持移動營銷工作者去創業，也不是每一個痛點都只是一個點，很多痛點是一連串的麻煩。創新創業者實踐中需要解決這一連串的麻煩。歸納起來，在精準尋找痛點的過程中，需要研究以下 4 個維度的痛點：用戶期望值痛點、用戶行為痛點、競爭對手痛點和企業核心能力痛點，如圖 4-3 所示。

1. 十大常見用戶痛點

（1）用戶期待中的痛點有多強烈？

案例　│　SmileDirectClub 在家就可以完成的笑容改造

　　哪裏有用戶痛點，哪裏就有創業機會。美國獨角獸齒型矯正公司 SmileDirectClub（股票代碼：SDC）於 2019 年 9 月 12 日在納斯達克（NASDAQ）上市，市值達到 88.94 億美元。

　　SmileDirectClub 的品牌使命是讓美國人都有微笑。

　　SmileDirectClub 是一家直接面向消費者的齒形矯正創企，通過遠程牙科診斷，將授權的牙醫或正畸醫師與齒形矯正患者連接起來，開展遠程治療計劃，以便開處方和監督治療。

　　SmileDirectClub 創新之處在於讓患者越過牙醫和診所，省去患者來回奔波的麻煩，在家或者指定的預約掃描地點就可對牙齒進行 3D 取模，再根據牙模直接將定製好的矯正器寄給患者，沒有中間商賺差價，在經濟上能為患者減少負擔。

　　自 2014 年創建以來，SmileDirectClub 已成為擁有 300 家 SmileShop 門店和 5,000 名員工的齒形矯正領域的頭部企業。儘管 2019 年上半年營收只有 3.73 億美元，且淨虧損為 5292 萬美元。然而，SmileDirectClub 代表的卻是產業的未來方向，它以數字方式改變了傳統牙科診所正畸領域，使更多人從一系列痛點中解放出來。

資料來源：SmileDirectClub 官網資料整理

（2）這種痛點會持續多久？

（3）用戶會為期待中的痛點需求被滿足而採取支付行為嗎？

（4）用戶為解決痛點樂意支付多大的成本？

（5）競爭對手有沒有採取解決用戶痛點的營銷行為？

（6）假如沒有，為什麼競爭對手不願意採取行動解決用戶的痛點？

（7）假如先推出解決用戶痛點的方案，競爭對手會用多長時間，以什麼樣的方式參與競爭？

（8）企業自身的能力能否可持續滿足解決用戶痛點的方案？

（9）為解決用戶痛點，企業自身的痛點是什麼？

（10）最後一個問題，怎樣設計一場試驗，檢驗上述 9 個問題全部得到解決？

2. 識別用戶的具體表現行為痛點

（1）痛點，就是用戶經常遇到的麻煩，並且願意為解決這個麻煩而付費，才叫痛點。

（2）痛點不只是一個點，背後是一連串的麻煩，痛點創業者需要找到高效的，有競爭力的解決方案去解決這一連串的麻煩。

（3）找痛點最好的方式是從自己熟悉的專業領域入手，從自己有把握的地方入手，從自己的興趣點去入手，還要考慮競爭者因素，等找到能變現的商業模式後再啟動市場。

（4）成功的痛點解決方案，可以通過從用戶、場景、需求 3 個方向思考拓展到心理、行為、競爭和自身能力 4 個維度，會產生更高的回報。

（5）痛點式營銷裏，痛點只是一個入口，系統性解決問題才能產生效率和效益。

3. 尋找痛點的方法：7C 理論框架調查法

馬丁・林斯特龍（Martin Linstrom）在他的《痛點：挖掘小數據，滿足用戶需求》一書中介紹了通過小數據找到痛點的方法。他認為，在大數據之外，應着重通過對一個小群體的親身觀察所體現出的文化慾望做一些挖掘，從而擊中痛點，滿足需求。在怎樣實現小數據獲取用戶痛點的問題上，林斯特龍給出了“7C 理論框架”調查法。“7C 理論框架”是指收集（Collect）、線索（Clue）、連接（Connect）、關聯（Correlation）、因果（Cause and effect）、補償（Compensate）和理念（Concept）。

（1）**收集**：你的觀點是如何反映在一棟房子裏的？“收集”這一步先要從宏觀和微觀上建立導航點。

（2）**線索**：你觀察到的獨特情感反應是什麼？作為一個研究者，要明確自己所看到的一切都不是毫無意義的，所聽到的一切都不能浪費。

（3）**連接**：情緒行為能產生什麼後果？先問問自己：收集到的線索有什麼相似點？這些線索開始偏向某個方向了嗎？最初的假設打算開始驗證了嗎？

（4）**關聯**：這種行為或情緒第一次出現時，是在什麼時候？在關聯階段，需要尋找顧客行為上的轉變，也就是所謂的切入點。

（5）**因果**：它能激發什麼情感？這一步需要在辦公室或工作場所整合所有發現，開始小數據挖掘。

（6）**補償**：還有什麼慾望沒被滿足？驗證完因果關係，就該提取最強烈的情緒本質——慾望。

（7）**理念**：針對你發現的顧客慾望，能有什麼"創意"補償？

4.3.2 剛需

沃倫·巴菲特（Warren E. Buffett）在某大學演講，學生問："什麼叫好公司？"他回答說："吉列（Gillette）佔全球刮鬍刀片市場份額的 60%，我是它的股東，我每天睡覺前都在想，全世界有 20 億成年男子，即使在我睡覺的時候，他們的鬍子都在繼續生長，每每想到這，我就睡得很安穩，這就是剛需！"

剛需是剛性需求的簡稱，剛性需求（Rigid Demand）指在商品供求關係中受價格影響較小的需求。當剛性需求被上漲過快的商品破壞後，這個剛性需求就成了彈性需求。對於住房的剛性需求，其實就是大眾為了財產保值、增值的一種投資手段，對於沒有更好投資渠道的中國人來說，這是大多數民眾的唯一選擇。需求是指消費者在一定價格條件下對商品的需要量。

對於開發商而言，剛性需求可以用在不同場合。開發商們推崇剛性需求，一方面是要為其房價上漲製造理由，另一方面就是要藉助強大的話語權忽悠普通購房者。其實，開發商們所說的剛性需求，也就是市場經濟環境中的供求關係，在市場經濟環境中，商品供不應求時，商品價格就會出現上漲，剛性需求就是漲不漲都需要購買。

市場上很多失敗的產品或服務都是偽需求造成的。研究用戶需求時一定要問自己這 3 個問題才能跳出偽需求的陷阱：用戶為什麼要用這類產品或服務？用戶為什麼一定要用這類產品或服務？如果用戶不用這類產品或服務，是否有替代方案？

用戶剛需可由兩種途徑獲取，一是用戶自帶的剛性需求；另一種是通過雙向錨定理論企業創造出來的用戶剛需。雙向錨定理論是指原來用戶的需求是彈性需求，而且有競爭對手的功能替代方案，但企業通過移動營銷的特殊原理和方法改變了用戶需求的硬度。在本書第 8 篇的第 32 章有詳細論述。

經濟學關於供給側和需求側之間關聯關係的新範式的創造，是指用戶的需求與產品的生產通過有效溝通進行精準匹配，而人手一台智能終端為有效溝通提供了可能。需要強調的是，這種信息溝通所創造的精準匹配，不像過去的埋頭生產後的售賣行為，也不完全是用戶的個性化定製，而是用戶在與產品的溝通中尋找屬於自己的個性和價值，企業在與用戶的溝通中，從用戶的個性中挖掘生產的共性。

在雙向錨定的經濟學概念裏，顧客和企業都不是上帝，他們都不是市場的中心，市場的中心是顧客和企業都認同的某種叫"內容"的東西，也就是本書第 3 篇關於內容的論述，包括價值共識、興趣愛好、情感歸宿、偏好認同等才是市場交換的中心。企業和顧客甚至不需要刻意討好對方，每一種價值認同的定位都會吸引一部分人的認同而形成一個圈子；對於不認同企業所生產的內容的顧客，即使企業刻意討好，也難以拉回到既定的圈子裏來，這就是移動營銷學常講的圈子文化。

這種圈子文化就是粉絲經濟的產物。如蘋果手機售價高，可替代性產品很多，但是蘋果公司把蘋果手機打造成一款"價值信仰"產品，對於果粉來說，蘋果不僅是手機，還是信仰，既然產品宗教化了，就無關價格高低。2018 年，蘋果手機再次大幅度提價，果粉們覺得很自然，這就是蘋果的力量所在——創造用戶剛需。

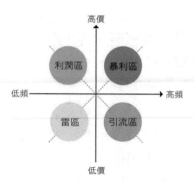

圖 4-4　高 / 低頻營銷組合策略

4.3.3 高頻

在移動營銷的詞典裏，高頻指的是產品或服務的重複消費或使用的概率較高，分為高頻產品、高頻服務、高頻市場和高頻交易 4 種類型。從用戶消費的需求頻次和單次價值來分析，分為暴利區、利潤區、引流區和雷區 4 個象限，如圖 4-4 所示。

通常，頻次很高的需求不太可能有太高的單次價值。比如說"1,000 元 / 天 /2 次"這種需求只存在於極端小眾的土豪市場，大眾普遍沒有這麼強的消費能力，換個說法就是這種優質需求早已被瓜分了。

在 4 個象限中，我們常見的是兩個象限的需求：高頻低價和低頻高價。針對這兩種需求常見的策略是利用高頻低價的需求抓用戶，因為高頻場景和用戶互動的機會多，而低價的輕決策場景可以降低用戶進入門檻，起到引流的作用；再用低頻高價的需求做利潤。

在移動營銷的世界裏，"高頻找用戶，低頻做利潤"的營銷組合策略非常常見，如"滴滴拼車"屬於高頻吸引用戶的前端策略，"滴滴專車"屬於低頻做利潤的後端策略。

在實踐中，剛需且高頻的行業幾乎找不到創業機會，相反，既不高頻也不剛需才是市場常態。Airbnb（愛彼迎）的成功具有普遍的創業指導意義。

Airbnb 自 2008 年成立至今已有 11 年，註冊房源已超過 2.6 億家。Airbnb 開闢多元化收入來源，目前資產估值為 310 億美元。它的市值和每日房屋入住數均已超過世界上的任何一個傳統酒店，比如希爾頓、喜達屋、萬豪等。這就是既不剛需也不高頻的運營策略。

Airbnb 的兩位創始人 Brian Chesky 與 Joe Gebbia 都是設計師，對於照片設計的美感把握得很好，為了提供更精美的住房實物圖供用戶參考，他們聘請專業攝影師去每個租戶家裏把房間照片拍攝到極致。Airbnb 還會將多餘房間和旅行者的需求進行匹配，為旅行者提供更個性的旅遊，讓出行更酷，能帶給用戶別樣的旅遊體驗。

Airbnb 經常會在其他酒店舉辦大型活動和酒店入住人滿為患時，進行大力推廣。Airbnb 的共享經濟模式曾獲得了來自巴菲特的免費 PR（Public Relation）宣傳。Airbnb 認為他們平台成功的本質有兩點：一方面市場上有很多空閒的房間；另一方面有很多旅遊或商務出差人士需要住房。空閒資源和用戶需求被 Airbnb 有效地聯繫在一起，解決了市場上兩方用戶的痛點。

4.3.4 利基 [1]

菲利普·科特勒在《營銷管理》中給利基下的定義為：利基是更窄地確定某些群體，這是一個小市場並且它的需要沒有被服務好，或者說"有獲取利益的基礎"。營銷者通常確定利基市場的方法是把市場細分再細分，或確定一組有區別的、為特定的利益組合在一起的少數人，為其提供專門服務。

利基市場又稱"縫隙市場"或"補缺市場"，是指企業為避免在市場上與強大競爭對手發生正面衝突而採取的一種利用營銷者自身特有的條件，選擇由於各種原因被強大企業輕忽的小眾市場。企業對該市場的各種實際需求全力予以滿足，以達到牢固地佔領該市場的營銷策略。

1. 利基市場

一般說來，中小企業可以開拓的利基市場有以下 6 類：

（1）縫隙利基市場。為了追求規模經濟效應，很多大企業一般採用少品種、大批量的生產方式，這就自然為中小企業留下了很多大企業難以涉及的"縫隙地帶"，這些"縫隙地帶"即為自然利基市場。很多中小企業正是選擇這些自然利基市場投入經營，在與大企業不發生正面競爭的情況下成長起來的。

（2）協作利基市場。對於生產複雜產品的大企業來說，不可能使每一道工序都自己完成。大企業為了專注於核心能力謀求利潤最大化或節省成本，避免"大而全"生產體制的弊端，而去與外部企業進行協作，這種協作關係為中小企業提供了生存空間，即協作利基市場。如日本豐田公司一次發包的企業就有 248 家，這 248 家企業還要向 4,000 多家企業二次發包。

（3）專利利基市場。擁有專利發明的中小企業，可以運用知識產權組成護城河，防止大企業染指自己的專利技術，向自己的產品市場滲透，從而在法律制度的保護下形成有利於中小企業成長的專利利基市場。

（4）潛在利基市場。現實中，常有一些只得到局部滿足或根本未得到充分滿足或正在孕育即將形成的用戶需求，這就構成了潛在的市場需求空間，即潛在利基市場。如戴姆勒—奔馳公司推出的奔馳—邁巴赫，滿足低調且奢華的用戶需求。

（5）替代利基市場。美國企業戰略學家波特教授在通過嚴密的競爭者分析後得出結論："最好的戰場是那些競爭對手尚未準備充分、尚未適應、競爭力較弱的細分市場"。對方的虛弱之點就是我方理想的攻擊之點。如果企業有能力比競爭對手提供令消費者更滿意的產品或服務，即能夠有力地打擊競爭者的弱點，那麼，該市場就可以作為自己的目標市場。Uber（優步）是替代老式出租行業市場的移動應用的範例。

（6）升級利基市場。在消費升級產品以快制勝的時代，大企業反應慢給了中小企業成長為大企業的可能，如柯達產品並不是因為產品質量不好而退出市場，它直到最後一批產品質量都是過硬的標準，而是因為不再被需要，層出不窮的新技術為新需求的市場轉化提供了發展空間。

[1] 利基（Niche）：英文名詞"Niche"的音譯，而"Niche"一詞來源於法語。法國人信奉天主教，在建造房屋時，常常在外牆上鑿出一個不大的神龕，以供放聖母瑪利亞。它雖然小，但邊界清晰，大有乾坤，因而後來被用來形容大市場中的縫隙市場。

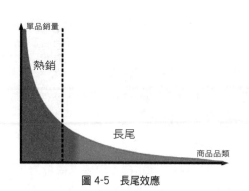

圖 4-5　長尾效應　　　　　　　　　　　圖 4-6　長尾理論

一個理想的利基市場應該具有以下 5 個特徵：

（1）該市場具有足夠的規模和購買力，能夠獲利；

（2）該市場在長時期內具備持續發展的潛力；

（3）差異性較大，強大的競爭者對該市場不屑一顧；

（4）企業具備所必需的能力和資源與對這個市場提供優質的產品和服務相稱；

（5）企業已在顧客中建立了良好的聲譽，足以抵擋強大競爭者的入侵。

到了 PC 互聯網時代，長尾理論把利基市場放在 PC 互聯網平台研究，研究員發現 PC 互聯網營銷也存在長尾效應。如圖 4-5 所示。

長尾效應，英文名稱 Long Tail Effect。"頭"（Head）和 "尾"（Tail）是兩個統計學名詞。正態曲線中間的突起部分叫"頭"；兩邊相對平緩的部分叫"尾"。從人們需求的角度來看，大多數的需求會集中在頭部，這部分我們可以稱之為流行；分佈在尾部的需求是個性化的、零散的小量的需求，這部分差異化的、少量的需求會在需求曲線上面形成一條長長的"尾巴"，如圖 4-6 所示。所謂長尾效應就在於它的數量上，將所有非流行的市場累加起來，就會形成一個比流行市場還大的市場。

"長尾"這一術語也在統計學中被使用，通常應用在財產的分佈和詞彙。

被商業界視為鐵律的"帕累托法則"（Pareto Principle），其內涵認為企業界 80% 的業績來自 20% 的產品。根據這一法則，企業經營看重的是銷售曲線左端的少數暢銷商品。曲線右端的多數冷門商品，被該定律定義為不具銷售力且無法獲利的區塊。但長尾效應卻看到了另一層面：廣泛的銷售面讓 99% 的產品都有機會銷售，而不再只依賴於 20% 的主力產品，這些具有長尾特性的商品將具有增長企業營利空間的價值。

長尾商品的總值甚至可以與暢銷商品抗衡。例如，用指數曲線研究亞馬遜網站的書本銷售量和銷售排名的關係發現，亞馬遜 40% 的書籍銷售來自本地實體書店裏不賣的書籍；再如，谷歌的大部分利潤來自小廣告商（廣告的長尾）。

基於研究對象的原因，任何理論都有時代局限性，菲利普・科特勒的利基概念研究的主體是工業經濟的市場結構，而長尾效應的觀念形成於 PC 互聯網最火熱的 2004 年，兩者結合起來，經典演繹了兩個時代的市場旋律。進入移動互聯網時代以來，它們的理論無法完整解釋新興科技公司的商業運營規律，自然也無法精準解釋這種規律，即受移動互聯網影響並與 4.0 工業革命技術加速融合的實體經濟運營的規律，如優步面向的是所有人的市場即大眾市場，沒有所謂的小眾市場的長尾效應。即使有小眾市場，也指的是很容易識別的高端用戶。優步專車滿足這一部分人群，不存在長尾效應所說的"當佔比重的部分已經沒有什麼挖掘空間的時候，我們可以把注意力放在長尾之上"。2019 年中國方興未艾的"AI+"運動，指的是所有行業的智能化趨勢，可能會有行業進入 AI 的優先級之分，但不會有大眾與小眾之分。

用戶是按收入的階層劃分還是按認知的階層劃分？這個問題的提出使重新定義利基與長尾成為可能。

傳統的利基與長尾理論中，消費者分為高中低收入者，按照經濟學的理性消費原則，購買力決定消費力。收入高低分別對應消費品的價格高低，在移動互聯網時代，消費發生明顯的變遷，更適合經濟學家眼中的感情原理，被喻為"剁手黨"的大量中國家庭主婦在天貓"雙十一"活動時常把當時並不急需的商品買回家。研究發現，這群"剁手黨"家庭並不是特別富裕。就中國年輕的富有女性消費趨勢分析，學歷低的女性通常會去美容院美容，學歷高的女性通常選擇到大學 EMBA 聽演講。

但是在移動互聯網時代，新技術的創新改變了用戶的衣食住行。許多用戶的消費習慣完全被徹底顛覆。過去只有富人用得起豪車，現在只要用打車軟件，普通人也能用得上豪車。過去只有富人消費得起奢侈品，現在大部分普通人同樣消費得起，因為可以使用螞蟻花唄進行分期消費。移動互聯網的到來改變了這一切，拋棄了對用戶收入歧視的理念，以社會成就、文化程度、就業方向等非經濟指標對用戶進行消費參與程度的身份認證。

顯然，移動互聯網時代正在發揮信息對稱效應。

移動營銷 4WD 理論中的利基是指創造出對應的用戶價值與對稱的商業利益，以及參與交易的各方價值鏈生態互動的利益關係的總和。換言之，各取所需，按價值分配各方利益。在新技術與新經濟的催促下，企業平台化、網絡化、智能化的趨勢特別明顯；在移動互聯網的滲透中，所有的行業都值得運用移動營銷原理重做一遍；在 4.0 工業革命面前，供給與需求的結構性重構在所難免，因此，重新定義利基，有助於找到商業革命的出發位置，也有助探討市場營銷學的原始驅動力的來源。

移動營銷的 4WD 理論可以依據痛點大小、剛需強弱、頻次高低建立很多模型，但利基這一要素必須處於強大的位置。對於參與交易的用戶，企業和第三方中的任何一方利益有損的交易模型都不成立。比如汽車市場的汽車維修在移動營銷時代，由於沒有利基而不值得大動干戈。儘管修車貴、修車難是用戶痛點，也是用戶的剛需，但修車的頻次太低，且交付成本高，再加上汽車的質量越來越好，導致修車的頻次更低。相反，二手車交易是一個好的利基市場，原因是所有的車主都願意消費升級，儘管二手交易與汽車維修一樣屬於低頻市場，但其交易成本低。因為對其利基的看好，中國的瓜子二手車和人人車市場競爭十分激烈。假如利基市場是穩定的，那麼 4WD 理論可以組成以下 8 種模型，如圖 4-7 所示。

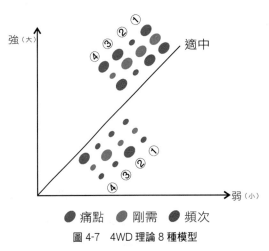

圖 4-7　4WD 理論 8 種模型

（1）強區組合。

①痛點大，剛需強，頻次高

②痛點小，剛需強，頻次高

③痛點大，剛需強，頻次低

④痛點大，剛需弱，頻次高

（2）弱區組合。

①痛點小，剛需弱，頻次低

②痛點小，剛需弱，頻次高

③痛點小，剛需強，頻次低

④痛點大，剛需弱，頻次低

在先知先覺 a 線行進方向中，可以看到上帝對先行者的眷顧。那些痛點強，剛需大與頻次高的利基市場被 Uber、美團這樣的先行者拿下，剩下的市場也許交給閱讀完本書的讀者來解決。

2. 利基市場新戰略

傳統的利基戰略是指企業為了避免在市場上與強大的競爭對手發生正面衝突，選取被大企業忽略的、需求尚未得到滿足的、力量薄弱的、有獲利基礎的小市場作為其目標市場的戰略。

移動營銷的利基戰略鼓勵企業和行業巨頭發生正面較量，選取移動應用和 4.0 工業革命的新技術，在市場快速轉化中形成競爭優勢的戰略。以下適用於弱者戰勝強者的成功戰略，凝聚了移動營銷戰略智慧：

（1）聚焦痛點，讓痛點更痛。用戶的滿足一般由兩種狀態構成：一種是理想狀態，一種是現實狀態。當這兩種狀態處於平衡之中時，人們就是滿足。移動應用的普及使用戶獲取信息更加便利，人們的理想狀態和現實狀態的不平衡成為常態，當一個人的理想狀態和現實狀態分離的時候，便會產生問題空間。痛點就是分佈在問題空間中的各種問題點。

BOSS 直聘主打：找工作和老闆談。因為 BOSS 直聘發現：人們在找工作的時候，需要 HR 收到簡歷、審核簡歷、電話溝通，之後才邀約面試，這個鏈條非常長，找工作的時候需要漫長的等待，如果可以直接溝通，將大大提高效率。BOSS 直聘攻克的痛點就是找工作鏈條太長的痛點。找到好工作流程長，這就是痛點。

只有認清痛點，才能找到痛點的場景；只有聚焦痛點，才能創造好產品；只有講出打動用戶的對話，才能讓用戶痛點更痛。以痛點為突出解決點的移動營銷利基戰略，在移動應用用戶裂變的一系列新技術支撐下，完全可能摧毀舊勢力，在已成熟的市場中建立領先優勢。

（2）瞄準高頻，讓高頻更高。對於高頻次購買的產品或服務，用戶最看中的是性價比，所以針對大眾需求的高頻市場，新興企業有機會通過高頻利基戰略中的性價比策略從行業巨頭手中"虎口奪食"。高頻利基戰略也稱為性價比戰略，企業通過供應鏈、服務鏈的價值共識與利益共享，向大眾傳遞產品或服務的卓越性價比並向特定的用戶群輸送價值空間體驗感。

　　與行業巨頭沃爾瑪爭奪大眾市場，Costco（好市多）採用的就是高頻利基市場新戰略。Costco 有意識地向大眾傳遞"毛利只有 7%"的經營理念，如用戶高頻消費的 T 恤衫，10 元進貨，它只賣 11 元，在全世界老闆都在追求高毛利時，Costco 老闆每天在想：怎樣才能少賺一點？Costco 從沃爾瑪"虎口奪食"的戰略就是高頻消費性價比戰略。

　　（3）引領剛需進入新消費。剛需市場從來都是利基市場中最堅實的底盤，被行業牢牢佔領，按照傳統的利基市場理論，中小企業從來沒有機會。在移動營銷面前，這一局面將被改寫。新興企業並沒有刻意去改變用戶剛需，而是利用新技術、新設備、新模式有意識地改變用戶獲取剛需的路徑和方法。因此，這一戰略也稱為"截流戰略"。

　　移動應用新技術的轉化應用為"截流戰略"的實施提供了各行業創新的無限可能。如智能無人機對快遞行業的顛覆，智能果汁機對瓶裝果汁行業的挑戰，智能化無人操作餐廳對傳統餐飲業態的威脅。

　　（4）算法管理替代傳統利基戰略。幾乎在所有的獲利市場中，算法管理正在崛起，從人工設定到程序推演，從企業內部效益測算到用戶性價比測算，算法管理正在向所有行業滲透，利基戰略對於不熟悉移動營銷的人而言變得更為複雜，更加細膩，如抖音短視頻的"人工算法 + 程序算法"正在讓傳統的視頻平台的對手倍感不適。

　　移動營銷新利基四大戰略正在上演一幕未來大劇：從試圖保護傳統利基的行業巨頭手中，奪走創造新利基市場的機會。

本章小結

　　（1）痛點是用戶心理對產品或服務的期望值和現實值對比產生的落差而體現出來的一種"痛"。落差越大，痛點越深。

　　（2）用戶剛需可由兩種途徑獲取，一種是用戶自帶的剛性需求，另一種是通過雙向錨定理論企業創造出來的用戶剛需。

　　（3）在移動營銷的詞典裏，高頻指的是產品或服務的重複消費或使用的概率較高，分為高頻產品、高頻服務、高頻市場和高頻交易 4 種類型。

　　（4）利基是指創造出對應的用戶價值與對稱的商業利益，以及參與交易的各方價值鏈生態互動的利益關係的總和。換言之，各取所需，按價值分配各方利益。

綜述 ｜ 缺乏底層邏輯，百億獨角獸轟然倒下

小黃狗是 2017 年成立的旨在推動再生資源科技智能回收解決方案的公司，打出"吃垃圾，吐現金"的口號。它打通線上線下回收垃圾系統，主要通過在小區、寫字樓、酒店及鬧市區設置廢舊用置物品智能回收站，以有價的方式接受用戶投放的廢紙、塑料、金屬、廢舊紡織品、玻璃等廢棄物。2018 年距其成立不到 1 年，估值已達 60 億元，同年年底，估值上漲到 150 億人民幣，成為獨角獸企業。2019 年，小黃狗進入破產重整狀態，幾千名員工被迫離職。

可回收物 Recyclable	大件垃圾 Bullkywaste	可堆肥垃圾 Compostable	可燃垃圾 Combustible	有害垃圾 Harmful Waste
回收循環使用，資源回收。包括紙類、塑料、金屬、玻璃、織物等	需拆分后再針對處理的垃圾。如廢棄家電、家具等	示意利用微生物發酵製成肥料的物質。包括：廚餘垃圾、植物殘骸等	不宜回收的紙類、塑料、織物等	含對人體健康或自然環境造成直接或潛在危害的物質的垃圾

圖 4-8　建設部發佈的城市生活垃圾分類方法
資料來源：iiMedia Research（艾媒咨詢）

市場分析

小黃狗的智能回收設備是與中國國內一家高科技智能公司合作生產，其產品技術與性能可謂前沿、先進與可靠；小黃狗的運營團隊高峰時期達到 4,000 人，並已成功入駐北京、上海、廣州、深圳、重慶等中國大城市，團隊管理並無重大失誤；垃圾回收市場總額在中國每年達到 2,000 億人民幣規模，據小黃狗公司先前結算，如果按照每組智能設備每天產生 100 元營業收入，2020 年將為其帶來 22.65 億元人民幣利潤。資金、產品、人才、管理、市場都沒有阻止小黃狗前進，那麼問題出在哪裏？

邏輯拷問

小黃狗吐現金的實際情況是，居民投進的紙質垃圾，得到的環保金大約是 0.35 元每公斤，金屬和塑料則是 0.2 元每公斤，但這個價格明顯低於市場廢品回收站。小黃狗本以為抓住了用戶的痛點——扔垃圾，返現金，但明顯低估了用戶的智商，高估了用戶的熱情。平時扔垃圾沒有現金返，用戶不算賬；一旦返現金時，用戶必然算賬。算賬的結果如果用戶覺得吃虧，必然會給小黃狗貼上藉公義之名收用戶智商稅之實。因此，"吃垃圾，吐現金"的產品訴求抓住的不是用戶痛點，而是偽痛點。

　　小黃狗智能垃圾回收缺乏完整產業鏈。它主要回收可回收的垃圾，也可以說是有價值的垃圾，其結果必然是進入了一個高額市場的低頻品類之中，它忽視了中國居民垃圾分類意識不清的現實，一些回收價值低的垃圾混淆其間，導致挑揀分類垃圾成本居高不下。雖然垃圾分類是國民全民需求，需求剛性也很強，但用戶需求的是具備分類功能的智能設備。顯然小黃狗的設備不夠智能，而中國居民的垃圾分類意識與行為習慣的培養是需要一定時日的長期過程。要麼等到居民養成垃圾分類習慣後再推廣，要麼生產出完全智能化讓居民化繁為簡的智能設備，否則它就是進入一個低頻市場的偽需求。

　　小黃狗的市場拓展模式是招加盟商。每個加盟商需付 5 萬元智能回收箱的押金，3 年後返還押金，另需付 500 元每年的租金，小黃狗需要付出成本的是運營的電費、場地費及維護費。加盟商雖有環保意識，但其實質是商業行為，對其付出要求回報是正常商業邏輯，這就必然導致這樣一種邏輯：小黃狗與加盟商合謀，順帶上居民小區物業公司，一起賺居民的錢。在用戶至上的移動營銷時代，顯然小黃狗的利基邏輯是混亂的，把攻城隊的瞄準儀對準用戶，是早已過時的傳統商業邏輯。據報道，小黃狗公司實際控制人唐軍涉嫌非法集資，被採取強制措施。

營銷洞見

　　小黃狗的商業創意是毋庸置疑的切中全社會痛點，其營銷是現時不宜強調的"吐現金"的痛點訴求，而應該採用會員制的公益營銷，強調"吃垃圾，吐藍天白雲"的全民痛點，更貼合中國近年來的政策趨勢。不宜在產品不成熟時推向市場，而應該在產品研發階段多下點功夫，爭取創造出一款能自動分挑的大型智能垃圾回收設備，並配以居民生活消費大數據軟件開發，從每一家居民扔掉的垃圾中搜集消費數據，這是最精準的國民消費數據，把小黃狗變成一個數據公司，而數據就是財富，精準的數據是看得見的財富，如圖 4-9 所示。

　　在商業拓展的邏輯上，小黃狗應該把募集到 10 億投資的軟件集中運用到一座大城市的所有可能回收垃圾的場所。先形成一座千萬級人口大城市的精準大數據和樣板市場，與該城市所有居民合謀，向垃圾產業鏈提供經濟效益和社會效益。若誠能如此，彼時的小黃狗將會是全體國民最熱愛的忠誠伴侶。一家永遠和用戶合謀的公司永遠不會被市場摒棄，畢竟，用戶就是市場。

圖 4-9　垃圾分類涉及的相關產業
資料來源：iiMedia Research（艾媒諮詢）

PART 2

MODE

第二篇

模式

第五章

CHAPTER 5

Moat

護城河

平台業已成為新經濟主要的商業模式之一。平台可分為 3 種類型：第一種是創新平台，第三方公司可在平台的核心產品或技術上添加互補產品和服務，如谷歌（Google）安卓、華為鴻蒙 OS 系統和蘋果（iPhone）iOS 系統，以及亞馬遜網絡服務；第二種是業務平台，允許交換信息、商品或服務，諸如愛彼迎（Airbnb）、優步（Uber）及好市多（Costco）；第三種是以移動支付為核心建立的業務平台，如中國的支付寶。

各平台總是先下手為強，在一片新領地發揮網絡效應，並提高準入門檻。中國支付寶的南征北戰，Uber 瘋狂征服世界每個城市的努力，以及 Airbnb 希望在全球範圍內共享房間的願望，就是利用網絡效應拚命修建業務平台護城河的典型案例。

5.1 量子力學與陰陽學說

除了引力，宇宙中一直存在一股神秘的力量在維持星體間的平衡與有序運行，近年來物理學家把這種神秘的力量稱為暗物質和暗能量，它能使迄今為止的所有物理定律和科學定律失效，如同人們在量子力學上發現了人的意識竟然能影響量子糾纏和波粒態，從而使傳統的物理定律和科學定理失效。

按照中國傳統文化的陰陽學說，世界上有我們悉知的正物質，那麼就一定有我們未知的暗物質；有正能量，那麼也一定有暗能量。正物質是陽，暗物質是陰；正能量是陽，暗能量是陰。宇宙就是由正物質與暗物質、正能量與暗能量相互聯繫、相互制約形成一個整體，如圖 5-1 所示。

圖 5-1　宇宙的神秘力量

5 種競爭力的影響因素，如圖 5-2 所示。

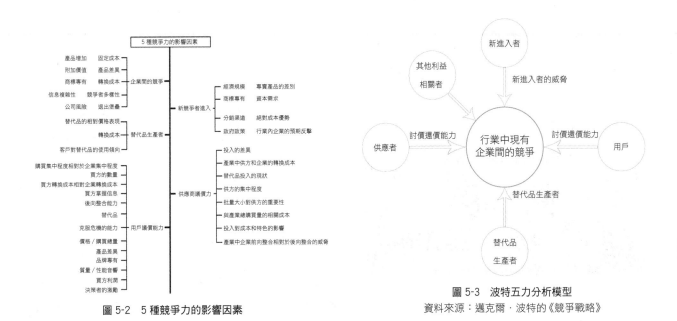

圖 5-2　5 種競爭力的影響因素

圖 5-3　波特五力分析模型

資料來源：邁克爾・波特的《競爭戰略》

在浩瀚的企業競爭海洋裏，人們常常研究市場進攻的戰略、策略組合與方法，其結果是，只要某行業有利可圖，並確有企業實現誘人的利潤，競爭就會接踵而來，這就是邁克爾·波特（Michael Porter）提出的五力模型，如圖 5-3 所示。

邁克爾·波特提出專一化戰略、差異化戰略與總成本領先戰略三大競爭戰略。這種以競爭為導向的市場進攻模型，其最終結果是只剩下一項戰略，即總成本領先戰略。因為隨着競爭的加劇，採用專一化戰略和差異化戰略的企業並不能保持很久的競爭優勢，很快就會被另一個對手超越，最終回歸到總成本領先戰略，如果總成本領先的優勢不能保持，剩下的出路就是退出。

從資本投資學角度而言，上述企業的資本回報率是均值回歸（Mean-Reverting），即隨着競爭的加劇，企業以前的超額收益逐漸萎縮，但隨着企業的不斷創新，低收益的業績又不斷得到改善，如此循環，很像量子力學所說的量子糾纏，企業的盈利與之前的高額利潤靠近，再靠近，但始終無法返回之前的超高利潤區。這一切源於過度使用競爭戰略並把它發揮到極致，研究發現，確有一些公司能夠在競爭對手面前歸然不動，多年來保持較高的資本投資回報率。例如，生產百威啤酒（Budweiser）的安海斯—布希公司（Anheuser-Busch）、甲骨文（Oracle）、微軟（Microsoft）、英特爾（Intel）、強生（Johnson & Johnson）；再如，近 15 年以來的蘋果（Apple）、谷歌（Google）、阿里巴巴（Alibaba）、騰訊（Tencent）、茅台（Moutai），它們都擁有令人歎為觀止的利潤率，都能在殘酷的市場競爭中保持居高不下的資本回報率。

到底是什麼力量或能量，使它們成功阻攔技術先進、資金豐厚、攻勢咄咄逼人的競爭對手入侵它們的領域呢？用以往的競爭力學說、高效執行力學說、優質產品力學說和卓越管理學說都解釋不通，唯一的答案是"護城河"。它們修建了一條能拒敵於城池之外的"護城河"。這條"護城河"保衛着公司的高資本回報率不受侵犯，如同量子力學學說發現宇宙原理的另一極的暗物質、暗能量一樣，那些傑出的企業擁有競爭世界的另一極——護城河。

5.2 品牌的護城河

圖 5-4　三棵樹門店
資料來源：三棵樹官網

品牌有一種神奇的力量，它可以為企業帶來持久的競爭優勢，這一現象早已被全球市場學家接受。品牌歷史越久就越香，企業要建設品牌的護城河，可採取如下途徑：

5.2.1 提升溢價能力

例如，拜耳製藥公司（BAYER）的阿司匹林（Aspirin）儘管在化學成份上與其他阿司匹林完全相同，但是拜耳的價格是普通阿司匹林的 2 倍。又如，著名品牌策劃專家華紅兵擔任戰略顧問的中國名牌塗料"三棵樹"（3 Trees）（見圖 5-4）的漆就是比普通塗料溢價 30%。為什麼品牌類產品會形成溢價？原因是消費者相信品牌商品比沒有品牌的商品質量更好，這就是品牌的護城河力量。

5.2.2 提高市場辨識度

有些品牌未必能給企業帶來定價權，取得溢價利潤，但是能為用戶減少搜索成本，使用戶輕鬆識別。例如，可口可樂（Coca-Cola）並不比百事可樂（Pepsi Cola）貴，梅賽德斯—奔馳（Mercedes-Benz）的價格也不比寶馬（BMW）高，但用戶只要看到 "Coca" 就總能想起它的味道，看到 Benz 的標識總能聯想起它的舒適豪華。品牌就是通過極高的辨識度抬高了競爭對手進入該領域的門檻。在過去的 40 年，中國市場曾經推出如下 7 個可樂品牌，結果都是以失敗而告終：

（1）最早推出的 "嶗山可樂"（Laoshancoclo）添加了棗、白芷、砂仁等 10 餘種天然本草，最終被可口可樂（Coca-Cola）收購。

（2）1998 年，娃哈哈（Wahaha）推出非常可樂（Future Cola），銷量曾經進入前三甲，最後在競爭中失利。

（3）1998 年上市的汾煌可樂（Fen Huang）主攻中國農村市場，結果在 2001 年後消失。

（4）幸福可樂（Lucky Cola），最接近可口可樂的一款產品，是上海正廣和汽水廠開發的，目前已經停產。

（5）天府可樂（TIANFU），於 1980 年誕生於重慶，國內唯一一款以中草藥配方為主的碳酸飲料，曾被定位國宴飲料，但是 1994 年與百事合作後逐漸被邊緣化，2013 年才奪回商標，2016 年復出。口碑很好，但是在可樂江河日下的市場中，前途未卜。

（6）少林可樂（Shao Lin KOULE），於 20 世紀 80 年代推出，當年的告急飲料，在第八屆亞洲乒乓球大賽中作為指定飲料，但僅僅是曇花一現。

（7）銀鷺可樂（YINLU Cola），目前市面上已經消失，銀鷺（YINLU）官網上也沒有介紹。

曾經的 7 個國產可樂品牌大多數都已經消失，生存下來的幾種也遠不是可口可樂和百事可樂的對手。

相信可口可樂和百事可樂在全球各地都會遇見類似的阻擊，但為什麼沒有被擊倒呢？原因就在於可口可樂和百事可樂最早進入市場後依靠品牌的力量培養了用戶的 "口感依賴"，品牌又讓用戶產生 "口感聯想"，導致用戶認為，可樂就應該是 "這個味"。

那麼，為什麼中國當年推出的 7 個可樂品牌曾創下不錯的銷量呢？這就是有關護城河的著名悖論：擁有護城河的企業產品擁有較高的市場佔有率，擁有較高市場份額的產品不代表該企業有護城河。比如消費者一定是通過大量購買才刺激了中國七大可樂的市場銷量，但這種購買一是出於好奇心，淺嚐輒止；二是在沒有可口可樂和百事可樂時暫時替代。如果把這樣的市場份額轉換成其他企業的戰略執行決心，那麼這種企業戰略決策將大失水準。

5.2.3 東山再起

世界上沒有從不走錯路的企業，擁有護城河可以讓企業更加靈活自如、更加有彈性地運轉，尤其是在遇到挫折和危機時可以東山再起，因為護城河能讓企業產生結構性競爭優勢，換句話說，企業的根基很牢靠，大風大浪無法撼動。

可口可樂在20世紀80年代曾經改過產品配方，結果慘敗；在消費者對水和果汁等非碳酸飲料的需求日益俱增時曾銷售慘淡；曾被全世界的興論指責為危及健康的飲品……100多年來，連可口可樂公司自己也記不清楚曾面臨多少次挫敗和危機，但是所有的挫敗並沒有把可口可樂帶入絕境，每一次都是有驚無險地渡過難關，可見品牌作為企業護城河所起到的關鍵作用。

當然，擁有品牌護城河並不代表企業可以高枕無憂地隨意決策，這種自毀城牆的做法是任何護城河都無法挽救的。柯達（Kodak）的膠捲、IBM的個人計算機、摩托羅拉（Motorola）的手機、諾基亞（Nokia）的手機都曾是輝煌一時的產品，但是在移動互聯網到來的轉型時期停滯不前，貽誤戰機的戰略決策干擾了這些企業品牌辛辛苦苦建起來的護城河。所以說，有品牌護城河的企業，不會被競爭者輕易打倒，但極有可能被內部推倒。

任何形式的護城河都需要維修和加固，品牌作為企業的護城河也不例外，具體可採取以下措施：

第一，持續創新保持產品的差異化，讓用戶愛不釋手；

第二，精耕細作網絡渠道，讓用戶產生路徑依賴；

第三，不斷升級管理，保持成本領先優勢，反覆讓用戶連續消費；

第四，減少重資產投資，注重無形資產投資，保持財務賬面上的自由現金流；

只要做到以上4點，你的品牌護城河會讓你的競爭優勢長期處於強大無比的態勢。

為修建品牌護城河，應適時清理企業品牌架構。根據國際通用的品牌架構模式，可採用以下做法：

1. 單一品牌護城河模式

在單一品牌模式下，企業所有產品系列，不論多少，均使用同一個品牌名。

（1）優勢：所有產品共用一個品牌，可以聚焦傳播資源，降低傳播成本；有利於新品推出，有利於多產品之間產生市場協同效應，即促使用戶同時購買該品牌多個系列產品。

（2）劣勢：只要其中一個產品出現問題，就會殃及池魚；在不同消費檔次進行產品線延伸時，容易造成消費者品牌認知模糊。

2. 多品牌護城河模式

所謂多品牌戰略，是指一個企業在發展過程中，利用自己創建起來的一個知名品牌的品牌優勢延伸到發展出多個知名品牌的戰略計劃，多個品牌在市場上相互獨立，同時又因共存於企業內部，有一定的關聯。

例如，寶潔公司（Procter&Gamble）的品牌約3,000個，在這個龐大的品牌體系中，寶潔（Procter&Gamble）並沒有成為任何一個產品的商標，而是作為出品公司對所有品牌起到品質保證的作用。

3. 主副品牌護城河模式

主副品牌模式一般是為了區分具有不同消費檔次、產品特點和渠道級別的同類產品而採用的品牌結構模式。

（1）優勢：共享主品牌，降低傳播成本；實現消費分級，利於線上線下協同銷售。

（2）劣勢：低價位品牌可能會傷害高價位品牌。

4. 母子品牌護城河模式

母子品牌企業產品採用"母品牌＋子品牌"的共享母品牌模式。

（1）優勢：母子品牌之間能夠相互促進；每個子品牌具備更大成長空間。

（2）劣勢：對企業品牌管理經驗及水平要求很高。

5. 複合品牌護城河模式

由 4 種品牌模式中的兩種或兩種以上複合而成。

（1）優勢：各品牌定位會更加精準，還能覆蓋不同類型的目標市場。

（2）劣勢：品牌建設成本較高，品牌建設時間較長，加大了企業品牌管理的難度。

案例　｜　全球最大的豬肉出口商是這樣養豬的

丹麥皇冠自 1887 年成立以來，一直探索從養殖、屠宰、肉類加工到銷售的完整產業鏈。如今，它每年向 130 多個國家出口豬肉，年銷售額達 662 億人民幣。它能如此成功，是因為它建立了牢固的護城河，具體體現在以下幾個方面：

（1）要求豬農必須具備專業養豬知識、管理學知識和哲學知識。

（2）實現高度的機械化和智能化。

（3）餵豬的飼料由小麥、大麥和礦物質製成，營養豐富，口感甜軟，人都能吃。

（4）制定養殖標準，每頭豬出生後都要戴"豬牌"，便於追溯出生、飼養、醫療等信息；每頭豬至少擁有 2 平方米生活空間，用自動化設備清洗；每塊豬肉都會被登記、編碼，方便追查豬肉源頭。

（5）制定品質標準，具體包括豬的福利、規範管理、

檢驗檢疫等。從養豬場到屠宰場的途中，如果生豬的狀態个好，就會被罰數千美金。

（6）聯合多家豬企督促政府在邊境修建籬笆牆，避免德國野豬過境傳染疾病。

（7）遊客必須簽署聲明，表明自己沒有生病或接觸過病人。參觀時必須穿一次性特製衣服，戴帽子和手套。不刮鬍子的男人要戴口罩。

（8）豬被宰殺前需要先聽音樂、洗澡，休息 2 小時才送入二氧化碳室，整個過程毫無痛苦。

事實上，皇冠在豬的藥品使用、運輸等環節制定的準則甚至超過 100 項，而正是這些準則構建了皇冠商業牢固的護城河，推動着皇冠在國際養豬市場越走越遠。

資料來源：營銷報

5.3 真正的護城河

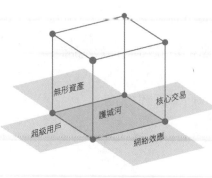

圖 5-5　護城河的四要素

在實踐中，差異化產品、高市場份額、有效執行和卓越管理可能不是值得信賴的"護城河"標籤，通過對全球近千家公司在過去 20 年中的競爭地位進行數據對比、挖掘、分析，再經過一個超大型投資回報數據庫的比對模擬演練過後，我們得到以下 4 種要素，如圖 5-5 所示。

1. 無形資產。如企業擁有的品牌、技術專利或法定許可，即在法律上或者管理層面上，銷售競爭對手無法效仿的產品或服務。

2. 超級用戶。企業擁有數量眾多的忠誠超級粉絲，企業通過培養超級用戶的心理依賴、口感依賴、路徑依賴、使用習慣依賴等方法，讓用戶難以割捨企業的產品或服務，即使割捨，轉換成本也十分高昂。

3. 網絡效應。這是一種非常強大的護城河，企業擁有的線上或線下強大的網絡效應，可以把競爭對手拒之門外。

4. 核心交易。企業通過自由定價權、獨特地理位置、規模效應獲得的暢順的自由現金流的核心交易，這個空間或是出於成本優勢，或是出於溢價能力，把競爭對手進入的門檻提高到難以進入的程度，從而禦敵於城門之外。

從短期策略而言，進攻的效益最為明顯；從長期可持續發展而言，護城河的修建才是問題的關鍵。在歷史的長河中，先後存在過古埃及、古巴比倫、古希臘和中國，只有中華文明連綿不斷延續，至今已有 3,000 年文字記載的歷史，原因不在於這些古文明國家在當時的戰鬥進攻力是否強大，而在於中國有 2000 多年的持續防禦能力：長城（Great Wall）。長城是中國也是世界上建造時間最長、工程量最大的一項古代防禦工程，自西周開始，歷時 2000 多年不斷修築，分佈於進攻對手經常騷擾的中國北部和中部廣大地區，長度達 5 萬多公里。

護城河體現了古人最高的建築智慧。全球古代著名城堡宮殿中，護城河是標配。護城河不僅起到防禦的作用，還作消防用，更是古代建築風水的一部分。

對於當今企業來說，識別經濟護城河的架構不同於以往任何評價競爭優勢的模型。由企業的無形資產、超級用戶、網絡效應和核心交易相互作用、互為依託組成的經濟護城河，4 種要素分別扮演着護城河中不同的角色。無形資產（品牌和專利）是護城河的兩岸，超級用戶是河水的深度，網絡效應是河水的寬度，核心交易是由活水源、兩岸和深厚寬廣的河流圍繞經濟城堡組成的一個圓。

5.3.1 無形資產

無形資產包括專利權、非專利技術、商標權、著作權、土地使用權、特許權及商譽，這 7 項資產共築護城河河堤，如圖 5-6 所示。

圖 5-6　無形資產的 7 個層次

（1）專利權

根據中國專利法規定，專利權分為發明專利和實用新型及外觀設計專利兩種，自申請日起計算，發明專利權的期限為 20 年，實用新型及外觀設計專利權的期限為 10 年。

（2）非專利技術

非專利技術沒有法律上的有效年限，只有經濟上的有效年限。

（3）商標權

商標是用來辨認特定商品和勞務的標記，代表企業的一種信譽，從而具有相應的經濟價值。根據中國商標法的規定，註冊商標的有效期限為 10 年，期滿可依法延長。

（4）著作權

著作權又稱版權，指作者對其創作的文學、科學和藝術作品依法享有的某些特殊權利。著作權包括兩方面，即精神權利（人身權利）和經濟權利（財產權利）。前者指作品署名、發表作品、確認作者身份、保護作品的完整性、修改已經發表的作品等權利，包括發表權、署名權、修改權和保護作品完整權；後者指以出版、表演、廣播、展覽、錄製唱片、攝製影片等方式使用作品以及因授權他人使用作品而獲得經濟利益的權利。

（5）土地使用權

土地使用權是某一企業按照法律規定所取得的在一定時期對國有土地進行開發、利用和經營的權利。

（6）特許權

特許權，又稱特許經營權、專營權，是指企業在某一地區經營或銷售某種特定商品的權利，或是一家企業接受另一家企業使用其商標、商號、秘密技術等權利。

（7）商譽

商譽是企業總體價值與單個可辨認淨資產的差額，可以為企業帶來超額利潤，並且利潤價值可以進行可靠計量，它具有價值性、稀缺性、不完全替代性。

每個國家對無形資產的定義不盡相同，而且隨着移動互聯網的發展，催生了許多新產業、新生態，使無形資產的定義與計量朝前推進了一大步。例如，人工智能的無形資產、"AI+IP"的大知識產權等。

5.3.2 超級用戶

如果有這樣一家企業，它可以像壟斷者那樣定價卻不受任何管制，那麼，這種沒有利潤邊界的公司就擁有一條寬廣的護城河。但在實踐中，大多數企業既沒有壟斷性技術，也沒有大品牌的獨佔效應，它們應怎樣建立自己的護城河呢？

移動互聯網時代為那些靠用戶偏愛而野蠻生長的企業提供了修建護城河的另一種可能：積累忠誠度高的客戶，培養用戶偏好度以提高用戶轉化成本，讓市場機制中最關鍵的超級用戶發揮護城河的作用。

1. 提高用戶轉換成本

為了買到更便宜的燃油，用戶可以多開車幾公里找下一家加油站，但用戶不會為了更高的利率或更低的轉賬手續費去更改公司的銀行賬戶。原因很簡單，換加油站給車加油的用戶轉換成本並不高，但更換公司的銀行賬號非常繁瑣，用戶轉換成本極高，比如，銀行新開戶有一大堆表格需要填寫，一大堆老客戶需要一一通知賬號更變，還有一系列公司內外變更手續要辦理，等這一切都辦妥，所消耗的時間成本遠超銀行帶來的利益。

PayPal 與螞蟻金服（Ant Financial）等一批新興的移動支付工具，極大地提高了使用移動支付的便捷性和用戶體驗，而不同的移動支付工具之間的用戶轉換成本也非常高，這一現象從另一側面證明了提高用戶轉換成本是建設企業護城河的關鍵一環。

❶ 富士康（Foxconn）：富士康科技集團是中國台灣鴻海精密集團的高新科技企業，1974年成立於中國台灣的台北。

用戶轉換成本是企業護城河這一原理，合理地解釋了富士康（Foxconn）❶這種加工型生產企業在既無終端產品又無壟斷技術的情況下不受資本市場追捧的原因，原因就在於它有持續不斷的訂單，因此，想要取得富士康加工生產資格的用戶轉換成本比較高。

2. 培養用戶依賴

按理說，餐飲業是競爭門檻最低、最不具備寬廣護城河的行業，但實際上餐飲業一直以來都是資本投資的持續熱點行業。原因在於餐飲業通過培養用戶的口感依賴或路徑依賴，容易形成競爭者很難闖入的護城河。以中國餐飲業為例，2012 年移動應用大爆發之前的 30 年和之後的 30 年發生了很大變化：以前是產品為王時代，關注"我有多麼好吃"；以後是用戶體驗時代，關注"你有多麼需要我"。以前是西餐快速發展時代，快捷就餐是用戶最大利益點；以後是中式餐飲快速發展時代，營養美味是用戶最大需要。以前是落址一樓街邊沿，看招牌識別就餐地；以後是在大型生活或商業綜合體選址，看電影逛街餓了就近就餐是新消費趨勢。

中國餐飲業已從過去的"四大天王"（見圖 5-7）發展到如今的"八大新貴"（見圖 5-8）。

（1）西貝莜麵村。2017 年，西貝莜麵村實現銷售收入 43 億元。2018 年，西貝在全國共有 15 個開店團隊，擁有 200 多家分店。

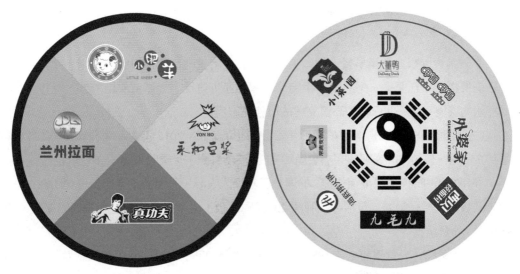

圖 5-7　中國餐飲業曾經的 "四大天王"　　　圖 5-8　中國餐飲業如今的 "八大新貴"

1999 年，西貝莜麵村在北京誕生，那段時間，西貝所有店面都開在北京的城鄉結合部，裝修成窯洞包間風格，每個包間都有廚房和 "母女" 服務員，"媽媽做菜，女兒服務"。西貝認為，餐飲行業是傳統行業，必須靠服務征服用戶。

（2）海底撈。1994 年，海底撈火鍋在四川誕生。2017 年，海底撈營業額達到 106.4 億元。2018 年，海底撈上市，門店達到 320 家，遍佈海內外。

海底撈把關注點放在了服務上：對用戶，海底撈傾力營造出一個為家庭和朋友聚餐提供優質服務的場所；對員工，海底撈的服務員有權給客人免單，門店店長的審批權更高達 100 萬元，這保證了海底撈的每位員工都享有主人感。

（3）外婆家。1998 年，外婆家在杭州誕生，成為新式杭幫菜的代名詞。2018 年，外婆家主品牌全國有 100 多個門店，金牌外婆家、爐魚、鍋小二、第二樂章等副品牌門店超過 160 家。2017 年，營業額高達 1.5 億元。

為更好地服務排隊顧客，外婆家店址都選在綜合商業體內，方便顧客停車、等位。外婆家還在等位區建電影院，比餐館包廂略大，顧客排隊時可以看電影。

（4）九毛九。2005 年，九毛九品牌在廣州誕生。2016 年，九毛九營業額超過 10 億元。截至 2018 年 4 月，九毛九的集團門店總數為 142 家。

九毛九堅持小而美的經營風格：門店使用面積 300 平方米左右；通過門店形象的個性化吸引年輕消費群；提高顧客體驗及消費便捷性，比如微信點餐、簡化菜單、微信支付結賬；運用開放型思維和社群模式，讓用戶參與經營。

（5）小菜園。2013 年，小菜園在安徽銅陵誕生。2017 年，小菜園營業額達到 3.4 億元。截至 2018 年，小菜園全國門店超過 100 家。

除了菜品，小菜園的服務同樣極致。對外：服務前置化，在門口放鮮果，無論用戶是否消費都可食用；定價大眾化，產品實惠、量大；服務承諾化，包括限時上菜、用戶就餐時有需求員工會立刻滿足。對內：員工幾乎都持股。

（6）麥香常青園。2012 年，麥香常青園於武漢創辦。2018 年，全國門店數量超過 900

家，它是國內首家定位早餐行業，並以石磨芝麻醬、熱乾麵為主營業務的生活服務類餐飲企業。

麥香常青園根據武漢早餐一舖一美食的特點，將餐廳每個檔口整合起來，食客可根據喜好選擇搭配。粉麵區、粥品區、小碗菜、甜品區、傳統小食區依次區隔開，互不干擾，以舒適的環境、合適的價格、高質完美的服務征服用戶。

（7）呷哺呷哺。1998年，呷哺呷哺在北京西單誕生。2017年，呷哺呷哺公司的門店數達到759家，包括738家呷哺呷哺餐廳和21家湊湊餐廳，營業收入達36.64億元。

多年來，呷哺呷哺"廉價快捷"的理念已經深入人心，服務並不是自身優勢所在，它致力於開發額外增長動力，包括呷哺呷哺2.0餐廳升級，湊湊餐廳的數量和規模的擴張，"呷哺小鮮"外賣業務等。

（8）大董鴨。大董鴨前身為1985年成立的國營北京烤鴨店，2001年改制變為私企，是外賓品嚐烤鴨的主要去處之一，於2016年成立。

大董鴨是西式小資風格，現代元素較多，適合情侶約會和商務宴請。大董鴨把"現烤現做"的觀賞藝術發揮到極致，化繁去簡，聚焦產品，增加開放廚房，升級木質精緻餐具，增加下午茶時間佔比，為用戶提供更多社交機會。

3. 善用會員制

在沒有發現新的用戶護城河模式之前，會員制一直都是建立在用戶基礎上的最佳護城河模式。

例如，幾乎所有亞馬遜（Amazon）的最新創新項目都圍繞Prime會員制進行，亞馬遜明白它的業務60%來自Prime會員的消費。所以，亞馬遜每隔一段時間就會提高價格，其目的是築起更寬廣的用戶護城河。

2018年9月，屈臣氏（Watsons）集團宣佈在全球推廣"VIP尊尚會員計劃"。與此同時，餓了麼與漢堡王（Burger King）宣佈，打通雙方的會員體系，商家優惠券將首次實現實體店與線上外賣平台的通兌通用。阿里巴巴（Alibaba）推出了全新的"88會員"，原淘寶（Taobao）、天貓（Tmall）會員統一升級為"88會員"，阿里巴巴投資的線上平台優酷（Youku）、餓了麼、蝦米、淘票票和"88會員"全部打通會員體系。2018年，京東（JD）和愛奇藝（iQIYI）的會員權益互通正式上線。用戶購買京東（JD）和愛奇藝（iQIYI）任一平台的年會員，均可獲得另一平台會員權益。

中國2018年移動營銷的關鍵詞是會員制。虎嗅（Huxiu）、知乎（Zhihu）、喜馬拉雅（Himalaya）、唯品會（Vipshop）、百度貼吧（Baidu Tieba）等中國互聯網會員制的始祖企業在2018年全面升級了會員制。

會員制有3種方式：一是在實行會員制時，自由零散業務打包；二是跨界整合合作；三是專屬附加價值權限。

（1）關注用戶留存

以2012年為界，全球互聯網的發展進入下半場，上半場的互聯網業務增長模型是海盜指標AARRR模型，下半場移動互聯網的增長模型是RARRA模型，如圖5-9所示。

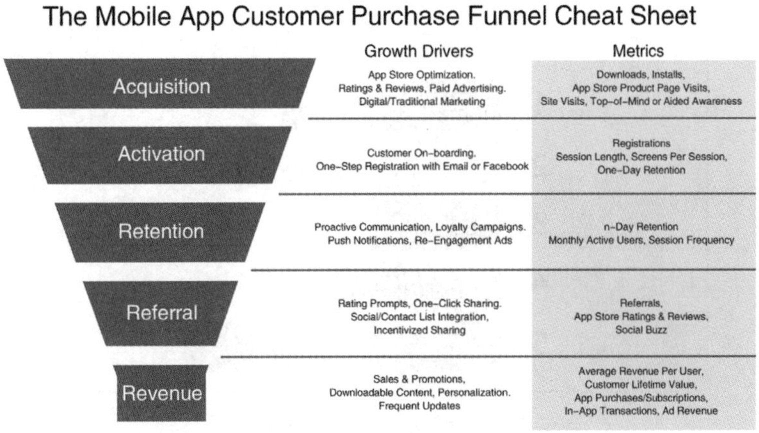

The Mobile App Customer Purchase Funnel Cheat Sheet

	Growth Drivers	Metrics
Acquisition	App Store Optimization. Ratings & Reviews, Paid Advertising. Digital/Traditional Marketing	Downloads, Installs, App Store Product Page Visits, Site Visits, Top-of-Mind or Aided Awareness
Activation	Customer On-boarding. One-Step Registration with Email or Facebook	Registrations Session Length, Screens Per Session, One-Day Retention
Retention	Proactive Communication, Loyalty Campaigns. Push Notifications, Re-Engagement Ads	n-Day Retention Monthly Active Users, Session Frequency
Referral	Rating Prompts, One-Click Sharing. Social/Contact List Integration, Incentivized Sharing	Referrals, App Store Ratings & Reviews, Social Buzz
Revenue	Sales & Promotions, Downloadable Content, Personalization. Frequent Updates	Average Revenue Per User, Customer Lifetime Value, App Purchases/Subscriptions, In-App Transactions, Ad Revenue

圖 5-9　AARRR 模型
資料來源：Dave McClure

　　AARRR 包括：用戶拉新（Acquisition），用戶激活（Activation），用戶留存（Retention），用戶推薦（Referral），商業收入（Revenue）。採用該模型時，應注意以下幾點：

❶ 啊哈（AHA）時刻：提煉產品的最大特點、優勢，能使用戶眼前一亮的時刻，是用戶真正發現產品核心價值的時刻。

　　①通過廣告／媒體渠道去拉新獲客。

　　②通過用戶引導（Onboarding）"激活"用戶，讓產品說話，向用戶傳遞"啊哈時刻 ❶"。

　　③激活用戶以後，要儘量提高用戶留存率。

　　④利用產品特點生成用戶推薦，然後通過病毒式營銷提高用戶覆蓋率。

　　⑤以一個完善的商業模式贏取利潤。

　　總而言之，AARRR 模型是圍繞每個營銷人員最喜歡的增長部分而建立的——拉新獲客。

　　AARRR 模型進入移動營銷時代，對於大多數應用而言，獲取新用戶幾乎毫無意義。

　　目前，每個 App 在安裝後的情況是這樣的：前 3 天內將流失掉 77% 的 DAU（Paily Actire User）；在 30 天內，它將流失 90% 的 DAU；而到了 90 天，流失率將躍升到 95% 以上。這是現在眾多創業公司所面臨的窘境。

　　2008 年，App Store 中只有 500 個應用程序，當時 Apple 將數百萬用戶帶入了 App Store，用戶的獲客成本非常便宜。但是今天，市場情況已截然不同。App Store 目前有 250 萬個 App，而 Google Play 上有 300 萬個。市場競爭如此激烈，用戶獲客成本已不再便宜，在當前的情況下，以拉新獲客為中心的增長模式沒有意義。

　　因此，需對海盜指標 AARRR 模型進行優化，如圖 5-10 所示，RARRA 模型突出了用戶留存的重要性，具體體現在以下幾個方面：

　　用戶留存（Retention）：為用戶提供價值，讓用戶回訪。

　　用戶激活（Activation）：確保新用戶在首次啟動時看到你的產品價值。

　　用戶推薦（Referral）：讓用戶分享、討論你的產品。

　　商業變現（Revenue）：一個好的商業模式是可以賺錢的。

　　用戶拉新（Acquisition）：鼓勵老用戶帶來新用戶。

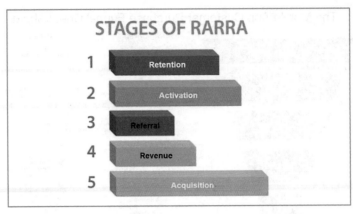

圖 5-10　RARRA 模型

資料來源：托馬斯·佩蒂特（Thomas Petit）、賈博·帕普（Gabor Papp）

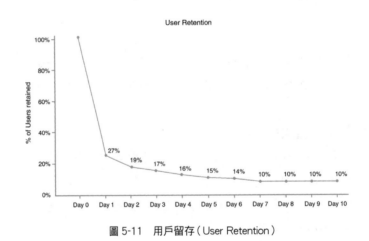

圖 5-11　用戶留存（User Retention）

（2）使用 RARRA 模型構建移動應用增長策略

①從提高用戶留存開始，評估產品當前留存率情況和主要用戶流失節點。

如圖 5-11 所示，計算你的 N 天留存率，以查看有多少用戶返回你的產品並確定用戶主要流失節點，然後你會知道在哪裏集中優化和改善。

②建立有效的推薦系統。根據尼爾森（Nielsen）所做的一項研究，92% 的人信任朋友推薦。企業可以通過設置激勵條件，推動留存下來的忠誠用戶將產品推薦給自己身邊的用戶，從而迅速擴展自己的用戶群體並為潛在用戶提供同樣的激勵措施。更重要的是，用戶推薦的每次獲客成本一般都會比其他渠道的獲客成本低許多，而且留存率往往更高。具體可採用提供現金返還、折扣券／優惠券等推薦獎勵機制，以鼓勵老用戶參與並吸引新用戶。例如，Airbnb 和 Uber。

③提高用戶的終身價值。客戶的留存時間越長，對企業的價值越大。因為它們可以提供穩定、可預測的收入增長，企業可以通過花更少的錢獲取更多新用戶。以下是一些改善客戶終身價值（Lifetime Value）的方法：發送描述階段性成就和進度的電子郵件；識別追加銷售和交叉銷售機會。

以亞馬遜（Amazon）的 App 為例，它突出顯示了基於用戶購買歷史、評級和瀏覽行為的推薦產品。

④優化獲客渠道。企業可以通過群組分析，判斷哪些獲客渠道的效果最適合自己的產品。同時，企業還要從中判定哪些渠道帶來了超級用戶。

以 Facebook 和 Google 為例，它們通過廣告贏得新用戶的效果是最好的。

Facebook 付費客戶的比例達到了 40%，而通過 Instagram 獲得的新用戶轉化率也隨之提高。與之相對應的是，Google 營銷廣告渠道雖然帶來了 25% 的新用戶，卻只有 6% 的用戶成為付費用戶。因此可以判斷，接下來 Facebook 對 Instagram 的投入將會繼續增加，進而減少在 Google 廣告上的營銷支出。

5.3.3 網絡效應

1. 網絡效應概述

網絡效應，是指產品或服務隨着用戶的增加不斷提升價值的過程。網絡效應背後的原理是邊際效益遞增規律，即增加新用戶能夠給現有用戶創造價值，總體驗和價值隨着用戶數量的增加而增加。

邊際收益遞減規律是傳統經濟學中一條很重要的規律，其主要思想是：在技術水平不變的條件下，在連續等量地把某種可變生產要素增加到其他一種或幾種數量不變的生產要素上去的過程中，當這種可變生產要素值小於某一特定值時，增加該要素投入所帶來的邊際產量是遞增的；當這種生產要素的投入量連續增加並超過這個特定值時，增加該要素投入所帶來邊際產量是遞減的。序數效用論者認為，邊際效用遞減規律之所以存在，源於下述兩個原因：

第一，按照生理學和心理學的觀點，隨着同種消費品消費效量的連續增加，人們從單位消費品中感受到的滿足程度和對重複刺激的反應程度是遞減的。

第二，一種商品具有幾種用途時，消費者總是將第一單位的消費品用在最重要的用途上，將第二單位的消費品用在次要的用途上。例如，當水非常短缺時，只能用於飲用；如果水略多一點，可用於洗臉；如果再多一點，可用於澆花。消費品的邊際效用便隨着消費品用途重要性的遞減而遞減。

邊際效用遞減規律在農業經濟、工業經濟等傳統經濟中得到廣泛應用。然而隨着經濟的發展、社會的進步，在網絡經濟時代，邊際效用遞減規律並不能說明所有問題，也顯得力不從心。比如，微軟公司開發視圖操作系統 Windows95 時投入了近 2 億美元的資金，開發成功後，從第二張光盤開始，其生產成本只有 50 美分，在市場中的售價呈不斷下降趨勢，這就說明邊際收益遞減規律在網絡經濟這一新型經濟中並不適用。隨着某一可變生產要素的等量遞增，其邊際產量會一直遞增下去，而不會遞減。這一規律在網絡經濟中很普遍。

基於邊際效益遞增原理，網絡效應以下述 3 個特點發揮企業護城河的作用：

（1）用戶越多越有價值。用戶規模增加到一定臨界點，會出現"贏家通吃"現象。

（2）越有價值，用戶越多。用戶的黏性隨用戶數量和產品價值而水漲船高。

（3）越有聯繫，越有頭部優勢。以用戶黏性為紐帶，將產品價值和用戶規模捆綁到一起，組成企業的頭部優勢護城河。

網絡效應會把每一個節點都變成一個簡單反饋機制的一部分。例如 Facebook，用戶既是讀者也是創造者，更是分享者、連接者，Facebook 的用戶群——朋友和家人持續創造和消費信息，相互 @ 對方，形成基本的反饋機制，這個反饋機制讓雙方都離不開這個平台，當用戶試圖離開的時候，他們總是會被朋友和家人拉回。Facebook 之所以能在商業上取得巨大的成功，是因為由網絡效應驅動的組織網絡（Self—Organizing network）提供了防禦性的、堅固的護城河。

❶ 直接網絡效應：增加某產品使用可直接提升產品對用戶的價值。

在移動營銷時代，網絡效應是企業護城河到目前為止防禦功能最強大的一項，其他三項分別是品牌及無形資產、超級用戶和核心交易。網絡效應的發現源於對一系列網絡價值的革命性洞察，就直接網絡效應 ❶ 而言，以下 4 代算法推進了網絡效應的價值運算。

1908 年，美國 AT&T（American Telephone & Telegraph）主席 Theodore Newton Vail 發現，一旦公司在特定區域安裝了電話，其他電話公司再安裝電話會變得十分困難。觀察發現，同一個社區不可能長久存在兩套電話交換系統，用戶裝了電話之後就不用選裝別的。Vail 認為 AT&T 公司的價值不是他們的電話技術，而是自己搭載的電話網絡。儘管 Vail 在描述這個價值時並沒有使用"網絡效應"一詞，但人們普遍認為是 Vail 第一次洞察了"網絡效應"的價值。

1980 年，以太網標準之父梅特卡夫（Robert Metcalfe）進一步深入研究網絡效應的概念，他指出網絡的價值與網絡連接用戶數的平方（N^2）成正比關係，並提出梅特卡夫定律（Metcalfe's law）。

如圖 5-12 所示，數字網絡由每一個節點與多個節點相互連接而成，每一個新加入的節點都會增加與所有已有節點的新連接，因此新增連接數即網絡密度相當於節點數的平方（N^2）。梅特卡夫定律（Metcalfe's law）證明了網絡價值以幾何速率增長的規律。

2001 年，MIT 計算機科學家 David Reed 宣稱，梅特卡夫（Robert Metcalfe）其實低估了網絡的價值，他指出在較大的網絡中可以形成小一點、更緊密一點的網絡。比如，中學

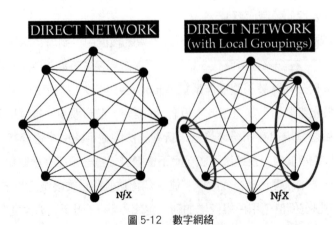

圖 5-12　數字網絡
資料來源：NFX　作者：James Currier

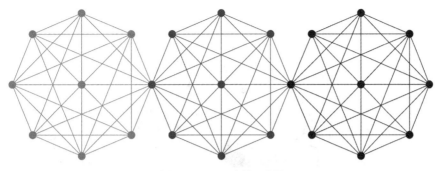

圖 5-13　Reed 定律示意圖

網絡內的足球隊，家庭網絡內的兄弟姐妹，同事網絡中的網球選手。

Reed 認為，網絡的真正價值隨聯網人數呈指數級（2^N）增加，這個速度要遠遠快於梅特卡夫定律（Metcalfe's law）的描述，或稱之為 Reed 定律，如圖 5-13 所示。

2019 年，華紅兵發現，Reed 定律清晰地解釋了 PC 互聯網時代網絡效應的價值運算，卻不能合理地證明自 2012 年以來，在移動互聯網時代，諸如美國的 PayPal，中國的微信（WeChat）、抖音（Tik Tok）、今日頭條（Tou Tiao）為什麼能在短時間內呈現爆發式增長。我們研究發現，Reed 定律適用於 PC 網絡關係中強關係（親友與同事之間）的連接節點數值的增長，而移動網絡關係中除了強關係連接，弱關係連接（陌生人社群、用戶社群）的用戶增長並沒有包含在 Reed 定律中。在中國，基於陌生人弱關係的社區營銷非常火爆，這種出於商業考量的主動連接正在使任何一款 App 用戶呈冪數級增長趨勢。

去中心化的結果是，每一個節點都可能是中心出發點。PC 互聯網的節點靠中心出發點維護並向外擴散，而移動互聯網的節點即中心點。$Y=x^a$（a 為常數）的函數叫冪函數，即以底數為自變量，冪為因變量，指數為常數的函數。

a =1 時即為一次函數 y = x（直線）

a =2 時即為二次函數 $y = x^2$（拋物線）

a =3 時即為三次函數 $y = x^3$（自由成長曲線）

因此，我們把描述移動營銷最近幾年爆發式成長的曲線稱為自由成長曲線，其網絡效應的計算公式應為 $Y=X^3$，如圖 5-14 所示。

對移動網絡效應的解釋不應該被認為是放之四海而皆準的定律——只是對新出現的網絡效應的理解的起點，是為了幫助那些試圖在移動端創造奇跡的人，是一種利用移動網絡效應這股強大力量創建偉大公司的手段，而隨着手段的演變進化，識別、理解和洞察移動網絡效應的能力是當今時代所有能力中最無價的力量。

從工業經濟、信息經濟到知識經濟，網絡技術形式也從 PC 發展到移動，在梳理網絡效應的應用模型中，我們發現用中國的五行

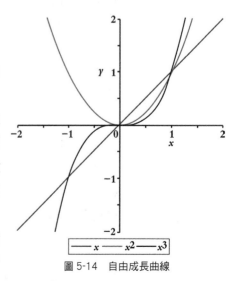

圖 5-14　自由成長曲線

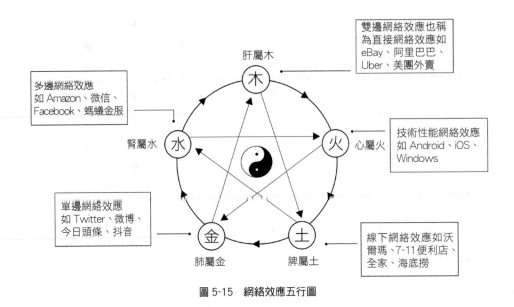

圖 5-15　網絡效應五行圖

❶ 五行學説：中國人民獨創的世界觀和方法論，五行學説認為，世界由金、木、水、火、土 5 種基本元素構成。自然界各種事物和現象（包括人體在內）的發展、變化都是這 5 種不同屬性的物質不斷運動和相互作用的結果。

學説❶抽象説明迄今為止發現的 5 種應用模型更為貼切，如圖 5-15 所示。

網絡效應的產生，基於兩個前提條件：一是所有的網絡效應均從平台效應而來，即網絡效應基於一個平台；二是網絡效應的根本是平台提供的產品或服務，如涉及無形資產也必須可量化。

2. 單邊網絡效應

從一個出發點，經垂直細分或交叉延伸到多個節點形成的網絡效應叫單邊網絡效應。例如，高速公路是由起始點和無數個節點組成的路網，火車、電力、下水道、天然氣、有線和寬帶網絡都是屬於贏家通吃的單邊市場，是企業經濟護城河中具有高度防禦性的網絡等應用類型，也是資本避險的優良避風港。香港首富李嘉誠（Li Ka-shing）自 2012 年始從中國內地和香港撤資投向英國和歐洲，就是因為這一原因：為資本選擇最具防禦性的護城河。

如同現實世界的水、電、暖一樣對人類是剛需，虛擬世界也有人們的剛需，如美國的推特（Twitter），中國的微博、今日頭條、抖音等，都是單向信息流動的單邊網絡平台，雖然它們也努力打造自己的社交功能，但其基本屬性還是單邊信息流的網絡垂直應用平台。美國總統特朗普（Donald Trump）在推特上有 5500 萬粉絲，他是第一位善於運用網絡效應來達成政治目的的美國總統。華盛頓的政治精英不喜歡總統，總統就在推特上發佈新政，攜數千萬粉絲的民意迫使華盛頓的精英不得不聽從總統。特朗普是世界上第一個認識到網絡效應強大的西方國家元首。對於一些可能引起爭議的總統決定，特朗普總是第一時間在推特上發表，去徵得粉絲的支持。其實每一次發佈內容都相當於進行了一次局部範圍的民意投票，反對特朗普的政治精英在阻止特朗普時必須考慮他在推特上 5500 萬人的反應。在特朗普上台的前 3 年內，他比歷屆總統的頭 3 年的決策效率都高，原因在於特朗普為自己修建了一條具有單邊網絡效應的護城河。

3. 雙邊網絡效應

雙邊網絡真正的特徵是這裏存在兩類不同的用戶，即供給側用戶和需求側用戶。他們出於不同目的加入網絡，並且為對方提供互補性價值。

雙邊網絡中新增的供應側用戶可直接增加需求側用戶的價值，反之亦然。在 eBay 這樣的雙邊市場中，每一位新賣家（供給側用戶）都可以直接為買家（需求側用戶）增加價值，因為它增加了供應以及商品的多樣性。同樣道理，每一位新增買家對於賣家來說都是新的潛在客戶。

市場的雙邊是買家和賣家。像 eBay 這樣成功的雙邊市場是很難被顛覆的，要想拆散雙邊關係，你需同時提出對雙方更有利的價值主張和利益訴求，否則沒人會走。對於供應商來說，客戶就在那裏；而對於客戶來說，供應商就在那裏。如果對方不走，沒人會走的。即便有人能在明天就開辦一家網站，而且費用只有 eBay 的 1/10，卻也不可能拆散他們，因為賣家和買家轉換到新網站上的成本非常高昂，賣家擔心找不到買家，買家擔心找不到賣家。其實，假如他們同時轉移到新網站是可以相互找到的，但市場中不存在這樣的"統一指令"。在日本，人們甚至不知道 eBay 的存在，因為絕大多數在線拍賣交易都是在"日本雅虎"（Yahoo！JAPAN）上完成的，原因很簡單，日本雅虎比 eBay 登陸日本市場早 5 個月，就是這 5 個月，讓日本雅虎為自己平台的雙邊市場找到賣家和買家。

媒體公司本質上屬於雙邊市場，受眾（供給側）來到這個市場售賣他們的注意力換取內容體驗，廣告商（需求側）來到市場的另一側，為的是購買受眾的注意力。媒體公司的受眾越多，廣告商就越有可能在那家媒體公司身上花錢。

阿里巴巴利用"雙十一"節日為自己巧妙地搭建了一條網絡效應護城河。阿里巴巴的天貓不同於京東商城，前者是通過電商平台搭建買家和賣家的交易平台，從而使自己成為中國最大的廣告平台和公關平台，後者是電商銷售平台。

2018 年"雙十一"天貓平台一天交易額達到 2,135 億元人民幣，使"雙十一"這一天變成全球最大的雙邊交易場景日。消費互聯網分為兩種類型：一種是消費時間的消費，如多邊形的社交平台；另一種是節省時間的消費。天貓的"雙十一"屬於後者，利用了雙邊網絡效應中的如下三條原理為自己的消費互聯網平台搭建了護城河。

（1）通過流量補刀，讓用戶平時不在其他競爭平台消費。用戶平時關注一些商品，也放進了購物車，但並沒有達到消費決策的閾值。"雙十一"給買家提供了二次決策觸發消費的機會。

（2）通過透支消費，讓用戶在"雙十一"過後不在其他競爭平台消費。在賣家全年最低價促銷政策的刺激下，大量的對價格敏感型用戶常常提前透支未來 1-3 個月的消費。"雙十一"過後，競爭對手的日子也不好過。

（3）通過品牌公關，讓賣家越聚越多、賣力吆喝。正如阿里巴巴（Alibaba）宣稱的那樣，"雙十一"是全球品牌奧運會。能拿到同類產品中的銷量金牌是一次意義非凡的公關事件，能夠影響在消費者心目中的品牌形象，所以任何賣家都會極力促銷，把積攢下來的潛在消費者拉到"雙十一"這一天消費，無形中為阿里巴巴的競爭對手設置了另一重競爭壁壘。

此外，Uber 搭建乘客和司機的雙邊關係，美團外賣搭建飯店與食客的雙邊關係，它們都是雙邊型網絡效應的受益者。

4. 多邊網絡效應

多邊網絡效應是指在一個平台上實現的多個節點相互連接的網絡效應。對於修建護城河的企業而言，多邊網絡效應是最難實現的防禦性戰略，難就難在它是通過心理學和人們之間的互動發揮作用的，它運用心理學原理，把每個人的身體理解為一個節點，彼此之間的語音、圖片、視頻乃至各種行為相互連接，組成一個複雜的網絡，一旦形成規模效應中的頭部優勢，防禦競爭者的攻擊能力就會變得非常強大。例如，騰訊的微信軟件的技術原理十分簡單，但由於它已經形成的 10 億用戶的頭部優勢，使得任何同類型軟件開發者都難以與之競爭。阿里巴巴曾經開發了社交軟件“來往”與之抗衡，儘管攜阿里巴巴數億級用戶的優質資源也沒有撼動微信在全球華人社交軟件中獨角獸的地位，最後以失敗告終。近 5 年來在中國，不斷有互聯網巨頭開發與微信同款的社交軟件，卻鮮有成功，可見，多邊網絡效應有着多麼強大的防禦性功能。

我們在臉書、谷歌、百度身上都能找到多邊網絡效應的邏輯。

（1）人們交流使用的語言天生就是一種屏障。

在人類歷史長河中，語言展示出一種“贏家通吃”的趨勢。中國有，上千種地方語言，但普通話一家通吃。百度依據開發中文語言的技術優勢，為谷歌進入中國設置了防禦性屏障。儘管歐洲各國有自己的語言，但是全球交流使用英語的用戶達到 15 億人的規模優勢，使得谷歌的英文輸入法在歐洲建立起獨一無二的優勢，谷歌在歐洲的獨角獸優勢比它在自己本土美國的競爭優勢還大。

（2）群居效應是人類的天性。

多邊網絡效應像沙子一樣，少量的沙子很容易被驅散。但如果把足夠多的沙子堆砌到一起，就會形成一個難以驅散的整體。人類天生喜歡群居而非寡居，生活中的社區和網絡中的社群都有一種人類天然的自驅力，使信仰、親情、友誼、專業偏好相似的人聚合在一起。宗教之所以千年不衰，區塊鏈之所以成為必然趨勢，皆是因為多邊網絡效應中的群居自驅力使然。

（3）社群營銷促進多邊網絡變現。

“物以類聚，人以群分。”該成語印證了社群的客觀存在及其價值。社群營銷是基於相同或相似的興趣愛好，通過某個多邊平台聚集起來，通過用產品或服務滿足群體需求而產生的商業形態。

社群是任何時代的任何商業都在追求的終極目標，原因在於其變現的效率很高，但只有到了移動互聯網時代成為移動營銷的一部分，社群的商業價值才突顯出來。如小程序（Mini Program）是微信自己的社群營銷範例，每個使用小程序的企業或個人每年需交納 300 元人民幣認證服務費。不僅如此，如果把小程序比作一台車，遊戲和電商是兩大核心推進器，因為這兩個功能的開發，吸引了一大批遊戲開發者進來。據微信小團隊發佈的成績單，小程序上線 500 天，已有多款小程序遊戲用戶超過 1 個億。把創作者、消費者、投資者、廣告商家的多邊關係，通過小程序連接起來形成多邊網絡效應。通過對小程序的開發，微信把護城河越挖越深。

5. 技術性能網絡效應

產品或服務的技術性能，隨着用戶數量增加而直接得到改善的效應，這叫技術性的網絡效應。

能夠產生技術性能網絡效應的網絡有以下特點：

①網絡上的設備、用戶越多，底層技術工作會越順利。

②具備技術性能網絡效應的網絡規模越大就會變得越好（更快、更便宜或者更易用）。

③加入網絡的節點（設備）數量越多，整體性能就會越好。

6. 線下體驗網絡效應

自古以來，人類爭奪稀缺資源的根本目的是生存，因此如果企業在商業競爭中獲得一種稀缺資源，則意味着其他競爭對手無法使用、消費這種資源。簡言之，這是一個"零和"遊戲——在對一個單位的稀缺資源爭奪的過程中，一定會出現贏家和輸家這兩個角色，而網絡的存在改變了這種現狀——它沒有增加個人之間對稀缺資源的競爭，使得對上述資源訪問的成本和便利性都隨着加入網絡的個體的增加而得到改進。

以蘋果為例，當你理解了蘋果成功的方式之後，就能理解蘋果的網絡效應。當然，在這之前，你必須先理解並承認蘋果是奢侈品品牌，並不是科技品牌。喬布斯（Steve Jobs）一直在走不尋常之路——當眾多品牌都在退出零售時，開始專注於設計和建造蘋果（Apple）自己的大教堂——蘋果商店（Apple Shop）。對於用戶而言，蘋果商店就像真正的教堂，只要身處其中，就會感覺自己更接近上帝，更接近美好。在這裏，着色的玻璃拱窗，衣着休閒且專業的員工（他們就像傳說中的祭司），桌子上陳列的引人注目的設備樣品，看起來就像神秘的神殿或聖壇等着你去朝拜（互動），這所有的一切，會讓你覺得"只要到了蘋果商店，就可以變得更好"。

蘋果商店與過去的教堂有着異曲同工之妙：以前的教堂是信眾專門禮拜的場所，因為信眾覺得只要靠近聖物就能靠近上帝。對於果粉來說，蘋果商店也是這樣：一台蘋果設備就好比教堂裏的某個偉大的聖物，它看起來高不可攀，卻真正地讓自己變得更好了。因此，在蘋果商店，即便你不消費購買，也可以最大限度地靠近"上帝"。

當然，除了蘋果，還有大量奢侈品品牌因其獨有的網絡效應而受益，但通過這樣的規模享受奢侈品利潤的品牌，只有蘋果一個。2016 年，iPhone 手機的利潤佔全球智能手機市場的 70% 以上，不可思議的是，其銷量卻僅佔全球智能手機銷量的 14%。

除了 iPhone 手機，蘋果耳機也在營造"聖物感"——取消了耳機插口，推出無線、毫不繁瑣的 AirPods。讓人吃驚的是，AirPods 的推出不但顛覆了人們的耳機使用習慣，價格也比原來提升了不少。當 AirPods 推出之時，仍然有一群用戶蜂擁而至，這就是蘋果品牌的力量。

5.3.4 核心交易

　　戰略是關於選擇的學問。商業模式的選擇不是確認能做什麼，而是確認什麼不能做。每一個成功的商業模式都是圍繞自己獨特的核心交易構建護城河，反之，每一個失敗的商業模式均是自己的核心交易沒有建成閉環或被競爭力趁機入侵造成的結果。

　　成功者寥寥，創業者（挑戰者）眾多。移動營銷時代，由於免費工具的多樣化，造成創業者啟動成本處於歷史最低位。一個創新項目的增速比以往任何時候都要快得多，無形中給採用防禦戰略的企業出了很大的難題：當你的商業模式還沒有形成閉環，或是剛形成交易核心的閉環空間而沒有規模效應時，入侵者就會輕易跨過你的護城河。

　　技術變革對效率的提升又進一步加速了新舊淘汰的時間。相比 30 年前，如今大多數行業的進入壁壘要低得多，行業之間界限的穩固性也要比過去弱得多，設置再多的壁壘都有被攻克的可能。這是 30 年前不可能完成的任務，如今各個行業的創新者都躍躍欲試。以往的壟斷需要斥巨資建造實體基礎設施才有望成功，而且資本不會在開始建設時注入，大多是在中途接近成功時才介入，所以，以往的壟斷需要很長時間的積累才能實現。如今的滴滴出行（Didi）經過前後 20 輪融資，總融資額度超過 200 億美元，截止到 2018 年，滴滴出行依然不能盈利，但是受資本市場青睞。

　　這些互聯網公司到底有什麼力量能誘惑到資本的嗅覺呢？有着"互聯網女皇"之稱的瑪麗·米克（Mary Meeker）在《2018 互聯網趨勢》報告中，以估值方式衡量了全球最頂尖的互聯網公司，結果如表 5-1 所示。全球互聯網科技巨頭 2018 年 Top20 排行榜中，前 10 名分別為微軟（Microsoft）、蘋果（Apple）、亞馬遜（Amazon）、Alphabet（由 Google 公司組織分割而來，並繼承了 Google 公司的上市公司地位以及股票代號）、臉書（Facebook）、阿里巴巴（Alibaba）、騰訊（Tencent）、螞蟻金服（ANT FINANCIAL）和 Salesforce、Netflix，有 3 家中國互聯網公司上榜，前 20 名中還有百度（Baidu）、京東（JD）、小米（MI）、滴滴（Didi）上榜，Top20 中總共有 8 家中國企業。

排名	公司	市值（美金）	排名	公司	市值（美金）
1	Microsoft	1.08 萬億	2	Apple	1.06 萬億
3	Amazon	8,742.45 億	4	Alphabet	8,619.01 億
5	Facebook	5,388.94 億	6	阿里巴巴	4,563.80 億
7	騰訊	4,015.39 億	8	螞蟻金服	1,600 億（估值）
9	Salesforce	1,337.01 億	10	Netflix	1,244.55 億
11	PayPal	1,218.92 億	12	Booking Holdings Inc	857.21 億
13	美團	667.7 億	14	滴滴	570 億（估值）
15	UBER	544 億	16	京東	452.25 億
17	百度	373.64 億	18	eBay	326.11 億
19	Airbnb	310 億（估值）	20	小米	263.36 億

表 5-1　2018 全球互聯網科技巨頭前 20 排名

深入研究以上成功企業的商業模式，發現它們是修建護城河的高手，不僅有前文所述的無形資產護城河、超級用戶護城河和網絡效應護城河，而且擁有一個殺手級應用——擁有核心交易的商業閉環空間護城河。

1. 核心交易商業閉環空間應滿足的條件

核心交易商業閉環空間必須符合下列前提條件：

（1）閉環空間是一個封閉的場循環。

如圖 5-16 所示，我們借鑒等量異種電荷的電場線，可知不能封閉的交易場無法完成收入，不能循環的交易場無法持續完成收入。由於交易場的封閉性，才會把用戶端和資源端封閉在一個平台裏完成交易。

英國物理學家邁克爾·法拉第（Michael Faraday）的力線思想描述了場的觀念：用戶和企業創造的產品或服務像磁力線一樣相互吸引，成為有磁性的交易場。這是物理學對商業模式關於閉環空間最有力的解釋，如圖 5-17 所示。

（2）閉環空間必須圍繞核心交易完成價值鏈。

什麼是核心交易？核心交易是指消費者和生產者為了實現價值交換，必須完成的一系列交易行為中，最能代表各自核心需求與核心能力的關鍵交易部分。

既然是核心，只能是唯一。每一個平台都只能有一個核心交易，用戶的核心需求和企業的核心能力相互連接發生價值對稱，交易才算完成。例如，在優步（Uber）平台上，司機發佈服務信息，用戶提交乘坐請求；在淘寶平台上，賣家上傳商品信息，買家購買並回饋商品評價；在 YouTube 視頻網站上，創作者上傳視頻，用戶觀看，評級並分享；在螞蟻金服平台，個人或小企業提交貸款請求，其他人則向螞蟻金服提供資金。這些核心交易的示例突出強調了目的，從供給側和需求側中，找到一個核心

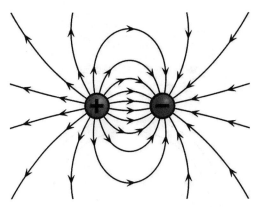

圖 5-16　等量異種電荷的電場線

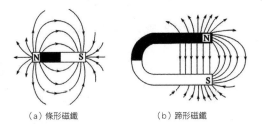

（a）條形磁鐵　　　（b）蹄形磁鐵

圖 5-17　磁力線

交易理由，再構建一組簡單可重複的動作，生產者和消費者使用這些重複性動作通過平台創造和消費價值。儘管平台可能會提供很多次要價值，但不應衝擊核心交易價值。

有了核心交易原理，就不難解釋為什麼陌陌（MOMO）這個原本用於交友爾後演化成"泡妞"軟件並因此遲遲找不到好的變現方法。原因很簡單，交易雙方的核心訴求是法律不許可收費的禁區，當陌陌（MOMO）缺乏核心交易支持時，只能尋求非核心的次級交易如送鮮花、打賞等交易行為，來實現其商業目的。

2. 核心交易模型

怎樣從戰略層面設計公司的核心交易模型？馬克·扎克伯格（Mark Zuckerberg）曾說："訣竅不是添加東西，而是捨棄。"在明確交易雙方為消費端和資源端之後，把核心交易的

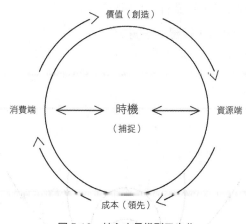

圖 5-18　核心交易模型三步曲

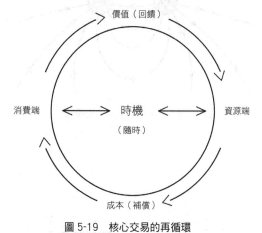

圖 5-19　核心交易的再循環

模型理解為三步曲：在恰當的時機，把創造的價值，以成本領先優勢在一個閉環空間裏完成，如圖 5-18 所示。

生產（整合）資源一方為消費者提供的價值是獨一無二的，消費者為獲得這一核心價值需要付出最低成本，雙方在最需要對方的時間相互連接，交易完成。

在整個交易過程中，最明顯的價值交換是貨幣支付。在優步上，你需要向司機支付乘坐費用，其實你不一定知道優步要從司機的收費中拿走多少傭金；在亞馬遜上，你為你的購物付費，但你並不知道賣家為了找到你賣給你商品而不得不給亞馬遜交費。這並不是消費者和生產者進行價值補償的唯一方式。在優步和亞馬遜上，你可以打分並評論商品或服務，這些回饋信息對於生產者和平台而言都是極具價值的。這是互聯網平台型企業比單純的線下實體企業被資本市場估值更高的原因之一，是互聯網企業擁有核心交易的再循環過程，如圖 5-19 所示。

從消費端發起的對商品或服務的評論，是消費者以價值回饋的方式參與價值交易的全過程，資源端對消費者投訴或給參與者獎勵都視為對消費端的補償，再循環過程的發起主動權在消費端，他們可以隨時回饋信息。

核心交易的再循環模型證明了核心交易是以用戶為中心的原理形成的。核心交易的三大要素非常接近中國傳統文化中的"天時（時機）、地利（成本）、人和（價值）"。核心交易構成企業護城河的三大充分必要條件是時機捕捉優勢、成本領先優勢和價值創造優勢。

（1）時機捕捉優勢

時機對於每一個捕手來說都是均等的，除了捕錯方向的人。在設計企業商業模式戰略層面時，面對市場留的時間窗口，機會往往稍縱即逝。2018 年 11 月 14 日，人人網（Renren Inc）以 2000 萬美元現金價格賣給多牛傳媒。作為當年中國校園社交軟件的霸主，人人網被追捧為中國版的 Facebook，它在 2011 年登陸美國資本市場時，從上市時的 55.3 億美元，一路高漲到 94.8 億美元，可是在繁花落盡的 2018 年，人人網市值已跌到 1.05 億美元。

人人網如何演繹獨角獸跌落凡塵的故事呢？人人網在資本的加持下，開發出"開心網"、"糯米網"、"人人遊戲"等優秀產品，這也導致人人網沒有一項核心產品或服務，從而沒有核心交易。2011 年，移動社交軟件誕生。張小龍看到了移動社交的趨勢，於當年 1 月份上線微信 1.0 版，假如人人網及早佈局移動社交，以它當時的人氣、技術和資本的合力，遠不是張小龍能比拚的。

微軟也是捕捉機會的高手。PC 時代，微軟幾乎沒有對手。進入移動互聯網時代，除了 Windows 和 Office，微軟推出的產品幾乎沒有一個幸存下來：MSN 被 QQ 擊潰；MP3 播放器 Zune 英年早逝；遊戲主機 XBOX 在銷量上被索尼（Sony）PS、任天堂（Nintendo）吊打；

智能手機方面，WP 被 iOS 和 Android 徹底打敗。

　　然而微軟的核心競爭力並非個人消費者市場，它真正的核心交易針對的是企業級用戶，而不是個人用戶。因此即便面臨如此尷尬境況，微軟仍舊可以突出重圍，走出一條自己的路。

　　微軟的雲計算平台 Azure，是僅次於亞馬遜 AWS 的全球第二大雲計算服務平台。

　　Azure 只是微軟一個典型的利潤增長極。微軟的產品線拉得非常長。比如，GitHub，LinkedIn，Bing，Skype，BizTalk Server，Office Communications Server，Windows Server，Windows Small Business Server，SQL Server，Exchange Server，Visual Studio，Microsoft Game Studio，DirectX，微軟虛擬化解決方案，Microsoft Dynamics，Microsoft Dynamics AX，Microsoft Dynamics CRM……任何一個產品都有可能帶來巨大的收入，但都是圍繞 "to B" 的核心交易模式開發的，從未偏離核心半步。

　　這要歸功於 2014 年擔任 CEO 的納德拉（Satya Nadella）。他帶領微軟完成了一次巨大轉型，提出了 "移動為先，雲為先" 的口號，讓微軟的市值從 2,000 多億美元變為 7,000 多億美元！股價從 36 美元／股一路飆升。

　　微軟智能雲產品 Azure 已連續 11 個季度增長超 90%，成為微軟新的業績增長點，如圖 5-20。

　　紅杉風投（Redpoint Ventures）的合夥人托馬升・通古斯（Tomasz Tungus）曾說，"如果你同時追逐兩隻兔子，你什麼也得不到。選擇一隻，窮追不捨。" 同時創建多個交易並非創業型或發展型公司的最佳選擇，因為這樣會使用戶混亂，使得網絡拓展和核心交易的優化更為困難。

　　時機在交易戰術空間裏往往被解釋為連接用戶端和資源端的價值主張，即生產方要不失時機地向消費者傳遞產品或服務的價值主張，因為一個閉環的交易空間容易延遲消費者的停留時間，這就給價值交換前的價值傳遞留下時間。

微軟雲產品 Azure 營收增長連續 11 季度超 90%

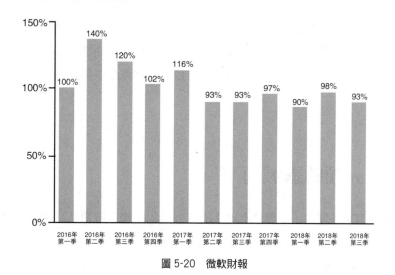

圖 5-20　微軟財報

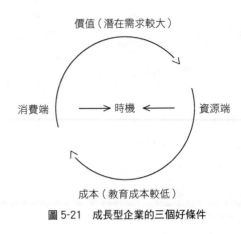

價值（潛在需求較大）

消費端　→時機←　資源端

成本（教育成本較低）

圖 5-21　成長型企業的三個好條件

對於成長型企業而言，捕捉時機優勢的過程中，應注意如下 3 個條件，如圖 5-21 所示：

①消費端的現實需求達到峰值，競爭白熱化。

②消費端的潛在需求初露端倪，競爭剛剛開始。

③在剛剛啟動的新消費面前，消費者已被教育過。

谷歌並不是全球第一家搜索引擎公司，谷歌誕生於 1998 年，百度誕生於 1999 年，而早在 1997 年俄羅斯已經有了第一款搜索引擎，名叫 Yandex；蘋果也不是第一個智能手機製造商，早在 2000 年，摩托羅拉就生產出世界第一款智能手機 A6188，但是沒有量產；微信更不是中國第一款移動社交軟件，比微信推出早 5 年的移動社交軟件是中國移動通信（CMCC）於 2007 年推出的"飛信"（Fetion）。不勝枚舉的案例啟發成長型企業：市場潛力最大、教育消費者所需投入最低的時機才是好時機。

（2）成本領先優勢

在核心交易的閉環空間中，成本有兩重意義：其一是作為戰術層面交易補償的成本而存在；其二是作為戰略層面領先的成本優勢而存在。這裏重點討論後者。

面對"剛需"、"高頻"這樣的潛在市場誘惑，企業在進入市場競爭之前必須完成一堂必修課：你的產品或服務有持久的成本領先優勢嗎？

可持續成本領先優勢來自 3 個方面：更優越的地理位置、更低成本的供應鏈優勢、獨特的核心資源。

並不是每個公司都能成為 Apple 或 Amazon 那樣的巨鱷，公司成功與否不能用營收這一項指標來衡量，能否成為受人尊敬的公司也是衡量標準之一。哪怕是一間只有 3 平方米的小店，只要和周邊環境融為一體，長時間專注運營，就能體現地理位置的優越性。所謂的地理位置優越並不是指一定要在市區中心，而是具備響應周邊顧客的能力和融入周邊環境的能力。畢竟，最優越的地理位置永遠在顧客的心裏。

（3）價值創造優勢

消費端關注的永遠是資源端為它在核心交易中創造了什麼樣的核心價值。核心價值的類型一般表現為 3 種：品牌帶來的附加價值、產品性價比、極高的用戶體驗值。這三者之間的邏輯關係是：用戶體驗是充分必要條件，品牌附加值和產品性價比是二選一條件。換言之，沒有用戶體驗，其他兩個條件都不成立。這一原理是由移動互聯網時代的消費觀念態度決定的。

5.4 開源：人類的護城河

所有的護城河都是閉環——讓自由現金流不外溢的閉環，這當然是出於商業模式和經濟利益的考慮，但是護城河的負作用也越來越明顯：越是強大、難以攻克的護城河，越會成為阻止大眾創新的堡壘。

案例 ｜ 優越的地理位置

在日本，有這麼一間小屋，只有 3 平方米，年收入高達 3 億日元，它是怎麼做到的呢？關鍵在於它 46 年來一直駐守在一個優越的地理位置上——在日本東京的吉祥寺旁邊，大量的外地遊客和本地信客在拜見吉祥寺之後都會光顧這家小店。

這家小店就是"小笹"。

小笹每天限量提供 150 塊羊羹，而且每人最多只能買 5 塊。為了品嚐小笹的美味羊羹，許多人早上四五點就到店裏排隊，這種排隊情況到現在為止已經持續 46 年，每年每天都是如此。更讓人驚喜的是，小笹從沒做過廣告，也沒接受過採訪，更沒開過分店，這個小店看起來小且樸素，門前更沒有停車場，但仍然吸引着一批又一批的人前來。

羊羹來源於中國，它是用羊肉熬製的羹，經過冷卻凍成塊狀，主要用來當佐餐。唐朝時，羊羹隨禪宗傳到日本。佛教僧人不吃肉，所以羊羹的製作材料就換成了紅豆與麵粉，然後混合蒸製，如圖 5-23 所示。這種素食主義的主張與旁邊的吉祥寺形成一致風格。

"吃了一口，感覺整個宇宙都要美哭了。""吃下一口，彷彿去深海遨遊了一次。""羊羹裏住着錦鯉，吃下，願望彷彿就能成真。""好吃到耳朵都聽得見，原來不是神話。""美貌驚艷到捨不得吃，但是又美味到忍不住不吃。"這些都是食客品嚐完小笹羊羹後給出的評價。

最好的羊羹，製作中的某一刻會閃耀紫色光芒。這是小笹的老闆——稻垣篤子在製作羊羹過程中觀察到的細節。

"將銅鍋置於炭火上煉製時，紅豆餡會瞬間閃耀出紫色光芒""有着透明感、非常美麗的光芒，讓人覺得就像紅豆開花一般"，這些從稻垣篤子嘴裏說出的景象，是他用一生對羊羹的極致苛刻換來的。他在製作羊羹這條路上走了近 10 年時間，才"聽"到紫色光芒的聲音，看到了瞬間閃過的紫色光芒。也是這一次，他的羊羹得到了父親的肯定。

在稻垣篤子看來，氣溫和濕度、紅豆的產地和質量、木炭的狀態，都會影響羊羹成型後的味道。所以，"要想出現紫色光芒，就必須對這些變量進行最好的調和"。如何才能保證最好的調和，稻垣篤子用 10 年的時間才找到其中的竅門。

後來過了 30 年，稻垣篤子製作羊羹的技藝開始超過父親。據他所說，製作羊羹時，就是他一個人的世界，誰都不能打擾，那是專注於這件事、心無雜念的時間。工廠或店舖的事、人際關係以及炎熱，全部都要忘記，只是聆聽紅豆的聲音，心無雜念地製羊羹。然後，看到紫色光芒時，他就會感受到無法言喻的爽快感。

稻垣篤子對羊羹的執着，甚至直接體現在他賣羊羹的方式——每天限量 150 塊。"一鍋 3 公斤小豆，只能做 50塊，超過 3 公斤，就做不出那麼好的味道。""做 3 鍋要花十個半小時，已經是極限了，所以一天只能賣 150 塊。"限量，是對品質的追求。所以，幾乎所有顧客都表示理解，有些顧客甚至自發成立了"小笹會"，並且提出每人每天限購 5 塊的建議。

在中國也有與"小笹"類似的店。它就是位於中國河北省石家莊的石飲紅星，它被譽為"石字號"十人傳統特色美食，專做包子 50 多年，從不開分店。

圖 5-22　小笹店面

圖 5-23　小笹的羊羹

在過去的 100 年裏，人們一方面渴望壟斷巨頭的出現，因為壟斷巨頭能給大眾帶來更多實惠和便利；另一方面又害怕壟斷，因為壟斷扼殺創新的現象比比皆是。因此，政府出於道德、正義、公平因素考量，反對壟斷。美國電話電報公司（AT&T）對電話業的控制從 20 世紀初一直延續到 1984 年，該公司後來被迫拆分。這並不奇怪，在其壟斷歲月的後期，該公司的主要精力放在排擠市場的新進入者，它採用的拖延戰術扼殺了許多重要的創新，導致美國人在近百年中形成了對固定電話的消費偏愛，在移動互聯網迅猛發展的今天，美國人養成的這種習慣給了中國一個歷史性機會，讓中國的移動應用無論在規模、效益還是質量上都處於全球領先地位。

案例 ｜ 低成本的供應鏈優勢

可持續成本領先優勢還可以通過整合自己的核心資源，建立更低成本的供應鏈優勢的方法實現。曾經的中國首富王健林就是運用成本領先優勢的戰略度過了企業經營困難時期。2017 年，王健林的萬達集團（Wanda Group）負債 4205 億元人民幣，被國際三大信用評級機構下調信用評級，觸發萬達提前還貸的機制。萬達用了兩年時間止損。

2017 年 7 月，萬達對外簽訂交易額超過 600 億元的"世紀收購"協議：融創以 438.44 億元收購萬達 13 個文旅項目 91% 股權，富力地產以 199.06 億元收購萬達 77 個酒店。

2017 年 8 月，萬達棄購倫敦九榆廣場，富力、中渝置地 4.7 億英鎊接盤。

2018 年 1 月，騰訊、蘇寧、京東、融創共同出資 340 億元收購萬達商業 14% 股份。

2018 年 2 月，阿里巴巴、文投控股共出資 78 億元收購萬達電影 12.77% 股份。

2018 年 2 月，以色列 Quantum Pacific Group 以 3825 萬歐元收購萬達持有的西甲馬德里競技 17% 股份。

2018 年 10 月，"世紀收購"續集：融創出資 62.81 億元收購萬達 13 個文旅項目的設計權、建設權和管理公司。

這些資產中，尤其是文旅項目的轉讓，讓縱橫江湖 30 年的王健林心疼不已，但他下決心"採用一切資本手段降低企業負債"。

萬達半年來的業績似乎證明了王健林的戰略眼光。

據上海清算所披露的萬達商管 2018 年上半年財務報表，萬達商管總營收為 517.88 億元，同比下降約 14%；毛利潤為 271.07 億元，毛利率為 52.34%，較去年同期增長了約 7 個百分點。在營收下降的情況下，利潤反而上升，說明萬達的資產質量在優化。

同時，萬達的核心資產——萬達廣場的擴張從未停止。

2018 年萬達商業年會中，萬達商管集團首席總裁助理兼招商中心總經理王銳提到了萬達廣場的發展："在 2018 年年底，萬達廣場將達到 285 座，在一線城市將分佈 22 座，佔比將達到 7.7%；在二線城市預計分佈 96 座萬達廣場，佔比將達到 33.7%；在三四線城市將開到 167 座萬達廣場，佔比將達到 58.6%。"

減輕負債後的萬達採用的就是整合核心資源的成本領先優勢模式。這時候的輕資產萬達廣場主要分為兩類：投資類、合作類。投資類就是別人出錢，萬達幫別人找地、設計、建設、招商，竣工運營後移交給別人。合作類就是萬達既不出錢，也不出地，覺得項目合適，跟別人簽合同，幫別人建設，建成後租金三七分成。據萬達 2017 年報數據，去年輕資產萬達廣場開業 24 個，新發展輕資產萬達廣場 47 個，其中合作類輕資產萬達廣場簽約 37 個。

在 2017 年王健林大肆"賣賣賣"資產時，大眾都看衰王健林。到 2018 年中國爆發大面積企業債務危機時，王健林已涉過險灘。其實所謂的戰略就是生與死的選擇，選擇可持續成本領先優勢能使企業在經濟繁榮時獲利，在經濟危機時成為企業的護城河。

今天我們培養的這些網絡巨頭，如蘋果、騰訊、阿里巴巴會不會也如當年的 AT&T 一樣，依靠其堅固的護城河，阻止渴望公平自由的新生力量創新呢？答案是，如果不建立開源的戰略思想，人類會重蹈覆轍。

儘管比爾·蓋茨（Bill Gates）建立了慈善基金會，馬雲（Jack Ma）退休後致力於教育，但這並不是真正意義上的開源，更像是功成名就後的散財救濟。移動互聯網教育了人類重新認知什麼叫偉大的公司，公司之所以偉大，並不是因為它成為市值最高的公司為股東創造財富，而是在為自己創造財富的同時，也為眾生創造財富，至少給予大眾創造財富的機會。移動營銷的新哲學思想（開放、人本、進化）教育了新一代用戶：我們不要成功者的施捨，我們想要在機會面前人人平等。

也許，這些成功的網絡巨頭該思考一個問題：如何在保護核心利益的同時，用最大善意跳出商業思維，開源、共享人類科技文明的最新成果，或許開源鼻祖 Linus 會給我們帶來一些啟發。

案例 ｜ "狗不理"漸顯頹敗

在移動營銷的核心交易市場，再大的品牌都必須通過用戶體驗來轉化其附加值。在中國餐飲界，有一個 150 年的老字號品牌叫"狗不理"（Go Believe）包子，曾經紅極一時的品牌如今漸顯頹敗，正在大量地關閉線下門店。

據天津狗不理集團 2018 年業績報告顯示，集團上半年營業收入為 7,320.47 萬元，同比增長 20.04%；歸屬上市公司股東的扣除非經常性損益後的淨利潤為 1,134.46 萬元，同比增長 11.9%。從報告看來，狗不理處於盈利增長狀態，但其企業有 68% 的營收都來自速凍包子和速凍麵點禮品，且 70% 來自天津地區的居民消費和旅客消費。這就意味着，擁有 150 年鮮食歷史的品牌降維到靠賣速凍食品為生。

狗不理在線下頻頻關店更值得深思，10 年間僅在北京地區，天津狗不理旗下的酒店和餐館已減少 11 家。2018年 1 月，狗不理金源店因租約問題關店，且因拖欠消費者會員費而被"登報示眾"。

過去名盛一時的老字號大品牌，怎麼會淪落到今天這樣的尷尬局面——在北京僅剩 2 家經營慘淡的門店？也許，下面這些用戶體驗能夠解釋這個問題。

1. 產品口感沒有應和消費趨勢

很多吃過狗不理包子的用戶表示，狗不理包子不僅和

家鄉的小籠包沒有區別，而且味重、油大、水餡、發麵，總之又鹹又膩。在美食時尚、輕食主義、健康至上的今天，狗不理的產品體驗是致命傷。

2. 定價高得沒有道理

狗不理包子價格非常高，一籠包子價格為 50-100 元，相當於一個包子 6-12.5 元左右。這一價格水平幾乎是慶豐包子等北京同類包子的 6-12 倍。對於用戶而言，定價太高，會降低用戶的購買慾。

3. 服務差才是硬傷

如果只是價格貴，部分顧客不能接受，畢竟也有顧客只認品牌，不會太在意價格。而事實是，狗不理品牌並沒有那麼得人心。據美團數據顯示，狗不理王府井總店的消費者評價僅有 2 顆星，前門店的評價為 3 顆星，東單店的評價為 3顆星，3 家店平均評價僅有 2 星半，處於同類競爭品整體評價的中下游。其中，差評甚至佔了 68%，不少網友甚至只給 1 顆星。

淘汰餐飲企業的不是品牌、資本和技術，而是它不再關注用戶體驗，用戶體驗是餐飲企業最重要的護城河。

　　林納斯·本納第克特·托瓦茲（Linus Benedict Torvalds）是著名的電腦程序員、黑客、極客之王，他是互聯網科技金字塔頂端的幾個人都觸摸不到的神。他於 1969 年出生於芬蘭赫爾辛基市，21 歲進入赫爾辛基大學學習計算機技術，並擁有自己的一台電腦——386 IBM PC。那時候的操作系統 MS-DOS 價格非常高昂，同時另一套操作系統 UNIX 的價格也被炒得非常高。

　　與此同時，操作系統 Minix（UNIX 的變種）問世，與其他兩套操作系統相比，Minix 的自由度相對較高，而且價格非常實惠。Minix 的發明者 Andrew S. Tanenbaum 希望讓這套操作系統成為公開的教材，便於大家學習，林納斯因此開始使用 Minix。受到 Minix 的影響，他開始自己編寫一個免費強大的系統。於是，Linux 內核誕生了。

　　1991 年，林納斯正式在大學的 FTP 服務器公開其操作系統 Linux。但他有個規定：用戶在免費使用、拷貝並且改動程序之後，必須免費公開修改後的代碼，將這種"開源精神"傳遞下去。因此，後人稱林納斯為"自由主義教皇"。

　　這種思想同樣被運用在 Linux 的視覺表現中。Linux 用企鵝作為產品形象，是表示 Linux 與南極一樣，是全人類共同擁有的財富資源，不屬於任何公司或個人。林納斯·本納第克特·托瓦茲還認為：軟件本身是人類的精神財富，是智慧、思想和知識的傳播，應該被更多的人分享。

　　Linux 本身只是一個內核，當今之所以存在大量的電子設備（路由器、交換機、手機、服務器），就是因為有 Linux 這個內核作為基礎，即便是世界上被使用最多的手機操作系統 Android，也是基於 Linux 內核的自由及開放源代碼的操作系統，主要應用在移動設備上，如智能手機和平板電腦。更重要的是，Linux 還吸引了很多互聯網巨頭，包括騰訊、百度、阿里巴巴、微軟、臉書等，開發基於 Linux 系統的服務器。自 Linux 推出以來，儘管沒有因此成為符號企業，卻成就了大量的網絡巨頭，這全要歸功於 Linux 的免費性質。

　　2018 年 11 月，Linux 基金會發佈了 Acumos AI——一個用於訓練和部署人工智能模型的開源架構平台，可以實現人工智能模型的一鍵部署，支持機器學習、深度學習和人工智能領域的開源項目，包括騰訊、百度、華為（HUAWEI）、中興（ZTE）、AT&T 和諾基亞（Nokia）。Acumos AI 社區也可以通過人工智能市場來分享和下載模型。另外，更新版本預計將在 2019 年推出。

　　美國《時代》（Time）週刊這樣評價林納斯："有些人生來就具有統率百萬人的領袖風範，另一些人則是為寫出顛覆世界的軟件而生。唯一一個能同時做到這兩者的人，就是林納斯·本納第克特·托瓦茲。"

　　在網絡世界，只有 Linux 可以與"偉大"這個詞匹配，可惜林納斯沒有公司，假如他當年有自己的公司並閱讀了本書有關護城河的篇章，可能就不會有今天的網絡世界。

本章小結

（1）對於當今企業來說，識別經濟護城河的架構不同於以往任何評價競爭優勢的模型。經濟護城河由企業的無形資產、超級用戶、網絡效應和核心交易相互作用、互為依託組成，4 種要素分別扮演護城河中不同的角色。無形資產是護城河的兩岸，超級用戶是河水的深度，網絡效應是河水的寬度，核心交易是由活水源、兩岸和深厚寬廣的河流圍繞經濟城堡組成的一個圓。

（2）擁有護城河的企業可以更加靈活自如、更加富有彈性地運轉，尤其是在遇到挫折和危機時可以東山再起，護城河能讓企業產生結構性競爭優勢。

（3）品牌的護城河模式分為 5 種：單一品牌護城河模式、多品牌護城河模式、主副品牌護城河模式、母子品牌護城河模式、複合品牌護城河模式。

（4）出於商業模式和經濟利益的考慮，所有的護城河都是讓自由現金流不外溢的閉環。越是強大、難以攻克的護城河，越會成為阻止大眾創新的堡壘。

CHAPTER 6

Siege

攻城隊

6.1 長期主義

一直以來，本書關注的是那些最具研究價值的公司。其中，第 6 篇的研究對象是當今世界上市值或估值最高的企業，如 "中國六小龍"（百度、阿里巴巴、騰訊、美團、螞蟻金服、滴滴）和 "美國五騎士"（Apple、Amazon、Google、Microsoft、Facebook），它們的標桿意義不僅在於具有很強的算法驅動技術變現能力，還在於它們具有朝氣蓬勃的市場競爭精神。這種精神如同西方古代騎士精神：不知疲倦地戰鬥，永不停歇地攻城掠地。他們戰鬥的標配是盾和劍，也就是上一章所講的 "護城河" 和本章論述的 "攻城隊"。

從企業競爭力的角度來看，企業的主要市場任務是進攻。企業修建護城河是關鍵性基礎戰略，而沒有進攻能力的護城河遲早被攻破。進攻是最好的防禦，進攻如此重要，所以本章的研究對象放大到全球百佳企業和那些雖不是行業巨頭，但進攻表現較為搶眼的成長型企業。透析它們的市場攻擊路線，會發現它們沒有採取單一進攻手段或者單次進攻，而是採用一套進攻組合拳或一組攻擊波，每一波進攻手段相互咬合，帶動總攻的齒輪永動不止，如同一隊隊人馬有組織地進攻，因此，本章命名為 "攻城隊"。

從全球百佳企業 CEO 的市場發展路線管理中發現，攻城隊的模式是一種長期主義的勝利。自 2010 年以來，《哈佛商業評論》英文版定期發佈 "全球百佳 CEO" 評選榜單，其衡量恆久成功的宗旨始終未改變。放眼長期，從 CEO 就任第一天起，對其表現加以追蹤，用客觀數據作為評價標準，評判商業領袖們在其整個任期內的表現，發現他們共同遵循一個原則：長期主義。

在過去 5 年中，連續 5 次都上榜進入 TOP100 的有：亞馬遜（Amazon）的傑費瑞・貝索斯（Jeffrey Bezos），Inditex 的帕勃羅・伊斯拉（Pablo Isla），Nordstrom 的布雷克・諾德斯特龍（Blake Nordstrom），Tenaris 的保羅・羅卡（Paolo Rocca），美國鐵塔（American Tower）的小詹姆斯・泰克利（James Taiclet Jr.）和 CCR 的雷納托・瓦萊（Renato Alves Vale）。

長期主義體現在企業創辦之初就志存高遠，具備長遠哲學思維，關注可持續成長，基於員工、用戶、股東和社會的利益進行生態建設。在市場進攻組織方面，表現為道、法、術有組織、有節奏、有效率地結合，每一招式和步驟都兼顧當前和長遠。

信奉長期主義的全球百佳 CEO 們在打造市場組織的過程中，把長期主義的價值觀置入市場進攻之中，他們信奉攻擊三原則：具備使命感的營銷組織，使命感關乎企業能走多遠；堅持企業價值觀的營銷，價值觀能防止短期行為的偏見；構築營銷新模式，模式的連續性要比個人更長遠。

6.2 商業模式四原則

企業基於長期主義構築攻城隊，要遵循以下 4 項基本原則：

（1）最優選擇

那些既有利於長期利益又有利於短期利益的市場最優進攻方案，在現實中是不存在

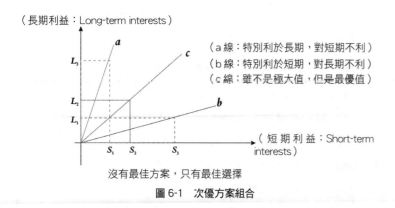

（長期利益：Long-term interests）

（a線：特別利於長期，對短期不利）
（b線：特別利於短期，對長期不利）
（c線：雖不是極大值，但是最優值）

（短期利益：Short-term interests）

沒有最佳方案，只有最佳選擇

圖 6-1　次優方案組合

的，只有雙項次優方案的組合才是最優選擇，如圖 6-1 所示。香港首富李嘉誠說過：“我不賺最後一個銅板。”在選擇市場進入和退出的時機時，他給出的答案是：不在市場最低點進入，也不在最高點退出，而是選擇在最高點和最低點的接近點。

（2）效率最優

在市場進攻的效率方面，也沒有最快和最大值的效率解決方案，只有接近最快時間和最大值的效率組合。

（3）成本最低

依據數據化決策模型，在確定利益最優和效率最優選擇的基礎上，應選擇成本最低的代價完成市場進攻活動。

（4）壁壘最高

市場進攻的模型要包含最高程度的反模仿因素，使得這個進攻架構所指引的活動對於企業以外的競爭對手來講，具有最高程度的模仿壁壘，即在進攻路上順手修建護城河。

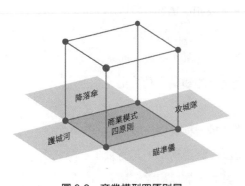

降落傘　攻城隊
商業模式
四原則
護城河　瞄準儀

圖 6-2　商業模型四原則屋

以上 4 項基本原則，既是構建攻城隊的四原則，也是構建企業商業模式其他三要素（護城河、降落傘、瞄準儀）的基本原則，如圖 6-2 所示。

6.3 攻城隊的 4 種攻擊模式

以最有價值的企業為研究目標，在保證了理論先進性的前提下，我們找到了攻城隊的 4 種攻擊模式。

6.3.1 爆破領先型（主航道正面進攻型）

1. 主航道建設

幾乎所有公司創始人都致力於向用戶提供所需要的產品或服務，在經營中往往挖空心思研究用戶到底需要什麼。而 Facebook 完全不同，它超越了這個層次，進入另一個更高的境界，堅守自己的主航道：只為用戶提供一個社交平台。Facebook 創始人扎克伯格（Zuckerberg）說過：“Facebook 其實不必知道用戶想在 Facebook 上做什麼，只需讓用戶感到酷就夠了。至於這個平台的用戶需要什麼，讓他們自己去開發吧。”這樣做的好處是，Facebook 不用承擔任何產品決策錯誤帶來的風險，公司一門心思專注於社交平台這一主航道的設計、挖掘、疏通。

（1）**主航道的設計**。Facebook 的主航道本是社交，但最終把它設計成一個大家都離不開的平台，像操作系統一樣，這正是 Google 和微軟（Microsoft）這樣依賴操作系統構建商業模式的公司所害怕的。

在微軟桌面操作系統風行的時代，人們習慣於用軟盤和光盤安裝軟件或下載安裝軟件。在雲計算興起的時代，誰擁有一個為大家發佈軟件的平台，誰就擁有 IT 時代主導權。僅在 2010 年，為 Facebook 提供服務的各種軟件技術人員多達上百萬人，他們為 Facebook 提供了 55 萬種大大小小的服務，使得 Facebook 成為世界上人數最多、成長最快的虛擬世界。

從 2009 年起，Google 開始把 Facebook 作為最危險的競爭對手，並且試圖在對方的主航道上展開進攻，曾推出一款技術上非常成功的基於移動互聯網的社交工具——Google Buzz。它是一款移動端優先的社交工具，不僅無縫對接 Google 自己的常用服務（包括 Gmail、YouTube 和地圖等），還集成了圖片分享和視頻的 Flickr 功能。由於擔心它帶來大量的個人隱私憂患，Google Buzz 只運營了一年多就下架了。

（2）**主航道的挖掘**。Facebook 為了擴大自己主航道的通行能力，開始向開源賬戶管理發起了進攻，用戶從 C 端侵入 B 端。Facebook 為一般小公司提供了一種簡單而安全的登錄與賬戶管理方式，給小公司網站使用，省去了小公司管理賬戶的技術維護成本。此舉遭到另一巨頭亞馬遜（Amazon）的強烈阻擊，在雲計算時代，提供企業級的軟件和服務成為下一個金礦。Facebook 利用自己的社交優勢，發動數百萬個軟件工程師採用"萬眾設計，服務萬眾"的攻擊策略，在 Facebook 的主航道和亞馬遜的交叉部分深挖通航能力。亞馬遜（Amazon）最終依靠自己的雲服務守住了邊界。當然，Facebook 也並非想做為商家提供服務的 2B 模式，它有自己的 2C 基因，它之所以向 2B 邊界進攻，只是為了深挖自己主航道的通行能力而已。

（3）**主航道的疏通**。Facebook 與社交網絡先驅 Friendster，或是後來的 MySpace 和 Google 旗下的 Orkut 相比，它的早期核心用戶是大學生，特別是一群對技術開發敏感的大學生和創業公司的創始人。他們非常活躍，喜歡分享，自然對競爭邊界認識模糊。Facebook 帶領他們向四處進攻並非要真正侵入對手的邊界，而是疏通"社交王國"這一主航道的用戶活躍度、用戶留存度和用戶滿意度。

關於主航道之爭，概括起來有：個人電腦時代發佈軟件的平台，微軟操作系統，以 Facebook 社交網絡為代表的互聯網 2.0 平台，以 Google 和蘋果為代表的移動互聯網平台和以雲計算為代表的亞馬遜企業級平台。以上"五巨頭"在很長一段時間內是全世界市值最高的企業，原因就在於它們對各自主航道的競爭對手發起正面進攻，並且不斷維護自己主航道的安全邊界。

2. 主航道爆破方式

選擇主航道正面進攻型的企業大多是爆破高手，它們往往擅長 4 種爆破方式。

（1）**產品或服務的單點爆破，集中一點形成領先優勢**。例如，Uber 集中於出租車業務，抽取車費的 20%；Airbnb 集中於食宿，從房東租金中扣除 3% 的管理費和從租客中收取 6%-12% 的手續費；Palantir 集中於出售大數據挖掘分析軟件，在高端數據分析領域形成壟斷，幾乎沒有對手。

（2）**產品或服務行業的單面爆破**。阿里巴巴的投資規劃進攻路線是典型的行業單面爆破策略，在同一產業鏈上只選一家企業投資，如收購優酷土豆後沒有第二家收購合作；阿里音樂收購蝦米之後，也沒有第二家；收購餓了麼之後，讓餓了麼和口碑結合，形成集合競爭力的全局性優勢資源和美團點評競爭。

（3）**藉力爆破**。在自己缺乏競爭對手的商業基因的情況下，可以通過扶持對手的對手與之展開正面攻擊。例如，騰訊缺電商基因，在與阿里巴巴電商領域的競爭中，採用藉助微信的巨大流量扶持拼多多，投資京東與阿里巴巴在電商領域展開競爭，其中拼多多勢頭很猛。拉里·佩奇（Larry Page）意識到 Google 的基因和文化無法開發出受歡迎的社交網絡產品時，轉而支持來自微軟（Microsoft）的維克·岡多特拉（Vic Gundotra）另起爐灶，用比 Facebook 更極端的方式向 Facebook 開戰，成功遏制了 Facebook 不可阻擋的發展勢頭。

（4）**立體爆破**。凡是阻擋主航道發展的山頭一律鏟平，必要時採用大手筆收購，讓主航道快速發展。例如，螞蟻金服 2018 年未上市估值已超過 1,500 億美元，與它逾百次的對外戰略投資鏟平主航道障礙物有直接關係。

①百餘次投資指向 3 大領域。螞蟻金服投資活動密集但思路清晰。它的第一筆投資是 2013 年 10 月對眾安在線的互聯網保險投資，至 2018 年 12 月已經完成了 122 次對外投資。投資領域涉及金融、企業服務、汽車交通、生活服務、人工智能等 19 個行業，各行業具體的投資情況如圖 6-3 所示。

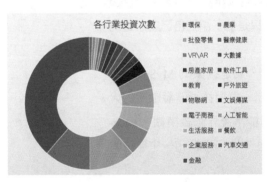

圖 6-3　各行業投資次數

各類別投資比例

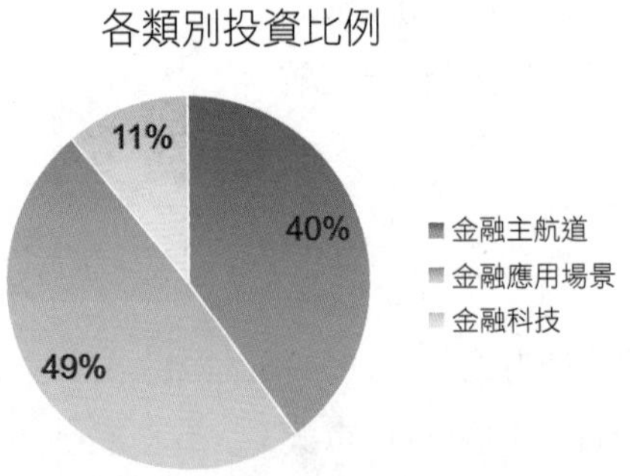

圖 6-4　螞蟻金服各類別投資比例圖

儘管螞蟻金服涵蓋了高達 19 個行業的投資，但如果研究一下這些投資對象的業務內容，可將其劃分為金融主航道投資、金融應用場景投資和金融科技投資 3 大類。

②金融應用場景投資最多。企業服務、文娛傳媒、電子商務、批發零售、生活服務、房產家居、餐飲管理、醫療健康、培訓教育、戶外旅遊、汽車交通 11 個行業的投資基本上都是圍繞金融應用場景的投資，或說是金融生態環境投資，對於將提供普惠金融服務為根本宗旨的螞蟻金服來說，金融應用場景的投資顯然是必要和必須的。

③金融科技投資。人工智能、軟件工具、物聯網、大數據、VR＼AR 5 個行業的投資是對金融科技的投資，螞蟻金服提供的普惠金融是以數字技術為支持的數字普惠金融，那麼投資與之相對應的未來技術，並探索其在金融領域中的應用也是大勢所趨。

圖 6-4 顯示了上述三大類投資的比例。

值得注意的是，螞蟻金服在金融主航道的 49 次投資中，海外投資共 11 次，包括對美國、印度、孟加拉國、巴基斯坦、菲律賓、新加坡、泰國等國的投資。它的投資主要集中在在線支付、小額貸款、數字金融等細分金融領域。螞蟻金服投資了巴西銀行卡處理公司 Stone Co 1 億美元，將其海外擴張觸角延伸到了南美市場，其中最早的一筆海外投資，是 2014 年 11 月剛剛成立時對美國移動支付工具 V-Key 的投資。可見螞蟻金服對金融主航道的投資貫穿始終，足以體現阿里在進攻市場採用立體爆破的特徵。

6.3.2 升維突破型（主航道側面進攻型）

升維突破型也稱主航道側面進攻型，是指在市場競爭中處於同一個競爭空間維度的產品或服務，採用創新策略在一個更高維度上使自己的主航道商業模式升級，從而開展更高維度的競爭。

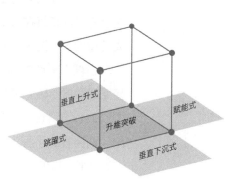

升維突破型企業在面臨如下情景時，需要考慮升維打擊競爭對手，以求成功突圍：

錯過當代風口，預判下一個風口的到來能讓企業升維時；

競爭者入侵，需要用升維的策略來反擊時；

戰線拉得太長，需要聚焦核心業務時；

核心能力不足，需要產業鏈升級時。

當企業遇到上述瓶頸時，可採用如下升維方式。如圖 6-5 所示。

圖 6-5　升維突破屋

1. 跳躍式

彼得・德魯克（Peter F. Drucker）在《創新與企業家精神》中說到，創新未必需要高科技，創新在傳統行業中照樣可以進行。1980 年美國創新型企業佔傳統行業的 3/4，科技行業佔傳統行業的 1/4。福特汽車公司早已將自己定位於移動服務供應商，在移動服務、車載網絡、自主車輛和大數據等方面培養新的專業能力。福特推出的新產品 FordPass 平台，可以為客戶提供一系列解決方案，從停車到給車開鎖或在到達目的地前找到停車位，還有診斷服務等，它都能提供實時的、現場的指導。在美國，會員還能預約停車位並支付停車費。FordPass 平台旨在幫助用戶獲得移動性體驗，為用戶提供一個高效的出行方式。

美國專業體育運動裝備品牌 Under Armour 創始人凱文・普蘭克（Kevin Plank）說過：“每個偉大的品牌或公司都會面臨一個十字路口，必須有決心去攻破它。”Under Armour 與 HTC 聯合推出了全球首套互聯健身系統，支持聯網健身，這就意味着它正在從傳統的服裝製造商發展為數字化健身產品和服務供應商。Under Armour 將服裝、運動和健康狀況結合為單一綜合的數字化體驗。

物聯網、大數據與人工智能顯然是移動互聯網之後的下一個 10 年風口，錯過了移動互聯時代的企業可以藉助新興工具展開跳躍式商業模式設計。實體企業跳躍式商業模式設計的關鍵在於將數據的價值釋放出來，先把自己變成一家數據公司，以自己的核心優勢——場景為中心，把數據與產品進行重新整合，開發出有價值的服務、功能和創意，將客戶關係從銷售產品轉換為持續互聯。

2. 賦能式

2018 年 9 月，微信全面開放了小程序"功能直達"。雖然官方只提到服務類目與開通方式，但用戶發現了一個引人注目的新變化：微信搜索的結果排序開始由用戶和其好友決定，而非競價排名。這是對百度等傳統搜索引擎的徹底顛覆。"功能直達"官方定義為"滿足微信用戶快捷找到功能的搜索產品"，而用戶的使用方式也很簡單：在微信搜索功能詞，搜索頁面將呈現相關服務的小程序，點擊搜索結果，可直達小程序相關服務頁面。

這對於小程序來說，是一條高精準度的用戶觸達渠道，更是拉新轉化的利器。目前，開發者可以直接在公眾號後台添加"搜索開放平台"模塊進行開通申請，無須開發，配置完成且通過審核後，即可上線。

百度面對微信對自己主航道搜索業務的侵入，它採取的策略是開發出智能小程序，直接反擊微信的核心業務，還藉助開源的理念為百度智能小程序賦能。

2018 年 11 月 1 日，2018 年百度世界大會在北京舉辦。在大會上，百度副總裁沈抖拋出一則與智能小程序相關的重磅消息：百度智能小程序開源聯盟正式成立。開源聯盟的成立意味着，百度構築起一座新的流量城堡，作為一個完全開放的小程序生態，智能小程序完成了開源的關鍵一步。首批聯盟成員包括愛奇藝、bilibili、快手、墨跡天氣、攜程、萬年曆、58 同城、百度地圖、DuerOS、好看視頻等 App 和平台，這些 App 和平台在各自領域都是佼佼者。沈抖着重強調，以上 App 和平台只是第一批，開源聯盟的成員還將陸續增加。

百度發佈的"開發者共築計劃"包括千億用戶流量、百億廣告分成以及十億創業基金三部分內容，還提供一對一專業服務，幫助開發者解決在開發、運營等過程中遇到的問題。百度智能小程序可多端運行，還有大量精準、場景化入口正在陸續開放，使小程序無論在流量、用戶體驗上，還是產品形態上都更加豐富，百度智能小程序還將陸續提供更多的資源和能力，讓開發者實現更多元的流量變現和用戶獲取。

在 B 端，接入開源聯盟的愛奇藝、快手、攜程、58 同城、墨跡天氣、萬年曆等，都更好地實現了商業變現和 IP 綁定，觸達更多場景，有更多精力用在服務用戶上，致力於挖掘更深層次的需求。

例如，坐擁數億用戶量的快手，面對平台上的豐富需求，無須針對每個需求進行開發，通過接入開源聯盟，快手便可獲得快速高效、低成本、優體驗的解決方案，直接對接用戶與服務方，實現多方共贏。

在 C 端，在百度世界 2018 大會現場，沈抖和北京大學國際醫院院長陳仲強院長共同演示了"AI 分診助手"的智能小程序，AI 能力第一次落地在醫療行業。"AI 分診助手"智能小程序由百度和北大醫療集團推出，用戶只需描述清楚自身的症狀，就可以通過"AI 分診助手"，得到最佳匹配結果。"AI 分診助手"可以滿足用戶在線上、線下關於醫院、科室掛號分診的核心需求，不僅減輕了導診台人工服務的壓力，還提高了診療效率，是人工智能和智能小程序結合醫療行業應用的一個典型案例。

2018 年 7 月，在百度 AI 開發者大會上，百度智能小程序正式面世。上線 2 個月後，智能小程序月活用戶過億，堪稱神速。截至 2018 年 12 月，智能小程序月活用戶已經超過 1.5 億人，不論是獲取用戶、留存用戶還是流量變現，智能小程序服務的用戶場景過百。它的服務已深入政策民生、娛樂、資訊等 23 個大行業，覆蓋 262 個細分領域。未來智能小程序不僅在移動端運行，甚至可以在搭載 Dueros 的智能設備上以及 Apollo 無人車上運行，構建一個以開發者和用戶為中心的全新開放生態。這也印證了李彥宏為百度確立的新使命——"用科技讓複雜的世界更簡單"。

3. 垂直下沉式

在餐飲外賣領域，2018 年有兩家公司激烈競爭，它們是餓了麼及口碑和美團點評。

2018 年 12 月，官方數據顯示餓了麼和口碑覆蓋全國 676 個城市，服務 350 萬活躍商家。口碑擁有 1.67 億月度活躍用戶。美團點評積累了超過 500 萬商戶，總用戶量超過 6 億人，覆蓋 2,800 個縣市，年度共交易 69 億筆，平均每天 1,900 萬筆。每天產生的海量交易數據，將為商家提供營銷、IT、經營、金融、供應鏈、物流等多方面賦能。美團點評構建了面向 C 端和 B 端的生態，包括 C 端的團購、外賣、餐廳預定、餐廳評價等。在 B 端已經形成為商家提供的 RMS、採購、金融貸款等業務。

2018 年 9 月 20 日，美團點評正式上市。2018 年 10 月 30 日，CEO 王興在內部信中披露：美團將進行上市後的首次架構調整，將戰略聚焦 "Food+Platform"，以 "吃" 為核心，苦練基本功，建設生活服務業從需求側到供給側的多層次科技服務平台。圍繞組建用戶平台，以及到店、到家兩大事業群，全面提升用戶體驗和服務能力。在新業務側，快驢和小象事業部繼續開展業務探索，並成立 LBS 平台，包含 LBS 服務、網約車、大交通、無人配送等部門，進一步增強 LBS 基礎服務能力。

2018 年以前的美團，B2B 業務一直處於探索期。從 2018 年開始，美團快驢事業部等系列加碼 B 端的動作，面向 B 端的業務開始規模化運作。

2018 年 3 月，美團點評通過內部郵件宣佈，任命前聯想集團高級副總裁陳旭東擔任美團點評集團高級副總裁，負責快驢事業部，為商家提供優質供應鏈服務。

2018 年 5 月，美團點評全資收購餐飲 SaaS 服務企業屏芯科技，以增強對 B 端小餐館的服務。

2018 年 9 月，美團和 B2B 平台易久批完成 2 億美元 D 輪融資。

2018 年 10 月，針對小微企業融資需求，美團推出 "美團生意貸" 來解決生活服務行業的微小商家和個體工商戶難融資問題。

在多條戰線還處於虧損的情況下，美團押注一個需要重金投入的 2B 市場，這無疑是創始人王興為應對競爭布下的一個更大的局，因為 2B 市場是互聯網的下半場，即產業互聯網，這正是美團與對手利用產業鏈的垂直下沉策略打持久戰的開始。

4. 垂直上升式

在中國，吉利已成為中國最值錢的汽車品牌之一，號稱 "汽車狂人" 的創始人李書福採取了火箭般垂直上升的進攻策略，終於蟬聯了中國汽車首富夢。

2018 年上半年，吉利汽車完成了 537 億元的營收，在增長已經幾乎停滯的汽車市場中，還能獨自逆勢保持如此高的增速，完全歸功於 "汽車瘋子" 李書福這些年來所做的決策。

吉利汽車早在 2002 年就看中了沃爾沃，那個時候，吉利汽車剛剛拿到家用轎車的"準生證"，在一次內部會議上，李書福放出豪言，讓員工做好收購沃爾沃的準備。當時一年都賣不了幾萬輛車的吉利想要收購豪華汽車品牌沃爾沃，所有公司的高管都認為他"瘋了"。

2010 年 3 月 28 日，吉利控股集團收購瑞典沃爾沃轎車公司 100% 股權，在瑞典沃爾沃轎車公司總部正式簽約。李書福上演了汽車界"蛇吞象"的神話，以 18 億美元從福特手中迎娶了沃爾沃這個"北歐公主"，獲得了 VOLVO 轎車全部股權，18 億美元的收購價創造了中國民營企業至今為止金額最大的海外汽車收購案。

2017 年 5 月 24 日，浙江吉利控股集團（以下簡稱"吉利集團"）與馬來西亞 DRB-HICOM 集團（以下簡稱"DRB"）簽署協議。吉利集團以 12 億人民幣收購 DRB 旗下寶騰控股（PROTONHolding）49.9% 的股份以及英國豪華跑車品牌路特斯集團（LotusGroup）51% 的股份，吉利集團成為寶騰汽車的獨家外資戰略合作夥伴。李書福的跑車夢想得以成真。

李書福自 2011 年以來，在富豪榜上連續 6 年都在 300 億元以下徘徊，2017 年，他登上中國汽車行業富豪榜榜首，就像坐了火箭一樣，身家一年暴增 800 億元，以 1100 億元的身家躋身中國前十。

6.3.3 降維攻擊型（主航道降維進攻型）

裂變是移動營銷中最重要的商業模式，但是裂變需要 3 個前提條件：裂變誘餌、超級用戶、分享內容。

裂變的目的是通過分享的方式獲得新增用戶，所以必須從普通用戶中找到超級用戶。超級用戶的篩選要儘量和產品調性、品牌的基因與未來的戰略方向相吻合，影響力、活躍度與忠誠度是篩選的標準。在篩選過程中儘可能少而精，因為裂變初期，質量比數量更重要。

在找到超級用戶之後，引發裂變需要內容的趣味性，有趣好玩的內容才能吸引年輕一代用戶的注意力。剩下來的問題是如何製造誘餌，誘發裂變機制。

香港首富李嘉誠在總結自己商業地產成功模式時說，關鍵是"第一，地段；第二，地段；第三，還是地段"。除地產以外的主要行業的商業模式的關鍵是"第一，價格；第二，價格；第三，還是價格"。在總成本差異化領先戰略下，降低價格永遠是吸引用戶注意的法寶。所以，降價是降維攻擊型企業的首選市場策略。

但這並不意味着降維攻擊只有一種降價策略。功能化，保持用戶使用產品或服務的便捷也是一種降維策略。例如，蘋果公司自己對自己進行降維攻擊，在 iPad 基礎上推出 iPhone，讓產品"秒變傻瓜"，把在智能手機上能實現的功能全部掃進 iPhone。功能增多，使用起來便捷，也是另一種降維策略，只不過這種降維策略不必犧牲企業盈利，反而可以依靠品牌力溢價，產生溢價利益。

如果把以上兩種降維進攻策略分解為可全面執行的商業行為，那降維進攻可分為 4 種商業行為：單品極致化行為、免費拓客行為、降價普惠行為、背後打劫行為，如圖 6-6 所示。

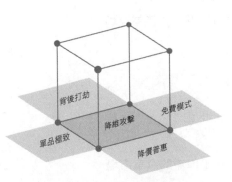

圖 6-6　降維攻擊武器屋

1. 單品極致

企業數據驅動過程像推動一個巨大的輪子，啟動非常艱難，需要持續不斷地推動。飛輪開始旋轉很慢，但會越轉越快。當飛輪快速旋轉時，只要從外界給一點點推力，就會產生巨大的效果。這就是大數據的"飛輪效應"。亞馬遜和蘋果都是應用飛輪效應的傑出代表，但問題是，世界上只有一個貝索斯，也曾只有一個喬布斯。貝索斯有能力說服投資人忍受長期虧損，不僅與貝索斯本人極強的個人魅力有關，還和有遠大抱負的願景資本投資者有關。假如換作發展中國家的投資機構，即便貝索斯個人再有魅力，也必須改變長期主義的戰略眼光來照顧當前利益。2007 年，Apple 推出驚豔世界的 iPhone，很多人不知道，即便是神一般的喬布斯也花了大約 10 年時間去積累才成功。

之所以說貝索斯和喬布斯成功的必然性中有一定程度的偶然性，是因為他們在全世界掀起巨大的飛輪效應有一個基本前提，在大多數國家內並不存在，這個前提是：必須在成功前有足夠的耐心，等待它們緩慢地推動處於初始化狀態的飛輪，而且還要有足夠的勇氣，承擔飛輪最終沒有達到飛快旋轉的結果。現實世界中，很多企業家不是缺乏貝索斯或喬布斯那樣的遠大抱負，而是缺乏那樣的環境，等不到"從外界給一點推力"就飛速旋轉的那一刻，在這一刻前停止轉動的飛輪，其結果比繼續轉動飛輪更殘酷。想象一下，假如把 Apple 的主要產品放在一個飛輪上，誰能推轉如此沉重的飛輪？

Apple 的產品升級到產業鏈，組成 Apple 完美的護城河，如圖 6-7 所示。硬件方面，以 iPhone 為核心的硬件矩陣，通過其他各種硬件產品線，如 Watch、iPad、Mac 等全面滿足全球果粉的不同需求；軟件方面，以 icloud、itunesStore 組成軟件生態體系，貫穿整個 Apple 產品硬件體系，並以其封閉性設計原理增加了用戶的轉移成本和黏性，讓技術融入商業模式的競爭力打造過程之中。iOS 系統和 A 系列芯法保障了硬件和軟件的底層技術運算邏輯，只有 Apple 最順暢，還有遍佈全球的以精密加工著稱的供應鏈管理經驗與資源。以上奇跡的誕生，只有喬布斯能在恰當的時間和地點通過本能設計完成，普通企業家只能"望輪"興歎。

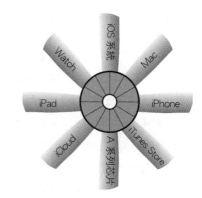

圖 6-7　Apple 產品組成的飛輪

解決飛輪沉重推不動的可行方案是卸下飛輪上的袍袟，把飛輪上的產品向最輕的方向簡化，圍繞極致化的單品設計用戶、資本、產品、資源 4 者之間的關聯，從而形成可執行的戰略層、業務層和組織層，這 4 個模塊之間的運營重點如下所述：

（1）注重用戶到粉絲的轉化，實現用戶與傳播渠道的一體化，從而降低推動初始飛輪中的傳播成本。

（2）注重開源式的股權投資設計，實現與不同階層資本的對話，從而降低飛輪中止轉動的資本風險。

（3）注重產品的價格梯次和產品供應鏈的設計，從而實現同行業最低成本，最具價格競爭優勢的競爭局面。

（4）注重內部資源的賦能和外部資源的整合，從而實現裂變所需要的人才團隊、技術應用和渠道佔有。

2. 免費拓客

移動互聯網時代，用戶的遷移速度比前兩個世紀生產能力的遷移快得多。原因在於，讓他們趨之若鶩的是層出不窮的各種新平台提供的價值，並非平台擁有的資產。全世界每天都會增加全新的、豐富的品類，消費者有更多選擇，移動應用越來越普及，讓消費者的選擇更便捷，移動營銷賦能現存的所有行業，都會改寫現有的行業生存法則。換句話說，移動互聯網時代，值得用移動營銷把現存的所有行業重新做一遍。這不是簡單的替代，而是新模式的誕生。所有的移動營銷企業都在努力使自己平台化，原因在於，平台有一種經濟魔法，做到了中世紀魔術師無法做到的事情。過去的定律是天下沒有免費的午餐，今天他們創造出來免費的午餐，甚至晚餐也免費，只要你願意，你可以一直免費享用，這種神奇的"經濟魔法"叫免費模式。免費模式有 4 類基本模型：產品免費、服務免費、內容免費、空間免費。4 種免費模型組成"經濟魔方免費屋"，如圖 6-8 所示。

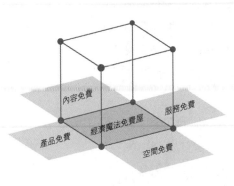

圖 6-8　免費模式

案例 ｜ 一蘭拉麵

大名鼎鼎的一蘭拉麵始創於 1960 年日本福岡縣福岡市，有着悠久的歷史，是日本第一家會員制拉麵館。一蘭拉麵是當地豚骨白湯拉麵的代表，目前主要經營福岡本土的博多拉麵，號稱"福岡第一"，享譽國內外。

截至 2018 年，一蘭拉麵在全球已有 60 多家門店，其中日本本土就有 50 多家分店，在中國香港和美國也都設有分店。2012 年，一蘭拉麵銷售額高達 75 億日元，在福岡系拉麵品牌中營業額是最高的。2013 年 7 月 11 日，一蘭拉麵在中國香港開了海外第一家分店，創造了連續排隊 7 天 7 夜的吉尼斯世界紀錄，顧客最長需排 4 個小時才能吃到一碗拉麵。2016 年 10 月 19 日，紐約第一家店開張時，也有首日超千人的排隊陣容。一蘭拉麵憑什麼創造出如此佳績？到底有什麼秘訣，讓這家只做一個產品的拉麵店，2017 年全球營業額突破 220 億日元，經營得如此成功？

1. 一蘭拉麵單品極致化

一蘭拉麵只有豚骨湯拉麵一款產品。一蘭拉麵追求"一滴不剩"的美食最高境界，用匠心說話，讓每位食客吃麵"見底"。"吃一蘭一定要把湯喝光"，這到底是為什麼呢？因為把湯喝光才能看到傳說中的碗底金句："この一滴が最高の喜びです"。（這一滴是最無上的喜悅）

把湯喝得"一滴不剩"不僅表現了拉麵的美味，同時隱含了店家對顧客的感謝！一碗拉麵融合了整個拉麵文化的最高境界，表現出店家對拉麵品質的極致追求和在細緻方面的獨到之處。

2. 一蘭拉麵顧客至上的服務

一蘭拉麵的"客製化"服務讓人印象深刻。日本講究工匠精神，經營拉麵也不例外。在日本的頂級拉麵館裏，顧客對口味幾乎沒有選擇權，一切都由拉麵大廚來決定，可在一蘭拉麵恰恰相反，口味由顧客決定。在一蘭拉麵進食，服務員每次都會遞給你一張紙，上面寫着湯的濃度、油度，大蒜要加多少，要青蔥還是白蔥，秘製醬汁的倍數，麵條硬度等，顧客只需根據自己的口味填寫，便可選出自己喜歡的味道。一蘭拉麵為了服務好各國遊客，提供的點餐用紙有日文、英文、中文及韓文 4 種語言。店裏的顧客來自全國各地甚至全球各處，顧客口味不同，統一的味道往往很難符合每個人的胃口，一蘭拉麵的這種"顧客自主選擇權"，是讓每個顧客都滿意的極佳策略。一蘭拉麵為了讓顧客吃麵的時候，不被外界環境所打擾，在客人面前掛起遮擋廚房的布簾，之後，又在顧客用餐座位上導入"隔板"，把桌位一個個分開，形成"一人一位"的吃麵方式。顧客可當你遇到如下 16 種情況，你該考慮使用免費模式：

市場上出現了兩個或兩個以上的競爭者，打價格戰不可避免；

發現一個誘人的行業，而行業中存在巨頭壟斷，到了顛覆行業巨頭的時候；

當你確信你手上有一項好技術或專利能幫助到很多人，而你沒有推廣市場的實力時；

當你確認你手下的創作必是用戶痛點和關注點，而你對市場營銷毫無經驗時；

當你平台的老用戶正在一點一點被競爭對手挖走時；

當你平台的用戶長時間處於休眠狀態需要被激活時；

當你的產品或服務進入市場後遲遲打不開局面時；

進入一個新行業的外來者，跨界打劫的時機已經成熟時；

當競爭處於拉鋸戰的膠着狀態，需要有一方去打破平衡時；

當新用戶增長乏力，企業增速降低時；

發現了用戶痛點而同行業競爭者漠視，無法滿足時；

平台的價值在於用戶越來越多，當你的賣家開始抱怨買家越來越少時；

不用在意他人目光，在自己的座位上安心享用美食，完全不受任何打擾。同樣是吃拉麵，一蘭拉麵如此貼心的服務和獨特的"待客之道"，顧客又怎麼會不選擇一蘭呢？

3. 一蘭拉麵注重培訓

一蘭拉麵最重要的兩個戰略，一個是培養人才，另一個是培育品牌。在公司之中，想要培育品牌，就必須培養人才，把員工放到第一位。品牌，是公司在顧客心裏的印象，而這個印象是靠員工一點點建立起來的。每一個新員工入職的時候，一蘭拉麵都會教育員工：你就是品牌，你代表了一蘭拉麵。這就讓員工產生一種使命感、責任感，讓員工感到，自己的言行舉止代表了品牌本身。同時，一蘭拉麵提出了培養員工高人格魅力的概念，通俗來講，就是讓顧客覺得，他想和員工在一起。具有這種特質的人，叫高人格魅力。一蘭拉麵對新員工的培訓業務方面，還包括禮儀，要求員工做一個注重細節、講究禮儀的人。比如，餐盤的擺放方式、就餐禮儀、上餐的時候應該說什麼等，從而來提升顧客的體驗感。在訓練過程中，一蘭拉麵會做三件事：一是表揚員工；二是讓員工去實際體驗；三是發現員工做得不好的地方，讓他去修正改良。一蘭拉麵有一套詳細嚴格的訓練系統，每一個操作都是為了更好地培養員工，確保員工以最佳狀態與顧客交流。

4. 一蘭拉麵高度人性化的管理

一蘭拉麵對所有門店都不設營業業績、銷售額和利潤等相關的考核指標，只注重考核門店的經營狀態以及品質是否做到最佳，比如是否所有流程都按照公司的標準執行、是否處理好顧客投訴、味道是否可口，等等。一蘭拉麵每天營業結束後，都會開一場針對當天營業情況的反思復盤會，明確哪些做得好、哪些做得不好、哪些需要優化，一蘭拉麵每天都會進行這樣的復盤操作，通過這樣的方法讓大家將經歷轉化成自身的能力，持續進步。在員工的匯報溝通過程中，一蘭拉麵要求所有人分三步匯報：第一，匯報結果；第二，匯報要點；第三，匯報過程。員工們通過規範的溝通流程來節省時間，提高效率。同時，一蘭還要求所有員工，如果他們當中有人遇到困難，一定要向周圍的人發出求救信號，所有人盡自己最大的努力互幫互助，這樣才能解決困難。

在這個社交媒體橫行的時代，對於有內容的產品，人們總會自發地去傳播和分享，口碑已成為一個更容易、更迅速的營銷方式。一蘭拉麵沒有刻意地營銷，更沒有一味以盈利為目標，卻因為它的這種"獨特"而收穫了消費者的喜愛，成為世界聞名的餐飲品牌。

當你到一個新地址開店，需要博取周圍消費者的關注時；

當你能獲得第三方提供的免費產品或服務時；

當你的新產品問世，缺乏用戶關注時；

當你用盡所有的常規營銷策略，未見起色想放棄時，或者說，當你用盡所有的營銷策略亦不見成效時，不妨試試免費模式。

（1）產品免費

免費取得產品，對於消費者而言，具有極大的誘惑力。能否讓用戶免費獲取產品，在很大程度上取決於企業自身的實力和獲取第三方資源的整合力，實力和整合力的疊加效應更加理想。以下是產品免費的4種實現方法。如圖6-9所示。

①分段免費。設計一款誘餌級的普通版產品讓用戶免費得到，當用戶消費升級到高級版或個性版時獲取回報。遊戲運營商經常採用這種方法，初級版遊戲免費，升級後玩家需買遊戲裝備和各種充值卡，這有點像開車上高速不收費，但路上加油、用餐、住宿收費不菲。廉價航空公司深諳此道，飛機票價低得驚人，座位擁擠不堪，為的是多載乘客，飛機上的一切服務都是有償的，尤其是行李託運，每個乘客都超重，需另付費。電信運營商也是營銷高手，通過贈送手機，銷售通話時間是他們慣用的招數。

分段免費策略需要考慮免費產品和消費產品之間的關聯強度，強關聯會產生巨大的消費黏性，如送水公司送你一台飲水機，是為了讓你持續消費它的桶裝水；買一個月的大豆，送豆漿機一台；買一套別墅，送一個停車位，等等。此外，還可採用技術手段使免費產品和後續消費產品產生強關聯，如買一台新車送一年保修，每台新車的保修廠是指定的；加油站經常採用買油卡送專用提神醒腦飲品來強調免費產品和消費產品之間的強關聯，假如買油卡送酒，就不存在產品之間的強關聯，這種弱關聯反而會降低免費模式的效果。

分段免費策略可以實現低成本獲客，只要第三方公司在消費型產品的銷售上獲利或者能實現其用戶增長，第三方公司就願意拿出產品讓你免費送給用戶。例如，美容機構促銷時所用的產品大多不是美容機構購買的，而是美容產品的廠家提供的。

②分時免費。設計一款誘餌級的產品，在固定資產閒置時以免費模式獲取流量。例如，電影院經常在週一至週五的上午時間提供免費電影票或超低價位的票價，原因是這段時間流量太小，採用免費模式可以搭售可樂、爆米花、鮮花和玩具等。在滴滴打車和快滴打車採用乘客和司機雙向補貼競爭最激烈的時候，兩家都取消了上下班高峰期的出行補貼，原因是這一時段車輛不夠用，無須補貼。

分時段免費經常用於企業低流量時段，是保持企業在所有運營時間業務均衡增長、降低運營成本的一種手段。新店開業時常常會搞免費活動，開業這一時間段所需要的廣告費成本及傳播成本由免費產品承擔。

③分區免費。設計一個免費的區域或空間作為誘餌，從而帶動整個運營空間的消費。大型超市在促銷日經常開闢出一個免費產品區域試吃試用，以帶動整個超市的運營，因為多數顧客都會順手購買其他區域的產品，只要把免費區設置在超市空間最深處，引導顧客路過消

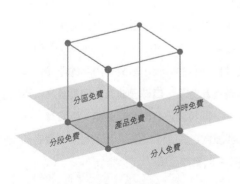

圖6-9　產品免費的實現方法

費區即可。

分區免費模式的傑出代表是 Google，它將自然搜索結果和付費搜索結果分區呈現，用戶不可能對付費搜索結果沒有興趣，因為 Google 的後台算法早已把用戶的搜索習慣計算得很靠近消費習慣，用戶所搜索的每一頁自然搜索結果都包含自己可能的消費傾向，基於此，Google 會推薦符合消費傾向的產品或服務信息。

分區免費模式不僅是一種營銷策略，也是一種宣傳品牌對用戶充滿人文關懷或其公益理念的良機。例如，城市公交運營車輛上會設置婦幼老人座位專區，寸土寸金的市中心商圈含有免費的特殊區域（如哺乳室等）。

④分人免費。設計免費誘餌時要有一個精準的用戶導向，以便最大限度地發揮免費模式的效應。飛機頭等艙消費者的吃喝是免費的，原因在於航空公司 80% 的利潤來源於坐頭等艙、商務艙或高端經濟艙的超級用戶；銀行偏愛向金銀卡用戶定期贈送免費產品，原因在於討好這部分大客戶對用戶留存至關重要；梯宇電視廣告公司的硬件從來不向農村渠道下沉，原因在於這些精明的商人知道城市人口的電視廣告屏效高。

分人免費不僅是針對某高消費階層的消費而設計，還要根據企業產品的用戶定位清晰地進行用戶畫像，以便分清消費特徵、消費水平和消費偏向，從而採取定向推送產品信息的精準營銷行為。在大數據時代，挖掘數據中的消費信息，區隔消費者，採用免費模式定向直接讓精準用戶體驗消費，是營銷的發展趨勢。

（2）服務免費

未來，在一切產業皆服務的市場，服務平台之間對於主導地位的競爭尤為激烈，基於平台的"贏家通吃"法則，搶奪用戶資源變成營銷的首要任務，於是導入免費模式快速把平台做大，是突破增長瓶頸的良策。

免費體驗是服務業採用免費模式快速引流的關鍵，服務免費模式主要分為 4 種基本模型：分時體驗免費、分段體驗免費、分人體驗免費、分場景體驗免費，如圖 6-10 所示。

①分時體驗免費。一個月中的某一天，或一週中的某一天，或一天中的某一個時間段，採用免費模式。例如，機場上的按摩椅設計為前 5 分鐘免費，如需繼續使用則另行付費；某蛋糕店推出新品新政策，當天過生日的前 20 名打進電話者免費。

採用這種形式要將詳細的時間固定下來，讓用戶形成時間上的條件反射。該形式不但對用戶的忠誠度培養大有益處，還能促使用戶順帶消費其他產品。

②分段體驗免費。珠寶鑽石和整形醫美行業很擅長使用分段體驗免費服務策略。他們往往按成本和售價從低到高制定若干階段服務收費項目，對於對入門級的用戶有吸引力的第一階段項目則採用免費模式。

假如有一家牙科診所打出這樣的廣告：為本城市中的每一個人免費拔一顆壞牙，那麼最後，大多數人被拔出的牙可能不止是那一顆。

分段免費策略需要企業把自己的服務項目按照整體化、流程化整理出各個階段性服務項目，然後將其中最吸引用戶眼球、擊中

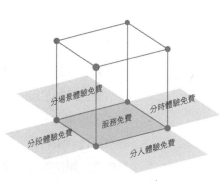

圖 6-10　**服務免費屋**

用戶痛點、服務成本不高、體現自身優勢的項目，列為第一階段項目，讓用戶免費體驗。

③分人體驗免費。遊樂場規定：兒童免費，成人收費；酒吧門口貼着告示：女士免費，男士收門票。分人體驗免費策略需要企業考慮被免費者和收費對象之間的強關聯，只有當強關聯產生，對有剛需的一方免費才有可能發揮免費模式的最佳效果。

④分場景體驗免費。Travelocity 網站採用贈送旅遊服務，從車輛出租和酒店預訂中獲利；Adobe 軟件採用贈送文件閱讀器，從銷售文件、寫作軟件中獲利；樂視電視說自己不是一台電視機，而是一套大屏互聯網生態系統，存儲上千部電影、電視劇，點擊進入後發現看電影分為免費區和收費區。

企業採用分場景體驗免費策略的目的是先讓用戶形成體驗自己服務的習慣，產生極佳的用戶體驗後升級到收費場景。這就要求企業給用戶的免費體驗場景能夠吸引人、打動人，讓用戶產生對升級後體驗效果更好的聯想。

（3）內容免費

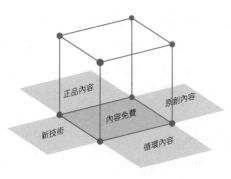

圖 6-11　**內容免費**

在內容為王的互聯網時代，內容免費模式會更有殺傷力。首先我們定義在免費模式中的內容指的是新技術、原創內容、正品內容、循環內容，如圖 6-11 所示。

①新技術。一項新技術的出現，往往凝結着企業人的心血、創始人對未來市場的預見和企業研發投入的成本。為了討好用戶，他們常常會毫不吝嗇地拿出來供用戶免費使用。先討好用戶、後讓用戶付費，已成為新技術應用於市場的新邏輯。

例如，網易公司推出"有道翻譯王"，支持 43 種語言免費翻譯，基本覆蓋所有熱門旅行目的地，同時還支持中英日韓 4 國語言的離線翻譯。網易有道自研的 YNMT 神經網絡翻譯技術讓翻譯結果更準確，各地方方言和繞口令也不在話下。

華為向蘋果公司拋出免費模式的橄欖枝，華為願意把華為先進的電源技術、基帶技術以及拍照技術授權給蘋果使用，蘋果可以選擇付費使用，也可以以交叉授相技術和專利作為免費使用的條件。

華為和蘋果沒有直接競爭關係，華為最大的對手是三星，因為安卓系統（Android）和蘋果系統（iOS）針對不同的用戶圈子，蘋果用戶只會選擇蘋果（iOS），而安卓（Android）用戶可以選擇三星，也可以選擇華為。假如華為和蘋果交叉授相技術成功，等於說全球手機市場 2018 年銷售排名第二的華為和排名第三的蘋果，通過新技術的相互免費模式實現了"強強聯合"。

新技術的免費輸出一方一定不能是直接競爭對手，很大可能會出現這種情況，某一行業的雙巨頭為了形成雙巨頭壟斷各分一杯羹，採取用新技術降維打擊共同對手的營銷策略。

②原創內容。在視頻領域，花重金做原創內容然後發展付費會員模式已經成了 PC 互聯網時代巨頭們約定俗成的套路。進入移動營銷時代後，這一規則正在被改變。2019 年，全球最大規模的視頻網站 YouTube 宣佈開啟原創沒有內容免費、廣告創收與原創作者分成的新模式。

　　原創內容已成業界公認的投資紅海，原因在於成本高昂且競爭激烈。流媒體網站奈飛（Netflix）自 2013 年《紙牌屋》一炮而紅後，一直堅持打造原創內容，2018 年花費超過 80 億美元。這麼大的投入自然容易讓人聯想到用戶為內容付費的商業模式，廣告收費是次項選擇，中國的愛奇藝視頻內容付費收入早已超過廣告收入。2019 年，亞馬遜 Prime 付費會員已達到 1 億人，奈飛的付費會員已達到 1.25 億人，在這樣競爭格局下，YouTube 明顯感到了壓力，為了擺脫對手糾纏，YouTube 選擇原創內容免費模式，這樣做的好處是：

　　·能吸引更多喜歡原創內容的國際用戶；

　　·增加用戶活躍度和留存度；

　　·豐富平台的內容形態，為原創者形成粉絲社區社交模式做準備；

　　·追蹤消費瀏覽習慣，聯動谷歌（Google）進行精準營銷的廣告投放；

　　·為服務商家制訂移動營銷決策模型提供數字依據。

　　在 2019 年，視頻網站巨頭不約而同集體走上了免費模式的道路。在中國市場，抖音搶走了原本屬於微信的用戶時間，騰訊重新啟動微視予以反擊。藉助騰訊音樂擁有中國最大的正版音樂庫，微視打通了 QQ 音樂曲庫，騰訊音樂此前已經獨家代理了環球、華納、索尼、YG 娛樂、杰威爾音樂庫等音樂版權。在微視頻領域，音樂版權問題是微視競爭對手抖音和快手的最大政策法規風險，實際上微視的對手多次吃到官司，而微視卻可以堂而皇之大行免費模式之道，因為大多數華語、韓語、歐美的流行音樂版權都在騰訊公司手中。藉助騰訊這棵大樹，在 App Store 排行榜上，微視已多次登上榜首。在中國，抖音、快手和微視正在上演三國殺，而微視握有音樂正版版權的殺器，逼迫抖音和快手走向原創音樂免費模式。

　　拼多多和美團的上市，標誌着互聯網正從 PC 互聯網進入移動互聯網，開啟了互聯網的下半場運動。拼多多搶了阿里和京東的份額，美團搶了外賣的大部分額，螞蟻金服搶了 P2P 網站的份額，抖音搶了微信的份額。拼多多、美團、螞蟻金服和抖音正在成為中國移動營銷"四小龍"，以勢不可當的浪潮衝擊着傳統網絡巨頭用多年砌好的防護城牆，它們的進攻之手或多或少帶有免費模式的氣息。

　　這是一個免費模式大行其道的時代，新手上路囊中羞澀，要想趕超跑出很遠的巨頭，只能藉用戶的力量助跑，而用戶對天下所有的免費午餐都倍感興趣。對於上路已落後的新手，這是機會。

　　③正品內容。7 月 29 日是美國唇膏日（Lipstick Day）。2017 年 8 月，美妝品牌 M. A. C 為了響應國家唇膏日，趁着這個節日藉勢營銷。只要顧客去當地 M. A. C 門店，就能免費拿到口紅。此次贈送的不是過去的小號贈品，它跟幾百元的正價商品沒什麼兩樣。

　　2017 年 8 月 21 日（美國當地時間），美國出現了難得一見的日全食。美國國家氣象局專家提出，觀看日全食時，尤其在整個日食開始和結尾的日偏食階段，一定要佩戴專業的濾光眼鏡，否則會損傷視力。互聯網眼鏡品牌瓦爾比派克（Warby Parker）為了迎接這次"超級日全食"，免費向民眾派發日全食觀測眼鏡。這款眼鏡上安裝了一個過濾器，能防止光對於人眼的傷害和刺激。

　　在互聯網時代，面臨鋪天蓋地的線上線下渠道，奢侈品本身的稀缺性日漸模糊，而高高在上的姿態極易引起年輕消費者反感。2018 年 5 月，奢侈品牌 Gucci 出新招，在紐約蘇豪區（SOHO）開了一家 "新零售實驗空間"。Gucci 這間門店的設計復古華麗，地板花紋都是由意大利藝術家手繪而成，紅磚牆壁、裸露的管道、藥店式櫃架、Vintage 古董家具等，堪稱獨一無二，使這間門店不僅成為購買 Gucci 商品的地方，更成為展示獨立藝術家作品的美術館、復古家具的陳列室，甚至成為朋友們放鬆聊天的集合地。顯然，Gucci 這家門店將藝術作為核心點，促進消費並非終極目標，創造特殊體驗才是。Gucci 為顧客營造一個輕鬆購物的環境，讓他們興致盎然地在店裏娛樂、放鬆、發現新玩意兒，鼓勵人們停留下來與商品互動，顧客可以盡情享受在 Gucci 店裏的時光，即使不消費也沒關係。Gucci 門店的這些特殊 "體驗" 能夠保持品牌生命力，吸引消費者興致盎然地光臨品牌專賣店。Gucci 希望藉此將自己的藝術精神傳遞到更多人心裏，並發現更多關於品牌的豐富信息。

　　上述 3 個案例都指向了同一個營銷點：免費。無論是 M. A. C、Warby Parker 的免費商品，還是 Gucci 的免費體驗服務，它們的共同目標無非是讓人們試用後轉為購買。各品牌眼下不再追求捆綁銷售，而是出讓更多的利益贈送全價商品，這是一種令消費者驚喜的做法。這和買護膚品送小樣、買香水送毛巾不同，因為有節慶的輔助作用，時尚品牌贈送的商品更像來自朋友的禮物，自然、親切，帶有飽滿的情感。值得注意的是，贈送商品，還需滿足一條：它應該和你想銷售的產品有關聯。賣化妝品的 M. A. C 贈送口紅，賣眼鏡的 Warby Parker 贈送日食眼鏡，而 Gucci 的免費服務無時無刻不在體現其美學觀，這些贈品會讓顧客想到這個品牌，而不是那些短暫留存於記憶的蠅頭小利。更重要的是，獲得了免費禮物的人們，總是格外樂於分享他們的試用體驗，這種小禮物帶給他們的興奮感和產品反饋都將在社交媒體上以文字和圖片的形式集中爆發，變成一輪又一輪的自動轉發和點讚。沒過幾天，門店裏就會塞滿更多前來問詢的消費者。以正品免費模式吸引消費者眼球，帶動門店流量，不失為取得新突破的好方法。

　　④循環內容。在歐美國家的麥當勞（McDonald's）和肯德基（KFC）快餐店裏，可樂和雪碧是可以免費續杯的。而在中國的快餐廳裏，常用的促銷手段是第二杯半價。難道這些餐廳不怕客戶一杯一杯喝下去，喝到他們虧損嗎？

　　經濟學邊際效用理論認為，當消費者每多消費一件產品或服務，就會相應帶來額外的滿足感，這叫邊際效用遞增原理；但對於某一類產品或服務，你消費得越多，獲得的滿足感越少，這叫邊際效用遞減原理。人對商品的慾望會因不斷地被滿足而不斷遞減，因此不必擔心大多數消費者會一直續杯。

　　自助餐廳的運營就是基於邊際效用遞減規律，顧客交一筆固定費用可免費享用餐廳所有的美食。顧客覺得佔到便宜，餐廳也覺得劃算，因為當顧客吃到一定程度時，邊際效用遞減為零。

　　健身會所的健身年卡承諾，會員在有效期 1 年內可以不限次數免費使用所有器材，可會員的時間成本高昂，健身會所賺的就是不經常去健身房的會員的錢。

　　循環內容免費模式是把免費環節放在用戶後續消費過程中，這是一種既讓用戶增加滿足感又讓商家賺到錢的營銷策略。

　　（4）空間免費

　　工業經濟時代形成的買賣關係，稱為一維空間。例如，英國工業革命之前的中西方通過絲綢之路開展的貿易往來。PC 互聯網把買賣關係搬到電腦裏，形成二維空間，從此有了現實世界和虛擬世界兩個維度。移動互聯網以人為中心實現了無限鏈接，從而在現實世界和虛擬世界之外，又多了一個鏈接世界，稱為三維空間。

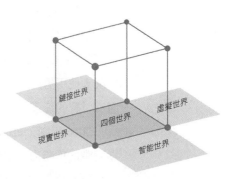

圖 6-12　4 個世界

除非有新物種出現，否則新世界的邊界就會一直停留在三維空間，人工智能的出現改變了物種結構，智能人的出現又把三維空間推到一個新維度，稱為四維空間。

當前，人類處於以上 4 個世界交錯的空間裏，經常需要變換維度看世界。我們應學會適應 4 個維度的變化，在未來 30 年，這種現象將長期存在，如圖 6-12 所示。

雖然以上 4 個世界的維度不同，但免費模式的降維進攻策略貫穿始終。

①一維空間免費模式。所謂的一維空間，就是在現實世界中處理產品或服務與消費者之間關係的運營維度空間。在這一維度上，使用免費模式的案例比比皆是。17 世紀，一批英國清教徒由於受到當局的宗教迫害，為了生存搭乘"五月花號"前往北美洲，美國由此建立起來，後來移民越來越多，他們的生存規則是從大自然和印第安人手中拓展生存空間，在隨後興起的西進運動中擴大了疆域。

1862 年，美國《宅地法》規定：只需交納 10 美元手續費，就可以免費獲得無人居住的政府所有土地 160 英畝，只要定居和開墾 5 年，土地就永遠歸其所有，這幾乎就是免費送土地。1873 年，美國出台的《鼓勵西部草原植樹法》規定：只要在自己的地產上種植 40 英畝的樹並保持 10 年以上，即可免費獲得 160 英畝聯邦土地。1877 年頒布的《沙漠土地法》規定：政府向那些願意在乾旱土地上修築部分灌溉溝渠的人，以每畝 25 美分的低價出售 640 英畝土地，而且可以 30 年內付清。1878 年實施的《木材石料法》規定：允許把不宜農耕，但有木材和石料價值的土地，以每畝 2.5 美元的價格出售，每人可得到 160 英畝。

美國何以在短短 300 發展成世界頭號強國？早期不斷出台的各種法則政策功不可沒，這種免費模式煥發了美國人的開拓精神，在一維空間裏上升為一個國家的興衰戰略。

②二維空間免費模式。所謂的二維空間，就是在 PC 互聯網構建的虛擬世界處理產品或服務與消費者之間關係的運營維度空間。在二維空間裏，免費模式屢屢得手。

2003 年，阿里巴巴推出了淘寶與 eBay 競爭，當時的 eBay 對拿下中國市場的電商交易信心十足，eBay 公司首席執行官梅格・惠特曼（Meg Whitman）帶着成為"中國第一"的決心殺入中國市場，她堅信中國一定會成為 eBay 最大的市場。她的信心不是沒有依據，eBay 在美國採取的向賣家徵收交易費用的模式經驗證是成功的。但是馬雲的淘寶作出了 3 年免費的承諾，用戶不僅可以免費進行交易，而且買方和賣方可以在淘寶推出的阿里旺旺聊天服務中，及時溝通雙方信息，這一功能在中國市場大受歡迎，對商家免費的承諾使眾多商家蜂湧而至，開放聊天功能又使買家可以在購買前跟賣家討價還價。相反，eBay 對每筆交易都收取一定比例的費用，而且不允許買家和賣家在交易完成之前互相溝通。

圍繞免費模式的競爭戰略，阿里巴巴導入了讓買家為賣家評分的評價體系，"差評"和"好評"的評價指標的建立，在很大程度上解決了商家服務不好的問題。而給 eBay 造成致命一擊的是 2005 年 1 月阿里巴巴推出的自有支付平台——支付寶。支付寶雖由阿里巴巴推出，但本質上它是一個第三方支付平台，在買家確認完好無損地收貨驗貨後才會將款項打給賣家。eBay 採用的基於信用卡支付的方式，完全沒有考慮到中國市場的特殊性，一方面，中國人使用信用卡的人數佔比較小；另一方面，中國的商業信用在當時並未完全建立起來，而支付寶的延遲支付的在線交易，打消了買家的疑慮。

2006 年底，eBay 承認被打敗，宣佈撤離中國市場，馬雲隨即宣佈 "戰爭" 已結束。這場商戰的獲勝方是由熟悉中國人性的一方高舉免費模式的旗幟，通過精準打擊對方的軟肋而大獲成功。這場商戰啟發人們：市場營銷的核心戰略是人性戰略，任何市場的最終獲勝者，必將是最熟悉該市場人性的一方。

③三維空間免費模式。所謂的三維空間，是指移動互聯網構建的一個相互鏈接的世界中，包含產品或服務與消費者之間關係的運營維度空間。

對中國而言，2010 年被公認為是互聯網氣候異常反常的一年，如圖 6-13 所示。

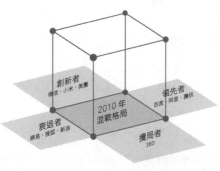

圖 6-13　2010 年混戰格局

這一年，谷歌宣佈退出中國，百度不戰而勝，淘寶也替代 B2B 業務成為阿里巴巴新的增長點，騰訊宣佈 QQ 同時在線人數突破 1 億人。自此，百度、阿里和騰訊分別掌握了互聯網的三個重要入口，成為 BAT 三巨頭。

這一年，傳統的三巨頭——網易、搜狐、新浪陷入發展模式的困境。網易放棄了正面戰場，轉戰網遊；搜狐佈局了輸入法、視頻及網遊；新浪則模仿 Twitter 推出了現象級產品——新浪微博。自此，中國的 PC 互聯網進入 BAT 控制的下半場，上半場的三大主角依次退出舞台。

這一年，是 3Q 大戰開始的一年。2010 年初，騰訊開始對 QQ 醫生進行強勢推廣，功能與周鴻禕的 360 安全衛士十分相似。擅長模仿的騰訊，在 2010 年 7 月《計算機世界》刊登《"狗日的" 騰訊》之後，成為眾矢之的，用戶心中的天平偏向了 360。這場危機改變了騰訊的戰略，轉而開始平台開放、佈局生態，為日後提出的 "互聯網 +" 鏈接一切提供了反思基礎。3Q 大戰，也是 PC 互聯網時代的最後一場爭奪戰。這場大戰的結束，宣告一個時代的終結和一個新的移動互聯網時代的開啟。所以，把 2010 年定義為 PC 向移動的轉折年比較貼切。

這一年，微信、美團、小米、愛奇藝相繼成立，張小龍、王興和雷軍嶄露頭角，後來這 3 個人成為移動互聯網的代表性人物。

真正代表移動互聯網快速擴張型商業模式的是美團和滴滴，它們把免費模式發揮到極致，不僅免費，而且是以拚命燒錢的方式補貼平台上的交易雙方，美團還補貼了參與交易的第三方騎手。選擇把規模做大，發揮網絡效應，是免費模式極致化——補貼政策出台的商業目的。美團始終以處理買家、賣家和騎手三者之間的利益關係為核心，滴滴在司乘之外還要面對第三方監管，移動互聯網時代的企業進入了三維運營空間。

④四維空間。所謂的四維空間，是指基於移動互聯網，採用雲計算、AI 技術、區塊鏈

等新科技賦能處理產品或服務與用戶關係的運營維度空間。

在流量貴如金的時代，有一個品牌幾乎零成本免費獲客，坐擁億級用戶，它叫聚合支付。以前在中國商家的櫃台上，分別擺放着微信支付、支付寶、百度錢包、京東錢包的二維碼，現如今，商戶只需一個二維碼就能直接進入所有平台和支付方式。正是因為它成為各家第三方支付的聚合通道，所以稱為聚合支付，也被稱為第四方支付。

當前，中國市場的知名聚合支付平台有 20 多家，包括哆啦寶、收錢吧、樂惠、錢方好近、Paymax、美團、付唄等。它們每天的交易額都超過百萬元，僅收錢吧一家接入的線下商戶就超過 150 萬家。

一般的支付機構，賺取的都是價差。聚合支付的價差很低，在千分之一到萬分之五之間。聚合支付的盈利法寶是靠免費獲取的 C 端流量，還可以深耕 B 端，如切入供應鏈環節，與金融機構合體，向小微商戶提供小額貸款。

這種前端幾乎免費接入移動支付的商業模式的利潤大得驚人。來自 2018 年的行業報告數據顯示，錢方好近月流水已超過百億元。以支付為入口，通過增值服務如營銷、廣告、金融和 Saas 服務贏利，一個移動支付的全生態系統由微信支付、支付寶和聚合支付三者搭建完畢，共同推動中國率先進入了無現金社會。

在講了這麼多免費模式之後，我們需要了解，免費並不是一種完整的商業模式。

免費是一種互聯網思維方式，是一種移動營銷中關於價格要素的降維攻擊策略，是完整商業模式的前端獲客方式，並不是商業模式的全部。它必須和後端商業模式進行有機鏈接才能起作用。後端鏈條包括第三方廣告付費、高利潤產品捆綁、增值服務、大數據服務、小眾用戶功能定製化、產品延伸等。

6.3.4 協同攻擊型（主航道全面進攻型）

隨着雲計算、物聯網、大數據、5G 通信、量子通信、深度學習等"移動互聯網 + 人工智能"科技的日漸成熟，它們彼此之間的深度耦合以及它們與實體經濟的深度融合變得越來越重要。以協同管理（Synergy Management）為主要特徵的企業商業模式變革悄然興起，一個以協同為核心的商業時代已經到來，具體體現在以下幾個方面：

以微信支付、支付寶和聚合支付為代表的移動支付三駕馬車在 2018 年已經完全融合打通，為 2019 年以後的中國市場轉變商業模式提供協同管理所必需的支付閉環通道；

大數據的廣泛應用，使效率不再來源於分工，而是源於協同；

移動互聯網鏈接一切的功能，使網絡協同正在成為移動互聯網時代的基本合作範本；

深度學習的普及，使工作協同、組織協同、商業協同變成一種勢在必行的趨勢；

雲計算在中小企業的應用，使"混沌（Chaos）+ 秩序（Order）+ 度（Critical）+ 鏈接（Link）"成為創初企業協同管理的內在邏輯；

2018 年，互聯網巨頭掀起的技術開源之風勢必在全球實現技術協同創新；

2019 年後的工商管理界，正在從傳統的資源型管理思想解放出來，走向協同管理的移動互聯網賦能管理的商業智慧。

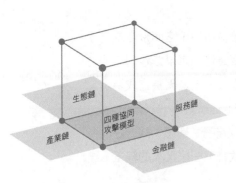

圖 6-14　協同攻擊模型

基於協同管理的商業模式的市場外延部分，就是協同攻擊。協同攻擊是一種主航道全面進攻模型，它要求企業以自身的核心資源為中心，以核心能力為半徑，協同技術鏈、產品鏈或服務鏈、供應鏈、生態鏈、產業鏈、金融鏈等，使其高效運行的一種核心競爭力模型。

在市場運營實踐中，主要有產業鏈、服務鏈、生態鏈和金融鏈四種協同攻擊模型，如圖 6-14 所示。

1. 產業鏈協同攻擊

作為中國快遞業行業老大的順豐快遞於 2017 年上市後市值一路飆升突破 3,000 億元，但到 2018 年 12 月，順豐市值已跌破 1,600 億元，一年多時間內市值直接蒸發一半之多，按照順豐創始人王衛的說法，白熱化的競爭不是來自同行，而是跨行企業。這家跨界企業就是京東。

京東本是電商領域，為什麼要圍剿順豐呢？這要從京東的產業鏈延伸談起。京東商城為了提升平台競爭力，找到用戶接收快件的痛點，成立了京東物流並以快速高效的物流成為電商中的亮點。換句話說，京東是為了和阿里巴巴競爭，成立快速物流體系只是為了延伸自己的產業鏈，卻在 2017 年 4 月開始對外開放運力。

看看下面的數據，就知道為什麼說京東物流對順豐來說簡直就是一場噩夢：儘管 2017 年同期京東的營收僅相當於順豐的 1/3，但據京東發佈的數據顯示，京東物流在全國 78 個城市運營的 486 座倉庫總面積超過 1,000 萬平方米，而順豐的倉儲面積僅為 140 萬平方米。京東物流設計的跨城市、多中轉的點對點協作運輸模式，實現了倉配一體化，不僅縮短了配送時間，也節約了運輸成本。京東物流還天然擁有電商貨源，它採用大數據技術，根據平台商流信息形成用戶消費畫像，合理配置各個城市倉的貨品儲備，這些又是順豐不具備的產業協同產生的優勢。可以說，京東靠着產業協同、相互取益的原理，順勢進軍物流行業，使得電商和物流在戰略層面產生協同效應。

採用產業鏈協同攻擊模型要注意以下情況：

（1）產業鏈延伸時要提前佈局。

（2）產業鏈延伸時要考慮與主產業的協同效益。

（3）產業鏈延伸時要採用新技術、新模式，避開對手長項。

（4）應以系統化、生態化的思維進行產業鏈協同攻擊手段的管理。

2. 服務鏈協同攻擊

有一家公司，原本只是 PC 端遊戲網絡公司，在移動互聯網時代，靠着不斷優化升級自己的服務鏈，向它能觸及的行業不斷上演着最快速的跨界打劫神話，這家企業叫騰訊。

在生物界，南極大陸的企鵝有着天然的協同防守能力，而網絡世界中的這隻"企鵝"卻有着超凡的協同攻擊能力，任何對手，見到"企鵝"，非死即亡。

20 年間，騰訊上演了 6 次逼死對手的好戲。

（1）QQ 與 ICQ

ICQ 是最早的一款即時通信軟件。1997 年，馬化騰開發出 OICQ 後改名 QQ，他憑藉對中國本土人性的了解，贏得用戶的青睞。到 2000 年，騰訊的 OICQ 已基本佔領中國在線即時通信接近 100% 的市場份額。碰騰訊，ICQ 亡。

（2）QQ 空間與 51.com

51.com 曾經是最早的第一大社交網絡平台，在技術與體驗方面領先於騰訊。QQ 推出 QQ 空間後，憑藉 QQ 天然的人氣入口，加以 QQ 空間的照片分享技術，導致 51.com 退出競爭。碰騰訊，51.com 倒。

（3）騰訊 TM 與 MSN

MSN 是微軟推出的即時通信工具，騰訊微信憑藉 10 億註冊用戶的平台效應讓 MSN 的用戶永遠定格在 5000 萬。碰騰訊，微軟也怕。

（4）QQ 遊戲與盛大

中國最早的網遊公司是盛大，憑藉《傳奇》一炮而紅。2007 年，騰訊從韓國低價買來一款《穿越火線》的遊戲，又買來《英雄聯盟》、《地下城與勇士》，再經過深度包裝上市，一舉奠定了騰訊在中國網遊老大的地位。碰騰訊，盛大退。

（5）微信與米聊

2011 年，小米推出"米聊"即時通信工具，對騰訊來說是生死之戰，但幸運之神偏佑騰訊，微信只用了 3 個月時間就超過了米聊，方法還是老套路，把 QQ 龐大的用戶群體往微信上導流。碰騰訊，小米敗。

（6）微信與來往

"來往"是 2013 年 9 月 23 日阿里巴巴正式發佈的移動好友互動平台。這一次與微信競爭的是電商巨頭。來往軟件憑藉淘寶億級用戶的導流，發展迅猛。騰訊的對策是，2013 年 11 月 1 日在其微信產品中全面屏蔽來往的動態分享，並標籤來往"可能包含惡意欺詐內容，已終止訪問"。騰訊再一次通過"軟件霸權，肆意控制用戶、控制電腦、控制手機，封殺用戶正常訪問互聯網和內容的權利，以維繫其壟斷地位"（以上來自來往的官方聲明）。從此，來往一蹶不振。碰騰訊，阿里也懼。

（7）微信支付與支付寶

原來中國的移動支付市場是支付寶一家獨大，微信支付上線後，實現逆襲。2016 年，支付寶在中國移動支付的市場份額從上一年的 71% 大幅回落到 54%，微信支付從同一時期的 16% 上升到 37%，BAT 的另一巨頭百度錢包只有 0.4%，而蘋果的 Apple Pay 則連前十名都沒進去。行業中的前兩名打架取得了雙贏，第三名和第四名慘敗。

（8）扶持京東和拼多多與阿里巴巴競爭

騰訊不擅長電商，最早扶持京東，先成為京東大股東，再扶持拼多多，成為拼多多第二大股東，並且為拼多多開放流量接口，使得拼多多從成立到納斯達克上市只用了 3 年時間。截至 2018 年 12 月，拼多多市值依然在 250 億美元以上。

（9）美團與餓了麼

美團與餓了麼之爭，背後總有他們的投資人騰訊和阿里的影子。餓了麼成立時間早於美團，但美團逆襲成功，目前成為"外賣一哥"。在本地移動互聯網服務領域，騰訊再次贏了阿里一次。

（10）產業互聯網的"七大武器"

扎根消費互聯網，擁抱產業互聯網，這是騰訊在移動互聯網上下半場交接之際制定的新戰略，未來的目標是與各行各業的合作夥伴共建"數字生態共同體"。在這種戰略指引下，騰訊把未來的零售稱為智慧零售。騰訊"七大武器"助力智慧零售時代，即公眾號、小程序、移動支付、社交廣告、企業微信、雲計算（大數據、人工智能）、泛娛樂 IP。據了解，除了沃爾瑪、永輝、家樂福等商超，都市麗人、綾致、百麗、悅詩風吟等時尚服飾和美妝類門店都已經與騰訊合作，上線了各類黑科技工具，門店的消費體驗和銷量得以提升，同時提高了運營效率。

騰訊憑藉大流量、連接器和工具箱的協同運營，把自己的服務鏈從消費互聯網延伸到產業互聯網，地球人已經無法阻止這隻帝企鵝高效協作的進攻勢頭。

3. 生態鏈協同攻擊

"移動互聯網 +"促進企業產品或服務的外化，分包或眾包的生產模式使運營資產輕量化。"+ 人工智能"推動企業的核心能力內化。智能化使得市場進攻手段數字化。而協同管理是企業雙龍取水"互聯網 +"和"+ 人工智能"的機制，它一方面是商業模式變革和技術創新的內生動力，另一方面內外兼修為企業打造了基於生態鏈的共生、共創、共享的協同攻擊生態圈，如圖 6-15 所示。

當下競爭最為激烈的生活服務領域，美團點評生態圈已經形成，餓了麼試圖複製並非易事。原因在於，一個生態圈的形成需要在商業環節長期煅熔賦能點，對於平台型企業而言，賦能點不是單向業務的數據，不是資金和人力的數量，也不是技術，而是整體的生態着力點產生的深度和厚度，使追趕者無法超越。

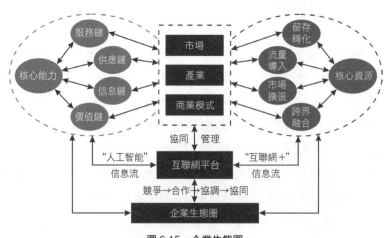

圖 6-15　企業生態圈

　　對於生活服務這種長鏈條、物種多元的生態體系，美團點評用 8 年時間專注此領域，深耕市場，踩着一個又一個坑構建起龐大的體系，從微觀業務細節來看，經過充分的市場驗證，如多年前美團點評收購一些餐飲軟件公司，為商戶升級系統，在系統軟件中有美團點評預埋的護城河，防止對手進入。再如，切入供應鏈建設，不僅解決食材源頭的安全問題，為平台消除食品安全隱患，而且推出配送服務的"快驢"業務，這就意味着外賣業務不賺錢，但優質供應鏈可以賺錢。"快驢"業務發展到一定程度和規模，就如京東物流是京東商城的業務亮點一樣，不僅可以產生公司產業鏈的協作效應，而且可以向全社會開放，具備攻守兼備的特徵。生態系統中的每一個賦能點都是協作攻擊力的支撐點，也是贏利點。

　　從商業模式的角度看，具備協同攻擊功能的生態鏈是由一系列生態賦能點組成的攻守兼備的生態系統，它通過提高用戶和商家乃至第三方平台的遷移轉換成本，從而實現協同攻擊效果。

4. 金融鏈協同攻擊

　　企業的每一次雄起和產業變革都離不開 3 個紅利期：第一，風口紅利期，誰做誰賺錢的藍海市場；第二，技術紅利期，如果產品好、有個性、有技術含量，能得到消費者認可，就會有很好的發展；第三，管理紅利期，其特點是企業根據市場情況和企業發展，形成一套獨特的且競爭對手無法模仿的綜合管理體制，從而獲取市場紅利。

　　如果提起當今中國最大的公司，或許大家第一時間想到的是"BAT"（Baidu、Alibaba、Tencent），或者華為。事實是，2018 年 6 月 7 日，美國《福布斯》雜誌發佈了 2018 年"全球上市公司 2000 強"排行榜（Forbes Global 2000）。中國平安得益於 2017 年市值的強勁表現以及營業收入、利潤、資產規模等各項業績的穩健增長，連續第 14 年入圍該榜單，首次躋身全球第 10 位，較去年提升 6 位，蟬聯全球多元保險企業第一。在全球金融企業排名中，中國平安名列第 9。2018 深圳百強企業榜單前 5 名中，平安集團排名第 1，華為排名第 2，騰訊排名第 5。很多人覺得不可思議，平安集團究竟有多大？平安集團目前堪稱巨無霸財團，至今已發展成為融保險、銀行、投資三大主營業務為一體、核心金融與互聯網金融業務並行發展的個人金融生活服務集團之一。

　　平安集團最大的業務來自壽險，其次是財險和銀行，另外還有信託、金融證券、資產管理、投資等業務。2017 年，平安集團的淨利潤達到了 1000 億元。2018 年，平安集團的市值已突破 1 萬億元，遠超阿里和華為，成為中國最賺錢的公司之一。

　　平安集團興建的平安國際金融中心是目前中國深圳"第一高樓"。平安已是碧桂園、融創中國、華夏幸福的第二大股東。另外，中國平安還重倉持有金地集團、綠地控股、華潤地產、保利地產等地產公司的股份。中國平安於 2007 年進軍地產業，至 2017 年底，其投資房地產板塊的市值已超過 2,000 億元。

　　在互聯網金融業務方面，平安已佈局陸金所、萬里通、車市、房市、支付、移動社交金融門戶等業務，初步形成"一扇門、兩個聚焦、三個平台、四個市場"的互聯網金融戰略體系，將金融服務融入客戶"醫、食、住、行、玩"的各項生活場景，與核心金融業務的協同效應逐步顯現。互聯網金融業務高速增長，截至 2015 年 6 月底，總用戶規模達 1.67 億人。

2018 年 11 月 6 日，據港交所權益披露，中國平安對滙豐控股的持股比例從 5.01% 增加至 7.01%，持有約 14.19 億股股份，成為其第一大股東。滙豐控股本身就是全球最知名的金融巨頭之一，市值已超過 1.5 萬億港元。 香港滙豐銀行相當於內地的央行，具有發行港幣的權力，而平安銀行又對滙豐銀行增持了股份，可以說是強強聯合，等於一併控制了中國香港的金融體系。平安和滙豐強強聯手，這是平安成為全球最大金融公司的關鍵一步。

無論是初創型企業、成長型企業還是獨角獸企業，只有把協同攻擊組合有機結合起來協同管理，才能使自身更加強大。

本章小結

（1）從企業競爭力的角度來看，企業的主要市場任務是進攻。企業修建護城河是關鍵性基礎戰略，而沒有進攻能力的護城河遲早會被攻破。

（2）商業模式四原則為最優選擇、效率最低、成本最低、壁壘最高。

（3）攻城隊的 4 種攻擊模式為爆破領先型、升維突破型、降維攻擊型、協同攻擊型。

（4）當你用盡所有的營銷策略亦為不見成效時，不妨試試免費模式。免費模式有產品免費、服務免費、內容免費、空間免費 4 類基本模型。

CHAPTER 7

Parachute

降落傘

什麼是企業的降落傘？

　　1. 來自企業內部的平衡被打破後突然湧現的人、錢、事，或者是來自企業外部力量，打破了企業內部人、錢、事的平衡。

　　從創新角度而言，降落傘是一場急變，分主動變革（自造降落傘）和外部誘因導致的變革。

　　2. 來自企業內部的平衡被打破的 8 種形式：

　　（1）企業內部接班人。

　　（2）企業現代合夥人制度變更帶來的動盪。

　　（3）一項足以改變企業命運的技術發明。

　　（4）一項足以影響企業前途的管理發明。

　　（5）一款足以形成企業自由成長曲線（第二曲線）的革命性產品。

　　（6）發現經常被忽視的企業沉默資金。

　　（7）成本被大大降低的事件。

　　（8）主動變革的管理組織。

　　3. 來自企業外部打破企業內部平衡的 8 種力量：

　　（1）企業外部接班人。

　　（2）一種創新的合夥人制度的流行。

　　（3）改變行業發展趨勢的新技術。

　　（4）改變行業生產內容的新材料發明。

　　（5）來自同行業革命性產品的衝擊力。

　　（6）來自不同行業的替代性產品的跨界打劫。

　　（7）外部資本的覬覦或融入。

　　（8）被兼併、併購或聯合的外部力量。

　　移動營銷給企業帶來的是顛覆式創新，企業要做的就是，把這種顛覆式力量融入到企業螺旋式創新上升的軌道上來，在企業內部平衡被主動或被動打破後，消化這些不平衡產生的動盪，創造可持續發展的局面。

　　為了使阿里巴巴活到 102 歲，馬雲選擇從內部培養出接班人——張勇；為了蘋果續命，喬布斯選擇了庫克，這都是企業內部創造的降落傘，但微軟選擇外部降落傘的成功案例比比皆是，2018 年微軟市值重登世界第一。

　　4. 移動營銷的發展給企業創造出更多的自主創新的機會。

　　馬雲創造的阿里巴巴合夥人制度是前所未有的，以至於中國大陸的股市和中國香港的股市遊戲規則無法接受它上市的申請。儘管被認為是“不可能完成的任務”，張瑞敏依然在海爾推行消滅中層管理組織的變革，這場激進式變革的市場管理目標是“人單合一”。

　　保障華為渡過一次次難關的不僅僅是市場機會與企業技術創新，而是這些表象背後的華為合夥人制度，這套制度並非傳統意義上的全員持股那麼簡單。其變動股權的彈性空間設計是史無前例的管理範式，結果是人人自危，這是敬畏用戶、敬畏市場的移動營銷時代的特例。

當今世界的工商管理教科書中根本找不到其設計的依據，從管理、制度、體制變革意義上而言，這些創新的管理範本都是傳統管理理論的降落傘。

張瑞敏曾説，"沒有成功的企業，只有時代的企業"。張勇從馬雲手中接班後，創造了阿里巴巴"新六脈神劍"，共 6 條價值觀，其中有一條是"唯一不變的是變化"。降落傘原理就是一次倡導變革的形象比喻，不管你主動或被動，你必須變革，而且要快速變革以適應未來。

7.1 帝國的降落傘

16 世紀末，英國完成宗教改革後，建立帝國的雄心愈發強烈。經過百餘年的較量，西班牙和荷蘭先後甘拜下風，成為英國通向帝國道路上的"鋪路石"。

1688 年 12 月 18 日，荷蘭親王威廉進入倫敦。1689 年 2 月 6 日，國會宣佈詹姆斯二世"自行退位"。同年 2 月 13 日，詹姆斯二世的女兒瑪麗及其丈夫——荷蘭執政親王威廉成為英國的女王和國王。斯圖亞特復辟王朝終結，這就是英國的"光榮革命"。它確立了資產階級和新貴族的統治地位，鞏固了英國革命的成果，成為英國歷史上的一個轉折點。英國貴族和商人迎接荷蘭親王威廉成為自己的新國王，與荷蘭結成了同盟。"光榮革命"的影響很多，但我們關心的可歸結為 3 點：第一，荷蘭在印度建立的東印度公司，可供兩國共同經營；第二，荷蘭在過去近百年積累的金融經驗，可供英國借鑒和參考；第三，荷蘭的海外殖民地經驗可以拿來就用，省去百年搜索的時間成本。

關於荷蘭的東印度公司，絕對是荷蘭經營的"搖錢樹"。現在，這棵"搖錢樹"的果實可由英國人來分享，這對英國來說是天上掉下的大餡餅。東印度公司和海上貿易，使荷蘭成為當時世界上最富有的國家。

1602 年，荷蘭的商人和貴族聯合建立了東印度公司，在南亞迅速擴張，建立起一批武裝商站。南亞的香料、茶葉、絲綢等在歐洲十分搶手，這使得投資東印度公司成為最賺錢的買賣。最初 50 年，這家公司為其股東創造了 40% 的年度收益率。在其近 200 年的歷史中，荷蘭東印度公司給股東們創造了年均 18% 的回報率。17 世紀初，世界上第一個股票交易所和第一家商業銀行相繼在荷蘭誕生，這兩家機構聚集了分散在民間的財富，以貨幣的形式支持大規模的組織化生產和經營。荷蘭很快成為歐洲的造船中心，荷蘭的商船隊擁有 1.6 萬餘艘船隻，佔歐洲商船總噸位的 3/4，佔世界運輸船隻的 1/3。17 世紀，是荷蘭人的世紀。

1694 年 7 月 27 日，倫敦的 1,268 位商人出資合股正式建立了英格蘭銀行，該銀行以 8% 的年利率貸給政府，以支持英國政府的軍事活動。英格蘭銀行是世界上最早形成的中央銀行，為各國中央銀行體制的鼻祖。

到 18 世紀末，英國不僅成為新的海上霸主，還成為全球 1/4 人口的統治者，總人口 2.5 億人，是本土人口的 20 倍；"管理"面積 3,367 萬平方千米，約佔世界陸地總面積的 1/4，是本土面積的 140 倍，成為有史以來領土面積最大的國家和最大的環球殖民帝國。正是依靠這些基礎，大英帝國在此後主宰了世界的科技、文化和經濟貿易，傲視全球長達一個多世紀之久。

統計數據顯示，全世界最流行的語言是英語，全球有 15 億人講英語，這與大英帝國的殖民地統治分不開。Google、Facebook、Amazon 等巨頭在全球擁有 10 億級以上的說英語用戶，與大英帝國的全球殖民化兜售英語有關。當然，這一切都與 1688 年那場光榮革命有關，局外人"荷蘭親王威廉"空降英國的事件，才是隨後一系列大事件發生的開關。用現代人的話來說，威廉親王帶着一套金融軟件（荷蘭金融經驗）和一家跨國投資基金（荷蘭東印度公司）來到英國當國王，以"空降兵"的形式改寫了英國歷史。

內部培養接班人，有利於文化傳承和基因傳遞；外部空降掌舵者，有利於快速增長和破壞式創新，當然這種創新從長期來看並未引發文化與基因的變異，反而讓它們發揚光大。

大英帝國於 1688 年從外部找到降落傘，180 年之後，位於大平洋的島國日本開始模仿學習，日本的方法是保留天皇，自上而下發動改革，自造一把降落傘——"明治維新"。

明治維新，是指 19 世紀 60 年代末日本在受到西方資本主義工業文明衝擊下所進行的由上而下、具有資本主義性質的全盤西化與現代化改革運動。這次改革始於 1868 年明治天皇建立新政府，日本政府進行近代化政治改革，建立君主立憲政體。日本在經濟上推行"殖產興業"，學習歐美技術，推進工業化浪潮，並且提倡"文明開化"、社會生活歐洲化，大力發展教育等。這次改革使日本成為亞洲第一個走上工業化道路的國家，逐漸躋身於世界強國之列，是日本近代化的開端，是日本近代歷史上的重要轉折點。

1688—1868—1978，歷史機遇分別降落在英國、日本和中國，所不同的是，西方採用的是外部空降模式，東方走的則是內部自造道路。

330 年的"從落後到先進"的國家發展模式證明，高效增長只有兩種模式：外因引發的突發變革與內因造就的漸進式變革，前者叫破壞式創新，後者叫循環式創新。但不管是哪一種創新，其結果都是一場突變的降臨，統稱為國家命運中的"降落傘"。

7.2 螺旋增長

人們常常把創新和增長放在一起來討論。因為人們普遍認為，創新推動增長，快速增長的企業能從高調的創新中獲益。

麥肯錫（McKinsey）的最新研究發現，具有成長意識的公司，是通過分解創新和增長這兩個概念而受益的。為了探索增長之道，麥肯錫花費 3 年時間，研究了數十家企業的發展計劃，並將這些發現與全球 17 個行業約 1,500 名高管的見解進行了對比。研究者通過分析高管們運用的 36 項支持企業增長戰略的實踐後發現，企業獲得增長的途徑有很多種，那些增速高於平均水平的公司，最常見的增長原因與創新並無關係。

麥肯錫提出，企業實現有機增長（Organic Growth）主要依賴 3 類重要的有效槓桿——投資、創新和績效。

投資者（Investor），利用新資金來源或重新分配現有資金以獲取商品和服務的新增長。

創造者（Creators），通過產品或服務商業模式創新來創造商業價值。

績效者（Performers），通過穩步優化商業策略和運營來實現增長。

對大型企業來說，隨着增長計劃的激增，需要處理事項的複雜性幾乎成倍增加，這就更需要綜合運用投資、績效、創新這 3 類槓桿來促進增長。在 3 類有效槓桿中，企業同時關注兩類增長槓桿，會比強調一類增長槓桿更有效地刺激增長。聯合兩類槓桿可通過協同作用放大影響力，同時使用 3 類槓桿是高速增長的黃金標準。

現實中，很多案例證明了麥肯錫的結論並不偏頗，成功的企業都是創新力量的轉化者，而不僅僅是一個創新者。騰訊的"好運氣"來自它超強的創新轉化能力，這隻"帝企鵝"喜歡坐等創新者的市場試驗，一旦發現試驗成功，立即調動自己的巨大流量對試驗成功的創新項目進行快速轉化。IBM 的戰略轉向了解決方案的服務模式，微軟大力發展雲服務。2018 年 11 月，在科技巨頭"FAANG"（Facebook、Apple、Amazon、Netflix、Google）的股價均較高峰下降 20% 時，有 5 隻商業模式被華爾街分析師看好的科技股呈上漲趨勢，分別為 Microsoft、PayPal、VMware、T-Mobile 與 Saleforce。

將創新轉化為增長在實踐中並不是一件很容易的事，科技創新雖然困難重重，但它有明確的方向，有一系列固定技術標準組成的常量可參照。全球科技界四大發明 ABCD——Artificial Intelligence（人工智能）、Blockchain（區塊鏈）、Cloud Computing（雲計算）、Big Data（大數據）是科技創新明確的方向，圍繞四大發明的全球兩大應用（5G 技術和移動支付）越來越標準化。

科技創新轉化為企業收益的變量因素有很多，如資本、資源、人才、用戶、競爭以及創始人的商業智慧，因此從這個意義來講，微信的發明人張小龍屬於科技創新者，騰訊的創始人馬化騰屬於科技創新轉化者，兩者的默契配合才是巨頭科技企業成功的奧秘。在企業創始期，類似的現象有在谷歌出現了拉里·佩奇（Larry Page）和謝爾蓋·布林（Sergey Brin）的組合，在蘋果公司有史蒂夫·喬布斯（Steve Jobs）和蒂姆·庫克（Tim Cook）的組合，微軟公司有比爾·蓋茨（Bill Gates）和保羅·艾倫（Paul Allen）的組合。

當然科技本身不是冰冷的，它自身也包含創新轉化的潛力。如 5G 不僅是一種通信技術，還是一套完整的技術體系。如果說 4G 改變通信，那麼 5G 則改變了社會。

5G 用戶從 2020 年開始，將用 5 年時間完成"全民滲透"。因為有了 4G 時代的商業渲染，5G 時代互聯網服務無須大規模用戶教育。

從不同代際的通信技術實現的功能來看，通信服務和人類身為三維生物的屬性息息相關。從 1G 到 4G，反映了人類從聲音、圖形再到視頻的通信需求，從而推動技術進步。也如物理與數學的關係，人類通過數學計算解釋和量化物理現象，而當主次關係反轉後，許多在數學邏輯中可行的結論，卻很難在物理世界找到存在的證據，甚至很難被人類理解。在需求和技術的發展過程中，也存在這樣的邏輯，能夠實現實時視頻通信是人類基礎通信需求的邊界，但技術進步並不會因此停止。而超越人類基礎需求的技術，將把現實帶往何方，是很難想象的。所以 5G 的出現，並不能單純地以提升數據傳輸速度而論，這種速度上的量變到質變，會一點一點改變現有商業邏輯和盈利模式。比如，智能硬件的逐漸免費，移動商業服務入口的多元化，以及 2C 與 2B2C 的可能轉變，等等。

儘管技術創新始終與市場需求息息相關，但在市場轉化過程中總有成功與失敗，正如裝有螺旋槳的降落傘有着兩個方向：上升或下降。

螺旋槳降落傘（Rotating Parachute）也叫做"旋轉傘"，是指具有旋轉結構的降落傘，傘衣充滿後能繞縱軸旋轉，下降過程中類似螺旋槳一樣轉動。旋轉傘還有一種是渦環旋轉傘，它是一種常見的旋轉降落傘。傘衣的高速旋轉，使得帶渦環旋轉傘的物傘系統在下降時具有良好的穩定性。

還有另一種新玩法，在汽車上綁個降落傘，加個螺旋槳，它就能飛上天。

有款汽車叫"SkyRunner"（空中飛客），它的車身後方有一具風扇般的螺旋槳和一副不用時收於車輛後方的飛行傘。當要進入飛行狀態時，攤開飛行傘並啟動螺旋槳即可。在路面上加速至時速 60 公里時，便會聚足推力，飛行傘將整部車身往上提起以達到起飛目的。當它在空中飛行時，非常容易操控。駕駛員只需控制上升下降及左右方向，當發生重大問題時，一具預設的降落傘會打開，以確保駕駛員的生命安全。它不需要正規機場的平坦跑道，只要足夠空曠且距離達到要求，不管是在草地、沙灘還是道路，它都能飛上天空。

7.3 降落傘模式

判斷一項創新成果能否轉化成企業收益，應從 4 個方面來考量，即：痛點（Pain Point）、高頻（High Frequency）、剛需（Rigid Demand）、利基（Niche），具體來說包括：

能否滿足用戶需求的痛點？

該痛點會成為用戶反覆消費產品或服務的動機嗎？

痛點之處的反覆需求是否是剛需？

即便滿足以上條件，你是否準備好了把需求轉化成收益的創利基礎條件？

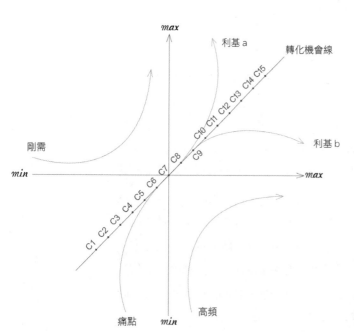

圖 7-1　蘋果的市場機會捕捉點

阿里巴巴認為，"天下沒有難做的生意"的前提是存在痛點和剛需，但是商家和用戶都沒有形成網上交易的習慣，電商當時是一個低頻市場，需要創造出高頻使用的偏好。

例如，蘋果之所以在 2007 年推出首款智能手機，是因為判斷出用戶有痛點而且未來是高頻使用，但市場上用戶習慣使用數字手機，如圖 7-1 所示。

首先，捕捉用戶痛點的機會很多，只有進入利基區的痛點機會才是創效機會。

其次，利基 a 的機會捕捉點是在痛點和剛需很強，現實中沒有高頻機會的時候。

再次，利基 b 的機會捕捉點是在痛點和高頻越來越強，但沒有形成剛需，需要企業創造用戶需求的時候。

最後，每一次同時踩準痛點、剛需、高頻三大機會點的企業少之又少，似乎只有騰訊一家企業。

市場空間很大，前途很美好，但你需要問自己：“這是我的菜嗎？”所謂的利基是指企業創利所需要的基礎準備，最關鍵的環節有以下幾項，如圖 7-2 所示。

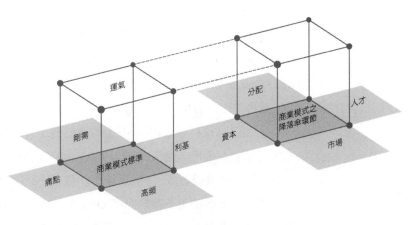

圖 7-2　基礎準備的關鍵環節

7.3.1 資本

阿里巴巴戰略至上的融資之道，避免了融資可能帶給企業的負面影響，使資本圍着優秀的企業轉。在中國，從來沒有一家互聯網企業像阿里巴巴一樣，在企業成長的每個階段巧妙地藉助了資本的力量，阿里巴巴的 4 次大融資都是基於市場營銷戰略至上的精髓完成的。

1. 第一次融資：定位於全球市場的戰略痛點

阿里巴巴成立之初有一個夢想：創辦全世界最好的公司。因此，阿里巴巴選擇的第一輪風投基金來自美國高盛集團，就是出於要打入美國市場的考慮。

1999 年火熱的中國互聯網，除了國外媒體報道之外，還吸引了許多國際風險投資機構的眼球。這一年，國際風險投資機構大規模地在中國互聯網市場進行投資，其中以著名的老虎基金、高盛和軟銀為代表的風險投資商向中國門戶網站及電子商務網站大股投資。

在如此火熱的投資面前，阿里巴巴創始人馬雲並沒有被這種瘋狂衝昏頭腦，阿里巴巴用馬雲和十八“羅漢”（十八“羅漢”：馬雲的 18 個員工）湊起來的 50 萬元資金支撐了半年左右。當資金見底時，馬雲說：“沒錢下月工資不發，作為股本增資。錢是會有的，只是我們要不要的問題。”

投資和融資是一個雙向選擇的過程，即使一個企業在資金方面到了山窮水盡的地步，也不能盲目尋找投資。在阿里巴巴捉襟見肘的時候，也不是有錢就要，對於投資者依然是精挑細選。這說明他們需要的不是風險投資，不是賭徒，而是策略投資者，長期合作者。阿里巴巴一直遵循自己的融資“潛規則”：不因缺錢而隨意接受投資。阿里巴巴在融資路上，至少拒絕過 38 家投資商。

阿里巴巴在美國選中高盛集團作為投資者，高盛已幫助 IBM、微軟成為世界上最偉大的公司，馬雲選中了高盛呼風喚雨的能力和它極強的市場號召力。阿里巴巴想要進入美國市場，必須依靠強有力的資金支持。

選擇什麼樣的投資是公司市場營銷戰略考量的一部分，實踐證明這一選擇是正確的，到 2005 年，阿里巴巴平台上中國會員企業有 200 萬家，而全球會員企業達到 250 萬家。

2. 第二次融資：找準未來市場的戰略剛需

2004 年 2 月 17 日，阿里巴巴宣佈獲得 8,200 萬美元的戰略投資，這是中國互聯網業迄今為止獲得最大一筆私募資金。此次的戰略投資者包括軟銀（Softbank Copk）、富達（Fidel-ity）、Granite Global Ventures 和 TDF 風險投資有限公司。當時阿里巴巴經營三大網上交易平台，採用 B2B、B2C、C2C 等基本電子商務模式，2003 年日均收入超百萬元。

阿里巴巴預料到 2003 年中國的網絡競爭會由短信、廣告和遊戲轉至電子商務市場，2004 年將是創造電子商務這一市場未來剛需奇跡的一年。在電子商務領域，戰爭正在醞釀，阿里巴巴需要儲備資金。"兵馬未動，糧草先行"，阿里巴巴 8,200 萬美元的資金儲備也是為了和全球著名的電子商務企業 eBay、雅虎這樣的公司競爭。阿里巴巴之所以要融資，是希望在戰爭還未開始時，就已經勝出。後來的市場實踐證明這樣的規劃是對的，此舉讓 eBay 退出了中國市場。

3. 第三次融資：佔領電子商務的高頻高地

2005 年，阿里巴巴收購雅虎中國全部資產，同時獲雅虎 10 億美元投資，並享有雅虎品牌及技術在中國的獨家使用權，而雅虎獲阿里巴巴 40% 的經濟利益和 35% 的投票權。阿里巴巴收購的資產包括雅虎的門戶、一搜、IM 產品、3721 以及雅虎在拍網中的所有資產。馬雲曾表示："收購雅虎中國，是因為阿里巴巴看到，今後的電子商務絕對離不開搜索引擎，希望和雅虎的合作能給電子商務注入新的概念和活力。"搜索是一項高頻業務，電子商務有很大部分利潤轉移到搜索引擎上。比如，許多在 eBay 上開店的商人，每年都要投很多廣告費給 Google 以購買靠前搜索排名服務，這些本該由 eBay 賺的錢，硬被 Google 搶走許多。

阿里巴巴決定成為中國產品搜索的第一大網站，馬雲希望消費者能直接去阿里巴巴尋找更多有價值的產品，而不是先上百度搜索。

等一切準備就緒，阿里巴巴屏蔽了百度搜索引擎，並且用買來的雅虎技術圍繞淘寶砌上了一堵嚴嚴實實的牆來屏蔽無孔不入的百度。這是亞馬遜（Amazon）和 eBay 在美國根本無法實現的，Google 依然是美國人網上購物的第一站。

阿里巴巴佔領搜索業務這一高頻高地，是一個富有戰略性的決策，在日後的運營中，它將本該由百度賺的錢奪了回來，廣告收入成為淘寶的主營業務收入。

4. 第四次融資：培養利基，為過冬做準備

2007 年 11 月 6 日，阿里巴巴網絡有限公司（也稱"阿里巴巴 B2B 公司"）以 B2B 業務作為主體，在中國香港交易所主板上市，融資 17 億美元，超過 Google 成為當時科技領域融資之最（同時創港股融資的最高紀錄）。

阿里巴巴不是因為缺錢而融資，而是圍繞商業模式的 4 項標準展開融資。這不是運氣好能解釋的行為，一家企業不可能每次都靠運氣，好運氣的背後是對商業模式規律的遵循，如圖 7-3 所示。

關於投資，對於以下融資要加倍小心：

· 為了還債而融資；

・只是因為缺錢而融資；

・為短融長投的商業策略而融資；

・只有一個好故事的開頭而看不到為此而做的精心準備的融資；

・沒有護城河的企業；

・創始人有着致命的商業缺陷而組織中並無補短板的合作者；

・沒有建立先進績效機制的企業；

・有言過其實的習慣的企業。

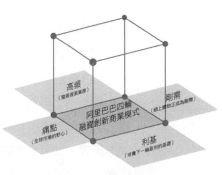

圖 7-3　馬雲的好運屋

7.3.2 人才

歷史到底是人民創造的，還是英雄創造的？這是個在歷史學和哲學領域爭論多年的問題。在企業成長為巨頭的過程中，有一條共識是，企業英雄人物可以改變企業的戰略軌跡。

企業英雄比比皆是，本文研究的是另類英雄，他們剛上任時普遍不被看好，或因為是局外人空降到 CEO 崗位，或因為長期生活在巨人的陰影下才華被埋沒，但最終結果是他們創造了輝煌的業績。過去他們默默無聞，甚至被懷疑，如今卻是星光閃爍。他們如同傘兵突然降落到企業，然後打開帶有螺旋槳的降落傘把企業帶入到高空中飛翔，典型代表人物有痛點派薩蒂亞・納德拉（Satya Nadella）、剛需派張勇、高頻派任正非和利基派蒂姆・庫克（Timothy Cook），如圖 7-4 所示。

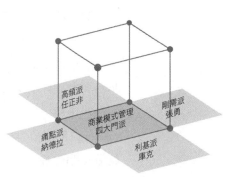

圖 7-4　四大門派組成世界最大企業屋

1. 痛點派薩蒂亞・納德拉

2013 年 8 月，微軟第二任 CEO 史蒂夫・鮑爾默（Steve Ballmer）宣佈退休。2014 年 2 月 4 日，薩蒂亞・納德拉擔任微軟首席執行官。在他接任之前，微軟在公眾眼裏的形象是一個"僵化的巨人"，亟需一個"外來者"注入新的活力。而納德拉只是一個有着局外人視角的、土生土長的微軟人，跟"外來者"毫不沾邊。

（1）痛點一：從封閉到開放

掌舵者的風格，會融入一家企業的血脈。比爾・蓋茨和鮑爾默的"嚴苛"在漫長的企業歷史中沉澱下來，逐漸成為阻擋微軟進步的重要因素。微軟的封閉，不僅僅體現為對外的不合作，還表現為內部爭鬥。而在納德拉的管理下，微軟開始從封閉逐漸走向開放。

微軟前任 CEO 鮑爾默曾經極其反對將微軟的技術開源，在納德拉 2014 年執掌微軟後，微軟宣佈開始在 GitHub 上建立賬戶，現在已經成了 GitHub 的最大貢獻者之一。2018 年 6 月，微軟宣佈收購開源社區 GitHub。

納德拉上任之後，微軟和谷歌的關係也開始趨於緩和。2015 年，微軟和谷歌同意終止兩家公司之間關於智能手機和電子遊戲系統的專利侵權糾紛；微軟和亞馬遜還史無前例地宣佈達成合作，以更好地整合它們的語音助手"小娜"與 Alexa。

因此，業界評價納德拉"讓微軟從一家與世界為敵的公司變成與世界為友的公司"。

（2）痛點二：從"知道一切"到"學習一切"

斯坦福大學教授卡羅爾‧德維克（Carol S.Dweck）的《終身成長：重新定義成功的思維模式》這本書概述了兩種思維方式：固定型和成長型。納德拉的管理世界觀深受其思維模式的影響。以固定思維模式運作的人，更有可能堅持做那些要運用他們已經掌握的技能的活動，不會去嘗試可能會讓自己失敗的新事物。而那些專注於成長的人，會讓學習新事物成為自己的使命，明白自己不會事事成功。

在納德拉的帶領下，微軟的文化從：知道一切：（Know it all）逐漸變成了"學習一切"（Learn it all）。

（3）痛點三：從 2C 到 2B

2014 年，納德拉做出了擁抱雲計算業務的決定，甚至開始調整整個微軟的戰略，從 2C 向 2B 轉型。

這位以作風"溫和"著稱的 CEO，從來不吝惜自己的膽量，相當乾脆地合併了 Windows 的軟硬件事業部，讓"現金牛"Windows 軟件部門承擔硬件部門的損失。

2018 年，微軟裁撤了原先的 Windows 事業部，成立"體驗和設備"（Experiences&Devicesorg）部門和"雲與人工智能"（Cloud+AIPlatform）平台，Windows 和設備部門的部分職員歸入新創立的兩個工程部門。

如今，亞馬遜依然是雲計算領域的老大，但微軟已憑藉 Azure 超越谷歌，排名第二。根據研究公司 Synergy Research 在 2018 年 7 月底公佈的最新數據：二季度微軟 Azure 在雲基礎設施市場佔據 14% 的份額，同比增長 3%，亞馬遜的市場份額則持平在 34%，谷歌增長了 1%，達到 6%。

納德拉自掌舵以來，改變了微軟的內部企業文化，轉換了公司業務重點（從 2C 到 2B），甚至開始改變公司的盈利模式（從賣授權到提供雲服務）。

2010 年，蘋果市值第一次超越微軟時，《紐約時報》說"這是舊時代的結束，新時代的開啟"。蘋果抓住了 2C 機遇，站到了個人電子消費時代的頂端。而在 2018 年，微軟用了 8 年時間重返全球市值巔峰。在這背後，或許又是一場 2B 反攻和超越 2C 的對決。

在企業界，很多打破邊界的創新來自吸收的外部力量。微信的張小龍兩度"賣身"，才將自己"賣"進了騰訊，打造出救騰訊於水火之中的微信；引領中國雲計算風潮的阿里雲，由前微軟亞洲研究院的王堅博士最早帶隊開發；而納德拉這位會找企業痛點的管理大師的出現，則意味着企業瞄準痛點、自我革新的可能性。這種革新從尋找企業的痛點入手，讓痛點在改革中更痛，才能痛出成果，不痛不癢的變革只會錯失良機。

2. 剛需派張勇

2018 年是科技型企業組織調整年，年初（4 月）微軟公司內部架構大調整，年中（9 月）騰訊大刀闊斧地調整了組織，年底（11 月）張勇宣佈阿里巴巴組織體系的升級和調整。

阿里巴巴 CEO 張勇曾放下豪言："阿里巴巴所承擔的使命就是讓天下沒有難做的生意。"但張勇這次的表述是："在數字經濟時代,讓天下沒有難做的生意。"

2018 年 10 月 30 日,張勇在致股東的信中提出:阿里巴巴集團從一個電商公司,成長為一個橫跨商業、物流、娛樂、雲計算、金融等各個領域的獨一無二又充滿張力和創新力的數字經濟體。

張勇時代的阿里戰略佈局越來越清晰:從實物電商到數字電商(大文娛),再到新零售和本地生活服務,阿里要打造一個相互協同、不斷擴張的"數字經濟體",同時不斷完善金融、物流和雲計算等基礎設施,為這個經濟體提供越來越強大的"阿里商業操作系統"。

馬雲版的"讓天下沒有難做的生意",更像一句宏大的口號;而張勇版的"讓天下沒有難做的生意",在數字經濟時代有了越來越清晰的輪廓。

2018 年 11 月 2 日,阿里巴巴集團發佈 2019 財年第二季度(2018 年 7 月 1 日—2018 年 9 月 30 日)財報。財報顯示,當季阿里巴巴收入 851.48 億元,同比增長 54%;其中,核心電商收入 724.75 億元,同比增長 56%;雲計算收入 56.67 億元,同比增長 90%。阿里巴巴集團收入已連續 7 個季度保持超過 50% 的高速增長。

(1)剛需一

核心電商業務收入 724.74 億元,佔總收入的 85%,同比增長 56%。核心電商業務也是阿里業績的核心,這其中的主力無疑是天貓和淘寶。在中國,阿里把"80 後"、"90 後"、"00 後"培養成電商"剁手黨",網購已成剛需。主要新增部分包括新零售戰略下的盒馬鮮生、銀泰商業、菜鳥網絡和餓了麼等。

(2)剛需二

中國是一個美食國度,衣食住行中,食是第一剛需,阿里佈局的盒馬鮮生、餓了麼、蜂鳥配送,構建了食的全產業鏈。截至 2018 年 12 月,盒馬鮮生已在 14 個核心城市擁有 77 家門店,其中開店 1.5 年以上的成熟門店單店坪效已經超過 5 萬元,單店日均銷售額達到 80 萬元,線上銷售額佔比超過 60%,遠超傳統超市。"盒區房"和周邊 3 公里理想生活圈的設想已越來越接近現實。

(3)剛需三

依託平台流量優勢,佈局 2B 市場,雲計算事業群升級,又是增強底層基礎設施能力的動作,為更複雜的經濟體提供技術支撐。在中國,中小微企業數量達到千萬級,阿里又瞄準了商家的剛需。

張勇版的"阿里經濟體",實質上全是市場剛需經濟體。張勇這把降落傘穩穩地降落在剛需市場的靶心,不愧為剛需派大佬。

3. 高頻派任正非

任正非是中國最擅用顧問專家外腦的企業家。

在絕大多數企業家還視學者顧問、諮詢專家為"騙子"、"花瓶",認為他們理論大於實際的時候,任正非就已經大膽啟用一批國內優秀的學者外腦幫華為實實在在地提升競爭力了,而且使用頻次之高世上絕無僅有。30 年間,任正非為此累計花了 300 多億元,平均每年花費 10 億元人民幣。

（1）華為與 IBM 的高頻合體

自 1990 年末以來，IBM 的諮詢師一直與華為合作，目前仍在一些關鍵項目上為其提供幫助。2011 年，IBM 建議華為向智能手機和平板電腦領域擴張，該業務於 2011 年為華為貢獻了 1/5 的營收，2018 年銷量已成長為世界第二。IBM 為華為提供顧問服務的人數最多達到 270 人，平時也有 20~30 人，主要有兩類：一類是專職顧問（Consultants），對策略、方法、流程有深刻的認識；另一類是實際從業者，有豐富的實踐經驗（Practitioners）。任正非要求所有人必須尊重公司顧問的建議，不准許以懷疑的眼光對抗顧問專家，盡一切可能言聽計從。

（2）華為與埃森哲的高頻合體

從 2007 年開始，華為聘用埃森哲啟動了 CRM（客戶關係管理）項目，以加強 "從機會到訂單到現金" 的流程管理。2008 年，華為與埃森哲對 CRM 體系進行重新梳理，進一步完善流程管理，打通 "從機會到合同到現金" 的全新流程，大幅度提升了公司的運作效率。

2014 年 10 月，華為和埃森哲正式簽署戰略聯盟協議，共同面向電信運營商和企業信息與通信技術（ICT）兩大市場的客戶需求開發，並推廣創新解決方案。

（3）華為與 HayGroup 的高頻互動

1997 年，任正非開始謀劃人力資源開發與規範管理體系的變革。世界頂尖諮詢公司美國合益集團（HayGroup）幫助華為逐步建立並完善了職位體系、薪酬體系、任職資格體系、績效管理體系，以及各職位系列的能力素質模型，華為逐漸形成了成熟的幹部選拔、培養、任用、考核與獎懲機制。網傳 "華為員工愛加班，因為 '分贓' 分得好"，它體現了華為科學管理人力資源的精髓。

此外，華為通過與德國國家應用研究院（FhG）的合作，對其生產工藝體系進行設計，建立了嚴格的質量管理和控制體系。同時，華為還與 PWC、畢馬威、德勤等合作完善了其核算體系、預算體系和審計體系流程。1996 年，華為與中國人民大學合作，以彭劍鋒為首的 6 位教授起草了《華為基本法》，它成為華為的價值觀體系和管理政策系統。華為在品牌管理上與奧美、正邦合作，在戰略諮詢、客戶滿意度調查、股權激勵等方面與多家國際管理諮詢公司合作，使其在多方面藉用外腦，實現全面成長。

顧問，是啟智者。華為僱傭管理諮詢顧問的時候，任正非對團隊的指示是：一切聽顧問的。不服從、不聽話、耍小聰明，一律開除出項目組，給予降職、降薪處理。華為請顧問是信任在前，信任由上，所請的顧問都是由任正非本人完成信任考察，而不是文武百官，也不像一般企業，請進來後肆意挑戰。諮詢是老闆工程，大腦下決心要吃的藥，常常是味蕾所拒絕的，沒有哪個顧問能令企業上下都滿意。任正非如此頻繁地多領域聘請顧問，配得上 "高頻派 CEO" 的頭銜。

4. 利基派蒂姆·庫克

喬布斯是神，那麼活在神的陰影中的庫克是什麼？可用兩句話來定義庫克：比喬布斯更會賺錢的庫克，比喬布斯更敢玩顛覆的庫克。

2011 年 8 月 24 日，蒂姆·庫克被任命為蘋果公司首席執行官。自庫克成為蘋果公司

CEO 以來，蘋果股價就一直在漲。2017 年 11 月 23 日，美國財經網站 CNBC 報道稱，蘋果今年股價大幅上漲已超過 50%，如圖 7-5 所示。

　　圖 7-6 是蘋果 2011—2015 年部分季度營收數據，在 2011 年庫克接任 CEO 前，蘋果 4 個季度的營收約為 1,000 億美元。自庫克接手後，蘋果營收呈上升趨勢，2015 年 4 個季度中蘋果營收超過 2,000 億美元。根據蘋果公司財務報告，截至 2011 年 6 月 25 日，蘋果現金和投資資產總額為 760 億美元，而在庫克任職期間蘋果現金儲備最高達 2,315 億美元，現金儲備增加了 1,550 億美元。

　　在 2018 財年第 4 季度財報電話會議上，蘋果公司首席財務官盧卡 · 梅斯特里（Luca Maestri）宣佈，該公司將不再提供有關其關鍵硬件產品的銷量數據。市場解讀此舉為 "未來銷量將走下坡的徵兆"，但是，這是精明的庫克想要導正投資人對蘋果的定位所制定的一個策略，未來蘋果的重心會是 "Apple as a Service"，擴大服務營收，同時拉高硬件平均單價（ASP）。

　　2018 年 11 月 2 日（美國當地時間 11 月 1 日），蘋果公司正式對外發佈了 2018 年第 4 財季的業績報告（即 2018 年 7 月—9 月）。

　　2018 財年，蘋果淨營收為 2655.95 億美元，運營利潤為 708.98 億美元，淨營收 629 億美元，同比增長 20%。其中，"服務營收" 達到 100 億美元，創下歷年新高紀錄，同比增長

圖 7-5　蘋果公司股票趨勢圖

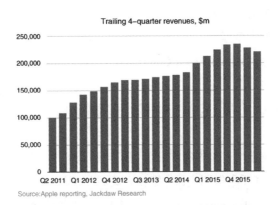

圖 7-6　2011—2015 年蘋果公司部分季度營收數據
資料來源：Apple reporting, Jackdaw Research

各個產品營收佔蘋果比重

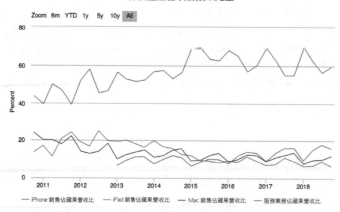

圖 7-7　蘋果各產品營收比重
資料來源：MacroMicro.me

17%。服務業務成為蘋果第二大收入來源，僅次於 iPhone，庫克預期服務營收將於 2020 年增速 1 倍，逐漸取代硬件成為主要貢獻，如圖 7-7 所示。

　　蘋果努力讓華爾街投資者關注其服務部門，而非逐季檢視賣出多少部 iPhone 或幾台 Macbook。因為服務相比產品來說，利潤更可觀，產品賣得多，不見得獲利就高。至今蘋果依舊是整個科技行業獲利領先的公司，儘管 iPhone 銷量不如過去猛烈，但以銷售總金額來說，2018 年每一季都比 2017 年有所增，而且 iPhone 的 ASP 提高許多，上季 iPhone ASP 已超 793 美元，儘管銷量減少，但 iPhone 整體營收不減，同比呈現成長態勢。

　　蘋果已將業務擴展到串流影音市場，還像 Netflix、HBO 一樣打造原創節目，其內容服務已成為新一波成長動能，而且未來還有很大的想象空間。特別是 Apple Watch 積極佈局的健康醫療服務，以及慢慢浮出水面的自駕車技術，市場早已盛傳蘋果打消了自己造車的想法，轉為提供自駕車軟件，這都代表蘋果有可能由硬體銷售轉向服務創新。

　　庫克採用"跨界顛覆式"的做法進軍服務業。目前，在蘋果 13.5 萬名員工中，大約有 5,000 人（3.7%）為蘋果的自動駕駛汽車項目工作。其中包括前阿斯頓·馬丁首席工程師、前保時捷技術總監以及福特、德爾福、黑莓等各公司高層，還有 300 多名來自特斯拉、170 多名來自福特的汽車領域專家。

　　蘋果最新的 4 項無人車專利：

　　（1）手勢控制系統（Gesture Based Control of Autonomous System）。乘客可以用手勢控制無人車變道。

　　（2）推進路由系統。"用於車輛引導的認知負載路由度量"可用最簡單的方式表示到達目的地的最佳路線。

　　（3）手動流量方向識別。該專利詳細說明了自動駕駛汽車探測並遵循在道路上發出交通指令的人的姿勢（例如手動指揮交通的警務人員）的方式。

　　（4）車輛控制（Vehicle Control System）。無人車控制系統概述了自動駕駛汽車如何與道路上的其他車輛互動。它執行相當複雜的檢測和預測方法，以便安全地更換車道。

　　於商人而言，一切以利益為準。深諳營銷之道的庫克此刻進軍汽車業，可謂天時地利人和。此時的汽車行業處於變革前期，燃油車地位不再，新能源汽車成為發展大勢，對蘋果而言，是最佳的入局時間。

　　2018 年，股神巴菲特之所以增持蘋果的股票，或許是從庫克身上聞到了純粹的商人味道，商人庫克無愧於"利基派模式大師"的稱號。

7.3.3 市場

　　不同於本篇第 2 章攻城隊的正面市場研究方法，降落傘研究的是那些平時容易被輕視的意想不到的市場，分為被忽視的市場、被隱藏的市場、被低估的市場、被扭曲的市場，這些市場包含痛點原理、剛需原理、高頻原理和利基原理，如圖 7-8 所示。以商業模式創新四大標準原理為坐標，研究上述意想不到的市場，恰如傘兵天降的豁然開朗。

圖 7-8　商業模式中四大降落傘市場

1. 被扭曲的痛點市場

　　如何區分真痛點和偽痛點呢？真痛點的核心是用戶會通過消費產品或服務來為你投票，消費者的消費金額和頻次越高，說明痛點越深。偽痛點是由資本或輿論驅動的，消費者實際消費被誇大的痛點，即使有短暫的消費量上漲，也是由金融槓桿放大市場效應產生的泡沫，並非可持續的市場消費行為。

　　比如，"怕上火就喝王老吉"的廣告宣傳語擊中了用戶"怕上火"這個真痛點，而且該痛點是可持續的高頻消費。另外一個涼茶市場品牌九龍齋，提出"喝九龍齋涼茶解油膩"，這是偽痛點，因為"油膩"是消費者反感的不可度量的空虛概念，得不到消費者的擁護。

　　從根本上講，偽痛點是被外力扭曲的市場痛點，往往有如下特徵：

　　（1）資本的槓桿作用會讓企業迷失尋找真痛點的方向；

　　（2）輿論的煽風點火進一步引導資本流向偽痛點市場；

　　（3）監管部門反應不及時、不到位給了偽痛點發展市場的機會；

　　（4）出於好奇心並非出於真實需求，部分消費者加入助燃偽痛點大火中來，等火熄滅後幸災樂禍。

　　共享單車曾被譽為中國"新四大發明"之一，2017 年盛極一時，到 2018 年遭遇寒冬。單車共享是市場的痛點，但是被放大到與移動支付並列為"新四大發明"的程度，變成了被扭曲的痛點。但是，美國一家叫 Lime 的公司卻在該領域試驗成功。

　　曾經的 Limebike，如今改名為 Lime 的初創公司因做成了共享單車業務，出人意料地成為獨角獸企業，它是美國歷史上估值最快超 10 億美金的初創公司。2018 年 6 月，Lime 完成最新一輪 2.5 億美元融資，本輪投資由 GV（Google Venture，谷歌風投）領投，谷歌母公司 Alphabet 也參與投資，還有硅谷頂級風投 Andreesen Horowitz 和紐約 Coatue 等知名投資公司。Lime 僅成立一年半，已融資 4 輪，累計金額超 3.8 億美金。

Lime 在短期內並沒有大規模擴張，在美國，進入任何城市運營，都需拿到經營許可，有些城市對路面上投放的共享單車總量進行控制，這些政策對所有公司一視同仁，有效避免了同業惡性競爭的發生。Lime 主打的年輕、活力，尤其是環保理念，符合美國現如今崇尚的健康、環保。

Lime 在推出滑板車後，融資超過 80%。在 2018 年中，Limebike 去掉名字裏的 Bike，對外稱自己為出行公司而非單純的共享單車。2018 年底，Lime 聯合創始人兼首席執行官 Toby Sun 宣佈，公司已經整體實現營收平衡，其中將近一半的運營城市已經盈利。

將 Lime 的運營模式與中國國內共享單車的燒錢模式相比，才發現，共享單車是基於一個被扭曲的痛點市場運營的，而 Lime 模式才是合理的，是理智的痛點市場模式。

2. 被忽視的高頻市場

真正的大市場，總是被常人忽視，原因在於以下幾個方面：

（1）越有潛力的市場啟動開發的週期越長；

（2）評估一個市場的首期開發週期為 3 年，而最大潛力的市場週期超過 10 年；

（3）潛力越大的市場，開發遇到的阻力越大；

（4）資本不是撬動最大潛力市場的主導要素，資源要素才重要；

（5）醫療、健康、養老、教育是容易被忽視的高頻市場。

當傳統保守的醫療行業遇到互聯網，在這場變革中，考驗的是執棋者的智慧和勇氣。2018 年 12 月，福布斯雜誌專訪了平安好醫生的掌門人王濤，探尋平安好醫生是如何在互聯網醫療這盤錯綜複雜的棋局裏，一步步準確落子，最終成為棋盤上那顆無可取代的"天元"。

平安好醫生是中國領先的一站式醫療健康生態平台，致力於通過"移動醫療 +AI"，為家庭提供家庭醫生，為個人提供電子健康檔案和健康管理計劃。平安好醫生訓練出醫療界最先進的"AI Doctor"，能降低傳統醫療誤診率，提升醫療資源使用效率，精準匹配醫患需求，最大限度簡化醫生工作流程。

目前，平安好醫生已經形成家庭醫生服務、消費型醫療、健康商城、健康管理及健康互動等重點業務板塊。在 AI 人工智能的賦能下，通過 7×24 小時全天候在線諮詢，為用戶提供輔助診斷、康復指導及用藥建議；合作線下約 3,100 家醫院（包括逾 1,200 家三甲醫院）完成後續分診轉診、線下首診及復診隨訪服務；覆蓋 2,000 多家包括體檢機構、牙科診所和醫美機構在內的健康機構以及 12,000 多家藥店，形成線上諮詢與線上購藥、線上諮詢與線下就醫的服務閉環。

2015 年 4 月，"平安好醫生" App 正式上線。2016 年 5 月，平安好醫生完成 5 億美元 A 輪融資。2017 年 12 月，平安好醫生獲得孫正義旗下軟銀願景基金 Pre-IPO 4 億美元投資。2018 年上半年，平安好醫生營業收入為 11.23 億元，同比增長 150.3%。2018 年 5 月 4 日，平安好醫生在港交所掛牌上市，獲得 653 倍超額認購，被稱為"全球互聯網醫療第一股"。

3. 被低估的剛需市場

在剛需市場裏有兩類成功企業：一類是有明星創始人或明星企業家的企業，另一類是缺乏明星味道的企業。前者容易被高估，後者容易被低估。2018 年上半年之前，FAANG（Facebook、Apple、Amazon、Netflix、Google）長期佔據全球市場前 5 名，它們的創始人或 CEO 自帶明星光環；另一類同樣有價值的企業價值經常被低估，如人們都在討論亞馬遜雲、微軟雲、谷歌雲、阿里雲，卻不知道有一家更專業的雲計算公司，它叫 VMware。

VMware 從來都不是"單一姿態"，而是通過提供虛擬化軟件、軟件控制的數據中心、混合雲以及企業級終端雲計算甚至邊緣計算、區塊鏈等前沿技術，將自己的業務滲透到雲計算這一產業鏈各個層面的背後，成為運營 IaaS、PaaS、SaaS 層面雲計算企業背後的技術支撐力量。

VMware 的多雲戰略除了以往的公有雲、私有雲和混合雲，還增加了邊緣計算部分。VMworld 2018 推出的 Project Dimension 涵蓋 VMware Cloud、數據中心、分支機構和邊緣。它把 VMware Cloud Foundation 與 VMware Cloud 託管服務相結合，把 VMware 運營的 SDDC 架構作為端到端服務進行交付。Project Dimension 簡化了運維複雜度和成本，並提供內置的安全性和隔離性，幫助客戶專注業務創新和差異化。9 月，VMware 宣佈與阿里雲達成戰略合作，系統通過阿里雲為企業級用戶提供全面的跨雲服務，幫助企業客戶藉助內部正在使用的 VMware 產品和工具，將其本地部署的數據中心快速無縫地拓展至雲端。11 月，VMware 還與中國移動達成戰略合作，藉助中國移動輻射全國的公有雲資源池，部署面向企業推出新一代雲桌面服務，通過提供虛擬桌面與應用（Desktop as a Service）的服務，為用戶提供的辦公環境可以突破時間、地點、終端、應用限制，隨時隨地接入數據中心。

曾經被忽視、被隱藏、被低估、被錯位的 VMware 在 2018 年圍繞"任意雲、任意應用程序、任意設備"這一願景，展開了物聯網、人工智能、機器學習、邊緣計算和容器等新興領域的創新。

4. 被隱藏的利基市場

為什麼一個擁有很強的利益基礎的市場總是被世人忽略到被自動隱藏的程度呢？原因在於，人們的眼睛長在腦袋的前面，而沒有長在後面——全世界的創新者都在關注美國和中國，因為這兩個國家正在開展科技競賽。但是，有一個大象級別的市場被隱藏了，它就是印度市場。

隨着印度經濟的快速發展，其已成為繼中國之後又一國際巨頭企業和資本重點關注的市場。目前，進駐印度的中國互聯網巨頭有阿里巴巴、騰訊等，以軟銀及亞馬遜為代表的國際重量級巨頭的介入，更是讓印度這片互聯網市場從一開始的起步就站在了巨人的肩上。

藉助印度電信運營商 Reliance Jio 和 Vodafone 的流量之爭，使得 4G 網絡被安排上日程，傳統的 2G 傳統網絡遭到淘汰，印度人們略過 PC 時代，直接進入移動互聯網世界。到 2017 年為止，印度的互聯網用戶數量已超過 4 億人，全球互聯網用戶數超過 2.5 億人的國家，除了中國、美國，也就是印度了。印度的互聯網用戶基數日益龐大，80% 以上的用戶通過智能手機流量上網，印度網民平均每月消耗移動流量達 10GB。

2013 年，騰訊斥巨資入股"閱後即焚"視頻社交 App Snapchat 母公司 Snap，持有股權超過 12%。2015 年開始至今，阿里巴巴在印度共投資 40 億元，讓世界看到了這些鋒芒初顯的名字：印度版支付寶 Paytm，印度版天貓 Paytm Mall，印度版大眾點評 Zomato，等等。2017 年，印度科技初創企業共獲得 135 億美元融資，同比增長 3 倍。2018 年，沃爾瑪揮手投了 160 億美金給有"印度版亞馬遜"之稱的 Flipkart，獲得 77% 的股份。亞馬遜緊隨其後，宣稱將投資印度市場的金額從 50 億美金提升至 70 億美金。在過去幾年間，為了搶佔印度市場，亞馬遜已花費了數十億美元，隨之而來的回報有目共睹：根據專業數據研究機構 App Annie，亞馬遜印度移動購物客戶端成為 2017 年印度移動端下載量最大的 App；2018 年，亞馬遜印度站新增賣家超過 12 萬人，位居亞馬遜全球站點第二。

2017 年，相關機構做了一個調查發現，美國硅谷的高管有 52.7% 是外國人，而當中有 25.8% 就是印度人；微軟、百事可樂、谷歌、Adobe，這些公司的 CEO 都是印度裔或印度人；諾基亞、軟銀、聯合利華、標準普爾、摩托羅拉、萬事達卡等知名國際公司的 CEO 職位，都花落印度人頭頂。

據世界銀行人口數量預測數據顯示，2018 年世界人口排名中，中國以 14.09 億人的數量依舊高居榜首，印度以 13.39 億人位居第二。或許在不久的將來，印度將超越中國成為世界第一人口國家。有人的地方就有商機與可能，未來，印度很有可能成為下一批世界級互聯網巨頭誕生地。

7.3.4 分配

管理的核心是分配，分錢、分工、分配資源與分享成果是分配的四大關鍵環節。觀察成功的巨頭企業，創建生物型、生態型企業組織，向大自然學習分配共享原理，是它們的共同特徵。

在中國北方農業大省吉林，有一個"北佳模式"成為立體種植種養循環的範本：以地面種蒲公英草，以草養鵝，以鵝除草，以鵝滅蟲，草鵝生肥，肥養地，地養經濟林木，高層空間種林木，次層空間種不老莓，從而形成生態循環生產模式。

北佳公司的生態循環生產模式在實踐中取得了經濟價值、生態價值和社會價值，北佳模式的自然農法，啟發了我們對現代企業構建生物型組織的思考，得出以下結論：

第一，最大限度地科學分配物種，讓物種之間分工協作。

第二，在一個相對較小的空間裏，遵循"物競天擇，適者生存"的生物競賽法則，淘汰不良品種。

第三，最大限度地合理分配空間，既不能讓下層植物窒息，又不能讓它過分安逸，保持競賽狀態。

第四，作為平台意義的土地，既要輸出養分，又要靠上層動植物回養。

如圖 7-9 所示，大自然的農法與經濟社會的商法有着驚人的相似，在全球企業組織積極倡導創建生態組織的今天，學習自然界自然分配原理，應用到商業模式的分配環節，也是對大自然的回應，具體體現為：

組織中管理的痛點是效率如何提升。

自然農法中的痛點是如何清除蟲害，養鵝解決了這個問題。

組織管理中的高頻是如何創造自由現金流。

自然農法的辦法是地面上種草，野火燒不盡，春風吹又生。

組織管理中的剛需是如何創造出用戶需要的產品。

自然農法的解決之道是把最大的光照機會給了樹木。

組織管理中的利基是利潤的來源。

自然農法中把立體種植的最佳空間給了最能創造經濟價值的

中藥材品種。

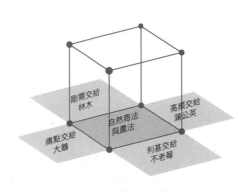

圖 7-9　自然商法與農法

馬化騰在 2018 年確定組織改造方向時，提出創建生物型組織，讓組織具備自我進化的功能。他提出了現代企業管理的灰度：在互聯網時代，產品創新和企業管理的灰度意味着時刻保持靈活性，時刻貼近千變萬化的用戶需求，並隨趨勢潮流而變。馬化騰把"灰度法則"分解為 7 個維度，即需求度、速度、靈活度、冗餘度、開放協作度、創新度、進化度。

（1）需求度。用戶需求是產品核心，產品對需求的體現程度，就是企業被生態所需要的程度。

（2）速度。快速實現單點突破，角度、銳度尤其是速度，是產品在生態中存在發展的根本。

（3）靈活度。提升企業、快速迭代產品的關鍵是主動變化，主動變化比應變能力更重要。

（4）冗餘度。容忍失敗，允許適度浪費，鼓勵內部競爭、內部試錯，不嘗試失敗就沒有成功。

（5）開放協作度。最大程度地擴展協作，互聯網很多惡性競爭都可以轉向協作型創新。

（6）創新度。構建生物型組織，讓企業組織本身在無控過程中擁有自進化、自組織能力。

（7）進化度。創新並非刻意為之，而是充滿可能性、多樣性的生物型組織的必然產物。

例如，風頭正勁的今日頭條，以內部創業的方法形成商業裂變，符合自然商法的原理。今日頭條裏出現的西瓜視頻、悟空問答、微頭條、懂車帝等欄目，都是今日頭條內部孵化而成的獨立應用。今日頭條憑藉資金和流量進行內部創業孵化，打造出從問答到視頻再到垂直行業的一系列 App 矩陣，構建了一條寬闊的護城河，這種內部孵化創業的打法也給其他公司和創業者帶來許多啟發。

今日頭條一貫的邏輯是，在內部孵化，對重點並成熟的業務實施品牌化運營。比如，把頭條視頻改名為"西瓜視頻"，將頭條問答改名為"悟空問答"。內部孵化除了視頻和問答這類功能性的方向，還有垂直內容方向。

今日頭條高度重視汽車垂直資訊市場，把汽車頻道改名為"懂車帝"，在垂直內容品類進行內部孵化。按這樣的打法，在市場潛力大的垂直領域，今日頭條還可以孵化出許多獨立品牌。比如，把金融頻道改個名字，打造一個新品牌，教育、健康、體育、旅遊等各個垂直方向都可以如是照搬。在教育方面，今日頭條已經有所動作，推出了 K12 在線教育產品"gogokid"，主要針對 4-12 歲的孩子提供一對一北美師資外教課程。

當然，並不是每家企業都適合開放內部創業，內部孵化創業需考慮到該企業要孵化的業務能否和本身的業務產生協同，相互促進提升；還需建立一套內部創業機制，一旦發現這樣的業務，立馬提供資金和流量等支持，快速進行內部孵化。不斷重複這個操作步驟，就能建立起競爭對手難以複製的核心競爭力。

西貝莜麵村作為近年來的一匹餐飲黑馬，從當初一家"黃土坡小吃店"發展成為在全國擁有 264 家分店和 2 萬多名員工的知名餐企，這與其優秀的管理機制密不可分。為了激勵門店員工，西貝莜麵村獨創了一套"創業分部 + 賽場制"的機制。

所謂創業分部，大多數餐飲企業把地域作為依據，將部門劃分為西南區、華北區等經營單位。但是西貝不一樣，西貝下屬的 13 個創業分部，以每個分部的總經理為核心創建，甚至分部的名稱也以他們的名字命名。西貝的每一個創業團隊都是西貝的合夥人，擁有分紅權。它打破了傳統企業按照地域劃分的方法，在同一區域甚至可以有兩個創業分部同時開展業務。

為了鼓勵內部競爭，西貝總部每年都會對創業分部發放"經營牌照"，通過考核利潤、顧客評價等指標進行"全國大排名"。西貝總部會收回那些排名靠後團隊的經營牌照，以重新發放給新成立的創業分部，以此來把控門店擴張的速度和品質，這就是西貝的"賽場制"。

西貝這種"創業分部 + 賽場制"的創新管理模式曾創下某個創業團隊從虧損 986 萬元到再創業盈利 1,000 萬元的傳奇故事。

本章小結

（1）330 年"從落後到先進"的國家發展模式證明，高效增長只有兩種模式：外因引發的突發變革與內因造就的漸進式變革，前者叫破壞式創新，後者叫循環式創新。但不管是哪種創新，其結果都是一場突變的降臨，統稱為國家命運中的"降落傘"。

（2）降落傘模式分為資本、人才、市場、分配。

（3）阿里巴巴戰略至上的融資之道，避免了融資可能帶給企業的負面影響，使資本圍着優秀的企業轉。在中國，從來沒有一家互聯網企業像阿里巴巴一樣，在企業成長的每個階段巧妙地藉助了資本的力量，阿里巴巴的 4 次大融資都是基於市場營銷戰略至上的理念進行的。

（4）歷史到底是人民創造的，還是英雄創造的？這是個在歷史學和哲學領域爭論多年的問題。在企業成長為巨頭的過程中，有一條共識是，企業英雄人物可以改變企業的戰略軌跡。

CHAPTER 8

Collimator

瞄準儀

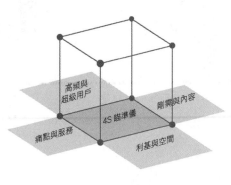

圖 8-1　4S 瞄準儀

精準營銷是移動營銷創新商業範式的顯著標籤，1 個精準用戶勝過 1,000 個流量。觀察自 2012 年以來成功的企業營銷，無不是拿起瞄準儀，精準調校自己的護城河、攻城隊和降落傘，在成本與效率的維度內，實現移動營銷的精準化。

以移動營銷 4S 模型為例，精準營銷有其內在的邏輯，如圖 8-1 所示：瞄準用戶痛點，以精細化服務實現痛點營銷；瞄準用戶剛需，以優質內容實現內容營銷；瞄準超級用戶，以強大的算法培養超級用戶的高頻使用習慣，實現分享與傳播的裂變營銷；瞄準利基，以流暢的變現轉換手法打造一個具備獨特優勢、擁有核心交易模式的轉換空間。

8.1 痛點與服務

每一個成功的企業都是瞄準用戶痛點的狙擊手，它們埋伏在人們不易察覺的路邊，等待機會出現，然後測量、計算、校正，最後一舉成功。

在 Uber 之前，美國人打車主要靠電話預約，如果趕飛機還要預約專業的接送機服務公司，下車時司機還會提醒乘客要給 10% 的小費。除了紐約市，其他地方在街邊伸手攔車基本不可行。有時，即便是約好車，司機也無法告訴你到達的準確時間。針對美國傳統出租車行業的用戶痛點，Uber 帶來了顛覆性解決方案。Uber 的 App 中能清晰地顯示附近車輛的供應情況，用戶能精準地追蹤車輛信息，將用戶等待車輛的時間由過去的平均 30 分鐘壓縮到 5 分鐘。

除了縮短用戶等車時間，Uber 還把人們從一系列煩瑣的痛苦中解救出來。過去，臨時叫車對用戶來說如同一場噩夢，如今則是一種享受，只需拿起手機輕觸屏幕即可完成。過去，服務的過程會降低用戶體驗，如今司機努力讓用戶有一種賓至如歸的感覺，原因很簡單，用戶乘車後的點評對司機的收入有很大影響。過去，支付的過程總是讓人不快，如今不存在找零問題，一切都變得簡單方便。

自由乘車的權力完全由用戶掌握，喊了半個世紀的"用戶即上帝"的服務理念通過一個移動軟件輕鬆實現，基於人性洞察的傳統服務理念的管理範式總是包含巨大的不確定性，而科技創新對管理學發展的最大意義在於科技本身的確定性。在用戶需求洞察、服務與管理環節，科技創新是需求管理的瞄準儀。

當今社會是"瞄準儀"時代。移動精準應用普遍採用實名制註冊，為精準化服務提供了可能。熱衷於隱私權保護者的噩夢，就是行銷人員的天堂。"開放即分享，分享即存在"是新世紀年輕人的需求，Facebook 就是從滿足大學校園中熱衷於交流分享的年輕人入手，以實名制開展社交——用戶在 Facebook 上透露自己的身份（性別、所在地、年齡、受教育程度、朋友）、正在做什麼、喜歡做什麼、計劃做什麼，等等。

過去，你訂了 15 年的報紙，報社會知道你住哪裏，也知道你是誰，但不會知道你喜歡什麼，不喜歡什麼，因此報紙不能精準向你推送你想知道的信息，只能靠記者編輯猜想你可能喜歡或需要什麼信息。如今，中國蓬勃發展的新媒體藉助人工智能的推演算法，可通過你點擊閱讀詞條的習慣準確判斷你的喜好並自動推送討好你的信息，置頂於首頁，還可以通過你轉化分享信息的路徑計算出你朋友圈的特徵並描述出你朋友們的用戶畫像，再也不需要問卷調查或電話訪問去了解用戶，每一次的使用或消費經歷就等於你填寫了一張用戶需求問卷調查表，匯總、分析這些信息不需要人工，移動應用的後台程序藉助大數據和智能算法可以秒答所有問題。

並不是所有的科技型公司都裝上了瞄準儀，比如 Twitter 就不太了解用戶的痛點和需求，數百萬的 Twitter 用戶使用假名註冊，高達 480 萬、佔比 15% 的人使用假賬號，Twitter 有能力推算出全球不同國家、種族和地區的民意變化與趨勢，卻難以瞄準其具體特徵。這就解釋了為什麼 Twitter 和中國微博、網易、美國的維基百科（Wikipedia）、美國公共電視網（PBS）類似，都為用戶提供了極有價值的實用資訊，但公司市值卻不太好。假以時日，裝上瞄準儀，這些公司的市值定會有很好的表現，瞄準儀是這個新時代創新型企業的標配。

（1）痛點驅動服務

Uber 類型的企業希望用自己的服務替代現有競爭對手的產品，這種按用戶痛點提供移動服務的新興市場，也稱為 "Uber 共享經濟體"。在每一個商業類別都需要移動營銷重做一遍的今天，採用 Uber 商業模式的公司正在重新配置資源以取得用戶的好感。

（2）服務驅動價值

本書第 2 篇移動營銷 4S 原理重新定義了服務，服務對價值的驅動作用越來越明顯。如 FlyCleaners 和 Washio 等公司，只需通過移動 App 進行操作，即可收集客戶的衣物送洗並馬上送回。客戶得到的利益是衣物乾淨並立即能穿。這種模式不僅與乾洗店競爭，還要與洗衣粉產品競爭。這些公司的服務取代的恰恰是洗衣粉能提供的利益：消費者需要的是乾淨衣服。

Uber 共享公司將成長為其他產品或服務的可替代選擇，為客戶爭取相同的利益。在這裏，品牌概念被顛覆：如果當今一個品牌不是一種服務，那麼它的價值需要被捆綁到服務上，這種服務能使貧瘠的資產變得更有價值。也就是說，品牌的價值超過其產品的外在形式。

8.2 剛需與內容

找到用戶痛點之後緊接着會出現兩個問題：用戶的這個痛點是不是真正的剛需？企業如何滿足這種剛需？

在確定出行是剛需的情況下，Uber 不斷擴大服務內容的邊界，相繼推出了 Uber 拼車、UberEATS 送餐、UBerRUSH 快遞。在美國各個城市，通過 Uber 送禮物、送美食、送寵物、送鮮花的事情每天都在發生，Uber 提出 "遞送一切"。歷史有驚人的巧合，中國互聯網巨頭騰訊公司在微信大獲成功之後提出的口號與 Uber 如出一轍，即 "鏈接一切"。美國 "遞送一切"，中國 "鏈接一切"，似乎偌大的太平洋都裝不下 Uber 和騰訊的野心。幸好，這是一個野心等於好奇心的時代，用戶樂享其成。

Uber 率先為美國 5 個城市的乘客推出了一項名為 Ride Pass 的會員計劃。這項計劃能夠避免高峰時段和其他需求時間成本上升，但價格較高，固定票價的會員計劃在洛杉磯為每月 24.99 美元（19 英鎊），在奧斯汀、丹佛、邁阿密和奧蘭多則收費 14.99 美元。

Uber 還希望這一舉措能讓乘客相信 Uber 更加經濟，並放棄自己的汽車。乘坐 Uber 時，可以鎖定一致的價格，在任何地方、任何時間按月收費。Uber 計劃讓用戶每月節省高達 15% 的現金支出。Ride Pass 在特定月份的所有 UberX、Uber Pool 和 Uber Express Pool 遊樂設施上提供折扣，固定價格。其中，洛杉磯的票價套餐最終將包括電動自行車和踏板車。

Uber 是一個連接出行供需的平台，在滿足 C 端需求的同時，也需要 B 端的穩定增長。豪華商務出行服務公司最早發現了這個可以獲得額外收入的機會，許多司機紛紛加入，一個兼職司機平均每天收入高達 500 美金。由於平台方不承認雙方的勞務關係，所以申請註冊流程不受美國勞動合同法的限制，申請成為兼職司機變得格外簡單。Uber 司機數量增長得很快，早期成為 Uber 司機幾乎是零門檻且能獲得平台的額外補貼。

通過 Uber 早期成長策略不難發現，Uber 找到 To C 端和 To B 端的兩端剛需，並延伸自己的服務內容滿足兩端的需求。Uber 如同安裝了瞄準儀，把剛需和內容一一對應起來。

8.3 高頻與超級用戶

本書第 5 篇論述了超級用戶的重要性，超級用戶中最早、最關鍵的一批用戶被稱為種子用戶，種子用戶的群體特徵決定了企業的成長基因。成長型企業應在早期階段找到符合自己創業初衷的種子用戶群，具體應符合以下條件：

首先是高頻使用者，且通過率先應用回饋優化意見；

其次是高頻分享者，且通過分享帶動口碑傳播；

再次是資源型高頻配置者，或握有政府資源，擁有行業決策權；或是投行經理，掌握資本市場的金融資源；

最後是意見領袖型高頻分享者，握有社群資源。

Uber 就是按照以上原理在早期成長階段獲得一大批優質的種子用戶。

Uber 的第一批種子用戶鎖定為科技愛好者。Uber 通過贊助科技團體組織的線下活動方式發展了第一批種子用戶，同時在活動期間為種子用戶提供免費出行服務。這群種子用戶喜歡接納新鮮事物，能快速掌握 App 的使用方法，最重要的是他們喜歡用科技提高生活質量。

這種理念與 Uber 的初衷不謀而合，這群人迅速成為 Uber 的種子用戶。鑒於 Uber 提供前所未有的優質用戶體驗，這群科技愛好者主動為 Uber 做口碑推廣。他們中有些人是知名博主，通過自己的博客為 Uber 做免費推廣；有些人通過社交平台分享 Uber 所提供的完美體驗，擴大了影響力。

　　接下來 Uber 把目標鎖定到影響力更大的投資人群體。Uber 經常贊助投資人的線下活動，並且為投資人提供免費的出行服務，這為 Uber 在投資人群體中建立良好的口碑打下了基礎。

　　Facebook 早期的成長策略也是拿着瞄準儀尋找自己的種子用戶，因為 Facebook 深諳此道：有什麼樣的種子用戶，就會有什麼樣的平台，平台企業的種子用戶群體特徵決定了平台的成長基因。

　　從 Facebook 的發展歷程中，我們可以清楚地看到扎克伯格一手拿着瞄準儀，一手拿着望遠鏡。早期，Facebook 只是大學生檔案的收集整理者，用戶只有通過雙重確認 "加為好友" 的互動方式才能和別人鏈接。這種簡潔又偏向保守的設計是刻意的，而 Facebook 早期的許多競爭對手則堅持以更多的設計功能向所有人開放的設計理念，後來驗證都是不可行的。例如，全美第一家針對大學的社交網絡 ClubNexus 的創始人 Büyük Kten，他與扎克伯格一樣都是斯坦福大學的學生。Büyük Kten 是個天才程序員，但不是一個成功的企業家，他設計的 ClubNexus 具備多個功能：可以聊天、發送電子郵件、發佈個人信息、圖片和文章，還可以購買二手商品。這個天才程序員把他能想到的所有有趣、有用的功能都設計出來了，但是他忽視了一個問題：過剩的功能降低了種子用戶的聚焦度，用戶無法在傳播時給平台標籤化；平台的複雜度稀釋了其本應放大的網絡效應，導致 ClubNexus 並未流行起來。

　　Facebook 早期的另一個競爭對手是 HouseSYSTEM 社交網絡，它由一名哈佛大學高年級學生於 2003 年 9 月創立，比 Facebook 的成立早幾個月。哈佛學生可以通過 HouseSYSTEM 購買和銷售圖書、查閱課程等，還可以上傳照片。"有用過頭" 的 HouseSYSTEM 也中途夭折，原因在於它的功能多到掩蓋了它的有效性。與其競爭對手相比，Facebook 只專注於打造一個相對簡單的核心交易——用戶唯一可以立即做的事情就是邀請更多朋友，使平台保持純粹和簡單。

　　無論是在線上平台還是線下企業的市場拓展，市場網絡的發展從來都不是隨機性的，它遵循兩個原則：其一是從眾心理原則，即潛在的新用戶被老用戶吸引而加入到網絡中，一旦一個平台吸引了一些意見領袖加盟，那麼更多喜歡他們的用戶會跟隨而來。Facebook 早期的種子用戶是常青藤校園，從眾而來的用戶必然是同頻同趣的一群人。Facebook 最初只向大學生開放，而且採取了嚴厲的規定來阻止不良行為，用實名制文化提升種子用戶的質量，從中可以看出 Facebook 創始人對於平台社交屬性考慮得非常仔細。第二個原則是路徑依賴。一個網絡的未來用戶種類取決於網絡現有用戶的構成和行為方式，簡言之，一個網絡的未來發展依賴於它現在所選擇的路徑，這意味着，用戶並不是隨機決定加入某一個平台。

　　在創業早期如何制定一套工作流程來管理種子用戶的精準度呢？如何篩選產品的功能以降低投入市場的不確定性呢？也許，中國小米手機的崛起和量化管理的 5 人法則是解決之道。

　　小米公司開發的第一款產品是小米 MIUI 手機操作系統。在開發操作系統的過程中，小米通過用戶的參與來優化產品。MIUI 每週都會更新，每週五下午 5 點被小米公司定義成為橙色星期五，也就是小米操作系統的週發佈日。每週發佈之前的一週到兩週，用戶會跟小米的產品經理、小米團隊一起在論壇上討論關於功能增改等問題。一般經過投票、用戶認可之後才會應用到新版本中。週五的發佈會在論壇有相應登記下載和說明，引導用戶來討論，每次點擊數都是幾十萬甚至上百萬。

橙色星期五之後的下週二，小米會根據用戶提交的體驗報告數據，評出上週最受歡迎的功能和最差的功能，小米將員工獎懲直接與用戶體驗掛鈎，代替小米內部考核和考勤。這樣小米就能確保員工的所有驅動力不是基於老闆的個人愛好，而是真真切切地來自用戶的反饋。

再次過程中，小米一直遵循 5 人法則。很少的樣本可以降低不確定性，一些事情看起來似乎不可量化，只是因為人們不知道基本的量化方法而已，比如用於解決量化問題的多種抽樣過程或控制實驗。

這裏有一個很簡單的例子來說明任何人都可以通過統計學的簡單計算完成一次快速量化。假設你考慮為你的業務增加更多的遠程辦公系統，此時，一個相關因素是每個僱員每天花在通信上的平均時間是多少。你或許會在全公司範圍內進行一次正式調查，但費時費錢，而且你並不需要太精確的結果。如果你只是隨機挑出 5 個人，那樣是不是更好些？關於如何隨機選擇，後面我們還將討論，現在，你就閉着眼睛從員工名錄中挑幾個名字吧。然後把這些人叫來，問他們每天用於通信的常規時間是多少。一個人的回答算一個數據，當你統計到 5 個人時就停止。

假設你得到的數值是 30 分鐘、60 分鐘、45 分鐘、80 分鐘和 60 分鐘，其中最小值和最大值分別為 30 和 80，因此所有員工用時的中間值，有 93.75% 的可能在這兩個值之間，我把這個方法叫做“5 人法則”。5 人法則簡單實用，而且在統計學領域應用廣泛，樣本數量較小，但適用範圍大，確實算得上一種優良的量化方法。

僅僅通過 5 個隨機樣本就可獲得到 93.75% 的確定性，這看起來似乎是不可能的，但事實就是這樣。該方法之所以有效，是因為它估計的是群體的中間值。“中間值”就是群體中有一半的值大於它，而另一半值小於它。如果我們隨機選取 5 個都大於或小於中間值的數，那麼中間值肯定在範圍之外，但這樣的機會到底有多大呢？

隨機選取一個值，根據定義，它大於中間值的機會是 50%，這和扔硬幣得到正面的機會是一樣的。而隨機選取 5 個值，恰好都大於中間值的機會，和連續扔 5 次硬幣都得到正面是一樣的，因此機會是 1/32，也就是 3.125%。連續扔 5 次硬幣都得到反面的機會也一樣，所以扔 5 次硬幣不會得到都是正面或反面的機會就是 100%–3.125%×2，也就是 93.75%。因此，在 5 個樣本中，至少有一個大於中間值且至少有一個小於中間值的機會就是 93.75%，如果保守一點，可以取整，即 93% 甚至 90%。

我們可以根據經驗，通過使用某些具有偏向性的簡單方法，來提高估算精確度。例如，也許近期的城市建設導致每個人對平均通勤時間的估計偏高，或者通勤時間最長的人請假了，因此沒有選入樣本，這將導致樣本的數值被低估。即使有這些缺點，5 人法則在提高人們對量化的直覺能力方面還是很有效的。

8.4 利基與空間

前文論述了移動營銷的 4S 原理之空間原理，也論述了免費模式的過人之處，如果把免費模式和空間原理相結合，是否會形成用瞄準儀精準調校的用戶消費空間呢？

心理學家經過反覆實驗，證明人們對免費的事物沒有抵抗力。同樣是 2 瓶水放在用戶面前，其中一瓶標價 1 元人民幣，另一瓶標價是免費，99% 用戶會選擇後者。

Uber 的首次註冊用戶能獲得 20 元乘車券，而且用戶無須綁定銀行卡。當一切註冊門檻被掃除，你沒有理由拒絕這種免費的午餐。Uber 的司機甚至主動推薦乘客使用免費優惠券。從深層次看，Uber 的目標不僅是為了獲取用戶，更多是為了改變人們觀念中根深蒂固的出行方式。

用戶的習慣一旦形成就很難改變，這就是消費偏好依賴原理。當今的科技公司喜歡給用戶一段免費試用期，通常是 7-30 天。試用期過後，用戶可以自行決定是否付費使用。申請試用期前，用戶被要求綁定個人支付信息。試用期間，如果用戶對產品滿意，可以一鍵完成授權支付。

Uber 共享商業模式的利基是價格，更具體地說，是按使用定價。這是 Uber 共享商業模式中最容易被誤解的一部分，因為許多新的按需移動服務對按需提供的便利收取溢價，但 Uber 共享模式的本質是 "隨用隨付款" 的實用工具。Uber 共享商業模式是為使用定價，而不是為所有權定價。

這個定價策略有一個非常特殊的含義：它把時機作為價值等式的中心。不是人，不是時間段，不是產品，而是場合。大多數場合是普通的，因此價格則要便宜，但有些場合是非常特殊的，因此能夠得到溢價。這是在世界經濟放緩時期，發掘附加價值機會的關鍵所在。

Uber 稱其溢價為 "價格上漲"，但要注意並沒有 "客戶漲價" 或 "司機漲價"。只是因為 "場合漲價"，這時 "價格上漲" 適用於所有客戶，這裏提到的 "場合" 即移動營銷之空間原理。Uber 的利基算法把用戶代入到一個很公平、合理的空間中完成交易，即便是最不受用戶歡迎的漲價策略，也能讓用戶愉快地接受。如此細膩的精準玩法可稱得上移動營銷精品策略。

8.4.1 瞄準調校算法

近幾年，短視頻在移動端應用十分活躍。在中國的短視頻移動應用領域，抖音和快手為短兵相接的對手，又是彼此區隔的互補合作者，共同推動移動內容形式在 2019 年進入短視頻時代。就其兩者的利基與空間而言，以信息流廣告為主營收入的抖音和以打賞為主營收入的快手在算法上體現了精準化，具體可表示為：

短視頻信息流廣告收入＝ DAU× 用戶日均使用時長 × 短視頻每分鐘播映次數 ×
短視頻廣告加載率 ×CPM×365

（1）DAU。DAU 為本日活躍用戶數，根據艾瑞移動 App 指數發表的數據，2018 年 9 月份月度抖音獨立設備數為 2.72 億。該指標對應相應的月活狀況。

依據相關市場數據，抖音月留存率在 55% 左右，因而計算出日活在 1.5 億左右，這個體量稍微高於快手 1.3 億日活。

（2）用戶日均使用時長。依據艾瑞移動 App 用戶數據核算情況，抖音用戶日均使用時間為 25~30 分鐘，快手的使用時長為 60-70 分鐘左右。

（3）短視頻每分鐘播映次數。抖音定位是 15 秒的音樂視頻，但一部分用戶錄製時長為 8-10 秒；另一部分粉絲超越一定數量的用戶，可以錄製 30 秒短視頻。基於此，一分鐘可播映 4 次短視頻。

（4）短視頻廣告加載率，即 AD load，在不同時間段測試，發現每次啟動 App 後，在 3-5 個短視頻內會呈現一次廣告，之後廣告率開始下降，為 2%-10%，平均每隔 15-65 個短視頻呈現一次廣告，也就意味着廣告加載率的中位數大約在 2.5%。

（5）CPM。一般都是按千次曝光計費（CPM），目前了解的官方報價在 240 元 / 千次，折後價格在 70 元 / 千次（來自 Q2 的刊例價）。

依據 2018 年 9 月份數據，抖音信息流廣告日收入在 2625 萬元，月化 7.88 億元，年化在 95.81 億元左右。

2018 年八九月份，快手總體收入為 20 億至 21 億元 / 月。考慮到核算方便，只考慮抖音的信息流廣告，其他收入如開屏廣告、挑戰賽、貼紙協作以及達人分層等考慮在內，預估抖音的收入僅為快手的 1/2。

通過抖音的企業端和用戶端的算法推演，可以發現，抖音把算法運用到極致，如抖音已經成為中國營銷者、自媒體人的主戰場，每個人都帶着各自目的在抖音上"抖着"，各大企業品牌也紛紛入駐，抖音的各種風口日益呈現。

抖音的算法 = AI 大數據分發 + 人工手動審核

抖音是頭條系類的產品，依託的是強大的算法推薦機制，與頭條新聞的內容分發模式是一樣的，當用戶上傳一個新視頻，算法就會向這個新視頻分配初級流量，然後根據這個流量的反饋數據（完播率、點讚率、評論率、轉發率、漲粉率）綜合判斷這個視頻是否值得推薦給用戶，如果第一輪的結果是值得推薦，那麼算法就會再度給予這個視頻流量推薦，如果不值得推薦，那麼算法就會停止流量分發，依此類推，不斷循環。當視頻的數據達到一定的量，那麼算法就會把這個視頻推薦給人工，由人工進行審核，審核通過就會進入抖音的精品流量池，不斷出現在首頁推薦給新用戶。這就是抖音算法對於視頻創作者的流量分發模式，與 Amazon 的新品上市算法有着驚人相似度。

抖音算法的內容分發採用的是精準推送，也就是收集用戶的喜好、痛點與需求，然後進行精準推送，推送的都是用戶喜好範圍內的短視頻，這就是為什麼人們一刷起抖音就停不下來。算法深深地扼住用戶的喉嚨，點住用戶的命脈，你刷抖音的時間越久，算法對你的數據把握就越精準，直到對你無所不知。

　　抖音上的大 V 就如同這算法一樣，每一個都是人性大師，能夠精準地把握用戶粉絲，精心策劃每一段視頻。

8.4.2 雙向錨定

　　經濟學領域有一個著名的爭論，即到底是需求決定生產還是生產決定需求？在工業經濟時代上半場市場不飽和時，企業是中心，生產決定了需求；在工業經濟時代下半場市場飽和度很高時，顧客是中心，需求決定了生產。到了互聯網時代的上半場，即 PC 互聯網時代，提出了信息對稱理論，生產和需求之間的邊界開始變得模糊起來，有時需求完全決定生產，如用戶個性化定製的主張得到生產的滿足；有時生產決定了需求，如蘋果手機創造了智能手機時尚消費的需求。

　　PC 互聯網並未促成信息的完全對稱，原因在於全球用戶使用電腦的比率即使在電腦普及高峰時也不及總人口的 20%。到了互聯網時代下半場，即移動互聯網時代，智能手機普及率接近 100% 時，信息完全對稱的基礎條件成立了，就生產與需求而言不是雙邊模糊，而是雙向錨定。在移動互聯網時代，經濟學意義上的雙向錨定指的是，市場是由需求和生產共同決定的。

　　需求與生產的雙向錨定並不是一種模棱兩可的說法，也不是字面意義上的妥協，而是經濟學關於供給側和需求側之間關聯關係的新範式的創造，是指用戶的需求與產品的生產通過有效溝通進行精準匹配，人手一台智能終端為有效溝通提供了可能。需要強調的是，這種信息溝通所創造的精準匹配，不像過去埋頭生產後的售賣行為，也不完全基於用戶的個性化定製，而是用戶在與產品的溝通中尋找屬於自己的個性和價值，企業在與用戶的溝通中從用戶的個性中挖掘生產的共性。

　　在雙向錨定的經濟學概念裏，顧客和企業都不是上帝，都不是市場中心，市場中心是顧客和企業都認同的內容，包括價值共識、興趣趨同、情感歸宿、偏好認同等。企業和顧客甚至不需要刻意討好對方，每一種價值認同的定位都會吸引一部分人的認同，從而形成一個圈子。對於不認同企業所生產的內容的顧客，即使企業刻意討好也難以拉回到既定的圈子裏來，這就是移動營銷學常講的圈子文化。

　　在雙向錨定的經濟學空間裏，顧客和企業又都是上帝，因為生產與消費是顧客與企業一起參與完成的，顧客和企業從過去的不平等買賣關係趨於平等，移動應用帶來的雙向深度溝通讓雙方有深層次的內容認同和更明確的需求。如圖 8-2 所示，八卦圖衍生的八個方位，每個方位代表一種認同方式和需求方向，兩者精準地對應。

　　在移動營銷雙向錨定的世界裏，有兩個閉環圍繞企業和顧客共同開發內容。第一個

圖 8-2　雙向錨定的八卦示意圖

圖 8-3　移動營銷雙向錨定的兩個閉環

閉環是企業服務閉環（如圖 8-3 所示的 N 環），指的是企業突破自身產品或服務的界限，與外部的合作夥伴將各自的平台相互連接起來，形成一個多種產品或服務組合，來滿足消費者對某一內容主題的所有需求，所有的營銷活動都能夠在同一個圈子裏完成。例如，所有的小程序都可以完成產品展示、用戶分享、企業和用戶互動、交易等營銷活動，企業不必再像過去一樣把營銷活動分佈在不同的空間裏進行。過去，傳播活動要在電視台、報紙等媒體空間中進行，促銷活動要在店裏，回訪活動在電話裏進行，顧客回饋要在留言裏，產品展示要在貨架上，如今這一切活動在一個圈子裏就可以輕鬆完成，對於企業和顧客來說，都節省了大量成本，這就是移動營銷雙向錨定中的成本效應。

移動營銷進一步提高了雙向錨定的效率指數。基於移動互聯網，企業不必僱偵探就能知道精準答案，僅僅通過數據跟蹤就能了解消費者信息，更為重要的是，以前難以識別的潛在消費者會通過網絡互動的方式亮出自己的身份，可以被移動應用軟件精準定位。每一次有意識或無意識的點擊搜索都透露出他們的喜好、他們的價值觀、他們可能喜歡的品牌。在搜索引擎看來，互聯網上任何人的信息都是可被挖掘的。以前網站與網站之間的數據不共享，企業最多只能跟蹤網絡用戶在某個特定網站的行為，現在很多數據都開始共享，再加上移動互聯網鏈接一切的廣泛應用，人們的活動已經被整合到一個移動客戶端，並產生了大量場景化的數據，這些都將移動互聯網用戶的碎片化行為數據慢慢黏合形成一個 “7×24 小時場景化” 的三維數據乃至多維數據網絡空間。這些數據的總體可以清晰地勾勒出用戶的網絡畫像，包括性格特點、行為特徵、消費偏好、消費能力甚至一些用戶自己都不知道的特質。調查問卷和訪談調查的年代已經過去，吸引消費者的平台不再是生產者攜帶產品獨舞的展示性平台，而是消費者積極參與、雙向錨定的互動空間。

移動營銷雙向錨定的第二個圈子是超級用戶圈，也叫超級粉絲圈。基於開放的移動互聯網原理，第一個圈子，即企業服務圈對用戶一定是開放的，用戶可以隨時隨地通過任意一個節點自由進出，設計這種低門檻的開放式圈子時，既要求企業提高自己運營空間的能力以吸引用戶留存，同時也要為第二個圈子即用戶粉絲之間相互交流的圈子的形成創造條件。基於共同認同的企業產生的內容而形成的粉絲互動交流圈就是移動營銷雙向錨定的第二個環（如圖 8-3 中所示的 S 環）。

因此，現在不需要企業再去定位消費者，企業只需站在一個內容生產者的角度被消費者選擇，潛在消費者不是被定位出來的，而是被吸引來的。從艾·里斯和特勞特提出的定位論到移動營銷吸引論，市場營銷學得到革命性的發展。

由於企業創造出吸引用戶的內容，從而把志同道合的人聚在一起，企業和用戶的關係如同上圖所示的兩塊磁鐵一樣緊密咬合，所產生的磁力，使精準營銷水到渠成。

移動營銷雙向錨定的最佳方式，必定是 O2O 或 O2O2O❶ 的形式。如果能形成商業社群，轉化效果最好。將網上展現出興趣的潛在客戶引向線下的實體店消費是 Online to Offline，對純互聯網企業來說就只是過程轉置，通過掃碼等方式將線下的潛在客戶引向線上消費，而 O2O2O 則是在 O2O 的基礎上進一步調動用戶的參與積極性，例如，日本電視網就是採用這種模式與觀眾互動，觀眾在客廳看電視的同時，開啟手機上的專屬 App 與劇情或遊戲同步互動，在互動中獲取電子優惠券憑證，然後電視觀眾就可以持電子券到線下實體店消費，同時還能促進觀眾繼續關注這一節目，如此循環往復，實現 O2O2O 閉環。

按照移動營銷四驅理論（痛點、剛需、高頻、利基），Uber 擊中了出行中用戶的痛點，Facebook 解決了人們對社交的剛需，Amazon 抓住了買方和賣方的利益出發點，它們都有一個共同特徵，即所處的行業消費均是高頻發生的事件。對於處於低頻消費的傳統行業，運用雙向錨定的瞄準儀，實現精準營銷需要從如下三個步驟入手：

（1）了解痛點。對於低頻傳統行業而言，C 端的痛點是信息不完全對稱，B 端的痛點是投放不夠精準，營銷的痛點是溝通週期短。

（2）實現超連接❷。運用大數據和智能營銷，把用戶、用戶畫像、用戶的家人朋友、社群領袖、意見領袖、商家、內容、場景等全部連接起來。

（3）社交裂變。通過移動社交裂變的傳播矩陣，在社群營銷推動下，完成裂變。

紅星美凱龍是一家全球連鎖線下家居賣場，藉助雙向錨定的瞄準儀，實現了精準營銷的超連接。據網易數據統計，2018 年"雙十一"期間家居成交過億品牌超過 43 個。其中，紅星美凱龍、居然之家、林氏木業、索菲亞、TATA 木門、全友家居、顧家家居、歐派家居、左右沙發、喜臨門等均步入億元品牌俱樂部。

賣場方面，2018 年"雙十一"期間，紅星美凱龍，"團尖貨"大促全國商場成交額突破 160 億元，總訂單數超 38 萬單，客單價高達 2.35 萬元，成交額也猛增 550%；居然之家全集團銷售共累計銷售 120.2 億元，其中 41 家新零售智慧門店銷售額達 55 億元。

2018 年"雙十一"是紅星美凱龍和騰訊達成戰略合作之後的第一次"雙十一"，對此雙方都貢獻了很大的心力和資源，要打造出一個 O2O 行業的標桿示範，最終的結果如雙方所願。

騰訊的技術支持在這次營銷中起到了非常重要的升級作用。在整個促銷活動中，紅星美凱龍以微信小程序為線上主戰場，實現全場景、全渠道精準引流，將騰訊的流量和數據以智能化方式加持進行高效轉化，首創家居行業"團尖貨"模式，發揮"團達人"社交裂變優勢，通過千人千面的個性化內容營銷提升轉化率和影響力，不僅做到了線上和線下的高度融合，還發揮了社交的重要作用，讓家居產品也能夠通過社交的方式進行推廣和擴散。

"騰訊＋紅星美凱龍"打造的內容生產生態中，上游連接的是萬千品牌商和經銷商，下游連接的是具備專業能力的家居內容達人，中間則用算法和數據進行串聯。在"雙十一""團尖貨"的 6 大主題團購場景玩法中，基本實現了對消費者的覆蓋，通過招募導購、設計師、家居達人甚至動漫畫家、遊戲主播、汽車測評員等各個領域的 KOL，在家裝的全過程中為用戶提供全方位服務，憑藉騰訊提供的微信、QQ、朋友圈、小程序等社交裂變工具，在時間線上也實現了家裝全生命週期的追蹤服務，從而帶來了巨大流量，更形成了移動社交裂變的傳播矩陣。

作為一個有換購家具需求的用戶，過去的購物模式可能是這樣的：

用戶要重新裝修用了 8 年的衛生間，於是上網搜索了 1 個多月，看了無數搭配，跑了 5 個賣場，聽了十幾個導購的分析介紹，回家頭暈腦脹地向太太交代、比價，最後耗時半年，終於選定，裝修出一個田園混搭歐式鄉土風的衛生間，被太太吐槽並且決定以後再也不裝修了。

而現在，用戶的行為則是這樣的：

用戶要重新裝修用了 8 年的衛生間，於是加入"團尖貨"，在達人的幫助下很快選定個性化裝修方案，直接把群分享給太太和老媽，大家一致通過，隨後在紅星美凱龍的線下推廣中剛好看到了某品牌，感覺不錯，通過小張發到群裏的小程序海報跳轉，用最低的價格買到手，並且敲定了下次改裝廚房的方案。

這就是智慧營銷平台（Intelligent Marketing Platform，簡稱 IMP）的全週期覆蓋力。互聯網時代留給我們的流量窗口，就是在垂直的傳統行業中發現機會。

其實，在這背後，還有一個秘密武器鮮為人知，那就是騰訊和紅星美凱龍聯手打造的營銷核武器——IMP 全球家居智慧營銷平台。IMP 平台不僅是一個超精準、全場景、一站式智慧營銷平台和最大獲客平台，還是一個連接商品、技術、內容、數據、媒體、服務、位置、配送等各方參與者的家居行業智慧營銷生態體系。這個體系的誕生成為紅星美凱龍在"雙十一"實現銷售飛躍的核心和技術支撐，也指明了未來傳統行業擁抱移動互聯網、擁抱社交互聯網的方向。

雖然大部分行業都已經實現了互聯網化，但家居行業的主流消費場所依舊還是賣場，這是由家居賣場的特殊性導致的。紅星美凱龍家居集團助理總裁、互聯網集團 CMO 何興華將家居家裝品牌營銷的痛點總結為"三高"，即高離散、高關聯、高複雜。首先，家居消費頻次比較低，不管是裝修還是買家具，都不會是高頻發生的事情，所以用戶群體數量比較小，篩選成本比較高。其次，但凡顧客產生了家居需求，就不會購買單一商品，基本都需要一個全套的解決方案，以明確消費者所有需求，如不藉助新科技，也是比較困難的一件事情。最後，家居產品的選擇維度太多，不光有品質、價格，還要考慮環保和美觀，甚至要和之前的家裝風格匹配，在多個維度中的取捨，是相當複雜的一個系統工程。而 IMP 的誕生，就是為了解決這些行業痛點，也是紅星美凱龍數據化轉型的一個領先嘗試，平台整合了紅星美凱龍在 189 個城市的賣場數據以及龐大的線上數據，通過超精準數據系統、全場景觸點系統、一站式服務系統、數字化工具系統、智能化管理系統這五大系統來實現更加智能的用戶管理，如果僅僅做到這一步，說明紅星美凱龍完成了數據化管理，並沒有連接智能化營銷，騰訊的加入改變了這一步。在引入騰訊的數據和智能化推送信息之後，這個系統的威力倍增。騰訊的數據提供了更多維度的用戶畫像，用戶畫像是移動營銷的瞄準儀，它可以更精準和更深刻地了解用戶喜好，更系統地了解用戶需求，比如逛了沒有買的如何跟進？比如你選了地板，可能還會給你推薦窗戶。這一切都基於瞄準儀的智能推送功能，從一個更高的價值高度和更完整的用戶需求維度來實現產品推介，最終完成更為精準的營銷和關聯營銷。

　　大數據的引入讓複雜的問題變得簡單，讓簡單的問題變得高效，它充分利用了線下實體平台的優勢，配合騰訊大數據的優勢，為用戶量身定做複雜的解決方案，這是單純利用線下或者線上平台都沒有辦法解決的，必須採用移動營銷雙向錨定的 O2O2O 的方式。

　　之所以說 IMP 是 O2O2O 模式，是因為它把線下商場變成了流量場，把人變成了角色，貨基於場景，場則包含內容，從而構成移動營銷雙向錨定中的服務型閉環，而"團達人"的社區領袖帶動的社交裂變又構成了雙向錨定中第二個環——用戶粉絲環，兩環咬合組成帶有磁性吸引力的精準營銷空間。紅星美凱龍的移動營銷嘗試，是低頻消費行業配置瞄準儀實現精準營銷的一次重大突破。

8.5 顆粒度營銷

　　量子力學對市場營銷學的影響是深遠的、劃時代的。過去研究營銷要素的宏觀組合，是為了達到工業經濟時代對產業規模的訴求，市場佔有率是傳統營銷學的首席考試官；過去研究營銷要素的微觀策略組合，是為了達到工業經濟時代對公司價值增量的目標，產品附加值、品牌溢價率是傳統營銷學的首席檢驗師；過去研究營銷要素的戰略組合，是為了達到工業經濟時代對企業競爭力的要求，核心競爭力、差異化戰略、成本領先戰略的詞彙佔據了營銷學教科書的頭條位置；過去研究營銷要素的戰術組合，是為了達到公司營銷部門提出的終端為王、產品為王、渠道為王、廣告為王的市場王者目標。

　　俱往矣，數風流人物，還看今朝。量子論給市場營銷學帶來前所未有的衝擊和震動：當研究對象的顆粒度變得越來越小——從宏觀的、低速的質子到微觀的、高速的量子時，整個物理世界的理論體系和基本原理都需要徹底重構。市場營銷學也不例外，正在上演類似的故事。營銷終端硬件的發展歷史是從電影熒幕、電視機、電腦、手機，再到 IoT**❶**，是一個設備不斷變小和去中心化的過程；營銷軟件環境的發展歷史是從電視電話網、PC 互聯網、移動互聯網、大數據、人工智能，再到基因工程、物聯網，是一個網絡不斷變細和碎片化互聯的過程。今天，這些無處不在的軟硬件就像滲透進營銷系統毛細血管微循環中的精密探測器，不斷抓取和呈現高清、像素級的動態，每一個用戶的動作都在數據化成像，每一件商品或服務的細節都被動態化分析整理並呈現，每一個公司的舉動都被社會網絡瞬間傳遍全世界的每一個角落。我們生活在一個被粉沫化的超微觀世界裏，使得我們有可能放棄過去"宏觀的、戰略的"看世界的角度，而改用"微觀的、精細的"瞄準儀看世界，從而使我們看清市場營銷學的新規律。

❶ IoT：（Interference over Thermal）（干擾噪聲），通信系統中，描述干擾上升的相對值，單位是 dB。通信系統中，在討論上行鏈路行為時，經常使用噪聲抬升或噪聲熱抬升的概念。

8.5.1 顆粒度營銷對各行業的影響

　　隨着市場要素的顆粒度越來越小，研究營銷學的新方法——顆粒度營銷出現了。所謂的顆粒度營銷是在數字化、移動化、智能化技術推動下，基於市場要素移動化、營銷工具數字化及運營流程智能化而產生的以精準營銷為手段的新營銷範式。這一新營銷範式不是在原有的市場邏輯和慣性下做價值的增量和市場的易變，而是在移動營銷思想的價值重構和空間再造。簡言之，不是從無到有創造新行業，而是每個行業都值得重做一遍。

顆粒度營銷在重塑所有行業營銷新規時遵循這樣一個原則：在正確的時間、正確的地點，以正確的方式，向正確的人提供正確的產品或服務。這是精準營銷強調的"精準匹配、精耕細作"的原理，這一原理正在使各行業發展進程發生變化。

（1）京東集團首席戰略官廖建文與京東創新研究院研究員崔之瑜是這樣描述這場化學變化過程的——"來看一下，廣告行業是如何顆粒度化的。20 年前廣告的投放方式是'大規模轟炸'，以天價的'央視標王'為代表，企業期望佔據最有影響力的渠道，從而覆蓋最大範圍的人群。這是在'用錢購買一群人的時間'。今天，在今日頭條等數字平台上的廣告投放可以做到更加精準：根據個人在平台上不同的瀏覽記錄，推送不同的廣告信息。這樣，每個人接收到的廣告內容都是不一樣的。這就變成了"用錢購買每個人的時間"——通過'定點爆破、精準打擊'大大提升廣告的有效性。廣告信息越來越不像是令人掃興的'打擾'，而是趨向有趣、有所收穫的信息互動。"

（2）出行行業是如何顆粒度化的？Uber、滴滴等出行 App 的出現和風靡，實際上解決了對乘客、司機、出發地、目的地等信息實時數據化（精）和大規模動態匹配（準）的問題。過去，乘客在什麼位置、想去哪裏、司機在什麼位置，這些信息都沒有數字化，所以能否打到車、需要等待多久，這些基本都是概率問題。但是地理位置定位、出行平台、派單算法等技術注入後，海量的位置、需求、供給等信息可以相互匹配，就能夠實現動態網絡的協同。隨着算法的不斷迭代，可以減少用戶乘車等待的時間，縮短司機空車行駛的距離，將出行效率提升到更高的水平。

（3）教育行業也呈現向顆粒度經濟發展的趨勢。一直以來，典型的教育場景莫過於幾十個學生坐在一間教室裏，聆聽老師對教學大綱內容的統一講解。現在層出不窮的互聯網教育在很多維度上打破了這一範式。首先，為什麼一定要在規定的時間和地點接受教育？Coursera 等在線教育平台的出現打破了這一限制，通過與世界頂尖大學合作，在線提供免費的網絡公開課程，學生們可以在任何時間、任何地點連接上網，學習感興趣的課程。其次，為什麼教育內容一定是標準化的？每一個學生都是個性化的，有不同的心理傾向、學習風格、學習偏好、學習動機、個人特長等。現在我們有越來越多的手段和工具來對這些方面進行測量和評估，從而幫助教師設計出相對應的教學方法、教學措施、學習內容、學習計劃等。許多在線教育平台還能讓學員自主選擇不同教學風格的教師。所以對於教育行業來說，顆粒度意味着首先將教育的各個要素——時間、地點、內容、需求等進行更精細的切割和描述，然後進行供需的精準匹配，向"因材施教"的教育理念更近一步。

（4）零售業又會怎麼改變呢？過去的線下店——無論是百貨商店、便利店還是大賣場，追求的都是位置和客流量。在店裏，每個顧客看到的商品都是相同的，店家會選擇最受大眾歡迎的品牌，以最大化銷量。對顧客而言，他們一般會在固定的時間光顧商店（例如每週去一次大賣場採購生活用品）。現在日新月異的數字技術使得我們對於消費者、商品、消費場景的刻畫越來越細緻。比如，對消費者的研究不僅可以細化到某一個細分市場，甚至可以細化到個人——每個人的行為、性格、所處的人生階段等都是不同的。對商品的理解和運營也從“一批貨”發展到“單個 SKU”，比如單個 SKU 被瀏覽了多少次、被哪些人瀏覽、庫量和銷量的波動趨勢等都一目了然。除此之外，零售發生的場景也可以滲透到生活中的任何一個時間和地點。例如，亞馬遜推出的購物按鈕 Dash，只要把這個塑料做的實體按鈕貼在物品（如洗衣粉包裝袋）上，每個按鈕對應一種商品，按一下就可以從網站上訂購這件商品。也就是說，購置生活用品不用像以前那樣興師動眾地驅車去超市，而是可以隨時、就地完成。零售的場景被切細了，細到每一個顆粒都觸手可及。最終，人、貨、時、地的匹配使得零售成為無時不有、無處不在的個性化體驗。

8.5.2 顆粒度營銷 9 步操作法

以上列舉了 4 個行業的例子，但其實顆粒度經濟的原則是通用的，應用到任何一個行業都可能帶來顛覆性的變化，操作步驟如圖 8-4 所示。

圖 8-4　顆粒度營銷 9 步操作法

實施顆粒度營銷，前期準備很重要，在 9 步操作方法中，有 6 個步驟需要精細準備，比如第 5 步設計精準用戶的入口，人工智能名片是一條捷徑。智能名片承載了一種新營銷理念。加推科技能做的就是讓企業流量變現，利用微信作為新入口，讓營銷變得更加智能，人工智能名片還有很強的社交功能，可以將微信潛在用戶都挖掘出來，智能名片在信息流、搜索訪問中都有入口，可以連接到更多流量。加推在這款名片中將所有的功能都完成是看得見的操作，在商城、官網頁面中，都可以自由操作，同時還有視頻和圖片、文字等不同上傳格式。內部系統中更是添加了豐富的模板，使上傳新品和管理上線產品變得簡單。銷售人員在使用過程中，可以隨時更改名片中的資料，改變名片款式通過人工智能名片能夠獲取到更強、更精準的流量，這些是在社交場景中才能實現的流量轉化，而在這個過程中銷售人員完全不需要擔心沒客戶源。

再比如第 6 步，如何設計一個種子用戶的分賬系統呢？只要提供子商戶（種子用戶）批量進件 API 接口（Application Programming Interface，應用程序編程接口），運營人員在管理後台先開通平台商戶權限，平台商戶開通後，平台工作人員可以在分賬系統管理後台人工錄入子商戶信息，也可以調用分賬系統的子商戶批量進件接口，批量錄入子商戶信息，子商戶信息自動與平台信息綁定。

8.5.3 預設分賬規則

在平台商戶通過子商戶進件時，需將分賬規則提前報備到分賬系統，後續交易時，只需要傳送主訂單的訂單金額、子訂單金額和參與分賬的子商戶號即可。

　　例如，平台 M 與商戶 A 的分賬規則是 M 分 10%，與商戶 B 的分賬規則是 M 分 20%，與商戶 C 的分賬規則是 M 分 30%。若平台 M 的分賬規則是預設的，那麼訂單接口只需要輸入主訂單金額和子商戶金額即可，系統會依據子訂單的金額，計算出平台商戶的分賬金額。

　　結算支持有直接清算和平台指令清算兩種結算方式。

　　（1）直接清算模式。平台和商戶在進件時，運營人員後台配置結算週期到了結算日期，分賬系統直接將資金結算到商戶賬戶中。

　　（2）平台指令清算模式。分賬訂單交易成功後，分賬平台自動清分完成，在各個參與方的虛擬戶增加相應的餘額。但是子商戶如要提現，需要向平台商戶發起提現請求，平台商戶向分賬平台發起提現指令，方可完成提現動作。

　　移動互聯網時代有關大數據、人工智能、移動支付等所有可以匹配的營銷工具都是成熟的，只要把握好關鍵環節的精細化設計，顆粒度營銷就是一台性能優良的瞄準儀。

8.6 會員制營銷

　　會員制營銷（Membership Marketing）是企業通過發展會員，提供差別化服務和精準營銷，提高顧客忠誠度，建立可持續消費關係的一種營銷模式，也是對所有行業都具有普適性的營銷工具。其中，會員卡是會員消費時享受優惠政策或特殊待遇的“身份證”。

　　會員制營銷又稱“俱樂部營銷”，是指企業以某項利益或服務為主題將人們組成一個俱樂部形式的團體，開展宣傳、銷售、促銷等營銷活動。顧客成為會員的條件可以是繳納一筆會費或薦購一定量的產品，成為會員後便可在一定時期內享受會員專屬權利。

8.6.1 會員制營銷的發展歷史

　　第一階段，20 世紀初，俱樂部會員身份識別登場。

　　第二階段，20 世紀 60 年代，商業零售、服務企業顧客身份識別進場。

　　第三階段，20 世紀 70 年代末，IT 技術在商業領域的應用，使商家不僅需要知道顧客是誰，還需要知道誰在我這裏買了什麼，會員制中出現積分制。

　　第四階段，20 世紀 90 年代，數據庫技術成熟，商家開始利用會員制開展精準營銷活動。

　　第五階段，21 世紀初，互聯網逐漸普及，會員制不再滿足於精準營銷活動，開始建立聯盟，展開跨行業的精準營銷。例如，Nectar、PayBack、OkCashbag、TongCard 等。

　　第六階段，2012 年，移動互聯網開始普及，社交電商登上舞台，具有社交屬性的會員制漸成趨勢。

8.6.2 企業實行會員制營銷的目的

　　（1）了解顧客需求。

（2）了解顧客的消費行為及偏好。

（3）根據會員信息和消費行為將會員分類，進行更加有針對性的營銷和關懷。

（4）自己的會員就是最好的宣傳媒體。

（5）將促銷變為優惠和關懷，提升會員消費體驗。

（6）提升客戶忠誠度，築起企業的護城河。

（7）阻止競爭，提高競爭門檻，起到攻城隊的作用。

（8）會員制中心超級用戶會給企業帶來意外驚喜，起到降落傘的作用。

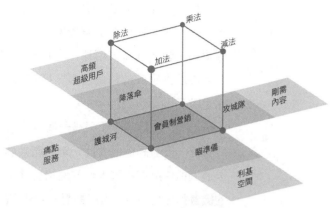

圖 8-5　會員制萬能營銷模式

（9）會員制是精準營銷的完善實現，是移動營銷的瞄準儀。

會員制營銷被營銷界普遍譽為"萬能營銷模式"，如圖 8-5 所示，表面原因在於它簡單易行，適合於所有行業；深層原因在於它把移動營銷的四驅理論（痛點、剛需、高頻、利基）和 4S 理論（服務、內容、超級用戶、空間）完美結合併應用到會員制度的設計中來，而且在實施過程中應用了四大算法和模式中的四大利器。可以說，會員制營銷是移動營銷科學理論最完整、最完美的實驗基地。

會員制提供了滿足用戶痛點的服務，越來越多的忠誠會員築起了企業的強大護城河。面對用戶的剛需，企業應提供優質內容持續吸引老會員，帶動新會員加入會員制，攻城拔寨、生態循環，不斷擴大自己的地盤。由於企業向會員提供的服務和內容區別於普通用戶，因而會員制會自動篩選出企業的超級用戶，並給他們帶來會員的優越感和專屬感，進而會高額消費。某些超級用戶還會成為企業的義務宣傳者或投資者，成為出人意料的企業降落傘。會員制是一種對用戶和企業雙方而言成本較低的連接方式，而且可以延伸附加價值，只需要把會員引入一個移動社交空間即可。

會員制營銷不僅適用於像 Amazon 這樣的巨無霸企業，還適用於成長型企業。在實踐過程中，許多創業型企業運用會員制營銷，後來成為獨角獸企業。例如，環球黑卡在獵雲網舉辦的"聚勢謀遠，創變未來——2018 年度 CEO 峰會暨獵雲網創投頒獎盛典"上，榮獲"2018 年最具獨角獸潛力創業公司"的獎項。環球黑卡是中國最大的會員制特權平台，是唯一一家集生活特權運營、電商購物、私人定製服務、線下社交於一體的平台，當之無愧是會員制特權行業的獨角獸企業。

環球黑卡定位會員制 VISA，同類型運營模式的互聯網平台還有亞馬遜 Prime，與 Prime 不同的是，環球黑卡並不是一個純電商平台，它更關注人們各類生活場景的特權、定製的服務體驗、消費平台的整合，"出行管家＋稀有特權＋專享好物＋線下社交"構成了環球黑卡獨特的商業模式。

環球黑卡整合電商、出行、影音娛樂、金融保險、教育等各行業供應鏈，與數十個主流品牌達成合作，擁有網易嚴選、網易考拉、京東、愛奇藝、騰訊、途牛、攜程、花點時間等品牌的專屬折扣，並持續擴大服務類目，增加入駐品牌。

環球黑卡的會員可以享受到的基礎服務是通過 App 平台預定酒店、機票、火車票等，每一次訂單消費都有專屬管家服務，並享有折扣優惠，省去用戶篩選、對比、搶單等煩瑣步驟。同時，環球黑卡也有自己的自營商品和自有品牌定製商品，定製商品均來自著侈品供應商的精選特製，擁有極高的品質和欣賞價值，是一類媲美奢侈品的高性價比定製品。

此外，環球黑卡不只是一個冷冰冰的消費服務平台，它更具備 Club 社交屬性，黑卡用戶廣泛，覆蓋高淨值人群、新中產人群、普通白領階層、工薪階級多個階層人群，環球黑卡通過抓住這些不同人群的性格屬性、生活習慣和精神追求，為他們提供體驗嚮往的人生的機會和社交平台，組織高價值的社交活動，從精神需求找共鳴，以物質價值作保障，從線下撬動線上，因此擁有大批忠誠追隨者。

自 2013 年始，移動營銷正式開啟社交模式，把社交屬性嵌入會員制成為下一波浪潮。從社群裂變方向看，激進式裂變的社群正逐漸退出社交舞台，精細化小眾垂直式社群正登上社交大幕。這是創業者的機會，而且這個機會在未來 10 年不會消退，畢竟太多的細分行業需要社交型會員制營銷來完成市場創新。

農產品不好賣，中國有一家新崛起的社交會員制電商平台證明了細分市場創新的機會依然存在巨大潛力，它就是叮咚到賬。

叮咚到賬是聯合多方戰略資本投資的一家會員制社交電商平台，在電商領域，用低價格、高品質的商品服務會員，大眾共同創業平台。它的經營策略是精選全網好貨，直接對接廠家，省去中間商環節，種類齊全、品質保障、價格實惠，通過新零售、智能推廣平台、超級供應鏈體系等完善上下游生態圈的建設。

例如，直接收購或對接農產品基地，讓農副產品快速找到銷路，省去中間環節，這樣一來，農民付出辛苦得到了碩果，商城用戶買到了物美價廉的農副產品，迅速拉動第一產業。

定位中低端、利潤率低迷甚至虧損，靠量取勝是傳統電商平台長期面臨的挑戰。叮咚到賬巧妙地瞄準了剛需旺盛、重視體驗、價格優惠的三農產品，這樣的切入點，迅速獲得了用戶的一致認可。在業內，叮咚到賬初步奠定了社交電商的先驅地位。叮咚到賬的成功模式，證明了會員制營銷是訂單制農業的優先方案。

荷蘭是目前歐洲乃至全球精細化程度最高的農業國家，是全球第三大出口國（美國第一，法國第二，荷蘭第三）。美國是規模化、機械化農業的代表，法國是歐洲乃至全球傳統農業的代表，荷蘭是高端農業技術集約化的代表。荷蘭實行高投入、高產出、外向型經濟策略，有 5-15 公頃的家庭農場、溫室農場，也有幾百公頃、上萬畝的馬鈴薯農場。

荷蘭有非常完善的溫室系統，可實現基質無土栽培、水肥一體化、智能化控制……在荷蘭乃至整個歐洲，水溶肥有幾百個配方，用生物和智能化技術，能夠實現精準控制。

荷蘭有更加精細化和數字化的養分和光溫水氣管理系統，能保證作物每時每刻都處於健康和平衡的狀態。

舉例來說，一個 7,000 畝的機械化馬鈴薯農場只需 5 個工人管理，馬鈴薯平均售賣價格為 100 公斤 5 歐元，成本為 10 歐元，雖然價格低，但是 7,000 畝中有 5,000 畝產量已經通過訂單農業❶銷售，並獲得高額的利潤，會員制營銷因此廣受歡迎。

❶ 訂單農業：合同農業、契約農業，是近年來出現的一種新型農業生產經營模式，農戶根據其本身或其所在的鄉村組織同農產品的購買者之間簽訂訂單，並組織安排農產品生產的一種農業產銷模式。訂單農業很好地適應了市場需要，避免了盲目生產。

8.6.3 會員制營銷的操作步驟

（1）設計會員體系，選擇最好的會員營銷軟件。

（2）發卡，記錄消費信息。

（3）分析數據，為會員分類，開展有針對性的、有內容的營銷活動。

（4）通過數據挖掘，找出超級用戶，開展社群營銷。

（5）讓種子用戶、超級用戶參與產品研發，優化產品或服務性價比。

（6）分析活動投入產出比，提出改進意見。

目前，國內做會員制營銷比較好的企業零售行業有蘇寧電器、大潤發等；金融業比較好的有招商銀行；服務行業比較好的有 7 天、西貝莜麵村、比格披薩等。能較好地提供軟件系統的公司有轉介率、SAP、IBM、ORACLE、TongCard 等。

隨着大數據和人工智能技術的發展，尤其是移動互聯網的普及，會員制營銷正在成為企業的必然選擇，誰先建立會員制營銷體系，誰就能在激烈的競爭中佔據優勢地位。

案例　|　解密雲集（YUNJI）上市："會員制"是重要推動力

2019 年 5 月 3 日晚，雲集在美國納斯達克正式掛牌上市，股票代碼為 YJ。作為登陸國際資本市場的中國會員電商第一股，雲集成功上市，引發眾多關注。

自 2015 年 5 月成立以來，雲集成績單亮眼。招股書顯示，2016 年至 2018 年，雲集的 GMV（成交總額）分別為 18 億元、96 億元和 227 億元，總訂單量分別為 1,350 萬、7,580 萬和 1.53 億。同期，雲集的總營收分別 12.84 億元、64.44 億元和 130.15 億元。

憑藉高速增長，雲集成為繼有讚、拼多多、蘑菇街、微盟、如涵之後，近期又一家上市的創新型社交電商平台。

"雲集之所以能快速增長，除了藉助移動互聯網大環境'紅利'外，關鍵是發掘了社交電商的新賽道——會員電商，因而從阿里、京東等電商巨頭'夾縫'中突圍，還走出了一條有別於常規社交電商的獨特模式。"中國電子商務研究中心主任曹磊在接受採訪時表示，雲集在 3 年時間中，GMV 從 0 到 227 億元，依靠的是微信。不同於拼多多通過微信下沉、尋找五六線城市的增量市場，雲集則是靠微信走上會員電商的道路。

雲集的會員制模式具有強供應鏈（自採自營、自建倉儲）、精選精選（嚴控 SKU、精選爆品）、用戶黏性高（高忠誠度、高復購率、高客單價）和社交裂變（用戶轉為後店主吸引更多用戶）這四大特徵和優勢。

消費者在面對一個決策成本並不太高的商品時，如果有會員制平台願意為其提供選品服務，很容易接受花點錢成為會員。

資料來源：韋玥·上游新聞·重慶商報

綜述 ｜ 養殖行業，哪種模式更抗風險？

同樣是養豬，為什麼溫氏（Wens）、牧原（MUYUAN）和萬洲國際（WH GROUP）一路上高歌猛進，而雛鷹（CHUYING/TRUEIN）為什麼會折翅？如下養殖模式成就了三者。

1. 溫氏的攻城隊

溫氏股份（股票代碼：300498）和牧原股份（股票代碼：002714）是中國生豬養殖行業的兩大龍頭公司，兩者均是年出欄量超過 1,000 萬頭的行業巨頭。其中溫氏養殖業務市場佔有率為 3.2%，2019 年，溫氏養豬出欄量接近 2,000 萬頭。

溫氏模式的核心優勢是發展速度快，它採用的是"公司＋農戶"的平台化模式。大部分豬由分散農戶家庭農場養殖，溫氏輸出養殖標準、種植、飼料、疫苗等。溫氏模式的未來發展是推動合作農戶養殖設備的自動化、智能化改造，探索"公司＋養殖小區"模式，升級"公司＋農戶"模式，把社會資本或第三方帶入進來，目標是全中國市場佔有率 10%，出欄7,000 萬頭。

顯然，溫氏屬於輕資產發展模式，故名"溫氏攻城隊"。溫氏公司 2019 年上半年市值達到 1905 億元人民幣，一季度營收 139.66 億元，同比增長 6.17%。

溫氏企業也有自己的護城河，即雞蛋不放在同一個籃子裏。除養豬之外，溫氏還養雞，而且養雞營收佔比公司總營收達到 33%。養殖業的風險在於兩個：其一是疫病，其二是養殖成本。就疫病風險控制而言，豬瘟與雞瘟同時發生的可能性是小概率事件。

2. 牧原的護城河

儘管牧原公司 2019 年上半年生豬出欄量僅有 581.5 萬頭，只有溫氏的一半，但牧原公司的市值在 2019 年高達 1,226 億元人民幣，說明部分投資者更看好牧原模式。

牧原模式是"自繁自育自養"的重資產模式，自建中心化的養殖工廠，所有原料、疫苗等養殖流程都是自己掌控。牧原模式最初不被看好，要想達到 2,000 萬頭出欄量，牧原仍需要大量投資。隨着溫氏和牧原兩種不同模式的演進，投資者們看到牧原模式有着深深的護城河。

對於養殖業而言，生物性資產的變化，關係到一家養殖業的未來發展潛力，也是資本市場主要考查指標。

豬企的生物性資產包括消耗型和生產型，消耗性生物資產包括仔豬、保育豬、育肥豬及其他，生產性生物資產包括：未成熟的種豬、成熟的種豬，種豬包括種公豬和種母豬。

據自各自 2019 年上半年財報顯示，溫氏的生物性資產有所下滑，生產性生物資產相比年初減少 8.8%，消耗性生物資產減少 10%。牧原的生物性資產表現良好，生產性生物資產較 2018 年底增長 21%，二季度末環比一季度增長 32%。牧原生物性資產能夠保持穩定，與其"自繁自育自養"的模式有直接關係，且專注於養豬一項主營業務。也就是說，生物性資產的穩定促成了資本市場對牧原市值的追高。

牧原模式的護城河遠不止生物性資產方面這麼簡單，這種模式對成本的控制是目前全行業最佳。擁有自身完整的養殖管理知識產權體系，把成本控制到最低，是牧原深深的護城河。

3. 雛鷹的降落傘

與溫氏、牧原相比，雛鷹農牧的養殖成本一直處於高位，如圖 8-6 所示。

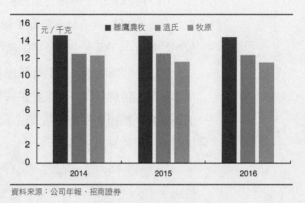

資料來源：公司年報、招商證券

圖 8-6　雛鷹農牧養殖成本與溫氏、牧原對比

雛鷹農牧曾是中國養豬行業第一個上市公司，被譽為"中國養豬第一股"，2017 年以生豬出欄數量達到 250.96 萬頭，位列行業第三名，僅次於溫氏與牧原。2018 年 6 月份以來，因巨額債務違約，接連發生"欠債肉償""巨虧 38 億把豬餓死"而震驚 A 股市場，並於 2019 年 8 月 27 日進入退市整理期。

雛鷹折翅是因為迷上了金融槓桿。它與牧原埋頭修挖護城河、強化攻城隊不同，雛鷹試圖走第三條路——雛鷹公司實際控制人侯建芳提出"雛鷹 3.0 模式"，這個模式的主要路徑是雛鷹公司為農村合作社提供信用擔保，合作社通過向銀行融資建豬舍。由於擴張過猛，造成資金鏈斷裂，巨額債務違約的局面。2019 年一季度來，雛鷹農牧總資產為 196.4 億元，總負債 182 億元，資產負債率高達 92.68%。2018 年全年虧損 38.64 億元人民幣。其實，自上市以來，雛鷹公司財報很少盈利過，原因在於雛鷹模式過分依賴外界的降落傘——金融槓桿，忽視了修築屬於養殖行業的護城河。

對於成本為什麼過高，長期以來侯建芳先生認為是發展過快帶來的融資成本較高、豬瘟等因素造成的。難道溫氏、牧原不也面臨着同樣的問題嗎？

在商業模式建設中，護城河是根本，攻城隊是發展引擎，降落傘是錦上添花。沒有根，"錦"何處添花？

4. 萬洲國際的瞄準儀

2019 年上半年，美國的史密斯菲爾德公司以超過 124 萬頭的出欄數量名列第一位，中國的溫氏股份以 120 萬頭排名第二，第三名是牧原。萬洲國際於 2013 年收購了美國最大的生豬養殖企業史密斯菲爾德食品公司（Smithfield Food）的全部股份，通過收購兼併途徑進入了養殖業，萬洲國際目前的市值已高達 800 多億元人民幣。萬洲國際主要業務包括肉製品、生鮮豬肉及生豬養殖，它採用"公司＋基地"的現代化養殖模式。由於有肉製品護航的消費者導向，萬洲國際模式給自己的養殖產業安裝了瞄準儀，即養殖是產業鏈上游的一部分，直接服務於自己產業鏈下游的用戶。

本章小結

（1）精準營銷是移動營銷創新商業範式的顯著標籤，1 個精準用戶勝過 1,000 個流量。成功的企業營銷無不是拿起瞄準儀，精準調校自己的護城河、攻城隊和降落傘，在成本與效率的維度內，實現移動營銷的精準化。

（2）痛點與服務。痛點驅動服務。Uber 類型的企業希望用自己的服務替代現有競爭對手的產品，這種按用戶痛點提供移動服務的新興市場，也稱為“Uber 共享經濟體”。在每一個商業類別都需要移動營銷重做一遍的今天，採用 Uber 商業模式的公司正在重新配置資源以取得用戶的好感。

（3）剛需與內容。在確定出行是剛需的情況下，Uber 不斷擴大服務內容的邊界，相繼推出了 Uber 拼車、UberEATS 送餐、UBerRUSH 快遞。在美國各個城市，通過 Uber 送禮物、送美食、送寵物、送鮮花的事情每天都在發生，Uber 提出“遞送一切”。歷史有驚人的巧合，中國互聯網巨頭騰訊公司在微信大獲成功之後提出的口號與 Uber 如出一轍，即“鏈接一切”。美國“遞送一切”，中國“鏈接一切”，似乎偌大的太平洋都裝不下 Uber 和騰訊的野心。

（4）高頻與超級用戶成長型企業要在早期階段找到符合創業初衷的種子用戶群，需符合以下條件：首先是高頻使用者，且通過率先應用回饋優化意見者；其次是高頻分享者，且通過分享帶動口碑傳播；再次是資源型高頻配置者，或握有政府資源、擁有行業決策權、掌握資本市場的金融資源；最後是意見領袖型高頻分享者，握有社群資源。

（5）利基與空間。Uber 共享商業模式的利基是價格，更具體地說，是按使用定價。這是 Uber 共享商業模式中最容易被誤解的一部分，因為許多新的按需移動服務對按需提供的便利收取溢價，但 Uber 共享模式的本質是“隨用隨付款”的實用工具。Uber 共享商業模式是為使用定價，而不是為所有權定價。

第三篇

算法

第九章

CHAPTER 9

Addition

加法

王的五騎士

傳説千年前，隨着錘王波羅丁深埋地下的還有他的百萬騎士和其身邊的 5 位守護騎士，錘王波羅丁是波羅丁王國的國王，他擔心死後其王國隨之消亡，為了讓王國永遠繁榮昌盛，便讓宮廷魔法師把王國深埋地下，而要見到波羅丁就必須先踏過他身邊 5 位守護騎士的屍體。

上帝造人用了 7 天，又送給我們 7 件禮物，每件禮物都是造物主的神奇傑作。蘋果（Apple）像人體的軀幹骨骼，臉書（Facebook）、谷歌（Google）和微信（WeChat）更像人的大腦，亞馬遜（Amazon）和優步（Uber）、滴滴（Didi）❶ 則像人體的血液，螞蟻金服（ANT FINANCIAL）送來了血液中所需要的養分。

❶ 優步（Uber）、滴滴（Didi）：2016 年 8 月 1 日，優步（Uber）中國業務與滴滴（Didi）出行合併，優步（Uber）取得新公司 20% 的股權，持有滴滴（Didi）5.89% 的股權，雙方互持股權，成為對方的少數股東，因此本案撰寫滴滴（Didi）和優步（Uber）時理解為同一家平台公司。

所有的偉大公司都是平台，這 7 大平台的事業核心是記錄信息、反覆吸引、培養粉絲、實現交易。7 大平台正在做先進正確的事業，以其強悍的演算法重構一個新世界。把它們複雜多變的算法簡化歸納為 "加、減、乘、除"，以它們為代表演算出一個新世界的頂層架構。

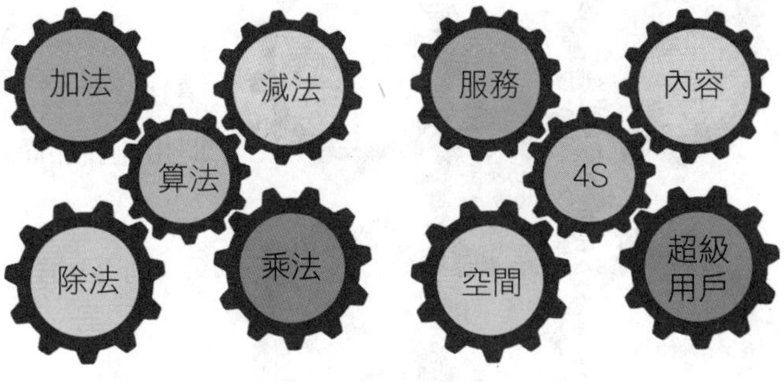

圖 9-1　算法與 4S 理論模型

以 4S 理論透析 7 大平台更加通俗易懂，強調服務的是谷歌、滴滴和優步，臉書和微信代表產品，亞馬遜的 Prime 是超級用戶原理，蘋果把以上服務、內容和超級用戶組織在一起形成移動空間。本來毫無關係的 7 大平台以神奇的方式（4S 和算法）融合發展，如圖 9-1 所示。

美國人每天的網上生活是拿起蘋果手機（iPhone）或電腦（Microsoft），打開臉書查看家人同事及朋友的最新動態，從親朋好友圈看到有趣有用的商品或服務信息，通過谷歌搜索到相關圖文或視頻資訊，在亞馬遜購買。美國的五騎士正在以互相咬合的連接方式左右美國人的生活。五騎士對美國人的日常生活消費乃至對全球產業影響巨大。五騎士是怎樣相互連接的呢？在算法時代，企業營銷戰略的核心是算法，算法替代了商業模式，算法是事先靠人設定，運營過程中靠程序完成的。算法是用戶與商家、企業收益與成本的大數據自動演算的規則，通過近十年對五騎士各種數據的分析，找到五騎士算法背後的規律。在移動互聯網的世界裏，企業運營的算法由加減乘除四大算法構成，"五騎士企業是四大算法的傑出代表。"

無獨有偶，中國人的日常生活也在被四大算法左右。中國人每天用華為或小米手機，打開微信、抖音或今日頭條，查看新聞或朋友圈的最新動態，從中發現商品或服務資訊，通過百度或各種垂直行業搜索引擎查看相關商品或服務的深度信息，在淘寶、京東或拼多多上查看對比後下單購買，最後在購買平台發表評論，"差評" 或 "好評" 影響下一輪的用戶消費。由於行業進化中的聚集度不夠，中國沒有形成如美國一樣的五騎士近乎壟斷的企業地位，但並不妨礙研究中國移動應用的四輪運營中的運算法則。多年觀察發現，中國的四輪運營中存在完全相似的 "加減乘除" 四大算法法則。不同的是，每一種算法有多個傑出代表企業。

過去的 10 年，主宰全球經濟的產業為工業、金融、國際貿易和能源產業。未來 10 年，所有產業的遊戲規則都將被重塑，以移動應用和工業 4.0 革命為代表的科技型公司走在重塑世界的最前列，深刻改變着世界。最有價值的貢獻是這些科技型公司重塑了過去 100 年以來的管理法則、營銷管理與運營規律，其中最有借鑒意義的是從 "人工設定" 到 "程序算法" 的根本性改變。它們代表了世界工商管理革命的方向和趨勢，探究其核心運算具有普世價值。

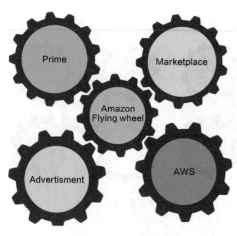

圖 9-2　亞馬遜飛輪

9.1 亞馬遜（Amazon）飛輪加法

亞馬遜（Amazon）的 4 項業務構成其收入的底層支柱，這 4 項業務分別是 Prime、Marketplace、AWS、Advertisement。四者之間相互疊加構成亞馬遜的飛輪算法，如圖 9-2 所示。

9.1.1 Prime——亞馬遜（Amazon）會員制

用戶繳費 119 美金即可成為會員，可以享受快遞送貨（當日送達、次日送達和兩日送達）、流媒體服務（音樂、閱讀、影視等）以及更實惠的折扣商品服務，具體見表 9-1。

表 9-1　亞馬遜會員權益

時間	Prime 會員權益
2005	Prime 誕生，價格為 79 美元 / 年。用戶可以享受免費的 2 日達，以及更低價的 1 日達服務
2011.2	Prime 會員可以享受 Amazon Video 提供的視頻服務
2011.11	Prime 會員擁有免費的大量電子書閱讀權限
2014.3	會員價由 79 美元 / 年提高至 99 美元 / 年
2014.6	推出 Prime Music 服務，為會員提供上百萬首免費歌曲
2014.11	推出 Prime Photos，會員可以在 Amazon Drive 上獲得無限量的照片存儲空間
2014.12	推出 Prime Now，曼哈頓的會員可以獲得 1 小時送達（7.99 美元）或者 2 小時送達（免費）服務
2015.3-2015.5	Prime Now 在更多城市被推廣
2015.5	在美國 14 個地區推出免費的同日達服務
2016.4	同日達服務擴大到美國 27 個地區
2016.4	推出 12.99 美元 / 月的會員價格
2016.9	推出 Twitch Prime，用戶可以在 Twitch 平台上享受無廣告內容以及購買遊戲的折扣
2018	Prime 會員 119 美元 / 年

備註：DonG 零售研究部根據公開資料整理

目前，全球有超過 1 億 Prime 會員，亞馬遜每年會員費收入都在 100 億美元以上。研究顯示，Prime 會員每年在網站上的花費約為非會員的兩倍。首席財務官布萊恩・奧爾薩夫斯基（Brian Olsavsky）曾提到，在沒有發明更好的營銷模式之前，Prime 是最佳的營銷模式。

Prime 的算法是標數法 ❶。

標數法原理是：

（1）標數法一般適用於最短路徑的計算。

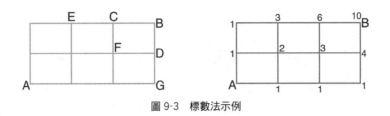

圖 9-3　標數法示例

❶ 標數法：適用於最短路線問題，需要一步一步標出所有相關點的線路數量，以及最終達到終點的方法總數。標數法是加法原理與遞推思想的結合。

❷ 合併排序：採用分治的策略將一個大問題分成很多個小問題，先解決小問題，再通過小問題解決大問題。

（2）標數法計算的是從起點到終點的過程中，任意一點的最短路線條數等於相鄰兩點的條數之和。

（3）標數法的本質是分類計數用加法。

試問，在圖 9-3 中，沿線段從 A 到 B 有多少條最短路線？

在圖中，B 在 A 的右上方，從 A 出發，只能向上或向右，此時路線最短，反之亦然。如果到達某一點，有兩種可能：一種是從這個點左邊到達，另一種是從這個點下邊的點到達。從 A 到達 B，有兩種可能：一種是經過 C 到達 B，另一種是經過 D 到達 B，到達 B 的走法數是到達 C 的走法數和到達 D 的走法數之和。對於到達 C 的走法數，等於到達 E 和到達 F 的走法數之和，到達 D 的走法數等於到達 F 和到達 G 的走法數之和。由此歸納為，到達任何一點的走法數都等於到達它左側點走法數與到達它下側點走法數之和。根據加法原理，從 A 開始，向右向上逐步求出到達各點的走法數，使用標號方法得到從 A 到 B 共有 10 種不同走法。

Prime 會員制度正如標數法中的從 A 到 B 一樣，用戶打開網站採用分類網詢或站內搜索是 A 點，找到所需商品或服務的信息是 B 點，在從 A 到 B 的過程中自然瀏覽到 E 點的相關商品、C 點的相關服務、G 點的廣告等站點信息，假定 E 點、C 點、G 點的信息內容有足夠的吸引力和誘惑力，會激發用戶進一步點擊購買。從 A 點到 B 點是滿足用戶需求，到達 E 點、C 點和 G 點購買是創造用戶需求，這就是的加法原理。

9.1.2 Marketplace

亞馬遜除了自營之外，還允許其他商家平台賣東西。2016 年第三方商家超過 200 萬個；2018 年，第三方商家銷售額已超過總銷售額的一半。開放平台後，亞馬遜用了 18 年時間趕超零售業老牌巨頭沃爾瑪（Walmart）。

自營產品也在智能家居領域建立了以智能語音助手 Alexa 為核心打造的亞馬遜生態，包括智能門鎖、家庭內多設備控制。

自營產品和第三方平台賣家產品都採用經典與爆款相結合的營銷手段，用 "合併排序 ❷" 的算法讓上萬種產品排列有序，如圖 9-4 所示。

合併排序採用分治策略實現對 N 個元素的排序，它是一種均衡、簡單的二分分治策

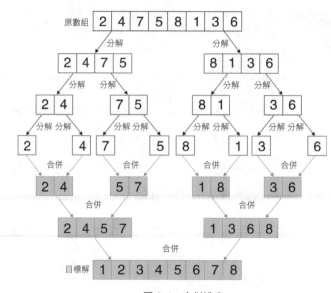

圖 9-4　合併排序

資料來源：陳小玉《趣學算法》

略，過程分為：

（1）分解 N 將待排序元素分成大小大致相同的兩個子序列。

（2）治理 N 對兩個子序列進行合併排序。

（3）合併 N 將排好序的有序子序列進行合併，得到最終的有序序列。

在數列排序中，如果只有一個數，那麼它本身就是有序的；只有兩個數，排序過程中只要比較一次就可以完成。但是，亞馬遜平台的產品是海量動態增長的，怎樣才能避免雜亂無章呢？合併排序算法是將複雜的數分解為很小的數列，直到只剩一個數時，本身已有序，再把這些有序的數列合併在一起，執行一個和分解相反的過程，從而完成這整個數列的排序。

9.1.3 AWS

AWS（Amazon Web Services）即為雲服務，它的主要功能是給大大小小的企業提供企業級的雲服務，如圖 9-5 所示。

於 2006 年啟動的雲服務備受矚目，截止到 2018 年，AWS 年收入超過 200 億美元，佔總收入的 10%，是所有業務部門中盈利能力最強的業務，運營利潤率高達 25%。2018 年一季度財報顯示，AWS 收入同比增長 50%，達到 54 億美元，運營利潤達 14 億美元，運營利潤率達到 25.7%。北美地區的電商業務利潤僅為 3.7%，在北美以外地區的運營利潤率則為 -4.2%。2017 年，AWS 發佈了 1,400 項服務和功能，當年活躍用戶增長了 250%。在新興的雲服務市場，AWS 市場份額居首位。2018 年第二季度統計顯示，AWS 份額達到 49%，微軟（Microsoft）的 Azure 以 30% 的份額排名第二。

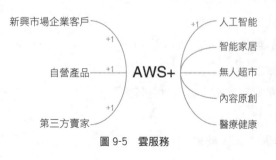

圖 9-5　雲服務

AWS 的增長空間很大，據高德納（Gartner）報告預測，全球公有的雲業務收入總額到 2020 年將達到 4,114 億美元。

加法算法神話"AWS 雲服務"，不僅通過服務於新興市場的企業用戶賺取利潤，而且通過 AWS 的服務使它的自營商品和第三方賣家產品更有競爭力和附加值。比如，"AWS+Alexa"使 Alexa 平台開發的 3 萬種技能得到雲服務的支持後，用戶能使用 1,200 個品牌、 4,000 個智能家居設備。在全美家居音箱市場中， AWS 佔據 76% 的市場份額。除了人工智能和智能家居， AWS 還服務於無人超市、內容原創分發及醫療健康。

1. 增益路徑法 ●

除考慮競爭因素和效益因素之外，"AWS+"的核心算法是為了解決網絡最大流量問題。流量雄霸全球，用戶數全球第一，不怕沒有經濟效益。

> ● 增益路徑法（Aug menting-path method）：解決傳輸網絡的最大流量問題的一般性模板，也稱為 Ford-Fulkerson 法。

$$\text{對於每條邊 }(i, j) \in E \text{ 來說}, 0 \le x_{ij} \le u_{ij}$$

$$\text{根據約束律 } \sum_{j:(j,i) \in E} X_{jn} - \sum_{j:(j,i) \in E} X_{jn} = 0, \text{其中 } i = 2, 3, \cdots\cdots, n\text{-}1$$

$$\text{使得 } v = \sum_{j:(1,j) \in E} X_{1j} \text{ 最大化}$$

增益路徑法原本是為了解決傳輸網絡（管道系統、通信系統和配電系統）上的物質流最大化問題。預想幾種假設：

（1）各個頂點用數字 1 到 n 來標識以便區分。

（2）圖形的邊用集合 E 表示。

（3）數字 1 的標識包含一個沒有輸入邊的頂點，也稱源點（Source）。

（4）數字 n 的標識包含一個沒有輸出邊的頂點，也稱匯點（Sink）。

（5）每條有問邊（i, j）的權重 uij 是一個正整數，稱為該邊的容量（Capacity）。

（6）滿足以上特徵的有向圖稱為流量網絡（Flow Network），簡稱網絡（Network）。

（7）網絡可以有若干源點（Source）和匯點（Sink）。

（8）在更通用的模型裏，允許容量 uij 無窮大。

如圖 9-6 所示，頂點中的數字是頂點的"名稱"，每個邊上的數字即該邊的容量。

根據流量守恆要求（Flow Conservation），所有的源點和匯點分別是物質流唯一的出發點和目的地。所有的其他頂點，只能改變流的方向，不能增加或減少物質。根據交換定律，進入和離開中間頂點的物質總量必須相等，如果用 X_{1j} 來表示通過邊（i, j）的傳輸量，對於任意中間頂點 i 來說，流量守恆要求用下列公式表達

$$\sum_{j:(1,j) \in E} X_{1j} = \sum_{j:(j,n) \in E} X_{jn}$$

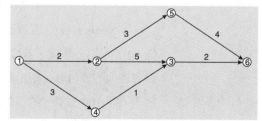

圖 9-6　流量模型

資料來源：Anany Levitin《算法設計與分析基礎》

想要的目標是流值（Value）的最大化，標記為 V 。通過網絡中所有可能的流才能完成最大化，這個數量值是源點的總輸

出流。根據流量守恆要求，等價於匯點的總輸出入流。一個給定網絡的流（Flow）是實數值 X_{1j} 對邊（i, j）的合理分配，這個分配原理必須滿足流量守恆約束（Flow Conservation Constraint）和容量約束（Capacity Constraint），最大流量問題（Maximum-flow problem）定義為

$$\text{對于每條邊 }(i, j) \in E \text{ 而言 }, 0 \le x_{ij} \le u_{ij}$$

$$\text{根據約束律} \sum_{j:(j, i) \in E} X_{1j} - \sum_{j:(i, j) \in E} X_{jn} = 0$$

$$\text{求得 } v = \sum_{j:(1, j) \in E} X_{1j} \text{ 最優化}$$

在源點到匯點的物質流路徑中（被稱為流量增效路徑，Flow Augmenting Path），如果能找到一條流量增效路徑，我們只需沿着這個路徑調整邊上的流量，便可得到最大的流量值（Flow Value），還可以嘗試着路徑迭代更新，沿着迭代後的路徑邊上的流量來調整，可得到流量值的升值。

AWS 是一種雲服務的物質流的路徑，它不斷在人工智能、智能家居、無人超市、內容原創和醫療健康等行業的"邊"上調整加持後的流量，使流量的源點（AWS）到被加持的行業匯點得到最大流量。

"AWS+"的流量最大化的原理，如圖 9-7 所示。

假設把增益路徑確定為"1 → 2 → 3 → 6"，且准許流量最多增加兩個單位，這也是各邊未使用容量的最小值，圖（a）和圖（b）中的流量不是最優，流量值還有增加的餘地。圖（c）顯示了最大流量的分佈情況，邊（1, 4）、（4, 3）、（2, 5）、（5, 6）增加 1，同時邊（2, 3）減少 1 便可得到增益的結果。

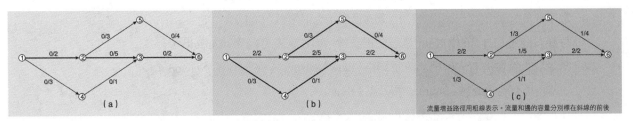

圖 9-7　AWS+ 流量最大化原理
資料來源：Anany Levitin《算法設計與分析基礎》

9.1.4 Advertisement

Advertisement，即通過銷售橫幅廣告，顯示廣告和關鍵詞搜索驅動而獲得的廣告收入。僅 2018 年第一季度，營收達到 22 億元，同比 2017 年增長了 130%。這一類收入與谷歌和臉書龐大的廣告收入相比顯得微不足道，但對於 24 年來一直堅持低利潤率、電商主營業務收入不足 100 億美元的亞馬遜來說是一大突破。在電商垂直搜索和產品廣告領域，亞馬遜比競爭對手有更大優勢，相對於許多在線廣告對不精確算法的依賴，得益於其海量的消費數據以及對消費偏好的分析能力，當用戶尋找特定商品時，會把廣告理解為消費建議，不認

為是侵犯隱私。

2016 年，美國一半的線上成長和 21% 的零售成長來自亞馬遜。進入實體商店的顧客在購物前，會先查詢網上的評價。傳統的認知是消費者先到谷歌搜索產品，後在亞馬遜下單，而研究機構發現，實際上 55% 的產品搜索是把亞馬遜當成網絡入口，利用谷歌搜索產品佔比僅為 28%。亞馬遜的優化搜索有專利價值，此類業務收入的成長性極強。

不少人忽視亞馬遜搜索引擎的價值，卻有很多人知道 A9 算法 ❶。一旦用戶點擊進入搜索，A9 算法啟動兩步核心算法：從大量產品目錄中選出相關的結果和將那些排序最相關的結果推薦給用戶。為確保用戶最快、最精準地搜索到"想要購買的產品"，亞馬遜會分析每一個用戶的行為並記錄，A9 算法會根據這些分析最終執行買家最大化收益（Revenue Per Customer，簡稱 RPC）。

每個算法都有它的原則，A9 算法遵守以下 3 項原則：

（1）買家收益最大化（RPC），即用戶第一原則。

（2）買家的每一個行為都會被追蹤。

（3）買家收益最大化的數據追蹤指向是 A9 算法的首要指標。

為了徹實執行 A9 算法三原則，亞馬遜制定了 A9 算法的三大核心操作指標，用於量化 A9 算法。

（1）轉化率。具體包括銷量排名、買家評論、解答問題、圖片尺寸、性價比。

（2）相關性。標題、要點和產品描述。

（3）買家滿意率和留存率。具體包括回頭率、評價、訂單缺陷。

亞馬遜的目的是讓用戶以最短的時間找到最想要的信息，A9 算法的目的是讓用戶以最短的時間找到產品，並且讓商家利益最大化。

9.1.5 飛輪效應（Flywheel）

亞馬遜依據飛輪原理，構建了飛輪業務模型。Prime、Maketplace、AWS 和 Adertisement 之間看似不相關的業務，通過飛輪原理構建飛輪模型。如圖 9-8 所示。

將圖 9-8 演化成"飛輪加法"，如圖 9-9 所示。

2006 年至 2019 年，圍繞着 AWS 架構，各類移動應用技術與智能應用技術層出不窮。Kindel、FireTV、Echo 系列設備的出現，形成了 AWS 的新飛輪，如圖 9-10 所示。

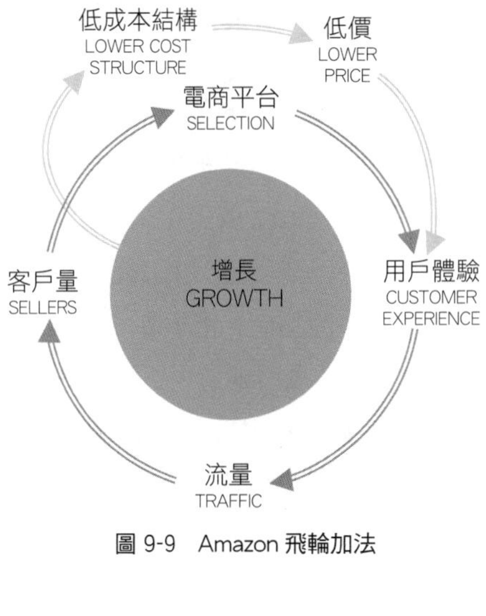

Amazon 的增長飛輪（GROWTH）與 AWS 飛輪之間，

❶A9 算法：亞馬遜（Amazon）搜索算法的名稱，從亞馬遜（Amazon）龐大的產品類目中挑出最相關的產品，並根據相關性排序展示給用戶，期間 A9 會對挑選出來的產品進行評分。

圖 9-8　Amazon 飛輪模型

圖 9-9　Amazon 飛輪加法

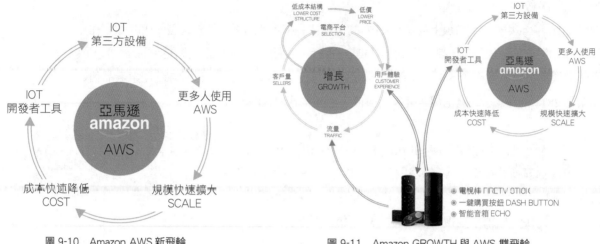

圖 9-10　Amazon AWS 新飛輪　　　　圖 9-11　Amazon GROWTH 與 AWS 雙飛輪

有着巨大的協同性，如圖 9-11 所示。通過電視棒（FireTV Stick）、一鍵購買按鈕（Dash Button）和 Echo 系列設備等 IOT（Internet Of Things）設備，用戶的體驗感上升，同時 Amazon 獲得了真實的場景數據，為 Amazon 進一步向用戶推薦商品提供依據。通過這些設備的幫助，也增強了 IOT 開發者工具，並帶來了新增流量，讓 GROWTH 飛輪與 AWS 飛輪協同旋轉上升。

　　Amazon 雙飛輪協同旋轉的結果是流量、消費、廠商、開發者、場景、數據六種要素的加乘，平台業績獲得螺旋式增長。據 2017 年 Amazon 財報顯示，AWS 飛輪的總收入雖然只佔總收入的 9.8%，但其營運利潤（Operating Income）佔到 Amazon 總營運利潤 105.5%，Amazon 總營運利潤為 41.06 億美元，而 AWS 的營運利潤為 43.31 億美元。換言之，增長飛輪並不贏利，只是流量入口而已。真實贏利的是 AWS 飛輪，但是兩者必須採用加法原理相互協同，才創造出營運利潤。

9.1.6 飛輪算法

　　通過飛輪原理構建飛輪模型，將標數法、合併排序、增益路徑法和 A9 算法這四大算法作為飛輪驅動力，演繹出四輪咬合、互相帶動、越轉越快、風馳電掣的飛輪效應，如圖 9-12 所示。

　　四大算法的核心基礎是 Prime，它主要服務於邊際成本幾乎為零的數字產品，如歌曲、電影、電子書。雖然 Prime 會員會增加運費，但是送得多的前提是會員購買產品的數量在增加。隨着人工智能的開發，無人機、無人車的出現，運費將逐漸降低，增強 Prime 會員體驗。由於 Prime 用戶越來越多，會吸引更多賣家入駐平台，更多產品、更多選擇的 Maketplace 策略進一步增強了用戶需求多樣化的體驗感。會員和第三方賣家越聚越多，A9 算法推動廣告收入。AWS 通過服務亞馬遜平台之外的賣家，高效契合入駐平台第三方賣家的需求，不僅增強了平台競爭力，又能為平台盈利。

亞馬遜成功地與 5 億消費者結盟，利用四大演算法搶走了傳統零售業的市場、品牌先前的利潤，與消費者共享優惠。亞馬遜、消費者與演算法三者結盟，在移動端形成 4S 的移動營銷演化路徑，如圖 9-13 所示。

為用戶提供服務，尤其重視為 Prime 提供高價值服務，運用 Maketplace 戰略豐富了平台內容，A9 算法培養了消費者和賣家兩端的超級用戶，AWS 雲服務為賣家、用戶和產品之間搭建了一個更高效的流轉空間。四大算法驅動 4S 模型，演繹出萬億美金市值的完美神話。

圖 9-12　Amazon 四大飛輪算法

9.1.7 加法賦能管理（The Addition of Management Empowerment）

Amazon 成立之初是以賣書為主的自營電商平台，1997 年在 NASDAQ 上市時，市值只有 4.38 億美元。1997 年，傑夫·貝索斯（Jeff Bezos）提出兩個關鍵詞：一是 "長期"（Long-term），即所有的客戶增長、市場增長與品牌發展都是致力於長期主義（That's All About the Long Term）；二是醉心於消費者（Obsess Over Customers），對消費者始終保持恐懼。

圖 9-13　Amazon 飛輪與 4S 移動營銷模型

圍繞消費者長期做加法賦能運算，Amazon 需要與之匹配的賦能管理模式，2019 年 7 月份，在 MIT 平台戰略峰會（Massachusettes Institute of Technology Platform Strategy Summit）上，AWS 的物聯網 CEO 德克·迪達斯卡爾歐（Dirk Didascalou）提出了 Amazon 賦能管理的四要素，如下公式：

$$f(\text{innovation}) = (\text{arch} \times \text{org})^{(\text{mechanisms} \times \text{culture})}$$

*Innovation is a function of **architecture** and **organization** amplified to the power of **mechanisms** and **culture**.*

· 架構（Architecture）創造一個支持快速成長和變革的結構。

· 組織（Organization）讓小而有能力的團隊擁有他們所創造的東西。

· 機制（Mechanisms）將行為編碼進我們促進創新思維的 DNA 中。

· 文化（Culture）僱傭建設者，讓他們建設，用信念系統支持他們。

（1）架構──賦能基（The Cornerstones of Empowerment）。在 Amazon 整個架構裏，最為知名的當屬貝索斯提出的 "API（Application Programming Interface）授權"，即任何一個

圖 9-14　Amazon 敏捷組織

軟件團隊在搭建應用程序時，必須向其他團隊通過 API 公開數據和功能。

這種公司級"微服務（Microservice）"架構的益處在於，公司搭建了一個快速、高效、協作的管理平台，通過開放數據和功能，團隊間不僅可以快速靈活地調取他人的服務與數據，不必為跨團隊、跨部門協作而爭執不休，實現了快速、靈活、可復用且鬆散耦合的特點，而且用組織架構的形式確定了公司內部的賽馬機制：不同團隊之間的技術相加的最終結果一定是公司想要的技術最佳值。這就是開放帶來的加法賦能管理。

（2）組織——賦能柱（The Pillars of Empowerment）。兩個披薩團隊（two-pizza-team）是 Amazon 小型賦能團隊的代名詞，其團隊人數不應很多，大約 2 個披薩就可以讓每個人吃飽，算起來 6-8 人之間最好。

碎片化組織的好處很多，其一是實現了敏捷溝通；其二是避免了"假、大、空"的設想，從細微入手實現了敏捷開發；其三是提高決策效率，每個團隊對設計與應用都擁有決策權，實現了敏捷決策；其四是配合為賽馬機制而設的架構，內部孵化了海量創業小組，應對外界挑戰，實現了敏捷反應。如圖 9-14 所示。

（3）機制——賦能牆（The Walls of Empowerment）。Amazon 有 4 套特殊的機制（Mechanism），保障賦能管理從出發點正確到達正確的結果。

新聞稿機制。在項目開始之前，團隊要寫出一個模擬新聞稿並附帶一個 FAQ 文件，文件中要闡明用戶或記者可能會提出什麼刁鑽問題。

空椅機制。為了實現真正把用戶放在心上，Amazon 會議室裏有放一把空椅子，讓每一個與會者想象用戶會提出什麼問題以及用戶會有什麼感受。

6 頁備忘錄機制。以書面表達進行內部決策，在開會決策之前，會要求提案人書寫 6 頁備忘錄在會前閱讀，再討論可行性。

糾錯（Correction of Error）機制。Amazon 有一套明確的機制用來處理可能出現的錯誤，為此設計了 7 組問題要團隊／組長回答：①發生了什麼？②對你的客戶、業務有什麼影響？③根本原因是什麼？④你有什麼證據來支持這一觀點？⑤關鍵影響是什麼，特別是安全方面？⑥你學到了什麼？⑦你會採取哪些糾正措施來防止此種問題再次發生？

（4）文化——賦能門（The Doors of Empowerment）。Amazon 的文化是為"建造者（Builder）"敞開大門，鼓勵團隊獨立創造、獨立決策。但並非一味的無原則地支持創造，Amazon 對於"雙向門（two-way door）"和"單向門（one-way door）"採取不同的態度，大部門決策傾向於"雙向門"，即可逆的行為，如果創造不成功，可以退回去重新開始的決策風險較低。公司的高層真正的管理重心放在那些大型的、單向的、不可逆轉的決策上，即單向門——那些沒有退路的門。雙向門交給團隊，單向門交給高管，Amazon 的文化採取了分級賦能，既降低了風險，又提高了管理效率。

綜上所述，經典的 Amazon 賦能管理屋（The House of Management Empowerment）也就

呼之欲出了，如圖 9-15 所示。

9.2 加法算法等於差異化

無論是互聯網科技型企業還是實體企業，差異化
戰略都是最有效的戰略。亞馬遜採用 Prime 會員制鎖
定消費者，如果在會員制的基礎上不採用差異化服務
策略，會員的增長必然乏力。會員制是載體，差異化
是內容。

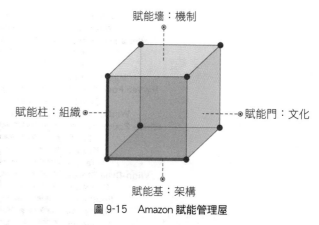

圖 9-15　Amazon **賦能管理屋**

差異化戰略（Differentiation Strategy）是指企業產品、服務、企業形象等與競爭對手有
明顯區別，以獲得競爭優勢而採取的戰略。這種戰略既可獲得用戶對品牌的忠誠度，又能
使企業利潤高於同行業平均水平，被廣泛應用於所有競爭度比較高的行業。

差異化戰略分為以下幾種類型：

（1）產品差異化戰略。

（2）服務差異化戰略。

（3）性價比差異化戰略。

（4）體驗差異化戰略。

（5）形象差異化戰略。

在描述差異化戰略的浩瀚文獻中，大多是對差異化戰略質的定義，缺乏量的算法公式，
導致這一戰略出現認知易、操作難的局面，筆者認為差異化戰略在實施過程中是一種加法
計算，公式為：

$$V（Value）=OV（Original\ Value）+1,2,3……n$$

差異化價值等於行業原值加 1 加 n。下面，我們選取中美兩國較有代表性的 5 個案例
講述差異化中的加法原理。

在美國消費者的日常消費中，專售生鮮的零售超市佔比逐年提高。2017 年最受歡迎
的 23 家超市中，專售生鮮的零售超市數量過半，前 10 名中，除了第一名的大眾超級市場
（Publix Super Markets）和第八名的好市多（Costco），其餘均為生鮮超市，如圖 9-16 所示。

9.2.1 產品差異化戰略：WHOLE FOODS MARKET

Whole Foods Market（全食超市）是美國最大的定位高端有機食品的連鎖超市，也是全
美首家獲認證的有機食品零售商，聚焦高端消費者，被譽為"美國食品超市界的頂級精品、
有機產業的愛馬仕（Hermès）"，銷售額已超過 157 億美元。自 2012 年，該超市以每年 20%
的銷售額增長，宣告食物從生活必需品變為生活奢侈品。

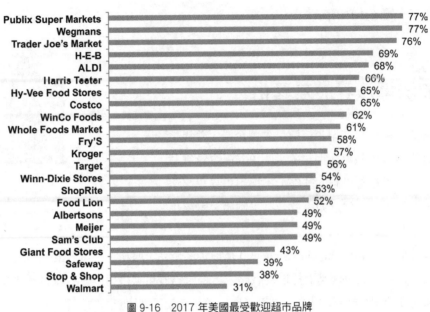

圖 9-16　2017 年美國最受歡迎超市品牌

Whole Foods Market 的算法是"食物＋有機＋全球優選"。

Whole Foods Market 自建一套有機食物的標準，該標準整體高於行業標準，同步建立了遍佈美洲、亞洲、非洲等 37 個國家（地區）的生產基地和採購網點，包括中國、南非、印尼、埃及、墨西哥、巴西等，每個國家都提供最優質產品。

9.2.2 服務差異化戰略：Wegmans

Wegmans 是一家私有美國食品連鎖超市，自 2015 年以來已連續 3 年蟬聯美國最受歡迎超市。

Wegmans 的算法是"食物＋健康＋服務"。

Wegmans 為顧客提供健康的體驗，檢查健康狀況，安排"蔬菜教練"和"美食能手"，幫助顧客挑選或提供健康選食的建議。在其藥店附近設置"吃得健康，獲得健康"展台，展台裏陳列着各種包含健康飲食故事的食品，故事內容隨季度變化。超市還傳授健康烹飪的技能，變成烹飪培訓中心。為做好服務差異化（Service Differentiation），Wegmans 正在把各種深受顧客歡迎的服務措施加入到顧客體驗中。

9.2.3 性價比差異化戰略：TRADER JOE'S

性價比是中檔消費者最看重的產品賣相，其突出特徵是價格向下看、配置質量向上看，其理念是離客戶更近一點，價格更實惠一點。TRADER JOE'S 在美國同樣是賣有機食品的超市，但價格比 Whole Foods Market 低廉。TRADER JOE'S 通過供應策略"自有品牌佔比 80%"來實現"低價高質"。通過研發自有品牌，TRADER JOE'S 可省去知名品牌高昂的中間成本，確定了研發、生產包裝運輸成本可控，從而實現"以合理的價格提供最優質的食品"的差異化性價比戰略定位。

在 TRADER JOE'S 最暢銷的自有品牌食品中，辣椒萊姆雞肉漢堡、餅乾口味的黃油等原創食品深受年輕消費群體的喜歡。TRADER JOE'S 的成功源自採用差異化戰略的加法運算，即"食物＋自有品牌＋性價比"。

中國的小米手機（MI）是智能手機行業中執行性價比差異化戰略最堅決的代表。小米手機的衍生產品都秉承"性價比就是生命"這一理念，包括小米商城推出的小米配件、小米盒子；小米社區裏各種好玩的 App；小米 MIUI 的各種雲端服務，甚至包括小米存儲卡、讀卡器、手機殼、掛飾、貼紙、公仔、服裝等都執行性價比差異化區分競爭對手的戰略。

中國餐飲業競爭激烈，有一家執行性價比差異化戰略的小菜園（Xiao Caiyuan）餐飲連鎖企業創造了不凡的業績，自 2016 年創業以來，到 2019 年已創辦了 100 多家直營餐飲店，年營收達到 8 億元人民幣，最令人欣慰的是店店盈利。如圖 9-17 所示，筆者曾以《移動營銷管理》中提到的性價比差異化戰略輔導該企業成長。

圖 9-17　小菜園學習《移動營銷管理》

小菜園定位於中檔收入家庭消費，提出"國民菜，新徽派"的大眾化定位，把精品菜餚普惠於大眾。小菜園的所有蔬菜、米麵油和佐料均是有機食品，煲湯用水來自指定品牌"農夫山泉"（Nongfu Spring），大米用的是中國北方最好的有機"五常"米，煮飯用的電飯鍋是松下牌（Panasonic）電飯鍋。菜單上的單價很有誘惑力，炒土豆絲每份 12 元，行業通常賣 22 元；煲了 2 個小時的海帶龍骨湯僅售 14 元，足夠 6 個人享用；米飯每人 3 元，不限次數添加。

性價比差異化戰略（Cost-effective Differentiation Strategy）的優勢很明顯，對用戶而言是最劃算的交易，可提升持續消費的比例，從而使企業的業績得到保障。需注意，採用性價比高的企業發展模式不一定就要犧牲利潤，性價比高不代表單價最低。

如圖 9-18 所示，圖①突出品牌的溢價能力，由於高利潤的支撐，服務也做到了極致；圖②突出產品功能帶給用戶的利益，由於質優價廉，所以擴張速度快，企業擴大規模比較容易。圖③在服務上與圖①交叉，在出品內容上不輸於圖②，唯一的區別是圖③在超級用戶的培養和用戶對性價比差異化價值體驗空間上與圖①及圖②不交叉，形成圖③自己差異化的用戶識別區。概括地說，圖

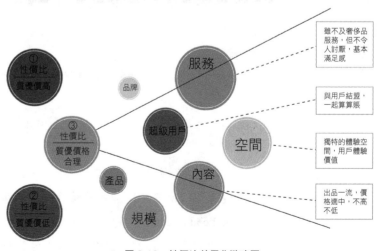

圖 9-18　性價比差異化戰略圖

③強調通過性價比體驗產生用戶口碑，追求可持續發展。

9.2.4 用戶體驗差異化戰略：盒馬鮮生（Hema stores）

盒馬鮮生是阿里巴巴線下超市完全重構的新零售業態。它既是餐飲店，也是菜市場；用戶可以到店購買，也可以在 App 下單購買。盒馬鮮生的快遞配送讓用戶體驗值猛增：門店周邊 3 公里範圍內，30 分鐘送貨上門。上海本地菜中常見的青菜、雞毛菜、生菜、韭菜僅需 1.5 元 / 包，空心菜、菜心、紅米莧、香芹、油麥菜、茼蒿僅 2.5 元 / 包，價格比傳統菜市場低 10%，比社區品牌店低 30%，盒馬鮮生將供應鏈省下來的錢全部貼補到消費者身上，確保盒馬鮮生在微利下可持續運營，讓消費者體驗到實實在在的優惠。

消費者能夠體驗到的盒馬鮮生的優勢包括以下幾方面：

（1）選品採購：時尚、潮、差異化、標準化，專業團隊產地直採，在全球範圍採購新鮮食材。

（2）供應鏈優勢：高檔海鮮直接從海外進貨，且價格比永輝要低，但對於傳統商品，對上游供應鏈還沒有足夠的議價能力。

（3）促銷人員，新店開業均安排促銷員促銷。

（4）配送優勢：大部分時間在家的用戶，足不出戶，配菜就可以送到家。

（5）盒馬輕餐：針對辦公室場景推出的輕餐，比盒飯體驗效果好。

（6）用戶參與：為週末親子活動班進店消費打造了用戶參與製作的體驗模式。

準確定義盒馬鮮生的屬性，應該是一家用大數據支撐用戶體驗的線上線下融合發展的科技公司。阿里巴巴為盒馬鮮生的消費者提供會員服務，用戶可以使用淘寶（Taobao）或支付寶賬戶註冊，便於消費者從最近的商店查看和購買商品。盒馬鮮生未來要做的事是追蹤消費者的購買行為，藉助大數據為消費者提供更好體驗的消費建議。

盒馬鮮生店內店外的消費體驗獲得了用戶的回報，據華泰證券（HUATAI SECURITIES）2016 年 12 月份的研報顯示，盒馬上海金橋店 2016 年全年營業額為 2.5 億元人民幣，坪效高達 5.6 萬元，遠超同行業平均水平 1.5 萬元。盒馬用戶的黏性和線上轉化率相當驚人，線上訂單佔比超過 50%，營業半年以上的店舖更是高達 70%，線上商品轉化率高達 35%，遠高於傳統電商。

盒馬鮮生的算法是"食物＋線下體驗＋線上體驗"。

9.2.5 形象差異化戰略：一條生活集合店（ONE ZONE）

一條又稱一條視頻、一條 TV，是一家主打生活短視頻的互聯網新媒體，創始人為上海《外灘畫報》（The Bund）前總編輯徐滬生，創始於 2014 年 9 月 8 日。通過微信公眾號（Wechat Official Account），每天發佈原創短視頻，上線 15 天，一條的微信公眾號粉絲破 100 萬人；2015 年，粉絲達到 600 萬人；至 2018 年，粉絲突破 2000 萬人。隨着粉絲的增長，一條一年的廣告收入已增長至 2 億元人民幣，毛利高達 90%。一條的第二階段發展是以內容電商為升級方向，2016 年 5 月 9 日晚 8 點，一條發佈了關於美國熱銷懸疑書《S.》的圖文推送，這本售價為 168 元的小眾圖書，在 2 天內賣出 25,000 本，收入 420 萬元。一條還曾在一週內賣出 60 台共計 180 多萬的獨立音響。

經過一年的內容電商試驗，一條得出的數據是毛利 15%，App 客單價 800 元，在不考慮復購因素的情況下，3000 萬粉絲的轉化率只有 4.16%。一條生活館（ONE ZONE）線下實體店開張後，2018 年線上線下每月營收均超過 1 億元。

一條突出"一家賣好東西的店"，形象設計"不要讓客人覺得太高級"。在進入每家店之前，映入眼簾的是大門口的高清大屏幕，播放着一條的視頻，視聽效果頗為震撼。這一設計不僅和一條內容平台相呼應，還成為一條線下店形象識別的一大亮點。

店內設有圖書文創區、美妝洗護區、數碼家電區、美食餐廚區、家具生活區、海淘體驗區以及咖啡區。

一條線下店的品牌形象模擬無印良品（Muji），經營模式與蔦屋書店（DaikanyamaT-Site）相似，但有如下幾點區別：

（1）海量文案和內容充當導購員。消費者在每件商品旁邊可掃二維碼，海量文案自主完成"商品信息解釋"過程。

（2）自媒體式的品牌解說。"標題＋故事"快速地讓消費者完成品牌認知。

（3）創造屬於一條自己的品牌美學。一條創始人徐滬生曾說："一條生活集合店（ONE ZONE）把中國和日本大概 50 年的差距，縮短了 10 年。"一條依託其優質的內容資源，如上千位名人、設計師、作家、藝術家的原創內容，成就一條獨特的美學。

一條生活集合店的算法是"產品＋內容＋形象"。

9.3 螞蟻加法

2018 年 6 月，中國螞蟻金服（ANT FINANCIAL）完成 C 輪 140 億美元的融資，估值 1,500 億美元，成為全球最大的未上市獨角獸企業，在中國的科技公司市值中，排名第三，僅次於阿里巴巴（Alibaba）和騰訊（Tencent），是亞洲最大的第三方移動支付平台，在全球服務超過 8.7 億用戶，業務覆蓋超過 2,500 萬家中小微企業。

成立於 2014 年的螞蟻金服，以加法運算推動飛輪效應。如圖 9-19 所示，2014 年之後，明顯加快了加法運算。

支付寶（Alipay）：第三方擔保交易模式，產生利息效益、備金收益、廣告收益、增值服務等其他收益。

餘額寶（Yu Ebao）：餘額增值服務模式，用戶可以購買基金等理財產品，還能消費支付和轉出。

招財寶（Zhao Cai Bao）：通過向權威金融機構開放協同服

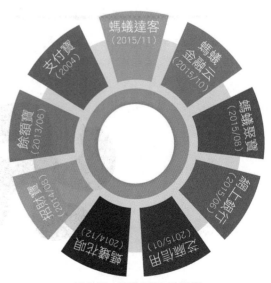

圖 9-19　螞蟻金服加法運算

務，為中小微企業提供融資業務。

螞蟻聚寶（Ant fortune）：專注於金融理財渠道。

螞蟻花唄（Ant check later）：一款消費信貸產品，用戶可以預支螞蟻花唄的額度，享受"先消費，後付款"的購物體驗。

芝麻信用（Zhima Credit）：通過對用戶進行信用評價，繼而為用戶提供快速授信及現金分期服務。

此外還有服務於大量中小微企業的網商銀行（MYbank）、芝麻達客與螞蟻金融雲。

螞蟻金服的前身是成立於 2004 年的支付寶，原本只是服務於阿里巴巴體系（Alibaba Group）的支付需求，通過加法運算一路狂奔。2017 年，在金融理財產品方面，螞蟻小貸的累計貸款為 6,132 億元人民幣，歷年壞賬率不足 2%，包括餘額寶的一站式理財平台。螞蟻財富是全球最大的在線理財平台，資產管理餘額達到 2.1 萬元億人民幣。

雖然支付寶市場佔有率在中國國內處於第一的位置，但天花板效應明顯。基於中國在第三方移動支付的領先地位，螞蟻金服在海外加速複製支付寶。

• 2015 年，螞蟻金服在兩輪增資印度的 Paytm 後，佔股達 40%。截至 2018 年，印度 Paytm 用戶數增長至 2.2 億人，意味着 Paytm 超越 Pay Pal，成為全球第三大電子錢包。

• 2016 年 11 月，螞蟻金服戰略投資泰國支付企業 Ascend Money；2017 年 2 月，注資菲律賓數字金融公司 Mynt；4 月，與印尼 Emtek 集團成立一家合資移動支付公司。

• 螞蟻金服與日本第二大便利店羅森（LAWSON）合作，1.3 萬家羅森商店支持使用支付寶，日本的機場和大型購物中心支持支付寶業務。2017 年 5 月，支付寶與美國 First Data 合作，使美國的 400 萬個商戶銷售點（POS）支持支付寶。在美國，這樣的力度與 Apple Pay 等量齊觀。

在移動互聯網時代，工具類產品的替代性很高，存活率極低，使用支付寶必須從純工具型向平台型轉變。螞蟻金服的下一輪加法運算指向了支付入口和場景生態。

2015 年 7 月，支付寶發佈革命性的 9.0 版本，增加兩個一級入口"朋友"和"口碑"（Discover），標誌着支付寶向場景生態平台的轉變。螞蟻金服投資了口碑網、餓了麼、滴滴出行、淘寶電影、百勝中國，這些投資都是為了投資場景。螞蟻金服還積極投資線下業務，搶奪新零售市場的入口，包括線下的餐飲、娛樂、服務等商戶可以直接接入支付寶。如表

圖 9-20　螞蟻金服的下一輪加法運算指向支付入口
和場景生態

表 9-2　螞蟻金服的投資版圖

領域	投資企業
金融（34）	中國郵政儲蓄銀行、浙商銀行、網商銀行、BKash、Telenor Microfinance Bank
	國泰產險、萬通保險、保險師、保進保險代理、眾安在線
	德邦證券、德邦基金、螞蟻基金、數米基金網
	HelloPay、Kakao Pay、Paytm、V-Key、Mynt、True Money
	天金所、網金社、螞蟻小額貸款、趣店
	中和農信、高陽捷訊、恆生聚源、金貝塔、無馬識財、信美相互、朝陽永續、新錢、尚藝飛流、寶粉網
企業服務（15）	口碑、雅座、霹里啪、南方銀谷、佳都數據、朗新科技、武漢安天、維金、特微智能、人力窩 WoWooHR、未來安全、吉大正元、易百股份、掌慧縱盈、樹熊網絡
汽車交通（9）	滴滴出行、立刻出行、大搜車
	OFO 小黃車、哈羅單車、永安行
	停簡單、捷停車、小碼聯誠
電子商務（5）	淘票票、探物、內啥、OpenrRice、eSand 一砂
餐飲業（5）	百勝中國、餓了么、禧雲國際、Zomato、二維火
文娛傳媒（5）	36 氪、虎嗅科技、財新傳媒、趣拍雲、我在現場
人工智能（5）	Face++、深鑒科技、中科虹霸、EyEVerify、魔勝網絡驗證
生活服務（4）	支付寶校園生活、嘉圖軟件、杭州到位、邦道科技
物聯網（2）	VTECH、聯卡聯城
教育培訓（1）	校寶在線
VR/AR（1）	奧比中光
旅游戶外（1）	八爪魚在線旅遊
大數據（1）	明覺科技
農業（1）	農聯中鑫科技
房產家居（1）	蘑菇租房
批發零售（1）	猩便利

表 9-3　海外錢包佈局情況

日期	合作或投資公司	國家	旗下平臺
2015 年 1 月	One97 Communications	印度	Paytm
2016 年 11 月	Ascend Money	泰國	TrueMoney
2017 年 2 月	Mynt	菲律賓	Gcash
2017 年 2 月	Kakao	韓國	KakaoPay
2017 年 4 月	Emtek 集團	印度尼西亞	DANA
2017 年 7 月	馬來西亞聯昌國際銀行（CIMB）	馬來西亞	Touch&Go
2017 年 9 月	長江和記	中国香港	AlipayHK
2018 年 3 月	Telenor Microfinance Bank	巴基斯坦	Easypaisa
2018 年 4 月	bKash	孟加拉國	bKash

資料來源：36 氪、阿里雲官網、搜狐財經、新浪財經、海通證券研究所整理

9-2 所示，螞蟻金服的投資版圖正在不斷擴大。海外錢包佈局情況如表 9-3 所示。

　　當地球人已經無法阻擋亞馬遜擴張的步伐時，中國有一群螞蟻正推動着它的加法飛輪一路狂奔，勢不可當。

9.4 加法等於生態戰略

　　在資本市場中，產品型公司估值十億美金，平台型公司估值百億美金，生態型公司估值千億美金，這背後蘊含着怎樣的成長邏輯和投資回報算法呢？

　　類似亞馬遜、螞蟻金服、阿里巴巴、京東這樣的公司，之所以能在虧損狀態下被資本市場持續看好，是因為它們用資本市場的錢來積累用戶，然後攜巨量用戶擴張版圖。同時，它們還具備孵化新物種、連接新物種、改造新物種的能力，這種能力不是簡單的加法運算，而是用生態加法創造出價值。

　　簡單加法運算是基於擴大利潤的擴張，生態加法是基於效率的提升。螞蟻金服擴張到任何一個國家，首先都是為了提升用戶交易的便捷度，體驗移動支付的好處。這種生態加法運算是基於它們有強大的數據供給能力、餵養能力和飼養能力。這些能力激發了新物種中的生態價值。例如，你最先使用螞蟻金服中的支付功能，隨後你發現它還有理財功能，它會讓你的閒散資金在滯留期間產生價值回報。生態加法之所以“生態”，是因為相互連接的生態動因，這個動因就是用戶的現實需求、潛在需求或者是你開發出來的新需求。新物種的出現一定是自然過渡，不是增加；一定是基於用戶的滿意度體驗，不是企業商業模式的延伸。假如螞蟻金服在用戶實現支付功能之後，推出新物種“螞蟻智能手機”，即便也是為了滿足用戶需求，且滿足企業商業利益的考量，但這種加法仍是簡單相加，並不生態。

　　新物種誕生都有內在邏輯，這種內在邏輯我們稱之為賦能。任何生硬的嫁接和改造，都會因缺乏可持續性，而使新物種缺乏新的土壤、水和空氣，從而導致自主成長乏力。從商業模式延展利潤的目的出發，通過簡單的加法嫁接存活其實是一種妄念。從本質上來講，新物種一定不是老物種複製的結果，因為形式不能決定內容，任何商業模式的複製都是形的複製，而不是內容的生產。顯然，新物種的基因是自主生成的新內容，這就要求老物種與新物種之間的關係是連接、孵化與賦能。

　　亞馬遜最先推出的第一步戰略是 Prime 會員制和自主品牌的商品，當它推出第二步戰略即第三方賣家平台時，小心翼翼地分階段給第三方賣家流量支持，在第三方賣家銷量增長和流量廣告支持之間，亞馬遜找到新品和老會員之間的連接方式，給新品賦能，孵化第三方平台的新賣家。

　　因此，加法運算的高階形態是由“連接、孵化與賦能”組成的生態戰略。

1. 連接

　　每一個物種在生態系統中都有自己的獨特地位，佔據特定的空間，扮演獨特的角色，我們稱之為“生態位”。每一個物種都樂享自己的生態位按照自己的基因編碼自主成長，但這並不意味着該物種的生態位是一成不變的，連接其他物種可以使該物種中的生態位發生戰略躍升。例如，把 AI 技術連接到智能手機中並非改變手機的基因，而是躍升了手機的戰略競爭力，用戶不必下載軟件玩遊戲，裝有 AI 技術的智能手機實現了軟硬件一體化。又如，亞馬遜用智能技術連接家居，新物種"智能家居"也是一種戰略躍升的連接。

2. 孵化

不同的戰略構件通過不同的策略組合形成多樣化的商業模式，模塊化生長與組裝可以孵化出新物種的新生態，模塊化作為半自律系統，以其特有的獨特性、可延展性、可變性等優勢，以柔性身段與生態戰略不謀而合，生態孵化的邊際成本幾乎為零。

在螞蟻金服投資印度的 Paytm 平台之前，Paytm 只有支付功能和 1.2 億用戶。螞蟻金服投資 Paytm 之後，僅有 20 個老員工，把自己在中國市場積累的經驗帶入 Paytm，此後 Paytm 增加了理財功能，用戶增加了 1 億，這顯然是一次成功的生態孵化。

3. 賦能

阿里巴巴的馬雲（Jack Ma）曾說"人類正從 IT（Information Technology）時代走向 DT（Data Technology）時代"。他認為 IT 時代是以自我控制、自我管理為主，而 DT 時代是以服務大眾、激發生產力為主。

在新需求、新市場和新文化的"三新時代"，執行加法運算的企業將沒有商業邊界限制。商業邊界的擴張必須有新技術的支持，沒有新技術的加法仍然是高成本低效率的簡單加法，擁有新技術加持的加法才是賦能運算。新技術可以自主研發，也可以從外部購買。

總之"連接"、"孵化"、"賦能"是打開加法算法實現生態戰略躍升的 3 把鑰匙。

本章小結

（1）亞馬遜的 4 項業務構成其收入的底層支柱，這 4 項業務分別是 Prime、Marketplace、AWS、Advertisement，四者之間相互疊加構成亞馬遜的飛輪加法。

（2）差異化戰略是指企業產品、服務、形象等與競爭對手有明顯區別，以獲得競爭優勢而採取的戰略。這種戰略既可獲得用戶對品牌的忠誠度，又能使企業利潤高於同行業平均水平，被廣泛應用於所有競爭度比較高的行業。無論是互聯網科技型企業還是實體企業，差異化戰略都是最有效的戰略。

（3）差異化戰略的類型分為：①產品差異化戰略；②服務差異化戰略；③性價比差異化戰略；④體驗差異化戰略；⑤形象差異化戰略。

（4）簡單加法運算是基於擴大利潤的擴張，生態加法是基於效率的提升。生態加法之所以"生態"，是因為相互連接的生態動因，這個動因就是用戶的現實需求、潛在需求或者開發出來的新需求。新物種的出現一定是自然過渡，不是增加；一定是基於用戶的滿意度體驗，而不是企業商業模式的延伸。

第十章

Subtraction

減法

　　科學與神學伴隨人類文明 3000 年，人類學會了低頭問科學，抬頭求神庇佑。如今，我們用現代科技造了一個 "神"，它叫谷歌（Google）。它知道我們想要什麼，還知道我們內心最深處的秘密，它是順風耳、千里眼，無所不知。人們經常問它一些從來不向牧師、親人、知己、醫生問的私密問題，它都會不帶私慾、不偏不倚地回答我們，如同熱愛所有人的上帝一樣。谷歌神奇的自然搜索結果提供給我們不帶任何價值判斷的答案。這個神有問必答，有求必應，普渡眾生。過去我們仰望星空叩問上蒼，結果是 "吾將上下而求索"；如今，谷歌每天響應 35 億次搜索，均給出令人滿意的答案。長期以來，科學與神學的爭論到谷歌這裏戛然而止，谷歌之神還提出一句神語 "不作惡"（Don't be evil），讓眾生信賴。

　　從算法原理分析，"不作惡" 中的 "不" 字是減法原理，並非要什麼，而是哪些事情不要做。正是這一減法原則成就了谷歌。

10.1 谷歌（Google）的減法

　　谷歌算法始於網頁排名（Page Rank），於 1997 年由拉里·佩奇（Larry Page）開發。它的基本運算方法是把整個互聯網複製到本地數據庫，對網頁上所有的鏈接進行分析，基於入鏈接的數量和重要性以及錨文本對網頁的受歡迎程度進行評級，在 PC 時代，通過網絡的集體智慧篩選有用網站。網頁排名算法是谷歌的立命之本，在當時已屬於革命性創新。但是，這種依靠外鏈接分析的單一算法的弊端很快出現，很多站長採用作弊手法增加網站外鏈，最終導致出現很多垃圾外鏈。

　　為了解決弊端，2013 年谷歌推出蜂鳥算法（Hummingbird Algorithm）。蜂鳥算法採用 200 多種信號來幫助用戶確定自然搜索結果的排序，搜索引擎能識別語義，辨別信息新鮮度，並逐漸加入了人工智能的搜索技術。蜂鳥算法寓意它像蜜蜂一樣不休息、不停止，谷歌時刻處於創新改進的狀態。每測試一項技術調整時，所有的用戶都扮演 "實驗組" 與 "參照組" 的角色，所有的搜索都被捲入實驗之中。用戶每次使用谷歌搜索，都免費為谷歌做了一次測試。一切源於用戶需求的測試改進，使谷歌更加專業。

　　無論是早期的網頁排名算法，還是現在的蜂鳥算法，都是技術層面的算法。谷歌真正的強大來自其頂層算法——"不作惡" 的減法原則。

10.1.1 不混淆（自然搜索和付費搜索的結果）

　　谷歌保留自然搜索的中立性，付費搜索結果為企業帶來廣告營收，兩者各自獨立。它不生產終端硬件、電腦和手機，要想活下來只有靠用戶信任。對於一家搜索引擎公司而言，它唯一的資本是用戶信任。有了用戶信任，不管使用什麼樣的終端設備都會下載，再多的屏障都無法阻擋；失去用戶信任，再多的爭取也會被用戶拋棄。

　　谷歌很清楚用戶點選自然搜索結果的頻率比付費搜索結果高很多，依然不把兩者混淆。這樣做一方面是為了取得用戶信任，另一方面是為了通過大數據分析判斷用戶需求並整理出精準需求給廣告商作參考。正如一個神偷聽到我們的希望、夢想、苦難、憂愁和生活中的痛點，然後整理出解決方案賣廣告一樣。

　　用戶和企業主都很信任谷歌。付費搜索的拍賣算法是由用戶來決定單次點擊流量的價格，點擊量下降，相應的價格也會下降。他出的拍賣價格可能略高於其他人的價格，但他敢於公佈這些價格，使企業主感受到誠意，企業主相信運算是由後台程序操作，由機器操控，而不是人為操控。人們比喻谷歌為神一般的存在，就是因為它是一家商業公司，卻能像神一樣公平公正，不作惡可理解為不貪心（Not greedy）。

　　華人首富李嘉誠（LI Ka-shing）教育他的兒子李澤楷（Richard Li），與別人合作，假如李家拿七分八分合理，那拿六分即可，讓別人多賺兩三分。這樣一來，每個人都知道，和李嘉誠合作會賺到便宜。

　　李嘉誠把貪心算法應用於心，他在中國內地做房地產生意時，常常從低價位入手，卻從來不在最高價位出手，而是在較高價位出手，類似不要求最高價位，而是最高價位的近似價位。

　　所以說，成功者的行事風格是相似的，即把減法算法做到底。

10.1.2 不獨享（廣告收益）

　　谷歌把廣告收益分享給 3 方：一是廣告聯盟網站，把廣告投放在合作的網站上，給合作網站分成；二是分銷合作夥伴，如安卓（Android）手機製造商和運營商，包括 iOS 系統上的 Safari 瀏覽器；三是購買蘋果的 Safari 用於默認搜索。

　　流量獲取成本（Traffic Acquisition Costs，簡稱 TAC）一直是谷歌總支出中的一大部分，這部分支出會影響總盈利，但谷歌從未削減。谷歌發明的安卓系統向全世界的手機製造商開放，不僅分文不取，還要支付巨額廣告費。開放、共享、付費，神一樣的谷歌減去自己的利潤供養全球的安卓子孫。如今安卓系統已佔領全球市場的 80%，谷歌（Google）的共享理念推動了全球智能手機的高歌猛進。

　　2014 年，谷歌向蘋果支付 10 億美元；2017 年支付 30 億美元；2018 年增加到 90 億美元。

　　谷歌花這麼多錢買蘋果的 Safari 默認搜索位置，其目的是維護在蘋果終端中的 Safari 地位。投行伯恩斯坦（Bernstein）分析師 AM Sacconaghi Jr. 分析稱，谷歌移動搜索收入中有 50% 來自 iOS 設備，2014 年更為誇張，來自蘋果移動設備的收入覆蓋了整個谷歌移動搜索廣告業務的 75% 左右。蘋果手機（iPhone）和平板電腦（iPad）在智能設備市場佔據了強勢地位，谷歌用 Chrome 瀏覽器取代 Safari 的計劃沒有成功，多數蘋果用戶還是習慣設備自帶的瀏覽器。以當年 30 億美元支出計算，谷歌為每個蘋果用戶花費 36 美元。

　　谷歌看好移動端廣告收入，它通過發展中的增長解決開發過大的問題。

　　在谷歌公司內部，有一句話叫"搜索定天下，廣告安天下"。從算法上講，搜索有兩種算法最常用：一是廣度優先算法，二是深度優先算法。在搜索算法中，從上到下為縱，從左到右為橫，縱向搜索為深度優先，橫向搜索為廣度優先。不獨享廣告收益是谷歌廣度優先算法在商業合作上的應用。只有從廣義上佔領終端搜索默認，才能實現"搜索定天下"。

1. 分支限界法──廣度優先

假如有一棵樹，對於這棵樹，如果我們想要橫行天下（廣度優先），那麼應該首先搜索第一層 A，第二層是從左向右的 B、C，第三層是從左向右的 D、E、F、G，第四層是從左向右的 H、I、J。

在計算機算法，程序用隊列實現層次遍歷，這就是無所不在卻又感覺不到它存在的數據結構的應用。數據結構是程序隊列的內在邏輯。

（1）首先創建一個隊列 Q，令搜索樹的樹根入隊。

Q	A			

（2）根元素出隊，輸出 A，同時令 A 的所有子元素入隊。

Q	B	C		

（3）根元素出隊，輸出 B，同時令 B 的所有子元素入隊。

Q	C	D	E	F

（4）根元素出隊，輸出 C，同時令 C 的所有子元素入隊。

Q	D	E	F	G

（5）根元素出隊，輸出 D，同時令 D 的所有子元素入隊。

（6）根元素出隊，輸出 E，同時令 E 的所有子元素入隊。

Q	F	G	H	I	J

（7）根元素出隊，輸出 F、G、H、I、J 時，由於沒有子元素，不操作。

（8）隊列為空時，輸出順序依次為 A、B、C、D、E、F、G、H、I、J。

分支根界法是從根開始，常以廣度優先或以最小耗費優先的方式搜索問題的空間樹。將根結點加入到活結點表，用於存放活結點的數據結構；從活結點取出根結點，使其成為擴展結點；一次性生成所有子結點後，再判斷子結點取捨，留下來的活結點是最優解的活結點集合，這個集合叫活結點表。遊戲規則是所有活結點最多只有一次機會成為擴張結點。

有兩種方式可構建活結點表：一是按先進先出法列出普遍隊列；二是按照某一個結點為擴展原點的優先級隊列。優先隊列一般使用二叉堆算法實現，最大堆實現最大優先隊列優，即優先級數值越大越優先，通常表示效益最大化者優先；最小堆實現最小優先隊列，即優先級數值越小越優先，通常指最小耗費優先。分支限界法由此分為兩種算法，一是隊列式分支限界法；二是優先隊列式分支限界法。

谷歌樹以它枝葉蔭護着它的子民不受烈日曝曬，要想更加枝繁葉茂，只有執行培根計劃。安卓、蘋果系統（iOS）的終端設備，都是谷歌樹扎根的地方。培根需要施肥，谷歌樹把有限的肥料按照分支限界法，給它的廣告合作夥伴施肥，以實現最少耗費的培根計劃。

廣度優先法幫助谷歌重返中國內地市場。正如前文中提到的搜索樹，是從 A 點（Google 搜索）出發？還是從 B 點（安卓）出發？或從 D 點（Google 無人駕駛）出發？這就涉及求解最少損耗的廣度優先級算法。2018 年，谷歌選擇從 D 點出發，重返中國內地市場。

據中國國家企業信用信息公示系統披露，一家名為慧摩商務諮詢（上海）有限公司的企業在上海自貿區註冊成立，經營範圍包括商務信息諮詢、自動駕駛汽車部件及為產品設計、測試提供相關配套服務。這家諮詢公司實實際上是 WAYMO LLC 100% 持股，自動駕駛汽

閱讀　|　貪心算法

中國兒童小時候就會背誦《三字經》（San Tzu Ching），"人之初，性本善。性相近，習相遠"。長大了才發現這只是願望不是現實，現實生活中應該是 "人之初，性本貪。性相近，心相遠"。小孩子吃糖，總想越多越好；做作業，總想越少越好；出去玩，總想時間越長越好。這些想法是人與生俱來的，沒有先生教授。成人的世界裏，貪婪是本性，莎士比亞（William Shakespeare）的《威尼斯商人》（*The merchant of Venice*）的主角夏洛克（Shylock）不僅貪婪，而且吝嗇，雖腰纏萬貫，但從不享用。莫里哀（Molière）的《慳吝人》（*The Miser*）中的阿巴貢（Harpagon）愛財如命，吝嗇成癖。奧諾雷·德·巴爾扎克（Honoré de Balzac）在《守財奴》（*The miser and his gold*）中這樣描寫葛朗台（Grandet）："看到金子，佔有金子，便是葛朗台的執着狂。" 貪婪往往還伴隨着迂腐、兇狠、多疑和狡點，在大文豪的筆下，貪婪者是沒有好下場的，問題是貪婪無解，貪心有解。

貪心算法並不是為了尋找一個問題的最優解，而是想要得到最優解的近似解，不是從整體最優考慮，而是選擇局部最優，從而得到整體最優解的近似解。貪心算法有三個假設前提：

首先，一旦選擇不能後悔。

其次，可能得不到最優解，而是最優解的近似解。

最後，貪心策略的選擇決定算法結果的好壞。

在貪心算法的求解過程中，還需要弄清楚以下兩個問題。

（1）貪心選擇

所謂貪心選擇是指原問題的整體最優解可以通過一系列局部最優的選擇得到。應用同一規則，將原問題變為一個相似的但規模更小的子問題，而後的每一步都是當前最佳的選擇。這種選擇依賴於已做出的選擇，不依賴於未做出的選擇。運用貪心策略解決的問題在程序的運行過程中無回溯過程。

（2）最優子結構

當一個問題的最優解包含其子問題的最優解時，稱此問題具有最優子結構性質。問題的最優子結構性質是該問題是否可用貪心算法求解的關鍵。例如，原問題 $S=\{a_1, a_2, \dots, a_i, \dots, a_n\}$，通過貪心選擇選出一個當前最優解 $\{a_i\}$ 之後，轉化為求解子問題 $S—\{a_i\}$，如果原問題的最優解包含子問題的最優解，則說明該問題滿足最優子結構性質，如圖 10-1 所示。

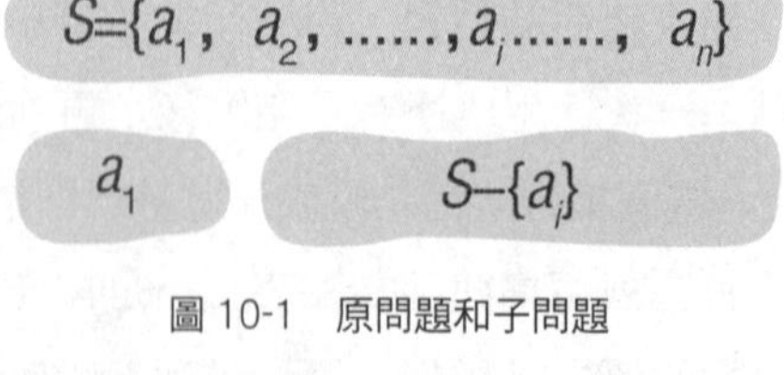

$$S=\{a_1,\ a_2,\ \dots, a_i \dots,\ a_n\}$$

$$a_1 \qquad S-\{a_i\}$$

圖 10-1　原問題和子問題

資料來源：陳小玉《趣學算法》

車配套服務正是由谷歌母公司阿爾法特（Alphabet）旗下的無人駕駛公司提供的。

選擇無人駕駛技術重返中國內地的背後是算法應用的成功，重返中國內地市場時，沒有用搜索技術。選擇無人駕駛技術應和了中國政府的"互聯網＋"計劃，助燃了中國愈燃愈烈的 AI（Artificial Intelligence，人工智能）創業熱風，藉勢普遍渴望創新的中國城市精英，阻擊了它的中國老對手百度搜索。分支限界算法一舉四得，成本近乎為零。

2. 不分心

谷歌作為橫跨 PC（personal computer）時代和移動時代的巨人，保持搜索業務與廣告業務的絕對優勢地位，它面對誘惑不分心，專注於搜索業務的垂直創新。據 2017 年 11 月 8 日市場調研公司 Statista 公佈的數據，在全球網絡廣告市場中，谷歌佔比 44%，排名第一。2017 年，谷歌廣告業務總營收達到 953.8 億美元，在整體的線上和線下廣告市場中的份額高達 25%，排名第一。

閱讀　｜　海盜船最優裝載問題

有一天，海盜截獲了一艘滿載古董文物的中國貨船，每一件古董都價值不菲，可是一旦打碎就分文不值，但海盜船的總載重量有限，假定為 C，每件古董的重量為 W_i，求解：海盜們如何才能把儘可能多的古董裝上海盜船？

1. 當載重量為定值 C 時，W_i 越小時，可裝載的古董數量 n 越大。因此可以依次選擇重量小的古董，直到不能再裝為止。

2. 把 n 個古董的重量從小到大（非遞減）排序，然後根據貪心策略儘可能多地選出前 i 個古董，直到不能繼續裝為止，此時達到最優。

假定海盜船載重量為 30，則分為以下兩種情況。

（1）因為貪心策略是每次選擇重量最小的古董裝入海盜船，因此可以按照古董重量非遞減排序，排序結果如圖 10-2 所示。

（2）按照貪心策略，每次選擇重量最小的古董放入（tmp 代表古董的重量，ans 代表已裝載的古董個數）。

古董重量清單

重量 w [i]	4	10	7	11	3	5	14	2

按重量排序後古董清單

重量 w [i]	2	3	4	5	7	10	11	14

圖 10-2　古董排序結果

i=0，選擇排序後的第 1 個，裝入重量 tmp=2，不超過載重量 30，ans=1。

i=1，選擇排序後的第 2 個，裝入重量 tmp=2+3=5，不超過載重量 30，ans=2。

i=2，選擇排序後的第 3 個，裝入重量 tmp=5+4=9，不超過載重量 30，ans=3。

i=3，選擇排序後的第 4 個，裝入重量 tmp=9+5=14，不超過載重量 30，ans=4。

i=4，選擇排序後的第 5 個，裝入重量 tmp=14+7=21，不超過載重量 30，ans=5。

i=5，選擇排序後的第 6 個，裝入重量 tmp=21+10=31，超過載重量 30，算法結束。

綜上，放入古董的個數為 ans=5 個。

資料來源：陳小玉《趣學算法》

　　谷歌正在從靠流量點擊收費的廣告業務平台，轉型成為依靠人工智能實現精準營銷的全球廣告投放專家，把令人生厭的廣告做成了一個健康的生態系統，向 C 端越來越廣，向 B 端越來越深。

　　谷歌把戰略從移動優先（Mobile First）轉變為人工智能優先（AI First），把許多 AI 技術應用到廣告業務中，包括數據分析、精準投放，幫助 B 端客戶獲得持續成長，這一轉變意味着谷歌從關注客戶廣告投放轉變為關注客戶可持續成長。2018 年，谷歌在中國啟動"外貿成長計劃"，覆蓋了不同成長階段的企業。中國跨境出口電商交易規模增長迅猛，2018 年達到 9.42 萬億人民幣。其中，3C 電子仍然是中國跨境出口電商的第一大品類，佔比 37%。這些跨境電商企業的痛點是研究目標市場的需求與變化趨勢，制定自身的營銷策略。由於查詢業務的流量入口高度分散，交流溝通存在文化差異，導致品牌營銷之路異常艱難。谷歌及時向中國用戶提供了三大免費海外洞察工具，即市場調查（Market Survey）、谷歌趨勢（Google Trends）、谷歌與消費者晴雨表（Consumer Barometer with Google）。以市場調查為例，它包含 55 個國家的數據，超過 400 個產品，19 個不同用途的數據洞察。利用這個營銷工具，企業可以了解當地消費者的習慣與偏好，知曉市場競爭態勢，在目標市場創建綜合性市場工具包，創新自己的品牌發展策略。同樣，谷歌趨勢可以幫助客戶預判市場變化趨勢，跟蹤趨勢並建立可持續發展模型。

　　在幫助中國中小企業出海方面，很多巨頭都在提供服務，如阿里巴巴利用自己的本土優勢，亞馬遜利用自己的海量用戶資源和全球供應鏈優勢。谷歌的核心優勢在於它不是電商平台，它是公正的大數據提供者，利用自己的搜索業務生態圈為客戶提供多維度的決策數據。谷歌有 7 個產品都有超過 10 億級的用戶，如搜索引擎、視頻網站 YouTube、谷歌地圖、安卓平台、郵箱平台 Gmail 等。YouTube 擁有 15 億用戶，調研發現，60% 的 YouTube 用戶會聽從他們喜愛的創作者（網紅）的購物建議，74% 的用戶認為 YouTube 可以幫助他們了解市場趨勢。為了維護生態，作為廣告業務生態體系的一個支撐點，谷歌推出了全新的技術保護廣告主，該技術把違背政策的網站單個頁面移出廣告。僅在 2017 年，谷歌從廣告網絡中移除 32 萬家違反廣告發佈政策的廣告發佈商，封鎖了近 9 萬個網站和 70 萬個移動端應用程序。

　　在產品創新方面，谷歌展示了驚人的創造力。所有產品沒有一項是遠程跨界的橫向發展，全部都是聚焦搜索業務的縱向挖掘。面對華爾街（Wall Street）投資者的期待，谷歌堅持自己不分心的高專注度戰略，開發了 PC 端 Gmail 和谷歌搜索，移動端佔領先機的安卓和谷歌播放、谷歌地圖、視頻網站、瀏覽器（Chrome），谷歌把 PC 端到移動端涉及的所有搜索業務的場景全部覆蓋。

　　不分心戰略在執行層面需要簡化操作。2018 年 6 月 27 日，谷歌重新梳理了產品，推出簡化後的三大廣告業務品牌，即谷歌廣告（Google Ads）、谷歌營銷平台（Google Marketing platform）以及谷歌廣告管理系統（Google Admanager）。這三大品牌業務是為了連接更長遠的 AI 戰略應用。

　　不分心是一種減法算法，這種算法的內在邏輯包括 3 種因素，即對用戶的敬畏、對趨勢的洞察和對競爭對手的謙卑。2011 年，摩托羅拉（Motorola Inc）分拆為兩家公司：摩托羅拉移動和摩托羅拉解決方案。當年谷歌以 125 億美元收購了前者，成為谷歌歷史上最貴收購案。谷歌收購的目的是取得摩托羅拉移動手中大量的專利，以彌補谷歌在移動設備領域專利技術數量方面的不足，當時的摩托羅拉手中已擁有 1.7 萬件專利，申請尚未完成的有 7,500 件，2014 年以 29 億美元轉賣給中國聯想集團（Lenovo）。聯想接手摩托羅拉時，專利只有 2,000 餘項，聯想在乎的是摩托羅拉這個品牌有不少中國粉絲，寄希望於這種"摩托羅拉情結"為品牌重生帶來生機，結果事與願違。從收購 IBM 到收購摩托羅拉，聯想公司更像一個靠情懷而不是靠算法支撐未來的公司。谷歌的減法運算使之變得更加強大，聯想的情懷加法使之被一步步掏空。2017 年至 2018 年財報顯示，聯想在 2017 年營收 454 億美元，淨利潤全年虧損 1.89 億美元，不是聯想做得不夠好，而是說它本應該做得更好。

微軟（Microsoft）也有過致命的失誤，微軟在鼎盛時期以擁有美國企業最惡劣的員工出名，目空一切，驕傲自大，犯下了高科技企業成功後的巨人狂妄症，深信自己的英明，不聽取反對意見。結果微軟上市時，資深老員工紛紛行使股票選擇權，成群出走。微軟大量流失智慧資本（Intellectual Capital），就連創始人比爾 · 蓋茨（Bill Gates）都離開，跑去拯救世界。美國證券交易委員會與司法部開始盯上微軟。

人們也許會認為，微軟和聯想是 PC 時代的巨人，現在是移動時代，時代造英雄。為什麼谷歌可以從 PC 時代活到移動時代？AI 時代並未完全到來時，谷歌是 AI 產業的全球領先者。不是地球人無法阻止谷歌，而是地球人無法阻止算法。作為這個星球上的減法大師，谷歌除了搜索，其他什麼都沒有，但是谷歌恰恰是一招制勝。不要被谷歌的創新弄得眼花繚亂，它開發出安卓是為了對抗蘋果系統，從 2008 年安卓手機操作系統誕生之日起到 2016 年，安卓一共為谷歌創造了 310 億美元收入，折算為 200 億美元利潤，9 年來年均貢獻利潤不超過 22 億美元。YouTube 是搜索引擎中視頻搜索的一部分，無人駕駛只是遊戲之作，前程莫測。假如谷歌自己不犯錯，秉承減法大師的衣缽，大概率事件是谷歌還會前進，畢竟人類永遠渴求獲得知識。你不必仰望星空，只需俯身屏幕，谷歌依舊會繼續壟斷民眾的祈求。

10.2 百度一下（Baidu Search）

百度在中國代表搜索。作為全球最大的中文搜索引擎公司，百度（納斯達克：BIDU）將"讓人們最平等便捷地獲取信息，找到所求"作為自己的使命，致力於為用戶提供"簡單可依賴"的互聯網搜索產品及服務。以網絡搜索為主的功能性搜索，以貼吧為主的社區搜索，針對各行業所需的垂直搜索，全面覆蓋了中文網絡世界所有的搜索需求。在中國，百度 PC 端和移動端市場份額總額佔比 73.5%，覆蓋中國 97.5% 的網民，擁有 6 億用戶，日均響應搜索 60 億次。2017 年營收 848 億人民幣，2018 年 10 月百度市值達 741.81 億美元。

百度的產品包括網頁搜索、手機百度、百度地圖、百度糯米、百度金融、百度貼吧、百度百科、百度知道、百度文庫、百度手機助手、百度雲、百度瀏覽器、百度移動端輸入法、百度殺毒、百度衛士、百度醫生、百度導航等。百度的核心算法是百度收錄和百度排名，百度收錄算法包括以下幾個：

1. 抓取

百度收錄一個網站或網頁的前提是網站被百度抓取過。百度機器經過你的站點，意味着必須有一個入口，假如新建一個網站，只要使用百度瀏覽器打開網站，網站數據就會被抓取。除了使用百度瀏覽器為入口，其他入口還有兩個：一是用戶自己提交，二是 SEO 外鏈。

2. 識別

抓取一個頁面後，有內容的頁面才會被識別。只有在被用戶點擊後，百度機器才會識別。百度機器容易識別的是文字、視頻、圖片、Flash 頁面。

3. 釋放

最終的釋放靠站內推薦和站外推薦。

百度的創新舉措來自百度三大算法：

（1）**百度綠蘿算法**。根據反向鏈接和鏈接個數來判斷你的鏈接是不是購買的。

（2）**百度石榴算法**。依靠網站 html 代碼來抓取百度蜘蛛，根據文章的標籤與重複閱讀數來判斷是否屬於低質量頁面。

（3）**百度星火計劃**。專為打擊抄襲者而制訂。

百度最被人詬病的是競價排名算法，競價無錯，排名卻引來爭議。把自然搜索結果和付費搜索結果放在一起，付費越多排名越靠前的計算方法常常讓用戶完全跟着廣告導向走，魏則西事件使百度的品牌公信力受挫。

百度的成功始於 PC 互聯網時代，在移動互聯網時代，百度再無爆品出現。今日頭條（TouTiao）以算法驅動，成為中國最大的資訊平台，開始蠶食百度的互聯網廣告業務；美團、大眾點評網發力吃喝玩樂方面，成為生活服務領域一方霸主，分散了用戶搜索入口；小米（MI）和華為（HUAWEI）手機與大量的垂直應用 App 結盟，直接分流了用戶的移動搜索入口；搜狗將微信搜索、知乎搜索、搜狗明醫等窗口打通，改善了百度在問答、信息、醫療廣告方面存在的弊端，吸引了大量年輕用戶群體。面對商業誘惑做減法，百度沒有聚焦自己的核心優勢，而是參與一系列跨界競爭做商業加法。比如，團購市場火熱時收購糯米網做團購，外賣市場火熱時做百度外賣，最終因為戰略資源不足與運營能力有限以失敗告終。

自 2012 年以來，中國市場全面進入了移動互聯網時代，智能手機主宰了人們的生活，移動時代的戰略算法和 PC 時代完全不一樣，百度也察覺到移動時代的趨勢，企圖實現轉型，出資 19 億美元收購 91 網，試圖阻擊 360 搜索引擎，並藉機在移動端實現全網覆蓋。百度真正的對手不是 360，而是眾多的智能手機設備製造商以及各種垂直應用移動 App，它們才是去中心後分走移動流量最大的對手。

百度手握一張連谷歌都懼怕的好牌，全球華人的搜索數據沉澱和習慣偏好盡在掌握。那麼，百度還會再次崛起成為全球華人的搜索標籤嗎？這取決於百度會不會再出現戰略算法的錯誤。

2018 年，中國眾多企業發生債務危機，在此背景下，萬達（Wanda）提前做了減法，短短 15 個月時間，減少債務 2,158 億元，使它的債務回到了企業資產負債的安全線以下。減法算法對萬達這樣的大型企業而言，轉型過程極為痛苦，但其結果是成功的。

案例　|　藍瓶咖啡（Blue Bottle Coffee）

成立於 2002 年的藍瓶咖啡（Blue Bottle Coffee）被稱為 "咖啡界的 Apple"。全球開一家火一家，截至 2019 年，全球已開 50 餘家，與數千家門店的星巴克（Starbucks）相比，形成巨大反差。

藍瓶咖啡平均每杯咖啡製作耗時 5 分鐘，與星巴克的機器操作快速高效出品模式不同，藍瓶咖啡每一杯都是專業咖啡師現場手沖的。藍瓶咖啡寧願讓顧客多等幾分鐘，也要保持水的溫度。咖啡豆的粗細、沖泡時的水流乃至當天的氣候都會影響咖啡的口感，藍瓶咖啡非常注重這些細節。

創始人詹姆斯・弗里曼（James Freeman）最初賣咖啡時，曾面臨顧客因等待時間太長變得不耐煩的情況，特別是當他每次用搖搖晃晃的木質滴濾設備只做一杯手沖咖啡時，顧客們都覺得他瘋了。弗里曼沒有因為顧客不理解而改變自己做咖啡的態度，他懂得這樣一個重要的道理：滿足顧客需求很容易，用與眾不同的方法去創造顧客的新需求才是實現品牌差異化的高級算法。他把製作一杯咖啡的時間拉長到 5 分鐘，就可以讓顧客看見沖泡咖啡的過程，讓顧客參與其中。咖啡豆必須在烘焙完成後 48 小時內使用，咖啡豆磨成粉後必須在 45 秒內使用。意式濃咖啡沒有紙杯打包外帶，紙杯會使意式濃咖啡的口感產生偏差。烹調的器皿如虹吸壺具有觀賞性。這一切都使顧客感覺彷彿置身於化學實驗課堂上。

案例來源：店舖智慧・知乎・

案例　|　**處處可見的減法原理**

在中國傳統企業中，有部分企業的品牌 LOGO 通常是創始人的頭像。圖 10-3 為十三香的創始人王守義。這位老人靠 100 元人民幣起家，在一個毫不起眼的細分領域深耕了 32 年，硬生生將單價 3 元人民幣的調味料做成了年營業額 16 億元人民幣的大品牌，雖然每盒只有 8 分錢的薄利，但公司年利潤卻達到 3 億元人民幣。32 年來，他不上市、不融資、不貸款，將 "三不" 原則的抵制誘惑減法原理發揮到極致。

圖 10-4 為老乾媽的創始人陶華碧，於 1984 年創業，在辣椒醬領域深耕到現在，她把老乾媽辣椒醬賣到國外，單價比國內還高。在大多數國外購物網站上，老乾媽被直譯成 "Lao Gan Ma" 或 "The Godmother"。2012 年 7 月，美國奢侈品電商 Gilt 把老乾媽奉為尊貴調味品，限時搶購 11.95 美元兩瓶。在美國，老乾媽屬於 "來自中國的進口奢侈品"。老乾媽每年賣 6 億瓶，2019 年銷售額突破 50 億元。

老乾媽陶華碧曾提過 "上市騙錢論"，她堅持 "不上市、不融資、不貸款" 的三不原則，以及 "不偷稅、不廣告"。

圖 10-3　王守義十三香

圖 10-4　老乾媽

萬達這條漫長的的轉型之路，值得負債率較高的民營企業學習和借鑒。對於民營企業而言，負債擴張是被動適應、不得不選擇的發展狀態。越來越多的企業意識到負債擴張的問題，它們必須及時轉型，包括思維轉型、思路轉型、實體轉型、發展轉型、管理轉型、技術轉型、產品轉型、單鍵力轉型等。出現嚴重風險，甚至資金鏈斷裂的企業，如無法像萬達一樣順利轉型，轉讓部分資產，可能會導致大量的經濟風險。

10.3 減法等於聚焦戰略

在"加減乘除"四大算法法則中，加法算法表現為腳踏實地，一步一個腳印，加法是一種抓地有痕、累計計算的擴張路徑，容易被世人接受；乘法算法的快速裂變效應對於青年創業者是極大的鼓舞；除法是營收與支出，是用戶期望值與現實收益值的激戰，也是深受投資者青睞的數據遊戲；唯獨減法容易被人們忽視，它沒有其他算法耀眼的光芒，甚至被貼上保守派的標籤。但減法是存活率最高的發展智慧，是貪慾與堅守、名利與謙卑、權與利的交鋒和取捨，是一種有關選擇的戰略模式。

從 SPACE 矩陣中，我們可以尋找到減法的智慧邏輯，如圖 10-5 所示。

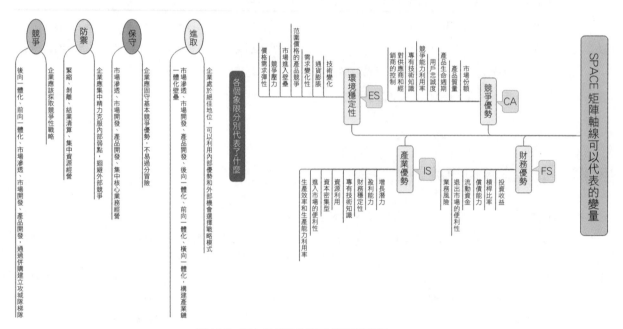

圖 10-5　SPACE 矩陣軸線可以代表的變量

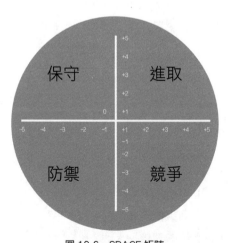

圖 10-6　SPACE 矩陣

應用場景：分析企業外部環境及企業應該採用的戰略組合

1. 建立矩陣的步驟

（1）選擇構成財務優勢（FS）、競爭優勢（CA）、環境穩定性（ES）和產業優勢（IS）的一組變量。

（2）對構成 FS 和 IS 的變量給予從 +1（最差）到 +6（最好）的評分值，對構成 ES 和 CA 的變量給予從 -1（最好）到 -6（最差）的評分值。

（3）各數軸所有變量的評分值相加，分別除以各數軸變量總數，得出 FS、CA、IS 和 ES 的平均分數。

（4）將 FS、CA、IS 和 ES 的平均分數標在各自的數軸上。

（5）將 X 軸的兩個分數相加，結果標在 X 軸；將 Y 軸的兩個分數相加，結果標在 Y 軸；最後標出 X、Y 軸的交叉點。

（6）自 SPACE 矩陣原點到 X、Y 數值的交叉點畫一條向量，代表企業可以採取的戰略類型，如圖 10-6 所示。

2. 諾基亞的減法戰略

用諾基亞（Nokia）的發展歷程對照 SPACE 矩陣，就會發現諾基亞是一家偉大的企業，當很多人以為諾基亞已死時，它通過典型的減法運算完成了自我救贖和浴火重生之路。

諾基亞通過 4 次戰略轉型才找到終極減法戰略。

（1）第一次加法戰略。1865 年，芬蘭 ESPOO 的諾基亞河畔，採礦工程師弗雷德里克·艾德斯（Fredrik Idestam）創立了諾基亞，主營木漿與紙板，之後進入多元化領域。1967 年，諾基亞成為橫跨造紙、化工、橡膠、能源、通信等多個領域的大型集團公司。

1967 年，諾基亞處於 SPACE 矩陣的"進取"象限，如圖 10-7 所示。

（2）第一次減法戰略。進入 20 世紀 90 年代，低端製造業向東南亞轉移，諾基亞的橡膠、膠鞋、造紙、家電等產業瀕臨破產。1992 年，奧利拉（Jorma Ollila）第一次徹底地制定了減法戰略，剝離所有的低端產業，只專注於電信業。到 1996 年，諾基亞已連續 14 年成為全球移動電話市場佔有率第一的品牌。

1996 年，諾基亞處於 SPACE 矩陣的"競爭"象限，如圖 10-8 所示。

（3）第二次加法戰略。2007 年，全球手機市場出現了兩次機遇：一是手機智能化，二是高端市場的形成。諾基亞沒有順勢而為，而是拚命擴展手機產品線，向中低端手機市場進攻。例如，中國市場出現了單價低於 100 元人民幣的諾基亞手機，雖然提高了市場佔有率，但企業利潤不足，導致科研投入不夠，無法聚焦高端市場，最終被蘋果的 iOS 和谷歌的安卓系統替代。

2007 年，諾基亞處於 SPACE 矩陣的"防禦"象限，如圖 10-9 所示。

（4）第二次減法戰略。自 2014 年始，諾基亞重回聚焦戰略，並圍繞通信設備製造與解決方案的主營業務，發起一系列的併購。2014 年回收了合資公司西門子通信公司中西門子

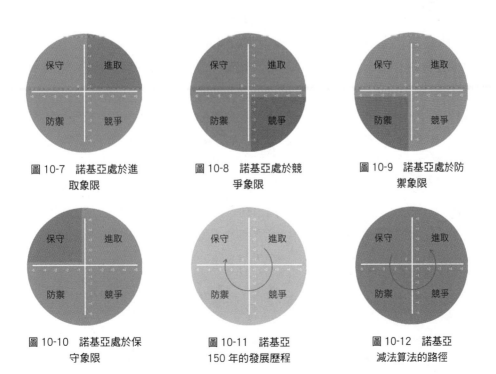

圖 10-7　諾基亞處於進　　　圖 10-8　諾基亞處於競　　　圖 10-9　諾基亞處於防
　　　　取象限　　　　　　　　　　　爭象限　　　　　　　　　　　禦象限

圖 10-10　諾基亞處於保　　　圖 10-11　諾基亞　　　　　圖 10-12　諾基亞
　　　　守象限　　　　　　　　150 年的發展歷程　　　　　減法算法的路徑

50% 的股份，2015 年以 166 億美元收購全球主流通信設備商阿爾卡特朗通信公司（Alcatel-Lucent），此後以 28 億歐元出售非主營業務 Here 地圖，同時為聚焦戰略做足了減法。

減法戰略使諾基亞的運營略顯保守。2015 年，諾基亞處於 SPACE 矩陣的 "保守" 象限，如圖 10-10 所示。

保守的減法戰略使諾基亞得到了翻身的機會。2016 年，全球各大通信設備公司的財報顯示，中國華為收入 751 億美元排名第一，諾基亞收入 249 億美元排名第二，超越了昔日行業冠軍愛立信。

縱觀諾基亞 150 年的發展戰略，以保守為起點，歷經 SPACE 矩陣的進取、競爭、防禦，最後回到保守原點，如圖 10-11 所示。

在減法運算中，保守只是表象，實質是聚焦。為了抵制短期利益的誘惑，着眼於企業的長遠價值，諾基亞用了 150 年實踐驗證了減法算法的正確路徑，如圖 10-12 所示。

保守：從減法開始，也是聚焦戰略的原點。

防禦：減掉雜念，圍繞聚焦業務構築企業的護城河。

競爭：減掉負擔，讓焦點業務成為瞄準儀，瞄準精準用戶。

進取：減掉短期誘惑，圍繞焦點業務積極併購重組，使焦點變亮點。

減法運算揭示的聚焦戰略並不容易被人們掌握，往往在企業出現危機時才會被重視。正如物理學中的 "熵" 理論：在一個封閉的系統中，混亂遲早會發生。比如整理好的衣櫃，一段時間後又會亂成一團，這就是熵效應。企業如同衣櫃，遲早會陷入混亂而失去聚焦，貪心法則運算的誘惑力更為強大。

本章小結

（1）對於谷歌（Google）來說，無論是早期的網頁排名算法（Page Rank），還是現在的蜂鳥算法（Hummingbird Algorithm），都是技術層面的算法，它真正的強大來自其頂層算法——"不作惡（Don't be evil）" 的減法原則。

（2）在 "加、減、乘、除" 算法法則中，容易被人們忽視的是減法，它沒有其他算法耀眼的光芒，甚至會被貼上保守派的標籤。但是，減法是存活率最高的發展智慧，是貪慾與堅守、名利與謙卑、權與利的交鋒和取捨，是一種有關選擇的戰略模式。

（3）在減法運算中，"保守" 只是表象，實質是聚焦，是為了抵制短期利益的誘惑而着眼於企業的長遠價值，諾基亞（Nokia）用了 150 年實踐驗證了減法算法的正確路徑。

（4）減法從保守開始，保守是為了更大的進取；防守反擊，構建堅固的護城河；聚焦焦點，瞄準市場，擴大業績；積極進取，讓焦點變亮點。

CHAPTER 11

Multiplication

乘法

溫斯頓・丘吉爾（Winston Churchill）曾說，第二次世界大戰的勝利，靠的是英國的頭腦、美國的肌肉和蘇聯的鮮血。而這三樣臉書和微信全都具備。上帝不偏不倚，關愛太平洋兩岸，送給美國人的社交禮物是臉書，送給中國人的社交禮物則是微信。

全球有 13 億天主教徒，有 14 億中國人，美國人每天在臉書上平均消耗 35 分鐘，中國人每天平均低頭 200 次查看自己的微信。全球有 10 億人活躍在微信裏，每人每天平均耗費在微信的時間為 30 分鐘。

目前，臉書和微信用戶總和已達 30 億人，攻陷了地球一半人口，前者用時不足 20 年，後者用時不足 10 年。在世界互聯網公司巨頭中，它們攻佔用戶的效率最高，平均每天佔用用戶的時間最長。人們不可能時時活在問題中，每天叩問谷歌的時間有限，谷歌和人之間是神與眾生之間的關係。人們也不可能天天上亞馬遜或阿里巴巴購物。人們把除工作、睡眠和家庭之外的大部分時間留給了臉書和微信。愛是需求被滿足的快樂，谷歌給人們知識，臉書和微信給人們愛與關懷。

11.1 臉書（Facebook）

2012 年 2 月初，臉書向美國證券交易委員會（United States Securities and Exchange Commission）提交了首次公開募股（IPO）文件，引起轟動。一方面是因為各界對臉書的質疑聲從未間斷過，另一方面是因為被貼上 "史上科技股最大 IPO" 的標籤，主要原因是它完全改變了美國人的生活，具體體現在以下幾個方面：

第一，臉書創造性地締造了用戶交互的 2.0 時代，用戶是內容接受者，也是內容創造者。

第二，美國《福布斯》（Forbes）雜誌撰文稱讚臉書是全球用戶最多、影響力最大的社交網絡平台，首次公開募股（IPO）時的用戶數是 9 億人，說明臉書開創了互聯網的平民文化。

第三，微軟公司（Microsoft Corporation）是臉書的持股人，蘋果聯合創始人斯蒂夫・沃茲尼亞克（Stephen Gary Wozniak）表示，無論臉書如何定價，都會考慮購買其股票。

2012 年，美國股市正值低迷期，臉書所在的美國加州（State of California）政府深陷財政困境，此時 IPO 的臉書處於爭議的漩渦之中。8 年前，即 2004 年谷歌上市時融資 19 億美元，市值達 230 億美元；2012 年，臉書上市融資 50 億美元，估值達到 1,000 億美元。

自古英雄相惜，在歷史重大轉折點，看懂趨勢的人常常是少數。早在 2008 年，偏愛科技股的亞洲首富李嘉誠便以 1.2 億美元買入 0.8% 的臉書股份，以 1000 億市值推算，投資獲得 7 倍回報。截至 2019 年 6 月 7 日，臉書市值已達 4948.26 億美元，11 年時間，李先生 0.8% 的股份已獲得 33 倍回報。

歷史的步伐總是以迂迴的方式前進。臉書在 2012 年上市時開盤價為 42.05 美元，市值達 1150 美元。然而，上市僅 3 天暴跌 26.3%，市值蒸發 302 億美元。投資者認為，臉書盈利能力與龐大的用戶數不相稱，以發行價為基準時，市盈率（PER）高達 74 倍，遠超谷歌 18.2 倍，超蘋果 13.6 倍。以現在的角度看當時的這場爭論沒有意義，在新舊時代交替時，並不能以門戶網站的流量與市盈率立場來觀察社交網絡的用戶數與市盈率。社交網絡開闢了"用戶活躍度、用戶留存時間、用戶行為數據精準度"這 3 個全新的觀察指標，當時的很多投資人沒有察覺。

　　臉書在 2012 年上市後，以 10 億美元收購了當時代表圖片分享網站指標力量❶——照片牆（Instagram）。2.0 社交互聯網是乘法時代，很多指標用乘法表達。照片牆的社群指數的計算法則為：照片牆用戶數為 4 億人，是臉書的 1/3，用戶參與度是臉書的 15 倍，假定文字的參與度乘數基數為 2，圖片的參與度乘數基數即為 7。

❶ 指標力量（Indicator strength）：即"平台觸及人數"乘以"參與度"。

　　時代不同，算法不同。以汽車為例，使用里程越多，汽車越貶值。3C 電子產品的貶值速度更快。臉書的社交算法是逆值產品。比如，鞋子穿久了不值錢，但在臉書上分享你鞋子的品牌，臉書建立的相關社群網站的價值會增加，這種現象我們稱之為"網絡效應"乘法中的"敏捷度（Agility）"。用戶越多，網絡功能越強大；用戶使用時間越長，網絡價值越高；用戶參與度越高，網絡鏈接擴張速度越快。以市場營銷策略為例，當用戶決定購買某個品牌的產品時，通常都相信周圍朋友的推薦，而不太願意相信平台推薦，對廣告商的推薦更是抱抵觸心理。在廣告傳播行業，有了臉書以後，人類從大眾媒體整合營銷傳播步入搜索廣告和社交傳播時代。

　　要想在競爭激烈的廣告市場中成為領頭羊，必須有自己的核心比較優勢，相較於臉書，傳統媒體只能統計廣告到達率，卻無法詳細統計廣告閱讀率。臉書與推特相比，也有顯著的廣告優勢，推特不太了解自己用戶的真實情況，數百萬推特用戶使用假名稱註冊登錄，假賬號數量高達 480 萬（15%），推特有能力計算出全球不同地區的消費變化與偏好，卻難以精確地瞄準某個人。

　　臉書的社交屬性決定了它是個神槍手，火藥充足，子彈穿透力很強，內容源源不斷，照片牆圖片分享活躍度極高，瞄準鏡、校準儀擦得鋥亮——瓦次普（Whats App）實現精準鏈接。

　　2014 年，臉書以 190 億美元收購成立 5 年的 Whats App。Whats App 可供蘋果、安卓、可視電話（Windows phone）、瓦次普信息（Whats App Messenger）、塞班手機（Symbiam）和黑莓手機（Blackberry）等手機使用，是一款用於智能手機通信的應用程序。用戶可從發送手機短信轉為用 Whats App 程序發送和接收信息、圖片、音頻和視頻。Whats App 需要用手機號碼註冊，場景真實度很高。

　　臉書原本是 PC 端社交平台，通過收購 Whats App 和照片牆，向移動端轉型成功。早在 2006 年，世界上第一款用戶過億的移動社交軟件是中國移動通信公司開發的"飛信"（Fetion），由於在發展過程中拒絕向其他通信公司的用戶開放使用，被騰訊公司的完全開放軟件"微信"替代。

　　臉書公司旗下三大平台——臉書、瓦次普、照片牆三者之間是相互借力的加乘關係，構成臉書的護城河、攻城隊和降落傘，三駕馬車的乘法效率使臉書在全球移動社交領域戰無不勝。

11.2 微信（WeChat）

1. 微信的發展歷程

若問這個星球上最偉大的移動社交產品是哪個？答案一定是微信。臉書實現了從 PC 端向移動端的轉移，轉移過程中藉助資本力量完成了一系列收購。微信則是純粹的始於移動端，它只是騰訊公司的產品之一，在沒有大資本的助力下，靠產品本身積累了 10 億用戶，還實現了 4 次產品升級的華麗轉身。

（1）2011 年 1 月 21 日，騰訊公司推出一款為智能終端提供即時通信服務的免費應用程序，命名微信，並逐漸升級支持語音、文本、圖片和視頻。

（2）2012 年 8 月 23 日，微信公眾平台上線，為 B 端客戶提供會員免費服務，成千上萬家中小企業參與進來。

（3）2013 年，微信支付（WeChat Pay）誕生，全面打造微信生態閉環。

（4）2017 年 1 月 9 日，微信小程序（Mini Program）正式上線，取代了其他各種小 App 的功能，實現全面鏈接。

通信社交：通信社交是指用戶以手機、平板等移動終端為載體，以在線識別用戶及交換信息技術為基礎，按照流量計費，通過移動網絡來實現通信社交應用功能。

微信支付：微信支付是集成在微信客戶端的支付功能，用戶可以通過手機完成快速的支付流程。微信支付以綁定銀行卡的快捷支付為基礎，向用戶提供安全、快捷、高效的支付服務。

公眾號：公眾號是開發者或商家在微信公眾平台上申請的應用賬號，該賬號與 QQ 賬號互通。通過公眾號，商家可在微信平台上以文字、圖片、語音、視頻的方式與特定群體全方位溝通、互動，形成一種主流的線上線下微信互動營銷方式。

小程序：小程序是一款不需要下載安裝即可使用的應用，它實現了應用"觸手可及"的夢想，用戶掃一掃或搜一下便可打開應用。

截至 2019 年 3 月 31 日，微信已經覆蓋中國 94% 以上的智能手機，月活躍用戶突破 11 億人，有 200 多個國家超過 20 種語言在使用。

微信創始人張小龍（Allen Zhang）總結了微信產品的四大價值觀：一切以用戶價值為依歸，讓創造發揮價值，好的產品應該是用完即走，讓商業化存在於無形之中。

什麼是"一切以用戶價值為依歸"？微信起源於中國，中國人的性格內斂、含蓄、謙卑，不熱衷於社交。微信在 2011 年首次面世時定位為免費通信軟件。中國人厭倦了各大通信公司收取高額移動通話費，微信的免費使用吸引了很多人。第一個 1 億用戶完全是奔着免費通信來的，第一個 1 億用戶在使用過程中發現社交功能很好用，通過口口相傳，建立了良好的口碑，從而使越來越多用戶使用微信。2014 年，微信支付功能推出後沒有產生很強的市場反應，直到 2015 年春節除夕晚上微信發起除夕發搶紅包活動，那一年的春節聯歡晚會變成了年輕人教老人下載微信、捆綁銀行卡、搶紅包的"紅包年"。這一年，微信活躍用戶突破 4 億人。

全球沒有任何一款用戶數 10 億級的產品可與微信媲美。微信已成為用戶生活中的一部分，主要應用涉及吃、喝、住、行、通信、交友、創業、支付等方面。微信的每一次產品升級都是圍繞用戶需求做乘數開發，這種乘法效應使微信在最短時間內完成了最快成長。

❶ 六度分隔（Six Degrees of Separation）理論由史坦利·米爾格倫（Stanley Milgram）於 1967 年提出，具體內容是："你和任何一個陌生人之間所間隔的人不會超過 6 個，也就是說，最多通過 6 個人，你就能夠認識任何一個陌生人。"

2. Strassen 矩陣乘法

臉書和微信發展得如此迅速，離不開背後的算法支撐，我們稱之為移動社交矩陣乘法，該方法的應用原理如下所述。

（1）社交必先繪圖，圖是網絡的數學抽象，如圖 11-1、圖 11-2 所示。

（2）社交圖的數學表達方式為鄰接矩陣，如圖 11-3 所示。

（3）社交網絡的活結點為 04 度（Node Degree），如圖 11-4 所示。

（4）六度分隔 ❶ 理論支持社交網擴張，加上先前的活結點（出發原點）的數字是 7，7 次乘法運算支持矩陣的數字裂變。

社交網絡的算法是對無數個小世界現象進行推演，由無數個小世界現象組成社交網絡大平台。小世界現象中普遍存在弱紐帶，把一個活結點和 6 個弱紐帶連接在一起，讓人與人之間的距離變得更近。Wiki Lab 用數學解釋過六度分隔現象：每人平均認識 260 人，其六度就是 $260 \wedge 6 = 1,188,137,600,000$，消除一些節點重複，幾乎覆蓋了整個地球人口若干倍，

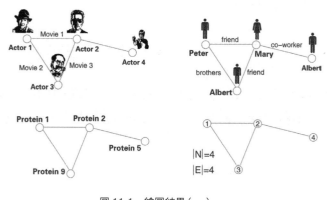

圖 11-1　繪圖結果（一）

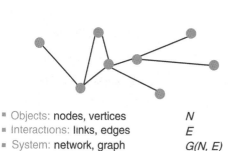

■ Objects: **nodes, vertices**　　*N*
■ Interactions: **links, edges**　　*E*
■ System: **network, graph**　　*G(N, E)*

圖 11-2　繪圖結果（二）

A$_{ij}$=1 if there is a link between node *i* and *j*
A$_{ij}$=0 if nodes *i* and *j* are not connected to each other

$$A = \begin{pmatrix} 0 & 1 & 0 & 1 \\ 1 & 0 & 0 & 1 \\ 0 & 0 & 0 & 1 \\ 1 & 1 & 1 & 0 \end{pmatrix} \qquad A = \begin{pmatrix} 0 & 0 & 0 & 1 \\ 1 & 0 & 0 & 0 \\ 0 & 0 & 0 & 0 \\ 0 & 1 & 1 & 0 \end{pmatrix}$$

Note that for a directed graph(right)the matrix is not symmetric.

圖 11-3　鄰接矩陣

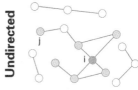

Undirected

Node degree: **the number of links connected to the node**

$$k_i = 4$$

Avg. degree: $\bar{k} = \dfrac{1}{N}\sum_{i=1}^{N} k_i = \dfrac{2E}{N}$

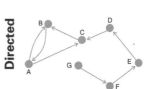

Directed

Source: A node with $k^{in} = 0$
Sink: A node with $k^{out} = 0$

In directed networks we define an in-degree and out-degree. The (total) degree of a node is the sum of in-and out-degree.

$$k_C^{in} = 2 \qquad k_C^{out} = 1 \qquad k_C = 3$$

$$\bar{k} = \dfrac{E}{N} \qquad \overline{k^{in}} = \overline{k^{out}}$$

圖 11-4　社交網絡活結點

用矩陣乘法分析這份數據你就不會感到驚訝。

1969 年，施特拉森（V.Strassen）發表了算法 Strassen，該算法的成功依賴於以下發現：計算兩個 2×2 矩陣 A 和 B 的積 C 只需進行 7 次乘法運算。這個算法有力地解釋了社交網絡為什麼由若干個社群組織組成。

導入公式為：

$$\begin{bmatrix} c_{00} & c_{01} \\ c_{10} & c_{11} \end{bmatrix} = \begin{bmatrix} a_{00} & a_{01} \\ a_{10} & a_{11} \end{bmatrix} \times \begin{bmatrix} b_{00} & b_{01} \\ b_{10} & b_{11} \end{bmatrix}$$

$$= \begin{bmatrix} m_1+m_4-m_5+m_7 & m_3+m_5 \\ m_2+m_4 & m_1+m_3-m_2+m_6 \end{bmatrix}$$

$$m_1=(a_{00}+a_{11})\times(b_{00}+b_{11})$$
$$m_2=(a_{10}+a_{11})\times b_{00}$$
$$m_3=a_{00}\times(b_{01}-b_{11})$$
$$m_4=a_{11}\times(b_{10}-b_{00})$$
$$m_5=(a_{00}+a_{01})\times b_{11}$$
$$m_6=(a_{10}-a_{00})\times(b_{00}+b_{01})$$
$$m_7=(a_{01}-a_{11})\times(b_{10}+b_{11})$$

在對兩個 2×2 矩陣相乘時，Strassen 算法執行了 7 次乘法和 18 次加減法，當矩陣的階趨於無窮大時，Strassen 算法表現出卓越的漸近效率。

然後，找到社交網絡乘法運算的遞推關係式，評估該算法的漸近效率值。把 M（n）計為 Strassen 算法在運算兩個 n 階方陣時必須執行的乘法次數（其中 n 是 2 的乘方），則必須要滿足下列遞推關係式：

$$當 n>1 時, M(n)=7M(n/2), M(1)=1$$

因為 $n=2^k$,

$$M(2^k)=7M(2^{k-1})=7\left[7M(2^{k-2})\right]=7^2M(2^{k-2})=\cdots\cdots$$
$$=7^iM(2^{k-i})\cdots\cdots=7^kM(2^{k-k})=7^k$$

因為 $k=\log_2 n$,

$$M(n)=7^{\log_2 n}=n^{\log_2 7}\approx n^{2.807}$$

由此，我們得出了社交網絡算法運算的遞推關係式：當 n=1 時，兩個數字直接相乘，沒有執行加法運算。

$$當 n>1 時, A(n)=7A(n/2)+18(n/2)^2, A(1)=0$$

Strassen 算法合理地解釋了社交網絡乘法裂變用戶數的應用原理，但需要理解如下社交網絡的算法基礎。

　　第一，社交網絡的底層結構是通信。微信有視頻聊天功能，2016 年 6 月 13 日，臉書於舊金山舉辦的蘋果開發者大會 WWDC（Worldwide Developers Conference）宣佈，可以用 Whats App 打電話。

　　第二，社交網絡的纖維結構是社群，社群轉成數學語言叫矩陣。微信和臉書為了鞏固它的網絡結構，要不斷為社群添加更多功能。

　　第三，社交網絡的神經元是紐帶關係。藉助人類渴望擴張自己與弱紐帶關係的內心願景，順應紐帶關係產生用戶活躍度，這個紐帶關係的運算執行 7 次乘法法則。

11.3 優步 / 滴滴（Uber/Didi）

　　優步是美國硅谷的科技公司，於 2009 年由特拉維斯·卡蘭尼克（Travis Kalanick）與加勒特·坎普（Garrett Camp）共同創立，因旗下的同名打車 App 名噪全球（如圖 11-5 所示）。2016 年 6 月，優步 G 輪融資前估值達 625 億美元。

圖 11-5　優步

　　滴滴出行是北京小桔科技有限公司開發的 App 打車軟件（如圖 11-6 所示），於 2012 年 7 月 10 日上線。主要產品包括滴滴專車、滴滴快車、滴滴順風車、滴滴代駕、滴滴公交、滴滴租車、滴滴優享、滴滴小巴等。2017 年 12 月，滴滴估值達到 560 億美元。

　　在這裏，之所以提及這兩家明星公司，不是因為它們的業績閃亮，而是它們有許多怪異行為讓人不解。

圖 11-6　滴滴出行

　　滴滴是全世界融資輪次最多的未上市科技公司。2018 年，滴滴宣佈上半年淨虧 40 億元人民幣，累計虧損 390 億元人民幣。

　　滴滴在發展過程中，經歷過以下挫折：行政處罰，立案調查，網約車罰單，入駐檢查，專車叫停，商標侵權，涉嫌抄襲，圍堵總部，司機封號，侵權劉翔，調價封頂，各地約談，法院起訴，自查整改，安全整改等。在中國企業發展史上，從來沒有一家企業在短短 6 年時間裏遭遇過這麼多挫折還依然被高估市值。

　　與此同時，在太平洋彼岸的舊金山優步總部，卡蘭尼克在全球範圍內遭遇到的磨難不比滴滴創始人程維少。卡蘭尼克的策略是在優步所到的每一座城市發動"戰爭"。遭出租車司機的抗議是家常便飯，禁令收到手軟，但卡蘭尼克不為所動，且越戰越勇。在華盛頓，他在網上發動數萬民眾給市長發郵件要求解除禁令；在丹佛（Denver），他甚至還發起一場示威遊行；在倫敦和巴黎，他宣佈優步打車免費，因出租車罷工打不到車的居民紛紛下載優步打車。

　　優步 / 滴滴的出現是移動算法向深水區邁進的一場偉大嘗試，最終是否會勝出，決定了移動應用的全球方向是順風還是逆轉。2012—2017 年，移動應用的主角是優步和滴滴，亞馬遜、谷歌、蘋果、臉書、阿里巴巴、騰訊這些卓越的企業都不是這一時代的新聞主角。世界舞台的中央是"壞孩子"的演出，"好孩子"根本無法演下去。"壞孩子"具備與生俱來的"壞"，他們極富冒險精神，能夠坦然面對確定的悲慘下場和不確定的光明前景，哪怕是99%的死亡概率和1%的存活希望。"壞孩子"選擇搏擊比較容易理解，但是那麼多全球知名的基金也選擇支持"壞孩子"則令人驚訝，沙特主權財富基金在G輪融資時投給優步35億美元，大基金公司的精算師們以冷血著稱，難道他們計算失誤了？

首先，讓我們設計一次概率分析，先看99%會發生的大概率事件和1%的可能性。

1. 99%的大概率事件

（1）60%的地方政府不願意得罪出租車公司等既得利益集團。

（2）70%的地方政府交通管理部門不歡迎打車軟件，因為更多車上路意味着城市更加擁堵，他們會因失職而被追責。

（3）80%的地方安全部門對打車軟件可能帶來的安全隱患顧慮重重，他們在等待發生概率為百萬分之一的安全事故，從而逮到懲治"壞孩子"的機會。

（4）90%的地方法律法規條款不支持打車軟件，因為新生事物發展得太快，法律來不及修改。

（5）100%的出租車公司和司機不接受打車軟件，因為那是直接砸碎他們的飯碗。

2. 1%的可能

（1）城市中1%的有車司機願意打車軟件出現，以便他們賺外快。

（2）城市人口中1%的互聯網精英會率先使用打車軟件。

（3）安全事故出現的概率是1%，但都是毀滅性打擊。

上述分析均遵循現實，但忽略了一個重要前提和一個乘法原理，這個重要前提是99%的城市公民歡迎打車軟件，他們處於沉默之中，需要一個乘法效應將他們喚醒。

打車軟件的司機分為失業者和就業不充分者，他們需要生存權利，而優步和滴滴提供了這種權利。如果剝奪他們的生存權利，司機的父母、岳父母、妻子和孩子都會抗爭。在網絡社交社會，抗爭的聲音會以7的倍數或7的乘方裂變。

11.4 超級冪（Super Exponentiation）

什麼是最大乘數？$a \times b$表示b個a相加，叫乘法；$a^{\wedge}b$表示b個a相乘，叫乘方。比乘方更高級的運算就是把b個"a次方"重疊起來，叫超級冪，是排在加法、乘法、乘方之後的第四級運算。$a^{\wedge}a^{\wedge}a$按照$(a^{\wedge}a)^{\wedge}a$和$a^{\wedge}(a^{\wedge}a)$兩種不同的重疊方法計算出來的結果都是很驚人的，假如$a=3$，則

$(3^{\wedge}3)^{\wedge}3 = 27^{\wedge}3 = 19,683$

$3^{\wedge}(3^{\wedge}3) = 3^{\wedge}27 = 7,625,597,484,987$

那麼，假如 a 換成 7 呢？超級冪是一個極強大的運算，在很小的數之間進行超級冪運算，有可能得到一個巨大的數字。2016 年的"魏則西事件"，讓百度市值迅速蒸發 350 億元人民幣。2016 年 5 月 2 日，"魏則西事件"爆發，引發全網討伐百度，儘管百度公司 4 次積極正面回應，也無法阻止網絡運算發酵的超級能量，百度美股當日爆跌 7.92%，市值一夜縮水 54 億美元（合人民幣 350 億元），5 月 3 日開盤後百度股價繼續下跌 2.3%。受"魏則西事件"影響，2016 年 5 月 3 日，"莆田系"上市公司相繼跟跌，港股上市公司和美醫療跌 3.17%，華夏醫療跌 13.11%，萬嘉集團跌 3.85%。

"魏則西事件"讓百度體會到"民意乘方"的厲害。2018 年，崔永元怒懟馮小剛，同樣引發"民意超級冪"運算。崔永元因為電影《手機 2》涉嫌影射自己而怒懟導演馮小剛，一椿私人恩怨最終演變成整個中國名演員陰陽合同偷漏稅事件，不僅波及 44 家影視娛樂上市公司，致其股票跌停，還讓中國當紅女星范冰冰低頭道歉並認罰偷稅 9 億人民幣罰款。

崔永元一個人的戰鬥，裹挾"民意超級冪"乘法效應，影響之大非屬一般，讓人們認識到乘法運算的網絡力量。

11.5 乘法進化戰略

臉書和微信是現象級還是技術級？從表象來看，它們只是平台型企業或產品，從它們的底層邏輯可以清楚地觀察到，它們在一次次的技術迭代更新中完成了社交產品的進化史。用技術參數乘以用戶滿意指數，是企業的進化戰略體現，有助於企業變得更強大。

如果把 2012 年以後的經濟稱為新經濟，會發現這樣的發展邏輯，新需求需要新技術，新技術驅動新需求，兩者之間會產生相互激勵的乘法效應。

新經濟的明顯特徵是行業競爭中新舊更替的速度越來越快，快速更新的技術能使進化速度更快的企業保持全新的市場活力，使企業之間的競爭不再是商業模式的競爭，從而縮短了商業模式從創立、成長、成熟到衰退的週期。在新技術面前，商業模式已十分脆弱且不堪一擊，新技術衝擊商業模式屢屢得手。如微信的語音通話和視頻通話直接衝擊了中國移動（CMCC）、中國聯通（China Unicom）的話費收入，話費收入曾是這些傳統通信巨頭的主營業務。如今，多年形成的商業模式被一項新技術一夜顛覆成為常態，如同生物進化過程一樣，時代正處於"大滅絕"與"大爆發"的交替週期內。那麼，在這一輪進化期內，如何逃脫被滅絕的命運，完成大爆發前的進化呢？

1. 認知進化

手機、技術和用戶的關係推動了商業的進化，其中作為商業主體的企業主和高管團隊的進化最為關鍵，而認識進化是核心實施的第一步。2012 年以來的商業實踐表明，大多企業衰退和滅絕的直接原因是該企業主固步自封以及高管團隊不思進取，認知的淺薄與滯後，影響了技術的研發方向與應用效率。

下面這個真實的故事將告訴你什麼叫認知差異。

❶ 螞蟻金服：起步於 2004 年成立的支付寶，2013 年 3 月，支付寶的母公司宣佈將以其為主體籌建小微金融服務集團（以下稱"小微金服"），小微金服（籌）成為螞蟻金服的前身。2014 年 10 月，螞蟻金服正式成立。螞蟻金服以"讓信用等於財富"為願景，致力於打造開放的生態系統，通過"互聯網推進器計劃"助力金融機構和合作夥伴加速邁向"互聯網 +"，為小微企業和個人消費者提供普惠金融服務，以移動互聯、大數據、雲計算為基礎，踐行普惠金融的發展思路。

2012 年底，中國天弘基金（Tianhong Asset Management）的基金經理找到阿里巴巴的小微金服集團——螞蟻金服❶，雙方一拍即合，決心打造一款可以用來購物的"貨幣基金產品"。當時的小微金服只有支付寶單一的支付功能，在閉關 3 個月的研發期內，互聯網公司和傳統基金公司的思維差異很大，雙方爭論最大的問題是要不要採取實時消費支付。傳統基金的申購贖回規則比較複雜，取錢通常需要一至兩天才能到賬。支付寶提出，以後可以隨時把錢取出來購物，天弘基金認為這不符合基金產品的運營規則。此外，購買基金的門檻也是雙方爭執不下的焦點。天弘基金認為，通過銀行等傳統渠道購買基金的門檻起點是 100 元，把門檻降到 10 元已經很難得，而支付寶竟然要求 1 元起購，爭執在產品研發期從未間斷。實踐證明，支付寶的思想符合時代發展趨勢。2013 年 6 月 13 日，餘額寶上線，以更低的門檻、更高的收益、更便捷的購買方式，點燃了大眾的熱情，喚醒了中國普通老百姓的理財意識。

管理學大師彼得·德魯克（Peter F.Drucker）曾說過："學習方法不僅給我一個豐富的知識寶庫，也強迫我接受新知識、新思路和新方法。因為我學過的每門學科，都基於不同的理論假設，採用不同的研究方法。"他提出的終身學習觀點值得深思與借鑒。

圖 11-7 提升技術進化效率的 4 種方法

採購兼併　分層分包　技術進化的四驅飛輪　聯合研發　自主研發

2. 技術進化

進化乃萬物的宿命，每一種顛覆性技術的出現，都會促進新物種的遷徙，技術更新的間縫越來越細，對企業技術的進化效率要求更高。提升技術進化效率有 4 種方式，如圖 11-7 所示。

3. 組織進化

認知決定戰略，戰略決定組織，組織決定成敗。在移動互聯網時代，已無法用弗雷德裏克·溫斯洛·泰勒（Frederick Winslow Taylor）的組織原理，繼續工作在馬克斯·韋伯（Max Weber）的頂層體制中。面對新經濟條件複雜多變的商業環境，傳統管理組織走向塌陷已成必然。舊的管理秩序土崩瓦解，新的秩序尚未形成，在此背景下，更需了解組織轉型升級的大方向。

（1）從專業化分工走向開放連接。

（2）從單向價值鏈走向多維價值網。

（3）從金字塔頂層制走向扁平化模塊制。

（4）從集中走向分散。

組織進化的方向是一致的，但組織進化的手段應該保持組織適應性、先進性和個性。

圖 11-8 "蜂鳥攻擊"的組織模型

4. "蜂鳥攻擊" 的組織模型

（1）前端化整為零，4 人一組，一個好漢三個幫，為完成某項任務組成蜂鳥攻擊隊。如圖 11-8 所示。

❶ 蜂鳥眾包：餓了麼即時配送平台旗下最新配送服務品牌App。

（2）中端設置自動化的量化指標用於考核，以每一支蜂鳥攻擊隊為核算單位。

（3）後端共享數據、資源與平台技術去中心化和碎片化的蜂鳥攻擊組織設計原理，讓巨量的閒置資源找到需求方並產生價值。它倡導在機會面前自由平等的競爭理念，應用共享經濟思想在組織進化中的設計。有別於傳統管理模式，蜂鳥攻擊的中心是價值共享的舞台，通過相對獨立的核算分配體系，讓成千上萬個利益相關者在平台上各司其職，高效運轉。

餓了麼旗下的蜂鳥眾包 ❶，是共享經濟在外賣即時配送領域的代表，平台上的配送員多達 130 萬人，而真正從事平台管理工作的僅有 200 多人，組織架構輕盈。

蜂鳥眾包於 2015 年 10 月正式運營。騎手通過軟件獲取周邊商家的配送單，接單後前往餐廳取餐，送達訂餐客戶手中即整個配送流程完成。蜂鳥眾包打造全民配送概念，人人都可以成為騎手，搶訂單賺薪金贏獎勵。

未來，會有越來越多的企業選擇乘法算法中的進化戰略。

本章小結

（1）臉書（Facebook）和微信（WeChat）從表象看只是平台型企業或產品，但通過它們的底層邏輯，可以清楚地觀察到它們是在一次次的技術迭代更新中完成了社交產品的進化。用技術參數乘以用戶滿意指數，使自己變得越發強大。

（2）在手機、技術和用戶的關係推動商業進化的今天，作為商業主體的企業主和高管團隊的進化最為關鍵，而認識進化是核心實施的第一步。

（3）進化乃是萬物的宿命，每一種顛覆性技術的出現都會促進新物種的遷徙，每代技術之間的間縫越來越細，對企業技術的進化效率要求更高。在實踐中，有 4 種方式可以提升技術進化的效率。

（4）組織進化的方向是一致的，但組織進化的手段應該保持組織適應性、先進性和個性。

第十二章

CHAPTER 12

Division

除法

蘋果公司（Apple Inc.）是世界上第一家市值超過 1 萬億美元的科技公司。蘋果美學（Apple Aesthetics）是產品美學主張，核心是簡潔。它涵蓋了"四簡之美"，即品牌簡潔之美、科技簡潔之美、產品簡潔之美與空間簡潔之美。

何謂簡潔？簡潔不是橫向做減法，而是縱向做除法。除去雜質，留下純粹；除去繁瑣，留下簡單；除去物化，留下人性。

除法並非只停留在美學層面，除法是科技型公司商業邏輯內在運算的至高境界，除法算法的商業邏輯正在改寫工商管理界的演算方法，引領着世界工商界新的發展趨勢。

12.1 神奇的兔子數列

意大利數學家列昂納多 · 斐波那契（Leonardo Fibonacci）在《算盤全書》（*Liber Abaci*）中提出了兔子數列，即斐波那契數列。

假設第 1 個月有 1 對兔子誕生，第 2 個月進入成熟期，第 3 個月開始繁育兔子，假如 1 對成熟的兔子每月只會生 1 對兔子，兔子生生不息。請問，由第 1 對初生兔子開始，12 個月之後會有多少隻兔子？

（1）第 1 個月，兔子①沒有繁育能力，還是 1 對。

（2）第 2 個月，兔子①剛剛成熟，也不能生育，還是 1 對。

（3）第 3 個月，兔子①生了 1 對兔子②，於是這個月共有 2 對兔子（2=1+1）。

（4）第 4 個月，兔子①生了 1 對兔子③，因此共有 3 對兔子（3=1+2）。

（5）第 5 個月，兔子①生了 1 對兔子④，而在過了第 3 個月之後，兔子②也生下了 1 對兔子⑤，這個月共有 5 對兔子（5=2+3）。

（6）第 6 個月，兔子①②③各生了 1 對兔子，新生的 3 對兔子加上原來在第 5 個月生的 5 對兔子，這個月共有 8 對兔子（8=3+5）……

為了更直觀地表達，我們用不同形態的兔子圖形來表達新生兔子、成熟期兔子與生育期兔子，給生育期的兔子腦前配一支花以示區別，那麼兔子的繁殖過程如圖 12-1 所示。

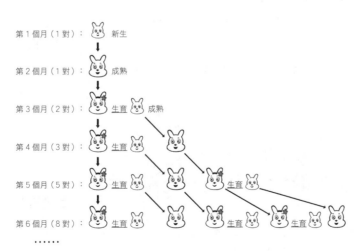

圖 12-1　兔子繁殖過程

從第 3 個月開始，當月的兔子數＝上個月兔子數＋當月新生兔子數，而當月新生兔子數正好是上上個月的兔子數。因此，當月的兔子數＝上個月兔子數＋上上月的兔子數，可用斐波那契數列表示為：1，1，2，3，5，8，13，21，34，55，89……1597，2584，4181……

用數學常用的遞歸式表達為：

$$F(n)=\begin{cases} 1 & , n=1 \\ 1 & , n=2 \\ F(n-1)+F(n-2), & n>2 \end{cases}$$

12.2 黃金分割法

斐波那契數列中的前後數相除，當 n 無窮大時，斐波那契數列前一項與後一項的比值越來越接近黃金分割比 0.618，即

$1 \div 1 = 1$，$1 \div 2 = 0.5$，$2 \div 3 = 0.6666\cdots\cdots$，$3 \div 5 = 0.6$，$5 \div 8 = 0.625\cdots\cdots$，$55 \div 89 = 0.617977$，$\cdots\cdots$，$144 \div 233 = 0.618025$，$\cdots\cdots$，$46368 \div 75025 = 0.6180339886\cdots\cdots$

越往後，比值越接近黃金分割比，表達式為：

$$\frac{F(n-1)}{F(n)} \approx \frac{2}{1+\sqrt{5}} \approx 0.618$$

科學家在研究植物的葉、枝、莖、花瓣等非列中發現了斐波那契數列，喬布斯在研究斐波那契數列時找到了設計蘋果手機的黃金分割法。在樹木的枝幹上選一片葉子，論其數為 1，依序點數葉子，直至到達與葉子正對應的位置。其中的葉子數大多符合斐波那契數列。如圖 12-2 所示，如果把葉子從一個位置到達下一個正對的位置稱為一個循環，那葉子在一個循迴中旋轉的圈數就符合斐波那契數列。所謂葉序比是在一個循迴中，葉子數與葉子旋轉圈數的比，多數植物的葉序比的結果就是斐波那契數之比。此外，花的種子也按照斐波那契數列來排序。例如，向日葵的種子由中心產生，外向遷移來填充所有的空間，向日葵種子的圈數與種子數恰好滿足斐波那契數列。

自然界之美，美在按照斐波那契數列排列。科技之美，美在斐波那契數列前後相除趨於黃金分割數 0.618。

最早的蘋果商標很繁瑣，由牛頓的蘋果（為了向艾倫·麥席森·圖靈 Alan Mathison

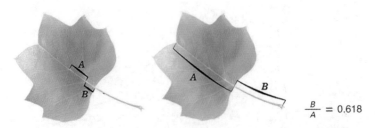

$$\frac{B}{A} = 0.618$$

圖 12-2　葉子的黃金比例
資料來源：THE Nature Study

Turing 致敬的設計)、彩帶和華施華茲的詩構成。蘋果的第一個標誌是由 Ron Wayne 用鋼筆畫的,設計靈感來自牛頓在蘋果樹下思考從而發現萬有引力定律,蘋果也想效仿牛頓致力於科技創新。

1997 年,喬布斯在發佈 Apple II 新產品之前,找到里吉斯·麥肯納(Regis Mckenna)廣告設計公司為蘋果設計了一個被咬掉一口蘋果的造型。從此,符合黃金分割比例的蘋果標誌誕生了。

2001 年,為了配合新品 Mac Osx 系統和鋼化玻璃幕牆專賣店裝飾的需要,透明的蘋果標誌出現在人們眼前。喬布斯再次對標識做除法,除去了原標識上的彩色條紋和雜質,讓設計透出質感之美。

斐波那契數列在大自然中無處不在。曾有人研究蜂群中的雌蜂與雄蜂數量之比,發現這個比例接近 0.618。此外,蜜蜂的家族樹也符合類似的規律,一隻雄蜂對應一個先輩(一隻雌蜂),雌蜂對應兩個先輩,形成家族樹的時候,一隻雄蜂就會有 2、3、5、8 個祖先,雌蜂就會有 2、3、5、8、13 個祖先,剛好滿足斐波那契數列。

當蘋果手機或 iTouch 鎖屏時會出現"移動滑塊來解鎖"的提示,當滑塊向右側滑動直至看不到這幾個字時,滑塊右側剩餘滑槽的長度與整個滑槽的長度比接近 0.618。

黃金比例矩形有着神奇的算法。矩形的長邊作為新矩形的短邊,保證矩形的兩條邊的比例滿足 0.618 的黃金比例,這樣各個矩形的半圓線連在一起形成一個對數螺旋線,這種曲線在大自然中普遍存在。例如,蝸牛的外殼、海螺(鸚鵡螺)的外殼都滿足這樣的曲線,我們內耳的耳蝸也滿足這樣的曲線。

動植物的這些數學奇跡並非偶然,而是在億萬年的長期進化過程中優勝劣汰後的最佳方案。蘋果耳機,從分叉點到耳朵那個點的長度,與分叉點到線控中心點的長度比也接近 0.618,如圖 12-3 所示。

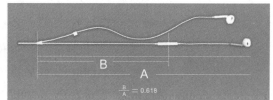

圖 12-3　蘋果耳機的黃金比例

我們再來觀察延齡草、野玫瑰、南美血根草、大波斯菊、金鳳花、耬斗菜、百合花、蝴蝶花的花瓣,會發現它們的花瓣數目也符合斐波那契數列:3,5,8,13,21……百合花有 3 個花瓣(實物看起來有 6 個,實際上其中 3 個並非真花瓣,而是長大的花萼),金鳳花有 5 個花瓣,菊苣有 21 個花瓣,雛菊有 34 個花瓣。

12.3 蘋果(Apple)曲線

12.3.1 蘋果美學發展歷程

直線交給人類,曲線還給上帝。曲線之美,美在黃金分割。大自然中所有的植物都呈曲線式成長,例如,樹木在生長過程中往往需要"休息"一段時間,才能萌發新枝。又如,

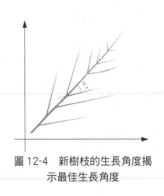

圖 12-4　新樹枝的生長角度揭
示最佳生長角度

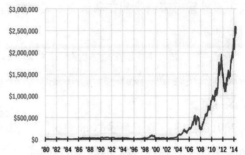

圖 12-5　蘋果公司（Apple）30 年來的股價攀升情況
資料來源：新浪博客

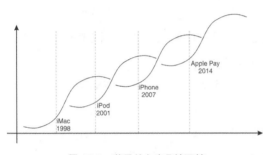

圖 12-6　蘋果的主產品線更替

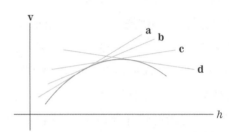

圖 12-7　通過切線形成成品線仰角

一株樹苗在間隔一定時間以後長出一條新枝，第二年新枝"輪休"，老枝再長出一條新枝。此後，老枝與"輪休過"的新枝同時發新枝，如此循環往復。一株樹木各年份的枝丫數巧妙排列成斐波那契數列，完成斐波那契螺旋式（Fibonacci helix）生長，如圖 12-4 所示。

　　出於最佳利用生長空間的考慮，每一片葉子和前一片葉子之間的角度為 22.5°，這個角度稱為"黃金角度"，它和整個圓周 360° 相除是黃金分割數 0.618 的倒數。

　　我們不妨看看蘋果公司 30 年來的股價攀升情況，就好比一棵樹，隱藏着令人吃驚的斐波那契數值，如圖 12-5 所示。

　　蘋果公司發佈的革命性產品好比一株樹的樹葉生成，仔細觀察斐波那契數列依然存在，如圖 12-6 所示。

　　我們可以用數學來解釋何為曲線仰角以及其中的除法原理，如圖 12-7 所示。

　　在 1998 年至 2010 年這 12 年間，蘋果曲線的發展演化解釋了喬布斯提倡的人文美學與科技創新，喬布斯稱之為"科技和人文的十字路口"，這意味着人們已站在科技和人文的十字路口上，面臨選擇。

　　如圖 12-8 所示，1998 年之前，蘋果公司的產品與其他 PC 廠商的產品在設計上差別不大，iMac G3 的發佈翻開了新篇章，標誌着曲線融入個人電腦時代的到來，這個時代的蘋果曲線特徵是飽滿和半透明。

　　iMac G3 首次使用曲線，徹底擺脫了個人電腦是精密儀器設備的定位，開始閃耀人性的光輝。

圖 12-8　1998 年以前蘋果公司的產品
資料來源：根據蘋果官網資料整理

　　2001 年，蘋果公司推出 iPod 第一代，標誌着 Apple "簡潔" 曲線的出現，從平面到圓角再到平面。

　　2001 年，iBook G3 第二代以及 iBook G4 也正式發佈，如圖 12-9、圖 12-10 所示，設計時強化了 Power Book G4 的圓弧元素，使之具備親和力，人們稱它為 "小白"。之前的曲線設計更傾向於外向親和力，而 "小白" 代表內向親和力，白色又一次成為蘋果的代表色。

　　1998 年至 2001 年的蘋果美學體現為浪漫主義的透明弧；2001 年至 2007 年的蘋果美學體現

圖 12-9　iBook
資料來源：威鋒網

圖 12-10　iBook
資料來源：威鋒網

為理性主義的簡潔白；2007 年 iPhone 誕生之後，蘋果美學進化為浪漫主義與理性主義的集大成者。我們來比較 iPhone 和 iPhone 3G 的側面，如圖 12-11 所示。

　　不同於第一階段的浪漫曲線和第二階段的理性曲線，iPhone 的出現代表蘋果產品真正形成了揮灑自如的曲線網格，名為自由曲線。如圖 12-12 所示，（a）是直線四邊形，（b）和（c）是為直線加了個圓角，（d）是自由曲線。計算機語言形容（a）、（b）、（c）為切線連接，（d）為曲線連接。

圖 12-11　iPhone 和 iPhone 3G
的對比
資料來源：威鋒網

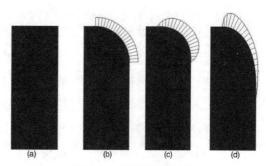

圖 12-12　曲線網格的形成
資料來源：威鋒網

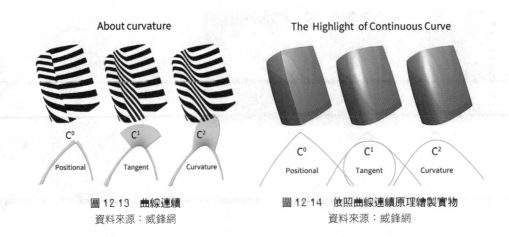

圖 12-13　曲線連續
資料來源：威鋒網

圖 12-14　依照曲線連續原理繪製實物
資料來源：威鋒網

圖 12-13 可以說明什麼是曲線連續，C^0、C^1、C^2 依次為位置連續、切線連續和曲線連續。曲線連續有助於物體的高光體驗。下面，我們依照 C^0、C^1、C^2 的原理繪製一幅實物，如圖 12-14 所示。

12.3.2 自由曲線

喬布斯提出的第二曲線是企業創新增長的完美範本，具體表現為蘋果的主產品交替創新。1998 年，蘋果的主產品是一體化蘋果電腦；2001 年，主產品為蘋果播放器；2007 年，主產品為蘋果手機。10 年期間，蘋果完成了 3 次自我顛覆式創新。iPod 顛覆成功時，帶來的音樂收入超過硬件收入。後來，蘋果電腦公司改名為蘋果公司，iPhone 顛覆成功時，收入佔據蘋果公司一半以上。

2007 年，諾基亞智能手機佔領全球智能手機市場 50% 的份額，但在諾基亞公司內部，智能手機收入貢獻率不足 10%。

克萊頓・克里斯坦森（Clayton M. christense）在《創新者的窘境》（*The Innovator's Dilemma: When New Technologies Cause Great Firms to Fail*）中描述了現代創新的兩種方式：持續性創新和突破性創新。不同於過去的根本創新和漸進創新，他認為大多數公司在創新時受制於長子依賴，不可能突破成長上限。諾基亞的 CEO 曾說："我們並沒有做錯什麼，但不知為什麼，我們輸了。"創新者的窘境，莫過於此。經歷創新者窘境的企業大多管理良好，主營業務收入處於增長期，遭受破壞性技術打擊後砰然倒塌，失去原有的競爭優勢和市場地位，這時再撿起創新這面大旗，已經失去先發優勢。

2007 年，iPod 收入佔公司收入 50% 以上，佔全球音樂播放器 74% 的市場份額。喬布斯設想，如果手機內置音樂播放器，iPod 將會被顛覆，與其被逼宮，不如自宮，隨後 iPhone 問世。喬布斯自我顛覆時，面臨投資人、股市、管理層等諸多方面的壓力，他懂創新更懂風險，最終用自由曲線的原理實現了最佳創新路徑。

當企業主營業務產品處於收入峰值之前，就該考慮從成長性最好的產品中找出最成功

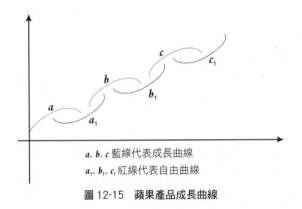

圖 12-15　蘋果產品成長曲線

a. b. c 藍線代表成長曲線

$a_1. b_1. c_1$ 紅線代表自由曲線

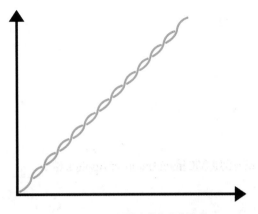

圖 12-16　分形學意義上的非連續

的要素，培養出符合未來趨勢的新產品，如此循環創新。iPhone 傳承了 iPod 的美學和音樂元素，作為內置播放器的智能手機，傳承了 iPod 的理性主義簡潔之美。蘋果手機第一代並沒有第二代（iPhone 3G）的自由曲線之美，產品美學迭代產生了蘋果第二代手機。在圖 12-15 中，a 代表蘋果播放器，a_1 代表蘋果第一代手機，蘋果手機真正的美學革命是蘋果第二代手機。b 代表蘋果第二代手機，b_1 代表蘋果手機下一個增長點，即蘋果支付系統。

　　顛覆式創新會帶來破壞性震盪，但自由曲線式創新非常順暢平滑，能把創新的風險控制在最低水平。成長曲線和自由曲線可以看成一條曲線，但需注意不是斷裂數，而是連續數，如圖 12-16 所示。

12.3.3 上帝仰角

　　如果上帝存在，他一定在北極星位置。從北半球來看，當地看北極星的仰角度，就是當地的緯度，而且兩者互為充分必要條件，如圖 12-17、圖 12-18、圖 12-19 所示。

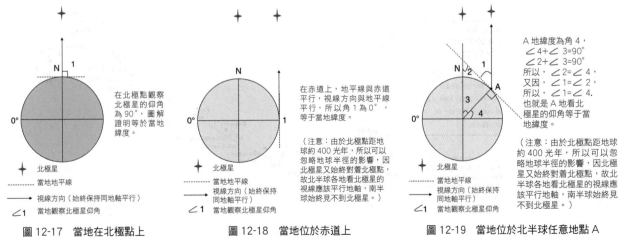

圖 12-17　當地在北極點上　　　　圖 12-18　當地位於赤道上　　　　圖 12-19　當地位於北半球任意地點 A

A. 當地的緯度
B. 當地看北極星的仰角度

圖 12-20　仰角度圖示

圖 12-21　Apple 公司 25 年來公司市值圖

為什麼說當地看北極星的仰角度等於當地的緯度呢？如圖 12-20 所示。

原來，上帝一直盯着地球，人們看上帝的角度就是你所處的緯度。把事情做到極致，就意味站在極點（北極或赤道）得到的仰望角度，是所有企業都想看到的近乎直線上升的公司業績。蘋果市值圖中所含的仰角度，如圖 12-21 所示。圖中，a 代表 PC 時代浪漫主義的仰角；b 代表大獲成功的蘋果播放器推出後理性主義的仰角；c 代表蘋果手機推出後的仰角；d 代表成熟的蘋果手機自由曲線美學的仰角。

那麼，會是什麼樣的力量使蘋果獲得這麼大的仰角度呢？

上一節中，我們談到成長曲線與自由曲線。成長曲線孕育自由曲線，自由曲線培育出下一個成長曲線，其規律類似大自然的斐波那契數列，每一片新葉都是老葉汲取陽光營養培育出來的新生力量。成長曲線與自由曲線最終變成合併曲線（Merge Curve）。

2002 年，《哈佛商業評論》（Harvard Business Review）刊登了（加）丁煥明（Graeme K. Deans）、（德）弗里茨·克勒格爾（Fritz Kroeger）和（德）斯蒂芬·蔡塞爾（Stefan Zeisel）合著的文章《合併曲線》（Merge Curve），裏面提到的這條曲線涵蓋了每一個行業的發展歷程，並預測了它們未來的發展。

《合併曲線》認為，每個行業從發展到成熟的過程可分為 4 個階段，按照時間順序依次是 "開創階段"（Opening）、"撒網階段"（Scale）、"聚焦階段"（Focus）以及 "平衡 / 合併階段"（Balance and Alliance），如圖 12-22 所示。

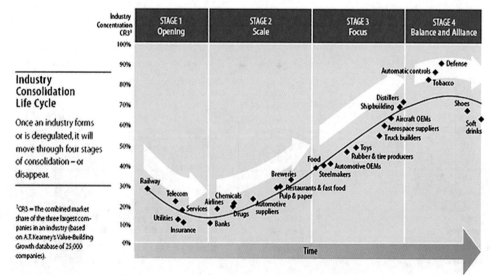

圖 12-22　Harvard Business Review by Graeme K.Deans
資料來源：The Consolidation Curve- 作者 Graeme K. Deans& Fritz Kroeger&Stefan Zeisel

每個階段都有對應的特點。在開創階段獲取新技術；在撒網階段吞併小公司；在聚焦階段控制供應鏈；在平衡 / 合併階段，行業領導者會推行大規模的併購。

蘋果公司推動新技術發展不全是依靠自己的發明，而是整合新技術的同時，在供應鏈和併購方面一擲千金，才使得它在每一個關鍵成長點上都實現了上帝的最大仰角。例如，平板電腦的屏幕需要應用"多點觸控"（Multi-Touch）的技術，這種技術能讓用戶通過輕掃屏幕移動圖像。特拉華州（State of Delaware）一家小企業 FingerWorks 已經製作出一系列多點觸控板，並申請了專利。2005 年，蘋果公司悄悄收購了該公司及全部專利，創始人約翰・埃利亞斯（John Elias）和韋恩・韋斯特曼（Wayne Westermen）也受僱於蘋果公司。

這既是蘋果仰角，也是上帝給每個人的仰角。

12.4 華為除法

從 2007 年蘋果重新定義手機後，蘋果和三星是人們心目中最好的智能手機。2019 年，華為發佈了新款手機 P30、P30 Pro，至此，華為在產品層面已經完全配得上"最好的智能手機"全球第三個選擇。

根據 2019 年 5 月 28 日，全球知名調研公司 Gartner 公佈的 2019 年第一季度智能手機終端銷售數據顯示，全球手機銷售額下降了 2.7%，三星份額從 20.5% 下降至 19.2%，但仍位居第一；華為智能手機市場份額從 10.5% 上升至 15.7%，反超蘋果，位居第二，銷量為 5,840 萬台；蘋果位居第三。

華為在短短的 6 年時間裏，銷量攀升至全球第二，這得益於中國的特色營銷戰略。華為產品分為兩個品牌九大案例，全面覆蓋各種需求的用戶，如表 12-2 所示。

實際上，真正令蘋果、三星徹夜難眠的不是華為的多系列產品。雖然華為產品多數是中低價位，不能產生高額利潤的市場份額，但華為進軍高端手機的步伐越來越快，自華為

表 12-1　銷售數據

Worldwode Smartphone Sales to End Users by Vendor in 1Q19（Thousands of Units）

Vendor	1Q19 Units	1Q19Market Share/%	1Q18 Units	1Q18Market Share/%
Samsung	71 621.1	19.2	78 564.8	20.5
HUAWEI	58 436.2	15.7	40 426.7	10.5
Apple	44 568.6	11.9	54 058.9	14.1
OPPO	29 602.1	7.9	28 173.1	7.3
VIVO	27 368.2	7.3	23 243.2	6.1
Others	141 405.2	37.9	159 037.1	41.5
Total	373,001.4	100.0	383,503.9	100.0

Due to rounding, numbers may not add up precisely to the totals shown

資料來源：Gartner（May 2019）

表 12-2　華為產品

華為品牌（HUAWEI）	
P 系列	主打時尚與拍照，定位高端，年輕人的旗艦機
Mate 系列	主打商務旗艦，定位高端商務人群
Nova 系列	主打中端主流，定位線下市場
暢享系列	主打中低端，定位千元人民幣市場
G 系列 / 麥芒系列	主打運營商，定位運營商定製機
榮耀品牌（Honor）	
V 系列	主打拍照、高顏值，互聯網銷售
榮耀系列	主打時尚，互聯網銷售
Note 系列	主打媒體，互聯網銷售

Mate7 發佈上市以來，華為站穩了 3,000 元人民幣價位的市場，進入了高端手機行列，而且每款新手機價位越來越高，正逐步侵蝕蘋果、三星曾經牢牢佔據的高端手機市場份額，其背後的奧秘就在於華為自主研發的處理器：麒麟芯片（HUAWEI Kirin）。

2019 年 3 月 26 日，華為 P30 在法國巴黎首次宣佈，4 月 11 日在上海發佈國行版。麒麟 980 因其超高性能和創新被業內形容為 "驚天神獸"：它是首個 7nm 製程手機芯片，首款 Cortex-A76 Based CPU，首款雙核 NPU，首款 Mali-G76 GPU，首款 1.4Gbps Cat.21Modem，首款支持 2133MHz LPDDR4X 的芯片。麒麟 980 芯片主要發展方向是 AI，在這方面，華為比蘋果和三星走得更遠。

談到芯片，蘋果、三星、華為有一個共通的地方，那就是都具備自主研發芯片的能力。要在同質化的手機市場做出差異化，芯片研發實力是一個重要標識，也是市場營銷的重要籌碼。三星的自研處理器非常驚豔，Exynos 系列是市場高性能芯片的代表；蘋果從 iPhone4 便開始搭載自家的 A 系列芯片，直到 iPhone X 搭載 A11 芯片，經歷了 7 代進化；華為自 2012 年推出 K3V2 芯片，到 2018 年的麒麟 980，期間經歷了 6 年的成長，如圖 12-23 所示。

麒麟（Kirin）處理器推出時間

· 2009 年推出 K3V1；

· 2012 年推出 K3V2；

· 2014 年推出麒麟 910；

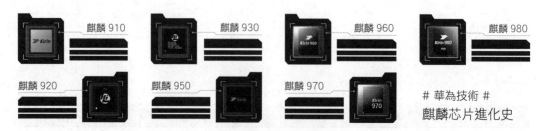

圖 12-23　麒麟芯片進化史
來源：華為官網資料整理

· 2014 年 6 月 6 日推出麒麟 920；

· 2015 年推出麒麟 930；

· 2015 年 11 月推出麒麟 950；

· 2016 年 9 月推出麒麟 960；

· 2017 年 9 月推出麒麟 970；

· 2018 年 8 月 31 日推出麒麟 980。

麒麟是 Kirin 的譯音，與高通公司（Qualcomm）❶ 的驍龍（Snapdragon）的命名一樣，都頗具中國特色。在中國古代的神話裏，兩者都以神獸自居，華為向外界傳達了麒麟挑戰驍龍的信息。

與穿着西服登入大雅之堂的蘋果和身穿華麗韓服的三星相比，華為更像一個光着腳丫的野孩子闖入了高端智能手機的殿堂。蘋果和三星天生帶有時尚基因，華為手機的前身是做通信設備的技術控，正是基於對通信運營商的熟悉和了解，華為手機在全球複雜的市場中經歷住考驗。從 3G 進入 4G 後，不同制式和頻段給那些做通信基帶的廠商帶來很大的挑戰，尤其是在中國這個 4G 通信最為複雜的市場中，包括 3G 時代的 TD-SCDMA、WCDMA、CDMA，還有 4G 的 TD-LTE、TD-LTE 和複雜的頻段，需要一個芯片攻克通信基帶這個模塊。麒麟 910 支持 LTE Cat.4 多模，下行速度高達 150Mbps，領先於高通的驍龍技術。麒麟 980 更是在指甲蓋大小的尺寸上塞進去 69 億個晶體管，成為更輕、更快的處理器。

華為手機的發展戰略中蘊藏着收斂級數（Convergent Series）❷ 的除法相加的算法，即

$$1+1/2+1/3+1/4+1/5+\cdots+1/n \text{ 等於無窮大}$$

這在高等數學裏叫收斂級數，即前 N 項的除法之和趨於無極限。

假如把華為手機的追求"更輕更薄更快"的數值列為一個常數"1"，把麒麟中 9 字頭的處理器 910、920、930、……、980、……列為除法公式中的分母 1、2、3、……、8……，那麼請看如下除法相加的演算：

$$1+1/2+1/3+\cdots+1/n=ln(n)+C（C 為歐拉常數）$$

歐拉常數近似值為 0.5772156649015328606065120 9

這道題用數列的方法是算不出來的

$$Sn=1+1/2+1/3+\cdots+1/n$$
$$> ln(1+1)+ln(1+1/2)+ln(1+1/3)+\cdots+ln(1+1/n)$$
$$=ln2+ln(3/2)+ln(4/3)+\cdots+ln[(n+1)/n]$$
$$=ln[2*3/2*4/3*\cdots*(n+1)/n]=ln(n+1)$$

如今，華為麒麟芯片正在從自產自用的"獨善其身"過渡到整合產業價值鏈的"兼濟生態"，如華為 NB-10T 系列芯片已經成為華為競逐物聯網市場的一支重磅力量，生態

❶ 高通公司（Qualcomm）業務涵蓋技術領先的 3G、4G 芯片組、系統軟件以及開發工具和產品，技術許可的授予，BREW 應用開發平台，QChat、BREWChatVoIP 解決方案技術，QPoint 定位解決方案，Eudora 電子郵件軟件，包括雙向數據通信系統、無線諮詢及網絡管理服務等的全面無線解決方案，MediaFLO 系統和 GSM1x 技術等，公司擁有 3,000 多項 CDMA 及其他技術的專利及專利申請，已向全球 125 家以上電信設備製造商發放了 CDMA 專利許可。

❷ 收斂級數（Convergent Series）的基本性質主要有：級數的每一項同乘一個不為零的常數後，它的收斂性不變；兩個收斂級數（Convergent Series）逐項相加或逐項相減之後仍為收斂級數（Convergent Series）；在級數面前加上有限項，不會改變級數的收斂性（Convergent Series）；原級數收斂，對此級數的項任意加括號後所得的級數依然收斂；級數收斂的必要條件為級數通項的極限為 0。

之於芯片的意義，在於價值裂變的關鍵點。華為在通向價值無極限的路上，以技術進步為分母，以用戶需求為分子，在收斂級數的每一級除法相加之後，通向價值裂變的偉大算法。

②集中力量

③層層深入

①選準突破口

圖 12-24　"T" 字型戰略的釘子精神

❶ 帕累托法則（Pareto's principle）：19 世紀末 20 世紀初由意大利經濟學家維弗雷多・帕累托（Vilfredo Pareto）發現，具體內容為：社會上 20% 的人佔有 80% 的社會財富，即財富在人口中的分配是不平衡的。因此他認為，在任何一組東西中，最重要的只佔其中一小部分，約 20%，其餘 80% 儘管是多數，卻是次要的，因此又稱 "二八定律"。

12.5 除法極致戰略

互聯網思維正在把世界從流量時代帶入到精準用戶的口碑時代，學習蘋果和華為的除法運算之後，臨淵羨魚不如退而結網，在互聯網的下半場，我們要學會用釘子精神建設 "T" 字形戰略，構築極致化行業堡壘，做細分市場的領頭羊，如圖 12-24 所示。

由於市場環境的變遷，需要應用極致化戰略，即：贏家通吃，強者越強；不做到極致，就會被超越；把自己逼瘋，才能把別人逼死。

企業做大做強後走極致化道路是上等優選，在應用極致化戰略時，應關注以下 3 個要素：

（1）專業

在更短時間、更少資源、更複雜的環境中，用自己的知識、經驗和技能，更高效、更有價值地去完成一項任務，專業化就是極致化。

（2）專注

99/1 法則提到，把 99% 的時間和精力放在 1% 的事情上，帕累托法則（Pareto's principle）❶正在失效。在極度競爭和信息開放的雙重壓力下，用 20% 的精力做好 80% 的事情會顯得力量分散，專注度不夠。

（3）專心

蘋果、華為、小米不做廣告，他們信奉 "用戶口碑是最好的廣告"。專心將產品做到極致就好，其他的交給用戶。

12.6 除法算法的啟發

除法對於保持技術或品牌形象連續性的產品在迭代過程中的價值計算非常重要，它揭示了用戶滿意度等於目標實現值除以目標期望值。計算一個特定新產品的價值時，用戶滿意度取決於目標期望值的大小。用戶總有更大的目標期望值，目標實現值越大越好，而目標實現值越大，越需要企業的技術、內容或顏值趨於更大值。

對於企業內部算法而言，技術或內容是除法運算的分母，分子是企業生產內容的價值趨向；對於企業外部市場算法而言，用戶永遠是分母，和企業提供的用戶價值相除，大於等於 1 是用戶滿意的底線。

人這一生也是一道除法題。人生遇到挫折，唯有後退一步，方能看清方向。後退一步，是為了明辨利害關係、洞察規律，從而更好地前行。人生如棋，制勝之道不在於幾個棋子的得失，而在於佔勢。佔勢、取道、明術，才是制勝王道。

　　"星星之火，可以燎原"，正是除法之妙用。

12.7 算法之上是模式

　　2018 年 7 月 9 日，僅次於阿里巴巴和 Facebook，有史以來全球第三大規模的科技互聯網企業 IPO 誕生，小米集團在中國香港上市，創下了 2018 年科技公司 IPO 諸多之最。但是，截至 2019 年 7 月 8 日收盤，小米股價為 9.58 元港幣 / 股，和曾經的 22 元港幣 / 股相比，市值跌掉近 3,000 億港幣。不僅僅是小米，2018 年以來在中國境外上市的 50 家新經濟公司中，有 15 家股價跌幅超過 40%，其中蘑菇街以 80% 跌幅排首位。另一個獨角獸巨頭美團點評，自 2018 年 9 月上市以後，股價長期跌破發行價。

　　究其原因，是因為 2018 年上市的新貴公司中大多數沒有實現盈利。對於盈利，在投資市場火熱時沒人在意；但在市場低潮時，盈利能力關乎企業的生死存亡。要盈利，企業不僅要靠算法，還要依賴先進的模式。

本章小結

　　（1）任何顛覆式創新都會帶來破壞性震蕩，但自由曲線式創新非常順暢平滑，把創新的風險控制在最低水平。因為成長曲線和自由曲線可以看成一條曲線，不是斷裂數，而是連續數。

　　（2）除法對於那些保持技術或品牌形象連續性的產品在迭代過程中的價值計算非常重要，它揭示這樣一個道理：用戶滿意度等於目標實現值除以目標期望值。

　　（3）對於企業內部算法而言，技術或內容是除法運算的分母，分子是企業生產內容的價值趨向；對於企業外部市場算法而言，用戶永遠是分母，和企業提供的用戶價值相除，大於等於 1 是用戶滿意的底線。

　　（4）人這一生是一道除法題。人生遇到挫折，唯有後退一步，方能看清方向。後退一步，是為了明辨利害關係，洞察規律，從而更好地前行。人生如棋，制勝之道不在於幾個棋子的得失，而在於佔勢。佔勢、取道、明術，才是制勝王道。

品牌

第四篇

第十三章

Redefining
The Brand

重新定義品牌

移動互聯網品牌傳播特點

　　為什麼埃隆 · 馬克斯把自己的公司和電動汽車命名為特斯拉？因為在美國歷史上確有特斯拉這麼一位天才，他生於 1856 年，一生中至少有 5 項傑出的科學發現，即宇宙射線、人工放射線、帶電粒子的分解束、電子顯微鏡和 X 射線，而後人在多年之後才 "重新發現" 了這些射線並因此獲得諾貝爾獎。特斯拉一生中取得 300 多項專利，並預言了智能手機、雷達、人工智能、互聯網與傳真機，可惜在他去世 8 個月之後，美國最高法院才最終裁定他是真正的無線電發明者。像他這樣的科學巨匠本該坐享專利紅利，然而生前身無分文，死後債台高築，明明是他發明了交流發電機，卻沒有發明直流發電機的愛迪生名氣大。幸好，很多人記得這位英雄，為致敬這位天才，埃隆 · 馬克斯把自己設計的顛覆過去的直流發電機的汽車命名為特斯拉，特斯拉汽車採用的是交流發電機。

　　關於交流發電機，特斯拉與愛迪生有一場電流之戰。愛迪生是個勤奮的發明家，他發明了留聲機、白熾燈泡、油印機、電影攝像機等，與特斯拉只專注發明相比，愛迪生首先更像一個企業家，而且愛迪生所發明的一切產品都有明確的賺錢目的。為了打擊特斯拉，愛迪生一直貶低交流電，並拿動物做實驗，證明交流電不安全。1891 年，在紐約哥倫比亞大學，特斯拉為了揭穿愛迪生關於交流電不安全的謊言，親自上陣讓幾千伏的交流電穿過自己的身體，特斯拉的衣服上散發出藍晶晶的柔光，指尖上閃動着細碎的火花，而他卻安然無恙。

　　特斯拉本人是最高等級的技術發明者，他不去發明更加實用的電燈之類的產品去賺錢，而把全部熱情投入到發明本身，鐵了心地去證明他對未來世界的預言："完全有這樣的可能，一位企業家在紐約發出指令，並使之立刻在倫敦或其他地方的辦公室裏得到不折不扣的執行……那是一種並不昂貴的儀器，不會比一隻手錶大，可以讓持有者在任何地方，無論是在海上還是在陸地上，收聽音樂、歌曲或政治領袖的講話、科學名人的演講，抑或雄辯牧師的佈道，但這一切都是在另外的地方發出的，無論距離多麼遙遠。以同樣的方式，可以將任何圖片、字符、繪圖或印刷品從一個地方轉發到另一個地方。" 1908 年，特斯拉如是説。

　　埃隆 · 馬克斯何嘗不是現實版的 "特斯拉" 呢？發射衛星、把汽車送上太空等一系列舉動詮釋了品牌精神一脈相承。

13.1 品牌概述

1. 品牌定義

　　由於產品同質化導致競爭激烈的市場為顧客提供了無數的選擇，在這一背景下，企業只有找出與顧客建立情感聯繫的方法，才能建立無法取代的終身關係，而品牌是用戶對企業的印象。

　　一個強而有力的品牌能在擁擠的市場中脫穎而出。人們愛上品牌、信任品牌，並相信品牌的優越感。不管是初創品牌、非營利組織，或者是一項產品，人們對品牌的認知感受決定了它是否會取得成功。品牌有三度，即知名度、美譽度、指名度●。

品牌（Brand）●一詞源於古代斯堪的納維亞人（Scandinavian）的詞彙 "Brands"，意思是點燃。品牌化（Branding）這個詞，起初只是標識，幾千年來，是用來標示財產歸屬權或產地的。大家可能不知道，大約 4000 年前，它被用來標記出租的畜生或奴隸以示所有權。在美國，直至 19 世紀初，標識仍被作為羞辱的標記用在逃犯、奴隸、流浪漢、竊賊或狂熱的異教徒身上。在美國著名小說《湯姆叔叔的小屋》（Onkel Toms Hütte）中，黑奴都佩戴一種標識或在身上留下烙印。迄今為止，在世界各地，各種部落聯盟用標識來表示部落各自的來源也很常見。

> ● 指名度：同一個類別相似品牌中，被聯想到的順序排序。
> ● 品牌（Brand）：一個人對一個產品、服務或公司的直覺感受。

案例 ｜ 福特（Ford）品牌的進化史

圖 13-1　福特的品牌演進
資料來源：華紅兵《頂層設計：品牌戰略管理》

汽車生產商。1908 年，福特推出 T 型車，該車型的銷量佔 60% 的市場份額。至 1927 年，福特公司已售出 150 萬輛 T 型車。20 世紀 30 年代，福特推出經典車系列，比如林肯車，進入奢侈高端消費市場；20 世紀 50 年代，又推出雷鳥。現在，福特公司旗下的汽車品牌有福特、林肯、馬自達、捷豹、路虎、阿斯頓·馬丁。100 多年過去了，福特公司的品牌形象已經發生了一些變化，但福特的品牌含金量越來越高。

資料來源：華紅兵《頂層設計：品牌戰略管理》

福特不僅向全球貢獻了生產管理經驗，更從創始之初就開始了品牌同步建設。福特的品牌演進如圖 13-1 所示。

1903 年，當福特公司成立的時候，美國已經有 88 家

案例 ｜ 可口可樂的品牌演化史

從可口可樂的整個商標設計，以及它的品牌設計可見，可口可樂在賣誘惑，也在賣一種順滑的感覺。它的整

圖 13-2　可口可樂的品牌演進
資料來源：華紅兵《頂層設計：品牌戰略管理》

個商標看上去很順滑，讓人感覺喝的時候會很順暢，如圖 13-2 所示。

你不得不承認，可口可樂把英文翻譯成中文的時候，翻譯得絕妙，這也讓很多企業感到取一個好名字非常困難。

為什麼呢？好的名字，在 20 世紀 80 年代都已經被搶光了，像格力、海爾、娃哈哈等。還有樂百氏，你總不能註冊個樂萬氏吧？但沒關係，我們還有更好的，因為頂層設計就是做逆向思維的，總是想別人想不到的，做別人沒做到的。

資料來源：華紅兵《頂層設計：品牌戰略管理》

2. 品牌定位

（1）品牌定位規則

品牌定位規則是基於消費需求和**趨勢**，支撐企業的運營和發展，洞察消費者內心的癢點，通過跟競爭品牌形成差異和區隔，讓企業資源和團隊匹配。

（2）品牌定位與運營

品牌定位是品牌建立的第一步，在移動營銷場景下，可用人物原型的視角去理解一個品牌，比如王者、浪漫主義者、智者、創新家、探索者等，通過品牌讓用戶形成一個心智印象。例如，今年上市的拼多多，很難想象淘寶、京東這麼龐大的平台也會被社交電商所衝擊，歸根到底還是消費方式的改變。

進入互聯網、電商時代後，客戶先"注意"並因此產生"興趣"才會去網上搜索，購買之後會進行分享。在移動互聯網時代，品牌促使用戶相互感知，從而產生興趣並進行互動，用戶與品牌以及商家建立了聯繫，交互溝通後產生購買行為，最後進行分享。在這個階段，做到內容、鏈接和互動這三點，才能從移動互聯網的海洋中獲得超級銷量和紅利，這也是社交電商更為重要、要組建社群的原因。之前是按產品類別分類，現在按人群分類，因此從人物原型的視角去進行品牌定位已經成為一種**趨勢**。

品牌運營，也可以說是品牌經營。移動互聯網時代，很多公司老闆依舊在尋求微信公眾號粉絲和閱讀量的增加。然而，追求曝光的時代已經過去，口碑效果時代已經到來。評估品牌效果如何，早已由曝光量的多少轉向用戶運營的狀況如何。在移動營銷時代，再小的個體也是品牌，品牌面臨移動應用用戶碎片化思維的挑戰。

3. 品牌的三個主要功能

（1）功能一：導航

英國 Brand Finance 顧問公司執行長大衛·海格（David Haigh）提出：品牌是一種選擇，品牌能幫助消費者從一大堆眼花繚亂的選項中明確自己想要的。

案例　|　海馬體攝影照相館

"海馬體"在人類大腦中負責長時記憶儲存轉換。日常生活中的短期記憶都儲存在海馬體中，經過海馬體轉存的信息會成為永久記憶。 海馬體照相館取名的初衷，是想象海馬體一樣，用影像為顧客保留美好記憶。它主打的就是證件照和職業照的產品品類，給人的品牌印象就是專業的智者，體驗很有質感。

並非只有成年人需要拍攝證件照，兒童入園、辦簽證、考級時都需要證件照，雖然目前市場上並不缺乏兒童攝影品牌，但並沒有一家專業拍攝兒童證件照的品牌出現，這是一個剛需市場。HIMOKIDS 就在這樣市場環境下進行了清晰的品牌定位，直接跟海馬體形成差異化。HIMOKIDS 傳達給用戶的，用戶體驗到、使用到的，與品牌定位一致。正所謂，產品要為定位賦能。

資料來源：海馬體照相館官網

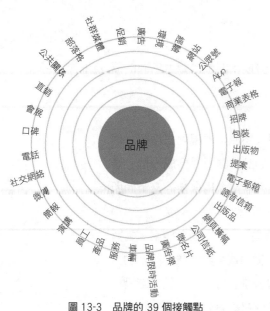

圖 13-3　品牌的 39 個接觸點
資料來源：Alina Wheeler《脫穎而出的品牌制勝秘密》

（2）功能二：保證

品牌意味着產品或服務本身的品質，讓消費者確信自己做了正確的選擇。

（3）功能三：連接

品牌使用特別的圖像、符號、文字及聯想，促使消費者產生認同感。在移動互聯網時代，對於好的品牌，用戶會主動、自發地傳播。

4. 品牌的 39 個接觸點

品牌有 39 個接觸點，每個接觸點都是增加品牌知名度、美譽度及建立消費者忠誠度的機會，如圖 13-3 所示。

5. 品牌識別

品牌識別是有形的並能讓用戶產生觀感的記憶符號。你可以注視它、觸碰它、感受它，可以將它握在手中，聆聽它。

品牌識別能讓消費者認識品牌，並且擴大與其他品牌的差異，讓消費者了解品牌的理念及含義。品牌識別需要將各種不同的元素整合到整個識別系統之中，在虛擬現實移動營銷時代，品牌識別沒有死角。

1985 年，喬布斯曾在挖角百事可樂的總裁約翰·史考利（John Sculley）時問他：“你是想賣糖水度過餘生，還是想一起來改變世界？”百事可樂、蘋果這些看似不關聯的品牌，依靠品牌識別產生消費聯想，品牌創新改變了世界。

在互聯網時代，品牌正被大量的信息掩埋，品牌如想脫穎而出，建立品牌識別系統特別重要。

在價值增長過程中，品牌有一種不可思議的力量，它被用來解釋產品的出處和去向。在工業經濟時代，大部分人其實不怎麼關心品牌的出處，但是，進入移動互聯網時代後，碎片化運動使人們有時間、有辦法（Google 或百度）、有途徑（Facebook 或微信）、有能力（產品信息鏈接功能）去關心品牌從哪裏來，到哪裏去。躍進式的經濟增長已成過去，目前處於持續的經濟低增長期，企業應努力滿足用戶日益膨脹的慾望。精明的商家發現他們並不能解決所有用戶在選擇商品時所提出的問題，最可行的方法是想盡辦法讓用戶認識品牌，畢竟品牌的競爭是市場競爭的決賽。

13.2 品牌戰略

企業的增長戰略是以用戶為中心開展設計，通過技術增長、營銷增長和品牌增長，最終實現戰略增長。圖 13-4 為 3 種增長之間的關聯，體現為以下 3 個方面。

（1）基於創新與知識的技術增長能提升內生增長率。

（2）基於滿足和創造用戶需求的營銷增長能提升市場增長率。

（3）基於創造附加價值的品牌增長能提升價值增長率。

增長率可以量化為價值區間。例如，蘋果手機以 iOS 技術源形成先進技術增長閉環，比定價 1,000 元人民幣的一般技術手機多出 1,000 元，技術量化為 2,000 元價值區間；蘋果的營銷使蘋果的技術轉化為用戶喜歡的產品，營銷的價值區間是 2,000 元；蘋果的品牌美學愉悅了用戶，又使蘋果產生了 2,000 元附加價值。因此，蘋果的產品售價為 6,000 元人民幣，其中包含技術、營銷、品牌三種增長方式創造的價值區間。

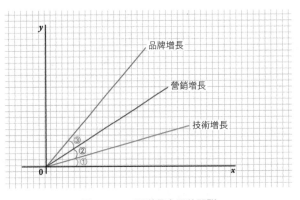

圖 13-4　三種增長之間的關聯

13.2.1 企業的增長戰略

1. 內生增長

保羅・羅默（Paul M. Romer）最重要的貢獻是提出了"內生增長理論"，並用此獲得 2018 年諾貝爾經濟學獎。他把知識的產生和積累納入經濟增長的分析框架之中，也就是把知識與技術的生產在宏觀經濟模型中"內生化"。

全球進入移動互聯時代以後，知識與技術的生產與保護日益重要。一方面，由於信息更加開放掀起了用戶追逐知識與技術的熱潮，產品中的技術含量成為用戶衡量產品價值的標準，完全不同於產業經濟時代用戶對知識與技術了解的信息如此匱乏；另一方面，這種開放使得技術保護成為企業基礎工作的關鍵一環，因為技術專利的保護為企業參與市場競爭修築了護城河。當競爭對手向該技術高地挺進時，通過設置技術專利的陷阱打擊競爭對手也是當今企業慣用的策略。例如，三星在 2010 年和 2011 年銷售的 Android 手機侵犯了蘋果的 5 項專利，包括 iPhone 的外觀設計和界面操作邏輯，三星賠償了 5.39 億美元，其中外觀設計專利的賠償款約為 5.3 億美元；中興通訊被日資電子公司 Maxell 控告侵權，最終賠付 4,330 萬美元。

進入移動互聯時代以來，全球各地政府頻繁出台各種法律保護企業知識產權。顯然，政府從宏觀層面意識到，推動經濟長期增長的核心動力是不斷湧現的新技術，從微觀經濟層面看，這些新技術由企業投資，並由企業研發部門科研創新，企業理應擁有這些新技術的知識產權——專利。專利制度的完善實際上是賦予研發者某種壟斷權，使得企業在獲得新技術專利後，可以在專利保護下，進行新技術的壟斷性生產與銷售，最終獲得壟斷利潤。

與資本和勞動這兩種傳統生產要素不同，新技術是人類通過努力獲得的新知識。與石油、天然氣、土地、礦石不同，新技術是這個星球上從來不曾出現的資源，具有很強的非競爭性，更有強烈的正外部性，對企業起到護城河作用。人類的知識可以不斷積累和重複使用，正是這個特性使企業以很低的成本持續享受新知識帶來的收益。增長模型和傳統增長模型最大的區別在於，在內生增長模型裏，技術進步成為經濟系統中的內生產量——因為有了知識產權（專利）保護，公司在成本最小化和利潤最大化的驅使下，會加大對新技術、新產品的投入。

華為的增長在很大程度上得益於很早以前實行的把銷售收入的 10% 用於研發經費，持續技術積累與突破，使華為立於不敗之地的內生增長戰略。華為在全球有 8 萬多研發人員，每年的研發經費中有 20-30% 用於研究和創新，70% 用於新品開發。

2. 營銷增長

技術本身不能轉化成價值，技術只有掌握在懂市場營銷和品牌戰略的人手中才更有價值。營銷戰略和品牌戰略的區別在於，營銷關注市場中量的增長，而品牌關注市場增長中的質量增長即價值增長，兩者雖有區別，但相輔相成。

如圖 13-5 所示，黑線代表用戶需求函數，紅線代表營銷增長函數。用戶需求函數是非線性的，因為用戶的需求包含太多的不確定性。用戶需求的不確定性可以通過營銷行為變成確定性需求，移動營銷學是建立在洞察需求、滿足需求，從而創造出新需求的基礎之上的學問，這種學問以線性增長帶動非線性增長。移動營銷學是一門創造需求帶動增長的市場學科。

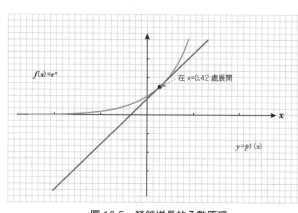

圖 13-5　營銷增長的函數原理

2018 年 10 月 31 日，中國深圳一家初創企業放出大招，全球首款柔性屏手機正式誕生，它可摺疊、可彎曲，還可以捲起來。

這家初創企業叫柔宇科技，在其 2018 新品發佈會上宣佈：可摺疊手機 Flexpai 柔派採用了柔宇自主研發的蟬翼柔性屏二代技術，柔性屏可展開至 7.8 英寸，可摺疊至 4 英寸，使用壽命期內可摺疊彎曲 20 萬次以上。原本不知名的企業，通過噱頭式營銷一下吸引了全球用戶的目光。在注意力經濟時代，誰獲得了用戶注意，誰將激發用戶的需求。曲屏手機早已存在，可摺疊的曲屏手機激發了大眾的好奇心。

在全球智能手機市場增長放緩的 2018 年，新的營銷方式依然可以拉動用戶需求的增長。2018 年 10 月 16 日，華為在倫敦發佈獨享麒麟 980 驅動器先進技術的 Mate 20，在移動互聯網信息快捷傳播方式的助推下，華為實現了僅一場新品發佈會的低成本傳播，拉開了移動營銷的高潮。Mate 20 系列賣了不到 24 小時，全國各地華為旗艦店全面告急。

新品發佈會是低成本的傳播方式，原本是喬布斯首創，現在被很多企業學習，雖然沒有喬布斯的明星企業家的助力，但靠着"黑科技"的高關注度帶動了用戶信息分享。華為憑藉新品發佈會的營銷手段，使本已疲軟的用戶需求曲線開啟了激進上揚模式。

3. 價值增長

市場調研機構 Counterpoint 發佈了 2018 年第二季度全球智能手機市場分析報告，報告顯示蘋果在第二季度實現的利潤佔全球手機市場份額的 62%，遠超其他品牌的總和。

如圖 13-6 所示，三星在二季度的份額僅佔 17%，華為佔比 8%，蘋果的盈利能力是三星的 4 倍，是華為的 8 倍。

中國手機品牌在 2018 年第二季度合計利潤超過 20 億美元，佔全球手機利潤的近 1/5。其中華為佔 8%、OPPO 佔 5%、vivo 佔 4%、小米佔 3%，如圖 13-7 所示。

該報告還指出，在定價 800 美元以上的高端手機中，蘋果佔據 88% 的份額；定價在 600-800 美元區間的手機市場；三星和蘋果平分秋色，而中國的主要品牌定價在 400-600 美元。

所幸，中國的華為 Mate 20 開啟了向高端手機市場進軍的模式，如圖 13-7 所示。

憑什麼蘋果手機能拿走全球手機市場利潤的 60% 以上？蘋果除了擁有芯片技術、iOS 系統和產業鏈掌控力等這些硬實力之外，還有一項軟實力是三星、華為、小米根本無法比擬的，那就是蘋果品牌強大的號召力為產品提供了溢價空間。從每次發出的財報來看，蘋果高管一直向外界強調一件事情，蘋果更看重的是利潤，然後才是銷量和市場佔有率。這種利潤導向而非銷量導向，就是品牌戰略帶來的價值增長。

如圖 13-8 所示，建立品牌戰略的企業位置通過藍色區域躍升到紅色區域，數學家通過數據分析"變化中的不變性"並找出變化規律，用它來構建一家企業從技術型到營銷型的增長方式，繼而躍升到品牌發展型的價值增長方式。

不可否認，幾乎所有組織的目標都是創造價值。為了追求企業永續性，企業開始將價值對話延伸到顧客端。此外，負起企業社會責任以及環境永續可持續責任，並能創造價值和獲利，成為所有品牌新的商業模式。品牌是一項無形資產，而品牌識別涵蓋從包裝到網站所有具體的表達形式，從而支撐起品牌的無形資產價值。

圖 13-6　各手機品牌的市場分析
資料來源：太平洋電腦網

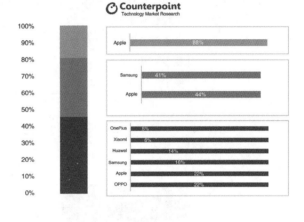

圖 13-7　各品牌手機發展趨勢
資料來源：太平洋電腦網

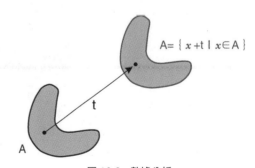

$$A = \{\, x + t \mid x \in A \,\}$$

圖 13-8　數據分析
資料來源：華紅兵《頂層設計：品牌戰略管理》

13.2.2 品牌價格與價值

1. 價格與價值概念比較

企業戰略（見圖 13-9）的實質是回答一個問題：未來的顧客在哪裏？這既是一個"取"或"捨"的決策過程，又是一個管理科學中的邏輯次序問題。未來的顧客在哪裏？企業的未來在哪裏？弄清楚這個問題，也就清楚了管理科學研究的始點在哪裏。

關於價格與價值的比較，如表 13-1 所示。

表 13-1　價格與價值的比較

價格	價值
價格是廠商制定的讓顧客接受的產品性能的貨幣表現	價值是消費者心中對產品的綜合性能評價的貨幣表現
價格是行業中所有競爭對手都可以使用的競爭工具	價格是競爭對手不能使用的具備企業屬性的競爭工具
價格＝成本＋利潤	價值＝成本＋利潤＋溢價利潤

牛頓（Isaac Newton）的力學轉化成企業力學公式，如表 13-2 所示。

表 13-2　牛頓力學公式轉化成企業力學公式

F	M×A（Force=Mass×Acceleration）
力量	質量 × 加速度
企業的競爭力	資產 × 資產加速度
企業的營業收入	資本 ×（品牌＋產品）

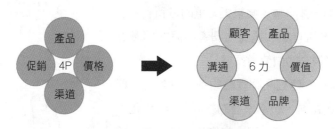

圖 13-9　從 4P 到 6 力示意圖
資料來源：華紅兵《頂層設計：品牌戰略管理》

牛頓在研究萬有引力定律時，迷戀於地球沿着固定軌道範圍繞太陽轉動的絕妙規律，驚歎之餘他始終不解"地球什麼時候開始"和"為什麼會圍繞太陽轉"的奧秘，於是牛頓把地球圍繞太陽轉歸結為上帝的第一次推動。

牛頓描述了這樣一個宇宙圖景：各個星星圍繞太陽做橢圓運動。其維持圓周運動的向心力來自於太陽的引力。然而，這裏有一個關鍵的問題，就是星星首先必須是運動的，太陽的引力將行星吸進太陽，而不可能有行星的圓周運動。令牛頓百思不得其解的就是行星最初的切向運動是怎麼來的。這樣，牛頓只能解釋說，最初是上帝先做了"第一次推動"，行星有了最初的切向速度後，就完全可以按照他的萬有引力定律來運行了。他說："沒有神力之助，我不知道自向的運動。"這就是牛頓受到後世非議的關於上帝"第一推動"（first mover）的由來。所以後世的科學史家評論說："牛頓把上帝趕出了太陽系，但還讓上帝在太陽系外推了太陽系一把，然後太陽系內就再沒有上帝什麼事了。"

後人議論牛頓的上帝"第一推動"，認為"第一推動"思想是科學在哥白尼革命後向宗教神學的復歸，這種思想阻礙了牛頓的科學研究。

從現代宇宙學來說，"第一推動"完全可能在物理學框架上解決而無須"神助"。如果牛頓能活到現在，他自然不會再去問太陽系的"第一推動"，但以他的個性，他一定會問"宇宙大爆炸"理論那個不存在時間也不存在空間的"宇宙奇點"是怎麼回事，說不定他又會說那是上帝的"第一吹氣"。其實，這不正是科學真理無限逼近的一個過程嗎？

愛因斯坦（Albert Einstein）提出了一個新的關於質能關係的公式（見表 13-3），以證明能量是怎麼來的。

表 13-3　愛因斯坦的質能方程

E	mc^2
能量	質量 × 光速的平方

如果用牛頓的公式來解釋企業的規模是怎麼得來的是最恰當的，但是推動企業不斷提速的能量的源泉是什麼呢？顯然是愛因斯坦的相對論公式，如表 13-4 所示。

表 13-4　愛因斯坦的質能方程轉換為企業質能方程

企業能量	企業規模 × 溢價利潤率
企業利潤	營業收入 × 溢價利潤率

有關價格與價值，西方學者做出了一系列研究，如表 13-5 所示。

表 13-5　西方學者對顧客價值概念研究概述

價值的定義	給出定義的學者
顧客經濟價值（EVC），是指在自己核心產品與其他產品的綜合信息可獲得的情況下，消費者願意支付的最高值	Forbis, Mehta（1981）
價值是顧客為了得到一個商品願意付出的價格，這種支付的意願為商品提供給顧客並被感知的收益	Christopher
在市場中，價值通常被定義為"合理價格上的質量"，並且被認為對消費者而言比質量更加重要，因為價格是消費者能夠承擔得起的質量	Progressive Grocer（1984）
使用價值代表產品在顧客使用過程中所展示的相關價值，尤其在工業產品中，價值分析者只考慮使用的價值（產品的用途和可靠性），而不考慮它的存在價值（魅力與美觀、成本價值、交換價值等）	Reuter（1988）

（續表）

價值的定義	給出定義的學者
在 Zeithaml 的價值模型中，價值是： （1）低價的； （2）得到想要的； （3）相比於價格的質量； （4）所獲得利益與為此付出之間的權衡。 他進一步指出，顧客感知價值就是顧客所能感知到的利益與其獲取產品或服務時所付出的成本進行權衡後對產品或服務效用的總體評價	Zeithaml（1988）
基於所接受和所給予的感知的一個產品的效用的顧客全面評估	Zeithaml, Parasuraman and Berry（1990）
價值是感知利益相對於感知付出的比率	Monroe（1991）
購買者的價值感知代表了他們在產品中感知到的質量或利益，與相對於通過支付價格而感知的付出之間的一種權衡	Monroe（1991）
考慮到可獲得改變的供應商的產品和價格，顧客在為供應商提供的產品支付價格的交易中所獲得的一系列經濟、技術、服務和社會利益，在以貨幣單位衡量時的感知價值	Anderson, Jain and Chintagunta（1993）
顧客價值就是相對於你的產品價格調整後的市場感知質量	Gale（1994）
合意屬性相比較犧牲屬性間的權衡	Woodruff and Gardial（1996）
說到顧客價值，我們指的是當顧客使用完供應商生產的優秀的產品或服務，並發現產品提供了一種附加價值時，建立在顧客和生產商之間的情感紐帶	Butz and Goodstein（1996）
顧客價值就是一種相互影響的相對偏好的體驗	Holbrook（1996）
在一種具體的使用狀態下，顧客在給定的所有相關利益和付出之間的權衡下，對供應商為他們創造的價值的評估	Flint, Woodruff and Gardial（1997）
價值就是利益與付出之間的權衡	Woodruff and Gardial（1997）
顧客價值是顧客對那些產品的屬性、屬性表現及從使用中引起的有利於或阻止顧客在使用狀態下取得他們的目的和目標的結果的偏好及評估	Woodruff（1997）
價值被定義為集中、長期持有的核心觀念、期望目標或者消費者個人或組織更高的能指導他們行為的目標	Flint, Woodruff and Gardial（1997）
價值就是顧客為了完成某種目的而獲取特定產品的願望	Richard L. Oliver（1998）
價值過程連接關係營銷的起點和終點。關係營銷應該為顧客和其他各方創造出比單純交易營銷更大的價值。 關係範疇中的顧客感知價值可以表述為下面兩個公式 顧客感知價值（CPV）=（核心價值 + 附加服務）/（價格 + 關係成本） 顧客感知價值（CPV）= 核心價值 ± 附加價值	Gronroos（2000）
顧客讓渡價值就是顧客的總價值與總成本之差	Kotler（2001）
價值就是收益與貢獻的差額	Achim Walter, Thomas Ritter, Hans Georg Gemunden（2001）

13.2.3 品牌價值創新法則

品牌價值創新有五大法則：突破顧客邊界、擴大銷售半徑、創新產品價值、堅守核心價值、創造顧客價值，如圖 13-10 所示。

1. 法則一：突破顧客邊界

經過長期的大量實證營銷研究，傳統的營銷學中的顧客學說對顧客的定量、定向和定性都是不準確的。在網狀經濟的平坦世界裏，經濟要素之間的關聯性以及由此產生的互動作用力已經明顯著眼於企業內部要素整合的傳統經濟學。與之相對應的是傳統營銷戰略，如 "STP+4P[●]" 戰略、"顧客需要理論"，這些戰略在面對新經濟秩序顯得束手無策，甚至制約了企業的發展。

STP 理論認為，企業營銷戰略應從市場細分（Segmenting）開始，經過目標市場（Tangeting）選擇，再到市場定位（Positioning）的完成。實際上，2005 年以後快速成長的企業大多是從產業邊界模糊狀態下的市場細分開始的，而且確定目標市場也不是企業主動選擇的過程，而是像消費者在超市買東西一樣自主選擇、組合資源形成顧客群。更令人吃驚的是，這種方式造成的顧客聯盟竟然是病毒式的，以滾雪球的方式無限放大的過程，好像有一隻無形的手完成這一切。

在此背景下，有一條重要的新遊戲規則出現了，那就是網狀經濟擴大了顧客邊界，把那些原本不是目標顧客或潛在顧客的人群給激活了，形成關聯性顧客，再進一步形成目標客戶。由於這些新生成的目標客戶是由網狀經濟催生的，網狀經濟關聯性的網狀手段又促使新生成的目標客戶結成網狀消費聯盟，所以新興企業的前進方式是病毒式地複製。但是，我們針對 2005 年以後的新型企業進行營銷實證研究後發現，大量的企業是以零價格來實現銷售，而它的商業模式卻是通過幫助第三方創造價值而讓第三方付費。例如，人們使用的 Google、百度並不需要付費，而是大量的第三方爭先恐後地為 Google、百度的顧客付費。

這些新型企業的顧客觀念和傳統觀念格格不入，其根本原因就在於傳統營銷思維的出發點是找到從 A 點到 B 點的捷徑，把解決如何讓消費者初次和連續購買作為研究對象。但是在網狀經濟條件下，不再研究從 A 點到 B 點的簡單過程，由於 C 點、D 點、E 點等的出現，改變了市場遊戲規則，從而使三維或者四維的空間思維代替了傳統營銷的二維空間。

當然，企業收入不完全來自於消費者初次購買，還來自於消費者重複購買。利潤也是消費者初次購買與重複購買的合計，溢價利潤則可能來自消費者初次購買產生的推薦，也可能來自消費者重複購買後的推薦，還有可能來自那些並沒有產生實際購買的

❶ STP+4P：S：市場細分（Segmenting）；T：目標市場（Tangeting）；P：市場地位（Positioning）。

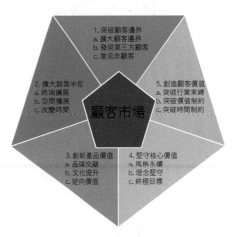

圖 13-10　品牌價值創新五大法則
資料來源：華紅兵《頂層設計：品牌戰略管理》

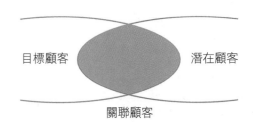

目標顧客　　　　潛在顧客

關聯顧客

圖 13-11　關聯客戶
資料來源：華紅兵《頂層設計：品牌戰略管理》

消費者的關聯顧客的推薦（如圖 13-11 所示）。例如，在飯店吃飯送酒水時，想喝酒的人會問 "今天喝什麼酒"，坐在一旁不會飲酒的女士會說 "還是喝某某品牌的酒比較好"，或許她們剛看過有關該產品的資訊。這位不會喝酒的女士，稱為 "關聯顧客"（Relevance Customer）。

請注意，區別關聯顧客和潛在顧客的意義十分重大，因為關聯顧客對於消費者的選擇會產生重大影響。他並不了解產品品質，也許永遠不想了解，但他對品牌價值的評價和消費者的評價共同構成了顧客價值。這就突顯了 4P 理論的局限性，因為它是以產品為導向、以廣告促銷為策略、以目標顧客和潛在顧客為訴求爭取對象。在信息化、網絡化相互關聯的 21 世紀，4P 理論忽視乃至遺棄了關聯顧客對目標顧客或潛在顧客的作用，因而據此指導企業建立的營銷模式不具有溢價盈利能力。

另外，傳統營銷戰略只是研究目標顧客和潛在顧客的需求和價值滿足模式，不承認非顧客對企業的貢獻。

所有這一切，都需要企業跨過顧客的傳統邊界，去全新的領域尋找新顧客。

2. 法則二：擴大銷售半徑 ❶

新興世界正在逐步消滅渠道的級別，隨着專業化大型物流公司的出現，批發商和零售商的儲運功能也將消失，傳統的批發商和零售商的功能退化已成為不爭的事實。隨着互聯網的介入，一批行業的傳統終端店也將面臨顧客被分流的壓力，只有那些顧客體驗成本較高的行業還在一定程度上依賴傳統的終端渠道，渠道由相對垂直變成相對扁平已不可避免。

3. 法則三：創新產品價值

傑克·特勞特（Jack Trout）在他的著作《定位》中，明確提出了產品定位、品牌定位的重要性，反對產品延伸。所謂產品延伸就是把一個現成產品的名字用在一項新產品上。他曾說，有了 "救星"（Life Savers）牌糖果，就不能把產品延伸到 "救星" 牌口香糖上。產品之所以不能延伸，特勞特先生解釋為如果那樣做就模糊了消費者對原來產品的品牌概念的定位。

產品難道真的不能延伸嗎？品牌之間不能交融產生新的附加價值嗎？在 21 世紀網狀經濟的今天，定位論似乎不太合乎潮流。如果說在一個產業邊界清晰的世界，企業之間的競爭基本上是行業內的產品與替代品之間的競爭，企業之間爭奪的是顧客心目中享有有限地位的概念定位，誰搶佔了制高點，佔據了有利地形，誰就握有戰場上的主動權。然而那是 20 世紀的世界經濟秩序，今天的世界新秩序正在被一個相互強調的世界主宰，學界出現的邊緣新科學也充分說明了這一點。

1905 年，愛因斯坦在他 26 歲時寫出了包含狹義相對論的 4 篇論文，現在看來，無論哪一篇論文都足以獲得諾貝爾獎。而且他只用了當時大學本科生就能看懂的數學工具，沒有引用任何參考文獻。別忘了一個事實，愛因斯坦在瑞士日內瓦專利局工作了 7 年，他的職業相當於當今中國的國家公務員，按照定位論的觀點來看，愛因斯坦是 "不務正業"。

路易·威登（Louis Vuitton）最早只做箱包，現在已延伸到皮件、皮箱、旅行用品、男裝、女裝、筆、絲巾、手錶等眾多領域。

❶ 銷售半徑：在市場經濟中，包含同等社會必要勞動的同樣商品應具有相同的交換價值，不管商品產自何方；反之，處於同一競爭條件下的商品，即或價格、技術工藝、生產成本及代理費用相同的生產廠家，也會因為銷售距離不同的運費差別而表現出不同的利潤收益。可以說，當處於同一競爭立場的不同廠家只有運費差別時，產需距離差造成了單位產品的盈利差距。

迪奧（Dior）產品線延伸得更廣，香水、護膚品、皮具、服裝、珠寶等領域都有它的身影。

很多品牌其名下擁有許多附屬品牌（子品牌），加上母品牌可以構成"傘狀品牌"。

（1）母品牌。母品牌公司大多行事低調，主要面向機構投資者、股民和媒體記者。如今母品牌扮演的角色正在悄悄改變，它不僅僅只對投資者負責，還要面對一個更大的客戶鏈條，包括僱員、消費者、政府、銀行、保險、擔保和其他中介團體。一些母品牌也正在衝向前台建設它們自己的品牌，特別是在解決與道德法律相關的問題上。

（2）根與莖。附屬品牌可以是一家公司的產品，母品牌是產品的製造商和擁有者。兩者的行為和聲譽經常相互關聯影響。

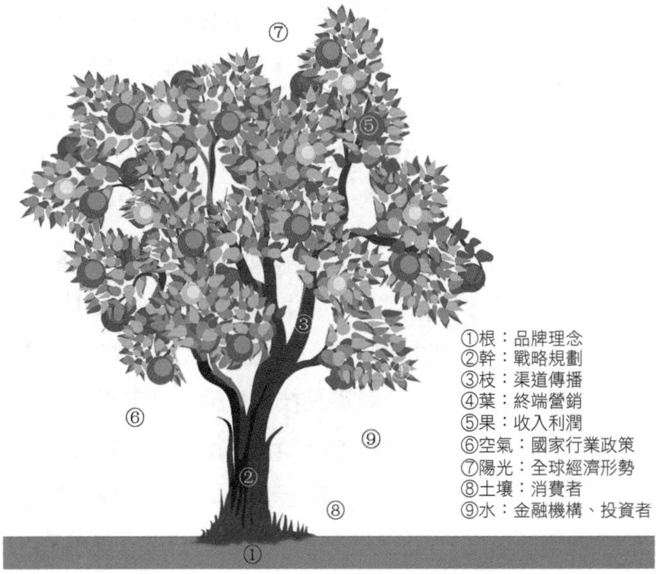

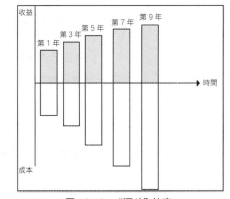

①根：品牌理念
②幹：戰略規劃
③枝：渠道傳播
④葉：終端營銷
⑤果：收入利潤
⑥空氣：國家行業政策
⑦陽光：全球經濟形勢
⑧土壤：消費者
⑨水：金融機構、投資者

圖 13-12　根計劃
資料來源：華紅兵《頂層設計：品牌戰略管理》

附屬品牌可以是很多品牌的結合，高舉創始人旗幟的母品牌將它們緊密地聯繫在一起。母品牌的特徵是成功的基石，它起着決定性作用，形成了附屬品牌的價值體系。

如果把附屬品牌比作一棵大樹的枝葉，那麼母品牌就是深埋泥土裏的根，根的 DNA 決定了枝葉的屬性，所以母品牌的理念文化建設十分重要。我們不要輕視那些看不見的東西，或許遮擋我們雙眼的恰恰就是繁盛的枝葉。

中國中小企業品牌建設重視葉而忽視根的現象非常嚴重，所以本書華紅兵在 2013 年出版的《頂層設計：品牌戰略管理》推出了"根計劃"，如圖 13-12 所示。

附屬品牌可能比母品牌名氣更大。它們不必與母品牌或其他附屬品牌保持一致。一個新的附屬品牌，更有可能從母品牌中脫離出來，以吸引不同的客戶。附屬品牌還可以設定不同於母品牌的產品和服務的價格區間。

圖 13-13　"漏斗"效應
資料來源：華紅兵《頂層設計：品牌戰略管理》

❶ "漏斗"效應：儘管收入年年遞增，但企業下沉的加速度大於上升的速度。

4. 法則四：堅守核心價值

通過對 100 多個行業的大企業進行數據統計研究，我們發現這些公司都表現出"漏斗"效應❶，它們拚命獲取新客戶的同時，也在不斷地流失老客戶。這些企業的客戶平均保留率是 50%，也就是說，平均每年失去 50% 左右的客戶。假設企業按每年 20% 的客戶總規模發展速度遞增，即便是在不考慮競爭對手的前提下，這些公司平均 3 年時間就會損失所有原來的客戶。如果考慮到競爭對手的作用——假設競爭者以每年 20% 的比率搶奪你的客戶，即便沒有成本上漲因素，這些企業的平均壽命只有 9 歲，如圖 13-13 所示。

5. 法則五：創造顧客價值（企業核心能力）

客戶價值來自 3 個方面──經濟價值、功能價值和心理價值。對於不同的產品或者處於不同生命週期、不同階段的統一產品，其相對重要性也是不同的。例如，對於產業市場以及新產品和新技術，經濟利益和功能利益通常是主要的關注點；對於消費者市場以及成熟市場，心理利益會受到更多的重視。充分了解客戶價值的來源及如何讓客戶有卓越的體驗，有助於企業制訂適當的營銷計劃，使客戶價值得到提升。

客戶價值的需求並非完全是技術層面的，一個企業沒有理由讓工程師來完成企業核心能力的打造。一個成功企業的核心能力應該包括以下幾方面：

（1）產品技術帶給客戶差異化的功能和屬性的能力。

（2）價格操作帶給客戶獲取成本和邊際成本的能力。

（3）心理因素帶給客戶終身價值和期待價值的能力。

品牌的價值系統最終要在產品和用戶連接點上實現，如商標 LOGO、廣告溝通語、產品包裝等。

本章小結

（1）由於產品同質化導致競爭激烈的市場上有着無數的選項，因此，企業應找出與顧客建立起情感聯繫的方法，進而建立無法取代的終身關係。品牌是用戶對企業的印象。

（2）一個強而有力的品牌能在擁擠的市場中脫穎而出。人們愛上品牌、信任品牌，並相信品牌的優越感。不管是初創品牌、非營利組織，或者是一個產品，人們對品牌的認知感受的好壞決定了它是否會取得成功。

（3）設計企業的增長戰略應以用戶為中心，通過技術增長、營銷增長和品牌增長，最終實現戰略增長。

（4）品牌價值創新五大法則為：突破顧客邊界、擴大銷售半徑、創新產品價值、堅守核心價值、創造顧客價值。

Brand
Culture

品牌文化

14.1 品牌文化概述

14.1.1 品牌文化的源頭

品牌是講故事的大師，好品牌都會講故事，而且每一則故事都有文化源頭。西方文化有三大源頭，分別是古希臘文明、古希伯來文明、古羅馬文明。

（1）以蘇格拉底、亞里士多德為代表的古希臘文明，發展為後來的科學傳統

古希臘文明是西方文明的主要源頭之一，古希臘文明持續了約 650 年（公元前 800 年—公元前 146 年），是西方文明最重要和最直接的淵源，西方有記載的文學、藝術、哲學都是從古代希臘開始的。

古希臘不是希臘一個國家的概念，而是一個地區的稱謂，位於歐洲東南部，地中海東北部，包括希臘半島、愛琴海和愛奧尼亞海上的群島和島嶼、土耳其西南沿岸、意大利西部和西西里島東部沿岸地區。

古希臘人在哲學思想、詩歌、建築、科學、文學、戲劇、神話等諸多方面都有很深的造詣，尤其是古希臘神話被後世品牌廣泛引用。

（2）古希伯來文明和猶太教從對上帝的敬畏，引發宗教原罪思想，從而產生宗教文化

希伯來人原來是閃族的一支。閃族起源於阿拉伯沙漠的南部，起初是逐水草而居的遊牧民。他們曾 3 次大規模地向漠北遷移，進入有名的新月沃地。就在這 3 次大北征中，吸收了東西方文明搖籃的各種文化，釀成了有自己特色的希伯來文化。《聖經》的傳世是宗教文化最大的延續，至今，《聖經》中的故事仍然是歐洲品牌汲取營養的來源。

（3）古羅馬法制文明，發展為近代法制觀念

古羅馬文明起源於意大利中部台伯河入海處，古羅馬在建立和統治國家過程中，吸收和借鑒了先前發展的各古代文明成就，並在此基礎上創建了自己的文明。古羅馬文明對西方乃至世界文明發展進程最重要的貢獻有兩方面：前半期的羅馬律法和後半期的基督教。在西方文明發展史上，古羅馬文明起着承前啟後的作用，把古希臘文明、古希伯來文明和古羅馬律法文明，統一融合匯集於基督教，並以宗教信仰的方式構築起西方龐大的文化體系，為歐美企業的品牌文化解決了源頭問題。

1. Versace（范思哲）

創立於 1978 年的意大利品牌 Versace（范思哲）的設計風格十分媚惑，服裝款式華麗、性感，女人味十足，散發着妖嬈的味道。

范思哲 Logo 中的那個女人就是古希臘神話中的蛇髮女妖美杜莎也被稱作復仇女神，關於她的神話傳說有多個版本。

在古希臘神話中，美杜莎本來是個美麗的少女，傳說擁有致命誘惑的眼神，因為與海神波塞冬私自約會（也有一些版本稱因美杜莎自恃長得美麗，竟然不自量力地和智慧女神比美，因而被雅典娜詛咒），雅典娜一怒之下將美杜莎的頭髮變成毒蛇，而且給她施以詛咒，

任何直望美杜莎雙眼的人都會變成石像。流傳更為廣泛的說法是海神波塞冬被美杜莎的美貌吸引，在雅典娜的神廟裏強暴了她，因此激怒了雅典娜。雅典娜不能懲罰波塞冬，便把美杜莎變成了可怕的蛇髮，讓任何看到她眼睛的男人立即變成石頭。

范思哲用美杜莎頭像做品牌 Logo，似乎向世人昭示：范思哲女人具有難以抗拒的誘惑力。

2. Starbucks（星巴克）

很多人並不知道，星巴克 Logo 上的星女郎源自古希臘神話中的塞壬（Siren）。

在古希臘神話中，塞壬長着人首鳥身，經常飛降海中礁石或船舶之上，用她那天籟般的歌喉誘惑路過的航海者駐足，從而使航船觸礁沉沒，船員成為塞壬的腹中餐。所以，塞壬又被稱為海妖。

星巴克誕生於 1971 年的美國西海岸港口城市西雅圖，以塞壬為標識，昭示着星巴克的咖啡具有塞壬般致命的誘惑，讓人們聞香駐足。

3. NIKE（耐克）

NIKE 是全球著名的體育運動品牌，它的命名源於古希臘神話中的勝利女神 Nike（尼姬）。傳說中，勝利女神身材健美，長着一對戰無不勝的翅膀，速度驚人。她不僅是勝利的象徵，還是力量和速度的化身。當人們看到 "NIKE" 的時候，會聯想到 Nike 女神，於是會很自然地生出力量、速度、勝利這些與體育精神相關的聯想。耐克的品牌商標是個小鈎，看起來簡潔有力，急如閃電，讓人聯想到使用耐克體育用品後所產生的速度和爆發力。NIKE 的成功和其 Logo 有着不可分割的關係，醒目的 Logo 讓全球消費者印象深刻。

4. Hermès（愛馬仕）

作為頂級奢侈品，愛馬仕（Hermès）的名稱源自古希臘神話中的赫爾墨斯（Hermes），他是古希臘神話中商業、旅行家和畜牧之神，傳說奧林匹斯統一後，宙斯讓他成為信使，並專門保護行路者和商人免受災難。創立於 1837 年的愛馬仕品牌，借用這個神話傳說中的品牌名十分恰當，昭示着愛馬仕之神對旅行者和商人的護佑。

5. Maserati（瑪莎拉蒂）

瑪莎拉蒂（Maserati）成立於 1914 年 12 月 1 日，其品牌的標誌為一支三叉戟，這個標識取材於矗立在波洛尼亞 Maggiore 廣場上的海神尼普頓雕像，由瑪莎拉蒂兄弟中的 Mario Maserati 親手設計。

尼普頓（拉丁語：Neptūnus；英語：Neptune），是羅馬神話中的海神，相對應古希臘神話中的海神波塞冬，尼普頓是波塞冬的羅馬名。尼普頓是羅馬 12 主神之一，掌管着 1/3 的宇宙，頗有神通，也作為馬匹之神被崇拜，管理賽馬活動。瑪莎拉蒂以尼普頓的武器三叉戟為標誌，昭示着賽馬般快捷速度和神通廣大的駕馭掌控力。

6. Rémy Martin（人頭馬）

創始於 1724 年的人頭馬（Rémy Martin）以其優質香檳干邑著稱，其品牌標識為人頭馬身的喀戎。

喀戎（Chiron，又叫凱隆）是古希臘神話中一個半人馬的名字，注意不要和卡戎（Charon，希臘神話中的冥河船夫）相混。半人馬，即肯陶洛斯人（Centaurus），居住於古希臘中東部屏達思山和愛琴海之間的塞薩利和阿卡迪亞地區，他們因放蕩好色而被詩人們描述成酒神狄俄尼索斯的追隨者。

喀戎不像其他的半人馬那般兇殘野蠻，反而以和善及智慧著稱，在中文裏也常被美稱為人馬。他是希臘多位英雄的導師，包括忒修斯（Theseus）、阿基里斯（即阿喀琉斯）（Achilles）、伊阿宋（Jason）、赫拉克勒斯（即海格力斯），羅馬人稱為赫丘力（Heracles）。喀戎的能力在半人馬中出類拔萃，琴棋書畫、弓箭刀槍、拳鬥相撲，在天地人間，他幾乎無所不能、無所不曉。他隱居在皮力溫山洞中，傳授蓋世武藝。凡是他的學生，哪怕只學會了一種技藝，就可以稱雄天下。伊阿宋、赫拉克勒斯、俄耳甫斯，乃至古希臘神話中幾乎所有英雄都出自他的門下。喀戎真可以說是希臘英雄的祖師。人頭馬（Rémy Martin）以喀戎為標識，向世人昭示了一個煮酒論英雄的品牌形象。

7. Daphne（達芙妮）

“達芙妮”的名字源於希臘神話中的月桂女神，月桂女神是古希臘諸神中最美的女神之一，她常年在山林水澤之間，過着平靜的生活，在被阿波羅（Apollo）追求時變成了一棵月桂樹。

所以，達芙妮的 LOGO 在設計時運用了很多希臘元素，Daphne 的 D 作為基本元件。描繪的是太陽神阿波羅向河神女兒達芙妮求愛的故事。

達芙妮借用河神女兒的神話，向世人昭示着品牌傳遞愛情的一面。

8. Olympus（奧林巴斯）

成立於 1919 年的奧林巴斯（オリンパス株式會社 Olympus Corporation），是以希臘神話中的眾神居住地奧林斯山命名的。在日本神話中，傳說在高千穗的山上住着 800 萬名神仙，奧林巴斯公司便將其與希臘神話中傳說同樣住有 12 名神仙的“奧林匹斯山（Oros Olympos）”聯繫在一起，推出了自己的商標。

奧林巴斯借用希臘奧林匹斯山神話，向世人昭示着品牌普照世界的美好願望。

9. Hera（赫拉）

赫拉作為韓國知名女性化妝品品牌，它的名字源於希臘神話中萬神之父宙斯（Zeus）的妻子赫拉（Hera）。赫拉是專司婚姻家庭的女神，也是已婚婦女及其合法子女的守護神。

赫拉作為天后，其高貴的身份契合品牌打造“新時尚高貴年輕女性的個性代言”的目的，昭示着婚姻家庭女神對女性的守護。

10. PANDORA（潘多拉）

潘多拉源於古希臘神話，傳說提坦神的兒子普羅米修斯從天上盜火種送給人類，幫助人類學會了用火，最高統治神宙斯（Zeus）十分惱火，他命令火與鍛冶神赫準斯托斯（Hephaestus），用水土合成攪混，依女神的形象做出一個可愛的女性，再讓愛與美女神阿佛洛狄忒（Aphrodite）淋上令男人瘋狂的香味，智慧與工藝女神雅典娜（Athena）為她打扮，讓她嬌美如新娘，神的使者赫爾墨斯（Hermes）傳授她語言的天賦，這個女人叫潘多拉（Pandora），是諸神送給所有人類的禮物。古希臘語中，潘是所有的意思，多拉則是禮物，"潘多拉"即"擁有一切天賦的女人。"

潘多拉（PANDORA）借用希臘潘多拉神話，向世人昭示着每一個女人都應該擁有一件上天送的禮物。

14.1.2 品牌故事的魅力

1. 品牌故事的力量

"國外的經典品牌幾乎都有讓人心動的品牌故事，而會講故事的中國品牌目前還很少。"在中國很多企業特別重視強調品牌取得的輝煌成績，而消費者是不會關注一家企業品牌的發展史的，他們更關心的是人跟企業或品牌的故事。最有魅力，最能吸引潛在客戶注意力的故事就是企業創始人的故事。創始人的故事，更能帶動品牌傳播。

2. 品牌故事的來歷

在移動互聯網時代，品牌故事傳播起來比其他任何廣告更快，只要品牌故事足夠打動人心，這是由大腦的認知規律和記憶規律所決定的。世界上的文化、宗教、影視劇幾乎都依賴於故事傳播。故事的作用在於不知不覺間影響人的潛意識，改變思想或觀念，使人接受新的思想或觀念。消費者在聽故事的時候，潛意識裏的記憶和想象的閘門是被打開的，故事裏面的觀點也會被潛意識接收。人的本性天然拒絕理性說教。如果將思想融入到故事中，就能夠在不知不覺間影響客戶的潛意識，只要從情感上打動客戶，就能夠自我說服採取行動了。

德芙賣的是巧克力嗎？不，它賣的是愛情象徵。即使以後還有比德芙更好吃的巧克力，也無法取代它在客戶心目中對於德芙象徵愛情的認知。這就是故事的魅力，它可以讓品牌通過文化傳播，在客戶大腦中建立無法替代的情感壁壘，後來者無論怎麼模仿，也無法替代或超越它。特別是在傳播品牌、在激發客戶興趣、與客戶建立信任感的階段，故事的作用無可替代。

產品賣利益，品牌賣情感，品牌就是客戶大腦中記憶烙印。

故事使品牌具備了獨特的價值觀，以及獨特的情感，並使之深深烙印在消費者心上。藉助品牌創始人的故事，人們在潛意識中不會產生抗拒心理，願意把它當成一個有意義的故事傳播出去，這就在無意中傳播了品牌。

案例　|　德芙巧克力誕生的故事

1919 年的春天，盧森堡王室後廚的一個廚師幫廚萊昂在用鹽水擦洗傷口時，一個女孩走了過來，問他："這樣一定很疼吧？"兩個年輕人就這樣相識了。這個善良的女孩叫芭莎。芭莎只是費力克斯王子的遠房親戚，在王室的地位很低，當時比較稀罕的美食——冰激凌，輪不到她去品嚐。

於是，萊昂每到晚上就偷偷溜進廚房，為芭莎做冰激凌，兩個人總是一邊品嚐一邊談論往事，芭莎還教萊昂英語。情竇初開的甜蜜縈繞在他們心頭，在那個尊卑分明的年代，由於身份和處境的特殊，他們誰都沒有說出心中的愛意，默默地把這份感情埋在心底。

20 世紀初，為了使盧森堡在整個歐洲的地位強大起來，盧森堡和比利時訂立了盟約，為了鞏固兩國之間的關係，王室聯姻成為最好的方法，而被選中的人就是芭莎公主。一連幾天，萊昂都沒有見到芭莎公主，他心急如焚。終於在一個月後，芭莎出現在了餐桌上，然而她已經瘦了一大圈，整個人看起來很憔悴。

萊昂在準備糕點時，在端給芭莎的冰激凌上用熱巧克力寫下了幾個英文字母 "DOVE"，這是 "DO YOU LOVE ME"（你愛我嗎）的縮寫。他相信芭莎一定能猜透他的心聲，然而芭莎發了很久的呆，直到熱巧克力融化，也沒有對他作出任何表示。幾天之後，芭莎出嫁了。一年後，忍受不了相思折磨的萊昂離開了王室後廚，帶着心中的隱痛悄然來到美國一家高級餐廳。後來，萊昂在美國結婚生子。自從芭莎離開之後，萊昂便再也沒有做過冰激凌。但是他始終無法忘記芭莎公主。後來，他決心研究出一種不會融化的冰激凌，完成心願。經過幾個月的精心研製，一款富含奶油，同時被香純巧克力包裹的冰激凌問世，冰激凌上還刻上了 4 個字母 "DOVE"（德芙）。

德芙冰激凌一經推出就受到好評。正在此時，萊昂收到一封來自盧森堡的信，萊昂從信中得知，芭莎公主曾派人到處打聽他的消息，希望他能夠去看望她，但是卻得知他去了美國。由於受到第二次世界大戰的影響，這封信到萊昂手裏時已經整整遲到一年零三天。後來，萊昂歷經千辛萬苦，終於見到了夢中的芭莎公主。這時，芭莎和萊昂都已經老了，芭莎虛弱地躺在床上，曾經清波蕩漾的眼睛變得灰蒙蒙。萊昂撲在她的床前，眼淚無法自抑地滴落在她蒼白的手背上。芭莎伸出手來輕輕撫摸萊昂的頭髮，用近乎聽不到的聲音叫着萊昂的名字。芭莎回憶當時在盧森堡，她非常愛萊昂，曾以絕食拒絕聯姻，她被看守 1 個月，深知自己絕對不可能逃脫聯姻的命運，何況萊昂並沒有說過愛她，更沒有任何承諾。當時，芭莎吃了他送給她的巧克力冰激凌，但是並沒有看到那些已經融化的字母。聽到這裏，萊昂泣不成聲。

萊昂決定製造一種固體巧克力，使其可以更久保存。經過苦心研製，香醇可口的德芙巧克力終於研製而成，每一塊巧克力都牢牢地刻上 "DOVE"。萊昂以此來紀念他和芭莎錯過的這段愛情，苦澀而甜蜜、悲傷而動人，如同德芙的味道。

如今，德芙巧克力已有數十種口味，每一種愛情都能在這巧克力王國中被詮釋和寄託。全世界越來越多的人愛上因愛而生，從冰激凌演變而來的德芙。

當情人們送出德芙，就意味着送出了那句輕輕的愛意之問："DO YOU LOVE ME?" 那也是創始人在提醒天下有情人，如果你愛她（他），就要及時讓她（他）知道，並記得要深深地愛，不要放棄。

資料來源：中國品牌網

案例　｜　依雲礦泉水

依雲是個居民只有 7,300 人的法國小鎮，它背靠阿爾卑斯山，面臨萊芒湖，湖對面是瑞士的洛桑。依雲是法國人休閒度假的好去處，夏天療養，冬天滑雪。

1789 年夏，法國正處於大革命的驚濤駭浪中，一個叫 Marquisde Lessert 的法國貴族患上了腎結石。當時流行喝礦泉水，他決定試一試。有一天，當他散步到附近的依雲小鎮時，取了一些源自 Cachat 紳士花園的泉水。飲用了一段時間，他驚奇地發現自己的病奇跡般痊癒了。這件奇聞迅速傳開，專家就此專門做了分析並且證明依雲水的療效。

此後，人們湧到了依雲小鎮，親自體驗依雲水的神奇，醫生更是將它列入藥方。Cachat 紳士決定將他的泉水用籬笆圍起來，並開始出售依雲水。拿破崙三世及其皇后對依雲鎮的礦泉水情有獨鍾，1864 年正式賜名其為依雲鎮（Evian 來源於拉丁文，本意就是水），Cachat 家的泉邊一時間衣香鬢影、名流雲集。

依雲品牌在這個故事中講述了依雲礦泉水被發現可以治療腎結石的神奇過程，馬上引發人們的好奇心，從而爭相傳播這一驚人發現。

資料來源：全球品牌網

3. 品牌故事的框架

如何才能創作出有影響力的品牌故事呢？

（1）發現寶藏的故事。人類有強烈的好奇心，總渴望發現某些別人不曾知道的寶藏，讓自己過上理想的生活。如果故事內容是某人發現了普通人不曾發現的新奇事物，就會產生強烈的吸引力。

（2）蘊含人類共同情感的故事。傳播最快的故事，是蘊含人類共同情感的故事。比如，愛情故事、親情故事、友情故事、鄉土故事、愛國故事。只要品牌蘊含了人類的共同情感，引起潛在客戶的情感共鳴，就會引發人們自動傳播。

（3）創業逆襲的故事。人們天生具有英雄情結，崇拜那些能做成自己做不到的事情的人，因此逆襲在奮鬥故事中最能打動人心。宣傳品牌，遠遠不如宣傳品牌創始人更有效。因為人的大腦更喜歡聽人的故事，記憶人的故事，而不是公司的故事。這就是馬雲、雷軍、董明珠喜歡上台演講，經常製造新聞故事的原因。

14.2 品牌文化的多樣性

相對於世界文化的總體，文化的多樣性主要是指民族文化的多樣性，文化是世界性和民族性的統一。

（1）文化的世界性和民族性之間，是一般與個別、普遍性與特殊性的關係。文化的世界性是各種文化普遍具有的屬性，即世界各種文化的共性。文化的民族性是各種文化的個體性、獨特性，它使世界上各民族的文化相互區別開來。

（2）文化的世界性和民族性，反映了世界各種文化的差異性和統一性的辯證關係。文化的世界性不能脫離民族性而存在，世界性寓於民族性之中，沒有民族性就沒有世界性。民族性和世界性的界限具有相對性，他們在一定條件下相互轉化。

（3）文化是民族的也是世界的，具體體現為以下幾個方面，如表 14-1 所示。

表 14-1 民族文化與世界文化

項目	民族文化	世界文化
表現	各民族文化之間存在差異	不同民族文化存在共性和普遍的規律
原因	各民族間存在經濟、政治、歷史、地理等多種因素的不同	世界各民族的社會實踐有其共性，有普遍規律
結論	文化是民族的，各民族都有自己的文化個性和特徵；文化又是世界的，各民族文化都是世界文化中不可缺少的色彩	

（4）移動互聯網進一步催生了世界各民族品牌文化的多樣性，用以支持各種垂直細分行業的移動品牌營銷。文化是品牌的基因，是品牌故事汲取靈感的源泉，也是產品設計風格以一貫之的基脈，用戶習慣了從產品風格中識別品牌個性，完全是出於對品牌文化的欣賞、崇拜和追隨。

14.2.1 文化多樣性與品牌文化原型

1. 品牌文化原型

優秀的世界品牌，有屬於自己的"人格"，即企業打造出來的品牌文化原型。品牌與人的關係實際上也是一種精心建構的人際關係，品牌的個性隱喻着該品牌的顧客，兩者之間具有一種吸引、認同的關係，從而使簡單的產品上升到品牌與顧客之間的情感紐帶。人們在談論一個品牌的特徵和形象時，往往會愛品牌背後的人並被他們與品牌之間的動人故事所影響。背後的人，可能是篳路藍縷的品牌創始人，可能是靈感創意迸發無限的天才設計師，還可能是品牌的知名廣告代言人，或者品牌的特定消費群體。品牌的個性形象在很大程度上都沾染了品牌精神領袖的氣質。蘋果與喬布斯密不可分，耐克與"空中飛人"喬丹關聯，古馳總是與大牌女明星同框。當品牌的精神領袖得到消費者的認可，品牌的個性與靈魂也會慢慢成熟、穩定，最終形成一種標誌，乃至深層的文化符號。

品牌傳遞着一種特色形式的消費觀、生活觀、思想觀和價值觀，因而品牌原型的定位和選擇一定要多加斟酌，確保契合品牌特色和調性，否則便會產生衝撞感。例如，從碧根果生意起家的堅果電商三隻松鼠，品牌形象便是 3 隻可愛萌趣的小松鼠，愛吃堅果的小動物形象契合產品特色，活潑的個性也符合休閒零食的休閒調性。

品牌定位清晰後，產品形象的包裝打造要始終如一，堅持不懈。可口可樂多年來始終在樹立年輕、動感、活力、開心形象的道路上，紅色包裝也一直是永恆不變的經典。費力塑造的品牌形象，如果後續沒有不斷地進行強化和深化，便只能很快淡化，無法在大眾心中留下深刻印象，也就無法形成對品牌的穩固認可和信任。不斷變化品牌個性，沒有樹立確切的品牌形象，或者是混淆幾種原型迷失了方向，都是走入誤區的表現。

2. 正確運用品牌文化原型

文化對"原型"的歷史性確認，決定了每種"原型"都有其特定的書寫方式，其中包含一系列獨特的文化密碼。如果能正確地使用這些密碼，"原型"就容易被我們的意識快速吸收，反之則不能。

當我們為品牌挖掘文化原型時，應該從"文化"和"心理"兩方面來考慮其價值。一個形象是否（以及在多大程度上）經過文化確認，將是其能否作為品牌文化原型的重要考量，耐克和江小白的例子共同反映了這一點。另外，在文化之外，如果該形象還能符合榮格心理學當中的"原型"概念，也就是說，具備某種在人們的心智當中，只有經過代代遺傳才能獲得的"先天傾向"特質，那麼這樣的形象對品牌傳播來說就會更加有力。

發現營銷理論認為，品牌競爭的本質，是品牌認知之間的競爭。而塑造文化原型的意義，恰恰是通過對品牌意識形態的表達，為品牌構建出"形象"與"價值觀"層面的認知，從而強化這個品牌的認知結構，如圖 14-1 所示。

作為一個被行業普遍忽視的重要營銷工具，想想我們具有突出功能優勢的眾多領先品類，為什麼沒有形成世界級品牌？很大一部分原因是管理者從未將"滿足消費者意識形態需求"視為創新契機，並據此發掘出強而有力的文化原型。

文化是民族的也是世界的，在未來，對品牌文化原型的進一步研究，將會給品牌的傳播策略和國際化競爭帶來更多幫助。

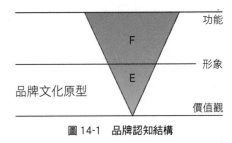

圖 14-1　品牌認知結構

14.2.2 品牌文化的兼容性

與日本很早開放學習西方文化兼容並蓄的風格不同，中國的文化系統自成一派，這個系統中最耀眼的明珠有：以四書五經為骨骼搭建的中國國學文化體，以唐詩宋詞元曲明清小說為脈絡形成的中國文化血脈，以四大名著❶以及近現代武俠小說演繹出來的中國文化的俠義氣質。

這些文化特質在移動營銷時代被廣泛應用到品牌文化的建設中來。例如，中國搜索引擎巨頭百度公司品牌名就源於中國宋朝詞人辛棄疾的《青玉案·元夕》裏的詞名"眾裏尋他千百度"。又如，馬雲是一個武俠控，癡迷金庸的武俠小說，具體表現在以下方面：

❶ 四大名著：又稱四大小說，是指《三國演義》、《西遊記》、《水滸傳》及《紅樓夢》4 部中國古典章回小說，是漢語文學作品中不可多得的精品。這四部著作歷久不衰，其中的故事、場景已深深地影響了中國人的思想觀念、價值取向。4 部著作都有很高的藝術水平，對人物細緻的刻畫和所蘊含的思想為歷代讀者所稱道。

阿里巴巴辦公大樓的各個房間以武俠小說地名命名；

成立全球研究院達摩院，在金庸小說裏，達摩院是武學最高研究機構；

馬雲的淘寶 ID 叫"風清揚"，是《笑傲江湖》中的武俠人物；

阿里巴巴的企業價值觀被精煉成"六脈神劍"，該名稱來自金庸名著《天龍八部》；

馬雲舉辦的一年一度的論壇叫"西湖論劍"；

馬雲說，創辦淘寶的很多決定都是受金庸小說的影響；

2018 年 10 月 30 日，金庸去世後，淘寶官網發文：江湖仍在，永失我愛；

馬雲寫給金庸的悼文："若無先生，不知是否還會有阿里。"

在金庸迷中，除了馬雲，還有微信的發明人張小龍。在開發郵箱軟件 Foxmail 之後，張小龍取《笑傲江湖》中令狐沖的"狐"字給軟件命名，Fox 就是狐。

中國網易創始人丁磊命名遊戲版塊時，也會讓人感受到撲面而來的武俠風，如《大話西遊》、《武魂》、《大卜》、《大唐豪俠》、《逆水寒》、《楚留香》、《花與劍》。成長於美國的李開復將《金庸全集》列為最早影響他的作品。知識付費的互聯網平台公司知乎（Live）、分答、得到，其名稱均源自中國傳統文化，"知乎"源自一個漢語成語"之乎者也"，諷刺人說話喜歡咬文嚼字，完美匹配了"知乎"這一專業知識問答平台。

中國傳統文化具有以下 5 個典型特徵：

（1）漢字的讀寫和漢字思維。如今，世界上以象形為基礎的文字基本從生活中消失，只有漢字仍然和它最初的象形性、原初性保持直接的聯繫。至今，中國香港、澳門和台灣同胞乃至海外老華僑依然在堅持使用漢字繁體字。

（2）家、家族、家國以及由此形成的儒家學說。"內外有別，上下有序"的中國倫理原則和等級秩序是家國文化的縮影。

（3）"儒、道、佛"三教合一的信仰世界。儒家治世、佛家治心、道家治身，三位一體。在中國歷史上，很難看到宗教之間的爭論，更沒有宗教之間的戰爭。

（4）陰陽五行的易學。用金、木、水、火、土相生相克的輪迴構築了一條認知世界萬事萬物的原理。

（5）天下的世界觀。傳統文化認為，宇宙是天圓地方的形態，以洛陽為文明中心，向外

案例 | 2018 年的俄羅斯世界盃

在 2018 年的這場足球大戰中，有一個人讓全世界印象深刻，媒體和球迷紛紛授予他"英雄"的稱譽，他就是帶領球隊取得歷史最好成績的克羅地亞"中場大師"——盧卡·莫德里奇。為什麼在一段時間內，人們總是傾向於將"英雄"的頭銜，授予像莫德里奇、巴喬這樣的"失敗者"？其實很可能是因為他們更符合我們對"英雄"的認知模式。

眾所周知，作為與弗洛伊德齊名的心理學泰斗，榮格以其"集體無意識"的概念聞名於世。榮格據此認為，"人生中有多少典型情景就有多少原型"。文化對"原型"的歷史性確認，決定了每種"原型"都有其特定的書寫方式，其中包含着一系列獨特的文化密碼。如果能正確地使用這些密碼，"原型"就容易被我們的意識快速吸收，反之則不能。

在神話與童話當中，英雄往往出身苦難（莫德里奇出生在戰火紛飛的克羅地亞，5 歲時就獨自去放羊），天資卓絕卻具有先天缺陷（從小因營養不足，導致身材非常瘦

小），肩負未盡大業，屢屢在強敵前力挽狂瀾（率領球隊從小組賽到淘汰賽一路突圍），卻在最後關頭，或因人出賣，或因自己的驕傲與輕信"悲壯收場"（在冠軍爭奪賽中，爭議球的出現填補了"英雄被出賣"的文化情節）。

得益於正確的文化密碼，莫德里奇貼合了人們的意識對英雄原型的吸收方式，這或許正是他能夠迅速被人們稱為"英雄"的心理學成因。

發現營銷理論在榮格原型理論的基礎上，從營銷角度，提出了"品牌文化原型"的概念，並將其定義為一個最能傳遞品牌核心價值，集中反映品牌意識形態的傳播形象。

品牌也可以通過塑造"文化原型"，為自己建立巨大的認知優勢。從行業觀察來看，實際上眾多世界級品牌的早期崛起，都曾顯著地獲益於自己的品牌文化原型。

資料來源：梅花網

圖 14-2　品牌文化兼容
資料來源：華紅兵《頂層設計：品牌戰略管理》

輻射至南蠻、北狄、東夷、西戎。

德國學者諾貝特 · 埃利亞斯（Norbert Elias， 1897—1990 年）在他的《文明的進程》裏提出，可以把 "文化" 和 "文明" 進行界定和區分，即 "文化" 是使民族之間表現出差異性的東西， "文明" 是人類的普遍行為和成就。

中國文化擅長從大自然中汲取智慧。21 世紀的新人類要補課，那就是重新發現大自然的智慧，以便再次和諧地響應其他生命和大自然。人們對創新常有誤解，技術的獲得不是為了讓人類粗暴地凌駕於大自然之上肆意施加不可恢復的改變。相反，人類提取所有大自然隱藏的精髓後，技術應帶着新的使命照耀人性的光輝。技術再也不能奴役和命令生命，而是要激發封鎖在所有生命中無窮的可能性，讓人有尊嚴地活着，讓謙卑重新回到人們的心裏。

自古以來，中國人的智慧常駐於大自然。中國文化中的山水畫體現出人與人、人與自然、自然與自然之間和諧的美。這是中國文化的極致之象。

長期以來，精神被物質掩埋。長期以來，技術引領着社會和經濟，這種技術推動稱為 "技術驅動"。

人們總以為技術可以驅動一切，直到技術挑戰人性的那一天。

有了計算器，人們不再珠算、心算或筆算，也失去了心、腦、手協同思考世界的能力。

在鋼筋水泥裏返璞歸真，粉牆黛瓦集山川之靈氣，馬頭牆上融風景為一體，在小橋流水之間，小駐美食人家。

因為有了電子郵件，人們不再手寫書信。生活中沒有了鴻雁傳書，從此失去了對他人的關心和充滿墨香的情書。

因為有了計算機，從此不再有手寫件，方塊字、毛筆、草書離我們越來越遠。有了削皮機，沒了回家的動機。

14.2.3 品牌美學

品牌營銷是對人類慾望的掃描與分析。還有另一種設計的可能性，在於靜靜觀察如何感覺，以及如何令受眾感覺。

在移動互聯網時代，為響應大自然的號召，簡潔開始抬頭；回饋人文主義的關懷，復古主義盛行。產品工業設計師們，以靈敏的設計觸覺，呈現了產品設計中的品牌文化美學。

1. 意大利的藝術歷史

意大利——歐洲的產品設計中心，閃耀着拉丁光芒的意大利設計助推了現代設計的發展，與思辨性的德國設計形成了鮮明對比，將實用主義和技術知識與堅實的古典文化相結合，創造出夢幻現實主義，表達了一種充滿想象和個性的設計文化，富於人性和詩意的浪漫，如圖 14-3 所示。

在工業化進程中，意大利設計一方面引進現代批量生產方式，另一方面又不忘尊重傳統工藝。

意大利藝術歷史的天空，星光燦爛。意大利的設計保持旺盛的原創性。原創是有價的。

憑藉非量產的手工藝，將天才般的思想融入生產程序中規模相對較小的工業生產中，基於高質量想法和造型藝術，意大利設計獲得了原創性、藝術性和日益高漲的聲譽。這大概是因為手工血統作為歐洲設計師執業意識的一部分被繼承了下來。

也許，這就是世界與歐洲的距離。詳細審視歐洲設計（見圖 14-4）的每一個細節，人們感受到的是設計者的獨立精神以及縈繞不去的手工藝術情懷。

在市場上，那些標誌着設計師個人才華與工藝質量的好產品（見圖 14-5）贏得了卓越的聲譽，被當作一種藝術品保留下來。

品牌的力量得到了廣泛認同。通過品牌，我們再次瞥見設計美學的基礎性力量。

圖 14-3　意大利的藝術品
資料來源：華紅兵《頂層設計：品牌戰略管理》

圖 14-4　手工藝術品
資料來源：華紅兵《頂層設計：品牌戰略管理》

圖 14-5　工藝品
資料來源：華紅兵《頂層設計：品牌戰略管理》

AI 的發展可以替代人工、替代大腦，卻不能替代人類的情緒。透過產品設計浸溢出來的品牌文化，在充斥電商的大量複製品中，顯得彌足珍貴。

2. 從亞洲的頂層看世界

我們先來做一個大膽的試驗。如圖 14-6，假如將亞歐大陸調轉 90 度，將其當作一種彈珠遊戲的平台來看，所有的珠子都會通過羅馬，經過世界上的各個地方，最後聚集到底部，即日本所在的位置，因為日本下面是一望無際的太平洋。

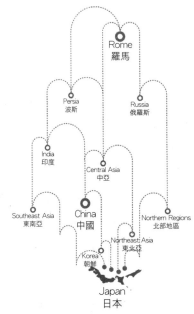

圖 14-6　將亞歐大陸調轉 90 度

日本就這樣受到了來自全球文化的影響，那麼這種文化對日本品牌有什麼影響呢？我們以無印良品為例來說明。

無印良品在品牌發展中經歷了轉型的痛苦，一開始，合理化的製造流程導致了令人震撼的價格優勢。隨後，日本的工業企業均將其製造基地建在低勞動力成本的國家，但他們發現已經很難恢復早期的價格優勢了。

無印良品雖然可以按照同樣的方法在產品成本上競爭，但他們的理念並非靠便宜取勝。"不能在對低價的狂熱追求中喪失我們寶貴的精神"

況且，在勞動力成本低的國家生產，再到勞動力成本高的國家去銷售的傳統做法將無法持續。

無印良品的優勢在於合適的、優質的質量形成的終極性價比合理性，並到達世界上最遠的範圍。它吸引消費者不靠追求最便宜，而是靠最具兼容性的價格區間，這一切都是品牌賦予的力量。

想象一下，在某個早晨，你穿着 "無印良品" 的睡袍，在 "無印良品" 的床上自然醒來，穿着 "無印良品" 的拖鞋，然後用 "無印良品" 的牙刷刷牙，用 "無印良品" 的礦泉水喝 "無印良品" 咖啡機煮出來的咖啡，坐在 "無印良品" 的沙發上，聽 "無印良品" 的音響播放美妙的音樂……

所有的一切，簡單、自然，不矯揉、不造作，卻又認真貼切地照顧到人們的生活點滴，使人們體驗到幸福的味道。

3. 從進化論看世界

移動互聯網時代，電商氣勢如虹，傳統零售業關店成風。卻有一家名為 "MINISO 名創優品" 的零售店奉行 "簡約、自然、富質感" 的生活哲學和 "回歸自然，還原產品本質" 的品牌主張，聚焦生活美學消費品，以極致的產品設計、極致的性價比、極致的購物體驗三個核心優勢贏得消費者和市場的青睞，在生活家居市場颳起 "個性化消費" 之風，成功轉型。

在無比喧囂的互聯網時代，消費者更多面對的是浮誇的設計、虛浮的追求，而名創優品則希望通過 "簡約自然" 的設計美學引導消費者樹立正確的消費觀，從而找到自身的價值點。名創優品從感悟生活出發，然後引領更好的生活，最終，讓消費者從美而不貴的產品中

案例 | 名創優品（MINISO）

2013 年 9 月，MINISO 名創優品進駐中國。自 2015 年開始，積極開拓國際市場，5 年時間全球開店 3,500 多家，2018 年營收突破 25 億美元。目前，MINISO 名創優品已與 80 多個國家和地區達成合作，平均每月開店 80-100 家。

MINISO 名創優品開創了新型的生活美學集合店，與餐飲、快時尚服飾、娛樂共同成為百貨公司和購物中心的主力店舖，致力於為消費者提供讓生活更加智慧、簡單、舒適的產品，讓顧客在消費中體驗輕鬆、愉悅的生活方式。MINISO 名創優品一直向大眾輸出高品質、低價格的優質產品，並堅持"低毛利、不賺快錢、永續發展"的經營哲學。

資料來源：名創優品官網

案例 | 荷蘭 Studio Niels

Studio Niels is a boutique design studio founded by designer Niels Maier, located in the center of Maastricht, the Netherlands, with a clear focus on interiors, architecture and design.

圖 14-7　Studio Niels 的設計

Studio Niels 是由設計師 Niels Maier 創立的精品設計工作室，坐落在荷蘭的馬斯特里赫特中心，專注於室內設計、建築和設計（見圖 14-7）。

Niels Maier is dedicated to delivering quality, solid project management, clear design and fresh concepts.

Niels Maier 一直致力於提供高品質、扎實的項目管理、清晰的設計和新穎的理念。

Capturing the studio's ethos is the Neutral House, located in Amsterdam South. In a city where Niels Maier says the overall design language leans towards bombastic, the designer has created interiors that beautifully reveal the exact opposite sentiment.

這個中性住宅捕捉了工作室的精神，位於阿姆斯特丹南部。在這個整體設計語言傾向於誇誇其談的城市，設計師創造的室內設計完美地揭示了完全相反的情緒（見圖 14-8）。

圖 14-8　Studio Niels 的室內設計

"The need for a soft, calm, pared down and natural atmosphere was key to the project," Niels said.

Niels 說："項目的關鍵是要營造一種柔和、平靜、簡約和自然的氛圍。"

資料來源：Sophie Lewis・estliving.com・

找到歸屬感和幸福感。

4. 從生態看世界

在物慾橫流的現代生活，很多人都期望過一種返璞歸真的生活，簡稱為"簡約生態主義生活"。面對都市生活的快節奏，如何提升人們的歸屬和幸福感？簡約生態的品牌應運而生，備受追捧，很多產品由內而外都透露着一種簡約生態美。在品牌和產品的營銷上也是如此，言簡意賅的一個標籤，打動人心的一句口號，極簡設計、舒適體驗等，簡約與生態已慢慢成為營銷新方向。

本章小結

（1）品牌是講故事的大師，好品牌都會講故事。消費者不會關注一家企業品牌的發展史，他們更關心的是人跟企業或品牌的故事。最有魅力、最能吸引潛在客戶注意力的故事就是企業創始人的故事，創始人的故事更能帶動品牌的傳播。

（2）品牌與人的關係實際上也是一種精心建構的人際關係，品牌的個性隱喻着該品牌的顧客，它具有一種吸引、認同的關係，是從簡單的產品上升到品牌與顧客之間的情感紐帶。

（3）品牌營銷是對人類各種慾望的掃描與分析，還有另一種設計的可能性，在於靜靜觀察如何感覺，以及如何令受眾感覺。

（4）無印良品把品牌演繹得淋漓盡致，從某種意義上說，無印良品的標識才是最好的複製品和持續消費理由。

第十五章

Brand
Methodology

品牌方法論

15.1 用戶期望與 KANO 模型 [1]

　　品牌是重要的，因為它關係並影響着消費者的選擇，進而影響人們的生活。在人們每天要做的選擇和決定中有很大一部分與品牌相關，包括衣食住行、線上交友購物等。基於此，企業利用品牌化作為增長財富的手段。

　　純粹來自品牌的力量，成為重要的國際品牌後能夠帶來財富、競爭力和市場支配力，從而助力品牌成為世界級財富的代表，所有這一切都在誘導品牌背後的企業在市場競爭中奮力爭逐。進入移動營銷時代，品牌和品牌化不僅不會消失，還會越來越普遍，企業新品牌將大量湧現，再小的個體也是品牌，最後品牌將無所不在，而品牌化將無所不能。

　　營銷是一個了解需求、滿足需求和創造需求的過程，品牌是了解期望、滿足期望和超越期望的過程。

　　關於用戶期望，這裏提供了一個簡化的 KANO 模型，如圖 15-1 所示。

　　用戶對產品的期望因素總是會大於用戶需求實現率，也就是說，再好的產品也無法滿足用戶的期望，但是藉助品牌的魅力因素可以超越用戶的期待因素。也就是說，品牌的魅力可以彌補用戶期望值與產品實現值之間的落差，甚至可以超越用戶期望，讓用戶尖叫。

❶ KANO 模型：東京理工大學教授狩野紀昭發明的、用於用戶需求分類和優先排序的有效工具，以分析用戶需求對用戶滿意度的影響為基礎，體現了產品性能和用戶滿意之間的非線性關係。

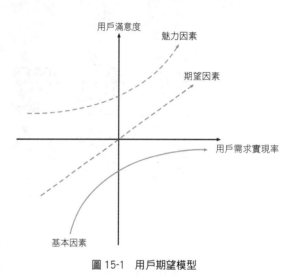

圖 15-1　用戶期望模型

　　蘋果公司雖有世界上頂尖的研發團隊和技術，卻不突出技術帶給用戶的期望，而是秉承技術與美學等量齊飛的理念，原因很簡單，技術是滿足用戶期望的因素——實際上無法充分滿足，品牌美學是超越用戶期望的因素，現實中品牌創意容易讓用戶尖叫。2018 年 10 月，蘋果在新品發佈會上打造了一場品牌 Logo 美學盛宴，強悍地衝擊了全球用戶的視覺與想象，蘋果的新品發佈會邀請函竟有 370 多個 Logo。如圖 15-2、圖 15-3 所示，這些 Logo

蘋果本有缺，完美的你可以一筆畫過，從此無缺

處於糾纏中的你，一半是海水，一半是火焰

穿過黑森林的道路，有很多條蘋果的曲線，你的直線

穿越雲雨之間，揮一揮雲衫，不帶走一片雲朵

縱使支離破碎，我心依然蘋果

無齡感就是上天有眼，讓我一直生活在童話世界裏

圖 15-2　蘋果 Logo 創意設計（一）

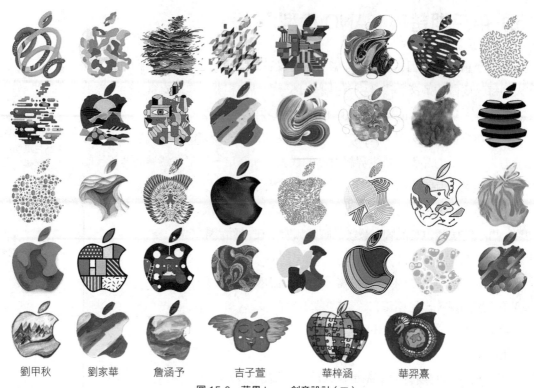

| 劉甲秋 | 劉家華 | 詹涵予 | 吉子萱 | 華梓涵 | 華羿熹 |

圖 15-3　蘋果 Logo 創意設計（二）

案例　|　百事可樂與可口可樂

1886 年，世界上第一瓶可口可樂誕生於美國。1898 年，百事可樂誕生於美國，比可口可樂的問世晚了 12 年。它的味道同配方其實和可口可樂相近，便藉可口可樂之勢取名為百事可樂。

可口可樂早在 10 多年前就已經開始大力開拓市場，到百事可樂誕生時早已聲名遠揚，控制了絕大部分碳酸飲料市場，在人們心目中形成了定勢，一提起可樂，就非可口可樂莫屬。百事可樂在第二次世界大戰以前一直不見起色，曾兩度處於破產邊緣，當時的飲料市場仍然是可口可樂一統天下。

1975 年，百事可樂在達拉斯進行了品嚐實驗，完成了一次事件營銷，並請電視台現場直播。

實驗人員先去掉百事可樂和可口可樂的包裝物商標，分別以字母 M 和 Q 做上暗記。後在街頭邀請美國人免費品嚐 M、Q 這兩種飲料，並進行評選。結果表明，百事可樂比可口可樂更受歡迎。

百事可樂公司對此大肆宣揚，表示美國人並不愛喝可口可樂，去掉包裝後，大家反而更喜歡喝百事可樂。這種宣傳策略在今天是不允許的，但在當時卻被許可。

實驗結束後，可口可樂對此束手無策，除了指責這種實驗不道德，只能解釋 "人們對字母 M 有天生的偏愛"。事件營銷的效果是明顯的，此後，百事可樂銷售量猛增，與可口可樂的差距縮小為 4：6。

可口可樂公司當然不服，於是請了當時著名的貝勒醫學院的腦科專家介入，做了實驗。

當時，貝勒醫學院的腦科專家找了兩組美國消費者，其中一半是可口可樂的粉絲，另一半是百事可樂的粉絲，對他們開展盲測。

實驗結果發現，在可口可樂粉絲中，有一半的人，他們的眶額皮層在喝百事可樂的時候被激活得更厲害，說明這群可口可樂的粉絲更喜歡喝百事可樂。另一組宣稱喜歡喝百事可樂的消費者中，也有一半的人，他們的眶額皮層其實是在喝可口可樂的時候被激活得更厲害，證明他更喜歡喝可口可樂。

資料來源：人人都是產品經理

的創意設計貫穿平面和立體、秩序與混沌、手繪和實物,科技感爆棚、藝術感湧動、潮流感撲面而來……

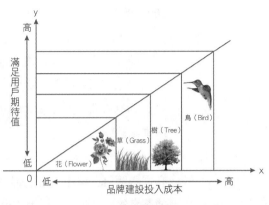

圖 15-4　移動營銷品牌發展 FGTB 模型

技術是"實",品牌是"虛",營銷是把實的東西用虛的手段轉移到用戶手中。實的東西交給用戶滿意的答卷,虛的東西帶給用戶期望的答案。

很多時候,消費者內心喜歡的和他們表述的並不一致,在產品同質化的條件下,消費者無從辨識孰優孰劣。

在發現用戶期望的 KANO 模型裏,從用戶需求實現,到滿足用戶期望,再到實現品牌,這因素是一個逐漸提高的過程。假定把它定義為象限中的 y 軸,把企業為品牌打造投入的成本定義為象限中的 x 軸,再把 4 種品牌發展模型用"花(Flower)、草(Grass)、樹(Tree)、鳥(Bird)"表達,即可得到品牌建設的 FGTB 模型,如圖 15-4 所示。

在食物森林的生命網(Food Forests' Living Web)中,小草為大地披上綠被,涵養了水土,為樹林的成長提供養分,樹林又為小鳥提供了棲息場所,小鳥幫助樹木消滅了害蟲,鮮豔的花朵招來了昆蟲,而有些昆蟲能幫助森林防治害蟲,有些是地球清潔工。

下面,我們以餐飲界為例,說明品牌發展的 FGTB 模型。

1. Flower(花)模型

2015 年,新西蘭皇后鎮的 Ferg Burger 被 Lonely Planet[1] 評為"世界上最好吃的漢堡之一"。LP 是這麼形容的:"誕生於世界極限運動中心——皇后鎮的 Ferg Burger 富含蛋白質,為你的任何一次蹦極、在噴射艇上旋轉提供能量。在新西蘭,人與羊的數量比例為 1:6,羊肉漢堡非常值得推薦,魚肉、牛肉、雞肉漢堡也不會讓你失望,搭配新西蘭的啤酒會更好。"

> [1] Lonely Planet(孤獨星球):世界最大的私人旅行指南出版商,1972 年在澳大利亞墨爾本成立。

美國有線電視新聞網 CNN 撰文說:"Ferg Burger 的漢堡包,大概是這個星球上最好吃的漢堡!"

Ferg Burger 每天營業 21 個小時(8:30am—次日 5:00am),在新西蘭這絕對屬於業界良心,而且這 21 小時裏,店裏從來沒有空過。更重要的是,它不開分店,全球僅此一家。

Ferg Burger 絕對不能算是一家"快餐"店,因為顧客平均等候時間超過了 20 分鐘。與其他漢堡不同,比臉還大的 Ferg Burger 漢堡所用的麵包是由隔壁的 Ferg Bakery 新鮮烤製的,原料非常新鮮,傳統的快餐食品無法與之相提並論。

不開分店,全球獨此一家的品牌發展模型被稱為 Flower 模型,該模型品牌投入成本極低,收入也沒有開連鎖店的品牌企業高,但品牌存活能力強,可持續發展空間大,在全球餐飲業,有很多這樣"孤芳自賞"的百年老店。

2. Grass(草)模型——美國大叔"一米菜園"

"一米菜園"(Square Foot Gardening)的創造者是梅爾·巴塞洛繆(Mel Bartholomew),他經過多次實驗,創新了一種種植方式,即"一米菜園",僅用 20% 的空間就可以收穫

100% 的蔬菜。

"一米菜園"即在 1 米 ×1 米的空間裏種植，自製的"梅爾混合土"更適合蔬菜生長。"梅爾混合土"由等量的混合堆肥、泥煤苔、沙石組成，能使用差不多 10 年的時間。

一米菜園的蔬菜無除草，只要澆水即可。

1981 年開始，梅爾編寫了書籍《一米菜園》，銷量超過 100 萬冊，現在梅爾已經出版了多本暢銷書。

在"一米菜園"從誕生至今的 40 多年裏，梅爾還打造了《一米菜園園藝秀》，連續多年在電視節目上播出，成為迄今為止美國收視率最高的園藝節目。一米菜園繼而風靡世界，連著名的白宮菜地，採用的也是一米菜園的種植方法。米歇爾·拉沃恩·奧巴馬使用"一米菜園"（SFG）的方法和孩子們一起種植綠色蔬菜。為了讓人們更加直觀地參與到一米菜園的種植中來，梅爾還推出了專門的遊戲和 App。更有意義的是，梅爾創建了"一米菜園"基金會（the non-profit Square Foot Gardening Foundation），在世界範圍內推廣這種簡易高效的種植方式。一米菜園基金會的目標是讓全世界的人們都學會這種簡易的種植方式，基金會設立了專門的人道主義項目，可讓數百萬營養不良的貧困百姓從中受益。

海地就是一米菜園人道主義援助對象之一，作為美洲最貧窮的國家，海地全國植被覆蓋率不及 2%。採用一米菜園的種植方法，可以節省 40% 的經費、80% 的空間、90% 的水、95% 的種子和 98% 的勞力。

梅爾喜歡和孩子們一起種植，因為孩子們喜歡在土地上玩耍，喜歡看着植物長大變成可以食用的蔬菜，從綠色蔬菜中體會自然的樂趣，獲得更美好的生命體驗，這可能是一米菜園帶給世界最單純的幸福。

一米菜園模式中包含移動營銷碎片化的小草精神，不選擇地方、不選擇環境，肆意生長。中國有個餐飲品牌"沙縣小吃"，也像小草一樣長滿了中國城鎮的大街小巷。

3. Tree（樹）模型——線下品牌連鎖經營模式

從中國市場來看，麥當勞和肯德基是連鎖經營最成功的兩家企業。但這幾年，中式餐飲連鎖（直營）呈爆發式增長趨勢，正所謂"獨木不成林"，如圖 15-5 所示。

4. Bird（鳥）模型——互聯網餐飲共享平台

在中國，美團外賣和餓了麼還在激烈競爭中，它們都是餐飲外賣互聯網平台，相比共享單車市場，兩家巨頭進入最後的發力階段，打造品牌的成本也十分高昂，這是一種品牌投入高成本、成就用戶高期待值的品牌發展模式。2018 年 8 月，軟銀和阿里巴巴向餓了麼投資了 30 億美元，用於支持餓了麼品牌調性升級和營銷手段多元化。

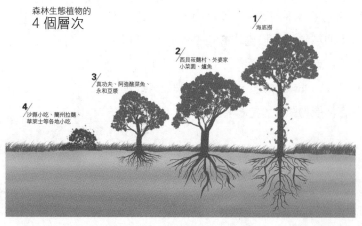

圖 15-5　中式連鎖餐飲的 4 個層次

15.2 品牌如何提升用戶期望值

　　隨着移動互聯網紅利的消失，移動互聯網進入下半場，這已經成為業內共識。信息碎片化、消費者審美疲勞等一系列問題，使得品牌傳播越來越困難。在碎片化時代，如何通過大數據精準觸達目標受眾已經成為品牌營銷的關鍵。

　　在移動互聯時代，用戶的任何一個痛點都可以形成一次蝴蝶效應。企業可以從用戶的痛點，從一個微小的地方開始，實現價值的塑造、呈現、傳遞和增值。如果這個痛點是一種剛性的、廣泛的需求，就可以做成一款了不起的產品，甚至能夠產生幾何數級的效果。移動互聯時代品牌的發展應遵循由慢到快、3 年爆發的節奏。要麼做大，要麼消亡，這就是移動時代的產品邏輯和運營法則。在這個法則下，抓住令用戶激動和尖叫的產品，要打動用戶而不是說服用戶。

　　提升用戶期望值就是給用戶打造一種新的生活方式。在傳統營銷時代，產品要上市的時候，只需要打廣告，把渠道和終端做好，再做消費者宣傳。隨着移動互聯的發展，這種終端的體驗已經上升到雲端的體驗，很多時候，消費者需要在網上完成商品的選擇、體驗甚至評價。

　　寶潔首席品牌官 Marc Pritchard 曾透露一個驚人的事實，寶潔獲得數據後發現，數字媒體廣告的平均觀看時間低至 1.7 秒，相當於一眨眼的時間，只有 20% 的廣告觀看時間超過 2 秒這一最低標準。這就意味着品牌主的廣告哪怕是精準地觸達了用戶，最終也可能被用戶自動 "屏蔽" 掉，他們只關注自己感興趣的信息。因此，品牌必須優化內容，以優秀的創意內容吸引用戶的注意力。因此，高度原生、與內容融合在一起的信息流廣告便成了廣告主的首選。廣告主對信息流廣告的認可度、重視度也在提升，從測試、試驗階段走向常態化的投放。信息流廣告的市場規模還會持續增長，預計 2020 年將突破 2,000 億元。

　　要玩轉信息流廣告，需要服務商全局覆蓋各家信息流廣告資源。在信息流廣告領域深耕多年的東信點媒無疑具有這個實力，目前東信對接了中國各大 Adx 平台和主流 SSP，全面覆蓋 TOP300 明星媒體資源，特別是騰訊、頭條、百度、阿里等豐富的優質流量，可以全面實現資源和數據的精準投放。擁有豐富的優質媒體資源只是第一步，如何通過優秀的創意表現，讓原生廣告深入人心則更考驗服務商的實力。創意質量與流量正相關，好的創意能夠有效地吸引到更多的用戶，在出價一樣的情況下，創意的質量越高，獲取的流量就越多。

　　在當下的碎片化營銷時代，用戶的信息觸點被大量集中到信息流上，信息流廣告成為品牌爭奪的新戰場。在市場上，各類服務商良莠不齊，魚龍混雜，這就需要品牌主擦亮雙眼。唯有在數據、算法、創意等方面協同發展的服務商，才能讓廣告精準觸達用戶，進而觸動用戶內心，實現營銷價值。

15.3 如何科學運用品牌

　　在信息氾濫的互聯網時代，想讓用戶獲得企業品牌的信息越來越難，這就迫使企業品牌建設走簡約風格。當然，品牌簡約化也符合用戶的期待。

　　無論何時，消費者忠於的不是品牌，而是他自己。從人性的角度來看，沒有無緣無故的忠誠，只有需要與滿足、成全甚至成就。企業洞察這一事實之後，應該怎樣轉換思想，從而更為科學地運營品牌呢？

1. 從 "關注自我品牌主張" 到 "關注消費者的主張"

　　傳統意義中的品牌忠誠度，表面看好像是以客戶為中心，全心全意去滿足客戶，可實際上始終是"以自我為中心"，所說的都是自己想說的，而非消費者想聽的，渴望自己成為消費者喜歡和崇拜的對象，試圖去影響、教育、感動、控制消費者。然而消費者始終是善變的，這就導致傳播和推廣品牌的過程很辛苦。到了移動互聯網時代，在開放共享的狀態下，品牌要放低姿態，成為消費者身上的某個標籤，真正地"以顧客為中心"，關注消費者內心最深處的需求，帶着愛和情懷與消費者溝通，全心全意為消費者服務。

2. 從關注 "靜態消費者" 到關注 "動態消費者"

　　每個企業都會給自己的品牌描繪一個目標消費者畫像，之後所有的品牌運營策略都根據這個設想中的目標消費者形象來進行。你我都是消費者，孰不知，消費者是這個地球上最善變的群體，他們的年齡、環境、身份、消費能力，甚至消費習慣和喜好都是動態的。在移動互聯網時代做品牌營銷，應該承認和接受消費者的動態變化，並且用動態的思維去關注、關懷、滿足消費者的需求。

3. 從 "我存在" 到 "我為你存在"

　　在信息高度發達的今天，只提示客戶"我存在"，顯然遠遠不夠。如何在品牌傳播過程中讓顧客感受到品牌與其個人有緊密關聯，這是值得重點思考的問題。如今這一點做得比較好的要數淘寶、京東等電商平台，它們通過用戶的購物車了解用戶的需求和喜好，主動幫助用戶篩選商品信息，推薦符合用戶需求的商品，完成了從過去"大家的淘寶"到今天"我的淘寶"的轉變，真正做到了"為用戶而存在"。

15.4 品牌信息建築

15.4.1 品牌體系的兩層建築

　　在實施品牌創建工作時，應把品牌體系分為兩層建築，如圖 15-7 所示；其一是底層建築，由品牌文化、品牌傳播和品牌營銷構成；其二是上層建築，由品牌視覺、觸覺、味覺、嗅覺和聽覺構成。

案例 ｜ 雲集微店

雲集微店是一款在手機端開店的 App，為店主提供美妝、母嬰、健康食品等上萬種正品貨源。雲集微店所有商品不需要打款，不需要壓貨，雲集專屬物流中心統一發貨，並有海量商品文案一鍵複製保存，可以分享到各大社交平台，還有雲集平台專屬客服為雲集店主、消費者解答問題（見圖 15-6）。雲集微店是中國領先的社交零售平台，2019 年 5 月 3 日登陸納斯達克交易所。

雲集微店與各大品牌廠商直接達成各類戰略合作，比如與著名家居服飾品牌富安娜達成戰略合作，與著名歌手林依輪獨創辣醬品牌飯爺合作進行"奉旨解饞"禮盒首發等。這不僅在一定程度上保證了貨源的豐富和品質，更是區別於此前很多銷售品質難以保證的以化妝品、服裝、母嬰產品為主的個體微商。與品牌廠商合作使其平台商品更具差異化和個性化，從而滿足日益增長的消費升級需求。

雲集微店發佈了一系列用戶畫像數據，對消費者的性

圖 15-6　雲集微店的模式

別、年齡、婚姻等大數據都有披露，比如社交電商女性群體佔據 76%，以大專及本科以上學歷的人群為主；社交電商的主流消費人群，年齡分佈在 25-40 歲之間的人佔比 70%，已婚已育人群佔據 79%。這些數據可以更好地指導個人店主進行消費者需求洞察。

資料來源：李東樓·知乎

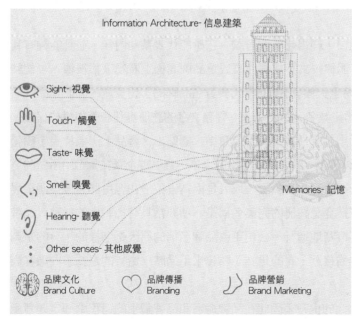

圖 15-7　品牌體系
資料來源：華紅兵《頂層設計：品牌戰略管理》

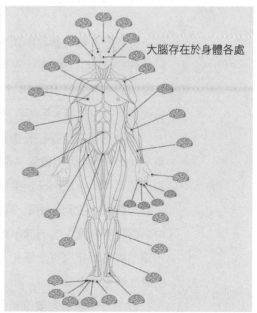

圖 15-8　大腦中的信息建築
資料來源：華紅兵《頂層設計：品牌戰略管理》

人是一套極其精密的接收系統，又是一個圖像生成器，它配備了活躍的識別系統和記憶重播系統。

15.4.2 大腦中的信息建築

❶ CIS：Corporate Identity System，企業識別系統。

大腦無處不在，有刺激的地方都是大腦，如圖 15-8 所示。由視覺、觸覺、聽覺、嗅覺和味覺以及這些感覺的各種集合帶來的刺激，在受眾頭腦中組裝起來，就會浮現出所謂的"圖像"。假設以上都不足以說明問題，人類還有一種可能來自宇宙的射線——第六感。

在移動營銷時代，品牌創建的重點發生了遷移，具體表現在以下幾個方面：

（1）視覺系統的設計由 CIS❶（平面視覺識別設計系統）向人性化品牌命名、符號化、標籤化轉移；

（2）聽覺系統變得很重要，與用戶溝通的時間變短了；

（3）觸覺、味覺和嗅覺融入到品牌體驗中去實現，往往和產品融為一體；

（4）品牌傳播從廣告形式變化為內容為王；

（5）品牌營銷從單一的渠道營銷變化為線上線下的多維空間營銷。

15.5 品牌建設的四大關鍵

15.5.1 品牌命名

完美的品牌名稱應朗朗上口，經得起時間考驗。它應能代表某些內涵，並且能夠有利於品牌的延伸；它的發音應有韻律，文字在郵件裏或是品牌商標上看起來都很棒。一個精心選擇的品牌名稱，是 24 小時全天候"不打烊"代表著名品牌的必要資產。因此，品牌命名後要進行中文名、英文名、網絡域名、Logo 圖案、釋義文字的註冊專利和著作權的保護。

品牌名稱廣泛存在於對話中、郵件裏、語音信息中、網站上、產品上、名片上、簡報裏，因此，一個詞不達意、難以發音，或者很難記憶的名字，會傷害企業在營銷中所做的努力，甚至可能會使一家企業無端蒙受法律風險，或者是因為冒犯潛在客戶群而被某些市場區隔、疏離。找到一個還沒有被登記註冊的完美名稱是一項非常具有挑戰性的任務，品牌命名需要有創意、有方向、有策略地進行。公司更改品牌名稱的原因是多樣的，有的是為了讓品牌名聽起來更友好和容易接近，有的是為了聽起來不過時，還有的是為了向顧客表明該品牌已經更改。

改名常伴隨品牌價值和信念的提升，因此在品牌命名和品牌識別的過程中一定要考慮該品牌未來的方向。同時名字通常是由頂層設計師來創建的，而商標是由平面設計師設計的，因此，品牌命名和品牌策略的制定應在頂層設計師的指導下，由不同領域的專業人士協同合作完成。

1. 中國品牌的命名

縱觀中國知名互聯網企業，使用動物作為企業商標、吉祥物、產品名或商號名的特別多。譬如，排名前 10 的旅遊網站中，有 8 個商標或名字包含動物，如攜程的海豚、去哪兒網的駱駝、途牛的牛、藝龍的龍、驢媽媽的驢等；排名前 10 的直播平台和音頻平台中，動物同樣至少佔據了一半，如鬥魚、虎牙、貓頭鷹、火貓等；電子商務領域亦有天貓的貓、京東的金屬狗、蘇寧的獅子、國美的老虎等。

除了動物，選用植物命名的互聯網公司也很多，如豆瓣、土豆、小米、蘑菇街、豌豆莢、堅果、芒果、花椒、荔枝、果殼等。這些植物名稱在傳統行業很少會使用，因為它們在傳統意義上大多沒有太多的特殊含義。此外，近幾年來使用疊詞名的互聯網公司也越來越多，如釘釘、QQ、陌陌等。

中國傳統老字號，更偏愛寓意美好的字，而且大多是 3 個字，如內聯升、瑞蚨祥、榮寶齋、全聚德、同仁堂、月盛齋、老正興、採芝齋……相較於百年老店喜歡用瑞、恆、通、達、德、仁、隆、裕、福、盛、同、光、康、寶等寓意美好的字眼，中國當代企業則偏好使用睿、尊、享、尚、信、榮、華、雅、優、佳、豪、爵等字眼。但是，什麼樣的名字更容易被記住呢？假設現有 3 個互為競爭對手的品牌，一個叫優誠通，一個叫美寶卓，一個叫黑蝙蝠，5 分鐘後你最能記得的是哪個？

顯然，名詞更容易被記住，那就是黑蝙蝠。

中國互聯網的"動物園化"，是注意力競爭藝術上升到一定高度的體現。中國互聯網創業家在自我知識迭代、觀念刷新和眼界拓展方面，遠遠超過同時代的中國其他行業的企業家，放在世界範圍內也是第一流的。

2. 為品牌取名的六大標準

（1）好記憶。用戶認知是用戶採取消費行動的第一推動力。

（2）好傳播。用動物和植物這些人們非常熟悉的具象概念，容易進行移動傳播。

（3）好寓意。凡事圖個吉祥。

（4）好聯想。好名字一定要與企業所處的行業或產品定位有關聯，讓用戶能通過名字聯想到產品的基本屬性。

（5）好注意。為了避免被信息淹沒，在注意力經濟時代，引起關注會降低傳播成本。

（6）好註冊。名字應符合商標註冊、圖案註冊、域名註冊的要求，最好對申請註冊的商標和圖案進行圖文形式的釋義，再把這種釋義以"作品登記證書"的形式註冊申請成企業的知識產權，形成另一種形式的保護。

15.5.2 品牌主張

品牌主張能夠喚起消費者的情感反應，進而影響消費者的購買行為。品牌溝通語是捕捉品牌個性及本質的短語，它代表了品牌的定位，並能夠與其他競爭者區分。

1. 品牌主張要具備的基本特徵

（1）簡潔有力。

（2）區別於競爭者。

（3）獨一無二。

（4）抓緊品牌本質及品牌定位。

（5）容易記憶、朗朗上口。

（6）沒有負面含義。

（7）能以較少字數呈現。

（8）可以註冊商標權，獲得法律保護。

（9）能夠喚起情感回應。

（10）能激發用戶聯想。

（11）能刺激用戶購買。

2. 溝通語大觀

（1）祈使語氣溝通語：指揮引領行動，通常以動詞開頭，如表 15-1 所示。

表 15-1　祈使語氣溝通語

品牌	溝通語
You Tube	Broadcast yourself（廣播宣傳你自己）
Nike	Just do it（放手去做）
Mini Cooper	Let's motor（讓我們發動引擎吧）
HP	Invent（創新發明）
Apple	Think different（不同凡響）
Toshiba	Don't copy. Lead（不要盲從因循，引領潮流）
奧馬哈銀行	Begin today（從今天開始）
維珍電信	Live without a plan（隨心所欲，生活不需要約束）
外展基金	Live bigger（活得更海闊天空）
美國 NBA	I love this game（我愛我的籃球運動）

（2）陳述語氣溝通語：簡述服務、產品，或者品牌承諾，如表 15-2 所示。

表 15-2　陳述語氣溝通語

品牌	溝通語
谷歌	不作惡
菲利普	Sense and sensibility（理性與感性並重）
PNC 銀行	The thinking behind the money（財富領航者）
Target 標靶百貨	Expect more. Pay less（物超所值）
MSNBC 電視公司	The whole picture（見樹又見林）
安永會計師事務所	From thought to finish（從始至終，無微不至）

（續表）

品牌	溝通語
全州保險公司	You're in good hands（你在我們悉心保護中）
奇異公司	Imagination at work（夢想啟動未來）
格力電器	讓世界愛上中國造
Concentrics 顧問公司	People. Process. Results（人員、流程、績效）
人人車	好車不和壞車一起賣
瓜子二手車直賣網	沒有中間商賺差價

（3）傲視群雄語氣溝通語：將品牌定位為市場領導者，如表 15-3 所示。

表 15-3　傲視群雄語氣溝通語

品牌	溝通語
De Beers	A diamond is forever（鑽石恆久遠，一顆永流傳）
BMW	The ultimate driving machine（極致駕馭工具）
Mini Cooper	Let's motor（讓我們發動引擎吧）
德國漢莎航空公司	There's no better way to fly（沒有更好的飛行體驗了）
美國國民警衛局	American at their best（美國人的驕傲）
Hoechst 生技公司	Future in life sciences（生命科技的未來展望）
阿里巴巴	天下沒有難做的生意
餓了麼	餓了就要

（4）煽動語氣溝通語：引人思索，通常是問句，如表 15-4 所示。

表 15-4　煽動語氣溝通語

品牌	溝通語
西爾斯百貨公司	Where else?（還有別的地方可逛嗎？）
微軟	Where are you going today?（你今天想去哪裏？）
賓士汽車	What makes a symbol endure?（是什麼讓符號成為永恆？）
Dairy Council 乳業協會	Got milk?（喝牛奶了嗎？）

（5）具體品牌溝通語：顯現企業的產業領域類型，如表 15-5 所示。

表 15-5　具體品牌溝通語

品牌	溝通語
滙豐銀行	The world's local bank（全世界的在地銀行）
紐約時報	All the news that's fit to print（天下大小事一覽無餘）
歐蕾	Love the skin you're in（寵愛你的肌膚）
福斯汽車	Drivers wanted（徵求汽車駕駛）
eBay	Happy hunting（快樂上網尋寶）
Minolta 相機	The essentials of imaging（影像製作的本質）
樂視電視	你想不到的樂視生態
網易雲音樂	音樂的力量
微博	隨時隨地發現新鮮事
智行火車票	智慧你的旅行
百度	百度一下，你就知道

（6）與用戶平等溝通語：人性化設計的至高境界，如表 15-6 所示。

表 15-6　與用戶平等溝通語

品牌	溝通語
今日頭條	你關心的，才是頭條
喜馬拉雅	聽，見真知
優酷視頻	這世界很酷，世界都在看

15.5.3 品牌標誌

1. 移動品牌設計載體新趨勢

移動品牌設計載體是瀏覽器，瀏覽器不僅是互聯網的載體，也是提供影響力的手段，它正逐漸變得更快、更強大、更有吸引力。

❶ Web：全球廣域網，也稱萬維網。

Web**❶** 和移動瀏覽器功能正在彌合概念設計與現實之間的差距。從另一個角度來看，企業需要設計更好的界面，來展示 Web 瀏覽器的潛力。

如今，早期的網頁設計已轉變為自適應設計，這種思維模式會影響日常生活中的所有事物，不僅僅是單獨的產品，這使得選擇更好的設計方式尤為重要。

目前，移動品牌 UI 和 UX 設計呈現以下新趨勢。

（1）有目的的動畫。場景的應用打開了大門，不僅僅體現為元素的運動，更是一個絕佳的設計機會。運動設計涉及很多方面，還與心理學和生物學產生聯繫。複雜性取代了當下的流行元素，成為動畫設計中的主要特徵。動作和過渡傳達了很多從前丟失的信息，屏幕之間的區域曾經是無人區，現在則是自己的後院。

如今，運動設計不僅僅用來展示和填補空白，它還成為品牌的一部分。Logo 是一個品牌的圖騰，設計人員的想象力和經驗使圖騰復活，充分利用這種想象力，將動畫設計融入標誌，能夠更好地駕馭。

儘管如此，在設計時也要講究因地制宜，包括動畫。如果所設計的產品是有爭議的，或者與可怕的場景有關，則不能採用動畫；如果存在情感矛盾，請務必保持中立，不要恣意地使用動畫。

（2）3D 界面。雖然 3D 渲染、CG 增強的真實鏡頭圖像已經出現了一段時間，但為了速度、性能以及可訪問性，設計人員曾避免在 UI 中使用複雜的 3D 模型。隨着更好的瀏覽器的出現，3D 界面的運營成為一種負擔得起的功能，高度複雜的特效或視覺效果可以將電影般的場景帶入網站領域。3D 圖形界面融合了現實和數字動畫的邊緣。

這一趨勢特別適用於流程複雜、不太直觀的公司產品。通過使用 3D 可視化，可以利用任何技術讓用戶對產品和流程建立更深層次的理解。這是因為電影和視頻圖像的顯示時間很短，而 3D 可視化可以加深觀眾印象。結合動畫，3D 可以成為一種強大的設計工具。擁有強大芯片的移動產業不僅可以渲染 3D 物體，還能在界面中很好地應用 3D 技術。

2. 移動品牌設計新趨勢

騰訊把自己的 Logo 做了個 "微整形"

變化一：字體變 "斜" 了，這種獨一無二的斜體稱為 "騰訊字體"。

變化二：顏色變 "藍" 了，這種獨一無二的藍稱為 "騰訊藍"。

無獨有偶，肯德基的 Logo 也做了調整。

變化一：肯德基老爺爺的臉變瘦了。

變化二：臉的顏色由黑臉變成了紅臉。

肯德基除了標誌做了微調，字體也有變化。

從這兩個知名品牌的新 Logo 中，我們能找出一些共通點。

（1）Logo 採用了更鮮豔的色彩，騰訊的新 Logo 採用了飽和度更高的藍色，肯德基則採用了視覺衝擊力極強的紅色。

（2）字體傾斜加圓角。肯德基的 "KFC" 中，"K" 的 4 個角增加了細微的圓角填平效果，字母 "F" 的中間筆畫右下側增加了三角裝飾，"C" 的右上角長度增加了。整體而言，字體調整後變得更加圓融厚實。

騰訊的字體則是在斜度和圓角兩個方面做調整，傾斜度是黃金 8°，輔以一定的視覺修正，內白設計成平衡均勻，中宮也是以平均為主，且對字體設計了圓角，如圖 15-9 所示。

騰讯　　騰讯　　騰讯

圖 15-9　騰訊 Logo 字體變化

3. 品牌設計在 App 中的差異化創新運用

伴隨移動互聯網的創業大潮，App 應用已日趨成熟，iOS 及 Android 設備的標準已經形成，設計一款 App 無論從技術上還是視覺上來說都不是難事，如果隨機挑選一款主流的商業 App，去掉圖標，僅看界面設計，你會發現和其他 App 相比大同小異，App 的同質化現象日趨嚴重。

因此，設計一款有別於競品且帶有自身品牌基因的 App，現已成為各大企業的迫切需求。互聯網公司分工明確，通常遵循如下工作流程：UI 設計師同產品經理、交互設計師討論每個版本的設計計劃，在討論過程中用低保真的形式畫出大概的流程，之後由 UI 設計師完成界面後進入評審階段，通過後將標準文件輸送給開發工程師。這是一個標準的作業流程，留給設計師的想象和執行空間並不多。標準作業流程輸出的 App 設計不容易出錯，卻導致了 App 的同質化現象。提升 App 設計水準的方法就是導入品牌設計，從品牌文化源頭進行全新設計。通過品牌的塑造，讓用戶快速對 App 進行深刻有效的記憶，這能給 App 整體設計品質的提升帶來更多的可能性。

（1）品牌視覺符號提煉

App 品牌視覺符號的提煉過程類似平面設計中的 Logo 設計流程，App 的設計也屬於企

圖 15-10
資料來源：王祥貴迪麥互動

業品牌視覺延伸的一部分。首先要做的就是深入探索品牌，了解品牌定位，提煉出符合品牌的關鍵詞，通過關鍵詞檢索圖片素材，這個步驟可以通過小組之間的頭腦風暴得出。其次要提煉核心視覺符號，形成視覺衝擊性及記憶性，讓 App 面向用戶時，能快速吸引用戶的關注，以獨特的視覺小符號，形成用戶心理的大記憶點，可以說是"小符號，大記憶"，相關案例如圖 15-10 所示。

①關鍵詞提取。收集中國傳統民俗、水墨書法、古董圖案以及宗教文化等素材，再結合 APP 的定位提取以下四大關鍵詞，如圖 15-11 所示，根據這些內容來進行風格設計、色值選取等。

圖 15-11　提取關鍵詞
資料來源：王祥貴迪麥互動

②視覺符號提煉。通過簡潔、乾淨、中國風及文化 4 個關鍵詞提煉視覺符號，這些視覺符號將貫穿整個 App 設計，甚至會延伸到主 Banner、應用商店宣傳推廣圖等內容的設計上，如圖 15-12 所示。

圖 15-12　提煉視覺符號
資料來源：王祥貴迪麥互動

（2）主風格設計彰顯品牌國際化

眾所周知，App 源自主流的 iOS 和 Android 兩大陣營。在遵循兩大應用系統標準的基礎上，導入中國文化元素，使其具備國際化的特徵，這顯然是一項富有挑戰性的工作。

下面我們以東家·守藝人和尋寶之旅兩款 App 為例，這兩款 App 的活躍用戶非常多，如圖 15-13 所示。中華文化素以多元、博大精深著稱，未來全球必將颳起中國風。在設計中，巧妙運用中國傳統文化元素，常常能創造出具有獨特東方藝術魅力的視覺元素。設計師在深刻理解民族傳統文化內涵的基礎上，將其與現代設計理念巧妙結合，才能設計出符

<table>
<tr><td>啟動頁</td><td>首頁</td><td>啟動頁</td><td>首頁</td></tr>
</table>

圖 15-13　東家・守藝人和尋寶之旅 App 的界面
資料來源：王祥貴迪麥互動

合世界潮流的經典作品。

　　App 區別於傳統平面紙媒，是一個可以承載短視頻、動畫的載體，因此增強友好的交互體驗，可以提升 App 設計品質。

　　（3）App 底部導航欄的差異化創新設計

　　App 底部導航欄一般會設置 4-5 個功能項，因為手機屏幕寬度有限。功能項大部分以"圖標＋文字"的形式表達，文字是為了更準確地表達意思。主頁的圖標，一般採用"小房子"或 Logo 的形式來表現，如圖 15-14 所示。

　　"東家・守藝人"App 的底部導航欄具有極強的識別性（如圖 15-15 所示）。它採用宋體

圖 15-14　App 底部導航欄
資料來源：王祥貴迪麥互動

圖 15-15　中藝優美 App2.0 底部導航欄全新設計思路
資料來源：王祥貴迪麥互動

筆畫，融合具象圖形，宋體橫細豎粗，末端有裝飾部分（即"字腳"或"襯線"），點、撇、捺、鈎等筆畫有尖端，屬於襯線字體。宋體字始於明弘治年間蘇州地區，後曾通行日本、朝鮮和越南等國家。

　　品牌設計導入 App 設計中後，能夠幫助 App 形成更具識別性的統一風格，便於後期的市場推廣，同時有效的品牌設計有助於 App 迭代升級。下面，我們來欣賞一組 App，如圖 15-16 所示。

圖 15-16　國外節約設計 App 欣賞

15.5.4 品牌創意

　　創意（Create New Meanings）是指基於對現實存在事物的理解以及認知，衍生出來的一種新的抽象思維和行為潛能。品牌創意可以理解為是通過新穎和與眾不同的方式來傳達產品特徵與品牌個性，以此來塑造品牌形象，更好地吸引消費者，促使營銷更加準確有力的行為過程。品牌創意可以體現在企業各個層面，最終目的是創造企業利益，增進品牌價值。

1. 用創意提升品牌競爭力

　　創意是以獨特的方式，把消費者心中渴望但是未明確表達的思想情感集中而強烈地表達出來，把握消費受眾的思想情感需求。隨着時代的發展，企業可通過創意引導消費者改變思想及行為，讓產品大賣，讓品牌之樹常青。品牌創意首先需要分析品牌受眾、品牌擴展區域等市場因素以及消費心理因素等，在此基礎上對創意設計做好定位。

　　企業發展時刻面臨提升品牌競爭力的問題，這就需要不斷地更新品牌創意。對一個成功的品牌而言，它是活在消費者心中的，能夠培養出相對穩定的消費者群體。在激烈的市場競爭中，能使品牌脫穎而出的是創意的精髓，好的品牌仰賴創意開拓市場空間。

2. 用創意打造品牌價值

　　打造品牌價值，需要找到品牌與消費者共享的"意義"。品牌價值體現在消費者是否有繼續購買某一品牌的意願，而它的關鍵因素就在於創意。創意是品牌的生命力，是品牌價值的靈魂，它必定要滲透到品牌塑造的各個層面，變成品牌行為的獨特氣質、非凡魅力。創意的每一次滲透、延伸，都是品牌的一次蛻變、一次飛躍。在移動互聯網時代，創意讓我們創造出更多的品牌價值。

好創意可以提升品牌吸引力，給予用戶獨特的體驗感，也能為品牌帶來極強的**傳播價值**。只有顧客對品牌產生認同、信任和忠誠，才會產生品牌價值，而品牌價值的高低能夠反映它在顧客心中佔據多少份額。創意不是天馬行空、隨心所欲地胡思亂想，所有創意都有據可循。創意定位正確與否，是品牌能否成功的基礎。

2019 年 3 月 8 日 "女神節" 前夜，桔子水晶酒店的官微推送了一條標題為 "這屆婦女不行，太浪了⋯⋯" 的動態，封面設置為一個女生躺在浴缸裏洗澡的圖片，這條動態在網絡上引發軒然大波，被指這樣的標題有侮辱女性的嫌疑，並且玩噱頭式的語言，明顯違背社會公序良俗。

後來，熱心網友又扒出該公眾號過往的文章標題，發現一直存在低俗的問題，只不過這次徹底激發了群怒。其實，整個文章內容是幾個女性的奮鬥、創業故事，並結合酒店的營銷信息，並無出格的地方，但是 "標題 + 封面" 已經引發了公眾的反感，導致內容的正能量反而被大家忽略。

由此我們可以看出，不能為了一時的熱點和流量，讓品牌陷入可能的困境之中，品牌美譽度一旦受損很難彌補。外宣內容寧缺毋濫，在腦暴階段很多創意隱含的問題難以察覺，但在具體製作完成後，參與者有時候能感覺到廣告的一些不足。引發廣告不足的因素有很多，比如廣告上線在即，來不及更換；更換廣告投放媒介，可能會給公司帶來經濟損失，等等。如果發現問題卻不引起重視，那麼廣告的作用只能適得其反。一個價值觀不正的廣告投放出去，可能會給品牌帶來毀滅性的災難。

品牌創意是一個系統工程，僅藉助某事件或某熱點尋求品牌創意的方式並不可取。以顧客價值為視角的品牌創意，完全站在顧客的角度，充分挖掘顧客現有和潛在的價值趨向，才是延續品牌價值的利器。

品牌創意有多種表現形式，比如品牌標誌設計、品牌形象塑造、品牌廣告宣傳等，其目的是與消費者進行交流和溝通，向消費者展示不一樣的品牌風格，並努力獲得他們的認可。品牌是連接產品和消費者的橋樑，一個成功的品牌能夠培養出相對穩定的消費者群體，從而吸引更多的消費者因其知名度而去購買產品。創建品牌並非難事，但要延續品牌的生命力，唯有創意。

案例 ｜ 王老吉

王老吉就是利用品牌創意深入人心的。當時的軟飲料市場被碳酸飲料和茶飲料佔據，乳品飲料也逐漸打出了自己的一片天，而作為不被大家熟知的涼茶要想脫穎而出，就需要與其他飲料區分開。涼茶要想從一種藥類飲品發展到被大眾接受的飲料，要解決的一個重要問題就是如何從一個獨特的角度切入市場。最終，王老吉選擇了 "降火" 這一關鍵詞。先不說涼茶飲品是否真的能夠起到降火的作用，僅因為 "怕上火，喝王老吉" 這句廣告語，消費者就開始知道原來有這樣一種飲料存在。

資料來源：柯樺龍、崔燦
《讓品牌說話：品牌營銷高效準則》

本章小結

（1）每一個品牌都是為解決用戶痛點而來的。過去，定位一個品牌的屬性加以推廣是創建品牌的起點；如今，品牌的起點由企業定位設計師改為用戶端。

（2）品牌都是建立在用戶剛需基礎之上的，這樣的邏輯徹底改變了品牌推廣的原點。用戶需要是推廣的前提，從用戶端倒推品牌的移動品牌運營改變了傳統品牌的運營方向。

（3）移動互聯網上半場，高頻市場被互聯網頭部企業壟斷；下半場被成長型企業佔領，所有的細分垂直行業都值得重做一遍。

（4）利益是品牌行動的標籤，沒有兼顧用戶利益和企業利益的雙邊協同利益行為的品牌行為都是不可持續的，品牌為所有利益相關方搭建了共享平台，這就是移動營銷時代品牌的質變。

案例 ｜ 喜茶（HEYTEA）：品牌需要視覺呈現靈魂

互聯網時代的消費者，思維感性，生活方式和消費理念都隨之感性化、娛樂化。人們的觀念在變化，品牌也應該跟着變，傳統的廣告似乎已經很難收買人心。近年來，得益互聯網時代強大的網民力量，一夜爆紅的品牌如雨後春筍，比如說，喜茶 HEYTEA。

2012 年，喜茶 HEYTEA 起源於江邊裏的一條小巷，原名皇茶 ROYALTEA。為了與層出不窮的山寨品牌區分開來，2016 年全面升級為註冊品牌喜茶 HEYTEA。創始人聶雲宸用 5 年的時間把一個 30 平米的奶茶店打造成了茶飲店中的“網紅”，從華南到華東，單店日銷 4,000 杯。

喜茶是茶飲公司裏的一個“異類”，它花費了更多的精力在構建視覺系統，只為樹立自己的品牌。喜茶 2018 年獲得 4 億元投資，門店迅速擴張——1 年內開出了近 100 家新店。截至 2019 年 7 月 9 日，喜茶官網顯示，其店面數量已經達到 293 家。據《財經》報道，2019 年喜茶的估值將達到 90 億元。

喜茶善於給每家店賦予新的概念，以此打造成獨具辨識度的個體。從單純的提供美味，到品牌文化輸出，喜茶不僅具備了反傳統的勇氣，也在創意中進行探索。

從永恆的黑中汲取靈感，黑金混搭，玩味摩登。以“光”為概念，捕捉陽光穿透過雲層林間的瞬間。用黑金色彩還原自然光線，簡約金屬線條極具風格。閃着金色的天花，燈影綽綽，店內設置茶香體驗區，讓品茶這件事回歸本味。

將禪意與藝術無縫相融，創造出古時文人墨客飲茶雅集之境，以竹子排列的疏密，在空間中落筆揮毫。

光影、漁網、虛實，提取“漁網”元素，讓波瀾水光間的漁民文化，以全新科技現代的樣貌展示。

資料來源：喜茶微信公眾號

第十六章

CHAPER 16

Brand Communication

品牌傳播

　　品牌傳播（Brand Communication），是企業產品營銷的必然途徑，是培養消費者忠誠度的有效手段，是企業必須樹立的旗幟。品牌傳播的直接目的就是讓企業、企業產品為市場所知，引起一定的熱度，讓大眾產生消費需求，並且心中留下不可磨滅的印記。

　　隨着時代的變遷，傳播方式和傳播渠道也發生了重大的變化，從飛鴿傳書到紙媒，再到網媒。在未來，無人能躲過新媒體信息的入侵。人們從被動接受新媒體，到主動坐到電腦屏幕前當"網蟲"，再到時刻盯着手機屏當"低頭族"，品牌傳播的媒介發生了明顯的變化。

　　每一種傳播媒介的誕生，必然帶來各階段品牌傳播的發展和變革。自媒體促成了"全民發聲"的品牌傳播時代，它顛覆了傳統時代的品牌營銷理論和觀念，使"人人都是自媒體，人人都是品牌"成為可能。

移動互聯網時代品牌傳播的特點

1. 流量為先

　　新媒體傳播與傳統的傳播相比，具有速度快、影響面廣、傳播途徑多樣化、操作便捷、廣告投入低等特點。在移動互聯網時代，流量更能説明企業是否盈利，"視野聚集之處，財富必將追隨"，廣告所產生的流量意味着這個產品或服務是否宣傳到位，是否能夠在一定程度上推動該產品及服務的自我價值提升。

2. 營銷方式多樣化

　　產業互聯網的發展，讓品牌傳播方式與"互聯網＋"融合變得多種多樣，品牌營銷的範圍從線下轉移到線上。伴隨市場競爭的日益激烈，企業的營銷計劃需要更為精細化，企業品牌傳播方案需要結合產品特點和企業品牌定位等來確定。

3. 迭代速度加快

　　移動互聯網時代的明顯趨勢是產品的迭代更新速度明顯加快，迭代思維也促進了企業技術的創新。企業打造品牌需要立足於產品創新，適應互聯網的快節奏，強化自己的不可替代性，從而加速營銷迭代。

16.1 品牌傳播的要素

　　多年來，人們一直在研究品牌傳播策略，期望通過科學有效的品牌傳播策略達到降低營銷傳播費用、提高品牌營銷效果的目的。

16.1.1 品牌形象

　　在品牌構成要素中，以品牌形象最為重要。品牌形象是指企業或其某個品牌在市場上、在社會公眾心中所表現出的個性特徵。品牌形象包含品牌的外觀形象、功能形象、情感形象、文化形象、社會形象以及心理形象。例如，"奧迪"牌汽車的商標是串聯的四個圓圈，"南山"牌奶粉外觀設計的主題背景是綠色的草原等,這些都屬於品牌的外觀形象,這是品牌形象系統中最外層、最表面化的形象。再如,"可口可樂"代表了自由與激情,"萬寶路"代表了堅韌與豪邁,"海爾"代表了團結與真誠等,這些屬於文化形象。又如,開"寶馬"車體現了地位,吃"肯德基"象徵着時髦,穿"金利來"代表着品位等,這些是社會形象。

品牌個性一旦形成,就具有持續性與不可模仿性。隨着知識和技術的進步,產品的物理差異越來越小,但對於體現了品牌獨特內涵的無形方面,即品牌個性,如同人的個性一樣難以模仿,故而我們看到的索尼、華為等,在品牌個性裏都是獨一無二的。而這種獨特性經過長期延續,與其他品牌的區別將會越來越顯著。

正因為如此,在注重品牌傳播時,要牢牢抓住品牌個性的塑造,通過這種個性的區別來強化消費者的認知。只有塑造出讓消費者覺得自己非"這個品牌"不可的心理認知,才能牢牢抓住消費者。

16.1.2 品牌標識

品牌標識(Logo)是什麼?是指品牌中可以被認出、易於記憶但不能用言語稱謂的部分,包括符號、圖案或明顯的色彩或字體,又稱"品標"。品牌標誌是一種"視覺語言",它通過一定的圖案、顏色來向消費者傳輸某種信息,以達到識別品牌、促進銷售的目的。Logo 對於企業的重要性普遍得到了廣大企業的認可和高度重視,無論是初創品牌,還是超級品牌。

優秀的品牌 Logo 設計總會讓人印象深刻,有很強的識別性。在視覺差異化及創意上都做得不錯,也會顧及整個後期視覺端的應用展現。品牌標誌自身能夠創造品牌認知、品牌聯想和消費者的品牌偏好,進而影響品牌體現的品質與顧客的品牌忠誠度。

下面,我們來欣賞一下多款優秀品牌 Logo 設計案例。

(1)Reborn(如圖 16-1 所示)。Reborn 是一家在線互聯網訂購餐飲食材與健康飲食社區的平台。扭曲的 "R" 能給人帶來創造力和創新的感覺,輕微的運動設計表明餐廳為現代企業,也是移動時代的潮流企業。紅色是代表中國的傳統色彩,同時象徵自信、力量和青春。讓客戶了解標誌的美食餐廳提供服務的熱誠。同時,紅色顯示服務的信心和青春以及有助於形成更專業的品牌意識。

圖 16-1　Reborn 的 Logo
資料來源:Reborn 官網

(2)LunnScape 專業園林綠化服務公司(如圖 16-2 所示)。蜻蜓的翅膀是黃色和粉紅色,這些顏色象徵快樂、溫暖和些許敏感,使蜻蜓看起來更具實感。運用柔和的色彩輕描,設計出輕盈明快的圖形風格。景觀設計的手法更容易抓住人們對公共空間的關注。

16.1.3 品牌文化

品牌既是一種社會經濟現象,又是一種文化現象。有人這樣描述:19 世紀

圖 16-2　LunnScape 的 Logo
資料來源:LunnScape 官網

是軍事征服世界的世紀，20 世紀是經濟發展的世紀，21 世紀是以文化建設新時代的世紀。

文化是多種多樣的，文化對品牌的影響也是不一樣的，但這並不意味着要將各種文化做比較甚至置於對立面。內陸文化是一種有中心、有邊界的文化，海洋文化是一種多中心、多元化的文化，空間文化是一種無邊界、有主張的文化。雖然 3 種文化的概念有本質的不同，但不是割裂的，而是互相聯繫、互相融合的。在現實世界中，真正影響文化融合的是信仰、地域和語言。

你能做到多大，取決於你能幫客戶做到多大。價值決定價格，這是企業品牌傳播中亙古不變的道理。品牌傳播的真正目的是幫助客戶解決問題，而不是銷售公司產品。舉一個很簡單的例子，男生總給女生蘋果，但是並不知道女生想要的是梨，久而久之，男生女生就真的"離"了。

16.1.4 品牌是一切戰略的核心

品牌是一切戰略的核心，即企業的營銷傳播活動都要圍繞品牌核心價值而展開，是對品牌核心價值的體現與演繹。讓消費者明確並記住品牌的利益點與個性，是驅動消費者認同、喜歡乃至深愛品牌的重要力量。一個臉上長痘的人在買護膚品的時候，最先想到的會是蘆薈系列，而不是其他系列。因為從做廣告的那天起，這個系列就向人們傳達了它具有祛痘的功能。人們自然交流的情形通常是這樣的：當某人看到他人買了一樣東西，會問是什麼品牌，不會在乎是哪個企業生產的，這就是用戶認知。

用戶認同感決定了企業的盈利情況。在一個容量巨大的行業裏，全行業的利潤集中在少數有品牌的企業上，絕大多數的品牌都不掙錢，企業唯有形成品牌，同時加大宣傳力度，才能在市場中生存。

聰明的企業懂得運用品牌抓住消費者的心，左右消費者的選擇，並讓消費者一世鍾情。例如，雅詩蘭黛夫人將自己的生活品位和對時尚的敏感度融入雅詩蘭黛品牌中，不但重塑了美國化妝品行業的面貌，更影響了全球化妝品市場，成為如今無法代替的品牌。

16.2 品牌傳播的必要性

16.2.1 品牌傳播對品牌的價值

在移動互聯時代，數字化場景正在重構商業、媒介、消費、社交的模式，場景成為品牌傳播的連接點、觸發點與消費點。傳統的品牌傳播模式面臨數字化的場景革命，品牌傳播競爭的重點將落在如何構建基於數字化的入口場景、消費場景和支付場景上，並將這些場景進行跨界整合以實現與消費者的連接、溝通、互動和分享。品牌形象的建構不再是廣告的長期投資，而是基於品牌與消費者彼此的理解、信任與分享。有效的品牌傳播能提高品牌價值。不同的產品能貼上不同的品牌標籤，帶來不同的價值。

1. 品牌影響力

品牌影響力與企業的優質產品和良好的形象密不可分，優質的產品和完善的售後服務是企業提升知名度的硬件條件，而品牌形象的打造也離不開系統和精細的品牌建設和營銷策略。營銷界普遍認同的一個理論是：品牌精神可以帶給消費者感動，所以品牌精神的提升越來越受到顧客的青睞。品牌精神又可以理解為品牌情態和品牌形象，其提升策略也就相應區分為品牌感情提升和品牌形象提升。

品牌傳播是指以各種傳播方式建立品牌與品牌關係利益人之間的互動關係的一個信息交互過程。傳播過程是重要的品牌價值生成過程，品牌傳播不同於一般意義的推廣和傳播，它不僅要運用傳播的依從和認同作用，更強調傳播的內化作用，即品牌價值目標的實現過程實際上就是品牌關係利益人基於該品牌形成某種觀點、態度、觀念，並能將這種觀念保持下去。此外，品牌傳播還需注意品牌個性以及品牌的擴展和延伸。

當然，在品牌傳播過程中，一套新穎的創新理念必不可少，甚至有能讓產品重生的功效。在生活質量越來越好的今天，人們越來越關注精神層面的感受，買任何東西都會先看知名度和質量以及能給人帶來的啟迪，因此，一些口碑好、品牌知名度高、有意義的商品成了人們的首選。

2. 品牌價值的體現

(1) 品牌忠誠度

打鐵還靠自身硬。忠誠度的形成源於品牌本身的價值，價值是忠誠度的基礎。而傳播是忠誠度的媒介，好的媒介必然會帶來深厚的忠誠度。品牌傳播方式有兩種：一是潤物細無聲式，讓自身品牌文化在不知不覺中進入消費者腦海；二是單刀直入式，強行給消費者灌輸品牌理念。對於一個品牌，知名度代表能讓用戶了解，美譽度代表走到了用戶身邊，而忠誠度則意味着已走進用戶心裏。

案例　│　"動感地帶"（M-ZONE）

有一定精神意義的東西才能真正感動人。"我討厭一成不變，痛恨千篇一律……只有最新鮮、最炫酷的玩意才入我的法眼！愛酷炫時尚，愛花樣翻新，樣樣在行！到哪裏都是我的地盤！"這是一則以前隨處可見的廣告。"動感地帶"品牌傳播成功的原因可以歸結為以下 3 個方面。

（1）精確細分市場，制定合理規劃。動感地帶的業務套餐和資費組合，非常符合年輕用戶特別是學生一族的喜好和需求。

（2）線下推廣有聲有色，營銷接力賽不停歇。不論你是哪種達人，在這裏似乎都能找到自己的圈子。

（3）"玩轉"趣味個性，準確貼近目標用戶群。目標用戶群崇尚個性獨立，喜歡新奇有趣。這一系列策略好似接力賽，緊緊吸引年輕人的注意力，同時牢牢地綁定了忠誠的精準用戶。

（2）品牌文化

品牌力要依託品牌的文化內涵。所謂的品牌文化，是指品牌在經營中逐漸形成的文化積澱，它代表品牌自身的價值觀、世界觀。形象地說，就是把品牌人格化後，它所持有的主流觀點。再說得直白一些，它是一種能反映消費者對其在精神上產生認同、共鳴，並使之持久信仰該品牌的理念追求，能形成強烈的品牌忠誠度的文化。在消費者心目中，他們所鍾情的品牌作為一種商品標誌，除了代表商品的質量、性能及獨特的市場定位以外，更代表他們自己的價值觀、個性、品位、格調、生活方式和消費模式。他們所購買的產品也不只是一個簡單的物品，而是一種與眾不同的體驗和特定的表現自我、實現自我價值的道具。他們購買某種商品，也不是單純的購買行為，而是對品牌所能夠帶來的文化價值的心理利益的追逐和個人情感的釋放。

企業品牌文化的競爭已成為當今企業的主要競爭手段，企業必須依靠打造獨特的品牌來適應這種形勢，從而贏得文化競爭優勢和客戶的青睞。以農夫山泉為例，廣告語是“我們不生產水，我們只是大自然的搬運工”，農夫山泉從不使用城市自來水，每一滴農夫山泉都有其源頭，堅持水源地建廠、水源地生產。每一瓶農夫山泉都清晰標註水源地，確保消費者知情權。農夫山泉堅持在遠離都市的深山密林中建立生產基地，全部生產過程在水源地完成。用戶喝的每一瓶農夫山泉，都經過了漫長的運輸線路，從大自然遠道而來。含有天然礦物元素的飲用水，最符合人體需求，任何人工水都難以比擬。這樣的理念因符合現代人的價值觀、個性、品位、格調、生活方式和消費模式而受到歡迎。

現代社會，越來越多的企業察覺到品牌的重要性。誰擁有了品牌，誰就佔領了市場制高點。一個品牌的形成會產生強大的裂變效應，在各個方面都有強大的效果。而品牌的傳播亦是不可忽略的，有效的傳播可帶來不可估量的價值。

16.2.2 品牌傳播給市場帶來的價值

市場是企業生存的基礎，沒有市場，企業就不復存在，樹立品牌的最終目的就是贏得市場。

1. 提升企業市場競爭力

剛在市場推出的產品，如果暢銷，就很容易被競爭者模仿。例如，每當時裝週舉行後或者電視劇播出後，網上就會立即出現同款，而且價格很低，這時企業的競爭力就會大打折扣。但品牌是企業特有的資產，受到法律保護。競爭者通過模仿無法形成品牌忠誠度，當市場趨向成熟、市場份額相對穩定時，品牌忠誠度是保持市場競爭力的利器。

2. 增強對動態市場的適應性

品牌可增強產品價格的彈性，保持價格平緩，從而減少未來的經營風險。例如，知名珠寶品牌周大福，無論顧客什麼時候進店，大部分單品的價格都是原來的價格，不容易出現講價的現象。由於品牌具有排他性的特徵，在市場競爭激烈的條件下，一個強有力的知名品牌可以像燈塔一樣為不知所措的消費者在信息海洋中指明"避風港灣"，消費者樂意為此多付出代價，選擇符合其消費個性的產品。這能使廠家不用參與價格大戰就能保證其銷售量。而且，品牌具有不可替代性，是形成形成產品差異化的重要因素，能夠降低價格對需求的影響程度。例如，周大福的珠寶價格均由公司統一制定，價格彈性非常小。

3. 精準用戶畫像

每一個品牌都有自己獨特的風格，這有利於企業細分市場，企業可以在不同的細分市場推出不同品牌以適應消費者的個性差異，更好地滿足消費者。很多公司都採用多品牌戰略，給每項或每種產品分別命名，根據產品的特性、品質、功能等多種因素，使每個品牌在消費者心裏佔據一個獨特的、適當的位置。例如，淘寶根據人們的瀏覽記錄、消費習慣等給人物畫像，針對不同的用戶推出不一樣的廣告，不同季節推出不同的廣告。根據品牌進行市場細分，在不同細分市場推出不同品牌，可能會導致企業資源分配過多，增加企業成本，但總體來說，有了品牌，就可對不同細分市場有選擇性地推出不同品牌，從而最大限度地達到顧客滿意。

16.2.3 品牌傳播對於用戶的價值

大多數企業都會把自己定位於服務業。哪一個行業不是服務業呢？無論哪個企業，運營即服務。企業有效的品牌傳播，可以提高用戶對企業服務的信任度，因為品牌本身就相當於給用戶上了一份保險。加上正確的傳播，就可為用戶帶來更大的價值。企業有個性的品牌就像人一樣，能夠讓用戶體會到一種有血有肉的感覺。

案例 ｜ 瑞幸咖啡

瑞幸咖啡是國內新興咖啡品牌，憑藉精湛的咖啡設計工藝、領先的互聯網技術，把精品咖啡商業化，成立不到兩年即上市，堪稱國內時下最為火爆的咖啡品牌。它提出了"專業咖啡新鮮式"口號，這是促進品牌拓展行業廣度的重要標識和符號。瑞信主打新鮮、專業、時尚，是都市白領的咖啡新選擇，現磨咖啡健康美味，還原咖啡的本味，是當前市場的主流，已經逐漸取代了速溶咖啡的地位。它致力於推動精品咖啡商業化，倡導更方便迅捷的"咖啡新零售"體驗，多種咖啡形態店遍佈各大城市的商圈寫字樓，用戶可通過移動端自由購買，自提與配送皆可，徹底改變咖啡傳統業態模式，解決消費痛點。

與傳統咖啡不同，瑞幸咖啡要做互聯網新零售咖啡品牌，用"互聯網＋"思維來賣咖啡。當傳統咖啡依賴"人找咖啡"模式的時候，瑞幸咖啡用"咖啡找人"的模式開始了一輪流量營銷。通過社交 DSP 廣告迅速告知周邊人群，以首單免費獲取第一批下載用戶，以"拉一贈一"策略，吸引存量找增量，從而獲得病式毒增長，每個用戶分享都成為自發的新流量來源。《瑞幸咖啡小藍杯引爆生活圈：這一杯誰不愛》還獲得了最佳效果營銷創新金獎。

1. 引導購買

隨着人們生活品質的提高，對產品的質量要求越來越高，但大多數人都有選擇恐懼症。很多時候，品牌代表品質。品牌可以引領用戶迅速找到所需要的產品，從而減少用戶在搜尋過程中化費的時間和精力。

2. 辨別產品

隨着互聯網的發展，網上會出現很多關於辨別產品真假的方法，但是誰也不能保證那些方法每次都行之有效。品牌傳播可以幫助消費者辨認品牌的用途、成份、製造商等基本要素，從而區別於同類產品。

3. 降低風險

一個人買的東西、用的東西往往是身份的象徵。用戶都希望在買到稱心如意的產品的同時，能得到周圍人的認同。這時，選擇一個信譽好的品牌，將成為他們的不二選擇。此外，好品牌還可以降低精神風險和金錢風險。

4. 個性展現

品牌傳播的目的就是讓用戶知道品牌的作用。品牌經過多年的發展，能積累獨特的個性和豐富的內涵，而消費者可以通過購買與自己個性氣質相吻合的品牌來展現自我。與此同時，品牌為消費者提供穩定的優質產品和服務保障，消費者則用長期忠誠地購買回報製造商。

16.2.4 品牌傳播對於產品的價值

如果說市場是企業發展的基石，用戶是保障，那麼產品就是企業發展的核心，無心便死！

一切品牌傳播都是為了體現產品的價值，以產品的強大功能佔據市場，贏得用戶。在這個競爭激烈的時代，良性的品牌傳播發揮着裂變效應。

1. 梯度效應

品牌形成後，就可以利用品牌的知名度、美譽度傳播企業名聲，宣傳地區形象，甚至宣傳國家形象。比如，通過華為手機，人們加深了對華為企業的認識。不僅宣傳了華為企業，也使人們更多地提及中國，從而了解中國。

2. 連鎖效應

品牌積累並聚合了足夠的資源，就會不斷衍生新的產品和服務，品牌傳播可以將連鎖效應發揮到極致，使企業快速發展，並不斷開拓市場、佔有市場，形成新的名牌。例如，華為最新款手機在海外一經出售，就被搶光。

3. 磁場效應

品牌傳播可以為產品傳播加速。企業或產品成為品牌，擁有了較高的知名度，特別是擁有較高的美譽度後，會在消費者心目中樹立極高的威望，使消費者表現出對品牌的極度忠誠。這時企業或產品傳播就會像磁石一樣吸引消費者，消費者會在這種吸引力下形成品牌忠誠，反覆購買、重覆使用，並對其不斷宣傳，從而使品牌實力進一步鞏固，形成品牌的良性循環。

4. 內核效應

品牌傳播會增強企業的凝聚力，提高研發產品質量。比如，中國的阿里巴巴、華為、海爾集團等，它們的良好形象會使員工產生自豪感和榮譽感，有助於形成良好的企業文化和工作氛圍，使研發人員精神力量得到激發，從而更加努力、認真地工作，創造更高質量的產品。

成王敗寇，適者生存。在品牌傳播中，一家企業的一言一行都能向受眾傳達信息。傳播即營銷，所以企業應積極發揮傳播的助力作用。

16.3 品牌傳播的工具

1. 社群運營

隨着移動互聯網的發展，各種移動社交工具不斷湧現，催生了大量的以移動化和交互性為特徵、以垂直領域的某種興趣圖譜為核心的移動社群。談到社群，就必須厘清社群和人群、微信群、社區的區別。社群是突破時間和空間，強調實時性和社交性的人際溝通關係的群體。從互聯網的角度來看，社群可以分為產品型社群、興趣型社群、品牌型社群、知識型社群和工具型社群。

隨着移動互聯網和智能手機的發展，網絡社群逐漸轉到移動端，這是科技發展的必然結果。在發展初期，社群工具大多在 PC 端使用。隨着移動互聯網的飛速發展，大量的社交工具出現在手機端，微信即為典型代表。

微信由騰訊公司於 2011 年 1 月 21 日正式發佈，截至 2013 年 11 月，註冊用戶數量突破 6 億人，2017 年第二季度月活躍用戶數量達到 9.63 億人。龐大的用戶量除了歸功於騰訊 QQ 的龐大用戶量以及微信友好的交友界面之外，還要歸功於騰訊公司將微信社交定義為"朋友間的深交"。"僅指定人群可見"、"僅共同好友可見評論"等功能深入人心，使微信區別於其他社交應用程序，從眾多社交工具中脫穎而出、飛速發展。

微信的爆發式增長不僅體現在 9 億多的大規模用戶數量上，更體現在其集合社交、媒體、營銷和電商一體化的平台戰略實施能力上。以微信為代表的社群工具，在強化即時通信和社交分享的同時激發了自媒體的生產力和傳播力，從信息分享延伸到生活服務，打通了產業鏈上下游，使虛擬世界和現實世界相互滲透，最大限度地釋放了社群的商業價值和服務價值，並由此開啟了社群經濟時代。

社群時代的社交關係處於現實社交的熟人關係與虛擬社交的陌生人關係的交叉地帶，是一種全新的信任關係。一方面，社群工具的普及實現了"熟人社交"向陌生人的拓展，出現了"半熟社交"的新圈子；另一方面，社群圈子的拓展又能使人找到真正的知己或者合作夥伴，建立超越現實的信任關係。移動互聯網加深了人與人的連接，通過智能手機即時社交、位置服務等硬件與軟件的結合，讓人與人之間的連接跨地域和本地化，線下和線上功能交融完善，使人們的生活全面社群化。

2. 黑客增長

近幾年，黑客增長逐漸在各個互聯網公司興起。目前，不管是國外的 Facebook，還是國內的阿里巴巴，都已經有了增長團隊，目的是促進用戶和利潤的增長，覆蓋新用戶獲取、用戶激活、用戶參與度提升、流失用戶喚回、變現等功能。

如今，一款產品能否成功不再只依靠讓人耳目一新的功能，而越來越依靠成功的增長策略。"如何獲取用戶"不再是企業家有了產品之後才考慮的事情，而是能夠決定一家創業公司生死的重要因素。

增長黑客最愛的用戶獲取渠道為用戶推薦。用戶推薦是指一個公司使用任何系統性的方式來鼓勵老用戶向其他人傳播產品和服務。這個概念並不是互聯網公司特有的，比如你去喝奶茶，奶茶店老闆告訴你，如果下次帶閨蜜一起來會給你打 7 折，這也是一種鼓勵用戶推薦的方法。

為什麼用戶推薦這個渠道如此受歡迎？因為它具有下面幾個特性。

（1）獲取成本低。老用戶幫你帶來新用戶，如果是自發的口口相傳，你的用戶獲取成本是零。即使是有補貼的用戶推薦，一般來說成本也低於其他付費渠道。

（2）用戶質量好。一般來說，老用戶推薦的好友背景和已有用戶類似，因此，更有可能是你的產品用戶目標。

（3）病毒傳播。社交網絡是少數的同時具有病毒傳播特性和網絡效應特性的一類產品，因此，可以看到在過去幾年中，絕大多數的大體量產品都是社交網絡產品。

（4）網絡效應好。當更多的用戶開始使用這個產品或服務後，產品變得更好了，老用戶從中得到的價值也提升了。因為病毒傳播的最大價值在於低成本快速獲取顧客，而網絡效應的最大價值在於為生意建一條"護城河"，一旦形成網絡效應，會給用戶帶來參與度和流失率的偏差，這對創業公司來說是極大的競爭優勢。

3. 品牌授權

授權者將自己擁有或代理的商標或品牌等以合同的形式授予被授權者使用。一些不知名的企業想要在市場上成功建立品牌、擁有較高的知名度，會投入重金做廣告，但往往達不到預期效果。品牌授權後，製造商付出一定的權利金給授權商之後，便可以使用該品牌或設計新商品，從而搭上該品牌知名度的順風車。

知名企業也可以利用品牌授權進行品牌傳播，或者進行品牌多元化延伸。例如，可口可樂落址上海南京西路的"可口可樂專門店（Cocacola Store）"不售飲料，反而讓一些服飾配件、禮品、文具和家居用品等時尚用品在店裏大張其市，其目的就是想通過品牌授權，進一步擴大可口可樂的品牌傳播張力。

4. 碎片化傳播

（1）碎片化傳播的含義。碎片化（Fragmentation）原義為化整為零、化繁為簡，把原本完整的東西破碎成諸多小碎片，實際指內容的碎片化、時間的碎片化、空間的碎片化。碎片化傳播是指以社會價值體系多元化為背景，以零碎、精簡、即時為基本特徵，以短視頻、音頻、圖文等自媒體為主要載體的信息傳播方式。隨着網絡技術的發展，碎片化傳播應運而生，通過對海量的信息資訊刪繁就簡，引起受眾的廣泛關注。

2015 年，微軟對 2,000 名加拿大人進行抽樣調查和腦部掃描發現，人們的平均注意力關注時間已從 12 秒降至 8 秒。移動互聯網時代的消費者更喜歡快速判斷信息，受眾的注意力已經變得非常短淺和碎片化，更多的耐心可能就集中在 10-15 秒。這就意味着我們進入了一個碎片化傳播的時代。

（2）碎片化傳播的屬性。移動互聯網時代的特徵主要表現為：第一，受眾碎片化，報紙、廣播、電視等傳統媒體的影響力日漸衰弱，覆蓋率越來越低。當前的用戶群體在信息獲得渠道上擁有個性化的追求，傳統媒體的傳播方式已不能滿足受眾個性化的需求，各式各樣的新媒體不斷湧現，從不同的角度滿足受眾的個性需求。第二，信息傳播碎片化，傳統媒體傳播信息篇幅完整，而碎片化傳播則通過零碎的信息滲入人們的生活之中，即人人都是傳播者。在信息傳播時，人們往往會選擇自以為重要的信息或是贊同的觀點進行傳播，真正體現了以用戶為中心的市場發展理念。碎片化傳播符合時代發展的特徵，時代在不斷演變、進化，碎片化傳播正在釋放巨大的能量。

移動互聯網、大數據、人工智能等高科技的快速發展改變了人們的生活方式，也極大地改變了人們接收、傳播信息的方式。在碎片化傳播時代，很多品牌用碎片化的信息來吸引消費者，在中國以抖音短視頻、喜馬拉雅 FM、今日頭條新聞等為代表的自媒體正在快速崛起，徹底改變人們的觀看、收聽和閱讀方式。微信的出現創造了微商，抖音的出現帶來了抖商。這些現象級新商業形式的出現，說明品牌通過碎片化傳播可以更好地展示其特點，時刻保持與消費者的緊密聯繫，增強客戶體驗，以取得最佳傳播效果。

傳統的傳播方式、傳播渠道和表現形式在內容、時間、空間等方面都受到限制，受眾只能被動地接收信息。移動互聯網的發展速度一日千里，碎片化傳播正在逐漸瓦解傳統傳播。首先，碎片化傳播打破了傳統傳播的各種限制，任何一個網絡終端用戶都可以通過媒介隨時隨地、即時瞬間地發佈信息，同時實現與外界的信息交換。其次，碎片化傳播內容精簡、速度快、表現形式豐富，受眾可憑個人喜好自主決定信息的接收和傳播。移動互聯網時代，網絡用戶群體龐大，企業在進行品牌傳播時，通過網絡中的各種渠道對用戶進行碎片化傳播，使品牌傳播的渠道更加流暢，品牌通過碎片傳播可以在用戶群體中直接切入目標客戶。

（3）碎片化傳播的重要性。碎片化傳播能夠滿足受眾碎片化的需求，適應受眾的消費心理，不會一次性將海量的信息強加給消費者，而是逐漸滲入消費者的日常生活中，使人們在不知不覺中接受品牌。在信息爆炸時代，碎片化傳播看似零碎卻能夠發揮巨大的傳播效果，對企業品牌傳播的發展有着強大的推動作用。碎片化傳播整體上迎合了新時代受眾表達信息和傳播信息的慾望，使信息傳播更加自由化。比如，人們在抖音、喜馬拉雅 FM、今日頭條等平台進行信息交流、反饋、互動，可實現信息相互傳播。品牌通過多渠道的碎片化傳播，可提升消費者對品牌的認知度，實現品牌升級的效果。

抖音自 2016 年 9 月上線後一路高速成長，成為短視頻領域的一匹黑馬。抖音此前給外界的印象是潮酷、高顏值的年輕人平台，在 2018 年 3 月的抖音品牌升級發佈會上，明確了"記錄美好生活的平台"這一品牌定位。品牌升級意味着抖音並不是一款只針對時尚潮人的 App，而是一個幫助用戶記錄美好生活的平台。

抖音的界面設計得非常簡單，它沒有首頁，用戶打開即直接進入視頻播放頁，帶給用戶的整體感受非常巧妙，再配合上下滑動切換的交互方式，使得切換操作非常流暢，用戶可以自始至終在一個頁面一直看下去，它的視頻長度為 10-15 秒，降低了用戶的觀看成本。截至 2019 年 8 月，抖音國內日活用戶突破 2.5 億人，國內月活用戶超過 5 億人，並繼續保持高速增長。抖音的海外版"TikTok"先後登頂日本、泰國等各國 App Store 榜首，2018 年第一季度，抖音成為全球 App Store 下載量最高的應用。抖音優質的產品設計和用戶體驗使得

案例 ┃ 抖音和海底撈創意新吃法

海底撈有一個創意新品叫"雞蛋灌麵筋"，見圖 16-5，通過抖音的傳播，成為海底撈最紅吃法。在 # 海底撈 # 話題下，有近 1.5 萬人參與挑戰海底撈創意新吃法的活動。可能在刷抖音之前，你聞所未聞，但如今它已經成了一道名菜。 這道名菜究竟怎麼吃？首先把雞蛋在杯中打散，加入蝦滑攪拌，在油麵筋上戳一小洞，倒入蛋液並封口，放入鍋內煮熟。要想品嚐到它的美味，只能自己去海底撈

體驗。這個視頻獲得近 150 萬的點讚量，受歡迎程度可想而知。"雞蛋灌麵筋"的走紅，引發了海底撈門店新一輪的排隊狂潮。

資料來源：數英網

圖 16-3　海底撈的創意新品

案例 ┃ 喜馬拉雅 FM 和星巴克

2018 年 6 月，星巴克星怡杯（Chilled Cup）冷藏即飲飲品首度登陸中國。8 月，與喜馬拉雅 FM 推出了 300 萬杯"為此刻讀詩"的限量版星怡杯。喜馬拉雅 App 作為中國第一大音頻平台，用戶群體為年輕的都市白領，這部分用戶的特點是年輕兼具消費力，與星巴克星怡杯上市後鎖定的目標用戶群體高度一致。喜馬拉雅用自身的流量優勢，賦予星怡

杯全新的聽覺體驗，讓原本被低估的聽覺體驗再次受到追捧，讓廣告不再是"打擾"而是"打動"。無論是上下班途中還是工作午後，咖啡佐詩，營造出一種都市情感主播用聲音治癒消費者的氛圍，讓用戶放鬆身心，沉浸於一片詩情愜意之中，星怡杯也因此走紅當夏咖啡飲品圈。

資料來源：搜狐網

品牌內容更容易被用戶接受，促成品牌與用戶的溝通與互動機會，形成有效傳播閉環。

喜馬拉雅 FM 2019 年激活用戶高達 5.3 億人，行業內佔有率 73%，日活達到 3,000 萬，提供有聲小說、相聲段子、音樂新聞、歷史人文、教育培訓等 1,500 萬海量音頻的在線收聽及下載，匯聚了中國城市三高（高學歷、高收入、高消費力）用戶群體。

移動互聯網時代，信息的傳播變得更加便捷與實時，消費者在快速適應快節奏的城市生活，習慣利用行車或等公交、地鐵等碎片化時間獲取信息。音頻具有獨特的伴隨屬性，不需要佔用雙眼，好的聲音享受會給用戶帶來愉悅感和成就感。星巴克與喜馬拉雅 FM 合作，看中的便是目前音頻類節目的廣受歡迎。星怡杯通過喜馬拉雅 FM，實現對其用戶全面曝光覆蓋，彰顯了喜馬拉雅 FM 的碎片化傳播價值。

截至 2019 年 8 月，今日頭條頭條號平台的賬號註冊數量已超過 7 億，單用戶每日使用時長超過 76 分鐘。開屏廣告展示時間可選擇 3 秒或 4 秒，可以選擇靜止畫面也可選擇動態效果，可通過點擊進入詳情頁，還可以直接打電話。據第三方數據公司 Trustdate 的報告顯示，今日頭條用戶每日打開旅遊類應用的比例約為全網用戶的 1.7 倍，擁有汽車的用戶比例為全國用戶的 2.7 倍，炒股理財用戶比例約為全國用戶的 3 倍，銀行用戶的比例約為全國用戶的 1.5 倍。

今日頭條高質量的用戶群體，是品牌要觸達的人群。在移動互聯網時代，隨着生活節奏的加快和信息技術的發達，閱讀場景碎片化已是大勢所趨。

碎片化傳播為用戶提供了豐富的信息資源和快速便捷的傳播體驗，為品牌傳播提供了更廣闊的空間和更多的渠道。越是碎片化的傳播環境，就越需要品牌以濃度和深度持續地吸引用戶的注意力，讓用戶碎片化的時間更有價值。移動互聯網時代，網絡已成為人們日常生活中不可分割的一部分，而碎片化傳播則成為一種不可抗拒的現象融入人們的日常生活。碎片化傳播符合當代社會的個性化傳播特色，緊跟時代步伐，未來仍會繼續擴大影響力。

本章小結

（1）品牌傳播的要素分為品牌形象、品牌標識、品牌文化。

（2）品牌是一切戰略的核心，企業的營銷傳播活動都要圍繞品牌核心價值而展開，是對品牌核心價值的體現與演繹。讓消費者明確並記住品牌的利益點與個性，是驅動消費者認同、喜歡乃至深愛品牌的重要力量。

（3）市場是企業生存的基礎，沒有市場，企業就不復存在。樹立品牌的最終目的是贏得市場。

（4）一切品牌傳播都是為了體現產品的價值，以產品的強大功能佔據市場，贏得用戶。在這個競爭激烈的時代，良性的品牌傳播能夠產生裂變效應。

TOP LEVEL DESIGN OF MOBILE MARKETING

第五篇

移動營銷的
頂層設計

CHAPTER 17

New Markets

新市場

在當今全球化背景下，移動互聯網的發展更勢不可當，全球化已經成為移動互聯網發展的必然趨勢，各國對移動互聯網相當重視，都在積極佈局實施全球化戰略，移動營銷必將成為全球化新趨勢。

有米科技 CEO 陳第説：“目前海外眾多地區的市場還處於中國幾年前的狀態，而中國現有的技術和運營經驗的積累，有利於我們在海外提前做更好的佈局。”

縱觀全球移動互聯網市場榜單，在工具類 App 榜單前 10 名，中國公司佔 6 個席位；全球移動遊戲收入榜單前 10 名中，有 4 個是中國公司；中國應用在 Google Play 前 50 名中佔了 50%。中國移動互聯網產品從 2014 年的出海探索，2015 年的組團出海圈地，再到如今獨佔全球移動市場半壁江山，已走在移動營銷全球化的前線。

移動營銷全球化時代，常見的市場形式有兩種：創新市場與新興市場。創新市場是指那些在創新領域發展頗具代表性的國家，如美國、英國、印度、中國等國家。新興市場是指未來發展最具市場創新潛力的國家，如俄羅斯、土耳其、巴西、南非、墨西哥、阿根廷等國家。

17.1 五大創新市場

17.1.1 融合創新看印度

2018 年 8 月 9 日，在孟買的證券交易所，印度 Sensex 指數（又稱孟買敏感 30 指數）再次刷新歷史紀錄，收盤 38043.01 點，漲幅自 2018 年以來達到近 10%，而相比 2008 年金融危機 10 月底最低點的 7697.39 點，漲幅高達近 400%。

自 2008 年金融危機以來，印度經歷了長達 10 年的牛市。據美國新聞網站商業內幕數據顯示，2018 年 5 月份，投資於新興市場股的基金流出超過 170 億美元。然而，自 2018 年以來，印度的主要市場行情的孟買敏感 30 指數卻呈上漲趨勢，並保持排名第一。印度股市在新興市場中可謂獨佔鰲頭。

印度有兩家全國性股票交易所：孟買股票交易所和國家股票交易所。股票交易所於 1875 年成立，是亞洲最古老的證券交易所，之所以歷史悠久，得益於 16 世紀以來與荷蘭、英國最早開始的商品貿易。它的代表性指數是孟買敏感 30 指數，由 30 隻成份股組成。該交易所是印度第一大股票交易市場，有“進入印度資本市場的門戶”之稱，2019 年大約有 3,800 家上市公司。國家股票交易所代表性指數是 Nifcy50，由 50 隻成份股組成。一家公司可同時在這兩家交易所上市。

股市走牛的根本性內在原因是快速增長的經濟。印度統計局數據顯示，2018 年第一季度，印度的國內生產總值增長了 7.7%，比 2017 年第四季度 7% 的增長速度更快。據美國《福布斯》雙週刊稱，印度現在是世界上增長最快的大型經濟體。

在 2000 年，印度 GDP 僅為 5,000 億美元，而到 2017 年已達到 2.6 萬億美元。按照國際貨幣基金組織預測，到 2032 年，印度可能成為世界第三大經濟體。

此外，2008 年之後，印度迎來人口紅利週期，勞動力充足為其快速發展創造了極大的可能性。印度當前中位數年齡僅為 27.6 歲，而中國和美國分別為 37.1 歲、37.9 歲。印度人口去年就超過了 13 億人，人口結構偏年輕。據世界銀行估計，2010—2030 年，印度 15 至 59 歲人口將增加至 2 億多人。與此同時，世界大部分較發達經濟體的適齡勞動人口預計將會下降。未來幾年，印度會為全球勞動力供給大幅增長的關鍵力量，這對於刺激國內經濟增長有極大的優勢。

印度自 2017 年 7 月 1 日正式宣佈降稅證算，調降逾 50 項產品的商品與服務稅率，促使企業的盈利數據大幅好轉。例如，塔塔顧問服務（TCS）今年股價迅漲近 50%，其表現在 Sensex 指數上為成份股居冠軍地位。據該公司公佈的財報顯示，2018 年第一季度其淨利大幅躍升到 734 億盧比（10.7 億美元），大幅超出市場預期，為印度股市的上漲注入了動力。

印度股市的投資力量主要集中在外國機構投資者、共同基金、本國銀行、保險公司等，個人投資者所佔比例偏小，而且印度國民投資意識並不強烈，這就為外國投資者提供了機遇。因此，印度又被稱為外國股票投資者相對安全的"避風港"。

為配合引資，印度股市為了吸引外國機構投資者做了大量工作，包括印度股市按國際標準建立、允許資本自由進出、做空機制完善等。

據外媒報道，印度在經歷了 2017 年的經濟增長速度降低後，2018 年的經濟增長將再次提速。與 2017 年度 6.75% 的增長率相比，2018 年，印度經濟增長速度將達到 7%-7.5%，這將使得印度超過中國，成為經濟增長最快的大國，成為創新速度最快的國家。

印度是一個多語種國度，但澆滅不了對移動社交軟件的開發熱情。有一款名為 Helo 移動社交軟件，支持新聞熱點、笑話趣聞、模仿視頻、許願、薩耶里音樂和娛樂等多種內容形式，並支持 14 個語種，覆蓋社交軟件巨頭如 Facebook 並未涉及的二三線城市乃至偏遠地區的用戶。Helo 還推出"Helo Insights"、"Helo Playbook"和直播功能，以吸引原創內容。Helo 平台上 85% 的內容是用戶原創。

17.1.2 基礎創新看英國

自 2000 年以來，英國已經獲得了 13 個諾貝爾獎，人均獲獎比例遠超美國、俄羅斯等國。英國商業、能源與產業戰略部首席科技顧問表示，英國佔全世界人口的 1%，研究經費也只佔全球研究經費的 3%，但卻產生了全球 8% 的已發表科研論文，而且佔全球最高被引用率論文的 16%。

轉型的陣痛、經濟發展的壓力需要用創新來解決，而所有顛覆性的技術都來自基礎創新研究領域的突破。牛津大學技術管理發展研究中心主任傅曉嵐說，據統計，已經有 100 萬人湧入人工智能領域，而在 2016 年初阿爾法狗和李世石的人機大戰之前，從事這一行業的不過幾萬人，世界聞名的阿爾法狗的技術其實來源於一家英國企業。

英國人的發明創造還有個特點，他們不是簡單發明出某種東西，而是創造出一種體制、一種機制、一個系統，用系統思維開拓出一個全新的領域。現代經濟、現代科技、現

案例 ｜ 李嘉誠英國版圖繼續擴大

英國銷量最大的報紙《每日郵報》曾撰文指出：節儉的亞洲富豪快買下大不列顛帝國了。

李嘉誠撤資中國內地及香港、移師歐洲、重倉英國的事情已經不再新鮮，從 2010 年起，李嘉誠旗下長實集團的投資重心從中國內地和中國香港轉移到了歐洲市場，如圖 17-1 所示。

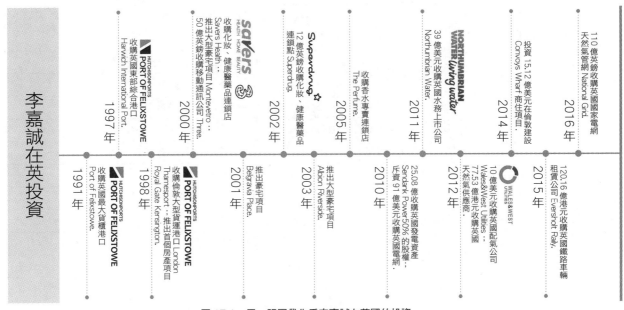

圖 17-1　用一張圖帶你看李嘉誠在英國的投資

李嘉誠的投資領域主要集中在電信、零售以及基礎設施領域。2010 年、2011 年，李嘉誠先後以 90.3 億美元、38.7 億美元收購英國電網與水務業務；2012 年 7 月，又耗資 30.32 億美元收購英國管道燃氣業務。目前，李嘉誠旗下的長實集團已經成為英國最大的單一海外投資者，投資總額已超過 300 億英鎊。截至 2015 年，李嘉誠旗下的公司已控制了英國天然氣近 30% 的市場、電力分銷 25% 的市場和供水約 5% 的市場。

2018 年李嘉誠退休之際，英倫投資客也發佈了和李嘉誠關係密切的 ARA 在倫敦成立了歐洲總部、繼續加倉英國的消息。

2018 年 3 月 19 日，李嘉誠一手創立的亞騰資產管理公司（ARA Asset Management，簡稱 ARA）宣佈正式進軍歐洲，並把總部定於英國倫敦。

李嘉誠重倉英國，有尋找避風港、分散風險的意思，但更重要的是，李嘉誠退休之後，英國、歐美等國家的穩定投資環境和政策特別符合李家第二代的思維和做事風格，能夠最大限度保護李家基業長青。

從表 17-1 中可以看出，李嘉誠在英國的投資主要集中在電信、基建、電網、零售行業、水務、管道燃氣等領域，這些領域涉及英國大眾生活的方方面面，而且是一個社會的剛需型支柱產業。

縱觀李嘉誠在英國投資的資產，大部分是稀缺的基建資源，不僅業績穩定、回報有保障，而且風險也極低，部分產業甚至還有國家背書，能夠源源不斷地產生安全持久的穩定收入，為李嘉誠的家族帶來源源不斷的現金流，完全符合李嘉誠的家族長遠利益。

表 17-1　套現之後，李嘉誠重倉英國

類型	年份	投資金額 億英鎊	項目
基礎設施	2004	24	Northern Gas Networks 天然氣配送管網
	2004		Cambridge（2011 年轉售給 HSBC 集團）
	2010	58	UK Power Networks 英國國家供電網絡
	2011	47	Northumbri an Water（同時擁有 Essex&Suffolk water）水務及供水網絡
	2012	6.45	Wales and West Utilities 天然氣配送管網
	2016	11	National Grid 國家電網天然氣管網
港口	1991	全資擁有	Port of felixstowe 英國最大貨櫃港口
	1997	全資擁有	Harwich International al Port 英國東部綜合港口
	1998	全資擁有	London Thamesport 倫敦大型貨運港口
	2015	25	Eversholt Rail 英國三大列車租賃商之一
零售業	2000		Savers Health 化妝、健康醫藥品連鎖店
	2002	12	Superdrug 化妝、健康醫藥品連鎖店
	2005		The Perfume 香水專賣連鎖
交通		11	Eversholt Rail 鐵路
	2012		曼徹斯特機場集團
地產	1998		Royal Gate Kensington 高端公寓
	2001		Belgravia Place 高端公寓
	2003		Montevetro 高端公寓 Albion Riverside 高端公寓
		10	Chelsea Waterfront 住宅項目（含商業配套）
	2014		Deptford 綜合地產項目（含住宅、辦公、商業、酒店）
		12	ConvoysWharf 倫敦金絲雀碼頭重建項目
	2017	60	Meridian Water（被選定為優先競標機構）
通訊	2000	50	電信商 Three
	2015	100	移動通訊公司 O2

資料來源：英倫投資客製圖

代政治、現代工業、現代法律、現代金融、現代郵政等無一不是誕生於英國。重視基礎研究創新者，必重視系統創新。英國就是現代文明的發源地，是英國帶領世界走向現代文明。自然科學自不必說，光是各學科的開山鼻祖就有很多。例如，近代科學之父牛頓（Isaac Newton），進化論之父達爾文（Darwin），現代實驗科學之父培根（Francis Bacon），電學之父法拉第（Michael Faraday），工業革命之父瓦特（James Watt），近代原子核物理學之父盧瑟福（Ernest Rutherford），化學之父波義耳（Robert Boyle），原子學說之父道爾頓（John Dalton），無機化學之父戴維（SirHumphry Davy），電波之父麥克斯韋（James Clerk Maxwell），生物學實驗方法之父哈維（William Harvey），免疫學之父詹納（Edward Jenner），抗生素之父弗萊明（Alexander Fleming），人工智能之父圖靈（Alan Mathison Turing），試管嬰兒之父愛德華兹（Robert G. Edwards），克隆羊之父維爾穆特（Ian Wilmut），DNA 之父克里克（Francis Harry Compton Crick）、沃森（James Watson）和威爾金斯（Maurice Hugh Frederick Wilkins），CT 之父亨斯菲爾德（Hounsfield, Godfrey Newbold），等等。許多世界"第一個"產品都產生在英國，如蒸汽機、石墨烯等，英國毫無疑問是科學轉化效率最高的國家之一。而眾多"第一個"的背後，是一整套支持科技創新的機制在起關鍵作用。

在英國，與創新關係密切的部門是英國創新署，其目標是通過資助以企業為主導的創新來加速經濟增長。英國創新署首席發展官卡爾文・鮑恩（Calvin Bowen）表示，創新署除了支持新興支撐技術、健康生命科學、材料科學外，他們還有一個開放計劃。"這個項目支持任何領域的計劃，因為許多顛覆性公司一開始就是從不知如何歸類的領域起步的。"卡爾文說。"創新的萌芽有時在科研院所中，有時在企業中。英國現在已經成立了 11 個技術創新中心，一個像孵化器的機構，把分散在不同領域的資源匯聚到一起。如今，第 12 家已開到了中國"。

面對當今時代的挑戰，中英兩國不約而同地把創新放在了重中之重的位置上，而實現創新的關鍵因素在於人。英國有一個知識轉移轉讓網絡平台，他們善於打通知識的邊界去實現融合創新，這讓他們每年能產生 6 萬家新興科技企業。

17.1.3 高科技創新看美國

美國創新看硅谷，整個硅谷就是一條完整的"食物鏈"。新科技創新研發及創業的各種功能都十分齊備，且數量繁多、多元多樣。《硅谷優勢：創新與創業精神的棲息地》一書對硅谷地區的生態系統做了特別分析，指出其生態的多樣性與豐富性，並解釋了每一類行業在這個生態系統中所貢獻的價值。以 2009 年為例，這個生態系統中包括如斯坦福大學、加州大學伯克利分校等知名高校 10 所，以及為世界設定工業標準的行業協會，如聖克拉拉製造商集團（SCCMG，為半導體廠商組織制定了 2,000 多項工業標準），還有百人以上的科技企業 8,718 家。另外，在投資金融領域，有商業銀行 700 家，軟銀、紅杉等風險投資公司 180 家，以及投資銀行 47 家。在服務領域，有擅長公司法與專利、技術的律師事務所 3,152 家、職業介紹所 329 家、會計公司 1,913 家，以及報紙媒體 100 家。這些組織構成了一個完整的產業鏈，使得創業者得到快速、全面的支持。這些組織數量眾多，能使"食物鏈"永不斷裂。

硅谷產業種類繁多，通過自發結合，組織出多個"圈子"。各個圈子獨立決策，在一個產業內，甚至一類產品內都可能有好幾個圈子，比如精簡指令集的電腦（主要代表是太陽微系統的工作站）戰略聯盟就有 3 個。隨着移動互聯網的發展，如今又產生了蘋果 iOS 與谷歌安卓兩大操作系統，都有自己的"圈子"，互相競爭。

這些看似壁壘分明的圈子之間並不是毫無關聯，相反，一些大的集中點扮演着各種"橋"的角色，如斯坦福大學、加州大學伯克利分校、聖克拉拉製造商集團、蘋果、惠普、

IBM、思科、快捷半導體、英特爾（這些大企業不僅戰略聯盟繁多，而且培養了大量企業家）。大學的講座與學術會議、風險投資的各類聚會都產生了連接關係的效果，使得這個網絡中有眾多的集中點，十分多元，增強了整個網絡的強健性。

　　建立在個體之間的互動以及互動中結成的圈子之上，自下而上的集群衍生出自組織，自組織中的多個治理主體更使得整個系統充滿了多元性，極有活力，創新不斷，但也會相互激盪、矛盾不斷。這樣的系統無法再用層級制自上而下的方式設計規劃、控制管理，複雜系統的治理成為當今管理學中的新顯學。

　　下面，我們重點看看美國硅谷的高科技創新情況。

　　硅谷位於美國加利福尼亞州北部，舊金山灣區南部，是美國科技創新重要之地。百年前，這裏還是一片呼吸着濕濕空氣的鬱鬱蔥蔥的果園，隨着英特爾、蘋果公司、谷歌等高新科技公司的入駐，硅谷成為美國乃至全球創新的代名詞。

The Global Startup Ecosystem Ranking 2015

Global Innovation Region*	Rankig	Growth Index
Silicon Valley	1	2.1
New York City	2	1.8
Los Angeles	3	1.8
Boston	4	2.7
Tel Aviv	5	2.9
London	6	3.3
Chicago	7	2.8
Seattle	8	2.1
Berlin	9	10
Singapore	10	1.9

圖 17-2　全球創業生態系統排名

資料來源：Redefining Global Cities, The Brookings Institution, 2016.

Global City–Region Rankings on Selected Innovation Indicators
With San José and San Francisco Metropolitan Areas Delineated

Measure	San José Metropolitan Area	San Francisco Metropolitan Area
Gross Domestic Product (GDP) per capita, 2015	#1	#4
Gross Domestic Product (GDP) per worker, 2015	#1	#3
University Research Impact, 2010–2013	#1	#2
Patents per capita, 2008–2012	#1	#3
Venture capital per capita, 2006–2015	#1	#2
Higher education attainment, 2015	#4	#6
Internte Speed, Mbps, 2014	#26	#27

圖 17-3　硅谷的創新情況

資料來源：Redefining Global Cities, The Brookings Institution, 2016.

　　2015 年，美國硅谷領導小組與硅谷基金會共同創立了硅谷競爭力與創新項目（SVCIP），以大數據的形式了解硅谷創新工作的發展狀況，加強鞏固硅谷地區競爭力，為相關企業帶來更大收益。2017 年，美國硅谷領導小組與硅谷基金會發佈了美國硅谷競爭力與創新項目報告。

1. 硅谷競爭力與創新的特點

　　硅谷創業公司的就業率比美國其他創新區域高。隨着科技的不斷發展，硅谷的創業公司將會得到更好的發展。各企業的就業率也不斷提高，其中 2015 年的就業率漲幅為 8%，是美國其他創新區域的 2 倍或以上，包括紐約（4%）、波士頓（3%）、西雅圖（2%）和南加州（2%）。

　　自 2010 年來，硅谷的創業公司的產值增長了 2 倍，創業公司持續推動着硅谷的發展。該地區創業公司包括軟件、信息、互聯網服務和通信技術創新服務公司，創造的國內生產總值增長了 150%，而非創新性企業創造的國內生產總值增長卻不到 60%。

　　硅谷的科學、技術、工程、數學（STEM）方面的員工密集程度是美國全國平均水平的 3 倍、波士頓的 2 倍、奧斯丁和西雅圖的 1.5 倍。由於名校斯坦福大學的存在，硅谷的人才優勢明顯，生產力遠高於其他地區。

2. 硅谷是創新的源泉

全球創業生態系統是一個針對創業公司的國際性綜合評價體系，其評價項目包括風險資本投資、創業公司退出估值、創業支持、人才庫和網絡等。2015 年的全球創業生態系統排名顯示，硅谷是世界領先的創新區域，遠遠高於紐約、洛杉磯、波士頓、特拉維夫等地區，如圖 17-2 所示。

2016 年末，美國布魯金斯學會發佈了一項針對全球 123 個創新區域的國際競爭力綜合排名結果。其中，硅谷的聖何塞和舊金山位居前兩名。這說明硅谷是創新的源泉，這裏誕生的新想法更有價值。從美國核心雜誌論文前 10% 的發表數量看，硅谷地區佔最大份額。硅谷是人均專利數最多的地區，是最有生產力的地區，也是最吸引風險投資的地區，如圖 17-3 所示。

3. 硅谷地區創業公司就業增速較快

與各創新地區相比，硅谷從事創新的人是最多的，且人數增長速度特快。2014 年至 2015 年，創新行業從業者人數增長了 8%，而其他地區的創新領域人數增長幅度不到硅谷的一半。2015 年，硅谷創新領域的工作人員人數首次超越美國奧斯丁。

4. 硅谷產出增長迅猛

創新是硅谷發展的核心驅動力。從 1995 年至 2015 年，硅谷創業公司產值增長約為 150%，而該地區非創新行業的產值增幅卻不到 40%。在 10 年前，這兩者的產值增幅相當，如圖 17-4 所示。

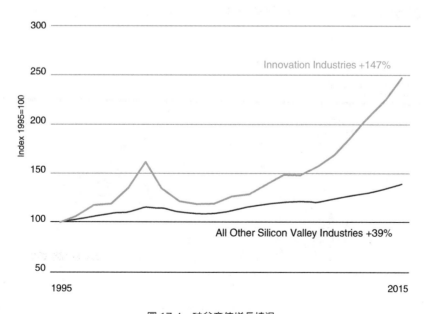

圖 17-4　硅谷產值增長情況

資料來源：Moody's Analytics, Bureau of Labor Statistics

5. 硅谷地區科創人才雲集

科學、技術、工程和數學四類人才是創新地區的主要技術人才，他們是研發、改良、創新技術成果轉化等環節的關鍵人物。在美國，硅谷的 STEM 人才數量最多。從 2005 年到 2015 年，硅谷的 STEM 人才數增長 22%，超越全美國平均水平。2015 年，這裏有 336,820 人從事科學、技術、工程和數學相關工作，雖低於人口更加密集的紐約（463,780 人）、南加利福尼亞（412,780 人），但高於波士頓（226,570 人）、西雅圖（196,480 人）。

風險投資對於初創企業的成長來說非常重要，因為相比普通投資者和貸款機構，風險投資者要承受更大的風險。

儘管硅谷地區 2016 年的風險投資低於 2015 年，但其初期投資（包括天使投資、種子投資）仍高於波士頓、西雅圖、紐約等地，與奧斯丁基本持平。另外，在大多數創新地區的 A 輪投資數額嚴重下降的情況下，硅谷地區的 A 輪投資額度僅下降了 3%，情況優於其他地區。

高校的科研活動為創新提供了眾多新思路、新嘗試。經費的支出情況是衡量地區創新能力的重要指標，如圖 17-5 所示。從 2005 年到 2014 年，美國高校科研經費增長了 17%，同期硅谷的高校科研經費僅增長了 12%。但是在 2013 到 2014 年，硅谷地區高校研發經費增長幅度只有 1%，而全國的增幅為 -1%。

創新過程包括人才、資金、研發成果轉化為商業產品及服務。其中，新想法的誕生是整個過程中的初期環節。申請專利、研發成果轉化、批量化生產或提供服務等都是創新過程中的關鍵環節。

專利的數量反映該地區誕生的新想法數量。與所有其他創新地區相比，硅谷在過去 10 年裏一直保持領先地位。2015 年，硅谷的發明者向美國專利商標局（USPTO）提交了 8,834 個計算機、數據處理和信息存儲方向的專利。而其他創新區域提交的專利數量卻沒有超過 3,000 個，如圖 17-6 所示。

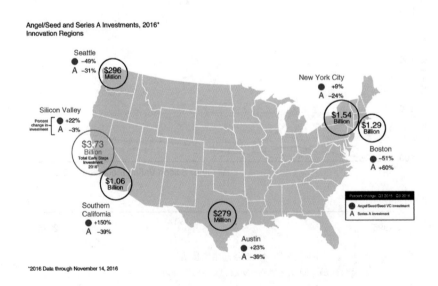

圖 17-5　美國科研經費分佈情況

資料來源：CB Insights

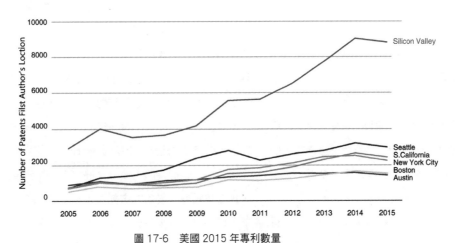

Computers, Data Processing and Information Storage
Innovation Regions, 2005–2015

圖 17-6　美國 2015 年專利數量
資料來源：US Patent and Trademark Office Custom Data Extracts

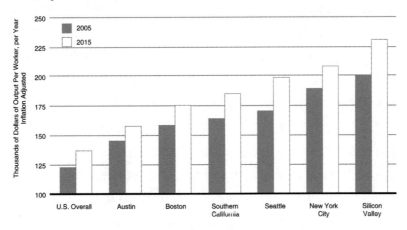

Annual Value Added per Employee
Innovation Regions and U.S. Overall, 2005 and 2015

圖 17-7　美國 2005 年與 2015 年勞動生產率情況
資料來源：U.S. Bureau of Economic Analysis, U.S. Bureau of Labor Syatistics

　　勞動生產率總和對於企業來說非常重要，因為它決定了業務所在地。2015 年，硅谷的勞動生產率仍是各創新區域中最高的。2015 年，硅谷地區人均附加值（勞動生產率的粗略計算指標）從 2014 年的 22.5 萬美元到 23.1 萬美元。2015 年，該地區工人的生產率是美國平均水平的 1.7 倍，比 2005 年增加 15%，如圖 17-7 所示。

17.1.4 小國創新看毛里求斯

　　據毛里求斯《晨報》報道，2011 全球創新指數公佈，毛里求斯全球排名第五十三位，居非洲地區榜首。南非和加納在非洲國家中分別位居第二位、第三位。瑞士、瑞典、新加坡、中國香港和芬蘭居全球前五。

案例 ｜ 科學之上：馬斯克和 Facebook 的腦機接口

正當硅谷"鋼鐵俠"辦了一場非常酷炫的腦機接口秀，隨後臉書的創始人扎克伯格也以最快的速度公佈腦機項目研究新進展：將人腦的思維解碼為文字語言，直接從大腦中解讀語音。

臉書向外界展示了"大腦打字"項目，這個項目的目標是通過非侵入式硬件創建一個無聲語言系統，直接從人的大腦讀取信號來打字，據說速度可達每分鐘 100 詞，是人們在智能手機上打字速度的 5 倍。

面對臉書彙報的成果，許多神經科學家紛紛提出了質疑：將腦電波轉換為文字已經是技術難題，更何況要快於我們的打字速度。

對此，臉書 Reality Lab 團隊贊助的加州大學舊金山分校研究人員將最新研究結論發表在《自然通訊》（Nature Communications）上，結果表明該無聲語言系統可以準確解碼佩戴設備的人聽到和說出的對話詞和短語。在這個實驗中，如果參與者聽到有人問"你喜歡聽哪種樂器"，參與者會在錄製大腦活動時回答"小提琴"或"鼓"等，系統利用腦部活動來判斷參與者是否在聽或說，然後嘗試解碼這些語音。據統計，該系統可以達到 61%-76% 的準確度。

對比臉書的大腦打字項目，馬斯克的腦機項目 Neuralink 野心更大，馬斯克的誇張科技設想看似荒誕，其實既符合科技趨勢又符合人類需求。如馬斯克發射數萬顆衛星的星鏈計劃，是 5G 時代商業應用模範，每月收入 300 億美元只是馬斯克的初級目標。2020 年之前，他將 Neuralink 的技術在人體上進行測試，"通過'與 AI 的融合'來增強大腦，讓人類與人工智能形成共生關係。"在 2017 年發佈的一份《中美首份腦機接口行業分析》報告中，這份報告列出了當時最受關注的部分腦機接口公司，其中排名第一的便是馬斯克投資搞腦機接口系統的 Neuralink。

目前，腦機接口主要分為侵入式、部分侵入式和非侵入式三種類型。侵入式需要往大腦里植入神經芯片、遙感器、傳感器等外來設備；非侵入式通常是通過腦電帽接觸頭皮的方式，以 AI 智能的方式間接獲取大腦皮層神經信號，包括腦電圖（EEG）、功能性磁共振成像（fMRI）等。

科學之上是設想，設想是基於人類需求的痛點。腦機接口的終極設想是改變人類腦死亡的現實。僅純腦衰竭已是巨大的消費需求市場。人們常說，物理學的盡頭是數學，數學的盡頭是哲學，哲學的盡頭是神學，那是純學術界的觀點，硅谷的創新規律證明，科學沒有盡頭。科學之上是商業。

根據研究機構 Allied Market Research 的研究報告，全球腦機接口市場預計在 2020 年將達到 14.6 億美元，2014 至 2020 年的年複合增長率為 11.5%。學術界接二連三的科研成果發佈加上商業公司的快速推進，正在讓腦機接口成為一個潛力巨大的商業市場。

東非的島嶼國家毛里求斯因其郁郁蔥蔥的熱帶海灘、世界第二古老的賽馬場和現在已經滅絕的渡渡鳥而聞名。在世界範圍創新浪潮面前，這個國家正在嘗試將自己打造成區域內的區塊鏈創新天堂。

自 1968 年獨立以來，這個荷蘭、法國和英國的前殖民地建立起技術和金融服務中心，已經成為區域內較為成功的經濟體之一。現在，毛里求斯正在把區塊鏈作為催化劑和創新突破口，建立國家核心競爭優勢，以促進國內持續創新。

毛里求斯投資促進機構——毛里求斯投資（Investment Mauritius）的董事會成員，主管技術、創新和服務的負責人 Atma Narasiah 表示："我們正在努力將我們的經濟提升到另一個層次，這些技術在我們的戰略中是非常重要的。""區塊鏈是我們重點關注的領域，我們將打造區塊鏈競爭力，確保其滲透到其他經濟領域和政府部門。"

　　毛里求斯擁有完善的金融服務、軟件、信息和通信技術產業，下一步將以此吸引區塊鏈和金融技術方面的投資者和企業家。

　　為了打造成印度洋區塊鏈中心，毛里求斯公開呼籲創新者充分利用該國新頒發的"監管沙盒許可證"（Regulatory Sandbox License，簡稱 RSL）。沙盒准許在金融、醫療和通信技術等領域經營的公司，在缺少正式的立法或許可框架的情況下運營。這種開放的態度吸引了大批創業者。

　　澳大利亞、新加坡、英國和中國香港紛紛效仿，RSL 對所有創新者開放，但重點是吸引所有區塊鏈垂直產業的創新者。預期項目完成將有助於推進國內和跨境貿易，並最終擴展到與其他中心城市相連的智能城市概念。

　　自從 2016 年 11 月推出該項政策以來，RSL 已經批準了 11 個項目建議，其中大部分來自金融技術領域。目前，金融服務業已成為毛里求斯經濟第四大支柱。進入新世紀以後，毛里求斯政府又開始致力於發展以信息技術和通信業為核心的新經濟，擬將毛里求斯建設成本地區的信息和通信中心。進入 5G 時代以來，毛里求斯又是非洲第一批建設 5G 網絡的非洲國家。

　　毛里求斯獨特的創新路線，引領着非洲的發展，毫無遮掩地展現了一個島國的成功逆襲，毛里求斯的成功給全球其他島國的發展塑造了一個不錯的樣板。創新領域很多，集中一點爆破。

17.1.5 全面創新看中國

　　中國擁有 13.7 億人口，是世界上產業鏈最完整的國家，各行各業都有，這就為全面創新提供了產業基礎。2018 年智能手機用戶總數為 6.63 億人，遠超其他任何地方。

　　美國初創企業生態系統研究機構啟動基因組在 2018 年的一份報告中稱，目前中國的專利申請數量位居世界第一，在迅速增長的高科技領域中，加密貨幣和人工智能這兩個領域都受到極高關注。這歸功於積極的政府支持、國內對新技術的需求以及寬鬆的專利制度。

　　報告稱，與排名第二的美國相比，中國的人工智能專利申請數量是 2017 年的 4 倍，區塊鏈和與加密貨幣相關的專利數量是美國的 3 倍。到 2015 年，它在這兩方面都超越了美國，在接下來的兩年中，這一趨勢變得更顯著。自 2016 年以來，中國區塊鏈和加密貨幣專利的數量約增長了 5 倍，超過 1,500 家。

　　中國科技部表示，2016 年，政府設立了 324 個基金，目標規模為 2,720 億美元。中國國務院稱，政府將加大對物聯網和智能家居的投入，以幫助製造商取得更好的進展。在中國首都以外的 15 個省份已經制定了 2020 年的人工智能開發計劃，預計市場規模將達到 4,290 億元（約合 673 億美元），中國希望在 2030 年之前成為人工智能世界的領導者。

　　美國《財富》雜誌 2018 年 7 月發佈了新一期世界 500 強排行榜，中國公司上榜數量高達 120 家，其中有 46 家不同領域企業都涉足區塊鏈。其中，國家電網先行一步，於 2017 年 11 月向中國國家知識產權局提交了一項名為"關於區塊鏈的電力交易管控方法及裝置"的專利申請。

　　2018 年 7 月，福布斯公佈了全球佈局區塊鏈技術的 50 家上市大型公司排行榜，其中中國工商銀行拔得頭籌，中國建設銀行緊隨其後，中國農業銀行躋身第五，突顯了中國銀行業在區塊鏈資本領域的活躍度，2018 年中國的銀行業已全面部署區塊鏈。

　　中國平安在區塊鏈上尤其重視技術佈局，已在 2017 年初推出基於區塊鏈技術的 BaaS 平台。該平台用於解決分佈式系統中數據同步的問題和數據放在共享的分佈式平台中的安全問題。

　　華為在 2018 年初時就在與多方機構積極溝通，欲推出一款區塊鏈手機，能夠運用基於區塊鏈技術的應用。據悉，該手機擁有自己的密鑰，可充當數字錢包來存放比特幣和以太幣。它還支持 "去中心化應用"，支持區塊鏈遊戲《迷戀貓》，價格方面，售價可能將超過 999 美元，約合人民幣 6,690 元。在 2018 年 4 月的 2018 華為分析師大會（HAS2018）期間，華為雲 BU 總裁鄭葉還發佈了詳細介紹華為雲區塊鏈技術 BCS 的《華為區塊鏈白皮書》。

　　美國《福布斯》商業雜誌網站 2018 年 5 月發佈《中國的區塊鏈已經實現突破性領先》一文，高度評價迅雷旗下共享計算企業網心科技，及其 2018 年發佈的高性能區塊鏈平台──迅雷鏈，認為以網心科技為代表的中國企業，在全球範圍內已經處於領先地位。

　　據迅雷鏈總工程師來鑫介紹，迅雷鏈有五大特點：第一，卓越性能，百萬級並發處理能力，採用獨創的同構多鏈框架（Homogeneous Multichain Framework），在業內率先實現了鏈間的確認和交互，不同交易可以分散在不同鏈上執行，從而達到百萬 TPS（Transaction per Second，每秒處理的交易數）；第二，請求秒級確認，基於強一致性的共識算法，保證數據的可靠性；第三，簡易接入，兼容能力強大；第四，彈性擴展，應對突發流量能力；第五，節省成本，開發一步到位。

　　《福布斯》認為，迅雷鏈的創新之處在於，迅雷鏈支持以 Solidity 語言編寫的智能合約，並且與以太虛擬機（EVM）兼容，使應用程序易於從其他平台遷移。不同於類比特幣的區塊鏈 1.0 時代、類以太坊的區塊鏈 2.0 時代，迅雷鏈被定義為區塊鏈 3.0 時代，因為它突破了性能限制，能夠讓各行各業的開發者打造去中心化應用。

　　從中國鐵路總公司獲悉，中國鐵路總公司 2018 年 6 月 7 日在京瀋高鐵啟動高速動車組自動駕駛系統（CTCS3 ＋ ATO 列控系統）現場試驗，這標誌著中國鐵路在智能高鐵關鍵核心技術自主創新上取得重要階段性成果，中國高鐵整體技術持續領跑世界。

　　全球鐵路產業正面臨數十年未遇的發展機會，令人欣慰的是，中國在這一產業佔據領導地位。2010 年末，中國高鐵運營里程 8,358 公里，佔全世界高鐵運營里程的 1/3。截至 2011 年，中國已投入運營的高速列車共計 786 標準列（8 輛編組）。其中，200-250km/h 速度級 355 列（短編 290 列，長編 65 列），300-350km/h 速度級 140 列，380km/h 速度級 133 列（短編 40 列，長編 93 列）。隨着高速列車數量的不斷增多，高速動車組型號越來越豐富，由技術剛引進時單一編組（8 輛編組）、單一用途（座車）、單一速度等級的 4 種車型，發展到目前包括長短編、座臥車、多種速度等級的 12 種車型。按照國家《中長期鐵路網規劃（2008 年調整）》，2019 年，中國已經確定投入 8,500 億人民幣，創史上年度投入最高水平。到 2020 年，中國全國鐵路營業里程將超過 12 萬公里，複線率和電化率分別超過 50% 和 60%，主要繁忙幹線實現客貨分線，其中高速鐵路客運專線將超過 1.6 萬公里。

2015 年 3 月 5 日，在十二屆全國人大三次會議上，李克強總理在政府工作報告中提出，"制定'互聯網+'行動計劃，推動移動互聯網、雲計算、大數據、物聯網等與現代製造業結合，促進電子商務、工業互聯網和互聯網金融健康發展，引導互聯網企業拓展國際市場"。

中國的文化創新實際上是"互聯網+"的創新，而"互聯網+"的創新的關鍵是，寬容的內開放，為了支持"互聯網+"的發展，中國出台了很多寬容的措施。比如，三大運營商和國家工信部決定，從 2017 年 9 月 1 日起，所有長途話費和中國國內漫遊費全部取消，不再收取長途費和漫遊費，並深入實施"提速降費"。2017 年以來，中國移動、中國聯通、中國電信三大運營商推出流量不清零政策，不斷降低流量資費，下調中小企業專線資費以及國際熱門、重點方向長途資費相應提速降費方針。

領先領域主要是應用領域，既包括傳統領域，也包括前沿領域。傳統領域有紡織、化工、機械。在高新技術產業方面，具體來說，在水壓機方面，中國是世界上最強的國家，高鐵上的優勢已經很明顯。在 IT 方面，華為、中興是世界 5G 領先企業。2019 年 6 月 6 日，中國政府工業和信息化產業部向中國電信、中國移動、中國聯通、中國廣電發放了 5G 商用牌照。這意味着，中國在 2019 年正式進入 5G 商用元年。在在線支付方面，中國引領世界潮流。在 AI 方面，中國也位居前列。在煤電、火力發電方面，中國的火電機組的技術指標全世界最高、能耗最低、排放最低，中國在煤電、火電電站方面優勢明顯。

中國的創新從工業 4.0 到區塊鏈、人工智能、高鐵運輸、5G 技術、移動應用、文化創新等，創新已涉及方方面面，中國已進入一個全面創新的時代。

印度雖說是發展中國家，但縱觀這些年它的綜合表現，可以說是創新國裏速度最快的國家。美國這個經濟大國，一直以頭號科技強國的身份引領世界，無疑是創新國裏實力最強大的國家。英國歷史的悠久，不管是工業或是文化基礎都很扎實，在創新推進過程中發展是最穩定的。有非洲"瑞士"之稱的毛里求斯，雖是一個島國，卻走出了不一樣的創新之路，給其他島國的發展增加了信心，稱得上創新最好的島國。中國在創新道路的表現各方面都很優秀，可以說是全面發展戰略的典範創新。

創新經濟下，美國、英國、中國、印度、毛里求斯這 5 個極具代表性的國家，被稱為"創新五國"。

17.2 新興市場

新興市場是指市場經濟體制逐步完善、經濟發展速度較快、市場發展潛力較大的市場。1994 年，美國商務部在研究報告中把中國經濟區（包括中國香港和中國台灣）、印度、東盟諸國、韓國、土耳其、墨西哥、巴西、阿根廷、波蘭和南非列為新興大市場。2009 年，著名的摩根斯坦利機構根據新興市場指數將以下 21 個國家（地區）作為新興市場：巴西、智利、中國大陸、哥倫比亞、捷克、埃及、匈牙利、印度、印度尼西亞、馬來西亞、墨西哥、摩洛哥、秘魯、菲律賓、波蘭、俄羅斯、南非、韓國、中國台灣、泰國、土耳其。英國《經濟學家》雜誌列出的新興市場國家（地區）名單與此相似，只是多了中國香港、新加坡和沙

案例 | 中國的抖音，世界的 TikTok

抖音，一個廣受用戶喜愛的短視頻分享平台，目前它的海外版 TikTok 也全球火速火爆流行起來。尤其受到了海外許多出版社的青睞，因為對於出版商來說，能夠將文字或者靜態的內容以短視頻活躍的形態傳播出去，是用戶最理想的接收形式。

《Dazed》雜誌，是英國資深媒體編輯 Jefferson Hack、時尚攝影師 Rankin 聯合創立於英國倫敦，目前是全球最具知名度的時尚文化媒體之一。TikTok 短視頻平台的出現，給了《Dazed》雜誌無限可能，據悉《Dazed》雜誌在 2019 年 7 月 29 日在 TikTok 開通了官方賬號，並與之達成了內容合作，同時公佈了 2019 年 8 月 1 日發行的最新一期雜誌的封面。

看到了《Dazed》雜誌在 TikTok 短視頻平台上引起用戶強烈的關注，英國許多出版社如 Jungle Creations、Lad Bible 和 Global 紛紛在 TikTok 上進行各種內容嘗試。對於 Dazed 而言，此次合作意味著在其紙質版、數字媒體和社交媒體之間實現聯動。借助 TikTok，實現多媒介鏈接。

TikTok 一款主打創作者社區和熱門主題挑戰的短視頻內容，它時刻關注用戶參與感。抖音的強大源於對趨勢的把握，人類正在從圖文時代過渡到短視頻時代。技術的成熟並不能給所有人商業機會，因為技術本身無法選擇

商業路徑，但對於掌握了知識又瞭解用戶需求痛點的人們而言，技術是這個時代實現知識商業化的最短路徑。例如《Dazed》雜誌，順勢發起了為期一周的套馬索挑戰（Lasso Challenge）。為期一周的套馬索挑戰，用戶們腦洞大開，用套馬索輕易套住一切想要的東西。Dazed 表示將密切關注會有多少人參與此次挑戰，以衡量這些活動的影響力。

就連廣播行業巨頭 Global 也發現 TikTok 帶來的巨大機遇，Global 認為 TikTok 平台還適合現場活動和音樂節目。2019 年 6 月，Global 在 TikTok 上播出了 Capital 電台的音樂直播活動"Summertime Ball"夏日演唱會，用時 8 小時，在線播放獲得了共 1,900 萬條評論、點贊和分享，平均觀看時長為 48 分鐘。

2019 年 7 月，Jungle Creation 為旗下品牌 VT 開通了一個認證賬號，該賬號的運營策略是密切關注 TikTok 平台的熱門話題，然後從其檔案中搜尋相關的視頻。Jungle Creations 首席內容官梅麗莎·查普曼表示，希望在 2019 年年底之前，VT 賬戶的粉絲數量能夠達到百萬。對於希望打動年輕受眾的品牌和廣告公司而言，百萬粉絲這個數字代表了商業上的可行性。年輕的抖音正在以更年輕的 TikTok 喚醒更多年輕人參與到世界中來。

特阿拉伯。其中，巴西、俄羅斯、印度和中國 4 個新興市場被稱為"金磚四國"。

新興市場（Emerging Markets）指的是近 40 年以來，以創新為手段經濟發展增速快或是經濟發展潛力巨大的市場。按照國際金融公司的權威定義，只要一個國家或地區的人均國民生產總值（GNP）沒有達到世界銀行劃定的高收入國家水平，那麼這個國家或地區的股市就是新興市場。

有的國家，儘管經濟發展水平和人均 GNP 水平已進入高收入國家的行列，但由於其股市發展滯後，市場機制不成熟，仍被認為是新興市場。和傳統行業相比，互聯網是真正意義上的新興市場，未來 10 年，新興市場的任務是向移動互聯網快速轉型。

當互聯網從舊世界向新世界轉變時，另一個轉變從互聯網內部出現了，從固定的機器向移動的多平台使用模式轉變。在新興國家，比起早期領袖國家來說，互聯網用戶更多地用移動傳播媒介從事活動，如圖 17-8 所示。

中國用戶在全球國家的用戶中，是擁有智能手機比例最多的人群，與美國的 35% 相

比，中國 86% 的互聯網用戶都在使用智能手機。
韓國與中國相似，有 85% 的人擁有移動智能手
機。在這兩個國家，智能手機的普及不僅僅局限
於年輕人，但在西方國家和日本，智能手機用戶
數量在 34 歲以上的人群中急劇下降，而在中國和
韓國使用智能手機的中老用戶仍然很多，錯過互
聯網的一代人正在用移動互聯網補課。與其他國
家的智能手機用戶相比，中國的調查對象用手機
進行娛樂、購物和休閒活動較為頻繁，與美國的
30% 相比，中國有 90% 的用戶在使用手機聽音樂。

	早期領袖	美國	新興國家	中國
調查對象擁有智能手機的比例	51%	35%	59%	86%
調查對象在手機上玩遊戲的比例	50%	34%	76%	88%
調查對象在手機上聽音樂的比例	47%	30%	83%	90%
調查對象用手機瀏覽網頁的比例	57%	40%	79%	91%
調查對象的數量	3 567	800	3 857	527

圖 17-8　移動互聯網在早期領袖國家、美國、新興國家、中國的對比
資料來源：馬克·格雷厄姆、威廉·H. 達頓《另一個地球：互聯網＋社會》

　　這些結果表明，以中國為首的新興國家的互聯網用戶驅使互聯網使用方式更加靈活，
為了滿足這群人的需求，中國將在新的移動互聯網塑造方面引領世界潮流。移動互聯網改
革在中國迅猛發展，即便是偏遠落後的中國中西部地區貴陽也已建成中國的大數據中心，
中國未來 10 年的移動連接將是廣大農村的移動互聯網應用。

17.2.1 新市場互聯網用戶

　　2012 年，隨着智能手機、平板電腦等移動設備的普及，使用智能手機等移動設備上
網的用戶比例大幅增加。2003 年，85% 的英國人擁有手機，其中只有 11% 的手機用戶使
用手機上網。到 2011 年，98% 的英國人擁有手機，其中 49% 的手機用戶使用手機上網。
2016 年，幾乎 100% 的英國人擁有手機，其中 70% 的手機用戶使用手機上網。

　　2012 年以來，移動終端發展迅猛，使用計算機、閱讀器、平板電腦、手提電腦、智能
手機等多種設備上網的互聯網用戶比例逐漸增加。2009 年，全球只有 19% 的人擁有平板電
腦。從那時起，閱讀器和平板電腦迅速發展，蘋果公司的 iPad 大受歡迎。2011 年，1/3 的
互聯網用戶擁有閱讀器或者平板電腦，6% 的互聯網用戶同時擁有閱讀器和平板電腦。自
2011 年，59% 的人通過多種設備上網，這個趨勢不斷增強。到了 2016 年，通過多種設備
上網的人達到 80%，擁有一種設備的人同時擁有其他設備的概率更大，使用多種設備的人
在移動中使用互聯網的概率更大，從多種地點使用互聯網的概率也更大。

　　基於以上分析，本書定義了三種用戶。把擁有多種設備、在多種地點上網的用戶稱作
"下一代用戶"。下一代用戶至少滿足以下 3 個條件中的 1 個。

　　（1）在手機上使用至少 2 種互聯網應用（4 種互聯網應用中的 2 種，4 種互聯網應用是
指瀏覽網頁、使用電子郵箱、更新社交網站、查找位置）。

　　（2）擁有平板電腦，擁有閱讀器，擁有 3 台以上計算機。

　　（3）習慣於互聯網查閱、定位、交友、交易 4 種應用中的任何一個。

　　2011 年，1/3 的英國人是下一代互聯網用戶，由於使用了 2003 年的初始數據，所有表
格、數據、說明文字都基於 2003 至 2011 年的數據，你可以看出這種趨勢一直持續到 2013 年。

　　在使用牛津大學互聯網調查 2011 年的人口統計數據來描述下一代互聯網用戶的基礎

上，提出 8 個影響互聯網應用的變量，這 8 個變量包括年齡、家庭收入、教育程度、性別、職業特徵、是否退休、工作中的互聯網使用、婚姻狀況。

　　互聯網最具有吸引力的一面是活力。一年又一年，互聯網從來沒有停滯不前或保持不變。比如，2007 年，社交網絡的興起給人們帶來了全新的交流方式。再如，在掌上電腦產品蕭條了 10 年後，蘋果公司發明了平板電腦，成為炙手可熱的商品。2012 年，蘋果智能手機大舉進軍市場，帶來了移動互聯網元年。2016 年 ，VR 設備的推廣又把互聯網帶入虛擬現實元年。移動互聯網技術和應用的不斷創新，促進了全球營銷人適應新環境並重塑營銷原理。

17.2.2 新市場營銷人重塑

1. 營銷人的觀念需要以下觀念重塑

（1）營銷即連接

　　在新興市場中，人與人的連接工具以移動端為主，二維碼成為營銷入口。營銷的成功率取決於對移動營銷規律的研究，顯然移動營銷在理念、哲學、思維、路徑、工具、用戶需求與偏好方面都發生了巨大的改變。

（2）營銷即分享

　　營銷本質是一種分享，而不是單一的價值交付與傳遞過程。營銷，是向用戶全面開放分享，分享你的故事、你的價值觀、你的趣味和情懷、你的理念和態度，產品只是一個介質。你賣的不是產品，你賣的是創造產品的態度與情懷。基於營銷即分享的認知，營銷內容將極大豐富。沒有人喜歡被營銷，但總有人喜歡被內容吸引。

（3）營銷即內容

　　傳統營銷經歷過渠道為王、終端為王、廣告為王、促銷為王的過程，但現在渠道的作用被弱化、促銷的力量被削減、終端的份額被降低。在移動互聯時代，要樹立"內容為王"的新思維，每個企業都是一個自媒體，通過營銷向用戶、向市場輸出打動人心的內容，內容既在產品之中，又在產品之外，讓用戶成為你的忠實讀者、忠實觀眾和忠實粉絲。設計理念、研發過程、車間故事、產品特色、團隊價值、創始人態度、商業觀點等都是輸出的內容，靠內容去感染用戶，去打動用戶，去俘獲用戶的心靈。

（4）營銷即設計

　　營銷是設計的另一種表現，是傳統設計的衍生、擴展或者顛覆。傳統的設計是輸出產品、輸出功能、輸出參數，營銷設計輸出的是產品的溫度、產品的情感、產品的故事、產品的價值觀、產品的趣味、產品的人格和產品的調性，甚至輸出企業未來的可延續性的商業模式。營銷人必須像設計師那樣去思考，那麼應如何運用設計思維去管理營銷？具體要做好以下 3 個方面：

　　①變需要為需求，把人放在首位，發現用戶潛在的需求，換位思考，從用戶觀察中提煉需求洞察；

　　②用手"思考"，關注用戶體驗，設計用戶需求場景，繪製用戶體驗藍圖。企業可以組織

團隊設計場景圖片，藍圖一方面是高度概括的戰略文件，另一方面也是對細節的精細分析；

③凸顯成功的顧客體驗特徵，即顧客能主動參與，讓顧客覺得真實、可信、吸引人，與顧客的每個接觸點都必須以深思和精確的方式來執行。

（5）營銷即產品

按傳統的觀念，營銷、研發與產品是 3 個部分，組織構成也是 3 個部門。進入移動互聯時代，營銷、研發與產品將合為一體、共融共生，研發即營銷，營銷即產品，產品即營銷。讓用戶參與研發，讓產品能說話，讓產品能自發營銷吸引客戶；讓營銷能生產，不再是傳統的成本中心，而是一個增值中心，增加新價值，增加新內容，增加新趣味，增加產品的黏度和吸引力。

（6）用戶是資產

按傳統的理念和思維，用戶是購買者、使用者，產品售出後與用戶的聯繫結束，而現在產品售出後才是真正的開始。用戶是企業最大的資產，用戶是營銷系統的驅動軸。

“目標用戶”的概念，將逐漸被“用戶目標”取代，因為用戶處於動態變化中，你很難確定誰是你的目標用戶，所以應觀察、發現、挖掘用戶的目標，去滿足用戶需要被滿足的未來需求，而不是去尋找既有人群的歷史需求。

因此，傳統的用戶分析和用戶細分維度不再適用，需要改變，以前是按地域、年齡、性別、經濟情況、教育程度、功能需求等指標細分，如按照收入多少劃分高中低檔消費者，從而制定有針對性的營銷策略。現在，我們需要用新的維度去區分用戶，其中較為重要的三個維度是用戶的價值觀、用戶的行為偏好、用戶的生活態度。如，蘋果手機針對的是一群追求時尚、突顯個性的用戶；特斯拉針對的是一群追趕未來、崇尚創新的用戶。這與用戶的年齡、地域、受教育程度、經濟能力沒有正相關和必然的聯繫。

2. 深度學習時代

1927 年，愛德文·鮑威爾·哈勃（Edwin Powell Hubble）使用當時世界上最大的天文望遠鏡觀測了銀河系以外的宇宙。通過將銀河系的紅移與其亮度相比較，他發現了革命性的成果：所有的星系都正在遠去，而且距離地球越遠，遠離的速度越快。這意味着宇宙正在膨脹，也意味着宇宙不會永遠存在，它最後一定會爆炸，我們今天所知的宇宙學理論因此得到了極大的豐富。

任何科學工具本身不具備主動選擇性，關鍵在於選擇該工具的人，不要等它瓜熟蒂落時再模仿複製，而應該學習其基本原理，並結合自己企業的實際情況創新。當然，應用的前提是深度學習。

深度學習原本是作為一種實現機器學習的技術，現在也是移動營銷人改造自己營銷技能的學習技術。深度學習並不是特指某種機器學習算法或模型，更像一種方法論、思想和框架，它主要是以構建深層結構（Deep Architecture）來學習多層次的表示（Multiple Levels of Representation）。比如，很多算法都可以用來構建這種深層次結構，包括深度神經網絡、深度捲積神經網絡、深度遞歸神經網絡（Recursive/Recurrent）、深度高斯進程、深度強化學習（Deep Reinforcement Learning），等等。

深度學習有兩個重要的數學概念：導數和偏導數。導數是指改變率（增長率／下降率）。舉例來說，在函數 $y=f(x)=10x+30$ 中，如果定義 x 代表時間（年），y 代表結果，那麼導數是 10。偏導數是指有多個變量的時候，對某個變量的變化率。舉例來說，在函數 $y=f(x)=5x_2+8x_2+3x_2+20$ 中，如果定義 x_2 代表時間，x_2 代表距離，x_2 代表年齡，比方 y/x_2 就表示 y 對 x_2 求偏導。計算偏導數的時候，其他變量都可以看成常量（常量導數為 0）。

這就如同一個營銷人對市場的判斷是基於歷史與現實數據構建的市場等數決策模型，是不完全準確的，因為市場的變化之快需要用偏導數市場模型建立並推演，這說明營銷人深度學習的時代已來臨。

（1）如果我們假定一個神經網絡現在已經定義好，比如有多少層，每層有多少個節點，也有默認的權重和激活函數，剛開始要有一個初始值，相關的計算公式為：

$$E_{total} = \sum \frac{1}{2}(target - output)^2$$

（2）如果我們已知正確答案（比如為 r），訓練的時候，是從左至右計算，得出的結果為 y，r 與 y 一般來說是不一樣的。訓練值 y 與正確值 r 之間的差距，可定義為 E。那麼，這個差距怎麼算？當然，直接相減是一個辦法，尤其是對於只有一個輸出的情況。但很多時候，有多個輸出結果，能夠利用不同的函數評估，那麼深度學習為個人和企業構建了一個發展的優先級思維空間。對於，營銷人來說，思路決定出路，學習深度決定市場營銷高度。

確切地說，現在不缺乏學習機會，缺的是深度學習的工具、方法和原理。或許，本書以及首創的移動營銷基礎原理可算作一種深度學習工具。

17.2.3 創新者 100 問

素質類：

1. 你是一個不斷嘗試突破與超越的人嗎？　……………… 是（　） 否（　）
2. 你對研究領域有濃厚興趣嗎？　……………………… 是（　） 否（　）
3. 你的思維是發散的、不受局限的嗎？　……………… 是（　） 否（　）
4. 你自信嗎？　……………………………………… 是（　） 否（　）
5. 你勇於把創新設想付諸實踐嗎？　…………………… 是（　） 否（　）
6. 你的思維邏輯嚴謹嗎？　……………………………… 是（　） 否（　）
7. 你有舉一反三的能力嗎？　…………………………… 是（　） 否（　）
8. 你有腳踏實地的精神嗎？　…………………………… 是（　） 否（　）
9. 你的知識面廣泛嗎？　………………………………… 是（　） 否（　）
10. 你能交叉使用所學不同領域的知識嗎？　…………… 是（　） 否（　）
11. 你有批判性思考的習慣嗎？　………………………… 是（　） 否（　）
12. 你會變通嗎？　………………………………………… 是（　） 否（　）
13. 你有足夠的毅力堅持嗎？　…………………………… 是（　） 否（　）
14. 你有很強的好奇心嗎？　……………………………… 是（　） 否（　）
15. 你有敏銳的洞察力嗎？　……………………………… 是（　） 否（　）
16. 你有豐富的想象力嗎？　……………………………… 是（　） 否（　）
17. 你有深度學習能力嗎？　……………………………… 是（　） 否（　）
18. 如不靠他人，你有自我驅動力嗎？　………………… 是（　） 否（　）
19. 你有超前思維嗎？　…………………………………… 是（　） 否（　）
20. 你有足夠強大的企圖心嗎？　………………………… 是（　） 否（　）

知識類：

21. 你是否認同這樣的論斷，人不能兩次踏入同一條河？ … 是（　） 否（　）
22. 你是否認為，有時候意識也決定物質？　…………… 是（　） 否（　）
23. 你是否了解博弈論原理？　…………………………… 是（　） 否（　）
24. 你是否了解經濟學槓桿原理？　……………………… 是（　） 否（　）
25. 你是否了解經濟學均衡原理？　……………………… 是（　） 否（　）
26. 你是否了解經濟學邊際效應？　……………………… 是（　） 否（　）
27. 你是否了解成本會計學基本原理？　………………… 是（　） 否（　）
28. 你是否了解量子物理學基本原理？　………………… 是（　） 否（　）
29. 你是否了解通貨膨脹原理？　………………………… 是（　） 否（　）
30. 你是否了解相對論？　………………………………… 是（　） 否（　）
31. 你是否了解達爾文的進化論？　……………………… 是（　） 否（　）
32. 你是否閱讀過 3 本以上的哲學名著？　……………… 是（　） 否（　）
33. 你是否了解英國歷史學家湯因比的比較歷史學？　……… 是（　） 否（　）
34. 你是否學習過 3 本以上的邏輯學專著？　…………… 是（　） 否（　）
35. 你是否學習過 3 本以上的心理學專著？　…………… 是（　） 否（　）
36. 你是否掌握統計學原理？　…………………………… 是（　） 否（　）
37. 你是否掌握數學中的概率論原理？　………………… 是（　） 否（　）

38. 你是否掌握數學中的幾何論原理？ ……………………… 是（　） 否（　）

39. 你是否掌握數學中的空間與圖形原理？ ………………… 是（　） 否（　）

40. 你是否能回答出 3 個以上的化學反應基本原理？ ……… 是（　） 否（　）

修為類：

41. 你是否能夠忍一時之氣？ …………………………………… 是（　） 否（　）

42. 你是否能夠在看破人生以後依然熱愛生活？ …………… 是（　） 否（　）

43. 你是否能夠直面人生？ ……………………………………… 是（　） 否（　）

44. 你是否能夠放下痛苦？ ……………………………………… 是（　） 否（　）

45. 你是否能夠做到不推諉、承擔責任？ …………………… 是（　） 否（　）

46. 你是否能夠做到不逃避迎頭向前？ ……………………… 是（　） 否（　）

47. 你是否能夠做到守信用？ …………………………………… 是（　） 否（　）

48. 你是否能夠在遇到挫敗時堅守自己的價值觀？ ………… 是（　） 否（　）

49. 你是否能在懷才不遇時保持樂觀心態？ ………………… 是（　） 否（　）

50. 假如你失敗了 100 次，你還會嘗試第 101 次嗎？ ……… 是（　） 否（　）

51. 你能安靜地聽取別人的忠告嗎？ ………………………… 是（　） 否（　）

52. 當周圍的人都嘲笑你時，你還能夠泰然自若嗎？ ……… 是（　） 否（　）

53. 你有專注精神嗎？ …………………………………………… 是（　） 否（　）

54. 你是一個永不放棄的人嗎？ ……………………………… 是（　） 否（　）

55. 你能和用戶真誠溝通嗎？ …………………………………… 是（　） 否（　）

56. 你能和上司有效溝通嗎？ …………………………………… 是（　） 否（　）

57. 你能站在別人的立場思考問題嗎？ ……………………… 是（　） 否（　）

58. 你靜坐時常思己過嗎？ ……………………………………… 是（　） 否（　）

59. 你閒時不議論人非嗎？ ……………………………………… 是（　） 否（　）

60. 你能"做十說九，說到做到"嗎？ ………………………… 是（　） 否（　）

能力類：

61. 你有組織指揮能力嗎？ ……………………………………… 是（　） 否（　）

62. 你有謀略決策能力嗎？ ……………………………………… 是（　） 否（　）

63. 你有識人、選人、用人能力嗎？ ………………………… 是（　） 否（　）

64. 你有溝通協調能力嗎？ ……………………………………… 是（　） 否（　）

65. 你有社交活動能力嗎？ ……………………………………… 是（　） 否（　）

66. 你有應用語言文字能力嗎？ ……………………………… 是（　） 否（　）

67. 你是否至少懂一門外語？ …………………………………… 是（　） 否（　）

68. 你有超強的思辨能力嗎？ …………………………………… 是（　） 否（　）

69. 你有說服別人的能力嗎？ …………………………………… 是（　） 否（　）

70. 你膽大心細嗎？ ……………………………………………… 是（　） 否（　）

71. 你有商業敏感性嗎？ ………………………………………… 是（　） 否（　）

72. 你有科技轉化應用的能力嗎？ …………………………… 是（　） 否（　）

73. 你有抗壓能力嗎？ …………………………………………… 是（　） 否（　）

74. 你有建立和改進企業管理制度的能力嗎？ ……………… 是（　） 否（　）

75. 你有信息收集、分析和處理的能力嗎？ ………………… 是（　） 否（　）

76. 你懂市場調研的方法和手段嗎？ ⋯⋯⋯⋯⋯⋯⋯⋯ 是（　） 否（　）

77. 你有閱讀和分析財務報表的能力嗎？ ⋯⋯⋯⋯⋯⋯ 是（　） 否（　）

78. 你具備商務談判能力嗎？ ⋯⋯⋯⋯⋯⋯⋯⋯⋯⋯⋯ 是（　） 否（　）

79. 你有處理企業危機的能力嗎？ ⋯⋯⋯⋯⋯⋯⋯⋯⋯ 是（　） 否（　）

80. 你有管理自己身體健康的能力嗎？ ⋯⋯⋯⋯⋯⋯⋯ 是（　） 否（　）

綜合類：

81. 你有失敗的創業經歷嗎？ ⋯⋯⋯⋯⋯⋯⋯⋯⋯⋯⋯ 是（　） 否（　）

82. 你有不成功的創新教訓嗎？ ⋯⋯⋯⋯⋯⋯⋯⋯⋯⋯ 是（　） 否（　）

83. 你認真愛過一個人嗎？ ⋯⋯⋯⋯⋯⋯⋯⋯⋯⋯⋯⋯ 是（　） 否（　）

84. 你是一個有理想有鬥志的人嗎？ ⋯⋯⋯⋯⋯⋯⋯⋯ 是（　） 否（　）

85. 你是一個不安於現狀的人嗎？ ⋯⋯⋯⋯⋯⋯⋯⋯⋯ 是（　） 否（　）

86. 你熱愛家庭、熱愛生活嗎？ ⋯⋯⋯⋯⋯⋯⋯⋯⋯⋯ 是（　） 否（　）

87. 你喜歡詩歌嗎？ ⋯⋯⋯⋯⋯⋯⋯⋯⋯⋯⋯⋯⋯⋯⋯ 是（　） 否（　）

88. 你喜歡幽默嗎？ ⋯⋯⋯⋯⋯⋯⋯⋯⋯⋯⋯⋯⋯⋯⋯ 是（　） 否（　）

89. 你相信勤能補拙嗎？ ⋯⋯⋯⋯⋯⋯⋯⋯⋯⋯⋯⋯⋯ 是（　） 否（　）

90. 你相信越勤奮越幸運嗎？ ⋯⋯⋯⋯⋯⋯⋯⋯⋯⋯⋯ 是（　） 否（　）

91. 你懂得和自己相處嗎？ ⋯⋯⋯⋯⋯⋯⋯⋯⋯⋯⋯⋯ 是（　） 否（　）

92. 你能夠克服恐懼感嗎？ ⋯⋯⋯⋯⋯⋯⋯⋯⋯⋯⋯⋯ 是（　） 否（　）

93. 你有志同道合的合夥人嗎？ ⋯⋯⋯⋯⋯⋯⋯⋯⋯⋯ 是（　） 否（　）

94. 你會講故事塑造自己的 IP 嗎？ ⋯⋯⋯⋯⋯⋯⋯⋯ 是（　） 否（　）

95. 你具備為一個大膽設想而招商引資的能力嗎？ ⋯⋯ 是（　） 否（　）

96. 你對時尚科技敏感嗎？ ⋯⋯⋯⋯⋯⋯⋯⋯⋯⋯⋯⋯ 是（　） 否（　）

97. 你有熱愛閱讀的好習慣嗎？ ⋯⋯⋯⋯⋯⋯⋯⋯⋯⋯ 是（　） 否（　）

98. 你常懷感恩之心嗎？ ⋯⋯⋯⋯⋯⋯⋯⋯⋯⋯⋯⋯⋯ 是（　） 否（　）

99. 你掌握科技與藝術的融合之道了嗎？ ⋯⋯⋯⋯⋯⋯ 是（　） 否（　）

100. 你了解自己嗎？ ⋯⋯⋯⋯⋯⋯⋯⋯⋯⋯⋯⋯⋯⋯⋯ 是（　） 否（　）

在後面的括號中答 "是" 得 1 分，答 "否" 得 0 分，事不宜遲，趕緊測一測，看看你是不是完美型！

動動手，打打分：

　　0-30 分：初級者；31-50 分：中級者

　　51-70 分：高級者；71-90 分：特高級者

　　91-100 分：完美者，你就是喬布斯！

本章小結

（1）移動營銷全球化時代，常見的市場形式有兩種：創新市場與新興市場。創新市場是指那些在創新領域發展頗具代表性的國家。新興市場是指市場經濟體制逐步完善、經濟發展速度較快、市場發展潛力較大的市場。

（2）以中國為首的新興國家的互聯網用戶，驅使互聯網使用方式更加靈活，為了滿足這群人的需求，中國將在新的移動互聯網塑造上引領世界潮流。

（3）擁有多種設備、在多種地點上網的用戶稱為"下一代用戶"。

（4）新興市場人與人的連接工具以移動端為主，二維碼成為營銷的入口。

（5）深度學習原本是作為一種實現機器學習的技術，現在也是移動營銷人改造自己營銷技能的學習技術。

18.1 經濟學的演化

從亞當·斯密（Adam Smith）和大衛·李嘉圖（David Ricardo）的古典經濟學開始，人類開始探索國民財富的規律。亞當·斯密著有《國民財富的性質和原因研究》，簡稱《國富論》（*The Wealth of Nations*），大衛·李嘉圖著有《政治經濟學及賦稅原理》（*On the Principles of Political Economy and Taxation*），他們都主張自由貿易，並由此開啟了自由市場經濟學的古典經濟學理論。繼承他們衣缽的主要代表人物是經濟學家哈耶克（Friedrich August Hayek）和哲學家諾齊克（Robert Nozick）。哈耶克認為，政府採取的所有試圖改進市場的措施都是徒勞的，市場總是以一種神秘莫測的方式高效運轉，因此人們的財富也在不停地隨之變化，這種變化是無規律的、自發且迅速的。諾齊克甚至認為，沒有任何一種分配制度是被公認公平而且在未來會繼續被認為公平，既然沒有一種分配制度是絕對公平，也就不該讓政府堂而皇之地介入將其作為調控目標，因為市場有一隻看不見的手能自發、自動地調節。

古典經濟學和新古典經濟學都在努力證明一個觀點：人們生活的世界必將徹底挫敗自己試圖控制它的集體努力。他們對市場的篤信導致他們得出 3 個重要的結論：政府不可能給予人們想要的任何（或者大部分）東西，幾乎任何事情都可以通過個人的、分散的行為得以實現；市場有一種自癒功能，任何社會的經濟衰退都是下一輪經濟繁榮的起點；如同經濟進化論一樣，失業是經濟和社會進化的正常現象，失業不能歸咎於市場。

第一個站出來系統反駁自由市場經濟學的人是馬克思（Karl Heinrich Marx），他著有《資本論》（*Das Kapital*），將經濟學研究從土地、勞動、貿易的研究角度中解放出來，創立了一套關於資本的理論：基於工人勞動創造了價值，資本不過是凝結在商品中的勞動；工人在工廠揮汗生產出的價值導致資本積累，資本家運用其社會權力（對工廠、土地和設備的所有權）榨取了工人的剩餘價值；剩餘價值的不合理分配造成工人和資本家的永久對立，使社會喪失了生產創新的基本動力。簡言之，馬克思認為，資本主義並非是有效利用資源的最佳階段。

馬克思對資本主義經濟危機的預言頻頻得到驗證。為避開危機尋求最佳道路，一方面，馬克思主義的信奉者嘗試用計劃經濟完全替代自由市場經濟；另一方面，凱恩斯（John Maynard Keynes）❶的國家干預經濟學登場了。在其代表作《就業、利息和貨幣通論》（*The General Theory of Employment, Interest and Money*，簡稱《通論》）中，不僅診斷出資本主義的資本和勞動力市場走向衰敗趨勢並導致整個社會經濟危機的弊病，而且給出了治癒的良方。當市場顯示有倒退跡象並處於失敗的邊緣時，政府應當出面干預，而且要在國家公共基礎設施方面加大投資，從而拉動就業、刺激消費與提高投資者投資信心。新凱恩斯主義對資本與勞動力市場失敗的解釋是，由於投資回報的不確定性導致公司之間協調故障，從而引發整個社會對經濟衰退的恐慌帶來的共同看衰現象。總而言之，凱恩斯主義者有 3 個重要的觀點：

（1）如果政府將更多的錢注入到不景氣的經濟中，這些資本就會刺激國民經濟，製造業會開足馬力生產，失業者會重新找到工作，在商品生產和消費需求的雙刺激下，人們最終會有更多的錢來購買更多的商品，國家 GDP 自然增長。

❶ 約翰·梅納德·凱恩斯（John Maynard Keynes，1883—1946 年），英國經濟學家，他所創立的宏觀經濟學與西格蒙德·弗洛伊德（Sigmund Freud，1856—1939 年）所創立的精神分析法和愛因斯坦發現的相對論一起並稱"二十世紀人類知識界的三大革命"。

（2）政府加大投資干預力度，經濟衰退不會造成商品和服務 CPI 價格上漲，因為政府加大投資的增量資金是借來的而不是大量印鈔增發的，整個社會的貨幣總供給量（Money Supply）並沒有增加，不存在通貨膨脹的貨幣供應基礎。

（3）政府應採用保護性關稅，限制進口、擴大出口，保持貿易順差。通過對乘數理論及貿易順差的分析，凱恩斯還強調貿易順差本身對國民經濟的作用猶如增加投資，是一種注入（Injection）式國民經濟增長。

凱恩斯之前的主導經濟理論是以阿爾弗雷德・馬歇爾（Alfred Marshall）為代表的新古典學派自由放任經濟學說，這種學說建立在"自由市場、自主經營、自由競爭、自動調節、自動均衡"的五大原則基礎上，凱恩斯的"政府干預"學說把馬歇爾的"自動均衡"理論帶到一個新領域，至今仍有巨大影響力。

美國總統特朗普（Donald John Trump）的經濟政策即是對凱恩斯主義的創新式延續，採用保護性關稅抑制進口擴大貿易順差，鼓勵製造業回流美國國內，美金不斷加息促使美元回流啟動注入式增長，退出大部分自由貿易協定繼續舉債刺激國民經濟。國際上普遍認為，這是貿易保護主義勢力的抬頭；可特朗普認為，最多是凱恩斯經濟學的創新再應用。

在 20 世紀的大多數時間，凱恩斯的學說被驗證是正確的。每當失業率上升，各國政府都試圖在不影響商品和服務價格上漲的情況下，刺激經濟、拉動消費，以緩和失業，等危機過後再把市場調節器交給"看不見的手"。直到 20 世紀 70 年代末，一直都是這麼做的。但自 20 世紀 70 年代後期，讓人感到困惑的現象出現了，當失業率持續升高，政府加大投資時，失業率居然不降反升，隨之商品和服務的價格上漲，一個新名詞出現了——"滯脹"❶，即經濟發展停滯伴隨通貨膨脹。

20 世紀 70 年代後期，在經濟學家看來，凱恩斯主義有失敗的風險。其實並非凱恩斯主義完全失靈，而是凱恩斯主義的經濟基礎假設前提發生了變化。1971 年美國政府宣佈放棄布雷頓森林體系中黃金與美元直接掛鉤的政策，改為匯率自由浮動，這就為世界各國的央行加息減息的自由決擇權，也為全球性通貨膨脹埋下伏筆。

自 20 世紀 80 年代始，貨幣這一角色在經濟學研究中越來越重要。當時的美國總統里根（Ronald Wilson Reagan）選擇的是結合供給學派、理性預期學派和貨幣主義等保守主義經濟學說，採取降稅、削減聯邦政府預算、控制貨幣發行等措施，試圖將美國從經濟衰退的邊緣拯救出來。與里根經濟學最匹配的經濟學家叫米爾頓・弗里德曼（Milton Friedman），他認為政府宏觀調控的要點在於保持貨幣政策的穩定性，使經濟內在的穩定性不受到大的貨幣衝擊。同一時期的英國首相撒切爾夫人（Margaret Hilda Thatcher）也是貨幣主義經濟學的擁戴者。

貨幣主義❷經濟學影響深遠，它打開了經濟學詭異的潘多拉盒子，使 20 世紀 80 年代以來至今，貨幣政策在國家宏觀經濟政策制定和全球貿易中處於支配地位，引發了國家之間一系列的"貨幣戰爭"。

1. 失衡的新興市場
2018 年 8 月，土耳其里拉上演了一夜暴跌 20% 的神奇現象，過去 5 年貶值

❶ "滯脹"：停滯性通貨膨脹（Stagflation）的簡稱，特指經濟停滯（Stagnation），失業及通貨膨脹（Inflation）同時持續高漲的經濟現象。滯脹作為混成詞，起源於英國政治人物 Lain Macleod 在 1965 年國會的演講。

❷ 貨幣主義：貨幣學派，是 20 世紀 50 年代末至 60 年代期間在美國出現的一個經濟學流派，其創始人為美國芝加哥大學教授弗里德曼。貨幣學派在理論上和政策主張方面，強調貨幣供應量的變動是引起經濟活動和物價水平發生變動的根本和起支配作用的原因。布倫納於 1968 年使用"貨幣主義"一詞來表達這一流派的基本特點，此後被廣泛沿用於西方經濟學文獻之中。

❶ 遠景五國（VISTA）：由越南(Vietnam)、印尼(Indonesia)、南非（SouthAfrica）、土耳其(Turkey)、阿根廷（Argentina）的英文首字母組成諧音，英文單詞"Vista"，意為展望、眺望，被《經濟學人》認為是繼"金磚四國"之後最有潛力的新興國家。

70%。土耳其不是一個經濟欠發達國家，而是新興市場國家的明星，名列"遠景五國❶"。

在政府舉債高投入的推動下，2017 年土耳其經濟增長率高達 7.4%，甚至是 G20 的領頭羊，成為新興市場國家裏被普遍看好的國家。但在一片繁華中，土耳其里拉匯率卻經歷翻滾過山車，究其原因，土美關係交惡是里拉崩盤的導火索之一，債務過大與儲蓄率太低，其儲蓄率佔 GDP 的比重僅為 25%，那麼過去經濟高速增長的錢去哪了？消失於房地產泡沫。從 2008 年的 2,000 億美元的總量，一直漲到 2018 年 1.2 萬億，10 年間上漲了 6 倍多。當房地產成為一個國家的支柱產業——土耳其房地產佔國內生產總值的 9% 左右，擠擠經濟泡沫的時機就成熟了。

從經濟學家角度看，房地產過熱是一切罪惡的源頭。資本的天性是追逐利潤高的行業，房地產熱的另一面必然是實業投資不足，實業實力虛弱引發進出口貿易逆差，又進一步增加了外債，土耳其每年償還外債佔 GDP 的比重很高。總之，土耳其的經濟政策忽視了經濟結構均衡原理，導致實體經濟的邊際利潤不均衡。

經濟學家定義的利潤是指收益和經濟成本（機會成本）之差。拉大收益與成本差距便是提高利潤產出水平的途徑。但是企業通過增加產出從而增加收益的辦法，並不一定是利潤最大化的最佳途徑，只有在額外的產出創造的收益高過其成本的條件下，增加產出才能提高利潤。如圖 18-1 所示，產出

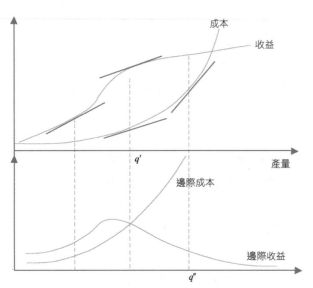

圖 18-1　再現邊際均等原理的幾何圖

q' 將會使收益最大化，q'' 並不能使利潤最大化，因為在 q' 上，收益曲線（即邊際收益）的斜率與成本曲線（邊際成本）的斜率幾乎相等；而在 q'' 上，儘管產出增大，收益與成本曲線斜率完全不等，只有在邊際收益等於邊際成本時，利潤最大化的產出率才是最佳。有資料表明，在 5 年 600% 利潤率的驅使下，土耳其的實體經濟把本該用於增加企業產出的投資計入房地產領域以獲取額外的產出創造的暴利，造成了土耳其股市的虛假繁榮。土耳其的經驗與教訓對於許多新興市場國家來說，是一場避免實體經濟重蹈覆轍的預演。

18.2 新經濟登場

所謂新經濟，是建立在信息技術革命和制度創新基礎上的經濟持續增長與低通貨膨脹率、低失業率並存，經濟周期的階段性特徵明顯淡化的一種新的經濟現象。

20 世紀 90 年代以來，這種經濟現象就被人們表述為"新經濟"。

"新經濟"一詞最早出現於美國《商業週刊》於 1996 年 12 月 30 日發表的一組文章中，

具體是指在經濟全球化背景下，信息技術（IT）革命以及由信息技術革命帶動的、以高新科技產業為龍頭的經濟形態。

新經濟具有以下幾個特徵：

（1）企業注重將價值從有形資產轉移到無形資產上。例如，Marriott 公司是世界著名的酒店管理集團，它從不自己建造酒店或擁有任何酒店實體，而只負責管理酒店。

（2）價值從提供產品，轉移到不僅提供產品同時提供低價且高度個性化產品，或者能夠提供問題解決方案的企業。例如，世界著名的戴爾（DELL）公司，根據每個客戶的要求進行組裝，同時其售價相對低廉；IBM 則把硬件賣給了中國聯想公司，自己只做軟件，為客戶提供問題解決方案。

（3）企業管理實現數據化，擁抱互聯網，美國通用公司（GE）總裁傑克·韋爾奇（Jack Welch）常說：“擁抱網絡，不只是一個網頁。”

（4）以谷歌為代表的搜索引擎、以 Facebook 為代表的社交網絡及以微軟為代表的芯片的出現，把新經濟的高潮部分定格在互聯網紅利網絡經濟時代。

（5）在美國亞馬遜公司的帶動下，新經濟使全球進入了電商時代，歐元區經濟從低速到長期增長，印度成為 IT 大國，中國出現了互聯網雙巨頭企業阿里巴巴和騰訊，非洲的電商也風生水起。全球獲益於新經濟浪潮。

新經濟的實質，就是信息化與全球化，舊經濟終將被更加適應新時代需要的新經濟所取代。它們之間的根本區別是，建立在製造業基礎之上的舊經濟，以標準化、規模化、模式化、層級化為特點，而新經濟則是建立在信息技術基礎之上，追求的是差異化、個性化、網絡化和扁平化。

新舊經濟市場營銷之間，存在更加深刻的差別。舊經濟依靠產品自身來組織並發展，它注重有利可圖的直接交易，着眼於收入業績的高低，通常藉助廣告來創立品牌，依靠明星吸睛，藉助定位來細分市場，雖然以吸引客戶為目的，但缺乏客戶滿意度標準，過度承諾消費者。

新經濟的營銷則與此有很大的差別。儘管新經濟也著眼於經營業績的高低，但是它更加重視客戶的終身價值，營銷上注重以人為本，要求企業擁有客戶滿意度、客戶體驗值和信息流量與轉化的標準。

20 世紀最有影響力之一的哲學家卡爾·波普爾（Karl Raimund Popper）以深邃的眼光，最先將信息從現實世界中分離出來，作為與物質和意識並列的世界構成第三要素，從哲學高度證實了信息對社會和經濟的重大影響，使新經濟有了哲學依據。始於 2012 年的 4.0 工業革命和同一年爆發的移動互聯網應用使新經濟的全球快車急速轉向，新經濟開始了它的下半場。

新經濟標誌性配置是信息，主要指的是基於 IT 技術的網絡信息傳送，而 2012 年之後的信息變革為基於移動互聯網技術的網絡信息鏈接。從應用實踐上分析，PC 互聯網和移動互聯網是兩種有本質差異的網絡，前者代表信息網絡的上半場，後者代表下半場。

新經濟發展的 20 年和技術創新集中於行業技術應用的創新，是 3.0 工業革命的高潮，也是結尾部分，而始於 2012 年的 4.0 工業革命技術創新是技術源頭的創新，4.0 工業革命的每一項技術都可以改寫一個時代，何況它們不期而遇同時到來開闢一個全新時代。目前，還不能精確評估 4.0 工業革命對未來經濟的影響究竟會大到什麼程度，但有一個前景是確定的，4.0 工業革命的技術總成就與 100 年來人類發明的所有技術對社會經濟影響的深刻度是無法比擬的。

新經濟的 20 年是由美國牽引的單核技術創新帶動的大西洋經濟市場格局，新經濟的下半場是由美國和中國在創新領域通過競賽形成的雙核帶動的太平洋經濟市場新格局。雙方在人工智能、移動應用、區塊鏈、雲計算、定位導航等世界領先的新技術的競賽中呈現相互追趕、共同領先的世界格局。

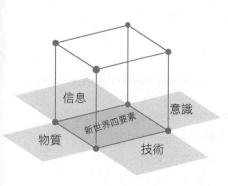

圖 18-2　新世界四要素屋

新經濟過去 20 年的目標是高增長、低通脹與全球化，而新經濟下半場的目標聚焦在創新上，包括經濟結構、組織、制度實現增長方式和增長效率的全面創新。

如果說新經濟的上半場的關鍵是抓住了從傳統經濟——工業經濟向一種新型的知識經濟的轉變，那麼下半場的關鍵則是從知識經濟升級到智慧經濟的轉變。顯然，知識與智慧不屬於同一階文明形式。

新經濟的下半場是由中美兩個創新體拉動的，在 4.0 工業革命和移動應用技術的雙輪驅動下，以螺旋上升的方式帶動全球經濟新增長方式的經濟形態。這種創新經濟呈現以技術創新佔主導，由新技術驅動智慧經濟、知識經濟與創意產業共同發展。

新經濟上下半場的營銷也存在深刻的差別，前者注重滿足用戶需求，為用戶創造價值，利用信息流量進行數據化管理；後者側重創造用戶需求，強調價值共享，從信息的流量中解放出來實現個性化數字營銷，把技術的每一次進化融合成營銷工具，實現營銷的移動化、碎片化和智能化。

所以，從新經濟下半場的發展來看，世界應該由物質、意識、信息與技術四要素構成，如圖 18-2 所示。

18.3 螺旋經濟學

經濟學是一門關於生產、消費、貿易與貨幣的科學。當要實現一個特定的經濟目標，如實現一個國家特定水平的產出，通常會有許多可供選擇的方案，這就是經濟學所講的"假設前提"。社會發展到今天，經濟學的假設前提發生了根本性轉變，從古典經濟學的研究土地、勞動與分配，到新古典經濟學把貿易、資本和貨幣納入研究視野，再到凱恩斯主義的就業、通脹、政府干預的視角，直到今天必須考慮到傳遍全球的 4.0 工業革命、移動互聯網應用、以高鐵為代表的基礎建設以及金融稅賦等政府調控因素。中國用實踐而不是用假設前提為第四次經濟學革命鋪墊了基礎。

2008 至 2018 年，在全球主要經濟體中，只有印度和中國保持了連續 10 年的 7% 左右的高增長，而且在增長過程中，並沒有像土耳其、俄羅斯、南非、巴西、阿根廷、委內瑞拉的匯率大幅波動給國民經濟造成巨大衝擊，當然其中有貿易順差帶來的外匯儲備量大、人口眾多造成內需旺盛的因素使然，但更重要的原因是中印兩國經濟結構的基本面是健康的。這就歸功於印度政府 10 年前和中國政府 5 年前的經濟結構的調整。

18.3.1 中國飛輪

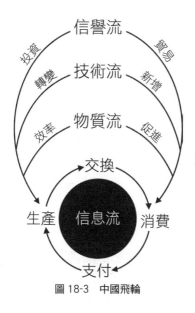

圖 18-3　中國飛輪

如同 "算法" 篇章裏介紹的 Amazon 飛輪效應一樣，中國經濟加速旋轉的飛輪令世界驚羨。中國經濟飛輪由信息流、物質流、技術流和信譽流四隻葉片組成，以信息流為原始動力發力點，相互咬合，相輔相成，在旋轉過程中四輪相互賦能，演算成中國經濟的飛輪效應。如圖 18-3 所示。

在經濟文獻中，關於經濟增長的走勢模式有 "U" 型、"V" 型、"W" 型、"L" 型、倒 "U" 型，但是中國經濟一直保持著可持續的高增長率，雖有波動或緩慢下降，但是經濟總量呈逐年上升的勢頭不低於 6%。如圖 18-4 所示。

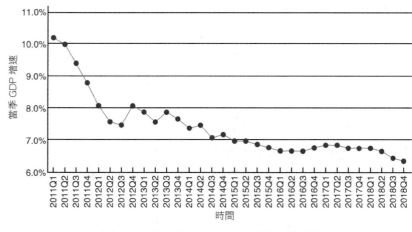

圖 18-4　中國 2011Q1-2018Q4 當季 GDP 增速
資料來源：中國國家統計局

世界銀行從 1987 年開始把所有國家按人均 GNI 的高低分分為四大類，即低收入國家、中下等收入國家、中上等收入國家和高收入國家。2017 年的界定標準如下：

第一類，低收入國家，人均 GNI 少於或等於 995 美元；

第二類，中下等收入國家，人均 GNI 為 996-3,895 美元；

第三類，中上等收入國家，人均 GNI 為 3,896-12,055 美元；

第四類，高收入國家，人均 GNI 多於或等於 12,056 美元；

2017 年這四大類經濟體 GDP 平均增長率如圖 18-5 所示。

從圖中可以看出，2017 年中下等收入經濟體 GDP 平均增長率為 4.11%，中上等收入經濟體 GDP 平均增長率為 2.39%，高收入經濟體 GDP 平均增長率為 2.07%。中下等收入經濟體 GDP 平均增長率比中上等收入經濟體 GDP 平均增長率高 0.72 倍，比高收入經濟體 GDP 平均增長率高 0.99 倍。

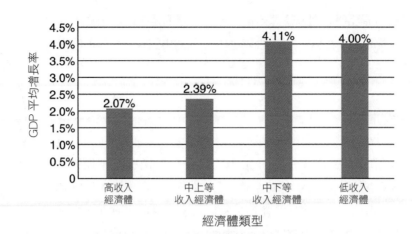

圖 18-5　2017 年世界四大類經濟體 GDP 平均增長率
資料來源：IMF 公佈的 187 個經濟體的數據，以及世界銀行公佈的收入劃分標準

18.3.2 中國經濟的四葉螺旋

（1）2008 年，中國佈局發展高鐵，2019 年中國的高鐵總里程超過 2 萬公里，佔世界高鐵總里程的 60% 以上。

（2）2013 年，中國提出 "互聯網 +" 戰略，直接促進了移動互聯網蓬勃發展，同時促進了創新創業、協同製造、智慧農業、智慧城市、高效物流、移動商務、便捷交通、政務公開、互聯網金融等產業升級。

（3）"智能製造 2025 計劃" 又使中國在工業革命 4.0 領域全民發力，到了 2018 年，中國在人工智能、區塊鏈、智能交通等領域處於世界領先水平，形成中國技術流。

（4）為鼓勵創新，支持創業，中國政府投巨資獎勵高新企業，減免高科技企業稅賦，提供投融資便利，為投資創造可信賴的國家信譽。

這四大舉措像螺旋旋轉的四葉，促使中國經濟持續上升，如圖 18-6 所示。

經濟的螺旋不會在不受力的狀態下自轉，只有初始力促使它開始自轉，循環給力才會出現自轉加速度。正如中國經濟的四葉螺旋，第一波推動力來自移動互聯網的廣泛應用。到 2018 年底，中國的手機用戶規模達到 8 億人，中國的移動應用規模已穩居世界第一位。

四葉螺旋不是原地打轉，而是相互賦能，旋轉上升。在解決勞動價值的平等性、交換的公平性、獲取財富的公開性與生產的均衡配置的公允性，四個國民經濟關鍵要素上，呈現出中國螺旋的經濟性，可持續性與生態化特徵，如圖 18-7 所示。

為什麼說中國經濟螺旋是可持續地生態發展，循環上升的方式，而沒有出現連續數中的斷裂數，即經濟指數的斷崖式下跌，這就有必要討論如下 3 個論題：極大值與極小值、有益波與有害波、螺旋核。

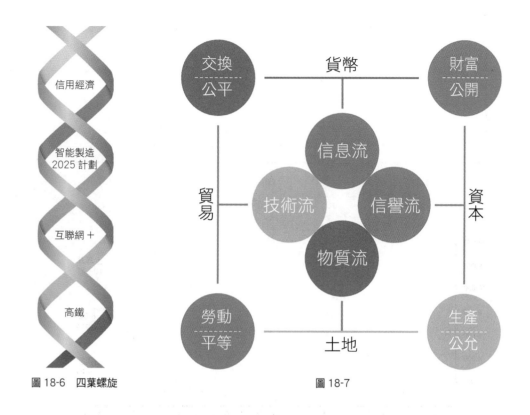

圖 18-6　四葉螺旋　　　　　　　圖 18-7

18.3.3 極大值與極小值

　　深入到螺旋經濟學中尋找最大化目標與最小化目標，從而歸納出最優目標是一項艱苦任務，從正在成長中的數據中構建經濟學模型本身就充滿了矛盾，從動態的不確定性中尋找靜態的均衡指標或規律意味着對極限的挑戰，這種挑戰甚至超越了經濟學家的能力範疇，更像一個數學家、哲學家、未來學家、管理學家、物理學家、金融學家等多學科的綜合學家才能完成的任務。

　　我們的目標是尋找經濟要素的最優值。所謂最優值，就是求出那些使國民經濟目標函數達到極值的選擇變量的值的集合。為便於討論，先考察一個一般函數：

$$y = f(x)$$

　　研究方法是：求出 x 值的水平，從而使 y 值最大化或最小化，而且假定函數 f 連續可導。在求解檢驗這個一階導數之前，先要明白兩個概念：相對極值與絕對極值。

　　如圖 18-9（a）所示，若目標函數為常函數，無論變量 x 選擇何值，得到的值都是 y。在該函數圖形上每一點（如 A、B、C）的高度都可以看成極大值或是極小值，或者說既非極大值也非極小值。這有點像日本近 30 年的經濟增長方式，自 1992 年日本經濟泡沫被擠破之後的 8 年，實際 GDP 年均增長率僅為 1%，其中 1997、1998 兩年出現了負增長，從 2006 年以來至 2018 年，年均 GDP 增長率不超過 2%。有專家指出，日本過去 50 年的發展是靠引進歐美科技成果加以消化創新而取得的，在很高程度上忽視了對基礎科學和高新技

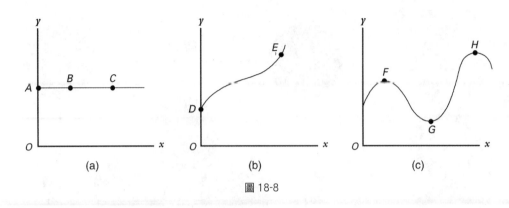

圖 18-8

圖 18-9　土耳其、中國、印度人均 GDP 的對比（1970—2017 年）
資料來源：搜狐財經　作者：騎行夜幕的統計客

術的追趕。在工業革命 4.0 和移動應用廣泛普及的今天，日本經濟要擺脫沒有極大值也沒有極小值的局面，需要找到經濟螺旋中的槓桿，並在一系列拐點上實現逆轉，才會出現上升的螺旋。

　　如圖 18-8（b）所示，函數單調地遞增，如果定義域為非負實數，那麼實際上它就沒有有限的極大值，或者說沒有邊界的極大值在函數值域中屬於絕對（或總體）極小值。以土耳其為例，自 2003 年埃爾多安（Recep Tayyip Erdogan）以總理身份登場後，接下來的 10 年，土耳其 GDP 年均增長率達到 7.3%；2017 年，土耳其的 GDP 增長率 7.4%，高於中國和印度，同年土耳其對外貿易佔 GDP 比例達到 46%，仍然高於中國和印度，如圖 18-9 所示。

　　你能想象嗎？在過去幾十年，土耳其的人均 GDP（按美元計）一直在中國之上？2012 年後，土耳其里拉兌美元開始貶值，中國才開始迅速趕上。

　　如圖 18-10 所示，外儲相當於一個國家的資產，從這個角度看，土耳其已經嚴重資不抵債。2016 年，土耳其外儲佔外債比例就已經只剩下 26%。同年，中國兩倍有餘，而印度和俄羅斯都在 70% 左右。

　　2018 年夏天，土耳其里拉貶值 70%，意味着過去幾十年的國民財富大幅縮水，也就如圖 18-8（b）所示的 E 點，沒有周期性波動的單調遞增，是經濟學中的極小值。在螺旋經濟學面前，土耳其仍然可以劫後餘生，土耳其的高鐵里程達到 3,000 公里，它是連接歐亞大陸的橋樑，只要土耳其回到面向工業革命 4.0 的創新之路上，加上移動應用的支點，執行穩健

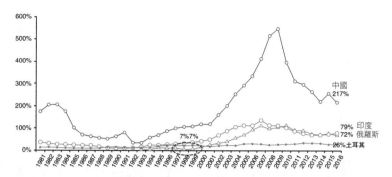

圖 18-10　土耳其、中國、俄羅斯印度外匯儲備佔外債比例對比（1981—2016 年）
資料來源：搜狐財經 作者：騎行夜幕的統計客

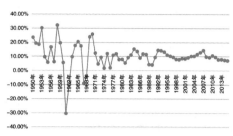

圖 18-11　中國 GDP 增長曲線（1950—2015 年）
資料來源：布仁·《神東天隆》數字報

貨幣政策，完全可以恢復昔日雄風。

如圖 18-8（c）所示的點 *F* 和 *G* 才是相對（或局部）極值的例子，點 *G* 是相對極小值，並不能保證它是函數的總體極小值。同樣，點 *F* 是相對極大值，也不是總體極大值。這有點像本書第 6 篇算法中提到的自由曲線（第二曲線）原理。這是因為一個函數很可能有幾個極值，中、印、美三國的運行規律就符合這個函數原理，如圖 18-11、圖 18-12、圖 18-13 所示。

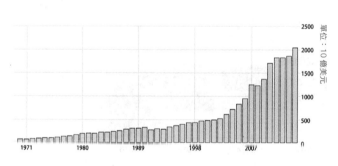

圖 18-12　印度歷年 GDP 總量（1970—2014 年）
資料來源：www.dashangu.com

圖 18-13　美國 GDP 年均增長率
資料來源：百度根據美國經濟分析局發佈的
《國民賬戶》表 1.1.3 數據計算

18.3.4 有益波與有害波

螺旋經濟學認為經濟波動是利好消息，不管是政府干預式調控引起的，還是市場周期性波動引發的，只要振幅在可控、可預期的範圍內，都是螺旋總體上升過程的必要一環，正如竹蜻蜓每一次上升都需要下搖翅膀一樣。

波動並不可怕，學會區分有益波與有害波是關鍵。

用函數 $y=f(x)$ 對波動中的相對極值完成一階導數檢驗，如圖 18-14 所示。

若函數 $f(x)$ 在 $x=x_0$ 處的一階導數等於零，即 $f'(x_0)=0$，則函數在 x_0 的值 $f(x_0)$ 將是：

（1）當 x 從 x_0 由左邊增至 x_0 右邊時，若 $f'(x)$ 由正變成負，則存在相對極大值。

（2）若 x 從 x_0 的左邊增至 x_0 右邊時，若 $f'(x)$ 由負變成正，則存在相對極小值。

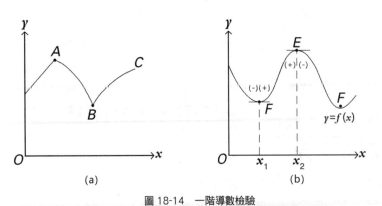

圖 18-14　一階導數檢驗
資料來源：〔美〕蔣中一、〔加〕凱爾文‧溫賴特《數理經濟學的基本方法》

（3）當 x 從 x_0 由左邊增至 x_0 右邊時，若 $f'(x)$ 的符號不變，則既無相對極大值存在，也無相對極小值存在。

如果 $f'(x_0)=0$，則我們稱 x_0 為 x 的臨界值，稱 $f(x_0)$ 為 y 或函數 f 的穩定值。對應地，把坐標為 x_0 和 $f(x_0)$ 的點稱作穩定點。因此，從幾何上看，圖 18-14（a）中沒有穩定點，圖 18-14（b）中第一個可能的穩定點在峰頂的 E 點，第二個可能的穩定點在谷底的 D 點。

在經歷了十年的石油經濟增長後，2014 年，委內瑞拉經濟開始了全面蕭條（見圖 18-15），經濟停滯，人才外流，通貨膨脹困擾著委內瑞拉。過去的 5 年，原本還有比委內瑞拉經濟更惡劣的國家，敘利亞和利比亞。據 IMF 數據統計，這兩個國家由於戰爭，經濟總量縮水了一半。可是在 2016 年，委內瑞拉經濟全球墊底，變成全球經濟狀況最差的國家。

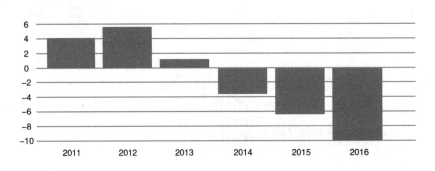

Venezuela in Depression

■ GDP Growth

圖 18-15　委內瑞拉經濟自 2014 年開始進入負增長狀態
資料來源：IMF 數據

委內瑞拉的經濟不可能一直糟下去，今天處於如圖 18-14（a）所示的 B 點的最低谷，掀動它的螺旋的翅膀，會達到 C 點，只不過這的確不是最佳經濟發展模式，即使達到 C 點，C 點再努力達到 A 點需要的成本也會很高。

18.3.5 螺旋核

無論是古典經濟學、新古典經濟學，還是新凱恩斯主義（New Keynesianism）、新古典宏觀經濟學，研究的對象是商品市場、金融市場、勞動力市場這三大市場問題，又要涉及經濟增長、經濟波動、貨幣問題、經濟政策等宏觀問題。比如經濟波動問題上，它們有"商業周期理論"；在經濟增長問題上，它們有"代際交疊模型"；在經濟理論上，有"看不見的手"或市場失靈理論。它們各派的理論已成系統，彼此貫通，相互借力，但是它們有一個致命的缺陷：缺乏微觀經濟的研究。

經濟學家們大多是數學家和經濟理論家的混合體，依靠一系列數學模型營造出理論假設的無懈可擊，缺乏對經濟社會的主體——企業營銷活動與管理模型的深入研究。華紅兵先生歷時 30 年，研究了 1,000 多家企業，600 多個行業，並成功培育了 45 家行業頭部企業上市公司。他把一系列微觀經濟活動連接起來，組成從實踐中發現的經濟學規律，比從經濟學的各種假設預置前提出發更加真實可靠，如從 Amazon 增長飛輪啟示中尋找中國經濟飛輪旋轉核，就是他從實踐中探索出經濟規律的路徑，從而寫就了螺旋經濟學。

1. 亞馬遜螺旋

2018 年，亞馬遜股價屢創新高，累計漲幅超過 50%，市值突破 9,000 億美元，成為繼蘋果之後全球第二家市值突破 9,000 億美元大關的公司。市場研究公司 MFM Partners 在其新發佈的投資報告中預測，到 2024 年，亞馬遜市值可達到 2.5 萬億美元，幾乎相當於地球上一個中等發達國家的 GDP。

亞馬遜運營中的玩法很多，但打造"精品化運營 + 爆款運營"模式，無疑是其制勝法寶。在亞馬遜運營實踐中，螺旋式運營策略是成本最低、效果最好的策略，用經濟學家的術語來形容，叫效用值高。

通常賣家的產品在電商平台剛上市時，基本上面臨"上架即滯銷"的狀態，產品上架很久不見訂單的結果會使賣家對運營產品喪失信心。為防止這種情況出現，亞馬遜對於新上架的產品會給予一定的流量傾斜，為的是吸引賣家留下來。雖然亞馬遜的系統會根據產品的轉化情況來做後續的流量分配，但是接下來還是要看賣家自己的實力。作為賣家，就要充分利用這個有限的流量傾斜，通過一系列精心設計的促銷活動完成流量轉化，積累用戶口碑。賣家看到的是訂單，亞馬遜看到的是轉化率，當賣家的轉化率高於同行時，系統會分配給你更多流量，於是第一個螺旋上升形成流量上升，同時也形成了第二個螺旋上升；訂單上升，隨後形成了第三個螺旋上升，BSR 排名；新品上架是沒有 BSR 排名的，而有了排名的產品必然形成第四個螺旋上升，流量和訂單的雙上升。

流量轉化與排名形成亞馬遜平台爆款產品的殺手級應用，有專家將其比喻為"竹蜻蜓運營"，在竹蜻蜓上升的過程中，往往呈螺旋式，如果僅從平行層面看，竹蜻蜓只是在同一個平面上的盤旋，正是在同一個平面上的盤旋恰好保證了其穩定性，為下一個上升平面的攀升提供了堅實的支撐。

試將經濟學的效用邊際均等原理代入亞馬遜的螺旋運營中來，可以看得更加清晰。效用邊際均等原理認為，當邊際效用（即最近一次行動對效用的貢獻）和邊際非效用（即最近一次行動帶來的效用損失）非常接近時，該行動應當停止。只有邊際效用大於邊際非效用時，該行動才會繼續。例如，當亞馬遜對新商品進行流量傾斜而收不到效果時，就不會出現第二個、第三個上升的螺旋，反之亦然。

如圖 18-1 所示，在數值小於 q′ 的任何位置上，邊際效用的上升速度大於邊際非效用（即邊際效用大於邊際非效用，或者說效用曲線率大於非效用曲線率），行動應當繼續進行；

反之，大於 q′ 就代表不明智的非理性選擇，處於 q″ 位置的選擇會更加痛苦。

螺旋式上升運營是我們迄今為止觀察到的關於效用值的最佳選擇，它不僅符合邊際均等原理下效用和非效用曲線最大距離下的淨效用最大化，而且完美地解釋了真正的財富是連續積累的漸變過程，為可持續發展而非斷崖式暴跌提供了可循路徑，這又引發了哲學對"連續的數"的思考。

古希臘有位叫芝諾（Zeno）的哲學家，號稱詭辯學始祖，擅長用"二分法"提出哲學悖論，即運動着的物體要達到終點，首先必須經過中途的一半，為此它又必須先走完這一半的一半，依此類推，以至無窮。假如承認有運動，這運動如圖 18-1 邊際均等原理的幾何圖的物體連一個點也不能越過。在這裏，引用阿基里斯（Achilles）與烏龜的故事，當時全希臘跑得最快的是阿基里斯。芝諾說，只要讓烏龜先爬一段距離，則阿基里斯永遠追不上烏龜。因為，他要追上龜，首先就要達到烏龜所爬行的出發點，這時龜已經向前爬行了一段；當阿基里斯跑到龜的第二個出發點時，龜又爬行了一小段，阿基里斯又要趕上這一小段，以至無窮。阿基里斯只能無限地接近，但永遠不能趕上它。所以假如承認有運動，就要承認速度最快的追不上速度最慢的。

這個悖論的結論一看便知是錯誤的，然而要想駁倒芝諾可不那麼容易。從亞里士多德（Aristotle）至今，不少哲學家和科學家試圖指出芝諾的論證錯誤，可總是無法徹底駁倒。讀者如果有興趣可以和芝諾比一比智慧，可以阿基里斯與烏龜那個悖論為例，假設讓烏龜先爬行 10 公里，阿基里斯跑步的速度是烏龜的 100 倍，然後你試着去反駁芝諾。

芝諾悖論表面上看起來一目了然，並且一聽就知道他是錯的，可就是說不出來他錯的理由。而芝諾想要的也不是結論，恰恰就是理由。

芝諾悖論到底說明了什麼問題呢？古代的科學家習慣於研究一個個離散的數，對連續的數感到不可理解。芝諾悖論的出現，恰恰反映了古希臘科學家想用離散的觀點來解釋連續現象所遇到的矛盾。芝諾悖論涉及運動、時間和空間的關係，以及極限和無限分割的問題，還接觸到運動本身存在連續性和非連續性的矛盾，所以歷來受到科學家和哲學家的重視，在認識史、邏輯史和科學史上都有重要的地位。

與芝諾悖論相媲美的還有一個二律背反的故事："既然上帝是萬能的，那麼上帝就能造出連他自己也搬不動的大石頭。"是啊，既然上帝是萬能的，他就一定能搬得動所有的大石頭，可是理論上他又能造出重得連他自己也搬不動的大石頭，因為上帝是萬能的。

原來換一個角度就容易找到答案。

同樣的道理，如果不是站在阿基里斯或烏龜的二元角度，如果不是按點狀思維或線性思維，而是站在第三者和一個空間思維的角度觀察，那麼芝諾悖論之謎就很容易理解。

回到竹蜻蜓螺旋上升的空間裏看，每一個竹蜻蜓盤旋的平面與下一個上升平面之間都是相互連結的螺旋，只不過每兩個不同高度的平面之間靠若干個拐點連接，只要拐點是連續上升的，竹蜻蜓就會越飛越高。

Amazon 30 年的加法飛輪增長與中國經濟 30 年的旋轉飛輪有着驚人的規律可循，Amazon 飛輪的賦能核計算公式是：

$$f_{(\text{innovation})} = (\text{arch} \times \text{org})^{(\text{mechanisms} \times \text{culture})}$$

*Innovation is a function of **architecture** and **organization** amplified to the power of **mechanisms** and **culture**.*

· 架構（Architecture）創造一個支持快速成長和變革的結構。

· 組織（Organization）讓小而有能力的團隊擁有他們所創造的東西。

· 機制（Mechanisms）將行為編碼進入我們促進創新思維的 DNA 中。

· 文化（Culture）僱傭建設者，讓他們建設，用信念系統支持他們。

同理，中國螺旋的四葉飛輪的賦能核計算公式是：

$$f_{(\text{Spiral Energy})} = (\text{Log} \times \text{Tech})^{(\text{Info} \times \text{Reputation})}$$

· 物質流（Logistics）：創造一個公路、鐵路、航空、水路的高效四網合一基礎網絡。

· 技術流（Technology）：讓大眾創新，通過萬眾創業實現技術躍進式創新。

· 信息流（Information）：以"互聯網 +"為入口，實現萬物"+ 互聯網"的數字經濟[1]轉型。

· 信譽流（Reputation）：以一帶一路推動數字信譽經濟[2]構建企業、個人和國民經濟的核心競爭力。

在上述計算公式的實踐運用中，最重要的關鍵變量是信息流的開發應用。

螺旋經濟學把人類帶入到軟經濟之中，以前的農業經濟、工業經濟乃至 PC 互聯網時代的信息經濟都帶有硬經濟色彩，移動互聯網使人人互聯、人人都是程序員、人人都是算法師成為可能。尤其是移動互聯網創造的信息流，不同於 PC 互聯網的信息閘——信息開關被少數人掌握，移動互聯的信息流是一種高滲透的經濟信息流，具有高度自動化、高擴展、自適應性的特點。

一方面，信息流自身依靠智能算法，不斷自我修復和迭代；另一方面，在算法定義經濟[3]（Algorithm Defined Economic System, ADES）的原理驅動下，信息流使物質流、技術流和信譽流融會貫通，互相賦能，使經濟的螺旋朝正向旋轉上升。

在消費與生產之間，信息流中的智能算法正在替代市場設計、市場匹配、商品市場這些由數理經濟學家根據某種假設而強加給經濟學的概念，消費算法與生產算法在信息網絡的後台完成，自動匹配，與無需人工干預。

在螺旋經濟學的價值原理中，算法是"看不見的手"，"看得見的手"則是政府的消費支出及政策信譽，政府把那些投資大、回報周期長、民營企業不願意幹、幹不了的"髒活、累活"接到手，如高鐵建設、機場修建、大型水壩等工程。

[1] 數字經濟（Digital Economy）是指以使用數字化的知識和信息作為關鍵生產要素、以現代信息網絡作為重要載體、以信息通訊技術的有效使用作為效率提升和經濟結構優化的重要推動力的一系列經濟活動。

[2] 信譽經濟（Reputation Economy）用來描述這樣一個世界：信譽可以被即刻分析、存儲並作為享受特殊待遇和利益的通行證。在信譽經濟裏，你可以像使用現金一樣使用你的信譽，將它用作債務抵押或擔保去達成原本無法達成的交易。

[3] 算法定義經濟：指以算法為核心的、以信息（包括知識和數據）為資源、以網絡為基礎平台的一種經濟形態，在其中，算法決定了信息增長的秩序，同時它貫穿了經濟系統的所有組成部分和流程，支撐並控制系統中各種經濟活動以及所形成的各種經濟關係，決定了經濟系統的秩序。

因此，在算法決定經濟的世界，市場不會失靈，經濟周期不會大幅波動。按照新結構經濟學派的觀點，一個國家經濟發展需要建立產業比較優勢，這就需要兩個要素"有效的市場"和"有為的政府"，這兩種要素按照螺旋經濟學的算法就是：賺錢的事交給企業，不賺錢的事交給政府。兩者都是通過信息流中的算法服務於國民。

在國家之間的經濟競賽方面，中國沒有重走過去經濟發展的老路，比如石油、資源、土地、勞動力、原料等傳統經濟發展的競賽模式不再重現，而是升維到一個新的經濟空間即數字經濟空間。新空間裏的經濟規律依據是鏈接律，鏈接帶來了生態化的可持續的全面增長，也帶來了數字貨幣——未來最主要的交易工具。

案例 ｜ 在飛機場上種田

2019 年 9 月 27 日，東京奧組委宣佈，奧運村的 2.6 萬張床全部由硬紙板製作，以便奧運會結束後回收再利用。在史上最窮酸 G20 之後，日本將舉辦一屆史上最節儉的奧運會，體現他們的節儉精神。

在成田機場乘坐過飛機的人似乎都會注意到這樣一個奇觀：成田國際機場跑道內的菜地，是國家給開通的專屬通道。菜地的主人高尾紫藤是日本普通的一個農民，成田機場因為他至今"未完工"。難道就沒有辦法徵用土地嗎？當然不是。在日本，私有財產神聖不可侵犯，這是日本憲法賦予每個公民的基本權利。

成田國際機場規定在夜間不得起降飛機，以免打擾到他們的作息跟生活。每天晚上 11 點必須關門，早上 6 至 7 點恢復航班，成田機場成為全球唯一不能夜間起降的機場。

通過這兩個故事，日本向全球呈現了他們保障個人權益的國家機制，他們崇尚誠信，贏得信譽。這並不是單純的個人故事，而是象徵着日本 30 年來的演變過程。

成田機場在 1966 年修建之初，沒有就新國際機場的地理位置和選址條件進行充分考察，也沒有履行與當地居民協商和徵求當地居民同意的程序。當地農民自發組成"反對者聯盟"，在動蕩的"紅色"年代裏，發生了多次的流血衝突。為尋出路，日本政府採取柔和政策，放棄在成田機場動用《土地徵用法》並向當地居民提供高額賠償，公開道歉。此後，機場周邊部分居民開始慢慢地搬家。日本政府迫不及待地於 1999 年修築第二跑道。

為了 2020 東京奧運會，有關部門對高尾紫藤軟硬兼施，但他絲毫不為所動，理由是：他在這片土地不用農藥就能做好有機農業，把土移到別的地方也不會一樣，土地換掉了，作物就不一樣了。

日本東京奧運會，所有華麗的宣傳，都比不過飛機降落時看到的那片有機菜地。正是因為有了那塊阻斷日本交通命脈的菜地，才吸引了全世界無數的私人資本投入。只有在信譽至上的國家，才能彰顯個人的尊重感、成就感與安全感。東京奧運會之際，當成千上萬的乘客抵達機場時，都會聯想到"機場與菜地"的故事，這更像是國家與個人合演的雙簧，但不得不說這是一個國家最好的廣告。依據移動營銷品牌原理，以故事的形式作為傳播是最佳切入點。

18.4 鏈接律

18.4.1 最小世界的鏈接律

貨幣是經濟的"血液"，它通過營銷活動流動起來。歷史上每一次經濟危機中，總有金融危機的身影。如今，區塊鏈與數字貨幣的出現，如同從天而降的手術刀，能夠切除導致經濟危機的腫瘤——金融危機。

2018 年 8 月底，委內瑞拉年度通脹率已經超過 82,766%，IMF（International Monetary Fund 國際貨幣基金組織）[1] 預測 2018 年全年將達到 1000000%。這將超越 1923 年的魏瑪共和國，逼近 2008 年津巴布韋的通脹水平。當時，津巴布韋的許多國民願意在第一時間將自己銀行賬戶中帶有無數個"0"的本國貨幣存款兌換成加密的數字貨幣比特幣，或者黃金。委內瑞拉政府的處理方式是於 2018 年 8 月 20 日推出"主權玻利瓦爾"貨幣，替代原有的"強勢玻利瓦爾"。與此同時，政府主打的"石油幣[2]"也與"主權玻利瓦爾"掛鈎。將其作為國內計價基礎，規定一個"石油幣"（價值約 60 美元）等於 3,600 新貨幣。在 ICO 遭遇凜烈寒冬的背景下，委內瑞拉政府將希望寄托在虛擬貨幣上，政府還計劃推出一種新的，由黃金支持的數字貨幣，並且基於黃金的"Petro"和基於石油的"Petro"將擁有相同的參數。不過，在委內瑞拉推出"石油幣"之前，一種叫"Pec 石油幣"的全球數字加密貨幣正在流行。

問題是，為什麼要等到經濟危機或通貨膨脹到崩潰的邊緣才想起加密數字貨幣呢？這是由於日常國際結算已經形成了以美元為主導的國際貨幣體系，最初美元和黃金掛鈎形成了布雷頓森林體系（Bretton Woods System），20 世紀 70 年代，美國宣佈美元與黃金脫鈎，直到今天形成了美元既是全球主要結算貨幣，又是美國人自己發行的貨幣的局面。美元的強勢地位造成了發行美元的美聯儲（Federal Reserve）[3] 成為世界經濟裁判，在參與全球貿易的角色扮演中，美國既是運動員又是裁判員，引發了眾多國家的不滿。2018 年夏天，法國和德國研究本貨結算時，英國也參與進來，伊朗乾脆宣佈不再使用美元作為國際結算貨幣，而傾向於使用歐元和人民幣。然而這些區域性貨幣聯盟根本無法動搖美元的優勢地位，求助於區塊鏈技術應用和虛擬幣發行新規則才有可能重建一個更加公平的全球貨幣體系。

國與國通過貨幣結算形成一個大世界，相對而言，人與人的貨幣結算是個小世界。要解決國際貨幣結算的大問題，不如從人與人的經濟鏈接入手。我們先來看看貨幣的作用，貨幣是交換價值的工具，交換沒有價值，交換就會停止。假設 A 拿 10 頭羊試圖交換 B 手中的 1 頭牛，A 和 B 之所以交換是因為他們還需要從 C 和 D 甚至更多人手中交換 A 和 B 所需要的商品，為了交易的便捷與公正，貨幣以中介者角色出現了。問題是假設 A 和 B 的任何一方認為通過貨幣這個中介交換來的價值不能使他再次從與 C 或 D 交換中獲得公平的交換價值回報，那麼 A 和 B 要麼選擇停止交易，要麼選擇不用貨幣這個中介而直接物物交換。

[1] IMF：國際貨幣基金組織（International Monetary Fund，IMF）是根據 1944 年 7 月在布雷頓森林會議上簽訂的《國際貨幣基金協定》，於 1945 年 12 月 27 日在華盛頓成立的。它與世界銀行同時成立，並列為世界兩大金融機構之一，其職責是監察貨幣匯率和各國貿易情況，提供技術和資金協助，確保全球金融制度運作正常，總部設在華盛頓。

[2] 石油幣："石油幣"是第一個由主權國家發行並以自然資源為支撐的加密數字貨幣，將被用來進行國際支付，成為委內瑞拉在國際上融資的一種新方式。這一數字貨幣將幫助委內瑞拉度過經濟困難時期，打破美國的金融封鎖。馬杜羅歡迎全世界的投資者來投資"石油幣"。

[3] 美聯儲（Federal Reserve）：聯邦儲備系統，由位於華盛頓特區的聯邦儲備委員會和 12 家分佈在全國主要城市的地區性聯邦儲備銀行組成。

　　站在互聯網的角度看，A 和 B 是相互鏈接的大世界中的小世界的鏈接，這種鏈接意義非凡，是複雜網絡鏈接的基石，也是大數據時代的開端。全球複雜網絡研究者艾伯特—拉斯洛・巴拉巴西（Albert-László Barabási）在其經典著作《鏈接》（*linked*）中提出，每個人都是遍及世界的社會網大節點簇的一部分，沒有人可以遊離在外。沒有人能夠認識地球上除他之外的所有人，但是，在人類社會網絡中，任意兩個人之間一定存在一條路徑。這意味著，要和網絡中的其他成員保持鏈接，每個人只需要認識一個人，大腦中的每個神經元和其他神經元之間只需有一條鏈接，人體內的每種化學元素至少具備參與一個化學反應的能力，商業世界中的每個公司至少和一個其他公司產生貿易關係。"1"是這裏的閾值，如果節點擁有的平均鏈接數少於 1，網絡將破碎成相互間沒有聯繫的小節點簇；如果每個節點擁有的鏈接數超過 1，網絡就可以避免破碎的危險。

　　按照巴拉巴西的說法，每一個節點只需要一個鏈接就可以使它和整個網絡保持鏈接。然而現實世界並不是 0 和 1 的關係，每一個人認識的人數正常值為 100–500，現實的網絡不僅是連通的，而且遠遠超過保持連通所需要的閾值 1。

　　回到經濟學的數理研究中，我們會發現人們並不是生活在隨機世界裏，這些複雜的系統背後存在某種經濟秩序。互聯網的世界由 0 到 1 組成，而相互鏈接的經濟世界由 0 到 1 到 2 構成，即任何兩者之間的交換都不是交換的終點，必須有第三種角色參與再交換才完成交換的閉環。

　　如圖 18-16 所示，A 與 B 交換的目的是拿到 B 支付的貨幣，用於交換 C 手中的商品或服務。

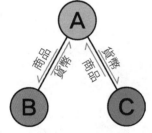

圖 18-16　交換示意圖

　　原來，市場交換網絡的真正中心位置屬於那些處於三方交換位置的發起節點，這些節點是由 A 和無數個與 A 一樣發起交換的節點組成的，正是這些發起節點構成了經濟循環。下面，我們將用數學中的帕斯卡定律解釋這個帕斯卡三角形。如圖 18-17 所示，設想從頂點 A 步行去某個地點，規定 n 代表步行能去的區域位置，從左側線開始用（n，m）表示 m 號地點。

　　這裏，從（0，0）點出發步行到地點（n，m）的道路的種類數目寫作（$\binom{n}{m}$），當然是指不繞遠地到達目的地的道路數目，此刻用（$\binom{n}{m}$）製作出來的數字圖形就是帕斯卡數三角形，詳見圖 18-18。

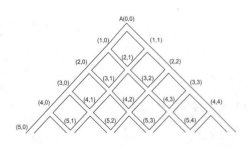

圖 18-17　帕斯卡長三角形
資料來源：遠山啟・《數字與生活》・

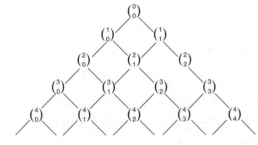

圖 18-18　帕斯卡數三角形
資料來源：遠山啟・《數字與生活》・

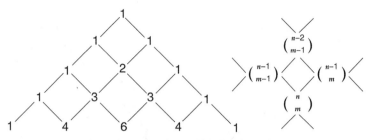

圖 18-19　無限延伸的數三角形
資料來源：遠山啟《數字與生活》

如圖 18-19 所示，這個數三角形是可以無窮延伸的。那麼（ $\binom{n}{m}$ ）具有什麼樣的結構呢？例如，考慮一下（ $\binom{n}{m}$ ）在另外一個位置上是怎樣的呢？在去點（n, m）時，可以經過（n-1, m-1）和（n-1, m）這樣兩條道路。要到達地點（n-1, m-1）有（ $\binom{n-1}{m-1}$ ）條路；往地點（n-1, m）去只有（ $\binom{n-1}{m}$ ）條路，所以去地點（n, m）有（ $\binom{n-1}{m-1}$ ）+（ $\binom{n-1}{m}$ ）條路，即下式成立

$$\binom{n-1}{m-1}+\binom{n-1}{m}=\binom{n}{m}$$

並且具有下列性質

$$\binom{n}{r}=\binom{n}{n-r}$$

要計算（a+b）^{n} 時，利用帕斯卡三角形，則計算過程變得十分簡單。展開（1+x）^{n} 時，如果想知道出現幾個 x^m，方法與組成數三角形相同。例如，讓 x$_a$ 往左邊走，x$_b$ 往右邊走，如圖 18-20 所示，那麼就會出現從 1 開始到 an-mbm 為止的道路數，這個數是（ $\binom{n}{m}$ ），即下列公式成立

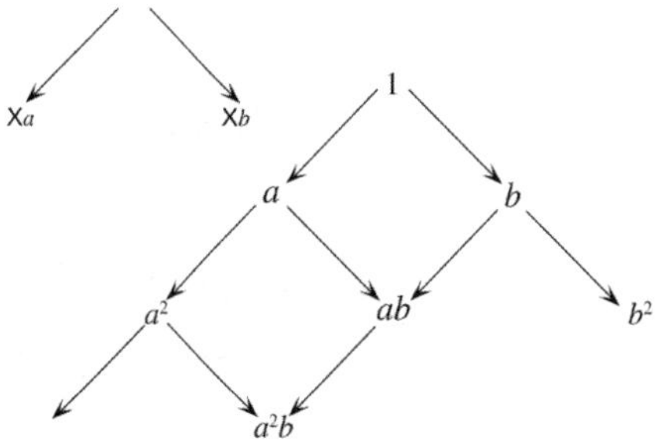

圖 18-20　利用帕斯卡三角形計算（a+b）n
資料來源：遠山啟《數字與生活》

$$(a+b)^n=\binom{n}{0}an+\binom{n}{1}a^{n-1}b+\cdots+\binom{n}{1}ab^{n-1}+\binom{n}{0}b^n$$

需要說明的是，這個公式是在任何時候都成立的一般關係式。

18.4.2 虛擬幣

我們之所以研究小世界的經濟鏈接規律，就是為了研究在不受第三方控制的區塊鏈技術中，人人自主發行虛擬幣的可行性方案。這裏說的 "人人" 既可以是一個個體，也可以是一個組織或是一個國家或經濟區。

假定發起的交換點以交換信譽值為計量出發點，那麼，獨立發行自己的虛擬幣參與其它兩個節點的交換應如何計算呢？

繼續用帕斯卡的計算方法找出交換的路徑與數值。

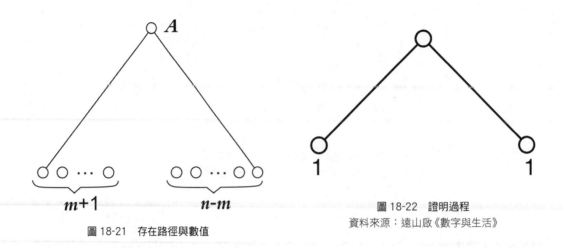

圖 18-21 存在路徑與數值

圖 18-22 證明過程
資料來源：遠山啟《數字與生活》

帕斯卡把同一底邊上排列的數值看成一群，首先取相鄰的數（$\binom{n}{m}$），（$\binom{n}{m+1}$）。

從左側開始數到左端為止的個數為 m+1，從右側開始數到右端為止的個數為 n-m，發現（$\binom{n}{m}$）和（$\binom{n}{m+1}$）之間隱含着以下法則，如圖 18-21 所示。

$$\binom{n}{m}/\binom{n}{m+1}=(m+1)/(n-m)$$

這是在任何時候都成立的法則，那麼，怎樣才能證明該公式在任何時候都成立呢？帕斯卡是這樣敘述的，如圖 18-22 所示。

這個法則在第二邊成立。如這個法則在 n-1 的底邊成立，則它必然在下邊的編號 n 的底邊也成立。

只要證明這一點，則從第二邊開始，接著第三邊、第四邊……的證明就會發生連鎖反應，直至完成對所有邊的證明。

由於第二邊是 1，且該法則在 n-1 的底邊成立，則

$$\frac{\binom{n-1}{m}}{\binom{n-1}{m+1}} = \frac{m+1}{n-1-m} \text{，因而} \quad \binom{n-1}{m} = \frac{m+1}{n-1-m}\binom{n-1}{m+1}$$

$$\frac{\binom{n-1}{m+1}}{\binom{n-1}{m+2}} = \frac{m+2}{n-2-m} \text{，因而} \quad \binom{n-1}{m+2} = \frac{n-2-m}{m+2}\binom{n-1}{m+1}$$

注意，假設上述公式成立，並代入公式

$$\frac{\begin{pmatrix} n \\ m+1 \end{pmatrix}}{\begin{pmatrix} n \\ m+2 \end{pmatrix}} = \frac{\begin{pmatrix} n-1 \\ m \end{pmatrix} + \begin{pmatrix} n-1 \\ m+1 \end{pmatrix}}{\begin{pmatrix} n-1 \\ m+1 \end{pmatrix} + \begin{pmatrix} n-1 \\ m+2 \end{pmatrix}}$$

則有 $$\frac{\left(\dfrac{m+1}{n-1-m} +1 \right) \begin{pmatrix} n-1 \\ m+1 \end{pmatrix}}{\left(1+ \dfrac{n-2-m}{m+2} \right) \begin{pmatrix} n-1 \\ m+1 \end{pmatrix}} = \frac{m+2}{n-1-m}$$

因此可知，該法則在 n 的底邊也成立。

這個推論的連鎖反應與將棋一個壓一個倒下去的邏輯相似。

排列將棋棋子時，第一個棋子必須先倒下，如果 n-1 號的棋子倒下，則 n 號的棋子一定倒下。如上述兩點確定了，則所有的棋子都將倒下，所謂數學歸納法就是將棋倒下的邏輯。

如使用這個定理，要通過 $\begin{pmatrix} n \\ r \end{pmatrix}$ 求 $\begin{pmatrix} n \\ r+1 \end{pmatrix}$，只要乘以 $\begin{pmatrix} n-r \\ m+1 \end{pmatrix}$ 即可。

從 $\begin{pmatrix} n \\ 0 \end{pmatrix}$ 開始接連不斷地計算 $\begin{pmatrix} n \\ 1 \end{pmatrix}$，$\begin{pmatrix} n \\ 2 \end{pmatrix}$ … ，$\begin{pmatrix} n \\ m \end{pmatrix}$ 時，則有

$$\begin{pmatrix} n \\ m \end{pmatrix} = 1 \times \frac{n}{1} \times \frac{n-1}{2} \times \cdots \times \frac{n-m+1}{m}$$

$$= \frac{n \times (n-1) \times (n-2) \times \cdots \times (n-m+1)}{1 \times 2 \times 3 \times \cdots \times m}$$

從 1 開始順序相乘到 k 時，按規定應把這個乘積寫作 k！，則分子 n×（n-1）×（n-2）×…×（n-m+1）變成

$$\frac{n \times (n-1) \times \cdots \times (n-m+1) \times (n-m) \times \cdots \times 1}{(n-m) \times (n-m-1) \times \cdots \times 1} = \frac{n!}{(n-m)!}$$

可寫成

$$\begin{pmatrix} n \\ m \end{pmatrix} = \frac{n!}{m!(n-m)!}$$

使用符號！使公式變得明了清楚。利用這個邏輯還能夠證明下述事實。

在平面上畫多邊形的網孔時，如圖 18-23 所示，其多邊形的面數和線數及結點數之間關係為

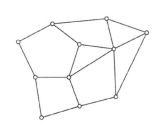

面數 ＋ 結點數＝線數 ＋1

圖 18-23　**在平面上畫多邊形網孔**
資料來源：遠山啟《數字與生活》

我們嘗試把數學歸納法應用到這個關係式中，也就是把它順序應用到

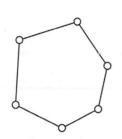

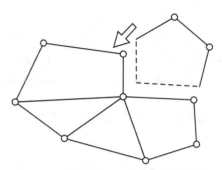

圖 18-24　面數等於 1 時的線數和點數
資料來源：遠山啟《數字與生活》

圖 18-25　面數等於 *n*-1 時的線數和結點數
資料來源：遠山啟《數字與生活》

多邊形的面數為 1、2、3、4、……的情況。

首先，面數等於 1 時怎麼樣？如圖 18-24 所示。

面數等於 1 時，線數和結點數相等，則有

$$面數 + 結點數 ＝ 線數 +1$$

其次，當面數等於 n-1 時，設公式是正確的，此時再連接一個多邊形，於是面數為 n。如圖 18-25 所示，又補了一個多邊形。設新增加的結點數為 s，則新增加的線數是 s+1。因此，如果多邊形在 n-1 時公式成立，則 n 的時候公式也成立，即

$$面數 + 結點數 ＝ 線數 +1 \quad \frac{+ 新增加數……\quad 1 \quad + \quad s \quad =s+1}{n 的時候……面數 + 結點數 = 線數 +1}$$

在這裏，用數學歸納法完成了這道題的證明，因此可以知道，不管有多少個面，上式總是成立的。

如果開始時不預先設想問題的應用法則，則不能使用數學歸納法，其原因是該法則的應用應基於計算到面數等於 n-1 時為止。因此在用不嚴密的實驗方法證明某個問題時，要想對其進行嚴密的數學證明，可利用數學歸納法。正如馬雲通過"差評"，解決了淘寶商家的信譽問題一樣，人人自主發行虛擬幣也應該以信譽值為計量基礎。畢竟，在價值交換領域，信譽比生命還重要。

18.4.3 國際數字貨幣原理

在區塊鏈應用呈現爆發式增長態勢的 2019 年，全球各個國家都開始投入到區塊鏈加密數字貨幣發行研究之中，越來越多的數字幣種誕生，截止到 2018 年初，全球已有近 2,000 種加密數字貨幣出現。然而，它們之間還不能通兌。

假設數字加密貨幣人人可發行，而且幣種之間可以全球通兌，必須找到通兌的一般原

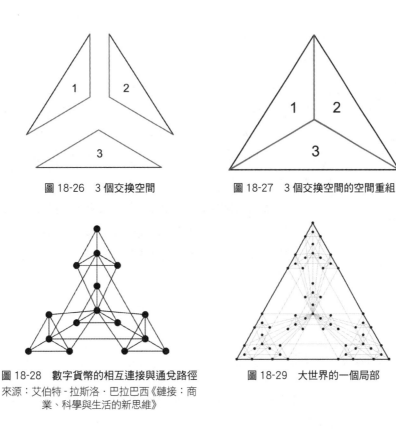

圖 18-26　3 個交換空間　　　　　　　　圖 18-27　3 個交換空間的空間重組

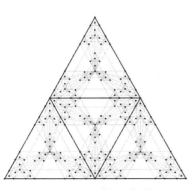

圖 18-28　數字貨幣的相互連接與通兌路徑
來源：艾伯特 - 拉斯洛 · 巴拉巴西《鏈接：商
業、科學與生活的新思維》

圖 18-29　大世界的一個局部

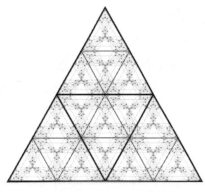

圖 18-30　複制結果　　　　　　　　　　圖 18-31　無窮數

理，它必須是至少 3 個交換空間重疊後的空間重組 , 而且是 3 個等腰三角形組合成一個等邊
三角形，如圖 18-26、圖 18-27 所示，互聯網的世界是由 0 和 1 的密碼組成的，數字貨幣的
小世界是由 0、1 和 2 組成，數字貨幣的大世界則是由 0、1、2 和 3 構成的。根據模塊化
的區塊鏈原理，把圖 18-27 中的三角形複製 3 個後組成圖 18-28，即代表一個國家或一個經
濟區域內數字貨幣的相互鏈接與通兌路徑。

　　假設把圖 18-30 中的國家和地區數字貨幣複製 3 份，將 4 個國家或地區的數字貨幣鏈
接起來，就會形成大世界的一個局部，如圖 18-29 所示。

　　把圖 18-29 中的 4 個國家或地區組成的三角形複製 3 份，又重新組織成一個由 16 個國
家或地區組成的 3 個等邊三角形，如圖 18-30 所示，並依此類推至無窮數，如圖 18-31 所

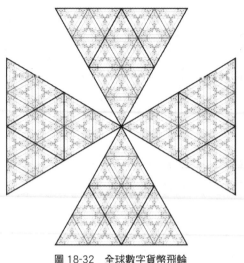

圖 18-32　全球數字貨幣飛輪

示，所有的無窮數之間都是相互鏈接並可通兌的。

　　一張彩色世界地圖至少需要幾種顏色繪製？這是一個拓撲學問題，即找出給球面（或平面）地圖著色時所需用的不同顏色的最小數目的辦法是，着色時要使不相鄰（既有公共邊界線段）的兩個區域有相同的顏色，計算的結果遵循四色原理。

　　再看看細胞複制的原理，起初，細胞只有 1 個血紅蛋白基因，後來在複制過程中出現了 4 個血紅蛋白基因。現在觀察的結果是，每個血紅蛋白基因分別編碼血紅蛋白中的 4 種珠蛋白。

　　不管是繪圖中的四色原理還是細胞複製中的一變四裂變原理，都與全球數字貨幣裂變與鏈接的原理一樣，從 1 份到了 3 份再複製裂變到 4 份，再裂變為極大值，最終變成全球數字貨幣飛輪如圖 18-32 所示。

18.5 全球經濟螺旋

　　假如把中國的經濟螺旋原理放大到全球經濟地圖，會發現近十年來經濟增長持續加力的國家和地區其經濟規律有近似性，以中國、德國、日本、印度的經濟增長成績單較為亮眼。如圖 18-33 所示。

　　上述四國經濟螺旋式增長有三大特徵：

　　（1）政局長期穩定，保障了經濟戰略耐心堅持實施；

　　（2）均在信息流、物質流、技術流和信譽流 4 個方面發力；

　　（3）均在地區經濟中起到引擎作用，示範帶動周邊發展。

　　具體而言，印度的工廠產業非常發達，經濟騰飛中信息流起到關鍵作用；德國的技術流異常先進，本身就是 4.0 工業革命的發起國；日本的自律、節儉與信譽流享譽世界；中國是四流全面發力，領跑世界經濟增長率和貢獻率，中國又是“一帶一路”的倡導國。一帶一路的核心價值在於推動全球價值鏈向高端躍升，擴大各方參與，打造全球共贏鏈。

　　GDP 增長率即國內生產總值增長率，指 GDP 與上一時期相比百分比的變動，它反映一個國家和地區經濟規模和財富的增長速度。比較中日兩國在 2018 年 GDP 增長率的變化。如圖 18-34 所示。

圖 18-33　螺旋經濟學四個國家增長極

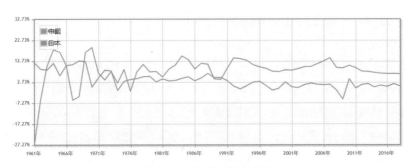

圖 18-34　全球數字貨幣飛輪

在螺旋經濟學的體系裏，GDP 的增長率被 GDP 淨增長率替換，以中國 2018 年國家統計局發佈的數據為例，全年 GDP 增長率為 6.6%，全年 CPI 增長率平均值大約在 2.3%，兩者相減等於 4.3%。那麼，未來十年中國經濟淨增長率多少最適宜，或者說中國經濟螺旋以多少傾角上升旋率最佳？螺旋經濟學給出的答案是 4%。在考慮國民財富增加值時有必要減去通脹值，還要考慮到大基數的可持續發展應該具備的戰略耐心。

有一個歷史數據值得參考，美國自 1800 年至 1900 年的百年間，GDP 淨增長率平均保持在 3.9%，非常接近螺旋經濟神奇的 4 度傾斜角度。美國內戰結束後，以鐵路為代表的運輸業，加上技術更新的輕重工業，開始有力地拉動美國經濟。鐵路接通後，大西洋和太平洋被鐵路貫通，極大提高了美國與歐洲、亞洲間的貿易效率。而運輸業發展導致的第三次西進運動，也進一步拓展美國版圖，提高勞動力配置效率。美國經濟演繹出 20 世紀最美經濟螺旋。

4% 法則（4% Rule）於 1994 年由 MIT 學者威廉·班根（William Bengen）提出，之後三一大學（Trinity University）也有學者就此理論作進一步研究。威廉·班根分析了 75 年股市數據及退休案例，發現退休後只要每年提取的金額不超過儲蓄的 4%，再按通脹率微調投資策略，這筆儲蓄理論上可以用之不竭。

自然界一切核心秘密來自於空間中，來自於空間本身的運動。

不斷變化的運動方向一定是曲線運動，圓周運動最多可以作兩條相互垂直的切線，而空間是三維的，其運動軌跡上任意一點一定可以做三條相互垂直的切線，所以運動一定會在圓形平面的垂直方向上延伸，合理的看法是空間幾何點以圓柱狀螺旋式在運動。如圖 18-35 所示。

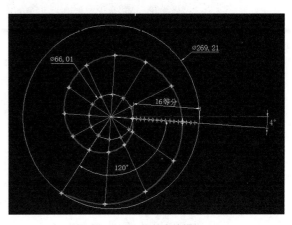

圖 18-35　阿基米德螺旋

我們所生活的宇宙中，一切物質都在不停地運動着，這個無疑是宇宙最基本的規律。但是，你如果仔細地觀察，你就會發現，宇宙中所有的自由存在於空間中的物體都以螺旋式在運動，無一例外。甚至包括空間本身也是以柱狀螺旋式在運動。

案例 ｜ DCEP：全球最受矚目的主權數字貨幣

2020 年，在 Facebook 攜全球 20 億用戶發行加密貨幣 Libra 天秤幣成為互聯網金融市場焦點時，中國人民銀行（The People's Bank of China，簡稱 PBOC）推出了精心打造的主權數字貨幣 DCEP（Digital Currency Electronic Payment）。早在 2014 年，中國人民銀行成立法定數字貨幣專門研究小組，2019 年在中國深圳開展數字貨幣和移動支付試點。可以說，DCEP 的發行不是一時興起追趕時尚，而是經過長時間籌劃的結果。2004 年一個名不見經傳的支付公司誕生，後來它改變了世界，這家公司叫支付寶。DCEP 會不會成為改變世界的力量呢？

‧對比 DCEP 和 Libra 可以發現，兩者在安全性、架構、理論等方面十分接近，但邏輯不同：DCEP 與人民幣掛鈎，1:1 兌換；DCEP 採用中央銀行和商業銀行雙層運營機制，即由央行兌換給商業銀行，再由商業銀行兌換給民眾；DCEP 採用特殊設計，可以不依賴網絡進行。在沒有網絡的情況下，只要手機有電，便可支付交易。Libra 不具備以上主權數字貨幣的特徵。

‧DCEP 已具備世界最頂級發行渠道的搭建。除了商業銀行參與發行，中國還有兩大互聯網巨頭協力。支付寶和微信支付加總合計已經可以在 200 多個國家和地區使用，並且支持美元、英鎊等 20 多種主要幣種的直接交易，這些都為 DCEP 成為"世界貨幣"搭建了最符合邏輯的全球發行網絡，再加上中國政府推動的一帶一路（The Belt and Road，縮寫 B&R）的全球經濟一體化的努力，DCEP 前途光明。

‧大數據是數字經濟要素中的底層關鍵要素，做為一個主權數字貨幣要想在全世界交易流通，前提是發行主權數字貨幣的國家的大數據總量規模要足夠大。2020 年，中國的數據總量有望達到 8000 EB，佔全球數據總量的 20%，是名列前茅的數據資源大國和全球數據中心。中國的巨量大數據為 DCEP 實現全球邏輯互聯提供了物理集中的基礎。

貨幣是經濟流通的血液，總不能在數字經濟的新世界的軀體內還用舊血液流通吧，DCEP 帶給全世界新的期許。

本章小結

（1）新經濟的實質，就是信息化與全球化，舊經濟終將被更加適應新時代需要的新經濟所取代。它們之間的根本區別是，建立在製造業基礎之上的舊經濟，以標準化、規模化、模式化、層級化為特點；而新經濟則建立在信息技術基礎之上，追求的是差異化、個性化、網絡化和扁平化。

（2）新世界應該由物質、意識、信息與技術四要素構成。

（3）貨幣主義經濟學影響深遠，它打開了經濟學詭異的潘多拉盒子，使 20 世紀 80 年代以來至今，貨幣政策在國家宏觀經濟政策制定和全球貿易中處於支配地位，引發了國家之間一系列的"貨幣戰爭"。

（4）螺旋式上升運營是我們迄今為止觀察到的關於效用值的最佳選擇，它不僅符合邊際均等原理下效用和非效用曲線最大距離下的淨效用最大化，而且完美地解釋了真正的財富是連續積累的漸變過程，為可持續發展而非斷崖式暴跌提供了可循路徑，這又引發了哲學對"連續的數"的思考。

（5）數學上的拐點是指在該點導函數（與原函數值對照）達到極值，由於此處極值存在極大值與極小值的可能，因此存在兩類拐點：極大值拐點和極小值拐點。拐點處於數學幾何圖中斜率遞增或遞減的位置。在經濟學領域，拐點被稱為"臨界值"。

2016 年 9 月的新品發佈會上，Apple 如過往一樣，再次舉起了革新的大斧。這家以技術創新與營銷創新著稱的公司曾先後革掉了筆記本電腦的 DVD 光驅、軟驅軟盤等技術，這一次，Apple 的刀鋒直指 3.5mm 耳機接口。發佈會上，Apple 宣佈所有的 Apple 產品將封堵 3.5mm 耳機接口，採用 Airpods 無線耳機解決方案。

預料之中的網民的熱議聲一浪接一浪，網友對這款產品展開了激烈的吐槽"這貨長得就像一個電吹風機，毫無新意"；"這明明是電動牙刷的刷頭，平淡無奇"；更有人說"Apple 在創新的路上黔驢技窮"。

對 AirPods 的抱怨聲從來沒有停止過，令人詫異的現象是，果粉們一邊抱怨的同時一邊排隊購買。這種現象稱之為"AirPods 現象"。不為滿足用戶的需求，而是創造用戶的需求，顛覆了傳統市場營銷學中對產品與用戶需求的認知；不討好用戶對價格的關注，而是引領用戶對產品價值的追求。AirPods 創新了商業模式——不再把技術創新和營銷創新劃分為兩個相互獨立的部分，而是一次性完成企業的創新任務，把技術創新和營銷創新融合成一體化創新行為。正如 Apple 用這樣的廣告語形容 AirPods："無線，無煩瑣，只有妙不可言。"

Apple 並非漠視用戶需求，而是更注重用戶體驗。當 AirPods 靠近 iPhone 時，屏幕上自動出現耳機旋轉的畫面，點擊"連接"，這也是 AirPods 生命週期裏僅有的一次連接操作，當第一次連接成功後，從此一切變簡單：用戶只需掏出耳機戴上，它瞬目自動完成連接。行雲流水般的用戶體驗，無需觸碰任何按鍵和開關，無需配對和解綁，AirPods 把 Apple 秉承的設計簡潔之美發揮到極致。

Apple 並非不注重廣告和傳播，而是更在意用戶的口口相傳。由於 Apple 所有設備使用的是同一個 iCloud，僅在一台設備上連接過，就可以在 Mac，iPad，iPhone，Apple watch 之間自由無縫切換。Airpods 的穩定性還表現在佩戴時不容易掉下來，為證明這一點，Apple 推出了一個以任意角度行走都掉不下來的廣告片。

世界上沒有完美的科技，更無完美的產品，完美源自科技與營銷的結合。AirPods 的缺點也同樣"出眾"，和當年的 iPad 的金屬背面一樣不耐刮，無論使用者怎樣小心翼翼地呵護它，最後都會"傷痕累累"。遇到這種時候，真正的果粉會用喬布斯的名言來說服自己：每一條劃痕都代表了使用者的個性。

用戶怎麼看待產品缺陷，取決於用戶對品牌的信仰夠不夠堅實。同樣道理，AirPods 價格貴不貴，取決於你是不是真正的果粉。Apple 用移動互聯網時代粉絲經濟原理巧妙地建立了品牌價值高地——對品牌的信仰等於產品價格中的溢價部分。科技創新與營銷創新的完美結合再次呈現顛覆傳統商業模式的成功：科技與營銷的融合式創新早已把 Apple 高溢價、高利潤的自由現金流的商業模式悄悄深埋於創新之中，只要把科技與營銷的創新工作做好，商業模式的變現贏利能力是自然而然的事情，不必刻意追求。

是否可以把技術、營銷、模式、管理的 4 種創新原理放在一個範本裏研究，而不是像過去一樣彼此隔離又相互聯繫的研究範式？《移動營銷管理》開啟了融合式創新與協同式管理的研究方法，主要體現了以下 4 種創新：

·什麼是移動營銷的原點？

關於移動營銷驅動力，在第 1 篇第 2 章中描述了四驅動力理論的營銷原點。

·什麼是移動營銷策略的組合邏輯？

關於移動營銷實施的策略步驟與組合邏輯，在第 2 篇至第 5 篇中介紹了移動營銷 4S 理論。

·什麼是科技與營銷融合創新的底層邏輯？

關於科技創新中如何內置營銷化，在第 6 篇 "算法" 中介紹了最新武器 "四大算法"。

·什麼是移動營銷的商業模式？

關於移動互聯網時代企業商業模式的戰略性思考，在第 8 篇 "模式" 中首次提供護城河，攻城隊，降落傘與瞄準儀 4 種戰略思考的工具。

上述 4 種創新，注定了對市場營銷學的重新定義——過去的市場營銷學僅限於對產品或服務的交易過程的研究，移動營銷管理把交易的前提（科技創新）和交易的結果（商業模式創新）納入到研究範疇，如同 Apple 化繁為簡的設計原理，一體化的研究方法避免了多學科理論之間的排斥對應用者形成的邏輯干擾。

上述 4 種創新，也是推動新技術、新經濟時代的商業革命的 "四大發明"——本書中的任何一項理論創新都是酣暢淋漓的原創，以革命性的知識點匯聚成革命性的營銷體系，以配合新時代商業革命的腳步。

圖 19-1　營銷理論革命樹

19.1 營銷革命的來歷

科學革命的前提是文藝革命，文藝革命為科學革命提供了必要的思想解放，而科學革命則為技術革命與營銷革命提供了關鍵和知識動力，第 9 篇論述了 4 場革命之間的關係，從宏大的歷史空間裏重新認知市場營銷的演進方向。

每一輪革命都遵循着這樣的規律，文藝革命觸發科學革命，科學管理引發工業革命，工業革命重組了產業變革，產業變革通過營銷革命來實現，營銷理論革命樹如圖 19-1 所示。綜觀營銷革命的發展歷史，經歷了 4 個階段：

1. 工業經濟時代的市場營銷學（20 世紀 60 年代—20 世紀 90 年代）

工業經濟時代的市場營銷理論如表 19-1 所示。

表 19-1　工業經濟時代的市場營銷理論

4P	Product（產品）
	Price（價格）
	Place（渠道）
	Promotion（宣傳）
4C	Consumer（顧客）
	Cost（成本）
	Convenience（便利）
	Communication（溝通）

（續表）

4R	Relevance（關聯）	
	Reaction（反應）	
	Relationship（關係）	
	Reward（回報）	
4V	Variation（差異化）	
	Versatility（功能化）	
	Value（附加價值）	
	Vibration（共鳴）	

2. 信息經濟時代的互聯網營銷學（20 世紀 90 年代—2012 年）

信息經濟時代的互聯網營銷理論如表 19-2 所示。

表 19-2　信息經濟時代的互聯網營銷理論

4I	Interesting（趣味原理）	
	Interests（利益原則）	
	Interaction（互動原則）	
	Individuality（個性原則）	
4E	Experience（體驗）	
	Expense（花費）	
	E-shop（電舖）	
	Exhibition（展現）	

互聯網營銷也稱為網絡營銷，就是以 PC（個人計算機）互聯網絡為基礎，利用數字化的信息和網絡媒體的交互性來實現營銷目標的一種新型的市場營銷方式。

3. 移動互聯網上半場的移動互聯網營銷（2012— 2017 年）

移動互聯網營銷是基於手機、平板電腦等移動通信終端，利用互聯網技術基礎和無線通信技術來滿足企業和客戶之間的交換產品概念、產品、服務的過程，通過在線活動創造、宣傳、傳遞客戶價值，並且對客戶關係進行移動系統管理，以達到一定企業營銷目的的新型營銷活動。《移動營銷管理》1.0 的出版創立了移動營銷 4S 理論，如圖 19-2 所示。

圖 19-2　移動營銷 4S 理論

圖 19-3　《移動營銷管理》四大理論體系

4. 移動互聯網下半場的移動營銷學（2018 年至今）

移動營銷學是移動互聯網時代所有新營銷方式的總稱，是基於移動的終端設備和移動用戶分享相互鏈接營銷信息的需求，在實體網絡、PC 互聯網、移動互聯網三網融合的基礎上，實現 4.0 工業革命產業變革的市場戰略、策略與戰術組合的世界觀和方法論。《移動營銷管理》第三版的出版創立了移動營銷的 4 種理論體系，如圖 19-3 所示。

19.1.1 PC 互聯網與移動互聯網區別

先了解 PC 互聯網與移動互聯網的定義，才能了解兩者的區別。PC 互聯網是指基於通過 PC 端的互聯網的技術、平台、商業模式和應用具有固定性、匿名性、非實時性、大屏幕等特點。移動互聯網是將移動通信和互聯網兩者結合起來，成為一體，是指互聯網的技術、平台、商業模式和應用與移動通信技術結合併實踐的活動的總稱，有小屏幕、社交化、碎片化、自媒體、去中心化、在移動端 App 應用比較廣泛化的特點。

綜上所述，兩者的區別主要在於以下幾個方面：

1. 運行的設備不同。 PC 互聯網是指通過傳統 PC 端的設備，如個人電腦；移動互聯網是基於移動端平台運營的，如手機、平板電腦等移動端設備。

2. 終端特性不同。 移動終端具有的定位、位移、距離、重力、壓力、影像、語音、NFC、二維碼、支付等特性，以及終端與使用者個人信息和使用特徵緊密關聯，使得可以產生比 PC 互聯網更豐富的互聯網應用和商業模式。移動終端的移動通信、LBS、移動支付等應用是 PC 互聯網所不具備的。

3. 應用場景大不同。 PC 互聯網通常在辦公室或家裏使用，時間相對固定和持續，網速和資費相對限制較少。而移動終端的使用不受時間、地域的限制，多數是在碎片時間使用，但電池容量、網絡覆蓋、上網速度、上網資費等因素也制約了移動終端的使用。

4. 商業模式不同。 PC 互聯網主要通過廣告、網絡遊戲、電商等方式盈利，如互聯網巨頭谷歌幾乎所有盈利都來自廣告，盛大、巨人、騰訊等網絡公司也大發遊戲財。而移動互聯網商業模式則尚不明確，雖然有移動互聯網公司（如 UC）也通過遊戲、廣告等方式實現盈利，但不具普遍性和可複製性。即使是擁有近 9 億用戶的微信，也還在探索其商業模式。

移動互聯網相比較 PC 互聯網，在實時性、開放性上也有比較大的區別，移動互聯網能更加快捷、方便地獲取信息，每個人既是新聞的閱讀者又是新聞的創造者。隨着互聯網技術的發展，移動端與 PC 端在進行不斷融合，相互取長補短。

在移動互聯網的世界裏，為什麼是虛實結合的統一世界？正如量子力學的波粒二項性原理，手機外看手機是虛擬世界，手機裏去看手機，手機裏都是現實世界。甚至我們手機裏交的很多朋友比現實中交朋友更靠譜。

虛擬世界裏往往是假貨充斥，移動互聯網時代的到來，讓個人信譽更有保障，因為一部手機一個電話號碼，一個人經營的是信譽。移動互聯網裏面，個人品牌重於企業品牌，所以碎片化到來的最終結果是人人都是一間公司，寫字樓將會消失。

19.2 向經典營銷致敬

作為戰略性的營銷思想在過去 80 年發生了巨大變化，將其中標誌性的思想貢獻結合西方市場的演進分為 5 個階段，如表 19-3 所示。

表 19-3　西方營銷理論的演進過程

階段	時期	時間
第一階段	戰後時期	1950—1960 年
第二階段	高速增長期	1960—1970 年
第三階段	市場動盪時期	1970—1990 年
第四階段	細分市場時期	1990—2010 年
第五階段	網絡化與大數據時期	2010 年至今

❶ 營銷組合 4Ps：傑羅姆·麥卡錫（E.Jerome McCarthy）於 1960 年在其《基礎營銷》（Basic Marketing）一書中第一次將企業的營銷要素歸結為四個基本策略的組合，即著名的 "4Ps" 理論：產品（Product）、價格（Price）、渠道（Place）、促銷（Prom otion），由於這 4 個詞的英文字頭都是 P，再加上策略（Strategy），所以簡稱為 "4Ps"。

❷ 營銷 ROI（Return On Investment）：即投資回報率，是指通過投資而應返回的價值，它涵蓋了企業的獲利目標。利潤和投入的經營所必備的財產相關，因為管理人員必須通過投資和現有財產獲得利潤。又稱會計收益率、投資利潤率。

在不同的階段，有不同的營銷理念，比如市場細分、目標市場選擇、定位、營銷組合 4Ps❶、服務營銷、營銷 ROI❷、客戶關係管理，以及社會化營銷、大數據營銷、營銷 3.0 等。

從營銷思想進化的路徑來看，營銷所扮演的戰略功能越來越明顯，逐漸發展為企業發展戰略中最重要和核心的一環，即市場競爭戰略，幫助企業建立持續的客戶基礎，建立差異化的競爭優勢，並實現盈利；至 19 世紀 50 年代以來，營銷發展的過程也是客戶價值逐漸前移的過程，客戶從以往被作為價值捕捉、實現銷售收入與利潤的對象，逐漸變成最重要的資產，和企業共創價值、形成交互型的品牌，並進一步將資產數據化；企業與消費者、客戶之間變成了一個共生的整體。

工業經濟時代西方營銷理論很多，總體經歷了 4P、4C、4R、4V 的演進。

19.2.1 4P 營銷理論

4P 營銷理論實際上是從管理決策的角度來研究市場營銷問題。從管理決策的角度看，影響企業市場營銷活動的各種因素可以分為兩大類：一是企業不可控因素，即營銷者本身不可控制的市場營銷環境，包括微觀環境和宏觀環境；二是可控因素，即營銷者自己可以控制的產品、商標、品牌、價格、廣告、渠道等，而 4P 營銷理論就是對各種可控因素的歸納。

1.4P 營銷理論簡介

4P 營銷理論（The Marketing Theory of 4P）誕生於 20 世紀 60 年代的美國，是隨着營銷組合理論的提出而出現的。1953 年，尼爾·博登（Neil Borden）在美國市場營銷學會的就職演說中創造了 "市場營銷組合"（Marketing Mix）這一術語，其意是指市場需求或多或少地在某種程度上受到所謂 "營銷變量" 或 "營銷要素" 的影響。為了尋求一定的市場反應，企業要對這些要素進行有效組合，從而滿足市場需求，獲得最大利潤。

2.4P 營銷理論內容

（1）**產品策略（Product Strategy）**主要是指企業以向目標市場提供各種適合消費者需求的有形和無形產品的方式來實現其營銷目標，其中包括對同產品有關的品種、規格、式樣、質量、包裝、特色、商標、品牌，以及各種服務措施等可控因素的組合和運用。

（2）**定價策略（Pricing Strategy）**主要是指企業以按照市場規律制定價格和變動價格等方式來實現其營銷目標，其中包括對同定價有關的基本價格、折扣價格、津貼、付款期限、商業信用，以及各種定價方法和定價技巧等可控因素的組合和運用。

（3）**分銷策略（Placing Strategy）**主要是指企業以合理選擇分銷渠道和組織商品實體流通的方式來實現其營銷目標，其中包括對同分銷有關的渠道覆蓋面、商品流轉環節、中間商、網點設置，以及儲存運輸等可控因素的組合和運用。

（4）**促銷策略（Prompting Strategy）**主要是指企業以利用各種信息傳播手段刺激消費者購買慾望，促進產品銷售的方式來實現其營銷目標，其中包括對同促銷有關的廣告、人員推銷、營業推廣、公共關係等可控因素的組合和運用。

這 4 種營銷策略 ❶ 的組合，因其英語的第一個字母都為 "P"，所以通常也稱為 "4P"。

> ❶ 營銷策略：是企業以顧客需要為出發點，根據經驗獲得顧客需求量以及購買力的信息、商業界的期望值，有計劃地組織各項經營活動，通過相互協調一致的產品策略、價格策略、渠道策略和促銷策略，為顧客提供滿意的商品和服務而實現企業目標的過程。

3.4P 營銷理論的背景

1967 年，菲利普・科特勒（Philip Kotler）在其暢銷書《營銷管理：分析、規劃與控制》第一版中進一步確認了以 4P 為核心的營銷組合方法，如下所述：

產品（Product）：注重產品的功能，要求產品有獨特的賣點，把產品的功能訴求放在第一位。

價格（Price）：根據不同的市場定位，制定不同的價格策略，產品的定價依據是企業的品牌戰略，注重品牌的含金量。

渠道（Place）：企業並不直接面對消費者，而是注重經銷商的培育和銷售網絡的建立，企業與消費者的聯繫是通過分銷商來實現的。

促銷（Promotion）：企業注重以銷售行為的改變來刺激消費者，以短期的行為（如讓利、買一送一、營銷現場氣氛等）促成消費的增長，吸引其他品牌的消費者或導致提前消費來促進銷售的增長。

從企業營銷職能的角度對市場營銷學進行研究集中於 20 世紀 30 年代之前。肖（Arch Shaw）1912 年在《經濟學季刊》中第一次提出 "職能研究" 的思想，當時他將中間商在產品分銷活動中的職能歸結為 5 個方面：風險分擔，商品運輸，資金籌措，溝通與銷售，裝配、分類與轉載。韋爾德在 1917 年對營銷職能也進行了研究，提出了裝配、儲存、風險承擔、重新整理、銷售和運輸等職能分類。1935 年，有一位叫弗蘭克林（Franklin Ryan）的學者撰文指出，已有的職能研究已經提出了 52 種不同的營銷職能，但並未對分銷過程中兩大隱含的問題做出解釋：一是哪些職能能使商品實體增加時間、地點、所有權、佔有權等效用？二是企業經營者在分銷過程中應當主要承擔哪些職能？弗蘭克林認為：第一個問題，主要有裝配、儲存、標準化、運輸和銷售等五項職能；第二個問題，企業經營者則主要應履行

❶ 分銷渠道：是指"當產品從生產者向最後消費者或產業用戶移動時，直接或間接轉移所有權所經過的途徑"。這是來自肯迪夫和斯蒂爾的定義。

承擔風險和籌集營銷資本等兩項職能。

從企業營銷職能角度對市場營銷學的研究直接導致了對營銷策略組合的研究。尼爾·博登在 1950 年提出的"營銷策略組合"，強調了從企業整體營銷目標的實現出發，對各種營銷要素的統籌和協調，而企業的經理就是"各種要素的組合者"。這是從管理的角度提高營銷效率的重要思想，他將企業的營銷活動的相關因素歸結為 12 個方面，包括產品、品牌、包裝、定價、調研分析、分銷渠道❶、人員推銷、廣告、營業推廣、售點展示、售後服務以及物流。之後，佛利（Albert W. Frey）又將這些因素歸納為同提供物有關的"基本因素"和同銷售活動有關的"工具因素"。後來又有一些營銷學者對營銷策略提出過不同的組合方式，如佛利提出的二元組合：一為供應物因素，即同購買者關係較為密切的因素，如產品、包裝、品牌、價格、服務等；二為方法與工具，即同企業關係較為密切的因素，如分銷渠道、人員推銷、廣告、營業推廣和公共關係等。拉扎和柯利（Lazer & Kelly）提出了三元組合：一為產品和服務的組合；二為分銷渠道的組合；三為信息和促銷手段的組合。直至 1960 年傑羅姆·麥卡錫（E. Jerome McCarthy）提出著名的"4P"組合。

4P 營銷理論的產生有其一定的歷史背景。當時，市場正處於賣方市場向買方市場轉變的過程中，市場競爭遠沒有現在激烈。因此，4P 理論主要是從供方出發來研究市場的需求和變化，以及如何在競爭中取勝。該理論提出由上而下的企業運作原則，即由上層主導重視產品導向而非消費者導向，以滿足市場需求為目標。通俗地說，成立一個企業，首先必須要具備一個產品，然後為這個產品制定一個價格，有了價格還得為它的流向設計一條銷售渠道，最後，假如銷售不暢，還得為這個產品做廣告促銷。運用業界流行的一句話，就是"消費者，請注意了"。

後來又有很多學者專家，如菲利普·科特勒（Philip Kotler）在 4P 的基礎上增加了包裝和服務，使其成為"6 個 P"（還有人甚至提出更多的 P）。無論是 4P 還是 6P 或者是 30P，其宗旨都是一致的，也就是企業機構完全是站在自我立場思考市場營銷的，消費者始終處於被動地位。可以說，營銷組合的 4P 營銷理論涵蓋了企業運作的主要精髓，以至於幾十年來被世界各國的企業營銷人員經常引用。

然而，隨着市場競爭日趨激烈，媒介傳播速度越來越快，以 4P 理論來指導企業的營銷實踐已經暴露出許多問題，4P 理論越來越受到挑戰。4P 理論主要受到以下 4 個方面的質疑：

（1）要了解、研究、分析消費者的需要與慾求，而不是先考慮企業能生產什麼產品。

（2）了解消費者滿足需要與慾求願意付出多少錢（成本），而不是先給產品定價，即向消費者要多少錢。

（3）考慮顧客購物等交易過程如何給顧客方便，而不是先考慮銷售渠道的選擇和策略。

（4）以消費者為中心實施營銷溝通是十分重要的，而不是僅僅以產品為中心，要通過互動、溝通等方式，將企業內外營銷不斷進行整合，把顧客和企業雙方的利益無形地整合在一起。

案例　│　4P 之困：日產汽車市場戰略迷失

日產汽車 2019 年第二季度合併決算報表顯示，該公司營業利潤為 16 億日元（約合 1472 萬美元），比去年同期下降 99%。日產社長兼首席執行官西川廣人把利潤下降主要原因歸結為"美國業務減速"，但根本原因是該公司在新興國家的擴張路線到在美國搞降價銷售的戰略老套市場所造成的影響。

日產汽車在 20 世紀 10 年代中期以後，開始在美國搞降價銷售。為了短時間內從競爭對手那裏奪取份額，該公司增加了銷售獎勵金額。在 2018 年 11 月的高峰時，每銷售一輛車平均獎勵 4,574 美元，比豐田汽車的 2,572 美元高出約 80%，這樣一來，銷售量是增加了，但日產汽車留下"廉價車"的形象，加之產品創新跟不上，汽車"老齡化"嚴重，出現了不增加獎金就維持不了銷售的情況。為了擺脫這種惡性循環，日產汽車降低了獎金額度。2019 年 6月，獎金額度比高峰時減少 15%，結果銷售迅速下降。

圖 19-4　日產社長西川廣人在橫濱舉行的記者招待會上公佈公司的季度財報

日產在 20 世紀 90 年代和 2008 年金融危機時期曾陷入這種經營危機，當時的損失非常巨大。

綜上所述，對價格政策的迷戀和對促銷政策的依賴，不採用營銷創新與技術創新，是日產汽車市場戰略迷失的根本原因。

19.2.2 4C 營銷理論

20 世紀 90 年代，羅伯特・勞特朋（Robert F. Lauterborn）教授創立了震驚世界的 4C 學說，當時全世界幾乎所有的企業管理研究者和市場營銷專家一致追捧 4C 營銷理論，並把 4C 喻為企業進入現代營銷的重要標誌。4C 營銷理論以消費者需求為導向，重新設定了市場營銷組合的 4 個基本要素，即消費者、成本、便利和溝通。它強調企業首先應該把追求顧客滿意放在第一位，其次是努力降低顧客的購買成本，然後要充分注意到顧客購買過程中的便利性，而不是從企業的角度來決定銷售渠道策略，最後還應以消費者為中心實施有效的營銷溝通。

與產品導向的 4P 營銷理論相比，4C 營銷理論有了很大的進步和發展，它重視顧客導向，以追求顧客滿意為目標。這實際上是當今消費者在營銷中越來越居於主動地位的市場對企業的必然要求。與 4P 營銷理論相比，4C 營銷理論的核心思想是：先別研究產品，而是先考慮顧客的實際需求和慾望；定價時先考慮顧客願意為之付出的成本；同時請忘掉渠道，去考慮顧客究竟在哪裏能更便利地購買到本產品；最後，請忘掉促銷，而要主動與顧客進行雙向的溝通。真正將"消費者請注意"轉變為"請注意消費者"。有人認為 4C 營銷理論是對 4P 營銷理論的顛覆，而實際上，我們通過對它們的研究發現，變化的原因僅僅只是"換個角度看世界"，兩者仍然有許多相通之處，只不過側重點有所不同。

1. 4C 營銷理論的起源

4C 營銷理論是取代 4P 步入現代的。隨着市場競爭日趨激烈，媒介傳播速度越來越快，以 4P 營銷理論來指導企業的營銷實踐已經"過時"，4P 營銷理論越來越受到挑戰。1990 年，羅伯特·勞特朋提出了 4C 營銷理論，向 4P 營銷理論發起挑戰，他認為在營銷時需持有的理念應是"請注意消費者"而不是傳統的"消費者請注意"。

相對於 4P 營銷理論，4C 營銷理論就是"四忘掉，四考慮"：

忘掉產品，考慮消費者的需要和慾求（Consumer wants and needs）；

忘掉定價，考慮消費者為滿足其需求願意付出多少（Cost to satisfy）；

忘掉渠道，考慮如何讓消費者方便（Convenience to buy）；

忘掉促銷，考慮如何同消費者進行雙向溝通（Communication）。

2. 4C 營銷理論的演變

在 4C 營銷理論的基礎上，整合營銷❶正在成為營銷人員的新寵，它把廣告、公關、促銷、消費者購買行為乃至員工溝通等曾被認為相互獨立的因素，看成一個整體，進行重新組合。

> ❶ 整合營銷：是指企業在經營過程中，以由外而內的戰略觀點為基礎，為了與利害關係者進行有效的溝通，以營銷傳播管理者為主體所展開的傳播戰略。現代管理學將整合營銷傳播分為客戶接觸管理、溝通策略及傳播組合等幾個層面。

在實踐過程中，4C 營銷理論的一些局限也漸漸顯露出來。4C 營銷理論以顧客需求為導向，但顧客需求伴隨着合理性問題，如果企業只是被動適應顧客的需求，必然會付出巨大的成本，根據市場的發展，應該尋求在企業與顧客之間建立一種更主動的關係；4C 雖然是以顧客為中心進行營銷，但卻沒能體現關係營銷思想，沒有解決滿足顧客需求的操作性問題。

3. 4C 營銷理論的內容

（1）顧客（Customer）。主要指顧客的需求。企業必須首先了解和研究顧客，根據顧客的需求來提供產品。同時，企業提供的不僅僅是產品和服務，更重要的是由此產生的客戶價值（Customer Value）。

（2）成本（Cost）。不單是企業的生產成本，或者說 4P 中的價格（Price），它還包括顧客的購買成本、時間成本，同時也意味着產品定價的理想情況，應該是既低於顧客的心理價格，亦能夠讓企業有所盈利。此外，這中間的顧客購買成本不僅包括其貨幣支出，還包括其為此耗費的時間、體力和精力，以及購買風險。

（3）便利（Convenience）。即為顧客提供最大的購物和使用便利。4C 營銷理論強調企業在制定分銷策略時，要更多地考慮顧客的方便，而不是企業自己方便。企業要通過好的售前、售中和售後服務來讓顧客在購物的同時，也能享受到便利。便利是客戶價值不可或缺的一部分。

最大限度地便利消費者，是目前處於過度競爭狀況的零售企業應該認真思考的問題。如上所述，零售企業在選擇地理位置時，應考慮地區抉擇、區域抉擇、地點抉擇等因素，尤其應考慮"消費者的易接近性"這一因素，使消費者容易到達商店。即使是遠程的消費者，也能通過便利的交通接近商店。同時，在商店的設計和佈局上要考慮方便消費者進出、上下，方便消費者參觀、瀏覽、挑選，方便消費者付款結算。

　　（4）溝通（Communication）。則被用以取代 4P 中對應的促銷（Promotion）。4C 營銷理論認為，企業應通過同顧客進行積極有效的雙向溝通，建立基於共同利益的新型企業與顧客的關係。這不再是企業單向的促銷和勸導顧客，而是在雙方的溝通中找到能同時實現各自目標的途徑。

　　零售企業為了創立競爭優勢，必須不斷地與消費者溝通。與消費者溝通包括向消費者提供有關商店地點、商品、服務、價格等方面的信息；影響消費者的態度與偏好，說服消費者光顧商店、購買商品；在消費者的心目中樹立良好的企業形象。在當今競爭激烈的零售市場環境中，零售企業的管理者應該認識到：與消費者溝通比選擇適當的商品、價格、地點、促銷更為重要，更有利於企業的長期發展。

4. 4C 營銷理論的優點

　　（1）瞄準消費者需求。只有探究到消費者真正的需求，並據此進行規劃設計，才能確保項目的最終成功。4C 營銷理論認為了解並滿足消費者的需求不能僅表現在一時一處的熱情，而應始終貫穿於產品開發的全過程。

　　（2）消費者願意支付成本。消費者為滿足自身需求願意支付的成本包括消費者因投資而必須承受的心理壓力，以及為化解或降低風險而耗費的時間、精力、金錢等諸多方面。

　　（3）具有接近消費者的便利性。諮詢、銷售人員是與消費者接觸、溝通的一線主力，他們的服務心態、知識素養、信息掌握量、言語交流水平，對消費者的購買決策都有着重要影響，因此這批人要盡最大可能為消費者提供方便。

　　（4）以消費者為第一核心要素，與消費者溝通。

5. 4C 營銷理論的不足

　　（1）4C 營銷理論的總體不足

　　① 4C 營銷理論是以顧客為導向，而市場經濟是以競爭為導向的。

　　②不能形成營銷個性或營銷特色，不能形成營銷優勢，從而保證企業顧客份額的穩定性、積累性和發展性。

　　③ 4C 營銷理論以顧客需求為導向，但顧客需求有個合理性問題。

　　④ 4C 營銷理論仍然沒有體現既贏得客戶，又長期地擁有客戶的關係營銷思想，沒有解決滿足顧客需求的操作性問題，如提供集成解決方案、快速反應等。

　　⑤ 4C 營銷理論總體上雖是 4P 營銷理論的轉化和發展，但被動適應顧客需求的色彩較濃。根據市場的發展，需要從更高層次以更有效的方式在企業與顧客之間建立起有別於傳統的新型的主動性關係。

　　（2）4C 營銷理論不足的具體表現

　　需求特點方面：

　　①大規模定製營銷時代的消費者需求特點。消費者需求層次的提高。馬斯洛的人類需求層次理論指出，人類對物質產品的需求存在 4 個層次，即產品的可得性、產品的質量和

價格（性價比）、產品的易得性和服務、個性化。

這4個層次的實現存在客觀的先後順序，只有在前一個階段的需求得到滿足的情況下，下一個階段的需求才會凸現出來。進入21世紀以來，顧客已經不像消費初級階段那樣只追求產品的使用價值，也不像中級階段那樣以追求品質為王，而是以追求個性化為主，消費者的需求行為更趨向個性化。

②消費者選擇範圍擴大，但是個性化產品依然緊缺。目前大多數的企業仍然沿襲了20世紀的大批量生產方式，無法快速響應消費者的個性化需求，所以能使消費者獲得滿足和成就感的個性化產品依然緊缺。未來，誰能快速響應消費者的個性化要求，誰就能贏得客戶，因此實施大規模定製營銷策略成為企業首先要考慮的問題。

約束條件方面：

①消費者慾望和需求表達的約束。4C理論中強調企業研究消費者的慾望和需求，目前企業為客戶表達慾望和需求搭建的平台是在線產品配置器，它可以讓客戶在異地遠程登錄到企業的網站上進行產品配置或自主設計。在線產品配置器能在很大程度上幫助客戶方便快捷地從企業提供的配置方案中選擇符合自己需求的產品。但是，不同行業產品的定製深度不同，產品的模塊化程度不同，而產品的配置方案受到產品模塊化程度的約束。多數產品的標準化程度和模塊化程度不高，企業應該根據產品的不同特徵，適當改善產品結構，提高產品的模塊化水平。

②營銷網絡不夠發達。目前多數企業如韓國三星、中國聯想，以及中國大多數企業依然採用經銷模式，產品需要經過多級經銷商、分銷商才能到達客戶手中。受中國地域面積大的限制，多數企業只能將營銷網絡延伸到大中型城市，縣級城鎮及廣大的農村地區處在營銷網絡的外延。因此，4C理論所強調的客戶購買的便利性受到很大的限制。而電子商務的興起為大規模定製實現直銷模式帶來了福音。隨着國家信息化工程的推進，藉助電子商務發展B2C業務，將能在最大限度上方便客戶的購買。

③與客戶溝通時"一對一"交互對話的約束。4C營銷理論強調企業與客戶溝通，一切從客戶的利益出發，有利於維護客戶的忠誠度。目前，企業與客戶溝通的有效手段是開通免費諮詢電話呼叫中心，而客戶的累積購買信息、購買時間、目的沒有建立系統的數據庫。大多數企業與客戶交易完成之後就與客戶失去聯繫，屬於典型的交易關係，而沒有將客戶作為企業最寶貴的資源看待。

只有將4C營銷理論中所強調的客戶的期望和需求、客戶期望費用、購買的便利性與客戶溝通這4點有重點地應用到不同的定製營銷中，確定營銷策略，才能保證實施大規模定製方式的企業在市場中取勝。

在4C營銷理念的指導下，越來越多的企業更加關注市場和消費者，想與顧客建立一種更為密切和動態的關係。1999年5月，微軟公司在其首席執行官巴爾默的主持下，也開始了一次全面的戰略調整，使微軟公司不再只跟着公司技術專家的指揮棒轉，而是更加關注市場和客戶的需求。中國的科龍、恆基偉業和聯想等企業通過營銷變革，實施以4C策略為理論基礎的整合營銷方式，成了4C理論實踐的先行者和受益者。

19.2.3 4R 營銷理論

4R 營銷理論是由美國學者唐·舒爾茨（Tang Schultz）在 4C 營銷理論的基礎上提出的新營銷理論。4R 分別指代關聯（Relevance）、反應（Reaction）、關係（Relationship）和回報（Reward）。該營銷理論認為，隨着市場的發展，企業需要從更高層次以更有效的方式在企業與客戶之間建立起有別於傳統的新型的主動性關係。

1. 4R 營銷理論的操作要點

該理論塑造的營銷系統 ❶ 具有以下操作要點：

> ❶ 營銷系統：是企業為客戶創造價值，實現與客戶的交換，並最終獲得銷售收入和投資回報的主題系統。

（1）緊密聯繫顧客。企業必須通過某些有效的方式在業務、需求等方面與客戶建立關聯，形成一種互動、互助、互需的關係，把顧客與企業聯繫在一起，減少顧客的流失，以此來提高顧客的忠誠度，贏得長期而穩定的市場。

（2）提高對市場的反應速度。多數公司傾向於說給顧客聽，卻往往忽略了傾聽的重要性。在相互滲透、相互影響的市場中，對企業來說，最現實的問題不在於如何制訂、實施計劃，而在於如何及時地傾聽顧客的希望、渴望和需求，並及時做出反應來滿足顧客的需求，這樣才有利於市場的發展。

（3）重視與顧客的互動關係。如今搶佔市場的關鍵已轉變為與顧客建立長期而穩固的關係，把交易轉變成一種責任，建立起和顧客的互動關係，而溝通是建立這種互動關係的重要手段。

（4）回報是營銷的源泉。由於營銷目標必須注重產出，注重企業在營銷活動中的回報，所以企業要滿足客戶需求，為客戶提供價值，不能做無用的事情。一方面，回報是維持市場關係的必要條件；另一方面，追求回報是營銷發展的動力。營銷的最終價值在於其是否具有給企業帶來短期或長期收入的能力。

2. 4R 營銷理論的特點

4R 營銷理論的最大特點是競爭力，在新的層次上概括了營銷的新框架。該理論根據市場不斷成熟和競爭日趨激烈的形勢，着眼於企業與顧客互動和雙贏，不僅積極地適應顧客的需求，還主動地創造需求，通過關聯、關係、反應等形式與客戶形成獨特的關係，把企業與客戶聯繫在一起，形成競爭優勢。該理論提出了如何建立關係、長期擁有客戶、保證長期利益的具體操作方式。這是關係營銷史上的一大進步，真正體現並落實了關係營銷的思想。4R 營銷的反應機制為建立企業與顧客關聯、互動與雙贏的關係提供了基礎和保證，同時也延伸和升華了營銷的便利性，是實現互動與雙贏的保證。該理論兼顧成本和雙贏兩方面內容。為了追求利潤，企業必然實施低成本戰略，充分考慮顧客願意支付的成本，實現成本的最小化，並在此基礎上獲得更多的顧客份額，形成規模效益。因此，企業為顧客提供產品和追求回報就會最終融合，相互促進，從而達到雙贏的目的。

19.2.4 4V 營銷理論：讓消費者產生共鳴

在 4R 營銷理論之後又有 4V 營銷理論橫空出世。所謂 "4V" 是指 "差異化（Variation）"、"功能化（Versatility）"、"附加價值（Value）"、"共鳴（Vibration）" 的營銷組合理論。4V 營銷理論最開始出現於 20 世紀末，它的核心觀點是認為一個企業要想取得成功，一定要定位差異化，要提供與眾不同的產品功能和服務功能，同時產品要有附加值，要讓消費者對企業的服務和產品產生共鳴。這就是 4V 戰略。

19.3 拐點 2012 年

1994 年，比爾·蓋茨坐在 33 萬張紙上，手中拿着一張光盤告訴全世界：一張光盤能記錄的內容比這 33 萬張紙都多。時隔 13 年，2007 年 6 月 29 日，喬布斯帶着 iPhone 一代橫空出世：一部智能手機能把全世界的光盤上記錄的內容連接起來。

互聯網世界裏，從 PC 互聯網的 "記錄" 到移動互聯網的 "連接"，技術革命使營銷變革正一步步逼近徹底革命的拐點。2012 年，拐點正式到來。據統計，2012 年 2 月底，全球手機網民規模達到 3.88 億，手機首次超越台式電腦成為第一大上網終端。從此，形勢不可逆轉，人類正式步入移動互聯網時代。

2012 年，代表美國 IT 產業的 "八大金剛" ——思科（Cisco）、國際商業機器公司（IBM）、谷歌（Google）、高通（Qualcomm）、英特爾（Intel）、蘋果（Apple）、甲骨文（Oracle）、微軟（Microsoft）相繼進軍移動終端市場。中國的 "八大金剛" 包括百度（BAIDU）、奇虎 360（Qihoo 360）、騰訊（Tencent）、阿里巴巴（Alibaba）、網易（NetEase）、搜狐（SOHU）、小米（MI）、華為（HUAWEI）。其中最為亮眼的是小米手機提出的 "前向收費" 轉為 "後向收費" 的小米模式。

2012 年，完全基於移動 App 應用的滴滴打車和今日頭條在這一年成立公司，它們的成功，為轟轟烈烈的中國移動應用市場拉開大幕，以 "TMD"（T 今日頭條、M 美團、D 滴滴）為代表的純粹從移動端起家的新科技巨頭正在中國崛起。因此，2012 年是全球營銷的拐點，從工業經濟和信息經濟的營銷轉變為移動時代的營銷，一個新時代到來了。

本章小結

（1）工業經濟時代西方營銷理論很多，總體經歷了 4P、4C、4R、4V 的演進。從營銷思想進化的路徑來看，營銷所扮演的戰略功能越來越明顯，逐漸發展為企業發展戰略中最重要和核心的一環，即市場競爭戰略，幫助企業建立持續的客戶基礎，建立差異化的競爭優勢，並實現盈利。

（2）每一輪革命都遵循着這樣的規律，文藝革命觸發科學革命，科學管理引發工業革命，工業革命重組了產業變革，產業變革通過營銷革命來實現。

（3）移動互聯網相比較 PC 互聯網，在實時性、開放性上有比較明顯的區別，移動互聯網更加快捷、方便地獲取信息，每個人既是新聞的閱讀者又是新聞的創造者。隨着互聯網技術的發展，移動端與 PC 端在進行不斷融合，相互取長補短。

（4）2012 年是全球營銷的拐點，從工業經濟和信息經濟的營銷轉變為移動時代的營銷，一個新時代到來了。

New
Theory

新理論

20.1 新世界的奇點 [●]

❶ 奇點：移動營銷學的奇點是指某一行業的新技術、新模式等新應用到達消費井噴的起始點。奇點前需要培育市場，奇點後需要迭代升級保持領先。

　　數學和物理學都有一個概念，叫奇點。數學上的奇點，是指不符合邏輯的點，人類能無限接近它。物理學的奇點，可以理解為各種物理定律都失敗的點，是宇宙大爆炸前的起始點，也是萬物從無到有的那一點。因此，物理學家猜想奇點位於宇宙黑洞的中央，穿越黑洞奇點可以通向另一個世界。

　　數學和物理學的奇點理論，向人類昭示了一個道理：時空中存在一個所有定律和邏輯都不適用的點，跨越了這個點有可能完全是另一個世界。

　　始於 2012 年的第四次工業革命帶來一個新領域叫"人工智能"。在人工智能領域有一個著名的"奇點理論"，由美國未來學家雷蒙德・庫茲韋爾（Raymond Kurzweil）提出。"奇點理論"指電腦智能與人腦智能兼容的那個神妙時刻，那一瞬間人

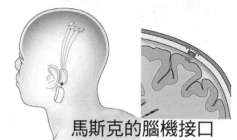

馬斯克的腦機接口

圖 20-1　馬斯克的腦機接口展示

類的身體、頭腦、文明將發生徹底的且不可逆轉的改變。2019 年美國時間 7 月 16 日，馬斯克著名的腦機接口研究公司 Neuralink 終於發佈了其首款產品——腦後插管的新技術。通過一台神經手術機器人，像微創手術一樣安全無痛地在腦袋上穿孔，向大腦內快速植入芯片，然後通過 USB-C 接口直接讀取大腦信號，並可以用 iPhone 控制，如圖 20-1 所示。

　　互聯網的世界裏也有奇點。在 PC 互聯網發展的 30 多年來，它發揮的作用，讓互聯網的發展超出人類的想象。

　　（1）摩爾定律（Moore's Law）。摩爾定律是由英特爾（Intel）創始人之一戈登・摩爾（Gordon Moore）提出來的。其內容為：當價格不變時，集成電路上可容納的元器件的數目，約每隔 18-24 個月便會增加 1 倍，性能也將提升 1 倍。換言之，每 1 美元所能買到的電腦性能，將每隔 18-24 個月翻 1 倍以上。這一定律揭示了信息技術進步的速度。

　　（2）吉爾德定律（Gilder's Law）。與摩爾定律相聯繫的另一個網絡定律是吉爾德定律，由喬治・吉爾德（George Gilder）提出。即在未來 25 年，主幹網的帶寬每 6 個月增長 1 倍，其增長速度是摩爾定律預測的 CPU 增長速度的 3 倍並預言將來上網會免費。

　　（3）麥特卡夫定律。以太網（Ethernet）的發明人鮑勃・麥特卡夫（Bob Metcalfe）提出的麥特卡夫定律：網絡價值同網絡用戶數量的平方成正比，即 N 個聯結能創造 N 的 2 次方效益。如果將機器聯成一個網絡，在網絡上，每一個人都可以看到所有其他人的內容，100 人每人能看到 100 人的內容，所以效率是 10 的 4 次方 。

　　在三大定律中，最為著名的當屬摩爾定律。摩爾定律的發明人是因特爾公司創始人，英特爾公司在電腦網絡時代處於中央處理器技術的領軍地位，可以或多或少控制其技術發展的步伐。在移動技術時代，世界三大智能手機系統 Android 、 iOS 、 Windows Phone 呈競相發展勢頭。隨着 2018 年吹起了底層技術開源之風，系統與芯片的發展之快完全與市場競爭強度的節拍相吻合，摩爾定律失效了。

　　PC 互聯網時代，網絡技術以電腦技術單獨而存在，各種新技術處於萌芽狀態，不存在

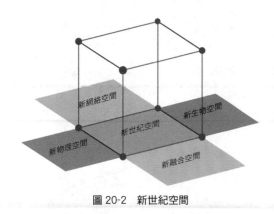

圖 20-2　新世紀空間

多種技術交叉影響複合躍進效應。移動互聯網時代，第四次工業革命攜人工智能、物聯網、生命科學、智能創造、新能源、區塊鏈等一系列革命性技術同時降臨人間，在移動互聯網的催促下，各種混交的新生命新面孔誕生。融合式創新與協同式管理為新生命提供了舒適的溫床。

各種新技術之間的碰撞、跨界、融合使技術之間相互賦能，擴散與裂變速度之快已如脫韁之勢，讓人類時刻處於緊張興奮的狀態中，這是新世界的奇點臨近的特殊徵兆。躍過這一奇點，人類將到達一個全新的空間世界。這個新空間由物理空間、網絡空間、生物空間和融創空間組成，如圖 20-2 所示。

需要強調的是，移動互聯網的技術應用發展，為 PC 互聯網和實體網絡搭建相互連接的新網絡空間，也為第四次工業革命各項技術的跨界交叉應用提供融合通道。從這個意義上講，並不是移動互聯網時代之後是物聯網時代、人工智能時代或區塊鏈時代，而是物聯網、人工智能、區塊鏈均處於移動互聯網時代。第四次工業革命的每一項技術都是行業技術，對其他行業的滲透與影響，主要通過移動互聯技術實現。因此，移動互聯網時代的壽命指數自 2019 年開始會長達百年以上。

20.2 移動營銷

移動營銷（Mobile Marketing）指在移動互聯網時代背景下，運用移動營銷體系及使用這個時代特有的營銷工具直接向目標受眾定向和精確地傳遞個性化即時信息，通過與消費者的信息互動達到市場營銷目標的行為。

早期，移動營銷稱為手機互動營銷或無線營銷。移動營銷是在強大的雲端服務支持下，利用移動終端獲取雲端營銷內容，實現把個性化即時信息精確有效地傳遞給消費者個人，達到"一對一"的互動營銷目的。

移動營銷的趨勢呈融合發展之勢，與實體經濟的融合誕生了新零售或智慧零售，與人工智能的融合誕生了智能營銷，與 PC 互聯網的融合誕生了全網絡營銷。移動營銷始於移動終端，又在脫離移動終端之後迅速融入各項新技術之中，形成影響全行業、全門類、全網絡的主流營銷概念。

從概念上看，移動營銷是基於一定的網絡平台來實現信息傳播，這個網絡平台既可以是移動通信網絡，也可以是無線局域網絡，對應的接入手段或設備包括手機、個人數字助理、便攜式計算機或其他專用接入設備等。移動營銷傳遞的信息是為了實現企業與消費者的"一對一"溝通，溝通的目的是增加企業品牌知名度、收集消費者資料、增大消費者的購買機會、改進移動營銷信任度和增加企業收入等。從智能化角度來看，整個移動終端的發展趨勢，手機早已不只是通信工具，而是發展成了一個生活綜合平台，融入了交流溝通、信息獲取、商務交易、網絡娛樂等各類互聯網服務。手機早已突破了它原來的意義，成為生活的一部分。未來，了解手機就了解這個世界，搶佔移動入口將成為移動互聯網營銷中最重要的環節。為學習移動營銷，你需要了解移動設備應用平台和平台作用工具。

市場上的移動平台種類很多，主要有蘋果公司的 iOS 系統、谷歌（Google）公司的 Android（安卓）系統及 2019 年上線的華為鴻蒙三大系統，這裏簡要介紹下 iOS 系統和 Android（安卓）系統。

20.2.1 iOS 系統

iOS 平台是由美國的蘋果公司開發的移動設備操作系統。它最初是設計給 iPhone 蘋果手機使用的，命名為 iPhone OS，後來陸續使用到 iPod touch、iPad 和 iPad mini 等蘋果移動產品上。在 2010 年 6 月 7 日的 Worldwide Developers Conference 大會上宣佈將其改名為 iOS。

iOS 平台的發展是三大平台中最成功、最穩健的。截至 2017 年 10 月底，iOS 應用商店超過 200 萬款 App，iOS 設備市場佔有率為 14%，遊戲應用、圖書應用、娛樂應用依次排名前三。iOS 還有着豐富的應用功能：地圖應用、Siri、Passbook、Facetime、App store 等。iOS 界面是非常嚴謹且創新的，同時也是三大平台中擁有應用程序最豐富的移動平台，幾乎每個分類中的應用都有數千款，而且每款應用都很精美。這是因為蘋果公司為第三方開發者提供了豐富的工具和 API 接口，從而讓他們設計的應用能充分利用每部 iOS 設備蘊含的先進技術。

20.2.2 Android 系統

Android 操作系統最初由 Andy Rubin 開發，2008 年 10 月，第一部 Android 智能手機發佈。如今，Android 已經逐漸擴展到平板電腦及其他領域，如電視、數碼相機和遊戲機等。

在競爭上，Android 可以說以超乎想象的速度發展着。2011 年 1 月，谷歌稱每日的 Android 設備新用戶數量達到了 30 萬部；到 2011 年 7 月，這個數字增長到 55 萬部；而 Android 系統設備的用戶總數達到了 1.35 億，此時的 Android 系統已經成為智能手機領域佔有量最高的系統。2011 年 8 月 2 日，Android 設備市場佔有率為 85.9%，App 數量達 350 萬款。

BlackBerry OS、Windows Phone 和其他所有平台設備市場佔有率不足 0.1%，2017 年微軟宣佈放棄智能手機和移動操作系統，只繼續為 Windows 移動平台提供 BUG 修復、安全更新等技術支持，不再開發新的操作系統功能及硬件。

iOS 和 Android 兩大平台工具欄圖標對比如圖 20-3 所示。

	圖標功能	iOS	Android	備註
1	搜索	Q	Q	入口
2	歷史（或最近使用）			便於查找
3	收藏（或受歡迎的）	★	★	便於查找
4	群組（iOS：受關注的）			社交屬性
5	推薦（或分享）	用戶特性		滿足懶人模式、炫耀
6	下載			信息互通、介質的功能
7	聯繫人			社交、通訊
8	設置	有的		DIY：滿足自我使用習慣
9	更多	•••		為用戶著想
10	SD 卡	自帶		便於儲存
11	撰寫			輸入、表達的入口
12	郵件	自帶		社交、傳遞
13	相機			融合、多功能
14	書籤（標籤）			便於儲存
15	喜歡的	—	♥	貼合用戶
16	添加	＋		功能
17	垃圾箱			清理
18	管理	—		管理
19	回覆			互通
20	停止	×	×	功能
21	刷新			功能

圖 20-3　iOS 和 Android 兩大平台工具欄圖標對比

智能手機　　筆記本電腦/PC　　平板電腦　　電腦

90% 基於屏幕的媒體互動占全部媒體互動的 90%

廣播　　報紙　　雜誌

10% 非屏幕的媒體互動占全部媒體互動的 10%

除了上班時間，我們平均每天待在各種屏幕前的時間為 **4.4** 個小時

圖 20-4　屏時代的媒體互動圖示

資料來源：Google，The New Multi-screen World

20.3 轉型時代的營銷環境

20.3.1 屏時代

2012 年，谷歌（Google）在公司發佈的《多屏世界報告研究》中提出（見圖 20-4 所示）：在各種屏幕，包括智能手機、個人電腦、平板電腦、電視等新興數字媒體的互動已經構成了消費者日常媒體互動的主要部分。相比傳統的報紙、廣播、雜誌，新興數字媒體的互動已經達到了 90%。上班時間之外，人們平均每天用 4.4 小時使用各種屏幕。

在變革時代，從來都是消費者、市場快企業一步，市場的巨變推動競爭的升級，推動企業供給側的改革，推動營銷學過渡到"屏時代"。當今時代，消費者已經轉變為"數字為先的消費者"，數字已經貫穿於消費者購買行為和決策的全過程，如表 20-1。

如今的市場營銷與 30 年前、10 年前甚至與去年都不一樣了，消費者期望值的轉變、技術的更新，以及競爭的變化使得市場環境日新月異。

表 20-1　數字為先的消費者特徵

數字為先的消費者特徵	
90% 的人	在屏幕前進行消費
90% 的人	會連續使用多個屏幕
65% 的人	首次購物經歷始於網購
63% 的人	採用移動支付
61% 的人	在智能手機上使用社交媒體
59% 的人	在智能手機上進行他們的首次理財
58% 的人	在開始進行個人理財決策時會依賴搜索引擎

用戶在進行購買決策時，首先考慮使用智能手機來獲得所需信息，而不是像過去看電視機廣告才進行決策。

20.3.2 連接比什麼都重要

進入移動互聯網時代，營銷的首要任務是連接。連接什麼？連接誰？拿什麼連接？用 4S 營銷理論來說，就是用豐富的內容分享連接超級用戶，實現產品移動連接。數字化程度模型如圖 20-5 所示。

1. 連接

如果把互聯網的發展進程按照典型的歷史階段來劃分，可以總結為以下 4 個進化階段：第一個階段叫作數字化階段，其開啟標誌是 1969 年使用包交換技術的真實網絡的誕生，這一時代單體的電腦之間在少數機構中進行連接。第二階段是數字媒體階段，從 20 世紀 90 年代開始，1995 年網景瀏覽器推出以來，隨後 10 年間我們見證了約 5 億台電腦以工作場所、家庭為基礎，在全球不斷增加互聯。門戶網站谷歌（Google）當時以專業的信息搜索工具的身份出現，使信息的傳送、抓取和獲得變得容易，而這個時代互聯網更多的是作為信息變革的工具，於是第三個階段即數字商務開始興起。1994 年 Bezos 提出了 20 種他認為適合於虛擬現實市場營銷的商品，包括圖書、音樂製品、雜誌、PC 硬件、PC 軟件等。最後，在圖書和音樂製品

圖 20-5　數字化程度模型
資料來源：KMG 研究

中，Bezos 選擇了圖書，創立了亞馬遜（Amazon）網上書店。20 年後，亞馬遜變成了一家超級電子商務公司，截至 2019 年，淨銷售額達到了 2,000 多億美元。第四個階段我們叫移動網絡階段，從起點來看，它其實與互聯網的第二、第三個階段差不多同時起步，包括臉書（Facebook）、推特（Twitter）、國內當年的開心網以及現在的微博、微信。這個時候的互聯網更多的是基於手機端發力，所以也被稱為"移動互聯網時代"，《連線》雜誌的專欄作家克萊・舍基（Clay Shirky）將其稱為"人人時代"。而現在，我們已經步入了一個"社交化商業"的時代，由於社會化媒體的發展和成熟，企業能夠在這一環境的基礎上進行商業活動。社交商務在某種意義上就是今天以社群為基礎的移動營銷（Mobile Marketing），它可以深化客戶關係，甚至讓客戶參與到企業創造與運營中去。如圖 20-6 所示。

從互聯網的進化過程我們可以看出，有一條主線若隱若現地貫穿其中，如果我們要找一個關鍵詞概括這條主線，那就是連接。在這個進化過程中，人與人連接在一起，連接得越來越緊密，速度越來越快，廣度、深度與豐滿度越來越強。任何時候、任何地方、任何事情都在這條進化的路徑中被連接起來，突破了時空的邊界，連接成為整個人的生存生態。那種單純的推銷商品的時代已經結束了。

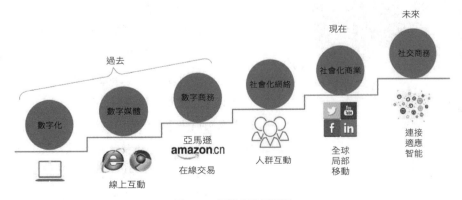

圖 20-6　互聯網發展進程
資料來源：菲利普・科特勒《凱洛格商學院講義：KMG 研究》

2. 消費者比特化

在數字營銷時代，所有的消費者行為都可以被記錄並跟蹤。大數據時代撲面而來，憑藉大數據進行收集、分析和決策，營銷的過程可以透明化。能否將自己的消費者與客戶比特化，並進行追蹤與分析，顯得尤為關鍵。很多零售店已經做到將所有的衣服都貼上新型條碼標籤，有了新型條碼標籤之後，每件衣服被消費者拿起、放下或者試穿的信息都會被準確記錄，並傳遞到後台的管理系統中，通過對這些數據的分析會為企業下一步的產品開發、設計或者進貨提供精確的方向。

3. 數據說話

數字營銷的核心之一就是數據的誕生、採集與應用。數據是在真實的互動行為中產生的，這些數據包括基於用戶的用戶屬性數據、用戶瀏覽數據、用戶點擊數據、用戶交互數據等，基於企業的廣告投放數據、行為監測數據、效果反饋數據等。

數據說話就是運營決策數據化。在數據積累、數據互通階段，數據化運營並不迫切，但數據源建立起來後、以用戶為中心的跨屏互通後，如何分析，如何實現智能型的、可視化的數據呈現就變得非常重要了。數據說話要跨越決策者和管理人員的主觀判斷，建立一套數字說話系統。數據說話改變了營銷決策的戰略模型，使 4P 營銷理論賴以生存的營銷決策依據的消費者行為、消費者心理與消費者偏好從營銷人的大腦轉移到手機與電腦。

4. 參與

參與即讓消費者參與到企業營銷戰略中。市場營銷學將企業和用戶理解為甲方和乙方的關係，如今這種營銷邏輯改變了。消費者在企業的營銷過程中理應具有重要的話語權。消費者可以被看成非企業管轄的，卻同時能保證企業正常、高效運轉，推動企業決策的外部員工。從產品設計、品牌推廣、活動策劃、渠道選擇等方面參與到企業運營中，能夠讓消費者對企業產生歸屬感。

5. 動態改進

由於現在消費者的數據更新頻率非常快，企業在自身戰略調整時也需要快速迭代、動態改進，以不變應萬變，保證當下的數字營銷策略與當前的消費者行為吻合。動態改進的出現要求營銷學適應快速變化的市場，敏捷管理應運而生。

移動時代改變最大的是人，即企業人和消費者的改變。移動時代是一個"顛覆的時代"。在這個時代中，我們會看到企業人格的魅力點轉向"挑戰"和"改變"這兩個維度，向其中一個維

圖 20-7　企業人格原型圖譜
來源：Peter Walshe

度靠攏的企業經過精心策劃也許有少許魅力，但絕不會"魅力無敵"，而向這兩個維度同時接近並表現強烈則可能"魅力無敵"。圖 20-7 為企業人格原型圖譜，其中，羅輯思維的"有趣"，特斯拉的"反叛"，正好對應了"挑戰"和"改變"兩個維度交叉下的"逗趣的人"和"反叛者"。

傳統的 CRM（客戶關係管理）策略已經不能適應現在的社會媒體，一個新的 CRM 系統要做到綜合使用數字技術、自動化和同步化銷售營銷、客戶服務與技術支持。它允許公司管理的核心產品、技術開放神經中樞與當前和未來的客戶交互。

如圖 20-8 所示，移動時代用戶不喜歡"被管理"；企業內部與外部管理關係的界限變模糊；用戶不按"既定地方、既定時間"消費，讓許多企業面臨營銷的困局。

什麼是消費者畫像？從用戶畫像概念的提出到今天的大數據消費人員畫像，營銷者從未停止對客戶洞察方法的探索。

用戶畫像的概念最早在 20 世紀 80 年代由"交互設計之父"艾倫·庫珀（Alan Cooper）提出。用戶畫像是從真實的用戶行為中提煉出來的一些特徵屬性並形成用戶模型，它們代表了不同的用戶類型及其所具有的相似態度和行為，這些畫像是虛擬的用戶畫像。用戶畫像是通過消費偏好、消費心理出發，研究消費者的行為特徵。

在營銷中，用戶畫像經常與市場細分的概念合用，代表着某一個細分市場的典型客戶，它幫助企業或政府更好地理解用戶及用戶訴求，與其進行有效溝通。在移動營銷時代，當對細分市場推出細分產品時，需要用戶畫像這種手段。

京東通過消費者畫像，為其用戶列出了 300 多個標籤，而海爾集團（Haier）的消費者畫像則是一個分為 7 個層級、 143 個維度、 5228 個節點的用戶數據標籤體系。

20.3.3 營銷處在移動狀態

消費者的行為變遷表現在用戶在任何時間、任何地點，都可以接觸到營銷。用戶接觸到的營銷包括移動搜索、移動定位、移動導航、移動預訂、移動支付等。可以說，這個時代，

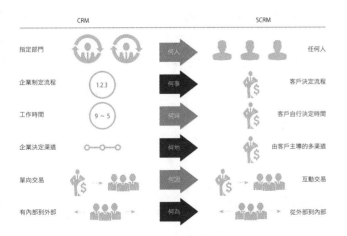

圖 20-8　客戶關係管理向社會化進化

資料來源：Peter Walshe

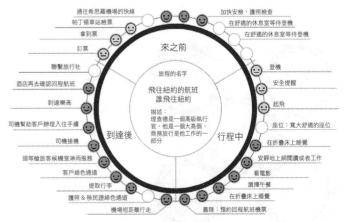

圖 20-9　樂高公司旅程地圖

資料來源：樂高公司

營銷無處不在。

　　通過樂高提供的客戶旅程地圖（見圖 20-9），我們不難發現，用戶離不開智能手機，營銷的主戰場已經從傳統門店和 PC 網頁轉移到手機端。這種變化是深刻的，是前所未有的。因此，在移動互聯網背景下，本書的移動營銷 4S 模型應運而生。

20.3.4 互聯網地理

　　在談論移動營銷的基礎條件線上信息地理時，有必要先了解一下互聯網應用模式和互聯網基礎設施。2002 年，撒哈拉以南的非洲只有 600 萬互聯網用戶，印度只有 1,600 萬互聯網用戶。互聯網應用上很多顯著的不均等性是因為互聯網基礎設施的現實地理分佈差異而產生的。例如，2009 年，世界上的部分地區比其他地區聯繫更緊密，但是一些地區與外界根本沒有互聯網聯繫（東非是最後擁有光纖網絡與外界取得聯繫的地區之一）。缺少光纖網絡意味着上網非常慢，而且花費比其他地區更為昂貴。因此可以說，成本與效率制約着互聯網應用。

　　然而，這些基礎設施的限制已被打破，目前只有少數地區與全球網絡沒有聯繫。在世界上的貧窮國家，互聯網滲透力和移動增長率迅猛發展。截至 2011 年年末，全球有 60 億台移動設備，這意味着全球有 85% 的人以移動互聯網終端的方式互相聯繫，有超過 25 億人口的互聯網用戶，當然我們也發現大部分互聯網用戶都居住在不發達國家。

　　越貧窮的人越渴望通過互聯網與外部世界進行連接。互聯網信息的自由流動經常被看作"重要的均衡器"。國際電信聯盟秘書長 Hama Doun Toure 在 2012 年的演講中多次重複了這一觀點。他指出，以地域人為分割的世界一旦被互聯網緊密地聯繫起來，全世界的人們都有了接近無限知識的可能性，自由地表達自己，更有利於大家建設和享受知識社會。

20.4 移動營銷 4S 理論的提出

　　在移動互聯網時代，營銷正在發生着革命性的演化和發展。企業只要掌握移動營銷的基本規律，並把這種規律結合企業自身情況，就能實現個性發展。

　　移動互聯網正在改造市場營銷學，新時代的營銷變得更加重要。

　　移動營銷 4S 理論是移動互聯網時代營銷要素組合成的基本營銷規律，它包括服務（Service）、內容（Substance）、超級用戶（Superuser）、空間（Space）四種要素以及由此組成的營銷流程，如圖 20-10 所示。

　　移動營銷 4S 理論基於如下原理：

　　（1）為用戶設計和提供更符合用戶內心需求的好產品和服務，是移動營銷成功的基石。所有好服務都有兩個基本特徵，一是追求極致化、人性化；二是和用戶共同創造。

　　（2）移動營銷和大眾傳媒的整合營銷傳播關聯不大，產品賣點、廣

圖 20-10　移動營銷 4S 理論模型圖

告詞、明星代言這三大傳統的傳播法寶被"內容"兩個字替代，好內容是移動營銷的第二法寶。而內容好不好的唯一標準是用戶願不願意主動分享出去。

（3）傳統營銷是通過大眾媒介傳播，從海量用戶中選擇優質客戶，並把客戶按購買力和消費力分為三六九等，是基於交易關係確定營銷關係的營銷邏輯。移動營銷剛好相反，從極少數的關鍵用戶的信賴感、參與感和產品口碑營銷起始，形成強關係和超級用戶後再擴散到大量的普通用戶，是基於人際關係而確定營銷關係的營銷邏輯。

（4）在傳統營銷的認知裏，營銷渠道是指線下終端店和 PC 端線上網店，而且線上和線下的關係是對立的。在 2000 年至 2012 年的 12 年間，經常聽到線上營銷專家掛在嘴邊的常用詞是"摧毀"。移動營銷提倡在一個可交易的空間裏實現產品體驗、用戶分享和服務的兼容性連接，沒有任何一個詞彙能比"空間"（亦稱"空間連接"）更恰當地形容移動營銷這一要素。移動空間連接包括 3 種方式：線下空間和線上空間的營銷關係連接；現實空間和虛擬空間的體驗；服務、內容、用戶分享、交易交換 4 種營銷要素之間的有機連接。

總之，4S 移動營銷模型既是探索移動營銷一般規律的理論原型，也是實踐移動營銷特殊新方法的應用工具組合。

基於移動互聯網時代用戶對服務的極致化要求，移動營銷分為 3 步，第一步是提供在產品品質、產品理念與產品體驗方面符合移動用戶消費習慣的服務；第二步是圍繞用戶需求製造服務文化、服務情懷和服務理念，便於用戶獲取更深、更寬、更廣的消費信息；第三步是發現並培養超級用戶。

那麼，什麼是超級用戶？

超級用戶就是愛你的優點的同時也愛你的缺陷，認為缺陷也是一種美。要我消費我就消費，我還要讓朋友來消費你。傳播你的產品不需要理由，不要分成，只要你產品背後的精神讓我信仰一生。既是消費商，又是投資商。我和你是"婚姻關係"，不是"一夜情"。

移動營銷的第四步是發現或開發一個移動營銷的空間，把服務、內容、用戶、支付植入到一個移動空間去完成。這個空間可能是一個移動網絡 APP 的界面，可能是一台內置移動支付軟件的智能終端設備，也可能是移動互聯網軟件和實體體驗店的融合形成的交互體驗空間。

移動營銷 4S 理論也可以通過一台智能終端設備實現商業運作。

移動營銷 4S 理論也可以通過"互聯網＋實體"的融合模式實現。如京東 100 億收購 1 號店，其實質是京東通過收購 1 號店，完成"互聯網＋沃爾瑪"的網絡融合模式，這種模式的先進性在於把互聯網空間和實體店空間從原本各自獨立體系的營銷空間，改造成一個優勢互補的商業生態空間。

綜上所述，移動互聯網正在改造市場營銷學，從 4P 理論到 4S 理論的演進不可避免。

20.5 移動營銷 4S 理論的經濟學原理

移動營銷 4S 理論是營銷新的三要素（即服務、內容和超級用戶）集合而成的營銷空間，

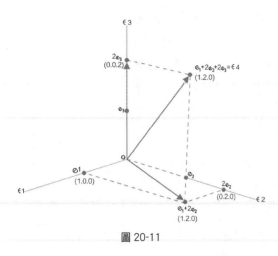

圖 20-11

❶ 數理經濟學（Mathe Matical Economics）：是運用數學方法對經濟學理論進行陳述和研究的一個分支學科。在經濟史上把從事這樣研究的人叫作數理經濟學家，並且歸為數理經濟學派，簡稱數理學派。

這個空間集合企業研發、運營、銷售、服務於一體，簡言之，4S 是一個集合空間。

我們已經多次提及 "集合" 一詞，由於集合原本是現代數學的概念，把它運用到市場營銷學是一大創舉。一個集合就是不同對象或要素的集成。4S 理論是有限元素的集合。為便於從經濟學意義考量 4S 模型的價值，集合中的成員以符號 $\in$（希臘字母，即 epsilon 首字母的變形）表示，假設把服務、內容和超級用戶空間分別用 $\in_1$、$\in_2$、$\in_3$、$\in_4$ 來表示，那麼 4S 模型是一個三維向量空間，如圖 20-12 所示。

按照數理經濟學 ❶ 的分析方法，兩個線性無關的向量 $\in_1$ 和 $\in_2$ 生成了二維空間，也可以說兩者構成多維空間的一個基。如果按照互聯網 0 和 1 的語言來表達，$\in_1$ 和 $\in_2$ 的單位向量是〔10〕和〔01〕，服務（$\in_1$）是 1，營銷的價值就是在 1 後面多添加 0，添加 0 越多，企業收入越多，營銷的價值越大；內容（$\in_2$）是 0，營銷的價值就是在服務上從 0 到 1 添加服務文化、思想、價值觀等內容，內容營銷的作用是讓服務會說消費者喜歡聽的話。超級

$$\in_1 \equiv \begin{bmatrix} 1 \\ 0 \\ 0 \end{bmatrix} \qquad \in_2 \equiv \begin{bmatrix} 0 \\ 1 \\ 0 \end{bmatrix} \qquad \in_3 \equiv \begin{bmatrix} 0 \\ 0 \\ 1 \end{bmatrix}$$

圖 20-12　超級用戶認知過程

用戶（$\in_3$）是一個從 0 到 0 再到 1 的單位向量，營銷的價值就是用戶從零認知到不接受再到接受並購買產品的過程。如圖 20-13 所示。

三維向量空間是 $\in1$、$\in2$、$\in3$ 單位向量的全體集合。儘管難以畫出三維空間圖形，我們仍可想象一個三維空間由全部線性無關的 元素的全體所生成。每一個向量，作為一個有序無數組，代表三維空間中的一個點，或是從原點延伸至該點的方向線段。兩個向量點之間的距離，代表了營銷創新的指數；每個向量到原點的距離，代表了營銷的深度與力度。

以下 3 種單位向量的變化表示企業營銷的 3 種不均衡狀態。

（1）第一種不均衡。這是一家有服務、有超級用戶的企業，但創造傳播用於分享的內容是其短板，企業利潤空間不足。如圖 20-13 所示。

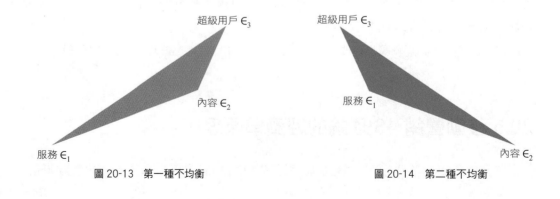

圖 20-13　第一種不均衡　　　　　　　　圖 20-14　第二種不均衡

（2）第二種不均衡。這是一家有超級用戶、會製作產品傳播的內容的企業，但服務不夠優秀，致使營銷空間與利潤空間受限。如圖 20-14 所示。

（3）第三種不均衡。這是一家服務和內容都很好，但超級用戶不足的企業，其營銷空間和利潤空間狹窄。如圖 20-15 所示。

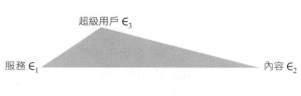

圖 20-15　第三種不均衡

現代市場營銷學是一門關於選擇與配置的科學。通常，當要實現一個特定的經濟目標時，如要實現一個特定水平的產出，通常有許多可供選擇的方式和路徑，但總有一種方式是最優的，總有一種路徑是最佳的。數理經濟學的方法論證明，方案最優化的實質是求出那些能夠使目標函數達到極值的選擇變量值的集合。從純數學來看，極值就是極端值；從營銷管理學來看，極值就是管控支出到最小值，收入達到極大值。舉例來說，企業尋求利潤 π 最大化，即最大值總收益 R 與總成本最小值 C 的差額，假定企業的運營水平為 Q，則公式如下

$$\pi(Q)=R(Q)-C(Q)$$

此方程構成了移動營銷的目標函數，π 為最大的目標，Q 則是唯一選擇的變量，最優化方案的關鍵在於最高產出水平的 Q 使得 π 最大化。Q 就是企業管理團隊在運用移動營銷中的情商和智商。高 Q 值的企業移動營銷使 4S 營銷要素的配置達到選擇配置的均衡狀態，從而使 4S 移動營銷實現企業利潤最大化。

均衡狀態的配置標準是等邊三角形，使其營銷空間和利潤空間實現最優化。

移動營銷 4S 理論在實踐中要求企業組織變革，由傳統營銷管理的廣告、企劃、營銷、客服的職能管理設計，改造成研發中心、服務中心、內容中心和用戶中心的移動營銷基本職能管理模式，也有人把用戶中心叫合夥人中心。

2012 年以來，4S 移動營銷模型被新興成長型企業廣泛應用，爆發出空前的移動動力，市場營銷創新之火在全球點燃。為什麼新興企業樂意採用 4S 新營銷模型呢？正如美國特斯拉（Tesla）公司 CEO 伊隆・馬斯克（Elon Musk）所言：“成熟的大企業不願意冒着風險去製造新事物，所以很多偉大的創新都來自創業公司。”特斯拉（Tesla）正是從品牌創新、技術創新起步，完成了產品、內容、超級用戶、空間 4 個環節的營銷創新。

一項改革世界的惠普技術，只有在全球範圍內井噴，才能把人類從舊世界帶入到新世界，2018 年，就是移動技術應用井噴的一年。2018 年，處於移動應用全球領先地位的中國率先進入移動互聯網下半場，從消費互聯網轉戰產業互聯網。這一年，美國的各行業的移動應用正在全面 Uber 化。

這一年，印度移動應用創業公司開啟了全球化元年。2018 年 1 月印度最大的本土打車公司 Ola 進軍澳大利亞珀斯（Perth），揭開了全球化的序幕；連鎖酒店 OYO 也緊隨其後大舉擴張；獨角獸企業——在線教育公司 Byju's 也宣佈了 2019 年早期的國際計劃。此外，移動支付巨頭 Paytm，外賣平台 Swiggy、雲軟件開發公司 Freshworks、內容營銷平台

Wittyfeed、醫療保健企業 Practo 等等都在進行全球擴張。

對於在印度尋求增長的國外互聯網公司來說，這個市場如同一杯芳香四溢的雞尾酒，逐 "香" 之徒包括電子商務巨頭亞馬遜（Amazon）、打車軟件優步（Uber），以及 Tinder 和 Bumble 等約會交友軟件。鑒於其多樣性，印度通常被認為是一個多國聯合體，這意味着一家在印度做出過成功產品的公司，更有能力同時處理多樣化市場。

2018 年，印度尼西亞、泰國、中國和韓國的智能手機用戶是全球範圍內使用手機時間最長的，平均使用智能手機的時間都超過 4 個小時。與 2016 年相比，包括印度尼西亞、泰國、中國、韓國以及巴西在內的國家智能手機使用時間平均增長了 50%。其中，智能手機用戶花費在社交網絡上面的時間最多。

2018 年全球手機 App 下載次數達到了 2000 億次，與 2016 年相比增長幅度達到 35%，巴西民眾下載的手機 App 次數增長幅度也達到了 25%。

App Annie 的數據專家還指出，日本、美國和韓國的智能手機用戶平均每人曾安裝過 100 多個應用程序，而他們一般常用的程序數量在 30 到 40 個之間。巴西人平均每人安裝過智能手機程序為 70 個，常使用的手機程序數量僅為 30 個。

2019 年，是離奇點最近的一年，到達奇點時，人類正在創造一個新紀元。

20.6 微軟的移動營銷轉型

微軟（Microsoft）是一家總部位於美國的跨國科技公司，也是世界個人計算機軟件開發的先導。該公司成立後憑藉對行業發展趨勢的洞悉，迅速將競爭對手遠遠甩在身後，在創始人比爾・蓋茨（Bill Gates）的領導下，成為當時最受關注的硅谷寵兒。

但是隨着時代的發展，微軟對互聯網和移動互聯網接連判斷失誤，直至被恢復元氣的蘋果公司（Apple Inc.）和成功轉型的國際商業機器公司（IBM）超越。不僅如此，後起之秀谷歌（Google）、臉書（Facebook）也分別在不同領域剿殺着微軟的生存空間。微軟錯過了至少 3 波浪潮，分別是互聯網浪潮、搜索引擎浪潮、移動互聯網浪潮。

雖然微軟也在佈局自己的 Windows Phone 甚至 Surface 產品等，但是單純的移動智能產品對於微軟來說或許已經不再是最重要的了，更嚴謹一些的說法是，微軟對於移動互聯網的佈局更加開放了。本節通過微軟從產品向服務轉型及如何進行商業模式轉型的成功示範，並以實踐為樣本，總結出營銷理論變革的脈絡。

20.6.1 從產品到服務

微軟開始嘗試丟掉 Windows 這塊包袱，在產品用開放的態度向未來重新出發。微軟的產品定位雲戰略，聚焦於 AI、雲、物聯網、混合現實和整合了 Windows 10、Office 和企業級應用與服務的 Microsoft 365。

微軟在 2015 財年雲業務相關的收入不過 80 億美元，2017 財年其雲業務相關收入飆升至 189 億美元。雲服務收入在微軟總收入的比重從 2015 財年的 10% 左右提升至 2017 財年的 21%，微軟成為在規模上和亞馬遜（Amazon）不相上下的雲服務提供商。

　　微軟提出“移動第一、雲第一（Mobile-First，Cloud-First）”，認為移動和雲誰也離不開誰，沒有多平台的移動場景，雲就沒有存在的意義；沒有雲計算的部署和能力，移動化也無法實現。當所有人都在移動端拚得面紅耳赤時，微軟看到了雲作為基礎設施的巨大潛力。

　　戰略無非是關於取捨、排序和資源配置的學問，微軟的雲戰略果斷砍掉沒有優勢甚至已成負累的業務板塊；組織架構上理順關係，把雲升至最高級；最後將資金、人力等全部“彈藥”集中於此，成功爆破。2017 年，微軟就已經發佈了超過 100 款 iOS 應用，甚至擁抱 Windows 的對手開源系統 Linux 。這都呈現了微軟擁抱變化的移動互聯網時代的趨勢。

　　從 2016 年開始，微軟把收入部分細分為產品和服務及其他兩大類，並逐漸把服務所佔的權重比例提升，這一變化的意義是巨大的，“產品為王”強調的是一次性收入和市場佔有率，“服務為王”則更看重可持續收入和提供一攬子解決方案的能力。微軟正在從一家以軟件為主的產品公司向以雲計算為主的服務公司轉型。

20.6.2 打造開放協作空間

　　經歷了 Windows 史詩般的成功後，微軟內部有個不成文的規矩——一切有可能損害 Windows 作為品牌和主營業務的行為都該被禁止。受產品定位思想禁錮久而久之，微軟逐漸變得封閉，甚至傲慢。納德拉（Satya Nadella，2014 年 2 月 4 日被任命為微軟 CEO）試圖改變這一根深蒂固的觀念，上任後旋即在 iPad 上推出 Office 應用，而且是免費使用。

　　主動合作，甚至是和競爭對手合作才有更大營銷空間。微軟和 Salesforce 在軟件即服務（SaaS）領域競爭激烈，但微軟雲（Azure）也專門給 Salesforce 開放了 API 接口。

　　在微軟的企業數字化轉型商業模式中，一個重要的組成部分就是行業與行業銷售。大多數科技公司之前都是走產品的簡單銷售模式，無論是軟件還是硬件都可以通過分銷與渠道完成銷售，科技公司與最終用戶之間的距離很遠。但在數字化轉型的過程中，無論是工廠還是渠道甚至是競爭對手，都要聯合起來共同直接面對最終用戶，形成一個完整的解決方案組合。

　　因此，微軟實際上正在把過去 License（許可證）簡單銷售模式的銷售組織，向具有行業知識的顧問型銷售模式轉型。

　　2017 年，微軟實行以合作夥伴為主的聯合銷售模式。在與合作夥伴的聯合銷售模式下，微軟銷售代表幫助合作夥伴售出符合要求的 Azure 雲解決方案，就能獲得最多相當於合作夥伴年合同金額 10% 的銷售收入。

　　企業數字化轉型的最終目的是建立起與消費者的直接連接。因此，對於微軟這樣的雲平台及合作夥伴來說，保持與所服務的企業客戶的直接連接就很重要。實際上像微軟總結出來的數字化轉型需求，都是最終企業客戶自己提出來的個性化需求匯總，再從中分析出可以規模化的解決方案。

20.6.3 找到超級用戶

與 iPad 的時尚、潮流、炫酷的科技美學路線不同，微軟的 Surface 定位於科技商務，力求將 Surface 系列產品打造成高性價比產品。

由於錯峰 iPad 的清晰的超級用戶的定位，作為一款商務使用非常方便的平板電腦，Surface 跨入了移動互聯網的世界。在移動的世界裏，iPad 向左，進入個人或家庭，替代了家用電腦；Surface 向右，進入商務或辦公室，替代了辦公用電腦。

在移動互聯網創造新世界的奇點臨近的最後一刻，微軟這艘巨輪拿到了最後一張通行證。

從 PC 時代的霸主，到移動互聯網時代的掉隊，微軟這個曾經全球市值第一的公司一度在科技浪潮中沉浮。一再錯失互聯網、移動互聯網、社交等一波又一波浪潮下，若固守昔日的 Windows 產品的榮耀，微軟這座大廈似乎快要傾倒在移動互聯網浪潮。但現在微軟聚焦雲服務與 AI，可謂迎來第二個春天，市值重返巔峰時代，2018 年 8 月微軟市值突破 8,000 億美元，僅次於蘋果公司（Apple）。微軟的成功變革可概括為：基於移動互聯網時代的新技術，微軟運用了移動營銷的服務（Service）、內容（Substance）、超級用戶（Superuser）和空間（Space）的 4S 新理念，構建了新型交互營銷空間為用戶提供極致服務的體系。

本章小結

（1）移動營銷的趨勢呈融合發展之勢，與實體經濟的融合誕生了新零售或智慧零售，與人工智能的融合誕生了智能營銷，與 PC 互聯網的融合誕生了全網絡營銷。移動營銷始於移動終端，又在脫離移動終端迅速融合到各項新技術之中，形成影響全行業、全門類、全網絡的主流營銷概念。

（2）移動營銷 4S 理論是營銷新的三要素（即服務、內容和超級用戶）集合而成的營銷空間，這個空間集合企業研發、運營、銷售、服務於一體，簡言之，4S 是一個集合空間。

（3）基於移動互聯網時代用戶對服務的極致化要求，移動營銷分為三步：第一步是提供產品品質、產品理念與產品體驗方面符合移動用戶消費習慣的服務；第二步是圍繞用戶需求製造服務文化、服務情懷和服務理念，便於用戶獲取更深、更寬、更廣的消費信息；第三步是發現並培養超級用戶。

（4）微軟（Microsoft）聚焦雲服務與 AI，可謂迎來第二個春天，市值重返巔峰時代，2018 年 8 月微軟市值突破 8,000 億美元，僅次於蘋果公司（Apple）。微軟的成功變革可概括為：基於移動互聯網時代的新技術，微軟運用了移動營銷的服務、內容、超級用戶和空間的 4S 新理念，構建了新型交互營銷空間為用戶提供極致服務的體系。

第二十一章

CHAPTER 21

Overview

服務概論

21.1 一切產業皆服務

　　4P 營銷原理是工業時代的營銷準則，它常有明顯的供給側❶研究的痕跡。4S 營銷理論是 PC 互聯網的上半場走到移動互聯網的下半場的信息時代準則，瞄準的是需求側❷的研究。從這個意義上講，用戶需求的不是產品，而是產品帶給他的服務。在用戶看來，一切產業皆服務。這既體現了移動互聯網的三大基礎屬性之一──"人本"，又體現了需求側走向人類生活，生存與命運的終極關懷的方向。

　　在激烈競爭的紅海戰略❸中，智能手機早已紅海一片，傳音（TECNO）手機卻以服務理論差異化競爭策略出現，突出一片屬於自己的藍海戰略❹。

　　2014 年巴西世界盃期間，當傳音的標識出現在轉播畫面上的時候，許多中國人，甚至是不少手機行業的業內人士，都不清楚傳音是個地地道道的中國手機品牌。別說中國人不清楚了，就連傳音手機的用戶，也有人不知道它是地道的中國製造。傳音公司的一位高管，有次到喀麥隆出差，跟一個當地人聊天的時候，那位非洲兄弟拿着傳音手機驕傲地炫耀着功能，還跟他介紹，大致的意思就是："這手機功能強大，質量又好，而且價格便宜，德國品牌就是好！"

　　這個從山寨手機的"黃埔軍校"──深圳華強北走出去的手機品牌"傳音"，只用了不到 10 年時間，就在非洲稱王。在非洲，10 個手機用戶，就有 4 個人在用它。據統計 2018 年在全球範圍內，傳音的手機銷量排名第 4，僅次於三星（Samsung）、蘋果（Apple）和華為（HUAWEI）。在非洲，特別是撒哈拉沙漠以南的許多國家，傳音旗下的 Tecno、Itel、Infinix 系列產品，佔據着當地 40% 的市場份額，2017 年更是超越三星成為非洲第一大手機品牌。如圖 21-1 所示。

　　在傳音手機橫掃非洲市場之前，"中國製造"的手機，在非洲也非常"著名"（臭名昭著）。傳音脫穎而出，並不像其他許多中國手機廠商那樣想着賺"快錢"，而是從服務用戶出發，走服務差異化之路。從 2006 年這家公司創立之後，經過短暫的貼牌代工時期，2008 年他們把所有的精力投在非洲，創建自己的品牌，努力一步步成為手機中的"非洲王"。

❶ 供給側：即供給方面，國民經濟的平穩發展取決於經濟中需求和供給的相對平衡，指生產者在某一特定時期內，在某一價格水平上願意並且能夠提供的一定數量的商品或勞務。

❷ 需求側：需求側相對於供給側，指在一定的時期既定的價格水平下，消費者願意並且能夠購買的商品數量。

❸ 紅海戰略：是指在已知市場空間中進行競爭的戰略。競爭規則已經制定，競爭激烈，充滿血腥，猶如紅海而得名。

❹ 藍海戰略：是指打破現有產業的邊界，在一片全新的無人競爭的市場中進行開拓的戰略。藍海戰略的目的是擺脫競爭，通過創造和獲得新的需求、實施差異化和低成本，獲取更高利潤率。藍海戰略是紅海戰略的對稱，無人競爭的市場猶如沒有血腥的藍海，令人響往。

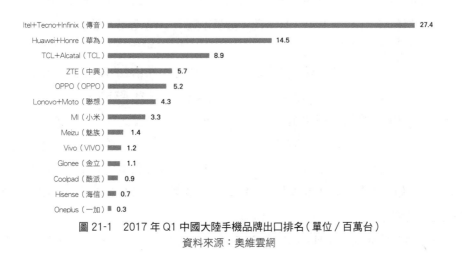

圖 21-1　2017 年 Q1 中國大陸手機品牌出口排名（單位／百萬台）

資料來源：奧維雲網

其發展歷程如下：

2006 年，TECNO 品牌上市；

2007 年，Itel 品牌上市；

2008 年，明確戰略：聚焦非洲、打造品牌；

2009 年，深圳鹽田工廠正式投產；售後服務品牌 Carlcare 成立；

2010 年，TECNO 品牌銷量躋身非洲手機市場前三；

2011 年，在埃塞俄比亞設立工廠；

2012 年，推出多款智能機，廣受消費者好評；

2013 年，智能機品牌 Infinix 上市；

2014 年，創建配件品牌 Oraimo；

2015 年，決定開拓印度市場；創建家電品牌 Syinix；

2016 年，借鑒非洲成功經驗；全面發力全球新興市場；

2017 年，傳音與 Spice Mobility 聯手在印度重新推出 Spice 品牌；

2018 年，TECNO 在印度發佈其全球旗艦手機系列 Camon。

傳音手機是如何做到"非洲之王"的呢？主要憑藉針對性的差異化營銷策略和解決痛點的服務營銷。

當時，傳音手機的競爭對手是赫赫有名的手機巨頭諾基亞（Nokia），當時的非洲市場被它牢牢控制，還有三星緊隨其後。諾基亞和三星均採用經銷制，經銷制的缺點有 3 個：服務差、用戶需求反饋不及時、產品和用戶之間的黏稠度差。傳音不僅在非洲人口第一大國尼日利亞（Federal Republic of Nigeria）的首都拉各斯、肯尼亞的首都內羅畢設立了研發中心，致力於需求開發本土化，還大量開設傳音客服中心，不銷售，只服務，這種服務不僅加深了用戶對產品功能的深入了解，還增強了品牌對用戶的消費黏度。

用戶消費品牌黏度意味着什麼？意味着用戶消費偏好的形成，意味着對該品牌產品的連續消費的能力。以傳音為例，當它推出 Camon C9 時依然熱賣，就是用戶對傳音品牌黏度的體現。

傳音創始人竺兆江採用了移動的道路，在非洲猛打廣告。由於瘋狂的刷牆營銷，還拉動了當地的油漆產業。他們採用的策略是在埃塞俄比亞、尼日利亞、加納等地方建造手機組裝廠，中外員工的比例是 1:20，即 1 個中國員工搭上 20 多個非洲籍員工，所以非洲人將傳音當做了自己的家鄉品牌。

傳音除了運用針對性的差異營銷策略，還通過尋找非洲用戶的痛點改進產品。

第一個痛點就是非洲人喜歡多卡多待，而市場上競爭對手無法滿足這一需求。西方發達國家和中國都是通信全國性運營商機制，例如在中國無論用移動、聯通、電信哪家的 SIM 卡，在全國各地都有信號。但在非洲卻不是這樣，多家運營商各有各的地盤，在別家運營商的地盤上手機很可能就沒信號了，只辦一張 SIM 卡是不行的，單卡單待的西方名牌手機水土不服。傳音率先開始搞雙卡雙待，結果大受歡迎；後來藉勢而推出了四卡四待引爆了非洲人民的購買熱潮。

解決的第二個痛點是手機照相。過去主流手機的拍照設定都是基於白種人和黃種人的，當黑人拍照時，面容就會黑黢黢的一片。傳音通過大量收集非洲當地人的照片，分析其臉部輪廓特徵，研究了曝光補償的成像效果分析，再使用眼睛和牙齒進行拍攝定位，一款直戳痛點的拍照手機 Camon C8 橫空出世，不怕不識貨，就怕貨比貨。傳音手機開發的合成式成像技術，能夠根據眼鏡、牙齒曝光拍照，對黑色皮膚使用美顏模式，原來黑黢黢的皮膚變成了對比明顯的巧克力色。

第三個痛點是手機音樂。根據非洲人骨子裏喜歡音樂的天性，傳音在 2016 年開始主打音樂功能，並且贈送定製的頭戴式耳機。採用"火箭充電"技術，解決電力供應問題，充電半小時能用 7 個小時，巨大的電池容量能超長待機半個月。從技術專家的角度來看，傳音的這些技術革新的含金量並不太高，但卻解決了非洲人使用手機的痛點。

傳音手機的成功不是個例，自 2012 年以來，所有成功營銷的案例似乎都揭示了一個規律：忘了所謂的產品吧，專注於優秀的產業服務，未來一切皆服務。

在"營銷新思維的發展之路"（Evolving toa New Dominant Logic for Marketing）一文中，史蒂芬・L. 瓦果（Stephen L. Vargo）和羅伯特・F. 路西（Robert F. Lusch）介紹了一種新的營銷模式，他們把其稱為"服務式主導思維"（Service-dominant Logic），即從根本上改變企業的營銷理念，讓營銷變成一種孕育用戶的過程。在他們的心中，產品並不是最終目的，而是提供服務的手段。用戶是協作生產者，而知識則是競爭優勢的基礎。在服務式主導思維中，產業是服務具象的載體，服務才是創造價值的核心，是產業改造升級的關鍵。

那麼，什麼是產業？什麼又是服務？為什麼需要上述的那種顛覆性的自我改變呢？

在傳統社會主義經濟學理論中，產業主要指經濟社會的物質生產部門。一般而言，每個部門都專門生產和製造某種獨立的產品，某種意義上每個部門也就成為一個相對獨立的產業部門，如大方向的"農業"、"工業""服務業"等，細分下的"製造業"、"電子設備業"、"旅遊業"等。由此可見，"產業"作為經濟學概念，其內含與外延的複雜性。產業最常見的分類是農業、工業和服務業，而產品作為產業的主要表現物遍佈我們的日常生活中。產業是指由利益相互聯繫的、具有不同分工的、由各個相關行業所組成的業態總稱，儘管它們的經營方式、經營形態、企業模式和流通環節有所不同，但是，它們的經營對象和經營範圍是圍繞着共同產品而展開的，並且可以在構成業態的各個行業內部完成各自的循環，即產業是指具有某種同類屬性的經濟活動的集合或系統。那麼，什麼又是服務呢？一般西方地區的這句話是個經濟用語，涵蓋所有在買賣過程中不會有物品留下，提供其效用來滿足客戶的這類無形產業。這也是英國經濟學家 Colin Grant Calrk 所提的"斐地—克拉克法則"中所謂的"第三產業"。

在現代社會，服務的含義越來越廣泛，並不僅僅局限於第三產業，產業融合早已成為一個趨勢。服務是具有無形特徵卻可以給人帶來某種利益或滿足感的可供有償轉讓的一種或一系列活動。服務通常是無形的，並且是在供方和顧客接觸面上至少需要一項活動的結果。

在《移動營銷管理》第 2 版中提到，服務的提供涉及以下幾個方面：

（1）在顧客提供的有形產品（如維修的汽車）上所完成的活動。

（2）在顧客提供的無形產品（如為準備稅款申報書所需的收益表）上所完成的活動。

（3）無形產品的交付（如知識傳授方面的信息提供）。

（4）為顧客創造氛圍（如在賓館和飯店）。

服務提供中涉及產業的方面還涉及以下幾個具體方面：

（1）在生產過程中提供的鏈條式活動（如農業生產中購買種子、工業生產中採購原材料、物流運輸）。

（2）按照顧客要求提供的無形服務（如科技型服務、旅遊業導遊講解）。

（3）按照顧客要求提供的有形服務（如企業委託發佈的廣告、自動售賣機）。

將產品提升到產業的層次，提升服務的高度，同時更加適應新時代的發展要求。以科技產業為例，科技產品成本很高，而且前期需要大量投入資本來研發、開設工廠並進行生產活動，然後才能賺錢。此外，在移動互聯網時代，產業處於一個相對靜止的狀態，在生產過程中投入的成本需要過一段時間才有回報，但在這個時間段內，客戶的需求卻可能會發生快速變化，所以服務的提升是產業獲得更好發展的途徑。以產業內的企業為例，在服務上投錢則可以讓企業身段變軟，變得更靈活。不把所有資金都壓在一個週期很長的產品上，就可以更好地響應客戶的新需求。很多人已經習慣了以產品甚至是產業為主的企業模式，這種顛覆式的模式會讓人覺得不自然、不自在。這說明在移動互聯網時代，產品生命週期論需要重新定義。

菲利普·科特勒（Philip Kotler）先生也有對移動營銷產品發生發展規律的研究，他解釋一個產品為什麼會衰退乃至消失時，給了我們一個產品生命週期圖，如圖 21-2 所示。

並且他進一步解釋說，如半自動洗衣機，因全自動洗衣機的出現，半自動洗衣機衰退了。誠若如此，我想知道，日本生產出來那麼多的電子手錶計時器，十分準確，請問計時不那麼準確的瑞士手錶勞力士、歐米茄計劃何時退出歷史舞台？飲料世界層出不窮，請問可口可樂、百事可樂準備何時銷聲匿跡？肯德基和麥當勞幾十年來主要就賣那麼幾款產品，什麼時候才能走下坡路呢？

菲利普·科特勒說產品有一個生命週期，就是說 4 件事。

（1）產品有一個有限的生命。

（2）產品銷售經過不同的階段，每一個階段都對銷售者提出了不同的挑戰。

（3）在產品生命週期不同的階段，產品利潤有高有低。

（4）在產品生命週期不同的階段，產品需要不同的營銷財務、製造、購買和人力資源等戰略。

大多數關於產品生命週期的討論，都把一種典型產品描繪成鐘形曲線。這條曲線被典型地分成 4 個階段，即導入、成長、成熟和衰退。

（1）導入期（Introduction）：產品導入市場時是銷售緩慢成長的時期。在這一階段，因為產品導入市場所支付的巨額費用，所以幾乎不存在利潤。

（2）成長期（Growth）：產品被市場迅速接受和利潤大量增加的時期。

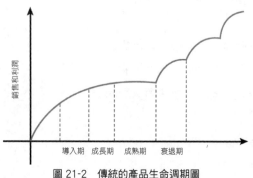

圖 21-2　傳統的產品生命週期圖

資料來源：菲利普·科特勒《營銷管理》第 13 版

案例　｜　速度與激情營銷的成功之路

2017 年 4 月 14 日《速度與激情 8》上映，在中國市場創造了 9 天破 20 億的票房紀錄，追平周星馳的《美人魚》。這種飆車題材電影並不少，為什麼 "速度與激情" 系列能取得如此大成功？

在《速度與激情 8》上映前，"速度與激情" 系列累計票房已經達到 40 億美元（約合人民幣 275.4 億人民幣）。用戶對 "速度與激情" 電影的鏡頭套路已經非常熟悉：嫻熟的換擋、飆升的邁速表、公路飛車、嚼着啤酒、摟着妹子，等等。到底這個系列電影有多速度、多激情，讓你看完熱血沸騰呢？

2001 年 10 月 4 日，第 1 部《速度與激情》電影上映，該片作為一部公路賽車電影大獲成功。之後該系列的每部作品都延續了高投資、高荷爾蒙的特點，但故事內容也從洛杉磯的非法賽車，發展到與全球各地犯罪集團的鬥爭，光是豪車已經不能滿足觀眾的視覺需求，坦克、無人機、武裝直升機、核潛艇紛紛上陣，刺激着觀眾的視覺神經。該系列從第 1 部到現在的第 8 部，實際的賽車鏡頭時間已經逐漸減少，高速追逐和驚險駕駛鏡頭的時長逐漸增加。如圖 21-3。

動作戲份增加。范·迪塞爾飾演的唐老大和小夥伴們不再只盯着賽車道衝刺，開始與退役精英士兵鬥智鬥勇。從那以後，"速度與激情" 的影迷們就能在電影中看到新套路，如濃郁西部電影風格的汽車版 "火車搶劫"、飛機跑道上的數車追尾、高速飛越三棟大樓的跑車，甚至前幾部中不常出現的各種槍支武器也頻繁出現在鏡頭中。

性感度提升。"速度與激情" 系列每部電影都是 "PG-13" 級別，鏡頭中最常出現的就是健壯的胳膊和圓潤的翹臀。男秀臂膀女秀臀，這種性感元素也是對觀眾的吸引力來源之一，男性肌肉發達的胳膊出現鏡頭最多的當屬該系列的第 2 部，而翹臀出現鏡頭最多的是在巴西拍攝的第 5 部。

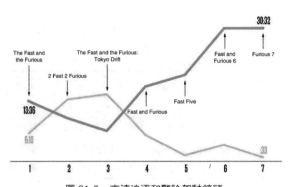

圖 21-3　高速追逐和驚險駕駛鏡頭
資料來源：燈塔大數據 - 作者 DTbigdata

情感線加強。在該系列的 8 部電影中，主角陣容基本保持不變，照顧了影迷的情緒。"速度與激情" 從 1 拍到 8，擁抱這種溫情鏡頭出現的頻率越來越高。"速度與激情" 系列越拍到後面，這種 "夥伴情節" 分量越重，比如好幾個人開着不同的車同時到達終點；"家庭情感" 戲份越來越多；台詞使用髒話的頻率越來越少。

演員陣容強大。隨着 "速度與激情" 系列電影一次又一次刷新票房紀錄，製作人獲得了更多投資，有能力邀請大咖的出演。2001 年第 1 部電影拍攝時，主角們都還是只出演過幾部電影的小咖，之後的幾部則吸引了越來越大牌的巨星加盟，如 "巨石強森"、傑森·斯塔森、庫爾特·拉塞爾，後來更有性感女星查理茲·塞隆，這樣的陣容可謂是群星璀璨。

進口豪車頻現。"速度與激情" 系列最早幾部出鏡的大多是美國國產高速中型車和日本掀背車，都是現實世界中公路賽車常見的車型。但在後幾部電影中出現的車輛越來越豪華，動輒是數百萬美元的進口車，如價值 200 多萬美元的布加迪威龍和車迷心中的 "聖車"——老式福特 GT40。電影中的反派也不再屈身於本田，而是開上了歐洲產的豪車。

資料來源：燈塔大數據 - 作者 DTbigdata

（3）成熟期（Maturity）：因為產品已被大多數的潛在購買者所接受，所以這是一個銷售減慢的時期。在此期間競爭的日趨激烈導致利潤日趨穩定甚至下降。

（4）衰退期（Decline）：銷售下降的趨勢增強以及利潤不斷下降的時期。

菲利普·科特勒先生對服務產業的公司任務和服務產業不同產品的價值效用進行如下

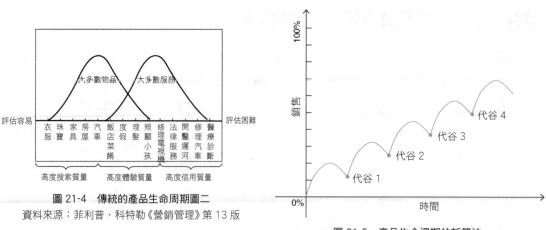

圖 21-4　傳統的產品生命周期圖二

資料來源：菲利普·科特勒《營銷管理》第 13 版

圖 21-5　產品生命週期的新算法

的連續評估：服務公司面臨 3 個任務，即提高其競爭差別化、服務質量和生產率。由於這幾方面是互相影響的，所以我們將逐項分別予以探討。

但是當我們今天拿張評估圖來評估新興企業時，卻發現評估困難，如圖 21-4 所示。如在一個信息不對稱的社會裏，用戶無法評估珠寶、家具和房屋的質量而決定是否購買。同樣道理，用戶往往不是通過評估某一汽車修理廠的信用等級來決定在哪裏修車，用戶更多選擇的是修車的便利性和價格，甚至是保險公司指定的汽修廠；用戶根本沒有通過信用質量來選擇汽修廠的權利。出現這種情況時，我們把它稱之為創新產品價值中必要的逆向價值的考量。

始於 2012 年智能手機的普及所掀起的移動應用全球浪潮，完全改變了產品生命週期的傳統路線圖，也改變了產品與用戶信息不對稱的方程式。移動時代的用戶活在一個擁有完全拼圖的信息圈子裏，從而導致了用戶需求變化快，也要求產品研發週期變短，產品的市場迭代的速度也相應加快。

按常理電影是一種快消品，看過的電影沒有人願意再看一遍，然而《速度與激情》卻一次次上映。

任何產品生命週期的背後的邏輯是算法。移動應用帶來產品生命週期的新的算法，如圖 21-5 所示。

當一款產品下降到它峰值的 40%，馬上推出它的技術迭代產品。代谷是產品迭代的選擇時機，也是上一代產品銷售減速的最低谷底。

為什麼產品迭代週期選擇銷量峰值的 40%？那是因為當銷量峰值低於 40% 時，新品很難從谷底拉升；而高於 40% 時，無法培養大多數用戶的消費習慣，也不利於利潤的獲取。

為什麼谷低值是峰值的 40% 而不是其他比率呢？這是因為即使是迭代的新品推向市場，依然有 40% 用戶選擇舊款產品。記住，迭代不是為了斷代。

為 Mattersight 公司建立行為模型的是臨床心理學家塔伊比·卡勒博士。卡勒博士開創了一種叫作"交流過程"（Process Communication）的心理行為研究。20 世紀 70 年代初，卡勒在一家私立精神病院實習，通過觀察病人在壓力下的各種反應製作了一個"迷你腳本"

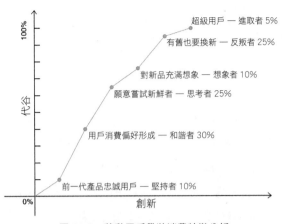

圖 21-6　移動用戶帶狀消費特徵分析

（Miniscript）。1997 年，他因為這項成果獲得了"埃里克·伯恩紀念科學獎"。卡勒觀察到的是在特定的精神痛苦發生之前出現的可預測的徵兆，而這些徵兆與某些特定的談話模式之間存在聯繫。根據這些徵兆，卡勒總結出 6 種常見的性格類型，如表 21-1 所示、如圖 21-6 所示。

表 21-1　6 種常見的性格類型

性格類型	性格特點	所佔比例
思考者	思考者通過數據了解世界，主要依靠邏輯分析來處理不同情況，有可能缺乏幽默感，控制慾強	25%
反叛者	反叛者在交流時注重對方的反應。他們愛憎分明，很多成功的革新者就屬於這個類型。在壓力面前，他們可能會非常消極，喜歡指責別人	20%
堅持者	堅持者喜歡根據自己的觀點分析所有事物。在處理事情時，他們會根據自己的世界觀加以權衡。大多數政治家都屬於這個類型	10%
和諧者	和諧者傾向於憑情感與關係處理事情。在高壓下，這個類型的人往往會產生過激反應。	30%
進取者	進取者通過行動了解所有事物。他們是天生的銷售專家，一心想着如何達成交易。這個類型的人有可能不夠理性，容易衝動	5%
想象者	想象者在思考問題時思路開闊，思想活動非常細膩，發現規律的能力超過常人	10%

　　就產品的週期而言，有三種算法，一是"人—機"算法，二是"人—人"算法，三是"人—產品—人"算法。谷歌（Google）的算法是典型的"人—機"算法，屬於迷信數學決定論的方法。谷歌的算法人間機器，算法只在機器一端。臉書（Facebook）的算法是"人—人"算法，雖然從數學角度的難度係數而言不值一提，但計算結果不比谷歌差。原理很簡單，臉書認為，全球的計算機加在一起，也達不到一個人腦潛在計算能力，為什麼不能人問人？臉書是人的"自願意志、自由表態"之間的 P2P 計算。

　　如果說谷歌代表了全局最優算法，臉書代表了情景最優算法，那麼"人—產品—人"代表了服務最優算法。這在工業經濟的時代的 4P 理論是根本無法解釋的邏輯，每個產品必然

案例 ｜ 廣汽傳祺 GM8 保姆車

因為一款新車的設計大獲成功，廣汽集團進入了世界 500 強。

事實上，在中國眾多的品牌中，廣汽傳祺對於汽車設計的考慮相比其他品牌確實有很大的不同，它的設計都會與國際接軌，如尾部的貫穿式尾燈，如今奧迪、林肯等品牌也會使用這樣的設計手法。對於這一款 GM8 而言，與國際接軌的設計更是其特點。畢竟有着當紅設計師把關，這款車不僅有出彩的設計，還有高級的品質。值得注意的是，如果你拿着車鑰匙在車尾幾秒鐘，其電動尾門就會自動打開，這是一個隱藏的"彩蛋"哦，如果你不喜歡這樣設定，你可以通過前排扶手箱內的開關重新設定。如此"甜心"的設計，在自主品牌的其他 MPV 上找不到吧？確實，因為絕大部分自主品牌只會在物質上給你更多，至於感情投入上似乎沒有。

不算豪華，卻誠意滿滿。廣汽傳祺 GM8 的內部設計其實不算特別豪華，但是這款車的配置確實很高，而且乘坐的性價比十分突出。內飾的設計很"傳祺"，方向盤足夠厚重，而且屏幕也足夠大，真皮的覆蓋程度也很高。當中有自動泊車、防碰撞預警、360 攝像頭安全系統，它還擁有自動空調、座椅通風加熱等功能。或許這樣的設計你感覺很"落後"，但是通過體驗，你會發現所有的按鍵所對應的

功能都是常用，而且設定恰到好處，例如駕駛時操作會更方便，因為按鍵的設計佈局分區明顯。副駕駛位置則加入了縫線設計，還配有傳祺的標識和鋼琴烤漆材質的飾板，這樣的做法確實對內飾豪華感有一定的提升。

乘坐表現，讓人驚訝。當然，對於一款 MPV，駕駛 MPV 是一件十分愜意的事情，畢竟其駕駛席的設計、檔把的位置都很自然，乘坐時候的視覺效果猶如一款平頭貨車，對把握車輛的位置相當奏效。舒適性上，駕駛席採用了電動調節座椅，而且配備多組記憶功能。寬敞的座椅加上柔軟的座椅面料，這確實給予車主很好的印象。重點在於，配合後排的多媒體屏幕，猶如坐進了電影院一般，座椅高度設定適宜，而且還有小腿托板，頭枕也可以進行角度調節，睡覺舒適性一流。

在功能上，有杯架、點煙口、USB 接口、220V 電源接口以及獨立空調控制，等等，能夠極大限度地滿足用戶。對於車輛的尾部空間，它能有多種的座椅摺疊形式，除了放倒靠背外，還能翻起座椅進一步擴容，運輸大型物件並沒有難度。廣汽傳祺 GM8 全系只提供 2.0T 發動機，最大功率 201 馬力（5,200rpm），最大扭矩 320 牛·米（1,750-4,000rpm），匹配的是 6 速自動變速箱。正好應證了那句"好的服務不是偶然發生的，是被設計出來的"。

有它的從生到死的生命週期，這是 4P 理論關乎產品的基本假設。然而當服務理念加注到產品中，產品的物質屬性被服務的人性化光芒掩蓋了，服務一直被需要，長壽產品在移動營銷中是最大概率事件。

讓人慶幸的是，現在服務型行業越來越多，為相關產業增添新活力，相關企業的服務越來越有針對性和個性化，服務改善後盈利能力越來越強，競爭力也越來越強。"一切產業皆服務"的理念逐漸融入我們的日常生活中。

好的服務不是偶然發生的，是被設計出來的。未來，一切皆服務。

21.2 重新定義產業服務模型

移動應用是全球化、全行業、全產業的一次財富重構，其重構方式是把現有的所有產業在移動端重做一遍，當然不是簡單的遷移，而是以服務的視角重新洗牌。

　　從世界範圍來看，服務業正成為經濟增長的重要引擎，是現代經濟持續快速發展的主要源動力，其興旺發達已經成為經濟現代化的重要標誌。產業發展則呈現 3 種服務化的新趨勢。

　　（1）產業結構服務化。所謂產業結構服務化是指在三次產業的構成中，服務業的產出和就業人數佔據了主導地位，成為全球經濟增長的主導產業。從全球 GDP 增長的貢獻率來看，自 20 世紀 60 年代開始，主要發達國家的服務業在整個國民經濟當中的比重超過了 50%，美國在 20 世紀 50 年代就超過了 50%。在發達國家的大都市，產業結構服務化的特徵尤為明顯，其 GDP 的 70%、就業人口的 70% 都集中在現代服務業。如紐約、倫敦的服務業佔 GDP 的比重均超過 85%，服務業就業人數佔總就業人數 70% 以上，既是國際化大都市，也是是國際服務中心。

　　（2）產業活動服務化。這種趨勢主要體現在農業、製造業發展過程中。信息服務、技術服務和金融服務等變得日益重要，不僅在生產活動中與服務相關的業務比重不斷增加，例如信息管理、研究開發、融資理財、綜合計劃、市場推廣、售後服務等，在整個價值鏈中與服務相關環節的價值含量也逐漸增高，例如出售商標、加盟品牌、輸出管理、轉讓專利等。

　　在產業活動中由服務賺取的利潤也大大高於製造過程。如在歐美發達國家，整個汽車產業 80% 左右的利潤來自服務過程，而製造過程只獲得了約 20% 的利潤。產業服務化導致企業將各種提高效率和競爭力的活動外置，從而催生了大量的第三方專業服務企業，使得現代服務業迅速崛起並日益繁榮，資金密集型和技術密集型的現代服務業成為服務業增長中的"主導"行業，如金融、保險、證券、信息技術、房地產、中介組織、教育、旅遊等。

　　（3）產業組織服務化。產業組織服務化最顯著的特徵是服務型跨國公司的全球性擴張和壟斷經營格局的形成。20 世紀 90 年代以後，服務業成為全球產業轉移的新興領域，在全球服務業中增長最快的是國際服務貿易，製造業類的跨國公司服務部門業務出現向發展中國家轉移的趨勢，如世界著名的微軟、IBM、惠普、甲骨文、郎訊等高科技企業均把部分後勤保障部門轉移到了亞洲，一些發展中國家正在從"世界工廠"變為"世界辦公室"。服務型的跨國公司利用其在資金、技術、信息、品牌和網絡上的巨大優勢，在全球範圍內配置資源，搶佔發展中國家的服務市場。

　　可見產品是 4P 營銷理論出發點，但是，僅從產品的角度出發已經遠遠不適應移動互聯網時代，"產品為王"的認知固然是值得肯定的，但是，我們更應該想到，所謂的成品離開了服務，一切產品本質上都是"半成品"，靠半成品做不了市場。新世界的大門口的標籤是"一切皆服務"。隨着互聯網時代的到來，產業服務化趨勢的深化，人們更加深刻認識到，打破陳舊的行業劃分，所有的行業都是服務業，一切產業都是服務於消費者，從而發揮自己的有用性，提供給使用者價值。

　　如何讓產業發揮實在價值，更好的服務並產生強大的競爭力呢？不妨先試試波特的五力模型。

　　"波特五力模型"最早出現在邁克爾·波特（Michael Porter）1979 年發表的《競爭力如何塑造戰略》（*How Competitive Forces Shape Strategy*）中，1980 年他出版《競爭戰略》一書

圖 21-7　波特五力模型
來源：微度商學創新發展戰略聯盟

進一步發展和完善了競爭戰略理論。該模型認為行業中存在着決定競爭規模和程度的 5 種力量，這 5 種力量綜合起來影響着產業的吸引力，以及現有企業的競爭戰略決策。5 種力量分別為同行業內現有競爭者的競爭能力、潛在競爭者進入的能力、替代品的替代能力、購買者的討價還價能力、供應商的討價還價能力（如圖 21-7 所示）。

（1）現有競爭者之間的競爭

在自由市場經濟中，產業內的競爭程度很大，一個企業所採取的競爭行動通常會造成其他競爭者的連鎖反應，包含運用價格競爭、產品差異化及產品創新、廣告戰、增加客戶服務以及保修業務等，這些競爭不一定是相互排斥的，但亦可能會同時存在。競爭的激烈程度往往也受到產能、產業集中度等多種因素的影響。

（2）新進入者威脅

新進入者主要面臨的問題是進入壁障和現有行業中企業的攻擊。產業內的既有廠商如果在經濟規模的產能上運作，產生規模經濟，可阻止絕對數量較低、單位成本較高的潛在進入廠商進入市場。

（3）替代品的威脅

當產業的產品或服務排擠了另一項產品或服務，並滿足客戶的需求，就產生替代品的威脅。廣義來看，一個產業的所有公司都與生產替代產品的產業發生競爭。替代品設置了產業中公司可牟取利潤的定價上限，從而限制了一個產業的潛在收益。如果對於某一企業的產品其具有高度替代性的產品很少，企業將有機會提高價格進而賺取額外的利潤。識別替代品就是去尋找能夠實現本產業產品同種功能的其他產品。如果某種產品具備以下特點，則他們是應當引起極大重視的替代品：有改善產品性價比從而排擠原產業產品的趨勢，由盈利很高的產業生產替代品。

（4）購買者的競價能力

買方的產業競爭手段是壓低價格、要求較高的產品質量或索取更多的服務項目，並且從競爭者彼此對立的狀態中獲利，所有這些都是以產業利潤作為代價的。買方大批量和集中進行，規模高於賣方的也較有影響力，或是巨額的固定成本為該產業的特性，因而大宗採購的客戶舉足輕重，買方的影響力相對而言也較為重要。

（5）供應商討價還價的能力

供貨商可能通過提價或降低所購產品或服務質量的威脅等手段來向某個產業中的企業施加壓力。供方壓力可以迫使一個產業因無法使價格跟上成本的增長而失去利潤。供方實力的強弱是與買方實力相互消長的。

波特認為五種競爭作用力——進入威脅能力、替代威脅能力、客戶價格談判能力、供應商價格談判能力和現有競爭對手的競爭，反映出的事實是：一個產業的競爭大大超越了現有參與者的範圍。購買方、供應商、替代品和潛在的進入者均為該產業的"競爭對手"，

並且依具體情況會或多或少地顯露出其重
要性，這種廣義的競爭可稱為"拓展競爭"
（Expanding Competition），如圖 21-8 所示，
這五種競爭力共同決定產業競爭的強度以及
產業利潤率，最強的一種或幾種作用力佔據
着統治地位，並且從戰略形成的觀點來看起
着關鍵性作用。

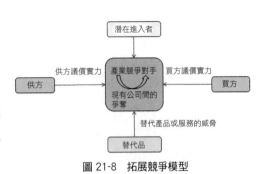

圖 21-8　拓展競爭模型

　　在 5 種競爭作用力抗爭中，有 3 種提供
成功機會的基本戰略方法，可能使公司成為同行中的佼佼者，即總成本領先戰略、差異化
戰略、目標集聚戰略。

　　波特的競爭理論開拓了戰略領域的新視角，在 20 世紀 80 年代獨樹一幟，佔據主流地
位。在 80 年代的環境中，該競爭理論有其合理性。但進入 20 世紀 90 年代，企業經營環境
發生變化，競爭理論的局限性凸顯出來。

　　波特對競爭理論的研究是在現存產業中進行的，即對產業的選擇是基於在位企業。20
世紀 80 年代信息革命的到來，技術不斷創新，引發產業變革，產業邊界日益模糊，着眼於
未來產業及其戰略的構建更有意義，而如何最有效地面對產業變革而建立長期競爭，該競
爭理論的論述有所缺陷。五力模型隨着市場環境變化頻率的加快，計劃制訂越來越難以完
成，認為對環境中可能的趨勢、潛在的把握等方面需加強檢測和控制，但實際上環境是很
難預測的。於是公司戰略除了要指導現有產業範圍內的競爭以外，更要在塑造未來產業構
架上展開競爭，以幫助企業不斷創造和把握新的商機。其成敗直接取決於企業在產業形成
階段是否具備對未來產業發展的預見能力，並在此基礎上以最快、最經濟的方法來獲得符
合未來需要的技術專長，獲得先行者優勢。在這種情況下，就必須在強調機會重要的同時，
考慮到有無資源和能力的支持，重視資源和能力的建設。

　　波特認為，總成本領先戰略、差異化戰略、目標聚焦戰略是每一個公司必須明確的，
徘徊其間的公司將處於極其糟糕的境地，這是因為這 3 種戰略要求的條件是不一樣的。成
本最低戰略目標的實現主要依託於規模化生產，規模化生產方式為實現總成本最低戰略而
批量化生產標準化產品，難以滿足消費需求的多樣化。全產業範圍的差別化的必要條件是
放棄對低成本的努力。差異化戰略意味着為特定客戶"定製"是很昂貴的，通常包含了特權
價格和超額利潤。集中化戰略是通過設計一整套行動來生產並提供產品或服務，以滿足某
一特定競爭性細分市場的需求，雖然在這個範圍的目標市場中可以取得競爭優勢，但是與
此同時，集中性營銷也放棄了其他市場的機會，對環境的的適應能力較差，有較大風險。如
果目標市場突然變化，如價格猛跌、購買者興趣轉移等，企業就有可能陷入困境。

　　然而進入移動互聯網時代，波特的五力模型漸露疲態，與現今社會越來越難以匹配。
波特的五力研究是從競爭出發，到競爭力結束，移動互聯網時代，所有成功案例都不是從競
爭者研究出發，而是從用戶需求的痛點挖掘出發。移動營銷把用戶需求作為一個考量基礎
出發點，競爭者因素最多是一個參考的側點，並非基本點。而移動營銷五值法則應運而生，
如表 21-2 所示。

案例 | 雀巢：從賣產品到賣服務

2017 年 9 月，雀巢咖啡"感 CAFE"快閃店在北京開業，這是"雀巢咖啡"進入中國近 30 年來首次開設快閃"咖啡店"。雀巢宣佈通過收購獲得 Blue Bottle Coffee 公司的多數股權，該公司是一家高端專業咖啡烘焙及零售商，雀巢此舉正式宣佈涉足快速增長的超高端咖啡連鎖店細分市場。

與此同時，"雀巢咖啡"品牌周邊的微商城也正式上線，銷售筆記本、保溫杯和背包等周邊產品。作為一家在快消行業內謹慎而保守的外資企業代表，在消費升級的大背景下，雀巢開始在中國市場進行一系列跨界嘗試。

快閃店能讓品牌變"洋氣"？

快閃店外語名為 Pop-up Shop 或 Temporary Store，在英語中有"突然彈出"之意，指在商業發達的地區設置臨時性的鋪位。這種業態的經營方式，往往是事先不做任何大型宣傳，到時店鋪突然湧現在街頭某處，快速吸引消費者，經營短暫時間，旋即又消失不見。

2003 年，全球第一家快閃店誕生於紐約 SOHO 區，鞋履品牌 Dr.Martens 開設了一間快閃店，最終的銷售效果十分亮眼。2015 年快閃店開始在中國流行，愛馬仕、香奈兒、adidas、NIKE 等知名品牌，不惜重金聘請知名設計師和影視明星，在一線城市的地標附近進行快閃店體驗營銷。

根據諮詢公司英敏特的報告，中國咖啡消費每年增速達 15% 左右，遠高於國際市場的 2%，其中學生和白領人群正成長為消費主力軍。中國咖啡市場上速溶、即飲和現磨三大類的比例約為 7:2:1，而全球範圍內現磨咖啡在咖啡總消費量中的佔比超 87%。

雀巢在中國保有最高的速溶咖啡市場份額，不過雀巢大中華區業務資深副總裁葛文也承認，在過去 3 年中，雀巢速溶咖啡雖然在中國的市場份額逐年遞增，但 2017 年增速回落到個位數。雀巢 2016 年全年業績顯示，其大中華地區銷售額為 65.4 億瑞士法郎（約 441 億元人民幣），同比下滑 7.4%。

消費升級難題如何破？

2017 年 6 月，雀巢收購了一家專送健康食物的外賣公司 Freshly；9 月，雀巢收購了一個初創食品公司 Sweet-Earth，同時也拋售了一些零食糖果類的業務。2017 年 9 月 19 日，徐福記旗下巧克力奇歐比品牌宣佈升級為雀巢奇歐比，並將於 2017 年秋季上市。這是繼 2011 年雀巢收購徐福記後，首次大幅度整合併發力中國糖果中高端市場。

此外，在花費 5 億美元收購 Blue Bottle Coffee 後，雀巢在一份聯合聲明中表示，計劃 2017 年年底前開設 55 家新店。並獲得摩根士丹利、富達等投資者的注資。

值得一提的是，2017 年 9 月 19 日，雀巢公司還宣佈與京東集團推出語音識別智能家庭營養健康助手。雀巢大中華區董事長兼首席執行官羅士德表示，中國市場的變化非常快，雀巢每兩到三年就要重新定位和更新戰略，跨界佈局不僅希望覆蓋更多消費者，藉助智能產品收集用戶信息，提供更多解決方案。

食品產業分析師朱丹蓬表示，目前包括雀巢、達能、寶潔在內，很多世界 500 強企業都在轉變：一方面在產品端向中高端的高利潤產品發展；另一方面則在研究如何佈局未來。雀巢的一系列舉動在品牌最大化延伸等方面意圖明顯，但也有大數據支持方面的考慮，藉此完善數據平台，讓其有足夠的數據和論據來支撐其未來對中國市場產品線的佈局。

寶潔選擇瘦身，雀巢努力"洋氣"，達能不斷攜手中資企業，在中國市場消費升級的大變革下，這些跨國企業對於這道必答題的答案，還需要時間來檢驗。

資料來源：《中國經濟週刊》侯雋

表 21-2　移動營銷五值法則

1	從用戶需求出發	痛點	期待值
2	從競爭側點出發	亮點	顏值
3	從技術創新超越	尖叫點	興奮值
4	從用戶行為偏好培養	黏點	黏稠值
5	從品牌商譽建立	信點	信用值

從痛點挖掘，到體現亮點，到讓用戶尖叫，到黏住用戶，再到用戶完全信任，五點一氣呵成，完成五種價值構成的服務鏈。

服務的最高階營銷模型是建立用戶自驅系統。Digg 中文翻譯為"掘客"，或者"頂格"，美國 Digg 公司是其鼻祖。"掘客"（Digg）是網絡新名詞。每天有超過 100 萬人聚集在掘客，閱讀、評論和"Digging"4,000 條信息。在一個掘客類網站上申請一個用戶就可成為掘客，就像在博客網站上申請一個用戶，成為博主一樣。

2004 年 10 月，美國人凱文·羅斯（Kevin Rose）創辦了第一個掘客網站 Digg。該網站從 2005 年的 3 月開始漸漸為人所知，最初定位於科技新聞的挖掘；於 2006 年 6 月進行第 3 次改版，把新聞面擴充到其他門類，之後，流量迅速攀升。目前 Digg 已經是全美第 24 位大眾網站了，正逼近《紐約時報》（第 19 位），輕鬆打敗了福克斯新聞網。Digg 的 Alexa 的排名是全球第 100 位。

掘客類網站其實是一個文章投票評論站點，它結合了書籤、博客、RSS 以及無等級的評論控制。它的獨特在於它沒有職業網站編輯，編輯全部取決於用戶。用戶可以隨意提交文章，然後由閱讀者來判斷該文章是否有用，收藏文章的用戶人數越多，說明該文章越有熱點。即用戶認為這篇文章不錯，那麼 Digg 一下，當 Digg 到一定程度，那麼該文章就會出現在首頁或者其他頁面上。

Digg 採取的是用戶驅動（User Driven）的機制，它設置了一個新聞源的緩衝，用戶提交的新聞首先進入這個緩衝，如果認同這一新聞的讀者足夠多，就會從緩衝中脫穎而出，出現在 Digg 頁面上，否則就逐漸被擠出新聞源緩衝。

Digg 的興起，根本原因是它代表了一個龐大而恢宏的網絡發展方向，那就是內容評價。如果說搜索服務是內容尋找，那麼 Digg 所代表的則是在內容尋找基礎上更加高層次的內容評價，兩者都是互聯網信息爆炸時代解決信息匹配問題所必需的基礎模式。因此，Digg 模式代表的未來和方向是巨大而深遠的，是不亞於搜索引擎的一種全新的商業前景——我們也可以冠之以一個更加合適的、更能反映其與搜索引擎的同等意義和同等前途的名字：評價引擎。

評價引擎與搜索引擎在技術和服務上必然存在一定的交叉，但是兩者在信息處理方面具有根本的區別。搜索引擎為用戶尋找消息，用戶出發點是明確的目標；Digg 的評價引擎為用戶尋找消息，但是用戶出發點只有籠統的方向，並沒有具體的目標。所以，評價引擎既具有對於個人的信息尋找意義，更具有整體性的網絡信息的加工整理和評價排序意義，它是真正推動"信息服務於人"的網絡終極目標的新運用。

　　"評價引擎"是 2.0 時代的新樞紐，是不亞於搜索模式的新機遇，尤其是這樣的機遇仍然停留在前期開發週期，對很多創業者而言，取得這個方面的先發優勢為時不晚。更加具有刺激性意義的是，這個正在成長中的模式代表了普遍性未來的模式，未知之處甚多，相應的先發後發的差距還沒有有效拉開，這可以給那些勇敢的冒險者帶來很大夢想。

21.3 基於移動時代的 App 服務運營

21.3.1 什麼是 App

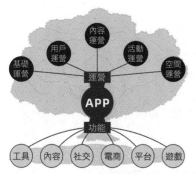

圖 21-9　App 的運營及功能

　　App 是 Application 的縮寫，是指安裝在手機上的軟件，用來完善原始手機的不足與個性化，是移動互聯網產品的重要表現形式。承載 App 軟件的移動平台系統有 iOS、 Android 等手機系統平台。

1. App 分類
　　App 按照功能分類，可以分為下面 6 類（見圖 21-9）：
　　（1）工具：解決用戶某個問題的產品，比如墨跡天氣、百度地圖等；
　　（2）內容：產品的核心就是網站 /App 上的內容，比如騰訊視頻、YYLIVE 等；
　　（3）社交：主要用於人與人之間的交流，比如 Facebook、陌陌等；
　　（4）電商：主要用於在移動互聯網上進行各種交易，比如淘寶、天貓、亞馬遜等；
　　（5）平台：主要是一些綜合性質的移動互聯網產品，它們既是工具、又有內容，同時可以社交；
　　（6）遊戲：一個虛擬的二維世界，比如"陰陽師"、"王者榮耀"等，但是有了 VR 後，遊戲將會變成一個虛擬的三維世界。

2. App 開發流程
　　手機 App 開發主要包括的類型有 iOSApp 開發、安卓 App 開發、html5 手機 App 開發。App 開發流程如下：
　　（1）項目負責人帶領團隊進行用戶調研，研究用戶需求，然後制定整個 App 的框架、流程；
　　（2）產品經理（PM）根據框架和流程做草稿圖和線框圖；
　　（3）交互設計師（UI）通過草稿圖和線框圖做原型，一般是用 AXURE 軟件。
　　（4）在體驗沒有問題的情況下，設計師通過原型做高保真效果圖，一般使用 Photoshop 軟件。
　　（5）完成上述步驟後，程序員對 App 進行開發。
　　（6）開發成功後，經測試員反覆測試，程序員反覆調整沒有問題之後，App 就可以上架供大家下載了。

21.3.2 App 如何運營

當互聯網進入到移動互聯網時代，眾多企業希望從中掘金，中國數百萬企業網站潛在的 App 開發需求呈爆發式增長。當 App 開發完成上架後，產品就進入一個關鍵的運營推廣階段。一個好產品除了真正有價值，把產品體驗做到足夠好以外，App 推廣運營就成了決定其能否脫穎而出的重要因素。運營人員以互聯網為通路（網站、WAP、App、智能設備），想辦法讓用戶看到、知道、使用該產品。其中，看到是最初級的，知道是更進一步的，使用產品是推廣的最終目的。

1. App 推廣渠道

第一，推廣的第一步是要上線，這是最基礎的。

這一步操作無須砸錢，只需最大範圍地覆蓋，主要是在各大下載市場、應用商店、大平台、下載站的覆蓋。

下載市場：安卓、機鋒、安智、應用匯、91、木螞蟻、N 多、優億、安機、飛流等；

應用商店：Google 商店、HTC 商城、歷趣、十字貓、開奇、愛米、我查查、魅族商店、聯想開發者社區、OPPO 應用商店等；

大平台：MM 社區、沃商店、天翼空間、華為智匯雲、騰訊應用中心等；

客戶端：豌豆莢手機精靈、91 手機助手、360 軟件管家等；

WAP 站：泡椒、天網、樂訊、宜搜等；

Web 下載站：天空、華軍、非凡、綠軟等；

第二，論壇、微博、軟文推廣。

論壇：知乎、簡書、機鋒、安卓、安智⋯⋯在手機相關網站的底端都可以看到很多的行業內論壇。

微博：互聯網的一些事、36 氪、Tech Web、果殼網、Tech2IPO 等。

微博推廣是潛力巨大的，營銷無極限，這裏的成本最低，但是成功的話，效果卻最驚人。

軟文推廣：騰訊數碼、搜狐數碼、中關村在線等，如果你的軟文寫得足夠好，一般只要在一家發佈後，其餘家都會轉載。

第三，付費推廣。

付費推廣包括內置付費推廣、按量付費、廣告聯盟付費推廣等模式。

推廣方法只是模式，成功的推廣需要明確 App 的推廣點，找準目標用戶，找到產品的盈利模式，據此做出精準定位的推廣策略。

2. App 推廣技巧與策略

第一，先確定推廣目的是下載量還是曝光率。

App 僅僅靠應用市場來達到自己的下載量，這個肯定不行。App 運營除了產品本身外，另外最重要的就是下載量。而曝光率決定着下載量，也就是說，在 1 個應用商店發佈可能會有 10 人下載，在 2 個應用商店可能就有 25 人下載，在 3 個應用商店可能就有 50 人下載，前提是每一個應用商店下載量一致。

道理很簡單，一個用戶在應用商店看到你的 App，估計不怎麼喜歡，他有可能到另一家應用商店下載，再看一次後發現功能還不賴，於是就成為你的用戶了。

第二，了解應用商店／下載站，注重發佈時間和描述。

首先說說哪些應用商店／下載站的效果比較好：

（1）安智市場：前期的下載量非常好，審核很快，也是最先發佈的地方。

（2）安卓市場：實際帶來的用戶比下載量會少，轉化率沒有安智高，審核速度還不錯。

（3）機鋒市場：審核速度快。

（4）應用匯：下載量和機鋒市場差不多。

（5）搜狐下載：申請有點久。

（6）3G 門戶下載：一開始的下載量不錯。

（7）木螞蟻商店：很穩定但並不高。

（8）91 商城：一般，估計競爭的 App 太多。

（9）安卓星空：一般，但後台比較方便。

知道大約的排名之後，還需要注意發佈時間，並不是所有 App 都適合星期五發佈的，因為那天將有很多質量非常好的 App 進行更新，所以一般草根開發者最好選擇星期三或星期四進行更新。

第三，在應用商店中快速積累正面評論。

當一款應用剛剛發佈上線的時候，它往往需要花些時間來獲取有價值的評論。試着邀請你的朋友們來下載使用，並鼓勵他們基於真實的體會做出儘量正面的評論，這會給你的產品帶來一個好的開始。你也可以直接在應用當中提示用戶到 App Store 當中進行打分和評論。通常，這樣的提示會在用戶使用了該產品若干次之後被觸發彈出，以確保用戶對其具有基本的認知和了解。不要過早、過頻繁地向用戶做出這類提示，否則會導致用戶產生負面感受。

第四，對惡意或無效評論進行報告。

如果在應用商店當中收到了惡意謾罵或是空白無效的評論，要儘快向 App Store 進行報告。

3. APP 運營流程

如何讓用戶使用你的 App 產品，最終實現營收？在這樣的一個 App 運營過程中，需要 App 運營人員了解的東西又有哪些呢？

（1）App 運營的目標。App 運營的目標實際上就是實現營收或者盈利，增加新用戶的數量、提升老用戶的活躍度。活躍度一般是指線上產品的用戶在線時長，以及登錄頻次。

（2）App 運營的三大要素。三大要素主要包括用戶、產品和空間，用戶和產品不用多說，所謂的 App 運營空間，就是聯繫產品和用戶間的通道。

（3）App 運營有什麼樣的內容。App 運營的內容主要包括 App 運營策劃、BD❶、媒介、活動營銷、數據分析和市場監控。通過不斷的 App 運營策劃，確定產品的前進方向和更新，然後通過 BD 與渠道方建立良好的溝通，通過各種媒介向用戶宣傳產品，活動營銷自然是用來提升活躍用戶的，數據分析和市場監控是為下一次 App 運營策劃打基礎。

❶BD：是指根據公司的發展來制訂跨行業的發展計劃並予以執行，和上游及平行的合作夥伴建立暢通的合作渠道，和相關政府、協會等機構溝通以尋求支持並爭取資源。"BD"可理解為"廣義的 Marketing"，或者"戰略 Marketing"。

（4）App 運營的分類。

基礎運營：維護產品正常運作的日常、普通的工作。

用戶運營：負責用戶的維護，擴大用戶數量，提升用戶活躍度。

內容運營：對產品的內容進行指導、推薦、整合和推廣，給 App 活動運營人員提供文字素材等。

活動運營：針對需求和目標策劃活動，通過數據分析來監控活動效果並適當調整活動，從而提升 KPI（關鍵績效指標），實現對產品的推廣。在活動運營過程中，通常會採用一些 App 活動運營工具作為輔助。

空間運營：通過商務合作、產品合作、渠道合作等方式，對產品進行推廣並輸出。

如果想要做好 App 運營，還是要將運營、產品、用戶三者結合起來。產品的質量要過關，要給用戶一個不錯的體驗。而在選擇 App 運營推廣方式的時候就要結合產品的需求和用戶的需求，有針對性地進行 App 運營推廣；再從用戶的自我表達、身份認同等角度出發，在設計一些活動的時候能夠滿足他們的要求。

21.3.3 如何藉助公眾平台式營銷

藉助微信（WeChat）、微博（Micro Blog）等公眾平台進行營銷的方式頗受企業青睞，微信和微博註冊簡單、操作便捷、運營成本低、針對性高、互動性強，適合各類企業對目標客戶進行精準化營銷。

1. 微信營銷

2011 年初，騰訊（Tencent）推出微信，微信是一款即時通訊工具，同時也提供社交網絡服務。用戶可以發送語音、文字、圖片和視頻信息，同時可以分享心情和經歷等信息給關注自己的"好友"。微信擁有騰訊龐大的用戶基數，且其實時性、互動性、用戶的有效性、到達率、精準度都十分突出。目前，商家進行微信營銷的模式主要有以下幾種：

（1）微信公眾號營銷。商家在微信公眾平台上申請並打造自己的公眾賬號，並定期向訂閱用戶發送文章，用戶可通過評論或關鍵詞回覆等與商家進行互動。該模式的核心是內容的價值，"羅輯思維"就是一個成功案例。

（2）"朋友圈"營銷。商家將一些精彩內容分享到朋友圈中，支持用戶使用網頁鏈接方式打開。利用這種模式可迅速提升知名度，且精確性高，適用於口碑營銷。

（3）微信小程序。在目前微信營銷漸露疲態的背景下，微信小程序的誕生無疑開啟了即時營銷新端口。小程序同微信公眾號一樣，是微信家族的一員。如果微信比作是拉"人頭"的話，公眾號是負責"內容"創作與傳播，而小程序打通"應用場景"和支付交易，它們形成了一個相對完整的流量入口和營銷生態。小程序除了可以塑造人們新的購物方式以外，它還可以重新喚醒實體門店的活力，讓線下的流量聚攏線上，形成"流量—轉化—裂變—召回"的商業閉環，打通新零售的線上線下的導流瓶頸，實現營銷擴大化。

肯德基曾經嘗試過 App 點餐體驗，但下載時間長，很難滿足顧客的即時需求，造成消費者體驗差。當接入小程序後，消費者掃二維碼即可點單，再也不用排長隊，從根本上改善

案例 | 移動營銷崔永元

崔永元用一種公開式的手撕對手方式，有計劃、有步驟地給這個社會的好人、老實人呈現了一個怎麼打敗壞人的教科書式的案例。他兵分三路手撕對手。

在手撕劉震雲這條戰線上，崔永元採取了"先禮後兵"的鬥爭策略。他先是跟劉震雲在微信上講道理，希望《手機2》不要給他帶來二次傷害，在劉震雲答應電影改名為《朋友圈》卻出爾反爾之後，馬上保存聊天證據，強勢出擊。

在2018年5月11日罵完"馮小剛是渣子大家都知道，劉震雲變成渣子速度偏快了一些"之後，在2018年5月31日繼續出擊劉震雲女兒。

在手撕馮小剛這條戰線上，崔永元也是直擊要害和生活混亂。

在手撕范冰冰這條戰線上，崔永元有兩個主攻方向：一是批判范冰冰領了個"國家精神造就者獎"，網友憤怒是希望讓真正的國家精神造就者被國人知曉，讓真正的英雄成為國家的脊樑。可見崔永元這一招真是精準，成功地煽動了民憤，把范冰冰推到了將軍、英雄和偉人的對立面。另一個主攻方向就是曬出了一系列陰陽合同，稅務局已經開始調查了。崔永元的這一波關於陰陽合同的操作堪稱經典，先是曬出了一份范冰冰酬勞1,000萬的合同，雖然P圖隱藏了一些信息，但合同中還是能看到范冰冰的名字，緊接着曝出了明星簽陰陽合同的潛規則。

而從這次輿論大戰的專業操作來看，崔永元出招之精準，手法之嫻熟，應對之靈活，每一樣都堪稱公關傳播之典範，值得大家學習借鑒，給廣告、公關、營銷、傳媒業界帶來了諸多啟發。

（1）公關傳播的訴求點在"精"不在"多"。崔永元在這次手撕《手機2》戰役中可以說是超常發揮，兵分三路，各個擊破，每個人都瞄準一個攻擊重點集中發力，效果顯著。一個作家最重要的是"良知"，但是劉震雲的家訓卻是"不要臉"；娛樂圈最受人詬病的兩點一個是"貴圈真亂"，一個是"高片酬"導致的貧富差距擴大化，崔永元分別把這兩點用在了馮小剛和范冰冰身上，一點都沒浪費。

（2）裹挾民意、"農村包圍城市"的鬥爭路線永不過時。崔永元從15年前的書生理論路線到今天流氓手撕路線的轉變，實際上是採取了一種"農村包圍城市"的革命鬥爭路線，也就是在愛國、仇富、私生活等底層民眾最感興趣、一點就着的地方煽風點火，鼓動民情，激起公憤，團結更廣大的吃瓜群眾一起來撕對手。

（3）崔永元用360度整合營銷傳播的方式手撕對手，充分發揮了每一種媒介的核心價值。選擇了他本人影響力最大、吃瓜群眾最多的微博作為首撕平台，然後成功地引起了各大娛樂八卦媒體的關注，連續幾天上了新浪娛樂、搜狐娛樂、騰訊娛樂的頭條後，他花了一天時間來接受各路娛記的群訪，又貢獻了一堆放飛自我、原汁原味的視頻素材，不斷爆出的粗口讓吃瓜群眾大呼過癮，並成功地將流量導入微信公眾平台和朋友圈，催生了無數閱讀量10萬＋文章，最後引起《北京日報》、《央視新聞》等主流媒體關注，然後中國的國家稅務總局和地方稅務機關出手，崔永元取得了戰鬥的階段性勝利。

（4）不斷給料，打持久戰，將公關營銷的效果最大化。崔永元沒有像15年前一樣發出萬字長文、一次性把話說完，而是選擇一點一點地、不斷加碼地給料，最終引爆全網。要不是因為國稅和地稅的介入，崔永元可能還會不斷爆料，畢竟他還有一抽屜的合同呢！這種做法帶給廣告營銷行業的啟發是：現在是一個快餐社會，社會熱點各領風騷三五天，有的甚至半天就過去了。既然要公關、要營銷，就得想方設法把熱點持續的週期拉長，崔永元的案例告訴我們，"圍繞核心持續生產內容、不斷加碼"顯然是一種行之有效的方式。

從崔永元事件我們可以發現在移動網絡時代，越來越多的個體或企業在合法範圍內通過互聯網進行營銷宣傳，再小的個體都是品牌。

資料來源：中國日報網

了客戶的點餐"痛點"，明顯提升了運營效率，深受商家的點讚。而肯德基的小程序設計，更加注重營銷，它不僅有點餐、外賣、在線支付等基本功能，而且還有會員、促銷、爆品推薦等活動信息，只要到肯德基，用手機掃一掃，就會感受到小程序的魅力。

其實，無論是大品牌還是小的餐飲門店、電影院、共享單車等生活場景，我們都可以利用微信小程序，實現即時營銷或服務，提升效率，甚至可以營銷推廣，打開了各行各業營銷賦能新局面。

（4）其他模式。除公眾號和小程序兩種常用模式外，商家還可以通過"位置簽名"、"漂流瓶"、"二維碼掃一掃"、"微網站"和"微商城"等微信自帶功能推廣企業及產品信息。微信營銷是建立在用戶許可的基礎上，如何獲得用戶的信任，內容的價值仍是重中之重。微信對於商家來說，有一個弊端，即分享的信息或評論只有互相關注的好友可見，不利於陌生群體間的口碑營銷，這個不足可由微博補充。

2. 微博營銷

微博營銷是企業通過更新自己的微博向網友傳播企業、產品信息，樹立良好的企業和產品形象，來達到營銷的目的。海底撈、杜蕾斯等企業對微博的成功應用也讓其他商家發現了微博營銷傳播速度快、覆蓋面廣的特點。但微博更新速度快，信息量大，企業發佈的內容如果沒有被及時關注到，就會被埋沒在海量的信息中。所以成功的微博營銷對內容、定位、佈局、互動都有很高的要求。

21.3.4 如何開展自媒體營銷

自媒體（We media）又稱"公民媒體"或"個人媒體"，是指私人化、平民化、普泛化、自主化的傳播者，以現代化、電子化的手段，向不特定的大多數或者特定的單個人傳遞規範性及非規範性信息的新媒體的總稱。其專業性的定義可概括為："普通大眾經由數字科技強化、與全球知識體系相連之後，一種開始理解普通大眾如何提供與分享他們自身的事實、新聞的途徑。"自媒體是微博 2.0 時代產生的新型媒體，強調的是網民的參與。簡而言之，即大眾用以發佈自己親眼所見、親耳所聞事件的載體。

1. 自媒體營銷的特性

自媒體常見的營銷平台有微信公眾號、微博、知乎、門戶自媒體（如今日頭條、網易自媒體）等，最能體現其特殊性的是"自"。相較於傳統媒體，自媒體營銷體現以下幾個特性。

（1）個性化。自媒體時代，每個人都是媒體人，是信息內容的製造者和傳播者，媒體不再是高高在上遙不可及的存在，所以自媒體的個性十分鮮明。

（2）全民化。自媒體則是全方位開放的體系，吸納全民參與，每個人都可以成為信息的發佈者、傳播者、接受者，說自己想說的話，報道所看到的事，具有全民化的特點。

（3）多樣化。傳統媒體大多通過報紙、廣播、電視、雜誌等媒介進行傳播，而且這種傳播往往是單向的。自媒體的傳播方式則十分多樣，各平台的側重傳播的內容、方式都不盡相同，自媒體傳播的渠道越來越多樣化。

（4）便捷化。隨着移動時代的到來，信息的傳播變得既迅速又便捷。自媒體基於全民參與的程度，具有傳統媒體在傳播速度和廣度上無可比擬的優勢，自媒體傳播的便捷化愈發明顯。

2. 自媒體營銷的實戰策略

自媒體營銷的實戰策略主要有以下幾點：

（1）明確定位。弄清自己的定位和目標群體，是自媒體開通前需要明確的問題，也是自媒體維持高質量、穩定的粉絲群，並且產生營銷作用的關鍵因素。

（2）避免誤區。企業或個人運用自媒體進行營銷時，需要注意避免與品牌形象和企業文化不符、盲目跟風導致缺乏個性、一心多用沒有重點、與粉絲沒有建立良好的互動、找不準自己的優勢與定位等誤區，定期反省，避免陷入困境。

（3）增強用戶黏性。增強用戶黏性意味着留住用戶，培養用戶偏好，使用戶對自媒體產生一種依賴性或者關注的慣性，提升忠誠度。一定的時間是培養用戶黏性的必要條件，自媒體在運營中要注意堅持不懈，放低姿態，做好內容，保證與受眾群體良好溝通。

再小的個體，都有自己的品牌。運營媒體的人一定很熟悉這句話。每次登錄賬號之前，都會出現這句話。在信息化的今天，不管是做多小的生意，還是對某方面有興趣，都可以用移動媒體平台來傳播消息，使自己的特長得到充分的展示，對世界觀、人生觀有什麼獨到的見解，都可以發聲；也可以簡單的理解為自己給自己代言，自己給自己的產品代言。每一次的成功都不是偶然的，對於自媒體來說，內容才是王道，文章有深度，有見解，自然會有粉絲幫助傳播。而營銷也是輔助條件，這樣才有堅持下來的動力。

本章小結

（1）一切產業皆服務體現了從供給側營銷到需求側營銷的轉變。

（2）服務在移動營銷市場網絡建設中的新功能，體現在終端直供產品的簡化渠道設計的原理。

（3）移動營銷產品迭代的時機節點是代谷；代谷的節點是上一期產品銷量峰值的 40%。

（4）產業發展的新趨勢有 3 點：第一，產業結構服務化；第二，產業活動服務化；第三，產業組織服務化。

（5）波特五力模型的 5 種力量分別為同行業內現有競爭者的競爭能力、潛在競爭者進入的能力、替代品的替代能力、供應商的討價還價能力、購買者的討價還價能力。

（6）為了贏得競爭優勢，企業的 3 種最基本的競爭戰略是總成本領先戰略、差異化戰略、目標集聚戰略。

（7）再小的個體都是品牌。

Service Cogitation Theory

服務思維原理

❶ TMT（Technology Media Telecom）：科技、媒體和通信3個英文單詞的縮寫，實際含義是未來（互聯網）科技、媒體和通信，包括信息技術這樣一個融合趨勢所產生的大的背景，這就是 TMT 產業。

　　從 PC 互聯網到移動互聯網，互聯網時代已經進入了下半場，產品的移動互聯網思維可以從 7 個維度解析。這 7 個維度分別是用戶思維、大數據思維、社交化思維、故事思維、開放思維、微創新思維和極致思維。

　　最早提出互聯網思維的是百度公司創始人李彥宏。2011 年，在百度的一個大型活動上，李彥宏與傳統產業的老闆、企業家探討發展問題時，李彥宏首次提到 "互聯網思維" 這個詞。他説，我們這些企業家們今後要有互聯網思維，可能你做的事情與互聯網無關，但你的思維方式要逐漸從互聯網的角度去想問題。2012 年，雷軍開始頻繁提及一個相關詞彙——互聯網思想，幾年來，雷軍一直試圖總結出互聯網企業的與眾不同，並進行結構性的分析。2013 年，隨着雷軍曝光度的不斷提高，一些自媒體人士如羅振宇等開始頻繁提及 "互聯網思維"，一些 TMT❶ 行業的記者也開始引用這個詞。2013 年 11 月 8 日，騰訊創始人馬化騰在一次發言中，也以這個詞為結語。

　　互聯網已經改變了音樂、遊戲、媒體、零售和金融等行業，未來互聯網精神將改變每一個行業，傳統企業即使還想不出怎麼去結合互聯網，但一定要具備互聯網思維。幾年過去了，這種觀念已經逐步被越來越多的企業家，甚至企業以外的各行各業、各個領域的人所認可了。但 "互聯網思維" 這個詞也演變出多個不同的解釋。

　　互聯網時代的思考方式，不局限於互聯網產品與互聯網企業。這裏的 "互聯網" 不單指桌面互聯網或者移動互聯網，是泛互聯網，因為未來的網絡形態一定是跨越各種終端設備的，台式機、筆記本、平板、手機、手錶、眼鏡，等等。互聯網思維，是指在移動互聯網、大數據、雲計算等科技不斷發展的背景下，對市場、對用戶、對產品、對企業價值鏈乃至對整個商業生態重新審視的思維方式。

　　站在市場營銷的角度看，移動互聯網帶給產品的變化主要體現在以下幾種移動互聯網思維。

22.1 用戶思維

　　移動互聯網思維的第一個也是最基礎的思維就是用戶思維。用戶思維是將行業價值鏈中都能做到的 "以用戶為中心" 為起始點，去考慮問題，解決問題。它是移動互聯網思維的核心，其他思維的根本。沒有用戶思維，也就談不上其他思維。

　　用戶思維關注的是 "人"，而不再僅僅是 "物" 了，它的思維焦點不再是機械化的產品模式，而是創造產品時關注用戶本身，它主要是圍繞用戶的整體需求、用心去滿足用戶需求來打造產品的一種思維模式。它的特徵有以下幾點：

　　（1）人性化。思維模式是基於一個特定的用戶，在這個具體的用戶上，直接體現關懷、信任、尊重等人性元素。

　　（2）個性化。滿足用戶需求，不再局限於大眾化的需求，而更可能滿足個性化的需求。例如網易雲音樂的評論區，就是通過評論的方式，讓用戶參與音樂中的交流，以用戶體驗滿足其用戶情感抒發的需要；又如市場上的很多私人訂製服務，都是企業為了滿足用戶的個性化需求而提供的。

（3）多樣化。從多個層面、多種形態來滿足用戶需求。產品、服務僅僅是其中一個物質的層面。多樣化更多體現在文化、情懷、精神和思想方面。

企業已經從純粹的品牌渠道進化到關注產品，但在今天，這種關注還遠遠不夠。產品永遠都是沒有最好只有更好，但用戶參與到產品生成以後，產品的每個階段都會有他的預期，只要超出他的預期就可以了，並且產品跟用戶的意見也都在不斷迭代，不斷更新。

今天大家談誰是互聯網公司，其實是一件挺悲哀的事情，三五年內大家都是互聯網公司。每個人都要用互聯網渠道來做事情，每個人都要用互聯網思維來做事情，每個人都要用互聯網的執行能力來做事情。不管你是賣酒的、賣茶葉的，還是做手機的，營銷的本質是一樣的。

具備用戶思維，就要明白，客戶買的不只是產品，而是解決問題和滿足其需求的方案。因此用戶思維的關鍵就是要找準客戶的痛點，而痛點的發現需要時刻關心用戶需求，關注用戶體驗，提升參與感。

22.1.1 關心用戶需求

1. 用戶需求的分類

我們在定義一個產品之前肯定是發現了某個需求，然後做出一個產品去滿足這個需求。那什麼是需求呢？馬斯洛（Maslow）在 1943 年發表的《人類動機的理論》（*A Theory of Human Motivation Psychological Review*）一書中提出了需求層次論，這是人本主義科學的理論，在幾十年後的今天仍然是分析消費者訴求最好用的工具之一。馬斯洛理論把需求分成生理需求、安全需求、社會需求、尊重需求和自我實現需求 5 類，這 5 類需求依次由較低層次到較高層次，如圖 22-1 所示。

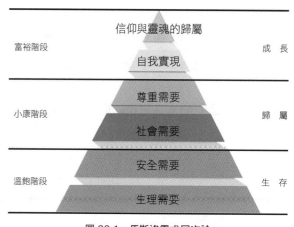

圖 22-1　馬斯洛需求層次論

（1）生理上的需求。它是人類維持自身生存的基本條件，包括衣、食、住、行等方面的需求。如果這些需求得不到滿足，人類的生存就成了問題。馬斯洛認為，只有這些基本的需求被滿足到維持生存所必需的程度後，其他的需求才能成為新的激勵因素，這些已相對滿足的需求也就不再成為激勵因素了。當然，當這種需求一旦相對滿足後，也就不再是激勵因素了。

（2）安全上的需求。這是人類要求保障自身安全、擺脫喪失財產的威脅、擺脫嚴酷的監督等方面的需求。馬斯洛認為，整個有機體是一個追求安全的機制，人的感受器官、效應器官、智能和其他能量主要是尋求安全的工具，甚至可以把科學和人生觀都看成滿足安全需求的一部分。

（3）感情上的需求。這一層次的需求包括兩個方面的內容。一是友愛的需求，即人人都需要好友，保持友誼的融洽和忠誠；人人都希望得到愛情，希望愛別人，也渴望接受別人的愛。二是歸屬的需求，即人人都有一種歸屬於一個群體的渴望，希望成為群體中的一員，並相互關心和照顧。感情上的需求比生理上的需求來得細緻，它和一個人的生理特性、經歷、教育都有關係。

（4）尊重的需求。每個人都希望自己有穩定的社會地位，要求個人的能力和成就得到社會的認可。尊重的需求又可分為內部尊重和外部尊重。內部尊重是指一個人希望在各種不同情境中有實力、能勝任、充滿信心，能獨立自主。總之，內部尊重就是人的自尊。外部尊重是指一個人希望有地位、有威信，受到別人的尊重、信賴，得到高度評價。馬斯洛認為，尊重需求得到滿足，能使人對自己充滿信心，對社會滿腔熱情，體驗到自己活着的意義和價值。

（5）自我實現的需求。這是最高層次的需求，它是指實現個人理想、抱負，發揮個人的能力到最大程度，完成與自己能力相稱的一切事情的需求。也就是說，人必須幹稱職的工作，這樣才會使自己感受到最大的快樂。馬斯洛提出，為滿足自我實現需求所採取的途徑是因人而異的。自我實現的需求是在努力挖掘自己的潛力，使自己逐漸成為自己所期望的人物。

沃倫‧巴菲特（Warren E. Buffett）先生是 2018 年福布斯富豪榜第 3 位，身家估計在 879 億美元左右，是全球著名投資商，但是他目前仍然住在一個極普通的房子裏，這座房子是他在 1958 年以 31500 美元購買的，折合人民幣大約在 20 萬元左右。他既沒保鏢，也沒傭人，開的車是一輛非常普通的舊車，他的辦公室在一幢很小很舊的小樓裏，幾乎沒什麼像樣的裝潢，面積不過 20 多平方米。但他是一個基督徒，他在每年的《給股東的一封信》裏面幾乎都會引用聖經中的話語；在他的心目中，他所有的財產都是上帝委託他管理的，當他離開這個世界的時候，這些財富必須交還給上帝，用到上帝所需要的地方。沃倫‧巴菲特在 10 年前已經簽署捐款意向書，正式決定向 5 個慈善基金會捐出其財富的 85%，約合 375 億美元。這是美國和世界歷史上最大的一筆慈善捐款。除了沃倫‧巴菲特，還有很多富豪像比爾‧蓋茨，都把很多時間、金錢或者精力投入到慈善當中，人們追求的往往不僅是前五個層次的需求，更包括付出和奉獻的需求。

2. 如何辨別用戶需求

既然用戶的需求這麼重要，那麼用戶提出的需求，我們都要滿足嗎？其實不是，用戶提出的需求有些是強需求，比如我希望坐在家裏，不工作銀行就發錢給我；還有一些是用戶的偽需求。我們主要從以下幾點來甄別需求：

第一，用戶想要的未必是需求，用戶頭疼的往往是需求，要篩選掉偽需求，不能盲目滿足用戶的所有需求，但即便是用戶頭疼的問題，也不是說一定要去滿足。用戶往往希望既不花錢，又要享受最好的服務，又討厭各種各樣的推銷和宣傳，還不希望辛苦地跑來跑去，這些都是需求。但問題是，這些需求公司能都滿足嗎？如果滿足，公司怎麼盈利呢？

比如中國的通信軟件 YY 語音，它在早期只是一款通信軟件，主要是基於團隊語音的通信免費軟件，為了打造娛樂直播社區，產品需要改版，需要加入一些直播的、娛樂化的元素，卻遭到了眾多用戶的反對，不斷有人到客服處投訴，希望可以換回原版，但是 YY 語音並未理會。YY 語音看到了這些用戶需求，但是並未做出調整，到現在 YY 已經是最大的直播平台，並且已經在美國納斯達克上市。

並不是每一個用戶需求都要滿足，哪怕有再多的忠實用戶反映。這裏存在一個問題，就是所謂的偽需求並不是那麼容易判斷。比如微軟的比爾·蓋茨就這樣說，用戶想不花錢就獲得免費的軟件是一種偷竊行為。

第二，需求往往藏在搜索引擎裏，要把握本質需求而不是盲從於用戶的描述。用戶的搜索詞往往就是需求。分析搜索指數（如查閱谷歌指數、百度指數等）是尋找用戶需求的一個重要途徑。搜索指數能將某個關鍵詞在搜索規模中進行量化，告知管理者一段時間內的漲跌態勢以及相關的新聞輿論變化，關注這些詞的網民是什麼樣的，分佈在哪裏，同時還搜了哪些相關的詞，這些能夠幫助用戶優化數字營銷活動方案。

比如在百度指數上搜索手機，關聯的熱詞是華為、蘋果、助手、360。你還可以在百度指數上查閱搜索該關鍵字的人數、性別比例以及年齡分佈。為什麼要看用戶的搜索行為呢？因為通過搜索行為的跟蹤能分析用戶的搜索預期和搜索引擎給出的結果是否一致。如果存在差異，再通過其他方式來分析到底在哪裏出現了差異。

第三，比用戶更了解他們想要什麼。許多年前，亨利·福特（Henry Ford）說過一句名言：如果我當初去問顧客想要什麼，他們肯定會告訴我“一匹更快的馬”，而不是一輛汽車。有很多需求只是用戶自以為的需求，而不是真正的需求，用戶的需求是需要被引導的，沒有臉書（Facebook）之前，用戶也不知道他們是這麼需要這個網站。所以用戶的需求也是需要挖掘的，而並不僅僅是順從用戶的描述。

Facebook 是於 2004 年 2 月 4 日在美國上線的一個社交網絡服務網站，主要創始人是馬克·扎克伯格（Mark Zuckerberg）。

Facebook 是世界排名領先的照片分享站點，2017 年官方數據顯示，它的月活躍用戶數量已達到 20 億。但是這樣一個全球知名公司，在改版中，也不斷遭到用戶抗議。最典型的是在 2009 年 3 月，Facebook 進行大規模改版，這一次主要圍繞狀態更新展開，想要達到信息實時更新且在屏幕右側突出顯示的目的，以便更好地與推特（Twitter）競爭。但是這一次改版引發了用戶空前的抗議，共有 170 萬用戶要求 Facebook 放棄本次改版。

為了安撫用戶，Facebook 進行了一些小規模的調整，但仍然堅持使用新的設計。在同年 10 月，Facebook 再次對主頁改版，推出了一種算法，以便對狀態更新進行排序，而不僅僅是按照時間排序。在早些時候移除的一些內容又被恢復，包括好友申請是否被接受以及關係現狀。換句話說，Facebook 對 2009 年 3 月的用戶抗議做出了讓步。但是用戶仍然不滿，共有超過 100 萬 Facebook 用戶要求其恢復原先的版面。部分用戶甚至要求，Facebook 將 News Feed 更新，重新按照時間順序排列。

Facebook 的每次改版，類似爭議並不在少數，許多人都批評扎克伯格對用戶的需求毫不在意。而在他看來，改變總會有人支持，有人反對。但是不管是擁護還是反對，都是用戶對 Facebook 的一種有益的反饋。透過這些可以發現很多自己不了解的情況，並根據情況做出調整。這種反對，表明用戶對 Facebook 是有感情的，所以他們提出了自己的建議。從某種意義上說，他們抗議得越強烈，正說明他們越在意。而若他們默然不語，往往表明他們已經打算放棄這個網站了。

22.1.2 關注用戶體驗

用戶體驗是指在用戶使用產品過程中建立起來的一種純主觀感受。但是對於一個界定明確的用戶群體來講，其用戶體驗的共性是能夠經由良好的設計實踐來認識到的。新競爭力在網絡營銷基礎與實踐中曾提到計算機技術和互聯網的發展，使技術創新形態正在發生轉變，以用戶為中心、以人為本越來越得到重視，用戶體驗也因此被稱作創新 2.0 模式的精髓。

在過去，判斷一款產品是好還是不好，依靠的是項目負責人對產品的要求。但每個人心中都有一個哈姆雷特，對一款產品而言，每個人都有自己的判斷。因此，如果沒有足夠的能力把握產品，結局就會不盡人意。以前的互聯網用戶，都是被迫接受一款產品的功能設計，所以產品經理在設計產品的時候，很少考慮用戶的產品體驗，以至於出現很多好笑的"反人類的設計"。然而，隨着生產力的發展和競爭的加劇，用戶對一款產品的可選擇項越來越多，營銷人員意識到用戶需求的重要性，開始關注用戶體驗，本能地選擇最人性化的設計。如果營銷人員在產品設計階段不考慮用戶體驗，其設計的產品就很難有出頭的一天。

用戶體驗這一領域的建立，正是為了全面地分析和透視一個人在使用某個系統時的感受，其研究重點在於系統所帶來的愉悅度和價值感，而不是系統的性能。有關用戶體驗這一課題的確切定義、框架以及其要素還在不斷發展和革新。

案例 ｜ 知乎：與世界分享你的知識、經驗和見解

知乎是一個真實的網絡問答社區，社區氛圍友好、理性，連接着各行各業的精英。用戶分享着彼此的專業知識、經驗和見解，為中文互聯網源源不斷地提供高質量的信息。知乎推出的時間是 2011 年，僅僅只有 5 年時間，在 2016 年 5 月知乎創始人周源在知乎鹽 club 上公佈了知乎最新的成績，1,300 萬日活躍用戶，50 億月瀏覽量，人均日訪問時長 33 分鐘，1,000 萬個提問，累計 3,400 萬個回答。

從它的名字不難看出它的目標用戶，在知乎鹽 club 上，知乎公佈了其主要受眾是專家、大學生、白領、企業家、喜歡學習的人、通過文字展示的人、喜歡結交牛人的人。

知乎沒有任何激勵機制，也沒有任何形式的物質獎勵，但用戶的參與度卻非常高，包括很多實名認證的互聯網精英，比如微信創始人張小龍，小米、百度等多個公司的高管。如果說微博、微信等產品是滿足了人的社交需求的話，那麼知乎則是滿足了人的最高層次的兩個需求：尊重和自我實現的需求。尤其是在這個"往來無白丁"的精英社區，回答的問題被精英、名人"贊同"和"感謝"，頂層需求的強烈滿足感比其他任何激勵措施都更加持續有效。

知乎最核心的功能是分享，分享的前提是高質量的問題，最好是能激起你回答慾望的問題，回答者在回答時是反覆修改，像寫論文一樣。這個回答是有精神回饋的，它能讓你建立威望，你回答得越好就會有越多人贊同，回答得越多就越顯得你知識淵博，你的威望就越高。這恰好滿足了馬斯洛需求金字塔中最高層次的需求——自我實現的需求。

資料來源：《被百度錯過的知乎，獲得巨額融資意欲何為？》

泰山匯

案例　｜　網易雲音樂：聽見好時光

網易雲音樂誕生於 2013 年，是一款由網易開發的音樂產品。在當時市面上，QQ 音樂、酷狗音樂、百度音樂等早已佔領了音樂播放器市場，但是網易雲音樂卻衝破重圍，在音樂播放器市場上殺出一片天。根據官方數據顯示，2017 年 4 月網易雲用戶數增長至 3 億，截至 2017 年 11 月初，其用戶數突破 4 億，產生了 1 億以上的歌單，收錄正版高品質音樂超過千萬首，日均創建歌單數達 42 萬個。而在 2016 年 7 月份，網易雲音樂宣佈用戶數為 2 億，僅 1 年用戶量翻倍，增長率達到 50%，成為增長速度最快的音樂平台。網易雲音樂的成功在於關注用戶本身，滿足用戶的高階需求。

網易雲音樂的三大優勢：

1. 歌單。網易雲音樂是第一個以歌單為架構的音樂 App，歌單是一個歌曲列表的集合，用戶可以把自己喜歡的音樂創建一個歌單，這份歌單可以被其他用戶看到、收藏、評論和分享，網易用這兩項和其他幾款應用軟件劃出了界限。在這個過程中，歌單的創建者感受到了自己的勞動成果被人賞識，進場有慾望去創造更好的內容，甚至對於歌單的名字和封面也開始進行包裝，吸引更多人關注，慢慢形成了一個良性循環。這裏每一個人都是創造者，每一個人也都是被分享者，通過互動和交流，在以歌單為載體的平台上，源源不斷的內容被用戶創造。歌單的架構除了激發了用戶的創造慾望，為產品運營提供了更多的可能性，讓整個產品的運營模式變得非常有個性，富有創造力，也為 3.0 版本的個性化歌單提供了可能性。

2. 個性化推薦。個性化推薦是收集用戶特徵資料並根據用戶特徵（如興趣偏好）。為用戶主動做出個性化的推薦。網易雲音樂運用自己獨有的推薦算法，根據用戶的聽歌喜好，做出個性化推薦功能，在過分強調個性的時代，這種千人千面的需求滿足確實戳中了用戶的"痛點"。私人 FM、每日推薦歌單，讓人不停地發現沒聽過的但一定會喜歡的歌。網易雲音樂這兩個功能一再被推崇，讓很多音樂迷成了它的忠實粉絲。有些用戶評論說："網易雲音樂比我男朋友還懂我、比我女朋友還懂我、比我媽還懂我、比我自己還懂我。"用戶說出這樣的評論，其實正是因為個性化推薦的音樂正好是他們所需求的。

3. 評論分享。截至 2016 年，網易雲音樂已經產生了超過 2 億的樂評。但是其實評論功能在網易雲音樂 1.0 版本的時候並不突出，即便如此，評論的數量逐漸增多，並且評論的內容被分享到新浪微博、知乎上。朱一聞團隊發現這個現象後，首先，把評論放到了最顯眼的位置，並顯示有多少評論，如果評論數是 999＋，你難道會沒有想要點擊的慾望嗎？其次，給評論開通點讚的功能。經過這些調整，評論區火了，周杰倫的《晴天》更是有超過 100 萬條的評論。評論區不僅是用戶進行情感互動的平台，同時也成為用戶聽陌生音樂的一個參考標準，用戶逐漸養成了一邊聽歌一邊評論的習慣。高評論數也成了網易雲音樂一個好的口碑點。

網易雲音樂的確實現了用戶從被評論或者靈活歌單吸引，到擁有私人 FM、每日歌單推薦，再到重新自我評論，進而向外界發出聲音，豐富網易雲的表現力，成為忠實用戶的這樣一個閉環。

資料來源：UXRen 社區

22.1.3 提升參與感

參與感就是真正讓用戶參與進來。小米創始人雷軍說："小米銷售的是參與感，這才是小米秘密背後的真正秘密。"亞馬遜（Amazon）每次的董事會，總有一把空着的椅子，那是留給顧客的，因為他們認為顧客是董事會的一員，應該主動邀請他們參與到企業的決策中來。

小米的聯合創始人黎萬強在《參與感》❶ 中說到，"私下裏很多朋友會問我：

❶《參與感》：由雷軍親筆作序，小米聯合創始人黎萬強著。揭開小米 4 年 600 億奇跡背後的理念、方法和案例，是迄今為止關於小米最權威、最透徹、最全面的著作。

'小米用什麼方法讓口碑在社會化媒體上快速引爆？'我的答案：第一是參與感；第二是參與感；第三是參與感。互聯網思維的核心是口碑為王，口碑的本質是用戶思維，就是讓用戶有參與感。那麼為什麼我們的產品使用者叫用戶，小米的用戶卻叫粉絲？關鍵就在於參與感！"

參與感到底需要怎麼提升？簡單地說是對產品的幾點要求：

（1）能夠滿足用戶需求，解決用戶痛點。很多企業做一個產品之前，往往沒有進行市場調查、了解用戶需求，純粹是跟風，這樣設計出的產品往往"死"得快。一個好的產品肯定是有某個功能點能夠戳中用戶痛點，獲得用戶的喜歡，並且讓用戶成為粉絲。為什麼共享單車那麼火，很簡單，因為能夠滿足用戶需求，解決用戶痛點！很多人覺得自行車容易被偷、城市公共自行車辦理麻煩、停車麻煩等，而共享單車不怕被偷、能夠自由地點停放、車比較多，只需要一個 App，註冊用戶後繳納押金就能夠使用了。因此，共享單車受到了用戶的喜歡，並且迅速發展起來。

（2）讓用戶參與產品研發過程。小米 MIUI 在研發之初，設計了"橙色星期五"的互聯網開發模式，通過論壇和用戶進行互動，並且邀請一些用戶一起參與研發。小米 MIUI 做到了除了工程代碼編寫部分，將產品需求、測試和發佈都開放給用戶。讓用戶參與進來，讓小米迅速建立起 10 萬人互聯網開發團隊。整個團隊的核心是小米官網的 100 多個開發工程師，除了他們還有 1,000 個很強的專業水準並且通過論壇審核通過的內測成員，還有超過 10 萬個發燒友，最後發展為千萬級別的穩定版用戶。可見，提高用戶參與度對於一個產品發展是有多麼大的影響力。

當然，讓用戶參與產品研發要以產品自身的影響力為基礎，並且產品具有持久的影響力，這樣才能幫助用戶逐漸建立信心，讓其認為自己參與的產品會越來越好。讓用戶參與其中，看到產品的成長，這對於用戶來說是極具誘惑力的。

（3）簡化用戶參與流程。一方面要考慮用戶成本，放低門檻，建立合理的激勵機制。用戶不會無緣無故去使用企業的產品，不會主動提意見和參加活動，企業可以通過設置合理的用戶激勵機制，提高用戶參與的動力，放低門檻，讓更多用戶參與進來，提高用戶參與感。投票、發表評論、關注等用戶參與方式的成本相對較低；而下載 APP、掃一掃、綁定手機號等用戶參與方式的成本則相對較高。另一方面，要給用戶參與的理由。參與是需要價值的，是為了滿足用戶某種需求的，不管任何人參與進來總需要理由。

（4）用戶使用產品後獲得滿足感與認同感。唱吧、美顏相機、Vue、激萌等 App 為什麼那麼火？因為它們能夠讓用戶參與進去。用戶用唱吧錄製歌曲、用美顏相機拍出美照、用 Vue 剪輯合併素材形成一段小視頻、用激萌可以拍出各種可愛或者搞笑的照片，並且這些作品能夠分享給好友，獲得身邊好友的認同。雖然這些唱歌、拍照、錄視頻都不是很專業，但是用戶自己唱出來的、拍出來的、剪輯出來的作品，能讓用戶感到滿足，當看到朋友點讚時這種滿足感更加強烈，用戶進而產生對產品的認同感。例如中國最大的年輕人潮流文化娛樂區 bilibili，該網站於 2009 年 6 月 26 日開始創建，又稱"B 站"。B 站最大的特色是懸浮於視頻上方的實時評論功能，愛好者稱其為"彈幕"，觀看者可以隨時在這段視頻上評論、吐槽。這種獨特的參與感讓基於互聯網的即時彈幕能夠超越時空限制構建出一種奇妙的共時性關係，形成一種虛擬的部落式觀影氛圍，讓 bilibili 網站成為極具互動分享和二次創造的潮流文化娛樂社區。

22.2 大數據思維

隨着科技的快速發展，越來越多的企業逐漸認識到只有掌握正確的數據並看透數據背後的故事，才能夠獲得源源不斷的財富。大數據時代伴着鏗鏘有力的節奏引領了世界的新潮流。

22.2.1 什麼是大數據

麥肯錫全球研究所所做的《大數據：創新、競爭和生產力的下一個前沿》（James，2011）是這麼定義"大數據"的：大數據通常指的是大小規格超越傳統數據庫軟件工具抓取、存儲、管理和分析能力的數據群。

大數據（Big Data），指無法在一定時間範圍內用常規軟件工具進行捕捉、管理和處理的數據集合，是需要新處理模式才能具有更強的決策力、洞察發現力和流程優化能力的海量、高增長率和多樣化的信息資產。在維克托·邁爾—舍恩伯格（Viktor Mayer-Schonberger）及肯尼斯·庫克耶（Kenneth Cukier）編寫的《大數據時代》一書中，大數據分析指不用隨機分析法

案例　│　從不確定到確定：大數據中的用戶畫像

數字化技術不斷重塑商業世界，而且在顯著改善商業邏輯和運營規律，以及供需關係和組織方式。數字化企業運用大數據開始打造全新的營銷模型，在開發新產品和新服務中，市場營銷正在從各種假設的不確定性走向精準化確定。用戶畫像就是確定性營銷工具。

用戶畫像又稱用戶角色，作為一種勾畫目標用戶、聯繫用戶訴求與設計方向的有效工具。移動互聯網時代，許多企業通過進行用戶畫像，更好的去瞄準市場。但是用戶畫像的標籤是不固定的，而是根據不用的行業不同的領域進行特徵分類。

隨着平台經濟迅猛發展，各種形態的垂直、細分的專業化應用平台紛紛崛起，許多在過去傳統製造行業中處於產業鏈領先的頭部企業依託自己的核心資源、行業資源整合能力、巨大的現金流及對產業趨勢的把握，都在嘗試向專業化平台模式轉型。但是這種轉型不是簡單的加法原理，

而是構建新產業互聯網生態系統，其中的關鍵是構建產業用戶畫像的價值路線。

不同產業的用戶畫像刻畫角度不一樣，但維度近似，一般分為 4 種維度：用戶需求慾望值、用戶消費習慣與偏好，用戶獲取信息路徑及用戶消費心理描寫。

用戶畫像之後是平台分類應用，如針對內容為主的媒體或閱讀類網站、搜索引擎或通用導航類網站，用戶畫像的表現特徵和用戶屬性通常分為體育類、娛樂類、美食類、理財類、旅遊類、房產類、汽車類等。針對社交網站和社交電商，用戶畫像通常提取網購興趣和消費能力等指標，網購興趣主要指用戶在網購時的類目偏好，比如服飾類、箱包類、居家類、母嬰類、洗護類、飲食類等。另外，用戶畫像還可以加上用戶的環境屬性，比如當前時間、當地天氣、節假日情況等。

案例 ｜ 大數據刻畫抖音用戶畫像，告訴你玩抖音的是什麼人

據抖音總裁張楠表示，截至 2018 年 1 月 16 日，抖音在中國國內日活躍用戶突破 2.5 億，月活躍用戶超 5 億，並保持高速增長。目前抖音正處於產品生命週期的成熟期階段。

1. 常用的用戶特徵變量

第一，人口學變量。如年齡、性別、婚姻、教育程度、職業、收入等。通過人口學變量進行分類，了解每類人口的需求有何差異。第二，用戶目標。例如用戶為什麼使用這個產品？為什麼選擇線上下載？了解不同使用目的的用戶的各自特徵，從而查看各類目標用戶的需求。第三，用戶使用場景。用戶在什麼時候、什麼情況下使用這個產品？了解用戶在各類場景下的偏好或行為差異。第四，用戶行為數據。例如使用頻率、使用時長、客單價等。劃分用戶活躍等級、用戶價值等級等。第五，態度傾向。例如消費偏好、價值觀等，看不同價值觀、不同生活方式的群體在消費取向或行為差異。

2. 分析過程

藉助互聯網的數據平台對抖音實際用戶進行數據與屬性分析。

根據艾瑞數據，目前抖音短視頻的用戶男女比例基本持平，男性用戶佔比 48.03%，女性用戶佔比 51.97%。在抖音用戶年齡分佈上（見圖 22-2），我們可以看到 24 歲以下和 25-30 歲的用戶佔比最高，分別佔據 27% 和 29.03% 的比例。也就是說，抖音用戶主要以年輕用戶為主，男女比例均衡，女性用戶略微高於男性用戶。

通過用戶區域分佈數據，抖音瞄準的是一、二線城市的年輕受眾，有超過 61.49% 的抖音用戶居住在一、二線城市。

抖音用戶以居住在一、二線城市的年輕用戶為主，抖音一開始便確立了要成為"年輕人的音樂短視頻社區"的定位，在產品訴求方面致力於引導年輕用戶以音樂短視頻的方式進行自我表達。

圖 22-3　短視頻綜合平台用戶消費場景使用分佈
資料來源：易觀智庫

同時，抖音運營團隊認為音樂天然具有很強的表達特性，而短視頻更是一種自帶流行文化潛質的表達方式。因此，音樂短視頻正好和年輕人的表達訴求相吻合，是一個合適的產品切入點。

短視頻平台用戶日常消費普遍，對教育學習場景消費較高，汽車擁有比例較高，對財經和商業經營類信息有明顯的偏好。如圖 22-3 所示。

從消費能力來看，抖音產品佔比最高是中等消費者 32.26%，其次是中高等消費者 29.47%。中等消費者，有較強的日常消費偏向的人群，如網購、生活服務、出行等；中高等消費者，有一定的投資性，高端商旅消費偏向的人群。如圖 22-4 所示。

資料來源：賽立信市場研究‧今日頭條‧

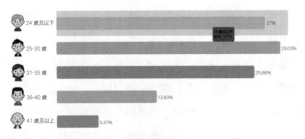

圖 22-2　抖音用戶使用人群年齡佔比
資料來源：艾瑞指數

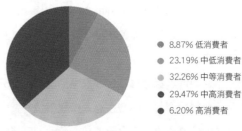

圖 22-4　短視頻行業中消費者佔比
資料來源：易觀智庫

（抽樣調查）這種捷徑，而是所有數據進行分析處理。IBM 公司提出大數據具有 5V 特點，即 Volume（大量）、Velocity（高速）、Variety（多樣）、Value（低價值密度）、Veracity（真實性）。

　　大數據技術的戰略意義不在於掌握龐大的數據信息，而在於對這些含有意義的數據進行專業化處理。換言之，如果把大數據比作一種產業，那麼這種產業實現盈利的關鍵，在於提高對數據的"加工能力"，通過"加工"實現數據的"增值"。

22.2.2 大數據與用戶

　　從技術角度來看，人在網絡空間是一個比特流，我們認識用戶的方式發生重大改變，由物理空間的"相面"轉變為網絡空間比特流解析，更重要的是教會機器按照人類交給它的規則從這些比特流進行自動識別，能夠從千萬計的用戶中找出目標用戶。大數據用戶畫像其實就是對現實用戶做的一個數學模型，並在業務的實踐中達到利用比特流對用戶越來越精確的理解。它是技術與業務最佳的結合點，也是一個現實跟數據的最佳實踐，可以幫助企業理解用戶，並了解群體的特徵、分佈範圍以及訴求點。

22.2.3 大數據的核心是對產品發展方向的預測

　　利用大數據提取用戶畫像能幫助我們實現 4 個目標。第一，可以精準營銷。產生用戶畫像之後，企業可以直郵、發送短信、發送 App 消息或者推送個性化廣告等。第二，可以用於用戶研究，比如指導產品優化，甚至做到產品功能的私人定製等。第三，個性化服務，比如根據用戶畫像，向不同的人進行個性化推薦、個性化搜索等。第四，可以應用於業務決策，比如排名統計、地域分析、行業趨勢、競品分析等。

　　那麼，大數據的核心作用是什麼？根據香農（Claude Elwood Shannon）的定義，數據的根本用途就是提供決策依據，減少不確定性。每個人、每個組織對未來、未知領域都會面臨不確定。然而，儘管有各種不確定，每個人、每個組織在每天都必須要做出決策。因為不確定因素，現在看起來當時的很多決策是明顯錯誤的。那是因為大多數人是靠感覺、靠跟風、靠個人經驗做出決策，只有少部分人根據客觀的數據分析而得出結論。對海量數據的分析提供了一種更為可靠的決策依據。如果有一個神器，可以消除各種不確定性，能減少決策的錯誤率，它的價值有多大呢？例如，一封郵件被作為垃圾郵件的可能性、輸入的 "teh" 應該是 "the" 的可能性。在不久的將來，世界上許多現在單純依靠人類判斷力的領域都會被大數據改變。現在，京東可以幫我們推薦想要的書，百度可以為關聯網站排行，今日頭條知道我們喜歡看的新聞，新浪微博知道我們的喜好，淘寶就更強大了，知道中國的消費趨向。

22.2.4 是什麼構成了大數據價值鏈

　　依照提供價值的來源（數據本身、技能和思維）不同，大數據公司可以分為 3 類。

　　第一類是公司本身就擁有海量數據，也能夠很好地提取數據價值，並且可以催生創新思想，例如阿里巴巴（Alibaba）和騰訊（Tencent）。

　　第二類是在數據本身基礎上建立的公司，它們擁有海量數據，或者說至少可以收集海量數據，但在提取數據價值和催生創新思想方法上並不是最佳的，例如推特（Twitter），它擁有的數據是海量的，只是這些數據還都要通過授權給其他兩家公司以供他人使用。

　　第三類是技能型的公司。一般來說，它們大多是諮詢公司、技術供應商、分析公司。它們有專業的技能，可是卻沒有大量的數據，例如天睿公司（Teradata），它就是一家大數據分析公司，而它的營銷電子所用的數據都是來自 Wal-Mart 和 Pop-Tarts 這兩個零售商。

22.3 社交化思維

22.3.1 什麼是社交化思維

　　移動互聯網時代給企業推廣產品提供了一個可以和用戶快速建立大量聯繫的開放性平台，擁有社交化思維是應對互聯網發展趨勢必備的理解能力。對於任何產品來說，在社會化媒體裏開通一個眼號，在上面發佈一些和產品相關的內容，吸引潛在用戶，與感興趣的人在社會化媒體上進行互動，都是社交化思維。如何在產品設計、用戶體驗、市場營銷等經營活動中增加其社會化屬性和社交性功能，對生存於互聯網時代傳統企業來說，既是挑戰，也是一個非常重要的機遇。

22.3.2 社交化思維的意義在哪裏

1. 建立品牌口碑和品牌價值

　　建立品牌口碑和品牌價值的途徑有 3 種。一是在社會化媒體上表現出樂於並易於溝通的形象。這是因為一切的營銷其實都是針對滿足人性的各種需求、焦慮和慾望而做的，包括衝動、貪婪、功能、滿足、炫耀、自豪、面子等，所以我們要做好社會化營銷，就是要把用戶當作普通人，跟他們溝通互動，滿足他們的這些需求、焦慮和慾望，不要想得太複雜，不要譁眾取寵。二是利用更適合自己"聽眾"的內容策略來建立社區。三是通過社區管理來發現並鼓勵品牌支持者成為自己品牌的"傳道士"。

2. 給消費者創造更多價值，提高銷量

　　營銷就是為了創造價值，為消費者、品牌和任何在營銷價值鏈上的利益攸關者創造共贏，就是營銷的真正意義。通過主動聆聽監測，發現不足，及時補救，給消費者帶來方便；消費者好的口碑又會帶來更多的顧客，提高銷售量的同時還培養了忠實的消費群體。

3. 提升運營效率

縮短生產到市場銷售的時間；減少生產費用；提供盡早試錯的機會。顧客滿意永遠就是最好的廣告。在社會化思維中，媒體能夠讓顧客的滿意度迅速傳播，其力度驚人，這是傳統媒體怎樣也及不上的。反過來說，對產品不滿意的顧客也可以把品牌毫不留情的破壞。

4. 提升員工士氣和營造公司文化

給各個部門員工提供社會化媒體培訓，使員工成為公司在社會化網絡上的"倡導者"；及時向員工提供消費者的反饋信息，提升員工的服務質量。做成社會化企業的最大障礙是讓企業各個部門的管理者真正理解社會化給企業帶來的影響。

22.3.3 社交網絡與口碑營銷

口碑營銷就是把口碑的理念應用於移動互聯網營銷領域的全過程。口碑營銷能吸引消費者、媒體以及大眾的自發注意，使之主動地傳播企業的品牌的正面形象或產品的優勢。它是由第三方通過明示或暗示的方式，傳遞關於某一特定產品、品牌、企業文化、廠商、銷售者以及能夠使人聯想到上述對象的任何組織或個人信息，從而影響被推薦人購買行為的雙向互動的傳播行為。口碑營銷是通過信任鏈傳遞價值，企業運用各種有效的手段，可以引發廣大人民對其產品、服務以及企業整體形象的談論和交流，並激勵大家向其周邊人群進行介紹和推薦的市場營銷方式和過程。

口碑營銷的特點就是以小搏大、成功率高、可信度強。其善於利用各種強大的勢能如自然規律、政策法規、突發事件，甚至是藉助競爭對手的勢能。

在互聯網出現之前，口口相傳的自發式口碑傳播，在速度和維度上有着相當大的局限。一方面口碑營銷通常僅限於二級傳播——一個人的親身信息，以及這個人從朋友那裏聽到的信息（即所謂的熟人圈子），這屬於一種點對點的傳播；另一方面，人際口碑往往屬於被動傳播，需要特定的語境刺激，譬如我們在喝酒時會很自然地聊到酒吧，但如果你的同事一大早到公司，就跟你說酒吧如何如何，你會覺得莫名其妙。

但到了移動互聯網時代，社交化媒體無疑是企業品牌營銷的主戰場，而口碑營銷的鏈式傳播速度非常快，使當下的企業開始思考如何利用好社會化媒體所發揮的作用。舉個例子，吃貨們吃到好吃的，他們可以在微信朋友圈、微博分享，可以在螞蜂窩上傳遊記，可以在小紅書分享好店好物，並加以評論，他們的親朋好友、粉絲都可以看到這條信息，還有一些並不是好友，通過微博搜索好吃的信息，也有可能搜索到這條信息。這就是移動互聯網帶給口碑營銷的價值，尤其是微信、論壇、社區、微博這樣的工具讓口碑營銷之前所倚重的熟人圈子被快速打破。在傳統環境下，口碑營銷可能最多也只能影響到身邊十個八個小夥伴，但在移動互聯網這個開放的交互環境下，一個人的聲音理論上可以影響全球網民。

22.3.4 社交化思維營銷的關鍵

1. 通過權威媒體、名人進行背書，為企業、品牌、產品奠定基礎

尋找權威媒體、名人，最好是那些活躍於社交媒體和博客，並能推廣消息和品牌的人。營銷專家傑·巴爾（Jay Baer）很好地闡釋了這一點，他說："真正的影響能引發行動，而不僅僅是提高知名度。"如今的消費者更信任第三方，而不是品牌。將正確的消息傳遞給有影響力的人是一種新的市場營銷方式，如果有效操作，可以讓企業的市場佔有率得到爆炸式的增長。

2. 通過搜索營銷的優化，使有利於產品的信息出現在首頁，增強消費者信心

通過編輯優化百度百科、360百科、互動百科、社區稿件、360問答、百度知道、微博等手段，使消費者在互聯網搜索產品關鍵詞時得到產品的正面評價。目前，越來越多的消費者習慣於利用百度檢索真實信息，因此在百度進行信息優化，也是企業利用社交化思維進行口碑營銷的重要方法之一。

3. 為客戶提供優質的服務

一份2015年的報告顯示，將產品賣給現有客戶的概率是60%-70%，而將產品賣給新客戶的百分比是5%-20%。基於這些數據，企業更應該着力打造客戶服務，將客戶轉化為情不自禁談論品牌的粉絲。要做到這一點不是僅僅依靠禮品和促銷就可以達到的，而是需要去考慮如何對待這些支撐業務的客戶，以及如何去與他們交流。

消費者購買商品並不是交易的結束，而僅僅是"粉絲模式"的開始。好的服務大多會超出消費者的心理預期，不管是售前諮詢還是售後服務和維修，都是打動消費者、征服粉絲的關鍵點。有了第一次交易之後，用戶在產品本身的使用過程中認可產品，然後在享受用戶服務的過程中產生情感，從情感上出發才會無條件地喜歡一個人或是事物，而加強用戶服務能夠從情感上征服粉絲，繼而通過粉絲為企業經營創收。

4. 讓人們方便留下評論

在口碑營銷活動中，最糟糕的一件事就是讓消費者難以留下評論、建議或者與其他人交流企業品牌。企業應該簡化客戶與品牌交互的流程。

口碑是最古老的廣告形式，也是最有效的廣告形式之一。在當今互聯網、快節奏的世界，它對於推廣信息依然至關重要。但與以往不同的是，企業需要考慮如何在沒有面對面的情況下讓人們去關心品牌。

當營銷活動失敗時，企業需要知道人們都在談論什麼，人們在社交媒體上分享什麼。無論企業在科技上如何先進，品牌廠商需要明白一點：營銷仍然是與人打交道的過程。換句話說，拋開粉絲數和點讚數這些人人都在追求的東西，着眼於更深層次，想想人們在談論什麼，並確定誰可以幫助企業推廣信息。

案例　|　三隻松鼠的產品之道

三隻松鼠以堅果起家，如今擴展到全零食品類，SKU（庫存量單位）已經超過 600 個；三隻松鼠前期主要依靠天貓旗艦店，還曾一度被質疑渠道單一，然而現在其不僅線上立穩腳跟，線下還開了 30 多家自營 "投食店"。究其原因就是對粉絲的服務的成功。在三隻松鼠旗艦店網購到的產品，通常包括帶有品牌卡通形象的包裹、開箱器、快遞大哥寄語、堅果包裝袋、封口夾、垃圾袋、傳遞品牌理念的微雜誌、卡通鑰匙鏈，還有濕巾。僅是一個產品籃子，對客戶的關懷卻展現得無微不至。

這個淘品牌，2012 年 6 月在天貓上線，65 天後成為中國網絡堅果銷售第一；2012 年 "雙十一" 創造了日銷售 766 萬的奇跡，名列中國電商食品類第一名；截至 2018 年 7 月，在過去的 6 年時間裏，三隻松鼠累計賣出了 160 億元的零食，其中僅 2017 年，就實現了近 70 億元的銷售額，同比增長超過四成。這個就是三隻松鼠超級國民品牌的力量，因此歸根結底，企業還是要注重服務，從情感上打動消費者。

資料來源：鹿豹座互聯網思維的四個核心觀點九大思維解讀

5. 通過 "話題事件" 的形式進行病毒式傳播

話題事件的本質是品牌通過策劃或委託品牌策劃公司，根據品牌、產品的特性，人為策劃一些具有社會報道價值或娛樂性的內容，通過媒體平台進行傳播，最終達到病毒式傳播的目的。

6. 不斷參與到社區當中

人們從未停止過談論紅牛，因為該功能飲料公司一直在舉辦活動，並讓人們參與其中。例如，紅牛 Wings Team 駕駛着拉風的帶有紅牛標誌的汽車在街上發放樣品，在創造樂趣的同時提升口碑；在校園展開 "紅牛校園品牌學生經理新星大賽"，從而建立品牌的知名度；紅牛宿舍樂隊項目舉辦針對學生的才藝表演活動，與學生客戶建立連接；紅牛記者項目贊助新聞和電影專業的學生們創作故事，從而提升紅牛品牌的口碑。

正是這些活動讓人們能夠參與其中，從而提升了紅牛品牌的口碑，讓其成為行業市場的領導者。

22.4 故事思維

22.4.1 什麼是產品故事

產品故事就是 "品牌故事"，簡單來說就是除了產品的功能外，企業所賦予產品的文化內涵，目的是增加品牌的厚重感，主要通過生動、有趣、感人的表達方式喚起與消費者之間的共鳴。

工業時代產品承載的是具體功能，互聯網時代產品承載的是趣味和情感。正如史蒂夫 · 喬布斯（Steve Jobs）所言，"我們正處於技術和人文的交叉點"，功能屬性自然是產品

案例 ｜ 社交媒體時代，《我不是藥神》的口碑營銷

2018 年《我不是藥神》這部電影在中國引起了網友的極大關注，因為它的題材內容十分貼近人們的生活，講述神油店老闆從一個交不起房租的男性保健品商販，一躍成為印度仿製藥獨家代理的故事，故事情節跌宕起伏，前半部分讓人們笑不攏嘴，後半部分讓人們感動的落淚。

那麼這部電影是運用口碑營銷的手段來俘獲一群用戶的內心呢？

（1）挖掘用戶痛點

電影人物程勇——一個印度神油小代理商，因為白血病患者呂受益向他購買走私仿製抗癌藥，因此他逐漸開拓了這個仿製的市場，因為用戶的病情急需準時用藥，如果不用藥用戶就會病情加重，他挖掘了用戶痛點，對比了印度藥跟正版藥的效果，對比了產品價格，因此將市場越做越大。聯繫到現實生活中，人們用藥成本過高，很容易引發人們的共鳴。

（2）抓住用戶的剛需

挖掘了用戶痛點，才能抓住用戶的剛需。

對於腫瘤患病者來說，仿製藥就是他們的剛需，因為藥效一樣，價格卻可以便宜 20 倍左右，對於每個患病者家庭來說，需求量十分大，於是程勇開始去各大醫院的病人聚集區推銷，也嘗試著讓呂受益作為認證者，以身說法，

一開始這種方式不起市場效果。一直到後來，他們找到了 QQ 病友群的群主，通過其在白血病患者中的影響力帶來了第一批忠實用戶。

這是個好產品，而且市場需求很大。對於患者來說生病吃藥是絕對的剛需。

（3）超級合伙人

電影中程勇的團隊合伙人由一個病人、一個鋼管舞者、一個養豬場雜工、一個神父、一個小藥販子共五個人組成。這個團隊有管理，有渠道，有外聯，有客戶資源，有外勤，他們各司其職卻齊心協力。

營銷的力量始終依靠超級合伙人的力量，那些超級合伙人可能是普通病人，但一定是強有力的意見領袖，通過口碑傳播去影響更多人。所以實現了世界上沒有完美的個人只有完美的團隊，極大的引起大眾用戶的共鳴。

（4）口碑效益

從點映的口碑說起。點映中有業內專業人士，影片得到他們的認可和評價，就等於取得了很多免費宣傳平台。在影片上映前將這些好評口碑密集釋放，就會形成從明星、媒體、影院經理到普通觀眾口碑的層層傳播。在社交媒體時代，製造話題永遠是口碑營銷的關鍵。

的必需屬性，但情感屬性已經上升為一個優秀產品的標配。當消費者心甘情願為 iPhone 付出高溢價，並非因為它比其他手機有更多功能，而是甘願為 iPhone 出色的設計與完美的體驗買單。

被賦予情感的產品具有人格化特徵，形成"魅力人格體"。互聯網品牌則是創始人、產品與粉絲之間的合謀，CEO 成為代言人，帶有極致體驗的產品，粉絲自然會去宣傳。當營銷與產品合一，也就又一次實現了超越。雷軍說："我過去 20 年都在跟微軟（Microsoft）學習，強調營銷，其實好公司不需要營銷，好產品就是最大的營銷。"

22.4.2 產品為什麼要講故事

這個時代最大的特點就是信息爆炸，時間碎片化，隨之帶來的是人們內心的浮躁焦慮，人們沒有精力和耐心聽長篇大論的道理，而對故事卻情有獨鍾。

猶太教教義中有這樣一個小故事：真理赤裸着身子，冷得渾身戰慄，她到村子裏的每一家時都被驅趕出來，她的赤裸使人們感到害怕。當寓言發現她時，她正蜷縮在一個角落，瑟瑟發抖，飢餓難耐。寓言對她充滿了同情，於是把她帶到自己的家中，用故事把她裝扮起來，賦予她溫暖，然後把她送出去。真理在穿上寓言的故事外衣之後，當她再一次到每一戶村民家敲門時，都被熱情地迎進屋子裏。人們紛紛邀請她和他們一起在桌子上吃飯，用他們的火爐溫暖她冰冷的身軀。

這種現象在現實生活中同樣存在。一個其貌不揚的英國女子，離婚後帶着一個孩子靠低保過活。一個偶然的靈光乍現，她開始提筆寫作。如今，她賺的稿費已經超過了 10 億美元，比英國女王的身家還要多；她賺的版費收入無人能及，她的書印了 4.5 億冊，僅次於《聖經》和《毛澤東選集》。美國華納兄弟電影公司把她寫的故事拍成電影，該電影系列是全球史上最賣座的電影系列，總票房收入達 78 億美元。這就是 J.K. 羅琳（J.K. Rowling）和她的《哈利波特》（*Harry Potter*）。

人們天生愛故事，並樂於自發地傳播故事。企業家絞盡腦汁試圖讓消費者接受自己的品牌時，不妨也為品牌講個故事。事實上，一個好品牌就是一個最會講故事的品牌。對品牌而言，故事的本質是一種高明的溝通策略，它融合了創造力、情商、消費者心理學、語言表達能力乃至神經系統科學等多領域知識。一個好故事可以幫助品牌更高效地傳遞信息，更有說服效果。企業為了銷售產品，更為了讓消費者接受企業的理念，就要講述精彩的故事。當講故事的時候，企業形象更具人性化，更加立體和生動，這樣才能吸引消費者並促使他們進行情感溝通，使其進一步地了解企業。當聽到某公司創業初期的故事、某公司給顧客生活帶來的變化、某集團員工或合夥人的特殊經歷時，用戶都會感覺親切，他會覺得和那個公司有了一條情感上的紐帶。故事是一種最容易被人類大腦接受的信息組織形態，一位深得人心的領導者具有卓越的遠見和目標，通常用故事打動他人，並讓聽眾接受他的遠見。

"如果你想造船，先不要僱人收集木頭，也不要給他們分配任何任務，而是去激發人們對海洋的渴望。"如果想激發人們對海洋的渴望，先給他們講個關於海洋的故事。

心理學研究表明，生動的、能激發情感的刺激更容易進入頭腦，在編碼時受到大腦更充分的加工。好故事擁有挑起人們強烈情緒的能力，無論這種情緒是感動、狂喜，還是悲傷、憤怒、恐懼，只要情緒足夠強烈，就意味着更容易形成記憶。

22.4.3 產品故事三步法

移動互聯網時代，故事是最容易在社交媒體上流傳，並吸引用戶體驗、互動的形式。產品故事三步法如下所述。

1. 重視用戶需求，獲得關注

講故事最主要的是要有聽眾，故事需要用戶作為直接的收聽者，想獲得精確的用戶數據，要先積累一定數量的用戶。

在這方面，中央電視台的 Facebook 賬號和《人民日報》便是成功案例。據 2016 年 5 月 19 日的數據顯示：Facebook 央視粉絲專頁 "CCTV" 有 25,857,828 人點讚，超過美國有線電視新聞網 CNN 和《紐約時報》的點讚人數，也僅次於歐美主流媒體英國廣播公司 BBC。《人民日報》粉絲專頁 "People's Daily, China" 有 18,948,207 人點讚，也遠遠高於《紐約時報》。

究其原因，大熊貓 "萌照" 頻繁出現，吸引了大量用戶關注點讚。中央電視台和《人民日報》通過社交媒體中的用戶反饋探索出了一條 "吸粉" 之路，在積累了一定數量的用戶之後，為故事提供了聽眾。

2. 分析用戶需求，指導信息生產

故事本身是決定用戶在接觸後是否停留、在離開後是否信任的關鍵。數據和數據描摹出的用戶形象對於故事寫作的指導在內容層面和形式層面都有所體現。內容上，通過對用戶數據的收集和分析，可以對用戶關注的話題進行重點關注，擬出更吸引關注的話題，使用更貼近用戶閱讀習慣的風格。過去的營銷從業者根據經驗和猜測，也可以打造出新聞的內容，但相比於移動互聯網時代，那種傳播無疑是緩慢但不準確的。形式上，結合新的媒體技術和呈現方式，能有針對性地選擇不同的體裁或形式。同時，也可以根據用戶的反饋，調整發佈時間和營銷渠道，以獲得更好的效果。

3. 算法在推送中的普遍運用，已經影響到信息生產

通過用戶數據、環境數據、信息數據的自動匹配，算法可以向用戶推送個性化的信息；通過對用戶信息消費情況的分析，算法能指導信息生產——哪些信息是受到歡迎的、哪些功能是受到密切關注的、什麼樣的產品進入方式是用戶喜愛的，這些通過算法工具都能獲取。對於用戶需求的分析，算法會發現用戶的需求是共性中孕育個性的。滿足用戶的個性化需求，進行定製新聞或者精確推送的個性化推薦嘗試，成為現在的新潮流。

22.4.4 故事的構建原則

故事的構建有五大原則，如圖 22-5 所示。

1. KISS 原則

KISS 原則源於大衛·馬梅（David Mamet）的電影理論，原意是 "Keep It Simple and Stupid"，"保持簡單，愚蠢"，KISS 原則是用戶體驗的高層境界，意思是要把一個產品做得連白癡都會用，因而也被稱為 "懶人原則"。換句話說，"簡單就是美"，這一理論被廣泛應用於產品設計領域，同樣也適用於講故事。心理學研究表明，人類的心智對信息的處理是選擇性的，並且心智對複雜的信息會習慣性屏蔽，心智喜歡記住簡潔的信息。

圖 22-5　故事構建五大原則

2. 蒸餾原則

大部分教人講故事的建議都是讓人從外而內地構建故事，這方面，文學或劇本有現成的範例，如故事線八點法（背景、觸發、探索、意外、選擇、高潮、逆轉、解決），如果管理者以為知道了這些標準，就能拼湊出一個好故事，這顯然是一種錯覺。有時候，說太多會減弱故事的感染力。好故事的誕生需要經歷一個"蒸餾"的過程，需要將複雜的信息提煉成一個精彩的故事，並賦予它吸引力。

3. 原型心理學

瑞士心理學家卡爾·榮格（Carl Gustav Jung）認為，"原型"（Archetype）是一種母題，是集體無意識下人類文化的共同象徵。總有一些故事人物或類型在不同的故事中反覆出現。心理學家從原型心理學中發展總結出 6 種原型概念：孤兒、流浪者、戰士、利他主義者、天真者、魔法師。細心觀察可以發現，許多著名的故事都脫胎於這 6 種原型。

人類的情緒種類繁多且變幻莫測，但都相對容易被這 6 種原型擊中，因為它們能激活人類自遠古時代就積澱和遺傳下來的心理經驗。

情節類型和完美的故事線就交給學者去研究吧，營銷人的重點是用故事來傳遞情緒，情緒能使思想和表達思想的信息鮮活起來。如同色彩和形狀，情感是受眾各種體驗的重要構成要素，能為受眾的記憶與想象增添細節。

4. 感官原則

美國著名作家馬克·吐溫（Mark Twain）曾提出一項寫作準則："別只是描述老婦人在嘶喊，而是要把這個婦人帶到現場，讓觀眾真真切切地聽到她的尖叫聲。"心理學研究表明，故事由人類負責社交和情感的大腦區域編碼而成——大腦邊緣系統、杏仁體，以及大腦中更加相信感官知覺的重要部分，而不是依靠大腦中善於記住符號、數字、字母的那部分。在這方面，數字和語言遠不如記憶和圖像更能代表事實。

作為營銷人需要懂得調動人們感知世界的五種感官——嗅覺、味覺、聽覺、觸覺、視覺，以此模擬出頗具影響力的體驗。如果有人第一次聽說"有人在美國拉斯維加斯一個塞滿冰塊的浴缸裏醒來，發現自己的腎臟被摘"這樣的故事，他幾乎能感到浴缸裏冰塊的寒氣，以及那人起身時冰塊摩擦出的聲音，似乎能看到犯罪者留下的讓他快給醫院打電話的手寫字條。這樣充滿感官細節的故事，能夠讓人們還來不及懷疑這個故事的可信度時，想象力就先行一步讓人產生了這種感受。

5. 匹配原則

現在很多品牌都在講"故事營銷"，並開始大肆宣傳。於是很多企業一闐而上，個個都在請"大師"出謀劃策，來為自己的企業找個故事匹配。很多企業的營銷故事其實是"東施效顰"，醜態出盡。講故事務必要與企業自身的產品或者品牌相匹配，才能相得益彰，達到整體大於部分之和的效果。

22.4.5 該講什麼樣的產品故事

企業可以講哪些品牌故事呢？說到品牌故事，實際上是將品牌植入故事中，這是品牌高效表達和傳播的一種方式。所以，絕對不要低估一個好故事的能量和作用。好的故事能夠較好地傳播品牌的核心訴求或者品牌聲響，使得人們通過多渠道、多手段傳播故事的同時，感受到故事中植入的品牌價值，並且使其廣為傳播。那麼一個企業該如何講好企業的品牌故事呢？

1. 講好領軍人物的故事

大多數品牌故事都和創始人有關，帶有傳奇色彩；有的品牌故事甚至是創業大事記。但是在眾多的品牌故事中，往往一句話的故事更能凝聚傳達品牌的文化內涵，更能喚起與消費者之間的共鳴，引發口碑相傳。很多企業的領袖或者領軍人物都具有令人稱道的故事，企業要懂得挖掘。這些故事不一定多麼恢宏，很可能就是工作中對細節的追求，但卻能夠給品牌帶來價值。

2014 年 9 月，在阿里巴巴（Alibaba）上市之際，傳播最廣、影響最深的事情是馬雲對偷井蓋者大喝抬回去的事件。馬雲在演講中曾介紹道："記得在 1995 年，晚上騎着自行車上班，在杭州文二街，看到幾個人在偷窨井蓋，我也沒有什麼武功，一看人家個子那麼大，我打不過人家，我就騎着自行車到處去找人，看有沒有警察。大概五分鐘以後，沒找到警察，因為我腦子想到那個窨井蓋，前幾天有個孩子掉進窨井裏，在窨井裏淹死了。我覺得影響還是不小的，於是我回過去，騎着自行車，人還跨在自行車上，大聲說：'你們把它抬回去。'他們幾個人看着我，我估計這個時候他們如果衝過來，我肯定要跑。但是我也不知道哪兒來的勇氣，我還是說：'你們把它抬回去。'這個時候突然有人圍觀，我就說他們在偷窨井蓋，必須制止他們並要求他們把它抬回去。我說得很激動，後來才發現邊上有攝像機，他們（電視台）在做測試。那天晚上據說我是杭州唯一一個通過這個測試的人。我想想這個還是蠻有意思的事情，有的時候世界上發生變化，如果你自己不採取一點小小的行動，這個變化就跟你沒關係。如果你參加行動，你就可能是這個變化的受益者。"

電視台的那段舊時視頻在微博上重新火了，網友大讚"正能量"的同時，不由得調侃稱，看馬雲今時今日的成就，可證明"做一個有正義感的屌絲是有前途的"。這段視頻在微博上逗樂了不少網友。有人調侃說，原來馬雲第一次出現在大眾的視野裏"竟然是為了維護人類的正義"，還有人稱馬雲的表現"蠢萌蠢萌"。不少網友評價"這才是勵志"，"所以說成功並非偶然"。

從此馬雲在大家心中就是一個遇到有損社會或企業的人和事，敢於制止，敢於揭發，是一個有正義感的人，其創立的阿里巴巴也得到了人們的正面關注，也正如"褚橙"講了一個褚時健老當益壯的故事，就將其他千千萬萬的橙子品牌落下不知幾條街；王石講了一個登山的故事，為萬科節省了 3 億廣告費……領軍人物故事的影響力可想而知。企業家的故事往往是獨一無二的，不可複製的。感人、勵志的故事容易打動消費者，讓人印象深刻，心生敬仰。所以講好人的故事，講好創始人、經營者的故事，有利於打造獨特的品牌基因，塑造獨特的品牌個性形象。

2. 講好產品的故事

講好產品故事，重點在於突出產品的品質。很多人一定沒有注意到，谷歌悄悄更改了自己的 Logo。新標誌的變化十分細微，一般人很難看出來，只是將原有標識中的 G 和 l 稍稍挪動了一點兒位置。隨後谷歌以《99.9% 的人都沒有發現的改動》為標題發出文章，激起大家去發現的"興趣"，每個人都爭相成為那 0.1% 的人。於是，一次改動成了一個故事，一個故事成了一次傳播。谷歌把這個故事講出來，同時也展現出品牌一絲不苟、精益求精的形象。在過去，品牌要想講故事成本不菲，要買版面、要買時間段，也不是想講就講的。互聯網時代，處處都是媒體，如果願意，品牌還可以擁有一塊"自留地"——自媒體。微博、微信、淘寶頁面、App……都可以用來講故事，所以，還等什麼？任何企業、品牌都可能存在產品故事。

22.5 開放思維

移動互聯網入口處張貼着"人本、進化、開放"的哲學觀點標籤，形成了一個生態商業圈，其中思想開放是一切開放的根源。正如蘋果公司鼓勵音樂粉絲"選擇、編輯、燒錄 ❶"，將物品進行 3D 掃描，以 CAD 程式修改，再用 3D 打印機製造一樣。這都是堅持開放式思維的結果。

> ❶ 燒錄：是指使用刻錄機把數據刻錄到刻錄盤，有 CD、DVD 兩種刻錄盤。

22.5.1 流量為王

我們知道流量可以實現信息的傳播從而促成流量生意，流量意味着體量，體量意味着分量。"目光聚集之處，金錢必將追隨"，流量即金錢，流量即入口，流量的價值不用多言。

首先，在注意力經濟時代，先把流量做上去，才有機會思考後面的問題，否則連生存的機會都沒有，這種情況要牢記"免費是為了更好地收費"。印象筆記總裁菲爾・利賓（Phil Libin）曾經說過："讓 100 萬人付費的最簡單的方式是獲得 10 億用戶。這 10 億用戶必須是免費用戶。"這就凸顯了互聯網流量的價值。互聯網產品大多用免費策略極力爭取用戶、鎖定用戶。360 安全衛士用免費殺毒入侵殺毒市場，一時間攪的天翻地覆，回頭再看看，卡巴斯基、瑞星等殺毒軟件，估計沒有幾台電腦還裝着了。騰訊的 QQ，因為免費，才有幾億的市場，也是因為免費，才會有每個 Q 幣和各種會員的收益，同樣是因為免費，才需要再一步的轉化以獲得收入。"免費是最昂貴的"，不是所有的企業都能選擇免費策略，因產品、資源、時機而定。

其次，堅持到質變的"臨界點"。任何一個互聯網產品，只要用戶活躍數量達到一定程度，就會開始質變，從而帶來商機或價值。騰訊 QQ 若是沒有當年的堅持，也不可能有今天的企業帝國。巨大的流量雖然是價值的最好體現，但是活躍用戶，也要到達一個臨界點，才會產生足夠多的購買。

22.5.2 跨界合作

1. 什麼是跨界合作

隨着互聯網和高科技的發展，純物理經濟與純虛擬經濟開始融合，很多產業的邊界變得模糊，互聯網企業的觸角已經無孔不入，如零售、製造、圖書、金融、電信、娛樂、交通、媒體，等等。互聯網企業的跨界顛覆，本質是高效率整合低效率，這裏的"效率"包括結構效率和運營效率。

跨界營銷就是指依據不同產業、不同產品、不同偏好的消費者之間擁有的共性，把一些原本沒有任何聯繫的要素融合、延伸，彰顯出一種與眾不同的生活態度、審美情趣或者價值觀念，以贏取目標消費者的好感，從而實現跨界聯合企業的市場最大化和利潤最大化的新型營銷模式。跨界營銷意味着打破傳統的營銷思維模式，避免單獨作戰，尋求非業內的合作夥伴，發揮不同類別品牌的協同效應。跨界營銷的實質是多個品牌從不同角度詮釋同一個用戶特徵。

諸多奢侈品牌扎堆進入酒店、餐廳、咖啡廳等大眾消費品行業，進行跨界嘗試。古馳（Gucci）在意大利佛羅倫薩和日本東京開了兩家咖啡店；香奈兒（CHANEL）也把 Beige 餐廳開在日本銀座；愛馬仕（Hermes）在韓國首爾擁有一家咖啡店，從建築格調到一張紙巾都保持與品牌一致的設計感；普拉達（Prada）則於 2008 年底在倫敦 Angel 地鐵站旁開業了一家名為 Double Club 的酒吧。

當互聯網跨界到服裝行業，就有了"韓都衣舍"；當互聯網跨界到炒貨店，就有了"三隻松鼠"。品牌的跨界產品總能令忠實粉絲爭相追趕。到范思哲去喝杯咖啡，去星巴克買件衣服，約朋友在香奈兒的餐廳吃飯，乘坐阿瑪尼的遊艇，開 LV 的轎車，隨着更多大品牌的業務延伸，這樣的事情已經不再是異想天開。

2. 跨界思維的核心

（1）挾用戶以令"諸侯"。為什麼很多互聯網企業能夠參與乃至贏得跨界競爭？答案就是擁有用戶。他們一方面掌握用戶數據，另一方面又具備用戶思維，自然能夠挾用戶以令"諸侯"。阿里巴巴、騰訊相繼申辦銀行，小米做電視、電飯煲等智能家居，都是同樣的道理。

未來十年，是中國商業領域大規模打劫的時代，所有大企業的糧倉都可能遭遇打劫。一旦人們的生活方式發生根本性的變化，來不及變革的企業，必定遭遇前所未有的劫數。

馬雲說："銀行不改變，那就改變銀行。"2013 年 6 月 17 日，阿里巴巴旗下支付寶與天弘基金合作，正式上線餘額寶。支付寶與基金公司的合作模式使支付寶用戶將錢轉入餘額寶，即相當於申購了天弘增利寶基金，並享受貨幣基金收益。用戶將資金從餘額寶轉出或使用餘額寶進行購物支付，則相當於贖回增利寶基金份額。此外，餘額寶內資金還能隨時用於網購消費、充話費、轉賬等功能。截至 2017 年底，餘額寶用戶數已達 4.74 億。據基金經理王登峰表示，截至 2016 年 12 月 18 日，天弘餘額寶單日淨贖回量從來沒有達到 1%。而且 2016 年的"雙十一"，餘額寶呈現的是淨申購的狀態，其"穩定性"超過預期。天弘基金作為餘額寶的基金管理人，和螞蟻金服各有一個大數據分析團隊，專門對餘額寶的流動性進行分析，可以預測未來一個月的申購贖回情況，這個誤差小到 1% 左右。

（2）用互聯網思維，大膽顛覆式創新。不論是傳統企業，還是互聯網企業，都要主動擁抱變化，大膽地進行顛覆式創新，這是時代的必然要求。

2017 年 6 月，"小黃人工廠"以 3D 建模編程形式的 H5 直接刷爆朋友圈，實實在在震驚到了消費者。ofo 小黃車和爆款 IP 小黃人跨界合作，絕對是年度最有爆點的營銷搭檔。

無獨有偶，網易雲音樂與農夫山泉也是天作之合。在這個時代的產品想要火爆，就要做到情懷與產品兼顧。網易雲以用戶原創樂評出名，農夫山泉在數億樂評中精選出 30 條，印在瓶身打造出走心的"樂瓶"。這些或扎心或暖心的樂評內容，讓農夫山泉在眾多瓶子營銷中脫穎而出。同時，這些樂瓶又給網易雲音樂刷了一波熱度，在與眾多音樂平台的流量爭奪中收穫了更多流量。

一個真正牛的人，一定是一個跨界的人，能夠同時在科技和人文的交匯點上找到自己的坐標；一個真正厲害的企業，一定是手握用戶和數據資源，能夠縱橫捭闔，敢於跨界創新的組織。

22.6 微創新思維

360 安全衛士董事長周鴻禕在 2010 年中國互聯網大會"網絡草根創業與就業論壇"上明確指出一個方向："用戶體驗的創新是決定互聯網應用能否受歡迎的關鍵因素，這種創新叫微創新。"

微創新引領互聯網新的趨勢和浪潮。360 也曾經歷過一系列微創新：專殺流氓軟件、清理系統垃圾、用打補丁代替殺木馬等，其中每一項功能，在當時都有着巨大的市場需求，卻因為"沒有什麼技術含量"，其他公司沒有做，最終成就了 360。周鴻禕這樣詮釋在具體產品中的微創新："從用戶體驗的角度，不斷地去做各種微小的改進。可能微小的改進一夜之間沒有效果，但是你堅持做，每天都改善 1%，甚至 0.1%，一個季度下來，改善就很大。"

具體到 360 瀏覽器的微創新，就是通過持續性的微小改進，讓那些不是很懂電腦的人，用瀏覽器的時候不會碰到很多障礙。周鴻禕說"比如說郵件通、微博提醒、網銀插件等，這些是為了解決用戶什麼問題呢？一方面，有些東西用戶不能及時知道，我們要讓用戶能及時知道；第二個就是一些控件 ❶。比如網銀控件，很多人用網銀的時候很不習慣，沒注意到瀏覽器上方的黃條提醒，可能就用不了。後來我們就做了一個功能，當一運行到網銀頁面的時候，檢測到你沒裝控件就直接彈出一個框來，問你要不要一鍵安裝，你點確認就把該裝的都裝起來了。"

> ❶ 控件：是對數據和方法的封裝。控件可以有自己的屬性和方法。屬性是控件數據的簡單訪問者。方法則是控件的一些簡單而可見的功能。

22.6.1 產品生命週期的微創新

產品生命週期（Product Life Cycle，簡稱 PLC），是產品的市場壽命，即一種新產品從開始進入市場到被市場淘汰的整個過程。具體來講，這個過程其實就是經歷了一個從"開發、引進、成長、成熟一直到衰退"的階段。企業要想提高開發和引進階段的效率，就要加速成長步伐，延長成熟以及成功的週期，進而減緩衰退的進程。

　　產品生命週期理論最早由哈佛大學教授雷蒙德·弗農（Raymond Vernon）提出，弗農認為，產品如同人一樣有自己的生命，每一款產品都會經歷探索、成長、成熟、衰落這樣的週期。

　　菲利普·科特勒先生在《營銷管理》（*Marketing Management*）一書中，給了一個關於產品生命週期（見圖 22-6）。

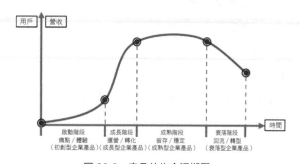

圖 22-6　產品的生命週期圖

資料來源：菲利普·科特勒《營銷管理》第 13 版

啟動階段：產品導入市場時是銷售緩慢成長的時期。在這一階段，就相當於一個企業的初創階段，產品剛剛導入市場，用戶對產品還不了解，產品也是處於探索當中，市場前景並不明朗，需支付巨額費用，所以幾乎不存在利潤。因此，在這個階段企業一般考慮的是"我們的產品是否能夠解決用戶的痛點"以及"我們產品的用戶體驗到底如何"等問題。

成長階段：產品被市場迅速接受和利潤大量增加的時期。在這個階段，用戶逐漸熟悉產品，產品得到驗證，市場前景也比較明朗，產品已經渡過了種子用戶期，並且也獲得了種子用戶的認可，就要通過營銷手段迅速提升產品的流量（銷量）和品牌知名度。因此，在成長階段企業一般考慮的是"我們應該如何運營產品才能快速提升流量和品牌知名度"以及"我們在獲取流量之後應該如何轉化或者如何變現"等問題。

　　成熟階段：因為產品已被大多數的潛在購買者所接受，所以這是一個銷售減慢的時期。在此期間，競爭的日趨激烈導致利潤日趨穩定甚至下降，市場趨向飽和，用戶、產品已經趨於穩定，很難再有突破性的增長，這時候主要就是做好用戶的工作，通過運營手段活躍並留存老用戶，同時保持新用戶的穩定增長。在成熟階段，企業一般需要考慮的是"我們應該如何活躍我們的老用戶和盡最大能力保持新用戶的穩定增長"以及"如何穩定的將用戶變現從而實現盈利"等問題。

　　衰落階段：銷售下降的趨勢增強以及利潤不斷下降的時期。在衰落階段，產品已經逐漸失去了競爭力，產品的銷量和利潤持續下降，不能適應市場的需求，更好的競品也已經出現，自身的用戶流失率也在不斷提升。因此，在這個階段企業大多通過運營手段做好用戶回流工作，並且積極創新和尋求轉型的新機會，會考慮"我們應該如何觸達那些流失的用戶並將他們拉回來"以及"我們有沒有機會創新或者項目能不能轉型"等問題。

　　但是在移動互聯網時代，上述觀點正受到挑戰。如果產品的生命週期最終都是衰落，那麼，日本生產出來那麼多電子手錶計時器，十分精確，請問走時不那麼準確的瑞士手錶勞力士、歐米茄計劃何時退出歷史舞台？飲料產品層出不窮，請問可口可樂、百事可樂準備何時退休？肯德基和麥當勞幾十年來主要就賣那麼幾款產品，請問什麼時候才能衰退呢？

　　實際上，在多數情況下，是這些過時的理論唱衰了產品，唱衰了品牌。如圖 22-7 所示，產品的生命週期有以下幾個階段：產品研發及市場孕育期；成長期；成熟期；不穩定期，不穩定期可能是衰落也有可能是增長。如何讓企業在穩定期後進入增長期呢？唯有創新。只有產品不斷創新，跟隨移動互聯網時代的潮流，才有可能不被時代淘汰，才有可能在產品進入成熟期後繼續增長。

產品方生方死，唯創新不滅。移動互聯網時代，變化太快。這不是文學誇張，也不是心理感受，這是客觀現實。變化、興起、裂變、淘汰，快得讓人幾乎來不及感受。今年買的手機，明年就成了古董；今天還是新興產業，明天就被擠入傳統行業。越來越強的技術進步將極大加速產品的生命週期走向完結，即"產品生命週期趨零"，用一個形象的比喻就是"方生方死"。

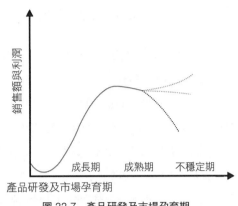

圖 22-7　產品研發及市場孕育期
資料來源：華紅兵《一度戰略》

馬克・扎克伯格也說過"產品永遠沒有完成的一天"。他側重於將產品當成一個持續的過程來看待。互聯網進入人們的生活以來，人們已見證了太多的更新淘汰，百年企業巨擘，短短數年便轟然倒下。而這一切，或許只是剛剛開始。未來，全球產業重組將無比劇烈，傳統企業會受到前所未有的衝擊，新興企業也不可能靠"一招鮮"而獨領風騷數十年。不思創新，創新停滯，被取代便在旦夕之間。企業方生方死，唯有創新不滅。

22.6.2 產品迭代的微創新

本・富蘭克林（Benjamin Franklin）說："當你停止改變的時候，你這個人也就完了。"小米科技的雷軍說："快速迭代，不斷試錯，逐步走向成功的彼岸。這是互聯網時代的王道。"迭代思維從細微處着手快速適應互聯網的變化。這就是說，對於任何一個產品都適用的是產品迭代過程，因為人們都知道"天下武功唯快不破"，任何一種產品從開始做出來的第一版都有自己的不足之處，只有不斷地改進和完善自己的產品才不會被淘汰。

所有的迭代一定是用戶需求驅動的，這也決定了企業思考問題時，都應該從用戶的角度出發。邊開槍，邊瞄準，精益求精。做到快速失敗，廉價失敗，同時整個組織要有一種包容失敗的文化。

傳統企業的產品從研發到投放再到更新按年來算，做決策時往往要通盤考慮各方面的影響，對消費者的影響方式也是投一輪廣告，賣一輪產品，幾個年度下來才有可能讓消費者記住。但互聯網時代講究小步快跑、快速迭代，節奏是按週算的。

產品迭代的速度也能側面反映公司運營的三類情況。第一類反映資源情況，如果一個產品幾個月才更新一次，那公司資源很有可能存在不足；第二類反映公司的態度問題，就是公司重視程度不高，對產品投入不足，導致更新緩慢；第三類反映公司創新能力，如果產品迭代都是圍繞現有功能的小迭代，沒有突破性的大迭代，也可以判斷出，這家公司的創新能力存在一定問題。

喜歡跑步的朋友大概都會有這樣的共識，那就是呼吸和節奏是非常重要的。例如馬拉松比賽，無論是專業運動員還是愛好者，在 42.195 公里的路程中，都需要適時地調整自己的呼吸和節奏，以順利地完成比賽。曾經有一場馬拉松比賽，一個專業運動員在離終點只

案例 ｜ 拉斯維加斯酒店：微小細節創造大量回頭客

在美國拉斯維加斯的一家酒店，當顧客結完賬離開時，門童會順手遞給顧客兩瓶冰凍的礦泉水，對於酒店來說，這兩瓶水的成本微乎其微，卻能給用戶帶來極佳的體驗感。從這家酒店開車到附近的機場大概需要 40 分鐘，中間幾乎沒有加油站和休息區，這就意味着沿途無法取得補給。要知道，拉斯維加斯靠近沙漠，夏季經常出現 35 攝氏度以上的高溫，顧客在前往機場的車程中無疑需要補充水分，此時這兩瓶水正好派上用場。

請注意一個細節，酒店送出這兩瓶水的時間是顧客結賬之後，嚴格意義上說，這兩瓶水屬於酒店的饋贈。設想一下，如果顧客下回再來"賭城"，會選擇哪家酒店下榻？鑒於行業的特殊性，無論是服務還是產品，一家酒店都很難在同行中脫穎而出，同業競爭極為激烈。

拉斯維加斯的這家酒店僅為二星級，在酒店林立的"賭城"並不具備明顯的競爭優勢，然而該酒店卻從"送水"這個細節入手，為客戶營造出一種溫馨、周到的感受，從而吸引了大量的回頭客。

這就是一種微創新。很多人習慣將"微創新"和"顛覆式創新"對立看待，認為前者就是小打小鬧，而後者就要敲鑼打鼓，但兩者其實是一回事。

事實上幾乎所有的顛覆式創新一開始都是微創新，都是從一個微乎其微的點入手。

資料來源：sohu.com

有不到兩公里的地方放棄了，運動員沒有調整好節奏是他退賽的重要原因。一個產品也有自己的節奏，其好壞直接影響到產品的成敗，這個節奏就是上述產品上線後的迭代。

22.6.3 顛覆式創新思維

顛覆式創新是指在傳統創新、破壞式創新和微創新的基礎之上，由量變導致質變，從逐漸改變到最終實現顛覆，通過創新，實現從原有的模式，完全蛻變為一種全新的模式和全新的價值鏈。

22.7 極致思維

極致思維，就是把產品、服務和用戶體驗做到極致，超越用戶預期。

產品的極致化是移動營銷成功的前提，要理解極致思維，不妨從兩位企業家的座右銘開始。一句是喬布斯的"Stay Hungry, Stay Foolish"，直譯是"保持飢餓，保持愚蠢"，但中國的企業家田溯寧將這一句式翻譯成國人耳熟能詳的"求知若渴，處事若愚"。另一句是小米董事長雷軍推崇的"做到極致就是把自己逼瘋，把別人逼死"。

1. 工匠精神

2016 年，隨着中國兩會的召開，"工匠精神"一詞紅遍大江南北。什麼是工匠精神？它是勤勞、敬業、穩重、幹練以及遵守規矩、一板一眼、說一不二、一絲不苟、精益求精等美好詞語的集合。

提到工匠，我就會讓人想起中國隋朝著名工匠李春。李春設計並建造的趙州橋，全橋只有一個大拱，長達 37.4 米，在當時可算是世界上最長的石拱，距今已經有 1,400 多年的歷史了，期間至少經歷了 8 次地震、8 次以上的戰爭，承受了無數次人畜車輛的重壓，飽受了無數次洪水沖擊，遭遇過無數次冰雪雨水的沖蝕，卻依然屹立，有這樣的成果離不開工匠精神。

為什麼呼喚工匠精神？美國蘭德公司曾花了 20 年的時間，跟蹤了 500 家世界大公司，發現其中百年不衰的企業有一個共同的特點：人的價值高於物的價值，共同價值高於個人價值，社會價值高於利潤價值，用戶價值高於生產價值。人是創造社會財富和推動歷史發展的主體。企業的核心因素是人，而脫離產品銷售困境的途徑就是培養企業的"工匠精神"。工匠不斷雕琢自己的產品，不斷改善自己的工藝，他們享受產品通過自己的努力得到升華的過程。打造"工匠精神"的企業看着自己的產品在不斷改進、不斷完善，最終以一種符合自己嚴格要求的形式存在。據統計，壽命超過 200 年的企業，日本有 3,146 家，為全球最多，德國有 837 家，荷蘭有 222 家，法國有 196 家。為什麼這些企業扎堆出現在這些國家呢？因為他們都傳承着一種精神——工匠精神。工匠精神並不只是口號，它存在於每一個人身上、心中。長久以來，正是由於企業缺乏對精品的堅持、追求和積累，才讓企業中個人成長之路崎嶇坎坷，組織發展之途充滿荊棘。這種缺乏也讓持久創新變得異常艱難，更讓基業長青成為鳳毛麟角。所以，在資源日漸匱乏的現代，重提工匠精神、重塑工匠精神，是生存、發展的必經之路。

2. 極致服務即營銷

極致思維，就是把產品和服務做到極致，把用戶體驗做到極致，超越用戶預期。移動互聯網時代的競爭，只有第一，沒有第二；只有做到極致，才能夠真正贏得消費者，贏得人心。極致的產品背後都是極大的投入，都是千錘百煉改出來的。

3. 簡約即極致

大道至簡，越簡單的東西越容易傳播。在互聯網時代，信息爆炸，用戶的耐心越來越不足，因此，產品設計要做減法，產品外觀要簡潔，內在的操作流程要簡化。蘋果產品的外觀、谷歌的首頁、特斯拉汽車的外觀，都遵循簡約的設計。

有這樣一則故事：橄欖樹嘲笑無花果樹說："你的葉子到冬天時就落光了，光禿禿的樹枝真難看，哪像我終年翠綠，美麗無比。"不久，一場大雪降臨了，因大雪堆積在橄欖樹的葉子上面，把樹枝壓斷了，橄欖樹的美麗也遭到了破壞。而無花果樹由於葉子已經落盡，雪穿過樹枝落在地上，無花果樹安然無恙。

谷歌是一個表面極其簡單的網站，最初它的網站界面上線後，招來了業界很多嘲笑，認為谷歌浪費了寶貴的首頁資源，因為絕大多數的互聯網企業都是把主要心力投注在首頁上。他們認為，谷歌這樣簡單的頁面注定會失敗。但是，被花花綠綠的網站包圍的瀏覽者們卻都喜歡上了這個視覺風格簡約、操作簡單的網站。那是因為這樣一個看起來很簡單的網站，背後卻存在着驚人的數據庫與技術支持，其獨創的運算搜索技術國際領先，數據庫中

案例 ｜ 無印良品的極簡理念

無印良品（MUJI）創始於日本，其本意是"沒有商標與優質"。雖然極力淡化品牌意識，但它遵循統一設計理念生產出來的產品無不詮釋着"無印良品"的品牌形象，它所倡導的自然、簡約、質樸的生活方式也大受品位人士推崇。

無印良品的最大特點就是極簡。它的產品拿掉了商標，省去了不必要的設計，去除了一切不必要的加工和顏色，簡單到只剩下素材和功能本身。除了店面招牌和紙袋上的標識之外，在所有無印良品的商品上，顧客很難找到其品牌標記。在無印良品的專賣店裏，除了紅色的"MUJI"方框，顧客幾乎看不到任何鮮艷的顏色，大多數產品的主色調都是白色、米色、藍色或黑色。

無印良品的設計理念是對日本傳統簡約美學的一種繼承。它的設計簡單、樸素、平和，以及產品製作的精細，使得每個人都不必擔心在公眾場合使用它時對自己有不好的影響。相反，它變成了坦然表明自己生活態度的載體。

資料來源：根據無印良品官網發佈資料整理

案例 ｜ 張小龍和他的極簡主義

微信發明人張小龍說，移動互聯網的時代變化太快，舊有的產品分析模式已經落伍，產品經理更應該依靠直覺和感性，而非圖標和分析來把握用戶需求。產品經理永遠都應該是文藝青年，而非理性青年。

事實也確實如此。微信 1.0 版本的"免費短信"根本沒有觸及用戶的痛點，因為中國人連運營商的包月套餐短信都用不完；微信 1.2 版本轉向"圖片分享"，可是市場反應冷淡，並未符合"圖片為王的移動社交"預想；直到 2.0 版張小龍上線了"語音通信"，微信變成了免費電話，市場才突然被引爆了，用戶數出現井噴。

帶有語音功能的微信無疑動了運營商的蛋糕，據傳中國運營商通過騰訊高管遞去了不滿；很多人勸他放棄，只剩張小龍選擇了不管不顧、不理不睬，或許歷史確實是由瘋子創造的。之所以有瘋子一說，是因為創造這個產品的過程與以往大相徑庭。傳統營銷中的產品創造過程要滿足順從用戶需求，並且要顧及供應商、銀行、運營商的感受，一句話，要創造出"大家都滿意的商品"。

張小龍喜歡汪峰的一首歌《一百萬噸的信念》。"不要相信電視廣告，不要相信排行大榜……不要期許好人相助，好人都在挖煤倒土……你可以相信最為糟糕的事情，它每天都在人的周圍接連發生，你至少需要有一百萬噸的信念，也許或可能勉強繼續活下去……"

多數人完全可以適當地進行揣測，張小龍當時是聽着這首歌，在絕望中堅強，在堅強中守望，扛過了所有風波。同時，在義無反顧的激情中，他為微信融入了他所理解的人性、文藝與哲學。

微信的競爭對手米聊如今已經找不到了，當米聊"天真"地認為微信將抄襲其大獲成功的塗鴉功能時，微信 3.0 出人意料地提供了"查看附近的人"與"搖一搖"。

"查看附近的人"使得微信接入 QQ 及郵箱用戶數據，目的性直接的強推促使微信用戶一舉突破 2,000 萬，奠定了領先地位。

"搖一搖"是張小龍孤獨體驗的又一次實踐和複製。搖一搖的動作、搖後取自《反恐精英》來復槍的聲音，以及頁面分開一下出現的裸體大衛圖片，這些都是張小龍團隊嘗試無數遍後的設計。細節融入在設計美學之中，它們的組合要達到張小龍所要求的感覺，向弗洛伊德致敬，體驗到"性的衝動"，或謂之"爽"。

2015 年的春節，微信搖紅包一夜成名，微信搖一搖紅包頁面如圖 22-12 所示。從除夕早上 9 點開始，微信就在央視新聞頻道讓用戶搖出少部分金額隨機的紅包、祝福語和互動頁面，為晚上的春晚做了鋪墊。22 點 30 分，伴隨着吉祥物"羊羊"的口播，用戶們迎來了春晚搖紅包的高潮。微信官方數據顯示，從 20 點到 20 點 42 分，搖一搖總次數超過 72 億次，22 點 32 分到 22 點 42 分，搖一搖送出紅包 1.2 億個，22 點 34 分時搖紅包次數最多，達到每分鐘 8.1 億次。除夕當日微信紅包收發總量則達到 10.1 億次，在 20 點到子夜零點 48 分的時間裏，春晚微信搖一搖互動總量達到 110 億次。微信紅包躥紅，一夜之間擴大了微信移動支付市場的佔有率。

張小龍認為：極簡才能不被超越。進入 2016 年，張小龍甚至擔心起微信會黏住用戶，荒誕不經地提出了"用完即走"的產品邏輯。所有人都在試圖黏住用戶，都在彰顯自己對商業變現的渴望。而張小龍則達到了一個境界：用戶需要我才想起我、想起我一定離不開我，商業價值自然而然地到來。

這是一種典型的上帝視角。微信已經進入了非人類般的思考。微信的野心不能再以 App 來定義，而是一個可以滿足用戶社交、情感與自我實現的地方，一個哲學世界。

張小龍準備再一次與這個世界格格不入。張小龍為微信 5.0 專門加上的打飛機遊戲，簡約、爽快而又盡興，越到後面越是考驗玩家的耐力與技巧。這和他充滿曲折、險境與機會的獨特人生非常相似。的確，很少有人能夠在孤獨中如此堅守，而又暢快地通過他自己創造的產品去宣泄。

如果說朋友圈、公眾號、微支付、服務號實現了別人的創業，"小程序"則屬於張小龍自己的創業設想，以至於他非常"緊張"，為此鋪墊一年有餘。

"小程序"首先是去中心化的自我救贖。

張小龍可能已經意識到，微信終究有一天，或已經與百度搜索、淘寶網一樣淪為人們"厭煩的平台"。與其日後被他人革命，不如先革自己的命。

允許商家以"小程序"的形態，在自己身上各展其能地獲取流量，實現連接可以連接的一切。

當然，所有人的努力沉澱於微信，所有的商業價值生發於微信。微信正在成為地球人的生發器，從連接器到生發器的產品邏輯，是"小程序"更是張小龍決定顛覆一切的起點。

與互聯網世界目前所依賴的 URL（網址）不同，"小程序"依賴的互聯網入口是二維碼。它甚至已經擺脫了瀏覽器、頁面等傳統互聯網形式，不但能連接已經存在的互聯網應用場景，事實上還能連接沒有屏幕的真實世界，實現萬物互聯，"所見即所得""所連即生發"。

張小龍在微信公開課上描述過一個應用場景，掃汽車站二維碼就能購買車票，不用排隊，不用註冊，不用關注，用完即走。如今麥當勞外賣在地下停車場、在醫院等一切收費處，就實現了掃碼、付費，用完即走。

2012 年 5 月 23 日，張小龍在朋友圈寫道：PC 互聯網的入口在搜索欄，移動互聯網的入口在二維碼。微信不僅是一個產品，更是一個新舊世界的分界點。如今，這些成為了現實。

微信更新了很多代，但每次打開微信，人們都能看到一個小人孤零零地站在龐大的地球之外，遙望着藍色的家園。曾有人建議，再加個人吧，張小龍說：不，人很孤獨，需要溝通。

也許大家有所不知，那個小人就是他自己。

資料來源：根據《商界》雜誌資料改編

擁有上百億的網頁數據，承載着這些的是上千台高性能最新服務器的支持。

其實外觀越是簡約，內部結構往往就越複雜、越嚴謹。簡潔是把該強調的強調出來，把該弱化的弱化下去；該分組的分組，該分層的分層；讓優先級高的任務，在視覺上就體現出重要性。和蘋果公司打過交道的人都可以證明，"簡潔"的方法往往並不簡單。為了做到這一點，人們反而要花更多的時間、金錢和精力。簡潔並不是簡單，更不能簡單理解為"少"。複雜來自簡單，像"蜂群""魚群"一樣簡單的堆積達到一定階段會自動"湧現智慧"。而極簡的指導原則經過演化就可以創造出無比複雜和精妙的系統。

本章小結

（1）移動互聯網帶給產品的變化主要體現在用戶、大數據、社交化、故事、開放、微創新和極致 7 種移動互聯網思維上。其中用戶思維是基礎，大數據能夠分析受眾訴求，提取用戶畫像，企業藉助用戶之間的情感抒發進行分享傳播，講述品牌故事，造就品牌競爭力，不斷向外拓展學習，創新發展，為用戶提供極致的服務，回到受眾身上，形成一個閉合的循環。

（2）大數據用戶畫像是利用比特流對人越來越精確的理解，將技術與業務相結合，達到現實跟數據的最佳實踐，從而幫助企業了解用戶群體的特徵，挖掘痛點。

（3）產品故事的塑造包括 3 步，即獲得用戶關注、分析用戶需求來指導故事要素、利用算法進行精確推送，每一步都不可或缺，至關重要。

（4）移動互聯網入口處張貼着"人本、進化、開放"的哲學觀點標籤，形成了一個生態商業圈，其中思想開放是一切開放的根源。

Service
Marketing
Mode

服務營銷模型

　　服務營銷是企業為充分滿足消費者需要而在營銷過程中所採取的一系列活動。

　　服務作為營銷組合的要素，真正引起人們重視是在 20 世紀 80 年代後期。這時期，由於科學技術的進步和社會生產力的顯著提高，產業升級和生產的專業化發展日益加速，一方面使產品的服務含量，即產品的服務密集度日益增大；另一方面，隨着勞動生產率的提高，市場轉向買方市場，消費者隨着收入水平提高，他們的消費需求也逐漸發生變化，需求層次也相應提高，並向多樣化方向拓展。

　　服務營銷是企業營銷管理深化的內在要求，也是企業在新的市場形勢下競爭優勢的新要素。服務營銷的運用不僅豐富了市場營銷的內涵，也提高了企業面對市場經濟的綜合素質。針對企業競爭的新特點，注重產品服務市場細分，服務差異化、有形化、標準化以及服務品牌、公關等問題的研究，是當前企業競爭制勝的重要保證。

　　同傳統的營銷方式相比較，服務營銷是一種營銷理念，企業營銷的是服務，而傳統的營銷方式只是一種銷售手段，企業營銷的是具體的產品。在傳統的營銷方式下，消費者購買了產品意味着一樁買賣的完成，雖然這也有產品的售後服務，但那只是一種解決產品售後維修的職能。而從服務營銷觀念理解，消費者購買了產品僅僅意味着銷售工作的開始，企業關心的不僅是產品的成功售出，更注重消費者在享受企業通過產品所提供的服務的全過程的感受。這一點也可以從馬斯洛的需求層次理論上理解：人最高的需求是尊重需求和自我實現需求，而服務營銷正是為消費者（或者人）提供了這種需求。

　　隨着社會的進步，人民收入的提高，消費者需要的不僅僅是一個產品，更需要的是這種產品帶來的特定或個性化的服務，從而有一種被尊重和自我價值實現的感覺，而這種感覺所帶來的就是顧客的忠誠度。服務營銷不僅僅是營銷行業發展的一種新趨勢，更是社會進步的一種必然產物。營銷模式的核心在於如何去執行，把一個好的營銷策劃案執行到位，取得最大的營銷效果，就是最好的營銷模式。

　　西方學者從 20 世紀 60 年代就開始研究服務營銷問題。直到 20 世紀 70 年代中後期，美國及北歐才陸續有市場營銷學者正式開展服務市場營銷學的研究工作，並逐步創立了較為獨立的服務營銷學。服務營銷學的發展大致經歷了以下 3 個階段：

　　起步階段（1980 年以前）：此階段的研究主要是探討服務與有形產品的異同，並試圖界定大多數服務所共有的特徵——不可感知性、不可分離性、差異性、不可儲存性和缺乏所有權。

　　探索階段（1980-1985 年）：此階段的研究主要包括兩個方面，一是探討服務的特徵如何影響消費者的購買行為，尤其是集中於消費者對服務的特徵、優缺點以及潛在的購買風險的評估；二是探討如何根據服務的特徵將其劃分為不同的種類，不同種類的服務需要市場營銷人員運用不同的市場營銷戰略和技巧來進行推廣。

　　挺進階段（1986 至現在）：此階段研究的成果，一是探討服務營銷組合應包括哪些因素；二是對服務質量進行了深入的研究；三是提出了有關“服務接觸”的理論；四是服務營銷的一些特殊領域的專題研究，如服務的出口戰略，現代信息技術對服務產生和管理，以及市場營銷過程的影響等。

　　正是因為互聯網和信息時代的發達，服務營銷一步步演進，工作室服務模式、個性化服務模式、用戶參與服務模式、3D 打印服務模式、整合服務模式、工業服務模式、小眾圈子服務模式、自助服務模式、共享服務模式等 9 種服務營銷模式在移動營銷中的作用越來越強。

23.1 工作室服務模式

工作室（Studio）一般是指由幾個人或一個人建立的組織，是一處創意生產和工作的空間，形式多種多樣，大部分具有公司模式的雛形。同一個理想、願望、利益是這個集體共同努力的方向。工作室的規模一般不大，成員間的利益平等，大部分無職位之分，大部分工作室的事務可由成員一起討論決定。由於工作室結構小，成員少，比公司運作靈活，工作效率更高。

工作室是屬於個人獨資企業的一種，在文化影視行業，好多的企業主都選擇註冊工作室，這樣不僅是因為有利於個人發展，還因為註冊工作室的門檻比註冊公司的門檻要低，沒有註冊資金的限制，不需要入資、驗資等步驟，也省去了很多麻煩。但工作室的服務過於單一化，有時不能系統地服務於要求比較全面的客戶，由於其低成本運營方式，有時也很難具有承擔商業風險的能力，各行業工作室服務水準參差不齊，是一個普遍存在的現象。

工作室模式源自德國包豪斯設計學院，該模式創始人瓦爾特 · 格羅皮烏斯（Walter Gropius）提出一個理念：將藝術和工藝合二為一，才是真正的現代設計。近年來，創業工作室以門檻低、投資少、易操作等特徵，被創業者廣泛關注，成為創業之初的一種新載體、新模式。受國際金融危機的影響，加上中國自身就業市場不完善，就業信息不暢通，導致人才市場對人才需求高，大多數專業人才在激烈的中國市場環境下為了突破阻礙，避免"懷才不遇"的困境，工作室服務模式應運而生。創業工作室是由單一或多個擁有共同理想、敢於創新的個體集聚而成，以興趣為紐帶，以團隊為單位，以技能為資源，承接相應業務，並根據客戶要求獨立完成，從而獲得相應勞務報酬的新生群體，屬於新型的"微型"企業。

當今社會，以工作室形式提供服務的模式越來越普遍，大學生、明星藝人、設計者（如攝影、計算機、創意設計等）、生活休閒提供者（如健身、瑜伽、舞蹈等）是工作室服務模式的主力參與者。

為什麼工作室服務模式成為現代創業的主流模式？

第一，工作室的創業模式是地地道道的"草根"平民創業的新熱點。大學生是一個鮮活的群體，可塑性強，創意豐富，越來越多的大學生團體以工作室的模式進行創業，也有很多大學生工作室做得十分優秀。工作室模式逐漸成為大學生群體的關注熱點。

第二，工作室起步規模小，多為"合夥"模式。工作室一般由發起人和他的同學或者好友組成，又被稱為"合夥人"工作室創業模式，例如明星工作室是指由較少的工作人員組成的，專為特定的一位或者幾位藝人的演藝事業負責的團隊，工作人員一般為原公司負責該藝人的相關人員，內推招聘方式普遍。這樣的人員組建模式，能使工作室前期投入更少，目標性質更明確，為工作室更長遠的發展保駕護航。

第三、自媒體成為創業工作室營銷宣傳方式的新寵。自媒體工作室主要分為企業型自媒體和內容型自媒體。兩者的區別在於企業型自媒體是通過粉絲購買產品來達到盈利目的；內容型自媒體是通過吸引第三方平台的介入用邀稿或者投放軟文的方式實現盈利的。艾瑞網、清博指數綜合給出了目前流量排名前 5 的自媒體平台，即微信公眾號、新浪微博、今日頭條、喜馬拉雅 FM 和知乎。由於自媒體的個性化、全民化、多樣化和便捷化的特點，其擁有大批使用者順理成章，而這些用戶成為工作室服務模式的新興力量。

23.2 個性化服務模式

個性化服務是根據用戶的設定，依據各種渠道對資源進行收集、整理和分類，向用戶提供和推薦相關信息，以滿足用戶的需求的服務。從整體上說，個性化服務打破了傳統的被動服務模式，能夠充分利用各種資源優勢，主動開展滿足用戶個性化需求的全方位服務。

從國際來看，企業之間的競爭大致經歷了 3 個階段。第一階段是產品本身競爭，這是由於早期一些先進的技術過多地掌握在少數企業手裏，他們可以依靠比別人高出一截的質量，贏得市場。第二階段是產品價格的競爭。隨着科技的飛速發展，新技術的普遍採用和越來越頻繁的人才流動，使企業間產品的含金量相差無幾，這階段就進入了價格的競爭，靠低價打敗對手。第三階段是服務的競爭，靠優質的售前、售中和售後服務吸引和保持住客戶，最終取得優勢。現代的市場競爭觀念，就是"顧客至上"，個性化服務正式與每一位顧客建立良好關係，開展個性化服務正是體現了現代市場競爭趨勢。所以說國際形勢促進個性化服務的發展。

個性化定製是用戶介入產品的生產過程，將指定的內容映射到指定的產品上，用戶獲得自己定製的個人屬性強烈的商品或獲得與其個人需求匹配的產品或服務。個性化定製已是不可逆轉的趨勢，企業要想在激烈的市場競爭中立於不敗之地就必須順應這種潮流。

個性化定製的產品獨一無二的屬性，能給消費者的心理帶來精神的喜悅和個性的滿足。

作為中國首家提供專業個性化定製服務的企業，卡素真正明白消費者所需，巧妙地運用各種不同的創作手法，在紅酒包裝設計中注入更多的藝術想象力、新鮮的設計元素和創新理念，讓定製產品展現出藝術的生命力，達到全新的心理感受與視覺體驗。

卡素"只為你創造"的私人定製理念倡導新一代的消費者張揚個性的價值觀。在卡素，消費者可親自參與到設計中，親身體會 DIY 設計過程帶來的樂趣。唯有親為，方顯珍貴。"私人定製"的個性體驗和個體審美趣味，形成一種飽含情感的美，產品的內涵也得到充分詮釋。

個性化定製服務模式代表的是一種"了解自我、滿足自我"的生活方式，可以與奢侈無關，但一定代表了定製者的審美情趣與獨特的生活主張。可以預見，"私人定製"正離我們越來越近，了解定製，選擇定製，才能真正與時代同行。

23.3 用戶參與服務模式

　　用戶參與研發是指在用戶在產品銷售前、銷售中、銷售後對產品提出創新，企業採納用戶想法並對產品進行改良的過程。隨着市場的動態變化和消費者需求的日益多樣化，產品創新作為企業的生命線，對企業建立和保持自身的競爭優勢具有重要作用。在移動互聯網時代，用戶思維正在被越來越多的企業所重視和接受，僅僅依靠企業內部有限的資源進行產品創新顯然是不夠的，還應該充分發揮用戶在產品創新過程中的作用。

　　企業要想時刻保持產品創新的動力和能力，必須要培養企業整合外部知識和資源的能力。互聯網時代的核心是知識的分享、資源的分享和利益的分享，互聯網時代的重要特徵便是去中心化，用戶是企業最重要的外部資源，他們在產品創新過程中的地位和作用變得越來越重要。

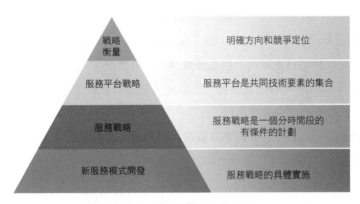

圖 23-1　用戶參與服務模式模型

案例　|　ZOMAKE：專注個性定製化服務

　　提到線上定製商城，北京的"立定"、重慶的"鳥差"等知名度不錯。前者是以用 UGC（用戶生成內容）的方式實現定製化，而後者則是專注於手工品、設計品的個性化 C2B（用戶對企業）定製服務。這些公司的思路都是設計師提供原創設計，接着以開店或者眾籌的方式完成產品的出售。但也有線上定製商城採用更加直接的方法，比如 ZOMAKE。

　　在玩法上，ZOMAKE 和美國的 zazzle 有些相似。簡單來講，ZOMAKE 是一個定製化線上商城，其通過將 IP、個人、設計師、娛樂以及二次元內容以定製的生產方式變成周邊產品，除了在線上銷售之外，還幫助優秀的商品進入線下渠道，比如全國動漫展、實體動漫周邊店。而創始人 Zack 一直強調的"個性定製"，實際上是將產品的設計環節開放出去。

　　與"立定"平台相似，該平台商品可以通過 UGC 的方式實現定製化。用戶可以上傳自己的設計或創意，確定商品種類，然後交由平台印刻。通過 PGC（專家生成內容）的方式引入設計師以及 IP 資源，為其免費開設周邊店舖以及提供生產和銷售渠道。在滿足用戶多樣化的消費需求下，平台商品還可以完成個性定製，這或許也是 ZOMAKE 可以越做越大的根本原因。

資料來源：WJS 網經社

參與感是用戶思維最重要的體現，小米創始人雷軍認為小米銷售的是參與感，這才是小米成功背後的真正秘密。這種 C2B 模式是電子商務未來發展的一個方向，很多知名企業正是順應了用戶的這一訴求，有效利用微博、微信、社區等網絡社交工具，在激烈的市場競爭中佔據了一席之地。

傳統的創新方法一般採用這樣的流程：企業通過市場調查發現消費者需求，然後根據相關需求設計全新的產品和服務。可是，市場調研結果能準確反映市場需求嗎？新產品和服務上市時，市場需求是否已經改變了呢？這些不可控因素的存在使傳統的創新總有一半以上是失敗的。那麼，企業應該如何減少失敗呢？吸引顧客直接參與創新就是一個不錯的選擇。

日本豐田公司曾做過一個"花錢買構想"的活動，這個活動向所有人開放，不管你是家庭主婦，還是業內專家。在這次活動中，豐田支付了 3.8 億日元，買到了 38 萬多條構想，研發、設計、生產、銷售環節都有涉及，豐田採用了其中 85% 的構想，沒想到的是，這些落實的構想直接產生了 160 億日元的收益。

最了解自己的還是自己，同樣道理，最了解消費者的是消費者自己，所以廣大消費者創新的熱情和能力可以轉化為企業的一項重要資源。日常情況下，產品的銷售前、銷售中、銷售後都是讓消費者參與創新的絕佳機會，企業一定要始終保持對消費者信息的靈敏度，及時把握機會，從消費者的口中發現商機。

互聯網思維核心是口碑為王，口碑的本質是用戶思維，就是讓用戶有參與感。

消費者選擇商品的決策心理在這幾十年發生了巨大的轉變。用戶購買一件商品，從最早的功能式消費，到後來的品牌式消費，再到體驗式消費，讓用戶參與其中的全新的"參與式消費"時代已經到來。例如，小米公司為了讓用戶有更深入的體驗，從一開始就讓用戶參與到產品研發過程中來，包括市場運營。

讓用戶參與，能滿足年輕人"在場介入"的心理需求，抒發"影響世界"的熱情。多見於內容型 UGC（用戶產生內容）模式的產品，比如在動漫文化圈，著名的"B 站"（bilibili.tv），就是典型例子。愛好動漫和創作的年輕人們通過吐槽、轉發、戲仿式的再創作等諸多方式進行投稿，營造出獨有的亞文化話語體系。

構建參與感，就是把做產品、做服務、做品牌、做銷售的過程開放，讓用戶參與進來，建立一個可觸碰、可擁有，與用戶共同成長的品牌。

"參與感三三法則"

三個戰略：做爆品，做粉絲，做自媒體。

三個戰術：開放參與節點，設計互動方式，擴散口碑事件。

"做爆品"是產品戰略。

企業在產品規劃某個階段要有魄力只做一個產品，要做就要做到這個品類的市場第一。產品線不聚焦，難於形成規模效應，資源太分散會導致參與感難以展開。

"做粉絲"是用戶戰略。

參與感能擴散的背後是"信任背書"，是弱用戶關係向更好信任度的強用戶關係進化。粉絲文化首先讓員工成為產品品牌的粉絲，其次要讓用戶獲益。功能、信息共享是最初步的利益激勵，所以我們常說"吐槽也是一種參與方式"，然後才是獲得榮譽和利益，只有對企業和用戶雙方獲益的參與感才可持續。

"做自媒體"是內容戰略。

互聯網的去中心化已消滅了權威，也消滅了信息不對稱，做自媒體是讓企業自己成為互聯網的信息節點，讓信息流速更快、信息傳播結構扁平化、內部組織結構配套扁平化。鼓勵引導每個員工、每個用戶都成為"產品的代言人"。

內容運營要遵循"有用、情感和互動"的思路。只發有用的信息，避免信息過載，每個信息都要有個性化的情感輸出，要引導用戶來進一步參與互動，分享擴散。

"開放參與節點"，把做產品、做服務、做品牌、做銷售的過程開放，篩選出對企業和用戶雙方獲益的節點，雙方獲益的參與互動才可持續。開放的節點應該是基於功能需求，越是剛需，參與的人越多。

"設計互動方式"，根據開放的節點進行相應設計，遵循"簡單、獲益、有趣和真實"的設計思路，互動方式要像做產品一樣持續改進。2014 年春節爆發的"微信紅包"活動就是極好的互動設計案例，大家可以搶紅包獲益，有趣而且簡單。

案例　|　Stormhoek 的免費試用讓用戶參與熱情大增

小公司能夠通過移動營銷的用戶參與越強越大嗎？

Stormhoek 是英國一家生產葡萄酒的小公司，據說葡萄產地在南非，規模雖小，卻通過企業博客迅速擴大了產品知名度，就此打開了銷售市場。

Stormhoek 十分看重對博客的運營，很早就開始運用超級用戶的原理，尋找 100 個種子用戶，即向 100 位博客免費提供公司生產的葡萄酒，使得潛在的博客粉絲參與品嘗葡萄酒，並通過他們的體驗通過博客向全世界傳播。

Stormhoek 相對來說是一家敢於嘗試新事物的企業，不像其他公司一樣搞普通的官網，而是直接搭建博客作為其企業網站，而且用博客運營的最大好處就是方便用戶參與，也方便企業為用戶服務，滿足兩個條件就可以收到一瓶免費的葡萄酒：第一，住在英國、愛爾蘭或法國，此前至少三個月內一直在博客網站上發表言論。讀者多少不限，可以少到 3 個，只要是真正的博客。第二，已屆法定飲酒年齡。收到葡萄酒並不意味著你有在博客網站上發表言論的義務——你可以寫，也可以不寫，可以說好話，也可以說壞話。這一原則充分證明瞭移動營銷的哲學之一是開放。只有開放話題，才能開放參與。

相對於其他公司只希望用戶為其美言，Stormhoek 更加大膽開放，用戶可以真實評價產品好壞，同時為了激發大家的談論熱情，Stormhoek 寫了一份公告："Stormhoek：微軟真正的競爭對手"，裏面寫道："如果你口袋里裝著 400 美元無所事事，你可以有多種選擇，既可以買一台微軟的 Xbox360 主機，也可以買一箱葡萄酒。"Stormhoek 公司認為，"我們很誠實，我們沒有聲稱自己是南非最好的葡萄酒，我們只是告訴人們這裏的酒品質不錯，價格合理，然後請人們說出自己的看法。"

Stormhoek 從而以 100 瓶葡萄酒的極低代價在 100 多天後成功登陸了美國市場，贏得了產品知名度和銷售市場的迅速擴大。整個營銷過程的費用僅僅幾千美元。2005 年 6 月他們的葡萄酒開始投放市場，不到一年就爆增到每年 10 萬箱，而且博客營銷為他們帶來了源源不斷地客戶流。

Stormhoek 葡萄酒公司通過博客營銷擴大知名度，重視用戶市場，讓用戶參與試用以營造產品口碑，成功開拓了市場。這也給那些因為資金短缺而無力做廣告的小公司很好的啟示。

"**擴散口碑事件**"，先篩選出第一批對產品最大的認同者，小範圍發酵參與感，把基於互動產生的內容做成話題和可傳播的事件，讓口碑產生裂變，影響十萬人、百萬人，從而讓更多的人參與，放大了已參與用戶的成就感，讓參與感形成螺旋擴散的風暴效應。

23.4 3D 打印服務模式

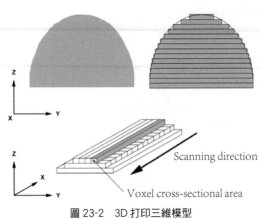

圖 23-2　3D 打印三維模型
資料來源：strike，超能網

3D 打印（3DP）即快速成型技術的一種，它以數字模型文件為基礎，運用粉末狀金屬或塑料等可黏合材料，通過逐層打印的方式來構造物體的技術。

3D 打印通常採用數字技術材料打印機來實現，在模具製造、工業設計等領域被用於製造模型，後逐漸用於一些產品的直接製造。目前，市場上已經有使用這種技術打印而成的零部件。3D 打印技術在珠寶、鞋類、工業設計、建築、工程和施工（AEC）、汽車、航空航天、牙科和醫療產業、教育、地理信息系統、土木工程、槍支，以及其他領域都有所應用。

三維模型的 3D 打印的設計過程如下所述。先通過計算機輔助設計（CAD）或計算機動畫建模軟件建模，再將建成的三維模型"分區"成逐層的截面，從而指導打印機逐層打印，如圖 23-2 所示。3D 打印服務模式突出的優點是無須機械加工或任何模具，就能直接從計算機圖形數據中生成任何形狀的零件，從而極大地縮短產品的研製週期，提高生產率和降低生產成本。

3D 打印服務模式具有的優勢，如表 23-1 所示。

表 23-1　3D 打印服務模式的優勢

1	製造複雜物品不增加成本
2	產品多樣化不增加成本
3	無須組裝
4	零時間交付
5	設計空間無限
6	零技能製造
7	不佔空間、便攜製造
8	減少廢棄副產品
9	材料無限組合
10	精確的實體複製

23.5 "雲製造" 服務模式

雲製造，是在 "製造即服務" 理念的基礎上，借鑒了雲計算思想發展起來的一個新概念。雲製造是先進的信息技術、製造技術以及新興物聯網技術等交叉融合的產物，是製造即服務理念的體現，採取包括雲計算在內的當代信息技術前沿理念，支持製造業在廣泛的網絡資源環境下，為產品提供高附加值、成本和全球化製造的服務。

23.5.1 雲製造提出的背景

製造的服務化、基於知識的創新能力，以及對各類製造資源的聚合與協同能力、對環境的友好性已成為當前企業競爭力的關鍵要素和製造業信息化發展的趨勢。中國製造業正處於從生產型向服務型、從價值鏈的低端向中高端、從製造大國向製造強國、從中國製造向中國創造轉變的關鍵歷史時期。如何培育新型製造服務模式，滿足製造企業最短的上市速度（Time）、最好的質量（Quality）、最低的成本（Cost）、最優的服務（Service）、最清潔的環境（Environment）和基於知識（Knowledge）的創新，即滿足 TQCSEK 的需求，支撐綠色和低碳製造，實現中國創造，進而推動經濟增長方式的轉變，是未來 5 至 10 年中國製造業發展需要解決的重大問題。

與此同時，以雲計算、物聯網、虛擬物理融合系統（Cyber Physical Systems, CPS）、虛擬化技術、面向服務技術（如知識服務、服務技術等）、高性能計算等為代表的先進技術正迅猛發展，並在各個行業得到應用。

案例　|　P-rouette 的新嘗試：3D 打印芭蕾舞鞋

移動互聯網時代，技術的變革推動產業的進步。而技術的進步始終都是以滿足用戶人性化需求為指導方針。

過去，對於芭蕾舞者來說，一段精彩的舞蹈表演，全身的力氣基本上都是使用在小腿和足尖上，儘管她們給觀賞者提供了精彩了表演，但是當她們脫下舞蹈鞋的時候，卻隱藏著一連串的傷害，如弄傷指甲，腳底起水泡等。這是由於舞鞋不完全合腳造成的傷害。

於是來自耶路撒冷 Bezalel 藝術與設計學院的畢業生 Hadar Neeman 使用 3D 打印技術創造了個性化的自適應芭蕾舞鞋。他的初衷是以減少芭蕾舞者的痛苦，讓舞者帶給觀眾喜悅的時候，自身不受傷害。該模型被稱為 P-rouette，3D 打印的芭蕾舞鞋不但非常適合舞者的腳，而且比傳統的足尖鞋更耐用。

P-rouette 足尖鞋的製作是一個多步驟的過程。最初，使用手機應用程序掃描舞者的腳，然後使用掃描創建詳細的腳樣地圖，生成 3D 模型。足尖鞋的鞋底採用輕質格子聚合物，完美貼合腳部輪廓。鞋體由極富彈性的緞紋材料製成，柔軟而舒適，讓鞋成為舞蹈的一部分，融合在舞台之上。

3D 打印芭蕾舞鞋適合用戶的腳，比傳統的足尖鞋更耐用，使用壽命是傳統芭蕾舞鞋的 3 倍。因此 P-rouette 足尖鞋大受歡迎。大家應該知道，數字經濟有買家和賣家，有需求側也有供給側。需求側的數字化很容易實現，因為智能手機的普及使數據收集變容易，但是供給側的數字化過程卻會很漫長，因為不僅需要像 3D 打印這樣的技術成熟，還需要新材料、新工藝的出現，需要柔性供給的模型成熟，這也證實了移動應用自 2020 年之後向 B 端進軍的必要性。

23.5.2 雲製造的架構

1. 物理資源層（P-Layer）

P-Layer 為物理製造資源層，該物理層資源通過嵌入式雲終端技術、RFID 技術、物聯網等，從而使得各類物理資源接入網絡，實現物理資源的全面互聯，從而形成雲製造虛擬資源，進而為雲製造虛擬資源封裝和雲製造資源調用提供接口支持。

2. 資源層（R-Layer）

R-Layer 為雲製造虛擬資源層，該層主要是將接入網絡中的各類製造資源匯聚成虛擬製造資源，並通過雲製造服務定義工具、虛擬化工具等，將虛擬製造資源封裝成雲服務，從而發佈到雲層中的雲製造服務中心。該層提供的主要功能包括雲端接入技術、雲端服務定義、虛擬化、雲端服務發佈管理、資源質量管理、資源提供商定價與結算管理、資源分割管理等。

3. 雲製造服務層（C-Layer）

C-Layer 為雲製造服務中心層，該層主要匯集資源層發佈的各類資源服務，從而形成各類雲製造服務數據中心。

4. 核心服務層（S-Layer）

S-Layer 為雲製造核心服務層，該層主要面向雲製造 3 類用戶（資源提供者、資源使用者、雲製造運營商）對製造雲服務的綜合管理提供各種核心服務和功能，包括：面向資源提供者提供雲服務標準化與測試管理、接口管理等服務；面向雲服務運行商提供用戶管理、系統管理、雲服務管理、數據管理、雲服務發佈管理服務；面向資源使用者提供雲任務管理、高性能搜索與調度管理服務等。

5. 應用接口層（A-Layer）

A-Layer 為雲製造應用接口層，該層主要是面向特定製造應用領域，提供不同的專業應用接口以及用戶註冊、驗證等通用管理接口。

6. 用戶層（U-Layer）

U-Layer 為雲製造應用層，該層面向製造業的各個領域和行業。不同行業用戶只需要通過雲服務門戶網站、各種用戶界面（包括移動終端、PC 終端、專用終端等）就可以使用雲製造服務中心的雲服務。

23.5.3 雲製造的運行原理

從圖 23-3 可以看出，雲製造系統中的用戶角色主要有 3 種，即資源提供者、雲製造運營者、資源使用者。資源提供者通過對產品全生命週期過程中的製造資源和製造能力進行

感知、虛擬化接入，以服務的形式提供給第三方運營平台
（雲製造運營者）；製造雲運營者主要實現對雲服務的高效
管理、運營等，可根據資源使用者的應用請求，動態、靈
活地為資源使用者提供服務；資源使用者能夠在雲製造運
營平台的支持下，動態按需要使用各類應用服務（接出），
並能實現多主體的協同交互。在製造雲運行過程中，知識
起着核心支撐作用，知識不僅能夠為製造資源和製造能力
的虛擬化接入和服務化封裝提供支持，還能為實現基於雲
服務的高效管理和智能查找等功能提供支持。

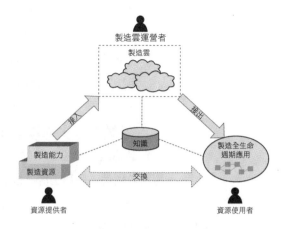

圖 23-3　雲製造的運行原理

23.5.4 雲製造的特徵

1. 雲製造是面向服務和需求的製造

雲製造一改製造長期以來面向設備、面向資源、面向訂單、面向生產等的形態，從而
轉為真正面向服務、面向需求。

2. 雲製造具有不確定性

雲製造中，雲服務對製造需求的滿足不存在唯一的最佳解，而是到目前為止用現有技
術和方法能得到的滿意解或非劣解，這即是雲製造的不確定性製造能力，包括雲製造任務
的描述、任務與雲服務的映射匹配、雲服務選取與綁定、雲服務組合選取、製造結果評價
等環節中的不確定性。

3. 雲製造是用戶參與的製造

雲製造致力於構建一個企業、客戶、中間方等可以充分溝通的公用製造環境。在雲製
造模式下，用戶參與度不僅限於傳統的用戶需求提出和用戶評價，而是滲透到製造全生命
週期的每一個環節，體現的是一種用戶參與的製造。

4. 雲製造是透明和集成的製造

用戶在使用雲服務開展各類製造活動時，這些服務的調用是透明的，即所有製造實現
操作細節可以向用戶"隱藏"起來，使用戶將雲製造系統看作一個完整無縫的集成系統。

5. 雲製造是主動製造

在雲製造中，製造活動和雲服務具有主動性，即用戶根據第三方構建的雲製造服務平
台，在知識、語義、數據挖掘、機器學習、統計推理等技術的支持下，訂單可以主動尋找
製造方，而雲服務可以主動智能尋租，從而體現一種智能化的主動製造模式。

6. 雲製造是支持多用戶的製造

雲製造不僅體現"分散資源集中使用"的思想，還有效實現"集中資源分散服務"的思想，即將分散在不同地理位置的製造資源通過大型服務器集中起來，形成物理上的服務中心，進而為分佈在不同地埋位置的多用戶提供服務調用、資源租賃等。

7. 雲製造是支持按需求使用和付費的製造

雲製造是一種需求驅動、按需付費的面向服務的製造新模式。雲製造模式下用戶採用一種需求驅動、用戶主導、按需付費的方式來利用製造雲服務中心的雲服務。

8. 雲製造是低門檻、眾包式製造

雲製造模式下，企業不需要擁有所有這些條件和能力，對企業沒有的製造資源或能力可以通過"外包"的形式來達到，即通過調用或租用雲製造系統中的資源、能力、雲服務來完成本企業的生產任務。

9. 雲製造是敏捷化製造

雲製造模式下，企業只需要重點關注本企業的核心服務，而其他相關業務或服務則可以通過調用雲製造中的雲服務來完成，其生產方式非常靈活，體現了敏捷化的製造思想。

10. 雲製造是專業化製造

雲製造通過第三方構建的平台，將所有製造資源、能力、知識虛擬化成雲滴（即製造雲服務），最後聚合形成不同類型的專業製造雲（如設計雲、仿真雲、管理雲、實驗雲等），體現了規模化、集約化、專業化的特點。

11. 雲製造是基於能力共享與交易的製造

與傳統網絡化製造相比，雲製造共享的不僅僅是製造資源，還有製造能力。在相應的知識庫、數據庫、模型庫等支持下，實現基於知識的製造資源和能力虛擬化封裝、描述、發佈與調用，從而真正實現製造資源和能力的全面共享與交易，提高利用率。

12. 雲製造是基於知識的製造

在雲製造全生命週期，都離不開知識的應用，包括基於知識的製造資源、能力虛擬化封裝和接入；雲服務描述與製造雲構建；雲服務搜索、匹配、聚合、組合；高效智能雲服務調度與優化配置；容錯管理、任務遷移；雲製造企業業務流程管理等。

13. 雲製造是基於群體創新的製造

雲製造模式下，任何個人、單位或企業都可以向雲製造平台貢獻他們的製造資源、能力和知識。而與此同時，任何企業都可以基於這些資源、能力、知識來開展企業的製造活動，雲製造體現的是一種維基百科式的基於群體創新的製造模式。

14. 雲製造是綠色低碳製造

雲製造的目標之一是圍繞 TQCSEFK 目標，實現製造資源、能力、知識的全面共享和協同，提高製造資源利用率，實現資源增效。實現了雲製造，實際上就是在一定程度上實現了綠色和低碳製造。

23.5.5 雲製造的應用

1. 大型集團企業的研發設計能力服務平台

針對大型集團企業，利用網格技術等先進信息技術，整合集團企業內部現有的計算資源、軟件資源和數據資源，建立面向複雜產品研發設計能力的服務平台，為集團內部各下屬企業提供技術能力、軟件應用和數據服務，支持多學科優化、性能分析、虛擬驗證等產品研製活動，極大促進產品創新設計能力。這類服務平台主要是面向集團內部下屬企業的。

2. 區域性加工資源共享服務平台

中國已經成為當今世界上擁有製造加工資源最豐富的國家，可針對製造資源分散和利用率不高的問題，利用信息技術、虛擬化技術、物聯網以及 RFID 等先進技術，建立面向區域的加工資源共享與服務平台，實現區域內加工製造資源的高效共享與優化配置，促進區域製造業發展。

3. 製造服務化支持平台

製造服務化支持平台也是將來雲製造可以重點發展的方向之一。針對服務成為製造企業價值主要來源的發展趨勢，我們可以建立製造服務化支持平台，支持製造企業從單一的產品供應商向整體解決方案提供商及系統集成商轉變，提供在線監測、遠程診斷和大修等服務，促進製造企業走向產業價值鏈高端。這類平台主要針對使用大型設備的企業。

4. 量大面廣的中小企業

針對中小企業信息化建設資金、人才缺乏的現狀，我們還可以建立面向中小企業的公共服務平台，為其提供產品設計、工藝、製造、採購和營銷業務服務，提供信息化知識、產品、解決方案、應用案例等資源，促進中小企業發展。

維基百科對雲製造是這樣定義的："具有各種製造資源和能力，可以智能檢測並聯結更廣泛的移動互聯網，具備自動管理和控制能力。"克里斯·安德森（Chris Andersen）在他的作品《長尾理論》（*The Long Tail*）中將這種集中模式描述為"背着擴音器的螞蟻"。而互聯網的出現為這個"擴音器"提供了一個全球性平台，使個人的聲音也能被聽到。

23.6 整合服務模式

服務營銷從服務的角度將企業視為一個服務的主體，強調企業對內對外的全面服務系統的建構，其中，顧客服務是服務營銷的核心內容。服務營銷在一定程度上能夠獲得較為理想的企業"美譽度"和顧客滿意，並起到一種口碑的效果。但沒有經過整合的服務營銷策略對於品牌的建設和傳播卻有着明顯的缺陷。整合就是對企業、顧客、分銷商、經銷商、供應商等建立、保持並加強關係，通過互利交換及共同履行諾言，使有關各方實現各自目的利益和長期合作。整合服務營銷強調顧客的核心地位，並十分注重企業與顧客之間的溝通和互動的設計，因此，實施整合服務營銷可能獲得顧客最佳的"忠誠度"。具體有以下 4 種方法：

1. 產品服務的創新

為了延長產品功能，服務產品應考慮的是提供服務的範圍、服務質量和服務水準，同時還應注意到服務的品牌、保證以及售後服務等，令顧客感到物有所值，物超所值，才能佔領這個市場。

2. 產品服務定價考慮

要考慮顧客對服務收費的評估，服務收費與服務質量的匹配，並實行服務的差異收費；在折扣、折讓和傭金、付款方式和信用政策上給予人性化服務。定價太低，消費者會認為質量存在問題，定價太高又影響市場的開拓和市場佔有率。

案例 | Mebotics LLC 的微型工廠

美國麻省新興企業 Mebotics LLC 製造出一款微型工廠（Microfactory），並且定義為"裝在盒子里的一個機械加工廠"，因此拉開了微創的大門。

再小的個體都是品牌。微型工廠是由一個聯網的台式設備結合增材製造與切削設備共同組成的，它的體積比桌面型 3D 打印機稍微大一些，除了配備有標準的打印設備外，還擁有銑削和印刷頭，能銑削並蝕刻塑料、硬木以及部分輕金屬，它能夠輕鬆實現 3D 打印 4 種顏色或多個材料並進行電腦蝕刻及計算機控制的銑削功能部件，它能夠打印、切割和蝕刻塑料、木材和一些輕金屬。其產品特點如下：

· 可在室內使用的安靜、清潔銑削

· 同一台機器即可進行 3D 打印和磨削

· 機器控制電腦可聯網，並可使用面板操作

· 一次打印 2 種材料或 4 種顏色

· 可以在任意時間任意地方完成製造

· 可以實現用戶需求的個性化組合

微工廠嘗試著實現，用戶可以在自己家中任意時候進行 3D 打印。3D 打印技術的進步，正在改變人們的生活。

數字經濟的本質是效率更高，即移動比特幣比移動原子更快更便宜。就全球消費升級而言，需求側的數字已成現實，供給側的數字化沒有完全跟上，微型工廠是用碎片化製造實現供給側數字化的重要途徑。

3. 服務促進產品銷售

服務包括廣告、營業推廣或公共關係等其他宣傳形式和服務業的人員推銷的各種市場溝通方式，以此來達到企業預期的目的。但是要注意克服浮躁和過分承諾，可通過各種軟性活動，宣傳自己，提升形象，達到與社會公眾溝通的目的。

4. 服務意識促進消費者認同

要持續地積極地與顧客建立長期的關係，維持與保留現有顧客。首先要了解客戶的真實需求，調查了解客戶對目前本企業服務的滿意程度。其次，用心去呵護與客戶之間的關係，做到產品貨真價實，產品功能和服務質量與承諾一致，使客戶認同公司的品牌和公司的變化。

2017 年 2 月 10 日，奶粉巨頭美國美贊臣與全球消費者產品的領軍者利潔時集團達成

案例　|　同類型產品整合服務模式

滴滴與快的：

2015 年 2 月，滴滴和快的突然宣佈合併。兩者在產品、用戶、市場佈局，甚至是融資金額等方面都頗為相似。加上滴滴打車和快的打車分別傍上了騰訊和阿里後，"燒錢大戰"愈加激烈。在外部競爭壓力、政策不成熟、燒錢乏力及資本壓力的影響下，兩家公司的最主要股東騰訊和阿里最終達成協議，兩家企業合二為一。滴滴和快的在經歷了很長一段時間的整合後，快的品牌感越來越弱，佔主導的滴滴團隊逐漸成為了掌控全局者。

攜程與去哪兒：

2015 年 10 月 26 日，攜程宣佈與百度達成一項股權置換交易，交易完成後，百度擁有攜程普通股可代表約 25% 的攜程總投票權，攜程擁有約 45% 的去哪兒總投票權。同時，攜程董事會主席兼 CEO 梁建章和聯合總裁兼 COO 孫潔等 4 位攜程高管將被任命為去哪兒董事會董事；百度董事長兼 CEO 李彥宏和百度副總裁及投資併購部負責人葉卓東將被任命為攜程董事會董事。攜程合併去哪兒後，百度"坐擁"在線旅遊七成份額。

58 同城與趕集網：

58 同城戰略入股趕集網，雙方共同成立 58 趕集有限公司。58 同城以現金加股票的方式獲得趕集網 43.2% 的股份（完全稀釋後）。合併後，雙方的創始人同時擔任 58 趕集集團的聯席董事長以及聯席 CEO。兩家公司將保持品牌獨立性，網站及團隊均繼續保持獨立發展與運營。兩個創始人分管不同業務，另外在大量新業務上雙方投入共同的資源來扶持發展。在公司估值上，58 同城除去投資業務、金融業務之後，與趕集網按 5：5 比例注入獨立的新公司。

滴滴和 Uber（優步）：

2016 年 8 月 1 日，傳出優步中國（Uber China）與滴滴出行進行合併的消息。隨後，不少外媒也發新聞證實：優步中國將與滴滴合併。下午，滴滴出行正式宣佈與 Uber 全球達成戰略協議，將收購優步中國的品牌、業務、數據等全部資產在中國大陸運營。Uber 全球將持有滴滴 5.89% 的股權，相當於 17.7% 的經濟權益，優步中國的其餘中國股東將獲得合計 2.3% 的經濟權益。

競爭對手的整合可以帶來較大的生存機遇。第一，可以停止惡性競爭；第二，謀求更大的市場，聯合針對外來競爭者。移動互聯網進入聯盟時代，它們要通過聯盟協同效應迅速佔領和佈局市場，完成逆襲是它們當下首要的任務。另外，合併背後，是繞不開的資本。所有這些都是互聯網時代發展的必然趨勢，優勝劣汰，適者生存。

協議，利潔時將以總價約 179 億美元、每股 90 美元的價格收購美贊臣。這將可能成為利潔時有史以來最大的一筆收購。美贊臣首席執行官 Kasper Jakobsen 回應此次收購時稱，合併有助於雙方擴大規模，實現多元化經營。而利潔時首席執行官 Rakesh Kapoor 表示，美贊臣在全球的佈局能顯著地增強利潔時在發展中國家市場的佈局，合併後，中國將會成為其第二大"超級市場"。

不可迴避的是，利潔時在中國的日子並不好過。據了解，雖然利潔時早在 1995 年就進入中國市場，但卻一直陷於本土化的困境，在多年的發展下，其在中國較為知名的品牌只有杜蕾斯、巧手、滴露幾個品牌。利潔時在進入中國市場這 20 多年來，除了安全套業務外，其他則常年虧損。2016 年上半年，其淨利潤 5.28 億英鎊，同比下降 26%。就在杜蕾斯苦苦支撐之時，利潔時或許盯上了中國全面二胎政策背後的奶粉商機。對於利潔時來說，因家庭及個人護理品增長放緩，目前利潔時集團約 40% 銷售來自衛生清潔產品，33% 來自健康產品，而企業在新興市場銷售始終未能取得顯著增長。利潔時想瓜分中國日化市場的企圖一直未能如願。

對於美贊臣加入利潔時後能否重建輝煌，業界有兩種不同看法。一方面說，強強合作，能夠促使美贊臣打造專業化程度更高的母嬰及中老年營養健康食品平台。在相關領域，美贊臣有望與雀巢、達能一較高下。但另一方面說，利潔時收購美贊臣後，最終是否能夠成功，主要還體現在收購後獨立運作的優勢或者是加大投入以後是否能夠帶來突飛猛進的業績，但目前很難下定論，因為美贊臣在中國市場的發展需要放下"高姿態"，可見，合作才能共贏。

23.7 工業服務模式

說到工業服務模式，離不開工業時代。

工業 1.0 時代是機械化時代，以蒸汽機為標誌，用蒸汽動力驅動機器取代人力，從此手工業從農業分離出來，正式進化為工業。

工業 2.0 時代是電氣化時代，以電力的廣泛應用為標誌，用電力驅動機器取代蒸汽動力，從此零部件生產與產品裝配實現分工，工業進入大規模生產時代。

工業 3.0 時代是自動化時代，以 PLC（可編程邏輯控制器）和 PC 的應用為標誌，從此機器不但接管了人的大部分體力勞動，同時也接管了一部分腦力勞動，工業生產能力也自此超越了人類的消費能力，人類進入了產能過剩時代。

工業 4.0 時代，目前並沒有標準答案，這種狀態叫做完全的自動化和部分的信息化。德國叫工業 4.0，美國叫工業互聯網，中國叫"中國製造 2025"，物聯網叫萬物互聯。智能生產、智能產品、生產服務化、雲工廠、跨界打擊（跨產業競爭）、黑客帝國（軟件重新定義世界）便是工業 4.0 的精髓所在。

進入信息化和自動化工業的時代，越來越多形式的工業服務模式出現，微製造便是其中之一。

微製造是指一種高效、綠色、高精度的新技術，用於加工 3D 形狀的各種微型零件。現代工業時代，企業的核心競爭力之一是規模化，大企業往往比小企業更有競爭優勢。然而，在第三次工業革命浪潮襲來之時，將帶來製造業組織形態的變化——企業越來越小型化，產品的設計過程與製造過程變得更具創新性。傳統消費者概念被打破，消費者亦可以參與生產，變成了生產消費者。這一革命的重要基礎技術之一便是 3D 打印技術。隨着該技術的成熟和廣泛應用，分佈式產業結構形成，將使產業組織形態發生重大變化。然而，目前 3D 打印技術尚未實現質變性飛躍，產業未來發展的路徑尚有一定的不確定性。

"微製造"時代初見端倪。未來的製造會是什麼樣？也許大批量生產的工業製成品將越來越少，替代的是個性化的定製產品。這是伴隨着互聯網、數字技術的發展和 3D 打印技術的成熟而演變的。過去企業越大越有競爭力，今後是越小越有競爭力。或許有一天，每個人都能在網絡社區裏提供一個設計方案，小到首飾、服裝，大到手錶、汽車，而這些高度個性化的產品從設計變成現實，需要技術的支撐，3D 打印則是重要的技術手段之一。

比如有位手鏈愛好者，想設計一款自己喜歡的手鏈，並做成成品戴在自己手上。他在移動互聯網上發起這一響應，將自己的設計圖傳上來，產品或許還有很多不完善的地方。當其他人看到了這個發起，或許有人在原作者設計的基礎上進行調整，變成自己喜歡的樣式。此刻，想擁有這款手鏈的人不只是原作者，可能還會有幾十人甚至上百人，而 3D 打印機能滿足他們短時間內就擁有這款手鏈的需求。更重要的是，你可以不斷地完善改進設計作品，直到打造出滿意之作。

事實上，未來的生產不再是大規模標準化生產的天下，在移動互聯網上可以進行眾多人參與的設計過程，因而生產工藝的兩個階段都發生了改變，設計不再神秘，任何人都可以在移動互聯網上進行設計，或共同協作完成一款產品的設計。生產方式也不再是大規模工廠生產，而可以在社區生產，用戶將設計稿"打包"成一個軟件，這一製造過程稱之為"微製造"。每個家庭都可看作一家生產企業，過去在工廠中的集中生產模式被這種分佈式的生產組織結構代替。

凱文·凱利（Kevin Kelly）在他的《失控》（*Out of Control*）、《科技想要什麼》（*What Technology Wants*）等書中就有闡述，他認為，這種社區性的生產過程會使社會生產高度碎片化，以家庭為單位的小微企業通過互聯網聯絡起來，實現了設計的高度創新，人人參與創新。如今這種模式離我們越來越近，"微製造"時代初見端倪，工業 4.0 正逐漸深入我們的生活，這是一個值得高度重視的趨勢。

23.8 小眾圈子服務模式

圈子，字面意思泛指環形的東西，借指集體的範圍或活動的範圍，語出《朱子語類》卷六五："龜山取一張紙，畫個圈子，用墨塗其半。"引申為周圍界限。可以這樣定義圈子：圈子是由一群具備某些同質性，具有共同愛好、共同利益、共同品味、共同目標的人所組成的非組織性群落。

"圈子"實際上就是物以類聚，人以群分。比如汽車發燒友可以加入"汽車圈子"，數碼

案例 ｜ 施耐德"透明工廠"建設

施耐德電氣有限公司（Schneider Electric SA）是世界 500 強企業之一，1836 年由施耐德兄弟建立。它的總部位於法國呂埃。近年來，隨着國際產業競爭加劇、生產成本上升、外部市場需求放緩等諸多不利因素影響，施耐德也面臨着產品競爭力下降、利潤下滑等困境。為此，施耐德開展了"透明工廠"建設，並取得了良好成效，這對中國切實推進智能製造具有重要的參考價值。

施耐德於 2012 年實施"透明工廠"建設，構建以數據融合與透明為特徵、以智能生產管理為關鍵技術、以智慧能源管理和精益生產管理為核心系統、以信息化為基礎平台的智能製造體系。截至 2015 年底，施耐德全員勞動生產率較 2012 年年均提高 12%，生產成本年均降低 5%，能源消耗年均降低 4%，極大地提高了產品競爭力，這使得施耐德（北京）工廠在集團內部的競爭中保持了產品綜合成本的優勢，增強了對海外市場的出口。

施耐德以"工業以太網"為依託構建透明融合的數據系統。該系統提供了一個面向工業自動化的以太網解決方案，其核心是採用 Modbus TCP/IP，應用 TCP/IP 物理層以太網，開發基於 IT（Internet）的產品和自動化系統。這樣，通過開放的網絡、開放的控制器、開放的軟件打造集成開發平台，充分整合信息流與數據流，施耐德"透明工廠"從企業級、運營級、控制級、設備級 4 個維度構建了一個完整而開放的操作平台，實現對所有生產線及所有對象的集成。該系統實現了從數據傳輸到信息整理、再通過信息來控制設備的全過程管理，有效提高了生產效率、降低了能耗。例如，原料配送模式由後端反饋升級為前段預判，當某一生產線原料降低到一定儲量時，系統自動進行優化配送，保證生產線的連續高效運轉。

施耐德又以精益生產管理為核心系統打造全方位透明工廠。整體來看，施耐德"透明工廠"是建立在以智能生產

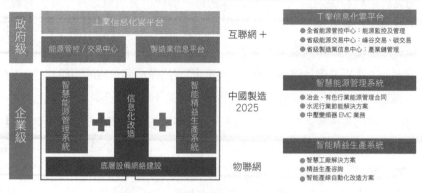

圖 23-4　施耐德"透明工廠"系統解決方案
資料來源：施耐德官網

管理為核心系統之上的一套精益化生產模式，從而實現生產過程的智能化與綠色化，如圖 23-4 所示。這套核心系統包括了智慧能源管理系統及智能精益生產系統兩大部分。其中智慧能源管理系統又由不同子系統及解決方案構成，例如全廠能源管理系統、智能配電系統解決方案、節能增效解決方案等；而智能精益生產系統則包括了精益能力中心、數字化工廠及智能網聯、智能自動化系統等不同組成部分。以智慧能源管理系統為例，它已廣泛應用於化工、冶金、有色、水泥等傳統高耗能、高排放行業，提供了一套行之有效的行業節能解決方案，另外該系統也在中壓變頻器 EMC 業務等領域被廣泛應用。而智能精益生產系統則可為不同行業提供智慧工廠解決方案、精益生產諮詢、智能產線自動化改造方案等服務，如機械、食品飲料、醫藥等大中型製造類企業已廣泛採用"透明工廠"解決方案。

此外，施耐德還構建了服務於政府管理的整套工業信息化雲平台，包括全省能源管控中心（負責能源監控及管理）、省級能源交易中心（負責電力峰谷交易、碳交易等）、省級製造業信息中心（負責不同行業的全產業鏈管理）。這樣，通過充分運用"互聯網＋"手段，以工業信息化雲平台作為政府推進"中國製造 2025"的基礎，以智慧能源管理系統與智能精益生產系統為企業實現智能製造的具體措施與抓手，便可打造出全方位的"透明工廠"體系，完成工業服務的一大創新。

資料來源：《物聯網中國》，今日頭條

產品發燒友可以加入 "數碼圈子"，甚至喜歡喝酒的人都可以加入 "品酒的圈子" 等等。事實上，很多圈子的形成是通過人們之間的社會行為特徵自然形成的，如 "社交圈子"、"IT 圈子"、"演藝圈子" 等。

而這種圈子的劃分，實際上就是對人群進行了一次分類劃分，即分眾的模式。

作為營銷模式的一種創新探索，圈子營銷與大眾營銷的區別就在於受眾的界定方式。圈子營銷關注的是精準圈子群體的營銷運營，它要求更為精確的客群界定，是一種點圈結合的營銷方式，講究營銷的實效性。

從營銷角度來講，這樣就極易形成一個定向準確的廣告投放受眾人群，更易實現營銷效果。例如對高端人群的營銷，電影《私人訂製》引起了一場被稱為圈子營銷的熱潮，而這種營銷作為一種時尚的方式正在服飾行業悄然流行。七匹狼的 "私人訂製" 服務叫做 "名士堂"，通過精良的高級專屬定製，向世人彰顯出高級定製的消費體驗。

圈子營銷屬於小眾營銷，但由於互聯網的高效傳播性效應，很容易造成一種轟動的效果，最重要一點就是做深、做透。

23.9 用戶自助服務模式

用戶自助服務（Consumer Self-Service，簡稱 CSS），是指用戶通過企業或第三方建立的網絡平台或終端，實現對相關產品的自定義處理。

用戶自助服務有多方面的優勢，主要表現為用戶和提供自助服務的企業兩個方面。

針對用戶，優勢有兩點。第一，用戶能自行解決大部分簡單的問題；第二，用戶可跟蹤了解自己所申請案件的處理情況，同時可對每次請求做出滿意度反饋。

針對提供自助服務的企業，優勢有 5 點，第一，企業可以有效地降低客戶服務部門的勞動強度；第二，企業可以發佈產品信息，介紹消費時尚，引導消費潮流，宣傳消費知識，營造消費文化，培養消費觀念等服務；第三，企業可按照用戶的要求提供特定的有針對性的服務，包括服務時空的個性化、服務方式的個性化、服務內容的個性化；第四，企業可以實時從用戶那裏接受到反饋信息，並直接進行互動式溝通，督促不斷提高服務質量；第五，企業可以建立顧客數據庫，積極管理顧客關係。

自助服務已經成為圖書館服務的一種重要形式。自助服務最初以開架借閱的形式出現，早期的圖書館注重於傳統的藏書職能，使開架服務受到阻礙，到 20 世紀 80 年代後期，開架服務開始得到較大範圍的應用。後來隨着計算機和網絡技術的發展，圖書館實現了計算機自動化管理，圖書館的自助服務形式也不斷豐富，包括自助書目查詢、自助借還、自助續借，以及後來電子資源的自助檢索和下載。隨着一卡通和統一認證等技術的發展，圖書館開始為讀者提供自助文印、自助上機和自助研讀空間預訂管理等服務。總之，"自助服務" 指的是在一定條件下根據用戶的閱讀興趣、需要偏好、研究重點而由用戶自主地、靈活地、主動地完成書目查詢、藏書借閱、資料檢索、文獻複印、學習空間使用等活動，從而實現自主服務的一種讀者服務方式。

23.10 共享服務模式

　　共享服務（Shared Services）模式是在具有多個運營單元的公司中組織管理功能的一種方式，它指企業將原來分散在不同業務單元進行的財務、人力資源管理、IT 技術等事務性或者需要充分發揮專業技能的活動，從原來的業務單元中分離出來，由專門成立的獨立實體提供統一的服務。

　　企業能通過共享服務實現企業內部不同部門或業務單元間的組織和資源整合，實現服務共享，從而強化企業核心競爭力，優化資源配置，降低企業成本，提高管理效率。

　　共享服務實際上是一種內部外購活動，可以由第三方供貨者提供的外購服務代替。共享服務使各部門的各流程集中化。併入共享服務中心的職能通常依賴於處理流程的職能，例如，應付款、總賬和工資；非財務職能也可以進行有效處理，例如，人力資源和採購職能。共享服務除了降低成本，也使財務人員節省出時間從事其他具有價值附加值的工作，使財務人員從"記分員"轉變為"商業合夥人"。將一些商業活動外包給其他公司的做法由來已久。

　　跨國公司通常採用以下 3 種不同的方式，以實現財務和其他服務的共享：

　　（1）對所有的運營單位建立單一的中心，在整個公司內實現服務的全球共享。這一結構能在最大範圍內實現規模經濟，在簡單化、標準化的基礎上滿足不同業務單位的需要。該中心必須與全球稅負、政府管理問題以及完全整合的系統相一致。

　　（2）在每一地理區域建立一個中心。這一結構的中心只為它自身範圍內的業務單位服務。該中心應根據地區的需求設計處理流程，致力於解決地區稅務問題和政府管理問題，並能輕易地容納文化和語言的差異。

　　（3）為每一過程或相關過程建立一個中心。為了執行所有營運單位的特定活動，該中心鼓勵發展職能型專業人才，能集中於單個的職能領域，當然可能會在一定程度上影響公

案例　|　美拍的高效營銷

　　美拍（美圖秀秀的子品牌）依託美圖秀秀"圈子"高效營銷的例子，值得各行各業借鑒。

　　所有人都知道，女性是主要消費群體。而在美圖市場，女性是一個龐大的手機拍照群體，任何的攝影攝像應用都不會忽略這一點。有了高使用率，緊隨其後的分享、社交與導購等一系列商業活動就水到渠成。

　　在各大軟件都在不斷更新變革的今天，美圖軟件也在經受著洗禮與成長：從原始的簡單調光調色、風格變換，到人像高級美容、美膚濾鏡，再到後來的增加邊框文字、直接應用到社交平台，還有幾款軟件相繼改進智能補光、

添加美容秘笈等。這都是軟件開發商們對於圍繞消費者特別是其目標女性用戶最人性化的改變。這些貼心的功能和濾鏡，在女性用戶群中評價都很高。

　　可以說，美圖秀秀本身就是一個符合美拍市場定位的龐大"圈子"，其號稱擁有 7.4 億用戶和 4.22 億移動端用戶，單日活躍用戶超過 1800 萬，其中將近 70% 的用戶是女性。不得不承認，美圖秀秀龐大的用戶群體撐起了半邊天，而恰好，美拍產品的定位就在"人人都是明星"，視頻界的"美圖秀秀"。

司的整體性。由於全球化，這一中心至少可以在稅務和政府管理問題上獲得規模經濟。本中心並不要求完全整合的系統。

在共享服務模式中，不存在最好的實踐模型，因為每個公司環境、公司業務、市場戰略以及任何公司範圍內的活動的本質不同。許多公司綜合了各種機構觀點，例如，它們可採用基於全球藍圖的區域中心，這一中心具有通用的過程、系統、設置和其他特徵。當大的消費品公司在面對全球市場進行重組時，為了在每一區域共享財務服務，常運用這種方法。基於同樣的目的，其他公司開始把跨國業務按照 3 個區域共享服務中心分成單獨的項目，但是有時為了增強效果，公司通常從全球各地區挑選代表，組成統一的全球設計團隊。

本章小結

（1）工作室服務模式成為現代創業的主流模式。

（2）個性化服務打破了傳統的被動服務模式，能夠充分利用各種資源優勢，主動開展滿足用戶個性化需求的全方位服務。

案例　｜　無人售賣自助榨汁機：能否成為無人零售與生鮮業碰撞出的藍海？

隨着移動支付技術的發展與大眾消費習慣的改變，無人自助榨汁機如雨後春筍般湧現在各城市的商場、地鐵站、機場、高鐵站、寫字樓等人流量較為密集的場所。

無人自助榨汁機盛行的兩個因素：消費升級和進入門檻低。從消費者的角度看，鮮榨橙汁機採用的是現場鮮榨的方式，讓消費者可以看到整個榨汁的過程，不添加任何水和糖料，可以讓橙子內部的營養物質流失降到最低，對於追求健康的人來說，這是一種比較合適的飲品。從投資者的角度看，相對於開一家果汁店來說，機器所需要的資金要低得多，不需要專人值守，節省了高額的人工成本。

在無人售賣自助品牌當中，代表性的有橙汁先生、恆純、天使之橙等。相比較市場佔有率和無人售賣終端機舖設，天使之橙目前佔有一定的競爭優勢。

由 "5 個橙子" 升級為 "天使之橙" 品牌後，天使之橙為了形成穩定的 "直供流程" 運作，直接在上游拿下 10 萬畝土地，以合作的形式和當地近 5,000 個農戶簽訂了供貨協議。化整為零的終端銷售模式背後，是天使之橙實現了

"把一個大的工廠切成了一萬個小的工廠" 方式，進而達到覆蓋人流最大化的效應。同時，天使之橙團隊為了建立自己的競爭壁壘優勢，開發了 X-24h 智慧零售空間業態的便利店。店內有 3 台鮮食倉，包含新鮮沙拉、炭烤麵包、風味披薩、椒香雞腿、意大利麵、創意便當；還有 3 台提供現做咖啡、現榨橙汁、現出冰淇淋的智能貨櫃。

只是處於新零售時代下，不管是無人售賣終端機還是便利店的零售業態，必須要有線上的數據做支撐才能進一步掌握消費者的消費路徑。如果沒有消費數據，靠隔着 N 級經銷商、批發商提供的信息，根本無法獲取終端用戶的行為消費數據。

因此，與用戶消費數據相對應的業務體系之中的內部和渠道層面一定要有效控制，要充分考慮自身商品特性與消費者需求間的關係，以便及時掌握產品線的長短、產品的剛需度、產品的年齡屬性等因素。品牌企業必須要以消費者為中心，搭配符合主力消費群體需求的特性商品。

資料來源：謝兆星《筷玩思維》

（3）互聯網時代的核心是知識的分享、資源的分享和利益的分享，用戶是企業最重要的外部資源，他們在產品創新過程中的地位和作用變得越來越重要。

（4）整合服務營銷強調顧客的核心地位，營銷的關鍵點在於顧客的"忠誠度"。

（5）精準圈子群體的營銷運營，是一種點圈結合的營銷方式，講究營銷的實效性。

（6）用戶和提供自助服務的企業在自助服務模式中的最具優勢。

（7）共享服務能強化企業核心競爭力，優化資源配置，降低企業成本，提高管理效率。

Service
Provider

24.1 服務價值目標導向

24.1.1 服務價值目標導向的意義

移動互聯網條件下，企業價值營銷有 5 種價值導向，分別是用戶價值、服務價值、產品價值、品牌價值和企業價值。用戶價值是衡量一切價值的出發點。用戶價值是由於產品（或服務）的屬性特徵及其核心主張有效契合了用戶心中的消費價值觀，從而使用戶通過大於產品或服務價值的貨幣計量方式表達的量化認同感。比如瑞士生產的 IWC 牌腕表，儘管每天有誤差，不如電子錶那般精準，但是顧客認為它值那麼多錢，甚至形成了一種對瑞士名錶認知的價值規律：越是名錶越有誤差，沒有誤差的錶不是好錶。顧客滿意與顧客價值是兩種概念，其區別如表 24-1 所示。

表 24-1　顧客滿意與顧客價值的比較

比較指數	顧客滿意	顧客價值
範式的內涵	顧客對其所得的反應或感受，即產品的實際績效與標準的比較	顧客希望從產品或服務中得到更多的東西
評價的客體	是對特定的產品、服務、供應商的評價	不依賴任何特定產品或服務的供應商而存在的獨立評價
評價的主體	企業的顧客	企業及競爭對手或第三方的顧客
評價的內容	企業的績效的比較	企業的績效或競爭對手績效的比較
評價的依據	經驗性的，如："我滿意嗎？"強調"向後看"	差異的感知，如："我將會選擇哪個供應商？"強調當前和"向前看"或者"我如果不選擇會怎麼樣"
行動的內容	對顧客的服務	排他性營銷戰略
行動的類型	戰術性的，重在持續地改進顧客服務、修正缺失的錯誤	戰略性的，重在提出並履行顧客價值主張，創造差異化的、超過競爭對手的價值
數據的變化	靜態的、反映的主要是過去的努力	動態的，反映的主要是競爭對手的努力
數據的導向	傾向於過去導向：是在產品（服務）消費過程中或使用後形成的判斷	表現出未來導向：與產品的使用或消費的時間無關
數據的應用	向企業提供一份報告：他們在價值創造中做得（或已經做得）怎樣	為企業指明方向：他們應該通過做哪些事來創造價值，屬戰略層面

顧客滿意告訴企業它做得怎麼樣（即給企業一個報告單），而顧客價值則是告訴企業應當做什麼（即指出企業的方向），這種差異也正是顧客價值備受重視的原因。研究結果認為，企業相對於競爭對手的顧客價值地位對企業獲取的市場份額，以及獲利性存在着動態的影響。顧客價值與顧客滿意並不是孤立的，也不是相互排斥的。顧客價值直接驅動着顧客滿意，確切地說，顧客滿意應該是顧客感知顧客價值的指數器和媒介。

公開的研究結果也證實了顧客滿意與顧客價值間的依存與互補關係，認為企業只有持續地為顧客提供高水平的價值才能獲得可靠並持續的顧客滿意水平，而持續的顧客滿意才能保證高度的顧客忠誠，進而取得更高的市場份額。

移動互聯時代，服務價值在企業價值構成中所佔的權重越來越大。作為服務型企業，以服務創造價值是企業長久使命。服務型企業不再局限於過去的第三產業，還包括製造業、金融業、輕工業，這些企業從某種角度上來說都是服務型企業。服務和創新是放之四海而皆準的服務準則。服務屬於企業的軟實力，看不見摸不着卻能真切感受到。服務型企業將無形的服務轉化為給客戶帶來可感受到有形的價值。這種價值就需要不斷通過服務創新來完成。服務創新不是創造新的服務，而是通過創造性思考整合現有資源、深入探究客戶尚未意識到的需求，並逐一超出客戶預期的滿足。例如，海底撈僅靠過硬的服務這一項就掀起整個餐飲業乃至商業關於服務模式的思考。

客戶流失嚴重，而開發新客戶所花費的精力是留住老客戶的 5 倍，可見增加客戶黏性的重要性。增加客戶黏性單靠同質化的產品是不夠的，還需要人性化的服務，定製不同需求。越是高端客戶對服務越發看重，從情感、流程、環境等環節上細微卻精準的服務上足以打動他們。購買化妝品，其實是為了留住美麗；購買減肥藥，是為了保持窈窕身材；購買電鑽，是為了鑽牆上的洞；去星巴克喝咖啡，是為了體驗咖啡文化；客戶購買什麼不重要，重要的是他想通過這種購買獲得什麼或解決什麼問題。

市場營銷學的 80 年中，營銷世界的"權力核心"有所轉移。第一階段，由廣告公司創作廣告的廣告導向時代；第二階段，企業自建營銷團隊的 4P 營銷策略組合時代；第三階段，零售商勢力崛起的終端為王時代；第四階段，PC 互聯網拉動的電商時代；第五階段，營銷權力由賣方轉移到買方，用戶的參與度提高，開始進入一個"產銷主義"時代，共創（Co-creations）導致了共享（Enjoy Together）。

24.1.2 服務價值目標導向的落地

PARSS 法則是一個服務導向落地執行策略組合，具體內容如下：

1. P——Players 參與者

在建立企業整個價值鏈之前，我們需要知道"創始成員"是誰？參與者之間矛盾的訴求有何解決預案？營銷人應該至少設置如下題目：

・我們能否找出影響企業價值鏈的全部參與者？其中包括我們的公司、競爭者、行業外潛在跨界打劫者、供應商、互補者、用戶及批評者。

・我們應該調查訪問哪些用戶，讓用戶參與到產品研發和服務升級上來？

・我們和競爭者之間有合作機會嗎？

・我們和跨界打劫者之間能攜手合作嗎？如果能，該是一種什麼樣的合作方式互補雙方？

・我們和新興技術，如消費金融、大數據公司、新材料實驗室能合作嗎？如果能，將改善我們價值鏈的哪一段？

2. A——Added Value 附加價值

企業附加價值是現有價值的追加，除了上述參與人之外，還需企業財會核算部門參加。營銷人至少應該設置以下問題：

- 在个追加成本的前提下，企業有哪些方法可以提高附加價值？
- 在少量追加成本的條件下，企業有哪些途徑還可以提高附加價值？
- 假設大幅提高附加價值需要加大成本，企業有哪些渠道可以消化成本或轉移成本？
- 請每個人列出儘可能多的附加價值的需求方向，不管企業能否實現，只考慮用戶需求。

請把營銷人列出的附加價值清單合併同類項，並分類為產品附加價值、服務附加價值清單，請技術研發工程師和顧客服務部門逐一解答。

3. R——Rules 規劃

建立價值目標導向必不可少的部分是訂立系統性的遊戲規則，怎樣的規劃才能最大限度地發揮參與者所長？如何理清各自的權利和義務？營銷人應設置至少以下問題：

- 我們現在的運營規則有哪些可以繼續應用？
- 有哪些規則阻礙我們的發展？
- 為了創造新的價值，我們需要制定哪些新規則？這些新規則需要哪些契約來保障執行？
- 誰是新規則的監督者？
- 每次規則的執行者有執行計劃書嗎？

4. S——Share 分享

不傳播的價值毫無意義，產品價值和服務價值只有在傳播的條件下才能轉化成用戶價值。不過，移動互聯時代，分析者代替了傳播者，超級用戶的分享作用越來越明顯，而且在降低傳播成本方面，移動營銷做得更好。營銷人至少需要設置如下問題：

- 誰是我們的粉絲？我們的粉絲中有多少忠誠的超級用戶？這些超級用戶中有多少樂意分享我們的產品和服務有關聯的內容營銷？
- 我們能為分享者提供什麼樣的分享內容和工具？
- 我們能為分享者提供什麼樣具體的獎勵計劃？
- 我們能舉辦分享者大會嗎？如果能，多久舉辦？
- 遇到分享者抱怨或批評怎麼辦？

5. S——Service 服務

一切皆服務的理念始終貫穿移動營銷的全過程，對用戶的服務，對員工的服務，對合作夥伴的服務，甚至對競爭對手的服務，這才是真正的服務創造的價值格局。營銷人需要設置至少以下問題：

- 我們應該給員工哪些增值服務，假如業績或服務公司的年限都是達標的程度？
- 服務之前，我們每個人是否首先學會了傾聽用戶抱怨，把用戶抱怨清單列為自己的成長階梯？

・競爭對手有哪些服務做得比我們好？同行業最先進的服務指標有哪些？

・我們是否從服務口號標語、任務書和執行計劃書開始？

・我們哪些服務可以外包？

"你不需要吹滅別人的蠟燭來點燃自己的蠟燭。"美國金融家巴魯克（Bernard Baruch）如是說，戰勝對手的最好方法是讓自己更強大。

24.2 服務商原理

移動互聯網條件下，企業要想在專門的細分市場上具有核心競爭力，提高自己的服務價值，就必須針對不同市場選擇合理有效的渠道，因地制宜。從提高服務價值的角度而言，注重服務商運營具有至關重要的作用。

服務商，即是指在行業領域或者某一地區擁有批發、銷售、儲存、投放、售後服務以及培訓等多功能於一體的單位或個人。

服務商與經銷商、代理商具有明顯的區別。從定義來看，經銷商是指在某一區域和領域只擁有銷售或服務的單位或個人。經銷商具有獨立的經營機構，擁有商品的所有權（買斷製造商的產品／服務），獲得經營利潤，多品種經營，經營活動過程不受或很少受供貨商限制，與供貨商責權對等。經銷商關注產品利差，而不是實際的價格。代理商則是指在其行業管理範圍內接受他人委託，為他人促成或締結交易的一般代理人。代理商是代企業打理生意，廠家給予商家傭金額度的一種經營行為。所代理貨物的所有權屬於廠家，而不是商家。因為商家不是售賣自己的產品，而是代企業轉手賣出去。所以"代理商"，一般是指賺取企業代理傭金的商業單位。經營活動往往受供貨商指導和限制比較多，主要收入來源於傭金提成。與經銷商、代理商相比，服務商有以下 3 點特徵：第一，服務商集批發、銷售、儲存、投放、售後服務以及培訓等多功能於一體，是綜合性的經營機構，而代理商、經銷商對外營業功能單一。第二，代理商、經銷商注重從製造商到零售終端的縱向發展，其渠道路徑從製造商到終端往往有多個層級，而服務商更加關注的是橫向發展，擴展業務面，而非單純的開發市場業務層級。第三，經營重點不同。代理商和經銷商更加關注企業效益，而服務商由於服務支持佔據重要因素，在經營過程中都是以提高服務價值、關注用戶需求為主。

24.2.1 服務商的產生背景

服務商是伴隨生產效率提升和經濟快速發展的新興業態，根本目的就是在於提高服務的價值，它的出現有着深刻的現實背景。一方面，從用戶的角度出發，消費者的需求更加多元化。以往的代理商、經銷商、客服中心以及售後部門功能單一，很難滿足用戶的多元、多層需要，服務商的出現彌補了這一領域的空白，讓用戶在一個地方享受所有服務成為可能。另一方面，從企業來看，大部分企業甚至傳統製造業都更加青睞與綜合性的中間商合作。據天貓平台統計，80% 的品牌商欲將電商業務部分或全部託管給電商外包服務商。同

案例 ｜ 印力 15 年，劍指 "新零售"

2018 年，是商業地產發展變革的一年，也是印力集團快速擴張的一年。這一年，印力集團收購了凱德商用 20 家購物中心。印力集團，一家作為過去 20 年里中國少見的純商業運營商已經走過了 15 年，見證並親歷中國零售商業從超市、百貨、購物中心再到綜合體、電商的每一個階段，如今，印力也站在了新零售的風口上。15 年中，印力高速成長，完成了從購物中心的投資開發商到商業運營商、服務商的轉變。

此外，在 "新零售新生態" 的新時代，印力還將通過科技賦能和生態圈孵化平台的方式，持續提升服務，擁抱變化。

1. 定位新零售服務商

成立於 2003 年 4 月的印力，前身為深國投商置。2016 年 8 月，萬科成立投資基金，以 128.7 億元收購印力集團 96.55% 股權，成為其核心股東，印力則成為萬科的商業運營平台。

2017 年 5 月，萬科成立兩只商業地產投資基金用於收購旗下的 42 個商業項目，並打包交給印力統一運營管理。

2018 年初，印力聯合萬科收購凱德 20 個購物中心，交易完成後，上述購物中心也全部交由印力運營管理。至此，印力在全國持有或管理的商業項目數量超過 120 家，商業管理面積達 1,000 萬平方米，僅次於萬達。

據印力高級副總裁付凱透露，到 2020 年，印力的目標是商業管理面積達到 2,000 萬平方米。

股權更迭並沒有影響到印力的發展主線，其始終堅持深耕商業零售。"印力一開始是以引進主力商超的模式開啟創業之路，伴隨商業和環境的發展，現在以購物中心、社區商業、主題商業為主要模式，印力形成了以 '印象' 系列品牌為主的多元產品體系，為客戶提供更豐富的品牌選擇，更生動的場景體驗和更值得留念的生活陪伴。"印力董事長丁力業表示。

從區域佈局來看，原來主要在二三線城市發展的印力，也擁有了越來越多的一線城市項目。以上海為例，2017 年底，印力與 RECO Guangfulin Private Limited 以底價 7.017 億元聯合競得上海松江區商業地塊，這將是印力在上海的第三個 "印象" 系項目，商業空間被賦予了更多內涵和功能，它與人的交互日益頻繁，連接更趨緊密。以前是 "One Station For Shopping"，現在更多是 "One Station For Pleasure"。

2. 新模式的探索

萬科副總裁張旭認為，新零售有 3 個維度，即離消費者最近；給消費者帶來便利；給消費者每天日常消費所需的。具體到行動，就是為客戶提供最便捷的服務，以及為租戶帶來更多的客源、幫助客戶完成銷售。

3. 數字化時代的機遇

數字化為新零售提供更多機遇，新零售的數字化主要包括大數據、雲計算、人工智能、移動應用以及區塊鏈技術。不妨將新零售的數字化平台，用人類的器官來類比：

移動應用就像人類的神經網絡系統，起到搭載與指揮功能；大數據就像人體內的五臟六腑，是新零售的內容；雲計算相當於人體的脊背，是新零售軀體運動的支撐；人工智能像人體的骨關節，是新零售跑起來的轉動軸；而區塊鏈技術更像先進的基因改造技術，從基礎層面大幅提升大腦反應速度、思維敏捷度，骨骼健壯程度與四肢操作靈活性。以上 5 種技術的互相融合發展，必然使新零售顛覆傳統，創造出新零售的五全基因：全空域❶、全流程❷、全場景❸、全解析❹和全價值❺。數字化時代，印力正在出發。

❶ 全空域：全空域，數字化，新零售的新概念。這都是打破區域和空間障礙，從空中到地面，從地上到水下。從國內到國際，可以放在。連成一體的新零售業態。

❷ 全流程：數字化新零售的新流程，指的是把關係到人類所有生產、生活、消費、服務流程中的每一個節點，每天 24 小時不間斷的信息積累，完成新零售的全流程再造。

❸ 全場景。數字化新零售的空間概念，指的是通過跨界別行業，把人類所有的生活，工作的行為場景全部打通，實現新零售即新空間的場景。

❹ 全解析：數字化新零售的解決方案，指的是通過大數據和人工智能的收集、分析和判斷，預測用戶所有的行為信息，產生異於傳統的全新認知、全新行為和全新價值。

❺ 全價值：數字化新零售的主要方向，指的是打破單個價值體系的封閉性，穿透所有價值體系，如新零售商業體系。各項服務鏈之間的響應與鏈接，實現新零售服務鏈的整體價值。

時，企業也希望提升自身的業務水平，發展服務商，進行轉型升級。這種方法不僅可以縮短渠道層級，促進與終端深入聯繫，加強企業對用戶的感知，還能提高用戶對企業的滿意度，發掘超級用戶。

24.2.2 服務商運營策略

對於企業而言，最優和最可操作的戰略選擇是直接面對終端用戶，將現有業務進行整合，提升資質、產品、服務等核心競爭能力，打造以集成化為載體的整合運營服務商。具體有以下 3 個步驟：

第一步，打造服務商的核心能力，為業主建立解決方案的專業服務能力。在深度掌握其他倉儲、批發、培訓、批發、客服等子系統的基礎上，為客戶提供專業解決方案，這樣不僅可以提升企業對工程項目的分包能力，支撐並加強其業務空間，還能提高與品牌製造商的議價能力，使服務商具備和大型代理商進行競爭的能力。

第二步，構建幾大子系統的產品整合能力。依託綜合佈線系統平台，加強對一些產品的整合能力，促進產品在不同系統間流通的合理應對，形成在本領域的綜合性優勢。同時通過業務戰略聯盟的關係，加強對產品的代理和整合，以實現在市場擁有更高的話語權和更高的品牌力度。

第三步，提升營銷水平。傳音之所以大獲成功，一個重要原因就在於建立客服中心，增強格調的同時，也沒有忘記及時宣傳，貼近了用戶生活。因而成功打造出一個綜合性的服務中心。

24.2.3 好服務自帶傳播屬性

移動營銷 4S 理論提出"一切產品皆服務"，接着提出"好產品自帶傳播屬性"。服務理念產品化是趨勢，好服務的口碑傳播在本質上就是產品或服務中的媒體屬性產生的效果。想要發揮產品本身隱藏的媒體屬性，就必須從極致產品與情感體驗兩方面入手。

1. 做極致產品

做極致產品，才能在互聯網經濟時代受到歡迎。極致產品有很強的品牌效益，就算不花錢打廣告，產品只要一經推出，就會吸引無數消費者的眼球。

事實上，企業想做出極致的服務，不一定非要掌握最先進的科技。革命性的產品永遠只是少數，追求極致不等於推倒重來，企業無論在任何時候都要考慮到資金成本問題。

假設一個人到了遊樂園，裏面有驚險刺激的滑水道、雲霄飛車，但是同一個遊戲不能玩兩次，每一個遊戲都要付 100 元，遊客從滑水道開始玩，開心的大笑，然後乘坐雲霄飛車快速衝刺，並且從來沒有這麼快樂過。滑水道、雲霄飛車花了 200 元，但是換來的歡樂遠遠超出這個價格。接下來如果遊客想玩大擺錘，要怎麼樣在繼續玩和回家兩者之間選擇呢？

從經濟學上來講，要以所處的境地為起點，一切往前看。所以忘記滑水道和雲霄飛車帶來的快樂，遊客應該思考大擺錘帶來的歡樂是否超過票價。如果物超所值，就應該繼續玩，即使獲得的快樂沒有雲霄飛車多也沒關係，知道邊際效益等於邊際成本，就可以休息了。這裏的邊際成本（Marginal Cost，簡稱 MC），是指生產者每增加一單位產量，其總成本的變動量。公式如下：

$$MC = \frac{\triangle TC}{\triangle Q}$$

案例 ｜ 好服務讓餐廳自帶傳播屬性

餐廳是服務場所還是傳播媒介？移動互聯網時代，消費升級，服務行業遇到了許多瓶頸同時也誕生了許多機遇。一味專注於產品已經不再是餐廳的生存之道，現在餐飲更關注的是從菜品到賣點的打造，到細節和服務的體驗，產生獨一無二的 IP 內容，讓顧客覺得"新鮮、好玩、有趣"，自發拍照、自動裂變為企業傳播。

讓餐廳自帶傳播屬性

上菜對用戶來說是最期待的時刻，當實物體驗值大於用戶期待值時，用戶就啟動了分享傳播功能，因此，上菜的第一步要激發用戶的期待值，你的菜品有沒有內容至關重要。對於餐廳來說，只要菜品能夠吸引顧客拍照、發微博、發朋友圈，那麼，餐廳老闆就獲得了一次毫不費力的宣傳，並且可以吸引更多新的用戶來體驗。實現用路人變成用戶，讓用戶變成會員，再讓會員成為帶有傳播屬性的超級用戶，從而實現分享傳播價值鏈的生態循環。聚餐本身就是一場社交，品嘗佳餚容易成為傳播的話題，好餐廳必帶自傳播屬性。

讓用戶感覺佔便宜

服務越來越多樣化，當餐廳形成自己獨有的特色時，就應該思考如何讓用戶感覺到佔便宜。這時，促銷價格的同時，應該同時促銷給用戶一份驚喜。如當用戶生日時，可以免單或者收到相應的禮物驚喜，如果更加用心去給用戶製造驚喜，那麼用戶不僅感覺到免單的驚喜，而且收到貼心禮物時感覺到餐廳給予的溫暖。製造用戶佔便宜的連接點的方式有很多種，可以是文字、可以是服務，也可以是細節。當你喝完營養湯時，你會驚喜發現碗底的"如果沒有遇見你，我會在哪裏？"時，下意識地想要掏出手機拍照分享。

中國餐飲連鎖巨頭海底撈給用戶製造了許多驚喜連接點。如用戶過生日時送上蛋糕，用戶愛吃的水果主動給打包帶走，甚至貼心地為顧客買藥等。如此的出其不意，很難不讓顧客驚訝而又心生感動。我們很少看見海底撈為自己打廣告，因為顧客的主動分享已經為其帶來很好的傳播效應。

性價比永遠是核心

餐飲業運營的核心競爭力是什麼？有人說是服務，是店面設計風格，是出品質量，但是這些都不是核心，核心是用戶消費時的性價比。由於就餐是高頻事件，用戶的心理消費賬戶一直處於計算狀態，他們的收入中究竟有多少錢用於就餐，其實早已計劃好，所以性價比本是他們反覆消費該餐廳的原始動因。

中國北方城市石家莊新開了一家叫微本的餐廳，在本書理論指導下，突出性價比要素，打出"以賺更多錢為恥"的經營理念，定位"城市良心"，煲湯用礦泉水，羊肉採用天下第一羊，蔬菜來自有機農場，而且價格不貴，甚至喊出來"我們沒有競爭對手，我們的競爭對手是家庭做飯"的極致性價比口號，以下品牌故事在這所城市中廣泛傳播：你在任何餐廳都吃不到這樣的羊肉，真實的情況是這樣的：幾十年前，為賺取外匯，國家在內蒙古東部地區，靠近雪山森林的小興安嶺一帶建設了生態牧場，養羊後全部賣給中東迪拜的大富豪。因為這裏養的羊馬天下第一精品，頭頂藍天白雲，望著綠色無際，呼吸著森林氧吧，每天喝著天然礦泉水，吃著中草藥，就連零食都是有機韭菜花，拉的都是"六味地黃丸"。因為吃鮮茸不吃飼料，羊肉鮮嫩無比；因為純草原放養，個個都是運動健將，肉質肥而不膩。微本從中東大佬手中搶來少量現貨，給追求幸福感的會員。

MC 是指邊際成本，△ TC 是指總成本的變動，△ Q 則是對應產量的變動。邊際成本每增加一單位產量時，總成本的增加量。邊際成本遞增時，為了使總成本最低，生產者接受的最低價格取決於邊際成本，邊際成本就是供給線。

在企業經營過程中，僅僅關注產量變動帶來的成本升降並不現實，影響產品服務受歡迎的因素往往是複雜多變的，因此本書進行適當延伸。除了經濟學的定義以外，企業在創新產品服務時，會發生成本變動，邊際技術成本就可以用來表達為了追逐技術革新，而發生的總成本變動。

在企業的頂級競爭中，對產品或者服務的改善雖然只是一點，通常也需要付出極大的成本，也就是說，追逐產品改良，進行技術創新的邊際成本非常高，但是隨着競爭層級的降低，技術創新所需邊際成本會快速減少。

所謂的跨界就是在邊際效應開始難度倍增的路上停下來，開始在邊際效應未到臨界點的相關行業發力，最終實現兩者的效益互助，達到跨界的目的。

2. 改善用戶情感體驗

與其片面追求更高、更快、更強、更新，不如從改善用戶情感體驗着手。現在的生活物品異常豐富，商品種類繁多，功能各異，讓廣大消費者應接不暇。但商品功能越多，越會導致操作複雜化，這對不少用戶來說，反而是一種負擔。服務的媒體屬性就反映在給用戶的情感體驗上。當贏得消費者在情感上的認可時，服務就產生了自傳播的可能性。如果說功能決定了產品的實用價值，那麼情感體驗就決定了服務的人文內涵。讓服務引起用戶情感上的共鳴是發揮服務媒體屬性的另一法門。

在互聯網經濟時代，網上服務項目越來越多。馬雲有兩個偉大發明，第一個是"差評"，消費者可以對自己的商品加以評價，讓用戶可以為自己買到的產品發聲；另外一個就是"曬賬單"，支付寶賬單的設計就非常注重強化用戶體驗的滿意度，引起了不少用戶的共鳴。支付寶賬單不同於簡單呆板的流水賬式的傳統銀行賬單。它的界面設計生動有趣，標題也很親民。在賬單欄目中，支付寶還藉助強大的數據統計功能，製作出用戶在該地區消費群體中的排名狀況。其表述方式為："我的 ×× 年支出在某某市排名超過了 ×% 的人。"這種做法讓支付寶的用戶們經常以曬賬單為樂趣。支付寶全民對賬單透露很多細節信息，例如新疆圖木舒克市的男性消費者為女性購買商品最多，支付寶就在全民對賬單中宣稱該市的男人"最疼女人"。這種創意有賴於強大的數據統計分類整理功能，在沒有計算機與互聯網的年代，根本無法實現。

在這個網絡越來越發達、消費者越來越"宅"的年代，只有帶有輕鬆、便捷、簡單、有趣的包裝形式的產品，才能引起廣大用戶的情感共鳴。假如不能做到這點，就無法吸引用戶，更談不上利用用戶的力量進行產品的口碑傳播了。

總之，企業應當具備互聯網思維，深入挖掘產品特別是服務的媒體屬性。這樣才能降低宣傳成本，提高推廣效率，讓品牌獲得更好的知名度與美譽度，正所謂"好服務自己會說話""好服務自帶傳播屬性"。

24.2.4 爆點‧爆款‧爆品

1,000	1 萬	100 萬
爆点	爆款	爆品

三爆法則
用 1,000 個極客點燃星星之火，引發 1 萬個超級用戶產生鯰魚效應，當風力達到 10 級時，觸發 100 萬用戶使用產品形成潮流。

圖 24-1　三爆法則

好的服務都有自己的爆品、爆款以適應移動用戶的需求。然而，爆品、爆款有它特有的規律。如產品定價與用戶需求量和需求的飢渴度有關。在用戶話語權越來越大的移動互聯網時代，營銷的難點是如何營造用戶飢渴度。顯然在產品過剩的時代，用戶本身並不會飢渴，需求飢渴是移動營銷人創造的市場現象。用戶需求量越大，需求飢渴度越高；產品供應量越少，產品定價自然會越高。創造出高價位的爆品爆款是營銷人的最高境界，要達到這一境界，必須遵循"三爆法則"，如圖 24-1 所示。

這一法則也可以描述成這樣的營銷邏輯：首先把營銷關注點放在 1,000 個試點效應的極客身上，這些極客或是中介商、公關公司，或是意見領袖、各界名流名仕名模，極客是引爆點、是宣傳站、是發動機；其次把營銷重點放在預計銷售數量 100 萬之中的極少數用戶，即 1% 的超級用戶身上，超級用戶是分享者、是評論家、是連接器；最後把可能會短暫流行的爆款變成可持續流行的爆品，從流行變成潮流。

《紐約客》怪才格拉德威爾（Malcolm Gladwell）的才華橫溢之作《引爆點》（*Tipping Point*）一書中談到，引發潮流的現象歸因於 3 種模式：個別人物法則、附着力法則及環境威力法則。其中，由聯絡員、內行和推銷員組成的個別人物法則非常接近本書中的極客的概念。這些人具有出色的社交天賦，他們有一種能力，可以與很多人保持一種"微弱關係"，即一種隨意的社交關係。此外，他們對這種微弱關係感覺良好。他們的特點就是，涉足許多不同領域，然後把所有這些領域聯繫到一起，這種微弱關係卻具有巨大的力量。當你想要了解新信息或新想法時，微弱關係總是比固定關係發揮的作用更大。畢竟，你的朋友與你自己所了解的情況差不多。由於聯絡員擁有龐大的社會關係網、長長的微弱關係名單和在各領域佔有一席之地，他們一定能快速高效地傳播某種信息，實現"引爆"的作用。除此之外，聯絡員還有一個特點就是他們的情緒具有感染力。雖然情緒是自裏向外流露的，但情緒的感染作用表明，情緒也可以由外向內產生影響。有些人更善於表達各種情緒和感情，心理學家稱他們為"情緒發送者"。總之，作為信息收集者和發佈者的聯絡員（連接型人格魅力體）、內行（知識型人格魅力體）和推銷員（感染型人格魅力體），他們作為某個社交圈子的活躍分子，可以高效地傳播信息，產生"引爆"效應。這 3 類人非常擅長社交、傳播，能把最原始的病毒傳播給很多人，也就是說他們能影響很多人。

在商業潮流中，明星、微博大 V 就是聯絡員。商家喜歡藉助明星、微博大 V 來做最開始的傳播，因為他們能瞬間傳播信息，形成爆點。如果這個個別人物是內行專家，其說話更具權威，推銷效果更不用說。

起點規模決定流行範圍，試想，營銷人的任務就是把自己創造的思想裝在別人的腦袋裏，從而把別人口袋裏的錢放到自己口袋裏，這是多麼艱難的創舉。當我們試圖使一種思想、一種觀念、一種產品為別人接受，我們實際上在發動一場大規模的思想改造運動，這

拓展　｜　為什麼形成爆點的極客數量是 1,000 人？

《引爆點》一書指出引發小規模流行潮的有效人數不超過 150 人，並且認為 150 是個神奇數字。但按人口比例核算，美國 150 人的極客，在中國理應是 1,000 人，這與兩國的人口數量（美國人口有 3 億，而中國人口有 14 億以上）有關。所以從這個角度來看，在中國 1,000 個極客才足以引發潮流，形成爆點。

案例　｜　老品牌換新貌：阿迪達斯如何製作爆款爆品

爆款策略不僅僅適用於新創品牌，老品牌運用爆款策略更能略勝一籌。作為百年品牌，阿迪達斯不斷搶奪全球用戶的眼球。

2015 年 2 月 "紐約時裝周" 的晚上，歌手坎耶·維斯特（Kanye West）發佈了他與阿迪達斯合作的第一個時裝系列產品——被稱作 Yeezys 的運動鞋系列，更多的消費者親暱地稱之為椰子鞋。發佈後的幾分鐘內，9,000 雙 350 美元的椰子鞋在美國被搶購一空，且轉售點的平均價格是 1,500 美元，一些倒賣人叫價 5 倍。這款椰子鞋帶有側拉鍊和飛船級泡沫製成的專利彈性鞋底的絨面革高筒運動鞋，被關注的並不是其中的科技含量，而是其時尚的外觀。

從 Stan Smith 到 NMD，阿迪達斯在兩年多時間里至少成功引爆了 3 款球鞋。而在外界的觀感中，阿迪達斯似乎總是在用少量供應的缺貨方式，玩著飢餓營銷。

Stan Smith 的復出，引發無數人的回憶，每個人都可以講出大量的好故事，這正是社交營銷最看重的引爆點。阿迪達斯的市場總監 Jon Wexle 就在一次媒體報道中稱，捧紅 Stan Smith 一共採用了 5 步：第一，讓用戶丟掉幻想，不再推陳出新；第二，找準時機，通過時裝秀巧妙推出；第三，明星代言，讓明星穿上這款球鞋；第四，飢餓營銷，向普通消費者提供限量版；第五，抓住用戶眼球，讓市場瘋狂起來。

用戶需求量越大，需求飢渴度越高；產品供應量越少，產品定價自然會越高。阿迪達斯正是用節奏、情懷和飢餓等營銷手段來打造他們的爆款。

當然需要 1,000 個潮流變向的引爆點，太少的引爆點容易被競品撲滅，當然太多也不行。2011 年微信軟件上市之前，張小龍找來 1,000 個用戶測試微信的 1,000 個引爆點說明，爆品是從 1,000 個引爆點開始的。

24.2.5 服務商十條原理

在移動營銷火爆的時代，如果企業沒有跟隨潮流，開發該有的業務，就等於落伍。做好服務商正是由傳統營銷升級到移動營銷的關鍵，甚至很多人認為，做不好服務商，企業對顧客的關懷就不能真正體現。在這種現實情況下，企業一定要牢牢抓住服務商，並有技巧的進行運用，使之成為企業、個人成功的一大助力。

1. 數據庫營銷原理

數據庫營銷（Database Marketing）是為了實現接洽、交易和建立客戶關係等目標而建立、維護和利用顧客數據庫與其他顧客資料的過程。它是在 Internet 與 Database 技術發展上逐漸興起和成熟起來的一種市場營銷推廣手段。其通過收集和積累消費者大量的信息，經處理後預測消費者有多大可能去購買某種產品，以及利用這些信息給產品精確定位，有針對性地製作營銷信息達到說服消費者去購買產品的目的。

鏈家在中國 32 個城市擁有約 8,000 家門店，15 萬經紀人，同時還有一支千人左右的互聯網團隊。數據是鏈家一直引以為豪的重要資產，這個數據包括了房屋數據、用戶數據和交易數據。拿一個場景舉例，一個用戶通過 App 或者網站去搜索房源，系統就可以通過分析用戶找房期間的高頻交互數據，呈現用戶交易行為的特徵與偏好，幫助用戶具象化其需求，建立用戶與房源的關係圖譜，實現精準匹配，進而剔除並重構交易場景中冗餘、複雜的流程，實現用戶體驗和作業效率的雙提升。從鏈家的數據看，每一筆交易背後是 12,000 個頁面瀏覽量，而北京鏈家則是 17,000 個，這不僅意味着鏈家培養或聚集了第一批線上房地產重要用戶，更意味着消費者正在往線上遷移，遷移後消費者的行為方式正在發生非常大的變化。

2. 信任代理原理

移動營銷的分銷系統基於"信任代理"理論，而所謂的裂變和複製，就是這種信任的傳遞。當用戶對企業服務滿意的時候，他會把這種信任傳遞給他的朋友，從而有可能把這種信任繼續傳遞下去，因此優秀的服務是信任產生的源頭。這種信任一來源於產品本身，另一方面來源於服務，但究其本質，服務的重要性要多於產品本身。因為現在好產品已經不缺了，購買渠道也不缺。那麼，朋友圈賣貨既不能開一個收款憑證來作為售後維權的依據，也沒有第三方擔保，單憑分享憑什麼讓人掏錢買貨呢？關鍵是藉助服務產生的信任。

如何培養與客戶的信任感呢？有以下幾個要點。

第一，為他。憂他所憂，要為客戶考慮，當一個陌生人在你面前時，如果你都不知道別人到底需要什麼，你能夠給別人帶來什麼，你覺得他在尋找這個東西時會考慮到你嗎？換句話說，他會相信你嗎？

第二，替他。經營服務商，要愛他所愛，如果能清楚地理解或者同情別人的感受，並將這種感情表達出來，讓對方知道，毫無疑問，他將會對這種行為表達感謝，並開始有了接納企業及產品的打算。

第三，利他。做他想做，當企業或者經理人知道別人的感受之後，如果能夠同時給與他這種幫助，能夠毫無吝嗇地去幫助他，他將會對企業的這種行為表達出一種感謝。

第四，想他所想。如果經理人和背後的企業能夠站在客戶的角度去思考一些問題，就會清楚地知道，為什麼會遭到拒絕了，也會知道如何化解問題。

3. 溢出原理

沃爾瑪是全球最大的零售商，從配貨到收貨都有固定的廠家，說白了就是有最直接的供貨商，它的拿貨價遠遠要低於其他的商場，所以它給出的服務當然是最優質的，老山姆當年給沃爾瑪定下的管理天條是"永遠提供超出顧客預期的服務"，這句話說明了價值溢出原理。對於企業來講，價值溢出就是指由於企業附加值而帶來的超出產品本身使用價值，而產生的消費者對於企業或產品的忠誠。

那麼，服務商怎樣才能產生價值溢出呢？可以從 3 個方面來開展：

第一，不僅要研究客戶的顯性需求，更要去研究他們的隱性需求。客戶的顯性需求得到滿足，最終形成的是服務價值無差別化，而隱形需求得到滿足，則會產生價值溢出，為客戶帶來差異化服務。

第二，勇於創新，用超出平常人想象的方式去製造意外的驚喜。在心理學上，熟悉 + 意外，是一個製造意外驚喜與巔峰體驗的經典套路。

第三，要把服務做到 101%，永遠比客戶的預期多做一點點。多一度的熱愛，就多十份的驚喜！

4. 跨界服務原理

優步在全球不同市場採取不同的營銷策略。在中國，優步和滴滴的競爭，比的是誰能更燒錢，誰給的優惠更大。而在印度，優步嘗試了更適合印度人的方式。比如，印度人對電影和音樂如癡如醉，那索性就讓他們在優步的車裏也能享受到，此舉在當地市場大受好評。這就是跨界服務。

跨界服務原理從本質上來說就是"服務 +"，也就是在企業提供的技術或服務邊緣尋找關聯行業以滿足用戶的需求點，並在此交叉點上施以微力即可達到經濟學槓桿作用力的原理。企業多給出的服務，用戶往往容易滿足，並不會以專業眼光挑剔企業多贈送的服務內容。這是因為性價比是用戶衡量服務商服務好壞的主要標準。

案例　|　跨界服務，意想不到的業務增長點

移動互聯網時代經常說的一句話就是：未來搞垮的你並不是同行，而是跨界而來的競爭者。

滴滴出行，一個方便用戶出行的打車平台，其平台一輛車出租車的都不是自有的，卻能夠跨界而入，搶佔了原來傳統行業出租車的市場，因此導致許多出租車司機紛紛下崗，重新轉向進駐滴滴出行平台。

順豐快遞，一家優質物流服務平台，原來只是做物流運輸的，但是後來慢慢跨界到餐飲配送。原本外賣配送只有美團外賣和餓了麼兩個配送平台，目前配送平台又跨界一個順豐快遞，並且專門配送高端餐飲，並且廣受用戶選擇。

北京故宮是中國明清兩代的皇家宮殿，是國家 AAAAA 級旅遊景區，移動互聯網時代跨界文娛領域，從口紅、日曆到水果叉、輸入法，一系列故宮"周邊"產品，截

至 2017 年底故宮文創產品已經突破 10,000 種。據悉故宮博物院的文創產品收入在 2017 年就已達 15 億元。其中，在網絡上大火的故宮口紅已賣出 90 多萬套。

老乾媽，專注辣椒醬幾十年，移動互聯網時代也開始不走尋常路，從辣椒跨界到服裝，先是推出定製款衛衣，然後又跨界亮相紐約時裝周，品牌知名度引起國際網民高度熱議。

衛龍，專注於辣條幾十年，靠一包辣條走出國門的衛龍在移動互聯網時代，不僅跨界粽子，還跨界時尚領域，繼研發出"黑暗料理"辣條粽子後，衛龍還推出了一款編織袋"土酷零食包"，在互聯網上的熱度持續不下。

這些品牌只是跨界的冰山一角，移動互聯網時代，跨界總能產生意想不到的收穫。

5. 強強聯手原理

2017 年，中國鐵路向阿里巴巴拋出了橄欖枝，希望在鞏固支付寶應用、實名信息核驗服務以及車站導航等方面合作的基礎上，以戰略眼光拓展更為廣闊的合作平台，在高鐵快運、國際物流、電子支付以及混合所有制改革等領域深化合作。馬雲同時表示，阿里巴巴將着眼於高鐵網與互聯網"雙網融合"，研究推進高鐵電子商務服務試點，共同創造高鐵移動生活便利。這樣的合作是雙方通過創新合作模式、充分發揮各自優勢，有效提高資源利用效率效益，推進供給側結構性改革，實現高鐵網與互聯網"雙網融合"。

6. 會員制原理

毛澤東主席 1945 年在《論聯合政府》一文中指出："人民，只有人民，才是創造世界歷史的動力！"這個論斷在半個世紀後美國的一家零售公司——好市多（Costco）得到了重新驗證："會員，只有會員，才是創造零售歷史的動力！"

好市多（Costco）是全美第二大、全球第七大零售商，沃倫·巴菲特、查理·芒格（Charlie Munger）都是它的粉絲。從 2006 至 2016 年，電商的崛起對傳統零售業造成了巨大衝擊。但仍有一批傳統零售商好市多、ROSS、TJX 等，頂住了電商衝擊，逆勢而上。其中最具代表的是好市多，過去 10 年間其市值增長 1.7 倍。雖然從數據上看並不值得驕傲，但在電商衝擊、傳統零售紛紛閉店轉型的大背景下，這樣的成績難能可貴。好市多就像一隻烏龜，以每

案例 | 贊助網球賽事成就水中貴族

百歲山，全稱是景田百歲山，始建於 1992 年，是中國瓶（桶）裝水生產企業之一。中國觀眾十分清楚地記住了"水中貴族"的品牌故事和"百歲山"品牌。

2018 年澳網的另一大亮點是景田公司旗下的百歲山成功走入澳網合作夥伴大家庭，在澳網 2018 的賽場上成為吸引中國球迷關注的一道靚麗風景線。2018 澳網比賽期間，官方指定飲用水景田百歲山的品牌標識出現在羅德·拉沃爾球場、瑪格麗特·考特球場和海信球場的 LED，裁判椅上，澳網其他賽場和訓練場的裁判椅也清晰可見該標識，百歲山為澳網賽場增添了許多中國元素。

一個品牌除了知名度、美譽度、指名度之外，還有沒有氣味氣質？當然有，一個有獨特氣質的品牌是經得起用戶反覆咀嚼的。通過和某一項更普及的體育賽事的搭售，品牌的辨識度與該賽事的氣質融合。所有的品牌都是用來聯想的，產品本身不帶有用戶人群定位的指南針，品牌就是校準儀，瞄準儀用戶的心田埋下品牌基因，提升產品心

理價值。

百歲山作為中國首個走向世界的飲用天然礦泉水品牌，因其產品銷售網絡不僅覆蓋中國大陸，還遠銷香港、澳門、加拿大、新加坡、美國、俄羅斯、菲律賓、南非、馬紹爾群島等國家和地區，品牌形象在全球的識別度非常高，並且在海外取得了斐然的成績和良好聲譽。

百歲山為什麼熱衷於贊助網球賽事呢？因為作為貴族運動的網球，與百歲山水中貴族的形象氣質相得益彰。從優質的水源、獨特的包裝、一流的廠房和國際領先的生產設備來說，百歲山皆可稱得上高端大氣上檔次，與同屬高端賽事的網球比賽不謀而合、景田百歲山與網球賽事的合作，在業界可稱得上是強強聯合的經典案例。

在用戶的消費心理賬戶中，有一塊心理價值高地。價值高地是用戶慢慢積累起來的對產品價值屬性特徵的總體印象，強強聯手是佔領用戶心理價值高地極佳策略。

年 4%-6% 的營收增長，走得不急不緩。對好市多的業務模式、運營效率、業績表現等微觀層面，以及市場競爭、戰略等宏觀層面進行分析，發現會員制是其成功的重要原因。

好市多的收入分為銷售收入和會員費兩部分。好市多預先收取定額會員費，盈利水平只與會員數相關，與銷售商品、毛利水平沒有直接關係。通過分析公司近 10 年的財務數據，研究人員發現會員費是公司盈利的主要來源，佔淨利潤的 3/4 左右。會員制是好市多在形式上與通常超市的主要區別，用戶需要預先支付定額會員費成為會員。只有會員或有會員陪同的家人、朋友，才可進入好市多賣場消費。好市多顧客門檻前置有兩點好處，一方面，會員客群更加聚焦，只關注美國最廣泛的中產階級，提供服務也更加聚焦；另一方面，預付費機制除了為經營活動提供持續且穩定的現金流外，在心理學上，還會形成"自助餐效應"，有效提升用戶購買活躍度。會員續費率 90%，年增速 7%，會員留存的核心在於最大限度提高會員的消費者剩餘（Consumer Surplus）。當消費者剩餘遠遠高於會員費時，會員就會留存下來。

可見，會員制是促進服務提升的利器。它可以預收會費減輕企業的運營成本，並發揮資金池的投資回報。

7. 服務細分原理

溫德姆（Wyndham）酒店集團是全球規模最大、業務最多元化的酒店集團，它擅長根據旅客的特點、偏好和需求提供相應的產品及服務。20 世紀 90 年代，當其他酒店集團還沉浸於服務傳統男性商務旅客的思維定式時，溫德姆酒店就已開始獨闢蹊徑，大力開發女性商務客源，創建了 Women On Their Way 網站。在這裏，女性商務旅客可以分享旅行規劃、尋找出差小技巧、策劃旅遊活動的安排等，而酒店在其中扮演一個旅行服務建議者的角色。此外，通過大數據分析用戶在網站及社交媒體平台的旅行需求，溫德姆酒店提供了一系列為女性商務旅客量身打造的特色服務（如女性度假攻略、蜜月旅行服務、女性專屬客房樓層等）。溫德姆酒店通過聚焦女性商務旅客，成功拉開與其他酒店集團之間的距離。

Airbnb 是全球最大的民宿分享網站。與品牌連鎖酒店相比，民宿在設施上的個體差異更加明顯，在入住前，消費者感知的不確定性會更大。故而，Airbnb 注重服務的細分，具體表現在一些民宿的裝飾、家居、器具、周圍環境等具體要素，針對不同客戶市場進行服務的區分，讓客戶在不同民宿擁有不同的感受，但都能感受到家的溫馨，Airbnb 完美地運用了服務細分原理，成功實現了營業額的穩步增長。

可見，瞄準細分服務市場，尋找新的用戶增長點，把服務價值最大化，是企業成功之道。

8. 場景體驗原理

服務發生的場景對用戶的影響很大。在寬敞明亮的蘋果專賣店裏，顧客們可以盡情地試玩、試照、試聽，不懂不會的地方，工作人員還會耐心解答，從顧客進入蘋果專賣店到離開，全過程輕鬆愉悅。這個優質的試用過程，對於蘋果公司而言，成本相對較低。除此之外，像 Mac、LV、Gucci 等實體店的店內佈局都是隨服務應運而生，與服務相匹配的，正是場景創造服務的商品體驗價值。

9. 智能化原理

智能化是指事物在網絡、大數據、物聯網和人工智能等技術的支持下，所具有的能動地滿足人的各種需求的屬性。比如無人駕駛汽車，就是一種智能化的事物，它將傳感器物聯網、移動互聯網、大數據分析等技術融為一體，從而能動地滿足人的出行需求。它之所以是能動的，是因為它不像傳統的汽車，需要被動的人為操作駕駛。

智能化是一種趨勢，在汽車智能化＋互聯化的作用下，以共享汽車為例做個暢想。共享化汽車的停車問題是車輛共享化的一個瓶頸問題，隨着互聯網汽車的普及，會有越來越多的停車服務在平台中接入。但是，隨着智能化的展開，以下場景很可能變成現實：當你預約了車，一輛無人車會自動開到你面前，當你用完車後，只需走出車，無人車就會自動開到最近的充電樁進行充電。此外，當前有些酒店的大堂出現了智能機器人，也增添了服務亮點。

10. 系統化原理

越來越多的企業通過將服務升級續寫企業的輝煌，他們致力於為客戶提供一系列的解決方案，而硬件設置不過是支撐方案的一個載體，通過全面的、系統的、有針對性的解決方案，滿足客戶的全面需求，實現良好的共贏合作關係。

系統化原理蘊含極廣，它跨越繁多的不同領域，能讓管理者看到企業內外部相互關聯而非單一的事件，看見漸漸變化的形態而非一個時間點發生的事情。在企業服務升級的過程中，管理者所面對的是市場信息過多而非不足。管理者要辨認哪項需求重要，哪一項不重要。

很多管理者在實際經營過程中總是挑取個人偏愛的一、二項，然後把注意力集中在這幾項服務升級的運作中。"見樹又見林"的諺語自古就提醒人們觀照全局的重要性，但是往往當我們試圖擴展視野時，看見的仍是許多樹木。系統化原理的最終目的就在於幫助我們更清楚地看見複雜事件背後運作的簡單結構，而使面臨的消費市場不再那麼複雜。

本章小結

（1）服務商是指在行業領域或者某一地區擁有批發、銷售、儲存、投放、售後服務以及培訓等多功能於一體的單位或個人，與經銷商、代理商具有明顯的區別。

（2）服務商運營的具體做法分為 3 步：第一，打造服務商的核心能力為業主建立解決方案的專業服務能力；第二，構建幾大子系統的產品整合能力，加強對產品的代理和整合，以實現市場上更高的話語權和更高的品牌力度；第三，提升營銷水平。

（3）隨着競爭層級的上升，技術創新所需邊際成本會逐漸攀升，尤其是企業頂級競爭中，縱然只是對產品稍作改善，也需要付出極大的成本。也就是說，競爭層級不同，追逐產品改良，技術創新消耗的邊際成本也不同。一般情況下，行業內競爭層級越高，技術創新的邊際成本越高。

（4）服務商經營十原理分別有數據庫營銷原理、信任代理原理、溢出原理、跨界服務原理、強強聯手原理、會員制原理、服務細分原理、場景體驗原理、智能化原理、系統化原理。

PART 7

SUBSTANCE

第七篇 內容

Substance Marketing

內容營銷的實質

　　移動互聯網時代的到來，人們常說這時代唯一不變的是"一直在變"。模式在變、營銷在變、用戶在變，因此我們的內容也在變，內容的消費在變……於是乎，應該如何抓住時代帶來這些機遇？本章重新定義內容營銷，講述在移動互聯網時代，內容營銷的新模式，將傳統的內容營銷模式轉型升級，用創新的表現形式，去搭載新的呈現載體，讓更多的用戶去接受這個時代的你。

　　創新文化與傳統文化交互的過程中，不斷地摩擦出新的火花，而這些文化統稱為"內容"，包括新的詞彙、新的流行語、新的思想。而時代文化精神進行交換更替時，要想與文化產業合理融合，那就離不開思考文化產業的內容開發。

25.1 內容的實質

　　內容是指事物所包含的實質性事物，內容的實質指事物內在因素的總和。與"形式"相對。世界上任何事物沒有無形式的內容，也沒有無內容的形式。內容決定形式，形式依賴內容，並隨着內容的發展而改變。但形式又反作用於內容，影響內容，在一定條件下還可以對內容的發展起有力的促進作用。內容和形式是辯證的統一，那內容實質的表現形式是什麼？

　　站在傳播的角度，內容可以是一個表情包，可以是一段文字，可以是一張海報，可以是一個短視頻……

　　站在產品的角度，內容可以是產品的概念，可以是產品的功能，可以是產品的使用價值，可以是用戶購買的理由……

　　站在用戶的角度，內容可以是一種體驗，可以是一種問候，可以是一種服務……

　　站在企業的角度，內容可以是一種理念，可以是一種信譽，可以是一種文化……

　　因此，移動互聯網時代，內容的營銷不僅僅是傳播的層面，更多的是內容的實質，而不是停留在內容的表面。

　　本篇研究的"內容"篇章，並非淺淺而談，而是追根溯源，挖掘事物背後的實質，從而詮釋"內容"的本元。

　　縱觀中國五千年歷史文化，內容博大精深。書寫中國歷史文化的符號——文字，是人類文明史上非常珍貴的符號，每一種文字代表着不同時期的歷史文明內容。古詩詞的內容不僅展現了詩人們的才華橫溢，更是體現了當時的社會文化、社會經濟以及政治面貌的特徵。瓷器、樂器以及其他生活娛樂工具，反應了每個時期的文化內容，瓷器製造的過程，樂器使用的過程，交易幣的交換過程，無不體現內容的博大精深，它們分別代表了一個時代的特徵。

　　內容可以是具象的，也可以是抽象的。抽象的內容更具備着潛移默化的作用。回顧中國幾千年歷史文化，有大道至簡、大智若愚、有容乃大、上善若水四大智慧的內容源遠流長，從古至今，它的內容實質依然保持不變。在互聯網的大海裏，很多企業實際上也沿用着這四大內容。

25.1.1 大道至簡

"大道至簡"字面上意思是指大道（基本原理、方法和規律）是極其簡單的，簡單到一兩句話就能說明白。實際上，"大道至簡"源自老子的道家思想。道，即道理，即理論。大道，是指事物的本源，生命的本質。大道至簡是說最有價值的道理其實是最樸素的道理，很重要的道理其實是很平常的道理。對於一門技術或一門學問，如果你認為它很深奧，那是因為你沒有看穿實質，沒有抓住程序的關鍵。無論是過去，還是移動互聯網時代，事物追求的終極本質就是"少而精"，用移動互聯網時代的語言表達就是"小而美"、"極簡主義"。

對於移動互聯網時代的企業來說，"大道至簡"的智慧是非常值得深悟的。您能用一句話講清楚企業的商業模式嗎？這是創業者通常在面對投資人時需要回答的一個核心問題。投資人之所以要問這個問題，是因為投資人想要確認這個企業是否抓住了經營的核心，如果創業者連企業最關鍵的一點都表達不清楚，也就證明創業者對企業所經營的實物還未理解透，從另一個角度來說，企業經營業務是繁雜的，但化繁為簡是內容本質的體現。

移動互聯網時代，踐行大道至簡的許多企業都成功了。如微信（移動社交平台）、支付寶（移動支付平台）、淘寶（購物平台）、喜馬拉雅（音頻分享平台）……每一個能夠被用戶記住的平台或者企業，都是因為內容傳播簡單。

除了互聯網這些知名大企業之外，中國有許多後來居上的小而美品牌，如一條生活館。一條最初只是單純做短視頻的自媒體，逐漸將內容優質化，形成一個擁有優質內容的平台。一條從內容創業到轉型內容電商再到新零售，實際上是內容垂直化延伸，從線上到線下，再由線下到線上，形成了內容閉環的空間。短短 3 年時間，一條自媒體的粉絲量高達 1,700 多萬，全網用戶量達 3,500 萬，這些用戶絕大部分屬於中產消費階層。

一條的轉型把內容優勢發揮到極致，將產品賦予內容化，研發出許多令人尖叫的原創產品，讓產品與用戶形成強關聯的連接。一條將自己的產業鏈劃分得非常清晰，原創內容自己做，然後尋找與原創內容相匹配的供應鏈產品，化繁為簡，做出生活美學。

一條線下生活館的店入口處有一塊大屏，這能吸引用戶進店感受生活美學帶來的體驗。一條結合平台用戶的屬性特徵，在每個線下店均設計了一個圖書文創區，用優質的內容留存平台用戶。相對於其他傳統零售的做法，一條做的是有內容的作品，而其他零售做的只能稱為"是產品"，而未來，用戶需要的是有內容的作品。一條專注於挖掘優質內容，正是在踐行大道至簡，將內容做好，形成平台特有的屬性，讓用戶簡單記憶，深度使用。

25.1.2 大智若愚

"大智若愚"意為一個人智慧很高卻表現得很愚笨，是說真正有才智的人不去計較瑣事。什麼才是大智若愚的表現特徵？人們常說，為人很低調，很謙卑，很靠譜……這些看上去很細微的標籤，卻足以體現大智若愚的本質。

在移動互聯網時代，許多企業往往都在思考如何利益最大化，而只有少數的企業是真正為用戶着想。為用戶着想的企業，通常都會思考，用戶為什麼選擇這家企業而不是另外一家，企業究竟能夠給用戶帶來什麼？這裏的"什麼"指的是內容，而組成內容的核心要素是價值與服務。

在小步快跑的時代，無論是對用戶還是對市場，許多人往往放不下功利心，也因此導致損失慘重，而對於中國首富李嘉誠來說，"吃虧是福"是他教育子女的一條非常重要的格言。作為商業上的傳奇人物，李嘉誠對待合作夥伴十分厚道及靠譜，能拿 80% 的利潤時，他只拿 60%，久而久之，許多合作者覺得李嘉誠是可以深交的合作夥伴。

李嘉誠這樣做看起來很愚笨，實則是大智慧的體現。但是吃虧要把握底線，所以內容的開放程度也是有邊界的。

25.1.3 有容乃大

"有容乃大"是指大海容納百川眾流，所以才能成為大海，以大海能容納無數江河細流的無限容量來形容人的超常氣度。這裏的超常氣度有 3 個維度，第一個維度就是企業家的基因（這裏的基因指企業家的為人處世的原則及行事風格）要正，第二個維度就是企業的基因要強，第三個維度是社會價值要大。企業家的基因是這 3 個維度的核心，只有一個企業的領導者為人處世的原則及行事風格端正，這個企業才能輸出好的內容，實現社會價值，才能長久發展。移動互聯網時代發展的近幾年，很多企業為什麼一年不到就紛紛退出了市場，最核心的問題出自企業家自身。而當下火爆的網紅經濟，為何總是一瞬即逝？因為其輸出的內容過於狹隘。

2019 年，華為面對外部壓力的打擊，始終懷着樂觀的態度積極面對困難，每一步都走出令用戶和世界讚賞的聲音，這源於華為創始人任正非的博大胸襟。面對各大媒體的採訪，任正非依然很謙虛表示，華為不會輕易狹隘地排除美國芯片。他認為華為要與世界其他企業共同成長，但是如果出現芯片供應困難的情況，華為會自主研發並且擁有自己的備份。華為芯片一半來自美國，一半來自華為，儘管華為的芯片價格更有優勢，但還是會採購美國芯片，他認為華為應該融入這個世界，不能孤立於世界。換句話說，華為也能做與美國一樣的芯片，但是依然堅持採購一半美國芯片，讓市場平衡。

遠望世界，沒有幾個企業擁有華為這種兼容並包的精神。從企業內容層面解讀，華為不僅給用戶輸出了優質的內容，而且這些內容能夠激發用戶的情緒，產生共鳴，並與企業共進退。因此，移動互聯網時代，在內容上，更多企業應該學習華為的博大胸襟，集大智慧於一身，將企業長期立足於社會，給社會創造價值。

25.1.4 上善若水

"上善若水"意為至高的品性像水一樣，即做人、辦企業應如水，水滋潤萬物，但從不與萬物爭高下，這樣的品格才最接近道。水，是世界上最為柔軟的物質，但總能以柔克剛。古人云："滴水穿石。"石頭如此堅固，卻被水滴穿透，進入沒有任何縫隙的東西中去。

一家有實力的企業最好的防禦武器就是內容，因為內容猶如柔水一般，無形無味無聲無息，卻能夠進入到人類的五臟六腑之中，徹底洗刷人類的心靈。優質的內容一旦產生，就能像裂變的病毒一樣，快準狠地傳播出去並對市場產生有價值的影響。

2019 年，整個業態又進行進一步的洗牌，許多沒有實質性內容的企業紛紛倒下。作為中國資深直播平台之一的熊貓直播，2019 年上半年對外宣佈了破產。而熊貓直播宣佈破產的背後，表面上是資金鏈斷裂，但追溯事物的本質，其實是缺乏優質的內容。據官方數據顯示，2017 年 9 月至 2018 年 2 月期間，熊貓直播的日活均值為 272 萬人。2018 年 12 月，鬥魚、虎牙直播日活量從 600 萬和 400 萬雙雙提升到 700 萬，熊貓的日活卻縮水到 230 萬。面對其他競爭對手的進攻，熊貓直播既沒有抓住精品內容的風口，又沒有增加自主研發的能力，平台不能持續注入優質的內容，連擁有 4,500 萬粉絲量的王思聰都無法支撐熊貓直播繼續前進。可見，做好企業的防禦就是做好內容，讓精品內容發揮其強大的防禦功能，不斷給企業增加砝碼、增加影響力。

25.2 重新定義內容營銷

如果人們更加深入地去理解移動互聯網，就會發現移動互聯網的 3 個基本屬性——人本、進化、開放。人本是移動哲學的基石，進化是移動哲學的基因，開放是移動哲學的基調。因此，添加上這個時代標籤的內容，經過創新模式的熏陶，經過移動互聯網的技術、平台和應用結合並實踐的活動，我們稱之為移動內容營銷。移動內容營銷指的是在移動互聯網時代下，以移動圖片、移動文字及 H5 動畫等介質傳達有關企業的相關內容來給企業用戶信心，增加企業影響力的營銷。這種營銷所依附的載體，可以是企業品牌的 Logo、品牌標語、企業畫冊、官網、公眾號、廣告，甚至是 T 恤、紙杯、手提袋……雖然，傳遞的介質不同，但是傳遞的內容核心必須是一致的。

移動互聯網時代，有一個東西往往被忽略，那就是企業的品牌。而品牌的迭代升級，往往是源於內容詮釋的戰術思維不同。人們常說，移動互聯網只是這個時代的工具，相反，本書認為，移動互聯網是這個時代最好的產物。移動內容營銷的基本屬性，更多的是回歸企業的本源，圍繞企業的品牌文化、理念、產品、服務及用戶等去做內容營銷，打造符合時代潮流的傳播體系，將企業建設成為真正意義上的百年品牌。移動內容營銷包括所有內容營銷的方式，並涉及建立或共享的內容，目的是接觸和影響現有的和潛在的消費者。通過移動營銷的信息傳達，理解用戶的需要並願意與他們建立某種聯繫，也就是人們常說的"與用戶發生關係"，藉助移動內容營銷，與用戶發生關係顯得更為容易。

對於很多傳統企業家而言，品牌內容的營銷推廣無異於一場曠日持久的戰爭，一方面防跨界打劫，另一方面還要面對競品之間激烈的正面競爭。這不是一個人的戰爭，也不是一時之戰，這是一群人、一輩子的戰爭，一旦注意力分散，你面對的將不僅僅是用戶的挑剔，更多的是競爭對手趁熱打鐵，把市場一掃而光。在這場戰役中，越來越多的企業選擇以內容產品為兵刃，通過娛樂化的傳播方式攻破受眾的心理防線，拉近距離，營造獨特而專屬的品牌體驗。

那麼，究竟該如何處理品牌與內容的關係？如何最大化地實現品牌傳播效果？如何與品牌整體戰略相匹配？接下來一起來探尋品牌內容營銷的最佳路徑。

25.2.1 內容要融合

移動互聯網時代，以人為本，有情懷的內容營銷很重要。內容營銷傳播過程的融合性是保證發揮其最大價值的前提，這就要求品牌標誌❶、品牌形象❷、品牌理念等有策略地融入內容產品，使品牌信息潛移默化地傳遞給目標用戶。也就是說，企業應精心選擇內容產品，周密策劃植入方式，使品牌與內容融為一體，構成觀眾所感知到的傳播內容中不可分割的一部分，如此方能在不經意間打動消費者的心。

品牌與內容能否形成高度融合，需要考核 4 個方面的匹配度：

第一，內容產品目標與受眾品牌目標消費者的匹配度。只有兩者相互重合，才能確保品牌信息能夠準確到達所要傳播的對象，完成有效的傳播。

第二，植入環境與品牌形象的匹配度。植入環境包括氛圍、基調、情節、使用人等。品牌形象與植入環境不相符會傳遞錯誤的品牌信息，甚至與受眾既有的品牌知識產生衝突，造成認知混亂，不利於品牌形象的鞏固。

第三，內容產品所能承載的信息與品牌整體宣傳戰略所需傳達的信息的匹配度。內容能否傳達出品牌亟待傳達的信息，能否與企業整體品牌戰略中其他環節所傳播的信息協調一致，將直接影響品牌傳播的效果。

第四，將要植入內容產品中的其他品牌與企業自身品牌的匹配度。一方面，就本品類而言，要看品牌是否享有獨佔性資源，即內容產品中出現的所有同類產品是否都是本品牌，例如，某影視劇中主人公使用的手機既有華為，又有小米，這種植入效果顯然並不理想。另一方面，又要了解其他品類中植入的品牌有哪些。因為品牌內容營銷往往通過展示大多數人所響往或者至少是讚賞的生活方式來影響消費者，而這種特定的生活方式正是由各種品牌形成的集合搭建而成的。是否與"配套"的其他品牌同時出現對內容營銷的成敗大有影響。

25.2.2 用戶要有參與感❸

一般來說，品牌在內容產品中的植入可以分為 3 個層次。

第一個層次是將品牌標識孤立地呈現在內容產品中，品牌特徵幾乎與內容沒有發生任何關聯，比如產品道具擺放、冠名、標版等。這種植入方式的品牌可替代性強，無法對受眾形成足夠強烈的刺激，對品牌的聯想度和好感度往往難有顯著提升。

第二個層次是考慮品牌的消費群與內容產品的受眾之間的共性，有意識地選擇與品牌匹配度較高的內容產品進行植入，比如品牌在適當的場景、人物對白或活動中出現等。這種植入方式相對柔和，與品牌的契合度也更高，但也有可能因為傳遞的品牌信息過於簡單

❶ 品牌標誌：品牌中可以被認出、易於記憶但不能用言語稱謂的部分，包括符號、圖案或明顯的色彩或字體，又稱"品標"。品牌標誌與品牌名稱都是構成完整的品牌概念的要素。品牌標誌自身能夠創造品牌認知、品牌聯想和消費者的品牌偏好，進而影響品牌體現的質量與顧客的品牌忠誠度。

❷ 品牌形象：企業或其某個品牌在市場上、社會公眾心中所表現出的個性特徵，它體現的是公眾特別是消費者對品牌的評價與認知。品牌形象與品牌不可分割，形象是品牌表現出來的特徵，反映了品牌的實力與本質。

❸ 參與感：把做產品、做服務、做品牌、做銷售的過程開放，讓用戶參與進來，建立一個可觸碰、可擁有，和用戶共同成長的品牌。

而無法引起受眾的共鳴。

第三個層次是在與內容產品相匹配的基礎上，注重藉助內容本身來展現品牌訴求，甚至讓受眾深刻感知品牌的內涵與價值。

第三個層次是品牌在內容產品的最佳展示方式，是"體驗式"植入，使用戶獲得最佳參與感，這樣既保證了品牌信息在內容產品中得到自然、合理地展現，又確保了內容產品本身的質量，避免過濃的商業氣息引起消費者反感。"用戶參與感"打破了以往一味地向受眾灌輸品牌信息的植入方式，適時出現的品牌成為帶動劇情、起承轉合的重要工具，讓消費者在潛移默化中契合一種生活方式。這種方式承載了更為豐富並且深入的品牌信息，與內容產品之間珠聯璧合，使品牌具有不可替代性，往往能夠達到 1+1>2 的傳播效果。

25.2.3 資源要整合

品牌內容營銷並非一場孤立的戰爭，需要整合各方面的資源，裏應外合，打好配合戰。

"裏應"通常針對的是單個品牌內容營銷活動的運作。這種推廣方式需要涉及多個方面，包括品牌企業、製作公司、媒體、遊戲開發商、娛樂公司等內容產品提供商以及專業廣告代理公司。因此，企業在操作中需要與其他各方緊密配合，深度介入內容產業鏈，參與內容產品的策劃、生產及發佈等整個流程。除了整合產業鏈的多方資源外，還需搭配運用多種營銷手段，諸如廣告（貼片及戶外等形式）、終端促銷、數據庫郵件、公關活動、媒體報道、電影首映式（或音樂、書籍等的簽售會）、內容產品製作花絮宣傳等，對目標消費者形成全方位的娛樂攻勢，比如利用公眾號推出一些促銷線上活動或者小遊戲來吸引用戶，擴大品牌植入的影響力。

"外合"則是強調將品牌內容營銷活動納入品牌整體的推廣體系當中，在整個營銷策劃的框架下思考植入的角色和價值。由於品牌內容營銷受到內容產品載體的限制，所傳遞的信息量較為有限，往往只能起到品牌提示的作用。當內容營銷引發了受眾對於品牌的興趣後，企業就需要藉助其他傳播工具讓受眾更加全面、深入地了解品牌。所以，企業在進行內容營銷時，應充分與其他活動相結合，通過整合營銷傳播的方式來延伸植入的價值，尋求其在內容產品之外的效應。只有品牌內容營銷與企業的整體品牌戰略高度一致，才可以加強消費者的信任，建立長久的品牌關係。比如明星與明星之間進行內容捆綁營銷、明星與企業品牌之間進行內容捆綁營銷。

25.2.4 內容可持續

品牌內容營銷與傳統廣告最大的區別之一，就在於品牌信息所附載的介質是內容營銷。內容營銷自身的存在具有較強的時效性，因為在移動互聯網時代，大規模發佈以及流行的時間是有限的，產生的熱度都是一帶而過。而品牌是靠不斷傳播形成的結果，沒有連續性的傳播，就不會有品牌的影響力。因此，品牌內容營銷必須要打持久戰，不能讓品牌信息在內容營銷傾力演出之後就銷聲匿跡，主要從以下兩點出發：

　　第一，注重內容營銷的延續性。比如，持續地對某一特定類型的內容產品進行品牌植入，並且能夠規劃階段性的內容傳播，這樣既能保證針對統一的受眾群體傳遞品牌信息，又能形成規模效應，讓受眾一看到與品牌個性相符合的內容產品就聯想到品牌的相關信息。

　　第二，注重內容營銷的時效性。比如，要抓住在內容產品發佈後的熱度，通過各種宣傳方式進行回顧，保持內容的新鮮度，讓用戶接收到最新的信息，加深用戶對品牌的印象。例如，可根據事件的時效性，充分利用內容產品的資源，讓當紅明星作為品牌代言人拍攝廣告或參加品牌的宣傳推廣活動等。

> ❶ 內容為王：網站的生存之道在於網站的內容質量，提供優質的網絡資源供用戶瀏覽是一個網站的根基。伴隨着互聯網迅速發展，各類網站崛起，高度重複和毫無新意成了一大隱患，甚至於掛羊頭賣狗肉。提高用戶體驗已經成為目前網站建設和生存的關鍵，讓用戶找到自己想找的東西，能從網站上獲取有價值的資料，是一個網站存在的基礎。

25.3 內容為王˙呈現形式

　　如果品牌內容娛樂化營銷，品牌還是那個品牌嗎？如何將品牌植入內容營銷？這是許多企業家都非常頭疼的事情。

　　品牌內容營銷是品牌藉助內容這個載體來進行品牌傳播。而內容營銷的基本原理是由於內容產品的娛樂化性質能夠吸引受眾的關注，所以將品牌植入內容平台，受眾在享受娛樂內容的同時，也接收品牌信息，體驗品牌特質。縱觀內容營銷的發展，消費者大多通過內容產品的表達接收關於品牌的信息，而品牌傳播是否能夠準確到位，很大程度上取決於內容載體自身的質量。如果不考慮內容產品本身的質量，品牌與內容產品的結合程度會直接決定品牌傳播的效果。隨着內容平台提供的娛樂性與品牌植入的商業性之間關係微妙的變化，品牌與載體之間的關係有的若即若離，有的密不可分。按照品牌介入內容產品的深與淺的程度，我們暫且可以將內容產品與品牌傳播分為幾種類型，以幫助企業分清內容與品牌的結合程度所帶來的不同效用。

25.3.1 似有若無，蜻蜓點水

　　電視劇、電影、節目甚至體育賽事等內容平台都有助於傳遞品牌信息，但是根據品牌的產品類別標識和內涵，並非所有的內容平台都能被充分利用。若品牌利用內容的方式不能完全植入內容載體中，品牌與內容處於若即若離的邊緣狀態。

　　目前較普遍的軟廣告便是簡單的植入式內容，它是將品牌標識孤立地呈現在節目中，品牌或產品特徵幾乎沒有與節目內容發生關聯，常常使用冠名、贊助、標版等形式。該品牌在電視節目內容中並不是必須存在的，僅僅是將品牌符號以聲音或者文字、圖片的方式呈現在節目邊緣，內容產品中若沒有品牌的介入也不會影響內容信息的傳達。

　　在這種情況下，品牌的傳達效果也只能是因為載體的知名度而順帶提升品牌的知名度，這就是要充分考慮到品牌的目標消費者與內容載體的受眾之間的共性，也就是說要考慮將合適的品牌信息放到擁有合適用戶的內容平台。

25.3.2 呼之欲出，裏外鑲嵌

近些年來，我們可能會經常看到在電影、電視劇中，那些曾經刻意抹去品牌標識的道具重新披上各種品牌的外衣，如中央電視台春節晚會小品中的一整箱蒙牛牛奶，電影《三生三世》中的諾基亞手機。將品牌以產品實物的形式直接植入到內容載體中，是品牌內容營銷的常見方式，其好處有兩點：第一，可以避免消費者對於品牌的排斥，通過內容載體自身的故事情節和情境設置，不經意間將品牌信息傳達給受眾；第二，可以將電視或者電影故事中塑造的人物形象與品牌結合起來，帶來明星效應。

這些品牌植入到電視劇、電影內容中，以道具的方式出現在受眾眼前，當用戶在觀看電視劇或者電影時，自然受到品牌內容信息的影響。但這些道具不具備唯一性，可以更換品牌甚至捨去，所以產生的效果也是有限的。

在這種情況下，品牌首先必須植入得自然，不要露出太多的商業痕跡，影響內容的娛樂性，才不會適得其反。另外，植入內容需要充分考慮劇情。《天下無賊》中的寶馬汽車廣告植入，廠家也是付了廣告費的，卻因為影片中一句"開好車的不一定是好人"的台詞，而使得大家對寶馬汽車產生了負面印象。

25.3.3 內容滲透，無縫融合

將品牌完全植入內容載體，融合為內容表達所不可缺少的一部分，這是很多植入式廣告希望達到的效果。因為品牌與內容合為一體，不僅會在內容的傳達中藉助受眾對於內容的關注而"隱性"地傳達品牌信息，還能給受眾帶來不經意間比較完整和準確的品牌體驗，令受眾難以抗拒，使得內容的娛樂性與品牌的商業性無縫結合。

此時品牌帶給受眾的不只是品牌單一的表面信息，還包括聽覺、視覺和感官上多層面、多方位的品牌信息傳達。在內容的表現過程中，手段包括主人公對於品牌的使用和感情可以讓受眾間接地體驗品牌，有利於觀眾接受品牌。

這種高程度的植入手段，包括對白植入、情節植入和形象植入等。但是這些操作手段需要在內容形成之前就下手準備，操作週期比較長，過程也比較複雜。

25.3.4 好品牌都會講好故事

近年來，湧起了一股品牌內容營銷熱潮。這種內容營銷方式已經突破了廣告人製作廣告，或是請內容製造商來為品牌植入廣告的做法，而是由廣告人從品牌宣傳的商業角度出發，為品牌量身定做內容產品。內容產品的範圍非常廣泛，包括媒體印刷品（書報、雜誌）、電子出版物（數據庫、電子音像、光盤、遊戲軟件）、音像傳播（影視、錄像、廣播）等具有大眾傳播特性的載體。另外，一些品牌贊助和主辦的具有娛樂和新聞效應的活動也是一種內容平台。

該類品牌內容營銷一開始就站在品牌的立場上，設置了具有娛樂價值、能夠抓住消費者眼球的故事情節或者娛樂事件，製作的內容產品能高效釋放品牌商業價值，獲得觀眾認可。

　　將品牌內容娛樂化，讓受眾在輕鬆的心態下自然而然地接受品牌並與之融合，能夠更加精準地與目標消費群體溝通，獲得更好的品牌傳播效果。如今在美國，徜徉於麥迪遜廣場（Madison Square Garden）的廣告人已經瞄準了好萊塢的商業機會，希望以這種新形式的內容營銷重新捕獲消費者的注意力。

　　近年來，特意為品牌製作的微電影、小視頻層出不窮，從 8 分鐘到 1 小時，從搞笑短片到行業專題片，完全是從塑造品牌的角度出發。例如，寶馬汽車多年前就開始製作表現寶馬汽車非凡駕駛性能的電影短片，短片故事情節生動，演員表演到位，在互聯網上廣為流傳。娛樂化的內容加上品牌化的商業氣息，使廣告與內容營銷、娛樂營銷的界限越來越模糊。

本章小結

　　（1）內容是指事物所包含的實質性事物，內容的實質指事物內在因素的總和。與“形式”相對。世界上任何事物沒有無形式的內容，也沒有無內容的形式。內容決定形式，形式依賴內容，並隨着內容的發展而改變。

　　（2）移動互聯網的 3 個基本屬性——人本、進化、開放。人本是移動哲學的基石，進化是移動哲學的基因，開放是移動哲學的基調。因此，添加上這個時代標籤的內容，經過創新模式的熏陶，經過移動互聯網的技術、平台和應用結合並實踐的活動，我們稱之為移動內容營銷。

　　（3）品牌內容營銷是品牌藉助內容這個載體來進行品牌傳播。而內容營銷的基本原理是由於內容產品的娛樂化性質能夠吸引受眾的關注，所以將品牌植入內容平台，在受眾享受娛樂內容的同時，也接收品牌信息，體驗品牌特質。

　　（4）一家有實力的企業最好的防禦武器就是內容，因為內容猶如柔水一般，無形無味無聲無息，卻能夠進入到人類的五臟六腑之中，徹底洗刷人類的心靈。優質的內容一旦產生，就能像裂變的病毒一樣，快準狠地傳播出去、並對市場產生有價值的影響。

第二十六章

Substance
Sharing
Principles

内容分享原理

移動互聯網時代，"內容"一詞已被列入企業運營的核心關鍵要素。無內容不營銷，缺乏內容的營銷是強制性的推銷，而強制性的推銷和廣告已逐漸退出時代的潮流，因為它們的共同特點是不被用戶自傳播與分享。而內容分享是一種長期的營銷策略，不僅僅是寫篇軟文或拍段產品視頻這麼簡單。其核心在於長期創造並傳播內外部價值內容，為用戶提供一種能影響用戶和品牌或產品，間正面關係的有價值的服務，從而吸引特定受眾的主動關注，最終引導用戶轉化使企業獲利。

在移動互聯網時代，什麼樣的內容才具備被分享的屬性？好內容自帶傳播屬性，如何有針對性的進行內容包裝？內容的包裝形式有哪些？內容分享的移動應用技術如何實現⋯⋯相對於傳統單一的廣告式內容營銷，移動時代的內容分享變得更加有溫度。本章所闡述的內容分享原理，主要從內容分享的基本屬性、內容分享的表現形式來進行深度剖析解讀。

技術的進步，催生了許多內容分享平台，例如小紅書——一個年輕生活方式分享平台。

一個內容分享平台，內容從哪裏來？

小紅書的內容分別來源於平台用戶的原創內容、專業生產內容以及專業用戶生產內容，而用戶原創內容是小紅書的主要內容來源。

為什麼小紅書備受用戶喜歡？

第一，平台上的內容 80% 以上均是優質內容；第二，平台上的內容分享都比較真實；第三，平台的操作使用說明比較簡單便捷，而且內容審核機制比較智能化。

截至 2019 年 1 月，小紅書用戶數超過 2 億，其中 90 後和 95 後是最活躍的用戶群體。在小紅書平台上，用戶通過短視頻、圖文等形式記錄生活的點滴。社區每天產生數十億次的筆記曝光，內容覆蓋時尚、護膚、彩妝、美食、旅行、影視、讀書、健身等各個生活方式領域。小紅書成功的背後，說明了具備內容分享屬性的平台，更容易受到用戶喜歡。

26.1 內容分享的基本屬性

移動技術的進步，徹底改變平台與用戶內容傳播的路徑和關係。一方面，技術作為一種工具手段，正在解放內容生產力；另一方面，技術也融入到各種新型的內容形態當中。從內容生產到信息分發，技術既為內容的生產提供助力，也提供了更多抵達用戶的方式。在精準適宜的信息分發之上，技術讓平台增加了更加貼近的交互屬性。過去都是平台給用戶生產內容，現在都是用戶給平台生產內容；過去在平台上面打廣告都是給平台付費，現在用戶在平台上可以適當免費植入廣告，內容做得好的平台甚至還給用戶付費；過去打廣告都是平台傳播給用戶，現在都是用戶給用戶傳播。因此，做好內容分享，必須提前掌握內容分享的基本屬性。

26.1.1 熱點內容策略

熱點即某段時間內搜索量迅速提高、人氣關注度節節攀升的內容。熱點營銷其實是一種"藉勢營銷"，主要指企業及時地抓住廣受關注的社會新聞、事件以及人物的明星效應等，結合企業或產品在傳播上達到一定高度而展開的一系列相關活動。從營銷的角度而言，是通過一個優質的外部環境來構建良好的營銷環境，以達到企業需要推廣的目的的營銷方式。

熱點營銷也叫蹭熱點，是目前很常見的一種傳播方式。這種方式不僅節省了時間成本和金錢成本，還可以迅速發酵話題，給眾多企業提升品牌宣傳的曝光度。因此，這種傳播方式被企業大量用於營銷傳播。

熱點可以分為可預見性熱點和突發性熱點。像各種節日、固定的慶典等是可預見性熱點；而"格力與奧克斯'杠'上"、"中美女主播辯論"等是突發性熱點。

1. 如何藉助熱點進行營銷

很多企業為了蹭熱點生搬硬套，生硬的文案和營銷方案，令用戶反感，用戶反而對品牌印象越來越差。而好的藉勢營銷不僅創意十足，還要和熱點貼合得"天衣無縫"，讓人拍案叫絕；好的藉勢營銷不是牽強附會，而是尋找好貼合自身產品特徵的切入點，迅速找到好的爆點。

2. 藉勢營銷之後該如何轉化

熱點終究會變成"冷飯"，該如何在熱點變冷之前，有效的跟進擴散，幫助企業擴大知名度，同時將藉勢營銷變成長期效應而不是曇花一現呢？最好的辦法便是通過渠道讓企業的品牌效應"遍地開花"，在如今媒體資源如此多樣的互聯網時代，最好的方式便是進行多渠道擴散。

移動互聯網時代，傳播渠道多種多樣，豐富的渠道資源能幫助企業將自身品牌效應擴散到最大。目前，我們了解到的自媒體資源包含微信、微博、頭條、直播、短視頻、MCN視頻6個大類，具體包含秒拍、美拍、一直播、抖音、鬥音、鬥魚、映客、花椒、優酷、AB站、今日頭條、一點資訊、百度百家、淘寶達人、知乎、豆瓣、小紅書、朋友圈、微社群、馬蜂窩等上百個社交媒體。

26.1.2 時效性內容策略

時效性內容是指在特定的某段時間內具有最高價值的內容。

最成功的內容營銷策略都有這麼一個共同特點：專注於生產不會過時的時效性內容。什麼內容才是不會過時的時效性內容？它是指那些能夠為品牌帶來重複價值的內容。這些內容在任何時候、任何地方發佈，都能夠給用戶帶來價值。猶如一本好書，幾代人一直閱讀，傳頌書籍內容帶來的價值。

不會過時的時效性內容通常都是經過深入研究創作的。為了創作不過時的時效性內容,企業或個人可能需要投入更多的時間和資源。在內容的整個生命週期中,不過時的時效性內容可以幫企業或個體轉化成千上萬個銷售線索,而不僅僅是幾個或幾十個。

然而,這並不是說在合適的時機針對一個熱點事件發佈一個追熱點的文章就不可能成為你的內容營銷策略的一部分,尤其在時下熱點事件或問題與你的品牌和你所做的事情完全吻合時。但是,不能完全依靠一次性內容來打造企業的內容營銷策略,這樣的內容營銷策略就好像是只用引火物來引火而沒有燃料,而那些優質的、不會過時的時效性內容就是能夠讓火燃燒得更長久、更旺盛的燃料。

26.1.3 持續性內容策略

持續性內容是指內容含金量不受時間變化而變化,無論在哪個時間段內容都不受時效性限制的內容。

1. 內容發佈頻率的持續性

和社交媒體營銷一樣,那些剛剛開始做內容營銷的人遇到的一個最大的問題就是:如何階段性的更新發佈內容。遇到這個問題的人通常都希望能得到一個明確、直接的答案。但是事實上,應該多久發佈一篇內容是沒有硬性規定的。這完全根據企業自己的品牌來確定。有這樣兩種頻率的內容營銷形式:A 員工每個月做一次內容營銷,連續做 6 個月,然後提高頻率變成每個月做兩次,再連續做 6 個月;B 員工每週做兩次但只能連續做 6 週。顯然,A 員工的方法比 B 員工要好。內容營銷的關鍵是找到一個你和你的團隊能夠維持的節奏,然後持續連貫地輸出內容。這樣一來,你的目標受眾就知道大概什麼時候能再次看到你的內容,你也不需要每發一篇新文章時都要重新構建你的受眾。可見,要想通過內容營銷獲取用戶,以常規合理的持續性節奏進行營銷非常重要。你必須要定期地提醒用戶你在那裏,你是關心他們的需求的,你是能為他們創造價值的。如果你能做到持續性的內容輸出,那麼在一段時間之後,人們便會開始期望聽到和看到有關你的消息,他們就會感覺像是認識你一樣。

對於公司或是內容營銷專員來說,在時間上的前後一致性能讓你更好地測試很多不同的變量,例如標題、格式、圖片的使用和故事的類型等。你可以控制"時間"這個變量,看其他這些變量是否會對營銷效果產生影響。例如,你依然像以往一樣在每一天的同一個時間發佈內容,只不過將原來的短篇文章改為長篇文字,其他變量都不變,看文章的長度是否會對營銷效果產生影響。

2. 內容風格的持續性

營銷內容除了在內容發佈頻率方面保持一致性外,在風格方面也要保持前後一致。內容風格主要包括內容樣式與語氣口吻兩方面。一旦你找到了適合自己風格,能夠與客戶產生共鳴,你就應該堅持下去。如果你的用戶無法通過他們之前熟悉的樣式與語氣"認"出你,你怎麼指望他們能和你建立長久的關係呢?

26.1.4 方案性內容策略

方案性內容即具有一定邏輯、符合營銷策略的方案內容。

如今，隨着技術發展迅速，產品生命週期縮短，消費者不可能具備足夠的各科知識來滿足與識別自己的需求。於是他們便渴望在接觸商品或購買商品時能有一種快捷、有效、方便的途徑，去熟悉和掌握商品的性能、功能、使用方法、選購方法、保存方式和保養方式等。此時，企業的內容營銷就應採用方案性內容策略。方案性內容策略主要包括 3 個方面內容：

1. 挖掘產品文化內涵，增加營銷活動知識含量，並注重與消費者形成共鳴的價值觀

知識經濟時代，知識成為一種重要消費資料，無論是企業還是個人都把學習知識作為一項必不可少的活動內容，所以內容營銷活動應努力使消費者學到更多知識。同時，隨着經濟發展，人民生活水平提高，消費者購買商品時已不僅僅考慮其使用價值，而且關注它所帶來的觀念價值，即日益注重商品與服務背後的文化內涵，購買與之具有共鳴的價值取向的產品。例如，阿迪達斯（adidas）服裝倡導青春、健康、活潑的精神生活，這與許多青少年的價值追求相吻合，因此該品牌倍受青年人的青睞，獲得了青少年的市場。

2. 注重與消費者建立結構層次上的營銷關係，使消費者成為自己產品的忠實顧客

營銷關係一般可分為 3 個層次，一是財務層次，即以價格折扣、回扣、獎勵等形式來回報顧客，這是最低層的競爭手段，也最易仿效；二是社交層次，即與客戶建立友誼或各種社交關係，這是目前較流行的一種方式，但過度使用會帶來拉關係甚至腐敗的現象；三是結構層次上的營銷關係，即產品與顧客之間在技術結構、知識結構、習慣結構上建立起穩

案例　｜　沃爾沃變年輕了

在亞洲人眼裏，沃爾沃汽車品牌有些老化，但是近些年，沃爾沃一下子變年輕了，如沃爾沃在卡車營銷過程中，拍攝了上百條不同內容類型的視頻，以 Hero（英雄型內容）、Hub（聚攏型內容）、Hygiene（日常型內容）這 3 種內容形式有節奏地在 Youtube 社交平台上進行持續傳播，為品牌收穫了大量的曝光量和忠誠用戶。

這就是 Youtube 視頻網站的 "3H" 內容方法，它實現 Always-on 內容策略，不僅引起了短暫的活動爆發，還增加了傳播和參與的持續性。如圖 26-1 所示。

另外，內容營銷要與媒體、渠道有機融合，實現與用戶的無縫對接，充分利用付費、自有和贏得媒體來提供受眾想要的內容，並使你的內容達到最大化。

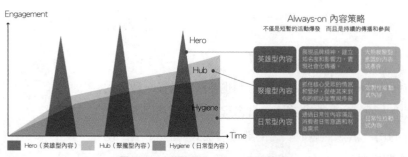

圖 26-1　沃爾沃 Always-on 內容策略

固關係，從而使顧客成為企業產品長期而忠實的顧客。隨着產品技術含量不斷提高，建立這種結構關係更為重要。

3. 加強營銷隊伍建設，使營銷更適合產品的高技術含量、智能化個性化的要求

移動互聯網時代，企業必須用知識贏得顧客，首先要讓顧客了解並懂得如何使用產品，以及使用後能帶來的好處，才能激發顧客購買慾望，從而擴大銷售。同時，營銷策略要針對不同類型的顧客進行特定設計，使產品或服務適應顧客的消費特點、文化品位和價值觀念。

26.1.5 促銷性內容策略

促銷性內容即在特定時間內進行促銷活動時產生的營銷內容。好的促銷性內容往往能快速促銷產品，提升企業形象。

推廣內容的方法非常重要。很多人犯的最大錯誤就是不推廣自己的營銷內容，認為"酒香不怕巷子深"。這就好像舉辦了一個 Party，卻沒人來參加一樣。

要想避免這種可悲情形的發生，有兩種方法。如果資金預算充足，你可以考慮多花一點錢購買流量，然後在這個基礎上學習如何去留住讀者；如果經費比較緊張的話，你可以在一些可能已經有一些讀者的免費內容發佈平台上發文營銷，如 Medium 和 LinkedIn 等，並在這個基礎上啟動你的內容營銷引擎。

那麼，該如何推廣這些內容呢？最開始推廣的時候，付費的社交媒體廣告是不錯的選擇。付費推廣推文或 Facebook 帖子是提升內容曝光度的一個很好的方式。此外，與所在行業的那些合作夥伴和意見領袖談合作並將內容發佈在他們的平台上，也是一種非常不錯的內容推廣方式。只要讓自己花的每一分錢的價值都能最大化，並根據在這個過程中學到的東西對營銷方法進行迭代優化，那麼利用 Facebook、LinkedIn 和 Outbrain 等渠道去付費獲取讀者是沒有任何問題的。這需要對讀者的閱讀喜好快速提出假設。

另外，在內容營銷的早期階段，和市場上的一些媒體、博客等進行投稿方面的合作是獲取讀者的一個非常有效的方式。你的文章可以投給一些有不錯流量的媒體（最好是能與你的品牌有一些共同之處的媒體）；還可以通過公司創始人或 CEO 在媒體上開一個專欄的形式進行系列的投稿發文，也可以單獨發文，針對目前流行的話題寫一篇行業分析類文章；還可以在 Medium（國內類似的有簡書）、LinkedIn 等免費的網站上發佈；更可以投給《紐約時報》、《財富》、《Techcrunch》、《Venturebeat》或是 36 氪這些專業媒體。通過文章的發佈，品牌的認知會迅速提高，一定量的客戶轉化必然會隨之而來。

在梳理可以投稿的潛在媒體網站的時候，我們需要做一點前期的準備工作。首先做一個 Excel 電子表格或是其他任何你覺得好用的表格，在每一個潛在投稿網站裏找到與那些即將投的稿件類似且比較受歡迎的文章，並將它們都整理在表格裏。通過郵件給網站編輯投稿的時候，可以在郵件裏直接這樣說："Hi，我發現在你們的網站上，有關 Z 這個主題的 X 和 Y 這兩篇文章非常受讀者的歡迎。我剛寫了一篇文章，它與這兩篇文章類似，相信也是

讀者非常喜歡閱讀的文章，所以投稿給你們網站並期待發佈。通過這樣的溝通，你投稿成功的可能性就能大大提高。

26.2 內容分享的表現形式

26.2.1 軟文內容營銷

內容營銷最初的營銷形式是軟文，把許多文字整合成一篇長軟文，就稱為文案。也許在許多人看來，文案真是可望而不可及，但是還用這種思想去做思考的人，用現代的語言來描述的話，叫作"很 low"。因為在移動互聯網時代，文案不在乎長與短，也不再是過去文縐縐或者詩情畫意的風格，只要足夠走心，就可稱為好文案。因此，文字內容營銷是人人可操作的。

移動互聯網時代，再小的個體都是品牌。在這些公司的發展中，文化是一種很重要的內在推手。例如，"江小白"作為一個新興的實體經濟，充分藉助了文化的外衣，成功實現了文化營銷。如果說準確的客戶定位為其成功逆襲創造了消費群體，那麼文化營銷則是"江小白"打贏這場逆襲戰的盔甲。江小白實現文化營銷的手段有以下兩種：

1. 對碎片化話語的系統整理

"碎片化"是這幾年比較流行的涵蓋面很廣的一個詞語，我們時常聽到碎片化時間管理、碎片化學習等。實際上，在互聯網＋語境下，一切都有碎片化的可能，包括人自己的情緒、舉動。比如你現在不高興，在推特或者微信上發了一個傾訴的句子，這個並不能持續很久的情緒相對你的整體情感來說就是碎片化的。碎片化是針對整體而言的。但是，如果你用放大鏡去看一些碎片化語言，它折射出的或許就是一種觀念。"江小白"便充分利用了這種情緒化的語言對自己進行包裝。在每個"江小白"瓶子封帶都有一段看似無趣卻能折射現象以及情緒的話，比如"關於明天的事，我們後天就知道了"、"你心裏想念的人，坐在你的對面，你卻在看你的手機"、"稀飯江小白，94 喜歡簡單生活"，等等，這些我們熟悉不過的話語卻總是給消費群體突如其來的情緒認同感。"江小白"首次成功地用這些話語對"情緒飲料"進行包裝。

2. 媒體宣傳造的勢

現代商業的發展如果脫離媒體死守"酒香不怕巷子深"的套路無疑是死路一條。當然，不包括政府壟斷性行業、軍工行業等。在移動互聯網時代，大橫幅、海報等傳統的宣傳方式已經不能有效地拓展產品的覆蓋面，而"江小白"在確定了自己的消費群體後，出現在《好先生》、《火鍋英雄》、《致青春》、《小別離》等影視劇中，恰當地藉助媒體宣傳，讓觀影者產生了一種心理認同感，進而主動嘗試，成為白酒界的一匹黑馬。所以說，基於恰當媒體之上的文化營銷具有滋生性和影響力，這就是文化軟實力的核心價值所在。

26.2.2 圖片內容營銷

　　圖片營銷是相對於軟文營銷而言的，它的載體並不是文字，而是圖片或圖文結合。我們在日常生活中隨處可見圖片營銷，例如車身廣告、廣告牌、廣告燈等，但這樣的宣傳方式成本太高，效果也不是很好。移動互聯網時代為圖片營銷的發展提供了契機，一張精心製作的圖片可以在一瞬間佔據國內各大網站的頭條，甚至引起外國媒體的注意。

1. 圖片內容營銷的過程

　　（1）定位。在執行營銷之前，你必須知道針對的用戶是哪些人，他們的消費心理是什麼樣的，以及你想達到什麼效果。

　　（2）製作圖片。要想最大限度地發揮圖片營銷的優勢，就必須從圖片本身下功夫，一張好的圖片必須具備創意和讓人過目不忘的穿透力。在製作圖片的時候，企業或品牌要確定傳播的目的，是要通過圖片來提升自己的品牌美譽度還是推送自己的產品？確定好傳播目的之後才能製作圖片。製作圖片要從產品的定位出發，並結合行業常用的題材。

　　（3）給圖片命名。這一點不同於軟文營銷，軟文營銷是先確定課題名稱，但是在圖片營銷中，文字不一定包含在圖片的內容當中，文字仍然可以發揮軟文營銷的作用，所以在圖片製作的過程中，要結合圖片的內容擬定題目、配上文字，或者採用和產品相關的名稱。

　　（4）圖片推廣。圖片製作完成以後，就需要將它推廣出去。如果是個人做的圖片，應將圖片廣泛地發佈於論壇中、聊天群中。我們也可藉助事件在網絡上推廣圖片，達到事半功倍的效果。

　　（5）評估效果。在圖片發佈出去以後，要跟蹤收藏率和轉載率。

2. 圖片內容營銷的優點

　　（1）圖片的製作成本低。同軟文和視頻廣告相比，電子圖片的製作並不難，設計軟件十分流行，而設計師滿大街都是，一個設計師就可以完成一張圖片的製作，所以製作成本十分低廉。

　　（2）圖片更加直觀。用戶對圖片具有較強的感性認知，當用戶看到圖片後，可以迅速從圖片中提煉出核心內容，記憶更深刻。

　　（3）圖片傳播速度快，傳播範圍廣。在網絡時代，縱使相隔萬里，我們也可以使用通訊軟件在瞬間發送一張圖片。

　　正是由於圖片營銷的種種優勢，圖片內容營銷呈現出蓬勃發展的態勢，可以肯定的是，它的地位在移動互聯網時代將會越來越重要。

26.2.3 短視頻內容營銷

　　"短視頻"毫無疑問是年度最熱內容消費形態，而優質內容如何與傳播平台相結合，品牌主又如何做好短視頻營銷，成為內容與營銷圈最為關注的話題。短視頻以其"時間短"、

放映機　　黑白電視機　　台式電腦　　筆記本　　iPad　　手機

圖 26-2　視頻播放硬件進化過程

"信息量大"、"圖文聲並茂更符合現代人消費習慣"等特點，正成為社交、媒介、廣告營銷界的新寵。

而短視頻之所以如此火爆，與 PC 互聯網和移動互聯網的算法不同有關，同時也與視頻播放硬件的進化過程（見圖 26-2）有關。移動互聯網技術的突飛猛進，讓大屏變成小屏，長視頻變成短視頻，用戶觀看視頻變得更方便。因此短視頻傳播的裂變速度非常快。企業看到這一趨勢，在短視頻品牌營銷上可謂下足了功夫。

對於短視頻品牌營銷來說，這是一個最好的時代，也是一個最嚴峻的時代。社交網絡的快速傳播和廣泛參與為品牌傳播鋪開渠道；但又由於短視頻製作門檻低、生產流程簡單，短視頻陣地已是處處虎踞龍盤，一招棋錯，失之千里。若想完美觸及用戶、達到品牌與用戶的心之共鳴，也許只有"最會講故事"的短視頻能做到了。除了有號召力的主演、對口的觀眾，以及創意十足的內容平台，還有一個很容易被品牌忽視的營銷策略——社群的參與交互。

以平台生態化、創作精品化、內容垂直化、推薦智能化為主的四大內核造就了短視頻風潮，短視頻的快速發展，打破了視頻新媒體的流量格局，根據官方數據顯示，短視頻行業持續快速增長，用戶規模高達 4.1 億。

隨着流量的轉移，用戶注意力也在發生不可逆的轉移，短視頻不斷搶佔用戶時間，移動網民分配到即時通訊等的注意力隨着在短視頻平台黏性的提升而有所下降，進而帶來了用戶行為的顛覆，這為短視頻營銷帶來了機會。

除用戶基數外，許多短視頻平台聯動今日頭條，對平台流量進行長期滲透，科學量化，雙平台全面打通，以智能分發策略實現社交、新聞資訊、傳統視頻等跨平台模式聯動。同時在內容上，短視頻注重用戶與人才的培養，為短視頻生產、運營提供了良性成長土壤，進而構建垂直消費生態，實現由泛娛樂到垂直內容轉型的迅速增長。

通過用戶、數據、內容、場景等維度的移動營銷增量聚變，在流量、內容、數據上形成三方協同共振，進而提升營銷信息在品牌中堅消費群體的觸達，短視頻將以此全面賦能品牌營銷。

26.2.4 音頻內容營銷

隨着移動互聯網的逐漸普及，音頻媒體的價值又重新回歸營銷圈，各類移動音頻 App 興起，音頻行業在移動時代得到了新的定義和解讀，聲音媒體不再是傳統廣播節目的頻率傳播，而是被打散成碎片化的音頻時段，成了能夠最大程度陪伴用戶聽覺的伴隨性媒體。音頻營銷就是以音頻為主要傳播載體的營銷方式，更通俗地說，音頻營銷就是通過音頻來

案例　｜　從內容到服務的新巨人──字節跳動

字節跳動公司推出的抖音於 2016 年上線，這款手機 App 上線不久便紅遍了大江南北，瞬間引爆全中國。據數據，抖音用戶於 2017 年超 7 億，月活躍量超過 1 億。僅 2018 年的一個季度，抖音下載量已經達到了 4,580 萬次，成為蘋果應用商店 iPhone 應用全球下載量之最。

抖音是通過視頻拍攝、搭配合適的音樂、控制拍攝的快慢、濾鏡、特效和場景切換等技術來創作內容的，創作時長一般不超過 60 秒。隨著抖音關注度越來越高，這些來自民間的自製短視頻悄然成為各行業營銷的利器。

抖音是字節跳動的王牌產品，是字節跳動成為繼 BAT 之後的 TMD（頭條、美國、滴滴）互聯網新巨頭，以智能算法為驅動技術，字節跳動用了不到 7 年時間成為估值 750 億美元的獨角獸，是中國國內僅次於螞蟻金服估值最高的非上市公司。

抖音的出現暴露了字節跳動的巨大野心。字節跳動在視頻、問答、圖片等領域連續發力，產品矩陣已完成生態鏈佈局，包括今日頭條、抖音、西瓜視頻、火山小視頻、TopBuzz、Faceu 激萌、圖蟲、懂車帝等多款產品。截止 2019 年 7 月，字節跳動旗下產品全球總 DAU（日活躍用戶）超過 7 億，總 MAU（月活躍用戶）超過 15 億，其中最具爆發力和活躍度的產品，當屬抖音。

抖音和今日頭條是字節跳動推出的兩大主力產品，使字節跳動成為坐擁 "資訊分發＋短視頻" 兩大流量入口。這種增長勢頭也體現在海外市場，2018 年底 CEO 張一鳴透露字節跳動海外佔比近 20%，抖音海外版 TikTok 下載量已突破 10 億，超過 Facebook 和 Instagram。截止到 2019 年上半年，TikTok 在印度擁有 2 億用戶，1.2 億月活。可見抓住內容短視頻風口就抓住了未來十年的互聯網紅利。

字節跳動通過內容、數據與流量的三方協同，實現了從內容到服務的升級。

深耕文創內容，打造專屬護城河

圍繞文創內容核心業務打造護城河是字節跳動從創業到今天一直堅持的宗旨。2012 年 8 月今日頭條的第一個版本上線，主攻移動資訊分發的定位使得整個企業的品牌在今後很長一段時間里都直接定義了企業的主營業務。字節跳動在整個文娛內容方面一直出手闊綽，在抖音的起步階段，為短視頻創作提供了各種補貼。又在抖音周圍推動西瓜視頻和火山視頻兩個爆款產品為抖音短視頻形成第二圈護城河。作為 "內容搬運工" 的字節跳動，甚至還成立了規模巨大的內容投資基金，以確保在文娛內容這條擁擠的賽道上使公司保持競爭優勢。

用數據連接內容，找到海外互聯網紅利

中國科技公司中，真正擁有全球化業務的科技巨頭只有 4 家，分別是華為、螞蟻金服、字節跳動和騰訊，其中發展最快的當屬字節跳動。

中國大陸已經裝不了字節跳動的野心，它的全球化佈局採用 "自產＋投資＋收購" 的方式複製了其國內產品矩陣。先後推出了火山小視頻海外版 Hypstar 和抖音海外版 TikTok。TikTok 相繼拿下了美國、日本、印度等國家的下載量冠軍和最受歡迎的應用稱號。此外還收購了美國短視頻平台 Flipagram、移動新聞服務運營商 News Republic 和音樂短視頻互動社交平台 Musically。尤其是 Musically 的收購是非常重要的一環，當時全球用戶達到 2.4 億，日活 2,000 萬，字節跳動把頭條的推薦系統植入到 Musically 之後，當天日活猛漲 30%，同時還實現了 TikTok 和 Musically 之間的數據共享。

運用數據、內容與流量的相互鏈接的方式，字節跳動在海外形成了以直播、短視頻和新聞資訊為主的全方位內容矩陣。

從內容到服務的躍升

字節跳動是移動互聯網時代的寵兒，據《2019 全國數字報告》統計，2019 年 1 月之前的一年間，全球移動互聯網用戶為 43.9 億，移動手機用戶 39.89 億，其中 32.6 億人在移動設備上使用社交媒體，南亞、東南亞、南美地區尚處於移動互聯網窪地。

短視頻和資訊分發平台是眾多廣告主青睞的陣地，最常見的是信息流廣告，用戶在刷短視頻時，刷到廣告主投放的視頻可以直接點擊查看或下載。字節跳動還拿到金融運營牌照，進軍金融服務業。通過視頻場景變現，字節跳動把內容帶到服務中來。

推廣，是一種新興的網絡營銷模式。音頻營銷中的音頻主要是指網絡語音互動交流（如 YY 語音）、歌曲、相聲、詩歌朗誦、文章朗讀以及其他形式的錄音等。

隨着音頻用戶的大規模增長，音頻的營銷價值也在逐漸凸顯，而如何營銷，成了音頻行業未來所要思考的難題。開展音頻內容營銷的策略主要有以下 3 點：

1. 選擇合適的呈現節點

對於移動音頻行業而言，伴隨性是很重要的特點。大多數用戶在使用音頻時，會選擇某一檔節目或某一個節目合輯進行收聽，不會經常切換節目內容，因此，在節目與節目的間隙插入少量音頻廣告，既不會過於明顯，又能夠被自然收聽，也不會影響到節目內容。

2. 為廣告量身定製創意內容

廣告之所以會被用戶反感，很大程度上來自用戶對低俗廣告內容的抗拒。如果把廣告內容變得更加有趣和好玩，也許可以減少用戶對廣告的抗拒，而聲音媒體的煽動性和渲染力，天生就具備了把廣告變得更加有趣的基因。所以，創意廣告未來是音頻廣告的一大方向，把廣告做成段子，再配上主播煽動性的語言，聽廣告也許會成為一種享受。

3. 與主播合作，推送原生音頻廣告

在移動端，原生廣告成為越來越流行的廣告形式，這樣的廣告形式放在音頻廣告中也一樣行得通。在諸如喜馬拉雅這樣的聚合類的音頻 App 中，集合了大量主播自產的音頻節目，而一些熱門主播往往在用戶中具有較大的影響力和煽動性。因此，我們可以藉助這些主播平台，與主播合作生產原生廣告，將其以節目的形式推送給用戶，潛移默化地將廣告信息植入用戶意識中，完成營銷傳播。

26.2.5 表情包內容營銷

當前，人們的表達已經從文字、圖片、影像轉向更為多元的形態，這個形態就是我們所謂的表情包。移動互聯網時代，表情包就是一個傳達內容的戰鬥機，它正通過各種形式、各種手段無孔不入地走進每一個人的生活，甚至有人說當一輩子文案也幹不過一個表情包，可見表情包的傳播力度。

1. 表情包進化史

1982 年 9 月 19 日，美國卡耐基・梅隆大學的斯科特・法爾曼教授在電子公告板上，第一次輸入了這樣一串 ASCII 字符 "：-)"，人類歷史上第一代表情符號就此誕生。隨後，日本人在電子符號表情這個基礎上，創造出了顏文字（kaomiji）。很快，顏文字已經不能滿足人類日益增長的聊天需求。於是，"小黃臉" 表情來了。

隨着 "90 後"、"00 後" 開始湧入社交網絡，僅僅使用 QQ 的默認表情已經無法滿足需求。自定義、再創作表情包的浪潮如雨後春筍般湧現，二次元的力量也開始顯現。大多數

是"萌萌噠"的卡通形象,比如兔斯基,悠嘻猴……2007 年,暴走漫畫開始在北美流行,2008 年引入中國,雖然畫風粗糙,但反響強烈。進入中國後,隨後更出現了配有暴走漫畫製作器的專門網站,而暴漫的表情也是從那個時候開始出現在中國的網絡市場,隨後開始漸漸取代了傳統的卡通類表情,成為了主流擔當。與此同時,不同風格的自定義表情圖片也隨之傳播,卡通形象配上一句短語,讓感情的表達變得更加準確。

2. 表情包的成功營銷要點

各品牌之間對於用戶的競爭,說到底是用戶時間的競爭,表情包作為非常活躍的社交工具,是品牌營銷不可或缺的一個拓展陣地,也是一個富含極高活躍度和互動性的巨大媒介載體。表情包的成功營銷主要取決於以下兩個方面:表情包必須包含品牌營銷信息的植入;確保表情足夠有趣,用戶非常願意在社交網絡上使用和分享表情包來傳遞內容。可以說,品牌與各種各樣表情包的結合已經成為了一種新型的營銷方式。表情包營銷拉近了品牌與消費者的距離,甚至融入消費者的生活中,這是許多傳統營銷方式做不到的。

26.2.6 品牌故事內容營銷

故事是一種最容易被人類大腦接受的信息組織形態,人類從孩提時代起就對故事如飢似渴。對品牌而言,故事內容營銷是一種高明的溝通策略,它融合了創造力、情商、消費者心理學、語言表達能力乃至神經系統科學等多領域知識,一個好故事可以幫助品牌更高效地傳遞信息,取得更好的說服效果。

在 2017 年之前,移動互聯網內容營銷就好比一陣風,被風吹過的新興行業,有 50% 以上的企業猶如凋零的花朵,枯黃而難看。但一個女記者卻逆襲成為百億公司掌門人,她就是時下火爆的摩拜單車創始人——胡瑋煒。摩拜單車雖說無意做廣告,但是內容營銷的自傳播力度特別令人驚歎。它做的雖不是類似於微信的社交傳播平台,但是卻能夠做到內容自傳播,可見這一策略十分高明——把創業情節陳述成品牌故事。

在《一席》(Get Inspired)的演講中,胡瑋煒說,10 年前,她像很多人一樣,只是一名普通的白領,做着平凡的汽車記者。創業者往往在走向成功的轉折點時,都會遇見生命中的貴人。在 2014 年的某一天,一個在奔馳中國設計中心工作的朋友告訴胡瑋煒,未來的個性出行工具會有一波革新潮流;蔚來汽車的董事長李斌問她,有沒有想過做共享出行項目;後來又與極客公園創始人張鵬進行過探討。在平淡而沒有誇誇其談的演講中,胡瑋煒的創業情節讓我們用戶非常信任,以及感動,從而我們也能總結出,她的故事正是她企業的最好內容營銷。

摩拜單車不是為了解決生存問題,而是一種情懷。胡瑋煒說,在黃昏和清晨騎車是一件很浪漫的事情。對於一個女生來說,或許這裏面有一個浪漫的愛情故事。"共享單車"如雨後春筍一樣出現在諸多城市街頭的大數據分析讓胡瑋煒演繹得美妙絕倫。在這次演講的大數據分析中,有一個城市——深圳令人印象非常深刻,視頻中有人說深圳是一座不夜城。胡瑋煒在深圳的時候就跟大家調侃,說不知道為什麼深圳一天 24 小時有這麼多人在騎行。

案例 ｜ 表情包營銷

移動互聯網時代企業的品牌不再是依靠冰冷的符號，而是用有溫度的表情包去營銷。

一份別出心裁的表情包，借助一個熱點事件會讓這個品牌瞬間被用戶記住並產生心理共鳴。2014 年在美國國慶日的當天，準備已久的百威淡啤（Bud light）在 Twitter 上發佈了一則 "emoji 表情包"，如圖 26-3 所示。百威巧妙地將國旗、慶祝禮花與白威啤酒符號進行精心排列，引爆了話題營銷。

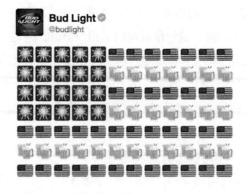

#4thofJuly

RETWEETS 151,534　FAVORITES 113,188

圖 26-3　百威淡啤在 Twitter 上的 "emoji 表情推文"
資料來源：Bud Light 的 Twitter 截圖

後來一個用戶就在朋友圈 @ 胡瑋煒說，其實很多人，像保潔阿姨，她們在深夜兩點的時候剛剛下班，而那個時候已經沒有公共的交通工具了。看到這個，胡瑋煒非常感動，而用戶也被她的感動而動容。

在演講中，胡瑋煒還有一句話甚至可以作為摩拜單車最好的廣告語——用自行車點亮一座城市！因為從最初零星的不起眼的小亮點，到最後群星璀璨，用戶也能深刻感受到胡瑋煒夢想被點亮的激動心情。這證明了想要感動別人，前提就是先感動自己。

胡瑋煒的故事，讓許多用戶都看到了她背後的資源：一是創新工場，二是騰訊，三是美團。而這三大平台相對應的創始人都已經成為業界叱咤風雲的人物。在這三個大佬裏面，只要其中一個人的朋友圈提到摩拜單車，用戶都能夠第一時間了解到摩拜單車。胡瑋煒故事的背後，讓所有人都能了解到摩拜單車的實力以及它背後的資源。

26.3 工具箱

26.3.1 盤點 14 個流量最佳渠道

1. Medium（博客發佈平台）

Medium 允許用戶再次發佈已經發佈過的博客文章。

如果你不想把所有的博客文章都發佈在 Medium 上，你可以篩選博客文章中比較精彩的片段發佈在 Medium 上，然後添加鏈接將人們引導到你的網站中查看完整文章。

倘若你在 Medium 已經獲得了自己的讀者群體，你可以時不時發佈一些 Medium 讀者獨家文章，回饋他們。

2. Reddit

Reddit 是一個分享內容的好平台，但因為 Reddit 用戶見慣了品牌利用內容進行產品營銷的做法，對於品牌分享的內容並不買賬，因此如果你想在 Reddit 發佈文章，建議將這項任務交給擁有活躍 Reddit 賬戶的員工，而且文章內容要對用戶有價值。分享頻率也要注意，每月分享 1 到 2 次公司內容為宜。此外，請確保員工在分享內容時，除了公司博文，還可以分享一些目標客戶感興趣的內容。

3. LinkedIn Articles

LinkedIn 允許用戶將博客文章同步到自己的 LinkedIn 賬戶中。

目前這些文章並不會被自動標記上 "rel=canonical" 標籤，研究也表明谷歌並沒有將它們標記為重複內容。

4. 電子郵件

通過電子郵件推廣內容雖說是個老掉牙的策略，但依舊管用。

電郵廣告軟件商 Campaign Monitor 研究發現，電子郵件推文的點擊率是社交媒體推文的 6 倍。你可以將發佈的內容通過軟件自動發送給客戶，吸引他們的關注。

5. Design Float

這是一個供設計師分享文章、想法的在線討論區，如果你有相關內容也可以在此發佈。

6. Managewp.org

用戶可以利用 Managewp.org 管理 WordPress（博客寄存服務站點）的內容。

7. Dzone

這個討論區有超過 100 萬的開發人員，他們在上面分享各種與代碼、雲計算相關的內容和網站。

8. 推特品牌賬戶（Twitter Brand Accounts）、推特個人賬戶（Twitter Personal Accounts）和推特聊天（Twitter Chats）

如果你的文章對提高品牌知名度有益，你可以考慮把文章添加到你的推特品牌賬戶中。你甚至可以在幾個月內重複發佈同一篇文章。

推特上的內容更新很快，利用推特個人賬戶，在推特的各個角落重複分享你的文章或者優質選段是可行的，這將確保你的內容被儘可能多的客戶看到。

對於推特上一些針對性較強的受眾，你可以建立聊天群組，在群組中分享更高質量且有針對性的內容。值得注意的是，不要把你發佈的所有內容都建立聊天標籤，有時候過多的無意義的標籤，會讓你的受眾產生逆反心理。

9. Facebook 個人主頁、Facebook 品牌頁面、Facebook 群組

Facebook 個人主頁是一個常被遺忘的地方，如果你擔心你的朋友並不喜歡看到那些推送內容，你可以專門建立一個工作列表。

將你的內容精華部分發佈到你 Facebook 品牌頁面，注意確保內容與你的受眾息息相關，發送的圖片也要注意格式和相關性。

另外，許多 Facebook 用戶在業餘時間都活躍於各種的 Facebook 群組，你可以加入一些行業相關群組，回覆他人的問題，閱讀他人的內容，成為群組中的活躍成員，再分享你的文章。

10. Slideshare

Slideshare 是一個專業的幻燈片存儲與展示的網站，也是世界上最大的幻燈片分享社區。它是一個開放式的免費服務平台，註冊後的使用者都可將 PPT、 Word、 Excel 上傳，並加上標籤，讓大家透過 Slideshare 的平台觀看。

11. LinkedIn 群組（LinkedIn Groups）

如果你在 Linkedin 上很活躍，可以考慮在相關的 Linkedin 群組裏分享你的內容。

12. Pinterest 賬戶

你可以將內容創建漂亮的圖像，或者將內容改為圖片式的，分享到 Pinterest 上，也能為你俘獲一批視覺受眾。你還可以創建自己的 Pinterest 相冊（Boards）。

13. Instagram

利用 Instagram 增加內容曝光度，注意在標題中添加內容選段，並在其中添加完整內容鏈接。此外，雖然 Instagram 故事只能持續展示 24 小時，但也有利於你分享鏈接。

14. YouTube

你可以在 YouTube 上分享你的團隊討論內容關鍵點的相關視頻。

26.3.2 內容傳播工具

微信運營實用工具主要分以下幾類（見表 26-1），具體如表 26-2~26-17 所示。

表 26-1　微信運營實用工具的種類

1	圖文編輯器	2	H5
3	營銷助手	4	二維碼
5	圖片處理	6	思維導圖
7	表單數據	8	社群工具

（續表）

9	熱點挖掘	10	電商平台
11	短網址	12	廣告交易平台
13	大數據榜單	14	視頻音頻
15	學習進步		

表 26-2　圖文編輯器

1	易點編輯器	2	96 微信編輯器
3	新榜編輯器	4	91 微信編輯器
5	i 排版	6	135 微信編輯器
7	壹伴助手	8	秀米編輯器
9	易企微微信編輯器		

表 26-3　H5 工具

1	兔展	2	易企秀
3	秀米	4	易企微
5	麥片 BlueMP	6	有圖
7	初頁	8	MAKA
9	易 liveAPP 場景應用	10	人人秀
11	易派		

表 26-4　營銷助手小工具

1	愛微幫	2	新媒體管家
3	西瓜公眾號助手	4	微小寶
5	微口網	6	樂觀
7	易撰	8	新榜

表 26-5　二維碼製作工具

1	草料二維碼	2	二維工場
3	聯圖網	4	wwei 創意二維碼

表 26-6　圖片處理工具

1	創可貼	2	360 識圖
3	美圖 GIF	4	百度識圖
5	Tuyitu 動圖製作	6	Canva 海報設計
7	Nippon colors 配色	8	美圖秀秀
9	ulead gif 動畫製作軟件		

表 26-7　思維導圖製作工具

1	Mindmanager	2	Xmind
3	百度腦圖		

表 26-8　表單數據製作工具

1	金數據	2	表單大師
3	麥客	4	騰訊問卷
5	ICTR	6	問道網
7	問卷星	8	調查派

表 26-9　社群工具

1	QQ 群興趣部落	2	微讚論壇
3	社群工具 Group+		

表 26-10　熱點挖掘工具

1	百度搜索風雲榜	2	網評排行搜狐
3	熱門新聞每週排行	4	熱門微博 / 話題
5	百度指數	6	知乎實時熱門
7	豆瓣 - 話題廣場	8	優酷視頻 - 資訊熱點

表 26-11　電商平台

1	有讚	2	微店
3	微盟	4	微信海
5	點點客		

表 26-12　短網址

1	新浪短網址	2	淘寶短網址
3	縮我	4	百度短網址
5	短網址 - 專業網址縮短平台		

表 26-13　廣告交易平台

1	微博易	2	新榜
3	一道自媒體	4	微果醬

表 26-14　大數據榜單

1	新榜	2	愛微幫
3	清博指數	4	西瓜助手
5	騰訊微校	6	樂觀號
7	易撰		

表 26-15　視頻音頻製作工具

1	格式工廠	2	會聲會影
3	狸窩全能轉換器	4	迅雷影音

表 26-16　學習進步工具

1	運營技巧	（1）愛運營
		（2）微果醬
		（3）極客學院
		（4）插座學院
		（5）饅頭商學院
		（6）姑婆那些事
		（7）人人都是產品經理
		（8）老夏分析師
2	文案運營	（1）頂尖文案
		（2）文案搖滾幫
		（3）文案段子手
		（4）頂尖文案 topys
		（5）廣告業瘋狂
		（6）廣告門
		（7）4a 廣告提案網
		（8）一條特立獨行的廣告
		（9）杜蕾斯
3	H5	H5 廣告資訊站

表 26-17　其他工具

1	有道雲筆記	2	印象筆記
3	百度文檔	4	石墨文檔
5	百度圖説	6	Ustodir（在線 html 編輯器）

本章小結

（1）移動互聯網時代，內容分享是一種長期的營銷策略，而不僅是寫篇軟文或拍段產品視頻這麼簡單。其核心在於長期創造並傳播內外部價值內容，為用戶提供一種能影響用戶和品牌（或產品）間正面關係的有價值的服務，從而吸引特定受眾的主動關注，最終引導用戶轉化使企業獲利。

（2）移動技術的進步，徹底改變了平台與用戶內容傳播的路徑和關係。一方面，技術作為一種工具手段，正在解放內容生產力；另一方面，技術也融入到各種新型的內容形態當中。

（3）內容分享策略分為熱點內容策略、時效性內容策略、持續性內容策略、方案性內容策略、促銷性內容策略。

（4）移動內容分享呈現形式包括軟文營銷、圖片營銷、表情包營銷、語音營銷、短視頻營銷等。

第二十七章

Deep
Substance
of Management

深度內容管理

27.1 了解大數據

27.1.1 大數據的定義

移動互聯網時代，大數據儼然變成了營銷活動中黏度非常高的一項技術，甚至可以說，在互聯網大數據的時代下，誰掌握了這些數據，誰就掌握市場命脈，誰就能針對用戶的需求，做精準營銷。

當今，移動互聯網、雲計算、物聯網、機器類型通信等新興通信技術的迅猛發展，導致數據流量的爆炸式增長和數據結構類型的高度複雜化，市場營銷進入了網絡化的大數據時代。

大數據是在獲取、存儲、管理、分析等方面大大超出了傳統數據庫軟件工具能力範圍的數據集合，具有海量的數據規模（Volume）、快速的數據流轉（Velocity）、多樣的數據類型（Variety）和價值密度低（Value）4 大特徵，大數據具有 4V 特點，如圖 27-1 所示。

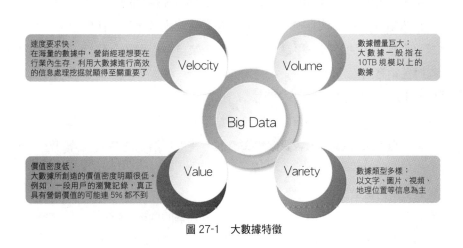

圖 27-1　大數據特徵

27.1.2 移動大數據營銷的應用價值

依靠龐大的網絡積累用戶行為的大數據將會持續火熱，越來越多的行業認識到大數據對於營銷的重要性，以互聯網為代表的 IT 時代產生的行業革命，已經逐漸被以大數據為代表的 "DT" 時代所取代。"DT" 是一個數據量級的技術表現，利用經過採集、分析、挖掘後的數據，形成對某個行業更為深入的研究，形成對這一行業的目標人群更為準確的細分，體現出大數據在提高營銷精準率上的優勢，這正是大數據營銷的秘密所在。

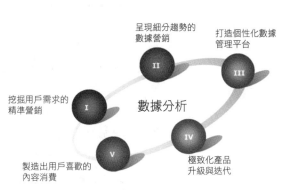

圖 27-2　數據分析的 5 個方面

移動大數據營銷的應用價值大小主要取決於對數據的分析水平，如一款 App 每天會產生數以億計的數據流量，那麼對於 App 所引爆的流量該如何入手？如圖 27-2 所示，移動大數據營銷的應用價值體現在以下 5 個方面：

（1）挖掘用戶需求的精準營銷

大數據帶來了一種更為新型的廣告投放模式，以挖掘用戶需求來進行廣告精準投放。通過在海量數據基礎上的市場前瞻性分析、競品分析、用戶偏好分析、消費者動向分析等數據服務，幫助廣告主找到需求匹配度最高、最具潛力的用戶群體，更合理地分配廣告預算，進行大數據精準營銷。因此，大數據下的營銷方式做的是減法。

（2）呈現細分趨勢的數據營銷

隨着日益成熟的數據營銷市場以及廣告主對於精準營銷需求的不斷升級，大數據營銷開始從概念階段過渡到更加細分的應用領域。

2016 年後，從事大數據分析、數據行業諮詢的公司都在向專業化、標桿化、行業化方向發展。不同行業如汽車、快消品、女性用品、大宗商品、金融等所對應的大數據應用方向和領域是截然不同的。根據不同行業的特性提煉出來更加細緻的、精準的行業數據。

（3）打造個性化數據管理平台

大數據的重要性逐漸被認可，越來越多的專業機構通過多年有效的積累，已經擁有了龐大的數據庫資源，如何有效利用這些數據成為這些企業當前面臨的現實問題。

為此，以大數據營銷為核心，一批大數據諮詢公司應運而生。任何企業都可以建立類似的大數據平台模式，通過這一平台，可實現為企業自身提供競品分析、渠道拓展營銷策略等品牌數據營銷諮詢服務。

（4）極致化產品升級與迭代

用戶需求就是產品極致化的方向。對於營銷經理而言，沒有疲軟的市場，只有疲軟的產品。用戶需求就在大數據中，需要你開採挖掘。在用戶至上的時代，營銷經理需要起到產品經理的作用。

（5）製造出用戶喜歡的內容消費

不是用戶不喜歡你的產品，而是用戶不喜歡你分享的內容。移動營銷的營銷邏輯是先消費產品內容，再消費產品本身。如何製造產品內容，大數據會告訴你。

27.2 大數據內容營銷

大數據時代下，數據營銷開始逐漸走紅。大數據營銷與傳統營銷有本質的區別，它是一種利用數據實現精準化投放的科學化的營銷方法。企業如何利用數據驅動營銷、支持決策是形成差異化競爭優勢的關鍵所在。如何通過對數據的採集、處理、分析，洞察用戶需求，精準找到目標用戶群並提供相應的方案，更是企業營銷乃至差異化競爭的重中之重。

越來越多的品牌達成共識，數據整合工作已成為整個營銷環節中的重要一步，它充當"軍師"，推動企業決策，減少決策失誤和決策成本。

在大數據的支持下，廣告主可以清晰地看到消費者在品牌認知、發生興趣、購買行動及形成品牌忠誠等不同的階段表現。廣告主通過大數據推動的營銷決策，而後跟進營銷策略、抓取精準的用戶群，選擇適合的媒體，根據不同的場景，制定創意表達形式來打動消費者。如圖 27-3 所示。

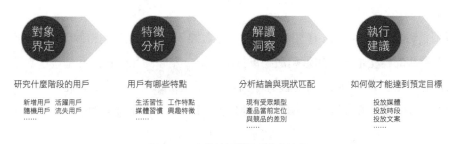

圖 27-3　大數據解讀用戶基本流程
資料來源：梅花網

一項市場研究發現，85% 的客戶受到用戶生成內容的影響大於企業提供的廣告照片或視頻。對於千禧一代的民意調查發現，84% 的受訪者購買了受用戶生成內容影響的產品。用戶生成的內容對於推動社交媒體上的長期追隨者非常有用。52% 的客戶在與用戶生成的內容互動後返回網站瀏覽，這大約是人們返回沒有用戶生成內容的網站的速度的 2.5 倍。在內容營銷中，大數據的作用不僅在於將效果評估標準化，更在於優化植入權益。

27.2.1 如何運用大數據做有效營銷

用戶的數據是海量的，全都拿來分析是不切實際的，所以需要從數據的不同維度來分類，本章將大數據分為基礎數據和個性化數據兩個大類。

基礎數據是每一個 App 運營都需要清晰了解的數據，比如用戶的男女比例、年齡成份、用戶活躍情況等。

個性化數據則是有針對性的數據，是根據不同的用戶場景或者運營需求進行標籤化抽取後篩選出來的，例如 App 的用戶日常活動運營，在前期策劃時，用戶的群體畫像能夠引導活動的策劃方向，而用戶的需求決定了活動的目標；通過了解用戶的興趣來確定活動的內容及展示方式；通過了解用戶行為的一致性來決定活動推廣的時間節點。在運營中，通過詳細的事件統計，自定義埋點，進一步分析用戶在活動中的行為，了解整個活動各環節的數據轉化情況，再根據數據的反饋進行活動優化以及活動投入的調整。在活動結束後，可以通過對用戶新增、活躍、留存，甚至卸載情況進行分析，評估整個活動的效果，為下一次活動提供寶貴的數據對比參考。因此，隨着精細化運營變得越來越重要，個性化數據的統計、分析以及應用才是數據營銷的核心關鍵。

27.2.2 大數據挖掘

數據內涵的挖掘是門技術活。對於日常運營工作而言，最初級的數據分析就是數據對比，有對比才有真相。運營者需要認真分析的數據有兩種：一種是 App 自有數據，即用戶在使用 App 時產生的數據，比如 App 內頁面的瀏覽數據、消費數據等；另一種是 App 外部數據，比如行業公開數據、研究數據等。

在 App 自有數據的分析上，通過添加時間點、環節點、對比數據等方法，進行 "花式" 比較。

以營銷活動為例，我們不僅要看最後的銷售數據，還需要在營銷整個環節中進行埋點，統計各個環節的轉化情況，如營銷活動頁打開情況、點擊商品介紹頁面情況、點擊加入購物車情況等，如圖 27-4 所示。在整個營銷活動的各個環節用戶都會有轉化、有流失，但是到底用戶在哪個環節流失最多，才是大數據營銷真正需要去關注的問題。

100%	90%	75%	50%
事件一	事件二	事件三	事件四
瀏覽商品頁面	加入購物車	形成訂單	購買成功

圖 27-4　用戶購物操作流程中的轉化

外部數據的對比分析對於很多企業來說很難獨立去做，他們往往缺少大體量的數據覆蓋和行業的趨勢對比，這時有必要藉助第三方數據服務商的幫助。

據了解，現在一些處於行業龍頭地位的第三方大數據服務商，通過多年積累的海量數據和強大的數據分析能力，能夠很好地幫助企業進行更全面的數據分析。行業對比指數可以讓營銷人員了解市場的整體發展情況、App 的行業競爭力，以及自有 App 所處的發展階段，對營銷人的決策起到指引作用。

充分地解讀數據，挖掘數據背後的價值，能夠為營銷工作提供較為客觀的反饋，有效避免人為的認知偏差。

27.2.3 大數據內容傳播的 5W 模型

大數據對於內容傳播最直接產生效益的就是廣告植入，也就是平時人們說的有效傳播。什麼才是有效的內容傳播？如何做到有效內容傳播？大數據內容營銷的 5W 模型給出了答案。

（1）第一個 W：Who——內容定位給誰，即內容推送的精準用戶是誰

通過大數據的分析，鎖定 99% 的普通用戶和 1% 的超級用戶，同時充分了解自身產品或服務對用戶的價值，鎖定的用戶的需求點，分析自身與競爭對手的區別，總結出產品或服務的優勢或者亮點。最後選擇將適合的內容推送給精準的用戶。

（2）第二個 W：What——用戶鎖定之後，應該給用戶創造什麼內容

用大數據分析出精準用戶的需求之後，同時要分析用戶的個性、用戶的喜好、用戶的習慣等，從而創造出用戶渴求的內容。沒有最好的內容，只有適合用戶的內容。

（3）第三個 W：Where——用戶接收內容的空間或者場景形式是什麼樣的

過去用戶接收內容的場景經常是通過線下活動或者電視機廣告以及錄音機或者海報。移動互聯網時代，用戶接收內容的場景發生了天翻地覆的改變，如通過 VR 讓用戶身臨其境、通過 AR 讓用戶交互性更強、通過 H5 激發用戶點擊的慾望、通過全息投影讓用戶現場感更強等。在移動互聯網時代，大數據給用戶給企業更多場景選擇。企業幫助用戶選擇更容易接受被內容營銷的場景，讓被營銷來得更高級。

（4）第四個 W：When——用戶被營銷的時間節點

在有大數據分析之前，許多內容推送或者廣告通常都被浪費掉；而有了大數據之後，用戶能在洽談的時間看到你的內容。比如早報一般推送時間都是早上 7:30-8:00 之間，因為這正是用戶用餐刷屏時間；深度內容一般都是夜裏 23:00 左右推送，因為這正是用戶安安靜靜歇息並有耐心或者興趣去看深度內容的時間。

（5）第五個 W：Why——給用戶一個選擇你的內容的理由

一切事物被選擇都是有原因的，同樣，你的內容也需要給用戶一個選擇的理由，這個理由可以是你包裝內容的形式，可以是內容的多樣化，可以是內容推送的平台不一樣。

案例　｜　CCTV 春晚廣告，頭部企業爭奪激烈

在移動互聯網的全方位進攻勢頭下，傳統媒介如報紙、電視節節後退，但在中國有一家媒介是個例外，它就是中國一年一度的全民狂歡節——CCTV 春晚。在這個晚上幾乎家家戶戶圍坐在電視機面前，放下手中的手機，守在電視機面前看春節聯歡晚會的直播，當然，搶紅包時例外。

正是因為春晚有如此巨量的固定用戶，在大約 300 分鐘的時長裏，可以用於植入廣告的時長不足 14 分鐘，佔比不足 5%，可謂是寸秒寸金。因此春晚成為頭部企業爭取曝光機會的重要陣地。

新浪從未缺席過春晚廣告。2014 年至今，新浪一直是春晚新媒體社交平台獨家合作夥伴，某種意義上講，新浪促進了春晚深度傳播，春晚也成就了新浪。

阿里巴巴連續多年成為春晚獨家互動合作夥伴。春晚和淘寶跨屏互動，邊看春晚邊清空購物車邊搶紅包使電視機前的觀眾忙的不亦樂乎。

騰訊是第一個通過春晚廣告植入，發起搶紅包的頭部企業。那一年的春晚，第一次開創了邊看手機邊看電視的雙屏互動局面。

美的集團佔領春晚廣告眼。2018 年春晚廣告中，美的集團雖然時長不多，但卻出現在備受矚目的零點倒計時，那一刻全球華人似乎全在為美的集團倒計時歡呼。

本章小結

（1）大數據帶來了一種更為新型的廣告投放模式，以挖掘用戶需求來進行廣告精準投放。通過在海量數據基礎上的市場前瞻性分析、競品分析、用戶偏好分析、消費者動向分析等數據服務，幫助廣告主找到需求匹配度最高、最具潛力的用戶群體，更合理地分配廣告預算，進行大數據精準營銷。因此，大數據下的營銷方式做的是減法。

（2）對於營銷經理而言，沒有疲軟的市場，只有疲軟的產品。用戶需求就在大數據中，需要你開採挖掘。在用戶至上的時代，營銷經理需要起到產品經理的作用。

（3）大數據營銷與傳統營銷有本質的區別，它是一種利用數據實現精準化投放的科學化的營銷方法。企業如何利用數據驅動營銷、支持決策是形成差異化競爭優勢的關鍵所在。如何通過對數據的採集、處理、分析，洞察用戶需求，精準找到目標用戶群並提供相應的方案，更是企業營銷乃至差異化競爭中的重中之重。

（4）大數據內容營銷的 5W 模型：Who（內容定位給誰，即內容推送的精準用戶是誰）、What（用戶鎖定之後，應該給用戶創造什麼內容）、Where（用戶接收內容的空間或者場景形式是什麼樣的）、When（用戶被營銷的時間節點）、Why（給用戶一個選擇你的內容的理由）。

CHAPTER 28

Substance IP

企業、品牌、個人正在加速進入 IP 化生存時代。每一個老闆都應該是人格化的 IP。未來真正的超級 IP 一定是人，因為人在他的有生之年是會不斷產生新的內容的，就算他沒有產生新的內容，這個人往那一放，他也會是一個活的品牌。產品雖然也可以 IP 化，但是產品的 IP 化本質也是在 "擬人化"，也就是產品也要像一個有血、有肉、有溫度的 "人" 一樣。不管是產品還是人，打造 IP 背後的原理都是一致的，對於企業來說，打造企業創始人 IP 更勝於打造產品 IP，所以本文將側重從人的角度去談 IP 的打造。

28.1 什麼是 IP

IP 是 Intellectual Property 的縮寫，字面意思為 "知識產權"，特指具有長期生命力和商業價值的跨媒介內容運營。

IP 是自帶流量的網絡人格體，即 IP 是和用戶直接溝通的、自帶流量的、有自己獨特價值觀的 "人格體"。也就是說，身為一個 IP，首先要具有吸引流量的作用，是讓人感興趣的、情不自禁想要關注的；其次，IP 可以利用在很多平台上，甚至是很多行業上。譬如，一個動漫 IP，可以在視頻網站上以視頻的形式展出，吸引流量；動漫中的人物形象也可以做成手辦，在購物平台上售賣；同時還可以出產成漫畫作品、遊戲等，如漫威的 "美國隊長"。

簡單來說品牌人格化就是把品牌運用擬人化、擬物化、情感化的溝通，包括品牌擁有的價值觀、格調以及情懷等一切能彰顯品牌差異化的元素總和。例如，三隻松鼠的 Logo 是命名為鼠小美、鼠小酷、鼠小賤的小松鼠。鼠小美張開雙手，寓意擁抱和愛戴每一位主人；鼠小酷緊握拳頭，象徵企業自身擁有強大的團隊和力量；鼠小賤手勢向上的 style，象徵着青春活力，永不止步、勇往直前的態度。當你進入三隻松鼠旗艦店時，"主人麼麼噠，有什麼需要為您服務，歡迎吩咐小鼠" 這樣一行字彈出來，讓人會心一笑。於是，冷冰冰的消費過程轉化為生動有趣的溝通過程。三隻松鼠的客服以松鼠寵物的口吻來與顧客交流，顧客成了主人，客服成了寵物。客服可以撒嬌，可以通過獨特的語言體系在顧客腦中形成更加生動的形象。這個品牌不再是沒有溫度的機器，而是一隻賣萌的小寵物，非常親切。又如，喬治巴頓輕奢白酒創始人兼 CEO 楊葉護先生，新推出的新產品也在嘗試類似的人格化營銷。作為一種新中產階級輕奢時尚情緒飲料喬治巴頓，品牌名融合了兩大 IP 形象——風靡全球的 "社會人" 組織《小豬佩奇》中的簡單、快樂的小 "喬治"、二戰中驍勇善戰著名的軍事統帥巴頓將軍。社會人 "喬治" 身上的簡單、快樂正是新中產階級用戶的生活態度；"巴頓將軍" 的奮鬥精神也正是我們當代人所追求的精神——幸福是奮鬥出來的。喬治巴頓傳遞的是一種 "簡單、快樂、奮鬥" 的價值觀。

28.2 什麼是 IP 營銷

IP 營銷指通過持續不斷的內容輸出，向用戶傳遞一種價值觀，實現產品或品牌的人格

拓展　|　年輕一代的消費態度傾向

移動互聯網時代，消費行為已經發生了改變，大家對機構品牌的信任度逐漸降低，對人格化品牌更加青睞，過去所有的大品牌都面臨"老化的危機"，如果它們不能很快的"年輕化"並學會和年輕的主流消費人群溝通，將很快被遺忘和淘汰。

2018 年 6 月騰訊社交洞察攜手騰訊用戶研究與體驗設計部（CDC）重磅發佈《騰訊"00 後"研究報告》，"00 後"的消費態度更傾向於這幾個方面：懂即自我、現實、平等、包容、適應、關懷。具體來講，就是以下幾個方面。

1. 更響往專注且有信念的品牌和偶像

過去電視廣告靠多重複幾遍廣告詞就能促進銷量，而當今的"00 後"已經不接受這一套了，"會講故事"已經成為"00 後"購買時的一個重要因素。在他們心中，過去的大 V 網紅走下神壇，靠譜"好友"推薦才是新的帶貨之王。

2. 願意為個人的興趣付費

"00 後"會以某個領域深刻的洞見和創造來定義自我，熱愛更多出於自發，62% 的"00 後"表示會"對感興趣的領域投很多時間和錢"，所以在內容創業領域會出現新的流量紅利。

3. 內容 = 社交工具

"00 後"渴求和同輩作更多的互動，而內容是激發互動的工具，也是他們展示自己所長的方式。"00 後"更渴望被同齡人認同，更願意花更多時間和朋友在一起。在不同的社交平台上，傾向於用不同的人格表達自己，從小懂得如何塑造更加討人喜歡的形象。

4. 中國國產品牌不比國外品牌差

現在"00 後"洋溢着更多的民族自豪感和自尊心，支持國產變成了他們關心國家的一種方式。超過一半的"00 後"認為國外品牌不是加分項。隨着全球民族主義勢力抬頭，北美和歐洲的大學校園也持近似的態度。

化。IP 營銷是在互聯網世界裏打造一個新物種，一個超級內容符號，一個人格化標籤記憶，是非常新穎的營銷勢能！比如小茗同學在理性上是一款冷泡茶，在感性上是冷幽默，是一款逗趣、開心的茶飲料，是一款人格化的飲料。

IP 營銷完全是移動互聯網時代的產物，始於自媒體的興起，自 2012 年全球進入移動互聯網時代以後，"人媒體"的概念越來越突出，網上出現了很多自媒體人，以微信公眾號為例，誕生了諸如六神磊磊讀金庸、羅輯思維、吳曉波頻道、同道大叔、夜聽等擁有幾百萬、幾千萬粉絲的大號。

2016 年以後短視頻的崛起，誕生了 papi 醬為代表的一大批網紅。這些人原本草根，只是藉助移動互聯網的社交工具，及時入場，迅速做大，就帶來了一個新的"人人都是自媒體"的繁榮。以"人"為核心的粉絲經濟、內容營銷甚囂塵上，成為所有公司不得不去重視的一件營銷大事。

小米手機、拼多多就是粉絲經濟的典型代表，他們的特徵就是"互聯網 + 社區 + 粉絲"的運營模式，他們經營的是"用戶"而不是產品。

也就是說，今天的商業邏輯變了——從經營產品到經營客戶。玩不轉移動、玩不轉社交媒體、玩不轉粉絲經濟的企業，不管企業大小，都將逐漸遠離江湖的中心，被新的不知名的年輕公司替代。

在內容營銷已成為企業的戰略營銷的一部分時，如何讓你的內容在新媒體中脫穎而出？如何被用戶快速識別出來，變得越來越重要。

有內容並不代表內容營銷的全部，內容本身不具備傳播功能，正如你安安靜靜地躺在山頂，山腳下路過的人不能看到你一樣。內容必須去捍衛標籤，內容必須為標籤服務。好內容是為了豐富和詮釋標籤而生的，好內容的最高使命是讓一個標籤化的定位進行人格化轉變，最終打造成人格化的 IP。IP 只有人格化才是不可被模仿的，才是銅牆鐵壁般的壁壘。

在注意力稀缺的時代，超級內容力更容易獲得消費者的主動關注。現在，無論品牌大小、知名與否，獲取消費者的關注都變得空前困難。隨着媒體資源和形式的豐富，消費者注意力的稀缺和碎片化已是事實，並且將繼續朝這個趨勢發展。同時，大數據和技術進步進一步推動了去中心化的趨勢，基於大數據"個性化推送"、"千人千面"的情況使得品牌難以獨攬廣告權。而消費者也變得越來越聰明，每個人似乎多多少少練就了一套"我不想看的自動屏蔽"的超能力，硬性廣告的推送效果越來越弱。

品牌唯一的出路就是創造消費者感興趣的內容，獲得主動關注，這也是為什麼過去幾年裏幾乎所有品牌都在倡導"內容為王"。

好的 IP 的巨大優勢就是可以輸出很多不同形式的人格化的內容，在新媒體信息的紅海裏，依舊可以輕鬆獲得關注。讓用戶快速地識別它、熟悉它、信任它，進而購買它。

IP 的特質之一就是必須具有的優質內容。很多好的品牌不能晉級為 IP 的主要原因就是缺乏優質內容。內容形式可以多種多樣，電影、音樂、小說、遊戲，甚至是形象或者產品本身都可以。無論哪種形式，其內容都必須有溫度、有個性，通過情感紐帶將消費者的注意力聚集到一起，才可以稱之為"好的內容"。相比較於沒有粉絲的一般產品品牌，IP 一下子實現了吸引、互動、傳播、變現 4 個維度的領先，如圖 28-1 所示。

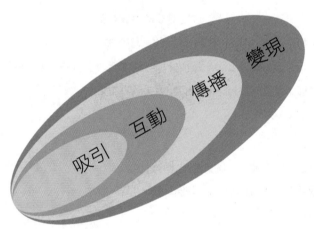

圖 28-1　IP 功能屋

（1）吸引

IP 具有鮮明的個性、獨特的價值觀和相對龐大的內容支撐，可以快速吸引那部分屬於它的粉絲，做到對"你"說話，懂"你"的想法，表達"你"的態度，加強與消費者之間的情感連接，產生精神層面的共鳴。

（2）互動

用戶喜歡在他喜歡 IP 世界裏面藉助 IP 傳遞自己的世界觀，使自己可以沉浸其中，感受到共鳴，這就是 IP 具備的沉澱式分享功能。

（3）傳播

IP 的傳播是基於興趣、偏好、情感和價值觀 4 個維度的社交裂變路徑的傳播方式。

（4）變現

用戶也在主動選擇那些他喜歡的，並分享他認可的東西，而且願意為這些他認為懂他的東西付出，恰好這些東西以一個 IP 的形式呈現。

28.3 IP 營銷的商業邏輯

28.3.1 商業邏輯

移動互聯網時代的商業邏輯是圍繞"痛點、剛需、高頻、利基"4 項邏輯展開的商業閉環，具體見圖 28-2。IP 營銷順應了這個邏輯並以 IP 化的方式呈現出它的商業邏輯循環：創造自帶痛點的內容吸引粉絲；該內容從興趣、偏好、情感和價值觀的任一維度都是粉絲的剛需，況且這 4 個維度的剛需是粉絲高頻發生的價值區域；至於粉絲購買該內容所攜帶的產品只是很自然發生的事件而已，所有的變現行為均因利基模型。對於賣家而言，這是產品或服務的變現利基，對於粉絲來說，這是產品或服務的利己利基。既然對於雙方來說是各取所需的利基，那麼交易必然發生。

圖 28-2　IP 營銷的商業邏輯

IP 營銷的實質顛覆了 4P 營銷理論〔產品（Product）、價格（Price）、渠道（Place）、促銷（Promotion）〕，使 4P 變成 1P，即 IP，也重構了產品或服務與消費者的商業邏輯，是因為消費者需求而購買，還是因為內容的共鳴而支付？IP 營銷選擇了從人性最脆弱的區域突破，抓住了"營銷為人類的始終關懷而來"的營銷本源。

28.3.2 操作邏輯

IP 營銷的操作邏輯是標籤為王，內容為后。人們雖然記不住你的內容，但是一定可以記住你的標籤。標籤的意義有以下 4 個方面：

（1）無論你堅持分發什麼，時間長了，都會給朋友圈好友留下記憶，最強的那個印象就是個人標籤。

（2）無論你標不標籤自己，也都在被標籤化——粉絲會給你貼標籤。

（3）人們容易記住符號，不一定記住內容，內容只會給人帶來一種"美好的、專業的、可信的感覺"。

（4）內容是服務於標籤的，內容是標籤重複化記憶中的手段，內容是為了捍衛標籤，內容豐富了標籤內涵，內容證明了標籤存在的價值。

IP 營銷就是這個原理：聚焦社交媒體這個陣地，聚焦一個點，通過大量的內容輸出，去讓用戶識別—記憶—熟悉—信任你的標籤。在移動互聯網向行業垂直方向進發的今天，你能讓某個小眾市場、細分行業 10% 的用戶認知到你的標籤，你就是一個 IP 了，打造 IP 的本質就是打造標籤。

28.4 IP 營銷價值

28.4.1 個體價值

IP 營銷對於個人的意義就在於打造個人 IP，實現個人人生的逆襲、崛起、躍遷。移動互聯網開啟了"人人都是自媒體"的時代，一個人就好比一個電台，就是一檔電視節目。只要你認真輸出、持續輸出，堅持好自己的定位，就可以打造個人 IP。打造個人 IP 的關鍵是定位，無論你是做歌唱類、益智類，還是做脫口秀類，你就只做這一類，千萬別今天唱歌，明天跳舞，後天脫口秀，那樣會讓你失去觀眾認知你的"標籤"。

有了標籤和定位以後就去堅持，你就要圍繞它持續去輸出內容，到更多的社交平台去輸出，曝光給更多的用戶。你的內容越優質，曝光面越大，個人 IP 成功打造的機率越大。

個人開展 IP 營銷就是為了輸出個人品牌、打造個人 IP，從而自帶流量。而流量就是實現交易的前提，既可做知識付費產品，也可以出書，還可以賣給買家。當然你可以去找工作，簡歷上只需要寫一句話：我有 100 萬粉絲，就會有公司排隊搶你。當你一個人的流量超過一個擁有 100 名員工的公司的流量，其實也就相當於你開了一個擁有 100 名員工的公司，在中國，個人公司成功案例比比皆是。

28.4.2 企業價值

移動互聯網時代，你會發現，一個企業的創始人不懂社交媒體、玩不好社交媒體或者抵觸社交平台，這個企業一定是走得不順利的；而一個企業的創始人能把社交媒體玩得很好或者很重視社交媒體，這個企業總是給人很有朝氣的感覺，這樣的企業往往能抓住很多的機會，例如雷軍、董明珠就是自己為自己的公司代言、個人品牌驅動公司品牌的典型。只有賦予企業或產品人格化標籤，才會讓品牌更有溫度更有親近性，不被遺忘。企業 IP 營銷主要包括打造企業創始人和產品 IP 兩方面。企業 IP 營銷的企業價值主要有以下幾點：

（1）IP 更容易聚粉和固粉，為企業已有業務注入強心劑

一個相對獨立於商業而存在的 IP 是鮮活的、有性格的、有態度的，比一家企業、一個品牌更容易聚粉和固粉，IP 粉絲經濟可以為企業原有業務帶來充裕的流量和收益。

（2）提升商業信息的到達率和接受度

營銷大師費瑞茲說過："拒絕，是顧客的天性。"而經過人格化的企業 IP，則是讓顧客卸下防護盾，促使用戶釋放親近感和好奇心，開啟商業信息接收大門的鑰匙。

（3）讓消費者快速建立品牌聯想和品牌識別

企業創始人或人格化的品牌形象比抽象概念更容易讓消費者記住，並形成"條件反射"，吸引消費者的注意力，便於建立品牌聯想和品牌識別。

28.5 如何打造個人 IP

一個人對待碎片化時間的態度，決定了他未來工作的潛力，也影響着他的一生。因為碎片化的時間裏藏着一個人的未來，那些被利用起來的碎片化時間，都會成為命運的饋贈。那些被撿起的碎片，時間久了，也會積累出一個能量巨大的勢能，能讓你變得更加值錢，實現人生的躍遷。

每個人平均每天有 4 個小時的碎片化時間，拿出來兩個小時，聚焦於一個細分領域，把某一個細分行業研究透徹，找出問題並解決，再把這些變成內容去輸出，就這樣日拱一卒地堅持做下去，三五年後，你很有可能就會成為某個細分領域裏的"意見領袖——超級 IP"。打造個人 IP 有如下 3 個步驟：

1. 對傳播學要有深入骨髓的理解

這是個無處不傳播的時代，很顯然學好移動傳播學極其重要，更進一步的是要融會貫通，知道新媒體背景下的傳播規律。

2. 建立新媒體思維

只有搞懂了傳播學和傳播的基本規律，你才能真正的理解和建立新媒體思維：人人都是自媒體、產品媒體化、媒體產品化。

無論 Facebook 與 Google 的競爭，還是微信與抖音的競爭，爭奪的都是用戶在碎片化時間裏在軟件上的留存時間。

因此，一切可見的東西，都會變成媒體，一切人和物都會成為媒體。

（1）人即媒體。當我們每一個人都擁有智能手機的時候，我們就成為了媒體。

（2）物即媒體。一切的產品形式，包括服務，都可以是媒體，只要你想辦法把它變成內容的載體就可以了。比如江小白、可口可樂、農夫山泉、小茗同學……

（3）媒體產品化。把媒體當作一個產品來運營，而不是把它當作一種傳播或者宣傳的工具和手段。做一個媒體就像打磨一款產品、運營一款產品一樣。這個時候你會發現，媒體變成了產品的一種形式，這就是媒體產品化。

3. 持續實踐

打造個人 IP 的公式為

IP= 標籤化 × 內容力 × 持續的蓄能

（1）**標籤。**標籤就是定位。一個人還是一個產品還是一個公司，你要去打造 IP，就要找準定位。

（2）**內容。**不管你做的是個人 IP（包括企業創始人的 IP），還是產品 IP，絕大多數的人沒有輸出內容的能力。

（3）**持續。**打造個人 IP 不是一蹴而就的，需要日複一日、日拱一卒地堅持下去，一年、

拓展 ｜ 灰度法則的 7 個維度

馬化騰在 2018 年組織改造方向時，提出創建生物型組織，讓組織具備自我進化的功能。他提出了現代企業管理的灰度法則：在互聯網時代，產品創新和企業管理的灰度更意味着時刻保持靈活性，時刻貼近千變萬化的用戶需求，並隨趨勢潮流而變。並把"灰度法則"分解為 7 個維度，即需求度、速度、靈活度、冗餘度、開放協作度、進化度、創新度。

1. 需求度

用戶需求是產品核心，產品對需求的體現程度，就是企業被生態所需要的程度。

移動互聯網時代的產品更像一種服務，要求設計者和開發者有很強的用戶感。

2. 速度

快速實現單點突破，角度、銳度尤其是速度，是產品在生態中存在發展的根本。

有些人一上來就把攤子鋪得很大、恨不得面面俱到地佈好局；有些人習慣於追求完美，總要把產品反覆打磨到自認為盡善盡美才推出來；有些人心裏很清楚創新的重要性，但又擔心失敗，或者造成資源的浪費。為了實現單點突破允許不完美，但要快速向完美逼近。

3. 靈活度

敏捷企業、快速迭代產品的關鍵是主動變化，主動變化比應變能力更重要。

在維護根基、保持和增強核心競爭力的同時，企業本身各個方面的靈活性非常關鍵，主動變化在一個生態型企業裏面應該成為常態。

4. 冗餘度

容忍失敗，允許適度浪費，鼓勵內部競爭內部試錯，不嘗試失敗就沒有成功。

騰訊內部先後有幾個團隊都在同時研發基於手機的通信軟件，每個團隊的設計理念和實現方式都不一樣，最後微信受到了更多用戶的青睞。你能說這是資源的浪費嗎？沒有競爭就意味着創新的死亡。即使最後有的團隊在競爭中失敗，但它依然是激發成功者靈感的源泉，我們可以把它理解為"內部試錯"。

5. 開放協作度

最大限度地擴展協作，互聯網很多惡性競爭都可以轉向協作型創新。

越多人參與，網絡的價值就越大，以前做互聯網產品，用戶要一個一個地累積，程序、數據庫、設計等經驗技巧都要從頭摸索。而移動互聯網時代創業的成本和負擔大幅降低，企業可以把更多的精力集中到創新上面。

6. 進化度

構建生物型組織，讓企業組織本身在無控過程中擁有自進化、自組織能力。

進化度是指一個企業的文化、DNA、組織方式是否具有自主進化、自主生長、自我修復、自我淨化的能力。很像生物學所講的"綠色沙漠"——在同一時期大面積種植同一種樹木，這片樹林十分密集而且高矮一致，結果遮擋住所有陽光，不僅使其他下層植被無法生長，本身對災害的抵抗力也很差。要想改變它，唯有構建一個新的組織型態，那些真正有活力的生態系統，外界看起來似乎是混亂和失控的，其實是組織在自然生長進化，在尋找創新。

7. 創新度

創新並非刻意為之，而是充滿可能性、多樣性的生物型組織的必然產物。

企業要做的，是創造生物型組織，拓展自己的灰度空間，讓現實和未來的土壤、生態充滿可能性、多樣性，這就是灰度的生存空間。騰訊的組織架構調整，就是為了保持創新的活力和靈動性，把自己變成整個互聯網大生態圈中的一個具有多樣性的生物群落。

兩年、三年……持續地去積累勢能，以待爆發。

一個人只要聚焦在某一個垂直細分領域，持續輸出，持續在社交媒體上積累自己的勢能，很有可能就打造出自己的個人 IP。

28.6 IP 營銷化

今後所有的企業都要成為服務型企業！亞馬遜創始人傑夫·貝索斯說：如果你讓顧客不爽，而在真實世界裏，他們會告訴 6 個朋友，在互聯網上他會告訴 6,000 個朋友。反之亦然。在人類成為"最大的媒體"以後，顧客的口碑，越來越重要，甚至成為企業成敗的關鍵。看看淘寶、京東等電商平台上的店主是多麼重視顧客的點評，一個"點評系統"的發明就很大程度上解決了中國商人幾千年來不重視服務的陋習。

所以，IP 營銷化勢在必行，這主要通過培養企業的用戶思維來實現。培養用戶思維主要從了解用戶痛點入手，痛點有以下 4 個維度：

（1）用戶價值點敏感度

了解用戶價值點敏感度的方法就是時刻問自己這個問題：做的這個產品、這個活動、這個營銷推廣對用戶有什麼價值？只有真正不斷拷問自己這個問題，而不是為了做而做時，你就能深刻體會到用戶的感受。時間久了，你就自然知道用戶關心的價值點是什麼，進而在看到一款產品時，你能立馬識別分析出這個產品對用戶的核心價值點是什麼。思維的培養沒有捷徑，要靠不斷積累也靠頓悟。

（2）營銷敏感度

再有價值的產品不營銷出去其實也是無法實現其價值的。所以在與用戶接觸的過程中，需要敏銳地覺察到哪些內容（即痛點）可以拿來作為亮點進行利用和擴散的。痛點是在繁冗的、平凡的細節中挖掘出來的。

（3）流量信任度

通常"吸粉"、"引流"包括"爆文"帶來的流量都是普通流量，它是隨機的、流來流去的，但用戶思維下的 IP 營銷化帶來的是"信任流量"。"信任流量"指的是知道你、熟悉你、信任你，需要時首先想到你的"流量"。信任流量才是精準的潛在消費者，才是我們運營工作的核心，才是企業經營的價值所在，1 個抵得上 1,000 個"普通流量"。

（4）認知度

社交媒體時代，一個人最大的能力和最缺乏的能力就是"連接的能力"。在這個能力之前還有一個"認知"的問題，絕大多數的人並沒有真正認知到"連接"的重要性。

一個人與社會接觸、一個人在社會的存在，很大程度上就是你在社交媒體平台上與他人發生多少次連接、留下多少痕跡。所以，你要在你出現的任何一個地方都積極地去和人進行連接。

我們聚焦在社交媒體平台上去做傳播，本質上就是在經營用戶的認知。讓用戶識別你、知道你、熟悉你、信任你、購買你。

案例 | 內容向左，交互向右，移動音頻平台成為時尚 IP

這是一個數字化時代，技術革新和數字化經濟的全面興起，讓科技由最初的工具角色性轉變成驅動內容 IP 化運營的中堅力量。第三次文藝復興運動喚起了大眾內容創新的熱情，人們已經不滿足被傳統媒介掌握信息傳播的開關，一批新興內容創新平台，借助成熟的移動音頻技術，在市場上受到追捧。其中最具代表性的當屬喜馬拉雅 FM 與荔枝 FM，在經過 5 年不停的試錯與探索之後，他們逐漸找到符合自身競爭力的商業模式。

· 喜馬拉雅 FM 走的是 IP 至上的內容運營戰略，以錄播為主；荔枝 FM 的着力點是定位於直播。

· 喜馬拉雅 FM 佔用了用戶白天的碎片化時間，而荔枝更聚焦於睡前時間。畢竟在一天的疲憊之後，睡前聽主播溫暖的聲音入睡是很美好的享受。

· 喜馬拉雅 FM 注重大 IP 的入駐與運營，它把推薦算法用在頭部 IP 的運營上來，靠強 IP 拉流量和轉化；荔枝 FM 走大眾化路線，注重用戶黏性和消費時長。

錯峰定位導致差異化。這就注定了他們的用戶重疊較少，喜馬拉雅 FM 注重知識的傳播與分享，荔枝 FM 直播側重於對個體的溝通，用帶感情的走心的聲音消降白天的焦慮。從某種意義上講，前者是給用戶做加法，增加知識；後者是在給用戶做減法，減除用戶的心理與情緒負擔。

中國的移動音頻平台的成功探索，為全球人口較少的國家和地區的移動營銷提供了可借鑒的經驗。比如在澳大利亞，由於人口基數較少，開發 app 成本高，所以普遍大眾主要使用 Facebook、Twitter、Amazon、WhatsApp、YouTube 等美國的互聯網產品。不過也有一些亮點值得捕捉：在 YouTube 上有一個澳洲的小哥，受到熱愛戶外休閒的多數澳洲人追捧，算是大網紅。

Atlassian 是澳大利亞一家經營的 to B 產品的互聯網公司，有專門用作追蹤應用程序問題的 JIRA，還有用於協作團隊的產品 confluence。創始以來，累計服務過的 B 端用戶超過 6 萬家，公司市值超過 300 億美金。

Canva 是一家簡化的圖形設計工具網站，為設計師提供照片矢量圖象圖形和文字，2019 年估值達到 25 億美金。這說明瞭互聯網的紅利像陽光一樣普照大地，永遠沒有枯竭的時候。全球性大平台不便於做垂直化應用，小平台卻很有前途，喜馬拉雅 FM 和荔枝 FM 告訴我們一個道理，只要堅守自己的核心價值，做出自己平台的特色，總有機會脫穎而出。

案例 | Nordstrom 新概念：從痛點到服務

既然用戶痛點並不是一個點，而是一連串的麻煩，那麼把這些麻煩交給 Nordstrom 吧。美國高端百貨運營商 Nordstrom Ins 在紐約曼哈頓開設了一家名叫 Nordstrom local 的概念店，本店不出售任何商品，而是幫助用戶解決遇到的一系列麻煩：服裝縫補、鞋履修補、嬰兒車消毒清理、捐贈回收二手商品等。

Nordstrom local 還提供了一項不可思議的服務：顧客在這裏還可以換取或退換在其他線下零售商如在 Macy's（梅西百貨）和 Kohl's Corp 購買的商品，要知道 Macy's 是 Nordstrom 最大的競爭對手。

把服務放在競爭對手的家門口，不失為一種先進的營銷策略，如法炮製的還有一家美國知名百貨 Kohl's，2019 年 7 月，Kohl's 宣佈：用戶在 Amazon 購買的商品可以在 Kohl's 退換。可見，這是一個服務越來越沒有邊界的世界。

　　我們持續地去做傳播，就是在經營用戶的認知，積累我們在某一個行業領域裏的勢能，一旦這個勢能足夠強，連接的用戶足夠多，就一定會擁有這個行業裏的發言權，因為我們改變的是用戶的認知。假如找到用戶的痛點而無法讓用戶認知該痛點，那麼內容傳播將失去意義。

本章小結

　　（1）IP 是自帶流量的網絡人格體，即 IP 是和用戶直接溝通的、自帶流量的、有自己獨特價值觀的 "人格體"。

　　（2）無論哪種形式，其內容都必須有溫度、有個性，通過情感紐帶將消費者的注意力聚集到一起，才可以稱之為 "好的內容"。相比較於沒有粉絲的一般產品品牌，IP 一下子實現了吸引、互動、傳播、變現 4 個維度的領先。

　　（3）移動互聯網時代的商業邏輯是圍繞 "痛點、剛需、高頻、利基" 4 項邏輯展開的商業閉環。IP 營銷順應了這個邏輯並以 IP 化的方式呈現出它的商業邏輯循環：創造自帶痛點的內容吸引粉絲；該內容從興趣、偏好、情感和價值觀的任一維度都是粉絲的剛需，況且這 4 個維度的剛需是粉絲高頻發生的價值區域；至於粉絲購買該內容所攜帶的產品只是很自然發生的事件而已，所有的變現行為均因利基模型。

第八篇

超級用戶

第二十九章

How is The Superuser Formed?

超級用戶的形成

超級用戶不等於 VIP 用戶，VIP 用戶是來自傳統營銷中以 "金錢多少" 的交易價值來衡量的用戶價值，而超級用戶除了貢獻 "金錢" 的交易價值，更大的作用是傳播、分享產品或服務，幫助產品或服務擴展用戶和開發用戶的市場需求。

超級用戶是參與者（種子用戶），是分享者（超級用戶），是組織者（社群領袖），是裂變傳播者。因此，本篇從移動營銷在用戶端的參與、分享、組織與裂變的四大步驟入手，並以上述步驟中的種子用戶、超級用戶、社群領袖、裂變傳播者四大角色演繹了移動營銷的超級用戶原理。

傳統營銷時代，我們把用戶分為 "高、中、低收入者"，由此產生了品牌的 "高、中、低端"。移動時代，我們拋棄了對用戶的收入歧視理念，以社會成就、文化程度、就業方向等非經濟化指標把用戶進行消費參與程度的身份認證。移動互聯網時代用戶分為 4 類，即大眾、精英、王者、特異人群，其認知差距體現在以下幾個方面：

大眾用戶獨立思考能力弱，受教育和周圍環境的影響太深，往往更相信身邊人，更看重關係，喜歡走後門，以特殊化為榮。大眾用戶總是被網上各種碎片化的新聞和信息牽着走，會輕易被煽動和利用。他們寧可花錢買遊戲裝備、打賞主播，也不會花錢去學習，所以大眾用戶一直沒能形成獨立思考的能力。

精英用戶關注利益和好處，往往更相信系統和規章制度，遵守各項規則，在此基礎上施展自己的能力。他們喜歡購買各種書籍，參加各種講座和培訓，而且願意為知識買單，很多知識付費就是針對這個群體的。精英擅長把事情模式化，然後迅速複製、擴散。

王者用戶追求和諧、圓滿，善於幫助他人來成就自己，有較大的格局，追求團隊利益最大化而不是個人。作為舵手，他們必須時刻維持大船的平衡，這是一切創新和改變的基礎。無論發生了什麼，王者都會努力給予大家積極向上的希望。

特異人群追求的是自我的需求。這類人群清晰地知道自己的需求在哪裏，一旦對某品牌的產品產生信賴，就會堅定不移地追隨。所以說特異人群是忠誠度最高的，這類人群包括慢性病患者、特立獨行的文藝工作者、含辛茹苦的父母，他們詮釋了一種詞彙，叫作堅韌和忠實。

29.1 種子用戶的來源

在移動互聯網時代，"用戶" 逐漸取代 "顧客" 一詞。顧客是基於傳統營銷買賣關係中被服務的對象，通常只與商家發生一次交易；用戶是進入移動互聯網時代以來，被服務的對象，用戶在互聯網時使用的交易是頻繁的、反覆的、多樣的，而互聯網使傳統企業用戶流失嚴重。用戶分為種子用戶和超級用戶。

29.1.1 種子用戶的特性

種子用戶通常指產品的早期用戶，這些早期用戶能夠忍受產品初期的不完美和不良體驗，並未因為不良因素而放棄使用產品，而是願意為產品提供改進建議，與產品一起成長的目標用戶。種子用戶是目標客戶群的核心，相比一般用戶，他們有 3 個特徵：

1. 具備更強的創新性

種子用戶通常具備更強的創新性，他們往往會給產品經理提出一些前衛的創意。例如，2015 年 2 月，Keep App 健身軟件剛上線時就發起首席體驗館招募活動，邀請第一批種子用戶免費體驗 Keep 上的課程，Keep 健身軟件首席體驗官招募令。受邀用戶基本上是運動達人或熱愛運動的人，4,000 名 "種子" 成為 Keep 的第一批推廣用戶。這些用戶通過學習 Keep 上的課程，會給平台提出一些比較有前瞻性的建議，同時還會為平台轉發活動鏈接，宣傳平台的好課程。在低成本的前提下，隨後的 3 個月，Keep 的用戶迅速變成了 200 萬；同年 9 月，Keep 的用戶已經突破 600 萬。

2. 具備更高的包容性

種子用戶通常對產品的不完美包容度更高。2019 年 6 月 26 日，廣汽與騰訊、廣州公交集團、滴滴等聯手打造的如祺出行正式宣佈上線。如祺出行剛上線時就以發放 188 元新用戶體驗券的形式邀請用戶參與公測，雖然許多用戶在測試階段發現該出行軟件叫車服務等待時間較長，但是這些種子用戶卻很少抱怨，而是給平台提出優化建議，等待平台向好的方向發展。如祺出行以粵港澳大灣區為核心逐步向全國推廣，計劃一年內開拓 5 個城市，投放近 1 萬輛新能源車輛。用戶使用 "如祺出行" App，即可享受便捷安全又智能的如祺出行：車內配備一鍵報警、精細運營的用戶服務、騰訊車聯智能加持、穩定可靠的地圖和雲服務、大數據風控抗擊黑產。

3. 具備強好奇心

種子用戶通常具備更強的好奇心，喜歡接觸新鮮事物，同時樂於接受新鮮事物帶來的不一樣的體驗。網紅奶茶——奈雪的茶總會招募一些新產品體驗用戶，而這些用戶恰好是它的種子用戶，這些種子用戶也總能給奈雪的茶提出一些非常好的靈感，當新品 "軟歐包抹茶王和髒髒王" 上線時，種子用戶便給奈雪的茶帶來了漫畫創作的靈感，這組漫畫也引發了許多用戶的共鳴。

29.1.2 如何尋找種子用戶

1. 從親朋好友、同學同事中尋找

我們可以從親朋好友、同學同事中尋找產品的目標用戶。在尋找目標用戶工程中，一旦發現有人對你的產品感興趣，就直接邀請他使用該產品，但是不要強制邀請，那樣做不僅讓人反感，也不利於產品的推廣。

2. 從第三方渠道尋找

我們做任何產品的時候，都會對產品的目標用戶有一個初步的判斷，當我們掌握這些用戶的一些共同特徵以後，就可以利用這些用戶聚合的第三方渠道進行引流。比如 GrowingIO、墨刀就與很多產品經理社區合作，讓這些社區幫忙引流，然後社區會收取一定的提成；很多理財平台或是借款平台也都與第三方渠道進行合作，讓這些渠道幫忙引流。CPA、CPS、CPM 等都是互聯網營銷中常見的推廣方式。

3. 從線下活動尋找

產品的目標用戶一般都有共同的需求，有共同需求和相似愛好的人更願意扎堆。如果你的種子用戶是一些創業者，你就可以去一些孵化基地、創業者沙龍；如果你的種子用戶是產品經理，你就可以舉辦產品經理的線下沙龍。例如，滴滴早期為了讓更多司機使用它們的產品，就去火車站找司機師傅，幫司機一個一個安裝客戶端。司機師傅一用這樣的產品，確定收入增加了，便會向其他司機分享，這樣滴滴的口碑就一傳十、十傳百的在司機的圈子裏流傳開來了。

案例 ｜ 小米如何找到前 100 個種子用戶的？

小米手機是最懂人性的互聯網品牌，它知道創業成功不能只靠錢，而要靠人脈與口碑：把產品研發開放到用戶群中，走大眾參與研發的路線。它遵循着這樣的邏輯：既然是用戶參與研發的產品，那麼該產品必然是用戶所需；拋棄傳統的市場調研手段，讓用戶動手動腦互動式參與永遠是商業上致勝的不二法則；不做高端，放棄低端，做出產品的極致性價比，因為產品的性價比是用戶產生購買行為的主要動因。

遵循以上 3 條原理，雷軍在最初開發小米手機 MIUI 系統時，下達了一個運營指標：不花一分錢，將 MIUI 做到 100 萬用戶。並非小米公司缺錢，這是一種尋找超級用戶的新的嘗試。於是當時主管 MIUI 的負責人黎萬強帶領團隊滿世界找平台、泡論壇、發帖子，每個人註冊上百個賬號，每天在論壇灌水發廣告，堅持下來的結果是居然找到了經過精心挑選的前 100 位超級用戶。這些人有見廣聞闊的編輯記者，有久經沙場的財經領袖，還有喜歡演講的大學講師，基本都是意見領袖。

讓 100 個不懂技術與研發的人參與到研發中來，是一段奇妙的經歷，對於他們提出的各式各樣奇怪的問題，雷軍要求每條必須回覆。據統計，小米論壇每天有實質性內容的帖子大約 8,000 條，平均每個工程師每天回復 150 個帖子，而且在每一個帖子後面都有一個顯示狀態，顯示這個建議被採納與否，無形中給用戶被重視的感覺。雷軍也會親自動手，每天花費一小時回覆微博上的評論。

找到 100 個種子用戶並不難，難的是如何花時間與精力投入到這 100 個種子的維護之中。在現實中很多創業者學習雷軍，找到 100 個種子用戶卻沒有學會與種子用戶互動的方法，甚至不願意拿出時間、精力與種子用戶互動，這就是很多創業者與雷軍的差距。

小米還不惜血本加強產品與超級用戶的粘性，小米有一個強大的線下活動平台——"同城會"，小米官方每兩周都會在不同的城市舉辦"小米同城會"，邀請米粉和小米工程師當面交流，這種開放式互動極大地增強了用戶的粘性與參與感。小米的成功給了我們以下 4 個啓發：

· 發出 10 萬級以上的信息，從數萬信息中找到 100 個種子用戶；

· 每天與種子用戶互動溝通，不間斷；

· 舉辦線下活動，讓溝通更充分；

· 贈送禮品，讓參與者有回報。

4. 尋求 KOL（關鍵意見領袖）入駐

KOL 有很多黏性很強的粉絲，若 KOL 推薦使用你的產品，這些鐵粉會毫不猶豫地使用，還會用心地給你意見反饋，這樣可以快速找到符合條件的高質量種子用戶。例如，早期知乎多次發郵件給李開復、徐小平、周鴻禕等這些名人，請求幫忙邀請創業公司 CEO 來回答為其量身定製的問題，這些人脈和影響力為知乎帶來不少高質量的種子用戶，然後知乎才慢慢發展起來。

5. 口碑推薦

相比與高調燒錢的名人推廣，口碑傳播所帶來的用戶無論是黏性還是忠誠度都更好，他們更願意給產品提供反饋意見，但是要想形成口碑傳播，就需要你的產品不僅能滿足用戶需求，還要讓用戶用得爽、用得開心，並且找到歸屬感。例如豆瓣早期只有阿北一個員工，剛開始阿北並沒有太多精力來做宣傳推廣，也沒有煞費苦心地為網站取一個創意十足的名字，而直接用自己居住的地方——豆瓣胡同來命名，從 2005 年 3 月上線的半年內豆瓣只積累了 2 萬用戶，但 2005 年 5 月就漲了 2 萬用戶，這些用戶一方面來源於早期的博主在自己的博客推薦，另一方面來源於種子用戶的口口相傳。

6. 邀請機制

知乎和小米早期都是採用邀請碼的機制，這樣可以限制一些不是目標用戶人員進入，同時也提高用戶進入門檻。用戶進入以後一定會倍加珍惜來之不易的使用機會，同時稀缺的東西給人非同一般的感覺，也會恰當地激發起用戶的好奇心和求知慾，淘寶上甚至出現

案例 | 特斯拉專挑擴散型種子用戶下手

移動營銷管理把種子用戶的類型區分為 4 種：建設型種子用戶、擴散型種子用戶、驗證型種子用戶以及實用型種子用戶。不同的產品屬性，不同的企業資源應採用與之對應的種子用戶類型。

· 建設型種子用戶：直接生產建設性內容的用戶

· 擴散行種子用戶：擅長傳播產品和口碑分享產品的用戶

· 驗證型種子用戶：喜歡對假設做各種實驗的較為理性的用戶

· 實用型種子用戶：一切從功能益處出發的用戶

如果說小米手機從研發出發擅長挖掘建設型種子用戶的話，那麼特斯拉則是專挑擴散型種子用戶下手。特斯拉的營銷喜歡從傳播中心出發。最早在美國銷售時，特斯拉找到了兩種人購買，一種是明星，另一種是明星投資人，比如斯瓦辛格（Arnold Schwarzenegger）就是第一批特斯拉的種子用戶，這些明星擁有海量粉絲，特斯拉不必要再去創造粉絲，而是直接把明星的粉絲轉化。

成功的模型是可以複製的。進入中國市場時，特斯拉如法炮製，在早期的用戶名單中有包括新浪 CEO 曹國偉，小米創始人雷軍，汽車之家創始人李響，UC 董事長俞永福等明星企業家。尤其是雷軍，在與伊隆·馬斯克（Elon Musk）面談並測試了 Model s 之後，雷軍在近千萬粉絲的微博中盛讚特斯拉。在這種名人效應下，特斯拉還需要在中國做其他形式的付費廣告嗎？

不花錢做廣告，答案就藏在擴散型種子用戶的口碑效應中。

了售賣早期知乎邀請碼的商業行為。但是這是一把雙刃劍，邀請碼提高了用戶的預期，如果用戶好不容易進來以後，發現你的產品並沒有預期的那樣好，那用戶對你產品的評價會更低。

7. 社會化媒體宣傳

我們可以在微博、微信公眾號、知乎、36 氪等第三方的內容分發平台發放種子用戶喜歡看的內容，從而將這批用戶聚集起來，在為用戶提供價值的同時，宣傳推廣產品；還可以在目標用戶聚集的 QQ 群、微信群來宣傳產品，同時搞好與群主、群友的關係。

29.1.3 如何留住種子用戶

1. 產品能滿足用戶的需求

產品能滿足用戶的需求是能留住種子用戶的關鍵。對於任何一家公司來說，如果想讓用戶長久使用你的產品，必然要能夠滿足用戶的核心訴求：社區產品要做好內容，社交產品要方便用戶的社交，電商產品 SKU（庫存量單位）要豐富，工具型產品要讓用戶使用便捷，不同類型的產品要不斷打磨自己的核心功能。

2. 讓用戶對你的產品投入

心理學上有個詞叫作沉沒成本，形容一個人對某樣東西付出得越多，越離不開某樣東西，因此引導用戶對你的產品持續投入是留住用戶的一個方式。用戶在使用產品時，投入的是時間成本；邀請自己的好友使用產品時，投入的是社交和信用成本，用戶投入的成本越多，就越離不開該產品。

3. 培養用戶的使用習慣

習慣的力量是強大的。在用戶某個行為之後，給用戶一個正向的反饋。例如，用戶在趣頭條閱讀文章後，會得到一定的金幣，這些金幣可以兌換現金，現金獎勵達到一定程度，就可以提現。當用戶在這個客戶端的閱讀重複循環幾次之後，用戶自然會養成用這個 App 閱讀文章的習慣。

29.2 從種子用戶到超級用戶

29.2.1 關注 1%

如今很多企業說，每年的廣告費用有 80% 是浪費的，這說明企業做了大量市場工作卻有一半以上的溝通是無效的。當我們集中關注那些 80% 的目標客戶和 20% 的潛在客戶時，

1	/	9	/	90
（超級用戶）		（關聯用戶）		（普通用戶）

1990 法則

所謂 1990 法則，即一件流行事物的興起，必先來源於 1% 的超級用戶引領這一潮流，一旦這種潮流掀起，就會帶動周邊 9% 的關聯人群加入到這個行列，剩下 90% 的大眾會慢慢地將目光聚焦過來。1990 法則的決定性之處在於能夠掀起潮流的 1%，然後才能用這 1% 撬動 9%，再用 9% 撬動廣大的 90%。

圖 29-1　1：9：90 運營法則

❶ 病毒式傳播指的是利用公眾的積極性和人際網絡，讓營銷信息像病毒一樣，向數以萬計、數以百萬計的受眾傳播和擴散。

是否應該更多地注意其中 1% 客戶中的"意見領袖"，因為這些極少數的"小眾"，影響並改變着大眾的意見和行為。

在實踐操作中我們也發現，在任何新產品、新技術的市場普及與推廣過程中，都滲透着那些 1% 極少數"意見領袖"的非凡影響力。

在移動互聯網時代，不管是公司還是個人，都需要理解和同理心，也就是常講的一句俗語：知己知彼，百戰不殆。

在互聯網文化中，1% 規則是互聯網社區參與中首屈一指的規則，陳述的是只有 1% 的用戶對網站積極地創造了新內容，而其他的 99% 都是潛伏者。

它的一個變種是"9091 規則"（有時也表現為 89101），這描述了在一個像維基一樣的合作網站中，90% 的社區參與者只是瀏覽內容，9% 的參與者編輯內容，1% 的參與者積極地創造新內容，如圖 29-1 所示。

這個規則可以與已知信息科學中的類似規則相對比，如被稱為帕累托理論的 80/20 規則，即組織中的 20% 將產生 80% 的活躍度。

1. 傳播的原理

某些事物傳播（即我們平時常說的"病毒式傳播"❶）有 3 個共性特徵，即感染性、小變化大後果、突發性而非漸進性。有關學者在對此研究分析的基礎上提出引爆流行的三大要素：個別人物法則（The Law of Few）、附着力法則（Stickness Factor）和環境威力法則（Power of Context）。

（1）個別人物法則

個別人物法則研究的是人們傳播信息的行為，是說流行的爆發大多是由少數幾個人驅動起來的。這幾個人在整個傳播過程中起關鍵性作用：內行（Mavens）、聯繫員（Connectors）和推銷員（Salesmen），是他們發起並帶動了整個傳播過程：內行們相當於數據庫，為大家提供信息；聯繫員是黏合劑，將信息傳播到各處；推銷員則負責"最後一公里"，說服人們接受該信息。

（2）附着力法則

附着力法則闡述了被傳播信息的本身特徵。在同等條件下，附着力越高的信息引爆流行的可能性越大。那什麼是附着力？就是人們得到信息後，對其留下了多大的印象、有沒有採取相應的行動，以及採取行動的程度如何。附着力公式如下所示：

附着力 = 關聯度 ＋ 實用性 ＋ 適合形式

下面結合網站的運營，舉一些簡單的例子，以增強對附着力的理解。附着力首先體現在受眾的印象上。這方面最簡單的例子就是信息的名字，一個好的名字能極大地增進信息的附着力，比如菠蘿網、淘寶網、265 等網站名和域名，無疑能為網站的發展帶來如虎添翼的效果；同理，網志、Podcast 的傳播力也肯定不如博客、播客。這方面，大眾點評網倒是走過一個實實在在的彎路，雖然現在的"dianping.com"並非一個完美的域名，但比起剛創辦

時的 "zsurvey.com" 已經進步得太多了。當然，除了名字之外，信息還能以其他各種方式增加附着力，這方面的理論研究也比較多，大名鼎鼎的《定位》❶（Location）理論就屬於此類理論。

❶《定位》: 這部著作提出了被稱為 "有史以來對美國營銷影響最大的觀念"——定位，改變了人類 "滿足需求" 的舊有營銷認識，開創了 "勝出競爭" 的營銷之道。

一個附着力高的信息，不但能給人留下深刻的印象，更重要的是，它能影響人的行為。大家都知道 Web2.0 的一個基本特徵是網站的互動性，因此，如何通過網站的附着力增加用戶的互動積極性，是一個非常值得研究的課題。這方面，豆瓣無疑是做得比較好的，下面摘錄了其網站上的兩個提示語：

・看完歡迎點擊 "有用" 或 "沒用"，一起決定這些評論的排列次序。

・你的個人推薦是根據用戶的收藏和評價自動得出的，每個人的推薦清單都不相同。用戶的收藏和評價越多，豆瓣給的推薦會越準確和豐富。

這種提示在有些追求簡潔風格的人眼裏看似累贅，其實不然。正是這種溫馨、及時的小提示和豆瓣佈局合理的信息位置搭配，形成了豆瓣強大的附着力，讓用戶不自覺地參與到網站中來，進而喜歡上網站，並成為網站的 "推銷員"，驅動着網站的流行性傳播。

任何信息要對人產生深刻影響，關鍵在於其內在質量。但是附着力法則告訴我們，信息如果想要快速傳播，光靠良好的內在質量是不夠的，或許你在某些似乎微不足道的地方對信息做一下改進，就會讓信息變得令人不可抗拒。

（3）環境威力法則

"天時地利人和"，在古人留給我們的這句睿智的環境論描述中就可以知道，我們從沒輕視過環境威力。

環境威力法則告訴我們，人的行為是社會環境作用的結果。往往微小的環境改變，就能促進流行。有關學者根據環境因素的差異，將環境因素法則分為 "破窗理論" 和 "150 法則" 兩部分。

2. 移動互聯網的原理

（1）移動互聯網正在重新定義 "小眾"

移動互聯網讓 "人" 的一切都發生了非常大的變化，隨着消費場景、溝通場景、生活場景的多樣化，最直接的影響就是人格的多樣化。可以說，生活在移動互聯網時代的每個人，都擁有了真正意義的碎片化人格，相對的也會扮演着碎片化的社會角色。

現如今談 "小眾"，已經不能基於滿足 "小部分人的需求"，而應該基於滿足 "人的小部分需求"。也許有人會有疑問：兩者有區別嗎？文字遊戲吧？

當然不是，不僅有區別，而且有大區別。打個比方，小部分人的需求，容易產生類似 "死飛"❷ 自行車這類產品，而人的小部分需求，則可能讓每一輛自行車都具備一種 "死飛" 的體驗。前者是縱向的，而後者則是橫向的。前者極有可能越做越小，而後者則有可能做出大眾化的 "小眾" 產品。

❷ 死飛（Fixed Gear）: 簡稱 "Fixie Bike"，又稱單速車、固定齒輪自行車，是一種沒有單向自由輪的自行車，車輪與腳踏板永遠處於聯動狀態，即後飛輪被固定在花轂上無法自由旋轉，後飛輪通過鏈條與牙盤相連接，作用於踏板上的力會通過齒比放大後作用在後輪，使得踏板無法保持靜止下的滑行狀態。

這給我們的啟發就是，未來的 "小眾" 產品，應該追求的絕不僅是受眾的 "小"，而應該是需求場景的 "小"，因為用戶越來越扁平，每個人內心都有一萬種 "小眾" 的需求等待更高格調的表達與釋放。

（2）"小眾"已成為這個時代的核心產品力

這幾年，越來越多的"小眾"產品，完成了大眾化；也有越來越多的"大眾"產品，開始追求"小眾"。

前者如 NB（紐巴倫）。你會發現，這款曾經被少數上層人士追捧的運動鞋，如今儼然成了"街鞋"。為什麼？因為每個用戶在感知、消費、體驗產品過程中，都能重新找到"小眾"的尊崇感。在這個意義上，"小眾"已成為每個產品新的核心能力。喬布斯（Steve Jobs）為蘋果賦予的恰恰是"小眾"文化。蘋果如此流行，但仍然會讓每個使用者都倍感"尊崇"、"個性化"。

後者如可口可樂。這兩年，可口可樂最容易被忽略的創新，就是包裝上的創新。從流行詞標籤到流行歌詞標籤，可口可樂在最大限度釋放規模化生產效率的前提下，也最大限度為用戶提供了"小眾"的可能。

每當看到一個小女生握着印有歌詞（如五月天的歌詞瓶可樂——《傷心的人別聽慢歌》）的可口可樂走出便利店時，我彷彿都能讀到她一連串的故事。而這也正是她挑選五月天歌詞包裝的用意——讓你們看到"我"的內心，體會到"我"的不同，甚至能通過某種方式，給"我"一些共鳴。

29.2.2 1% 的價值

1. 什麼是價值

❶ 溢價：所支付的實際金額超過證券或股票的名義價值或面值。

有的理論認為，價值對於企業而言是一種以溢價❶方式（Premium Way）表現出來的盈利能力，同時，也是一種企業承擔的社會責任和義務。價值對消費者而言，是消費者心中對企業產品的貨幣表現形式的評估值，是消費者除對產品功能需求之外的文化需求和心理需求的滿足程度。對於企業的渠道商而言，價值是一種市場終端的競爭力，是單店、單櫃、單品盈利率、回報率的保證；對於企業的供應商、合作夥伴，或者是產業關聯的其他第三方而言，相互創造價值是共同提高盈利能力或降低成本費用的最佳途徑。

比較一下財富加法、減法原理和乘法的原理，你將發現，無論是加法原理還是減法原理，其根本的市場競爭方式是以價格為手段，而乘法原理所採用的競爭理論是以價值為基礎。

價值不同於價格。一方面，價格是由工廠制定而讓消費者被動接受的，在一個競爭激烈的行業，企業往往被迫採用降低價格的方式吸引消費者選擇。因此，價格戰不可避免。另一方面，價值是消費者一方確認的，企業要圍繞實現顧客價值的滿足而創新各個經營要素。同樣在一個激烈競爭的行業中，企業和顧客實現了價值聯盟（Value Union），共同堅守一個價值規律，雙方各取所需，企業實現了保持較高獲利能力的增長。

世界上奢侈品營銷理論的成功就是基於對價值規律的堅守。奢侈品在世界範圍內的營銷模式有着如下共同特徵：

（1）把 99% 的利潤對準 1% 的人。讓那些 1% 的人相信，只有社會中的極少數精英分子，才會享用那些極品；而為了體現自己的價值感，他們需要付出 99% 的人不願意承擔的高價位。例如，那些部分購買 CK 內褲的 1% 的"社會精英"會擁有"從內而外的自信"，總認為自己之所以在工作、生活中能夠自信，是因為穿上了 CK 內褲。

（2）把單品、單店獲利能力放在第一位。奢侈品的銷售渠道不追求數量，而追求獲利能力；奢侈品的產品設計也不像普通商品追求款式、風格、色彩、外包裝的創新；相反，奢侈品的產品品種少得可憐。這樣做有兩點好處：其一，省去研發費用和渠道商、代理商對商品過季的庫存壓力；其二，便於通過年年漲價的方式給予消費者暗示：你所購買的奢侈品永遠具有保值增值的能力。例如，世界排名第一的百達翡麗（Patek Philippe）手錶，它是這樣暗示顧客的："百達翡麗不是給你的，而是讓你留給你的下一代的。"

（3）藉第三方實現品牌價值共同增值的聯盟。為什麼奢侈品從來都是只在五星級賓館或者是豪華大商場有門店？難道它們不知道批發市場或超級市場更具有人流量嗎？原來，它們之間是品牌價值的相互借力，共同堅守一種溢價能力。為什麼奢侈品很少打折？為什麼奢侈品很少贈送促銷？為什麼瑞士名錶告訴你"名錶每天誤差 3 分鐘均屬正常現象"，而你卻還堅信其物有所值？作者無意讓中國的中小企業都去從事奢侈品行業，而是要從奢侈品的經營理論中總結出某些擺脫價格戰的方法和規律，如圖 29-2 所示。

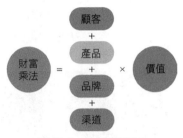

圖 29-2　財富乘法圖示

2. 有效區分產品價值與顧客價值 [●]、顧客成本和產品價格

> [●] 顧客價值：由於供應商以一定的方式參與到顧客的生產經營活動過程中而能夠為其顧客帶來的利益，即指顧客通過購買商品所得到的收益和顧客花費的代價（購買成本和購後成本）的差額，企業對顧客價值的考察可以從潛在顧客價值、知覺價值、實際實現的顧客價值等層面進行。

北京航空航天大學經濟管理學院營銷學教授張明立博士對產品價值和顧客價值實現了區分。顧客價值是產品價值轉化而來的，在不考慮顧客成本的條件下，即使有相同的度量單位，產品價值也不一定等於顧客價值，或者說並不是全部的產品價值都肯定能夠轉化為顧客價值，兩者之間存在着差異。同樣，產品價格也不一定等同於顧客成本，或者說並不是全部顧客成本都一定能轉化為產品價格，兩者之間也存在着差異。

（1）顧客價值和產品價值之間存在差異的原因

顧客價值的多少取決於顧客需求的滿足程度，依賴於顧客的主觀感受。但產品價值卻並不是由顧客需要的滿足程度來決定的，它是由產品的客觀屬性決定的，也就是由圍繞核心產品生產的實際產品和外延產品決定的，包括質量、特色、設計、品牌、包裝、附加服務等。如一台電視機的產品價值主要是能夠接收電視信號並將之轉化為圖像、聲音信號，這是由電視機的電路結構決定的。而顧客價值既不是由電視機的電路結構決定的，也不是由電視機接收的電視信號決定的，顧客價值是顧客需求的滿足程度，是通過使用電視機滿足顧客的需求的程度，如收看娛樂節目能夠滿足顧客放鬆、愉悅的需要；收看教育節目滿足了顧客學業上進的需要。同一台電視機，具有同樣的產品價值，但不同的人通過使用電視機得到的顧客價值是不同的。舉個極端的例子，假如有 A、B 兩個地區，A 地區無法接收到電視信號，B 地區有豐富的電視節目，一台電視機放在 A 地區使用，顧客獲得的顧客價值為零，因為沒有電視信號，不能滿足顧客看電視的需要；將此電視機移到 B 地區，顧客就可以獲得較高的顧客價值，因為電視節目豐富。同一台電視機，其客觀屬性沒有變化，所以產品價值肯定是不變的，但對於不同地區的顧客，其顧客價值顯然有着很大的差異。

（2）顧客成本和產品價格之間存在差異的原因

顧客成本是指顧客因為消費滿足需要的產品而付出的金錢、時間、精力等。顧客成本具有多方面性與持續性。多方面性指顧客成本除了包括貨幣成本外，還包括時間成本和精力成本等其他方面的成本。持續性指顧客成本貫穿於產品的整個消費週期，在消費週期的各個階段顧客都可能要付出成本。產品價格包含在顧客成本之內，顧客成本不可能小於產品價格。因為產品價格僅僅是顧客在購買階段支付的一部分貨幣數量，而顧客成本中除購買階段以外，在產品消費週期其他階段也要付出成本，除了貨幣方面的成本外，還包括時間、精力等方面的成本。即使是貨幣方面的成本，有時也不僅僅是產品的價格，還有其他方面的貨幣成本。例如，顧客準備購買轎車，那麼在轎車的購買階段，除了轎車的價格外，顧客還要承擔 17% 的增值稅和 3%-8% 的消費稅，繳納車輛購置附加稅、城建稅、保險稅、牌照費、環衛費等十幾種費用，高達幾萬元。當然，在大多數情況下，產品價格是顧客成本分量最大的一部分。有些情況下，在整個產品消費週期內，顧客僅需支付產品價格，而無須支付其他方面的成本，這時產品價格就是顧客成本。

信息時代的公開性和消費選擇的多樣性使顧客與產品或服務之間的關係出現了兩極分化的可能，如圖 29-3 所示。一方面是顧客購買的隨機性、多樣化的增加，他們在多數情況下強調體驗變化而不

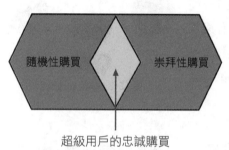

圖 29-3　顧客的忠誠購買

拓展 ｜ 產品價值轉化率

顧客價值的獲得雖然依賴於產品價值，但卻並不等同於產品價值。顧客從產品中獲得的價值和產品所能提供的價值可能一致，也可能不一致。顧客價值等於產品價值和產品價值轉化率的乘積減去顧客成本。例如顧客購買了一台電腦，由於其計算機技術知識的缺乏，使本來功能強大的電腦，僅僅發揮了打字機或遊戲機的作用，這時產品價值大於顧客價值。有些情況下，產品價值可能等於顧客價值，這時產品價值全部發揮出來，滿足了顧客的需要。又如顧客口渴時購買飲料飲用，如果購買量適當，應該說產品價值全部轉化為顧客價值，公式為：

顧客價值＝產品價值 × 產品價值轉化率－顧客成本

產品價值轉化率（Product Value Conversion Rate）是指有多少產品價值轉化為顧客價值，產品價值轉化率位於 0-1 之間。可以看出，產品價值相同時，產品價值轉化率越高，則顧客價值越高；產品價值轉化率越低，則顧客價值越低。

拓展 ｜ 產品價格佔有率

假設顧客在整個產品消費週期內付出的所有成本都可以折合為貨幣形式，則產品價格在總的貨幣數量中佔的比例，就是產品價格佔有率，位於 0-1 之間。產品價格佔有率越高，意味着顧客支付的產品價格以外的成本越少。當產品價格佔有率等於 1 時，表示顧客支付的產品價格以外的最大成本；當產品價格佔有率等於 0 時，表示顧客成本中不包含產品價格，此時產品價格也為 0，如一些需反饋使用意見的試用品。

是消費專一，儘管他們可能為此付出較大成本；另一方面是越來越多的顧客加入到品牌崇拜者的隊伍中，他們不僅僅是忠誠於某類產品、服務或品牌，而是能在消費的同時狂熱地鼓動並推薦其他人消費，甚至自己掏腰包幫助別人付賬消費其崇拜的品牌。品牌崇拜者和品牌忠誠者的區別在於崇拜者表現出來的長期非理性消費。關於這一點，奢侈品年年漲價的營銷原理就是基於奢侈品相信它所吸引的超級崇拜者不對價格敏感，而是對於他是否堅守自己的價值規律敏感。

29.3 超級用戶

29.3.1 什麼是超級用戶？

在傳統的商業模式中，企業迷信"二八原理"，即企業 80% 的利潤是由 20% 的客戶帶來的，與此相悖的一個事實是，企業花費 80% 的精力在 80% 客戶身上，始終不能實現把 80% 的精力服務在能創造利潤的 20% 優質客戶身上，這讓管理者頭痛不已。移動互聯網帶來了新局面，解決了傳統管理的難題，企業終於可以把主要精力與貨幣投放在關鍵的優質客戶身上了，因為互聯網企業遵循的不是"2/8"原理，而是"1/99"規則，即互聯網企業的利潤是由用戶中佔有率為 1% 的"超級用戶"帶來的。

以當今最火爆的映客直播為例，映客對外宣稱有 1 億以上的用戶，按照互聯網"僵屍粉"與常用戶之間"51"比率測算，映客的活躍用戶應當在 2,000 萬上下。2016 年 8 月 10 日，奧運網紅傅園慧直播的數據顯示有 1,054 萬人在線觀看直播，次日重播，人數不過 30

案例　|　航空公司的大客戶管理

大客戶也稱為核心客戶，移動營銷稱之為超級用戶，是對航空公司具有戰略意義的客戶，是收益的主要來源。針對這群金字塔頂端的客戶，航空公司不僅要花心思去經營，而且還要提供個性化服務。大客戶管理操作步驟如下：

·建立客戶檔案，識別大客戶；

·用數據收集、分析、追蹤大客戶行為偏好，建立個性化大客戶檔案；

·搭建大客戶數據共享機制，讓地面服務人員提供個性化服務；

·重視大客戶的意見，視之為長期合作夥伴。

越是長途客運的航班，大客戶越是重要，以英國航空

公司波音 777 為例，它每天執行倫敦—華盛頓的航班，這架飛機共有 224 個座位，其中經濟艙 122 個，超級經濟艙 40 個，商務艙 48 個，頭等艙 14 個。假設機票全部售出，上述四種座位銷量額依次為 106,872 美元、15,320 美元、322,704 美元、122,010 美元。對比後發現，44 個超級經濟艙與經濟艙銷售額幾乎相同，而超級經濟艙的運營成本明顯低於經濟艙，14 個頭等艙的收入超過了全部經濟艙收入的總和，也就是說，45% 的旅客支付了 84% 的營業收入。

雖然坐頭等艙的旅客不會比坐經濟艙的旅客先到，但是由於大客戶認為頭等艙更有價值，所以願意支付更高的旅行成本。

$$投入產出率 = 1 - \frac{交易成本 + 貨幣投入成本}{交易價值}$$

$$= 1 - \frac{人工服務費用 + 設備貨幣投入 + 利益關聯者分成}{營業收入}$$

$$投入產出率（映客直播） = 1 - \frac{0.5萬（人工費）+ 3.18萬（流量費）+ 10萬（傅園慧分成）}{31.8萬元}$$

$$= 1 - \frac{13.68萬元}{31.8萬元} = 56.98\%$$

圖 29-4　映客直播投入產出率核算

萬。更為可觀的數字是，傅園慧在 1 個小時的直播中收到映客粉 318.5 萬個 "鑽石"，按照 0.1 元購買 1 顆鑽石的映客換算比例，她的直播共帶來 31.8 萬元的收入。按照映客交易規定，平台與主播的分成比例是 68：32，平台最少會分成 21.6 萬元，難怪傅園慧在直播中說的最多的一句話就是 "真的不用送東西"。原因很簡單，直播平台靠網紅賺錢，而且是平台賺大頭。據映客公司對外宣稱，其平台上的主播僅有 18 萬人，與其 2,000 萬粉絲相比，連 1% 的佔比都不到。這說明什麼？說明互聯網平台公司是靠 1% 的超級用戶賺錢的，靠 99% 的普通粉絲花錢。映客直播的 1% 超級用戶原理說明，互聯網企業管理成本更低，它只需要服務好 1% 的超級用戶，至於 99% 的絕大多數用戶的服務交給網絡技術運營就好。財務核算法表明，靠技術或設備服務用戶的成本遠低於人本服務的成本。

根據管理會計給出的財務核算法（見圖 29-4），顯然，互聯網公司的效率和效益要比實體經濟好得多，難怪映客直播宣稱，映客是中國大型直播平台中盈利最好、最不燒錢的互聯網公司。

超級用戶的表現已經突破了傳統消費者心理及行為研究者的底線，他們用盡了數據模型也分析不出來這些超級用戶為什麼這麼想、為什麼這麼做。也只有互聯網公司能把 "情緒" 當成產品一樣去交易，這也是互聯網公司高效背後的秘密。

超級用戶的存在，打破了傳統商業模式的結構性平衡，新的商業模型結構應運而生。超級用戶的行為特徵有以下幾點：

　· 愛你的優點的同時也愛你的缺陷，認為缺陷也是一種美。

　· 讓我消費我就消費，我還要叫朋友來一起消費。

　· 傳播你的產品不需要理由，不要分成，只要你產品背後的精神讓我信仰一生。

　· 我是你的投資商，也是你的消費商。

　· 我和你是 "婚姻關係"，不是 "一夜情"。

29.3.2 超級用戶的類型

1. 相關性高的真實用戶

這類意見領袖，有些是你有錢也很難買到的。他們真的很喜歡你的品牌或者是產品，你贊助他們就可能得到他們為你發出聲音的機會。這也是最真實、最靠譜的聲音。策略上，我們要懂得去把品牌的關鍵詞和這些真實用戶的圖譜匹配起來，才知道他是否對產品認同，對品牌喜愛。

2. 並非真實用戶的草根大號

草根大號根本不能算是意見領袖，而是一些號稱擁有大量粉絲（很多都是假的粉絲）的營銷大號，他們有一定的傳播力度和粉絲部落，他們轉發一下文案就能賺錢，企業也可輕鬆解決品牌有關 "轉發" 的 KPI（關鍵績效指標），實在是 "雙贏"。但是，倘若他只是忽悠，那麼效果是有限的。品牌找這些號去完成 KPI，只會墮入萬劫不復的欺騙自己的循環中。你就會發現策略執行中，最難做的並不是去 "物色" 和 "接觸" 他們，跟他們溝通，而是幫助他們去寫一個內容能自然植入的文案，然後去管理這些文案的發佈時間、轉發時間等傳播路徑，務求讓這些信息的生命週期可以延續，到最後，當然就是跟蹤報告，以備下次改善策略。這最後的工作，才是最有價值，但也是最容易被忽略的。

在國外，營銷業界的人不會叫他們 "意見領袖"，更沒有 "營銷大號" 這個獨特概念，而是統稱為 "社會化影響者"，而這個在學術領域就叫 "影響力營銷"，是非常嚴肅和專業的。絕對不是我們原先想象的付錢轉發那麼簡單。從 2015 年開始，甚至已經有專門從事影響力營銷的公司，而且收費比社群管理更高。

企業常常 "看" 不到在媒介上的傳播效果，營銷需堅持，效果才明顯。當我們的傳播面對這些 "意見領袖" 時，他們比一般人更專業，也更理性，我們更難以改變他們的 "意見"，但一旦改變了他們的 "意見"，他們將給企業帶來巨大的財富。

29.3.3 超級用戶的價值表現

超級用戶成為 2018 年互聯網第一個熱詞，絕非偶然。超級用戶背後所蘊含的商業價值，正是為破解存量競爭找到了答案——創造競爭優勢和增量價值。超級用戶價值表現在以下 3 個層面：

1. 產品共創

當用戶對產品的了解和體驗特別深入，他們的需求基本可以代表絕大部分用戶的需求，此時，超級用戶就成為最好的產品共創者。最具代表性的例子是 Keep 通過招募內部測試官，將超級用戶納入產品迭代中，幫助產品實現快速精準的升級。

2. 深度互動

超級用戶一方面維持活躍度和打開率，同時也更樂於推薦產品，用口碑傳播方式迅速觸達產品的潛在用戶圈層。

3. 盈利能力

通常來講，超級用戶比普通用戶的付費意願更強。《超級用戶》的作者艾迪・尹就曾表示，客戶總數中，超級用戶僅佔 10%，但他們能夠將銷量拉升 30%-70%，和普通用戶相比，超級用戶願意在產品上花的錢要多得多。此外，超級用戶與產品存在情感連接，在公司業務向外延展的過程中，超級用戶可以更快地跟上步伐，在產品矩陣中實現複製和延展。

拓展 ｜ 超級用戶分類運營

得到 App——超級知識付費用戶

2017 年，得到 App 交出了一份令人驚艷的成績單：截至 2017 年 12 月，得到 App 用戶數超過 1,300 萬，付費專欄累計銷售 230 萬份（不包含《羅輯思維》專欄）。

其中有近 200 位老師在為用戶服務，共 32 個專欄在更新，累計更新了 1,425 萬字，"每天聽本書"欄目中有 937 本書。越來越多人開始將得到 App 看作一個互聯網時代的"數字出版社"。

在羅振宇看來，得到 App 的用戶，是那種不用做推廣，即使做推廣也沒用的那批"糊弄不了"的用戶。面對這樣的用戶，得到 App 必須做的兩件事：儘可能做讓用戶覺得長臉的事；絕不給用戶丟臉。之所以有這樣一個訴求及奮鬥目標，是因為"超級用戶思維"不止是營利模式的變化，它本質上是一種商業文化的迭代。它還有一句更重要的潛台詞：我希望你以我為榮。

可口可樂——有情緒的超級用戶

可口可樂之所以能夠成就經典，成為用戶的摯愛品牌，品牌營銷的關鍵不是喊兩句口號，而是在用戶、粉絲的生活中更深入、更牢固地加強聯繫，建立良好的消費者關聯性。

有效的消費者關聯性，能使品牌不再高高在上，反而能成為消費者身邊的"陪伴"。只有在這樣的情況下，目標受眾，那部分"超級用戶"才會給予積極反饋，對可口可樂品牌實現從尊重到喜愛，最終成為摯愛品牌的過程。

前幾年的可口可樂昵稱瓶和歌詞瓶，用消費者自己的語言和他們溝通，極大地拉近了品牌和消費者的距離。消費者也在潛移默化間完成了和品牌的多次聯動。在社交網絡上的發聲和表態，都是對可口可樂品牌擁護和喜愛的宣言。

星巴克——呵護出來的超級用戶

一間咖啡館，30 年裏，從 380 萬發展為市值超過 840 億美元的國際品牌。星巴克成功的基礎要素就是好咖啡、好客戶體驗、快速高效的供應鏈。

首先，星巴克對它的"超級用戶"的需求了解得特別清楚。星巴克認為，人們需要一個除了家和工作場所以外的"第三場所"，如人們經常看到各種各樣的消磨時間的方式，例如聊天、看書、工作等。

其次，星巴克為了給"超級用戶"們提供一個他們更喜歡的氛圍，光在店內環境的設計上就有很多考量。星巴克在設計上的用心，你每到一家門店，你的所見所得，甚至是香味都是經過精心設計和計算的。

再次，星巴克非常看重它提供的"第三場所"——一個人際連接的場所。不僅是店員和顧客，顧客與朋友、顧客與顧客間都有連接。

在如今這個咖啡店遍地的時代，星巴克之所以會贏，是因為它一直把目標和重心放在自己身上，永遠去做自己認為對用戶、對員工來說正確的事情和選擇。

王尼瑪——用興趣激發出來的超級用戶

暴漫漫畫從漫畫起家，從漫畫社區 UGC 漫畫平台做到動畫、視頻，到現在的卡通電影，暴漫可以說是圍繞着這個形象做了所有可觸達的衍生品，可以算是中國第一個源生於互聯網的屬於"80 後"、"90 後"以及"00 後"的文化品牌。

作為暴漫知名的 IP 人物王尼瑪，以其幽默搞笑的風格，吐槽新聞熱點，給新聞附上新的更深層的態度，成為深受網友追捧的平民偶像。要知道，暴漫 App 的用戶在 12-18 歲之間，甚至到 20 歲左右，視頻節目用戶是 15-29 歲之間。對暴漫的"超級用戶"而言，他們並不是在單純消耗一個王尼瑪的 IP，而是與 IP 共同生長。

基於暴漫的 UGC 社區，他們建立了一套熱詞系統。對用戶的熱搜、使用度高的圖片模板、製作器生成的文字、瀏覽文章等進行熱度統計，最快速最高效地獲取用戶關注點，為內容創作提供養料。

對"超級用戶"來說，他們能給到暴漫最迅速且直接的反饋，這樣也方便暴漫對內容和產品進行測試和調整。只有好內容和產品出現時，用戶才會是最堅定的支持者。

資料來源：媒介 360

案例　｜　日本金剛組：存活 1,400 多年的神跡

超級用戶的原理能讓一家企業續命百年嗎？在日本，別說百年，1,000 年以上歷史的企業有 7 家，超過 500 年的企業有 39 家。據統計，全世界壽命 200 年以上的企業裏竟然有 3,146 家在日本，佔全球總數的 60%，超過百年的日本企業高達 5 萬家。日本公司緣何長壽？讓我們以其中最長壽的日本金剛組為案例，探究企業基因長青的奧秘。

株式會社金剛組（Kougo Gumi）已經在世界上存活了 1,400 多年，始創於公元 578 年的金剛組作為日本乃至全球最長壽企業的代表載入史冊。儘管也經歷輝煌與沒落、高潮與低谷，但它從未間斷過經營，運用超級用戶原理創造出永恆的價值。

·專注於佛寺建築：日本佛教徒是金剛組的超級用戶

公元 578 年奉聖德太子之命，為了興建當時的 "四大天王寺"，金剛組正式成立。在此後的 1,400 多年漫漫歲月中，金剛組以承建佛教寺廟、佛舍、佛壇等宗教建築為主，為大量信佛的日本社會留下無數的珍貴傑作，如被譽為日本木結構建築巔峰之作的法隆寺（Horyu-ji Temple），建於公元 607 年；修建於德川幕府時代的偕樂園、兼樂園、後樂園如今是日本最重要的歷史文化遺產之一；16 世紀由金剛組修建的大阪城（Osaka Castle），如今是日本三大歷史名城之一。

金剛組的建築風格與中國古代的建築風格一脈相承，儘管這兩個隔海相望的鄰居時常有爭執，但對佛教的虔誠卻是相似的：把執著和專注體現在建築藝術上。在金剛組的建築中，木柱、木樑、斗拱、雕花等完全由手工製作，採用世代相傳的木柱和橫樑的接駁關節建築工藝，全部採用純木材縱橫卡位支撐屋頂技術，不使用一顆鐵釘，是為了百年後修復時保持最佳效果。最重要的一點是日本是一個地震頻繁的國家，木結構建築保持了很好的彈性，這種有柔韌度的彈性空間，保障了寺廟建築的壽命可長達 1,000 年以上。由於寺廟是金剛組建造的，所以在長達 1,000 年建築生命維繫期間的修葺工作還得交給金剛組完成，總之金剛組就吃定了這碗飯，連續吃了 1,400 多年。

·員工即超級用戶：採用精神傳承與工藝傳授的方式，把員工培養成代代相傳的明星匠人

金剛組至今還保存著金剛組第 32 代首領金剛喜於 1801 年定的遺言家訓：敬神佛祖先；節制專注本業；待人坦誠謙和；表裏如一。

企業精神文化的傳承，從來都是企業內部培養文化超級用戶的關鍵。企業文化從來也都是在關鍵時刻發揮作用。如到了 1934 年，金剛組第 37 代首領金剛治因企業經營不善選擇了自殺，妻子吉江站出來勇挑重擔，成為金剛組歷史上第一位女首領。企業文化是一種滲透劑，它可以從師傅滲透到徒弟，從上級滲透到下級，從歷史滲透到現在，也可以從男人滲透到妻子。

終身雇傭制、年功序列工資制和企業工會是日本戰後經濟復蘇並高速發展的企業管理三大支柱，在三大支柱管理模式中，體現出重視人、發展人、惠及人的人本管理思想。金剛組的金剛不敗之身，從內部管理上把超級用戶的思想用在培養員工上。

·在內部建立種子用戶管理制度

金剛組下設 8 個組，如畑山組、木內組、加藤組、木口組、土居組、羽馬組、岩崎組和北野組，每組 5-8 人，小組之上是總部和堂主，各組之間相互獨立、相互競爭，又相互配合，保障了資源的最佳配置，實現了內部賽馬機制。

對於長壽企業而言，超級用戶是一種文化現象，對外用於消費，對內用於傳承。

29.3.4 超級用戶的獲取

獲取超級用戶有兩個困境。一是獲取成本越來越高；二是投放優化嚴重依賴經驗，並且各媒體渠道投放操作複雜。相比於整合營銷傳播時代，這個問題在智能營銷時代輕易破解。在投放前，我們要知道誰是潛在的超級用戶，有針對性地投放。這就需要通過 AI 能力，圈選超級用戶以及在各渠道的分佈。比如潛在超級用戶是 1 萬人，這 1 萬人在媒體 A 是 8,000 人、媒體 B 是 2,000 人，我們通過針對性的投放更有效果，再結合後鏈路行為，去監測和優化。總結起來有以下 4 步：

- 找用戶：找到潛在超級用戶做內容廣告投放。
- 定策略：按照目標人群的媒體渠道進行分佈式投放。
- 盯轉化：通過廣告監測定位最終轉化的超級用戶。
- 優投放：通過用戶點擊情況智能優化投放方案。

這一系列過程通過 AI 模型大數據分析報告和全局用戶畫像，找到行業中的潛在超級用戶；通過合作媒體把潛在超級用戶在各個媒體中的分佈找到，有針對性制定投放策略；再通過移動廣告監測，將人群數據、媒體數據、投放數據匯總在 AI 模型中，進一步優化圈選模型。這一環節就可以解決投放策略嚴重依賴於經驗和成本的問題，實現精準獲客和精準營銷。

29.3.5 超級用戶文化的特徵

超級用戶文化是指用戶群體所表現出的一般性的價值觀、行為方式以及由此產生的文化現象。它以超級用戶個體的超常消費行為為基礎，以社群為載體，是與社會主流文化或官方文化不同的一種亞文化。根據學者們的研究，超級用戶文化至少有以下 3 個重要特徵：

1. 參與性

深度參與是粉絲消費行為的重要表現，因而參與性是粉絲文化的首要特徵。Jenkins 曾在《文本剽竊者》（*Text Plagiarism*）一書中對電視粉絲的參與文化進行了剖析。他指出，文化產品的用戶不僅閱讀或觀看，而且樂於按照自己的意願和喜好對原文本進行改編和再創作，從而"生產"出自己的文化產品，並通過互聯網進行傳播和交流。Kozinets 通過對電視劇《X 檔案》粉絲社群進行研究發現，超級用戶們並非只是被動地觀看該電視劇，而是通過深度參與和電視劇產生互動——他們自發地為該劇制定具有專業水準的鑒賞標準，包括劇情是否合理、畫面是否符合美學要求以及演員是否合適等，從而形成一個群體的獨特品位。超級用戶們還將劇中的一些元素（包括圖片、標誌、經典台詞等）帶入自己的日常生活，以顯示他們的用戶身份。總之，超級用戶的深度參與不僅使他們與所喜愛的對象更加親密，還使他們從中製造出屬於自己的特殊意義。

2. 崇拜性

崇拜是用戶熱愛某一對象的極端表現，崇拜文化也滲透在超級用戶社群的類宗教特徵之中，包括對文化產品、消費品品牌、體育俱樂部以及名人的崇拜。這時的粉絲可稱其為超級用戶，比如，Barbas 通過對好萊塢電影粉絲的研究指出，好萊塢就是粉絲們的夢想工廠，粉絲的崇拜文化正是好萊塢文化的重要組成部分。這些超級用戶對影星的個性產生強烈的崇拜情結，他們積極模仿偶像的穿衣方式、飲食方式以及對生活用品的選擇等，並希望以這種方式盡可能地使自己接近"理想自我"。再如，蘋果粉絲們連夜排隊購買新發佈的產品，這種對新品的狂熱和追捧也是崇拜文化的體現。

3. 社交性

許多研究顯示，超級用戶在社群中保持密切交往；他們互相支持、互助友愛，形成忠實的夥伴關係；他們彼此具有一定的影響力，所在社群成為個體生活的重要參考群體。Geraghty 發現，超級用戶之間存在相互支持的關係網絡；他們通過信件等進行聯繫和溝通，分享生活經歷；他們甚至會避開朋友、親人和醫生等傳統諮詢對象，轉而向其他用戶諮詢生活問題、尋求相關建議。

另外，Baym 研究了肥皂劇粉絲在網絡社群中的交流實踐，他們經常發佈有關肥皂劇的信息、推測劇情或發表批評意見，甚至改寫劇情等。Byam 發現，這種自由交流和討論實際上極大地提高了用戶觀看肥皂劇的愉悅感和意義；社群交流已經成為超級用戶表達自我、展示才華以及獲得認可的重要途徑。

本章小結

（1）移動時代用戶分為 4 類，即大眾、精英、王者以及特異人群。

（2）尋找種子用戶的途徑有以下幾種：親朋好友、同學同事；第三方渠道；線下活動；尋找 KOL 入駐；口碑推薦；邀請機制；微信群；QQ 群。

（3）在實踐操作中我們也發現，在任何新產品、新技術的市場普及推廣過程中，都滲透着那些 1% 極少數"意見領袖"的非凡影響力。

（4）價值對消費者而言，是消費者心中對企業產品的貨幣表現形式的評估值，是消費者對產品功能需求之外的文化需求和心理需求的滿足程度。對於企業的渠道商而言，價值是一種市場終端的競爭力，是單店、單櫃、單品盈利率、回報率的保證；對於企業的供應商、合作夥伴，或者是產業關聯的其他第三方而言，相互創造價值是共同提高盈利能力或降低成本費用的最佳途徑。

第三十章

Superuser
Management

超級用戶的管理

隨着人口紅利褪去、流量逐漸枯竭，獲得用戶的成本越來越高，大多數企業面臨增長難題，如何挖掘超級用戶、如何維護超級用戶、如何管理超級用戶成為移動互聯網時代最重要的議題。過去人們常說，平台流量非常重要，而如今人們更關注平台有多少用戶。這意味着超級用戶對於企業、對於平台、對於營銷人員來說非常重要，一個超級用戶比 100 個普通用戶更能創造價值，那是因為一個超級用戶能夠創造的價值除了平均客單價之外，還有回購、口碑傳播帶來的額外收益，比起消費完就走、沒有忠誠的流量用戶，超級用戶更可以為企業帶來長期的利潤增長。針對某國內市場業者所做的調研，顯示越忠誠的用戶成功向他人推薦的幾率越高。

超級用戶如此重要，人們應該如何管理超級用戶，才能創造最大的價值？隨着流量思維轉向超級用戶思維，管理超級用戶的核心重點是——用戶體驗。用戶體驗直接關係到用戶的分類，而用戶的分類就必須建立系統的會員管理體系，因此超級用戶管理的第一步是建立會員體系，注重用戶體驗。

30.1 搭建超級用戶會員體系

用戶體驗管理（Customer Experience Management）的核心在於在用戶體驗的過程中，找到關鍵的體驗要素及觸點並進行用戶關係管理。超級用戶會員體系關注完整的用戶生命週期，包含潛在會員吸引到既有會員維護的各階段；不同於傳統會員體系強調以讓利好處作為誘因，超級用戶會員體系從情感層面出發制定激勵因子，讓用戶在理性價值之上獲得超乎期待的感動、驚喜體驗，自發地留在體系內。

這樣的升級，極大激發超級用戶對企業品牌的感知價值，包含有形（產品）及無形（服務）面向。超級用戶能夠獲得情感上的滿足，產生歸屬及認同；企業能夠有效黏住超級用戶，實現增長。可見，這樣的體系升級是一個創造雙贏的手段。

超級用戶會員體系深入理解用戶的需求，同時考慮企業的商業需求，確保用戶與企業互利，能達到長久發展的目的。超級用戶會員體系具體分為四個階段，如圖 30-1 所示。

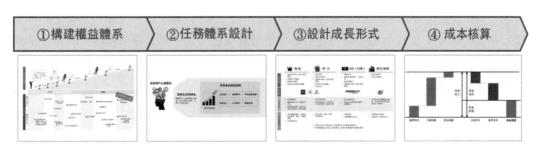

圖 30-1　超級用戶會員體系

30.1.1 會員權益體系

當用戶積累一定付出後，應該享受到相應價值的服務及體驗，才會願意留在體系中持續付出，這就是權益的價值。根據用戶的核心需求制定權益內容才能有效驅動用戶，因此我們設計權益內容時，首先必須徹底地理解用戶想要什麼、期待什麼，可以從體驗藍圖（Experience Blueprint）的繪製着手，挖掘用戶在各場景下可能產生的需求，再通過合作設計的方式，設計相應的服務體驗作為權益內容。

權益內容提供的價值涵蓋物質及精神取向，如同前面所提到的，超級用戶會員體系側重從感性層面出發制定激勵因子，因此在盤點出權益內容後，我們要區分權益內容的層級，這有利於後續的會員等級劃分及成長路徑規劃。

根據以往項目經驗，以下分享兩種權益分級概念。

1. 理性和感性需求

我們發現用戶對於企業的感知價值是理性及感性價值的綜合，因此在設計權益內容的過程中，除了實際能計算出利益回報的理性價值，如禮品兌換、折價券等，更應該活用情感套利的方法，藉由滿足用戶的感性要求，極大化開發用戶對於企業的感知價值。普通會員

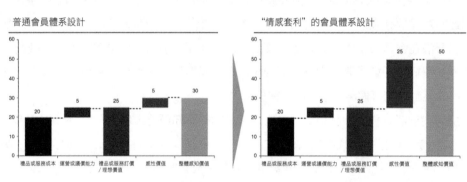

圖 30-2　普通會員體系設計與"情感套利"會員體系設計比較

體系設計與"情感套利"會員體系設計比較如圖 30-2 所示。

以喜達屋 SPG 俱樂部（以下簡稱"SPG"）會員為例，對於白金以上的會員，除了紅利累積、客房升級、24 小時入住及退房等眾多福利之外，SPG 更注重的是讓用戶感受到被重視及尊榮的感受。SPG 為每一位白金會員提供專屬服務，如水果盤會依據客人的喜好作調整、房間內的礦泉水放置常溫或冷藏等，此種展現在無形之中的體貼，不需要很高的成本，卻可以讓會員感動、驚喜，進而創造用戶忠誠。

2. 基礎型 / 期望型 / 興奮型需求

除了理性與感性以外，我們經常使用 KANO 模型將權益內容分成基礎型、期望型、興奮型。在會員體系的成長路徑中，分別引入不同層級的權益內容，才能讓用戶從滿意到喜愛，一步一步成為品牌的忠誠粉絲。某品牌汽車的關鍵服務體驗 KANO 分析如圖 30-3 所示。

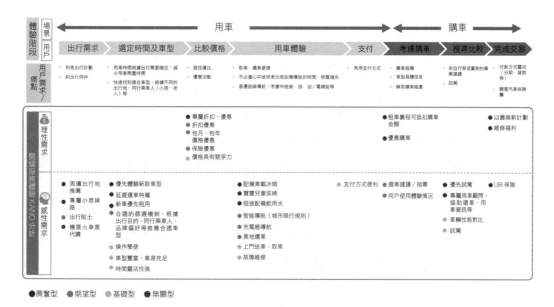

圖 30-3　某品牌汽車的關鍵服務體驗 KANO 分析

30.1.2 超級用戶任務體系

　　超級用戶為了實現升級或者賺取積分必須付出努力，這些努力我們稱為任務，可以為企業帶來直接或間接的商業效益，任務與上一階段的權益體系結合，才能夠創造企業與用戶雙贏的局面。因此，任務體系的設計以企業的商業目標出發，來定義任務內容。企業在各階段的商業目標可能有所不同，以用戶生命週期來看，包含從擴大會員數、提高活躍度到提升客單價，甚至是生態圈之間的引流，每一個商業目標都會與用戶行為產生連接。以擴大會員數為例，為快速吸引會員加入，企業仰賴用戶轉發、推薦或邀請朋友，或是參與互動，此類行為體現在會員成長體系中即為任務內容。除了以商業目標出發，任務內容可加入遊戲化元素，讓用戶沉浸於遊戲中，更主動、愉悅地完成任務。超級用戶運營週期如圖 30-4 所示。

圖 30-4　超級用戶運營週期圖

30.1.3 超級用戶成長形式

為了極大化開發用戶對企業的感知價值，會員成長體系應確保超級用戶以漸進性的方式完成任務並獲得權益，因此好的會員成長體系必須具備成長路徑，讓超級用戶在不同場景及接觸點中都能感覺到價值，願意持續投入，一步一步成為超級用戶領袖。

成長路徑的核心在於用戶等級劃分，常見的用戶等級劃分有 4 種形式，分別是等級、積分、VIP、排行或勳章，一般會根據企業的商業目標、產品或服務屬性，選擇一種或多種進行規劃。

（1）等級

強調以等級區分會員，藉由突顯尊貴感，保持高端會員的忠誠，權益性質以感性為主，如 SPG moment 活動機場貴賓室等，這種形式常見用於酒店、航空及精品業。

（2）積分

強調以實質利益驅動會員，藉由積分的累積、消耗及折抵，讓會員時時感受到消費帶來的好處，提高使用頻率，權益性質傾向理性為主，這種形式常用於信用卡業務、零售業。

（3）VIP 制

VIP 制分為 VIP 及非 VIP 兩種等級，加入 VIP 須付費，但可享受特定權益及優惠，藉由滿足高價值會員的高頻需求，優化服務效率並創造收益。權益性質以理性為主，這種形式常用於餐飲、互聯網科技業，如滴滴出行、餓了麼等。

案例 ｜ 騰訊體育的任務、權益與成長

對於美國 NBA 而言，騰訊是其最重要的超級用戶，正如 NBA 總裁亞當・蕭華（Adam Silver）所說，"騰訊對於 NBA 有著不可替代的價值。"實際上，一直以來，NBA 都能在中國互聯網合作夥伴中挑選出那個時代最優秀的運營者。從最初的 TOM 網到新浪科技，再到如今的騰訊體育。

當然，對於騰訊體育而言，與 NBA 合作是其運營任務的主要部分。騰訊體育總經理趙國臣曾說對於一項重要賽事，騰訊體育都會考量兩個因素：一是戰略價值，二是商業價值，只要滿足一個條件，騰訊就會引入。

有任務就會有任務成本，2015 年 1 月，騰訊以 5 億美元的價代價簽下 NBA 2015—2020 賽季中國區新媒體獨播權，運營下來的結果是騰訊體育力壓老對手新浪體育，幾乎壟斷了中國的籃球版權市場。從該任務的權益體系來衡量，2018 年，騰訊體育已經在 NBA 運營上實現了收支平衡。

能實現收支平衡就已經賺了，因為財務還應計入盈利的是騰訊體育的快速成長數據。公開數據顯示，從 2018 到 2019 賽季通過騰訊平台觀看 NBA 賽事直播達到 4.9 億人次，該數字是 2014—2015 賽季的 3 倍，更有超過 2000 萬球迷觀看了騰訊直播的 2018—2019 賽季 NBA 第六場決賽，騰訊體育創造了中國數字平台單場 NBA 直播收視人數之最。圍繞戰略任務，騰訊體育不僅收支平衡還獲得快速成長，騰訊體育贏在算力。

2019 年 7 月 29 日，騰訊體育正式宣佈，將繼續作為 "美國 NBA 中國數字媒體獨家官方合作夥伴"，代價是 15 億美元簽約五年。這次合作，騰訊體育是否會再贏一個回合呢？

（4）排行或勳章

強調突出用戶的榮耀和成就感，藉由給予勳章或提高排行，讓會員在社區內擁有更高的話語權及地位，激發其使用動機及頻率，這種形式常用於具有社群性質的互聯網平台，如百度知道、愛奇藝等。

確立後的等級劃分應對接權益及任務體系，為了確保會員願意付出代價進入下個等級，匹配過程中應注意權益的吸引力、任務的複雜度以及執行的意願程度三大要素，如圖30-5 所示，一般來說等級越高的會員應享有更多興奮型權益。

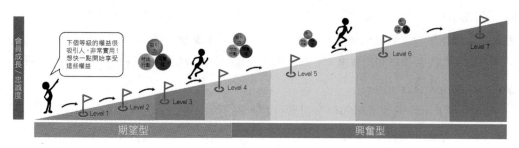

圖 30-5　超級會員進階圖

30.1.4 成本核算

在權益體系、任務體系及成長形式完成之後，建議設置量化模型，將每個級別的"權益成本"及"任務收益"進行計算，確保企業投入體系的成本與收入達到平衡，這樣支持會員成長體系的長久發展。

在國內整體市場以消費升級為大趨勢的前提下，企業必須創造更精緻的體驗，才能留住用戶。相比產品，服務更是提供精緻體驗中不可或缺的一環，通過權益內容及成長形式的設計，以感性訴求為軸心的超級用戶會員體系可以極大化開發用戶對企業品牌及服務的感知價值，讓用戶願意支付超越使用產品本身的代價。隨着用戶需求更加複雜、碎片化，超級用戶思維必然是企業未來必須思考的方向。成本核算體系如圖30-6 所示。

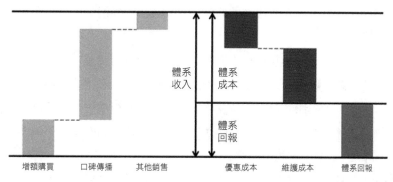

圖 30-6　成本核算體系

30.2 對超級用戶進行分類運營

有了系統的超級用戶管理體系後，企業對超級用戶的管理就變得更簡單。當有一定基數的超級用戶之後，企業或平台要進一步思考，依據就近原則，如何充分利用現有超級用戶資源？

首先，做與眾不同的產品價值與文化。其次，製造有品質的產品。第三，有一個追蹤消費行為的數據後台。第四，建立互動機制，收集用戶的意見。第五，關注首次使用產品的用戶，特別是第一次的用戶體驗。第六，珍惜每一次交流的機會，最好讓消費者留下他的評論，不論是好的或壞的，都能讓你了解消費者的真正想法。第七，重視"社區"的力量，把老客戶、潛在客戶都聚集在一起，給他們建立一個網上家園。第八，時時刻刻要"營銷"，而不是發一些與營銷無關的廣告，在運營的過程當中，始終圍繞一個核心：你所做的一切，都是為了讓消費者信任你。

2017 年上半年風生水起的很多付費社群，在下半年就死了，究其原因，是沒有服務"好"用戶。那麼，如何才能服務好超級用戶？答案是對超級用戶進行分類運營。

30.3 社群興起

在工業革命之前，農耕時代的日常生活都逃不過三大傳統框架：核心家庭、血緣家族以及當地同宗同族建立的密切社群。大多數人生於斯、長於斯、死於斯，很少有人離開這個血緣社群。一個人若離開血緣社群的保護和失去家庭幾乎必死無疑——不僅沒有工作、沒有教育，生病痛苦時也得不到支持。在日出而作日落而息的社群裏，族長是法律的制定者和執行者，他的話就是法令，維護血緣社群運作的關係主要靠繼承祖制或先人的智慧。

工業革命一聲炮響，把血緣社群徹底擊碎，人們紛紛從血緣社群中走出來，一個新型城市形成了。城市中開始有警察，警察開始制止家族裏的私刑，由法院判決取代；人們做自己想做的工作，嫁自己想嫁的人，住自己想住的地方，再不用擔心族長的刑罰，即便是每週和家人只吃一頓飯也算正常。國家和市場代替了族長，成為個人的衣食父母，社交活躍起來，因為血緣社群的弱化必須找到一個新的方式替代，社交社群代替了血緣社群。但只要社群的情感功能還沒有完全被取代，社群就不會從現代世界消失，區別在於社群的物質功能被社會組織接手。

在移動互聯網時代，社群的功能再次發生質變，不僅具有情感功能、社交功能，還是是一切關係的總和。關心環保的人組成了一個關係社群；同性戀組成一個關係社群；單身母親組成一個關係社群；失戀者組成一個關係社群；失眠者組成一個關係社群；抵制光污染者也組成了一個關係社群……社群正在由情感導向和價值導向轉向關係導向。因為有關係，所以成為一群人，成為未來的社群學者。

相對於 PC 互聯網冷冰冰的技術控，移動互聯網的關係社群更尊重人性。尊重人性是移動互聯網的本質文化，該文化從細微體察、諒解、寬容和敬畏開始，從社群關係的建立出發，到尊重人的創造性結尾，例如 UGC（用戶生成內容）功能、共享經濟方式、分享成果等都是關係社群尊重人性的結果。

人性的光輝是移動互聯網扎根的根本力量，在人類若干年發明的科技成果中，只有智能手機離人最近。常常聽到"互聯網＋"就是連接一切，那麼它究竟連接什麼？拿什麼連接？通過智能手機，人性是連接的最小單元、最佳協議、最後邏輯；人性化是連接的最後歸宿，是所有跨界融合的起點，是商業化存在的理由。小到一次互動，大到一個平台，都要基於人性思考、開發、設計、運營、創新和改進。人性是一切關係的核心。

關於社群，人們給出這樣的定義：社區可以解釋為地區性的存在，用來表示一個有相互關係的連接，社群可以是一種特殊的社會關係，這種社會關係包含社群精神或社群情感。

說到社群，不得不提粉絲，粉絲模式是以消費者為主導的，由消費者發起或者由消費者驅動，由品牌方提供支持或平台的自組織社區。它與傳統的客戶關係管理和會員模式有很大不同，因為品牌第一次不能掌控用戶，但實際上品牌可能無限接近於可以掌控強關係的用戶。"養粉"是在品牌與粉絲之間的互動，粉絲與粉絲之間的互動以及線上與線下、圈子內與圈子外的互動中不斷積累的。通過"養粉"，品牌最終能夠捕捉到粉絲自己更新或者發佈的需求和生活方式。

品牌方需要提供平台來建立圈子、社區，並建立社區獎勵機制或者資源來提升粉絲的活躍度，比如見面會、特定活動、粉絲定製產品、粉絲限購等，並在互動和活動中培養粉絲的信任關係，即認可品牌、認可品牌文化。羅伯特 · B. 西奧迪尼（Robert · B. Cialdini）的著作《影響力》（*Effect*）中提到的六大影響力元素中重要的一點是"社會認同"，意為某句話、某件事或者某一產品只要獲得了人們的認同，那麼它將會產生巨大影響力。而認同來源於相同的興趣愛好，小眾品牌就是迎合了一部分人的興趣愛好，進而贏得了這部分人的認同，獲得了品牌影響力，擁有了市場。

現今，人們的社交方式越來越互聯網化。人們只要會使用網絡社交工具，如微博（Weibo）、微信（WeChat）、QQ 等，就能通過網絡認識更多有相同愛好的人。社交工具是一個大磁場，吸引無數人的使用。這些人因對社交工具的相同愛好而聚集在一起，成為一個大社群。而在這個大社群裏，每個人又是一個小磁場，圍繞個人又會有相同興趣的人聚集，形成小社群。例如，Facebook（臉書）開發的初衷是方便校園內大學生之間的溝通、互動，由於其溝通、互動的便利性，Facebook 很快走出校園，迅速發展起來。目前，Facebook 的學生用戶佔比不到全部用戶（23 億）的三分之一。

社交平台之所以發展如此迅速，主要是因為其互動性，通過這些平台，用戶可以及時互動、分享、溝通。這些用戶在社交平台上聚集，慢慢形成了一個個大的社群。

2017 年年底，中國網絡社群經濟市場規模將超過 4,000 億元，中國網絡社群數量將超過 500 萬個，網絡社群用戶將超過 3.9 億人。中國網絡社群用戶數量佔中國手機網民的 46%，網絡社群發展仍處於初期擴張階段。頭部網絡社群商業化模式尚未成熟，同時，大量中尾部社群在優化運營質量、提升商業價值方面尚有巨大空間。

網絡社群活躍分佈平台排名前五的分別是微信群、QQ 群、微信公眾號、自建網站

App 與微博。可見，通信聊天與實時資訊類平台最受歡迎，自建 App 也受到網絡社群越來越多的關注。目前，中國網絡社群運營過程中，53.6% 的運營者認為 "用戶積極性不高" 問題最為重要，43.5% 的運營者認為 "用戶忠誠度低" 阻礙社群進一步發展，此外，缺少外部合作資源、運營體系化不完善等問題也較為突出，所以提高用戶黏性並且尋求優質資源是社群運營的關鍵。18.3% 的中國網絡社群用戶參與過網絡社群組織的線下活動，線上到線下的轉移通道已經打開，網絡社群的發展仍有較大空間。社群的發展過程如圖 30-7 所示。

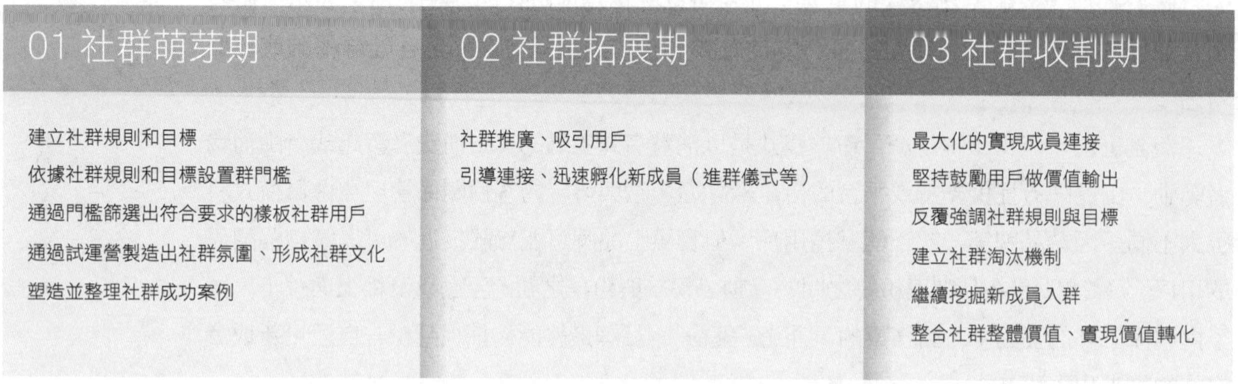

01 社群萌芽期	02 社群拓展期	03 社群收割期
建立社群規則和目標 依據社群規則和目標設置群門檻 通過門檻篩選出符合要求的樣板社群用戶 通過試運營製造出社群氛圍、形成社群文化 塑造並整理社群成功案例	社群推廣、吸引用戶 引導連接、迅速孵化新成員（進群儀式等）	最大化的實現成員連接 堅持鼓勵用戶做價值輸出 反覆強調社群規則與目標 建立社群淘汰機制 繼續挖掘新成員入群 整合社群整體價值、實現價值轉化

圖 30-7　社群的發展過程

網絡社群具有以下特點：網絡社群之間的互動通常跨越地理空間的限制，但同時具有不穩定、較鬆散的劣勢，網絡社群活力難以維持；由網絡社群作為媒介發起的線下活動，有助於強化聯繫、深化互動，維持網絡社群的生命力。

在互聯網領域，小米、羅輯思維、Papi 醬等，都被譽為粉絲經濟效應的代表。小米公司更是將粉絲經濟營銷到極致，通過構建社群、打造線上論壇，為米粉增加持續集聚平台。而羅輯思維初期也只是一個視頻自媒體，隨着點擊率和粉絲數量的增加，逐步發展成為火爆的社群電商。其創始人羅振宇表示，他的自媒體平台實質就是基於互聯網的社群。2013年，羅輯思維首創互聯網收費模式，在不承諾任何會員服務的前提下，第一次招募會員時，僅 6 個小時就募集了 160 萬元會費。

不少人認為羅輯思維是靠內容引流、靠廣告變現的媒體平台，但羅振宇並沒打算靠視頻廣告來掙錢，微信、微博裏的高活躍用戶才是他最看重的。從建立社群開始，羅輯思維讓人與人之間產生連接，嫁接資源，產生商機，讓每個人靠自己在朋友圈當中某一個小領域的權威和信任形成資產。

羅輯思維首先將目標用戶定位為 "85 後" 白領讀書人。這類人群有共同的價值觀，並渴望在社群中找到精神上的優越感。羅輯思維為這群用戶提供獨立思考的啟蒙和捷徑，最大程度喚起用戶獨立思考的能力，激發用戶的動機，並使用戶養成分享習慣。

視頻是羅振宇建立社群的入口和名片。通過視頻的大範圍傳播，持有相同價值觀的人才能夠在微信上聚集，並參加各種互動。同時，他進行了兩方面的嘗試擴散，第一種連接內部會員關係，比如舉辦 "霸王餐" 活動，讓會員說服全國各地餐館老闆貢獻出一頓飯，供會員們免費享用，藉此達到傳播的目的。第二種則是向外部擴散，比如羅胖售書活動、眾籌賣月餅活動、柳桃的推廣活動，社群裏的人藉助這些項目可以對外銷售商品，從中得到回報，更重要的是，那些有能力、有才華的人可以在羅輯思維 300 萬用戶面前展示自己，靠自己的稟賦獲得支持，形成一個新的節點。

　　有內容互動，也有精神上的價值輸出，最後還養成了用戶的付費模式，羅輯思維將社群做得風生水起，可圈可點，為很多內容平台提供了很好的轉型方向。但平台太依賴羅振宇的個人影響力，這也會成為其發展的瓶頸。著名的"鄧巴數"指出，人類智力將允許人類擁有穩定社交網絡的人數約為 150 人，互聯網飛速發展，打破人腦限制，人脈關係呈現"外化式"存儲的特點。隨着社群內人脈資源的積累，將形成一種對外的勢能，吸引更多新成員加入。如表 30-1 所示。

表 30-1　社群成員組成及職能

成員組成	職能
創建者	有人格魅力，在某領域能讓人信服，能號召一定的人群。要有一定的威信，能夠吸引一批人加入社群，還能對社群的定位、壯大、持續、未來等佈局有長遠且正確的考慮。
管理者	要有良好的自我管理能力，以身作則，率先遵守群規；有責任心和耐心，恪守群管職責；團結友愛，決策果斷，顧全大局，遇事從容淡定；要賞罰分明，能夠針對成員的行為進行評估並運用平台工具實施不同的獎懲。
參與者	風格可以多元化，但要儘可能參與到社群的活動或討論中。活躍度決定了參與度，而要想活躍度高，參與者中引入一定的"牛人"、"萌妹子"、"逗比"等會很有效，這一人群能激發社群整體的活躍度。
開拓者	懂連接、能談判、善於交流。社群的核心是人，資源是人，只有把在社群中的資源利用到位，才能真正發揮出社群的潛力。所以，開拓者要能夠深挖社群潛能，在不同的平台對社群進行宣傳與擴散，尤其要加入不同的群後談成各種合作。
分化者	**學習**能力強，能夠深刻理解社群文化，參與過社群的構建，熟悉所有細節。分化者是未來大規模社群複製時的超級種子用戶，是複製社群的基礎。
合作者	認同社群，有比較匹配的資源。獨木難支，所以最佳的方式是能夠拓展一定的合作者用於資源的互換。比如與其他社群相互分享，共同提升影響力，或者跨界進行合作互利。
付費者	社群的運營與維護是需要成本的，不論是時間還是物料，都可以看作金錢。所以社群一定要有提供經濟來源的付費者。付費的原因可以是購買相關產品、社群協作的產出、基於某種原因的贊助等。

30.4 品牌社群

　　品牌社群的定義為："建立在使用某一品牌的消費者間的一整套社會關係基礎上的、一種專門化的、非地理意義上的社區。"品牌社群以消費者對品牌的情感利益為聯繫紐帶。在品牌社群內，消費者基於對某一品牌的特殊感情，認為這種品牌所宣揚的體驗價值、形象價值與他們自身所擁有的人生觀、價值觀相契合，從而產生心理上的共鳴。在表現形式上為了強化對品牌的歸屬感，社區內的消費者會組織起來，通過組織內部認可的儀式，形成對品牌標識圖騰般的崇拜和忠誠。品牌社群是消費社區的一種延伸。

品牌社群已突破了傳統社區意義的地理區域界線，是以消費者對品牌的情感利益為聯繫紐帶的，它有 3 個特點。首先，品牌社群是圍繞特定的品牌而成立的社群，因此品牌社群是特定的；其次，品牌社群已經超越了地域的限制，因此品牌社群成員具有廣泛性；最後，品牌社群建立在品牌使用者一整套社會關係的基礎上，因此品牌社群具有體系性。品牌社群也有 3 個類似於“傳統社群”的基本特徵，即具有共同意識、共同的儀式和傳統，以及責任感。

這是社群本質的體現，也是形成品牌社群的必要條件，缺失任何一個特徵，都不能形成品牌社群。

西方社群主義者一般將社群定義為：“一個擁有某種共同的價值、規範和目標的實體，其中每個成員都把共同目標當作自己的目標。”因此，品牌社群是有自己的價值觀和責任的，同時構建社群的規範，要通過制度、層級和角色來進行粉絲的區分，並通過權力和權益的不同分配、激勵和懲罰等措施來影響和控制社群的集體行動，從而提升社群的認同感，強化社群內粉絲之間的信任和對品牌的信任，增強社群內的情感和共同意識，讓社群行為具有更高的效能，為社群帶來更多的利益和互惠效果。在整個品牌社群的網絡構建中，品牌的關係維護和資源動員、建立品牌故事和品牌文化非常關鍵，這些給粉絲們提供交流和聚集的需求，成為共同認同的品牌要素。品牌社群所涉及的權威關係、信任關係和規範等都是社會資本的特定形式，這也意味着品牌需要重新認識和重視社會資本。

在品牌社群情境下，社群成員對品牌和社群更高層次的認同，會發展為社群成員所共同擁有的社群意識。社群意識是一種歸宿感，即社群成員相信彼此及與整個社群之間都有聯繫，各自的需要都可以通過這種聯繫得到滿足。McMillian 和 Chavis 認為，當個體通過加入某一群體組織獲得了成員資格和影響力，並且滿足了自己的需要，同時也建立了與其他成員共享的情感聯繫時，他就擁有了對該群體組織的社群意識。這裏的“獲得成員資格”是指消費者為了成為社群成員，將自己的部分精力投入到品牌社群的活動之中，進而在社群中佔據一定的社會地位，並產生歸宿感和安全感。“影響力”是指社群成員感知到社群對自己的影響，同時自己也有能力來影響其他社群成員和整個社群。“滿足了自己的需要”是指社群成員通過參與品牌社群活動得到所需的回報，包括在社群中的地位和自我能

❶ 顧客忠誠：顧客對企業的產品或服務的依戀或愛慕的感情，它主要通過顧客的情感忠誠、行為忠誠和意識忠誠表現出來。其中情感忠誠表現為顧客對企業的理念、行為和視覺形象的高度認同和滿意；行為忠誠表現為顧客再次消費時對企業的產品和服務的重複購買行為；意識忠誠則表現為顧客做出的對企業的產品和服務的未來消費意向。

力的提高等。“共享的情感聯繫”是指社群成員在藉助品牌、企業形象或歷史等來建構和展示自我時，成員彼此以及與整個社群之間所產生的情感聯繫。另外，Rosenbaum 等人創造性地將社群意識與企業的忠誠計劃結合起來，進而將企業的消費者忠誠計劃分為兩類，第一類社群意識忠誠計劃，即企業通過培養消費者的社群意識來獲得其忠誠的策略；第二類非社群意識忠誠計劃，指企業通過給予消費者物質利益來獲得其忠誠的策略。同時，他們根據收集的數據，通過實證檢驗發現，社群意識忠誠計劃可以解釋 80% 的顧客忠誠 ❶。這充分顯示了社群意識忠誠計劃在培育顧客忠誠中的顯著作用，同時也驗證了這種劃分方法的有效性。

在一個社群中，個人的力量及社群力量都不容小覷。微博大 V 影響輿論導向

的例子不勝枚舉。微博上一個有千萬粉絲的大 V 轉發一個評論，瞬間就能產生巨大的影響力，進而對輿論導向產生影響；微博大 V 在微博上振臂一呼，馬上就會有無數粉絲遙相呼應；在粉絲們的擁護下，微博大 V 想舉辦個什麼活動或者發起一個什麼話題，往往都會取得事半功倍的效果，可見一個社交平台意見領袖對一件事物的影響。這些社群力量都是品牌社群的表現。

微博社交平台影響了信息傳播方式，微博社交平台上的每個人都可以利用微博對某一件事進行現場報道，一改以往新聞事件必須由專業新聞機構報道的方式。在微博上，每個人都可以表達自己、呈現自己，隨時隨地發佈消息，與微博上的其他用戶及時互動。

由於微博對用戶的發佈狀態沒有限制和要求，因此用戶更能完美表達觀點，因此微博上用戶發佈的狀態個性化特徵明顯，微博靈活、及時、迅速的特性讓其不再只是一個社交平台，也發展為一個媒介平台。近幾年來，微博對突發事件的傳播速度和力量不容忽視，人

案例 ｜ NBA 與德國製造的品牌社群運營

美國 NBA 是籃球賽，德國製造是工業化成果，兩者之間沒有關聯，為什麼要放在一起研究呢？原因就在於它們兩者都有品牌雄心，把全人類組成品牌社群納入到他們的品牌發展視野中。

儘管 NBA 總裁亞當・蕭華（Adam Silver）反覆強調 NBA 是一家私營機構，但 NBA 賺足了全世界人的錢。NBA 的賺錢方式主要有 8 種，電視轉播、報紙、雜誌、互聯網、寬屏、無線增值業務、門票收入及服裝球具。其中電視轉播與數字媒體獨家合作是其主要收入來源，以 2014 年為例，NBA 賽事以 43 種語言在 212 個國家播放。2019 年以 15 億美元五年權益賣給中國騰訊體育數字媒體獨家合作夥伴。

NBA 通過 8 種賺錢機器，讓全世界的籃球愛好者匯聚在 NBA 的品牌社群下，亞當・蕭華總裁就是這個超級品牌社群的群主，由他來制定群規。NBA 還培養了無數個由籃球明星各自組成的品牌粉絲群，每一個明星都是那個時代的網紅，從 70 年代的卡里姆・阿布杜爾 - 賈巴爾（Kareem Abdul-Jabbar）、威爾特・張伯倫（Wilt Chamberlain）、比爾・拉塞爾（Bill Russell），到 80 年代的魔術師埃爾文・約翰遜（Earvin Johnson）、拉里・伯德（Larry Joe Bird），到 90 年代的飛人邁克爾・喬丹（Michael Jordan），查爾斯・巴克利（Charles Barkley）。再到 21 世紀的科比・布萊恩特

（Kobe Bryant）、勒布朗・詹姆斯（LeBron James）、科懷・倫納德（Kawhi Leonard），NBA 包裝球星不遺餘力，其目的是形成品牌關注度，增強粉絲的黏性。

德國製造顯然沒有美國 NBA 如此高調，德國人以品質構建全球品牌粉絲圈。德國人口只有 8,000 多萬，卻誕生了 2,300 多個世界品牌。德國 30% 以上的出口商品，在國際市場都是沒有直接競爭對手的獨家產品。

德國製造本身就是世界品牌。在德國所有的奶粉都被列為藥品監管；所有的母嬰產品只允許在藥店出售，不允許在超市出現；所有的保健品與護膚產品都被要求要有自己獨立的實驗室和可記錄的種植園；所有的清潔劑，洗手液除了有可驗證的殺菌清潔功能之外，還被要求採用生物降解技術。

德國人生產的一口鍋、一件廚具可以用上 100 年，一個人一輩子只需要買一次。為什麼德國人不考慮這樣一個問題：一口鍋讓消費者使用 100 年，豈不是每賣出一口鍋就丟失了一個顧客？德國人反而是這樣的營銷視角，每賣出一口鍋就得到一個顧客的口碑，即便 100 年內他不會再買鍋了，但全球人口逼近 60 億，還有更大市場等著去開發。德國製造以全球化視角通過口碑傳播構建全人類的品牌社群，發揮一傳十、十傳百的品牌社群裂變效應。

❶ 六度分割理論：你和任何一個陌生人之間所間隔的人不會超過 6 個，也就是説，最多通過 6 個人你就能夠認識任何一個陌生人。這種現象並不是説任何人與人之間的聯繫都必須要通過 6 個層次才會產生，而是表達了這樣一個重要的概念：任何兩位素不相識的人之間，通過一定的聯繫方式，總能夠產生必然聯繫或關係。

們也逐漸養成通過微博了解突發事件的最新動態的習慣。在移動互聯網時代，微博用戶成為最快的信息傳輸工具和最龐大的信息傳輸隊伍，他們是新聞事件的親歷者、目擊者、傳播者。微博也因此被人們稱為"最快捷、最草根的新聞發佈廳"。

微信的崛起延續了微博的影響力，微信更加精準地劃分了不同的社群，而這種特性也被不少商家運用，微商迅速發展了起來。由六度分割理論❶我們可以看出，人們如何影響一群人，以及這群人如何通過相互的聯繫，反過來迅速影響整個人脈網絡。社群讓個人的個體性越來越弱化，而群體性越來越強。

社群的力量是不可以小看的，社群中蘊含的商業潛力也是不可以忽視的。移動互聯網的發展改變了信息傳播方式，數字社群的發展改變了企業的營銷方式，社群商業顯得很重要。所謂社群商業，就是人們基於相同的興趣愛好，通過社交工具或某種載體聚集在一起，企業通過這種載體滿足該社群某種產品或服務而產生的商業形態。移動互聯網時代，社群載體更加多元化，微信、QQ 群以及各種基於社交服務的 App，都可以是社群商業營銷的載體。

內容是媒體屬性，是流量的入口；社群是關係屬性，用來沉澱流量；商業是交易屬性，用來變現流量價值。用戶因為好的產品、內容、工具而聚在一起，進而通過參與的互動、共同的價值觀和興趣形成穩定的社群，最後才有了深度的用戶連結。

30.4.1 內容：一切產業皆媒體

移動互聯網的出現使得人與人之間的協作效率大大提高，同時也使得信息的生產和傳播效率大大提高。在人人都是自媒體的社會化關係網絡中，優質內容即廣告，這是因為優質的內容是非常容易產生傳播效應的。

一切產業皆媒體，"目光所及之處，金錢必然追隨"。企業所有經營行為本身就是符號和媒體，從產品的研發、設計環節開始，再到生產、包裝、物流運輸，到渠道終端的陳列和銷售環節，每一個環節都在跟消費者和潛在消費者進行接觸並傳播着品牌信息，這些環節都是流量的入口。

對小米來講，小米的所有產品都是媒體；對可口可樂來講，每一瓶的包裝也是媒體（如個性昵稱瓶案例）。企業媒體化已經成為必然趨勢，企業需要的是培養自己的媒體屬性。很多企業為此開始進駐各個碎片化的社會化媒介渠道，管理者也紛紛上陣經營起自媒體，但很多人只是把媒體作為簡單的信息發佈渠道，並未思考"媒體也要產品化"的深層含義。企業應將媒體傳播本身視為一個需要耐心打磨的產品，激發用戶參與感，從而構建社群才是獲得口碑的關鍵。

新媒體格局與傳統媒體的根本不同在於認同。在新媒體格局下，唯有認同才能產生價值。沒有認同，用傳統媒體的方式進行飽和轟炸，喊破嗓門都不能產生價值。

30.4.2 社群：一切關係皆渠道

互聯網出現之前，品牌廠商或者零售商需要通過不斷地擴展門店來儘可能地接觸目標消費人群。互聯網的出現打破了空間限制，人們足不出戶就能夠買到各種各樣的商品。這樣的商業現象就意味着一種商業邏輯的更迭——由搶佔"空間資源"轉換為搶佔"時間資源"，時間資源即用戶的關注度。當用戶大規模向移動互聯網、社交網絡遷移的時候，品牌商和零售商也要逐漸轉移自己的陣地。

例如，某項餐飲業數據顯示，接受調查的商家做優惠券促銷的佔 56%，已進行團購合作的佔 68%。可見，現在餐廳對發放優惠券與團購等成熟的 O2O 合作模式的認可度和接受度都很高，且這兩種模式較為普及。另外，餐飲商家對免費探店、用戶互動、活動營銷等 O2O 服務形式的綜合認可度也在 50% 以上。這也從側面反映出商家對自身品牌推廣的需求，希望通過互動與活動的方式增加用戶對自身品牌與服務的了解，從而轉化為餐廳口碑或品牌的傳播。

在移動互聯網時代，傳統的實體渠道逐漸失效，取而代之的是線上的關係網絡，這種關係網絡更多地體現在微博、微信、論壇這樣的可以互相影響的社會化網絡。例如，小米手機通過小米社區和線上線下的活動聚合了大量的手機發燒友群體，這些"米粉"通過這個社會化網絡源源不斷地給小米手機的產品迭代提供建議，同時又在不斷地幫助小米做口碑傳播。這群人就是小米的粉絲社群。這裏所講的社群，特指互聯網社群，是一群被商業產品滿足需求的消費者，以興趣和相同價值觀集結起來的固定群組。它具有去中心化、興趣化的特性，並且還具有中心固定、邊緣分散的特性。

30.4.3 商業：一切環節皆體驗

社群的背後不單是粉絲和興趣，還承載了非常複雜的商業生態。究其根本原因，這是人的社會化的必然結果。也就是說，現在我們關注的社群生態是基於商業和產品的，以互聯網為載體跨時間和地域來擴散。商業社群生態的根本價值是實現社群中的消費者不同層次的價值滿足。

舉一個簡單的例子，以前開發商只是單純地賣房子，但是現在競爭激烈，開發商想了許多妙招，賣房子之外還送你車位，小區周邊還有各類的商舖、會所供你休閒娛樂……開發商通過這些配套設施來增加你買房和居住的附加值，小區慢慢地形成了一種生態系統，形成了一個生活和商業業態的閉環，為消費者提供多維度服務的同時，構建了一個完善的商業體系。當下十分熱門的"智慧社區"❶，就是基於這樣的商業邏輯。萬科、龍湖、遠洋等地產商和物業管理公司都在利用互聯網改造傳統物業，建立以住宅區居民為核心的商業生態，從而顛覆傳統的物業管理商業模式，這種運營的本質也是一種社群商業模式。社群商業是一個具有增量思維的"微生態"。

在社群商業模式之下，內容如同一道銳利的刀鋒，不管 O2O 與互聯網思維

❶ 智慧社區：充分藉助互聯網、物聯網，涉及智能樓宇、智能家居、路網監控、智能醫院、城市生命線管理、食品藥品管理、票證管理、家庭護理、個人健康與數字生活等諸多領域，把握新一輪科技創新革命和信息產業浪潮的重大機遇，充分發揮信息通信（ICT）產業發達、RFID 相關技術領先、電信業務及信息化基礎設施優良等優勢，通過建設 ICT 基礎設施、認證、安全等平台和示範工程，加快產業關鍵技術攻關，構建城區（社區）發展的智慧環境，形成基於海量信息和智能過濾處理的新的生活、產業發展、社會管理等模式，面向未來構建全新的社區形態。

如何不可一世地叫囂，企業都必須回歸本質上來，專注產品與服務，做好用戶體驗，以產品或服務為核心，然後用互聯網的方式去帶動與放大企業口碑的傳播力度。例如，當初把優惠券做到極致的丁丁優惠倒下了，熱火朝天的團購網站也死了一大批，但真正幹苦活累活的 58 同城上市了，還甩開對手一大截。又如，京東依靠物流送貨快的優勢贏得用戶口碑。歸根結底，互聯網只是為傳統企業做錦上添花的增值服務，核心的產品與服務體驗才能吸引用戶，才能滿足用戶的基礎需求，才能切開一條入口。但產品或服務無法有效沉澱粉絲用戶，社群就成了沉澱用戶的必需品，而商業化變現則是衍生盈利點的有效方式。三者看上去聯繫不大，但內在融合的商業邏輯是一體的。未來的商業是基於人而非基於產品，是基於社群而非基於廠商。社群商業的本質就是用戶主導數據驅動的 C2B 商業形態。

社區總得有管理者，管理者制定遊戲規則。這依然是基於"利己"的網絡設想。移動互聯網的社交屬性中最關鍵的是"圓桌會議"模式，它具備如下幾個特徵：

- 不設管理者，僅設主持人。
- 遊戲規則由多數人通過後，交主持人執行。
- 圓桌沒有大小、高低之分。平等是基礎。
- 機會均等，飯費 AA 制。
- 內容說話，誰說得對聽誰的。
- 自動屏蔽廣告傳播功能。
- 用戶信條：你追我，我就跑。
- 粉絲信條：愛你沒廣告。
- 產品研發：大家一起來創造。

社群商業可以滿足企業個性化服務需求，如提供個性化實體產品服務。這些個性化產品和服務都體現了一定程度的小眾性。比如快約 App，用戶進行註冊，就可以在快約上"出賣"自己的技能，有相關"技能"需要的企業或者個人就會通過快約找到你。

社群時代，企業要轉變營銷觀念，過去人們覺得營銷只是和消費者有關係，現在人們慢慢認識到，營銷不僅和消費者有關係，還與社群有關係。現在企業做營銷，首先要與消費者搭建一個能產生良性互動的社群，並且很好地經營它。社群經營得好，企業的發展就會很快。

移動互聯網的發展改變了傳統企業的 4P 營銷方式。過去，一個電視廣告或許就能創造銷售奇跡，而現在，這種效應正在減弱。這是因為收看電視的人越來越少，迫使如今的企業要想宣傳取得成功，除了在電視上還要更多地在網絡上以個性化的方式表現自己。社群的發展對企業的宣傳方式提出了更高的要求，要求企業學會與消費者互動，創造影響力，讓自己的信息透明化。只有互動才能讓消費者喜歡企業，跟隨企業，進而與企業聚集在一個社群裏。有了社群，企業還要有影響社群的能力，只有影響了社群，消費者才會認可企業的服務和產品；在企業吸引消費者、影響消費者的過程中，企業的信息一定要透明化，如果讓社群中的成員發現企業有什麼信息不對稱的地方，社群成員之間很快便會聯合起來，一同質疑企業。

社群中還有最重要的組成部分，就是要有一個意見領袖。在意見領袖的帶領下，企業做社群營銷才能迅速和群員們建立信任和傳遞價值。互聯網時代講究極致思維，做社區也是，有了意見領袖還要有好的產品和服務，要能實時和群員們保持溝通，還要多聽群員們給的意見和建議，讓其參與進來。社群營銷比較在乎口碑，口碑好，一個人就能影響大眾；口碑不好，一個人也能影響大眾。比如社交電商，主要就是在朋友圈做生意，通過熟人之間的口碑進行傳播，這種傳播信任感較強，比較容易擴散，這種影響力會通過熟人傳播到陌生群體，最後形成一個龐大的市場。在這個過程中，如果產品或者服務讓一個人覺得很好，他就會告訴社交群的朋友，該產品很快就能樹立起口碑。

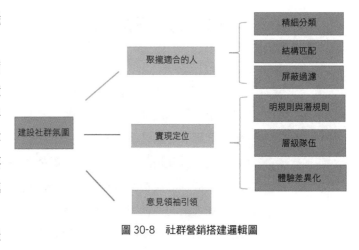

圖 30-8　社群營銷搭建邏輯圖

綜上所述，社群營銷的搭建邏輯如圖 30-8 所述。

隨着移動互聯網的崛起，社群商業對企業的發展至關重要。所以，看誰能懂得傳播，搶佔先機，誰就能佔領市場。

拓展　|　怎樣讓社群 "長壽"

在中國網絡上長期泡着的人，恐怕都有過加入某些群的經歷。一開始我們都是懷着激動和興奮的心情，擁有良好的願望，但一段時間後，我們卻發現群裏充滿灌水、刷屏、廣告，甚至兩個群友一言不合，變成爭執，而群員越來越少，最終成了一個死群。那麼，怎樣讓社群 "長壽" 呢？應該從以下幾個方面下手：

1. 明確而長久的社群定位

很多群成立後往往快速拉入很多人，偏離了群主最初建群的目的，不能滿足群員剛入群時想得到的某種需求，而整個群因為缺乏共同的話題和活動連接，就變成了一個灌水群。

2. 樹立有影響力或熱心的群主或群管

定位再準的群，沒有人主動管理和維護，也是無法持續運營的，只有樹立有影響力或熱心的群主或群管，才能妥善運營。

3. 群主個性不能過於強勢

有一種群是因為群的規模擴大了以後，群主為了管理群，往往制定了嚴格的群規，但是越是嚴格的群規越容易帶來爭議，因為很多人不喜歡一個網絡組織有太多的約束。

一個群的群規形成，最好是經過群員的討論，並達成一致後，才容易得到遵守，如果群主要推出強勢群規，那麼群主就必須比群員影響力等級高一個數量級，這樣才能獲得遵守群規的心理優勢。

4. 沒有來自社群的騷擾

社群的騷擾有兩種：一種是垃圾廣告。所以一個群要提前制定群規，群裏出現騷擾時管理員要及時治理。這就要求管理員有一項非常重要的工作就是要及時上網，關心每一個群員，要特別留意混進群發垃圾消息的人，並及時清除。另一種是過多的閒扯灌水。一個超過 200 人的群，一人說一句你也得看半天，如果正在工作或是學習，群消息在不斷閃爍，經常打斷一個人正常的生活和學習節奏，時間久了也會讓很多人選擇屏蔽。

5. 適當開展固定的活動形式

一個群想做得有聲有色，不讓成員感到無聊乏味，必須有定期的活動。固定的分享會讓群員產生一種身份認同感。這種身份認同感也是群員願意留下的重要理由。

資料來源：孤鹿 Group＋·搜狐網

30.5 社群領袖

"意見領袖"的傳統定義為："在將媒介信息傳給社會群體的過程中，那些扮演某種有影響力的中介角色者。"早在 1940 年，拉扎斯非爾德（Paul Lazarsfeld）等人對美國伊里縣地方選舉進行選民調查。在分析媒介與投票行為的關聯時，意外地發現，媒介的信息首先影響了群體中的意見領袖，然後這些意見領袖將這些信息連同自己對其意義的解釋"翻譯"給其他人。也就是說，某種觀點由廣播和印刷媒體流向意見領袖，然後再從他們流向不太活躍的人群。這就是所謂的"兩級流動傳播"，它開創了傳播過程研究的群體人際關係的新領域。在後來的迪凱特研究中，重點考察了意見領袖對他人日常生活的 4 種決定性影響，即購買行為、流行時尚、公共事件和選擇看什麼電影。其研究策略指向區別具有綜合影響的意見領袖與具有單一影響的意見領袖。

在市場營銷範疇中，研究人員發現了意見領袖的影響方式有以下幾種：在決定改變使用習慣或採用新產品方面，意見領袖的個人影響效果比正式媒體明顯；消費影響是水平流動的，人們更傾向於在自身所處的階層中尋找意見領袖；意見領袖的影響範圍與其生命週期中的位置相關聯，對應着本人的消費經驗；中等以上社會地位的人更有機會成為意見領袖。後來，在消費行為的研究中，意見領袖進一步被定義為："較其他消費者更頻繁或更多地為他人提供信息，從而在更大程度上影響他人的購買決策的人。"

在互聯網上，我們把喜歡某個品牌的人叫粉絲，把能夠為某個品牌說話並且有擁護者的人叫意見領袖，即超級用戶。這個意見領袖是一個群體，品牌靠它連接粉絲，粉絲靠它了解品牌。

有一句話說明了幾者之間的關係：一個產品，如果能給使用者帶來較多好處，使用者就會喜歡接受，同時推薦給其他沒使用過的人；一個產品，如果能給使用者帶來極大好處，使用者就會變成超級用戶，當有人說產品不好時，就會站出來反駁、維護。

大品牌對於意見領袖，並不是大家想象的金錢上的賄賂，因為這樣做的結果很可能是搬起石頭砸自己的腳。感情上的連接正在成為普遍的遊戲規則。許多世界品牌在博客、微博等社會化媒體上發現這樣的意見領袖，邀請他們到本國（法國、美國、日本等）參觀生產地、參加企業年會、參加時裝秀、參加派對、參加新聞發佈會等，彼此以感情為重。

意見領袖群體的出現是互聯網上品牌建設的必然，是社會化媒體營銷不可避免的結果。許多品牌在對意見領袖群體的維護上，視同自家員工，但是這個群體對品牌的維護又是站在第三方的位置上。品牌需要這樣的角色和隊伍。

目前，這個群體的組織有以下幾種方法：或者在 QQ 群上，或者在微博群組上，或者在郵箱的某個分類裏。保持溝通是品牌的不二做法，感情連接是企業的法寶。這個群體越來越大，也越來越有活力，在各種社會化媒體上，到處都有他們的身影。他們是替品牌說"不"的人，並且他們有相隨的粉絲。

虛擬社群是"圍繞着共享利益或目的而組織起來，在網絡虛擬世界進行共同活動的集體"。作為超現實的人際溝通，網絡上的虛擬社群形式多樣，例如論壇、聊天室、BBS 等。溝通的內容涉及社會生活的方方面面，其中交流生活消費信息不僅是網絡空間的社群內容，還逐步發展為網站社群服務的新型商業模式，標誌着電子商務的未來趨勢。

　　虛擬社群憑藉互聯網技術的優勢，超越了現實的時空界限，打破了傳統社群中狹義的信息影響鏈，實現了本質上的信息接收權的平等。當然，這並不意味着徹底消解某些參與者作為意見領袖而對他人的影響，他們仍是信息"翻譯者"和決策建議者。如果從佔有話語權的優勢來看，最有可能成為意見領袖的人有兩類身份：一是預設的技術優勢者，如論壇版主或有更高權限的管理者；二是傳播過程中由競爭機制造就的社群成員，如有威望的高級別網友，他們表現出不同於傳統的新的角色特徵。

30.5.1 虛擬社群中意見領袖的角色特徵

　　意見領袖的傳播角色在實在社群中具有如下特徵：具有某種專長或能夠提供真知灼見；媒介接觸度或興趣更高；在利用社會資源上更有優勢。

　　當我們在虛擬社群中辨認意見領袖的角色特徵時，首先考慮意見領袖的技術問題。其實，人們一直致力於在消費者所處的群體中發現意見領袖，以便有針對性地施加宣傳影響，增加營銷傳播的效果。但事實上，群體中意見領袖的甄別非常困難，一方面是因為能發揮綜合影響力的通才型的意見領袖是很少的；另一方面，意見領袖不是群體的正式權威者，他們是群體成員主觀認定的。到了虛擬社群中，參與者流動的身份和隱匿的社會特徵更容易使我們只關注虛擬社群的技術表象，而忽視意見領袖在"網絡人際"中的存在。對比實在社群中的意見領袖，我們不妨從以下幾方面思考虛擬社群意見領袖的角色特徵：

案例 ｜ 只有勤奮的好人才能賺到錢

　　1979-2019 年是中國經濟的上半場，2019 年成了分水嶺，2020-2050 年，中國經濟正步入下半場。

　　上半場與下半場的根本性區別是什麼呢？上半場是實體經濟時代，企業的收入主要來自於資本型增長，下半場是數字經濟時代，企業的收入主要來自於運營型增長。到了 2019 年，傳統製造業、房地產和互聯網行業增長乏力，主要原因是人口紅利與流量紅利的風口收窄，同時，一個客觀規律是資本增長到一定極限也會出現增長上限，因此，可以明顯看到 2019 年房價上漲停止，中國股市在 3,000 點左右徘徊。

　　下半場主要靠運營。依託大數據、人工智能、區塊鏈、移動互聯網、5G 技術這些新技術去激活消費側，優化資源配置進行供給側改革，就是下半場運營。在信息高度對稱，競爭沒有死角的下半場，所有的商業模式與商業技巧都變得十分透明，修建企業護城河的難度也越來越高，最明顯的表現是資本變得無處安身，企業家應該把主要精力放在運營產品、服務和內容上，不再依賴投資。投機者沒有成功的機會，只有勤奮才能創造財富。

　　互聯網曾經無限風光，造就了一大批意見領袖，如黃太吉、樂視這樣的企業曾經靠風口起飛，如今被重重的摔在地上。企業的核心競爭力是產品，產品的背後是內容，內容的根本是人品。因此，有理由相信在無限美好的下半場，真正比拚的是產品與人品，也只有勤奮的好人才能賺到錢。

（1）身份形式

虛擬社群中的意見領袖，在狹義的傳播影響鏈中是缺席的，因為網絡媒介使用的平權性引發了中間層級"沉沒"的表象。人人都能以平等的技術能力參與傳播，接受信息和發表意見，似乎不再需要某些人的過濾和翻譯。但這只不過是網絡提供給大眾的一種技術可能性。實質上，傳統意見領袖的身份表現形式並沒有消失。一方面，傳統的中介層級在普通受眾中"沉沒"下去，而另一方面，媒介內部的信息源元素（採集者、編輯者、把關人、特邀組織者）都由於同樣的原因"浮現"出來，成為隱約與受眾身份對等的"類受眾"——這就從傳播本質上使他們有可能變異為泛義上的傳播層級。因此，可以說，虛擬社群中的意見領袖同樣可能具有中介影響的價值功能，在身份的表現形式上，他們可能是虛擬社群的組織者和技術上的管理者，也可能是互動競爭中的優勢者（有威信的網友）。虛擬社群信息對稱的背後仍然存在着使用權限、信任程度的差異。儘管現實中的社會地位、佔有的社會資源都被隱匿了，但符號上的缺席並未削弱他們影響力。

（2）知識優勢

所謂網絡傳播的平權性是指搜尋技術而言的，在技術的支持下每個人都有發表意見的平等權利，但這種平權性只體現了形式上的平等，當深入到消息內容時，每個參與者在現實世界中擁有的知識和經驗就會顯現出來，使所表達的意見具備不同的影響力，尤其是消費信息的傳播更為突出。

虛擬社群中進行的消費信息交流是與現實的消費需求相對應的，網絡提供的在線服務更趨向於以產品類別或目標消費者來定位，參與者所交流的信息也必然以消費知識和經驗為核心。因此，與現實中的意見領袖一樣，他們的專家形象也得以延續。一些高級別、高聲望的網友所發表的意見，更容易得到眾人的追捧和認可。

（3）虛擬語境表達

虛擬社群的超現實語境下，身份的流動是否意味着價值的遊離？也就是說，人們傳播消費信息時，還有多少現實的責任？意見領袖的傳播動機關係到其可信性。在聊天室、網絡遊戲中的互動交流中，人們認為網絡人際形態是遠離現實的——虛擬的身份，虛擬的互動，虛擬的情感。但是，人們在進行消費信息的交流時，則大多是為了滿足現實的消費需求。

虛擬社群是作為消費決策的信息源而吸引人們參與的，人們置身一個共同的物理空間，由此衍生出一種"似真性"，這樣的似真性構成了意見領袖們價值表達的動機，也成為追隨者信息抉擇時的價值尺度。虛擬語境下的消費信息交流，都以真實的產品消費為背景，意見領袖要想獲得自己在 Web 頁上的影響力，就要表達出產品知識和消費體驗的真實，否則就難以產生相應的影響。

30.5.2 意見領袖在虛擬社群傳播中的角色作用

意見領袖在虛擬社群傳播中的角色作用，是與虛擬社群的存在價值密切相連的，主要表現為以下幾個方面：

（1）意見領袖是消費決策的信息參照

一個社群之所以對其成員具有吸引力，是因為他們認為該社群中的交流是有意義且重要的。作為消費決策的信息源，無論是實在社群中的意見領袖，還是虛擬社群中的意見領袖，其影響力都以一種交叉並置的方式相互映照。兩種社群情境下，意見領袖作用的共同點是意見的權威性。但不同的是，實在社群的意見領袖還附帶有確定的、往往與追隨者關係密切的社會身份特徵——職業的內行、有地位的領導者，或是親屬和朋友。因此，他們具有較高的可信性，甚至起替代決策的作用。而在虛擬社群中，只能從信息內容上辨別意見領袖，缺乏人際關係的可靠保證，因此，他們的意見往往更多地表現為信息參照。人們利用意見領袖來豐富自己的消費知識，驗證自己的判斷，補充消費信息，避開其他媒體的商業化宣傳。當然，我們並不能期望虛擬社群替代其他的消費信息源，意見領袖具有這樣的參照作用也就夠了。

（2）意見領袖是網絡經營品牌化的必要條件

互聯網運營正由人口網站快速走向社群服務，網站和商家都選擇虛擬社群作為營銷傳播的平台（這個意義上的虛擬社群就是一個場所）。一方面，受眾握有傳播介質的自在性，他們自由地出入社群，靈活地進行信息的轉換和組織，完全根據自己的需要來使用媒介，這造就了網絡比其他媒介更具流動性的受眾。另一方面，網絡經營者為了實現商業化經營目標，必須追求虛擬社群的市場細分或傳播分眾的性質，形成對成員穩固的吸引力。因此，虛擬社群的發展必然受到網絡經營的品牌化策略的影響。品牌化的條件是多方面的，但就網絡人際吸引力來說，意見領袖的存在是必不可少的。

意見領袖的號召力是人們參與虛擬社群交流的動力。網站要贏得受眾權威性的認同，必須提供真實可靠的消費信息，並且意見領袖的建議要受真實消費行為的檢驗。因此，網站管理者可以自己充當意見領袖負責任地篩選信息來發佈，同時，也從技術上控制傳播過程，過濾掉不良信息，並有意從參與者中培植有威望的意見領袖，這是網站品牌化經營的策略。

（3）意見領袖是維繫虛擬社群存在的動力

虛擬社群是網絡空間裏開放的人群集合體，它的存在和發展，除了網站提供的技術平台，還有社群成員的參與程度。維持虛擬社群成員對消費信息的高參與度的條件，是普通社群成員的信息需求和意見領袖的活躍。"當普通人遇到需要決定是否相信、購買、加入、逃避、支持、喜歡或不喜歡的情形時，他們就會去意見領袖那裏尋求指導。"這也是虛擬社群消費信息交流活動的動力。網絡上，特定產品的官方網站和專題論壇匯聚了超文本的消費信息，這些信息可以便利快捷地滿足人們立體化的信息需求。這種需求本來就帶有明顯的消費行為的功利性，一旦在虛擬社群中得到滿足，就會強化參與者的行為。

在意見領袖方面，他們參與社群活動的動機可能並不是充當別人的建議者和指導者，佔有知識的自信及利用技術的熟練使他們形成網絡媒體的接觸興趣和習慣。在虛擬社群中表現自己的能力，為他人提供指導，可以使他們獲得成就感。反過來，他們的參與也帶來了社群的活躍和聲望，令虛擬社群得以壯大發展。

（4）意見領袖排斥商業化的角色蛻變

較之正式媒體的商業宣傳，虛擬社群的意見領袖與消費者心理距離更近，更具有傳播動機的可信性。意見領袖的價值，如圖 30-9 所示。

因此，意見領袖的角色作用自然受到宣傳者方面的重視。生產商和銷售商為達到營銷目的，可能利用虛擬社群來隱藏宣傳者的商業身份，使其作為意見領袖發揮效力。但是，對普通受眾來說，正因為網絡社群的虛擬性，對其信息發佈者的身份立場會保持更多的警覺。一旦發現意見領袖做了商業利益的代言人，他們的傳播影響力也會隨之下降。因此，商家要謹慎對待將意見領袖作商業化角色蛻變的企圖，同時，公正的意見領袖也要展示中立的

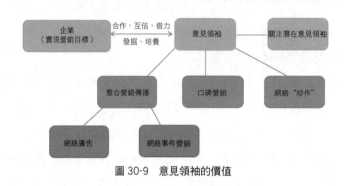

圖 30-9　意見領袖的價值

案例　|　意大利設計，為什麼驚艷全球？

設計有沒有高級感？如果你來到了意大利，你會發現高級感設計是一種意大利式的存在。烏姆博托·艾柯（Umberto Eco）說："如果說別的國家有一種設計理念，意大利則有一套設計哲學，或許是一套設計思想體系。"

這裏是歐洲文藝復興的發源地，達芬奇（Da Vinci.）、米開朗基羅（Michelangelo）、拉斐爾（Raphael）等大師輩出；這裏是奢侈品的誕生地，Prada、Gucci、Zegna、Ferragamo、Bottega Veneta、Armani、Ferrari、Maserati、VERSACE、FENDI、BVLGARI 聞名世界；就連一個名叫五漁村馬納羅拉小鎮（Manaluola），也被意大利人設計成大自然的雕塑饋贈人間，把它設計成打魚、釀酒、山間遠足、有氧運動、藝術葡萄園等綜合藝術生活空間。這就是意大利設計哲學的源泉——"為優質生活而來"。在極簡藝術中尋找高級感，從古典藝術中尋找現代時尚感。讓經典隨著時間的流淌，而越發具有獨特韻味。

被稱為世界設計王國的意大利設計涵蓋範圍很廣，服裝、服飾、珠寶、箱包、傢具、陶瓷、大理石、雕塑、遊艇、跑車等，幾乎你想到為優質生活所需的一切物品均在意大利的設計師視野之中。意大利的設計師不是為藝術而設計的，也不是為設計而設計，他們用自己深厚的設計語言和精益求精的態度來詮釋經典、奢華與時尚，如米蘭時裝周（Milan Fashion Week）一直驚艷全球服裝界，被稱為世界時裝設計和消費的晴雨表。米蘭時裝周始於 1967 年，當年，一批冠以設計師本人名字的意大利成衣品牌應運而生，從此，匯聚了時尚界頂尖人物。在米蘭時裝週期間，全世界上萬家買手挑選契合潮流的時裝，作為國際四大著名時裝周（米蘭，巴黎，倫敦，紐約）之一的米蘭時裝周雖然起步較晚，但如今獨佔鰲頭，成為時尚界的意見領袖。

成為設計界的意見領袖並不是一件簡單的事情，領袖必須懂哲學，一如高級成衣阿瑪尼（Armani）的哲學思想"自由大於紀律"、"享樂大於勞累"，設計的背後是深厚的文化積累。

立場；可以採用雙面傳遞的信息組織，即同時提供正反兩方面的信息。由受眾自己去比較和判斷，否則，一味地讚揚很容易招致人們的懷疑。

隨着網絡媒介日益涉入我們的生活，意見領袖的傳播角色應該有更豐富的內涵和價值，值得更深入地思考。

30.5.3 社群領袖具有影響力

1. 精準觸及力

當這些依照興趣而分類的平台在網絡上崛起時，社群領袖開始到這些地方將自己的經驗分享給其他對此領域有興趣的人，也自然吸引了對此領域有興趣的其他人。這個依照興趣而分類的平台也成為一個漏斗，將對此領域沒有興趣的人篩選掉，將對此領域有明確興趣的人沉澱下來。例如經常出現在美妝類平台上的人，通常也是對美妝有興趣的人，因此這類平台通常聚集的是對美妝有興趣的人。

2. 不受地區限制與意見領袖互動

在舊媒體時代，粉絲想要與社群領袖互動就必須要到達現場，實際距離上存在障礙。例如社群領袖與粉絲的互動要舉辦實體簽名會或演講，而很多粉絲不方便直接到現場，因此失去了與社群領袖互動的機會。移動互聯網時代世界各地的人不論距離多遠，只要一連線都可以將距離縮減到零。社群領袖在網絡上建立起自己的家時也可以選擇自己方便的時間來與粉絲們互動，粉絲也可以在任何時間、任何地點給社群領袖留言，因此，社群領袖可以跟大量的粉絲建立起長期、穩定的關係。

3. 數據化評估人的影響力與營銷效益

互聯網時代，過去很多無法追蹤的資訊，都可以被數據化。例如過去很難知道究竟有多少人會關注一個社群領袖，究竟有多少人會回應社群領袖所發出的消息，而現在的網絡技術通過 IP 可以追蹤每一個到訪的人，以及通過網絡賬號可以記錄每一個人。在中國台灣地區，社群領袖通用的痞客邦部落格平台（博客）和臉書粉絲團都可以記錄每一天到訪部落格平台的人次，以及有多少人關注平台，甚至可以判斷社群領袖與粉絲之間的互動有多頻繁，以及社群領袖對於粉絲有多大的影響力。

4. 信息濃縮能力強

社群領袖是團隊中構成信息和影響的重要來源，他們對某個領域有豐富的經驗和深入的了解，因此他們對所在領域的某一方面有較可靠的看法。網友往往花費幾個小時整理的信息，在社群領袖那裏可以輕易得到。通過社群領袖的分享，網友可以大大節省時間成本和經驗成本。因此，社群領袖成為網友心中可靠信息的來源，社群領袖所說的話自然對網

案例 ｜ 超級用戶讓加拿大鵝一飛沖天

從寂寂無聞到名譟一時，加拿大鵝（Canada Goose）抓住了移動營銷的時機，利用名人明星穿戴產生的追星效應，瞬間火爆起來。

是什麼樣的力量讓這只"鵝"如此飛翔呢？最初人們發現美國好萊塢青睞這只"鵝"，加拿大鵝的標識在許多大片中頻頻出鏡，《007》《Maggie's plan》、《X 戰警 2》都有長鏡頭展示，"赤裸裸"地勾引粉絲。中國的明星也開始向這只鵝靠近。通過手機微信、朋友圈和各種社交媒體，粉絲們驚訝地發現，范冰冰、章子怡等一線明星在戶外拍攝時穿的都是這只"鵝"。最耐人尋味的是，俄羅斯總統普京（Vladimir Putin）長期為它代言，而所有這些明星的代言均是無償的。

在移動互聯網時代，加拿大鵝通過超級用戶的影響力形成品牌營銷造粉運動。2015 年加拿大鵝的電子商務平台推出後，迅速催生了代購市場，也導致加拿大本土商場里，華人最愛的 M 碼一貨難求。2016 年，在中國只有 3 家專賣店的羽絨服品牌加拿大鵝僅用一年時間就成為中國

圖 30-10　加拿大鵝 LOGO

一二線城市的街服。一時間，在高檔寫字樓工作的白領們如果沒有一件大鵝傍身，根本不敢出門。2020 年，中國粉絲的追鵝熱度不減，出現了一個獨有的網絡詞彙"鵝粉"。在中國"鵝粉"的推動下，加拿大鵝的銷售直追羽絨服老品牌——法國的 Moncler，大有趕超之勢。

海外品牌進入中國市場時，第一步工序應該是：如何學習圈粉。因為有超級用戶引領粉絲購買是移動營銷低成本擴張的有效路徑。

友有一定的影響力。

社群領袖需要用心經營所累積的社群，他們需要思考什麼樣的分享內容才是有價值的、才是網友感興趣的，因此他們每天需要花費大量的時間去瀏覽網絡上的信息，消化眾多的網絡新知識，找到適合分享給網友的內容，並持續地滿足網友的這種需求。

5. 社群影響力具有速度性

網絡社群的特色在於信息密集度高，信息擴散得快，也就是社群影響力具有速度性。因社群領袖具有影響他人態度的能力，他們分享的信息可以在短時間內觸及精準用戶，讓用戶點讚、轉發。社群領袖介入大眾傳播，加快了傳播速度並擴大了影響。

本章小結

（1）用戶體驗管理的核心在於用戶在體驗的過程中，找到關鍵的體驗要素及觸點並進行用戶關係管理。超級用戶會員體系關注完整的用戶生命週期，包含潛在會員吸引到既有

會員維護的各階段；不同於傳統會員體系強調以讓利、好處作為誘因，超級用戶會員體系從情感層面出發制定激勵因子，讓用戶在理性價值之上獲得超乎期待的感動、驚喜體驗，自發地留在體系內。

（2）超級用戶會員體系深入理解用戶的需求，同時考慮企業的商業需求，確保用戶與企業互利，能達到長久發展的目的。超級用戶會員體系具體分為 4 個階段，即會員權益體系、超級用戶任務體系、超級用戶成長形式、成本核算。

（3）在互聯網領域，小米、羅輯思維、Papi 醬等，都被譽為粉絲經濟效應的代表。小米公司更是將粉絲經濟營銷到極致，通過構建社群、打造線上論壇，為米粉增加持續集聚平台。而羅輯思維初期也只是一個視頻自媒體，隨着點擊率和粉絲數量的增加，逐步發展成為火爆的社群電商。

（4）品牌社群以消費者對品牌的情感利益為聯繫紐帶。在品牌社群內，消費者基於對某一品牌的特殊感情，認為這種品牌所宣揚的體驗價值、形象價值與他們自身所擁有的人生觀、價值觀相契合，從而產生心理上的共鳴。

（5）內容：一切產業皆媒體。在人人都是自媒體的社會化關係網絡中，優質內容即廣告。這是因為優質的內容是非常容易產生傳播效應的。

社群：一切關係皆渠道。互聯網的出現打破了空間限制，人們足不出戶就能夠買到各種各樣的商品。

商業：一切環節皆體驗。商業社群生態的根本價值是實現社群中的消費者不同層次的價值滿足。

第三十一章

The Fission
of Superuser

超級用戶的裂變

31.1 分享原理

　　床可以分享嗎？沙發可以分享嗎？辦公室可以分享嗎？創意可以分享嗎？員工可以分享嗎？這些在傳統經濟時代看來並不可能的事情，卻在當下不斷上演着商業傳奇。

　　Airbnb 作為一個旅行房屋租賃社區，可以為人們提供度假期間的住所，估值高達 240 億美元；WeWork 顛覆了傳統辦公租賃的模式，讓辦公室也可以實現分享，估值高達 100 億美元；豬八戒網成立已有多年，但是一直難以實現突破，直到後來加入分享的模式之後，估值迅速達到 100 億元人民幣，這都讓我們看到了分享經濟的力量。

　　"去夏威夷度假，當地酒店的西餐吃不慣，在那裏洗一件襯衫相當於買一件襯衫的價格，而同行的美國朋友選擇住當地的公寓，他們平均每個人一天的房費只有 10 美元。"這是一位中國遊客在夏威夷度假時的真實體驗。外出旅遊住在別人家裏，聽起來有點匪夷所思，但這種假日房屋短租模式卻在國外方興未艾。這類商業模式的踐行者，最有名的當屬美國在線短租網站 Home Away 和 Airbnb，他們把房子放到網上，與用戶對接產生交易，通過收取廣告費或者交易佣金的方式盈利。Home Away 是向提供房源的房東或地產經理人收取一定的費用，Airbnb 則是向房東及房客分別收取不同比例的佣金。無論哪種模式，Home Away 和 Airbnb 都搭建了一個在線信息發佈和交易平台，就像國內的淘寶網一樣，只提供一個平台。簡單地說，Home Away 和 Airbnb 就是利用互聯網這個工具，將房東閒置度假屋的信息擺到線上，以供需要出行旅遊的人選擇住宿，起到類似資源整合的中介作用。

　　在美國在線短租 Home Away 和 Airbnb 爆發成長的同時，國內的創業者們迅速地將其在中國市場進行了複製，例如愛日租、螞蟻短租、途家網、小豬短租、愛租客……其中途家網最為資本和業內看好，堪稱 Home Away 和 Airbnb 的中國翻版。途家把線下除傳統酒店以外的所有住宿業態比如客棧、公寓、度假村、民宿、別墅等放到網上，為客戶提供短租服務以及部分房地產物業管家服務及託管。與同行 Home Away、Airbnb 相比，因為國內"信任體系"的不成熟，途家的商業模式增加了很多中國特色：一方面，向業主承諾照看好房子並幫助他們打理，所得收入分成；另一方面，它作為房屋提供者直接與租房者交易。在這種顛覆以往住宿業的房源獲取和使用的模式下，很多業主尤其是空置的旅遊地產項目業主都願意把房子交給途家管理。目前美國和歐洲約有 37% 的人出行時住在度假租賃房而不是酒店，然而中國卻 10% 都不到。當前中國旅遊市場正在爆發式增長，旅遊消費規模大，有大量的出行者需要度假酒店，所以途家網的"錢景"可觀。

　　滴滴打車的誕生也改變了傳統打車市場格局，培養了移動互聯網時代用戶現代化的出行方式。除此之外，滴滴打車還推出了定位高端的新業務品牌——滴滴專車，與易到用車業務模式類似。滴滴專車致力於為高端商務出行人群提供優質服務：即時響應、專業服務、高端車型、專業陪駕。滴滴專車和易到用車通過對運營車輛的有效調度，把閒置資源調動起來，將傳統的拼車模式合法化，通過創新交通出行服務模式，整合市場資源，讓社會資源得到最大的利用。微信運動和微信讀書的出現，更是標誌着微信閉環的進一步完善，以及對分享經濟更高層次的商業開發。讀書和運動這些原本只是個人的事情也變成了分享經濟的一部分。

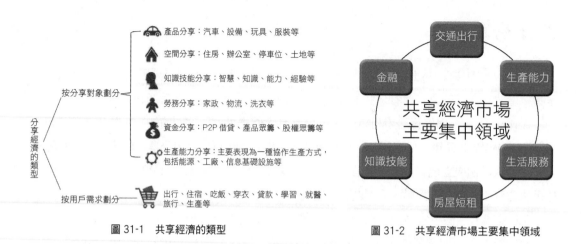

圖 31-1　共享經濟的類型　　　　　　　　　　圖 31-2　共享經濟市場主要集中領域

移動互聯網時代，在合法範圍內，任何自由資產、技能、虛擬事物、時間、人才都可以拿來分享，從寄養寵物到租用遊艇，甚至你還可以通過 Airbnb 把自己家衛生間出租給有急需使用的人。由於這些資源處於閒置狀態，因此它的價格大多數低於市價，再加上移動互聯網的發展給予了我們更多的便利，因此，分享經濟模式已經滲透到衣、食、住、行等各個領域中，如圖 31-1 和圖 31-2 所示。

31.2 消費商

在農業經濟時代，經濟活動以土地為核心，地主掌握着大量財富；在工業經濟時代，經濟活動以產品為核心，企業家成為人們羨慕的對象；在後工業經濟時代，經濟活動以渠道為核心，經銷商 ❶ 則成為最風光的人物。那麼，進入移動互聯網時代，經濟活動應以什麼為核心？誰又會成為時代的寵兒？在共享經濟時代，消費商將成為時代的寵兒。

1. 什麼是消費商
隨着市場的開放，好的產品越來越多，我們想在哪家購買和想買什麼東西，都有充分的選擇權和決定權。因此，對生產商和流通商來說，消費者已成為經濟活動的核心。那麼，作為一個有眼光和能力的消費者，就有必要把自己身邊的消費者組織起來，帶領大家一起與生產商共享財富分配。因為這個消費者組織和管理了身邊的消費者，付出了勞動，得到了收益，所以這樣的消費者，稱為消費商。

其實，消費商的行為早就存在，只是人們忽略了這個概念。比如，你買了一件漂亮、價格低廉的衣服，給你的同事、朋友說了後，他們不知在什麼地點買的，你就帶他們去購買。也就是說，你引導了消費。此時，你的行為已是一個消費商的行為，只不過沒有利益分享。

❶ 經銷商：在某一區域和領域內擁有銷售或服務的單位或個人。經銷商具有獨立的經營機構，擁有商品的所有權（買斷製造的產品或服務），獲得經營利潤，多品種經營，經營活動過程不受或很少受供貨商限制，與供貨商責權對等。

2. 消費商的特徵
消費商是怎樣的一個群體？這取決於平台的架構及平台的規模，消費商可以是大公司，也可以是小公司；可以是團隊，也可以是個人。作為一個全新的商業主體，消費商有着獨特之處，主要表現為如下幾點：
· 消費商是全新的機會營銷主義者，他給予別人的不僅有產品，還有機會。
· 消費商主導的是 "花本來就該花的錢，賺本來賺不到的錢"，帶來的是一種

案例 ｜ 社交電商大賽：拼多多、雲集、愛庫存

在中國，互聯網公司新模式層出不窮，阿里巴巴與京東的電商大戰硝煙未盡，社交電商三巨頭大戰一觸即發。比較有代表性的社交電商有拼多多、雲集與愛庫存。

拼多多和雲集是 C2C 模式（個人與個人之間的電子商務），愛庫存是 S2B2C 模式（S 指大供貨商，B 指渠道商，C 指顧客）。拼多多是通過消費者拉動更多消費者，從而向供貨商集體壓價的社交電商，據說拼多多的創始人黃崢向美國零售大鱷 Costco 學向廠家砍價的經驗，再加上他是搞遊戲軟件出身，深諳用戶裂變遊戲規則。

雲集的理念是 "自用省錢" 與 "分享賺錢"。在社交電商中植入分享經濟原理，採用多級分銷，口碑傳播的方式拓展更多用戶。相對於拼多多的全開放平台，雲集處於半開放狀態，從運營情況來看，雲集平台上 80% 以上都是店主自買，順手轉發賺點分享費。

愛庫存抓住了廠家與商家庫存積壓的痛點，以服裝行業為突破口，直接服務 B 端的職業代購，代購從平台進貨，再通過自己的粉絲分銷。2019 年流行的網紅帶貨很接近愛庫存的運營模式。愛庫存是全封閉平台，只有會員加入才能看到商品。愛庫存把會員制帶入到社交電商中來。

中國市場消費規模巨大，給了社交電商試驗的機會，"社交電商 + 遊戲" 等於拼多多，"社交電商 + 分享" 等於雲集，"社交電商 + 會員" 等於愛庫存，社交電商還可以再加些什麼呢？

全新的利潤分配規則。

· 消費商不需要投資，卻有大批的員工、科學家幫你工作、幫你管理，是零風險的一個商業主體。

· 消費商只是在做一種（省錢 + 賺錢）機會的傳播者，不負責具體的經營，是最佳的財富自由的經營者。

· 消費商是一個最輕資產的商業模式。

· 消費商可以是第一職業，也可以是第二職業。

· 消費商帶來的是一種消費革命，讓消費者也參與了利潤分配，讓更多人成為消費商，分配更加合理。

· 消費商將成為銷售的關鍵主體，優越於原來的店舖，是新時代的最佳互補。

可見，在眼下的共享經濟時代，經濟活動將以消費者為核心，消費商也將成為時代的寵兒。而平台對於消費商來講，具有特別重要的意義。平台的存在就是通過聯合他人釋放出隱藏在過剩產能中的價值，如資產、時間、專業知識以及創造力等，利用過剩產能的價值就是分享經濟。

本章小結

（1）由於某些資源處於閒置狀態，因此它的價格大多數低於市價，再加上移動互聯網的發展給予了我們更多的便利，因此，分享經濟模式已經滲透到衣、食、住、行等各個領域中。

（2）分享已經成為當下社會的新常態，也在模糊工作和生活的界限。無處不在的分享，意味着無處不在的商機，分享經濟已成為未來新財富的風口。

（3）因為這個消費者組織和管理了身邊的消費者，付出了勞動，得到了收益，所以這樣的消費者稱為消費商。

（4）在眼下的共享經濟時代，經濟活動將以消費者為核心，消費商也將成為時代的寵兒。

Laws of
Superuser
Management

超級用戶的管理規律

想要在中國感受創業精神，你可以到創業咖啡去坐坐。"點一杯咖啡，享受一天的免費開放式辦公環境。"3W❶咖啡、車庫咖啡、Binggo 咖啡從北京中關村大街輻射到杭州、深圳、武漢、成都、烏魯木齊等地，以咖啡為名的創新型創業孵化器在中國遍地開花。從黎明到深夜，成群結夥的年輕人在此爭分奪秒、不捨晝夜地為夢想打拚，這正是中國草根創業、大眾創業的真實寫照。

❶3W：是由中國互聯網行業領軍企業家、創業家、投資人組成的人脈圈層。3W 是一家公司化運營的組織，其業務包含天使投資、俱樂部、企業公關、會議組織和咖啡館，3W Coffee 是 3W 擁有的咖啡館經營實體。

隨着互聯網、移動平台和大數據等高科技的突飛猛進，新的商業形態和模式層出不窮，引爆新一輪創業潮。所以從這個意義上來說，創業的人並不僅僅指大學生，並不僅僅指沒有錢的人。移動互聯網時代，創業可能波及所有的行業，尤其是你認為牢不可破的行業。銀行、通信這些產業已經被衝擊，還有什麼行業不能被衝擊呢？

我們注意到，2014 年以來，基本上出現了這樣一種趨勢：第一，外行擊敗內行；第二，一些小微企業，經過碎片化模式的發展，以及大量民眾的熱情參與，最後讓這個行業徹底改變面貌。

移動互聯網時代財富將進行重構，而服務模式、製造模式、交易模式、支付模式的轉型升級，一定會倒逼那些不轉型的企業。所以過去改革開放的 30 年，財富是有規律可循的；未來 30 年，財富實際上是不確定的。但是有一條可以確定，就是一定跟移動互聯網運用超級用戶營銷規律有關。

32.1 一般用戶的心理認知規律

理解消費者行為的起點是刺激—反應模型。如圖 32-1 所示。營銷和環境的刺激進入消費者的意識，接着，一套反映消費者特徵的心理過程導致了決策過程和購買決策。營銷人員的任務就是弄清從受到外部營銷刺激到最終購買決策之間，在消費者的意識中到底發生了什麼變化。其中，有 5 個關鍵的心理過程，即動機、認知、情感、記憶和聯想，從根本上影響着消費者的反應。

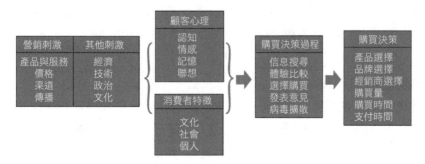

圖 32-1　消費者行為刺激反應模型

32.1.1 動機

在任何時候，我們都有許多需要。一些需要是源於生物的（Biogenic），是由生理的緊張狀態引起的，如飢餓、口渴或身體不適。而另一些需要則是源於心理的（Psychogenic），是由心理的緊張狀態引起的，例如渴望認同、尊重或歸屬感。當需要達到一定強度而驅使我們去採取行動時，需要就會變成動機（Motive）。動機既具有方向性——我們選擇一個目的而非另一個，也具有強度——我們以或多或少的精力去追求目的。

最著名的人類動機理論有 3 種，即弗洛伊德（Sigmund Freud）、馬斯洛（Abraham H.Maslow）和赫茨伯格（Frederick Herzberg）的理論，這 3 種動機理論對消費者分析和營銷戰略提供了不同的指導。

1. 弗洛伊德的理論

弗洛伊德認為，形成人們行為的心理因素大部分是無意識的，一個人不可能完全理解自己的動機。當一個人考察某特定品牌時，他不僅會對品牌的已知性能有所認識，也會對那些潛意識方面的因素有所反應，如產品的形狀、大小、重量、材質、顏色和品牌。一種稱為階梯（Laddering）的技術讓我們能夠從一個人的工具性動機追蹤至其最終內在動力，這樣，營銷人員就可以決定開發何種程度的信息和訴求。

今天，許多動機研究者仍然沿用弗洛伊德的傳統解釋。卡爾伯特（Jan Callebaut）認為，一項產品可以滿足顧客的不同動機。例如，威士忌能夠滿足人們對社交娛樂、社會地位或者消遣的需求。不同的威士忌品牌需要從動機方面定位於這三種訴求之一。另一位動機研究者克洛泰爾‧拉帕耶（Clotaire Rapaille）則致力於破解產品行為背後的"密碼"。

2. 馬斯洛的理論

馬斯洛試圖解釋人們為何在特定時間受到特定需要的驅動。馬斯洛認為，按照迫切性程度從低到高，可以將人類的需要列為生理需要、安全需要、社會需要、尊重需要和自我實現需要五個層次。人們會儘量先滿足最重要的需要，然後再去滿足次重要的需要。例如，一個飢寒交迫（第一需要）的人不會對最近藝術界發生的新鮮事感興趣（第五需要），也不會在意別人是如何看待他的（第三或第四需要），甚至都不在乎他呼吸的空氣是否潔淨（第二需要）；但是當他得到足夠的水和食物時，次要的需要就會凸顯出來。

3. 赫茨伯格的理論

赫茨伯格提出了動機雙因素理論（Two-Factor Theory），該理論對不滿意因素（引起不滿意的因素）和滿意因素（引起滿意的因素）進行了區分。從赫茨伯格的雙因素理論，我們可以得出，只消除不滿意因素是不足以激發購買的，產品必須具有滿意因素。例如，不附帶質保單的計算機就可能成為一個不滿意因素。可是即使有了產品質保單，也不一定會形成滿意因素或引發購買動機，因為質保單並不是計算機產品的真正滿意因素。這就要求賣家清楚市場其他產品的滿意因素。

赫茨伯格的動機理論有兩層意義，第一，賣家應該儘可能消除不滿意因素（如不合格的

案例　│　阿爾迪：努力讓自己變蠢

"精明"一詞一直以來是商業的代名詞，然而有這樣一家零售連鎖店，它每天的工作就是努力使自己變蠢。它叫阿爾迪（ALDL），年銷售額 800 億美元，全球開店超過 1 萬家，是德國最大的連鎖超市，也是全球公認的零售航母，它蠢得讓全球消費者開始心疼它，從而呵護它。

·定位為"窮人店"。在消費領域有一個低利潤區，叫窮人區，偏偏阿爾迪不信邪，公開宣揚自己是"窮人店"，讓顧客潛意識中形成阿爾迪專為你省錢的心理認知。阿爾迪說到做到，其店內商品比普通超市便宜 30%-50%。

·專營食品。開過超市的人都知道，工業品商品易週轉、易儲存，而且很少損耗。食品類商品卻相反。阿爾迪的貨架上 80% 都是食品和飲料，這一策略原本是為了照顧恩格爾係數（Engel's Coefficient）較高的窮人而設計的，沒想到如今面臨全球食品掀起漲價潮，阿爾迪反而逆襲走俏。

·商品單調。店裏只放著 700-800 種簡單的商品，而且每種商品只提供一種選擇，每一種商品只有一種規格的包裝。所有的貨品裝在紙箱里，堆在光禿禿的貨架上，商品價目表不是貼在包裝上，而是懸在頭頂，給人一種"蠢到純粹"的印象。阿爾迪的蠢，巧妙地利用了顧客的潛意識聯想。

·不收尾數錢。阿爾迪所有的商品價格的尾數是 0 或者 5，對尾數忽略不計，如尾數為 0.05-0.09 德國馬克的商品按 0.05 馬克收款；尾數為 0-0.04 馬克的商品，其尾數直接忽略不計。阿爾迪"蠢"得很，沒有條形碼掃描儀等現代設備，只收現金。在資本市場，阿爾迪奉行一個原則：不舉債經營。

阿爾迪的創始人阿爾布萊特（Albrecht）兄弟總結成功的秘訣時說："我們只放一隻羊。"大量的商業實踐證明，那些想放一群羊的聰明人，到最後連一隻羊也沒有剩下。

培訓手冊或不完善的服務政策）。儘管這些因素不能保證賣出商品，但是它們卻能輕易地毀掉交易。第二，賣家必須認清市場上該類產品的主要滿意因素和用戶購買動機，並據此提供適當的產品。

32.1.2 認知

一個有動機的人隨時準備行動，而如何行動則受其對環境感知的影響。在營銷中，認知比事實更重要，因為認知影響消費者的實際行為。認知（Perception）是指一個人選擇、組織並解釋接收到的信息，以形成對外部世界有意義的描繪的過程。認知不僅取決於物理性刺激，還依賴於刺激物與周圍環境的關係和個人所處的狀況。面對一位說話很快的推銷員，有的人會認為該推銷員咄咄逼人、不真誠，有的人卻認為該推銷員很聰明，可以給自己提供幫助。

可見，人們會對同一刺激物產生不同的認知，進而產生不同的反應。

人們對刺激物的認知有 3 種過程，即選擇性注意、選擇性曲解和選擇性保留。

1. 選擇性注意

注意力是指對某些刺激物分配的處理能力。有意注意力是具有目的性的注意力；無意注意力是由某人或某事引起的注意力。據估計，普通人每天要接觸 1,500 多條廣告或品牌信息。因為我們不可能注意所有信息，所以我們會將多數刺激物篩選掉，這個過程便稱為選擇性注意（Selective Attention）。選擇性注意的特徵提醒營銷者必須努力引起消費者的注意，而對於營銷人員來說真正的挑戰在於如何準確掌握人們會注意哪些刺激物。

研究結果表明，人們更有可能注意那些與當前需要有關的刺激物。一個有購買計算機動機的人會注意計算機廣告，而不大可能注意電視廣告。人們更有可能注意那些他們期待的刺激物。在一家計算機商店內，你更有可能注意計算機產品，而不是收音機，因為你並不期望這家商店會出售收音機。人們更有可能注意跟一般刺激物相比有較大差別的刺激物。在計算機報價單上，你更有可能注意一則減價 100 美元的計算機廣告，而不是只減價 5 美元的計算機廣告。

儘管我們篩掉很多刺激物，但還是會受到很多意想不到的刺激物的影響，例如，來自郵件、電話或推銷員的意外報價。為了使產品不被過濾掉，營銷者在推銷產品時，應該盡力引起消費者的注意。

2. 選擇性曲解

即使刺激物能被注意到，其被注意的信息也不見得總是信息傳遞者想要的，這就是選擇性曲解，選擇性曲解（Selective Distortion）是指按照先入之見來解讀信息的傾向。消費者經常會扭曲信息，以使其符合之前自己對產品或品牌的信念和預期。

一項對產品口味的"盲試"充分展示了消費者品牌信念的力量。在測試中，賣家請兩組消費者品嚐一種產品，其中一組消費者不知道產品的品牌，而另一組消費者知道。儘管兩組消費者品嚐的是完全一樣的產品，但兩組給出的意見卻總是不同。這就是因為消費者的品牌或產品信念（通過過去的體驗或品牌營銷活動等方式形成）正以某種方式改變了他們的產品感知。這樣的例子其實從任何產品上都能找到。當消費者將中立的或模糊的品牌信息曲解為積極的信息時，選擇性曲解對於擁有強勢品牌的營銷者來說是有利的。換言之，某咖啡的味道似乎更好，某轎車開起來似乎更平穩，某家銀行的排隊等候時間似乎更短，這些都取決於品牌。

3. 選擇性保留

我們大多數人不會記住太多接觸到的信息，但的確會保留支持我們態度與信念的信息。由於選擇性保留（Selective Retention），我們可能會記住自己喜歡的產品的優點，而忘記競爭品牌的優點。選擇性保留同樣對強勢品牌有利。這也解釋了為什麼營銷者需要不斷地重複發送信息，就是確保他們的信息不會被忽視。

選擇性認知機制需要消費者的主動參與和思考。營銷人員多年來一直感興趣的一個問題就是潛意識[❶]感知（Subliminal Perception）。他們主張營銷者應該把隱藏的、潛意識的信息植入廣告或者包裝。消費者並不會意識到這些信息，但消費者的行為卻受其影響。儘管心理過程確實包括許多微妙的潛意識作用，但是沒有確切的證據證明營銷者能夠系統地控制消費者的潛意識，尤其是無法改變其相當重要或根深蒂固的品牌信念。

❶ 潛意識：心理學術語。是指人類心理活動中，不能認知或沒有認知到的部分，是人們"已經發生但並未達到意識狀態的心理活動過程"。弗洛伊德又將潛意識分為前意識和無意識兩個部分，有的又譯為前意識和潛意識。

32.1.3 情感

消費者的反應不總是認知的和理性的；多數反應是感性的並且可以喚起不同的情感。一個品牌或產品可能令消費者感到驕傲、幸福或自信。一則廣告可能帶來愉悅、反感或疑惑。

下面這兩個例子可以用來說明情感對消費者決策的作用。

被美國《紐約時報》譽為"冰激凌中的勞斯萊斯"的哈根達斯，是世界有名的冰激凌品牌之一，它從最初創立到現在已經有 60 年的歷史，從起初的一個家庭手工作坊的產品發展到現在的全球第一大冰激凌品牌。哈根達斯永遠把自己貼上永恆的情感標籤，從未為銷售傷過腦筋。那些忠實的粉絲吃哈根達斯和送玫瑰一樣，關心的只是愛情。哈根達斯把自己的產品與熱戀的甜蜜連接在一起，吸引戀人們頻繁光顧。其店裏店外散發的濃情蜜意，更增添了品牌的形象深度。哈根達斯的產品手冊、海報無一不是採用情侶激情相擁的浪漫情景，以便將"愉悅的體驗"這一品牌訴求傳達得淋漓盡致，其專賣店內的裝潢、燈光也都在極力烘托這一主題。其中最為中國消費者熟知的一句廣告語就是"愛她就請她吃哈根達斯"。

寶潔旗下品牌舒膚佳的一個廣告相信很多人都有印象，這則在各大電視台輪番播放的廣告，堪稱是寶潔優秀行銷策略的最好例證。廣告表現大致如下：教室裏，小朋友一個接一個打噴嚏（很明顯，小朋友感冒了），這時，一個年輕的媽媽出現了，只見她語重心長地對着鏡頭說："小孩子容易感冒，是受了感冒病菌的影響，要想驅除感冒病菌，請用舒膚佳！"緊接着，舒膚佳疊入畫面，一系列功能說明後，畫外音傳出"讓感冒病菌遠離你——舒膚佳"。作為中國香皂市場第一品牌，舒膚佳高達 41.95% 的市場佔有率，讓競爭對手望塵莫及。這固然有它持之以恆的廣告投放的原因，但堅持"除菌"訴求十年不變，才是其成功的根本原因。在產品上市之初，舒膚佳就將自己的訴求重點放在"除菌"上，以"中華醫學會推薦"、"實驗證明"等方式論證人體很容易被細菌感染，如在踢球、擠車、玩遊戲時。顯然，這是舒膚佳在對消費者進行教育。然後，舒膚佳不失時機地宣稱自己所含的活性迪保膚❶不但能夠有效去除皮膚表面暫留的微生物，還能有效抑制細菌的再生。就這樣，通過說教式的廣告表現、平易近人的廣告人物誘導，舒膚佳成功地在消費者的心目中樹立起了"除菌專家"的品牌形象。

❶ 迪保膚：寶潔公司自行研發的一種配方，一直用於舒膚佳產品中，其主要化學成份名為"二氯卞班"，這種配方具有很好的除菌抑菌效果。一般來說，靠洗手除菌，是一種機械除菌，洗完手以後還有可能接觸到很多細菌，使用"迪保膚"可以營造一種抑菌環境。

32.1.4 記憶

心理學家將記憶分為短期記憶（Short-Term Memory，短暫儲存的容量有限信息）和長期記憶（Long-Term Memory，持久存儲的容量基本無限信息）。所有在生活中積累的信息和經驗都可以成為我們的長期記憶。

1. 網格記憶模型

關於長期記憶結構，最廣為接受的觀點認為我們會形成某種聯想網絡記憶模型。聯想網絡記憶模型（Associative Network Memory Model）將長期記憶視為由一系列節點和紐帶組

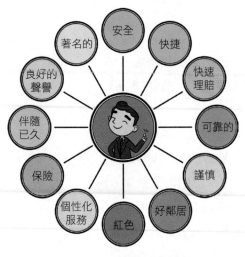

圖 32-2　聯想網絡記憶模型

成。存儲信息的節點由強弱程度不同的紐帶連接起來。任何形式的信息都可以存儲在這種記憶網絡中，包括文字的、視覺的、抽象的和情境的信息。從一個節點擴展激活到另一個節點的過程決定着我們能夠檢索到多少信息和在特定情況下哪些信息能被真正回憶起來。當我們將外部信息進行編碼（如當我們讀到或聽到一個單詞或詞組）或者從長時記憶中取回內部信息（如當我們想到某一概念）時，記憶中的一個節點就會被激活，這個被激活的節點如果與其他節點的關聯性足夠強，那麼其他節點也會被激活。

在這個模型當中，我們可以將消費者的品牌知識看作一個存在諸多關聯的記憶中的節點。這些關係的強度與結構決定了我們能夠回憶起的關於品牌的信息的多少。品牌聯想（Brand

拓展　| 　如何深入人心——偉大構思的 6 個特徵

借鑒馬爾科姆·格拉德威爾（Malcolm Gladwell）在他的書《引爆點》（*The Tipping Point*）中首次提出的一個概念，奇普·希思（Chip Heath）和丹·希思（Dan Heath）兄弟開始探索到底是什麼能讓一個構思在受眾的心中根深蒂固。考察了不同來源的許多構思（包括都市傳奇、陰謀理論、公共政策授權和產品設計）之後，他們發現所有偉大的構思都具有 6 個特徵，可以整理為首字母縮略詞 "SUCCES"。

1. 簡潔（Simple）

抓住核心，一語中的。採納一個想法並進行提煉，刪除所有非實質性的東西。例如，"西南航空公司票價低廉"。

2. 意外（Unexpected）

出奇制勝，吸引注意力。諾德斯特龍（Nordstrom）的顧客服務名揚四海，因為這家公司出乎意料地超出了顧客已有的高期望值，他們不僅幫助顧客購買，還關注顧客的個人狀況：開會前為顧客熨燙襯衫，顧客購物時為他們暖車，或者說，即使商品是從梅西百貨店買來的，也會為顧客提供禮品包裝。

3. 具體（Concrete）

確保任何構思都能被容易地領會並記住。波音公司成功地設計了 727 機型，因為公司為數以千計的工程師確定了一個非常具體的目標——飛機必須能承載 131 人，能從紐約直飛至邁阿密，能在拉瓜迪亞（LaGuardia）機場的跑道上降落（該跑道不能用於大型飛機）。

4. 可信（Credibility）

構思要有可信性。印度的隔夜快遞服務公司 Safexpress 成功地克服了一個寶萊塢電影製片廠對其快遞能力的質疑：在最近一部 "哈利·波特" 小說發行當天早上 8 點之前，公司將 69,000 本書送至了全國各地的書店。

5. 情感（Emotion）

幫助人們領會構思的真諦。關於反對吸煙廣告的研究表明，訴諸情感的廣告比以事實為基礎的廣告更具說服力，而且更加令人難忘。

6. 故事（Stories）

利用講故事的方法讓人們使用一個構思。研究再次顯示，敘述能引起心理刺激，可視化事件能使以後的記憶和學習變得更容易。

希思兄弟認為偉大的構思是憑藉這些特徵創造出來的，而不是憑空產生的。賽百味（Subway）的廣告活動就是個例子。廣告中的主角是一個叫 Jared 的人，他每天吃兩個賽百味三明治。3 個月後體重就減少了 100 磅。按照希思兄弟的觀點，這個構思在以上所有 6 個方面的得分都很高，如下所述：構思簡潔：瘦身；意外：通過吃快餐來瘦身；具體：通過每天吃兩個賽百味三明治來瘦身；可信：有證為實的減重 100 磅；情感貼近生活：戰勝棘手的體重問題；故事不可思議：個人講述每天吃兩個賽百味三明治是如何瘦身的。所以，這則廣告使賽百味的銷售額在 1 年後增加了 18%。

Association）包括所有與品牌節點相關聯的想法、感覺、認知、印象、體驗、信念和態度等，如圖 32-2 所示。

　　我們可以把營銷看作一種方法，這種方法確保消費者擁有產品和服務體驗，以便形成合適的品牌知識結構並且存儲在記憶中。像寶潔這樣的公司，喜歡創建能夠描繪消費者特定品牌知識的心理地圖（見圖 32-2），該圖形展示的是由營銷方案引發的消費者與品牌之間的一些重要聯繫，以及這些聯繫的強度、消費者的偏好程度和獨特性。

2. 記憶過程

　　記憶是一個富有建構性的過程，因為我們不能完整精確地記住信息和事件。通常我們只記住一些點滴和碎片，並憑藉已知的其他信息添補缺少的部分，拓展中的"如何深入人心"提供了一些實用的竅門，營銷者從中可以學到如何確保他們來自公司內部或外部的構思能被記住並產生影響。

　　記憶編碼（Memory Encoding）解釋了信息是怎樣和在哪裏進入記憶的。在記憶中形成的聯繫的強度取決於在編碼過程中我們所處理的信息量（例如，關於這一信息，我們思考了多少）以及處理方式。一般來說，在編碼過程中越關注信息的意義，在記憶中形成的聯繫會越強烈。一項實地廣告調研表明，多次重複播放涉入程度低、說服力低的廣告，與播放次數不多但涉入程度和說服力都很高的廣告相比，前者對銷售產生的影響比後者要小。

　　記憶提取（Memory Retrieval）指的是信息怎樣從記憶中被取出的。

32.1.5 聯想

　　從心理學的意義上說，聯想是一種介於再造想象與創造想象之間的反應過程，是從某種表象重新結合為另一種表象。在營銷中，聯想是思想從一個對象到另一個對象的過渡，前一個對象往往是具體的、比較簡單明白的，或者是自然界的，後一個對象卻往往是更有普遍意義的、比較複雜甚至不那麼完全確定的、社會的。這正是一種特有的形象思維的方法，因為我們說的這兩者之間並沒有必然的、邏輯的前提與結論之間的那種關係。但是，後者絕不是憑空出現的，前者向後者過渡絕不是隨意的。

　　在這種過渡中，前者必須具有引人深思的特徵，而後者必須最大限度地運用前者的各個特徵，重新加以結合，於是自然而然地、水到渠成地誕生了這一新的對象，這個對象還必須能更好地體現原對象的諸多特徵的實質，並深化、擴充和加強這些特徵的意義。

　　眾多的消費心理學及市場營銷調查及實證研究充分表明：產品及服務的銷售同該產品在消費者心目中的聯想存在着顯著的相關性。企業在塑造品牌形象時，產品形象將同消費者頭腦中已有的其他相關形象、行為、體驗和認知等共同形成一定的聯繫，從而形成品牌聯想。

　　這是品牌聯想的心理學依據。品牌聯想一旦成型，將會影響消費者的消費採購決策行為。

　　根據 Keller 提出的理論，品牌聯想（Brand Association）可以分為 3 種類型，即特徵屬性聯想（Attributes）、效用價值聯想（Benefits）及態度聯想（Attitudes）。我們可以通過以上 3 種品牌聯想來衡量並建立積極、健康的品牌形象。

32.2 超級用戶的心理認知規律

前面討論的基本心理過程對於消費者的實際購買決策有重要的作用。下面列出了營銷人員應該提出的關於消費者行為的一些主要問題，即關於誰（Who）、什麼（What）、何時（When）、哪裏（Where）、如何（How）、為什麼（Why）、從眾（We）的問題，如下所述：

- 誰購買我們的產品和服務？
- 誰制定產品購買決策？
- 誰影響產品購買決策？
- 購買決策是怎樣做出的？哪些人擔任哪些角色？
- 用戶購買什麼？哪些需要是必須滿足的？
- 為什麼顧客會購買某個特定產品？
- 他們到哪裏購買產品或服務？
- 他們什麼時候購買？是否存在季節性的變化？
- 用戶如何認知我們的產品？
- 用戶對我們產品的態度如何？
- 哪些社會因素決定用戶購買決策？
- 用戶的生活方式是否影響他們的決策？
- 個人或人口統計因素怎樣影響購買決策？

圖 32-3　消費者購買決策過程

明智的公司努力能夠全面了解用戶的購買決策過程，包括他們學習、選擇、使用甚至處理產品的所有經歷。營銷學者開發了一個購買決策過程的"階段模型"。消費者會經歷五個階段：信息搜尋、體驗比較、選擇購買、發表意見、病毒擴散，如圖 32-3 所示。顯然，購買過程早在實際購買發生之前就開始了，並且購買之後其影響還會持續很久。

消費者的購買並非總是依次經過全部 5 個階段，可能越過或顛倒某些階段。當你要購買慣常使用的牙膏品牌時，你會跳過信息搜尋和評估，從需要直接進入選擇購買階段。當消費者面對新的高介入度購買時，該框架考慮了所有可能的因素。而超級用戶的心理決策規律和一般用戶相比有很大不同，主要體現在 5 個階段。

1. 信息搜尋

調查表明，對於耐用品而言，半數的消費者只逛一家店；但對於家電而言，只有30%的消費者會注意一個以上的品牌。我們可以將搜尋的參與水平分為中等搜尋水平和高等搜尋水平兩種。中等的搜尋水平稱為加強注意（Heightened Attention），在這種搜尋水平下，一個人更易於接收產品的信息；而在高等搜尋水平下，這個人可能會進入主動信息搜尋

（Active Information Search），他會尋找資料、給朋友打電話、上網和去店舖了解產品。

消費者獲取信息的來源主要有 4 種：①個人來源（家庭、朋友、鄰居、熟人）；②商業來源（廣告、網絡、推銷員、經銷商、包裝、展示）；③公共來源（大眾媒體、消費者評級機構）；④經驗來源（處理、檢查和使用產品）。以上這些信息來源的相對數量和影響隨着產品的類別和購買者的特徵而變化。通常，商業是消費者獲取產品信息量最多的來源，即營銷者控制信息。然而，最有效的信息卻來自個人或經驗，以及屬於獨立權威的公共方面。每個信息的來源對於購買決策會起到不同的影響作用。商業信息一般起告知的作用，個人信息起判斷或評價的作用。例如，內科醫生經常通過商業信息了解新藥品，但會通過向其他醫生諮詢來進行評價。

信息還來源於垂直小眾 App。到了移動互聯網時代，BAT❶ 依然強大，但已經可以看到背影，甚至在一些打通線上線下交易的行業，以及一部分專業垂直領域，BAT 強大的流量優勢已經失去統治力，不得不通過投資、收編來加固護城河。

❶BAT：中國互聯網公司百度公司（Baidu）、阿里巴巴集團（Alibaba）、騰訊公司（Tencent）三大巨頭的首字母縮寫。

滴滴打車、餓了麼是 2014 年湧現出來的轟動業界的兩個創業項目，滴滴打車已經歸於騰訊旗下，餓了麼也選擇與大眾點評結盟。這兩個案例能夠成功的關鍵是選擇了 BAT 最不擅長的線下市場。說服出租車司機安裝打車軟件可不是騰訊願意做的累活，而沿街找小餐館合作同樣不是百度、阿里瞧得上的"大生意"。

越來越多的用戶依靠 App 訪問互聯網，這已成為一種趨勢，而不會被卸載的 App 更是能帶來海量的用戶。應用的多樣與專業化，導致的弊端就是人們越來越不喜歡下載 App，一段時間沒有打開的 App 很快就會被無情卸載。應用趨勢是越用越精，用戶不再會輕易下一個新的 App 在手機裏佔據空間及流量。我們可以從兩個方向來解決這個問題，一方面是繼續深挖用戶絕對不會卸載的 App，比如社交媒體（微信、微博、QQ）、視頻、音樂等，另一方面就是創造屬於自己的輕 App 了。輕 App 是目前來說比較流行的趨勢，它不需要用戶點擊下載佔用內存，片刻就可以獲得豐富的信息，視頻、音樂、互動一個都不會少。小程序的"輕"在目前比較符合人們的互聯網生活習慣。

如今，信息搜尋不僅僅依靠百度，已分流到各個垂直行業的 App，比如搜索餐飲選擇大眾點評，搜索酒店機票選擇攜程網、去哪兒網等。

2. 體驗比較

從"產品"向"體驗"轉移是超級用戶第二階段的特徵。

體驗比較是一種新穎的消費模式，由消費者先行試用商品，通過直接體驗感受商品，從而引領新商品的消費。這種消費模式是市場推廣的創新，受到消費者的廣泛歡迎。

對產品體驗比較時，消費者能直接感受新的商品，能有效熟悉商品性能、了解商品功能、學習使用方法，因此體驗比較能迅速引起消費者的購買慾望。同時生產者通過體驗比較，可以直接了解消費者的呼聲，挖掘消費者的需求，不斷在與消費者互動中改進商品的設計和質量，為客戶創新價值，可取得一舉多得的成效。

體驗比較的方式有多種多樣，比較成功的主要有 3 種，包括直接送用、免費使用、展示試用。

（1）直接送用

直接將商品送給消費者使用，這是最簡單的體驗。一般來說，日用商品和食品都適合直接送用。例如，有一種新飲料需要推廣，賣家在商店裏放一個籃球架，顧客排隊扔籃球，扔中了就送一瓶新飲料，但顧客喝完後要填寫一張反饋單。這種體驗方式很有趣，吸引了眾多顧客。顧客通過親口品嚐，感覺確實口味很好，於是口口相傳，很快起到了市場推廣的作用。

（2）免費使用

免費使用商品的實質是免費服務，主要讓消費者體驗服務功能，這種方式對必須通過親身體驗才能產生效果的新商品十分有效。例如，有一種新型理療設備，可以預防和治療多種慢性疾病，可提高身體素質，具有保健作用。一般來說，消費者初次接觸這種設備是不可能完全信賴的，為此，商家設一個大廳，存放多台理療設備，提供給顧客免費使用。由於理療效果較好，每天都有人排隊使用。通過免費使用的體驗，這種新型理療設備很快打開了銷路，許多顧客還提供了大量反饋意見，從而形成了促銷的良性循環。

（3）展示試用

展示試用這種體驗方式的運用已相當廣泛，對於大件商品特別是耐用消費品的市場推廣很有成效。例如，日本的兩大公司豐田汽車和松下電器都建立有大型展示廣場，將新型的汽車、先進的家用電器和數碼電子產品向顧客展示，展示過程中鼓勵顧客試用，同時現場教授使用方法。賣家在試用中不但不怕弄壞商品，而且不斷聽取顧客試用意見，積累改進方案。消費者的積極主動參與對新商品滿足消費者需求起到了不可替代的作用，真正顯示了體驗消費的巨大威力。

有專家認為，當經濟發展到一定程度之後，消費重點將從"產品"和"服務"向"體驗"轉移。不過，"體驗比較"的基礎與載體仍是傳統的產品與服務，不同的是，這些產品與服務中凝聚了"體驗價值"，如娛樂因素、文化因素等。

3. 選擇購買

不同消費者購買決策過程的複雜程度不同，究其原因，其受到諸多因素影響，其中最主要的是參與程度和品牌差異大小。超級用戶比一般用戶參與度要高很多。同類產品不同品牌之間的差異越大，產品價格越昂貴；消費者越是缺乏產品知識和購買經驗，感受到的風險越大，購買過程就越複雜。比如，牙膏、火柴與計算機、轎車之間的購買複雜程度顯然是不同的。

根據購買者的參與程度和產品品牌差異程度區分出 4 種購買類型。

（1）複雜的購買行為

如果消費者屬於高度參與，並對現有各品牌、品種和規格之間具有的顯著差異充分了解，那麼就會產生複雜的購買行為。複雜的購買行為指消費者需要經歷大量的信息收集、全面的產品評估、慎重的購買決策和認真的購後評價等各個階段。比如，家用計算機價格昂貴，不同品牌之間差異大，某人想購買家用計算機，但又不知硬盤、內存、主板、中央處理器、分辨率、Windows 等為何物，對於不同品牌之間的性能、質量、價格等無法判斷，貿然購買有極大的風險。因此他要廣泛收集資料，弄清很多問題，逐步建立對此產品的信念，然後轉變成態度，最後才會做出謹慎的購買決定。

對於複雜的購買行為，營銷者應制定策略幫助購買者掌握產品知識，運用印刷媒體、電波媒體和銷售人員宣傳本品牌的優點，發動商店營業員和購買者親友影響其最終購買決定，從而簡化購買過程。

（2）習慣性購買行為

對於價格低廉的、經常性購買的產品，消費者的購買行為是最簡單的。這類產品中，各品牌的差別極小，消費者對此也十分熟悉，不需要花時間選擇產品，一般隨買隨取就行了。例如，買油、鹽之類的產品就是這樣。這種簡單的購買行為不經過收集信息、評價產品特點、做出重大決定這種複雜的過程。

對習慣性購買行為，主要營銷策略有以下幾種：

①利用價格與促銷，吸引消費者試用。 由於產品本身與同類其他品牌相比，難以找出獨特優點以引起顧客的興趣，就只能依靠合理價格與優惠、展銷、示範、贈送、有獎銷售等手段吸引顧客試用。顧客一旦了解和熟悉了某產品，就可能經常購買以至形成購買習慣。

②開展大量重複性廣告，加深消費者印象。 在用戶參與度低和品牌差異小的情況下，消費者並不主動收集品牌信息，也不評估品牌，只是被動地接受包括廣告在內的各種途徑傳播的信息，根據這些信息所造成的對不同品牌的熟悉程度來選擇產品。消費者選購某種品牌不一定是被廣告所打動或對該品牌有忠誠的態度，只是由被動的學習形成品牌信念，購買之後甚至不去評估產品。因此，企業必須通過大量廣告，使顧客被動地接受廣告信息而產生對品牌的熟悉。

為了提高廣告效果，廣告信息應簡短有力且不斷重複，只強調少數幾個重要論點，突出視覺符號與視覺形象。根據古典控制理論，不斷重複代表某產品的符號，購買者就能從眾多的同類產品中認出該產品。

③增加用戶購買參與度和品牌差異性。 在習慣性購買行為中，消費者只購買自己熟悉的品牌而較少考慮品牌轉換，如果競爭者通過技術進步和產品更新將用戶低度參與的產品轉換為高度參與，將促使消費者改變原先的習慣性購買行為，尋求新的品牌。提高參與度的主要途徑是在不重要的產品中增加較為重要的功能和用途，並在價格和檔次上與同類產

拓展　|　互聯網時代，微軟對你的啟發

微軟（Microsoft）在 PC 時代取得巨大的成功後，在互聯網時代遇到了不少挫折。微軟並沒有像谷歌（Google）、臉書（Facebook）這樣的初創公司，甚至其他一些小公司，那樣發展得很迅速。到底是哪裏出現問題了呢？

微軟一直追求 "最完美" 的開發模式，那是一種不可能讓你犯錯的開發模式，每個週期開發都要那麼嚴謹。這個計劃的執行，不允許任何人犯錯，這本身就是一個問題。你可以看到：整個過程都是工程師們在閉門造車，他們做出自認為最好的產品，可是用戶根本沒有參與進去，用戶都沒有使用體驗過，你怎麼能保證產品是好的、適合用戶的，甚至說是完美的呢？所以，與終端用戶聯繫的產品，一定要讓用戶參與進來，聽取用戶對你的產品的評價，並及時根據用戶的評價改進和完善產品。總之一句話：用戶說好才是真的好！

品拉開差距。比如，洗髮水若僅僅有去除頭髮污漬的作用，則屬於低度參與產品，與同類產品也沒有什麼差別，只能以低價展開競爭；若增加去除頭皮屑的功能，則用戶購買參與度提高，若再增加營養頭髮的功能，則用戶購買參與度和品牌差異性都能進一步提高。

（3）尋求多樣化的購買行為

有些商品牌子之間有明顯差別，但消費者並不願在上面多花時間，而是不斷變化他們所購商品的牌子。比如購買餅乾，消費者上次購買的是巧克力夾心，第二次購買的是奶油夾心。這種品種的更換並非是消費者對上次購買的餅乾不滿意，而是想尋求多樣化，想換換口味。

對於尋求多樣化的購買行為，市場領導者和挑戰者的營銷策略是不同的。市場領導者力圖通過佔有貨架、避免脫銷和提醒購買的廣告來鼓勵消費者形成習慣性購買行為；而挑戰者則以較低的價格、折扣、贈券、免費贈送樣品和強調試用新品牌的廣告來鼓勵消費者改變原習慣性購買行為。

（4）化解不協調的購買行為

對於消費者不經常購買，購買時有一定風險的產品，消費者一般先轉幾家商店看看有什麼貨，進行一番比較，若價格合理、購買方便、機會合適，消費者就會決定購買。如購買沙發，雖然也要看它的款式、顏色，但一般差別不太大，有合適的就決定購買了。購買以後，消費者也許會感到有些不協調或不夠滿意，也許對產品的某個地方不稱心，或者聽到別人稱讚其他種類的產品。在使用產品期間，消費者會了解更多情況，並尋求種種理由來減輕、化解這種不協調，以證明自己的購買決策是正確的。

對於這類購買行為，營銷者要提供完善的售後服務，通過各種途徑經常提供有利於本企業和產品的信息，使顧客相信自己的購買決定是正確的。

4. 發表意見

一個好的產品，都是用戶參與創造的，超級用戶參與了產品創造過程。

根據用戶參與程度的高低，產品可以分為重模式和輕模式兩種。

第一，重模式參與方式產品。這類產品的用戶一般都深度參與和使用產品，表現出很高的活躍度，並且對產品逐漸建立起信任和依賴感，有時甚至能從產品使用和參與的過程中獲得歸屬感和自豪感。重模式產品分為兩種，第一種，用戶深入參與產品的研發過程；第二種，產品本身就需要讓用戶深度參與，產品內容就是由平台上的用戶生產並輸出的。

小米就是屬於第一種重模式的典型案例，它讓用戶參與到產品的研發過程。小米的工程師們每週必須要泡在論壇上，聽取大家對小米產品的意見以及"浮在水面上"的用戶需求，當知道用戶的痛點後，工程師們就可以開發新的功能或者在原有產品的基礎上進行改進，也許用戶在這週提出的產品 bug 在下一週的 MIUI 新系統中就得到了修復，從而實現用戶真實高效地參與到產品的研發過程。

另一種重模式產品中，產品本身就需要讓用戶深度參與，換句話說，用戶就是生產者。這類產品現在有很多，用戶活躍度也很高。舉個例子，維基百科就是這種用戶模式的產物。維基百科的創作者不是一群精心挑選出來的專家，而是成千上萬的各種愛好者、發燒友、旁觀者，但他們卻創造了一個非常偉大的產品。在這種模式下，用戶不僅使用產品，還擁有產品，擁有感使用戶遇到問題時不僅會吐槽，還會參與改進產品，實現了"人人都是產品經理"，如映客、微博、豆瓣、知乎、百度知道等產品其實都是屬於這一模式。

　　第二，輕模式參與方式產品。這類產品一般都有很明顯的主打功能，用戶往往是出於特定的目的和需求才會使用產品。現在很多的電商產品為了增強用戶的參與度和活躍度，都在產品上增加了社區或是直播等功能。例如，聚美優品 App，加入了社區功能後，用戶可以在社區中觀看美妝達人直播，發佈自己的動態；蘑菇街 App 中，用戶可以在社區中分享美美的衣服，觀看私服達人的直播，討論最新最熱的話題；京東 App 中，故事會等內容會講述一些生活小技巧或是日常知識的科普。用戶參與的形式花樣百出，但運營商的最終目的是留住用戶，讓用戶花更多的時間使用產品，有更大的興趣了解產品，最後為產品付費。但是，在這種模式下用戶參與的積極性並不是很高，因為如今的用戶還是沒有養成參與的習慣。如何提高用戶參與的熱情，培養用戶的習慣，這是一個需要深思和考慮的問題。

　　心理學家指出，人們在人群中考慮得出的結論，往往與他們獨自一人時得出的結論截然不同——這是因為當人們成為群體中的一員時，就很容易感受到來自身邊眾人的壓力、社會規範和任何其他形式的影響。任何新興的、意識形態的傳播都要藉助於這種群體力量，當然，網站運營的理念也屬此類。那麼，如何在網站運營中應用群體力量的影響？很明顯，BBS 社區無疑是其中一種方式。大家仔細觀察就不難發現，很多優秀網站所具有的獨特文化，大多就是網站用戶們在 BBS 等社區系統裏發展起來的，比如"大眾點評網綜合症"、豆瓣 fans 文化等。當然，水能載舟，亦能覆舟，不少大社區網站就曾出現過網民集體逃逸的事件。

　　豆瓣可以說是在技術運營商把"發表意見"做到了極致。豆瓣作為細分的社交網站，其最為突出和核心的技術運營便是豆瓣網用戶自行編輯內容，這形成了極具個性的個人中心和豐富的網站分享中心。豆瓣網集合了 Web2.0 時代的各項重要技術運用，其中包括社會性網絡服務（SNS）、維客（WIKI）、聚合內容（RSS）、標籤提取（TAG）、博客（BLOG），這些技術讓豆瓣的"趣味相投"功能和"個人形象塑造"以及評論導向功能的實現成為可能。其中，豆瓣上"推測你喜歡"、"在哪兒買這本書"、"評分點評"最為典型。比如"推測你喜歡"，首先是 A 用大家熟悉的博客技術撰寫了一篇讀書筆記，然後這篇博客人為地或自然而然地因為標籤技術即 TAG 技術而進行了一定的貼標，然後聚合內容的功能在此基礎上進行處理。這時候來了 B（想找跟自己趣味相投的 A），因為某個標籤搜索到 A 的博客，他又基於豆瓣的 TAG 和內容聚合功能找到了與 A 興趣類似的事物和人，即"推測你喜歡"，這是第一種"推測你喜歡"的方式。於是千千萬萬的 A 和 B 構成了豆瓣上的趣味圈。第二種推測你喜歡的方式是你已經標下你所看、所想看、所收藏的，豆瓣的這些技術會自動找到你可能感興趣的東西，即根據你的行為推斷你的愛好。其實這些技術現在非常普遍，但是將它們組合得這麼完美和符合尋找趣味相投這類需求才是豆瓣成功的關鍵所在，並且豆瓣是將此運營很早的網站。因此豆瓣能方便快捷地找到用戶未曾看過但很符合自己胃口的新事物，也能讓有同一趣味的人迅速地聚集在一起，這種聚集對於豆瓣培養深度潛水用戶和吸引更多的新用戶都起着巨大的作用。

5. 病毒擴散

一般用戶的購買行為規律是"認知—購買—評價"，這是由於一般用戶只是產品或服務的購買者而已，而超級用戶的消費行為規律則是"認知—購買—擴散"。

超級用戶之所以起到"免費代言人"或"免費代理人"的營銷效應，其行為產生的病毒般擴散效應不可小視，究其原因，是由於以下 3 種情況造成的：

（1）文化認同

由於企業營銷人使用了 4S 理論中的內容營銷策略，而這一策略中所包含的產品背後的文化讓用戶產生了心理共鳴，從而使超級用戶相信，他推廣的不是產品，而是產品背後的文化。

（2）參與感

由於企業營銷人使用 4S 理論中的產品營銷策略中的用戶參與創造產品的手段，從而使用戶相信，他推廣的不是他人的產品，而是自己創造的產品。這款產品中有着自己的心血、創意或靈感。因此，超級用戶認為，他推廣的不是普遍的工業規模量產的產品，而是他自己的"智造"。

（3）情緒帶入

由於企業營銷人使用了 4S 理論中的場傳播策略，而這一策略中把人性中最脆弱的部分——情緒，用圖片、文字或者視頻打動了用戶內心最柔軟的部分，從而使超級用戶毫不猶豫地把情緒擴散出去。他相信他擴散的不是帶有情緒的產品，而是產品中有情緒的那部分共鳴內容。

除了以上 3 種常見的擴散效應，超級用戶在成為產品的消費商或企業的小股東的情況下，也會由於利益的驅使產生病毒般的擴散行為特徵。

本章小結

（1）一般用戶的心理認知規律，即動機、認知、情感、記憶和聯想，從根本上影響着消費者的反應。

（2）超級用戶的心理認知規律為信息搜尋、體驗比較、選擇購買、發表意見、病毒擴散。

第九篇

空間

第三十三章

Scene
Marketing

一直以來，我們把營銷體驗和交易空間理解為要麼現實（線下實體店），要麼虛擬（線上手機網店）。然而在屏時代，隨着移動技術的進步，把線上線下融合成一個統一的虛擬現實空間已成為可能。這就是"屏即空間"理論：

（1）屏本身是一個時空界面。

（2）時空界面本身是一個閉環（體驗、交易、服務）。

（3）閉環本身即邀請營銷。

營銷創新的動力來自於對營銷效率的渴望，即能不能在一個空間裏完成營銷的所有環節並形成一個高效營銷的閉環？

市場營銷是研究"市"與"場"的學問，是研究如何在一個"道場"中完成交易的方法論，高級營銷師研究如何營造出一個更大的市場並運用科技新工具高效低成本完成交易的營銷高級形態。所幸，移動互聯網的虛擬現實設備提供了一個世界營銷史上從未出現的"新場"，虛擬現實的移動技術解決了營銷效率問題。本篇從營銷空間史的四次革命開始，闡述了移動營銷人性化促使"人人都是小宇宙"的人性解放帶來的營銷新基因，最終揭示了移動營銷完成的一個營銷創新的終極使命：圍繞營銷的效率與成本，虛擬現實技術組成了一個嶄新的移動營銷空間。

33.1 渠道的進化

大多數生產者並不是將其產品直接出售給最終消費者，在生產者和最終消費者之間，有一系列營銷中間機構執行不同的功能，這些中間機構組成了營銷渠道（也稱貿易渠道或分銷渠道）。一般來說，營銷渠道（Marketing Channels）是促使產品或服務順利地被使用或消費的一整套流線般的程序。它們是產品或服務在生產環節之後所經歷的一系列途徑，目的是被最終消費者所消費。

有的中間機構買進產品、取得產品所有權，然後再出售，賺取差價，它們被稱為買賣中間商❶。其他一些中間機構則尋找消費者，可能也代表生產廠商與消費者談判，但是不取得產品所有權，它們被稱為代理商❷。還有一些中間機構則支持分銷活動，但它們既不取得產品所有權，也不參與買賣談判，它們被稱為輔助機構❸。

所有類型的渠道對於一家公司取得成功都很重要，並且會對其他所有營銷決策產生影響。營銷者應該從"生產—分配—銷售—服務"的全流程角度出發，對於不同類型的營銷渠道進行評價。

❶ 中間商：在市場中存在中間機構，如批發商和零售商，他們取得商品所有權，然後再出售商品。

❷ 代理商：是在其行業慣例範圍內接受他人委託，為他人促成或締結交易的一般代理人。

❸ 輔助機構：這裏所指的是貨運公司、獨立倉庫、銀行、代理商等。

33.1.1 渠道的重要性

營銷渠道系統（Marketing Channel System）是企業分銷渠道中的一個特別組成部分，營銷渠道系統的決策是企業管理者必須正視的重要問題之一。在美國，分銷商通常賺取了佔最終售價 30%-50% 的毛利。對比一下，廣告費用只佔到最終售價的 5%-7%。營銷渠道也是一種重要的機會成本，其主要在於將潛在性轉為利潤性（即將潛在的消費者轉換為帶來利潤的消費者）。營銷渠道的宗旨是不僅要服務於市場，更要創造市場。

渠道選擇會影響其他所有的營銷決策。企業的定價取決於它是使用專賣店還是高檔精品店。企業的銷售人員和廣告決策也取決於分銷商需要公司提供多少培訓和激勵。此外，渠道決策包括與其他企業開展的相對長期的合作，以及一系列政策和程序。當一個汽車製造商授權獨立的經銷商銷售其汽車的時候，製造商不能在第二天就買回其經銷權而代之以自己的經銷點。但同時，渠道選擇本身取決於企業基於市場細分、目標市場選擇和定位的考慮而制定的營銷戰略。全方位營銷者應確保所有不同領域的營銷決策綜合起來可以創造出最大的價值。

在管理中間商的時候，企業必須決定將多少精力分別用於推進戰略和拉動戰略。在推進戰略（Advance Strategy）中，使用製造商銷售隊伍、促銷資金或其他手段推動中間商購進、推廣並將產品銷售給最終使用者。推進戰略適用的情況包括：產品在品類中具有低品牌忠誠度，消費者在商店現場選擇品牌，消費者出於衝動購買產品，或者產品的優點是眾所周知的。在拉動戰略（Pull Strategy）中，製造商利用廣告、促銷和其他傳播方式來吸引消費者向中間商購買產品，以激勵中間商訂貨。拉動戰略適用的情況包括：高品牌忠誠度，高產品介入度，即人們能夠認知不同品牌間的差異，以及人們在去商店之前就確定了購買哪個品牌。

案例 | 耐克如何渠道突圍，保持持續增長？

耐克，全球第一大體育用品製造商，財報顯示，耐克集團 2019 財年營收達 391 億美元，同比增長 7%。在市場競爭如此激烈的環境下，耐克如何進行渠道突圍，保持持續增長的？

相對其他體育用品品牌，耐克全面進行線上線下渠道升級，全面轉型升級。

·加強數字化驅動。2019 年，耐克新上任首席數字信息官把數字化作為 Nike 提供了商業變革的機遇，Nike 也將致力於為消費者打造數字化生態圈。面對消費場景多樣化的市場，耐克將數字化推進線下體驗店，讓用戶在數字化的場景下體驗不一樣的消費過程。

耐克首推出的 Nike Live 概念門店代表了 Nike 的新零售和數字化的探索。這家店提供了三大功能區和四項服務。

三大功能區為 Sneaker Bar、Dynamic Fit Zone 和 NikePlus Unlock Box；四項服務為 Curb Services、Retail Home、Nike Scan 和 NikePlus Unlocks。數字化營銷者應確保所有不同領域的營銷決策綜合起來可以創造出最大的價值。

·加強線上渠道建設。看到中國天貓、京東、拼多多各大電商平台線上的激烈競爭，耐克從中借鑒了許多線上的運營經驗，於是打通線上線下的購物渠道，讓 O2O 無縫連接，培養用戶新的購物習慣，針對消費者的購物習慣，有針對性做用戶購物資訊推送，讓用戶的購買更加便捷。更重要的是，耐克開始走內容營銷的新路。

移動營銷的數字化，讓老樹發新芽，耐克新營銷呈現出越來越強勁的活力。

33.1.2 混合渠道和多渠道營銷

企業往往會採用混合渠道（Hybrid Channels）或多渠道營銷（Multi-Channel Marketing），儘可能在任何市場領域增加渠道數量。混合渠道或多渠道營銷是指企業採用兩種或更多營銷渠道接近客戶群體。例如，惠普使用銷售人員向大客戶銷售，使用電話向中等客戶銷售，使用直郵的方式向小客戶銷售，也使用零售商向更小的客戶銷售，同時使用互聯網出售專供產品。

多渠道營銷中，每個渠道瞄準位於不同細分市場的消費者，或是同一個消費者的不同消費需求狀態，並以相對較低的價格將合適的產品在合適的地點以合適的方式銷售給他們。如果沒有做到這些，渠道衝突、成本過高或需求不足的問題就可能出現。

此外，當一家主要通過郵寄目錄和互聯網銷售的零售商重金投資建立實體店時，可能出現不同的後果。靠近實體店的顧客通過郵寄目錄購買的次數減少了，但是他們的網上購買沒有變化。事實證明，對於喜歡花時間瀏覽的顧客來說，無論是通過郵寄目錄購買還是光顧實體店，他們都很高興，因此這些渠道是可互換的。而利用互聯網購買的顧客更關注交易本身和效率，因此不太會受到引入實體店的影響。由於方便和無障礙的體驗，在實體店中的退換貨都增加了，但是由這些要求退換貨的顧客帶來的額外購買彌補了收入上的損失。

那些經營混合渠道的企業必須確保這些渠道可以很好地結合在一起，並且與每一個目標顧客群所偏好的交易方式相匹配。顧客期待渠道整合，以此來實現以下幾點：

（1）以就近原則為準，在線訂購產品並在方便的連鎖店拿貨。

（2）以就近原則為準，在附近的零售商店退回在線訂購的產品。

（3）不分彼此，基於全部線上和線下的購買獲得折扣和促銷優惠。

（4）在家裏就能接受附近店面的上門服務。

33.1.3 渠道的層次

生產者和最終顧客是每個渠道的組成部分，可以用中間機構的級數來表示渠道的長度，這裏舉例說明幾種不同長度的消費品市場營銷渠道。

零級渠道 ❶（Zero-Level Channel），也叫直接營銷渠道（Direct Marketing Channel），主要方式包括上門推銷、家庭展示會、郵購、電話營銷、電視直銷、互聯網銷售和廠商直銷店。

> ❶ 零級渠道：又稱直接渠道，指沒有中間商參與，產品由生產者直接售給消費者或用戶的渠道類型。

一級渠道包括 1 個銷售中間商，如零售商。二級渠道包括 2 個中間商。在消費者市場中，通常有 1 個批發商和 1 個零售商。三級渠道包括 3 個中間商。在肉類包裝行業中，批發商出售給周轉商（Turnover），周轉商再出售給零售商。然而，從生產者的觀點來看，渠道級數越多，獲得最終用戶信息和進行控制也越困難。圖 33-1 展示了組織市場常見的營銷渠道。產業用品製造商可利用其銷售人員直接銷售產品給產業客戶，或者銷售給產業分銷商，再由分銷商銷售給產業客戶，或者可通過製造商代表或銷售分支機構直接銷售給產業客戶。

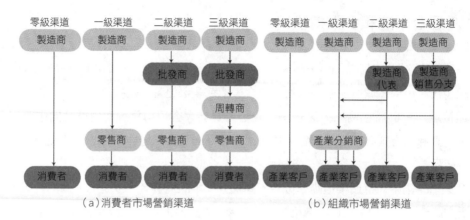

（a）消費者市場營銷渠道　　　　　　　（b）組織市場營銷渠道

圖 33-1 消費品和工業品的營銷渠道

渠道一般是指產品從來源到用戶的正向運動。也有人提出了所謂的逆向流渠道，它們在以下情況中很重要：

（1）重複使用的產品或容器（如反覆灌裝飲用水的圓桶）。

（2）可修整再銷售的產品（如電路板或發動機）。

（3）循環使用的產品（如廢棄紙張或輪胎）。

（4）丟棄的產品和包裝物。

（5）以舊換新的產品。

有幾種中間商在各種逆向流渠道中起作用，其中包括：製造商的回收中心，社區小組，廢棄物收集專業人員，回收利用中心，廢棄物回收利用經紀商，中央處理倉庫。近年來，在這些領域出現了很多創造性的解決方案公司，比如 Greenopolis 公司。

33.1.4 沒有中間商賺差價

移動互聯網的終極商業目標是消滅一切中間環節，使製造和消費實現點到點連接。由

案例 ｜ 3C 市場以舊換新策略

隨著中國經濟下半場的到來，消費升級趨勢愈加明顯，如中國 3C 產品消費持續升級。2018 年中國平板電腦市場中，華為和聯想佔市場 33.3% 的市場份額。2018 年，國內手機市場總體出貨量 4.1 億部，國產品牌手機出貨量 3.7 億部，佔同期手機出貨量的 89.5%。智能可穿戴設備整體市場規模呈增長態勢，銷售額逐年上升。iiMedia Research（艾媒諮詢）數據顯示，3C 產品電商平台中蘇寧易購的網絡口碑最佳，3C 產品電商平台中男性佔比較大。隨著大數據和 5G 技術的發展成熟和應用，帶動 3C 產品進入發展快車道，艾媒咨詢分析師認為，大數據將成為電商發展的核心競爭力，3C 產品廠商應積極佈局 5G 新風口，迎接 3C 產品帶來新的市場機遇。

為迎接消費升級，2020 年，華為、三星、蘋果、OPPO 等均開始大力推廣以舊換新策略，刺激用戶升級消費。其實，企業之所進行以舊換新，刺激用戶新消費，是因為企業採用了混合渠道（Hybrid Channels）或多渠道營銷（Multi-ChannelMarketing），盡可能在任何市場領域增加渠道數量的同時增加銷售額。

於科技的發展改變了營銷渠道，未來的營銷渠道將是點到點的營銷渠道。關於 VR 、 AR 、 MR 的具體內容，後面章節將會為您呈現。

1. 管理整合營銷傳播過程

很多公司只依靠一種或兩種傳播工具。這種做法一直存在，儘管大眾市場已經分割成了多個小市場，但每個小市場都需要適合自己的方法。如今，新型媒體大量湧現；消費者越來越精明，大量傳播工具、信息和受眾的存在使整合營銷傳播勢在必行。公司必須採取"360 度視角"來觀察消費者，全面理解傳播影響消費者日常行為的所有不同方式。

2. 整合營銷傳播

整合營銷傳播（Integrated Marketing Communications，IMC）是指用來確保產品、服務、組織的客戶或潛在客戶接收的所有品牌信息都與該客戶相關，並且保持一致的制訂計劃過程，這種計劃過程對普通廣告、直接反應、銷售促進、公共關係等各種傳播方式的戰略作用進行評估，並將這些方式巧妙地結合起來，通過信息的無縫整合產生清晰、一致和最大化的影響。

媒體公司和廣告代理公司正在拓展自己的能力，為營銷人員提供多個平台的交易功能，這些擴展後的能力使營銷人員更加容易地將多種媒體屬性和相關的營銷服務整合到一個傳播計劃中。

媒體協作可以超越媒體類別，也可以發生在同一類媒體內，但營銷人員應該通過多媒介、多階段的運動將人際傳播和非人際傳播渠道結合起來，實現影響最大化並提升信息到達率和影響力。例如，當促銷與廣告結合在一起時，會更有效。廣告營銷活動創造的知名度和表現的態度能夠直接提高銷售成功的可能性。廣告之所以能夠傳達品牌的定位，主要受益於互聯網展示廣告或搜索引擎營銷，因為它們能更強烈地引導消費者立即行動。

很多企業都會協調好自身的線上和線下傳播活動。廣告（特別是印刷廣告）和包裝上出現的網址能夠使人們更深入地了解公司產品，幫助人們尋找商店位置，獲得更多產品或服務的信息。就算消費者不在線訂購，營銷人員也可以使用網站推動消費者到實體店購買。

目前，整合營銷傳播已逐漸被"場傳播"取代。

3. 移動直銷

移動直銷（Mobile Marketing）是一種不通過中間人而直接接觸顧客並向顧客傳遞產品或服務的營銷方式，其購買決策過程基本上在移動端完成。

4. 微分銷

既不開微店，只做千萬微店背後的供貨商；又不做 APP，只做千萬用戶掌上的百貨商城。微分銷（即微信分銷），是微信公眾平台上的三級分銷商城。在微信營銷的網絡經濟時代，三級分銷要做到無限循環模式，是企業營銷模式的一種創新，是伴隨着微信營銷的火熱而興起的一種網絡營銷方式。微分銷，是大數據時代背景下的企業數據營銷方式，是基於

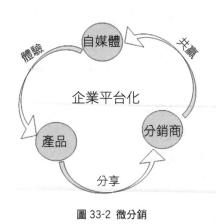

圖 33-2 微分銷

❶ 第三屏幕：手機屏幕。第一屏幕指電視，第二屏幕指計算機。

微信公眾平台定製研發，專門為品牌公司和商家提供微信連鎖商城、微分銷渠道的三級分銷微信商城體系，微分銷助力商家高黏度、快速將自媒體轉化為自有分銷商（如圖 33-2 所示）。在中國，微分銷已形成燎原之勢。

隨着手機的普及，以及營銷者能根據人口統計信息和其他消費者行為特徵定製個性化信息，移動營銷自然而然地成為一種傳播工具。

手機為廣告商利用"第三屏幕"❶的方式接觸消費者提供了重要的機會。一些公司加快了進入多維營銷世界的步伐。銀行業中使用手機營銷的一個先鋒就是美國銀行。

美國銀行把手機作為傳播渠道，也作為向生活方式各異的客戶提供銀行金融解決方案的工具。在美國銀行的 5,900 萬客戶中，有 200 萬使用手機銀行應用程序。美國銀行將這些人視為吸引更多客戶的活廣告，因為移動用戶中有 8%-10% 是新用戶。移動銀行業務最初定位於 18-30 歲的用戶——特別是大學生。但現在，銀行也開始更多地關注其他群體，如年齡更大、更富有的客戶。銀行的智能手機應用程序和傳統的瀏覽器相比，具有導航簡捷、簡單易用、登錄方便的優點，因而備受好評。移動客戶每 8 個人中才有 1 個人會使用銀行網點或 ATM，其他人幾乎都通過手機銀行辦理業務。通過銀行的營銷努力，移動營銷整合了所有要素：網站上提供移動服務的試用版；電視廣告強調移動銀行的好處。只要輕輕點擊手機上的橫幅廣告，智能手機用戶就可以免費下載美國銀行的應用軟件，或者了解更多有關移動銀行服務的信息。

33.2 營銷空間 3.0 時代

營銷空間指的是市場營銷產品到用戶手中的一個交易過程，它必須在一個封閉的空間內完成。傳統的營銷空間指的是集市、專賣店、網店，現在的營銷空間指的可能是虛擬現實空間，可能是網店，也可能是專賣店這樣的交易封閉空間。

營銷空間經歷了"集市（1.0）、專賣店（2.0）、網店（3.0）、虛擬現實空間（4.0）"四個發展階段。營銷的發展離不開市場，市場營銷其實就是研究"市"與"場"的學問，是研究如何在一個"道場"中完成交易的方法論。"市"與"場"其實就是"交易"與"空間"的結合。隨着時間的推演及科技新工具的運用，"場"這個概念不斷地變化、升級，越來越趨向人性化。

33.2.1 1.0 空間：工業時代

隨着工業時代的大發展，科技水平不斷提高，尤其是依賴能源的行業逐步發展，帶來商業模式的不斷更新，消費者的消費需求由工廠決定，標準化、流程化、流水線式的生產方式決定了商業佈局，從而興起了以產品為主的商圈經濟。因為幾乎沒有競爭，商業信息壁壘嚴重，企業家低價買原料生產，高價賣出商品，是工業時代的商業邏輯。

這個時代的營銷場景以集市、廟會和專賣店為主。

集市（Country Fair）是指定期聚集進行的商品交易活動形式，主要指在商品經濟不發達的時代和地區普遍存在的一種貿易組織形式。集市起源於史前時期人們的聚集交易，後常出現在宗教節慶、紀念集會上，並常附帶民間娛樂活動。明代蔣一葵在《長安客話 · 狄劉祠》中是這樣形容集市的："京師貨物咸趨貿易，以席為店，界成集市，四晝夜而罷，俗呼狄梁大會。"這其中不難看出集市的"場"體現在"以席為店，界成集市"之中，具有流動性強、便捷以及不在徵稅範圍的特點。但這又何嘗不是局限性呢！流動性強意味着沒有固定場所，當回頭客需要你的時候可能無法及時找到你，導致你失去很多消費者；便捷意味着產品單一，產品單一會限定自己的消費者群體；不在徵稅範圍則意味着你的交易數額小，還達不到需要徵稅的標準。

廟會（The Temple Fair）又稱"廟市"或"節場"，是漢族民間宗教及歲時風俗，一般在春節、元宵節等節日舉行。它也是中國集市貿易的形式之一，其形成與發展和寺廟的宗教活動有關，在寺廟的節日或規定的日期舉行，多設在廟內及其附近，進行祭神、娛樂和購物等活動。廟會流行於全國廣大地區，是中國民間廣為流傳的一種傳統民俗活動。民俗是一個國家或民族中被廣大民眾所創造、享用和傳承的生活文化，廟會就是這種生活文化的一個有機組成部分，它的產生、存在和演變都與老百姓的生活息息相關。

專賣店（Exclusive Shop）是以專門經營或授權經營某一主要品牌商品為主的零售業態。專賣店也稱為專營店，並不是有知名品牌的店面才稱為專賣店。專賣店指的是專一經營某類行業相關產品的專營店。隨着社會分工的細化，各個行業都有自己的專賣店，而且越來越細化。各個行業中的專賣店，一方面可滿足社會需求，另一方面也可提升企業各自的品牌。更重要的是，專賣店可以使企業研發的最新產品在第一時間讓客戶知道。從產品銷售直到售後服務，人們越來越習慣於在專賣店中購物。

專賣店以固定性強、商品種類多、具有一定的服務意識等著稱，而售後服務就是興起於專賣店。專賣店的存在為消費者的日常生活帶來了許多方便，為消費者在購買商品時提供了區分性、選擇性、優惠性等。專賣店通過消費者貪圖優惠的心理，做一些效益高、成本低的優惠活動來刺激消費者的消費慾。其中，能帶來最多效益的應屬於品牌，消費者在出現購買需求時，可能會根據深刻而良好的印象而選擇你，因為你的品牌足以讓消費者相信自己在消費時是享受了優惠的。但事實上，消費者真正享受到優惠了嗎？其實不然，由於專賣店品牌已經深入消費者的心裏，消費者因此對專賣店產生了信任，當一個專賣店能做到這點，那無疑是成功的。

33.2.2　2.0 空間：PC 時代

PC 互聯網時代大概是從 1981 年 IBM 推出第一台個人電腦開始，到 2007 年史蒂夫 · 喬布斯（Steve Jobs）發佈蘋果手機這個階段。這個時代信息開始高度發達起來，企業與企業之間的競爭越來越激烈，信息壁壘被打破，PC 終端的不斷出現，逐漸改變了消費者的消費習慣和消費需求，人們從商圈經濟逐漸過渡到線上 PC 端，隨着搜索引擎的不斷升級，人們更願意在線上進行消費，從而引領了一個時代的到來，越來越多依託互聯網的銷售方式和商業模式不斷出現。

品牌開始興起，廣告的春天來臨，鋪天蓋地的廣告下，我們也看到了腦白金等品牌創造的奇跡。該品牌廣告背後的商業邏輯就是除了表達產品能滿足價值需求外，還要讓更多人看到它、記住它、選擇它，再通過渠道鋪貨，滿足顧客的購買需求。在這個過程中，產品、包裝、廣告、渠道缺一不可。

PC 時代的營銷場景以網店為主。網店（Online Store）作為電子商務的一種形式，是一種能夠讓人們在瀏覽的同時進行實際購買，並且通過各種在線支付手段進行支付，完成交易全過程的網站。網店存在的優勢特點主要有交易便捷、不易壓貨、打理方便、形式多樣、安全、應用廣泛、分銷便捷等。

33.2.3 3.0 空間：移動互聯網時代

移動互聯網時代以史蒂夫·喬布斯發佈蘋果手機為開端，這個時候是信息高度爆炸及信息過剩時代。消費者都跑到線上了，信息壁壘被打通，渠道不那麼管用了。

這個時代的主流消費群體是新生代 "80 後"、"90 後" 和 "00 後"，傳統的消費理念已經不適合他們了。由於商業環境與消費者變了，營銷空間也就變了。

在移動互聯網時代，任何物體都有可能是移動終端。移動互聯的發展的終極目標是萬物互聯，通過 AI 也好，MI 也好，區塊鏈也好，最終目的是消費更便捷、服務更貼心。物聯網的實現需要強大的平台背景和多元化服務，在物聯網時代，所有的單一產品銷售模式都會消失，取而代之的是智能化、便捷化的服務。

這個時代也是人本時代，以用戶為中心，注重用戶體驗，用各種方式去滿足用戶群的興趣愛好、解決用戶的痛點、與用戶形成共鳴，這樣才能夠讓用戶消費。所以，市場上的 IP 化、社群運營、場景革命等，本質上就是滿足新一代主流消費群體的消費邏輯。

渠道時代、產品時代都已經過去，移動互聯網時代是以消費者需求為主的超級用戶時代，是以體驗為主的人本空間時代。

1. 人本空間的 5 個關鍵詞

手機讓每一位網友成為有價值的網絡參與者。微商、直播播主、自媒體號主，這些耳熟能詳的新詞能夠讓一個家庭主婦瞬間成為家庭收入的主要貢獻者。當每一個個體都能夠依靠手機把自己的知識、才藝甚至人脈變現的時候，我們發現，歷史確實有可能由小人物創造。

當新技術快速迭代，使得虛擬現實、人工智能、物聯網可以更加快速全面地普及應用之後，無數個體的行為經由數據匯總。

營銷與科技是一對雙胞胎，移動互聯網技術的發展推動營銷不斷升級，在變化中探求人的本質需求。連接讓營銷空間發生變化——隨着互聯網、移動互聯網、社交平台的飛速發展，大數據分析、行為定向等技術能力不斷運用到營銷中來，用戶的個人標籤不斷細化，以個人為中心的營銷已成為現實。無數個體的行為經由數據匯總，形成更高效的價值交換和利益分配之後，這才是我們真正將要看見的新經濟時代。產品同質化，渠道扁平化，品牌虛擬化，商業競爭的核心將最終歸於一點——用戶。企業比以往更清晰地看到自己的受眾，此時的營銷活動已經超越地理空間和應用空間的限制，切實轉換到基於技術分析對每一個個體的把握。數字營銷技術開始像顯微鏡一樣聚焦到每一個個體，甚至他們的內在需求。

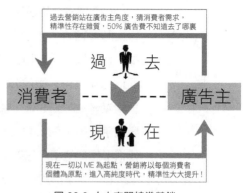

圖 33-3　人本空間精準營銷

　　因此，每一個人都是營銷的主體。如圖 33-3 所示，在傳統時代，營銷是站在廣告主的角度去猜消費者需求。而在"人本時代"，每個消費者都以獲取有價值的信息為導向，每個消費個體既是營銷的接受者，也是營銷的發起者和參與者。個人的需求成為營銷原動力，營銷的起點從品牌變為個人。

　　人本時代，營銷制勝的關鍵不在於將信息推送給消費者，而在於如何更好地刺激消費者參與和互動，讓每一個個體都加入到營銷中來。而空間是一個連接器，連接了人與人，連接了企業與人，連接了事物與事物，從而服務用戶的個性化需求。

　　綜上，我們概括出人本空間的 5 個關鍵詞，即個體化、智能化、動態化、場景化、服務化。

　　個體化：對大數據的理解和挖掘能力的提升，將使營銷進入每個人的內在，把握和了解人的內在慾望、興趣和訴求。

　　智能化：通過程序化購買方式投放廣告，智能化解決品牌傳播難題。

　　動態化：數據從靜態化到動態化的改變，使得廣告變得更加靈活多樣，廣告"自我學習"能力得到了加強。

　　場景化：通過移動終端場景化特徵將營銷回歸到現實生活，構建圍繞個人生活的新商業體系。

　　服務化：根據個體的真實需求來定製營銷，體現新一代營銷服務化的思考及對人文主義的關懷。

　　人本空間更要重視消費者的社會心理需求，具有分享與傳播價值的內容在某種程度上可以看作一種富有流通價值的社會貨幣。適當提高社會貨幣的價值，將有效提升顧客參與積極性。此外，品牌和溝通要講究擬人化、情感化。

　　正面情感將為品牌帶來一種難以複製的無形資產。雖然其他品牌可以通過短時間密集而炫目的炒作來傳播其理念和情感訴求，但無法切入人心的情感終究會成浮雲。在人本空間裏，情感交流在品牌建設過程中變得更為直接與細微，甚至具體到每一條信息。

2. 人本空間營銷法則

　　概括說來，人本空間的營銷關鍵點是營銷介質數字化、營銷形式原生化、營銷內容實時化。

（1）營銷介質數字化

移動設備、社交網絡和移動互聯網的迅速擴展使消費者不僅在媒體方面擁有更多選擇，他們還決定着用什麼設備、以何種方式接收廣告內容。這讓我們開始探索手機 QQ 空間信息流廣告、微信公眾號廣告、移動聯盟原生廣告等。比如，手機 QQ 空間信息流廣告日均曝光量達到 3 億，廣告平均點擊率超過 4.5%。以互聯網為基礎的新的傳播形態，是依託數字技術，對人類日常生活中的各種信息傳播和交流活動進行虛擬的還原和放大，這種傳播形態創造了一種新型的數字生活空間。

（2）營銷形式原生化

這是指通過移動終端場景化特徵將營銷回歸到現實生活，從而構建圍繞個人生活的新商業體系。企業根據個體的真實需求來定製營銷活動，體現新一代營銷服務化的思考，及對人文主義的關懷。通過移動終端場景化讓營銷回歸現實生活，構建圍繞個人生活的新商業體系。

（3）營銷內容實時化

如今，技術的發展使得廣告的精準性大大增強，廣告變成"有用的信息"，並且以原生形式出現在生活場景中。例如，星巴克聖誕節的紅色杯子。從 1997 年開始，星巴克就開始不斷推出代表季節性變化的假日杯，而這個每年在聖誕節前推出的紅色紙杯也已經被顧客拿在手上 18 年了。

基於此，2016 年推出的"顧客 DIY 紅杯"互動營銷更加火熱，這款由 Jeffrey Fields 設計的極簡主義紅杯完全不同於往年的杯子，這款紅杯除了品牌 Logo 外沒有其他裝飾，但其實這種極簡主義的設計本身就暗藏心機，星巴克希望用這種方法邀請顧客來分享他們自己的故事。這種漂亮的極簡設計，必將引發某種懷舊卻又時尚的風潮。

3. 跨界與人本

在跨界營銷和人本主義影響下，移動互聯網時代的空間出現了兩種變革。

（1）人與人之間的鏈接變革

基於平板電腦和智能手機的移動互聯網實現了人與人之間的連接變革，當人們可隨時隨地在線和互動時，互聯網展現出更加強大的推動力和摧毀力，特別是社交平台、移動支付、電子商務（B2C）的快速發展，使得人們的交流方式、消費方式、娛樂方式甚至工作方式發生了巨變，對社會經濟產生了巨大的影響，催生了類似優步（Uber）、滴滴（didi）、微信（WeChat）這樣新的商業經濟。

在目前的新移動時代背景下，超級 App 早已成為新的流量入口，其中的王者是微信，其次還有阿里巴巴（Alibaba）的支付寶（Alipay）、淘寶（Taobao）等，百度旗下則有愛奇藝（iQIYI）、百度（Baidu）等。

在獲取流量越來越難的今天，小程序為移動互聯網注入一針強心劑。

小程序的核心是：巨大流量＋快捷良好體驗，巨大流量＝巨大用戶量＋超短轉化路徑＋快捷傳播。該核心幾乎是為商業模式量身定製。

如果說傳統的場景體驗是基於對世界狀態、地理環境的感知，那麼移動互聯網時代的場景則是以人為本，是被智能的移動終端所重新賦能的人。消費過程的意義不再是行為本身的表現，而是通過社交網絡的分享、轉發、點讚、評論等場景共享進化而成的新型的購物關係。

這也是諸多線上甚至線下商家紛紛在微博、朋友圈發起"轉發並 @ 三個好友"的圈粉活動的邏輯，也是很多淘寶店之所以紛紛在推送專輯裏加入買家秀評選專輯，以及看似與產品無關的熱點話題、文章等的原因，其正是仰仗"評論、點讚"的互動功能將單純的產品展示發展成一種社交關係。尤其是淘寶新增的"問大家"功能，買家之間通過一問一答、對回答進行點讚的互動過程，充分了解到產品的真實面目，同時也緩解了店家的客服壓力。往後，以現實關係為組織邏輯的社交平台將逐步讓位於以空間或場景體驗要素為構建基礎的社交行為和社交關係。小米的產品研發之所以採用發燒友參與的模式，就是為了通過社交關係打造操作體驗場景。

社群是塑造商業場景化的核心要素之一，著名視頻網站 bilibili 作為一個新生的二次元向彈幕網，不僅通過構建"熒幕社群"的互動場景，營造了屬於"彈友"之間獨特的語言體系，催生了深受"80 後"、"90 後"喜愛的二次元亞文化符號，其還在積極營造大規模傳播和用戶代入感，如在 2015 年，bilibili 作為"彈幕合作夥伴"，與上海國際電影節合作，全程直播了"互聯網電影之夜"紅毯和現場觀眾進行彈幕互動，並在《煎餅俠》電影發佈會上進行彈幕互動。

在移動互聯網出現之前，由於存在信息溝通的壁壘，人們習慣許多邊界。移動互聯網的快速發展，加強了"連接一切"的屬性，打破了原有的信息壁壘，人們可以即時獲取幾乎無差別的信息，從此跨界不再是一種刻意的行為，而是一種自然而然基於新生態的發展。通過技術手段，移動互聯網滲透到各行各業，會帶來諸多影響深遠的思維革命和產業革命，它會挑戰、改變和跨越人類諸多約定成俗的邊界，諸如文化邊界、行業邊界、社交邊界。

跨界的本質就是移動互聯網引發的分享經濟。移動互聯網技術的發展帶來了媒介的高度碎片化，也形成了豐富的跨界手段。在這種情況下，以往的傳統營銷變得無法再和跨界營銷所具有的優勢相競爭，於是越來越多的品牌加入到跨界的潮流中。

跨界營銷即通過移動互聯網"連接一切"的理念，對不同產品的受眾進行連接、分享，突破傳統營銷思維的局限，營造新的推廣和銷售產品的空間和場景，在企業內部和外部進行創新，從而讓品牌內涵得以傳遞，讓服務能力得以延伸。

簡單來說，跨界營銷就是不完全以顧客導向或競爭導向為出發點，而是根據目標消費群體的主流生活方式變化，確定品牌所要傳播的消費理念及所要樹立的品牌印象，即依據不同產業、不同產品、不同偏好的消費者之間所擁有的共性和聯繫，把一些原本沒有任何聯繫的要素融合、延伸，彰顯一種與眾不同的生活態度、審美情趣或者價值觀念，以贏取目標消費者好感，從而實現跨界的市場最大化和利潤最大化的新型營銷模式。

比如，顧客在星巴克消費的同時還可以欣賞優衣庫的服裝設計；再如，海爾與寶潔公司共同開發的綠色衣物洗滌護理方案也是一種跨界營銷。

（2）人與物的連接變革

基於大數據、人工智能等新技術的移動互聯網實現了人與物之間的連接變革，讓人們獲得產品的效率得到了極大的提升，由此引發了新供給和新消費。例如，以盒馬鮮生為代表的新零售，通過重構"人、貨、場"的關係實現了一場效率革命，為消費者提供低價優質的產品和個性化、定製化的體驗。

在這場變革中，用戶不再只是冷冰冰的批量化的消費者，而是一個鮮活的、獨特的主角，用戶不需要絞盡腦汁、長篇大論地與商家講述自身的需求到底是什麼，只需通過平日裏在移動設備、社交媒體上留下的使用足跡，通過傳感器和定位系統透露的個人數據，即可悄無聲息地將自身訴求的信號發射出去。每個人在互聯終端上下載的各種場景應用軟件，在微信朋友圈發佈的狀態，訂閱的公眾號類型，關注的微博或貼吧，都會成為新的人格化象徵。總之，仰仗移動設備、傳感器和定位技術一齊搭建的可量化數據平台是商家能夠準確掌握用戶需求、提供場景化體驗的新入口。

跨界營銷的核心之一是創造需求。

史蒂夫·喬布斯告訴我們，消費者需求是被創造出來的。別看現在蘋果（Apple）每年都在按部就班地推出 iPhone 新機型，但每年的新款 iPhone 給人驚艷的感覺越來越弱。放在 10 年前，初代 iPhone 的亮相可謂驚艷了世界。那是諾基亞統治手機世界的時代。當時的諾基亞（Nokia）有上百款機型，而且每年都會推出數十款機型滿足各類消費者不同的需求，整個世界都覺得消費者不會對手機有任何新的需求了。但當喬布斯身穿黑色高領衫站在舊金山莫斯康展覽中心的舞台上，從牛仔褲兜裏掏出第一代 iPhone 時，世界上每一個看發佈會的人都會驚訝地發現，原來自己對手機的需求還遠未被滿足。

在 10 年前，諾基亞就為我們證明了一件事情，它在鼎盛時期用"機海戰術"試圖將各個類型的消費者一網打盡，但同時也導致諾基亞倒退到工業生產時代的老路上，它們所做的事情變成了生產，而非創造。

10 年過去了，不少汽車廠家卻依然走在當年諾基亞的老路上。它們用各種細分車型來填滿整個市場所能留下的任何縫隙，試圖以此來挖掘尚未被開發出來的消費者需求，然而車型之間的差異化並沒有展現出來。正相反，紛繁的車型讓消費者感覺到了些許困擾，以至於他們在看到複雜的車型列表時都已經忘記了自己到底想要些什麼。

但是奔馳—邁巴赫（見圖 33-4）不同，該品牌從創立車型開始所想到的，就是了解消費者內心真正最想要什麼。對比豪車市場，我們發現寶馬滿足的是用戶對極致的駕駛樂趣的

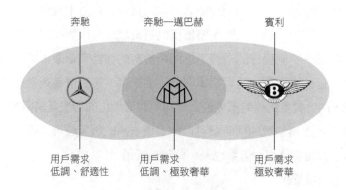

圖 33-4　邁巴赫的跨界營銷

需求，賓利、勞斯萊斯滿足的是用戶對極致的奢華的需求，奔馳滿足的是用戶對低調的奢華和舒適的需求。表面上看，高端用戶的需求已被不同品牌的豪車滿足，這也是邁巴赫銷量慘淡最終被奔馳收購的原因。奔馳—邁巴赫之後通過不斷的市場試驗和收集用戶建議，創造性地提出了高端用戶尚未被滿足的真正需求——追求低調又追求極致奢華，該車型推出市場後銷量遠超寶馬 7 系和賓利的銷量。2018 年，奔馳超越寶馬和奧迪，成為豪華車市場的霸主。

市場永遠無法被完全滿足，創造需求隨着問題的解決而消失，可問題解決後，還會產生更多的問題，創造性需求也會隨着問題的出現而變得更多。創造性需求是產品的根，也是產品生命力的源頭。

> 自測：你是否有創造性
> 你是否清楚，對於當前正在負責的某個產品，應做好哪些迭代升級的準備？
> 你是否知道現在在做的功能是為什麼而做？
> 如果你的用戶沒有提出任何反饋，下次產品升級時，你準備做些什麼？

4. 創造需求的三種模式

（1）從隱性到顯性

在一定的社會文化環境和信息環境中，有時消費者的某種需求已經形成和積澱，但並不自知。也就是說，消費者對某種新的事物和新的價值已經產生了一定的期望，但卻是埋在心底的，不經過一定的觸發、牽引甚至刺激，這種需求很可能無聲無息、不見蹤影，就如同潛流。一旦外部具備了某種契機，潛流就會噴湧而出。在生活中經常會遇到這樣的情形：去選購、消費某種商品時，起初並沒有什麼明確的要求，但面對具體的、可選擇的物品和服務時，隱性需求一下被觸動、調動和激發起來，會產生一種出乎意料的驚喜、情理之中的認同和心有靈犀一點通的愉悅。

牽引、創造需求有時意味着將消費者的人文、歷史、情感、審美沉澱，以及已經存在但未曾言說的心理期待挖掘和呈現出來。

（2）從模糊到清晰

和隱性不同，這裏的模糊是指消費者的需求本身是不確定和動態的，沒有形成穩定、明確的形態和特徵。具體分析，模糊又分為以下幾種情形：

一是部分消費者的需求主體性較弱，對自身需求的內審、認知、提煉能力較弱，不清楚自己需要什麼以及什麼產品、服務最適合自己；

二是在跨文化背景下，許多消費者對外來文化缺乏充分、貼切的了解和理解，因而對蘊涵外來文化要素以及在其他文化背景下生成的產品（服務）缺少清晰的需求指向；

三是在技術及時尚不斷變化的時代，許多消費者難以把握未來的技術發展趨勢以及時尚潮流，因此他們面向將來的前瞻性需求是飄浮和模糊的。

基於上述情形，企業和品牌可以採取以下措施牽引、塑造消費者的需求，並使其需求變得確定和清晰。

　　一是針對部分消費者自我意識及審美能力較弱的問題，通過時裝表演、店面展示、網絡媒體宣傳、自媒體以及社群傳播等多種形式強化美的定義，突顯時尚特徵，驅動消費者產生認同和偏好。

　　二是針對一些消費者對外來文化的好奇和青睞，為消費者建立理解外來文化所需的信息背景和體驗途徑，設計出體現外來文化的形式、載體和細節。一方面使消費者崇尚外來文化的某種情結得到釋放，另一方面使消費者對外來文化的面貌、特徵有更深刻、更清晰的體會和認識。

　　三是針對一些消費者對未來的探索慾望，展示產品今後演變的路線和圖景，設計出未來概念產品，使消費者形成對未來產品的某種設想，從而影響和引領消費者的需求走向。

　　（3）從抽象到具體

　　營銷學者發現，需求是一種心理結構。第一個層面是與人的生存、生活相關的基本要求。第二個層面稱為慾望，慾望是有對象物的，即對特定的對象物產生的一種願望，比如喝水是一種基本的要求，但是選擇礦泉水、茶還是碳酸飲料、果汁飲料，就代表一種對象化的慾望。第三個層面通常稱為有效需求，指受收入限制的願望。

　　藉助這種需求的結構化分析，我們發現需求往往表現為一些公理，即第一個層面的基本要求是抽象性和概要性的。有些需求公理是功能性和實用性的，比如，人渴了要喝水，餓了要吃飯，冷了要添衣，熱了要祛暑等。有些需求公理是心理性、情感性或者價值觀性的，比如，人孤獨了需要慰藉，在組織中需要得到尊重，有趨利避害之心，對善和美有所追求等。而有些需求公理則屬於社會心理範疇，一個民族或者一個群體在長期的生活環境和社會交往中，會形成一些社會或文化心理的積澱，比如，中國人比較講究面子，尤其在農村。

　　對於需求公理，企業或者品牌可以通過很多方式即多種多樣的慾望對象物來滿足。比如，人到中年要懷舊，這屬於情感性、心理性的需求公理。基於此，可以開一間懷舊風格的茶館、推出一曲經典老歌來滿足這種懷舊需求，具體形態無比豐富，其中蘊涵巨大的創新空間。

33.3 邊界理論下的場景

　　國家的邊界是指劃分一個國家的領土和另一個國家的領土，或一個國家的領土和未被佔領的土地、一個國家的領土和公海以及國家領空和外層空間的想象的界線，邊界是有主權的國家行使其主權的界線。在移動互聯網領域，也有這樣的邊界。互聯網經歷了"平台入口（1.0）、消費互聯網（2.0）、社交互聯網（3.0）與垂直應用（4.0）"4個發展階段。在中國，移動互聯網以社交網絡（如微信、QQ、微博）為起始階段，以小垂直細分應用網絡為高潮。儘管 App 大量誕生又大量死亡，但依然無法阻止大眾開發 App 應用的高潮興起。一方面是由於龐大的服務業急待 App 的拯救，另一方面是因為已經開發成龐然大物的 App 軟件雖開放連接，但並未開放閉環系統的商業應用，導致雖然可以使服務業商業化，但是商業化應用的遊戲規則卻掌握在"大件"手裏，儘管其因行業應用專業度不夠、程序設計煩瑣、時不時高舉懲罰大旗等倍受詬病，然而移動互聯網應用邊界自 2016 年 7 月開始明顯劃分。由此誕生了一個有趣的問題，4.0 時代的互聯網究竟是完全的無邊界開放，還是不完全的有邊界開放？

中國最大的移動社交軟件——微信高舉開放連接的大旗，讓大眾誤以為一個無邊界的開放時代來了。然而這兩年，用戶越來越感受到微信開放邊界帶來的壓力，被微信後台服務端懲罰的所謂的惡意軟件也越來越多，而且用戶沒有解釋的權利。微信這個"大件"成立的邊界審判庭掌握了越來越多的互聯網社交連接領域的生殺大權。人們可能會質疑，人類基於開放理論所擁戴的一個軟件怎麼會有這麼多邊界？"大件"微信給予的答覆是再小的個體也是品牌，品牌是有主張的，有主張的包容就是邊界。比如，你建立一個微信群，嚴令禁止廣告，卻不禁止群主自己的廣告行為。這說明，不管是大件還是小件，都存在邊界，正如國家的"國"字一樣，圍起來的叫國。英國民眾脫歐正是尋找國家邊界中的國民存在感，儘管投票支持脫歐的民眾都很清楚脫歐造成的經濟麻煩。移動互聯網的新時代呈現出令人迷惑的困境，追求無邊界的開放和無限包容不是人類一切行為的終極目標嗎？為什麼互聯網越進化，越像人類自己籌建的一個個"邊界審判庭"？這是前進還是大倒退？

360（北京奇虎科技有限公司，主營 360 殺毒軟件）入侵百度邊界，開啟搜索領域；百度侵入 O2O 邊界，開啟線上線下連接模式。谷歌（Google）堅守自己的邊界，在自己的邊界內沿着縱向提升科技創新的高度，如谷歌眼鏡、無人駕駛、谷歌地圖，等等。但谷歌始終不做"谷歌外賣"或"谷歌生鮮"，這些無比誘人的商業領域被谷歌邊界理論擋在邊界之外。結果，大家都知道了一個事實，百度淪為萬夫所指，谷歌朝着高科技方向大刀闊斧地前進……邊界理論的出現，是否意味着跨界理論失效？邊界原理是否會阻擋跨界創新，從而澆滅萬眾創新的熱情？

非也。互聯網的歷史發展在 2016 年的夏天悄悄完成了轉化，朝着移動互聯網的二次應用的大道啟動狂奔模式，趕不上這列高鐵，下一趟至少需要等待 3 年。然而，邊界原理如此模糊，在應用中的分解度極其難以掌握，這些特徵迷惑了人們認知互聯網的雙眼。但是，邊界理論的確來了，就在這個酷熱的夏天。

為什麼說邊界理論是移動互聯網的發展趨勢？

（1）從混沌的聒噪中走出真實

始於 2014 年的移動互聯網，開啟了互聯網 4.0 時代的新紀元，由於移動互聯網的大眾參與度相當高，必然帶來認知的混沌，真知灼見被大眾的聲音掩蓋是再正常不過的事情，劣幣驅逐良幣是時代開啟階段的必然過程。因此無須驚訝於混沌，只需驚歎於真知不被擊倒，在 2016 年夏天又重新站了起來。

過去三年裏，反覆被提及的詞彙是"開放與包容"，甚至把開放提升到任意之處，把包容拉升到無邊界。按理說，這沒有錯，誰能說互聯網的基因不是"開放與包容"？然而不容置疑的事實是，移動互聯網發展的 3 年裏，大眾印象中成功的企業只有屈指可數的幾家巨頭，並沒有實現萬眾創業成功。這是為什麼？進入 2016 年的夏天，一小批有志之士開始思考，移動互聯網的思想與移動應用怎麼會有這麼大的差距？是互聯網思想錯了還是互聯網應用錯了？這裏先解決一個認知問題，愛因斯坦（A.Einstein）的相對論從理論上發明了原子彈的可能性，不意味着愛因斯坦當工程師就能夠製造出原子彈。弄清楚理論家和工程師的區別是 2016 年夏天的重要任務。即便同屬理論，也有純學術理論與應用性理論之分，本文內容即屬於應用性理論。原來，從理論上講 "開放與包容" 是對的，從應用上講 "開放與包容" 應該是有邊界的。對於一個互聯網空間而言，基於平等自由原理不應該設置任何禁區或邊界；對於一個互聯網組織而言，不論是他組織還是自組織，均應該考慮到應用實操性而設置邊界，稱之為 "有邊界的開放與包容"。對於個人而言，從學術者多講包容與開放，從應用者講邊界不無道理。

（2）應用需要邊界

一個不爭的事實是，現在所處的時代是互聯網 4.0 應用時代，這個時代的網絡應用特徵是小眾、垂直。

①小眾即用戶邊界。很難想象一個賣有機果蔬的應用軟件裏出現賣塑料瓶子的吆喝畫面。如果一個專業治療心臟病的移動軟件裏也治療腳氣，會讓用戶產生不專業的印象。因此，用戶應用有邊界才符合互聯網的專注聚焦的應用精神。

②垂直即服務邊界。每一個成功的互聯網軟件都是一種服務方式的創新，百度的邊界是搜索引擎，滴滴的邊界是打車軟件。按理說，百度跨界去設計一款 "百度打車" 軟件最合情理，因為有百度地圖支撐。但是，根據任何應用軟件必有它的應用邊界之原理，滴滴賺打車的錢，百度賺地圖的錢，這才合理。

小眾、垂直鎖定了第四代互聯網的應用特徵，同時也鎖定了 "貪婪者永不成功" 的反人性原理，要知道貪是人之常性，互聯網拒絕貪婪。

案例　│　意大利的 "設計 +" 國家戰略營銷

體驗來自場景，無論線上還是線下，場景無處不在。任何場景都需要再造，再造就需要設計，作為 "世界設計王國" 的意大利國家戰略營銷機會來了。2013 年，中國政府提出了 "互聯網 +" 國家戰略，經過短短七年時間，中國的移動應用、人工智能、區塊鏈、5G 技術、大數據等創新技術已處於世界領先水平，如果意大利提出 "設計 +" 國家戰略，會不會驚艷到全世界？

· 獨佔設計資源

設計思想和設計語言的形成需要數千年歷史文化的沈澱以及一大批有才華的設計師，而意大利獨享這些世界級的資源。

意大利是歐洲文藝復興的發源地，是歐洲文化的搖籃，是歐洲古羅馬文化的起源地。意大利設計先後經歷了古羅馬（Ancient Roman）風格、中世紀（Medieval）風格、

文藝復興（Renaissance）風格、巴洛克（Baroque）風格、洛可可（Rococo）風格、新古典主義（Neoclassical）風格，再到如今的現代設計（Modern design）風格。意大利設計並非一朝一夕所成就的，而是在歷史長河中匯聚了古希臘（Ancient Greece）與古羅馬文化的歷史沈澱。儘管歷經多次戰亂，但是意大利的設計文化從未間斷過。在這一方面能與意大利並肩的唯有中國，中國五千年文化從未間斷。與中國傳統文化的傳承和堅守不同，意大利專注於設計思想的連續傳承與創新，可以說上帝用盡靈感創造了意大利，意大利憑設計征服了全世界。

· 移動互聯風口

設計需要傳承和推廣，有了移動互聯網，意大利的設計自然會響應世界消費升級中設計升級的需求。

意大利的互聯網非常發達。30 多年前，意大利比薩大

學（Pisa University）第一次成功連接互聯網，由數個 bit 組成的信息被成功發送到衛星再返回終端服務器。從此開始，意大利成為繼挪威、德國以及英國之後第四個邁入互聯網社會的歐洲國家。如今意大利人口達 6,170 萬，互聯網用戶佔比達到 60%，52% 意大利人的社交都是通過互聯網。根據 2014 年 Planet Retail 的調查報告顯示，56% 的意大利人使用 PayPal 在線購物。Zalando 是意大利訪問量最大的 B2C 電子商務網站，其次是 Amazon、Euronics、IBS、BonPrix，另一個在當地最受歡迎的電子商務網站是 yoox。

意大利是歐洲智能手機使用者最多的國家，人們喜歡通過手機拍攝視頻分享交友。據統計，移動互聯網新技術已是意大利製造業銷售增長的第一動力。意大利央行自 2014 年以來一直致力於推動快速金融結算業務，以適應移動支付的快速發展。2019 年是意大利移動支付快速發展的一年，意大利最大的支付服務公司 Nexi 宣佈公開募股，成功融資 20.3 億歐元並創下了本年度歐洲 IPO 最高記錄。意大利移動應用的蓬勃發展，為世界共享意大利設計提供機遇，也為意大利設計征服世界提供了可能，畢竟不能讓互聯網只為製造業服務。

· 設計 + 分享經濟

全世界以設計為人生志向的留學生正在湧向意大利，這是因為意大利有一大批世界級的藝術與設計學院，如藝術類的佛羅倫薩（Florence）美術學院、卡拉拉（Karala）美術學院、博洛尼亞（Bologna）美術學院、威尼斯（Venice）美術學院、羅馬（Roman）美術學院、米蘭佈雷拉（Milan Brera）美術學院、那不勒斯（Naples）美術學院；設計類的米蘭佈雷拉美術學院、都靈（Turin）美術學院、威尼斯美術學院、羅馬美術學院；在私立大學里，米蘭博科尼商業大學（Milan Bokoni Business University），米蘭聖心天主教大學（Milan Sacred Heart Catholic University）享有盛譽。如果這些藝術與設計不僅僅是囿於教室，而是通過移動營銷讓全世界分享，將創造設計界知識付費模式中一道亮麗的風景線。

· 設計 + 數字貨幣

意大利未來的財富不是黃金，不是大理石，不是美元，而是一大批讓工業品有美感、讓消費品有高級感的設計師們。

假如國家提出"設計 + 數字貨幣"的戰略，鼓勵開發運用區塊鏈技術進入設計界，假如讓每一個設計師擁有設計界的私有區塊鏈，行業協會和聯盟擁有聯合區塊鏈，意大利貨幣發行銀行擁有公有區塊鏈，比如發行一種叫 "Ip-izza" 的數字貨幣，把藝術思想和設計作品以數字貨幣的方式，與全世界的數字貨幣鏈接。在數字世界里，它可以兌換比特幣、Facebook 推出的 libra 幣、中國人民銀行推出的 DCEP（Digital Currency Electronic Payment）數字貨幣。這樣做既保護了設計師們的隱私安全性，防止盜版嫖竊又為個人和國家儲備了巨額的數字資產，畢竟數字世界已經到來，數字資產將成為金融體系的新寵，這是全球經濟變革的趨勢，意大利應該成為設計數字化的先行者。

當"設計 + 移動營銷"、"設計 + 人工智能"、"設計 + 區域鏈"、"設計 + 工業智造"、"設計 + 大數據"蓬勃發展起來，下一個 30 年的意大利會創造設計經濟的奇跡嗎？

33.3.1 閉環思想

閉環（閉環結構）也叫反饋控制系統，是將系統輸出量的測量值與所期望的給定值相比較，由此產生一個偏差信號，利用此偏差信號進行調節控制，使輸出值儘量接近於期望值。例如，調節水龍頭，首先在大腦中對水流有一個期望的流量，水龍頭打開後由眼睛觀察現有的流量大小，與期望值進行比較，並不斷地用手進行調節，形成一個反饋閉環控制；又如，騎自行車，同理，不斷地修正行進的方向與速度，形成閉環控制。

閉環與開環的主要區別在於，閉環控制有反饋環節，通過反饋系統，使系統的精確度提高、響應時間縮短，適合於對系統的響應時間、穩定性要求高的系統。開環控制沒有反饋環節，系統的穩定性不強，響應時間相對來說較長，精確度不高，適用於對系統穩定性、精確度要求不高的簡單系統。

閉環控制是應用輸出與輸入信號之差來作用於控制器，進而來減少系統誤差，而開環系統則沒有這個功能。當系統的輸入量已知，並且不存在任何干擾時，採用開環系統是完全能夠達到穩定化生產的，此時並不需要閉環控制，但是這個情況幾乎無法實現。當存在無法預知的干擾或系統中元件參數存在無法預計的變化時，閉環系統才能充分發揮作用。

圖 33-5 閉環 O2O

如圖 33-5 所示，O2O 閉環是指兩個 O 之間要實現對接和循環。線上的營銷、宣傳、推廣，要將客流引到線下去消費體驗，實現交易。但是這樣只是一次 O2O 模式的交易，還沒有做到閉環，要做到閉環，就要從線下再返回線上去。完成線下用戶消費體驗反饋、將線下用戶引到線上交流、線上體驗才算實現了閉環，即從線上到線下，然後又回到線上。

在生活服務領域中，用戶的行為不像電商一樣都在線上一端，用戶的行為分裂為線上和線下兩部分。從平台的角度來說，若不能記錄用戶的全部行為，或者缺失了相當的一部分，那平台很可能會擔心對商家失去掌控，因為這意味着失去了議價權，這樣平台的價值就低了。因此，閉環是 O2O 平台的一個基本屬性，這是 O2O 平台和普通信息平台之間很重要的區別。

33.3.2 圓到場

圓是一種幾何圖形，指的是平面中到一個定點距離為定值的所有點的集合。《管子·心術篇》中云："能大圓者，體乎大方。"圓是一個很深奧的概念。正如上面所講的，O2O 閉環思想，它就像一個圓一樣，線上的營銷、宣傳、推廣，是為了將客流引到線下，實現交易，進而實現線下用戶消費體驗反饋、將線下用戶引到線上交流、線上體驗的循環。

根據品牌標誌的形狀可以看出，奔馳、寶馬、豐田等品牌都是由一個圓把其標識內容圈起來，而這個圓就是一個場。

"場"，在物理學上是指物體在空間中的分佈情況，在文學中是指戲劇作品和戲劇演出中的段落。當這個詞被應用到移動互聯網領域時，通常表現為社交、購物、遊戲等相關行為，通過支付來完成閉環的應用形式。這裏通常被稱為應用場景，能夠應用移動支付完成交易的購物、用車、團購等消費行為的場景可以理解為支付場景。

隨着移動設備和智能終端的出現，互聯網逐漸升級到移動互聯網並和人們的日常生活結合得越來越緊密。移動互聯網和共享經濟正在改造人們的所有維度，隨之產生的新生活方式越來越表現出社會網絡的新環境和新特點。例如，微信環境的碎片化。

生活中的群體正不斷連接不同群體中的不同個體，而這種連接所創造的獨特價值，會形成體驗，並促成消費。將這種連接表現在移動互聯網上，則是更加具體的應用場景和支付場景。場景已經成為一種思維方式，這種思維主張把移動互聯網視為連接不同個體製造場景的工具，同時也是使用移動互聯網來完成連接高效率的方法，具體包括以下 4 個方面：

（1）場景是最真實的以人為中心的體驗細節；

（2）場景就是一種連接方式；

（3）場景是價值交換方式和新生活方式的表現形式；

（4）場景的出現形成了新的新聞五要素，即時間、地點、人物、事件、連接方式。

毫無疑問，移動互聯網技術正在深度影響今天主流的思維方式、行為方式和生活方式。朋友圈成長成了引爆場景，美拍從美圖手機和美圖秀秀的軟硬一體化中脫穎而出，美國 NBA 勇士隊的三分線催生了小球運動，智能家居、3D 打印、VR 眼鏡等都是人們真實地理解世界的方式。

體驗決定了人們所在的場景，新場景的體驗迭代更加注重人們的感受。人們更加在意的評價是朋友圈的點讚，而對於商品的定價和付費方式，更加關注的是與誰交易、在何種場景被滿足。連接通過場景表達，選擇哪一種場景，就決定了選擇什麼樣的連接方式，構建出什麼樣的社群，最終會成就什麼樣的亞文化。

場景的本質是對時間的佔有。擁有場景就是擁有了消費者的時間，就能輕鬆佔領消費者的心理。

33.4 場景理論

33.4.1 場景的定義

場景是影視行業的一個專業術語，指戲劇或電影中的場面。延伸到互聯網領域，是指商家為了滿足一類用戶的特定需求，而推出的一個產品或者應用。比如，用戶來到京東商城，想要購買一台蘋果電腦；或者用戶打開微信，想要了解一下朋友圈的八卦等，這些都是場景。場景之中有一個不可或缺的元素，便是人。而人在場景之中，最核心的表現為情感。

移動互聯網時代，場景是建立在移動智能設備、社交媒體、大數據、傳感器、定位系統等之上的整合式體驗。它重構了人與人、人與市場、人與世間萬物的聯繫方式。場景可以是一個產品，可以是一種服務，也可以是無處不在的身臨其境的體驗。伴隨新場景的創造，新的連接、新的體驗、新的時尚層出不窮。

當人們還在享受移動互聯網時代的便捷之時，一個全新的場景時代已經到來。無處不在的場景，讓人們以看得見、記得住、可體驗的方式工作、學習和生活。以京東為例，用戶在京東看上了一台蘋果電腦，可是還沒發工資，即便是發了工資，還要把生活費留出來，怎麼辦？"親，先打個白條吧，電腦先用着，錢可以慢慢還"，這就是場景化需求。用戶在京東購物，是懷着購買正品品質的心情而來，而白條又解決了用戶隱含的糾結痛點，這便是場景化解決方案。

美國科技領域知名記者羅伯特・斯考伯（Robert Scoble）認為：場景時代的發展依賴場景五力，即移動智能設備、社交媒體、大數據、傳感器、定位系統，共同發揮作用。

（1）移動智能設備

移動智能設備是獲取互聯網力量的關鍵，形態各異，如智能手機和可穿戴設備等。移動設備是體驗場景時代的載體，提供了數據分析的平台，聚合了其他4種原力。

（2）社交媒體

社交媒體是用戶獲得極富個性內容的源泉。通過各種媒體的在線交談，明確人們的喜好、所處的位置以及所尋求的目標，使得技術可以理解有關人們的個性需求以及在做什麼、將要做什麼等場景。

（3）大數據

如今數據已經無處不在，人們的衣食住行、吃喝玩樂都以數據的形式存在，通過設備和網絡，用數據來記錄整個世界，再通過數據，去把握客戶消費傾向，挖掘客戶需求。

（4）傳感器

簡單小巧的傳感器一般安裝在活動或者固定的物體上，用於探測收集數據，測量並報告變化。例如，一般的智能手機平均配有7個傳感器，手機應用程序通過傳感器獲取客戶的位置，並了解客戶的動向。

（5）定位系統

定位系統背後的核心其實就是收集相關數據，不同於傳統的位置服務，場景中定位服務的精度要非常高。例如，不僅能夠確定客戶在哪棟樓裏，還要確定在具體的哪一層，並能利用收集到的位置數據和其他信息數據，提供滿足客戶需求的預測服務。

移動互聯網和智能終端設備的普及，推動人類進入場景時代，使人們有了更多的選擇。如今，人們已不需要為購買一件商品發愁，因為線上線下同類商品多如牛毛。供大於求的市場環境讓人們的消費慾望或剛性需求不斷升級，誰的產品或服務更接近於人們需要的真實場景，誰就可以黏住人們的心智，成為佔據市場的勝利者。

目前，在中國移動互聯網領域佔據領先地位的，無一不是構建場景的高手。陌陌之所以能夠在微信的重重包圍下殺入華爾街，本質原因是它幫用戶構建了一個和微信截然不同的、與陌生人交友的全新場景。而美圖秀秀、美麗說、寶寶樹、今日頭條等這些流行的 App 背後，都是一個個生動鮮活的場景。阿里巴巴、百度，甚至360、小米等，也通過不斷完善自己的生態系統，構建各種場景，如購物、水電氣繳費、打車、商超、訂餐、理財、借錢、醫療、旅遊，等等。可見，基於場景構建一種全新的商業生態已成為行業大佬的共識。

33.4.2 場景的特點

（1）快速、便捷

在傳統營銷方式中，觸點是有限的，通常以廣告投放渠道的方式在電視、互聯網、雜誌、廣告、戶外展板等這些媒體上呈現。但在場景的視角中，消費者的需求存在於發現、探索、購買、使用的整個過程，根據消費者的需求進行深入的分析挖掘，所以觸點是無限的。移動互聯網營銷模式之所以可以替代傳統營銷模式，成為人們生活中主要的場景，就是因為它可以隨時隨地快速接入網絡信息，快速獲取周邊的優惠內容，滿足消費者生活所需的個性化服務。

（2）場景推薦個性化

數據是信息投放的重要參考，有了龐大而又精確的數據，才能精準投放信息，從而減少浪費。蜂巢天下的場景移動營銷平台具有的大數據功能，通過分析消費者的購物習慣和特徵，細分人群，描述用戶畫像，幫助商家實現優惠內容的精準投放。

（3）場景生活化、互動化

移動互聯網出現以前，營銷模式分為線上和線下兩種，線上流量大但轉化小，線下流量小且成本高。隨着移動互聯網的發展，場景移動營銷打破了線上線下難結合的僵局，充分利用線上營銷"廣"的優勢和線下營銷的參與感。例如，消費者可以通過線上的小遊戲來贏取店舖優惠，既增加了趣味性，也提高了消費者的參與度，從而將場景移動營銷模式變得更加生動有趣。

（4）場景的虛擬化

隨着移動智能終端設備實現隨時隨地無縫接入，滿足任何時候、任何設備、任何網絡訪問的需求，把現實中客觀存在的場景製作成虛擬現實或增強現實模型，然後模擬人的視角在屏幕上展示成為可能。場景的虛擬化，實質上就是連接線上和線下，使現實中的客觀場景網絡化、虛擬化。

通過場景虛擬化，可以真實模擬現實世界和環境，使虛擬的場景更逼真、更具有吸引力，讓用戶自覺進入場景之中，猶如身臨其境，增加代入感。當現實生活中的一些難題無法用現實方法解決時，就可以通過場景來解決。例如，一些城市打車難，針對這一問題打造一個場景，滴滴出行等軟件通過營造場景，把現實世界的這一難題解決了。

33.4.3 場景的基本要素

基於移動互聯網的場景包括以下三大要素：

（1）空間要素

對於用戶來說，移動場景永遠是一個變量，意味着時空和環境的場景快速切換，而每一種場景都會給用戶帶來不同的感受和需求。移動互聯網使得人們的工作、生活與休閒之間的界限變得越來越模糊。智能手機轉移注意力的成本非常低，既擊碎了人們的完整時間，又填補了人們的零碎時間，同時增加了人與人的互動交流。

（2）時間要素

在移動場景時代，人們的時間構成越來越碎片化，消費者可以隨時隨地用手機開展社交、玩遊戲、看視頻，甚至是工作。那麼在這些時間片段中，我們如何選擇時間節點切入營銷呢？這就成為一門學問。

在這點上，地圖導航應用 Waze 就做得不錯。Waze 不僅能為用戶提供強大方便的導航功能，還能引導用戶消費。如圖 33-6 所示，比

圖 33-6 Waze 的功能

如，當用戶早上開車去上班時，Waze 不僅能幫助用戶避開最擁堵的路段，還會在用戶等紅綠燈時，彈出廣告特別提醒用戶可以在路過星巴克的時候點一杯醒神的拿鐵咖啡；再如，當用戶想去沃爾瑪購物時，Waze 則會貼心地彈出銀行 ATM 機的地理位置，時間點把握得非常貼心。

（3）關係要素

社交媒體是場景時代的重要因素，人們正是通過關係互動，明確了自己的喜好、所處的位置及所要尋找的目標。關係要素對參與用戶的活動影響很大，而且越來越明顯。移動時代，購物不像在實體店那樣固定和完整，也不像 PC 端購物那麼正式和嚴肅。購物變成移動生活場景中的一個碎片場景，簡單、快捷、衝動是新購物時代的主要特徵。在此背景下，口碑或是友人的推薦效果大大高於以往，朋友的一句話，可能就是你點去 "購買" 鍵的直接原因。

例如，內衣品牌維多利亞的秘密為預熱七夕，曾上線一款輕型應用，酷炫的產品形式很快引爆微信朋友圈。用戶從 "擦屏幕看性感模特" 的動作開始，可以一頁一頁瀏覽維多利亞的秘密的品牌介紹，最終到達內衣報價頁面。

相比獨立的移動客戶端，這種形式相對更 "輕"，獲得信息的速度也更快。通過社交關係，將 "場景" 進行傳播，分享給同道中人。

在構建場景的 "三個要素" 中，始終圍繞用戶展開，這正是場景的精妙之處。移動互聯網大大釋放了個人價值，用戶重新回到市場中心，成為一切事物的中心，構成場景中最核心的部分。嚴格來講，場景是基於人的關係形成的一種交互信任的鏈條。場景時代，產品僅是一個開始，其功能的完善和迭代需要用戶的參與，能不能定義場景，成為衡量企業能否獲得市場的重要尺度。

33.4.4 場景對移動互聯網產生深刻影響

1. 使移動互聯網經濟的爭奪焦點從流量轉向場景用戶

據騰訊最新一期財報，微信中英文版用戶數合計超過 4 億人，幾乎每個人都是活躍用戶；而微博的 5 億用戶中，月活躍用戶約 1.6 億人，日活躍用戶僅為 7,000 多萬人，遠不及微信。微信的成功得益於其創設的強連接、強互動的 "場景化" 生活。場景的出現，使此前互聯網企業對流量用戶和流量入口的爭奪轉變為對場景用戶的爭奪，未來信息入口將不再是 PC 上的信息中心，而是基於場景，對於信息的 "隨時、隨地、隨心" 獲得。在場景推動下，互聯網格局將被改變，場景將弱化傳統搜索，人們花在移動互聯網上的時間，將大大超過花在電腦網頁上的時間的總和，人與人的溝通將趨向數字化、移動化，移動互聯網成為未來信息的主要入口，獲得新一輪的用戶遷徙價值。

2. 推動移動互聯網的物理化過程加速向縱深發展

場景的要義是連接，是人機互聯、人物互聯、人人互聯。隨着場景在更廣範圍內被創造出來，它將過去的人與信息的連接，升級到人與服務的連接，通過 5 種核心技術力量，將萬物相連，使得移動互聯網與各行業的業務逐漸融合，並通過不斷物理化的形式進入到生產生活的方方面面，優化人們的生活和交往方式。例如，在特定場景下，人們可以利用智能導航了解交通狀況，根據擁堵情況進行路線優化；又如，人們可以利用智能家電的傳感器和智能芯片來處理信息，提出優化生活質量的建議。

3. 實現線上線下的行為追蹤，加深對用戶的理解

場景能夠使廠商和服務商前所未有地接近消費者，並打破過去傳統 PC 的線上跟蹤模式，通過傳感器解決線下追蹤數據問題，實現"線上＋線下"的複合追蹤模式，收集消費者的偏好、屬性等詳細數據，使廠商和服務商可以更深刻地了解客戶，根據個人需求，定製個性產品服務。例如，"Nike+ 系列"在運動鞋和可穿戴設備中加入了傳感技術，藉此連入網絡、App、訓練項目和社交網站，除了記錄運動路線和時間，還會把用戶和興趣相投的跑友聯繫在一起。用戶會收到定製化的訓練項目，記錄每次進步，該技術還能根據個人實際情況提出不同的指導意見。

33.4.5 移動互聯網更倚重場景而非入口

在傳統互聯網時代，以阿里巴巴、百度和騰訊為代表的互聯網巨頭，憑藉滿足"人與商品"、"人與信息"和"人與人" 3 種用戶需求，不僅贏得了用戶的青睞，同時成就了自己的商業模式，成為在 PC 互聯網時代真正的互聯網巨頭。隨着移動互聯網的發展，"人與場景"的商業模式也開始越來越多地出現，而基於移動互聯網的巨頭也開始窺視到這方面所蘊藏的巨大商機。

移動互聯網是商家和用戶建立溝通和服務的一個全新化界面。移動終端是情緒化的媒介、情感性的媒介。如何與用戶建立更深層次關係的界面，這才是移動互聯網需要關注的重點。

移動互聯網與 PC 互聯網最大的不同在於，入口不再重要，更為重要的是應用場景。

真正有效的營銷一定是基於特定的場景，根據移動設備與消費者之間的關聯推送品牌的產品服務。好的營銷是伴隨式的，是場景觸發式的。現在很多廣告沒有場景，沒有場景的匹配就很難與消費者產生共鳴。

場景應用更貼近用戶使用習慣。這樣說來，場景與入口的區別，其實可以理解為：場景是從用戶習慣出發，更貼近用戶習慣；入口是從生意角度出發，更倚重資源。

33.5 場景式營銷

生活中，大部分時間我們都是活在場景下的，如果按過去的品牌理論來推導，場景就是一種心智影響力。一個企業或一個品牌通過推廣它的"價值"來吸引人們關注，從而實現購買消費的持久性。具體的推行方式有很多，廣告、公關乃至促銷行動等不一而足。這種

說法被大多數企業主乃至消費者所熟知。而移動互聯網時代，人們不斷刷新認知，把思維的外延擴大到全新的概念裏，其實也不是什麼新鮮事。

（1）場景式營銷依靠"心智影響力"

消費行為本身就帶有一定的場景暗示。比如，你談一場戀愛，想要給愛人準備特別有新意的禮物。正好有人提醒你、告知你，你通過各種信息來源"選擇"了某個商品或者服務作為你表達愛意的方式。無論從情感上還是理智上，你都受控於自我意識裏某個心智的共鳴。

消費理性化乃至情感化都是消費決策的誘因，但是在碎片化的移動場景時代，人們的這種認知發生了變化。從傳統的廣告、線下的商場到線上的熟人引薦，乃至某個信息內容的觸動，為你提供了重新選擇的機會，於是你發生了決策上的改變，你不再按照過去既定的路線選擇商品或服務，而是按照移動場景提供的導購來選擇消費。

（2）場景式營銷固化消費者購買習慣

許多消費者習慣網上購物、搜索東西，習慣等着快遞上門，這樣沒錯。但是下一次要消費的時候，只有對於特別有印象或者已經養成了購買的習慣，才能有二次消費的慾望與衝動。這種消費固化行為，可以等同於品牌忠誠度，具備這些特徵的顧客，商家就可以將其標註為回頭客。

一錘子買賣是所有商家最不願意看到或接受的結果，因為花費了大量精力甚至財力來招攬客戶很不容易，只有持續的購買行為才能讓消費者真正地"黏"在品牌上。這是除了風靡電商圈的"轉化率"問題外，所有商家面臨的"客戶沉澱"問題。

如果不是因為這些"固化"用戶習慣的需要，人們沒有必要花費大量精力去思考在一個線下渠道不斷坍縮的市場和一個線上傳播不斷碎片化的市場裏如何實現真正的 O2O。

在線上做傳播或者開網店都是你接觸用戶的界面，而線下的界面更為直接，卻跟不上用戶的思維，我們需要做的事是將線上線下連接起來重新構建場景，這是個形成共振效應的場景，亦可以是個互相傳遞信息和商品的耦合體系。人必將成為中介和載體，也必將是最大的場景體驗者、消費決策者。

讓用戶習慣固化下來，需要形成一個持續方便的消費固化入口。這個入口也許是店舖，也許是網店，也許是公眾號，也許是朋友圈。

33.5.1 場景營銷的現狀與策略

互聯網時代，場景化營銷應基於網民的上網行為，始終處於輸入場景、搜索場景和瀏覽場景這 3 種狀態之一。移動互聯網時代，場景化營銷可以獨立於內容，根據用戶的時間和地點屬性進行操作，比如基於位置推送餐廳信息，基於時間推送新聞和天氣信息等。

（1）第一階段：用戶網絡行為

瀏覽器和搜索引擎廣泛服務於資料搜集、信息獲取、網絡娛樂、網購等大部分網民的網絡行為。場景化營銷是針對輸入、搜索和瀏覽這 3 種場景，以充分尊重用戶網絡體驗為先，圍繞網民輸入信息、搜索信息、獲得信息的行為路徑和上網場景，構建以"興趣引導＋海量曝光＋入口營銷"為線索的網絡營銷模式，整體以"用戶網絡行為"為核心而觸發。

（2）第二階段：數據挖掘用戶需求

當進一步依據時間、地點以及用戶瀏覽和使用行為進行綜合考慮時，則可以實現對用戶場景更加細緻準確的識別和判斷，使品牌提供的信息和幫助能夠更為自然直接地滿足用戶需求。例如，通過機票預訂流程，為消費者提供相應目的地周邊的酒店和景點預訂信息。

33.5.2 移動互聯網背景下的場景營銷互動

移動互聯產業背景下，由於消費者消費行為的改變，以及信息來源更加多元化，消費者不再願意為單向的信息傳播買單，這使得營銷與消費者之間的互動變得更加重要。場景營銷的本質是建立品牌與消費者生活的鏈接，讓營銷進入真實的環境，因此與消費者有效互動是場景營銷的核心要素之一，互動的創意能夠使消費者在場景中獲得個性化的感受。

33.5.3 移動互聯網背景下的場景細分

在移動產業背景下，移動終端技術不斷發展，消費者的生活消費形式更加多元化，用戶與外界信息交互的"情景變量"也大為豐富，如購物前 / 購物中 / 購物後、動態時 / 靜態時、獨處時 / 群聚時、室內 / 室外、注意力集中時 / 分散時、單屏任務時 / 多屏任務時等，而且隨着技術進步和產業形態的變革，還會湧現更多變量指標。對這些變量指標的細分有助於營銷場景的設計和構建，能更準確地鎖定目標客戶，並提高與用戶進行溝通的準確度。

（1）挖掘現有場景

營銷的一個重要功能就是激發消費者的需求，而消費者的某些需求需要藉助於特定的場景才能被有效激發。因此，找場景很重要。找對了場景，就找到了機會。生活中有很多現有的場景可以被挖掘利用，真正走進消費者的生活，對消費者的生活習慣及心理的準確判斷才是關鍵。

例如，NIKE 抓住了消費者在運動場景中記錄運動數據的習慣，2013 年推出了 NIKE+iPod，用戶能夠在運動過程中看到自己的步速、距離等跑步數據，從而與用戶建立了持續的連接：只要在運動，總有 NIKE 相伴。

（2）創造新場景

如果沒有現有的場景，可以根據移動互聯網時代客戶的興奮點或者痛點創造新的場景。新場景的創造建立在對消費者需求的深刻洞察上，注重跟消費者的心靈對話，切勿刻意，否則很容易被精明的消費者一眼識破。

例如，NIKE 夜光足球場。NIKE 在西班牙馬德里開展了一場名為 "anytime，anywhere" 的運動，用夜光投影為年輕人創造運動場地。用戶可使用 App 呼叫 "NIKE 大巴"，這輛大巴就會帶來足球場（激光投影）、球門等設施，甚至還有免費的 NIKE 球鞋，讓年輕人能夠在夜光足球場中愉快地玩要。

案例 | 滴滴的場景營銷

在創業早期，滴滴為專車業務上線造勢，抓住了目標用戶深夜加班的場景，推出"吸血加班樓"的創意 H5 頁面廣告，引發了白領在社交媒體上的持續討論和傳播。

·從哪裏出發？場景營銷正是通過走進消費者的生活場景，激發消費者與消費者、消費者與品牌的互動，使品牌通過社交關係網絡形成病毒傳播，產生持久影響。在碎片化的時代實時感知、發現、跟蹤、響應一個個"人"，傾聽他們的聲音，理解他們的問題，與他們進行心靈對話，成為場景營銷的出發點。

·在哪裏傳播？商家需要整合的不僅是新媒體和傳統媒體，還要製造媒體之間的互動，以達到用戶和營銷創意內容的時時銜接。整合的關鍵不在於資源利用的多少，而在於是否恰到好處地運用了有效資源，是否以最低的成本獲取了最大的關注。

傳播什麼容易受關注？娛樂化讓品牌與消費者更加親近。人們最終需要的不單單是物質需求，更多的是需要感受到娛樂化虛擬空間的體驗價值。

33.5.4 移動互聯網背景下的場景營銷策略

1. 準確識別目標用戶

任何一個場景都可以成為尋找目標人群的地點，因為任何一個場景都具有現實或潛在的消費需求和可能性。場景營銷的"場景"兩字決定了定位技術在其中扮演着非常關鍵的角色。不同技術的定位精度和應用範圍有所不同：如果營銷針對的區域較大，那麼使用 GPS 技術即可；如果營銷範圍在一個購物中心，那麼需要使用 WiFi 技術；如果營銷活動要滲透在消費者的行為軌跡中，就要用到 iBeacon❶ 技術。

2. 精準推送品牌信息

通過消費者的生活場景來定位目標人群只是場景營銷的第一步，它為整個購買環節帶來入口流量，而成功營銷的關鍵是對消費者需求的深刻洞察及品牌信息的精準推送。洞察是發現消費者行為背後的深層次原因，這些原因又多與消費心理相關。因此，洞察是指挖掘消費者深層次的心理需求。

3. 促成交易閉環

將潛在的消費者轉化為現實的購買者，促成交易閉環是場景營銷至關重要的一步。按照羅伯特·勞特朋（Robert Lauterborn）教授提出的 4C 營銷模式，商家要考慮到顧客的成本，為顧客提供購買的便利和良好的溝通，這在場景營銷中同樣適用。在合理引導消費階段，表現為如何為消費者提供便利。面對這樣的便利，消費者很容易做出購買行為，從而完成交易閉環。

❶ iBeacon：蘋果公司 2013 年 9 月發佈的移動設備用 iOS 上配備的新功能，其工作方式是：配備有低功耗藍牙通信功能的設備使用 BLE 技術向周圍發送自己特有的 ID，接收到該 ID 的應用軟件會根據該 ID 採取一些行動。比如，如果在店舖裏設置 iBeacon 通信模塊，便可將 iPhone 和 iPad 運行資訊告知服務器，或者由服務器向顧客發送折扣券及進店積分。此外，還可以在家電發生故障或停止工作時使用 iBeacon 向應用軟件發送資訊。

33.5.5 場景營銷戰略設計原則

當消費者從吃飽向吃好過渡的時候，社會的分化正在逐步形成，城鄉差距開始不斷拉大，消費觀念開始出現差異，品牌間的競爭開始不斷惡化。為了更好地促進行業競爭，各行業之間開始了品類品牌的競爭，品類競爭最好的辦法就是讓這個品類成為品牌的代名詞。

場景化戰略是快速建立品類領導者地位的重要方法。例如，涼茶中的王老吉，當不斷訴求"怕上火"的場景時，消費者開始認為這個場景和自己有關係，進入"火鍋店"消費的時候，自然會想到要喝王老吉。場景化戰略必定是企業未來的發展方向，無論是哪個行業都不可避免。

場景營銷戰略要從產品入手，通過銷售渠道的場景化建設，推廣活動的場景化實施，讓產品和消費者產生關聯，最終完成銷售。具體怎麼實施，我們可以通過以下方法完成：

（1）產品場景化

內容包括：包裝場景化，必須有一個讓人一眼就"愛"上的高顏值包裝。包裝的新穎可以將死板的終端陳列做活，使其不單單吸引消費者眼球，而且還能夠清楚傳遞出產品本身想要表達的訴求；命名場景化，還得有一個讓人看一遍就刻入腦海的名字。要簡單好記，容易理解，直接說產品的用途是一種方法，比如面條鮮、夾饃醬等。

（2）銷售場景化

內容包括：在銷售現場模擬出最為真實的使用場景，這個場景要有一個功能，就是指向性很明確的聯想功能。這個是相當不容易的，需要對產品十分了解，了解它的功能，能否滿足客戶的真實需求；了解客戶是否真正需要這個產品；了解客戶是否很急切地需要這個產品。要讓產品的價格營造場景，讓消費者看到產品和價格時，能夠感受到這個產品和自身的價值相符合，簡單來說，就是產品價格要符合消費者的心理價位或者社會地位需求。當然，產品的價格提示要明顯，要便於消費者識別。

（3）傳播場景化

一款好的產品與它的宣傳效果是分不開的，比如涼茶類的飲料早在幾十年前就已經出現了，但是為什麼直到最近幾年才是現爆炸式增長？答案就是之前的宣傳根本沒有深入人心。例如，王老吉的宣傳是"怕上火，喝王老吉"，直接穿透表面直達人心，表達訴求直接有效。再如，含乳飲料那麼多，為什麼只有娃哈哈營養快線能夠做到年銷售超過 200 億元？因為它們的宣傳恰當地運用了場景，讓消費者身臨其境，能夠和自己的生活結合起來，娃哈哈營養快線的宣傳口號是"早上來一瓶，精神一上午"；又如，六個核桃的宣傳口號是"經常用腦，多喝六個核桃"，場的明確界定，決定了消費者的認可度。它們的共同點就是前半句使用場景化提示，後半句直接切入產品或者產品能帶來的好處。

（4）渠道場景化

讓銷售渠道成為傳遞公司產品信息的重要場所。在完成各個層級銷售渠道的鋪貨後，要營造出產品在渠道各環節的表現。從產品的宣傳海報到產品單頁，從工作場所布置到終端的表現。總之，一個產品要想獲得成功，渠道的場景化營造必不可少。

渠道場景化的範疇，就是要讓渠道商知道我們的產品是在什麼樣的場景下被銷售到什麼樣的場景中，然後會在什麼樣的場景中被消費者使用。

實施場景營銷戰略最為重要的是系統化實施，並不是單一某個板塊。產品場景化是根基，傳播場景化是樹葉，而渠道場景則是樹的枝幹。只有這些板塊相輔相成，緊密連接，場景營銷戰略這棵大樹才會茁壯成長。

在場景設計中，尤其是在相對封閉的環境下，要充分利用心理暗示，在一些細節設計上把握用戶的從眾心理，往往能收到意料之外的效果。

在場景營銷設計中，不可忽視環境暗示。這裏要提到破窗效應，它是犯罪學的一個理論，該理論由詹姆士‧威爾遜（James Q. Wilson）及喬治‧凱林（George L. Kelling）觀察總結得出，指的是環境可以對一個人產生強烈的暗示性和誘導性。具體內容是，如果有人打碎了一棟建築上的一塊玻璃，又沒有及時修復，別人就可能受到某些暗示性的縱容，去打碎更多的玻璃。

人的行為會被環境影響，在我們日常生活中，許多事情是在環境暗示和誘導下行事的結果。在安靜的圖書館，我們會下意識地保持安靜，降低聲量，不會大聲喧嘩；相反，如果是環境髒亂不堪的菜市場，四處可見的都是高聲說話、亂扔垃圾的場景。

因此，在我們做營銷活動，搭建場景的時候，可以充分利用環境的營造來引導用戶行為，進而達到營銷目的。在親子場所播放歡樂的音樂，佈置色彩斑斕的佈景，準備香甜可愛的食物，提供各種玩具。人們的行為舉止會瞬間降到低齡，配合場景氛圍。

可以說，我們現在生活的時代，已經是信息嚴重超量，各種刺激最飽和、最麻木的時期，人們總覺得時間不夠用，總是匆匆忙忙，總有各種事情搶佔注意力，人們沒有更多的精力去充分思考每一條信息來做決定。很多時候，讓人們做決定的不是信息本身，而是這些信息出現的背景和情景。這就是為什麼通過擺事實、講道理來說服用戶已經很難奏效的原因。

由此，在場景設計的時候不要單方面強調我們的產品有多好，用戶認可才是真的好。擺事實講道理，這類方法目前來說是非常生硬的推廣方式，是一種傾向於強制灌輸的方式，而現在的人對強制的、說教式的方式比較排斥。

案例　｜　喜茶：其實是家空間設計公司

圖 33-7　喜茶所設計家的空間

在移動營銷的場景化趨勢下，迫使傳統商家思考場景對用戶究竟意味著什麼？喜茶沒有廣告，場景就是廣告；在喜茶面前沒有消費者，而是渴望新鮮事物的年輕人（見圖33-7，圖 33-8）。

星巴克說："你不在星巴克，就在去星巴克的路上。"喜茶演繹出自己的生活主張："你不在微信上交友，就在喜茶遇見。"喜茶推出了一個"白日夢計劃"（Day Dream Project），聯合來自於全球各地的優秀設計師，大膽顛覆傳統的空間體驗，為顧客們創造更加多元化的飲茶場景，重點圍繞交互性展開設計。這是喜茶與設計師在新時代下，對人與人在現實世界里距離的全新探索。

美國人類學家愛德華·霍爾博士（Edward Twitchell Hall Jr）為人際交往劃分了 4 種距離。認為小尺度空間讓人感到親近，可以方便更展開話題，大尺度空間則有更大的包容性和可能性。即便與陌生人坐在一起，也不會讓你覺得自己是"一座孤島"，而是與有趣的靈魂一起。

基於空間佈局的靈活性，開放與私密，獨坐與交流，都可以和諧地存在於這個充滿更多互動的空間中。但他們的根本目的是在為空間設計增加人文內涵的同時，又可以促進人與人之間的交流互動，讓每位消費者進入店內，都能收穫不同的空間體驗。與星巴克交友模式不同，喜茶更為開放，鼓舞年輕人來交新朋友，喜茶體現了移動營銷的開放基因。這些門店各有各的風格特色，並根據不同城市

圖 33-8　喜茶所設計家的空間

文化、不同的用戶群體，定製了獨特鮮明的空間設計，吸引一大波粉絲前去打卡。

很多品牌都無法跳出"千店一面"的連鎖經營模式，無法在日趨激烈的市場競爭中突出重圍。而喜茶作為新式茶飲領軍品牌，在實現"千店千面"的個性化時，還保持了品牌靈魂的統一。不僅在空間設計上保持了它的標準統一感，而且敢於突破，追求新鮮、有趣、靈性和酷的一面，力求給消費者帶來不同的體驗。

喜茶的門店設計空間鮮明獨特，有着清晰的場景營造。作為目前零售革新最重要的環節之一的"場景"概念，空間早已超出了物理需求，上升至體驗、社交、靈性等人類精神層面的訴求。

33.5.6 營銷總經理能力測試

規則：以下題目均為選擇題，答 "是" 得 1 分，答 "否" 得 0 分，每題 1 分。

素質類

1. 你學過歷史學嗎？ …………………………………… 是（ 　 ）否（ 　 ）

2. 你知道四次工業革命的來歷嗎？ ………………… 是（ 　 ）否（ 　 ）

3. 你學過中文嗎？ …………………………………… 是（ 　 ）否（ 　 ）

4. 你學過經濟地理學嗎？ …………………………… 是（ 　 ）否（ 　 ）

5. 中國第一本文學理論專著是《文心雕龍》嗎？ ……… 是（ 　 ）否（ 　 ）

6. 你學過哲學嗎？ …………………………………… 是（ 　 ）否（ 　 ）

7. 你學過經濟學嗎？ ………………………………… 是（ 　 ）否（ 　 ）

8. 水平的需求曲線是完全無彈性的嗎？ …………… 是（ 　 ）否（ 　 ）

9. 你學過數學嗎？ …………………………………… 是（ 　 ）否（ 　 ）

10. 你駕車闖過紅燈嗎？ ……………………………… 是（ 　 ）否（ 　 ）

11. 你在下屬出現工作性錯誤時會爆粗口嗎？ ……… 是（ 　 ）否（ 　 ）

12. 你覺得公平存在嗎？ ……………………………… 是（ 　 ）否（ 　 ）

13. 在利益面前你會選擇公司嗎？ …………………… 是（ 　 ）否（ 　 ）

14. 你會考慮下屬給你提供的建議嗎？ ……………… 是（ 　 ）否（ 　 ）

15. 你覺得人人平等能實現嗎？ ……………………… 是（ 　 ）否（ 　 ）

16. 你能容忍下屬對你的批評嗎？ …………………… 是（ 　 ）否（ 　 ）

17. 你說過謊話嗎？ …………………………………… 是（ 　 ）否（ 　 ）

18. 你覺得結果比解釋更重要嗎？ …………………… 是（ 　 ）否（ 　 ）

19. 你經常處在別人的位置想問題嗎？ ……………… 是（ 　 ）否（ 　 ）

20. 你是否會撰寫新產品市場營銷方案？ …………… 是（ 　 ）否（ 　 ）

經驗類

21. 你有超過 5 年的管理工作經驗嗎？ ……………… 是（ 　 ）否（ 　 ）

22. 你是否具備從事市場銷售一線工作 3 年以上經驗？ ……… 是（ 　 ）否（ 　 ）

23. 你是否參與過創業？ ……………………………… 是（ 　 ）否（ 　 ）

24. 你是否帶領過 30 人以上的營銷團隊？ ………… 是（ 　 ）否（ 　 ）

25. 你是否因為經濟合同簽署不當被騙過？ ………… 是（ 　 ）否（ 　 ）

26. 你個人銷售業績是否達到過 10 萬元？ ………… 是（ 　 ）否（ 　 ）

27. 你有團隊合作精神嗎？ …………………………… 是（ 　 ）否（ 　 ）

28. 你有在銷售同一產品時被拒絕 3 次的經歷嗎？ …… 是（ 　 ）否（ 　 ）

29. 你是否對客戶、企業、社會有較強的責任意識？ … 是（ 　 ）否（ 　 ）

30. 你是否認為大客戶業績都是服務出來的？ …………… 是（ 　 ）否（ 　 ）

31. 你是否有敏銳的市場洞察力？……………………………… 是（　） 否（　）

32. 你是否從事過售後管理工作和售後服務工作？…………… 是（　） 否（　）

33. 你是否熟悉最新的網絡聊天工具？………………………… 是（　） 否（　）

34. 你是否具有市場分析能力並熟練掌握市場分析工具？…… 是（　） 否（　）

35. 你是否做過一次完全的新產品市場調研？………………… 是（　） 否（　）

36. 你是否成功推廣過一個品牌，並在市場中檢驗成功？…… 是（　） 否（　）

37. 你是否善於根據市場需求變化擬定市場營銷策略？……… 是（　） 否（　）

38. 你是否了解 4P 營銷理論並且成功實踐過該理論？……… 是（　） 否（　）

39. 你有較強的談判和溝通能力嗎？…………………………… 是（　） 否（　）

40. 交易不成功，你還會選擇繼續跟對方聯繫跟進嗎？……… 是（　） 否（　）

心理類

41. 你覺得自己是一個懂得感恩的人嗎？……………………… 是（　） 否（　）

42. 特殊情況下，底線也不可以逾越嗎？……………………… 是（　） 否（　）

43. 你幻想過自己是馬雲的 CEO 嗎？………………………… 是（　） 否（　）

44. 你的適應性很強嗎？………………………………………… 是（　） 否（　）

45. 面對公司的第一次不公正待遇，你會選擇寬容理解嗎？… 是（　） 否（　）

46. 你能給下屬帶來安全感嗎？………………………………… 是（　） 否（　）

47. 你是一個讓人信任、說話靠譜的人嗎？…………………… 是（　） 否（　）

48. 你是否人云亦云地隨大流、無主見？……………………… 是（　） 否（　）

49. 你是否學會傾聽而不是滔滔不絕地講話？………………… 是（　） 否（　）

50. 你認為自己能協調很尖銳的矛盾嗎？……………………… 是（　） 否（　）

51. 你能控制自己的情緒嗎？…………………………………… 是（　） 否（　）

52. 判斷結果時你認為理性比感性重要嗎？…………………… 是（　） 否（　）

53. 你會獎勵有功勞的人、安撫有苦勞的人嗎？……………… 是（　） 否（　）

54. 你是否始終相信明天更美好？……………………………… 是（　） 否（　）

55. 當目標達不成時，你是否會首先從自身尋找原因？……… 是（　） 否（　）

56. 你是否信任你的下屬並適當給予他們獨立的條件？……… 是（　） 否（　）

57. 當下屬遇到工作困難，你會啟發他找到方法嗎？………… 是（　） 否（　）

58. 你是否能做到常常反省自己？……………………………… 是（　） 否（　）

59. 你會扮演員工的心理醫生角色嗎？………………………… 是（　） 否（　）

60. 現在你是否認為自己內心充滿陽光，能帶給別人正能量？ 是（　） 否（　）

專業類

61. 你是否了解 4P、4C、4R、4V 理論並能詳細地陳述？… 是（　） 否（　）

62. 你是否了解微營銷原理和操作方法？……………………… 是（　） 否（　）

63. 你是否了解互聯網營銷理論？……………………………… 是（　） 否（　）

64. 你是否了解大數據營銷原理？……………………………… 是（　） 否（　）

65. 你會做互聯網營銷策劃方案嗎？……………………………… 是（　） 否（　）

66. 你是否了解移動營銷並深知 4S 理論？…………………… 是（　） 否（　）

67. 你覺得市場需要細分嗎？……………………………………… 是（　） 否（　）

68. 你是否了解產品定位條件以及定位方法？………………… 是（　） 否（　）

69. 你覺得用戶需要分類嗎？……………………………………… 是（　） 否（　）

70. 你是否了解多種營銷渠道以及選擇方法？………………… 是（　） 否（　）

71. 你是否了解 SWOT 分析法？………………………………… 是（　） 否（　）

72. 你是否會制定一套績效考核制度？………………………… 是（　） 否（　）

73. 你是否了解電子商務並熟悉網店開店過程？……………… 是（　） 否（　）

74. 你是否會計算營銷投入產出的績效比？…………………… 是（　） 否（　）

75. 你是否了解內容營銷及鑒別標準？………………………… 是（　） 否（　）

76. 你是否學過成本會計學並懂得降低費用的多種方法？…… 是（　） 否（　）

77. 你是否會用簡單的數字向董事會報告營銷成果？………… 是（　） 否（　）

78. 你深入了解過直銷嗎？………………………………………… 是（　） 否（　）

79. 你是否能看懂財務報表？……………………………………… 是（　） 否（　）

80. 你是否會編制周、月、季、年度工作計劃？……………… 是（　） 否（　）

技能類

81. 你會做 H5 嗎？………………………………………………… 是（　） 否（　）

82. 你會做 PPT 嗎？……………………………………………… 是（　） 否（　）

83. 你會做網頁嗎？………………………………………………… 是（　） 否（　）

84. 你會統計網絡數據嗎？………………………………………… 是（　） 否（　）

85. 你是否了解 ERP、CRM、SCM 其中的一種？…………… 是（　） 否（　）

86. 你了解服務號、公眾號、小程序的區別嗎？……………… 是（　） 否（　）

87. 你了解代理制、經銷制嗎？…………………………………… 是（　） 否（　）

88. 你了解輔助分析 DW/DM 軟件嗎？………………………… 是（　） 否（　）

89. 你能完整地使用辦公軟件嗎？……………………………… 是（　） 否（　）

90. 你了解軟件編寫的基本邏輯和原理嗎？…………………… 是（　） 否（　）

91. 你了解人人都是消費商的概念嗎？………………………… 是（　） 否（　）

92. 你了解新媒體嗎？……………………………………………… 是（　） 否（　）

93. 你了解開發軟件需要什麼嗎？……………………………… 是（　） 否（　）

94. 你了解硬件與軟件的區別嗎？……………………………… 是（　） 否（　）

95. 你了解公司信息安全的重要性嗎？………………………… 是（　） 否（　）

96. 你了解公司客戶數據庫建設的重要性嗎？………………… 是（　） 否（　）

97. 你了解虛擬現實技術在公司業務中如何應用嗎？………… 是（　） 否（　）

98. 你常關注科學發展趨勢嗎？…………………………………… 是（　） 否（　）

99. 你會說服董事會同意你的方案嗎？……………………… 是（　）否（　）

100. 當董事會不同意你的方案時，你會選擇修改方案，尊重董事會的決議嗎？

………………………………………………………………… 是（　）否（　）

合計得分（　　　）

本章小結

（1）營銷空間指的是市場營銷的產品到用戶手中的一個交易過程，它必須在一個封閉的空間內完成。傳統的營銷空間指的是集市、專賣店、網店，現在的營銷空間指的可能是虛擬現實空間，可能是網店，也可能是專賣店這樣的交易封閉空間。

（2）人本空間的 5 個關鍵詞：個體化、智能化、動態化、場景化、服務化。

（3）創造需求的 3 種模式：從隱性到顯性，從模糊到清晰，從抽象到具體。

（4）基於移動互聯網下的場景三要素：空間要素，時間要素，關係要素。

（5）移動互聯網時代，場景營銷戰略設計四大原則：產品場景化，銷售場景化，傳播場景化，渠道場景化。

第三十四章

Intelligent
Marketing

智能營銷

營銷創新與技術創新相結合，逐步推動智能營銷新生態的產生。百花齊放的新終端、新模式、新應用形成了差異化的競爭力和新興市場，從而助推新興品牌的崛起，促使傳統品牌煥發活力。

34.1 新終端革命——智能終端革命

2019 年，美團點評王興在掛牌上市演講中感謝了史蒂夫·喬布斯（Steve Jobs），稱如果沒有喬布斯，沒有智能手機，沒有移動互聯網，就沒有美團點評現在的一切。智能手機的誕生開啟了移動互聯網時代，開創了移動消費新業態如移動支付、共享出行等以及在物聯網背景下迅速發展起來的智能終端產業。

如今，大數據、雲計算、物聯網、人工智能和 VR/AR 等新一代技術打開了智能終端創新的大門。智能終端已不僅僅局限於智能手機，智能家居、人臉識別、智能機器人、自動駕駛汽車、刷碼點餐等已經變得非常普及，終端形態也變得更加豐富多彩。

目前，世界上已有上千座城市在進行智慧化城市實驗。中國深圳和杭州登高望遠，也在積極建設 IOT（物聯網）時代下的新城市。

智能終端的進化導致企業的競爭從滿足生產變為創造需求。

那麼，正如多年前外形和功能都發生了顛覆性改變的手機一樣，智能終端將會被重新定義。

下一個高級移動智能終端是什麼？智能終端將帶來什麼樣的機遇？本章旨在通過眾多案例分析智能終端將驅動出怎樣的產業價值，它將怎樣重塑舊行業、催生新行業，以及它將影響或引導出多少全新的產業或消費模式。

案例　|　機器人為你點菜

隨著科技的日益成熟，京東 X 未來餐廳為消費者帶來前所未有的智能化品質生活，打造未來社區智能生活樣板，為更多的城市帶來智能化的變革。

京東 X 未來餐廳從點餐、配菜、炒菜、傳菜到就餐等環節，智能機器人和人工智能後台貫穿運營全過程。無人餐廳的大廚烹飪機器人按照菜譜進行精準操作，可以製作多個菜系的代表美食，40 多道美味可供選擇，平均 3-4 分鐘出菜，速度快、質量穩定兼具美味和效率。

傳菜機器人則應用了自動駕駛和高精地圖技術，可以在餐廳內無軌自主移動，並智能避障、自動優化傳菜路徑。

事實上，不止京東，多方巨頭都瞄准了"智能餐廳"。

德克士在上海開了第一家主打"無人自助式"餐廳；五芳齋聯手阿里口碑在杭州開了首家無人智慧餐廳，首月營業額增長 40%；盒馬推出首家機器人餐廳"Robot.HE"；餓了麼"未來餐廳"已在全國 30 多個城市開設了 300 多家線下外賣門店。

在消費模式升級和競爭方式升級的背景之下，企業利用大數據分析需求提高供應鏈效率，以智能技術提高人效是大勢所趨。智能機器人無處不在，2020 年，日本推出的新一代性愛機器人可能會顛覆人們的婚姻觀。無可否認，餐飲行業正在進入智能快車道。

34.2 新模式──跨界佈局

在移動互聯網出現之前，由於信息溝通的壁壘，人們習慣於許多邊界的存在。移動互聯網的快速發展，加強了"連接一切"的屬性，從而使原有的信息壁壘消失，人們可以即時獲取幾乎無差別的信息，從此跨界不再是一種刻意的行為，而是一種自然而然基於新生態的發展。通過技術手段，移動互聯網滲透到各行各業，會帶來諸多影響深遠的思維革命和產業革命，它會挑戰、改變和跨越人類諸多約定俗成的邊界，諸如文化邊界、行業邊界、社交邊界。

跨界的本質就是移動互聯網引發的分享經濟。移動互聯網技術的發展，促使媒介傳播高度碎片化，也提供了跨界操作的豐富手段。在這種情況下，越來越多的品牌加入到跨界的潮流中。

跨界營銷即通過移動互聯網"連接一切"的理念，對不同產品的受眾進行連接、分享，突破傳統思維的局限，在企業內部和外部進行創新，從而讓品牌內涵得以傳遞，服務能力得以延伸。

新模式下的企業變革，包括以下兩個方面：

1. 傳統企業的跨界

（1）開發移動互聯網新服務模式，依靠大數據等新技術從純生產型向服務生產型轉變。

（2）利用移動互聯網打通行業產業鏈和產品供應鏈，實現全面轉型。

案例 | 智能酒店：讓酒店"裝上大腦"

隨著互聯網技術的發展，大數據、雲計算、物聯網、人工智能和 VR/AR 等新一代技術打開了智能終端創新的大門，酒店智能化已成為燎原之勢。

阿里巴巴人工智能實驗室聯手旺旺集團旗下的酒店宣佈在上海及台北兩地打造智能客房服務，阿里巴巴首家未來酒店──菲住布渴（FlyZoo Hotel）於杭州開幕，顧客可以使用客房內的天貓精靈，用語音控制酒店內設備，呼叫客房相關服務。未來，智能將酒店打造成什麼樣呢？

· 智能化：通過 App 可以集中遠程操控，智能音箱作為智能酒店的語音入口，通過語音交互等方式控制客房內的電器，客戶能夠完全脫離雙手。

· 個性化：酒店同質化嚴重，所以凸顯個性化尤為重要。智能酒店將提供因人而異的差異化服務。智能設備可以收集每位用戶的習慣，建立用戶數據檔案，客戶再次光臨時，房間內的設備就會按照客戶個性化的習慣運轉。

· 場景化：酒店實行場景聯動，為客戶提供入住模式，睡眠模式，閱讀模式，觀影模式，起床模式。針對不同人群對應不同的酒店主題，佈置相應智能硬件，為客戶營造一個良好的環境，讓客戶體驗更佳。

智能化酒店具體的應用有：

· 法國巴黎的 Murano Resort：智能化的指紋鎖系統，通過認證才被允許進入房間；個性化燈光控制器，依據個人生活習慣與喜好來設置多種情景模式。

· 中國香港的奕居酒店，通過特定的筆記本電腦，辦理電子入住登記；通過客房內的電視或 iPad 查詢酒店介紹、本地旅遊資訊、天氣情況，還可以辦理退房，並發送賬單及資料至自己的電子郵箱。

2. 互聯網企業的跨界

（1）利用流量入口優勢拓展新業態。例如，騰訊小程序、阿里雲服務等。

（2）開發智能新終端。例如，阿里天貓精靈智能音箱、騰訊叮當，以及百度、騰訊等與汽車企業聯合發展智能汽車。

34.3 新應用——技術驅動時代來臨

在新技術驅動下，新終端、新應用層出不窮。在移動互聯網時代，信息傳播載體也變得更加多樣。從營銷的角度來看，如何讓營銷變得更加簡單高效，是各行各業都在關注的問題。

在新時代，營銷朝着更加個性化、精準化、智能化的方向發展。最有效的營銷，是個性化、精準化、智能化程度更高的“智能營銷”。

隨着信息傳播的多元化和碎片化，營銷更重要的是能夠與消費者進行交互，帶來更好的體驗。

智能營銷需要解決的問題，首先在於能夠洞悉用戶的喜好和痛點，然後與企業產品間建立鏈接，讓信息在合適的時間、合適的地點以合適的形式找到用戶。

案例 | 可口可樂從未被擊敗過嗎？

移動互聯網重構了信息、時間、空間，以及參與者的權利，給商業帶來劃時代的改變。商業模式的持續優化、創新，對一個企業越來越重要。

過去好幾年，中國湧現了許多可樂企業，例如非常可樂、紛煌可樂、嶗山可樂等，但沒有一個企業可以超越美國的可口可樂。然而，在美國本土，可口可樂卻被一家以色列公司打敗了。這家企業叫 Soda Stream。

Soda Stream 發明了一款可以在家自製蘇打水的氣泡水機，可以輕鬆製作單杯的汽水。它還可跟多達 60 種的飲料濃縮液混合，調制出不同的口味如草莓味、藍莓味等等。這種個性化受到年輕人的熱捧。這家公司做得很成功，已在美國納斯達克上市，該企業上市後搶了可口可樂不少份額。這個企業跨界競爭成功的商業模式究竟是什麼呢？

首先，中國的各種飲料（如涼茶）都做得很不錯，但是唯獨可樂做不成功。因為中國的可樂在與可口可樂競爭時，採用的都是同一種商業模式。一樣的商業模式，意味着接觸的都是同樣的利益相關方。在行業規則沒有改變的情況下，行業格局是不會改變的。

其次，Soda Stream 採用的商業模式跟可口可樂截然不同。它發明的氣泡水機採取的是小家電的商業模式，汽水和蘇打是易耗品，通過線上銷售。這樣一來，它需要具備的資源跟可口可樂是不一樣的。那就意味着可口可樂原來所積累的優勢在這個時候已無競爭優勢。

最後，Soda Stream 這種商業模式在可樂這個行業中稱得上創新，而它的成功也在於它的這種跨界創新。它採取了完全不同的交易模式，從而也實現了完整的不同的商業模式。

所以，在研究商業模式時，不妨多嘗試跨界，將競爭對手優勢無效化。

技術驅動時代下新營銷應用的特性，包括以下幾方面：

（1）社交化

社交化是將有相同或相似需求和愛好的一群人連接在一起，通過產品或服務滿足其需求的一種方式，然後以社交互動實現其對品牌的最大信任。社交化的發展趨勢是社區化，即滿足一個小區周圍五公里範圍內的用戶需求。

（2）移動化

傳統的營銷大多為一次性交易，移動營銷則相反，移動新應用和新終端讓企業擁有了多元化傳播平台與豐富的傳播方式。現今，人人都是自媒體，企業應通過移動傳播平台雙向且平等的交流，實現消費者真正的需求。

（3）數據化

數字營銷的精準定位與投放是基於大數據的開發與利用。數據驅動將促成企業外部營銷與內部轉型。

案例 | 神一樣的蘋果，顛覆完手機，再來顛覆汽車？

在互聯網數字世界裡，人類正在被兩種聲音波段佔滿了耳朵，我們生活在他們創造的世界裡，並且每天聽從他們勸導並遵循他們制定的遊戲規則，他們就是美國五小虎（Google、Apple、Amazon、Facebook、Microsoft）簡稱 GAAFM 與中國五小龍（Wechat、Huawei、tiktok、Ant Financial、Meituan）簡稱 WHTAM。

它們盤踞在太平洋兩岸，24 小時不停運轉，它們不僅改變了我們的生存生活方式，還在企圖改變我們的思想。在我們的耳朵裡，左邊聽到的是長波音頻（AM），右邊聽到的是短波音頻（FM）。

頭部企業的野心很難得到滿足。作為全球著名的科技企業和消費電子產品生產巨頭，蘋果在 2013 年正式宣佈進軍汽車領域並推出 "iOS in the Car "計劃，並於 2014 年初將 "iOS in the Car "更名為 "CarPlay"，在同年的日內瓦車展上蘋果與其合作夥伴奔馳、寶馬、本田、法拉利等眾多廠商相繼展示了與 CarPlay 的整合界面。同年，蘋果啟動 "泰坦計劃"，開啟造車計劃。2017 年初，蘋果獲得了在公共道路測試自動駕駛汽車的資格，並且頻繁申請相關技術專利。

隨著一些國家禁售傳統能源汽車開始進入倒計時，加之鋰離子電池成本不斷下降以及新型電池技術層出不窮，電動汽車取代傳統能源汽車的進程將進一步加快，其市場潛力巨大。2020 年，中國很多城市已經取消電動汽車的優惠補貼政策，但電動汽車市場依然火爆。目前，特斯拉、蔚來（NIO）等少數新銳造車企業已經搶得先機，而一旦蘋果這樣的業界巨頭跨界佈局電動汽車市場，有望成為推動電動汽車發展的新力量。

案例　|　歐洲：向智能而生

在普通人的眼裏，歐洲是旅遊勝地，在浪漫的巴黎，坐在塞納河邊的咖啡館，喝著一杯卡布奇諾（Cappuccino），度過悠閒的時光；或者在倫敦塔下喝下午茶，把時光泡進晚霞。在亞洲人看來，歐洲是一個慢節奏的地方，是上帝的後花園。如今的歐洲正在人工智能領域幹得熱火朝天，上帝把人工智能這顆科技界明珠帶給他的後花園。

法國總統馬克龍（Macron）早在 2018 年 3 月率先於歐洲推出了國家人工智能發展戰略，從人才培養、數據開發、資金扶持與倫理建設方面入手，將法國打造成人工智能一流強國。實際上法國有着互聯網科技創新的傳統，至今法國的電商市場早已超越德國，成為歐洲第二大電子商務市場，是全球排名第五的電商市場，網絡覆蓋率達到 87%，擁有 5,500 萬互聯網用戶。法國本土的電商平台 Cdiscount 是近幾年歐洲增長最快的電商平台，由於它採用多語言賬戶管理使它的國際化程度很高。發達的互聯網是法國人工智能騰飛的基礎。

法國總統馬克龍的戰略發佈不久，隔海相望的英國便向全世界呼喚：來英國看看吧，這裏才是歐洲人工智能的核心地帶！數據表明，倫敦每年有 42% 的人工智能公司的增長率，遠高於全球平均值 24%，截止到 2019 年，全球有 645 家人工智能公司把總部設在倫敦，如全球規模最大的人工智能龍頭企業 Babylon Health，Onfudo 和 Tractable 都將總部設在倫敦。倫敦已經為人工智能產業準備好了良好的教育、金融、醫療保險、法律、媒介、娛樂等發展環境。2019 年倫敦有 13 所大學新增人工智能課程，並新增 200 個博士學位。

在搶佔人工智能產業高地時，荷蘭反而走在最前面。荷蘭人說：法國人在喊口號，英國人在做準備，來荷蘭看看吧！荷蘭人已經建成了歐洲最智能的 1 平方公里：荷蘭飛利浦高科技產業園區，位於荷蘭的埃因霍溫（Eindhoven），早在 2000 年就已開工，2015 年大體竣工。它提供了一個開放式創新的環境，每一個不同的景觀都有自己獨特的生態特徵，並且智能化聯網；停車設施集中，靠近車行道並且有智能停車設施；在園區的中心設置一個交流街，是人和人思想碰撞融合的場所。這個園區還有荷蘭最大智能電網，把冷卻、供暖、發電、廢物回收利用等系統智能化集為一體。正如荷蘭足球快攻快守的風格一樣，在人工智能應用領域，荷蘭人又先行一步。

本章小結

（1）營銷創新與技術創新相結合，逐步推動智能營銷新生態的產生。百花齊放的新終端、新模式、新應用形成了差異化的競爭力和新興市場，從而助推新興品牌的崛起和傳統品牌煥發活力。

（2）跨界營銷即通過移動互聯網"連接一切"的理念，對不同產品的受眾進行連接、分享，突破傳統思維的局限，在企業內部和外部進行創新，從而讓品牌內涵得以傳遞，服務能力得以延伸。

（3）在新時代，營銷朝着更加個性化、精準化、智能化的方向發展。最有效的營銷，是個性化、精準化、智能化程度更高的"智能營銷"。

（4）社交化是將有相同或相似需求和愛好的一群人連接在一起，通過產品或服務滿足其需求的一種方式，然後以社交互動實現對品牌的最大信任。

第三十五章

New
Retail

新零售

35.1 消費的 4 個時代

隨着科學技術的發展，生產效率和交易效率不斷提高，中國的消費形式持續變遷，消費從 1.0 時代進入 4.0 時代。

中國的 4 個消費時代變化過程如表 35-1 所示。

表 35-1　4 個消費時代變化過程

國家：中國	時期	經歷時長	時代特徵及趨勢
第 1 消費時代	1949—1978 年	30 年	中華人民共和國成立初期，社會生產力不足，溫飽成為消費者要解決的物資需求
第 2 消費時代	1979—2008 年	30 年	改革開放，經濟發展增速，工業生產提高，人民的物質生活改善，家電、汽車和房產普及。
第 3 消費時代	2008—2017 年	10 年	互聯網盛行，網絡購物成為主要消費模式，年輕消費者更加看重個人消費和自我慾望的滿足。
第 4 消費時代	2018 年以後	——	追求精神消費，健康化、高端化、個性化、共享時代。

資料來源：東興證券研究所

1. 消費 1.0 時代——計劃消費

中華人民共和國成立初期，生產力不足，社會長期處於短缺經濟狀態，在這種狀態難以消除的情況下，在計劃經濟體制下實行發放計劃票證、憑票購買的方式，以此實現消費品的供應。在票證社會裏，商品種類稀少，只能滿足消費者生存型生活需求，渠道主要以供銷社的形式為主。

2. 消費 2.0 時代——大眾消費

改革開放以來，隨着生產力的不斷發展，1.0 時代的計劃消費模式已經越來越不能滿足人們的日常消費生活。隨着工業化生產帶來的產能爆發，中國的銷售與購買渠道開始多元化，出現了大量的百貨商場、超市、便利店等購銷新業態，消費者開始追求高性價比的商品。

3. 消費 3.0 時代——個性消費

隨着新技術、新模式推動社會生產力帶來的巨大發展，供給開始大於需求。同時，移動互聯網的興起，使個人價值開始突顯，隨之人們改變了消費理念，更加追求商品的附加功能，即能滿足消費者 "個性化、社交化" 等情感需求的服務與體驗。

4. 消費 4.0 時代——人本消費

人本消費時代是回歸自然、重視共享的消費時代，人們更注重簡約和環保，重視消費過後的結果。

從表面看來，我們正處在 3.0 消費時代的鼎盛時期，但其實在很多一線城市，已經出現了 4.0 消費時代的特徵（見圖 35-1），越來越多的人開始崇尚淳樸、簡潔、以人為本的消費觀念。共享單車、各類拼車 App 讓生活更便捷的同時，也在漸漸弱化我們對擁有權的執着。

瑞士信貸研究所的《全球財富報告》中，中國人均財富達到 2.68 萬美元，在全球 11 億

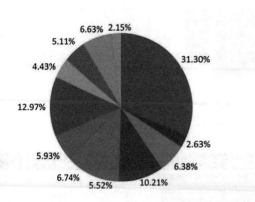

■ 食品和非酒精飲料的消費佔比
■ 酒精飲料和香煙的消費佔比
■ 服裝鞋帽消費佔比
■ 住房設備消費佔比
■ 家具與家庭開支消費佔比
■ 健康與保健消費佔比
■ 交通運輸消費佔比
■ 通信與網絡消費佔比
□ 文化娛樂消費佔比
■ 教育開支消費佔比
■ 餐飲與酒店消費佔比
■ 個人開銷、保險與其他消費佔比

圖 35-1　2017 年家庭開支消費比例
資料來源：統計局網站

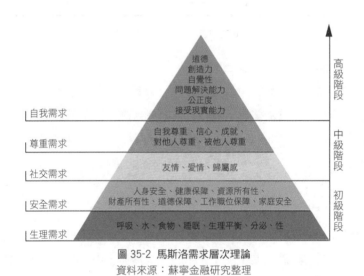

圖 35-2　馬斯洛需求層次理論
資料來源：蘇寧金融研究整理

中產階級中，中國佔到 35%，並預計到 2022 年佔比將達到 40%。2015 年至今，中國中產階級人數從 1.09 億人攀升至 3.85 億人，在 2022 年，這個數字將增加到 4.8 億人。

消費時代的變革，存在一定的內在邏輯。其中，馬斯洛需求理論將人類的需求按較低層次到較高層次分為生理需求、安全需求、社交需求、尊重需求和自我實現需求（見圖 35-2）。人們總是要先滿足較低層次需求，才會考慮較高層次需求。

這一理論正是消費時代變革和消費者需求變化的內在邏輯。隨着移動互聯網和人工智能等新技術的成熟，批量化、標準化的生產越來越難滿足消費者的需求。

在注重商品生態、健康、自然及消費體驗的大環境中，"自然化、個性化、體驗化"的消費模式才能激發消費者的購買慾望，直播經濟、消費商經濟衍生正是消費小眾化的開始。

因此，商品必須要有更多的附加價值，才能打動消費者。當消費者和商品衍生的附加價值相一致的時候，才能滿足消費者需求，提升消費者的忠誠度。

案例 ｜ 柔性世界，重新定義空間

越來越多的營銷人意識到，一個設計配置固定化的空間容易讓用戶產生厭煩情緒。如果讓你天天喝粥，有一天你看見粥就會頭痛。

怎樣才能讓老顧客持續愛上一個空間呢？柔性邊界解決了這一難題。在柔性世界的設計語言裏，沒有邊界這一詞彙。所有的商品陳列空間的功能分區設有明顯界限，所有的服務空間都是可重組的板塊化組成。邊界柔化、可移動、可重組是柔性空間設計的三大原理，體現了商品和服務在流通中的連貫性與時尚感。色彩與線條也遵循流暢性原理，給顧客的場景體驗增添愉悅舒暢的心情。

柔性視界空間最初從寫字樓開始應用，如 Google 公司為了使員工不產生厭倦情緒，不斷變換空間組合，到如今，已經蔓延到零售終端及服務場所。

35.2 消費空間

人本消費時代是人們在基本需求得到充分滿足後，所表現出來的圍繞心理需求發生的更高品質、更深層次、更廣範圍的消費追求。在新的消費環境下，消費需求表現得更為複雜，消費者既重視滿足基本需求，又重視消費品質，還關注消費體驗。

在這種新的消費概念中，成為消費對象的，是物品的功能、人對物品功能產生的印象以及包含人與物相互關係的時間與空間。這種消費形態，就是"消費空間"。

消費空間的核心是在空間主導下經營消費者體驗。空間主導就是企業的所有經營活動必須通過打造消費空間，提升消費者的體驗，從而提升消費者滿意度。因此，企業經營的重點是打造消費空間，降低消費者對產品的預期和感知體驗的差值。

傳統時代消費空間三要素為產品、消費者和渠道，而在人本消費時代，產品功能的高品質和消費的高體驗成為消費者的核心訴求。在這一時期，功能、場景、體驗是構建消費空間的三人基礎要素，核心就是讓消費者得到精神層面的滿足，繼而在情景中自覺消費。

只滿足基本功能需求的單一要素，不能激發消費者的消費動機，必須結合當前消費者的關注點，準確切入消費者關切的消費場景。不論是產品，還是在終端零售店的表現，場景將成為非常重要的要素。

功能、場景、體驗三要素逆向重構消費空間，形成更加科學的消費體驗路徑，即由消費者所需，決定商品，進而決定線上或線下消費場景，最終完成對供應鏈的深度改造，實現按需生產，從而使消費體驗得以升華。

35.2.1 功能

功能即商品的功能，衡量商品功能的重要因素即質價比（性價比＝質量／價格），很多消費者都把質價比看成選購商品的重要指標。本書認為質價比應該建立在先滿足質量要求的前提下，再衡量價格是否合適。質價比不僅僅是指產品的品質與產品價格之間的對比，還包括產品的設計、服務與產品價格之間的對比，質價比是一個綜合因素相互比較的結果，不能單獨從某一種因素進行比較。

因此，低價高質和高價高質的產品將是消費者的優先選擇。

質價比可以激發消費者的消費慾望。從企業經營角度來講，通過定倍率可以有效提升質價比。定倍率就是商品的零售價除以成本價得到的倍數。

如何制定產品的定倍率？

為什麼蘋果（Apple）可以有如此高的"定倍率"。因為蘋果是靠科技智能與創新領先的科技公司，是市場無可對比的競品，它可以用高定倍率讓自己獲得豐厚的利潤。所以，如果企業的核心競爭力是創新，並能引領所在行業的市場，就可以用高定倍率定價。

那麼，定倍率是不是越高越好呢？還以手機為例，眾所周知，小米手機就是以高性價比佔領了市場。因小米初期採用線上銷售模式，砍掉了通路渠道中的各種費用，降低了銷售成本。雖然定倍率低，可因其出貨量大，利潤同樣是豐厚的。也就是說，如果你有能力整合供應鏈或提高銷售渠道效率，這樣定倍率不高，同樣可以獲取大量的利潤。

名創優品、盒馬鮮生等新零售企業就是通過降低定倍率、縮減供應鏈環節，提升了渠道效率，降低了渠道成本。比如，生鮮直接實現原產地採購，保證品質、貨源和價格，從而有效降低虛高的定倍率，讓顧客得到實惠，銷售增加，利潤自然上升。

選擇高定倍率還是低定倍率取決於企業的競爭優勢，如果企業的功能（核心競爭力）是創新，差異化程度高，並且能夠引領整個市場，那麼宜採用高定倍率；如果企業的功能（核心競爭力）是效率，那麼只能砍去低效環節，以獲得顛覆性的競爭優勢。

對於所有企業來說，要想降低企業定倍率，可以從縮短供應鏈或提升渠道效率兩方面入手；要想提高企業定倍率，則可以從創新、技術壟斷兩方面入手。

35.2.2 場景

場景的本質是內容傳播和物流的高效組合。

（1）內容傳播

對於消費者而言，在購買商品之前，消費者需要知道商品的相關信息，據此決定是否購買；對於企業而言，要讓優質內容出現在消費者眼前，通過優質內容提升消費者對產品的認知度和黏性。

移動互聯網時代的內容傳播，相對傳統時代，最大的特徵就是高效率和高體驗。在互聯網時代，內容傳播僅限簡單信息，雖然高效但損失了體驗性；而移動互聯網在大數據、人工智能、VR 等技術的支持下，有效彌補了內容傳播的體驗性。

以網紅經濟為例，人們以前在網上買口紅，因為無法試用，只能憑自己的眼光和感覺。在網紅直播經濟中，人們在網上買口紅，不僅可以通過網紅"意見領袖"現場展示的方式學到化妝理念，還可以以網紅作為對比來決定是否購買。

（2）物流

衡量跨度性物流，最重要的指標是快；衡量即得性物流，最重要的指標是近。

在效率要求下，用數據為物流賦能，讓"快"和"近"殊途同歸。

　　為此，各種新技術、新專利都在發力，從亞馬遜的"預測式出貨"專利，到天貓、京東的大數據分析提前備貨，再到無人機配送，可實現庫存更近、物流更快。

35.2.3 體驗

　　在人本消費時代，企業是否能夠成功，用戶體驗是關鍵。用戶購買產品，並非結束了交易，當用戶接觸產品或信息的時候，用戶體驗已經開始，而用戶體驗的好壞，將直接影響轉化率、復購率等各個銷售環節。

　　那麼，應如何提升消費者體驗？具體可從以下幾個方面做起：

　　（1）場景思維取代流量思維

　　痛點出現的地方就是場景。沒有痛點，就構不成場景，就無法把人與產品連接起來。

　　例如，滴滴出行發現，在乘車高峰期不好打車，於是增加了為師傅發紅包的操作按鈕，有急事或不願等待的顧客就可以通過加發紅包來提前約車。但是如果用戶不是特別急着打車，就不必使用這個功能。

　　消費者的痛點在哪裏，場景就應該在哪裏。

　　（2）轉化率

　　轉化率是指在一個統計週期內，完成轉化行為的人數 / 次數佔內容傳播的人數 / 次數的比率。提升轉化率是企業運營中的核心工作之一，對企業來說，意味着更低的成本、更高的利潤。

　　在移動互聯網時代，以內容驅動為核心的社交 / 社群更有利於提升轉化率，用戶在一起互動、交流的過程中，對產品本身會產生反哺的價值關係。

　　（3）客單價

　　提高客單價的方法，除了透析數據，還要洞察用戶。

　　比如，可以採用產品關聯的方法，把有關聯的產品關聯銷售。如茶葉和茶漏、飯盒和保溫袋等組合套裝。

　　（4）復購率

　　建立會員制，引導用戶自己不停購買。當消費者成為會員後，意味着在交易之外，企業與消費者之間建立了可持續互動的關係。

35.3 移動互聯網背景下的新零售

　　所謂新零售，具體體現為營銷渠道和場景的創新。

　　零售的本質是隨時隨地滿足消費者的需求。新零售的本質是以消費者為中心，線上線下結合促使交易效率的進一步提升。新零售是對"貨—場—人"到"人—貨—場"的一次重構，是線上線下互為流通渠道並以物流為鏈接的新模式，線上線下不再是敵對競爭關係，而是互補的關係，實現雙向閉環引流。

對於新零售，本章先引述一段歷史。1588 年，英國艦隊擊敗西班牙無敵艦隊，開啟英國海上霸權時代。這是一場著名的海戰，當時西班牙無敵艦隊有三萬人，英國艦隊有 1.5 萬人，這是絕對的兵力優勢，所以西班牙人覺得自己穩操勝券。

但是，這個數字是經不住細看的，因為西班牙軍隊中陸軍和海軍的比例是 3：1；而英國艦隊正好倒過來，陸軍和海軍的比例是 1：3。所以，西班牙軍隊主要的士兵是陸軍，而那部分海軍的身份是船奴，就是劃槳的，打仗還是要靠船上的陸軍。你看，所謂的無敵艦隊，其實僅僅是代步工具而已，本質上還是陸軍。但是英國軍隊中，有大量駕船技藝嫺熟的水手。

所以，開戰之後，雙方的行為模式就不一樣，西班牙人總想用鉤子把英國船給拉過來，讓自己的士兵跳到英國船上去殺人；而英國人憑藉船的靈活性，在波濤中操縱船隻，反覆穿行，主要是靠船上的火炮來殺敵人。

當時有目擊者說，西班牙船上血流成河，很多聚集在甲板上等着衝上英國船的西班牙陸軍成了活靶子，死傷慘重。後來英國也靠這種新型海軍帶着新的海戰思維擊敗了陸地強國法國，贏得了法國在北美的殖民地。

本章節通過這段歷史來表述新零售可能會帶來的變革。新零售就好像 16 世紀英國對海戰思維的革新，新零售通過將數據和商業邏輯進行深度交融，真正實現為消費者提供超出預期的"獲取"。新零售將為傳統零售業態插上互聯網的翅膀，重塑價值鏈，創造高效企業、零庫存企業、實時獲取用戶需求的企業，催生新型服務商並形成新的零售業態。

35.3.1 從線上到線下的新零售

"新零售"這一概念，最早是由馬雲在 2016 年雲棲大會上提出來的："純電子商務將會成為一個傳統的概念""未來的 10 年、20 年沒有電子商務這一說，只有新零售這一說。也就是說，線上線下和物流必須結合在一起，才能誕生真正的新零售。線下的企業必須走到線上去，線上的企業必須走到線下來，線上線下加上現代的物流合在一起，才能真正創造出新零售。"

此後，阿里巴巴 CEO 張勇對這一概念進行了擴充——"不能狹義地將新零售理解為線上線下的互動和融合，全渠道只是新零售的一個組成部分，網紅經濟、個性化推薦基礎上的用戶交互行為、用戶購買動機的改變等，都應該被納入新零售的範疇。在營銷方面，要探索品效合一的全域營銷、娛樂化營銷；在物流方面，不僅要追求送得快，更要考慮用大數據讓貨物的運轉更有效率。"

新零售涉及的內容非常廣，包括銷售、供應鏈、物流、倉儲、營銷、會員、配送、支付、數據等多個環節，具體包括以下幾方面：

（1）倉儲、運輸、配送、客服、售後正逆向一體化供應鏈解決方案的供應鏈服務；

（2）雲＋物流科技服務，包含物流雲、物流科技、商家數據服務等；

（3）跨境物流服務；

（4）快遞與快運服務。

其中，京東物流子集團的客戶中，便利店是一個重要的發展方向。

快消 B2B 成為投資機構的投資熱點，其中 2015 年京東就宣佈組建了新通路事業部，2017 年 3 月宣佈加碼 B2B。

2016 年，阿里巴巴推出了阿里零售通平台。涉足快消 B2B 的還有進貨寶、中商惠民，等等。

2016 年，銷售額達 27 億元的百草味決定重返線下，並宣稱 3 年內要做到 100 億元規模，除了繼續佈局商超渠道，還將正式啟動 "一城一店" 計劃。長期以來，百草味與良品鋪子、三隻松鼠被視為休閒零食電商三大品牌。

2016 年，小米開始轉型佈局線下零售店，並宣佈準備在 2020 年前將渠道延伸至線下，至少開出 1,000 家零售店。

預期在未來 3 年內將線下書店開到 1,000 家的當當網，到 2017 年，開張的線下實體書店已有 143 家。

2016 年，三隻松鼠佈局了線下實體店 "三隻松鼠投食店"，目標是開設 1,000 家實體店，並宣稱線下其實比線上更賺錢。

2017 年 5 月 15 日，國美發佈公告稱，國美電器正式更名為國美零售。未來，國美將由電器零售商轉變成為以家電為主導的方案服務商和提供商，藉助供應鏈、新場景、售後服務的強大支撐不斷升級新零售戰略。

擁有全國規模最大的實體商業資源的萬達，將飛凡網視為集團戰略項目，不惜斥資 50 億元，要打造全球最大的 O2O 平台。

案例　│　盒馬鮮生：新零售樣本的誕生

近幾年，零售業被互聯網衝擊成七零八落，傳統零售商用自媒體運營、移動商城、體驗式消費等嘗試拉開新零售的大幕。阿里巴巴孵化的新業態超市盒馬鮮生，佔據大部分國內市場，深得年輕人喜愛，成為國內 "新零售" 探索較為成功的案例。

盒馬鮮生 CEO 侯毅指出，中國零售業未來的發展趨勢有兩個改變："一個是按照當地消費者的商圈特性精準研究我們的商品配置；第二個是用技術提升整體零售的效率。"

簡言之，新零售離不開 3 條原理：新零售銷售效率的提高，來自於線上渠道；要有精準的數字化營銷；全時段的客戶連接。

· 盒馬鮮生定位於以大數據支撐的線上線下一體化超市，以線下體驗門店拉動線上銷量；定位於年輕消費群；提供門店 3 公里範圍內 30 分鐘送達的配送服務。

· 盒馬鮮生是以賣生鮮產品為主的精品超市，和普通超市不同的是：提供當日最新鮮商品，不賣隔夜蔬菜、肉和牛奶；菜品全程可溯，食品安全有保障；可以無條件退款。盒馬從源頭採摘、到包裝、到運輸、到門店銷售的整個全鏈路供應鏈重新進行設計規劃，保證了這個鏈路最短，盒馬已經實現了從源頭到消費者的全數字化鏈路。

· 盒馬鮮生早期把盒馬 App 作為門店唯一的支付入口，消費者要想完成支付必須下載盒馬 App 會員並註冊，才能使用支付寶賬戶支付。盒馬 App 聚合了一般會員卡的篩選用戶、准入、支付和綁定用戶等功能，將線下流量強行導流到線上。

35.3.2 從線下到線上的新零售

1. 線下如何玩轉新零售

名創優品的創始人葉國富，是線下零售的代表人物，他認為新零售應以產品為中心，利用新技術提升顧客體驗和運營效率。優衣庫 2018 年的銷售額是 1,200 億元，宜家 2018 年的銷售額是 2,750 億元，名創優品（MINISO）經過短短 3 年，2018 年銷售額達到 100 億元。

這些企業在線上的銷售微乎其微。部分企業家認為新零售並非簡單的"線上＋線下"，而是以產品為中心，利用互聯網和人工智能等新技術，為客戶提供高用戶體驗和高性價比的購物體驗，並縱向整合從研發、設計、生產、物流到終端的價值鏈，創造更大價值，提升運營效率。人們的需求越來越簡單、理性、高效，只有精選、優質、低價的商品才能讓大多數人買單。

那麼，什麼是以產品為中心？未來，對於大部分企業來講，葉國富認為首先要打造性價比極高的產品。如何打造極高性價比的產品？他的方法論是"三高"與"三低"："三高"是指高顏值、高品質、高效率；"三低"是指低成本、低毛利、低價格。

2. 新零售的趨勢：傳統商業的自我改造

相比更迭迅速的創新業態，傳統商業生命力非常頑強。經歷了品牌之戰、渠道之爭和資源爭奪後，傳統商業不論在商業佈局、技術實力，還是人員部署上，都有極大的競爭力。

儘管自電商發展以來，傳統商業早已不復往日輝煌，一波又一波的"關店潮"讓人唏噓不已。然而，在新零售熱潮中，傳統商業已經開始在多種渠道發力，及時止損轉型。

以美國傳統商業為例，為了讓消費者的店內購物體驗最優化，關閉了近兩百家門店的梅西百貨在 2016 年與 IBM 沃森人工智能助手合作，推出了基於人工智能技術的 Macy's On-Call 店內智能導購服務。在開通了該項服務的店面中，通過精確到櫃台位置的地理位置分析，智能導購可以回答消費者關於商品庫存、導航等常見問題，根據消費者的喜好匹配並推薦商品，該系統還會隨着用戶的使用變得更聰明和智能。

優衣庫和高端百貨商店 Neiman Marcus 與增強現實創業公司 MemoMi 合作，在店內安裝增強現實的試衣鏡 Memory Mirror。這面"魔鏡"會根據顧客的身型數據建立用戶檔案，用戶無須手忙腳亂地挑選和試穿，鏡子會實時地顯示顏色建議、樣式以及搭配建議。如果當時無法確定是否購買，顧客可以通過 Memory Mirror 將自己的試穿視頻發送到郵箱，回家觀看後再決定是否要在網上下單。

35.3.3 新零售下的新物流

❶ 智慧物流：簡稱 ILS，首次由 IBM 提出，2009 年 12 月中國物流技術協會信息中心、華夏物聯網、《物流技術與應用》編輯部聯合提出概念。物流是在空間、時間變化中的商品等物質資料的動態狀態。

1. 智慧物流 ❶

大數據、人工智能協助"提速"，多方合作讓運輸過程更穩定。

"閃電運速"的實現，建立在完善的倉儲佈局基礎上。隨着電子商務的進一步發展，尤其是生鮮類電商的迅速崛起，倉儲佈局成了眾多電商平台和物流企業的必修課。面對庫存問題，大數據和人工智能成了不少相關企業解決問題的"法寶"。

比如，菜鳥物流在 2017 年天貓"雙十一"期間，就採用大數據智能分倉技術，根據預測信息將"爆品"提前存放到消費者身邊，幫助"剁手黨"盡快收到快遞。

簡單來說，就是"未卜先知"。菜鳥相關負責人表示，根據天貓"雙十一"的預售數據和菜鳥大數據預測，目前，排名前 10 位的"雙十一"囤貨爆品分別為衛生巾、洗衣液、面膜、餅乾、膨化食品、抽紙、卷筒紙、純牛奶、開關插座套裝，主要為快消類的生活用品。這些預測出的爆品，已經提前被儲備到菜鳥網絡的前置倉。"這些前置倉分散在中國多個城市，是距離消費者最近的倉庫。消費者一下單，前置倉立即發貨，配送時效大為提高。"菜鳥網絡技術專家如此介紹。

在提升速度的同時，如何提升貨運質量也成了眾多物流企業聚焦的話題。網購商品種類越來越多，採用"一刀切"的快遞方式無疑無法滿足多樣化的物流需求。對此，不少物流企業與第三方平台合作，藉助第三方平台的專業化優勢來打造精細化物流。

2017 年"雙十一"，順豐速運與中國國內大件物流領域的老牌企業日日順合作，為體積大、重量重、易損壞的家具家電的運輸"保駕護航"。在末端配送方面，順豐聯手國美電器等平台，為用戶提供運送、安裝等終端服務。順豐官方宣稱將力爭實現 100kg 以下快件的不限收、不限重。比如，包裹堆積、產品錯配、無人安裝等現象的出現頻率大幅降低。

2. 智能倉儲

物流機器人大顯身手，無人化從小規模應用走向全面開花。

面對一年一次的"雙十一"，各種倉儲物流"黑科技"層出不窮，現在最火爆的人工智能技術，也將在物流領域一展身手。可以自主分揀、取貨甚至搭建倉庫的物流機器人，之前是"單點開花"的狀態，而此後將會走向大規模應用。

3. 綠色物流 ●

共享快遞盒、可分解快遞箱，首次集中行動。

對物流企業來說，包裝成本的不斷上漲，無疑帶來了巨大的壓力。2018 年的"雙十一"，多家物流企業開始着力佈局"綠色物流"，在降低運輸成本的同時，也試圖緩解越來越大的環境壓力。

"雙十一"期間，京東推出了循環包裝袋，這種包裝袋以抽拉繩密封，消費者到京東自提點帶走商品後，包裝袋由配送員回收，返回倉儲再次打包使用。京東目前已在配送環節投入使用數千個循環包裝袋，未來計劃投用上百萬個。

阿里巴巴旗下的菜鳥網絡，計劃在全球啟用 20 個"綠色倉庫"，使用免膠帶的快遞箱和 100% 可降解的快遞袋。除此之外，"雙十一"期間，菜鳥還將在重點城市的菜鳥驛站全面啟動紙箱回收。菜鳥方面負責人介紹，在濟南、北京、上海、廣州、深圳等城市的菜鳥驛站，收件拆包後，消費者可以選擇將紙箱留在驛站。

2016 年起，菜鳥驛站就聯合全球 32 家物流合作夥伴開始了綠色物流的探索，並與環保部合作成立了首支物流業的環保基金，正式把物流綠色化納入國家行動，"新零售"的核心就是線上線下和物流的高度融合，而接下來的"雙十一"

● 綠色物流：從管理學的角度講，綠色物流是指為了實現顧客滿意，連接綠色需求主體和綠色供給主體，克服空間和時間限制的有效、快速的綠色商品和服務的綠色經濟管理活動過程。"綠色物流"裏的綠色，是一個特定的形象用語，它泛指保護地球生態環境的活動、行為、計劃、思想和觀念在物流及其管理活動中的體現。

也變成了新零售的實戰演練場。

目前看來，"新零售"一方面是服務質量、服務方式的迭代，另一方面則是科技手段帶來的消費方式變化。而人工智能、機器人、大數據等技術的加入，只是商業智能化的一個縮影，它不會止於電商，未來這些技術會在我們的生活中更廣泛、更深入地應用和發展，"雙十一"也將會變成巨頭們的科技競賽。

本章小結

（1）消費的 4 個時代：消費 1.0 時代——計劃消費，消費 2.0 時代——大眾消費，消費 3.0 時代——個性消費，消費 4.0 時代——人本消費。

（2）在新的消費環境下，消費需求表現得更為複雜，消費者既重視滿足基本需求，又重視消費品質，還關注消費體驗。在這種新的消費概念中，成為消費對象的，是物品的功能、人對物品功能所具有的印象以及包含人與物相互關係的時間與空間。這種消費形態，就是"消費空間"。

（3）傳統時代消費空間三要素為產品、消費者和渠道，在人本消費時代，產品功能的高品質和消費的高體驗成為消費者的核心訴求，在這一時期"功能"、"場景"、"體驗"是構建消費空間的三大基礎要素，核心就是讓消費者得到精神層面的滿足，繼而在情景中自覺消費。

（4）移動互聯網時代，"功能"、"場景"、"體驗"三要素逆向重構消費空間形成更加科學的消費體驗路徑，即由消費者所需，決定商品，進而決定線上或線下消費場景，最終完成對供應鏈的深度改造，實現按需生產，消費體驗得以升華。

（5）在人本消費時代，企業是否能夠成功，用戶體驗是關鍵點，用戶購買產品，並非結束了交易，而是一個新的開始。當用戶接觸產品或信息的時候，用戶體驗已經開始，而用戶體驗的好壞，將直接影響轉化率、復購率等銷售的各個環節。

Space of Mobile Internet

移動互聯空間

人類在農耕社會停留幾千年，蒸汽機到電力幾百年，電力到信息 200 多年，信息到互聯網 100 多年，互聯網到移動互聯網 50 年左右。我們可以從中看到四大規律：

第一規律，科學技術的發展讓人類社會的進化迭代速度越來越快，規模越來越大，每一次變革都是顛覆性的。

時代進化的第 2 個規律，是新時代裏誰掌握了最先進的生產力，誰就能成為主宰。比如英國，依靠科學技術從一個面積不大的島國變成涵蓋 100 多個殖民地的日不落帝國。

第 3 個規律，每一次時代的更迭，背後真正推動的力量是生產力和生產工具的變化。開創時代的必要條件，是一種新的生產力，一種新的生產工具，創造了新的生產關係。

從農耕社會人力勞動到蒸汽機，到電力、信息、互聯網、移動互聯網，接下來進入什麼時代呢？我們做了一個定義，把它叫做——"移動互鏈時代"。

這是人工智能、大數據、機器學習和區塊鏈等引發的新時代。在未來新時代，數據就是新的生產資料，人工智能是新的生產力，區塊鏈是重構生產關係。

互聯網技術即將發生前所未有的變革。以往所有的跨界融合，在這場變革面前都不足為提。

不管任何產業，你不了解最先進的技術，你就失去了掌握新生產力的機會，未來就沒有你。

機會如雨點般向搜狐打來，但張朝陽卻一一躲過。

2018 年 11 月 5 日，搜狐公司公佈了 2018 年第三季度財報。

財報顯示，搜狐第三季度總營收為 4.60 億美元，同比下滑 11%；歸屬搜狐的淨虧損為 3500 萬美元，去年同期淨虧損為 1.04 億美元。搜狗與暢遊第三季度營收均不及市場預期。受此影響，搜狗股價盤前大跌 8.56%；暢遊下跌 0.82%；搜狐下跌 5.62%。

移動互聯網崛起的這十年裏，作為老一輩的互聯網公司被遠遠的甩到了後面，尤其是與 BAT 的差距，越來越大。

曾經的互聯網四大門戶，搜狐明顯落伍了。張朝陽錯過了移動互聯網時代的黃金十年，搜狐從如日中天的互聯網巨頭跌入了不被人提及的互聯網小公司。

2008 年到今年是中國移動互聯網發展的黃金十年，移動社交、移動電商、移動支付、O2O、直播、智能算法、短視頻、共享經濟、人工智能、新零售、區塊鏈等領域伴隨着時代的發展相繼成為各領域風口。但搜狐沒一個接得住。

圖 36-1

張朝陽在 1998 年創立了搜狐，2000 年在美國納斯達克上市。那時的馬化騰才剛剛研發出 QQ，馬雲為宣傳黃頁四處奔波，李彥宏癡迷在《硅谷商戰》的書海裏。張朝陽在當時可以說是中國互聯網的先鋒引領者。

搜狐有四大業務：新聞門戶搜狐網、搜狐視頻、搜狗和暢遊的遊戲業務，其中七成收入來自搜狗和暢遊。

搜狐可謂佔據了互聯網的半壁江湖，搜狐最早做微博，最後敗給了新浪；搜狐是視頻網站和自製內容的先驅，最後被愛將創立的優酷和愛奇藝超越；搜狐新聞客戶端獲得了新聞資訊的多半用戶，最後被今日頭條徹底顛覆；搜狗最後被騰訊入股。

　　大家都知道，興起微博的時候有騰訊微博、搜狐微博和新浪微博三大主流，而搜狐微博算是最早的一批。但在這過程中，只有新浪微博崛起了，其他微博有的停止了業務，有的成為了擺設。

　　新浪微博的崛起是有原因的。

　　首先，新浪微博用了一級域名，而騰訊微博只是用了二級域名，其他微博亦是如此。新浪把微博設立為一個獨立的公司，而騰訊只是成立了一個部門。新浪的運營和投入可想而知比騰訊要大要強。其次，新浪擁有會員制度，大量集資圈錢的好手段，只要一個代碼就能大量的收割金錢，不用回報給用戶什麼。第三方應用，聚集第三方的人氣，然後廣告分成，把一部分廣告收入分給用戶。大量的自營廣告，大量的頭條廣告，讓微博成為了新浪的賺錢利器。

　　隨着微博的內容豐富，大量用戶的互動，微博推出各種服務，金融類，一元奪寶類，直播類，有了內容和用戶，和第三方大機構或者子公司互動合作，讓新浪微博更賺錢。最後是邀請明星大咖入駐，獲取巨大流量。新浪贏得微博大戰的原因有很多，但是大量優質明星的入駐，無疑是關鍵一環。據說新浪使盡了十八般武藝，千方百計拉明星入駐，一時明星紛紛"入坑"，微博上賣萌耍寶，引得粉絲們奔走相告，爭相圍觀，玩的不亦樂乎，新浪的優勢壁壘也就此確立。可以說，一個平台的建立，擁有更多活躍的 KOL 和話題，比擁有更多普通的玩家用戶更關鍵。當年騰訊微博，藉助 QQ 天然的海量用戶，一度號稱要超越新浪，但只憑 QQ 好友之間的微博關注，缺乏活躍的明星用戶和話題，用戶缺乏圍觀的人和內容的動力，只能做不冷不熱的好友互動，活躍度越來越低，最後只能忍痛下線。

　　搜狐視頻在發展過程中獲得了豐富資源支持。2010 至 2013 年，搜狐視頻依靠主打美劇的定位，吸引了大批美劇的忠實擁躉；2013 年，搜狐視頻花費一億元買下了《中國好聲音》第二季的獨家網絡版權，給其帶來了十分可觀的收益。

　　搜狐視頻身上最顯著的標籤是美劇正版，不過那已經是五六年前的事了。當競品們意識到 IP 的重要性，攜重金入場時，搜狐視頻顯得茫然了。

　　再加上依靠阿里巴巴的優酷，百度的愛奇藝和騰訊的騰訊視頻三大巨頭的夾擊，沒有大佬依靠的搜狐視頻自然在激烈的競爭中逐漸沒落。

　　騰訊的騰訊視頻，是其內容戰略的重要一環，圍繞內容建立的龐大生態也十分誘人。從內容生產、發行、傳播、IP 衍生無所不包，對於創作者的幫助非投資所能衡量；阿里巴巴的優酷，在被收購的最初曾是阿里的導流渠道，一度定位不清，如今成了大文娛產業的基礎設施，要像"女兒一樣富養"；百度的愛奇藝，沒得到百度過多的幫助，卻自己走出了一條自製之路。旗幟鮮明的娛樂化、夜店風，迎合了年輕人的倍速看片體驗。

　　搜狐曾如日中天的四大業務基本沒落，在移動互聯網時代，搜狐沒有一個產品成為國民 APP；被視為救命稻草的搜狐視頻也逐漸被優酷、愛奇藝、騰訊視頻甩在了身後。

　　一家公司在進入成熟期後會形成自己特定的基因，作為門戶時代的引領者，搜狐在巔峰時期形成了濃厚的媒體基因，這也讓它在技術變革時代很難成功轉型。

　　搜狐很早便意識到移動互聯網時代的來臨，也看到了手機端瀏覽新聞的大趨勢，因此搜狐推出新聞客戶端和手機搜狐網的時間並不晚，並靠着預裝機在早期搶佔了相當大一部分市場份額。然而，由於骨子裏媒體基因緣故，搜狐新聞客戶端的運營模式仍然固守傳統的編輯推薦模式，而非更受用戶歡迎的個性化推薦，這就為今日頭條的發展壯大留下了充足的空間。

36.1 虛擬現實的移動空間

無須直接進行身體接觸就可以體驗某個產品、某個場景，這是很多人夢寐以求的事情，有了 VR，這將不再是夢。毫無疑問，VR 與營銷相結合必定會開拓一個龐大的市場。VR 顛覆了傳統的渠道，讓產品內容在一個虛擬現實的空間裏實現點到點傳播。

VR 在行業中的深度應用，需要 VR 營銷方法的指導，那 VR 營銷有哪些可參考的方法呢？

（1）交互式症狀模擬

在醫學界，虛擬現實可以在很多方面幫助數字營銷。例如，一家製造偏頭痛藥物的公司就生產了一台基於虛擬現實的交互式症狀模擬器，讓患者的家人感受患者本身所經歷的痛苦。這不僅可以推銷產品，還可以提高人們對非可見慢性疾病的關注度，又可以幫助到患有慢性疾病的患者，例如焦慮症患者、創傷性後遺症患者，等等。另外，虛擬現實能夠展示某個治療手段或者某種藥物是如何減輕患者痛苦的，從而推銷相關產品。

（2）實時數據收集

截至 2016 年 6 月中旬，已經有 400 萬的虛擬現實活躍用戶。這個數字在未來兩年內會增加 4 倍，相關公司應基於實時數據收集快速調整自己的市場營銷策略。

現在，大部分消費者都還沒有熟悉虛擬現實，並不是所有的用戶都會買賬，有時甚至還會對某種營銷手法產生負面評價。如果一項虛擬現實營銷項目效果並不理想，那麼該品牌可以根據數據反饋快速制定新的策略，迎合大眾消費者。

（3）增加消費者參與度

想要提高消費者參與度，涉及很多因素。如果使用得當，虛擬現實可以幫助消費者更好地理解產品和服務。

例如，使用 3D 眼鏡觀看的 3D 廣告可以改變乏味無趣的廣告營銷。無論是初創公司還是老品牌，如果想使用虛擬現實營銷，3D 或許是個不錯的切入點。具體應用時，可以先看看觀眾是否滿意這種營銷方式，讓他們大概了解一下未來的虛擬現實營銷。

（4）構建數字營銷未來的藍圖

臉書（Facebook）收購了傲庫路思（Oculus），已經開始為自己的虛擬現實數字營銷構建未來的藍圖。虛擬現實可以讓兩個人或者更多的人進行虛擬交互。雖然現在虛擬現實還沒有成為主流，但我們相信不需要等太久。虛擬現實和數字營銷的結合將會是市場營銷的未來，幾乎每一個品牌都可以利用虛擬現實來推銷自己的產品和服務。

36.2 人工智能：全方位營銷新場景

　　自 2016 年以來，人工智能以迅雷不及掩耳的速度，成為資本界的新寵。不論是長期耕耘在此的科研機構，還是不斷湧現的創業者，又或者是以百度為代表的科技巨頭大招不斷，人工智能已經越來越為人們所熟知、了解乃至躍躍欲試。

　　AlphaGo[❶]擊敗李世石在當時看來是人工智能發展最高點的時刻，現在看來似乎只是人工智能發展新時代的一個開始。

　　人工智能指的是用計算機對人的意識、思維和行為進行智能模擬。人工智能技術之所以會有如此快速的發展，一方面在於算法和硬件的進步，另一方面也離不開 PC 和移動互聯網所產生的海量數據。百度在 2016 年的百度世界大會上宣佈，百度大腦已掌握 10 億用戶畫像和 1,000 萬級別的標籤，垂直畫像可以展現用戶在金融、生活、零售等方面的偏好。看到這些數據，專業人士一定會條件反射地思考這些數據對於互聯網營銷的價值。在人工智能成為最大風口的當下，營銷也應當趁勢起飛，不斷適應新時代。

> [❶]AlphaGo：第一個擊敗人類職業圍棋選手、第一個戰勝圍棋世界冠軍的人工智能程序，由谷歌（Google）旗下 DeepMind 公司戴密斯·哈薩比斯領銜的團隊開發，其主要工作原理是"深度學習"。

　　隨着人工智能的不斷發展，營銷所面對的人群將比過去更"小"。在過去，企業傾向於在媒體上大量投放廣告，不遺餘力地狂轟濫炸每一個死角，儘可能地觸及消費者，這樣的營銷模式下往往成本高、效果差。進入互聯網和移動互聯網時代，以關鍵詞為代表的"精準營銷"開始流行。在營銷方式多種多樣的今天，百度推廣因其關鍵詞營銷的精準性，依舊廣受歡迎。

　　百度推廣之所以精準，多半是因為關鍵詞直接來源於消費者需求。如果將人工智能的用戶畫像能力與百度推廣嫁接，數以十億計的用戶數據和千萬級的標籤能夠直接勾勒出受眾的畫像，廣告投放將更加精準，直擊用戶痛點。

　　除此之外，人工智能還將為營銷帶來無限可能。在 PC 時代，所謂的營銷手段，無非是文字、圖片、音頻、短視頻等形式的媒介購買；在移動互聯網時代，人們學會了通過技術讓人與信息交互起來，甚至通過社交屬性，促使人們自主地轉發；而在人工智能時代中，人工智能將不僅僅停留在端口，而是沉浸於生活中的各個場景，不管是在電腦、手機還是手錶上，人工智能都可以隨時隨地為人們發送提醒，提供服務，連接用戶感興趣的東西。

　　在這一前提下，企業營銷需要考慮的，不過是明確、清晰自己的目標受眾而已，並通過技術帶來的深入互動進行情感上的雙向溝通，形成有效的智能營銷。

　　人工智能未來有可能記錄下人們與廣告的互動行為，並真實地反饋給企業。在進行下一輪營銷活動時，通過人工智能，藉助學習經驗與用戶畫像對廣告進行調整，未來將形成千人千面、萬人萬面甚至億人億面的個性化營銷機制。人工智能為營銷帶來更加寬廣的可塑空間，營銷邊界因此"擴展"。

36.2.1 人工智能優化營銷數據搜集和處理方式

　　以 Google Street View 為例，該應用在谷歌地圖（Google Maps）和谷歌地球（Google

Earth）中可以為用戶提供街道全景圖。在這項技術運用之前，谷歌員工必須親自檢查矯正街景上的地址。而在"谷歌大腦（Google Brain）"誕生之後，這項耗時耗力的煩瑣工作就交給了機器，員工再也不用日復一日地審查一張張街景圖片。谷歌工程師利用人工智能技術，解決了圖像識別的困難。如今谷歌可以在短短一小時內識別出德國街景地圖上的所有地址，大大提高了工作效率，也優化了用戶使用效果。人工智能技術的應用使得谷歌公司不再只是一家搜索公司，也是一家機器學習公司。除了應用於谷歌地圖和谷歌地球之外，Google Brain 還能夠應用於 Android 的語音識別和 Google+ 的圖像搜索。人工智能為谷歌產品相關的原始數據收集處理提供了新的方案，在降低成本的同時也增加了準確性。

36.2.2 人工智能提供個性化的營銷策略

人工智能技術和物聯網技術的結合可以為企業提供先發制人的營銷策略。

以耐克（NIKE）體驗店為例，商家可以利用類似於 iBeacon 的技術向周邊消費者實時推送銷售及活動信息，吸引顧客到實體店試用。同時，商家可以在實體店的樣品中放入傳感器，記錄消費者試用的次數和感受，並將體驗信息發送至後方企業進行數據分析。在數據量足夠的情況下，用戶行為數據分析就產生了。依據真實可靠的數據，在對數據進行快速分析的情況下，通過建立數據模型，後方企業的人工智能技術可以為營銷人員提供策略建議，並將信息發送至體驗店中，及時調整營銷策略。

人工智能技術還可以根據客戶個人資料和偏好，經過數據分析，把具有相似特徵和購買偏好的客戶歸類，並據此進行有針對性的廣告推送。此應用可以保證企業在第一時間內獲得前方客戶端信息，縮短了市場信息傳送到管理層的時間差，使得企業獲得制定先發制人的營銷策略的能力。

AI 現在被用於策劃個性化內容，以便與 B2B 潛在客戶進行互動。在未來一段時間，文本分析和自然語言處理技術是營銷自動化革命的關鍵。目前，營銷技術中使用 AI 實現個性化推薦的最優秀應用是電子郵件營銷。根據 Boomtrain 的報告，個性化電子郵件的打開率超過 60%。通過添加一個 AI 引擎來處理電子郵件，個性化對打開率的提升達到了 228%！這是 AI 驅動的個性化電子郵件的工作原理。

緊跟在電子郵件營銷之後的是藉助 AI 技術實現的個性化視頻廣告，個性化視頻能幫助營銷人員快速呈現完美的品牌故事。

人機交互方式的發展如圖 36-2 所示。

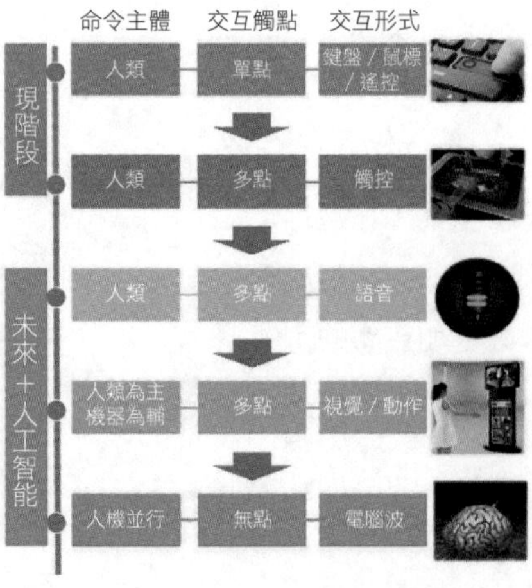

36.2.3 人工智能改變廣告投放方式

人工智能可以幫助企業更好地了解受眾群體，人臉識別技術的發展可以讓廣告投放因人而異。例如，在數字廣告牌上安裝軟件和網絡攝像裝置。廣告牌利用人臉識別技術，識別觀看者的體貌特徵和觀看廣告的區域等。企業利用搜集到的數據信息衡量廣告投放效

圖 36-2 人機交互方式變遷發展概況
資料來源：艾瑞諮詢 - 陳近梅

果，從而合理選擇廣告投放人群和區域。除此之外，人工智能廣告牌還可以根據觀看者的反應，感知受眾的偏好，從而進行廣告篩選，有針對性地推送廣告，使廣告商由單向的廣告推送變成了雙向的互動。除了圖像廣告，人工智能也應用於語音互動廣告中。藉助於移動設備上的麥克風和陀螺儀等有趣的附屬設備，公司可推出語音互動廣告，使得廣告能聽、會說、會思考。用戶在聆聽廣告的同時，可以通過語音與廣告進行互動，獲得更多、更詳細的產品信息，讓廣告體驗變得更加有趣。

例如，用戶在觀看視頻時，一般會在節目正式開始之前看到 10-60 秒的廣告。用戶希望減少廣告時間，但廣告商又希望能夠增加廣告時長來加深用戶對品牌的認知和提高品牌推廣度。針對這一矛盾，商家可以利用人工智能推出視頻互動廣告。在廣告播放過程中，商家通過語音向用戶提出問題，用戶通過語音來回答。如果用戶回答正確，則可以免費跳過廣告。從用戶角度來講，互動幫助他們節省了時間；從商家角度來講，雖然廣告時長縮短了，但在互動的過程中，用戶多了一個思考的過程，進一步加深了對品牌產品的認知。除了廣告互動，商家還用語音互動來做用戶調研，對海量的用戶進行諮詢和調研，以便做出更精準的分析。

36.2.4 人工智能的營銷新應用

不知從何時始，全民營銷成為我們的生活新常態，人人都希望能夠自帶光環，找尋各種變現手段。

向前追溯到有商品交換的那一刻起，營銷就與銷售達成了某種關聯，為一系列商業行為提供支撐。隨着社會的發展和技術的進步，營銷也在不斷升級。隨着互聯網和電子商務的興起，出現了以 SEM❶ 為核心的流量變現模式；以社群為核心的關係變現模式日漸成熟，則成為移動互聯網崛起的標誌。

而今，營銷人的工具箱裏又多了一種叫人工智能的工具，這個工具強大到可以跟以往的任何營銷工具相媲美。有了這個工具，營銷規模因為全球化、互聯網化而產生的巨量數據突然有了高效處理方法。企業通過這些數據處理結果，可以很容易地得出接近事實真相的結論。企業做決策不再依靠專家基於經驗做出的洞察，獲取成功的盲目性和隨機性得到了改善，一些不可控因素開始變得明朗可控。

人工智能可以做客服、調研員、輿情監控員、競情分析員、推廣策略師、用戶畫像師、用戶價值挖掘師……它是通過參與營銷過程中的數據採集和處理來完成作業的，在此過程中學習、訓練完善並發揮作用。

❶ SEM：搜索引擎營銷。簡單來説，搜索引擎營銷就是基於搜索引擎平台的網絡營銷，利用人們對搜索引擎的依賴和使用習慣，在人們檢索信息的時候將信息傳遞給目標用戶。搜索引擎營銷的基本思想是讓用戶發現信息，並通過點擊進入網頁，進一步了解所需要的信息。企業通過搜索引擎付費推廣，讓用戶可以直接與公司客服進行交流、了解，實現交易。

1. 場景一：用戶畫像
營銷過程中，無論是產品定位、用戶開發還是潛在價值挖掘，都離不開用戶畫像（如圖 36-3）。當我們有了銷售數據，就可以看到個體用戶的生物學屬性、社會化屬性在交互中富集。那麼，如何找尋數據間有價值的營銷相關

圖 36-3 用戶畫像

❶ 生 成 式 對 抗 網 絡（Generative Adversarial Networks, GAN）是 一 種深度學習模型，是近年來複雜分佈上無監督學習最具前景的方法之一。模型通過框架中（至少）兩個模塊，即生成模型（Generative Model）和判別模型（Discriminative Model）的互相博弈產生相當好的輸出。

圖 36-4 對抗網絡模型
資料來源：東風 IC 網

性？隨着用戶規模的增大，畫像開始模糊，如何在噪聲中找到有價值的線索？不同的營銷階段，我們關注的用戶畫像的側重點亦有不同，如何設定？

　　人工智能可以通過生成對抗網絡（GAN）❶學習，如圖 36-4 所示，快速處理海量數據，得出當前營銷階段中相關用戶的基本特徵，為營銷和推廣提供聚焦方向。

2. 場景二：營銷策略

　　營銷策略是企業實施營銷活動的指導準則。我們按照品牌及產品定位做營銷活動時，需要將行業信息、競品信息和用戶信息收集到一起，然後制定對應的小規模動作來檢驗試錯，獲取市場反饋，逐漸修正策略細節，實現營銷目標。

　　人工智能可以在不同領域進行模擬和反饋訓練，對營銷結果進行預測。比如，在廣告投放上可以針對大規模個體進行數據學習，然後可以預估出我們的投放產出比，而不必等到實際的費用花出後才知道效果。

　　在保持快速分析數據的前提下，可以建立數據模型，這些都遠遠超出了人類的分析能力，也是人工智能的理想狀態。

　　程序化廣告發展至今規模龐大，它可以自動規劃、購買並優化，幫助廣告主定位具體受眾和地理位置，可以用於在線展示廣告、移動廣告和社交媒體等一系列活動中。

案例　│　今日頭條的智能化全場景營銷

　　今日頭條打破了以往品牌在內容、產品、興趣等多方面的營銷壁壘，運用智能化全場景營銷模式，率先實踐了打通用戶興趣和場景的全鏈接通路，也為營銷人提供了全新的思考維度。

　　智能化全場景營銷模式即通過今日頭條獨家 AI 技術，實現對包括今日頭條、西瓜視頻、抖音、火山小視頻等頭條系 App 用戶畫像的側寫分析，為品牌尋找 TA 的同時，垂直化地梳理他們的興趣需求，找到匹配其需求的優質 IP 或合適創作者，為其定製生產內容。這些內容以圖片、視頻、音樂、問答、創意廣告的形式抵達場景終端，輸出給用戶，最後由智能分發的模式輸出給"對的人"。

　　人工智能不斷高級化的演變和應用，意味著"效率 /人力"、"知識庫"、"樂趣"、"創作"越來越接近真正的智能，今日頭條將人工智能融入"內容生命週期"的每個階段，即創作、分發、互動及審核，重新定義了人與信息的關係。

　　以全新升級的 PMP 產品為例，今日頭條在與品牌主進行大數據對接時，通過打通域內域外的數據，高效分析追蹤和篩選"有價值"的目標人群，為品牌建立專屬的人群數據庫。在此基礎上，人工智能會對目標人群進行標籤細分，識別每個鮮活的人，並將不同的廣告素材在適當的時間展現在受眾面前，實現千人千面的定製化營銷。

　　PMP 還能通過保質保量的方法幫助投放實現品效合一，實時監測廣告效果，不斷修正 TA 優化投放。PMP 還可以通過智能化技術，追蹤用戶瀏覽行為及情感變化，為品牌實現廣告策略反哺，此外，週期性的市場環境洞察報告還可以幫助品牌進行營銷決策。

同樣的原理也適用於電視廣告和印刷廣告，美國超過半數的在線展示廣告都採用程序化購買的方式，Google Ad Exchange 和 Facebook 是主要的兩家流量來源。程序化廣告的優勢是具有高效性和易操作性（不允許協商），並將自動化和相關有用的數據完美結合。

然而，程序化廣告也有弊端，比如對假流量的敏感性、存在多種隱藏的代理費用等。

事實上，廣告攔截軟件的廣泛使用已經對一些在線廣告產生了威脅。PageFair 數據表明，2015 年，全球用在廣告攔截上的成本達 218 億美元（見圖 36-5、圖 36-6），而人工智能和個人智能助手的普及將可能幫助程序化廣告解除困境。

圖 36-5　美國廣告攔截經濟成本
資料來源：Avazu 艾維邑動

3. 場景三：客戶挖掘

產品和服務能夠為客戶帶來價值。不同客戶的黏性和潛力也不同。企業在推廣多樣化的產品和服務時需要對客戶價值進行挖掘和分類，對不同類型客戶的流失風險進行預估，最重要的是需要提前做好針對不同用戶的反饋預案，這在大數據和人工智能興起之前是不可能快速處理並獲知的，只能依靠營銷專家的經驗和樣本客戶測試來獲得，但存在實驗週期長，結果不夠穩定、不夠可靠的弊端。

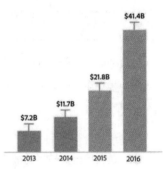

圖 36-6　全球廣告攔截經濟成本
資料來源：Avazu 艾維邑動

人工智能可以根據用戶的消費數據、行為習慣，準確地將用戶按照消費能力、消費傾向、消費風險分級，針對不同類型的客戶實施不同的營銷動作。我們的客戶挖掘團隊可以用不到一半的營銷資源達到以往一倍以上的營銷效果。

營銷隨着技術的發展而進化：互聯網打破地域和搜索成本；移動互聯網發掘出社會關係的商業價值；人工智能則位於數據之上，它一端連接的是用戶在不同場景下的使用習慣，一端連接的是產品在不同用戶群體中的反饋，一端連接企業營銷人員，將市場中千變萬化的信息洞察呈現。

儘管人工智能目前仍存在許多限制，但具有前瞻性的品牌主早已不遺餘力地完善其用戶體驗，通過使用虛擬設備，來幫助用戶營造出真實的選購空間，而用戶也同樣可以通過臉書（Facebook）、蘋果（Apple）、谷歌（Google）、微軟（Microsoft）、亞馬遜（Amazon）和百度（Baidu）建立虛擬場景。

36.2.5 人工智能結合物聯網打造智慧城市

對於中國市場而言，物聯網 ❶ 並不是一個新生事物。近年來，互聯網公司的佈局，尤其是智能家居的大量產品出現，使這個概念化的事物，出現在國人面前。例如，用手機操控門鎖、空調、洗衣機、電視等電器是現在最時髦的產品利用。

類似小米這樣的互聯網公司不斷推出屬於自己品牌的"物聯網"產品，比如智能插座、電飯鍋、溫度傳感器、測水筆等。類似這樣的互聯網和家電公司也不

❶ 物聯網：新一代信息技術的重要組成部分，也是"信息化"時代的重要發展階段，其英文名稱是 Internet of Things（IoT）。顧名思義，物聯網就是物物相連的互聯網。

案例 ｜ 頭部企業爭奪人工智能高地

臉書（Facebook）

臉書（Facebook）為該公司通信應用 Messenger 打造的虛擬助手"M"，能夠幫助用戶購物、郵寄禮物、預訂酒店，甚至安排旅遊行程。除此之外，M 還能提醒用戶外面將要下雨，甚至還能在"一票難求"的情況之下幫用戶購買暢銷影片的電影票。Facebook 擁有一支打造神經網絡的團隊，從而能打造一些應用，幫助機器人像自然人那樣思考和行動，其中的諸多應用早已在 M 虛擬助手身上發揮作用。

谷歌（Google）

谷歌的個人智能語音助理產品 Google Now 是基於數據為用戶提供服務的產品，數據積累越多，用戶服務也就越完善。

Google Now 會全面瞭解用戶的各種習慣和正在進行的動作，並利用已經積累的數據為用戶提供相關信息，目前可以同時用於安卓和 iOS 設備上。

亞馬遜（Amazon）

如圖 36-7 所示，Echo 是一款無線揚聲器設備，內置語音控制系統和虛擬助手 Alexa。

圖 36-7　亞馬遜的 Echo

它會一直聽用戶說話，並實時回應，執行用戶命令。你可以與 Echo 展開對話，詢問它各種

問題，例如每周 / 天的天氣預報、時間，還可以設定鬧鐘、購物清單，就像你的一個"家庭智能管家"。

百度（Baidu）

百度也推出了其全新的機器人助理度秘（Duer），如圖

36-8 所示。度秘內嵌在手機百度 App 中，Android 用戶在安裝或升級數百萬的手機百度 App 後，就可以使用，能為用戶提供訂餐等多種服務。我們幾乎可以預測，在不久

圖 36-8　百度機器人助理度秘

的將來，每個用戶在生活中都將擁有屬於自己的個人智能助手，不只是為用戶推薦產品和服務，更能為用戶下單、支付並將結果反饋給用戶，在這一過程中，完全不需要用戶的參與，這些對營銷人員來說都意義非凡。個人智能助手也可以延伸到對產品的評估，並根據時間排序推薦同等性質的產品。當傳感器作為物聯網的一部分嵌入到產品中時，人工智能也將對一系列的數據進行讀取。舉個例子，當用戶要決定是否替換產品時，個人智能助手將通過以往數據的積累模仿學習，替用戶做出決定。

寶馬（BMW）

寶馬汽車在其第一款電動汽車 car9（見圖 36-9）的發佈會中使用了 iGenius 技術——使用文本的方式為用戶答疑解惑。

iGenius 提升了寶馬汽車同時解決多個問題的能力，並為其減少了不必要的員工培訓。其中一個最友好的功能是 iGenius 能夠記憶儲存前期遇到過的問題並提供更多的解決方案。然而，其中仍會有一些問題需要人工智能進行更高層次的學習。

圖 36-9　寶馬第一款電動汽車 car9

少，在互聯網公司的鼓吹下，"物聯網"掀起了一股智能操作風潮。

物聯網是人工智能中最重要的連接環節，按照預測，類似劉慈欣《三體》中的質子一樣的傳感器可能遍佈空氣，無論是數據收集、計算還是指令發佈，都變得無處不在，所有人幾乎沒有秘密可言。

這也並非妄言，至少在過去 50 年裏，基於晶體管的摩爾定律，無比龐大的計算機逐漸微型化，按照這個技術發展趨勢來看，微型感應器變為肉眼看不到的大小也有可能。

物聯網提倡的是 M2M 交互，即 Machine to Machine，也就是設備間能自主交換信息，加上人工智能 AI 的機器學習，未來物聯網就會脫離現在市場的手機化、去中心化，成為真正意義上的萬物互聯的高級智能。

信息交互、智能化計算最終的結果是改變人類生活方式，它不是簡單的字節交換，如果從微觀來看，就是基於眾多場景應用，到宏觀放大，符合時下流行的智慧城市❶和智慧中國的概念。

物聯網是實現智慧城市的關鍵因素與基石，透過數據搜集、網絡傳輸以及數據運算分析，未來汽車、家電等各種物品都將連上網絡，機器可以主動為人類提供更便利的服務。

物聯網的架構由 3 個主要部分組成，包括裝置與感知層（Device and Sensor Domain）、網絡層（Network Domain）以及應用層（Application Domain）。

首先，裝置與感知層由傳感器（Sensor）、影像監視設備、無線射頻識別技術（RFID）、條形碼等所組成，可算作物聯網架構的基礎。至於網絡層，是物聯網應用層和裝置與感知層之間的聯繫媒介。其次，應用層負責物聯網的解決方案實施及具體應用，向使用者或企業提供各式服務，包含不同的應用服務中介軟件及數據分析與傳送平台。

物聯網應用範圍非常廣泛，通過整合系統、網絡傳輸的創新應用，可滿足不同使用者的需求，例如物流車隊追蹤管理、遠程醫療照護與智慧能源管理等。物聯網的目的在於通過有線及無線等通信技術，實現人、機器和系統三者之間的無縫連接，解決城市化所帶來的衣、食、住、行等生活上的問題。

❶ 智慧城市：運用信息和通信技術手段感測、分析、整合城市運行核心系統的各項關鍵信息，從而對包括民生、環保、公共安全、城市服務、工商業活動在內的各種需求做出智能響應。實質是利用先進的信息技術，實現城市智慧式管理和運行，進而為城市中的人創造更美好的生活，促進城市的和諧、可持續成長。

36.3 區塊鏈：打造信任新空間

今天的區塊鏈可能就像 1993 年的互聯網一樣，10 年後你會想知道，如果沒有它，社會將怎樣運轉，儘管現在我們大多數人並不知道它到底是什麼。

區塊鏈是數字貨幣比特幣背後的技術。這是一種超級複雜的分佈式核算技術，能將記錄內容保存在成千上萬甚至上百萬台獨立電腦中，這些電腦又能協同工作，沒有單一實體掌控它們。如果說互聯網是由將軍指揮的軍隊（亞馬遜將軍，谷歌將軍），那麼區塊鏈更像是螞蟻的殖民地，每一只都為集體利益工作。區塊鏈的宏偉目標遠遠超過比特幣，就像互聯網的目標大大超越 CompuServe 一樣。

1993 年，幾乎沒人聽過"互聯網"這個詞，沒人預見到 Facebook、Match.com、

WikiLeaks 或者寵物視頻的出現。想想之後 10 年發生的科技爆發與瓦解，想想我們的生活方式是怎樣被互聯網徹底改變的。那麼，區塊鏈意味着什麼？

區塊鏈（Blockchain）是指通過去中心化和去信任的方式集體維護一個可靠數據庫的技術方案。

區塊鏈技術是指一種全民參與記賬的方式。所有的系統背後都有一個數據庫，你可以把數據庫看成一個大賬本，那麼誰來記這個賬本就變得很重要。目前，誰的系統誰來記賬，微信的賬本就是騰訊在記，淘寶的賬本就是阿里巴巴在記。但在區塊鏈系統中，系統中的每個人都有機會參與記賬。在一定時間段內，如果有任何數據變化，系統中的每個人都可以來記賬，系統會評判這段時間內記賬最快最好的人，把他記錄的內容寫到賬本，並將這段時間內的賬本內容發給系統內其他人進行備份。這樣系統中的每個人都有了一本完整的賬本。這種方式，我們就稱它為區塊鏈技術。

區塊鏈技術可以構造一個堅不可摧的時間戳系統，在不需要系統內各節點互信的情況下，系統確保一切數據的記錄都是真實的，從而形成一個誠實有序的去中心化、分佈式的數據庫，而且人們對系統內參與交換的價值還可以靈活地編程。將這些核心價值應用於現實生活，區塊鏈可幫助我們解決以下幾個核心問題：

（1）去中心化的分佈式結構：現實中可節省大量的中介成本

由於區塊鏈技術能成為人與人之間在不需要互信的情況下進行大規模協作的工具，所以其可被應用於許多傳統的中心化領域中，處理一些原本由中介機構處理的交易。在未來，區塊鏈技術衝擊最大的就是金融行業的基礎體系，如證券清算登記系統、跨國匯兌結算系統等。這些系統現在都是中心化的，收費高昂且效率低下，如果區塊鏈技術能成功應用於這些領域，即使只節省 1% 的中間費用，其應用前景也是相當可觀的。

（2）不可篡改的時間戳：可解決數據追蹤與信息防偽問題

在當今社會中，從假冒紅酒、劣質奶源、高仿奢侈品，到會計套票、虛假財務數據乃至地下錢莊交易等，大量偽造的信息與數據充斥着我們的生活。區塊鏈技術為人們的數據追蹤與信息防偽領域打開了一扇大門。由於區塊鏈中的數據前後相連，構成了一個不可篡改的時間戳，我們就能為所有的物件貼上一套不可偽造的真實記錄，這對於現實生活中打擊假冒偽劣產品及整頓信息紀律等都大有幫助。

（3）安全的信任機制：可解決現今物聯網技術的核心缺陷

物聯網（IoT）概念是當下熱點，也是未來的大勢所趨。然而傳統的物聯網模式是由一個中心化的數據中心來收集所有信息，這樣就導致了設備生命週期等方面的嚴重缺陷。

區塊鏈技術能在無須信任單個節點的同時創建整個網絡的信任共識，從而能很好地解決物聯網的一些核心缺陷，不僅讓物與物之間相連，而且能自發活動起來，加速我們的生活進入價值互聯網時代。

（4）靈活的可編程特性：可幫助規範現有市場秩序

在現今社會裏，由於市場秩序不夠規範，在轉移自己的資產時，根本無法保證其能在未來發揮應有的價值。現在有了區塊鏈，假如將區塊鏈技術的可編程特性引入，在資產轉移的同時編輯一段程序寫入其中，規定資產今後的用途與方向，那迎接我們的將是一個全新的市場與社會。

　　未來區塊鏈會應用於任何領域，給人類生活帶來極大影響，大致分為存在性證明、智能合約、物聯網、身份驗證、預測市場、資產交易、電子商務、社交通信、文件存儲、數據 API（應用程序編程接口）等。

36.4 從現實空間到數字空間

　　2019 年 6 月 18 日，Facebook 在瑞士的子公司發佈旗下加密貨幣天秤 Libra 幣的白皮書。"互聯網和移動寬帶的誕生令全球數十億人得以獲得世界各地的知識與信息、享受高保真通信，以及各種各樣成本更低、更便捷的服務。如今，只需使用一部 40 美元的智能手機，幾乎可以在世界上每一個角落使用這些服務。這種互聯便利性讓更多人得以進入金融生態系統，從而推動經濟賦權。通過共同努力，科技公司和金融機構還開發出幫助增強全球經濟賦權的解決方案。儘管取得了這些進展，但世界上仍有很多人遊離在外。目前，全球仍有 17 億成年人未接觸金融系統，無法享受傳統銀行提供的金融服務，而在這之中，有 10 億人擁有手機，近 5 億人可以上網。"

　　"縱觀全球，窮人為金融服務支付的費用更多。他們辛辛苦苦賺來的收入被用來支付各種繁雜的費用，例如匯款手續費、電匯手續費、透支手續費和 ATM 手續費等。發薪日貸款的年化利率可能達到 400% 甚至更高，僅借貸 \$100 美元的金融服務收費便可高達 \$30 美元。當被問及為什麼仍然徘徊在現行金融體系的邊緣時，那些仍'未開立銀行賬戶'的人往往會說：沒有足夠的資金，各種不菲且難以預測的費用，銀行距離太遠，以及缺乏必要的手續材料。"

　　"區塊鏈和加密貨幣具有許多獨特的屬性，因而具備解決金融服務可用性和信譽問題的潛力。這些屬性包括：分佈式管理，確保網絡不受單一實體控制；開放訪問，允許任何能連接互聯網的人參與其中；安全加密技術，保護資金安全無虞。"

　　"我們認為有必要向社群分享我們的信念，以便於了解我們計劃圍繞這一倡議建立的生態系統：我們認為，應該讓更多人享有獲得金融服務和廉價資本的權利。我們認為，每個人都享有控制自己合法勞動成果的固有權利。"

　　"我們的世界真正需要一套可靠的數字貨幣和金融基礎設施，兩者結合起來必須能兌現'貨幣互聯網'的承諾。在移動設備上保護金融資產應該既簡單又直觀。Libra 的使命是建立一套簡單的、無國界的貨幣和為數十億人服務的金融基礎設施。Libra 由 3 個部分組成，它們將共同作用，創造一個更加普惠的金融體系：它建立在安全、可擴展和可靠的區塊鏈基礎上；它以賦予其內在價值的資產儲備為後盾；它由獨立的 Libra 協會治理，該協會的任務是促進此金融生態系統的發展。"

　　"我們認為，世界需要一種全球性的數字原生貨幣，它能夠集世界上最佳貨幣的特徵於一體：高穩定性、低通貨膨脹率、全球普遍接受和可互換性。Libra 貨幣旨在滿足這些全球需求，以期擴展金錢對全球人民的影響。Libra 的目標是成為一種穩定的數字加密貨幣，將全部使用真實資產儲備（稱為 'Libra 儲備'）作為擔保，並自由買賣。"

Libra 幣本名為 Global Coin（全球貨幣），因為過於直白表露出野心，被謹慎的扎克伯格否決，改為更加低調的 Libra（天秤）幣。即使這樣刻意低調，也難掩 Libra 的野心。全球 27 億 Facebook 用戶接入加密貨幣支付系統，意味着全球四分之三的互聯網網民將被帶入區塊鏈貨幣交易空間。

從最初的經營數據的社交平台，到 5G 移動互聯時代的經營數字資產，創始於 PC 信息時代的 Facebook 實現了經營空間維度的指數級升級。從現實世界到數字世界，人類正在進行空間遷徙。2020 年是"數字化生存"全年共識年，一個人的 ID 有了全新的社會學定義，個人的數字 ID 和身份證一起成為一個人活在世上的證據。從信息數字化到數字金融化，再到數字權益化，5G 時代的移動互聯正在把人類從碳基文明引向矽基文明❶，Libra 是繼支付寶和 Bitcoin（比特幣）❷ 之後，"數字金融化"的又一極大推動者。

當用戶置身於 5G 時代，面對充斥着手機、電腦、智能手錶、智能眼鏡、AR/VR 設備、智能家電、無人汽車、芯片鞋服、智慧城市、刷臉識別等琳琅滿目的矽基世界，僅靠 Libra 即可一站式完成支付和理財服務，而且 Libra 的基礎語言

❶ 碳基文明和矽基文明：不是文明等級，是文明種類，指的是建立該文明的生物的種類，人類是以碳為骨架的生物，所以是碳基文明。我們目前使用的電腦是用矽作為芯片的，如果電腦發展成為智能電腦，就是矽基生命

❷ Bitcoin（比特幣）：概念最初由中本聰在 2008 年 11 月 1 日提出，並於 2009 年 1 月 3 日正式誕生。根據中本聰的思路設計發佈的開源軟件以及建構其上的 P2P 網絡。比特幣是一種 P2P 形式的虛擬的加密數字貨幣。點對點的傳輸意味着一個去中心化的支付系統。

案例 ｜ 區塊鏈使移動營銷更成熟

毋庸置疑，區塊鏈技術是本世紀最偉大的主題之一。提到區塊鏈最先想到的是比特幣和其他加密貨幣。然而對於娛樂、教育、健康、藝術、生活、信息安全、通訊等領域的滲透和影響，區塊鏈技術才剛剛發力。在未來，營銷部門將是區塊鏈技術的直接受益人。

移動營銷在數字化過程中面臨著諸多麻煩：網絡欺詐、信息濫用、強迫式廣告、個人數據資產的安全性問題等等不勝其煩。區塊鏈技術至今從以下 4 個方面提升了移動營銷的成熟度：

· 隱私問題將得到解決。個人數據資產化將成為現實。運用區塊鏈技術可以真正把信息開放於否的開關交給大眾，大眾可以自由選擇哪些信息對外開放，哪些屬於隱私。智能手機把信息的開關從大眾媒體手中奪回來，但並沒有完全交給大眾，也沒有完成最後一微米，而區塊鏈技術就是信息傳達最後一微米的隱私保護技術。

· 中間商將被徹底淘汰。由於沒有解決權力的真正分散化，所以移動互聯網掀起的碎片化運動和去中心化運動在去中間商環節做的並不徹底，區塊鏈技術介入移動營銷

之後，會將用戶行為轉化成 Token（虛擬幣），並在廣告主和消費者之間搭建一個信用系統，最終會完全瓦解了眾多中間商存在的價值。所以在區塊鏈到來之前，趕快遠離中間商吧，去追逐價值的真正源頭。

· 數據資產價值化。當前營銷的困惑是：廣告主不知道哪些廣告投放被浪費掉了，同時，那些高影響人物（KOL）也並不清楚那些追隨者是真實世界的人還是機器人。移動營銷一直以來努力的方向就是精準營銷。大數據和人工智能，雖然把移動營銷向前進方向大大推進了一大步，但是區塊鏈技術才是真正的臨門一腳。

· 分散的市場原理導致公平。如果能擺脫第三方的干涉而進行自由公平的交易，那將是製造業、農民、藝術家共同的夢想。種蘋果的農民比賣蘋果的人賺得少，這類現象的出現本身就是對勞動者積極性的打擊。區塊鏈技術可以解決過去產業鏈中的這些頑疾。

區塊鏈技術是移動營銷管理閉環中最後一個環路。有了區塊鏈，移動營銷真正成熟起來了，儘管區塊鏈加密技術有其缺陷，但它確實是通往未來世界的必由之路。

Move 是開源的，在這樣一個基於智能合約進行分工協作的數字空間裏，創業者如何運用移動營銷呢？

首先，要清楚數字空間裏的基本定律：用戶隱私數據是個人的重要資產。個人數據之於網絡，如同土地房產之於國家公民，一旦公民的數據資產通過互聯網和區塊鏈系統保證歸屬個人所有，等於宣告了“私人財產得到代碼確權和系統保護”。用戶的數據即投資的資本，如同螞蟻信用分值一樣，用戶可以憑藉信用分值獲得低息小額貸款。

其次，要清楚數字空間的基本邏輯：如 Libra 一樣的新型數字幣，通過一攬子貨幣錨定、智能合約系統、BET 共識機制 ❶ 和分佈式區塊鏈系統，將碾壓式替代中心化分佈的傳統數字貨幣的地位，肩負起去中心分佈式構建世界的任務。在數字貨幣理財方面，將呈現頭部幣種長期戰略性利好、投機性幣種利空和有盈利模式支撐的長尾幣種中長期利好的局面。

最後，要清楚數字空間的商業模式：分權、分工、分利。在 Libra 開啟的金融數字化面前，做分佈式商業模式的升級，即場景 + 分利系統 +BaaS ❷ + 智能硬件 + 分佈式算法 + 分佈式應用 DApp（Decentralized Application）+ 分佈式自治社區 DAO（Decentralized Autonomous Organization）= 分佈式商業應用。有了 Libra 開啟的新空間，移動營銷應用升級在所難免，即營銷底層邏輯 + 服務升級 + 內容鏈接 + 超級用戶 + 場景空間 + 利基算法 + 商業模式 = 移動營銷。

36.5 AR 增強現實空間

市場營銷從業者總是對工作中應用的最新技術感興趣。任何一項用於溝通互動的新技術的出現，都可能帶來巨大機會：更有效率地到達受眾，更有效果，面向更廣的受眾。

是否應該在市場營銷中使用這些新技術，關鍵在於能否正確判斷使用時機以及是否知道如何正確利用。如果市場推廣人員過早應用新技術，有可能客戶無法接受；如果應用得太晚，通常競爭已經很激烈，效果不會很好。

信息一過剩，注意力就不夠用了。在過去的 15 年裏，我們的注意力時限（Attention Span）從 2000 年的 12 秒縮短到 2015 年的 8.25 秒。美國全國生物科技信息中心的科學家認為，人類的注意力集中度甚至弱於到處遊走的金魚。

在吸引“金魚”的過程中，品牌總是不遺餘力。如果說裸模、情色和心靈雞湯是夾帶私貨的糖衣炮彈，那麼內容營銷和可視化營銷就是完美偽裝的麻醉標槍。文字內容的平均閱讀時間是 20 秒，視頻內容的平均觀看時間是 35 秒，微信平台 H5 遊戲的平均停留時間可能會更長。

但是這些都不足以解決如何吸引消費者注意力的問題，因為人們總是那麼健忘和匆忙。來自 Business 2 Community 網站的調查結果顯示，25% 的青少年不記得自己朋友和家人的很多信息，39% 的人每天都會丟失一些基本的記憶信息。同時，我們的注意力也會被

❶BET 共識機制：BET 是 Brunauer、Emmett 和 Teller 的首字母縮寫，三位科學家基於經典統計理論推導出的多分子層吸附公式，即著名的 BET 方程，成為顆粒表面吸附科學的理論基礎，並推導出單層吸附量 Vm 與多層吸附量 V 間的關係方程，被廣泛應用於顆粒表面吸附性能研究及相關檢測儀器的數據處理中。它與物質實際吸附過程更接近，因此測試結果更準確。

❷BaaS：Backend as a Service，後端即服務，公司為移動應用開發者提供整合雲後端的邊界服務。

影響中斷，我們大概每個小時要查看 30 次郵件，每天打開和查看微信的次數超過 20 次，每週接聽和撥打各種電話和語音超過 1,500 次。

而增強現實則有可能幫助品牌解決這個問題。它不是糖衣炮彈，不是麻醉標槍，而是催眠神器。更豐富的內容、更深入的互動、更直接的體驗，使得增強現實不僅催生了新的內容形態，第一次讓現實世界和網絡世界完美結合，而且構建了新型的內容和互動平台，讓品牌擁有催眠消費者的給力武器。

1. 增強現實營銷的 5 種方式

零售行業是第一個認識到並有效使用增強現實的行業。埃森哲諮詢公司在 2014 年《增強現實如何改進消費者體驗並促進銷售》（Life on the digital edge: How augmented reality can enhance customer experience and drive growth）的報告中，列舉了零售行業增強現實營銷的 5 種方式。

（1）信息查詢。當你需要了解貨架上的牛奶是否新鮮，只需用手機掃一下包裝盒，就可以看到產地和日期，甚至可以看到 3D 的牛奶生產過程。如果你需要在眾多的貨架上找到自己想要的東西，只需使用手機上的 Google Project Tango 應用，就可以通過 3D 地圖找到。

（2）試穿和試用。Topshop、De Beers 和 Converse 等品牌都在使用增強現實，讓消費者試穿和試用衣服、珠寶或者鞋子。Shiseido 和 Burberry 進一步把增強現實應用到化妝品試用上。對於 BMW 和 VOLVO 等汽車品牌來說，增強現實也是新車介紹和虛擬試駕的好選擇。

（3）試玩。例如，裝在盒子裏的積木，放在貨架上的玩具飛機，都可以通過增強現實應用試玩。

（4）挑選和購買。比如，在 1 號店的地鐵虛擬店舖中，掃描之後選擇你喜歡的東西就可在線購買。

（5）售後。從 Audi 汽車的使用手冊到 IKEA 板式家具的裝配指南，這些增強現實應用能更好地幫助消費者安裝、使用甚至維修汽車和家具。

增強現實可以幫助零售品牌為消費者選擇商品，也可以幫助快遞行業提升配送服務。美國物流公司 USPS 在嘗試了把增強現實用作郵件營銷之後，計劃用增強現實技術改善業務流程。在郵包分類和倉儲、配送等各個環節，USPS 希望用增強現實提升效率和配送速度。

增強現實正在從營銷的噱頭變成提升消費者體驗的新平台。在增強現實的世界裏，品牌和產品宣傳將慢慢減少，互動和服務將逐漸增多。

增強現實不僅開啟了無屏幕時代，也開啟了服務即內容的營銷新時代。現在，每一個公司都是媒體公司，將來，每一個公司都是公共服務公司，這才是增強現實最深遠的影響。

2. 增強現實營銷

（1）百事：不可思議的公交站。百事為力推無糖可樂，在公交站投放了這樣一個視頻廣告，通過 AR 技術在真實的街頭場景中加入虛擬形象，讓等車的人們看到飛碟出現在天空、怪獸出現在街頭等不可思議的景象。由於 AR 技術可以在視覺形象上化不可能為可能，適應了百事 MAX 系列產品 "Unbelievable" 的形象，再加上視頻中對路人反應的特寫——從驚詫到參與其中，廣告主所期許的效果，展示受眾對無糖可樂這類 Unbelievable 產品的反應：從好奇到深度體驗。

（2）宜家：產品一秒到我家。到宜家買家居用品時，拿一本宜家產品目錄，就可以在手機屏幕上看到產品擺在自己家中的樣子。與此類似的還有 AR 虛擬試衣。這類虛擬試用可以省去許多麻煩，節約退換貨成本。如果技術成熟，虛擬試用在未來的電子商務中必定會有大發展，用戶再也不用擔心模特身上的衣服穿到自己身上不合適了。

（3）麥當勞：薯條盒上的世界盃。薯條作為麥當勞的標誌性產品，它的包裝也被大做文章。2014 世界盃期間，麥當勞改變了薯條盒的包裝，顧客掃描新的薯條盒就可以激活一個虛擬足球賽的遊戲，各種樣式的薯條盒也就變成了遊戲中的球門，用手指操控虛擬的"球"則可以實現射門。如果你購買了一份麥當勞的世界盃套餐，那麼除薯條盒之外的其他道具，如漢堡盒、可樂杯等，都可以作為虛擬足球場中的道具。

麥當勞的這一創意不僅結合了世界盃這一熱點，虛擬球賽的玩法也讓顧客更有參與感，使其加入這場營銷活動中，十餘種不同的薯條盒更能引發顧客關注並增加銷量。此外，玩家之間的交流、遊戲攻略技巧分享也能增加產品的曝光度。

（4）英特爾"超級本"創新體驗創造營銷經典。全球芯片業巨頭英特爾在"超級本"中國發佈會上，運用 AR 技術展開的創新營銷規模更大、規格更高。

在北京的三里屯 Village 廣場上，英特爾用一個長達 4.8 米、寬 4 米的巨型超級本設置一個獨特的 AR 互動體驗區。前來購物的人們只要站在指定區域，就會看到知名演員王珞丹化身酷感十足的"珞特工"形象，魔幻般地乘坐芯片幻化的飛碟降至身邊。

接下來，參與者將被邀請與虛擬的"珞特工"互動，前一秒鐘站在身邊的還是一襲黑衣的"珞特工"，後一秒鐘"珞特工"便已化身為清純的白衣"珞女神"，當參與者跟隨"珞女神"的指引與她掌心相觸，她忽又消失，再次變身為黑衣"珞特工"。

這一番互動探索，讓品牌與消費者之間更加地接近。而且驚喜不僅於此，現場攝像機為參與者拍攝的與"珞特工"互動的 3 組照片，將瞬時通過無線技術傳輸到體驗區域周邊由 OEM 廠商提供的超級本裏。

趣味無窮的體驗將超級本炫酷、急速、功能強大等特點通過互動方式展現得淋漓盡致，並且在專賣店中、互聯網上，用戶都可以通過 AR 技術，體驗到與現場一樣的 AR 互動遊戲。"三線互動"讓英特爾超級本深入人心，同時也顛覆了"明星代言"這一很容易"模版化"的營銷活動，為營銷打開了全新思路。

總而言之，利用 AR 技術實現用戶與產品的互動是當前的主流做法，參與遊戲也好、試用軟件也好，都極大地增強了用戶的參與感，化被動接受為主動探索。這樣不僅拉近了產品與用戶的距離，同時降低了用戶了解產品的成本，塑造出更接地氣的產品形象。同時，AR 技術所展示的內容也是平面宣傳品 / 產品包裝的立體延伸，相比較常用的掃二維碼等方式多了一份新意，也更為直觀。

36.6 工具箱：移動營銷空間傳播

假定營銷成功的邏輯是：所有的好產品都是和用戶一起完成的；營銷成功的壁壘是你沒有在窗口期嘗試，而是在成長期跟隨；營銷的邏輯根本上是用戶的邏輯。

在移動營銷時代，用戶對營銷傳播的需求產生了顛覆性改變。好的傳播應該讓用戶參與並和用戶一起完成。假設傳播內容不變，好奇心將促使用戶對新的傳播方式感興趣，傳播的風險是用戶喜歡創新而你沒有做到。

從成本測算的角度來看，在移動營銷的四要素——服務、內容、超級用戶和空間連接中，前三者的成本具備確定性，不確定性在於用戶體驗和空間與用戶連接的成本，假如一定要用傳統營銷的詞彙來描述，則為"產品和用戶在什麼地方完成體驗和交易，以及如何把產品傳播到用戶端"。

36.6.1 用戶和產品的連接

在移動端，用戶和產品的連接方式有以下幾種：

（1）朋友圈

微信朋友圈是騰訊微信的一個社交功能，用戶可以通過朋友圈發表文字和圖片，同時可通過其他軟件將文章或者音樂分享到朋友圈。

（2）微信公眾號

微信公眾號是開發者或商家在微信公眾平台上申請的應用賬號，該賬號與 QQ 賬號互通，通過公眾號，商家可在微信平台上以文字、圖片、語音的形式與特定群體全方位溝通與互動。微信公眾號分為訂閱號、服務號及企業號。

（3）騰訊 QQ

騰訊 QQ 支持在線聊天、視頻通話、點對點斷點續傳文件、共享文件、網絡硬盤、自定義面板、QQ 郵箱等多種功能，並可與多種通信終端相連。

（4）微博

微博作為一種分享和交流平台，更注重時效性和隨意性。微博更能表達出每時每刻的思想和最新動態，而博客則更偏重於梳理自己在一段時間內的所見、所聞、所感。

（5）直播

直播是指通過直播平台向大眾進行的一種錄製播放行為，大眾可與主播進行實時互動。

（6）社交平台

社交平台將圍繞共同利益的局部地區的人連接在一起便於社區有關人士傳播信息、共享信息。

（7）App

App 指的是智能手機的第三方應用程序。

（8）微信小程序

它是一種不需要下載安裝即可使用的應用，它實現了應用"觸手可及"的夢想，用戶掃一掃或者搜一下即可打開應用，體現了"用完即走"的理念，用戶不用關心是否安裝太多應用的問題。

（9）論壇

論壇是 Internet 上的一種電子信息服務系統。它提供了一塊公共電子白板，每個用戶都可以在上面書寫，可發佈信息或提出看法。它是一種交互性強、內容豐富且即時的 Internet 電子信息服務系統。

（10）小視頻

用於移動端的產品推送，以更加生動的形式向大眾展示產品。

36.6.2 移動營銷工具箱場傳播

按照移動營銷 4S 理論體系，假如一家企業具有好產品、超級用戶的人脈資源和可用於分享的豐富的文化內容這 3 個要素，如要形成移動營銷閉環，必須應該有第 4 個要素的加入，姑且把第 4 種要素叫作"場"。這個"場"是一個移動網絡空間，可陳列展示產品，可互動交流分享內容，可傳播品牌，也可完成交易和售後服務，同時具備以上 5 項功能的移動網絡空間叫"場傳播"。

如圖 36-10 所示，場傳播是集展示、分享、交易、傳播和服務於一體的移動營銷空間功能互相連接的基本概念，在目前的移動網絡技術開發平台上，只有企業自己開發的 App 具有場傳播的 5 項功能，這也是 2012 至 2016 年，大量企業主自己投巨資開發 App 的內在原因。然而進入 2017 年以來，企業主開發獨立 App 的熱情在消退，原因在於 App 的推廣工作實在太難。這就需要移動營銷學的研究者尋找替代性方案。本書根據 5 年來的企業成功案例的應用經驗和對移動網絡技術門派的深入研究，發現有 4 種移動網絡技術和平台應用可以替代 App 的所有功能（見圖 36-11），找到這 4 個方向的應用特徵，能夠為移動營銷傳播組合策略提供工具箱。

（1）以 Twitter、Facebook 和微信為代表的社交網絡平台，支持移動營銷的內容分享和產品展示功能。

（2）以微電影和移動視頻直播平台為代表的娛樂網絡平台，支持移動營銷的廣告傳播和內植廣告功能。

圖 36-10 **場傳播模型**

（3）以微博、微信公眾號為代表的垂直網絡應用平台，支持移動營銷的內容傳播和超級用戶的獲取與沉澱。

（4）以支付寶和微支付為代表的網絡支付平台形成的"交易場"，支持了移動營銷的交易與服務功能。

36.6.3 移動社交平台的特徵

社交與聯繫人功能是移動互聯網的兩大基本功能，也是高頻使用的功

圖 36-11 **場傳播的四大應用**

能，下面談談各個社交平台的特徵。

（1）Kakao Talk

這是一款來自韓國的免費聊天軟件，本應用程序以實際電話號碼來管理好友，藉助推送通知服務，可以與親友和同事快速收發信息、圖片、視頻，以及語音對講。類似 QQ，即使好友不在線，好友也能接收你的 KaKao Talk 消息，就像發短信一樣。

（2）GaGa 嘎嘎

它是一款基於國際翻譯的社交移動應用軟件，也是 GaGaHi 國際交友平台的手機應用軟件。提供 8 種語言 9 種文字，讓你與世界上每一個人無語言障礙地暢聊，通過嘎嘎讓你結識全球每一個朋友，實時多語言翻譯讓你們彼此走進對方的心靈世界。

（3）Skype

它是一款即時通信軟件，具備即時通信（IM）所需的功能，比如視頻聊天、多人語音會議、多人聊天、傳送文件、文字聊天等功能。

（4）騰訊 QQ

它是騰訊公司開發的一款基於 Internet 的 IM 軟件。騰訊 QQ 支持在線聊天、視頻通話、點對點斷點續傳文件、共享文件、網絡硬盤、自定義面板、QQ 郵箱等多種功能，並可與多種通它終端相連。

（5）Twitter（非官方中文慣稱：推特）

它是一家美國社交網絡（Social Network Service）及微博客服務網站，是全球互聯網上訪問量最大的 10 個網站之一，是微博客的典型應用。它可以讓用戶更新不超過 140 個字符的消息，這些消息也被稱作"推文（Tweet）"。

（6）微信

它是騰訊公司推出的一個為智能終端提供即時通信服務的免費應用程序。微信支持跨通信運營商、跨操作系統平台通過網絡快速發送免費（需消耗少量網絡流量）語音短信、視頻、圖片和文字，同時，也可以使用通過共享流媒體內容的資料和基於位置的社交插件"搖一搖"、"漂流瓶"、"朋友圈"、"公眾平台"、"語音記事本"等服務插件。

（7）Line

它由韓國互聯網集團 NHN 的日本子公司 NHN Japan 推出，雖然它是一個起步較晚的通信應用，2011 年 6 月才正式推向市場，但全球註冊用戶已超 4 億人。

（8）Facebook

美國的一個社交網絡服務網站，是世界排名領先的照片分享站點。截至 2013 年 11 月，每天上傳約 3.5 億張照片。截至 2012 年 5 月，Facebook 擁有約 9 億用戶。

36.6.4 雙微營銷空間

作為社交平台的微信營銷和垂直平台的微博營銷有什麼區別呢？

在社會化媒體營銷的時代，商家都試圖用微博和微信來獲取消費者的關注，然而大多數人根本不知道微信營銷和微博營銷的區別在哪裏，這也是花了錢卻達不到效果的原因所在。微信營銷與微博營銷看似都是社交媒體營銷，實際上有很大的區別，主要體現在以下3點：

（1）傳播範圍不同

同樣的轉發，微信主要依託於朋友圈，打造可信度極高的關係；而微博主要以秒速傳播、開放性為優勢，但網絡上誰也不認識誰，用戶很難相信。同時，微博上信息量過大，你發佈的內容很有可能被人無視。兩者相比，微信營銷更容易獲取用戶信任，但是微信的傳播速度比起微博要稍顯遜色。

（2）營銷手段不同

微信營銷適合一些中小企業和商家。微信營銷主要是通過朋友圈中發佈的內容，帶動好友幫助轉發、傳播出去；而微博在一定程度上容易形成熱門話題，商家經常帶着熱門話題進行營銷，微博用戶閱覽話題的同時就能看到商家的廣告。商家也會跟一些粉絲較多的用戶進行合作，讓這些用戶幫助轉發推薦自己的商品。兩者相比，微博營銷的方法效果好，但費用高。

（3）互動性不同

微信和微博同屬社交工具，但兩者是有本質區別的。微信上大多都是熟人，有一定的了解，溝通方便，通過簡單的互動，就能產生感情，賣出產品；而微博，大部分都是陌生人，很少有商家能夠建立起一個良好的互動溝通過程。

36.6.5 支付空間

1. 微支付和支付寶的區別

移動支付是移動營銷閉環形成的關鍵。在中國，微支付和支付寶較為常見，下面談談它們之間的使用方法的區別。

（1）受理機構。微信是每個業務經理對應多個授權服務商；而支付寶是每個授權服務商對應不同行業，不同大區的業務經理。

（2）準入門檻。微信設置的準入門檻遠高於國家標準，一個商戶要玩微信服務號，需要提供相當多的證照資料來證明自己；而支付寶的準入門檻是建立在國家標準或底線的基礎上，實體商戶的門檻較低，基本有營業執照就可以玩了。

（3）與受理服務商的關係。微信的生態支持不同的受理機構，同時可以為一個商家服務，具體表現在支付商戶號和第三方授權兩個層面上（2015 年開始開第三方授權，解決服務商之間爭奪接口資源的問題）。不同的服務商也可以為商戶開不同的“銀行卡”（商戶號），由商家自己選擇怎麼用、用哪個。而支付寶的玩法比較單一，只允許一個服務商為商家提供“全套”的服務窗、支付業務。

（4）運營行為。微信的玩法是基於其生態大批受理機構的各種玩法，其效果取決於微信在技術上與其他應用的合作程度；而對支付寶來說，不管你用什麼手段和玩法，它只用大量的補貼手段來贏得高頻消費行業、高知名度公司的青睞。

2. 全球各地的著名支付體系

（1）PayPal。它允許在使用電子郵件標識身份的用戶之間轉移資金，避免傳統的郵寄支票或者匯款的方法。PayPal 也和一些電子商務網站合作，成為它們的貨款支付方式之一；但是用這種支付方式轉賬時，PayPal 會收取一定數額的手續費。

（2）WorldPay。它是一家全球領先的獨立支付業務運營商。該付款方式支持多種信用卡（Mastercard, Visa, Visa Purchasing, Visa Delta, Visa Electron, JCB, Solo and Switch）。用此方式付款後，款項還未進入賬戶。要通過訂單確認收款後才算真正收到這筆錢。因為地域原因，有些會收取國外交易費。

（3）PayDollar。在線支付方式之一，支持多國貨幣和語言、多種卡種、多種付款模式（如電話交易、傳真交易及郵購訂購）及多渠道的支付方式。

（4）Amazon Payment。它是亞馬遜支付體系為其交易平台提供的一種支付方式，類似於 PayPal 與 eBay 的關係。沒有主動支付功能，即客戶只能通過商家提供的購物車購買。

下面以微支付與支付寶為例來談談它們的支付場景。

微支付主要有 3 種支付場景：線下掃碼支付，用戶掃描線下靜態的二維碼，即可生成微信支付交易頁面，完成交易流程；Web 掃碼支付，用戶掃描 PC 端二維碼跳轉至微信支付交易頁面，完成交易流程；公眾號支付，用戶在微信中關注商戶的微信公眾號，在商戶的微信公眾號內完成商品和服務的支付購買。

支付寶在某種意義上扮演網絡資金保險櫃的角色。現在很多人已經習慣將閒錢放在餘額寶裏面，至少比放在銀行利息要高一些。人們都希望保險櫃能安安靜靜地待着，偶爾放一些重要的財物，越少動它就越不會產生風險。

對於一些小額場景，可直接使用微信支付，沒必要把支付寶搬出來；但一些大額支付，還是支付寶更安全一些。從這個角度出發，支付寶發力大額消費場景、理財場景，避開和微信的正面衝突，又可以保持自己的優勢。但這同時又有一個悖論，人們絕大多數的消費場景都是小額支付，支付寶戰略性重心若從這些方面轉移，對自身發展非常不利，容易被微信抄了後路。況且，對於大額場景，人們更願意直接使用銀行卡支付。

36.6.6 微信小程序

微信小程序是一種不需要下載安裝即可使用的應用，它實現了應用"觸手可及"的夢想，用戶掃一掃或者搜一下即可打開應用；也體現了"用完即走"的理念，用戶不用關心是否安裝太多應用的問題。小程序的推出並非意味着微信要來扮演應用分發市場的角色，而是"給一些優質服務提供一個開放的平台"。小程序可以藉助微信聯合登錄，共享開發者已有的 App 後台的用戶數據。

隨着小程序正式上線，用戶可以通過二維碼、搜索等方式體驗到開發者開發的小程序。小程序提供了顯示在聊天頂部的功能，這意味着用戶在使用小程序的過程中可以快速返回至聊天界面，而在聊天界面也可快速進入小程序，實現小程序與聊天之間的便捷切換。安卓版用戶還可將小程序添加快捷方式至桌面。

案例 | 微營銷與微電影的雙劍合璧

慕思（DeRucci）寢具作為全球健康睡眠資源的整合者，一直堅持傳播健康睡眠理念，由慕思出品的微電影《艷遇》在傳播健康睡眠文化方面取得重大成功。

事實證明，微電影《艷遇》確實不負眾望，上線兩日點擊量就超過了 1,200 萬，上線一個月點擊量更是突破一億，成為微博、微信和各大主流視頻網站的熱門視頻，而慕思傳播的健康睡眠文化也引發了全民關注，引起激烈討論，借由微博、微信等新興媒體成功地將健康睡眠文化傳遞給每一個消費者。《艷遇》微電影是慕思出品的第三部微電影，此前的《床上關係》、《一睡成名》均已取得相當不錯的成績，而此次的《艷遇》更是以顯著的娛樂營銷實效得到業內專家的高度肯定，稱其為寢具行業娛樂營銷的新標桿。

相對於 90 分鐘以上時長的電影，微電影一般控制在 10 分鐘為佳。微電影（Micro film）指在新媒體平台上播放的、適合在移動狀態和碎片化時間觀看的影視作品。在中國，微電影百花齊放，截止 2019 年，中國國際微電影節已經舉辦了 8 屆。

例如，自選股小程序對 App 功能做了相對更多的保留，僅捨棄了“資訊”作為獨立板塊，而保留了自選、行情、設置 3 個主要功能板塊，並且提供了與 App 中一致的股價提醒等功能，分享具體股票頁面，好友點擊查看到的是實時股價信息，體驗非常完整。微信團隊此前提到的公眾號關聯功能可在當前的公眾號主頁體現。在開發了小程序的公眾號主頁上，能夠看到該主體開發的小程序，點擊即可進入相應小程序。由於處於同一賬號體系下，公眾號關注者可以更低的成本轉化為小程序的用戶。

本章小結

（1）VR 營銷四大方法：交互式症狀模擬，實時數據收集，增加消費者參與度，構建數字營銷未來的藍圖。

（2）物聯網的架構由 3 個主要部分組成，包括：裝置與感知層（Device and Sensor Domain），網絡層（Network Domain）以及應用層（Application Domain）。

（3）移動營銷時代，用戶對營銷傳播的需求產生了顛覆性改變，好的傳播應該讓用戶參與並和用戶一起完成。

（4）從成本測算的角度來看，在移動營銷的四要素——服務、內容、超級用戶和空間連接中，前三者的成本具備確定性，不確定性在於用戶體驗和空間與用戶連接的成本，假如一定要用傳統營銷詞彙來描述，即“產品和用戶在什麼地方完成體驗和交易，以及如何把產品傳播到用戶端”。

綜述 | 深陷 4P 營銷策略泥潭的匯源果汁

案例回放

匯源果汁是中國果汁行業的知名品牌。據尼爾森的數據統計，匯源果汁 2016 年在中國百分百果汁及中濃度果蔬汁市場份額分別為 53.4% 及 38.3%，連續十年保持市場份額第一。2007 年年初匯源果汁（01886）罐裝業務在港交所上市，當日股價大漲 OC9C，成為港交所（HKEX）當年規模最大的 IPO。2008 年 9 月，可口可樂宣佈以總價 179.2 億港幣收購匯源果汁所有股份，這是可口可樂在其發展史除美國之外最大的一筆收購交易，但中國商務部以反壟斷法為由否決了這次收購交易。早在匯源果汁與可口可樂簽署協議之前，匯源果汁實際控制人朱新禮及其實控的北京匯源已投入 20 億人民幣建設果蔬基地，這些投資大都屬於預交未來轉讓上市公司股權收入，隨着交易被否決，公司財務壓力陡增。

2012 年，匯源迎來首次虧損，並一發而不可收拾。與此同時公司債務不斷增加，截至 2017 年 6 月底，已達 115.18 億元人民幣債務。

2019 年 4 月 27 日，匯源果汁宣佈 "聯姻" 新三板上市公司天地壹號，以 36 億元人民幣賤賣，業內一片譁然，而後不久，雙方又宣佈終止交易。

案例分析

從風光上市到瀕臨退市的匯源果汁，到底做錯了什麼？本書作者作為匯源初創時期的短暫分管營銷的總裁助理，以市場運營的角度分析匯源果汁，發現匯源果汁的營銷之路，就是 "stp＋4p" 理論的現實應用者。

市場細分（market segmentation）：在競爭品牌如可口可樂、"美之源" 果粒橙、統一鮮橙多、百事可樂、"果繽紛" 以及農夫果園混合果汁等面前，匯源果汁深耕 100% 純果汁市場和中高濃度果汁細分市場。

目標市場（market Targeting）：主要針對營養健康具有較高需求的人群，主要包括老年人，青少年以及愛美女性的家庭消費，節假日聚會，婚慶人群也是第二目標市場。

市場定位（market Positioning）：以優質水果生產基地和先進的冷榨技術，主打最大限度地保留營養成份，從而成為中國國內中高濃度和百分百果汁領導品牌。

匯源營銷也是 4p 理論的捍衛者。

①堅持產品細分的路線，第一階段是把幾乎所有的常用果汁推向市場，做到品類齊全，隨後搶佔低濃度果汁市場，如匯源頻繁推出的冰糖葫蘆汁、百利哇、早啊混合果汁，甚至涉足雞尾酒、普洱茶等領域，結果是不僅新品市場反應平平，傳統領域的中高濃度果汁市場也被競爭對手搶走一定份額。

②匯源果汁注重線下渠道建設，分為一級代理商與二級代理商，其分銷優勢在於餐飲渠道，在通路和零售終端與競爭對手相比沒有優勢，線下渠道成本高昂是匯源果汁無法擺脫的惡夢。

③相比康師傅、統一等飲料巨頭，匯源果汁沒有價格和促銷花樣的優勢，在模仿行業巨頭的價格

政策和促銷策略上，匯源果汁僅電視廣告的品牌形象廣告這一項，一直沒有中斷過，佔據了營銷費用很大一部分。

匯源果汁的 4p 營銷組合，實質上是營銷成本的組合，由於選擇了傳統營銷策略，不可避免的陷入高成本市場的陷阱。

邏輯拷問

消費者要的是產品還是服務？匯源果汁給的答案是產品。在匯源果汁專注於水果基地、生產線和不斷更換產品包裝時，競爭對手已經更換了競爭內容，智能果汁機的出現一下子消滅了渠道成本，促銷費用，廣告費用和產品包裝成本。智能果汁機的理念是沒有中間商賺差價和健康消費看得見。遍佈各地的智能果汁機阻止了消費者向零售超市購買康美包和利樂包裝的匯源果汁，在追求鮮榨更營養的年輕人的時尚消費面前，怎麼讓他們相信採用超高溫瞬時殺菌（UHT）工藝和無菌冷灌裝工藝的保質期為一年的匯源果汁，比掃碼付費立等立取的智能果汁機生產出來的果汁更新鮮更營養？

圖 36-12 果琳倉儲式會員店
資料來源：果琳官方網站

在匯源果汁還在追加渠道投資，鋪開超市通道時，另一種形式的水果空間運營模式替代了傳統果汁消費：與其把水果經過繁雜的工業化流程送到超市，不如把水果基地直接搬到消費者面前，果琳就是一個從渠道到空間的市場理念的變革者。

果琳是一家以經營水果品類為核心的生活方式提案商，圍繞消費者品質生活的剛需類產品展開選品。為了應對"門店＋社群＋社區網點＋社區合夥人"的智能營銷模式，果琳在組織架構上也進行了變革。

目前，果琳有 4 種門店類型，分別是面積在 100-300 平方米的倉儲式會員店；面積在 100 平方米左右的社區店；面積為 30-40 平方米，以鮮榨果汁和果切為主的果琳星球；以及各地特色農產品為核心品類的家鄉味等。其中，倉儲式會員店是果琳的主力業態，如圖 36-12 所示。

放眼整個水果零售行業，為了實現商品差異化和提升門店利潤率，業界都將鮮榨果汁作為重點品類進行突破，如鮮豐水果旗下的"鮮果碼頭"等，都在發力鮮榨果汁項目。果琳水果創始人秦洪偉表示，果琳星球的銷售佔整體銷售額 10% 以上，毛利率在 45% 以上。

雖然匯源也在進步，但無法跟上一個消費升級時代的腳步，在移動營銷快速替代進化的市場面前，匯源果汁的 4P 營銷工具已完全滯後於競爭對手。

營銷遠見

匯源是一家沉睡的巨人，需要用移動營銷思想庫來喚醒。匯源有水果基地優勢、品牌優勢和長期追隨的代理商網絡優勢。如果這些優勢通過升級與一台智能果汁機聯繫起來，將發揮巨大優勢，如圖 36-13。

1. 圖中 01-10 區為各品種果汁選項，包括桃子、蘋果、橙子、獼猴桃、梨子……，發揮匯源多品種優勢，滿足用戶多項水果營養需求，幾乎相當於鮮榨果汁超市。相比於目前市場上單一水果品類果

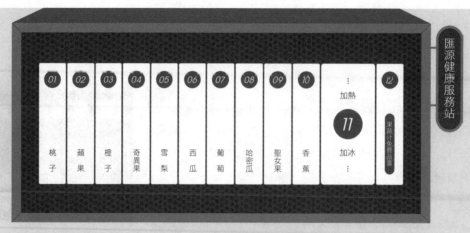

圖 36-13 匯源健康服務站模式

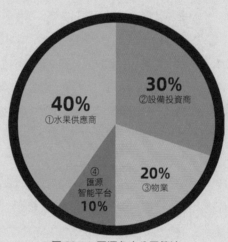

圖 36-14 匯源各方分層算法

汁機有優勢。

2. 圖中 11 為服務區，為用戶免費提供果汁冬天加熱功能，代煎中藥功能。

3. 圖中 12 為時令果蔬免費品嚐區，跟隨季節變換，每天提供 100 杯低濃度果蔬汁。

4. 通過 11 區和 12 區的引量，銷售 01-10 區的產品。

匯源健康服務站的軟件設計採用智能算法，以平台思維整合各方力量建設服務站，如圖 36-14 所示。

①每一杯果汁採用智能算法，即時到賬。

② 40%、30%、20%、10% 分別是水果供應商、設備投資商、物業公司和匯源智能平台。

③以算法驅動資金運營效率，同時比鮮榨果汁當前市場價格降低 30%。

④由於四方均以投資入股一台設備，因此所需平台投資並不大。

運用移動營銷 4S 理論、算法管理和平台思維，重建匯源市場服務鏈，從服務開始以用戶價值為導向，以性價比為體驗值，假如匯源動手，3 年 10 萬台鋪設終端沒有阻力，每台營收每天 200 元，讀者可以自己測算出匯源毛利。

綜述 ｜ 算法大師 Costco

當世界正在從 "人工設定" 過渡到 "程序算法" 時，世界上最有價值的企業都搖身一變成為算法大師。Amazon 的飛輪加法、Google 的減法法則、Facebook 的乘法運算、Apple 的除法美學深刻地影響了全球科技企業的戰略運營，而今 Costco 的算法又一次給全球零售業上了一課：怎樣用 7% 的毛利成為商業王者？

2019 年 8 月 27 日，是 Costco 在中國的刷屏日。這個傳說中的零售店在上海開出它在中國大陸的第一家門店。與 Costco 的火爆開業形成鮮明對比的是，號稱全球最成功的超市巨頭沃爾瑪（WalMart）卻陷入了關店潮。以 "everyday low price" 為信仰的沃爾瑪在 Costco 的超級低價形象面前相形見絀。

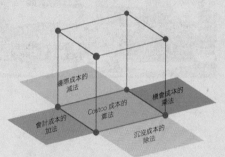

圖 36-15 Costco 成本的算法

零售業是一個低頭撿鋼鏰的行業，利潤薄如刀片，Costco 卻高舉 "以賺錢為恥" 的 7% 毛利理念，是怎樣做到生存下來的呢？即便是面對電商、跨境代購等號稱已經把毛巾擰乾水的商業形態，Costco 依然保持每件商品價格全球最低，奧秘在於 Costco 背後複雜的加減乘除算法，如圖 36-15 所示。

1. 會計成本（Accounting Cost）的加法原理

零售業會計成本是指企業經營活動中實際發生的一切成本，包括工資、房租、利息、折舊等。據 2018 年 Costco 發佈的財務數據，銷售總額為 1,384.34 億美元，總收入 1,415.76 億美元，會費 31.42 億美元，淨利潤 31.34 億美元。也就是說，Costco 賣商品是不賺錢的，全部利潤來源於會員年費。相當於 Costco 不是一家零售商，而是一家平台公司。零售業的毛利率一般保持在 25% 左右，是 "成本＋稅費＋預期利潤" 的疊羅漢模式，而平台公司的算法是把平台該賺的服務費和商品進銷差產生的毛利分開計算。分開記賬的優勢在於實現 Costco "和用戶一起向商家砍價" 的經營理念，因此 Costco 在全球任何地方開店的商品毛利率只要能夠消化開店所必要的成本、費用就足夠了。比如毛利率設定從 0 開始計算，每增加一項必要的成本就增加一定比率，直到把成本加完為止，不再增加企業預期利潤，這種透明的算法使 Costco 始終保持 7%-14% 的毛利率，比普通零售業低出一倍還多，競爭優勢明顯。

2. 邊際成本（Marginal Cost）減法原理

零售業邊際成本是指每一單位新增銷售的商品帶來的總成本的增量。可以理解為某一商品的銷量越大，其邊際成本越低；同一類別的商品庫存與陳列的不同品牌越多，對於零售商而言邊際成本越高。

根據數據顯示：沃爾瑪超市 sku 超過 10 萬種，Costco 只有 3700 種左右。沃爾瑪銷售筷子的商品陳列場景是這樣的，如圖 36-16 所示。

Costco 每類商品只提供 2-3 個爆款，這樣做的好處有 3 個：其一是隨着聚焦銷售的爆款商品銷售額提升，其商品的周轉庫存的邊際成本降

圖 36-16 沃爾瑪筷子陳列場景

圖 36-17 Costco 門店

低；其二是顧客也有邊際成本，顧客在琳琅滿目、應有盡有的商品貨架前挑選所產生的等待時間與焦慮心情也是顧客的邊際成本，畢竟顧客驅車前往的途中燃油費與購物時間也是成本；其三是增強了與商家的砍價能力，為顧客無條件退貨的條款增加了向商家施壓的話語權。對商家而言，每一次退貨都是成本，但是只要銷量足夠大，少量的退貨不會造成商家銷售中邊際成本過高。移動營銷思想中"爆品邏輯"的邊際成本減法原理讓 Costco 一舉三得。

3. 機會成本（Opportunity Cost）的乘法原理

機會成本又稱為擇一成本或替代性成本，是指為了得到某種東西而所要放棄另一些東西的最大價值。當一個人面臨從眾多方案中選擇其一時，被捨棄的選項中最高價值者是本次決策的機會成本。機會成本來自於對未發生收益的預測，所以一般而言不計入會計成本，然而 Costco 的會計賬本裏卻有着對機會成本的精妙運算。

在 Costco 所提供的極致性價比服務面前，顧客沒辦法抗拒成為會員：上海店開業時茅台酒限購價 1498 元，對比市面上炒到 3,000 元一瓶，交 299 元人民幣的會員非常劃算；除奢侈品外，日用百貨比市場平均便宜 30%-60%，生鮮食品也有 10%-20% 差價。每月光顧一次，每次消費 1,000 元即可換來一張會員費的成本。在中國的會費是 299 元人民幣，在美國是普通會員 60 美元，高級會員 120 美元。90% 的美國家庭都是 Costco 會員，全球會員量達到 9,600 萬，Costco 上海店開業當天吸收會員超過 16 萬。據說股神巴菲特（Warren E. Buffett）的搭檔查理·芒格（Charlie Thomas Munger）非常喜歡 Costco，幾乎逢人便誇，以至於巴菲特講了個段子來調侃：有人把巴菲特和芒格綁架了，撕票前答應滿足他們倆一個願望。芒格問：能不能讓我臨終前再講一遍 Costco 的優點？

Costco 通過無數個類似芒格這樣的超級用戶，為 Costco 宣傳、分享、點讚。從未見過 Costco 做廣告，粉絲級用戶卻在全球裂變。口碑效應帶來 Costco 會員數量乘數級裂變。用戶裂變乘法原理過去只在 Facebook、微信、螞蟻金服等互聯網科技企業出現過，如今在一家線下零售企業再顯乘法神威，不得不說 Costco 已經不單是一家零售企業，而是一家追求幸福感的現象級道場，如圖 36-17 所示。

幸福感的神奇之處在於，它可以把路人轉化成用戶，把用戶轉化成會員，而會員可以帶來更多會員，$M=N_1 \times N_2 \times N_3 \times \cdots\cdots \times N_M$。

4. 沉沒成本（Sunk cost）的除法原理

沉沒成本是指以往發生的，但與當前決策無關的費用。人們在決定是否要做一件事情時，不僅要看到這件事的益處，而且還會翻看自己在這件事情上投入的記錄。由於沉沒成本被定義為一項投資無法通過轉移或銷售得到完全補償的那部分成本，因此大多數經濟學家認為，如果人是理性的，就不該在做決策時考慮沉沒成本。

Costco 不聽經濟學家的勸告，反其道而行之，把顧客購物決策時的沉沒成本放在首要位置考量。Costco 一直堅持 "90 天內無理由退換"：吃了一半的餅乾，放在冰箱放爛了的香蕉，用過的牙刷……只要顧客拿來了，Costco 不需要購物單、發票等憑證，直接退貨。據說有顧客拿着穿過的內褲都退貨成功。這種無條件極致退換服務讓顧客再次購物時決策不猶豫，因為顧客的沉沒成本為零，即顧客無法通過轉移或銷售得到完全補償的那部分成本，可以來 Costco 店以退貨方式實現補償。當顧客總收益與顧客總投入相除大於或等於 1 時，顧客處於極度滿意狀態，如下公式：

$$顧客滿意度 = \frac{顧客總收益}{（顧客總投入 + 顧客沉沒成本）}$$

當顧客沉沒成本趨於零時，顧客滿意度大於或等於數值 1。

當然了，Costco 不會承擔退換貨商品的製造成本而會轉移給商家，理由是接受無條件退換貨是商品質量再提升的最佳途徑。

死磕自己，運用系列算法，為顧客謀利，Costco 乃移動營銷管理中的算法大師。

原來，Costco 的英文事出有因，Cost 代表成本，CO 代表心臟彩超心功能裏的心搏出量，所以透過四大成本的計算向世界輸出最大能量值，命名 Costco。

綜述 ｜ 模式大師 Costco

在中國小學生語文教材中，有一個經典的烏鴉喝水的故事，一只老烏鴉經過長年累月的摸索，終於琢磨出來往半瓶子水的瓶子裏丟石頭的方法，從此它喝到了水。然而有一天，飛來了另一群烏鴉，這群烏鴉根本不會銜石子，但個個嘴裏都銜着一根吸管：你練了多年的武功，可能被一招打敗（見圖 36-18），這個世界的新統治者們正在不按套路出牌。

圖 36-18 創新版烏鴉喝水

主宰零售業者，美國有沃爾瑪（WalMart）、中國有大潤發（RT-MART）、法國有家樂福（Carrefour），它們多年的零售業武功正在被 Costco 逼廢。Costco 身上攜帶四大致命武器，如圖 36-19 所示。

1. 超級用戶是深深的護城河

什麼才是零售業的護城河？通常認為零售業是一個高毛利低淨利的行業，需要差異化產品、高效運營和卓越管理，才會有機會參與和低價超市的競爭，在薄如刀片的利潤面前，比拚到最後，無非是看誰的效率更高——更快的速度、更低的價格、更好的服務。

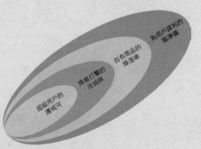

圖 36-19 用戶思維的 Costco 模式

效率也是沃爾瑪起家史中的關鍵詞。最早它用連鎖經營模式革掉了美國小夫妻店的命，後來它又用衛星通訊、IT、現代化倉儲物流革掉了連鎖超市的命。沃爾瑪至今都擁有一套自製的完整的供應鏈系統，它可實時調控價格，做到比對手更有效率，這就是它過去取勝的關鍵所在。很不幸的是它遇上了一個更可怕的對手：Costco。

Costco 的庫存週期只有沃爾瑪的三分之二，坪效是沃爾瑪的 2 倍。沃爾瑪每千平方米用工 36-24 名，而 Costco 只要 12-14 名。用更快的周轉、更少的人手、更高的坪效，獲取更多的市場份額，是不是 Costco 的護城河呢？

顯然不是。效率是大型零售業態的標配，提升效率的根本目的是在以更低價格售出時獲取更多利潤，而 Costco 簡直就是"以賺錢為恥"。

什麼才是 Costco 的護城河呢？在本書第三篇講述護城河時論述過："只有完全屬於自己的，競爭者無法進入的壁壘才是護城河。"企業的護城河有 4 種形態，分別是無形資產、超級用戶、網絡效應和核心交易。Costco 的護城河在於它用會員制吸收了 9,600 萬賴着不走的粉絲級用戶。當全美 90% 的家庭都是它的會員時，一個 Costco 的模仿競爭者從 Costco 手中奪走這些用戶的成本有多高？況且，用戶轉換成本高是客觀存在的護城河。Amazon 成功的根基是它的 Prime 會員制築起的護城河。因此，對於一些交易平台型的企業而言，在沒有發現更好的方式之前，超級用戶一直都是深深的護城河。

2. 降維打擊的攻城隊

Costco 的活躍 SKU（庫存量單位）只有 3,700 種左右，這就意味着對商家而言，只有具備精品屬性的兩到三種爆款產品才允許上架，從同一行業成千上萬的企業中找出當屬於這個時代的精品，然後再以驚人的低價售出，這就是 Costco 的降維打擊策略。不是普通產品賣低價，而是舉世絕品賣低價。用戶可以從電商旗艦店比價，也可從商家自營店比價，無論如何都比不過 Costco 的價格更低。

極致性價比體驗，從來都是商戰中最有效的攻擊性武器，沒有任何一個消費者能夠抗拒極致性價比的誘惑，如同空氣與水對於人類剛性需求一樣的客觀存在。在電商衝擊零售業七零八落的今天，美國人把去 Costco 購物當成一種生活信仰。中國的雷軍評價說："進了 Costco，不用挑，不用看價格，只要閉上眼睛買，這是一種信仰！"

3. 自營商品的降落傘

本書第三篇"模式"中論述降落傘時有兩個很容易被忽略的詞組：自造的降落傘和被忽視的剛需。

在 Costco 的商品中，有 25% 是自有品牌的商品，如著名的自有健康品牌科克蘭（Kirkland Signature），剩下 75% 是其他品牌的商品。之所以這樣分配比例，是因為它要用 25% 的自營品牌，來倒逼其他 75% 的商家降價。由於 Costco 擁有自造降落傘的能力——經營自有品牌屢屢成功，因此它有底氣跟大品牌商家議價。這也致使大品牌願意提供比批發商或代理商更優惠的價格與 Costco 合作，如勞力士、愛馬仕等。

在被忽視的剛需商品中，Costco 極為重視。一般超市把水果放在顯著位置，而 Costco 把肉類食品放在第一位。雖然水果也有產地、口味差異化，但消費者容易找到替代賣場。肉類商品不僅高頻、剛需，還會吸引消費者重複購買得到會員黏性，如果把肉製品差異化做到單點極致，就能在被競爭超市忽視的剛需市場撬動一片天地。為此，Costco 還自辦一家養雞廠，它砍掉了所有的中間環節，一隻僅賣 4.99 美元的烤雞喂飽全家。由於注重差異化，這只雞味道很好，讓消費者幸福感爆棚。為了營造出其不意的降落傘效果，Costco 配合自己的肉製品優先的戰略，通過收購成為全美最大的紅酒廠商，以達到酒肉不分家的全味蕾幸福感。

4. 為用戶謀利的瞄準儀

零售業的利潤從哪裏來？脫口而出的答案是從消費者身上賺取零售差價。零售業更大的利潤從哪裏來？從門店擴張的更多市場份額中得到。然而這兩件事是 Costco 最不願意做的。Costco 的模式所向披靡，然而從規模上依然是排在沃爾瑪之後。截至 2019 年 7 月底，沃爾瑪在 27 個國家擁有超過 1 萬家門店和俱樂部，而 Costco 在全球 9 個國家只有 700 多家門店。

在零售業態有兩種交易類型的瞄準方式，一種是和商家合謀，瞄準用戶；另一種是站在平台中間同時瞄準商家和用戶。如家樂福開創的一邊向商家收進場費，一邊賺取商品的進銷差價。唯獨 Costco 是另類的第三種模式：死磕自己，為用戶謀利，它調校瞄準儀把槍口對準商家和它自己。如此瞄準儀只會有一種結果，只要有用戶的擁戴就有做不完的生意。

Costco 的模式揭示一個樸素的道理：只要有百年用戶，就會有百年企業。

綜述　│　策略大師 Costco

為什麼小米雷軍、拼多多黃崢、名創優品葉國富都力推 Costco 為策略大師？顯然，他們都是同行業的顛覆者，所運用的策略均是移動營銷 4S 模型，而 Costco 是以上三位創始人的鼻祖，如圖 36-20 所示。

1. Costco 正確的打開方式：服務

對於絕大多數零售企業而言，退貨是他們最不想看到的事情，所以才有了種種對退貨的限制性條款：超過 7 天不退、拆包裝不退、用過不退、有污染的不退……但在 Costco，隨時隨地隨性，只要你想，馬上退貨。

制定企業營銷策略的第一個關鍵點，就是思考如何解開顧客掏錢的內心抗拒點。顧客消費是一種信任投資，只要你讓他感受到絕對安全，那麼他就會義無反顧買單。保險產品不好賣吧？假如有一種人壽保險說，只要你連續繳保費十年，十年後不僅還本金，還可以每月領到和工資一樣的收入，直到你 100 歲，那麼這份保險就很好銷售。

Costco 無條件退貨，其實質是為解除顧客抗拒點而採取的移動營銷 "一切產業皆服務" 的智慧，給顧客安全感，讓顧客無憂無慮地大肆購買。在 Costco，顧客都是閉上眼睛拿貨，爭着搶着刷卡，排長龍結賬是再正常不過的事。

圖 36-20 Costco 策略模型

2. Costco 正確的存在方式：內容

毫不誇張地說，在 Costco，你可以買齊從出生到死亡所需的一切東西，比如骨灰盒、棺材。按理說把喪葬用品和生鮮食品擺在同一個空間存在"晦氣"之嫌，平常人們能離開多遠就離多遠，但 Costco 秉承一個理念：我們不歧視每一件商品，每一件商品都有它的靈魂，我們要平等。因此，Costco 賣的不是商品，而是一個人、一個家庭生存與生活下去的全部內容。如大包裝是呼喚你回歸家庭團圓聚餐的信號；所有的包裝都使用可回收利用的紙箱而非塑膠袋，是在提醒你的環保意識；所有的商品以原運送樣板的方式陳列，是在給你"大道至簡"的生活哲理心理暗示；免費停車、免費輪胎安裝平衡、免費視力檢查、鏡架調整，似乎在告訴你：你購不購物都不重要，Costco 是交朋友的地方，不是售賣場。

反觀那些投巨資高檔裝修的賣場，只有商品、金錢與空氣存在，弄點文化也是為了貼金，而 Costco 在證明一個道理：每一件商品都是抽象的，每一次服務都是純粹的，每一個空間擺放都是為了響應人類生存的智慧，還有 Costco 的空氣中充滿了快樂、驚喜與幸福感。

3. Costco 正確的連接方式：超級用戶

Costco 從不大肆宣傳或推廣它的會員卡，你會經常看到一邊是排着隊退卡，另一邊是火熱購買會員卡。Costco 認為，會員卡是你認同 Costco 的理念並採取和它同樣摳門的手段向商家摳的一致行動，購買會員卡證明你是 Costco 的一致行為人。

性價比的終極意義是用戶體驗的幸福感，Costco 的會員實現了與幸福感的連接。一個小男孩只花幾美元，就從 Costco 買到了夢寐以求的一對蜘蛛俠拳套，當他嘴角上翹、揮舞雙拳時，內心油然升起的滿足感，一定會讓這個瞬間深深地烙入自己的記憶中。

正是通過無數個這樣的瞬間，零售商與消費者產生情感鏈接，才形成獨一無二的會員制競爭力。

一般的會員卡的意義大多體現在商品折扣上的物質層面連接，Costco 的會員卡更多強調精神連接。物質連接的結果是其個體的重複購買，精神連接的結果是創造了一批賴着不走、四處分享朋友圈並引發群體消費的用戶乘法裂變效應，這就是移動營銷超級用戶的營銷智慧。

4. Costco 正確的視角：空間

不把顧客放在對立面去銷售商品，而是永遠和顧客站在一邊，向全世界供應商砍價，對所有不合理的消費說 NO，這是現代企業都很欠缺的商業視角。人們眼睛看得見的能力叫視力，能看見普通人看不見的東西的能力叫視野。如果真心承認顧客是上帝，那麼 Costco 就擁有"上帝視角"。

普通超市通常會把暢銷品擺在最顯眼的位置，在市場營銷學的教材中有一節叫商品陳列的課，教你如何吸引顧客購買。然而 Costco 反其道而行之，常常把熱銷商品藏起來，讓顧客在苦尋不得時在某一角落發現。Costco 的自有品牌 KS 堅果曾經被藏過。由於創下 3 天賣 3 噸的銷售紀錄，KS 堅果榮登 Costco 內部的"尋寶"名單，被安排到非食品區的角落，不轉一圈根本看不到。這就是移動營銷的空間原理，空間不僅是物質化的空間，而應是人性化空間。在注意力缺乏、視覺疲憊、信息碎片化的移動互聯網時代，品牌商需要為消費者創造 "驚歎時刻"（Wow Moment）。因此，Costco 致力於把購物過程變成 "尋寶之旅"，為顧客營造參與式的 "得之不易" 的驚喜。

普通的超市試吃，分量小到不足以塞牙縫，還有一雙促銷員的眼睛微妙地盯着你看，Costco 的試吃原理是：敞開口供應，不怕你吃飽，就怕你不吃。Costco 試吃空間的設計是把免費模式進行到底的營銷策略。結果證明，每次試吃活動一方面造成大批人餓着肚子去蹭飯，另一方面當天該商品的銷量大增 2-3 倍。

Costco 在中國大陸開店，延續其一貫作風，選址於上海西郊，虹橋火車站西北方 10 公里的一個工業區內。這裏不僅租金便宜，而且交通十分便利——西南北 3 面，各有一條高速公路通過，東邊則是一條嘉閔高架。Costco 大賣場購物面積 1.4 萬平方米，光停車場就有 1,200 個車位。可見它的野心不僅是上海這個 2,000 萬人口的超級都市，還試圖把長三角都市圈的數億消費者一網打盡。

Costco 對全球營銷界的最大影響是什麼？是修訂教科書，從 4P 理論到 4S 理論。Costco 對中國最大的影響是什麼？可以預見，今後上海阿姨找女婿時，會在相親大會上增加一個提問環節：有沒有 Costco 會員卡？如果有，則證明：

（1）小夥子會精明地過日子；

（2）有車，不然地鐵可能帶不回來；

（3）如果沒有車，至少證明小夥子身體好。

綜述　｜　邏輯大師 Costco

自 2006 年至 2016 年的十年間，互聯網電商對傳統零售業造成了巨大衝擊。全美第三大零售商 Sears 市值縮水 96%，大型百貨連鎖 J.C.Penny 股價下跌 86%，梅西百貨下跌 55%……而奪取這些巨頭份額的，就是迅猛發展了 10 年、市值增長 20 倍的 Amazon。與此同時，同樣是線下零售商的 Costco 不僅頂住了電商衝擊，逆勢而上，10 年間市值增長 1.7 倍。

Amazon 和 Costco 的商業邏輯如同一轍：砍掉中間環節，讓用戶直接和品牌商交易；不賺產品進銷差價、賺服務費，Amazon 的 Prime 與 Costco 會員制異曲同工；兩者都是服務空間價值增加值的捕捉高手，Amazon 利用會員制為基礎的網絡效應組成自己的護城河。在此基礎之上，增加 AWS 雲收益空間和廣告收益等，Costco 還是全美最大的汽車零售商、最大的紅酒零售商。

先從如圖 36-21 中觀察過去 40 年互聯網的技術與應用的體系成熟過程，從而了解零售企業必須如 Costco 和 Amazon 一樣去變革自己的底層商業邏輯。

從圖中看出，最底層的硬件、操作系統與軟件開發幫助整個商業社會削減了執行成本，比如人工智能與大數據處理能力。再往上是互聯網應用、網站技術，搜索引擎技術的發展降低了信息的分發成

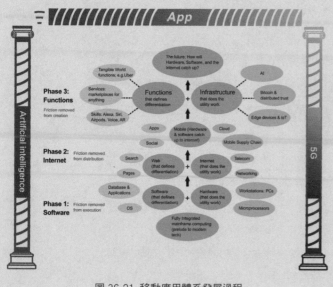

圖 36-21 移動應用體系發展過程

本。最上層是"功能＋基礎設施"模式的完善，引導人們從消費實物到消費實物的功能服務，如 Uber 使閒散車輛得到充分利用。

互聯網的底層設施（軟硬件）削減了執行成本，移動互聯網時代進一步把底層設施最大限度開放成公用設施。從零售業發展趨勢而言，PC 互聯網降低了渠道成本，而移動互聯網把渠道成本降至趨近於零，"基礎設施＋功能服務"的商業應用邏輯正在形成。Amazon 和 Costco 正是移動營銷時代這種新型商業邏輯的傑出代表，所不同的是，一個是線上網絡，一個是線下體驗。

Costco 和 Amazon 的底層商業邏輯支撐了它們商業成功。在本書第一篇論述了"痛點、剛需、高頻、利基"四大商業底層邏輯，這套邏輯的核心思想是用戶思維，它回答了 4 個問題：是什麼？為什麼？與誰共享？與誰合謀？

Costco 在與顧客合謀的底層邏輯上一直堅守著。曾有人找到 Costco 的 CEO 詹姆斯·西格爾（James Sinegal），說有一種方法可以一年多增加 7,000 萬美金的收入，只要熱狗汽水組合加價 5 分錢。可是詹姆斯·西格爾說為什麼不是在這個基礎上再減 5 分錢還能多帶來 7,000 萬美元收益呢？一個人一旦擁有正確的底層商業邏輯思維，就可以在正確的時間做正確的事，甚至在不正確的時間也能做成正確的事。Costco 最早開始推行會員制的時候，其實遭到了巨大的失敗。因為 Costco 的會員卡需要繳納一定的費用，但是卻不能當錢花，這讓很多消費者不買賬。面臨生存危機的 Costco 在最困難時也沒有放棄自己的商業邏輯，嘗試把會員卡分為普通會員和高級會員，普通會員 60 美元，高級會員 120 美元。高級會員相比普通會員有返點 2% 的福利。一個家庭每個月只要在 Costco 消費 500 美元，一年下來，這 120 美元的會員費就可以返回顧客的口袋。再往下推算，如果每個月的消費在 500 美元以上，顧客甚至還可以賺到額外的錢，這就是移動營銷中"消費者是消費商"的商業思維。想必 Costco 創始人詹姆斯·西格爾應該非常認真地研讀過《毛澤東選集》（SELECTED WORKS OF MAO TSE-TUNG），他在開創第一家 Costco 倉儲會員店時，就確立了公司發展的底層商業邏輯思想：組織群眾、依靠群眾，打一場轟轟烈烈的人民戰爭。大成者必是邏輯大師。

幫助讀者總結一下本書的邏輯：在移動營銷時代，4WD（痛點、剛需、高頻、利基）是底層商業邏輯，4S（服務、內容、超級用戶、空間）是商業策略組合，算法（加法、減法、乘法、除法）是管理的智慧，模式（護城河、攻城隊、降落傘、瞄準儀）是運營的智慧，品牌則是價值歸宿

圖 36-22 移動營銷管理邏輯

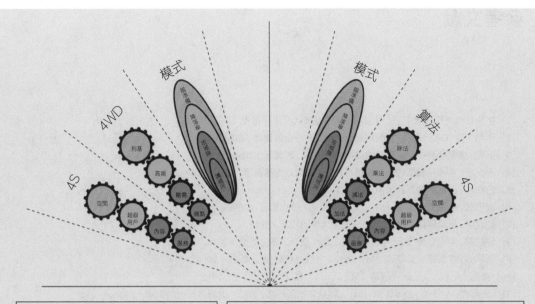

①一切痛點都是護城河的基石，也是服務的出發點；

②所有的剛需均是攻城隊的進攻方向，也是內容的源泉；

③消費中的高頻是降落傘的降落點，也是超級用戶最具粘性的地方；

④利基要求瞄準儀調校方向，瞄準與誰合謀，也是用戶價值體驗的空間。

①加法智慧：

説明服務無止境，增加值越大越好，護城河也需要日日加固；

②減法智慧：

説明內容的原理是大道至簡，聚焦才會有好內容，集中一點擊破是攻城隊常勝的智慧；

③乘法智慧：

説明超級用戶是乘法裂變的基礎，而降落傘是用戶裂變的前提。所以，粉絲裂變等於超級用戶乘以降落傘；

④除法智慧：

説明空間都是去除雜質、留下價值的結果，而瞄准儀是顧客收益與顧客成本的除法的結果。

圖 36-23 移動營銷管理邏輯說明

點，如圖 36-22。

　　如果說 4WD 是移動營銷的底層商業邏輯，那麼算法則是頂層商業邏輯智慧，如圖 36-23 所示。

　　最後，我們把 4WD 和算法組合成一個相互咬合的齒輪鏈，如圖 36-24 所示。

　　移動營銷的邏輯鏈和智慧鏈在相互咬合中螺旋上升，共同完成企業創新的兩大任務：技術創新和營銷創新。

圖 36-24 4WD 和算法齒輪鏈

參考文獻

[1] 中國互聯網絡信息中心. 中國互聯網絡發展狀況統計報告 [R] . 2009.

[2] 李旭，徐永式. 關鍵人和關鍵意見領袖 [J] . 企業管理，2005（2）.

[3] 王麗. 虛擬社群中意見領袖的傳播角色 [J] . 新聞界，2006（3）.

[4] 陶文昭. 重視互聯網的意見領袖 [J] . 中國黨政幹部論壇，2007（10）.

[5] 白海濱. 網絡輿論及其調控研究 [D] . 重慶：西南大學，2008.

[6] 陶東風. 粉絲文化讀本 [M] . 北京：北京大學出版社，2009.

[7] 劉建明. 輿論傳播 [M] . 北京：清華大學出版社，2001.

[8] 許紀霖. 中國知識分子十論 [M] . 上海：復旦大學出版社，2015.

[9] 劉軍. 社會網絡分析導論 [M] . 北京：社會科學文獻出版社，2004.

[10] 陸揚，王毅. 文化研究導論 [M] . 上海：復旦大學出版社，2015.

[11] 沃爾特. 李普曼. 公眾輿論 [M] . 閻克文，江紅譯. 上海：上海世紀出版集團，2006.

[12] 曼紐爾. 卡斯特. 網絡社會的崛起 [M] . 夏鑄九等譯. 北京：社會科學文獻出版社，2006.

[13] 艾爾. 巴比. 社會研究方法基礎 [M] . 邱澤奇譯. 北京：華夏出版社，2010.

[14] 理查德. 謝弗. 社會學與生活 [M] . 趙旭東等譯. 北京：世界圖書出版公司，2014.

[15] 劉銳. 微博意見領袖初探 [J] . 新聞記者，2011（3）：57-60.

[16] 陳然，莫茜. 網絡意見領袖的來源、類型及其特徵 [J] . 新聞愛好者，2011（24）.

[17] 杜綺. 網絡傳播中意見領袖的角色分析 [J] . 東南傳播，2009（05）.

[18] 薛可. BBS 中的"輿論領袖"影響力傳播模型研究 [J] . 新聞大學，2010（4）.

[19] 劉果. 微博意見領袖的角色分析與引導策略 [J] . 武漢大學學報（人文科學版），2014（2）.

[20] 彭琳. 網絡意見領袖的培養機理 [J] . 學校黨建與思想教育，2010（32）.

[21] 肖蜀. 開始介入現實的新意見群體 [J] . 南風窗，2009（22）.

[22] 李路路. 社會變遷：風險與社會控制 [J] . 中國人民大學學報，2001（2）.

[23] 成伯清. "風險社會"視角下的社會問題 [J] . 南京大學學報（哲學. 人文科學. 社會科學版），2007（2）.

[24] Rogers E M, SHOEMAKER E F. *Conmmunication of Innovations*[M]. New York: Free Press, 1971.

[25] Rogers E M, CARTANO D G. *Methods of Measuring Opinion Leadership*[J]. *Public Opinion Quarterly*, 1962, (26).

[26] ZHENG Y N. *Technological Empowerment: The Internet, State, and Society in China*[M]. Stanford: Stanfard University Press, 2008.

[27] 馬化騰. 分享經濟 [M] . 北京：中信出版社，2016.

[28] 劉建軍，邢燕飛. 共享經濟：內涵嬗變、運行機制及我國的政策選擇 [J] . 中共濟南市委黨校學報，2013（5）.

[29] 海天電商金融研究中心. App 營銷與運營完全攻略 [M] . 北京：清華大學出版社，2015.

[30] 阿里巴巴（中國）網絡技術有限公司. 從 0 開始跨境電商實訓 [M] . 北京：電子工業出版社，2016.

[31] 吳聲. 場景革命：重構人與商業的連接 [M] . 北京：機械工業出版社，2015.

[32] 傑克. 特勞特，史蒂夫. 里夫金. 重新定位 [M] . 謝偉山，苑愛東譯. 北京：機械工業出版社，2011.

[33] 斯科特. 戴維斯，邁克爾. 鄧恩. 品牌驅動力 [M] . 李哲譯. 北京：中國財政經濟出版社，2007.

[34] 維克托. 邁爾—舍恩伯格，肯尼思. 庫克耶. 大數據時代：生活、工作與思維的大革命 [M] . 周濤等譯. 杭州：浙江人民出版社，2013.

[35] 八八眾籌. 風口：把握傳統互聯網帶來的創業轉型新機遇 [M] . 北京：機械工業出版社，2015.

[36] 菲利普. 科特勒. 營銷管理 [M] . 梅清豪譯. 12 版. 上海：上海人民出版社，2003.

[37] 薛娜. 經典品牌故事全集 [M] . 北京：金城出版社，2006.

[38] 李光斗. 故事營銷：世界最流行的品牌模式 [M] . 北京：機械工業出版社，2009.

[39] 柒先生. 用你的故事感動你 [M] . 上海：東方出版社，2014.

[40] 黎萬強. 參與感 [M] . 北京：中信出版社，2014.

[41] 龐曉龍，黃穎. 一本書讀懂互聯網思維 [M] . 長春：吉林出版集團有限責任公司，2014.

[42] 安傑. 一本書讀懂 24 種互聯網思維 [M] . 北京：台海出版社，2015.

[43] 周禹，白潔，李曉冬. 寶潔：日化帝國百年傳奇 [M] . 北京：機械工業出版社，2010.

［44］湯馬斯‧鮑加特納，霍瑪耶‧哈塔米，瓊‧范德‧亞克．大數據時代創造大業績［M］．藍獅子文化創意有限公司．

［45］孫國強．微商是怎樣煉成的［M］．北京：華文出版社，2015．

［46］黃鐵鷹．海底撈你學不會［M］．北京：中信出版社，2015．

［47］陳光鋒．互聯網思維——商業顛覆與重構［M］．北京：機械工業出版社，2014．

［48］胡迪‧利普森．3D打印［M］．北京：中信出版社，2015．

［49］曼昆．經濟學原理．北京：北京大學出版社．2014．

［50］華紅兵．一度戰略［M］．北京：中國財政經濟出版社，2008．

［51］華紅兵．依滴集［M］．北京：中國作家出版社，2007．

［52］華紅兵．頂層設計［M］．北京：清華大學出版社，2013．

［53］華紅兵．移動互聯網全景思想［M］．廣州：華南大學出版社．

［54］江小娟．中國的外資經濟［M］．北京：中國人民大學出版社，2002．

［55］麥肯錫環球研究院．大數據：創新、競爭和生產力的下一個前沿［R］．2011．

［56］尹松平．出版社圖書直銷探析［J］．企業家天地下半月刊（理論版）．2008（12）．

［57］梁建．淺議團購營銷［J］．市場週刊：理論研究．2006（10）．

［58］趙亮．出版社圖書營銷的綜合思考［J］．中國出版，2006（08）．

［59］張衛國，章衛兵．淺談特種專業圖書的營銷思路［J］．中國出版，2005（02）．

［60］常秀．移動互聯網虛擬社群圖書營銷模式研究［D］．北京：北京印刷學院，2015．

［61］王麗．社會化媒體視角下的圖書微信營銷研究［D］．北京：北京印刷學院，2015．

［62］王斯爽．透視當下數字雜誌的第三方平台［D］．北京：北京印刷學院，2015．

［63］周怡玲．全媒體時代圖書網絡營銷策略分析［D］．北京：北京印刷學院，2015．

［64］周瑩．餐飲類網絡團購口碑對消費者團購意願的影響研究［D］．重慶：重慶工商大學，2014．

［65］郝玉敏．論我國出版企業的品牌營銷策略［D］．北京：北京印刷學院，2013．

［66］孫夢瑩．全球化背景下我國少兒出版企業"走出去"策略研究［D］．北京：北京印刷學院，2011．

［67］魯慧．渠道關係破壞性行為原因分析［J］．現代商貿工業．2013（04）．

［68］董維維，莊貴軍．營銷渠道中人際關係到跨組織合作關係：人情的調節作用［J］．預測，2013（01）．

［69］蔣兆年．關係型營銷渠道模式對於營銷效率的貢獻［J］．現代營銷（學苑版），2012（07）．

［70］楊富貴．複合渠道模式的構建及其優化［J］．商業時代．2012（17）．

［71］葉松林．保險營銷渠道團隊管理研究［J］．對外經貿，2012（05）．

［72］張秀雲．談營銷渠道衝突管理［J］．企業家天地，2012（02）．

［73］郭海沙．營銷渠道中間商價格競爭博弈分析［J］．科技創業月刊，2012（01）．

［74］肖康．企業營銷團隊管理的問題探討［J］．東方企業文化，2011（24）．

［75］邵昶，蔣青雲．營銷渠道理論的演進與渠道學習範式的提出［J］，外國經濟與管理，2011（01）．

［76］易正偉．客戶關係管理理論體系的三大基石［J］．經營與管理，2011（01）．

［77］曾力，趙宏．渠道衝突理論綜述［J］．企業家天地（理論版），2010（10）．

［78］路十．超級二合一［J］．中國汽車畫報，2007（10）．

［79］王佳佳．營銷渠道理論綜述［J］．現代商貿工業．2010（21）．

［80］李薇．現代營銷渠道的整合與創新［J］．新西部（下半月）．2010（04）．

［81］唐鴻．營銷渠道權力對渠道關係質量影響的實證分析［J］．軟科學，2009（11）．

［82］陳文江．營銷渠道發展趨勢分析和管理策略［J］．市場論壇，2009（03）．

［83］唐勝輝，陳海波．論家電行業營銷渠道創新［J］．企業家天地，2009（01）．

［84］于志成．太陽能熱水器行業營銷渠道建設簡析［J］．家電科技，2008（22）．

［85］周海民，劉偉．新營銷時代太陽能熱水器渠道和經銷商的嬗變［J］．太陽能．2008（06）．

［86］莊貴軍，徐文，周筱蓮．關係營銷導向對企業使用渠道權力的影響［J］．管理科學學報，2008（03）．

［87］范小軍，陳宏民．關係視角的營銷渠道治理機制研究［J］．軟科學，2007（03）．

［88］姚振綱．產品生命週期發展中和產品間的渠道模式研究［D］．合肥：安徽大學，2004．

［89］陳青．獵豹汽車分銷渠道模式的探討［D］．長沙：湖南大學，2003．

［90］李彥民．我國手機市場現狀與渠道模式研究［D］．北京：北京郵電大學，2010．

［91］馬文君．我國國際貨代企業網絡渠道模式研究［D］．濟南：山東大學，2009．

［92］李新華．格力空調的分銷渠道模式研究［D］．西安：西北大學，2004．

［93］葉龐．三星的成功與不足［J］．招商週刊，2005（7）．

［94］ 左仁淑 . 關係營銷：服務營銷的理論基礎 ［J］. 四川大學學報，2004（4）.

［95］ 何海英 . 三星 GSM 手機營銷渠道新模式創新研究 ［J］. 東方企業文化，2010（08）.

［96］ 崔景波 . 論我國手機市場營銷渠道發展 ［J］，經濟研究導刊，2010（35）.

［97］ KEN B. *Channel to Channel*[J]. Target Marketing, 2004(4).

［98］ PORTER M. *Competitive Strategy*[M]. Harvard Business Review. 1998.

［99］ Heide J B, GEORGE J. Do Norms Matter in Marketing Relationships[J]. Journal of Marketing, 1992, 56(2): 32-44.

［100］ FRANK H, ANDREAS H, ROBERT E M. *Gaining Competitive Advantage through Customer Value Oriented Management*[J]. Journal of Consumer Marketing, 2005, 22(6): 23-24.

［101］ Grönroos C. *Strategic Management and Marketing in the Service Sector*[M]. Cambridge. Mass: Marketing Science Institute, 1983, 85-88.

［102］ PARASURAMAN A, A ZEITHAML V, Berry L L. *SERVQUAL: A Multiple-Item Scale for Measuring Comsumer Perceptions of Service Quality* [M]. Cambridge: Mass Marketing Science Institute, 1986, 30-32.

［103］ VERONICA L. *Comparison Standards in Perceived Service Quality* [M]. Helsingfors: Svenska Handelsh? gskolan, 1995.

［104］ STRANDVIK, TORE. *Tolerance Zones In Perceived Service Quality* [M]. Helsingfors: Svenska Handelsh? gskolan, 1994.

［105］ 張誠 . 中投公司啟航：一出生，就躋身世界前五 ［N］. 新京報，2007-10-10.

［106］ 邵芳卿 . 利朗男裝背後的金融推手 ［N］. 第一財經日報，2007-10-08.

［107］ 何欣榮 . 德國拜爾斯道夫成功入主欣絲寶，雙管齊下再戰寶潔 ［N］. 第一財經日報，2007-10-08.

［108］ 李萌 . 車險進入電銷直銷時代 ［N］. 參考消息，2007-10-08.

［109］ 艾·里斯，傑克·特勞特 . 定位：有史以來對美國營銷影響最大的觀念 ［M］. 謝偉山，苑愛東等譯 . 北京：機械工業出版社，2013.

［110］ 邁克爾·波特 . 競爭戰略 ［M］. 陳小悅譯 . 北京：華夏出版社，2005.

［111］ 哈維·湯普森 . 創造顧客價值 ［M］. 趙占波譯 . 北京：華夏出版社，2003.

［112］ 王則柯 . 經濟學拓撲方法 ［M］. 北京：北京大學出版社，2002.

［113］ 阿馬蒂亞·森 . 以自由看待發展 ［M］. 任賾、于真譯 . 北京：中國人民大學出版社，2002.

［114］ 亞德里安·斯萊沃斯 . 發現利潤區 ［M］. 吳春雷譯 . 北京：中信出版社，2003.

［115］ 張世貿 . 現代品牌戰略 ［M］. 北京：經濟管理出版社，2007.

［116］ 原研哉 . 設計中的設計 ［M］. 桂林：廣西師範大學出版社，2010.

［117］ 克里斯·安德森 . 長尾理論 ［M］. 喬江濤，石曉燕譯 . 北京：中信出版社，2006.

［118］ 肖帆 . 江西農產品網絡營銷研究 ［D］. 南昌：南昌大學，2014.

［119］ 楊婷 . 中小企業移動互聯網營銷模式研究 ［D］. 合肥：安徽大學，2014.

［120］ 葉麗雅 . 移動營銷的真挑戰 ［J］. IT 經理世界，2013（22）.

［121］ 龔愷 . 智慧城市評價指標體系研究 ［D］. 杭州：杭州電子科技大學，2015.

［122］ 于瀚強 . 基於微信的企業網絡營銷模式探討 ［D］. 大連：大連海事大學，2014.

［123］ 趙越 . 微信平台商業模式研究 ［D］. 北京：北京印刷學院，2015.

［124］ 年小山 . 品牌學 ［M］. 北京：清華大學出版社，2003.

［125］ 余鑫炎 . 品牌戰略與決策 ［M］. 吉林：東北財經大學出版社，2001.

［126］ 葉海名 . 品牌創新與品牌營銷 ［M］. 石家莊：河北人民出版社，2001.

［127］ 劉威 . 品牌戰略管理實戰手冊 ［M］. 廣州：廣東經濟出版社，2004.

［128］ 宋永高 . 品牌戰略與管理 ［M］. 杭州：浙江大學出版社，2003，73-75.

［129］ 巨天中 . 品牌戰略 ［M］. 北京：中國經濟出版社，2004，231.

［130］ HART CWL, HESKETT JL. *The Profitable Art of Service Recovery.* [J]. Harvard Business Preview, 1990:1, 48-56.

［131］ Bertrand K. *Marketers Discover What Quality Pearly Mean* [M]. Business Marketing, 1987, 4: 58-72.

［132］ 苻國群 . 消費者行為學 ［M］. 武漢：武漢大學出版社，2000.

［133］ 理查德·L. 霍德霍森 . 市場營銷學 ［M］. 上海：上海人民出版社，2004.

［134］ 衛海英，王貴明 . 品牌資產構成的關鍵因素及其類型探討 ［J］. 預測，2003.

［135］ 范秀成 . 基於顧客的品牌權益測評：品牌聯想結構分析法 ［J］. 南開管理評論，2000.

［136］ 丁家永 . 整合營銷觀念與鍛造核心競爭力 ［J］. 商業研究，2004.

［137］ 馬瑞華 . 城市品牌定位與品牌溢價 ［J］. 商業研究，2006.

［138］ 何志毅，趙占波 . 品牌資產評估的公共因子分析 ［J］. 財經科學，2005.

［139］李倩如，李培亮 . 品牌營銷實務［M］. 廣州：廣東經濟出版社，2002.

［140］石濤 . 基於品牌的核心競爭力打造［J］. 中國安防，2006.

［141］戴維 . 阿克 . 管理品牌資產［M］. 奚衛華，董春海譯 . 北京：機械工業出版社，2006.

［142］陳春花 . 品牌戰略管理［M］. 廣州：華南理工大學出版社，2008.

［143］胡泳 . 眾聲喧嘩：網絡時代的個人表達與公共討論［M］. 桂林：廣西師範大學出版社，2013.

［144］中國新聞出版研究院 . 第一次全國國民閱讀行為調查報告［R］. 2013.

［145］高麗華，徐天霖 . 都市報全媒體轉型思路探析［J］. 中國出版，2013.

［146］IBM 中國商業價值研究院 . IBM 中國商業價值報告［M］. 北京：東方出版社，2007.

［147］W. 錢·金，勒妮·莫博涅 . 藍海戰略［M］. 吉安譯 . 北京：商務印書館，2005.

［148］托馬斯·弗里德曼 . 世界是平的［M］. 何帆，肖瑩瑩，郝正非等譯 . 長沙：湖南科技出版社，2008.

［149］曹峰 . 都市報全媒體運營模式的管理與完善［J］. 新聞界，2013（20）.

［150］蔡恩澤 . 移動互聯網生態競爭："新三國"鼎立大一統難成［N］. 人民郵電報，2013-08-09.

［151］劉佳 . 谷歌的野心：包攬衣食住行［N］. 第一財經日報，2014-01-15.

［152］洪黎明 . 2014，互聯網還將"消滅誰"？［N］. 人民郵電報，2013-01-13.

［153］王瑜 . 化數據為價值：中興通訊助力行業掘金大數據［N］. 通訊產業報，2010-01-16.

［154］吳高莉 . 移動互聯網背景下的無線旅遊市場發展策略研究［J］. 電子世界，2013（21）.

［155］張高軍，李君軼，畢麗芳等，旅遊同步虛擬社區信息交互特徵探析——以 QQ 群為例［J］. 旅遊學刊，2013（02）.

［156］王業祥 . 移動互聯網在我國旅遊業中應用發展分析［J］. 價值工程，2012（28）.

［157］孫曉瑩，李大展，王水 . 國內微博研究的發展與機遇［J］. 情報雜誌，2012（07）.

［158］王正軍 . 上海下一代廣播電視網建設和運營經驗交流［J］. 電視技術，2012，36（22）.

［159］黃升民，馬濤 . 在挑戰中奮起，在競爭中轉型：2012 報業盤點 .［J］中國報業，2013（01）.

［160］張東明 . 從報網互動到報網融合：從《南方日報》第九次改版看全媒體轉型探索之路［J］. 中國記者，2013（02）.

［161］牟豐京 . 向全媒體發展不可逆轉［J］. 新聞研究導刊，2013（02）.

［162］張向東 . 深化體制改革，促進傳媒發展［J］. 中國報業，2013（05）.

［163］孫源，陳靖 . 智能手機的移動增強現實技術研究［J］. 計算機科學，2012（01）.

［164］王文東，胡延楠 . 軟件定義網絡：正在進行的網絡變革［J］. 中興通訊技術，2013（01）.

［165］中國通信標準化協會 . 面向移動互聯網的新型定義——人機交換技術研究報告［R］. 2013.

［166］中國通信標準化協會 . 移動增強現實課題研究報告［R］. 2012.

［167］中國互聯網絡信息中心 . 中國互聯網絡發展狀況統計報告［R］. 2013.

［168］汪志曉 . 淺談移動互聯網及其商務模式研究［J］. 科技信息，2012（31）.

［169］盧彰誠 . 浙江中小商貿流通企業的商業模式創新研究——基於電子商務的視角［J］. 中國商貿，2012（17）.

［170］宋明艷 . 移動互聯網應用及其發展分析［J］. 網絡與通信，2012（10）.

［171］胡堅波 . 3G 環境下的移動互聯網發展［J］. 數學通信世界，2010（05）.

［172］陳進勇 . 大象起舞：發展移動互聯網的九大撒手鐧［J］. 信息網絡，2009（02）.

［173］山石 . MSDP 讓運營商自由駕馭移動互聯網［J］. 通訊世界，2009（04）.

［174］朱凱，姜偉，劉童 . 基於物聯網的智能家居實訓方案［J］. 科技視界，2013（19）.

［175］金錯刀 .YY 李學凌顛覆新東方俞敏洪在線教育的三大招：免費，用貪嗔癡變現，讓老師變老闆［DB/OL］.（2014-05-23）［2019-9-10］. https://www.ittime.com.cn/news/news_640.shtml.

［176］俞敏洪 . 新東方會被新的教育模式所取代［DB/OL］.（2014-02-17）［2019-9-10］. http://tech.hexun.com/2014-02-17/162228159.html

［177］丁蕊 . 俞敏洪的互聯網焦慮：無法防止顛覆者［DB/OL］.（2014-02-17）［2019-9-10］. http://finance.sina.com.cn/zl/china/20140207/123018144017.shtml

［178］朱亞萍 . 中國零售業面臨第三次挑戰及其應對思路［J］. 經濟理論與經濟管理，2011（07）.

［179］布倫諾·S·弗雷，阿洛伊斯·斯塔特勒 . 幸福與經濟學：經濟和制度對人類福祉的影響［M］. 靜也譯 . 北京：北京大學出版社，2006.

［180］王易，藍堯 . 微信這麼玩才賺錢［M］. 北京：機械工業出版社，2013.

［181］高爾 . 驅動大未來：牽動全球變遷的六個革命性巨變［M］. 齊若蘭譯 . 台北：遠見天下文化出版股份有限公司，2013.

［182］王建秀 . 移動互聯網之 CDMA 發展策略探討［J］. 信息網絡，2009（04）.

[183] 阿呆. 移動互聯網時代漸行漸近［J］. 通訊世界，2010（01）.

[184] 葉惠. 移動互聯網：加速變革和創新［J］. 通訊世界，2010（12）.

[185] 涂子沛. 數據之巔：大數據革命，歷史、現實與未來［M］. 北京：中信出版社，2014.

[186] 傑倫．拉尼爾. 互聯網衝擊：互聯網思維與我們的未來［M］. 祝朝偉譯. 李龍泉，北京：中信出版社，2014.

[187] 史蒂文斯. App 創富創奇［M］. 曾文斌譯. 北京：人民郵電出版社，2013.

[188] 貓咖，兔醬，毛豆茶. App 故事：從來沒有這樣愛［M］. 北京：機械工業出版社，2012.

[189] 克里斯·安德森. 自造者時代：啟動人人製造的第三次工業革命［M］. 連育德譯. 台北：遠見天下文化出版股份有限公司，2013.

[190] 曾航，劉羽，陶旭駿. 移動的帝國：日本移動互聯網興衰啟示錄［M］. 杭州：浙江大學出版社，2014.

[191] 池田信夫. 失去的 20 年［M］. 北京：機械工業出版社，2012.

[192] 井上篤夫. 遠見：孫正義眼中的新未來［M］. 王健波，譯. 南京：鳳凰出版社，2012.

[193] 日本總務省. 平成 17 年（2005）情報通信白皮書［R］，2005.

[194] 馬克·安尼爾斯基. 幸福經濟學［M］. 林瓊，譯. 北京：社會科學文獻出版社，2010.

[195] 吉本佳生. 快樂上班的經濟學［M］. 北京：華文出版社，2009.

[196] 朱曉維，何曉曉. 用於 W-CDMA 移動終端的開槽微帶雙頻貼片天線設計［J］. 無線電工程，2002（12）.

[197] 姜呂良，李春安，馬建. 移動終端上的 IPv6［J］. 電信工程技術與標準化，2004（08）.

[198] 李樹秋，鄭萬波，夏亮. 基於 SOAP 協議移動終端的實現和應用［J］. 吉林大學學報（信息科學版），2005（05）.

[199] 徐秀. 基於泛網中移動終端的應用［J］. 微機發展，2005（12）.

[200] 北京星河亮點通信軟件有限責任公司. SP6010/TD-SCDMA 終端綜合測試儀［J］. 現代電信科技，2005（12）.

[201] 官宗琪，金超. 移動終端 GPRS 嵌入式協議棧的實現［J］. 現代電子技術，2006（06）.

[202] 邱翔鷗. IPv4 向 IPv6 的過渡策略［J］. 移動通信，2006（02）.

[203] 王碩，侯義斌，黃樟欽. 環繞智能系統中移動終端軟件設計與實現［J］. 電子產品世界，2006（15）.

[204] 何訓，王俊陶. 運營商移動互聯網發展四大策略［J］. 通信企業管理，2009（04）.

[205] 陳建峽，張傑，范歡. 無線應用協議 WAP 及其在移動終端的開發［J］. 湖北工業大學學報，2006（04）.

[206] 王曠銘. 移動終端技術簡介［J］. 電子與電腦，2006（12）.

[207] 于志文，于志勇，周興社. 社會感知計算：概念、問題及其研究進展［J］. 計算機學報，2012（01）.

[208] 林闖，李寅，萬劍雄. 計算機網絡服務質量優化方法研究綜述［J］. 計算機學報，2011（01）.

[209] 林闖. 物聯網關鍵理論與技術專題前言［J］. 計算機學報，2011（05）.

[210] 周傲英，楊彬，金澈清等. 基於位置的服務. 架構與進展［J］. 計算機學報，2011（07）.

[211] 霍崢，孟小峰. 軌跡隱私保護技術研究［J］. 計算機學報，2011（10）.

[212] 張海粟，陳桂生，馬於濤等. 基於在線百科全書的群體興趣及其關聯性挖掘［J］. 計算機學報，2011（11）.

[213] 李韜，孫志剛，陳一驕等. 面向下一代互聯網實驗平台的新型報文處理模型——EasySwitch［J］. 計算機學報 2011（11）.

[214] 黃汝維，桂小林，余思等. 雲環境中支持隱私保護的可計算加密方法［J］. 計算機學報，2011（12）.

[215] 喬秀全，楊春，李曉峰等. 社交網絡服務中一種基於用戶上下文的信任度計算方法［J］. 計算機學報，2011（12）.

[216] 周傲英，楊彬，金澈清等. 基於位置的服務：架構與進展［J］. 計算機學報，2011（07）.

[217] 王玉祥，喬秀全，李曉峰等. 上下文感知的移動社交網絡服務選擇機制研究［J］. 計算機學報，2010（11）.

[218] 潘曉，郝興，孟小峰. 基於位置服務中的連續查詢隱私保護研究［J］. 計算機研究與發展，2010（01）.

[219] 劉東明. 移動互聯網發展分析［J］. 信息通信技術，2010（04）.

[220] 郭靖，郭晨峰. 中國移動互聯網應用市場分析［J］. 移動通信，2010（08）.

[221] 胡堅波. 3G 環境下的移動互聯網發展［J］. 數字通信世界，2010（05）.

[222] 趙慧玲. 移動互聯網的現狀與發展方向探索［J］. 移動通信，2009（01）.

[223] 李正豪. "移動互聯網國際研討會"之業務分會場 2——Mashup 將豐富移動互聯網業務品種［J］. 通信世界，2007（47）.

[224] 付亮. 從全新的視角理解移動互聯網［J］. 信息網絡，2009（08）.

[225] BREGMAN D, KORMAN A. *A Universal Implementation Model for the Smart Home* [J]. Inrernational Journal of Smart Home, 2009(03).

[226] DARON A, ROBINSON J. *Why Nations Fail: The Origins of Power, Prosperity, and Poverty*[M]. New York: Crown Business, 2012.

［227］ BRZEZINSKI, ZBIGNIEW. *Strategic Vision：America and the Crisis of Global Power* [M]. New York; Basic Books, 2012.

［228］ BUCHANAN, ALLEN. *Better than Human*: *The Promise and Perils of Enhancing Ourselves* [M]. New York: Oxford University Press, 2010.

［229］ COLL S. *Private Empire*: *Exxon Mobil and American Power* [M]. New York: Penguin Press. 2012.

［230］ SOLIMANH H, CASTELLUCCIA C, MALKI K, et al. *Hierarc Hical Mobile IPv6 Mobility Management (HMIPv6)* [P]. IETFRFC4140, 2005.

［231］ KOODLIG. *Fast Handovers for Mobile IPv6* [R]. IETFRFC4068, 2005.

［232］ CALHOUN P, HARA B O, SURI R, et al. *Light Weight Access Point Protocol* [P]. RFC5412, 2007.

［233］ NARASIMHAN P, HARKINS D, PONNUSWAMY S. *SLAPP: Secure Light Access Point Protocol* [P]. RFC5413, 2005.

［234］ CALHOUN P, MONTEMURRO M, STANLEY D. *Control and Provisioning of Wireless Access Points (CAPWAP) Protocol Specification* [P]. RFC5415, 2009.

［235］ CALHOUN P, MONTEMURRO M, STANLEY D. *Control and Provisioning of Wirless Access Points (CAPWAP) Protol Binding for IEEE80211* [P] .RFC5416, 2009.

［236］ BERNASCHI M, CACACE F, DAVOLI A, et al. *A CAPWAP Based Solution for Frequency Planning in Large Scale networks of WiFi Hot-spots* [J] . Computer Communications, 2011(11).

［237］ Morgan Stanley. *The Mobile Internet Research Report* [R] . 2009.

［238］ CARR, NICHOLAS. *The Shallows：What the Internet Is Doing to Our Brains* [M]. New York: Norton, 2012.

［239］ 井上篤夫 . 信仰——孫正義傳 ［M］. 孫律譯 . 南京：鳳凰出版社，2012.

［240］ 三木雄信 . 孫正義的頭腦 ［M］. 薄錦譯 . 北京：中信出版社，2012.

［241］ 池田信夫 . 失去的二十年 ［M］. 胡文靜譯 . 北京：機械工業出版社，2012.

［242］ 野口悠紀雄 . 日本的反省依賴美國的罪與罰 ［M］. 賈成中，黃金峰譯 . 北京：東方出版社，2013.

［243］ 連玉明，武建忠 . 景氣中國 ［M］. 北京：中國時代經濟出版社，2007.

［244］ 連玉明，武建忠 . 中國國策報告 ［M］. 北京：中國時代經濟出版社，2007.

［245］ 張世賢 . 現代品牌戰略 ［M］. 北京：經濟管理出版社，2007.

［246］ 高建華 . 2.0 時代的贏利模式：從過剩經濟到豐饒經濟 ［M］. 北京：京華出版社，2007.

［247］ 傅和彥 . 中小企業經營之道 ［M］. 廈門：廈門大學出版社，2007.

［248］ 王茵 . 品牌營銷中國 ［M］. 北京：北京大學出版社，2007.

［249］ 張明立 . 顧客價值：21 世紀企業競爭優勢的來源 ［M］. 北京：電子工業出版社，2007.

［250］ 馮英健 . 網絡營銷基礎與實踐 ［M］. 3 版 . 北京：清華大學出版社，2007.

［251］ 赫爾普曼 . 經濟增長的秘密 ［M］. 王世華，吳筱譯 . 北京：人民大學出版社，2007.

［252］ 杜新 . 關聯經濟：一種新的財富視角 ［M］. 北京：新華出版社，2007.

［253］ 李善峰 . 長三角經濟增長的新引擎 ［M］. 濟南：山東人民出版社，2007.

［254］ 吳敬璉 . 中國增長模式抉擇 ［M］. 上海：上海遠東出版社，2006.

［255］ 馮飛，楊建龍 . 2006. 中國產業發展報告 ［M］. 北京：華夏出版社，2006.

［256］ 中國產業地圖編委會，中國經濟景氣監測中心 . 中國產業地圖 ［M］. 社會科學文獻出版社，2006.

［257］ 黃鐵鷹 . 誰能成為領導羊 ［M］. 北京：機械工業出版社，2006.

［258］ 周瑩玉 . 營銷渠道與客戶關係策劃 ［M］. 北京：中國經濟出版社，2005.

［259］ 黃靜 . 品牌管理 ［M］. 武漢：武漢大學出版社，2005.

［260］ 吳泗宗 . 市場營銷學 ［M］. 北京：清華大學出版社，2005 .

［261］ 陳小悅 . 競爭優勢 ［M］. 北京：華夏出版社，2005 .

［262］ 戚津東 . 中國經濟運行的壟斷與競爭 ［M］. 北京：人民出版社，2004 .

［263］ 林成滔 . 科學簡史 ［M］. 北京：中國友誼出版公司，2004 .

［264］ 李玉海 . 經濟學的本質——價值動力學 ［M］. 北京：中國經濟出版社，2004 .

［265］ 胡鞍鋼 . 世界經濟中的中國 ［M］. 北京：清華大學出版社，2004 .

［266］ 中國市場總監業務資格培訓考試指定教材編委會 . 市場營銷學原理 ［M］. 北京：電子工業出版社，2004.

［267］ 戴亦一 . 消費者行為 ［M］. 北京：朝華出版社，2004.

［268］ 黃恆學 . 公共經濟學 ［M］. 北京：北京大學出版社，2003.

［269］ 楊小凱 . 發展經濟學：超邊際與邊際分析 ［M］. 北京：社會科學文獻出版社，2003.

［270］ 楊小凱 . 經濟學：新古典與新古典框架 ［M］. 北京：社會科學文獻出版社，2003.

[271] 樊綱，張曉晶 . 全球視野下的中國信息經濟［M］. 北京：中國人民大學出版社，2003.

[272] 盧希悅 . 當代中國經濟學［M］. 北京：經濟科學出版社，2003.

[273] 陳秀心，張可雲 . 區域經濟理論［M］. 北京：商務印書館，2003.

[274] 王文舉 . 博弈論應用與經濟學發展［M］. 北京：首都經貿大學出版社，2003.

[275] 盧峰 . 商業世界的經濟學觀察［M］. 北京：北京大學出版社，2003.

[276] 中國市場總監業務資格培訓考試指定教材編委會 . 戰略營銷［M］. 北京：電子工業出版社，2003.

[277] 屈雲波 . 銷售通路管理［M］. 北京：企業管理出版社，2003.

[278] 楊保軍 . 中國原創營銷企劃實戰範本解讀［M］. 廣州：廣東經濟出版社，2002.

[279] 陳放 . 品牌與營銷策劃［M］. 北京：中國國際廣播音像出版社，2002.

[280] 陳則孚 . 知識資本：理論、運行與知識產業化［M］. 北京：經濟管理出版社，2002.

[281] 薛兆豐 . 經濟學的爭議［M］. 北京：經濟科學出版社，2002.

[282] 龔天堂 . 動態經濟學方法［M］. 北京：北京大學出版社，2002.

[283] 王志偉 . 現代經濟學流派［M］. 北京：北京大學出版社，2002.

[284] 晏智傑 . 西方經濟學說史教程［M］. 北京：北京大學出版社，2002.

[285] 韓德強 . 薩繆爾森《經濟學》批判［M］. 北京：經濟科學出版社，2002.

[286] 何訓，邱瑋 . ZARA：平民的時尚［J］. 銷售與市場，2007（275）.

[287] 劉煥然，郭俊 . PPG：平面直銷 2.0 的先行者［J］. 銷售與市場，2007（278）.

[288] 黃河 . 諾基亞成規模之王［J］. 環球企業家，2007（137）.

[289] 汪若菡，仇勇 . 告別低價時代［J］. 環球企業家，2007（137）.

[290] 駱軼航 . 迷你 K 線［J］. 環球企業家，2007（138）.

[291] 龔祥德 . 北京現代拋錨［J］. 環球企業家，2007（138）.

[292] 劉濤 . 誰在威脅中國製造［J］. 中國企業家，2007（9）.

[293] 劉建強 . 背影李寧［J］. 中國企業家，2007（18）.

[294] 董曉常 . 混沌的未來之路［J］. 中國企業家，2007（17）.

[295] 瑜瑜 . Multipurpose Necklace 奢華配飾還是數碼新寵［J］. 瑞之魅，2007（08）.

[296] 于是 . 楊岷：假如只有音樂美的人生將不充分［J］. 瑞之魅，2007（08）.

[297] 成遠 . 塗料業的橙色未來［J］. IT 經理世界，2007（09）.

[298] 周應，李娜：網絡購物回潮［J］. IT 經理世界，2007（227）.

[299] 高永 . 打造手機上的"第五媒體"［J］. 全球商業經典，2007（60）.

[300] 黃宥寧 . 改造服務流程——客艙服務做到全球第一［J］. 全球商業經典，2007（09）.

[301] 永鈺 . 遠程教育產業化的領頭羊［J］. 全球商業經典，2007（61）.

[302] 曾如瑩 . 當科技碰撞時尚［J］. 全球商業經典，2007（10）.

[303] 王露 . 瑞安航空：插上了翅膀的沃爾瑪［J］. 快公司 2.0，2007（08）.

[304] 張放 . "黃鶴樓"成功七要素［J］. 快公司 2.0，2007（08）.

[305] 周中庚 . 中國企業超速度的基因［J］. 中國商業評論，2006（07）.

[306] 路療 . 狗與孩子的消費比較［J］. 中國民航，2007（08）.

[307] 常偉 . 歐米茄也瘋狂［J］. Thirty plus，2007（19）.

[308] 泰戈·佟 . 中國的知識經濟道路［J］. 曼谷郵報，2007-09-29.

[309] 陳磊，李欣宇，王新勝 . 中端飯店：謀求突圍［J］. 飯店現代化，2007（04）.

[310] 中國將迎來新一輪"消費大爆炸"［J］. 參考消息，2007-10-08.

[311] 鄒宇晴 . 爭奪 1% 客戶［J］. 環球企業家，2007（07）.

[312] 王育琨 . 喬布斯打造"蘋果聯盟"的啟示［J］. 快公司 2.0，2002（08）.

[313] 宴子 . 愉悅餐桌的水晶盛裝［J］. 瑞之魅，2007（08）.

[314] 藺雷，吳家喜 . 內創業革命［M］. 北京：機械工業出版社，2017.

[315] 康至軍 . 事業合夥人：知識時代的企業經營之道［M］. 北京：機械工業出版社，2016.

[316] 布萊恩·羅伯遜 . 重新定義管理：合弄制改變世界［M］. 北京：中信出版社，2017.

[317] 韓敘 . 超級運營術［M］. 北京：中信出版社，2017.

[318] 奧利弗·加斯曼，卡洛琳·弗蘭肯伯格，米凱·拉奇克 . 商業模式創新設計大全［M］ 北京：中國人民大學出版社，2017.

[319] 中國互聯網絡中心（CNNIC）. 第 29 次中國互聯網絡發展狀況統計報告［R］. 2012.

[320] 魏宏 . 我國 B2C 電子商務現狀及問題分析［J］. 標準科學，2004（8）：52-54.

［321］黎軍，李瓊．基於顧客忠誠度 B2C 的網絡營銷探討 ［J］．中國商貿，2011（5）：34-35.

［322］沃德·漢森．網絡營銷原理 ［M］．成湘洲譯．北京：華夏出版社，2001.

［323］戴夫·查菲．網絡營銷戰略、實施與實踐 ［M］．馬連福，高楠譯．北京：機械工業出版社，2006.

［324］王耀球，萬曉．網絡營銷 ［M］．北京：清華大學出版社，2004.

［325］凌守興，王利鋒．網絡營銷實務 ［M］．北京：北京大學出版社，2009.

［326］黃深．趨向 web3.0：網絡營銷的變革及可能 ［D］．杭州：浙江大學，2009:9.

［327］羅漢洋 .B2C 電子商務模式分析與策略建議 ［J］．情報雜誌，2004，23（2）：10-12.

［328］中華人民共和國國家統計局 .2011 年國民經濟和社會發展統計公報 ［R］．2012.

［329］向世康．場景式營銷：移動互聯網時代的營銷方法論 ［M］．北京：北京時代華文書局，2017.

名詞解釋

移動服務模式： 移動商務服務提供方為用戶提供服務的方式，其中包含了服務提供者、服務接受者和服務內容之間的相互關係。根據服務的主客體關係，移動商務服務模式可以分為 3 種類型：向用戶推送、用戶自助與用戶互動。根據服務的渠道，移動商務服務可以分純線上模式、線上和線下結合模式、純線下模式。移動互聯網對生活服務領域的滲透，使得該領域 O2O 成為投資熱點，在社區服務、外賣、汽車、教育、醫療、美容、生鮮、婚慶、房產等領域湧現出大量 O2O 企業。

移動商務服務產業鏈構成： 移動商務服務產業鏈主要由基礎設備供應商、移動互聯網運營商、軟件和系統集成商、應用和服務供應商以及終端用戶構成。

軟件和系統集成商： 包括應用程序開發商、操作系統（iOS、Android）、移動中間商、數據庫、安全軟件等。

移動互聯網運營商： 包括移動通信網絡運營商、寬帶網絡運營商。

基礎設施和設備供應商： 包括線網絡基礎設施供應商、移動終端設備製造商、虛擬實境設備製造商。

終端用戶： 包括個人、合夥組織、企業、政府和其他組織。

移動支付服務： 用戶使用移動終端（通常是手機）對其所消費的商品或服務進行結算支付。移動支付將終端設備、互聯網、應用提供商和金融機構相融合，為用戶提供貨幣支付、繳費等金融服務。

移動證券服務： 通過網上交易通道，供投資者用手機等移動終端進行實時行情瀏覽、在線交易以及獲取股市資訊的一種服務方式。

移動銀行服務： 通過移動通信網絡，供用戶手機等移動終端辦理查詢、轉賬、支付等銀行相關業務的服務方式。安全和信任是用戶使用移動銀行服務時非常關注的問題。

移動信息服務： 用戶通過移動設備訂閱新聞、天氣信息、財經信息、娛樂信息、基於定位的信息等。

移動購物： 用戶通過移動設備進行產品和服務的交易。

移動互聯網時代分享經濟： 個人、組織或者企業，通過移動互聯網平台分享閒置實物資源或認知盈餘，以低於專業性組織者的邊際成本提供服務並獲得收入的經濟生態系統。

消費商： 一個全新的、零風險的、銷售的關鍵商業主體，同時也是全新的機會營銷主義。消費商是消費者，同時也是股東。

PC 互聯網結構洞缺陷： 在傳統 PC 互聯網 "信息超級流動" 和 "資本超級流動" 的衝擊下所產生的影響稱為 PC 互聯網結構洞缺陷。PC 互聯網之所以要讓位給移動互聯網是因為 PC 互聯網存在結構洞缺陷。

移動病毒學說： 基於內生機制的 App，在不確定性原理指導下，具備如病毒一樣的運作原理。

移動三種活法： 只有如下 3 種移動公司能夠存活：高頻超級 App、垂直剛需 App 和超級 App 插件。

移動互聯網零公里處： 世界第一個全景掃描移動互聯網基礎理論的誕生地。

移動互聯網商業模式七要素： 初始心、需求、團隊進化、產品、價值、盈利模式、付出。

移動互聯網三重鏈接： 鏈接時代、商業和個體。

移動成功者四大標準： 創始人、好模型、執行力和外部環境。

移動方法論： 由敏捷管理、移動金融、新 4C 營銷理論和 4M 營銷體系構成。

移動直銷（Mobile Marketing）： 一種不通過中間人，而是使用信息讓用戶直接渠道來接觸顧客並向顧客傳遞產品或服務的營銷方式。

效率革命： 移動互聯網之所以要對所有行業進行替代性顛覆，是因為移動互聯網的效率高。一切高效率的生產關係將替代低效率的生產關係。

和平共享： 與電商時代以顛覆者自居不同，移動互聯網更像和平主義者，在低調的奢華中吟誦着與他人共享成果的詩篇。

微信支付： 由騰訊公司知名移動社交通信軟件微信及第三方支付平台財付通聯合推出的移動支付創新產品，旨在為廣大微信用戶及商戶提供更優質的支付服務，微信的支付和安全系統由騰訊財付通提供支持。財付通是持有互聯網支付牌照並具備完備的安全體系的第三方支付平台。

模糊智慧： 在 "互聯網 +" 時代，只有兩種人會成功，"瘋子" 和 "傻子"。要麼你能力出眾且足夠 "瘋"，要麼你能力太差且足夠 "傻"。不 "瘋" 不 "傻" 的人只能 "被互聯網"。這是一種模糊的智慧。

微商：通俗地說，微商就是在移動端上進行商品售賣的小商家。微商的流行始於朋友圈賣貨，起初可能是一些愛美的女性在微信朋友圈分享一些面膜化妝品，繼而賣家發現商機。目前可充當微商賣貨平台的有微信朋友圈、QQ 空間、微信公眾平台、微博等，還有很多垂直的移動社區也將成為微商的銷售平台。

信幣：在信幣超市中所有的東西都可以按一定比例兌換，對買家而言，信幣是高品質享受折扣的換購貨幣；對賣家而言，信幣是精準導購的營銷平台工具，就是用信幣取代了折扣。

眾籌：翻譯自國外 "Crowd Funding" 一詞，即大眾籌資或群眾籌資。

自媒體：2013 年度互聯網十大詞之一。從微信公眾平台到騰訊大家、知乎、果殼網、虎嗅網，各種網絡運營平台層出不窮。自媒體結合微博、微信、輕博客、新聞客戶端、視頻網站等各種形式，以文字、語音、視頻等方式萬箭齊發，自成天地。據不完全統計，微信公眾號數量已經超過 800 萬，中國自媒體作者數已超過 15 萬人，微信朋友圈每天閱讀數已接近 300 億。

O2O（Online to Offline）：即在線離線或線上到線下，是指將線下的商務機會與互聯網結合，讓互聯網成為線下交易的前台，這個概念最早源於美國。O2O 的概念非常廣泛，只要產業鏈中涉及線上，又涉及線下的，通稱為 O2O。主流商業管理課程均對 O2O 這種新型的商業模式有所介紹及關注。2013 年 O2O 進入高速發展階段，開始了本地化及移動設備的整合，於是 O2P 商業模式橫空出世，成為 O2O 模式的本地化分支。

水火相容：不僅動物之間，植物與動物之間也是融合關係。在移動互聯網時代，企業人的世界觀從 "水火不容" 轉變為 "水火相容"。

融合一切：在移動互聯網時代，"連接一切" 是企業的對外世界觀，"融合一切" 是企業的對內世界觀。把三種看似不關聯的力量融合起來是一種超能力，即營銷、技術和創新。

一致體驗：移動互聯網提倡的全渠道體驗一致性模式。

點到點：移動互聯網的終極商業目標是消滅一切中間環節，使製造和消費實現點到點連接。

內開放：對外開放的紅利時代已經結束，移動互聯網催生內開放思想。內開放包括體制、機制、管理、技術的內開放，也包括資源鏈接、股權投資、決策權力的內開放。

內聯網（Intranet）：一個供公司內部使用的封閉的網絡系統。

關聯模式：一些相關行業為了提升目前電子商務交易平台信息的廣泛程度和準確性，綜合 B2B 模式和垂直 B2B 模式而建立起來的跨行業電子商務平台。

B2C：Business to Consumer 的縮寫，其中文簡稱為 "商對客"。商對客是電子商務的一種模式，也就是通常說的商業零售，即直接面向消費者銷售產品和服務。B2C 一般以網絡零售業為主，主要藉助於互聯網開展在線銷售活動。B2C 模式中，企業通過互聯網為消費者提供一個新型的購物環境 —— 網上商店，消費者通過網絡在網上購物，在線支付。這種模式節省了客戶和企業的時間和空間，大大提高了交易效率。

B2B：Business to Business 的縮寫，是互聯網市場領域的一種，是企業對企業之間的營銷關係。它將企業內部網通過 B2B 網站與客戶緊密結合起來，通過網絡的快速反應為客戶提供更好的服務，從而促進企業的業務發展。

C2C（Consumer to Consumer）：個人與個人之間的電子商務，是用戶對用戶的模式。

B2M（Business to Manager）：面向市場營銷的電子商務企業。

M2C（Manager to Consumer）：以互聯網和地面渠道的優勢互補為基礎，通過共享各地的終端推廣渠道和售後服務網點，達成活化終端、減少商品流通環節，讓產品從生產商（Manufacturers）直接到消費者（Consumers），並由生產商為消費者提供 M2C 配送服務和 M2C 售後服務的商業模式。

跨境電商（Cross-border E-commerce）：以個人為主的買家藉助互聯網平台從境外購買產品，通過第三方支付方式付款，賣家通過快遞完成貨品的運送。

虛擬現實產品（Virtual Reality Product）：與虛擬現實技術領域相關的軟件產品和硬件產品。

虛擬現實軟件產品：一般包括虛擬現實編輯器、WEB 3D 應用平台、數字城市平台、物理模擬系統、工業仿真平台、虛擬旅遊平台、虛擬展館平台等。

虛擬現實硬件產品：一般包括數字影院系統、環幕立體投影系統、城市規劃展廳、環幕導遊培訓教室、虛擬汽車駕駛系統、虛擬自行車和帆板、交互式物理觸摸屏、頭盔立體顯示器、數據手套、動感影院系統、環物攝影系統等。

VR（Virtual Reality）：利用計算設備模擬產生一個三維的虛擬世界，提供用戶關於視覺、聽覺等感官的模擬，使用戶有 "沉浸感" 與 "臨場感"。

AR（Augmented Reality）：增強現實。字面解釋就是："現實" 就在這裏，但是它被增強了。

大數據（Big Data）：無法在一定時間範圍內用常規軟件工具進行捕捉、管理和處理的數據集合，需要新的處理模式才能具有更強的決策力、洞察發現力和流程優化能力的海量、高增長率和多樣化的信息資產。

二維碼：又稱二條碼，是用特定的幾何圖形按一定規律在平面（二維方向）上分佈的黑白相間圖形，是所有信息數據的一把鑰匙。在現代商業活動中，二維碼可實現的應用十分廣泛，如產品防偽、溯源、廣告推送、網站鏈接、數據下載、商品交易、定位及導航、電子憑證、車輛管理、信息傳遞、名片交流、WiFi 共享等。如今智能手機掃一掃功能使得二維碼應用更加普遍。

極客：美國俚語 "Geek" 的音譯。隨着互聯網文化的興起，這個詞含有智力超群和努力的語意，被用於形容對計算機和網絡技術有狂熱興趣並投入大量時間鑽研的人。現在 Geek 更多指在互聯網時代創造全新的商業模式、尖端技術與時尚潮流，是一群以創新、技術和時尚為生命意義的人，這群人不分性別，不分年齡，共同戰鬥在新經濟、尖端技術和世界時尚風潮的前線，共同為現代電子化社會文化做出自己的貢獻。

碎片化："碎片化" 一詞是描述當前中國社會傳播語境的一種形象性的說法。"碎片化" 翻譯自英文 "Fragmentation" 詞，原意為完整的東西破成諸多零塊。我們也可將 "碎片化" 理解為一種 "多元化"，而碎片化在傳播本質上是整個社會碎片化或者說多元化的一個體現。

我為人人：並非 "人人為我" 才 "我為人人"，即使 "我為人人"，也不確定 "人人為我"。這反映了移動互聯網的不確定性。

微博營銷：通過微博平台為商家、個人等創造價值而執行的一種營銷方式。

盈虧平衡點（Break Even Point）：企業的營業毛利正好抵補企業的固定成本和變動成本的銷售額。盈虧平衡點也稱為零利潤點、保本點、盈虧臨界點。盈虧平衡點銷售額＝固定成本 ÷ 銷售毛利潤。

市場佔有率：某個特定企業的銷售額佔以同樣單位衡量的總體市場銷售額的百分比。市場佔有率＝企業銷售額 ÷ 總體市場銷售額 ×100%。

相對市場佔有率：一個企業相對於其主要競爭對手的市場份額的百分比。相對市場佔有率＝企業市場份額 ÷ 行業領導品牌的市場份額 ×100%。

品牌發展指數：某個品牌在特定市場的消費群體中的人均銷量與該品牌在全部市場中的人均銷量比值。

品類發展指數：某個品類在某個特定市場的人均銷售量與其在全部市場人均銷售量的比值。這裏的市場可以是某個地區，也可以是特定的人群等。

產品故事：簡單來說，產品故事是指除了產品的功能外，我們所賦予產品的文化內涵。品牌故事增加了品牌的厚重感，通過生動、有趣、感人的表達方式喚起與消費者之間的共鳴。

新產品試用率：在特定的時間內，第一次購買產品的消費者人數佔總人口數的比例。新產品使用率＝在 N 期第一次購買產品的消費人數 ÷ 總人口數 ×100%。

產品侵蝕率：因新產品的推出而導致現有產品降低的銷售額佔新產品銷售量的比例。產品侵蝕率＝現有產品降低的銷售額 ÷ 新產品的銷售額 ×100%。

用戶體驗：在用戶使用產品過程中建立起來的一種純主觀感受。但是對於一個界定明確的用戶群體來講，其用戶體驗的共性能夠經由良好設計實驗來認識。新競爭力在網絡營銷基礎與實踐中曾提到計算機技術和互聯網的發展，認為技術創新形態正在發生轉變，以用戶為中心、以人為本越來越得到重視，用戶體驗也因此被稱作創新 2.0 模式的精髓。

社交化思維：社交化思維給企業提供一個可以和受眾快速建立大量聯繫的開放性平台。對於任何產品來說，在社會化媒體裏開通一個企業賬號，在上面發佈一些和產品相關的內容，和對你感興趣的人在社會化媒體上進行互動，都是社交化思維的過程。

口碑營銷：把口碑的理念應用於營銷領域的全過程，即吸引消費者、媒體以及大眾的自發注意，使之主動傳播你的品牌或你的產品，能正面反映品牌或者產品的特點或優勢，同時得到廣大民眾的認可，從而升華為消費者的一種談論的樂趣。

工匠精神：工匠精神是勤勞、敬業、穩重、幹練以及遵守規矩、一板一眼、說一不二、一絲不苟、精益求精等美好詞語的代名詞。

極致思維：極致思維就是把產品和服務做到極致，把用戶體驗做到極致，超越用戶預期。在移動互聯網時代的競爭，只有第一，沒有第二，只有產品或服務做到極致，才能夠真正贏得消費者，贏得人心。

跨界營銷：依據不同產業、不同產品、不同偏好的消費者之間所擁有的共性和聯繫，把一些原本沒有任何聯繫的要素融合、延伸，彰顯出一種與眾不同的生活態度、審美情趣或者價值觀念，以贏得目標消費者好感，從而實現跨界聯合企業的市場最大化和利潤最大化的新型營銷模式。

產品生命週期（Product Life Cycle）：簡稱 PLC，是產品的市場壽命，即一種新產品從開始進入市場到被市場淘汰的整個過程。

顛覆式創新：在傳統創新、破壞式創新和微創新的基礎之上，由量變導致質變，從逐漸改變到最終實現顛覆的過程。通過顛覆式創新，原有的模式完全蛻變為一種全新的模式和全新的價值鏈。

創業工作室：由單一或多個擁有共同理想，敢於創新的個體集聚而成的，以興趣為紐帶，以 "合夥人" 式團隊為單位，以技能為資源，承接相應業務，並根據客戶要求獨立完成，從而獲得相應勞務報酬的新生群體，屬於新型的 "微型" 企業。

個性化定製：用戶介入產品的生產過程，將指定的圖案、文字和樣式反映到指定的產品上，用戶獲得自己定製的個人屬性強烈的商品。

柔性製造系統：簡稱 FMS，是一組數控機床和其他自動化的工藝設備，由計算機信息控制系統和物料自動儲運系統有機結合的整體。柔性製造系統由加工、物流、信息流 3 個子系統組成。

以需定產：按照市場的需要組織生產，一方面按照市場需要（如商品的數量、品種、花色、規格、質量、包裝等）來安排生產，另一方面企業還要瞻前顧後、統籌安排、長遠規劃，使生產能適應市場需要的發展變化。

產品研發（Product Development）：個人、科研機構、企業、學校、金融機構等創造性研製新產品或者改良原有產品的過程。產品研發的方法可以分為發明、組合、減除、技術革新、商業模式創新或改革等。

用戶參與研發：用戶參與企業產品銷售前、銷售中、銷售後，提出的創新被企業採納並對產品進行改良的過程。

3D 打印：快速成型技術的一種，它是一種以數字模型文件為基礎，運用粉末狀金屬或塑料等可黏合材料，通過逐層打印的方式來構造物體的技術。

三維模型：物體的多邊形表示，通常用計算機或者其他視頻設備進行顯示。顯示的物體可以是現實世界的實體，也可以是虛構的物體。任何物理自然界存在的東西都可以用三維模型表示。

雲製造：雲製造是先進的信息技術、製造技術以及新興物聯網技術等交叉融合的產品，是製造即服務理念的體現。採取包括雲計算在內的當代信息技術前沿理念，支持製造業在廣泛的網絡資源環境下，為產品提供高附加值、低成本和全球化製造的服務。

微製造（Inter-Micro）：一種高效、綠色、高精度微製造新技術，用於加工 3D 形狀的各種微型零件。

微型金融（Micro Finance）：專門針對貧困、低收入的人口和微型企業而建立的金融服務體系，包括小額信貸、儲蓄、匯款和小額保險等。

敏捷製造：製造企業採用現代通信手段，通過快速配置各種資源（包括技術、管理和人），以有效和協調的方式響應用戶需求，實現製造的敏捷性。

撇脂定價：有時也被稱為市場加價法，因為它相對競爭產品價格來說是一種較高的定價。

滲透定價（Penetration Pricing）：滲透定價策略與撇脂定價策略正好相反。滲透定價指為一種產品定出相對低的價格來接觸巨大的市場。通過制定低價來獲取市場巨大的份額，以此來降低生產成本。

高岸定價（For Origin Pricing）：也稱生產地離岸價或起運地離岸價，是一種要求買方從起運地開始支付運輸費用（"裝運港船舷交貨"）的價格策略。買方離賣方越遠，他們支付的費用越多，因為運輸費用通常隨着航程的距離而增加。也叫"到付"定價法。

彈性定價（Flexible Pricing）：或稱變動定價（Variable Pricing），是指不同的顧客購買數量相等且本質相同的產品時支付不同價格的價格策略。

領導性定價（Leader Pricing）：或稱特價吸引定價（Loss-Leader Pricing），是營銷經理嘗試通過銷售價接近成本或低於成本的產品來吸引顧客，希望顧客能夠在商店裏買其他的產品。這種定價類型每週都會出現在超市、特價商店和百貨公司的宣傳廣告上。

引誘性定價（Bait Pricing）：嘗試用錯誤的或誤導的價格廣告吸引消費者入店，然後以強勢推銷說服消費者購買更加昂貴的產品。

奇偶定價（Odd-Even Pricing）：或稱心理定價（Psychological Pricing）是指定出奇數價格來預示其便宜以及定出偶數價格來暗示其質量。

捆綁銷售價格（Price Bundling）：兩件或多件產品按優惠價捆綁銷售。

兩部分定價（Two-Pat Pricing）：銷售單個商品或服務時收取兩個分開的價格。

品牌社群：建立在使用某一品牌的消費者間的一整套社會關係基礎上的、一種專門化的、非地理意義上的社區，並以消費者對品牌的情感利益為聯繫紐帶，它宣揚的體驗價值、形象價值與他們自身所擁有的人生觀、價值觀相契合，從而產生心理上的共鳴。在表現形式上為了強化對品牌的歸屬感，社區內的消費者會組織起來，通過組織內部認可的儀式，形成對品牌標識圖騰般的崇拜和忠誠，是消費社區的一種延伸，同時會發展為社群成員所共同擁有的社群意識。

社群商業：人們基於相同的興趣愛好，它的內容是通過社交工具或某種載體聚集在一起，企業通過這種載體滿足該社群某種產品或服務而產生的商業形態。

意見領袖：在將媒介信息傳給社會群體的過程中，那些扮演某種有影響力的中介角色者。

分享經濟：將社會海量、分散、閒置資源、平台化、協同化地集聚、復用與供需匹配，從而實現經濟與社會價值創新的新形態。

介入度：一個人基於內在需要、價值觀和興趣而感知到的與客體關聯性的程度。

4Cs 營銷理論（The Marketing Theory of 4Cs）：也稱"4C 營銷理論"，是由美國營銷專家勞特朋教授在 1990 年提出的，與傳統營銷的 4P 相對應的 4C 理論。它以消費者需求為導向，重新設定了市場營銷組合的 4 個基本要素，即消費者（Consumer）、成本（Cost）、便利（Convenience）和溝通（Communication）。它強調企業首先應該把追求顧客滿意放在第一位，其次是努力降低顧客的購買成本，然後要充分注意到顧客購買過程中的便利性，而不是從企業的角度來決定銷售渠道策略，最後還應以消費者為中心實施有效的營銷溝通。

STP 戰略：STP 理論中的 S、T、P 分別是 Segmenting、Targeting、Positioning 3 個英文單詞的縮寫，即市場細分、目標市場和市場定位的意思。

Rose Only：奢侈玫瑰品牌，是中國專注打造愛情信物的品牌，制定"一生只送一人"的離奇規則。Rose Only 以"信者得愛，愛是唯一"為主張，以奢侈玫瑰和璀璨珠寶打造永恆真愛信物。

4X 營銷組合理論：包括了 4P、4C、4R、4V、4E 等營銷理論。用 4P 行動、用 4C 思考、用 4R 發展、用 4V 競爭、用 4E 突破。

網狀經濟、網狀營銷：傳統的經濟營銷理論的核心是研究企業怎樣比競爭對手更好地滿足顧客的需要，這是一種簡單的線性關係。但是，隨着時代的進步、經濟的發展，我們已經進入以信息、知識和文化為特徵的網狀經濟。

渠道：全稱為分銷渠道（Place），引申義為商品銷售路線，是商品的流通路線，所指為廠家的商品通向一定的社會網絡或代理商而賣向不同的區域，以達到銷售的目的途徑。

渠道商：連接製造商和消費者之間的眾多中間企業，包括批發商、經銷商、零售商、代理商和佣金商等。

代理商（Agents）：又稱商務代理，是在其行業慣例範圍內接受他人委託，為他人促成或締結交易的一般代理人。代理商是代企業打理生意，代理商經營是廠家給予商家佣金額度的一種經營行為。所代理貨物的所有權屬於廠家，而不是商家。

附加值：經濟主體新創造出來的產品價值。

盈利能力：企業獲取利潤的能力，也稱為企業的資金或資本增值能力，通常表現為一定時期內企業收益數額的多少及其水平的高低。

利潤率：收入和成本的差額比率。利潤率反映企業一定時期利潤水平的相對指標。成本利潤率＝利潤÷成本×100%，銷售利潤率＝利潤÷銷售×100%。

主營業務收入：主營業務收入＝本月總銷售額－銷售返還。

主營業務利潤：主營業務利潤＝主營業務收入－主營業務成本－稅金及其附加。

營業利潤：營業利潤＝主營業務利潤＋其他營業利潤－三大期間費用。

淨利潤：在利潤總額中按規定交納了所得稅後公司的利潤留成，一般也稱為稅後利潤或淨利潤。

毛利率：毛利率＝毛利÷營業收入×100%＝（主營業務收入－主營業務成本）÷主營業務收入×100%。

淨資產收益率：淨利潤與平均股東權益的百分比，是公司稅後利潤除以淨資產得到的百分比率，該指標反映股東權益的收益水平，用以衡量公司運用自有資本的效率。

市盈率（Price Earnings Ratio，即 P/E Ratio）：也稱"本益比"、"股價收益比率"或"市價盈利比率"。

顧客價值：由於供應商以一定的方式參與到顧客的生產經營活動過程中而能夠為其顧客帶來的利益。

產品價值：由產品的功能、特性、品質、品種與式樣等所產生的價值。

破窗理論：也稱"破窗謬論"，源於一個叫黑茲利特的學者在一本小冊子中的一個譬喻（也有人認為這一理論是法國 19 世紀經濟學家巴斯夏作為批評的靶子而總結出來的，見其著名文章《看得見的與看不見的》）。黑茲利特說，假如小孩打破了窗戶，必將導致破窗人更換玻璃，這樣就會使安裝玻璃的人和生產玻璃的人開工，從而推動社會就業。

動感單車（Spinning）：由美國私人教練兼極限運動員 Johnny 於 20 世紀 80 年代首創，是一種結合了音樂、視覺效果等獨特的充滿活力的室內自行車訓練課程。

OEM：品牌生產者不直接生產產品，而是利用自己掌握的關鍵核心技術負責設計和開發新產品，控制銷售渠道，具體的加工任務通過合同訂購的方式委託同類產品的其他廠家生產。之後將所訂產品低價買斷，並直接貼上自己的品牌商標。這種委託他人生產的合作方式簡稱 OEM。

營銷空間 4.0：市場營銷的產品到用戶手中的一個交易過程。營銷空間經歷了"集市（1.0）、專賣店（2.0）、網店（3.0）、虛擬現實空間（4.0）"幾個階段。

廟會（The Temple Fair）：又稱"廟市"或"節場"，是我國集市貿易形式之一。

專賣店（Exclusive Shop）：專門經營或授權經營某一主要品牌商品為主的零售業態。

品牌定位：一個名稱、術語、標誌、符號或設計，或者是它們的結合體，以識別某個銷售商或某一群銷售商的產品或服務，使其與它們的競爭者的產品或服務區別開來。

網店（Online Store）：作為電子商務的一種形式，是一種能夠讓人們在瀏覽的同時進行實際購買，並且通過各種在線支付手段進行支付完成交易全過程的網站。

營銷渠道（Marketing Channel）：促使產品或服務順利地被使用或消費的一整套相互依存的組織。它們是產品或服務在生產環節之後所經歷的一系列途徑，終點是被最終使用者購買並消費。

輔助機構：支持分銷活動的組織，但它們既不取得產品所有權，也不參與買賣談判。

營銷渠道系統（Marketing Channel System）：公司分銷渠道中的一個特別組成部分。

推進戰略（Promotion Strategy）：使用製造商銷售隊伍、促銷資金或其他手段推動中間商購進、推廣並將產品銷售給最終使用者。

拉動戰略（Pull Strategy）：製造商利用廣告、促銷和其他傳播方式來吸引消費者向中間商購買產品，以激勵中間商訂貨。

混合渠道（Hybrid Channels）：製造商通過若干不同的渠道把同一種產品送到不同地點的市場。

多渠道營銷（Multi-Channel Marketing）：多渠道營銷大致有兩種形式。一種是製造商通過兩條以上的競爭性分銷渠道銷售同一商標的產品；另一種是製造商通過多條分銷渠道銷售不同商標的差異性產品。

零級渠道（Zero-Level Channel）：也稱直接營銷渠道（Direct Marketing Channel），生產者直接將產品銷售給最終顧客。

一級渠道：產家和用戶之間包括 1 個銷售中間商。

二級渠道：產家和用戶之間包括 2 個中間商。

三級渠道：產家和用戶之間包括 3 個中間商。例如，在肉類包裝行業中，批發商出售給周轉商，周轉商（Turnover）再出售給零售商。

專營性分銷（Exclusive Distribution）：嚴格限制中間商數目。

選擇性分銷（Selective Distribution）：只依賴於數目有限的願意銷售某種特定產品的中間商。

密集性分銷（Intensive Distribution）：製造商儘可能地在多家商店中銷售產品或服務。

整合營銷傳播（Integrated Marketing Communications，IMC）：一種用來確保產品、服務、組織的客戶或潛在客戶所接收的所有品牌接觸都與該客戶相關，並且保持一致的計劃制定過程。

MR（Mixed Reality）：混合現實，又稱 Hybrid Reality。

電子商務：在因特網開放的網絡環境下，基於瀏覽器或服務器應用方式，買賣雙方不謀面地進行各種商貿活動。電子商務是商戶之間的網上交易和在線電子支付以及各種商務活動、交易活動、金融活動和相關的綜合服務活動的一種新型的商業運營模式。

ABC 模式（Agents to Business to Consumer）：由代理商（Agents）、商家（Business）和消費者（Consumer）共同搭建的集生產、經營、消費為一體的電子商務平台。三者之間可以轉化，大家相互服務，相互支持，你中有我，我中有你，真正形成一個利益共同體。

垂直模式：面向製造業或面向商業的垂直 B2B 平台。

綜合模式：面向中間交易市場的 B2B 平台。

自建模式：基於自身的信息化建設程度，搭建以自身產品供應鏈為核心的行業化電子商務平台。

多通道環幕（立體）投影系統：採用多台投影機組合而成的多通道大屏幕展示系統，它比普通的標準投影系統具備更大的顯示尺寸、更寬的視野、更多的顯示內容、更高的顯示分辨率，以及更具衝擊力和沉浸感的視覺效果。該系統可以應用於教學、視頻播放、電影播放等。

鏈接：在電子計算機程序的各模塊之間傳遞參數和控制命令，並把它們組成一個可執行的整體的過程。

支出佔有率：購買本品牌消費者的本品牌消費量與其購買同類商品的量的比例。支出佔有率＝品牌購買量 ÷ 該品牌消費者的品類購買量 ×100%。

大量使用指數：在一定時期內一個品牌的消費者在該品類上的平均消費量與該品類所有消費者的平均消費者的比值。大量使用指數＝某品牌消費者在該品類上的平均銷售量 ÷ 該品類所有消費者的平均銷售量 ×100%。

市場滲透率：某一時期內購買某一品類至少一次的消費者人數佔全部人口數的比例。市場滲透率＝已經購買本類別商品的消費者人數 ÷ 總人口數 ×100%。

品牌滲透率：某一時期內購買某一品牌至少一次的消費者人數佔全部人口的比例。品牌滲透率＝已經購買本類別商品的消費者人數 ÷ 行業領導品牌的市場份額 ×100%。

預期銷售增長率：預期銷售增長率就是預期下一年度（下一季度）銷售額或銷售量是本年（本季度）銷售額或銷售量的比率。預期銷售增長率＝明年銷售量 ÷ 今年銷售量 ×100%–1。

市場佔有率：一定時期內，企業所生產的產品在其市場上的銷售額或銷售量佔同類產品銷售總額或銷售總量的比重。市場佔有率＝本期企業某種產品的銷售量 ÷ 本期該產品市場銷售總量 ×100%。

單個客戶銷售貢獻：企業或者企業某個區域內平均每個客戶的銷售額的多少。單個客戶銷售貢獻＝銷售總額 ÷ 客戶數。

分銷率：銷售企業產品的終端數量佔銷售同一類產品的終端總數的比例。分銷率＝銷售本企業產品的終端數量 ÷ 銷售同一類產品的終端總數 ×100%。

品類分銷率：銷售本企業產品的零售門店在產品所屬品類上的銷售額佔銷售該品類商品的所有零售門店在所屬品類上的銷售額的比例。品類分銷率＝銷售本企業產品的零售門店的品類銷售額 ÷ 銷售該類產品的所有零售門店的品類銷售額 ×100%。

溢價：某種產品超出同類產品市場價的比例。溢價＝（本企業的產品價格－同類產品的市場平均價）÷ 同類產品的市場平均價 ×100%。

值得購買比率：某個產品以某個價格水平銷售時，目標市場願意購買的客戶佔全部客戶的比例。值得購買比率＝在某個價格水平上願意購買的顧客數 ÷ 目標市場內顧客總數 ×100%。

需求價格彈性：在影響需求的其他因素不變的條件下，衡量產品需求量對其價格變動反應程度的指標。價格彈性＝銷售量的變化幅度 ÷ 價格的變化幅度。

印象數：一個廣告傳遞給潛在客戶的次數，也叫曝光數、接觸數。印象數＝到達數 × 平均頻數。

每千人印象成本：1000 個廣告印象數的成本。每千人印象成本＝廣告成本 ÷ 產生的印象數（以千為單位）。

廣告市場佔有率：在一定時期內，企業在一個指定的市場的廣告投入佔同類產品投入的比例。廣告市場佔有率＝企業的廣告投入 ÷ 同類產品廣告投入 ×100%。

點擊率：某項網絡廣告上的點擊次數佔該廣告的印象數的比例。點擊率＝對廣告的點擊數 ÷ 印象數 ×100%。

客戶保持率：記錄一個企業和既有客戶保持或維持關係的比率，可以是絕對數或相對數。客戶保持率＝（企業當期業務量－企業當期新增業務量）÷ 企業上期客戶數 ×100%。

客戶獲得率：用來衡量企業吸引或贏得新客戶或新業務的比率，可以是相對數或絕對數。客戶獲得數＝本期新增的客戶數 ÷ 上期客戶數 ×100%。

滯銷庫存比率：滯銷產品和所有庫存產品的比率，一般用百分數表示。滯銷庫存比率＝滯銷庫存 ÷ 總庫存 ×100%。

交貨及時率：企業向客戶準時交付的次數或者金額與客戶訂貨總次數的比率。交貨及時率＝及時交貨次數 ÷ 客戶訂貨總次數 ×100%。

客戶獲利率：企業與某個客戶合作所產生的淨利潤與該客戶實際交易金額的比率。客戶獲利率＝與客戶合作產生的淨利潤 ÷ 與客戶合作的總成果 ×100%。

新客戶成長率：企業新客戶所產生的業務量與上期該客戶的業務量之間的比率。新客戶成長率＝（客戶當期銷售－客戶上期銷售）÷ 客戶上期銷售 ×100%。

客單價：零售金額和實際交易次數的比值。客單價＝每日銷售額 ÷ 每日交易次數。

交叉比率：零售的毛利率與商品周轉率的乘積。它反映的是零售企業在一定時間內的獲利水平，也以用來反映一定時期內某個品牌或產品的獲利水平。交叉比率＝毛利潤 × 庫存周轉率。

重點品類毛利佔比：若干類在銷商品中，毛利貢獻比較大的品類的毛利在毛利總額中的比例。重點品類毛利佔比＝重點品類毛利額 ÷ 毛利總額 ×100%。

月促銷協同率：製造商每月配合零售客戶開展的促銷次數在其促銷總次數中的比例。月促銷協同率＝零供雙方月配合促銷次數 ÷ 零售客戶月促銷總次數 ×100%。

促銷頻率：一定時期內企業在所有零售客戶處所做促銷活動的次數，一般以月為單位計算，對於頻率較低的行業可以以年度為單位計算。

促銷商品銷售增長率：在一次促銷活動中，所促銷的商品和上期相比的變化。促銷商品銷量增長率＝（促銷期促銷商品的銷售額－上期該商品銷售額）÷ 上期該商品的銷售額 ×100%。

滯銷單品率：滯銷單品在全部庫存單品中的比例。滯銷單品率＝滯銷單品數 ÷ 在庫的全部單品數 ×100%。

人均銷售：一定的銷售時期內每一個員工對銷售貢獻的大小。人均銷售＝當期銷售額 ÷ 當期員工總數。

人均毛利貢獻：一定的銷售階段內平均每位員工實現的毛利額。人均毛利貢獻＝當期毛利額 ÷ 當期員工總數。

銷售回報率：銷售回報率是測算公司從銷售額中獲取利潤的效率指標，以稅後淨利潤和總銷售額為基礎計算。銷售回報率有助於確定公司從銷售額中獲利的有效度。同樣，這也是管理有效度的一個指標。銷售回報率＝年利潤或年均利潤 ÷ 投資總額 ×100%。

訂單處理週期：客戶或者下屬銷售機構的訂單從發出到收到實貨

的平均時間。

區域銷售結構：站在一個大的銷售區域高度，將銷售額依據更加細分的銷售區域統計，計算其在整體中的銷售佔比，然後匯總成表，就形成了企業的產品銷售結構。細分區域銷售佔比＝某一細分區域的銷售額 ÷ 區域整體銷售 ×100%。

產品銷售結構：企業在銷的各種產品在銷售額中的比重。計算產品銷售結構需要先計算單個產品在銷售總額中的比例，然後將所有產品的銷售佔比匯總成一張表格，就形成了企業的產品銷售結構。單品銷售佔比＝單個產品銷售額 ÷ 同期企業銷售總額 ×100%。

產品庫存結構：各類產品在庫存產品中的比重。計算產品庫存結構需要先計算單個產品在總庫存中的比例，然後匯總成表。單品庫存佔比＝單個產品平均庫存 ÷ 同期企業平均庫存 ×100%。

費用結構：各類費用在總費用中的佔比。匯總各項費用佔比就形成了費用結構。單項費用佔比＝單項費用 ÷ 同期總費用 ×100%。

同比增長率：某一方面（銷售、利潤等）實現的結果和去年同期對比的增長情況。同比增長率＝（今年數據－去年同期數據）÷ 去年同期數據 ×100%。

同期環比增長率：去年同期某一方面（銷售、利潤等）已實現的結果和去年上一期對比的增長情況。同期環比增長率＝（去年同期數據－去年上期數據）÷ 去年上期數據 ×100%。

銷售完成率：某一時期的實際銷售數相對於計劃目標數的比例。銷售完成率＝實際實現的銷售數 ÷ 計劃銷售數 ×100%。

時間成本（Time Cost）：為達成特定協議所需付出的時間代價。從經濟學角度而言，時間成本不僅是指時間本身的流失，也指在等待時間內造成的市場機會或經濟的丟失。一度戰略中的時間成本是指用比較經濟學原理分析經濟比較優勢在時間上價值的大小。

新品上貨率：在新品到貨一段時間後，已經採購新品並出樣的客戶（門店）數在企業客戶（門店）總數中的比例。新產品上貨率＝新產品出樣的客戶 ÷ 銷售人員負責的客戶總數 ×100%。

訂單缺貨率：一段時間內企業接到的訂單中，因缺貨無法發貨的金額佔訂單合計金額的比例。訂單缺貨率＝接單缺貨金額 ÷ 訂單合計金額 ×100%。

人時生產率：評價每個員工每個小時的銷售收入指標。人時生產率＝銷售收入 ÷ 員工總工作時間 ×100%。

人員守備率：平均每位營業人員值守的賣場面積指標。人員守備率＝賣場面積 ÷ 營業人員數量 ×100%。

賣場使用率：也稱賣場面積使用率，是指實際用於商品銷售的面積佔賣場面積的比率。賣場使用率＝賣場面積 ÷ 全場面積 ×100%。

少數即多數：粉絲經濟學的核心思想是培訓少數忠誠度和黏性極高的粉絲，以少數引領多數。

1℃原理：通過時間機器和對趨勢的判斷，運用先進地區和落後地區的時間差，獲得投資回報。

人的三種渴望：佔有、交往和存在。

代入模式：如同數字的代入式一樣，移動互聯網的虛實一體化的轉化是一種代入模式，每一次代入都是一場能量轉化。

付費模式：PC 互聯網以免費模式為主，移動互聯網將採用"向用戶付費"模式。

不確定性原則：在移動互聯網的創業規律中，成功與失敗均存在不確定性。

大象、核爆炸與病毒：工業經濟時代的原理如大象，信息經濟時代的原理如核爆炸，移動互聯網時代的原理如病毒。

客戶終身價值：客戶未來各期能夠給企業帶來利潤的折現值之和。

潛在客戶終身價值：從每個潛在客戶所得的價值中減去尋找客戶的成本。潛在客戶終身價值＝客戶獲取成功率 ×（初始毛利＋客戶終身價值）－獲取支出。

客戶獲取成本：獲取一名客戶的平均成本。客戶獲取成本＝獲取支出 ÷ 新客戶數。

客戶保持成本：保持現有客戶而花費的成本。客戶保持成本＝為保持客戶而進行的支出 ÷ 保持住的客戶數。

關注度：PC 互聯網是"流量思維"，移動互聯網是"關注度思維"。

品牌聚焦度：用戶對產品極致化的品牌聯想。

新 4C 營銷理論：吸引（Charm）、心動（Crash）、承諾（Commit）、行動（Conclude）。

需求挖掘：移動營銷從發現需求到創造需求，再到挖掘需求，因為用戶需求隱藏得越來越深。

六個人人：人人都是自媒體，人人都是用戶，人人都是投資人，人人都是設計師，人人都是創造者，人人都是品牌。

沾便宜：用戶買的不是便宜，不是佔便宜，而是沾便宜。

小步快跑：儘快更新，不停步。

由變而通：試錯後儘快放棄，不糾結。

4M 營銷體系：可能是當今世界最完美的營銷體驗，由 App、自媒體、微分銷和微社群四個系統構成。

種子用戶：移動營銷中存在着強關係的核心粉絲用戶。

垂直用戶：通過微社群尋找到的信息優先級用戶。

優先級：不是線下傳銷產品的上下級關係，移動微分銷的原理是按照接觸信息的先後順序排列出利益關係鏈的優先級。

第一次文藝復興：用全新歷史觀定義第一次文藝復興，由中國和希臘在 2000 年前共同發起，中國主導了亞洲第一次文藝復興。

第三次文藝復興：始於 100 年前，中國主導了第三次文藝復興，今天處於第三次文藝復興最高潮部分的前夜。

敏捷管理：始於軟件開發的敏捷管理，本書將其應用到移動互聯網的企業管理之中。

首席市場技術融合官：一個既懂技術又懂運營的首席技術與市場融合官。

二元論：該理論認為世界上存在善與惡這兩種對立存在的力量，這個世界就是這兩種力量的戰場。

連接一切：以量子力學的觀點來看生物學，任何一個生命體都是由無數個細胞按特定程序連接而成的。所以說，連接才是生命體的組成密碼。

隔入小間內：隔入小間如入豎井一般。當一個公司豎井林立時，不可能適應快速變化的移動互聯網節奏。

創意經濟：假設牛頓催生人類的工業經濟，愛因斯坦孵化人類的知識經濟，那麼量子力學推崇的將是創意經濟。

四個時代化：手機器官化、時間扁平化、興趣碎片化、產品人性化。

設計創新：定製化時代以用戶體驗為出發點，通過情景分析設計人、產品與環境之間的內容關係的一種手法，是移動互聯網時代獨特的產品呈現模式。

人本經濟學：在信息經濟時代，移動互聯網促使經濟學轉型，把非人性的經濟學轉到以人為本的研究體系中來。人本經濟學在實驗實證的基礎上對過去五百年經濟學的"理性人假設"進行質疑與批判。

信息人：所謂的信息人是在移動互聯網時代受信息支配的經濟人，由於信息包含了確定性和不確定性，信息人存在"理性人假設"和"非理性人假設"兩種可能。

時間進度：在某一既定的時間段內，截至某一時間點累計度過的時間長度佔時間總長度的比例。時間進度＝累計度過的時間長度 ÷ 既定階段時間總長度 ×100%。

銷售完成進度：階段性銷售結果相對於整體性銷售目標的比例。銷售進度的時間概念較強，當說到銷售完成進度時，一定是與某個時間點相對於某個時間段緊密相連。

員工流失率：一定時間內離職員工的人數佔此期間平均員工人數的比例。員工流失率＝期間離職的員工數 ÷ 平均員工數 ×100%。

關鍵員工流失率：對於企業來講，具有特殊價值的員工流失的數量在這群員工總數中的比例。關鍵員工流失率＝流失的關鍵員工數 ÷ 關鍵員工數 ×100%。

月拜訪率：銷售人員每月拜訪某一客戶的平均次數。月拜訪率＝一段時間內拜訪某一客戶的次數 ÷ 時間段自然月數 ×100%。

主推率：客戶主推產品的個數佔企業在客戶倉庫中產品個數的比例，或者是主推產品的銷售額佔當前銷售額的比例。主推率＝主推產品個數 ÷ 客戶倉庫中產品總個數 ×100%。

第一次經濟學革命：發生在 2000 年前的古希臘和中國，以"土地分配、貨幣交易"為主要研究範式，以財富管理為主要研究內容。

第二次經濟學革命：從 18 世紀中期開始，20 世紀初結束，以財富生產為主要研究範式，代表人物是亞當·斯密。

第三次經濟學革命：以凱恩斯為代表的，以國民經濟體為一個整體對象研究的宏觀分析範式。

第四次經濟學革命：以"信息人"為前提的移動互聯網未來的人本主義經濟學。

共享經濟：人們有償共享一切社會資源，以不同的方式進行付出和受益，共同享受經濟紅利。這種共享在發展中會更多地使用移動互聯網作為媒介。

新 4S 營銷模型：由 Super Product（產品）、Substance（內容）、Superuser（超級用戶）、Space（空間）四大要素構成，因此簡稱 4S 模型。

4P 理論：由產品（Product）、價格（Price）、渠道（Place）、促銷（Promotion）四大要素構成。

4C 理論：該理論以消費者需求為導向，重新設定了市場營銷組合的 4 個基本要素：即顧客（Consumer）、成本（Cost）、便利（Convenience）和溝通（Communication）。

4R 理論：分別指關聯（Relevance）、反應（Reaction）、關係（Relationship）、回報（Reward）。

4V 戰略：是指一個企業要想取得成功，一定要定位差異化（Variation），你要提供與眾不同的產品功能和服務功能的功能化（Versatility），同時產品要有附加價值（Value），要讓消費者對你的服務和產品產生共鳴（Vibration）。

六力理論：認為"重要的不是誰來買，而是誰來賣"，把渠道商提升到一個比終端消費者更為重要的地位。

ADSL：ADSL 屬於 DSL 技術的一種，全稱 Asymmetric Digital Subscriber Line（非對稱數字用戶線路），亦可稱作非對稱數字用戶環路，是一種新的數據傳輸方式。ADSL 技術提供的上行和下行帶寬不對稱，因此稱為非對稱數字用戶線路。ADSL 技術採用頻分複用技術把普通的電話線分成了電話、上行和下行三個相對獨立的信道，從而避免了相互之間的干擾。用戶可以一邊打電話一邊上網，而不用擔心上網速率和通話質量下降。

ARPU：Average Revenue Per User 的縮寫，即每用戶平均收入，是衡量電信運營商業務收入的指標。ARPU 注重的是一個時間段內運營商從每個用戶所得到的收入。

B2B2C：Business-to-Business-to-Consumer 的縮寫。是一種電子商務類型的網絡購物商務模式。第一個 B 指的是商品或服務的供應商，第二個 B 指的是從事電子商務的企業，C 則表示消費者。

BBS：Bulletin Board System 的縮寫，即電子公告牌系統。通過在計算機上運行服務軟件，允許用戶使用終端程序通過 Internet 進行連接，執行下載數據或程序、上傳數據、閱讀新聞，與其他用戶交換消息等功能。許多 BBS 由站長業餘維護。BBS 也泛指網絡論壇或網絡社群。

CP：Content Provider 的縮寫，也稱為 ICP（Internet Content Provider），翻譯為互聯網內容提供商，向廣大用戶綜合提供互聯網信息業務和增值業務的電信運營商。

CPA：Cost Per Action 的縮寫，意思是每次行動的費用。CPA 是網絡廣告領域內的一種定價模式，即根據每個訪問者對網絡廣告所採取的行動收費。

CPC：Cost Per Click 的縮寫，即每點擊成本，網絡廣告每次點擊的費用。CPC 是網絡廣告投放效果的重要參考數據，是網絡廣告界一種常見的定價形式。

CPM：Cost Per Mille 的縮寫，即每千次印象費用，廣告條每顯示 1,000 次（印象）的費用。

Google Play：一個由 Google 為 Android 設備開發的在線應用程序商店，前名為 And Roid Market。一個名為 "Play store" 的應用程序會預載在允許使用 Google Play 的手機上，它可以讓用戶瀏覽、下載及購買在 Google Play 上的第三方應用程序。2012 年 3 月 7 日，Android Market 服務與 Google Music、Google Play Movie 集成，並將其更名為 Google Play。

NFC：Near Field Communication 的縮寫，即近距離無線通信技術，由飛利浦公司和索尼公司共同開發的。這是一種非接觸式識別和互聯技術，可以在移動設備、消費類電子產品、PC 和智能控件工具間進行近距離無線通信。

OTT：Over The Top 的縮寫，是通信行業非常流行的一個詞，來源於籃球等體育運動，是"過頂傳球"之意，指的是球類運動員（Player）在他們頭頂上來回傳球以到達目的地，引申為互聯網公司越過運營商發展基於開放互聯網的各種視頻及數據服務業務，強調服務與物理網絡的無關性。

P2C（Production to Consumer）：即商品和顧客，指產品從生產企業直接送到消費者手中，中間沒有任何交易環節。它是繼 B2B、B2C、C2C 之後的又一個電子商務新概念，在國內叫作生活服務平台。

P2P：Peer to Peer 的簡寫，個人對個人的意思，P2P 借貸指個人通過第三方平台（P2P 公司）在收取一定服務費用的前提下向其他個人提供小額借貸的金融模式。

PE：Private Equity 的縮寫，即私募股權投資，指通過私募形式募集資金，對私有企業，即非上市企業進行的權益性投資，從而推動非上市企業價值增長，最終通過上市、並購、管理層回購、股權置換等方式出售持股套現退出的一種投資行為。

SNS：Social Network in Services 的縮寫，即社會性網絡服務，專指幫助人們建立社會性網絡的互聯網應用服務，也指社會現有已成熟普及的信息載體，如短信 SMS 服務。SNS 的另一種解釋是 Social Network Site，即 "社交網站" 或 "社交網"。

Twitter：中文名為推特，是國外的一個社交網絡及提供微博客服務的網站。它利用無線網絡、有線網絡、通信技術進行即時通信，是微博客的典型應用。它允許用戶將自己的最新動態和想法以短信形式發送給手機和個性化網站群，而不僅僅是發送給個人。

UI：User Interface 的縮寫，即用戶界面。UI 設計是指對軟件的人機交互、操作邏輯、界面美觀的整體設計。好的 UI 設計不僅能讓軟件變得有個性、有品位，還能讓軟件的操作變得舒適、簡單、自由，充分體現軟件的定位和特點。

VC：Venture Capital 的縮寫，即風險投資。在中國，風險投資是一個約定俗成的具有特定內涵的概念，把它翻譯成創業投資更為妥當。廣義的風險投資泛指一切具有高風險、潛在高收益的投資；狹義的風險投資是指以高新技術為基礎，生產與經營技術密集型產品的投資。根據美國全美風險投資協會的定義，風險投資是由職業金融家投入到新興的、迅速發展的、具有巨大競爭潛力的企業中的一種權益資本。

WAP：Wireless Application Protocol 的縮寫，即無線應用協議，是一項全球性的網絡通信協議。Wap 使移動 Internet 有了一個通行的標準，其目標是將 Internet 的豐富信息及先進的業務引入移動電話等無線終端。

WiMAX：World Interoperability For Microwave Access 的縮寫，即全球微波互聯接入。WiMAX 也叫 802. 16 無線城域網或 802. 16。WiMAX 是一項新興的寬帶無線接入技術，能提供面向互聯網的高速連接，數據傳輸距離最遠可達 50 千米。

服務提供商：英文 Service Provider，縮寫為 SP，是移動互聯網服務內容、應用服務的直接提供者，常指電信增值業務提供商，負責根據用戶的要求開發和提供適合手機用戶使用的服務。

社群：以"領袖"為核心聚集起來的小圈子，大家有相同的"信仰"或者目標，在一起互相學習和幫助，最終達到共贏的狀態。

天使投資：權益資本投資的一種形式，是指富有的個人出資協助具有專門技術或獨特概念的原創項目或小型初創企業，進行一次性的前期投資。

特供產品：即為特別階級、領導高層供應的某些天然綠色包括人為的產品。例如，在古代，專指為皇宮貴族特別供應的產品，如極品茶、蜜、酒、瓜、果、米、蔬等。

Web：本意是蜘蛛網和網的意思，在網頁設計中我們稱為網頁。其表現為三種形式，即超文本（Hypertext）、超媒體（Hypermedia）、超文本傳輸協議（HTTP）等。

LINE：由韓國互聯網集團 NHN 的日本子公司 NHN Japan 推出。它雖然是一種起步較晚的通信應用，2011 年 6 月才正式推向市場，但全球註冊用戶超過三億。

BAT：中國互聯網公司三巨頭，指中國互聯網公司百度公司（Baidu）、阿里巴巴集團（Alibaba）、騰訊公司（Tencent）三大巨頭。

Mixi：日本最大的社交網站，已經成為日本的一種時尚文化。對於很多日本人特別是青少年來說，Mixi 已經成為日常生活中的一部分，過度沉迷於 Mixi 的社群活動，使他們患上了 Mixi 依賴症。這些 Mixi 迷很在意自己在其中的表現，他們無論是發佈照片還是發佈日記，都會擔心寫得好不好，有沒有人看，訪問人數是否下滑等。這從另一方面也反映了 Mixi 在日本當地用戶中的地位。

NFC 支付：消費者在購買商品或服務時，即時採用 NFC（Near Field Communication）技術通過手機等手持設備完成支付的方式，是一種新興的移動支付方式。支付的處理在現場進行，並且在線下進行，不需要使用移動網絡，而是使用 NFC 射頻通道實現與 POS 收款機或自動售貨機等設備的本地通信。NFC 近距離無線通信是近場支付的主流技術，它是一種短距離的高頻無線通信技術，允許電子設備之間進行非接觸式點對點數據傳輸交換數據。該技術由 RFID 射頻識別演變而來，並兼容 RFID 技術，其由飛利浦、諾基亞、索尼、三星、中國銀聯、中國移動、捷寶科技等主推，主要用於手機等手持設備。

SP 模式：SP 是 Standard Play（標準播放）的縮寫，在 SP 記錄模式下，磁帶以標準速度運行，所記錄的影像可以達到標準的水平清晰度，即 VHS 可以達到 240 線左右，Mini DV 可以達到 520 線以上的清晰度。

閉環：也稱反饋控制系統，是將系統輸出量的測量值與所期望的給定值相比較，由此產生一個偏差信號，利用此偏差信號進行調節控制，使輸出值儘量接近於期望值。

口碑傳播：一個具有感知信息的非商業傳播者和接受者關於一個產品、口碑、組織和服務的非正式的人際傳播。大多數研究文獻認為，口碑傳播是市場中最強大的控制力之一。心理學家指出，家庭與朋友的影響、消費者直接的使用經驗、大眾媒介和企業的市場營銷活動共同構成影響消費者態度的四大因素。

第三代技術（3G）：第三代移動技術，如視頻幻燈和攝影技術。

兼併（Acquisition）：當一家企業被另一家兼併，其擁有的品牌也就被具有支配地位的品牌企業整合，或保留，或擱置。

優選（Best Practice）：由企業篩選最好的方法為品牌命名。

品牌（Brand）：為適合的商品和服務，甚至個人，經過嚴格構思而設計的公共形象。品牌由信仰、呈現和戰略 3 部分構成。

品牌結構（Brand Architecture）：企業組織如何在它的業務單位中架構品牌名稱和相互關係。

品牌感知（Brand Perception）：受眾對品牌的感受、認知和主觀看法。

品牌創建者（Brand Producer）：企業創始人一般是品牌創建者。

品牌成本（Brand Spend）：為營銷推廣某個品牌所花費的資金總數。

品牌價值（Brand Values）：品牌能轉化成貨幣資產的可計量的數值或特徵。

渠道（Channel）：用來為品牌作營銷推廣的終端媒體或出版物，比如代理商、經銷商、電視、廣播、廣告牌、報紙等。

共生品牌（Co-branding）：兩個以上在營銷傳播中同時推廣的品牌。

傳播（Communications）：在品牌學中，傳播是指在品牌推廣過程中把信息傳達到企業內部員工與外部受眾的系列工作。

專賣店（Concessions）：為某類品牌專設的門店。品牌經營中經常使用這種方法進入全新的市場，這種方法還可以使消費者對該新品牌與已經熟悉的更大品牌之間產生正面聯想。

消費者（Consumer）：對品牌進行資金投入的人，他們以購買的方式投資。

消費者品牌（Consumer-Facing Brands）：面對消費者的品牌，而非生產型品牌。

企業品牌（Corporate Branding）：相當於企業形象的品牌，包括品牌創建、品牌更新或企業名稱應用。一般指母品牌。共享品牌表現企業形象，有時也有可能應用到企業的次重要級的產品上，以支持企業的附屬品牌。

品牌創建（Creative of the Brand）：通常指品牌化過程中的創造過程，包括品牌的圖形設計與文字表達。

品牌衍生（Brand Demergeer）：當一個品牌從另一個品牌中分離出來，成為獨立品牌時，通常要為該新生品牌更名，並賦予獨立的新形象。

品牌資產（Brand Equity）：品牌估價和它代表的資產價值。能夠讓消費者識別品質的所有品牌特徵和相關的品牌利益分享者（消費者的認同度）不僅本身構成了品牌價值，還使品牌變得可以量化估價。

旗艦商店（Flagship Store）：連鎖商店中商品陳設最全、規模最大、最先發佈新品的商店，它們通常能最好地展示品牌。

特許經營（Franchises）：由公司擁有並控制品牌，零售店主負責日常的運營。

全球品牌本土化（Global/Local）：營銷術語，全球品牌在特定國家推廣時為適應當地文化所做的方向性調整。

品牌許可（Brand Licensing）：某人或某公司購買某個品牌或品牌的一個部分，以擁有在其自有品牌下銷售的經營權。

虧本誘餌（Loss Leader）：店場中為引導顧客增加在其他商品上消費的機會，以虧本價銷售的產品。比如，商家把最暢銷圖書以虧本銷售，期望以此捕捉消費者的注意力，從而隨帶提高其他圖書的銷量。

共鳴（Mindshare）：目標消費者對品牌產生的情感認同和文化認同。

品牌故事（Narrative）：支撐品牌概念的原創故事。

母品牌（Parent Brand）：擁有主要品牌的業主或公司。

潛在市場（Prospects）：潛在的目標新顧客。

重新定位（Reposition）：當品牌目標市場轉移時，為吸引新的目標消費群所做的重新設計工作。

品牌移交（Spin off）：當品牌在市場推出後，由另一家企業接管繼續發展該品牌。

受益人（Stakeholder）：受品牌影響的廣大受眾，包括投資者、新聞媒體、消費者、銀行、股東、僱員以及社區。

品牌口號（Strapline of Tagline）：與品牌有關的詞彙或短句，通常"一語定天下"，往往像一個結語。

附屬品牌（Sub-Brand）：品牌中的子品牌。比如，Sony Play Station 就是 Sony 的附屬品牌。

馬屁股定律：鐵軌的寬度和並排的兩匹馬屁股正好吻合。它代表了當前許多人的狹隘市場觀，如現在企業的渠道戰略陷入了"馬屁股定律"中而渾然不知，比如我們在設計渠道戰略時常會問：究竟是建立自己的分支機構呢，還是發展代理商呢？而沒有去思考第三條出路。

一度戰略（A Key Strategy）：一種決心改寫西方理論的新企業戰略。

傳統的營銷哲學停留在戰略和戰術的二維層面，一度戰略將其擴展到三維空間。最重要的是，一度戰略把營銷理論中國化，更深入地從中國學者對營銷學的研究方法和價值傾向角度分析，而不是僅僅停留在西方理論的中國闡釋層面（這個層面通常是借鑒西方的經典理論做中國的文章，用中國的實踐優化西方經典理論）。一度戰略上升到西方理論的本土化創新層面，這個層面是在吃透西方理論方法，又深入解讀本土市場的基礎上，進行西方營銷理論方法的中國本土化創新。它與前兩條路徑的根本區別在於，它解讀中國市場時，不僅是檢驗西方理論，更是要改寫西方理論，最終創建中國的營銷理論架構。

一度戰略有四層空間，第一層空間是戰略設計：領海戰略（Commanding Strategy）；第二層到第四層空間是戰略執行（Strategy Implementation），分別是模式創新（Model Innovation）、價值創新（Value of Innovation）和策略創新（Innovation Strategy）。

一度戰略的精髓是以顧客為中心的 6 力模型。大量的中國中小企業具備創建品牌 99 度的基礎，如產品研發、製造、質量和技術，它們所缺乏的就是"99 度 + 1 度"，這其中的一度就是一條運用第三方策略提升價值、創建品牌的切合企業實際的品牌路線圖。一度戰略構建了一個基本的商業模型。這個基本的商業模型是 4P、4C、4R、4V 理論模型結合多層經濟後的創新模型，是對現實中的新的營銷戰略的重新思考。我們把這個基本的商業模式理解為三個硬件和三個軟件。所謂的三個硬件是什麼？三個硬件指的是顧客、產品和渠道。而產品一定要提供最優質的產品，渠道要找到最好的渠道，顧客要有高度的忠誠度。三個軟件是什麼？是價值、溝通和品牌。這些統稱一度戰略的 6 力模型（顧客 Customer、產品 Product、品牌 Brand、價格 Price、渠道 Place、溝通 Communication）。

一度理論從大量的企業實戰策略出發，提出許多“另類”的觀點，如認為品牌價值和產品質量並無必然聯繫，品牌價值的塑造比產品質量更為重要，還認為，單純賣產品功能所遭遇的挫敗比賣品牌價值所遭遇的挫敗多得多。

財富的加法（Wealth Addition）：複製成功個例，通過市場擴張積累財富，如沃爾瑪、肯德基、福特汽車、麥當勞，一定是先開一家專賣店，經營好了再開第二家、第三家……反覆做財富的加法。產品是加法財富大廈的支柱，其根本的市場競爭方式是以價格為手段。在財富按加法計算的時代，企業之間的競爭是只有一場比賽的遊戲，上半場比賽的關鍵是誰的產品創新速度快，下半場的比賽的關鍵是誰的廣告做得響。

財富的減法（Wealth Subtraction）：並非所有的企業都有選擇財富加法的權利，對於那些大量的中小企業來說，一無資金，二無技術，三無知識，唯一能做的就是選擇另外一條道路——財富的減法，即通過獲取廉價資源、便宜的勞動力和比較寬鬆的稅賦環境等方式來降低成本，其根本的市場競爭方式是以價格為手段。

信息博弈（Information Game）：信息博弈分為完全信息博弈及不完全信息博弈。完全信息博弈是指參與者的策略空間及策略組合下的支付，是博弈中所有參與者的“公共知識”的博弈。對於不完全信息博弈，參與者所做的是努力使自己的期望支付或期望效用最大化。

財富的乘法（Wealth Multiplication）：財富乘法大廈的基礎支持是價值，即財富乘法 =（顧客＋產品＋品牌＋渠道＋溝通）× 價值。價值包含品牌塑造帶來的價值回報、產品設計帶來的價值回報和為第三方創造價值帶來的價值回報。

六力模型（Six Strength Models）和六力理論（Six Strength Theory）：一度戰略的核心理論基礎。六力模型不是傳統經營模型——產品、價格、渠道、促銷的簡單的整合，而是以顧客為導向，擴充和再定位顧客、產品、品牌、價值、渠道及溝通等 6 項經營要素，完全顛覆了傳統，它們之間相互關聯並形成一個具有可複製性（Replicability）的創新能力的全新的經營系統。

第三角度創新思維（The Third Angle Innovation Thoughts）：一度戰略產生的思想源泉。在現實生活中，我們常常運用一些辯證法來解釋萬事萬物，用矛盾論的角度來分析一枚硬幣所具有的兩面性，從而喜歡從“正、反”“黑、白”等兩種角度來看問題。實際上，二元論的經營哲學和人生哲學對企業創新工作最大的影響是否定了第三種、第四種可能性。而第三角度創新思維是一種突破二元論、“非此即彼”等慣性思維，用第三角度觀察世界，重建新秩序的全新思維方式。在第三角度創新思維指引下，一度戰略所描述的新世界裏，衍生出“第三方顧客”、產品的“第三空間”、成本的“第三方支付”、品牌的“第三種價值”、渠道的“第三種設計”、溝通的“第三種選擇”和“第三方創造價值”等一攬子“第三方策略”。

第六媒體（The Sixth Media）：有別於現在的影視媒體、平面媒體、廣播媒體、戶外媒體、網絡媒體這五種媒體外的媒體，稱為第六種媒體。具體指將 EMS 和書信這種以服務形式提供的無形的產品打造成可以提供媒體傳播功能的以實物形式出現的有形產品，即利用郵政業務為企業客戶提供信息傳播的新型媒體。

領海戰略（Commanding Strategy）：基於比較經濟學，介於紅海戰略與藍海戰略之間，一度戰略提倡運用藍海戰略的基本理念和紅海戰略的成功策略構建一個符合中國國情實際需要的領海。所謂“領海”就是不管“紅海”還是“藍海”，關鍵要把它變成自己的海，即“取得領海權”。

比較經濟學（Comparative Economics）：一度戰略中的“比較經濟學”指的是在選擇既存在短缺又存在豐饒的條件下，運用橫向比較、水平聯繫的方法創造出日益水平的價值創造模式，從而取得差異化的比較優勢。比較經濟學不是僵硬的靜態的比較，而是日益更新的動態平衡過程。

短缺經濟學（Shortage Economy）：任何商品都十分短缺，在一個有限的、發育不良的市場上，經營者即使不管消費者的意願商品也能賣出去。傳統的經濟學研究是基於短缺經濟學，認為市場的短缺需求加快了工業化、產業化的形成。傳統經濟是供給方規模經濟，把單一品種實現大規模生產，大規模生產的必然結果是選擇的短缺。一度戰略中的短缺是指選擇性的短缺。

豐饒經濟學（Abundant Economy）：只要存儲和流通的渠道足夠大，需求不旺或銷量不佳的產品共同佔據的市場份額就可以和那些數量不多的熱賣品所佔據的市場份額相匹敵甚至更大。一度戰略認為，豐饒經濟學是與短缺經濟學對比而存在，是基於信息技術的高度發達足以使整個社會的選擇空間變得寬廣而平坦的基礎。

三江匯流（Three Rivers Affluxes）：密西西比河、黃河和多瑙河——美洲、亞洲和歐洲的三條大河交匯。其中，美國的密西西比河代表我們身處信息技術時代；中國的黃河代表我們身處中國製造的工業化時代；歐洲的多瑙河代表我們身處歐洲品牌的概念時代。三江匯流比喻它所代表的時代特徵和文化特徵在同一時間、同一地方相互交匯融合。

溢價利潤率（Premium Profit Margin）：企業同期正常利潤率的超出部分，也就是消費者在使用某品牌商品願意額外支付的貨幣相對正常利潤的比率。

溢價利潤（Premium Profit）：品牌在顧客心中形成的價值感決定了消費者的消費信心，也決定了消費者對關聯的潛在消費者的推薦程度，而消費者推薦別人購買是不需要企業付出營銷費用的，這種企業獲得不需追加成本的利潤回報。

關聯顧客（Relevance Customer）：那些並不了解產品品質，但對於消費者的選擇會產生重大影響的人。關聯顧客對品牌價值的評價和消費者的評價共同構成了顧客價值。網狀經濟擴大了顧客邊界，把那些原本不是目標顧客或潛在顧客的人群給激活了，形成關聯性顧客，再進一步形成目標客戶。

中國式營銷（Chinese Type Marketing）：1995 年，華紅兵提出的符合中國國情的營銷路線。從中國國情出發創建企業差異化的品牌競爭優勢，從而提高市場份額達到壯大自己的目的是其樸素的核心原理。中國式營銷是一種多維整體營銷，是通過多個角度、多個空間、多個方面對營銷做整體上的探索和判斷的一種營銷思維方式。中國式營銷前期倡導 "123" 法則，即企業營銷需要一種推動（資源優勢）、建立兩種優勢（成本優勢和品牌優勢），最終達成三種目標（銷售收入提速、市場佔有率提速、產品創新提速）。中國式營銷蓬勃發展期倡導 "新123" 法則，即關注一個中心（顧客價值）、立足兩個基本點（從企業品牌營銷和產品設計升級出發），最終實現三個提速（營業收入提速、淨利潤提速、毛利提速）。

第三方支付（Third Party Payment）：通過為第三方創造價值，使第三方為企業支付製造成本、溝通成本或渠道成本。

第三空間（The Third Space）：隨着消費升級，人們對產品和服務的體驗值要求越來越多，這種對產品或服務高要求的體驗價值創新帶來了第三空間。

渠道時間性擴展（Channel Timing Expansion）：傳統的渠道終端實現的是點對點的即時消費，而網狀經濟條件下的渠道可以實現並非點對點的即時消費，它可以實現點對面或者面對面、面對點的空間延時消費。

顧客價值（Customer Value）：顧客價值是由於產品（或服務）的屬性特徵或核心主張契合了顧客心中的核心價值觀，從而使顧客以超過產品或服務價值的貨幣計量的方式表達的認同感。

漏斗效應（The Funnel Effect）：企業不斷獲取新客戶的同時以更快的速度流失老客戶，企業營銷成本增加的速度大於收益上升的速度，由於較高的客戶流失率及較低的基礎技術研發水平導致企業利潤呈 "漏斗" 狀下滑趨勢。

顧客邊際成本（Customer Marginal Cost）：邊際成本指在一定產量水平下，增加或減少一個單位產量所引起成本總額的變動數，用以判斷、減產量在經濟上是否合算。一度戰略認為，網狀經濟條件下，相同觀念的顧客會結成聯盟，通過現代信息工具實現

擴散效應的溝通，從而放大顧客實際成本或實際利潤，產生不可低估的聚合或裂變效應。

第三方策略（Third Party Strategy）：通過對營銷六要素（顧客、產品、價值、溝通、渠道、品牌）的第三方創新，即站在第三方的角度，為第三方創造價值，從而贏得第三方所帶來的利潤，這樣的營銷策略就成為第三方策略。

顧客終身價值（Customer Lifetime Value，CLV）：客戶在與公司接觸的一生中所產生的當前利潤和未來利潤的現值。

時間價值（Time Value）：一定量資金在不同時點上的價值量的差額。對於企業而言，貨幣收入在不同的時間段取得所發揮的效能是不一樣的。

逆向價值（Reversion Value）：通過逆向思維提升的產品及品牌價值。在信息不對稱的社會裏，消費者無法也沒有權力通過評估信用質量而決定購買。消費者更多選擇的是便利性和價格，出現這種情況時，我們把它稱之為創新產品價值中必要的逆向價值的考量。

病毒式複製（Virus Replication）：受影響的消費者群的數量像病毒一樣以滾雪球似的方式無限放大的過程。

"沉默的螺旋" 效應（Silence Spiral Effect）：為了防止因成為極少數而受到懲罰，每個人在表明自己立場之前，首先要觀察四周，當他發現多數者的地位時，他以為取得地位優勢，從而傾向於大膽表明自己的觀點；反之他會轉向沉默或者隨聲附和。

"千禧一代"（Millennium Generation）：把網絡作為學習、工作、娛樂和生活的空間的跨越 21 世紀的新一代。在美國，被稱為 "千禧一代" 的人正在成為就業主力，他們與網絡共同長大。

維基百科：一個強調 Copyleft 自由內容、協同編輯（Collaborative Editing）以及多語言版本的網絡百科全書，該網站也以互聯網作為媒介而擴展成為一項基於 Wiki 技術發展的世界性百科全書協作計劃，並由非營利性的維基媒體基金會負責相關的發展事宜。維基百科是由來自世界各地的志願者合作編輯而成，整個計劃總共收錄了超過 2200 萬篇條目，而其中英語維基百科以超過 404 萬篇條目的數字排名第一。

菲利浦·科特勒（Philip Kotler）：（1931 年—），生於美國，經濟學教授。他是現代營銷集大成者，被譽為 "現代營銷學之父"，任美國西北大學凱洛格管理學院終身教授，是美國西北大學凱洛格管理學院國際市場學 S. C. 強生榮譽教授。美國管理科學聯合市場營銷學會主席，美國市場營銷協會理事，營銷科學學會託管人，管理分析中心主任，楊克羅維奇諮詢委員會成員，哥白尼諮詢委員會成員，中國 GMC 製造商聯盟國際營銷專家顧問。

巴菲特（Warren Buffett）：（1930 年 8 月 30 日—），全球著名的投資商，生於美國內布拉斯加州的奧馬哈市，從事股票、電子現

貨、基金行業。2016 年 9 月 22 日，彭博全球 50 大最具影響力人物排行榜，沃倫·巴菲特排第九名。

亞文化（subculture）：又稱小文化、集體文化或副文化，指某一文化群體所屬次級群體的成員共有的獨特信念、價值觀和生活習慣，與主文化相對應的那些非主流的、局部的文化現象亞文化是在主文化或綜合文化的背景下，屬於某一區域或某個集團所特有的觀念和生活方式。一種亞文化不僅包含着與主文化相通的價值與觀念，也有屬於自己的獨特的價值與觀念，而這些價值觀散布在種種主導文化之間。

弗洛伊德：（1856 年 5 月 6 日－1939 年 9 月 23 日），知名醫師、精神分析學家，猶太人，精神分析學的創始人。他提出“潛意識”、“自我”、“本我”、“超我”、“俄狄浦斯情結”、“利比多”、“心理防衞機制”等概念。他提出的精神分析學後來被認為並非有效的臨床治療方法，但激發了後人提出各式各樣的精神病理學理論，在臨床心理學的發展史上具有重要意義。著有《夢的解析》、《精神分析引論》、《圖騰與禁忌》等。被世人譽為“精神分析之父”，20 世紀最偉大的心理學家之一。

馬斯洛：亞伯拉罕·馬斯洛是美國著名社會心理學家，第三代心理學的開創者，提出了融合精神分析心理學和行為主義心理學的人本主義心理學，其中融合了其美學思想。他的主要成就包括提出了人本主義心理學，提出了馬斯洛需求層次理論，代表作品有《動機和人格》、《存在心理學探索》、《人性能達到的境界》等。

赫茨伯格：（1923—2000 年），美國心理學家、管理理論家、行為科學家，雙因素理論的創始人。赫茨伯格曾獲得紐約市立學院的學士學位和匹茲堡大學的博士學位，在美國和其他 30 多個國家從事管理教育和管理諮詢工作，是猶他大學的特級管理教授，曾任美國凱斯大學心理系主任。

營銷組合 4Ps：傑羅姆·麥卡錫（E.Jerome McCarthy）於 1960 年在其《基礎營銷》（*Basic Marketing*）一書中第一次將企業的營銷要素歸結為四個基本策略的組合，即著名的“4Ps”理論，由於四要素產品（Product）、價格（Price）、渠道（Place）、促銷（Promotion）的四個詞的英文字頭都是 P，再加上策略（Strategy），所以簡稱為“4Ps”。

投資回報率：Return On Investment，ROI 又稱會計收益率、投資利潤率，是指通過投資而應返回的價值，它涵蓋了企業的獲利目標。利潤和投入的經營所必備的財產相關，因為管理人員必須通過投資和現有財產獲得利潤。

商標：商品的生產者、經營者在其生產、製造、加工、揀選或者經銷的商品上或者服務的提供者在其提供的服務上採用的，用於區別商品或服務來源的，由文字、圖形、字母、數字、三維標誌、聲音、顏色組合或上述要素的組合，具有顯著特徵的標誌，是現代經濟的產物。國家核準註冊的商標為“註冊商標”，受法律保護。

營銷策略：企業以顧客需要為出發點，根據經驗獲得顧客需求量以及購買力的信息、商業界的期望值，有計劃地組織各項經營活動，通過相互協調一致的產品策略、價格策略、渠道策略和促銷策略，為顧客提供滿意的商品和服務而實現企業目標的過程。

整合營銷：企業在經營過程中，以由外而內的戰略觀點為基礎，為了與利害關係者進行有效的溝通，以營銷傳播管理者為主體所展開的傳播戰略。現代管理學將整合營銷傳播分為客戶接觸管理、溝通策略及傳播組合等幾個層面。

營銷系統：企業為客戶創造價值，實現與客戶的交換，並最終獲得銷售收入和投資回報的主題系統。

Craigslist: 創始人 Craig Newmark 於 1995 年在美國加利福尼亞州的舊金山灣區地帶創立的一個網上大型免費分類廣告網站。

利基（Niche）：“Niche” 一詞來源於法語。法國人信奉天主教，在建造房屋時，常常在外牆上鑿出一個不大的神龕，以供放聖母瑪利亞。它雖然小，但邊界清晰，洞裏大有乾坤，因而後來被用來形容大市場中的縫隙市場。

小眾市場（Niche Market）：也稱為“縫隙市場、利基市場”。Niche 是相對於 Mass（大眾）而言的，與 Niche Market 相對的就是 Mass Market（大眾市場）。Niche Market 針對的是被忽略或細分的數量較小的客戶群，這部分市場雖然規模不大，卻蘊含豐富的市場機遇。

供給側：相對於需求側而言。經濟學中的供給側是指生產者在某一特定時期內，在某一價格水平上願意並且能夠提供的一定數量的商品或勞務。

運營：對運營過程的計劃、組織、實施和控制，是與產品生產和服務創造密切相關的各項管理工作的總稱。從另一個角度來講，運營管理也可以指對生產和提供公司主要的產品和服務的系統進行設計、運行、評價和改進的管理工作。

數理經濟學（Mathe Matical Economics）：數理經濟學是運用數學方法對經濟學理論進行陳述和研究的一個分支學科。在經濟史上把從事這樣研究的人叫作數理經濟學家，並且歸為數理經濟學派，簡稱數理學派。

《辛白林》：創作於 1609 至 1610 年之間，它標誌着莎士比亞的藝術生涯進入了最後一個階段——傳奇劇階段。

量子計算：一種依照量子力學理論進行的新型計算，量子計算的基礎和原理以及重要量子算法為在計算速度上超越圖靈機模型提供了可能。量子計算（Quantum Computation）的概念最早由 IBM 的科學家 R. Landauer 及 C.Bennett 於 20 世紀 70 年代提出，其主要探討計算過程中諸如自由能（Free Energy）、信息（Informations）與可逆性（Reversibility）之間的關係。

量化管理：一種從目標出發，使用科學、量化的手段進行組織體系設計和為具體工作建立標準的管理手段。它涵蓋企業戰略制定、組織體系建設、對具體工作進行量化管理等企業管理的各個領域，是一種整體解決企業問題的系統性的量化管理理論。

優步（Uber）、滴滴（Didi）：2016年8月1日，優步（Uber）中國業務與滴滴（Didi）出行合併，優步（Uber）取得新公司20%的股權，持有滴滴（Didi）5.89%股權，雙方互持股權，成為對方的少數股東，因此本書撰寫滴滴（Didi）和優步（Uber）時解為同一家平台公司。

標數法：適用於最短路線問題，需要一步一步標出所有相關點的線路數量，最終達到終點的方法總數，標數法是加法原理與遞推思想的結合。

合併排序：採用分治的策略將一個大問題分成很多個小問題，先解決小問題，再通過小問題解決大問題。

增益路徑法（Augmenting Path Method）：為解決傳輸網絡的最大流量問題的一般性模板，也稱為 Ford-Fulkerson 法。

A9 算法：亞馬遜（Amazon）搜索算法的名稱，從亞馬遜（Amazon）龐大的產品類目中挑出最相關的產品，並根據相關性排序展示給用戶，期間 A9 會把挑選出來的產品進行評分。

指標力量（Indicator Strength）：也就是"平台觸及人數"乘以"參與度"。

六度分隔（Six Degrees of Separation）：1967年，史坦利·米爾格倫（Stanley Mil-gram）提出："你和任何1個陌生人之間所間隔的人不會超過6個，也就是說，最多通過6個人你就能夠認識任何一個陌生人。"

螞蟻金服：起步於2004年成立的支付寶。2013年3月，支付寶的母公司宣佈將以其為主體籌建小微金融服務集團（以下稱"小微金服"），小微金服是螞蟻金服的前身。2014年10月，螞蟻金服正式成立。螞蟻金服以"讓信用等於財富"為願景，致力於打造開放的生態系統，通過"互聯網推進器計劃"助力金融機構和合作夥伴加速邁向"互聯網＋"，為小微企業和個人消費者提供普惠金融服務。依靠移動互聯、大數據、雲計算為基礎，為中國踐行普惠金融的重要實踐。

蜂鳥眾包：餓了麼即時配送平台旗下最新配送服務品牌 App。

高通（Qualcomm）：一家美國的無線電通信技術研發公司，成立於1985年7月，因 CDMA 技術聞名，為世界上發展最快的無線技術。

收斂級數（Convergent Series）：柯西於1821年引進的，它是指部分和序列的極限存在的級數。

帕累托法則（Pareto's Principle）：由維弗雷多·帕累托（Vilfredo Pareto）發現，社會上20%的人佔有80%的社會財富。即財富在人口中的分配是不平衡的，在任何一組東西中，最重要的只佔其中一小部分，約20%，其餘80%儘管是多數，卻是次要的，因此又稱二八定律。

指名度：同一個類別相似品牌中，被聯想到的失後排序。比如人人都知道肯德基、麥當勞，人們提到漢堡包時，很多人第一個想到的品牌是麥當勞，然後是肯德基。從漢堡包這個關鍵詞來看，麥當勞的指名度就高於肯德基。但提到炸雞腿時，很多人第一個想到的品牌是肯德基，然後是麥當勞。從炸雞腿這個關鍵詞來看，肯德基的指名度就高於麥當勞。

品牌（Brand）：一個人對一個產品、服務或公司的直覺感受。

銷售半徑：在市場經濟中，包含同等社會必要勞動的同樣商品應具有相同的交換價值，不管商品產自何方；反之，處於同一競爭條件下的商品，即或價格、技術工藝、生產成本及代理費用相同的生產廠家，也會因為銷售距離不同的運費差別而表現出不同的利潤收益。可以說，當處於同一競爭立場的不同廠家只有運費差別時，產需距離差造成了單位產品的盈利差距。

四大名著：指《三國演義》、《西遊記》、《水滸傳》及《紅樓夢》四部中國古典章回小說，是漢語文學中不可多得的作品。這四部著作歷久不衰，其中的故事、場景，已經深深地影響了中國人的思想觀念、價值取向。四部著作都有很高的藝術水平，細緻的刻畫和所蘊含的思想都為歷代讀者所稱道。

KANO 模型：是東京理工大學教授狩野紀昭發明的、對用戶需求分類和優先排序的有用工具，以分析用戶需求對用戶滿意的影響為基礎，體現了產品性能和用戶滿意之間的非線性關係。

富士康（Foxconn）：中國台灣鴻海精密集團的高新科技企業，專業生產3C產品及半導體設備的高新科技集團（全球第一大代工廠商），是全球最大的電子專業製造商。

啊哈（AHA）時刻：提煉出產品的最大特點、優勢，能使用戶眼前一亮的時刻，是用戶真正發現產品核心價值的時刻。

臨界點：一個物理學概念，指要維持核連鎖反應必須存在的放射性物質的最低量。

直接網絡效應：增加某產品使用可直接提升產品對用戶的價值。

五行學說：中國人民獨創的世界觀和方法論，五行學說認為，世界由金、木、水、火、土這五種最基本的元素構成。自然界各種事物和現象（包括人體在內）的發展、變化都是這五種不同屬性的物質不斷運動和相互作用的結果。

O2O2O：Online to Offline to Online，意為通過在線（Online）推廣的形式，引導顧客到地面體驗店（Offline）進行體驗，之後再通過電子商城進行在線（Online）消費。

超連接：把不同角色，不同場景，不同內容進行連續的、多維的、超精準的連接。

熱干擾噪音（Interference Over Thermal，IOT）：通信系統中，描述干擾上升的相對值，單位是 dB。通信系統中，在討論上行鏈路行為時，經常使用噪聲抬升或噪聲熱抬升的概念。

訂單農業：也稱合同農業、契約農業，是近年來出現的一種新型農業生產經營模式，農戶根據其本身或其所在的鄉村組織同農產品的購買者之間所簽訂的訂單，組織安排農產品生產的一種農業產銷模式。訂單農業很好地適應了市場需要，避免了盲目生產。

西方國家的三次工業革命：第一次工業革命，時間為 18 世紀 60 年代，標誌是瓦特發明蒸汽機；第二次工業革命，時間為 19 世紀 70 年代，標誌是電力的廣泛運用，主要是西門子發明發電機，愛迪生發明電燈和貝爾發明電話；第三次工業革命，時間為 20 世紀四五十年代，標誌是以原子能技術、航天技術、電子計算機的應用為代表，包括人工合成材料、分子生物學和遺傳工程等高新技術。

愛新覺羅·胤禛：清世宗，清朝第五位皇帝，定都北京後第三位皇帝，康熙帝第四子，母為孝恭仁皇后，即德妃烏雅氏。康熙六十一年（1722）十一月十三日，康熙在北郊暢春園病逝，他繼承皇位，次年改年號為雍正。

工業 4.0：德國政府在《德國 2020 高技術戰略》中提出的十大未來項目之一，旨在提升製造業的智能化水平，建立具有適應性、資源效率及基因工程學的智慧工廠，在商業流程及價值流程中整合客戶及商業夥伴，其技術基礎是網絡實體系統及物聯網。

生物工程：以生物學（特別是其中的分子生物學、微生物學、遺傳學、生物化學和細胞學）的理論和技術為基礎，結合化工、機械、電子計算機等現代工程技術，充分運用分子生物學的最新成就，自覺地操縱遺傳物質，定向地改造生物或其功能，短期內創造出具有超遠緣性狀的新物種，再通過合適的生物反應器對這類"工程菌"或"工程細胞株"進行大規模培養，以生產大量有用代謝產物或發揮它們獨特生理功能的一門新興技術。

雲計算（Cloud-computing）：基於互聯網的相關服務的增加、使用和交付模式，通常涉及通過互聯網來提供動態易擴展且經常是虛擬化的資源。

國際貨幣基金組織（International Monetary Fund，IMF）：於 1945 年 12 月 27 日在華盛頓成立，與世界銀行同時成立，並列為世界兩大金融機構之一，其職責是監察貨幣匯率和各國貿易情況，提供技術和資金協助，確保全球金融制度運作正常。

石油幣：第一個由主權國家發行並具有自然資源作為支撐的加密數字貨幣，將被用來進行國際支付，成為委內瑞拉在國際上融資的一種新方式。這一數字貨幣將幫助委內瑞拉度過經濟困難，打破美國的金融封鎖。

美聯儲（Federal Reserve）：由位於華盛頓特區的聯邦儲備委員會和 12 家分佈全國主要城市的地區性的聯邦儲備銀行組成的聯邦儲備系統。

拓撲學（Topology）：研究幾何圖形或空間在連續改變形狀後還能保持不變的一些性質的學科，它只考慮物體間的位置關係而不考慮它們的形狀和大小。

約翰·梅納德·凱恩斯（John Maynard Keynes，1883-1946）：英國經濟學家，他所創立的宏觀經濟學與西格蒙德·弗洛伊德所創的精神分析法和愛因斯坦發現的相對論一起並稱 20 世紀人類知識界的三大革命。

滯脹：停滯性通貨膨脹（Stagflation）的簡稱，特指經濟停滯（Stagnation）、失業及通貨膨脹（Inflation）同時持續高漲的經濟現象。

貨幣主義：即貨幣學派，是 20 世紀 50 年代末至 60 年代期間在美國出現的一個經濟學流派，其創始人為美國芝加哥大學教授弗里德曼。貨幣學派在理論上和政策主張方面，強調貨幣供應量的變動是引起經濟活動和物價水平發生變動的根本的和起支配作用的原因，布倫納於 1968 年使用"貨幣主義"一詞來表達這一流派的基本特點，此後被廣泛沿用於方經濟學文獻之中。

遠景五國（VISTA）："VISTA"由越南（Vietnam）、印尼（Indonesia）、南非（South Africa）、土耳其（Turkey）、阿根廷（Argentina）的英文首字母組成，英文單詞"Vista"，意為展望、眺望，被《經濟學人》認為是繼"金磚四國"之後最有潛力的新興國家。